Hi-Pass

최신개정판

토목품질시험기술사

Professional Engineer Civil Engineering Quality Testing

토목품질시험기술사
토 목 시 공 기 술 사   **김태호** 지음

" 여러분의 합격! 성안당이 함께합니다. "

BM (주)도서출판 **성안당**

■ 도서 A/S 안내

성안당에서 발행하는 모든 도서는 저자와 출판사, 그리고 독자가 함께 만들어 나갑니다.

좋은 책을 펴내기 위해 많은 노력을 기울이고 있습니다. 혹시라도 내용상의 오류나 오탈자 등이 발견되면 "좋은 책은 나라의 보배"로서 우리 모두가 함께 만들어 간다는 마음으로 연락주시기 바랍니다. 수정 보완하여 더 나은 책이 되도록 최선을 다하겠습니다.

성안당은 늘 독자 여러분들의 소중한 의견을 기다리고 있습니다. 좋은 의견을 보내주시는 분께는 성안당 쇼핑몰의 포인트(3,000포인트)를 적립해 드립니다.

잘못 만들어진 책이나 부록 등이 파손된 경우에는 교환해 드립니다.

저자 문의 e-mail : quality720@naver.com(김태호)

본서 기획자 e-mail : coh@cyber.co.kr(최옥현)

홈페이지 : http://www.cyber.co.kr   전화 : 031) 950-6300

　2017년 이 책을 펴낸 후 관계법령, 표준시방서 및 설계기준이 개정되어 2019년
도에 개정사항 반영 및 전문공종을 추가하여 개정판을 내었고, 이후 "토목품질시
험기술사 출제기준" 및 콘크리트 표준시방서 및 설계기준이 개정됨에 따라 이를
반영하여 최신 개정판을 내게 되었다.

　주요 개정사항은 개정된 표준시방서 및 설계기준 내용을 교재에 보강하였고, 최
근 이슈가 된 전문공종을 추가하였으며, 필자의 온·오프강의를 통하여 축적된 내
용을 반영하였다. 수험생의 입장을 최대한 고려하여 내용을 구성하도록 노력하였
으며, 앞으로도 계속해서 내용을 보강하여 더 좋은 책이 되도록 노력하겠다.

　이 책이 토목품질시험기술사를 준비하는 분들에게 합격의 길로 안내하는 좋은
길잡이가 되길 바라며, 짧은 시간 내에 그 꿈을 이루기를 응원한다.

토목품질시험기술사　김 태 호

초판
머리말

　최근 급속한 과학기술의 발달과 함께 건설공사도 기술적인 면에서 눈부신 발전을 이루었고, 건설공사의 대규모화와 각종 신공법의 개발로 품질이 향상되고 기술 혁신이 이루어지고 있다.

　이러한 사회적 분위기 속에서 기술사를 필요로 하는 수요는 점점 늘어나고 있으며, 이를 취득하기 위해 열심히 노력하지만 들이는 시간에 비해 좋은 결과를 내기가 쉽지 않은 것이 현실이다.

　공부는 속도보다는 방향이 중요하다. 기술사 시험이란 단순히 특급기술자를 뽑는 것이 아니라, 주어진 시간 내에 출제자의 의도를 잘 파악하고, 거기에 걸맞는 내용을 주어진 답안지에 채우는 시험이다. 또한 관련 기술 분야의 문제점을 도출하고 대책에 대한 정확한 방향 제시 및 수행, 관련 기술에 관한 기획을 수행할 수 있는 능력을 확인하는 것이다. 특히, 토목품질시험기술사는 같은 내용을 쓰더라도 출제자의 의도에 부합되고, 현장 품질관리에 대한 경험이 포함된 답안을 작성해야 높은 점수로 시험에 합격할 수 있다.

　이 책은 전체적인 '흐름'을 이해하고 '개념'을 파악한 후 답안을 작성할 수 있도록 많은 시방기준, 지침서, 관계 서적에 수록된 내용을 가능한 한 많은 모식도와 함께 정리하였다. 또한 현장에서 경험한 품질사례를 포함하여 기술사 시험에서 요구하는 답안을 효율적으로 작성할 수 있도록 정리하였다.

　긍정적인 기대나 관심이 사람에게 좋은 영향을 미친다는 '피그말리온 효과'처럼 꿈과 기대를 가지고 도전하는 사람들은 반드시 그 꿈을 이룰 수 있을 것이다.
　아무쪼록 이 책이 토목품질시험기술사를 준비하는 분들에게 합격의 길로 안내하는 좋은 길잡이가 되길 바라며, 짧은 시간 내에 그 꿈을 이루기를 응원한다.

　이 책을 펴내는 데 많은 분들의 도움을 받았다. 그 가운데 저의 영원한 멘토이신 신경수 원장님, 서울기술사학원의 조준호 박사님께 깊은 감사를 드린다. 아울러 옆에서 항상 응원해 준 아내와 딸에게 큰 고마움을 전하며, 또한 이 책의 출간을 흔쾌히 맡아주신 성안당출판사 이종춘 회장님께 깊은 감사를 드린다.

토목품질시험기술사　김 태 호

합격을 위한 답안 작성 요령

1. 시간 관리를 철저히 할 것
1) 전체 시간 배분
   ① 문제 선택, 중요 대제목 나열(5분)　　② 답안 작성(85~90분)　　③ 검토(5분)
2) 문제당 작성시간
   ① 10점 문제 : 최대 10분 / 기준 8분　②25점 문제 : 최대 25분 / 기준 20분
3) 최대 시간
   ① 1점당 1분 이상 넘기지 말 것　　② 5분 이상 넘기면 위험
4) 시간 절약
   ① 특정문제에 집착하지 말 것　　② 아무리 잘 써도 최대 점수는 80%
   ※ 자신 있는 문제에서 시간을 줄여서 자신 없는 문제에 배분

2. 문제 선택 시 고려할 사항
1) 점수확보 유리한 것 선택
   ① 자신 있는 문제 선택　　　　　　② 그림으로 간단히 표현되는 것 선택
2) 선택의 어려움이 있을 경우
   ① 경쟁자가 보편적으로 선택하는 문제를 피할 것
   ② 실무경험이 있는 것 선택
3) 문제지/답안지 받은 후
   ① 2~3분 동안 정독하면서 핵심에 밑줄　② 출제자의 의도를 정확히 파악할 것
   ③ 문제가 요구하는 범위 파악　　　　④ 문제 후반부를 주의 깊게 읽을 것
   ⑤ 답안 기술 전 문제지에 반드시 중요 대제목 기술

3. 답안 작성 요령(답안 작성 형식, 답안 작성 시 내용 기술 요령)
1) 답안지 상태 확인
   ① 답안지 매수 확인 : 표지, 연습지, 답안 내지(16쪽)　② 답안지 인쇄상태 확인 : 앞뒷면
2) 답안지 작성(형식)
   ① 〈문제〉 및 〈답〉은 반드시 표기
   ② 글 씨 – 1페이지부터 끝까지 글씨가 흐트러지지 않도록 할 것
   　→ 충분한 쓰기 연습이 필요함.
   ③ 여 백 – 대제목, 소제목의 앞 칸을 충분히 띄울 것
   　→ 보기 좋은 답안이 필요함.
   ④ 글 자 – 한자는 힘들게 사용할 필요 없음
   　　　　 – 전문용어의 경우 영어는 그대로 사용 (정확하게)
   ⑤ 점수에 맞는 페이지량 : 10점 1페이지, 25점 2.5~3.0페이지
   　　– 답안내용이 적으면 : 지식 부족
   　　– 답안내용이 너무 많으면 : 요약 부족

⑥ 균형 잡힌 답안 작성
　– 한 가지 아이템에 대하여 좁고, 깊게 기술하지 말고 포괄적으로 기술할 것
⑦ 답안에 책임기술자적 판단과 품질관리자로서의 접근 분위기를 보여줄 것
　– 활용성, 적용성, 신뢰성, 한계성
⑧ 종류 및 특징 기술 시
　– 종류와 특징은 대제목 2개로
　– 종류는 최대한 분류로
⑨ 분류를 했으면 흐름을 타고 기술
　– 분류에 따른 장단점 및 품질관리에 대한 유의사항을 적용
　– 차이점을 포함한 비교표 작성
⑩ 답안 마무리 시에는 나열식으로 대충 하지 말고 마무리 정리가 필요
⑪ 10점 문제는 집중, 25점 문제는 포괄적으로 기술할 것
⑫ 시험문제 기술 시 시험순서를 언급할 것
⑬ 답안 기술 순서 → 쉬운 문제 먼저
⑭ 문제에 포함된 말은 반드시 대제목에 기술
⑮ 마무리를 철저히 할 것
　– 각 문제의 답안 작성이 끝나면 바로 옆에 "끝"
　– 최종 답안 작성이 끝나면 줄을 바꾸어 중앙에 "이하 여백"

3) 답안지 작성 (내용)
① 우선순위를 정해서 기술할 것
　– 중요하고 빈도수가 높은수부터 기술
② 그림이나 표는 중요한 것만 그릴 것
　– 표는 정확하고 깨끗하게 → 가능하면 자를 사용해서 그릴 것
③ 차별화된 아이템을 이용하여 답안을 부각시킬 것
　– 이론, 경험, 도식화, 비교표 중 자신 있는 것으로 할 것
④ 중요 질문부분은 강조할 것
　– 많이 기술하고, Box 등을 이용
⑤ 문제를 존중할 것(출제자에 대한 존중)
　– 질문내용을 개요에 반영하고 대제목으로 강조할 것
　– 대제목을 문제와 너무 다르게 기술하지 말 것
⑥ 대제목을 대충 기술하지 말 것
　– 질문내용과 동일하게 기술할 것
　– 약어는 풀어주며, 최대한 성의 있게 쓸 것
⑦ 답안 기술은 요약형으로 설명(학회지나 보고서 형식 참조)
　– 무조건 암기하여 나열하는 답안은 피할 것
　– 부가/상세 설명은 시간이 남을 때
⑧ 내용설명은 너무 고민하지 말 것
　– 너무 정확하게 설명하려다가 시간을 초과할 수 있음.
⑨ 답안 기재 시 항목 부호체계와 흐름도(Flow Chart) 작성 시 업무흐름도를 준수할 것

시험 시 체크리스트

1. 시험 전날

1) 수험표 + 신분증 확인
2) 답안 작성 도구 확인
  (1) 펜(지워지지 않는 검은색 필기구), 자(직선자, 곡선자, 템플릿)
    ① 펜은 자주 사용하여 길들여진 것을 여유 있게 준비
    ② 자는 직선자 또는 템플릿 사용
  (2) 수정액, 휴지
    ① 수정액은 사용 가능   ② 휴지 : 볼펜 찌꺼기를 닦는 등에 사용
3) 기타 준비사항
  (1) 시계(타이머 기능이 있는 것이 좋음) (2) 캔커피 / 물 (3) 도시락 (4) 계산기
4) 손수건 지참(여름), 옷은 따뜻하게 입고 갈 것(겨울)
5) 기본유형, 중요 keyword, 분류는 반드시 암기
6) 관련 공식 정확히 암기
7) 정리 sub-note를 보며 최종 정리하고 일찍 잠자리에 들어 숙면을 취할 것

2. 시험 당일

1) 가능한 한 1~2시간 전에 입실하여 단답형에 대한 준비 실시(손풀기, 공식, 비교표 등)
  – 아무 자리에서나 가능함.
2) 10분 전 자리 배정 전까지 준비
3) 답안지 형태 숙지(상태 및 page check)
  (1) 표지, 연습지, 답안 내지(16쪽) (2) 1페이지당 22줄
  (3) 각 교시당 표지 색깔이 다름(녹색, 청색, 분홍색, 백색)
4) 마음가짐
  (1) 주위를 의식하지 말 것(말 많은 사람들은 항상 불합격하는 사람들임)
  (2) 중도 포기하지 말고 인내심을 가지고 끝까지 버틸 것
    ① 내가 어려우면 다른 사람은 더 어렵다는 생각으로 임할 것
    ② 3, 4교시에서 자신 있는 문제 가능성

3. 시험 시

1) 시 간
  (1) 전체 시간 배분
    ① 문제 선택, 중요 대제목 나열(5분) ② 답안 작성(85~90분) ③ 검토(5분)
  (2) 문제당 작성시간
    ① 10점 문제 : 최대 10분 / 기준 8분 ② 25점 문제 : 최대 25분 / 기준 20분
  (3) 최대 시간
    ① 1점당 1분 이상 넘기지 말 것 ② 5분 이상 넘기면 위험
  (4) 시간 절약
    ① 특정문제에 집착하지 말 것 ② 아무리 잘 써도 최대 점수는 80%
    ③ 자신 있는 문제에서 시간 줄일 것

2) 문제 선택

(1) 점수 확보가 유리한 것 선택

    ① 자신 있는 문제 선택   ② 그림이나 그래프로 간단히 표현되는 것을 선택

(2) 선택의 어려움이 있을 경우

    ① 경쟁자가 보편적으로 선택하는 문제를 피할 것

(3) 문제지/답안지 받은 후 할 일

    ① 2~3분 동안 정독하면서 핵심에 밑줄   ② 출제자의 의도를 정확히 파악할 것

    ③ 문제가 요구하는 범위 파악   ④ 문제 후반부를 주의 깊게 읽을 것

    ⑤ 답안설명 전 문제지에 반드시 중요 대제목 설명

3) 답안 작성

(1) 답안지 상태 확인

    ① 답안지 매수 확인 : 표지, 연습지, 답안 내지(16쪽)

    ② 답안지 인쇄상태 확인 : 앞뒷면

(2) 답안지 작성(형식)

    ① 〈문제〉 및 〈답〉은 반드시 표기

    ② 글 씨 – 1페이지부터 끝까지 글씨가 흐트러지지 않도록 할 것

    ③ 여 백 – 대제목, 소제목의 앞 칸을 충분히 띄울 것

    ④ 글 자 – 한자는 힘들게 사용할 필요 없음(굳이 쓴다면 대제목 정도)

            – 전문용어로 영어는 그대로 사용(정확하게)

    ⑤ 점수에 맞는 페이지량 – 답안 내용이 너무 적으면 지식 부족

                             – 답안 내용이 너무 많으면 요약능력 부족

    ⑥ 균형 잡힌 답안 작성 – 한 가지 item에 대하여 좁고, 깊게 설명하지 말고 포괄적으로 설명

    ⑦ 설명 순서 – 쉬운 문제 먼저

    ⑧ 문제에 포함된 말은 반드시 대제목에 설명

    ⑨ 마무리 – 1문제가 끝나면 "끝"

               – 모든 문제 끝나면 "이하 여백"

(3) 답안지 작성(내용)

    ① 내용을 서술식으로 설명하지 말고, 요약식으로 적을 것

    ② 우유부단하게 설명하지 말고 무조건 자신있게

    ③ 우선순위를 지킬 것 → 중요하고 빈도수 높은 것부터 나열

    ④ 그림이나 표는 중요한 것만 그릴 것

         – 관련 제원은 꼭 표기할 것 → 표는 정확하고 깨끗하게

    ⑤ 차별화 아이템을 포함, 부각시킬 것

         – 이론 → 경험 → 도식화 → 비교표

    ⑥ 첫 번째 문제 설명 시

         – 답안 내 대제목 활용(필요성–효과, 장단점–품질관리방안 등)

    ⑦ 계산문제는 반드시 계산과정, 답, 단위를 정확히 기재

    ⑧ 답안 정정 시에는 두 줄(=)을 긋고 다시 기재

    ⑨ 모르는 문제

         – 항상 나중에 기술   – 관련성 있는 대제목 앞 문제에서 발췌

         – 적절한 짜깁기   – 끝까지 최선을 다할 것

4. 시험 후

1) 출제 문제 기억

2) 기억을 되살려 답안 재기술(답안 복기)

3) 스스로 아쉬운 부분 점검 및 향후 보완 준비

4) 리듬을 잃지 않고 향후 시험 지속적으로 준비

핵심 요약 (I)

조 사 및 시 험	• 조사 1. 단계별 조사(예비조사, 현지답사, 본조사, 시공 중 조사, 문제발생 시 조사) 2. 공사위치별 조사 3. 시공계획 • 시험 1. 원위치 시험 　◦ 파괴 : 보링, 사운딩, 지하수위, 재하시험 　◦ 비파괴 : 파를 이용(탄성파, 전자기파) 　　　　　　파를 미이용(전기비저항, 방사능) 2. 실내시험 　◦ 물리 : 1차적 성질, 2차적 성질 　◦ 역학 : 전단, 압밀, 투수, 다짐, CBR 　◦ 화학 3. 유지관리시험 　◦ 원위치시험 　◦ 역학시험 　◦ 화학시험

토질 및 토공	• 지반관련 필수 Item = 요구조건 + 3상 + 문제점 + 구조/전단특성 1. 요구조건 : 성토재료 + 약액 + 기초지반 2. 3　　　상 : 고체(흙입자) + 액체(물) + 기체(공기) → 압밀과 다짐 3. 문 제 점 : 성토(재료, 시공) + 절토(시공) 4. 구조/전단특성 : 구조(사질 + 점질) + 전단특성(자갈 + 모래 + 점토) • 토질 = 분류 + 특성 1. 분류 : 공학적 분류방법 2. 특성 : 전단/일반특성 + 동해 + 문제점 • 토공 = 다짐 + 사면안정 + 취약5공종 1. 다　　　짐 : 원리 + 특성 + 효과 + 규정 + 제한 + 공법 + 장비 2. 사면안정 : 사면분류 + 사면붕괴원인/형태 + 검토방법 + 공법 　　　　　　(사면보호/사면안정) 3. 취약5공종 : 토공/구조물공 + 토공/토공

전문공종	연약 지반	• 연약지반(정.문.대.시) = 정의 + 문제점 + 대책 + 시공관리 1. 정　　　의 : 내적 + 외적 2. 문 제 점 : 안정 + 침하 + 측방유동 3. 대　　　책 : 안정(하중조절 + 지중구조물 형성) 　　　　　침하(지반개량공법) : (지수 + 치환 + 고결 + 탈수 + 다짐) 4. 시공관리 : 계측 ⇨ (안정 + 침하)
	막이	• 옹　　　벽 = 토압 + 안정조건 + 시공관리 1. 토　　　압 : 토압 및 계수(주동/수동/정지) + Arching Effect 2. 안정조건 : 내적 + 외적(전도, 활동, 지지력, 원호활동) 3. 시공관리(배.뒤.줄.기) : 배수 + 뒤채움 + 줄눈 + 기초

전문공종	막이	• **흙 막 이 = 벽체구조 + 지지구조 + 보조공법** 1. 벽체구조 : 개수(엄지말뚝/토류판)+차수(slurry wall/시트파일) 2. 지지구조 : 자립식+버팀대식+tie rod식+top down 3. 보조공법 : 생석회말뚝공법+지하수처리공법+약액주입공법+동결공법 4. 최종물막이공법 : 완속식(점고/점축/병용)+급속식
	기초	• **기 초 = 얕은(직접)기초 + 깊은(간접)기초 + 지지력** 1. 얕은기초 : footing 기초(확대기초)+mat 기초(전면기초, 온통기초) 2. 깊은기초 : 탄성기초(말뚝기초)+강성기초(caisson)+특수기초 　◦ 말뚝기초 : 기성말뚝(시공법, 기능)+현장타설말뚝(굴착, 치환) 　◦ caisson 기초 : open+pneumatic+box 3. 지지력 : 조사+계획(정역학적)+시항타(동역학적) 　　　　　+결정(동재하, 정재하, 동정재하)+본항타
	터널	• **암 반 = 암석, 암반 차이점 + 결함 + 암반분류방법** 1. 차이점 : 불연속면 유(암반)+불연속면 무(암석) 2. 결 함 : 내적 결함(불연속면)+외적 결함(풍화 정도) 3. 암반분류방법 : 풍화도+절리간격+풍화/절리간격+풍화/절리특성 • **터 널 = 굴착 + 보조공법 + 기타** 1. 굴 착 : 굴착방법(수단)+굴착공법(pattern) 2. 보조공법 : 막장안정공법(천단부/막장면)+용수처리공법 3. 기 타 : 붕괴+환기+방배수+방재+갱구부
	교량	• **교 량 = 상부구조 + 하부구조 + 부속장치** 1. 상부구조 : 콘크리트교(가설/타설)+강교(가설/연결) 2. 하부구조 : 교각 타설공법+교량 기초 3. 부속장치 : 교좌장치 + 신축이음장치
	댐	• **댐 = 기본 + 구조 + 재료(Conc./Fill Dam)** 1. 기 본 : 유수전환(가물막이)+기초처리 2. 구 조 : 안정+차수 3. 재 료 : 콘크리트댐+필댐
	하천	• **하 천 = 기본수리 + 시설물 + 문제점(홍수, 가뭄, 세굴)** 1. 기본수리 : 흐름+관련식(기본+연속, 에너지, 운동량) 2. 시 설 물 : 제방+호안+수제공+하상유지공+보+유수지 3. 문 제 점 : 홍수/가뭄(기술적, 법제도적)+세굴
	상하 수도	• **상하수도 = 관기초 + 관파손 + 하수관거 + 누수, 수밀시험** 1. 관 기 초 : 관기초형식+파손원인 / 대책 2. 관 파 손 : 추진공법(도심지)+관거검사+파손원인 / 대책 3. 하수관거 : 불명수 유입문제 / 대책+수밀시험 4. 누수방지+세관 및 갱생공사
	계측	• **계 측 = 일반사항 + 대상 + 시기** 1. 일반사항 : 계측의 목적(1차, 2차, 3차) 2. 대 상 : 침하, 변위, 수압, 수위, 토압, 변형, 진동 3. 시 기 : 시공 중, 공용 중

핵심 요약 (Ⅲ)

시멘트 콘크리트	• 흐 름 = 재.배.시.굳.굳.구(재료+배합+시공+굳지 않은+굳은+구조물) • 재 료 [결.혼.골.물] = 결합재+혼화재료+골재+물 　1. 결 합 재 : C, W+asphalt+resin+polymer+유황+합성수지 　2. 혼화재료(성능개선재) : 혼화재(시멘트 질량의 5% 이상)+혼화제 　3. 골 　 재 : 잔골재+굵은 골재 → 결정 기준 : 5mm체 　4. 물 : 수돗물, 수돗물이 아닌 물, 슬러지수 • 배 합 [원.종.강] = 원칙+종류+강도(배합 3총사 : 이.원.흐) 　1. 원 　 칙 : W/B+G_{max}+s/a+강도+내구성 　2. 종 　 류 : 시방배합+현장배합 　3. 강 　 도 : 설계기준강도+배합강도 • 시 공 = 계/비/운, 타/다, 양/이/마, 철/거 　* 계량/비비기/운반, 타설/다짐, 양생/이음/마무리, 철근일/거푸집·동바리 　- 철근일 : 갈고리/정+이/방/피(갈고리/정착, 부착+이음/방식/피복두께) • 강 도 = 조기강도+압축강도+불합격 시 조치방안 • 강 재 = 분류+연결방법(용.꼬.리)+문제점 　1. 분 　 류 : 화학적(탄소강/합금강)+구조적(보통강/고장력강) 　2. 연결방법 : 야금적 연결(용접)+기계적 연결(고장력/리벳) 　3. 문 제 점 : 재질(화학/물리)+구조(지연/응력/피로)
특수 콘크리트	• 재료적 특수콘크리트 (결.혼.골.보) 　1. 결합재 : 팽창시멘트+합성수지(폴리머)+유황+레진 　2. 혼화재료 : 혼화재(팽창재)+혼화제(고성능감수제/유동화/수중불분리성) 　3. 골 재 : 경량골재+중량골재+Porous+순환골재 　4. 보강재 : 보강섬유+강재(PS+철골+강관)+FRP보강근 • 조건적 특수콘크리트 (환.타) 　1. 환경조건 : 온도[기온(서중/한중)+고온(내화/내열)]+습도(수중/해양/수밀) 　2. 타설조건 : 타설두께(매스)+타설방법(Shotcrete/RCC/PAC, 공장/포장)
시멘트 콘크리트 (특성)	• 시멘트 콘크리트의 성질 　1. 굳지 않은 콘크리트(경화 전/미경화/생/fresh) : 성질+재료분리 　- 성질 : workability / consistency / plasticity / finishability + M/V/P 　- 재료분리 : 물+cement paste+굵은 골재 　2. 굳은 콘크리트(경화 후/hardened) : 성질+2차응력+균열 　- 성질 : 강도+응력/변형률+내구성+수밀성 　- 2차응력(온.건.크) : 온도+건조수축+creep 　3. 구조물 : 관리+열화 　- 관리 : 품질관리+유지관리 　- 열화 : 원인+현상+팽창(자체+철근부식+동해) • 시멘트 콘크리트의 균열 　1. 굳지 않은 콘크리트 균열(소.침.물) : 소성수축+침하+물리적 요인 　2. 굳은 콘크리트 균열(2.열.설) : 2차응력+열화+설계/시공 　3. 구조물 균열(결.손.열) : 결함+손상+열화

아스팔트와 포장	• **도로포장 = 기본＋가요성 포장＋강성 포장 → 선정 시 고려사항, 차이점** 　1. 포장 기본 : 안정처리공법＋검사항목 　2. 가요성 포장 : 재료＋배합＋시공 　3. 강성 포장 : 재료＋배합＋시공 • **가요성 포장 재료 [결.골.첨] = 결합재＋골재＋첨가재** 　1. 결 합 재 : 아스팔트/개질아스팔트 　2. 골　　재 : 잔골재＋굵은 골재 → 결정기준 : 2.5mm체 　3. 첨 가 재 : ACP의 첨가재 • **가요성 포장 배합 = 품질기준＋배합설계** 　1. 품질기준 : 가열식/중온식/상온식 　2. 배합설계 • **시　공** 　1. 가요성 포장(온도, 다짐) : 코팅＋계량＋운반＋포설＋다짐 　2. 강성 포장(양생, 줄눈) : 계량＋운반＋타설＋줄눈＋마무리
아스팔트와 포장 (특성)	• **개질아스팔트 포장 = 고무＋금속＋기타** 　1. 고　무 : 폴리머/합성수지 　2. 금　속 : 캠크리트 　3. 기　타 : 천연아스팔트, 천연섬유 • **합성단면 포장 = 교면 포장＋White Topping 포장** • **파손 및 대책** 　1. ACP(가요성 포장)의 파손, 대책 　2. CCP(강성 포장)의 파손, 대책 　3. 반사 균열 • **재생 포장 = 가열 재생/상온 재생**
품질관리와 시사	• **공사관리 = 시공계획＋시공관리＋경영관리** 　1. 시공계획 : 사전조사＋기본계획＋상세계획＋관리계획 　2. 시공관리 : 목적물 자체＋사회규약 　3. 경영관리 : claim＋risk • **목적물 자체 = 품질, 공정, 원가** 　1. 품질관리 : 흐름＋품질기법 　2. 공정관리 : 횡선식＋곡선식＋네트워크식 　3. 원가관리 : EVMS＋VE＋LCC • **사회 규약 = 환경, 안전** • **시사 = 법＋제도**

답안작성 시 항목 번호체계와 권장 업무 흐름도

1. 항목 구분

구 분	항목 번호 및 위치
첫째 항목	I., II., III., IV., …
둘째 항목	1., 2., 3., 4., …
셋째 항목	1), 2), 3), 4), …
넷째 항목	(1), (2), (3), (4), …
다섯째 항목	①, ②, ③, ④, …

2. 항목별 번호 위치

항목 번호의 표시는 일반적으로 하위 항목 번호를 상위 항목 번호보다 한 칸씩 오른쪽으로 들여 쓰기한다.

제목×문서 작성요령 _____

I.✔첫째 항목 ○○○○○○○○○○○

✔1.✔둘째 항목 ○○○○○○○○○○

✔✔1)✔셋째 항목 ○○○○○○○○○○○

✔✔✔(1)✔넷째 항목 ○○○○○○○○○○○

※ ✔표시는 "1칸 띄움"을 나타냄.

3. 프로세스에서 권장되는 업무 흐름도

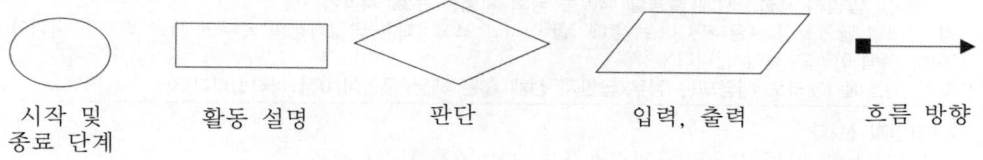

| 시작 및 종료 단계 | 활동 설명 | 판단 | 입력, 출력 | 흐름 방향 |

제 회

국가기술자격검정 기술사 필기시험 답안지(제1교시)

제1교시	종목명	

수험자 확인사항 ☑ 체크바랍니다.	1. 문제지 인쇄 상태 및 수험자 응시 종목 일치 여부를 확인하였습니다. 확인 ☐ 2. 답안지 인적 사항 기재란 외에 수험번호 및 성명 등 특정인임을 암시하는 표시가 없음을 확인하였습니다. 확인 ☐ 3. 지워지는 펜, 연필류, 유색 필기구 등을 사용하지 않았습니다. 확인 ☐ 4. 답안지 작성 시 유의사항을 읽고 확인하였습니다. 확인 ☐

답안지 작성 시 유의사항

1. 답안지는 표지 및 연습지를 제외하고 총 7매(14면)이며, 교부받는 즉시 매수, 페이지 순서 등 정상 여부를 반드시 확인하고 1매라도 분리되거나 훼손하여서는 안 됩니다.
2. 시험문제지가 본인의 응시종목과 일치하는지 확인하고, 시행 회, 종목명, 수험번호, 성명을 정확하게 기재하여야 합니다.
3. 수험자 인적사항 및 답안작성(계산식 포함)은 **지워지지 않는 검은색 필기구만을 계속 사용**하여야 합니다.
4. 답안 정정 시에는 **두 줄(=)을 긋고 다시 기재 가능**하며 **수정테이프 사용 또한 가능**합니다.
5. 답안작성 시 자(직선자, 곡선자, 템플릿 등)를 사용할 수 있습니다.
6. 문제의 순서에 관계없이 답안을 작성하여도 되나 주어진 **문제번호와 문제를 기재**한 후 답안을 작성하고 전문용어는 원어로 기재하여도 무방합니다.
7. 요구한 문제 수보다 많은 문제를 답하는 경우 기재순으로 요구한 문제 수까지 채점하고 나머지 문제는 채점대상에서 제외됩니다.
8. 답안작성 시 답안지 양면의 페이지순으로 작성하시기 바랍니다.
9. 기 작성한 문항 전체를 삭제하고자 할 경우 반드시 해당 문항의 답안 전체에 대하여 명확하게 X표시(X표시한 답안은 채점대상에서 제외)하시기 바랍니다.
10. 수험자는 시험시간이 종료되면 즉시 답안작성을 멈춰야 하며, 종료시간 이후 계속 답안을 작성하거나 감독위원의 **답안지 제출지시에 불응할 때에는 당회 시험을 무효** 처리합니다.
11. 각 문제의 답안작성이 끝나면 바로 옆에 "**끝**"이라고 쓰고, 최종 답안작성이 끝나면 줄을 바꾸어 중앙에 "**이하 여백**"이라고 써야 합니다.
12. 다음 각호에 1개라도 해당되는 경우 답안지 전체 혹은 해당 문항이 0점 처리됩니다.

    〈답안지 전체〉
    1) 인적사항 기재란 이외의 곳에 성명 또는 수험번호를 기재한 경우
    2) 답안지(연습지 포함)에 답안과 관련 없는 특수한 표시를 하거나 특정인임을 암시하는 경우
    〈해당 문항〉
    1) 지워지는 펜, 연필류, 유색 필기류, 2가지 이상 색 혼합사용 등으로 작성한 경우

    ※ 부정행위처리규정은 뒷면 참조

HRDK 한국산업인력공단
Human Resources Development Service of Korea

부정행위 처리규정

국가기술자격법 제10조 제6항, 같은 법 시행규칙 제15조에 따라 국가기술자격검정에서 부정행위를 한 응시자에 대하여는 당해 검정을 정지 또는 무효로 하고 3년간 이법에 따른 검정에 응시할 수 있는 자격이 정지됩니다.

1. 시험 중 다른 수험자와 시험과 관련된 대화를 하는 행위
2. 답안지를 교환하는 행위
3. 시험 중에 다른 수험자의 답안지 또는 문제지를 엿보고 자신의 답안지를 작성하는 행위
4. 다른 수험자를 위하여 답안을 알려주거나 엿보게 하는 행위
5. 시험 중 시험문제 내용과 관련된 물건을 휴대하여 사용하거나 이를 주고 받는 행위
6. 시험장 내외의 자로부터 도움을 받고 답안지를 작성하는 행위
7. 미리 시험문제를 알고 시험을 치른 행위
8. 다른 수험자의 성명 또는 수험번호를 바꾸어 제출하는 행위
9. 대리시험을 치르거나 치르게 하는 행위
10. 수험자가 시험시간에 통신기기 및 전자기기[휴대용 전화기, 휴대용 개인정보 단말기(PDA), 휴대용 멀티미디어 재생장치(PMP), 휴대용 컴퓨터, 휴대용 카세트, 디지털 카메라, 음성파일 변환기(MP3), 휴대용 게임기, 전자사전, 카메라 펜, 시각표시 외의 기능이 부착된 시계]를 사용하여 답안지를 작성하거나 다른 수험자를 위하여 답안을 송신하는 행위
11. 그 밖에 부정 또는 불공정한 방법으로 시험을 치르는 행위

[연 습 지]

번호		
번호		

HRDK 한국산업인력공단
Human Resources Development Service of Korea

출제기준

■ 필기시험

직무 분야	건설	중직무 분야	토목	자격 종목	토목품질시험기술사	적용 기간	2023.1.1.~2026.12.31.

○ 직무내용 : 토목품질시험 분야에 관한 고도의 전문지식과 실무경험에 입각한 조사, 계획, 연구, 설계, 분석, 시험, 운영, 시공, 평가 또는 이에 관한 지도, 사업관리 등의 직무 수행

검정방법	단답형/주관식 논문형	시험시간	400분(1교시당 100분)

시험과목	주요항목	세부항목
토목재료의 특성, 용도, 시험 및 재료역학에 관한 사항과 그 밖의 품질관리에 관한 사항	1. 품질관리 일반	(1) 최근 국내외 건설품질관리 기술의 현황과 이슈 • 단위계(중력단위계와 국제단위계) • 첨단 신기술의 출현 및 이슈 • CM, VE, 건설 CALS, 건설정보화 등에 관한 사항 • 건설 Claim, KOLAS, 신기술 인증제도에 관한 사항 • 건설프로젝트의 타당성 조사 및 예비타당성 조사 • 기타 토목품질에 관련한 시사적 내용 및 사회적으로 이슈가 된 사항 (2) 품질관리 이론 및 실무 • 품질관리의 도구, 관리도의 종류 및 특성 • 품질관리계획의 수립 및 이행절차 • 국제품질기준에 관한 사항 • 건설기술진흥법령 등 품질관련 규정에 관한 사항
	2. 건설공사품질관리	(1) 품질관리 분석 (2) 품질관리 계획 수립 (3) 품질관리 교육 (4) 품질관리 조직구성 (5) 품질관리 사용비관리 (6) 품질관리 자료관리 (7) 자재 품질관리 (8) 품질관리 점검 (9) 품질사고 예방관리 (10) 품질관리 성과분석
	3. 토목건설사업관리	(1) 건설사업관리 업무수행계획 수립 (2) 시공관리 (3) 건설사업 품질관리 (4) 설계기획관리

시험과목	주요항목	세부항목
	4. 유지관리	(1) 시설물 점검 실시 (2) 시설물 진단 실시 (3) 보수ㆍ보강 시공관리 (4) 보수ㆍ보강 성능평가 (5) 보수ㆍ보강 후 성능관리
	5. 토공	(1) 토공 현장조사 (2) 토공 시공계획 수립 (3) 토공 땅깎기 및 터파기 (4) 토공 운반 (5) 토공 쌓기 및 다짐
	6. 콘크리트공	(1) 콘크리트용 재료 및 시험 • 시멘트에 관한 사항 및 시험, 골재에 관한 사항 및 시험 • 혼화재료에 관한 사항 및 시험, 혼합수에 관한 사항 및 시험 (2) 콘크리트의 제조, 배합 및 시험 • 콘크리트 제조 일반사항, 배합 및 비비기 • 레디믹스트 콘크리트(KS F 4009) • 굳지 않은 콘크리트와 굳은 콘크리트의 특성 및 시험 • 콘크리트용 재료의 품질관리 및 콘크리트 제조의 품질관리 • 콘크리트의 품질관리 (3) 콘크리트의 내구성 및 시험 • 강도, 탄산화, 동결융해, 알칼리골재반응, 염해, 화학적 침식, 수밀성 등 (4) 콘크리트의 시공 • 콘크리트의 시공 일반, 저장, 계량, 비비기, 운반, 타설 및 양생 • 특수콘크리트의 시공에 관한 사항 (5) 콘크리트구조물 및 유지관리 • 콘크리트 관련 제품 • 외관조사 및 강도평가, 결함조사, 열화원인, 철근조사 및 부식조사, 콘크리트구조물의 내하력 평가, 콘크리트 구조물의 건전도평가 및 유지관리, 콘크리트 구조물의 보수 및 보강 (6) PSC 구조물의 관련 시험과 품질관리 (7) 특수교량의 관련시험과 품질관리 (8) 거푸집 및 동바리 (9) 철근가공 및 조립검사 (10) 사용 철근의 품질시험 및 검사

시험과목	주요항목	세부항목
	7. 지반 및 기초공	(1) 지반재료의 특성 • 토성시험, 흙의 공학적 분류에 관한 사항 • 흙의 동해 및 지하수에 관한 사항, 유선망, 분사현상과 파이핑 현상 등 (2) 지반재료에 관한 시험 • 다짐이론 및 다짐시험방법, 압밀이론 및 압밀시험방법 • 흙의 전단이론 및 전단시험 등 지반재료에 관한 시험방법 (3) 안정해석 및 지반조사 • 옹벽의 안정, 흙막이공에 작용하는 토압분포, 사면의 안정성 관련 사항 • 기초지반, 토질의 조사 및 지지력시험 • 기초 말뚝관리 및 재하시험 (4) 지반개량 • 지반개량 기초자료 조사분석 • 지반개량 공법 검토 • 지반개량 시험 및 본 시공 • 지반개량 계측관리 • 지반개량 유지관리 (5) 지하구조물 및 지반보강재 • 터널시공관련 시험 및 품질관리 • 지반굴착 및 보강공법 • 토목섬유 시험방법 및 품질관리 (6) 보링그라우팅 • 보링그라우팅 현장조사 및 분석 • 보링그라우팅 공법 검토 선정 • 보링그라우팅 시공계획 및 관리 • 보링그라우팅 계측관리
	8. 도로포장공	(1) 보조기층, 기층 (2) 아스팔트 및 시멘트 콘크리트 포장 (3) 특수포장 (4) 포장 유지관리 (5) 공급원 선정 (6) 포장시공계획 수립 (7) 포장품질검사
	9. 강구조	(1) 강구조의 특성 (2) 강재공사 시공 및 품질관리계획 수립 (3) 강재공사 자원투입계획 수립 (4) 강재 자재관리 (5) 강재 가공 및 접합 (6) 강재 제작 부재 검사 (7) 가설구조물 설치 (8) 강구조물 설치 및 검사

시험과목	주요항목	세부항목
	10. 상하수도시공	(1) 시공관리계획 (2) 상하수도 자재관리 (3) 상하수도 시설물공사 (4) 상하수도 설비 및 부대공사 (5) 상하수도 관로부설공사 (6) 상하수도 시공 및 준공검사
	11. 수중구조물시공	(1) 수중구조물 시공계획 (2) 수중구조물 가시설 시공 (3) 수중구조물 기초 및 본체 시공
	12. 궤도시공	(1) 공사계획 (2) 레일 용접 (3) 자갈 및 콘크리트 도상 궤도 부설 (4) 분기기 부설 및 부대공사 (5) 검사 · 준공
	13. 기타	(1) 석재 및 폭약류에 관한 사항 (2) 도료 및 합성수지에 관한 사항 (3) 산업부산물 및 재활용 재료에 관한 사항 (4) 도장 및 방수에 관한 사항 (5) 각 공정별 시방서 작성 관리 (6) 시멘트 및 아스팔트, 콘크리트 생산 플랜트 관리 (7) 기타 토목구조물의 품질검사 및 유지관리

■ 면접시험

직무 분야	건설	중직무 분야	토목	자격 종목	토목품질시험기술사	적용 기간	2023.1.1.~2026.12.31.

○ 직무내용 : 토목품질시험 분야에 관한 고도의 전문지식과 실무경험에 입각한 조사, 계획, 연구, 설계, 분석, 시험, 운영, 시공, 평가 또는 이에 관한 지도, 사업관리 등의 직무 수행

검정방법	구술형 면접시험	시험시간	15 ～ 30분 내외

시험과목	주요항목	세부항목
토목재료의 특성, 용도, 시험 및 재료역학에 관한 사항과 그 밖의 품질관리에 관한 사항	1. 품질관리 일반	(1) 최근 국내외 건설품질관리 기술의 현황과 이슈 • 단위계(중력단위계와 국제단위계) • 첨단 신기술의 출현 및 이슈 • CM, VE, 건설 CALS, 건설정보화 등에 관한 사항 • 건설 Claim, KOLAS, 신기술 인증제도에 관한 사항 • 건설프로젝트의 타당성 조사 및 예비타당성 조사 • 기타 토목품질에 관련한 시사적 내용 및 사회적으로 이슈가 된 사항 (2) 품질관리 이론 및 실무 • 품질관리의 도구, 관리도의 종류 및 특성 • 품질관리계획의 수립 및 이행절차 • 국제품질기준에 관한 사항 • 건설기술진흥법령 등 품질관련 규정에 관한 사항
	2. 건설공사품질관리	(1) 품질관리 분석 (2) 품질관리 계획 수립 (3) 품질관리 교육 (4) 품질관리 조직구성 (5) 품질관리 사용비관리 (6) 품질관리 자료관리 (7) 자재 품질관리 (8) 품질관리 점검 (9) 품질사고 예방관리 (10) 품질관리 성과분석
	3. 토목건설사업관리	(1) 건설사업관리 업무수행계획 수립 (2) 시공관리 (3) 건설사업 품질관리 (4) 설계기획관리

시험과목	주요항목	세부항목
	4. 유지관리	(1) 시설물 점검 실시 (2) 시설물 진단 실시 (3) 보수 · 보강 시공관리 (4) 보수 · 보강 성능평가 (5) 보수 · 보강 후 성능관리
	5. 토공	(1) 토공 현장조사 (2) 토공 시공계획 수립 (3) 토공 땅깎기 및 터파기 (4) 토공 운반 (5) 토공 쌓기 및 다짐
	6. 콘크리트공	(1) 콘크리트용 재료 및 시험 　• 시멘트에 관한 사항 및 시험, 골재에 관한 사항 및 시험 　• 혼화재료에 관한 사항 및 시험, 혼합수에 관한 사항 및 시험 (2) 콘크리트의 제조, 배합 및 시험 　• 콘크리트 제조 일반사항, 배합 및 비비기 　• 레디믹스트 콘크리트(KS F 4009) 　• 굳지 않은 콘크리트와 굳은 콘크리트의 특성 및 시험 　• 콘크리트용 재료의 품질관리 및 콘크리트 제조의 품질관리 　• 콘크리트의 품질관리 (3) 콘크리트의 내구성 및 시험 　• 강도, 탄산화, 동결융해, 알칼리골재반응, 염해, 화학적 침식, 수밀성 등 (4) 콘크리트의 시공 　• 콘크리트의 시공 일반, 저장, 계량, 비비기, 운반, 타설 및 양생 　• 특수콘크리트의 시공에 관한 사항 (5) 콘크리트구조물 및 유지관리 　• 콘크리트 관련 제품 　• 외관조사 및 강도평가, 결함조사, 열화원인, 철근조사 및 부식조사, 콘크리트구조물의 내하력 평가, 콘크리트 구조물의 건전도평가 및 유지관리, 콘크리트 구조물의 보수 및 보강 (6) PSC 구조물의 관련 시험과 품질관리 (7) 특수교량의 관련시험과 품질관리 (8) 거푸집 및 동바리 (9) 철근가공 및 조립검사 (10) 사용 철근의 품질시험 및 검사

시험과목	주요항목	세부항목
	7. 지반 및 기초공	(1) 지반재료의 특성 • 토성시험, 흙의 공학적 분류에 관한 사항 • 흙의 동해 및 지하수에 관한 사항, 유선망, 분사현상과 파이핑 현상 등 (2) 지반재료에 관한 시험 • 다짐이론 및 다짐시험방법, 압밀이론 및 압밀시험방법 • 흙의 전단이론 및 전단시험 등 지반재료에 관한 시험방법 (3) 안정해석 및 지반조사 • 옹벽의 안정, 흙막이공에 작용하는 토압분포, 사면의 안정성 관련 사항 • 기초지반, 토질의 조사 및 지지력시험 • 기초 말뚝관리 및 재하시험 (4) 지반개량 • 지반개량 기초자료 조사분석 • 지반개량 공법 검토 • 지반개량 시험 및 본 시공 • 지반개량 계측관리 • 지반개량 유지관리 (5) 지하구조물 및 지반보강재 • 터널시공관련 시험 및 품질관리 • 지반굴착 및 보강공법 • 토목섬유 시험방법 및 품질관리 (6) 보링그라우팅 • 보링그라우팅 현장조사 및 분석 • 보링그라우팅 공법 검토 선정 • 보링그라우팅 시공계획 및 관리 • 보링그라우팅 계측관리
	8. 도로포장공	(1) 보조기층, 기층 (2) 아스팔트 및 시멘트 콘크리트 포장 (3) 특수포장 (4) 포장 유지관리 (5) 공급원 선정 (6) 포장시공계획 수립 (7) 포장품질검사
	9. 강구조	(1) 강구조의 특성 (2) 강재공사 시공 및 품질관리계획 수립 (3) 강재공사 자원투입계획 수립 (4) 강재 자재관리 (5) 강재 가공 및 접합 (6) 강재 제작 부재 검사 (7) 가설구조물 설치 (8) 강구조물 설치 및 검사

시험과목	주요항목	세부항목
	10. 상하수도시공	(1) 시공관리계획 (2) 상하수도 자재관리 (3) 상하수도 시설물공사 (4) 상하수도 설비 및 부대공사 (5) 상하수도 관로부설공사 (6) 상하수도 시공 및 준공검사
	11. 수중구조물시공	(1) 수중구조물 시공계획 (2) 수중구조물 가시설 시공 (3) 수중구조물 기초 및 본체 시공
	12. 궤도시공	(1) 공사계획 (2) 레일 용접 (3) 자갈 및 콘크리트 도상 궤도 부설 (4) 분기기 부설 및 부대공사 (5) 검사·준공
	13. 기타	(1) 석재 및 폭약류에 관한 사항 (2) 도료 및 합성수지에 관한 사항 (3) 산업부산물 및 재활용 재료에 관한 사항 (4) 도장 및 방수에 관한 사항 (5) 각 공정별 시방서 작성 관리 (6) 시멘트 및 아스팔트, 콘크리트 생산 플랜트 관리 (7) 기타 토목구조물의 품질검사 및 유지관리
품위 및 자질	16. 기술사로서 품위 및 자질	(1) 기술사가 갖추어야 할 주된 자질, 사명감, 인성 (2) 기술사 자기개발 과제

차 례

Chapter 1 조사 및 시험

❖ 조사 및 시험 용어해설 ·· 3
1. 공종별 지반조사 항목 ··· 5
2. 지표지질조사의 조사항목 및 조사방법 ······································ 11
3. 실내토질시험의 종류 및 특징 ·· 15
4. 시추조사 시 시료 채취방법의 종류 및 특징 ······························ 18
5. 토질조사 시 시료의 교란원인과 교란을 최소화할 수 있는 방법 ········ 21
6. 흙의 전단강도를 구하기 위한 시험방법과 특징 ·························· 25
7. 노상토 지지력시험의 종류 및 시험방안 ····································· 31
8. CBR 시험의 특징 및 수정 CBR 결정방법 ································· 36
9. (예제) 수정 CBR의 산정방법 ··· 40
10. 표준관입시험(SPT, Standard Penetration test) ······················· 41
11. 표준압밀시험의 시험방법 및 시험 시 문제점 ···························· 45
12. 표준압밀시험의 결과 활용 ··· 48
13. 토질별 투수계수를 구하기 위한 시험 ······································ 51
14. 암반 수압시험 시 주입패턴의 종류 및 각 패턴별 지반의 투수특성 ······ 56
15. 시추조사 후 시추공 폐공처리 ·· 59
16. 지반의 정밀물리탐사 ··· 63

Chapter 2 토질 및 토공

❖ 토질 및 토공 용어해설 ·· 73
1. 흙의 종류 및 흙의 3상에 따른 물리적 특성 ······························ 78
2. 흙의 성인에 의한 분류 및 붕괴토 대책방안 ······························ 82
3. 흙의 공학적 분류방법의 종류 및 특징 ······································ 86
4. 흙의 consistency 설명 및 시험결과 이용방안 ···························· 91

5. 점성토와 사질토의 공학적 특징 ··· 96

6. boiling과 heaving 발생원인과 방지대책 ····························· 103

7. 부력 및 양압력의 발생원인과 대책 ····································· 105

8. 흙의 동상 발생원인과 대책 ·· 109

9. 2m 이상 성토구간의 동상방지층 생략 ································ 112

10. 흙의 다짐도를 건조밀도로 평가할 때 다짐도 평가방법 및 품질관리방안 ····· 115

11. 현장밀도시험에서의 조립자 함유 보정방법 ························· 124

12. 다짐한 흙의 공학적 특성과 다짐효과에 영향을 주는 요소 ····· 128

13. 도로 성토재료의 구비조건과 토공의 품질관리방법 ·············· 132

14. 도로공사에서 토공의 단계별 품질관리 ······························ 137

15. 토공작업 시 취약공종의 종류 및 품질관리방안 ·················· 141

16. 구조물 뒤채움 재료의 품질관리기준과 품질관리방안 ·········· 146

17. 편절 및 편성토 구간의 성토 시 문제점과 품질관리방법 ······· 151

18. 암쌓기 시 시공관리방안 및 다짐도 관리방안 ···················· 154

19. 토공사 시 땅깎기 구간의 품질관리방안 ···························· 158

20. 토취장 및 사토장 선정 시 고려사항 ································· 163

21. 토량변화율(L, C) 및 토량환산계수(f) 적용방법 ·········· 167

22. 토사, 리핑, 발파암 분류방법 및 굴착 시공 시 유의사항 ······ 170

23. 유토곡선(mass curve, 토적곡선)의 작성방법 및 성질 ········· 174

24. 자연사면의 붕괴(산사태)원인 및 대책 ······························ 176

25. 인공사면의 붕괴원인 및 대책 ··· 179

26. 소일네일링(soil nailing)공법의 시공 및 품질관리방안 ········· 185

27. 어스앵커(earth anchor)공법의 앵커의 긴장력 확인방법 ······· 192

28. 토석류(debris flow)의 발생원인과 대책 ···························· 200

Chapter 3 전문 공종

❖ 전문 공종 용어해설 ··· 205

1. 연약지반의 처리에 필요한 조사, 시험, 대책공법 ················ 219

2. 연약지반처리공법의 적용성 ·· 227

3. 연약지반의 토질별 침하량 산정방법 및 압밀기간 산정방법 ···· 229

4. 연약지반의 시공관리를 위한 침하관리기법과 안정관리기법 ·················· 233

5. 연약지반에서 교대 측방유동 검토방법과 방지대책 ··························· 239

6. 콘크리트 옹벽의 안정조건과 시공 시 품질관리방안 ·························· 244

7. 도심지 지반 굴착 시 영향인자와 문제점 및 해결대책 ······················· 248

8. 지하연속벽공사 시 안정액의 종류별 특징 및 품질관리방안 ················· 254

9. 매입말뚝공법의 종류 및 단계별 품질관리방안 ······························· 257

10. 말뚝 재하시험의 종류와 방법 및 현장타설말뚝의 건전도 평가 ············· 263

11. 말뚝의 지지력 산정방법 ··· 270

12. 정재하시험의 종류 및 지지력 판정방법 ···································· 273

13. 동재하시험의 지지력 산정방법과 관리방안 ································· 278

14. SPLT(Static Pile Load Test)의 시험 및 분석방법 ······················ 283

15. 암반분류방법(토공사, 터널공사) ·· 287

16. 암질지수(RQD) 산정방법 및 용도 ·· 292

17. RMR과 Q-system의 특징, 활용방안 ····································· 295

18. 터널공사 시 일반 여굴과 진행성 여굴 발생원인 및 대책 ··················· 300

19. 터널 보조공법의 종류 및 품질관리방안 ···································· 304

20. 터널공사의 계측항목 및 계측성과 응용방안 ······························· 314

21. 터널 콘크리트 라이닝에 발생하는 균열형태 및 저감방안 ·················· 321

22. 교량설계의 종류 및 특징 ·· 326

23. 교량의 구성 및 종류별 품질관리방안 ······································ 331

24. 상부구조형식에 따른 교량의 분류 및 특징 ································· 335

25. 연속 합성형교 지점부 부모멘트 처리방법 ·································· 343

26. 교량 콘크리트 타설순서 ·· 345

27. 강교 제작 및 가설공법 ··· 348

28. PSC 교량 가설공법 종류 및 특징 ·· 353

29. 교좌장치 파손원인 및 보수대책 ··· 360

30. 교량의 파손원인과 보수·보강대책 ·· 363

31. 댐 분류 및 유수전환방식 종류 ·· 368

32. 댐 기초처리공법의 품질관리 ·· 372

33. 콘크리트댐의 품질관리방안 ·· 378

34. 필댐(Fill dam) 및 표면차수벽 댐의 품질관리방안 ························ 381

35. 필댐의 누수원인과 대책 ································ 387

36. 댐 계측 시행방안 ································ 389

37. 호안의 종류와 구조 ································ 394

38. 제방의 종류, 붕괴, 누수원인 및 대책 ································ 397

39. 하천의 유지관리 ································ 401

40. 상수도관의 종류 및 기초형식 ································ 404

41. 폐쇄 상수도관 처리방법 ································ 408

42. 하수배제방법 및 하수관거공사 시 검사종류 ································ 412

Chapter 4 시멘트 콘크리트

❖ 시멘트 콘크리트 용어해설 ································ 419

1. 시멘트의 화학적 성분 및 시멘트 화합물의 특성 ································ 426

2. 시멘트의 제조방법과 품질시험항목 ································ 432

3. 물(혼합수)의 종류와 품질관리방안 ································ 436

4. 콘크리트용 골재로서 요구되는 성질과 품질기준 ································ 440

5. 굵은 골재의 최대 치수가 콘크리트에 미치는 영향 ································ 444

6. 골재 중의 유해물이 콘크리트 품질에 미치는 영향 ································ 447

7. 혼화재료의 사용목적과 종류 및 사용 시 주의사항 ································ 451

8. 노출등급에 따른 콘크리트 구조물 내구성기준(내구설계) ································ 459

9. 콘크리트 내구성을 고려한 설계와 시공절차 ································ 463

10. 콘크리트 배합이론 및 배합설계의 순서와 물-결합재비 결정방법 ································ 468

   ※ 콘크리트 배합설계의 예 : 25-24-120 ································ 474

11. 시멘트 콘크리트의 재료분리현상과 저감방안 ································ 479

12. 콘크리트 현장 품질관리의 종류 및 검사방법 ································ 483

13. 레디믹스트 콘크리트의 종류 및 품질관리방안 ································ 487

14 굳지 않은 콘크리트 단위수량 신속 측정방법 ································ 495

15. 콘크리트의 시공단계별 품질관리방안 및 품질시험항목 ································ 500

16. 레미콘 품질 저하의 원인 및 대책 ································ 502

17. 콘크리트 타설 시 시행하는 다짐의 원리 및 다짐 시 유의사항 ································ 504

18. 우기에 콘크리트 타설 시 품질관리방안 ································ 508

19. 거푸집 및 동바리에 적용하는 하중 및 품질관리사항 ……………………… 511

20. 거푸집 및 동바리 설치 시 점검사항 및 판정기준 ……………………… 517

21. 콘크리트 강도가 기준보다 작게 나왔을 경우의 조치방안 …………… 521

22. 슈미트 해머를 사용한 비파괴시험 시 강도 판정법과 보정방법 ……… 526

23. 콘크리트 조기강도 판정의 필요성과 판정방법 ………………………… 530

24. 팽창 콘크리트의 품질기준 및 품질관리방안 …………………………… 534

25. 경량골재 콘크리트의 종류와 품질관리방안 …………………………… 537

26. 순환골재 콘크리트의 품질관리방안 …………………………………… 541

27. 프리스트레스트 콘크리트의 특징 ……………………………………… 545

28. 매스 콘크리트의 온도균열 메커니즘 및 방지대책 …………………… 549

29. 해양 콘크리트의 요구성능, 문제점 및 품질관리방안 ………………… 555

30. 하절기에 시공되는 콘크리트의 문제점과 품질관리방안 …………… 559

31. 한중 콘크리트 적용범위 및 품질관리방안 …………………………… 564

32. 수중 콘크리트의 품질기준과 타설 시 유의사항 …………………… 570

33. 수중불분리성 콘크리트의 품질관리방안 ……………………………… 574

34. 프리플레이스트 콘크리트(PAC)의 종류 및 관리방안 ……………… 578

35. 특수 기능성 콘크리트의 종류 및 특징 ………………………………… 583

36. 자기응력 콘크리트의 특징 ……………………………………………… 586

37. 특수 콘크리트(고강도, 수중, 포장, 숏크리트)의 품질관리방안 ……… 589

38. 친환경 콘크리트의 품질관리방안 ……………………………………… 592

39. 굳지 않은 콘크리트의 성질 및 워커빌리티에 영향을 미치는 요인 …… 598

40. 블리딩으로 인해 나타나는 현상 및 저감방안 ……………………… 601

41. 콘크리트 재료분리현상의 발생원인과 문제점 및 대책 ……………… 604

42. 콘크리트 표면결함의 종류별 발생원인 및 대책 …………………… 607

43. 굳은 콘크리트의 성질과 발생하는 균열의 종류 및 대책 ………… 612

44. 콘크리트에 발생하는 균열 발생요인과 대책 ………………………… 618

45. 철근콘크리트 구조물에 시행하는 비파괴시험 ……………………… 624

46. 콘크리트 구조물의 균열 보수 · 보강 시 품질관리방안 …………… 629

47. 콘크리트 구조물 균열 보수 · 보강 후 평가방법 …………………… 636

48. 콘크리트의 내구성 평가 ………………………………………………… 641

49. 콘크리트 구조물의 내구성 저하요인 및 내구성 평가방법 ………… 644

50. 콘크리트의 열화 특성 및 방지대책 ··· 650

51. 강재말뚝의 부식 발생 메커니즘 및 방식의 종류와 특징 ············· 658

52. 구조용 강재의 종류별 특징 및 후판 강재의 규격체계 ················ 664

53. 용접결함의 종류 및 품질관리방안 ··· 671

54. 강재 용접 시 단계별 검사방법 및 특징 ·································· 677

55. 강재 파괴의 분류 및 특징 ·· 682

Chapter 5 아스팔트와 포장

❖ 아스팔트 콘크리트 용어해설 ··· 689

1. 안정처리공법의 종류 및 품질관리방안 ···································· 702

2. 아스팔트 콘크리트 포장의 시험포장 ······································ 705

3. 동상방지층 및 보조기층의 품질기준과 시공기준 ······················· 709

4. ACP와 CCP 비교 및 ACP 시공 시 온도관리 기준과 중요성 ·········· 712

5. 아스팔트 혼합물의 종류와 요구성질, 배합설계순서 ···················· 716

6. 아스팔트 콘크리트 배합 및 시험생산 시 주의사항 ····················· 720

7. 아스팔트 혼합물 시료 채취방법 ··· 727

8. 아스팔트 포장다짐의 중요성 및 공정별 다짐방안 ······················ 730

9. 동절기 아스팔트 포장 시공 시 품질관리 ································· 735

10. 반강성 포장의 특징 및 관리방안 ··· 738

11. 포장의 평탄성 평가방법과 불합격 시 조치방안 ························· 741

12. 소성변형 발생 메커니즘과 저감방안 ······································ 746

13. 아스팔트 콘크리트 포장의 구조와 파손원인, 대책 ····················· 750

14. 아스팔트 포장의 포트홀 발생원인과 대책 ······························ 756

15. 시멘트 콘크리트 포장의 배합설계순서 및 항목별 고려사항 ··········· 760

16. 시멘트 콘크리트 포장 줄눈의 종류 및 특징, 품질관리방안 ··········· 765

17. 시멘트 콘크리트 포장의 단계별 품질관리방안 ·························· 769

18. 하절기 시멘트 콘크리트 포장의 초기균열 방지를 위한 방안 ·········· 773

19. 포장용 콘크리트의 품질검사 및 관리방법 ······························ 777

20. 시멘트 콘크리트 포장의 파손원인과 대책 ······························ 780

21. 도로포장 유지보수 조사 및 평가 ··· 785

Chapter 6 품질관리와 시사

❖ 품질관리와 시사 용어해설 ·· 793

1. 품질관리의 발전흐름과 종류별 특징 ································ 797

2. 건설공사를 위한 통계적 품질관리기법 ···························· 801

3. 통계적 기법 중 $\overline{x} - R$ 관리도 작성방법 ························· 807

4. 순환골재의 특징과 의무사용 건설공사의 범위와 용도 ········· 810

5. 건설공사에 적용되는 품질관리의 종류 및 효과 ················ 815

6. KOLAS(Korea Laboratory Accreditation Scheme, 한국인정기구) ········· 820

7. 민간투자제도의 종류 및 성과 ······································ 824

8. SI 단위계의 정의 및 수치, 단위 표기법 ························· 828

9. 건설공사 품질관리비 수립대상 및 계상기준 ···················· 834

10. 스마트 건설기술과 품질관리 ······································ 837

📖 참고문헌 ··· 842

Appendix A 부 록

1. 건설공사 품질시험방법

    1) 토질시험 ··· 844

    2) 골재시험 ··· 863

    3) 시멘트 및 시멘트콘크리트시험 ································· 885

    4) 아스팔트 및 아스팔트 혼합물시험 ····························· 902

    5) 강재시험 ··· 920

2. 과년도 출제문제 ··· 926

3. 공종별 기출문제 분류 ··· 989

4. 2차(면접)시험 대비 핵심정리 ····································· 1037

CHAPTER 01

조사 및 시험

긍정적인 기대나 관심이
사람에게 좋은 영향을 끼친다는 '피그말리온 효과'처럼
꿈과 기대를 가지고 도전하는 사람들은
반드시 그 꿈을 이룰 수 있다.

• **조사**
1. 단계별 조사(예비조사, 현지답사, 본조사, 시공 중 조사, 문제발생 시 조사)
2. 공사위치별 조사
3. 시공계획

• **시험**
1. 원위치시험
   • 파괴 : 보링, 사운딩, 지하수위, 재하시험, 전단시험
   • 비파괴 : 파를 이용(탄성파, 전자기파)
   　　　　　 파를 미이용(전기비저항, 방사능)
2. 실내시험
   • 물리 : 1차적 성질, 2차적 성질
   • 역학 : 전단, 압밀, 투수, 다짐, CBR
   • 화학
3. 유지관리시험
   • 원위치시험
   • 역학시험
   • 화학시험

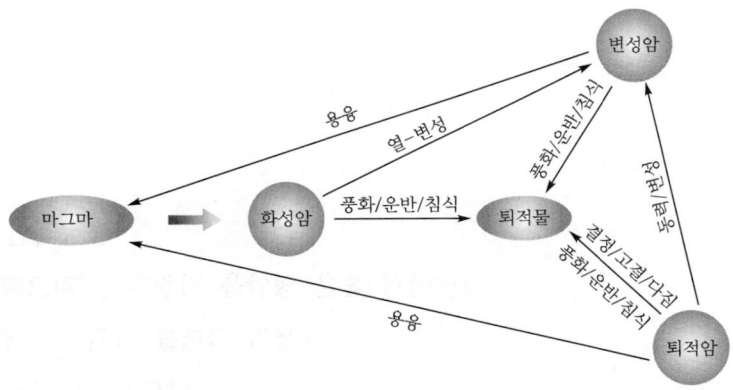

[암의 윤회]

조사 및 시험 용어해설

1. **흙의 간극비(void ratio)**
   흙은 흙입자와 간극으로 구성되고, 간극은 물과 공기로 구성되어 있으며, 간극비란 흙입자의
   용적에 대한 간극의 용적비

2. **흙의 함수비(water content)**
   함수량은 흙속에 포함되어 있는 물의 중량으로, 흙입자의 중량에 대한 수분의 중량비를 백분
   율로 표시한 것

3. **sounding**
   지반조사의 일종으로 로드 선단에 부착한 저항체를 지중에 매입하여 관입, 회전, 인발 등의
   힘을 가하여 그 저항치에서 토층의 상태를 알 수 있는 시험

4. **boring**
   지중에 $\phi 50 \sim 200mm$의 강관으로 천공 후 토사를 채취하여 토질조사를 하는 방법

5. **cone 관입시험**
   강봉 선단에 원추형 콘을 달고, 이것을 지중에 관입시켜 관입 심도와 저항을 측정하여 깊이
   방향의 토질 성상을 파악하는 시험

6. **SPT(표준관입시험)**
   63.5kg의 추를 76cm 높이에서 자유 낙하시켜 sampler가 30cm 관입될 때의 타격횟수 N값
   의 측정과 교란된 시료의 채취를 목적으로 하는 시험

7. **vane test**
   10m 미만의 연약 점성토 지반에 vane tester를 넣고 회전시켜 흙이 전단될 때의 최대 회전모
   멘트를 구하여 점성토의 점착력을 산출하여 전단강도를 추정하는 시험

8. **sampling(시료 채취)**
   지반의 토질을 판별하기 위하여 시료를 채취하는 방법이며, 크게 교란시료 채취와 불교란시
   료 채취방법으로 분류

9. **Piezocone 관입시험**
   피조콘은 기존의 더치콘을 개량하여 콘저항치와 마찰력을 측정하면서 간극수압 및 간극수압
   소산이 동시에 측정되는 관입시험

10. **배압**
    실험실에서 3축압축시험을 할 때 수분증발로 인해 포화도가 떨어져, 이를 방지할 목적으로
    시험실에서 처음부터 100% 포화시키기 위해 시료 속으로 수압을 가하는 것

11. **PBT(평판재하시험)**
    실제 기초저면에서 하중을 가하여 하중과 변위와의 관계에서 기초지반의 극한지지력과 허용
    지지력을 산출하는 시험

12. 지지력계수(modulus of subgrade reaction)

노상과 보조기층의 지지력 크기를 나타내는 계수

13. CBR

포장두께 결정을 목적으로 노상토의 강도, 압축성과 같은 특성을 알아보기 위해 California 도로국에서 개발하여 전세계적으로 사용되고 있는 반경험적인 시험

14. 광역지질조사

과업구간 내 노선에 따른 암종분포 및 지질구조요소를 파악하여 정밀지표지질조사에 반영하고, 구조물별 기초자료를 제공하여 주는 조사

| 기존 자료 분석 | • 과업지역에 대한 기존 조사자료 분석 |

| 광역지표지질조사 선형 구조 분석 | • 과업지역 내 노선에 따른 암종분포 및 지질구조요소 파악
• 인공위성 영상, 음영기복도, 해저지형도 분석
• 과업지역 주변 지질경계 및 선형구조분포 특성 파악 |

| 정밀지표지질조사 불연속면 특성조사 | • 지질경계, 지질구조 조사
• 선조사 및 면조사 실시
• 노선 주변의 지층분포
• 암상별 역학적 특성 파악 |

| 지질조사 성과 분석 | • 과업지역의 정밀지질도 및 지질단면도 작성
• 구간별 지질공학적 특성 분석
• 현장조사자료와 종합하여 불연속면 통계 분석
• 시추조사 결과 비교·검토 |

| 구조물별 기초자료 제공 | •교량기초 설계, 비탈면 설계, 연약지반개량 설계 등에 반영 |

15. 지표지질조사

조사대상지역에 대한 암석분포, 각 암석의 지질시대, 암석 상호 간의 관계 및 지질구조에 대해 지표에 나타난 노두 및 제반자료를 이용하는 조사

공종별 지반조사 항목

문제 분석	문제 성격	기본 이해	중요도	■■□□□□
	중요 Item	지반조사단계, 공종별 지반조사항목		

I 개 요

1. 토질의 분포와 성질을 철저히 조사하는 일은 토공을 합리적이고 경제적으로 관리하는 데 대단히 중요한 일이고, 조사방법의 올바른 선택은 공사의 성패를 좌우하는 중요한 요건이다.
2. 지반조사는 노선 선정 및 토공, 구조물, 교량, 터널공의 계획, 설계, 시공 및 유지관리를 합리적이며 경제적으로 수행하기 위하여 자료를 수집하는 것이며, 공종은 쌓기부, 깎기부, 교량부, 터널부, 재료원 등으로 구분된다.

II 지반조사의 목적

1. 지반의 토질, 토층, 지내력, 지하수위 등 파악
2. 시공 및 유지관리를 위한 자료 수집
3. 기초 / 연약지반 / 옹벽 / 사면 / 터널 등 토목구조물과 토류구조물 등 경제적 설계 시행

III 지반조사단계

1. 예비조사 : 문헌조사 및 인접지역의 유사현장 사례조사
2. 개략조사 : 실시설계조사의 1/2~1/4 수준
3. 본조사
   1) 현장시험
      (1) 파괴적 개념시험(boring, sounding, 재하시험 등)
      (2) 비파괴적 개념시험(물리탐사)
         ① 파를 이용하는 방법
         ② 파를 이용하지 않는 방법
   2) 실내시험
      (1) 물리적 시험(비중 / 함수량 / 입도 / 압축성)
      (2) 역학적 시험(전단 / 압밀 / 투수 / 다짐 / CBR)
4. 보완조사 : 본조사 결과 대상으로 지층 상세조사
5. 시공관리조사 : 현장시험 및 실내시험
6. 유지관리조사 : SPT, CPTu 등 유지관리에 필요한 조사

Ⅳ 공종별 지반조사항목

1. 쌓기부

1) 현장시험

조사위치		조사항목	조사빈도	조사심도	비 고
쌓기 비 탈 면	일반구간	핸드오거	300m	3 ~ 5m	• 전답토 통과구간
		시추조사	500m	풍화토 N=30 이상 풍화암 확인	
	연약지반	핸드오거	200m	3 ~ 5m	• 최소 2개소 이상
		시추조사	100m	• 풍화잔류토 • 지지층 확인	• SPT (1.0m 간격)
		자연시료 채취	공당 2개소 이상	필요 깊이	• 시추공 5m마다
		베인시험	200m	• 연약층 전심도 • 5m마다	• 최소 2개소 이상
쌓기 부	연약지반	콘관입시험	100m	• 연약층 전심도 • 5m마다	
		간극수압 소산시험	200m	• 연약층 전심도 • 5m마다	• 1회/CPTu 2회

2) 실내시험(연약지반)

(1) 함수량시험, 비중시험, 체가름시험, 입도시험, 액 · 소성한계시험

(2) 1축압축시험, 직접전단시험, 3축압축시험, 압밀시험

2. 깎기부

1) 현장시험

조사위치	조사항목	조사빈도	조사심도	비 고
깎기부	지표지질조사	깎기부 전체		
	시추조사	• 깎기 높이 20m 이상 : 2개소 • 깎기 높이 20m 이하 : 1개소	계획고하 2m	• SPT (1.0m 간격)
	시추공 전단시험	풍화암층이 두꺼운 지층 인 경우		
	시험굴조사	개소당 1~2개소	1~3m	
	굴절파 탄성파탐사	깎기 높이 20m 이상인 비탈면구간		• 시추조사와 병행 • 미시추조사구간
	시추공 내 화상정보시험	깎기 높이 10m 이상인 비탈면구간 1공	암반구간	
	공내재하시험	깎기 높이 20m 이상인 비탈면구간 1공	층별 1회 (풍화암, 연암, 경암)	
	투수시험 또는 암반수압시험	용출수 산정 필요시		

2) 실내시험

(1) 함수량시험, 비중시험, 체가름시험, 입도시험, 액·소성한계시험

(2) 이암, 세일 : 풍화 내구성 지수시험, 팽윤시험 추가

(3) 깎기 높이 20m 이상인 비탈면 : 암석의 비중시험, 흡수율시험, 단위중량시험, 푸아송시험, 1축압축시험, 3축압축시험, 주요 절리면 전단시험

3. 터널부

1) 현장시험

조사위치	조사항목	조사빈도	조사심도	비 고
터널부	지표지질조사	• 터널 전체 길이		

	시추조사	• 입출구부
		  - 단선터널 : 각각 3개소
		  - 병렬터널 : 각각 5개소
		• 계곡부 : 1개소 이상
		• 저토피 : 1개소 이상
		• 기타 : 1개소 이상
		(수직갱 등 주요 구조물
		위치 추가)
			• 계획고하 2m
			• 터널 최대 직경의 0.5배
				• SPT
				(1.0m 간격)
				• 지하수위
				조사

	시추공 전단시험	• 입출구부의 풍화암층이 두꺼운 지층인 경우		
	굴절파 탄성파탐사	• 입출구부 • 저토피구간		• 가탐심도 50m 내외
	전기 비저항탐사	• 터널 전체 길이		• 가탐심도 200m 내외
	시추공 내 화상정보시험	• 입출구부 각각 2공	• 암반구간	
	공내재하시험	• 입출구부, 본선 각각 1공	• 층별 1회 (풍화암, 연암, 경암)	
	암반수압시험	• 용출수 산정 필요시		

2) 실내시험

(1) 함수량시험, 비중시험, 체가름시험, 입도시험, 액·소성한계시험

(2) 안정성시험, 마모시험, 탄성파속도시험, 탄성계수시험, 인장강도시험

(3) 암석의 비중시험, 흡수율시험, 단위중량시험, 푸아송시험, 주요 절리면 전단시험

4. 교량부

1) 현장시험

조사위치	조사항목	조사빈도	조사심도	비 고
교량부	시추조사	• 교대 및 교각마다 1개소 • 분리교량은 교량마다 시행	• 풍화암 7m • 연암 3m • 경암 1m 　도달 시 중단	
	굴절파 탄성파탐사	• 직접기초 위치에 풍화암 심도 가 급변하는 경우	• 층별(풍화암, 연 암, 경암) : 1회	
	시추공 토모그래피탐사	• 상부구조물에 큰 영향을 미칠 공동이 발견되어 필요한 경우	• 필요 깊이까지	• 탄성파 또는 전기비저항방식
	공내재하시험	• 풍화대가 깊어 직접기초 심도 결정 시 침하량 산정이 필요한 경우 • 연약층이 깊을 경우 말뚝기초 의 반력계수가 필요한 경우	• 직접기초　예상 심도 이상까지	

2) 실내시험

(1) 함수량시험, 비중시험, 체가름시험, 입도시험, 액·소성한계시험

(2) 암석의 1축압축시험 또는 점하중시험

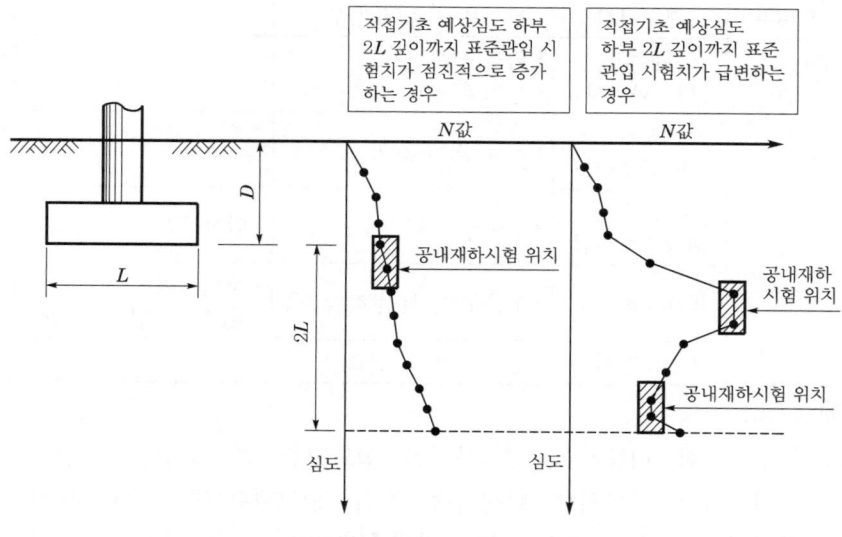

[공내재하시험 수행심도]

5. 재료원

1) 현장시험

조사위치		조사항목	조사빈도	조사심도	비 고
재료원	석산	시추조사	2개소 이상	필요 깊이까지	
	하상골재원	시험굴조사	필요시	필요 깊이까지	
	토취장	시추조사	2개소 이상	필요 깊이까지	
		시험굴조사	2개소 이상	3 ~ 5m	

2) 실내시험

(1) 함수량시험, 비중시험, 체가름시험, 입도시험, 액·소성한계시험

(2) 다짐시험, 실내 CBR 시험, 불교란시료 직접전단시험

V 맺음말

1. 지반조사는 공사의 특성에 맞게 경제적이고 내구적인 구조물 시공을 위해 계획된 구조물 하부 및 주변 지반의 특성을 조사하는 것이다.

2. 공사목적에 적합한 조사와 시험이 필요하고, 최근의 건설사업은 환경대책측면과 방재측면 까지도 중요시함으로써 환경친화성을 고려한 조사가 필요하다.

[표준관입시험을 실시하는 모습]

참고 **조사수행과정(flow chart)**

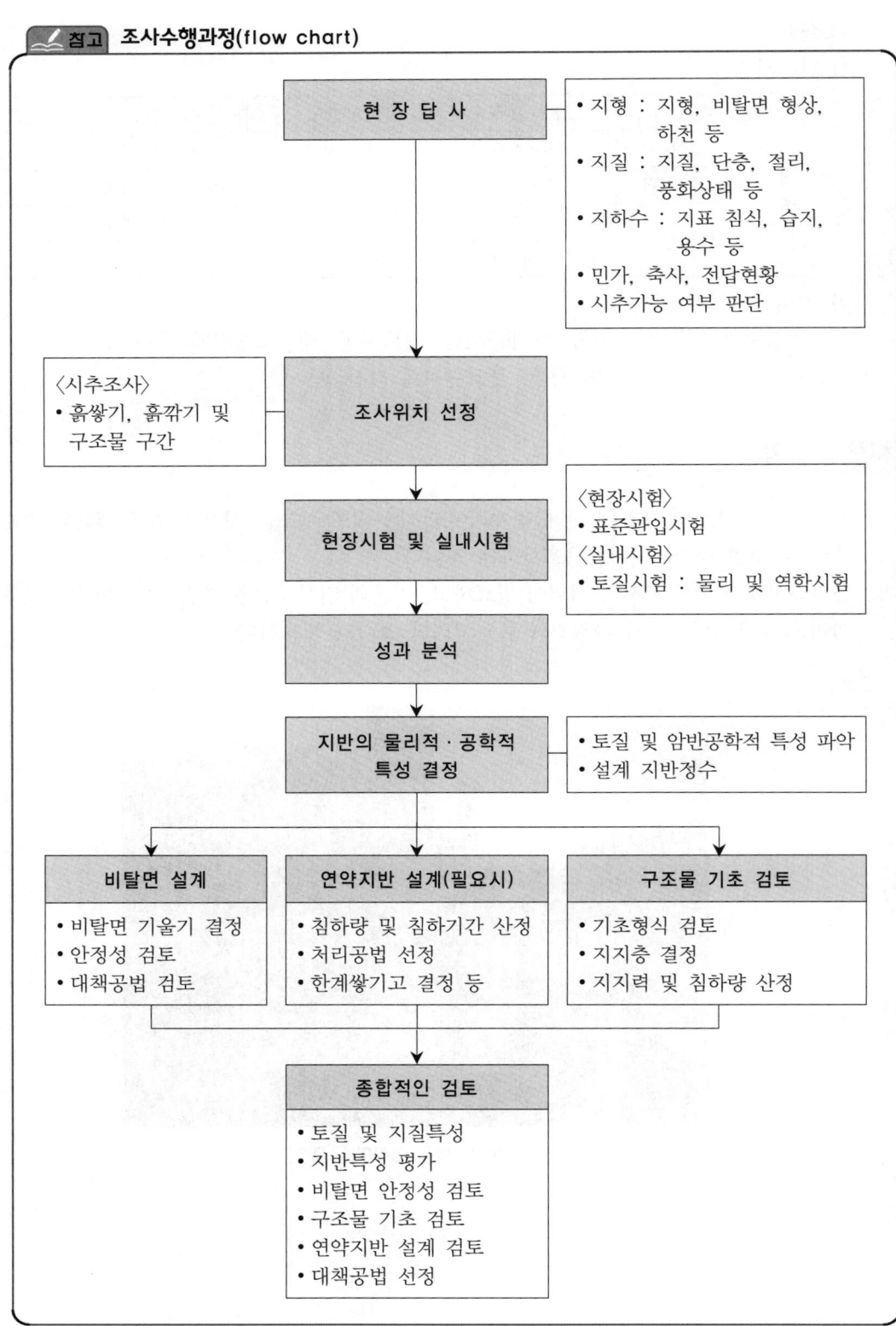

현 장 답 사
- 지형 : 지형, 비탈면 형상, 하천 등
- 지질 : 지질, 단층, 절리, 풍화상태 등
- 지하수 : 지표 침식, 습지, 용수 등
- 민가, 축사, 전답현황
- 시추가능 여부 판단

〈시추조사〉
- 흙쌓기, 흙깎기 및 구조물 구간

조사위치 선정

현장시험 및 실내시험
〈현장시험〉
- 표준관입시험
〈실내시험〉
- 토질시험 : 물리 및 역학시험

성과 분석

지반의 물리적·공학적 특성 결정
- 토질 및 암반공학적 특성 파악
- 설계 지반정수

비탈면 설계
- 비탈면 기울기 결정
- 안정성 검토
- 대책공법 검토

연약지반 설계(필요시)
- 침하량 및 침하기간 산정
- 처리공법 선정
- 한계쌓기고 결정 등

구조물 기초 검토
- 기초형식 검토
- 지지층 결정
- 지지력 및 침하량 산정

종합적인 검토
- 토질 및 지질특성
- 지반특성 평가
- 비탈면 안정성 검토
- 구조물 기초 검토
- 연약지반 설계 검토
- 대책공법 선정

Section 2
지표지질조사의 조사항목 및 조사방법

문제 분석	문제 성격	기본 이해	중요도	■■■□□□
	중요 Item	지표지질조사의 항목별 특징		

I 개 요

1. 지표지질조사란 조사대상지역에 대한 암석분포, 각 암석의 지질시대, 암석 상호 간의 관계 및 지질구조 등 지표에 나타난 노두 및 제반자료를 이용하는 조사이다.
2. 지표를 여기저기 돌아다니며 노두(露頭) 관찰과 노두 상호의 입체위치 관계에서 지질구조 를 복원하여 지질ㆍ광학적인 고찰을 하는 것이 보통이며 인력에 의한 조사로서는 가장 기 초적인 조사이다.

II 지표조사의 분류

1. 항공사진 촬영에 의한 조사
2. 지형측량에 의한 조사
3. 지표지질조사에 의한 조사

III 지표지질조사 항목

1. 지형적 측면
   1) 능선 및 계곡의 발달상황
   2) 노두에서 관찰되는 지질구조의 방향성, 간격, 이완범위 등
   3) 표토층의 변위발생 여부
   4) 암상에 따른 하중관계
   5) 지표수와 지하수의 존재 여부

2. 지질공학적 측면
   1) 절리의 방향(orientation)
   2) 간격(spacing)
   3) 틈새(joint aperture)
   4) 거칠기(joint surface roughness)
   5) 연장성(persistence)
   6) 풍화상태
   7) 지하수 유출상태

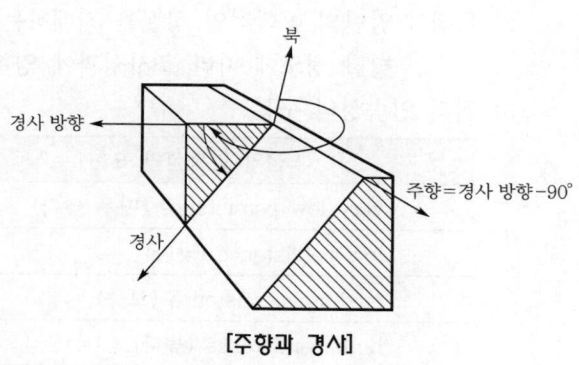

[주향과 경사]

Ⅳ 지표지질조사의 항목별 특징

1. 절리의 방향
1) 정의 : 절리의 방향은 절리의 주향과 경사
2) 측정 : 클리노미터를 사용하여 절리계를 이루고 있는 절리 중에서 주요 암괴의 안정에 영향을 미치는 절리들에 대하여 측정

2. 절리 간격
1) 정의 : 절리 간의 간격은 수직거리이고, 일반적으로 절리의 각 종류에 따라서 각각 평균 수직간격을 측정
2) 측정
  (1) 각각의 절리 Sets에 대해서 평균적인 절리 간의 거리를 구하는 방법
  (2) 직접 절리를 측정할 수 없는 경우 시추 Core를 활용하여 측정
3) 절리 간격의 구분

절리 간격의 표현	간격(mm)
extremely close spacing (극도로 좁다)	< 20
very close spacing (매우 좁다)	20 ~ 60
close spacing (좁다)	60 ~ 200
moderate spacing (보통)	200 ~ 600
wide spacing (넓다)	600 ~ 2,000
very wide spacing (매우 넓다)	2,000 ~ 6,000
extremely wide spacing (극도로 넓다)	> 6,000

3. 절리의 연속성
1) 정의 : 절취면에서의 절리의 크기 또는 절리가 연장되는 정도
2) 특징 : 암반의 공학적인 성질을 지배하는 중요한 요소이며, 절리의 연속성은 노두의 발달 정도에 따라 조사성과에 영향을 미침.
3) 절리 연속성의 구분

전리 연속성의 표현	절리 간격(m)
very low persistence (매우 낮다)	< 1
low persistence (낮다)	1 ~ 3
medium persistence (보통)	3 ~ 10
high persistence (높다)	10 ~ 20
very high persistence (매우 높다)	> 20

4. 절리의 틈새

1) 정의 : 절리의 양면 사이의 거리를 정량화하여 이용하는 것

2) 틈새는 공기, 물, 점토 같은 물질로 충전되어 있음.

3) 절리면의 틈새 정도는 절리면의 전단력(마찰각)을 감소시키는 요인임.

간 극	표 현	
< 0.1mm 0.1 ～ 0.25mm 0.25 ～ 0.5mm	very tight tight partly open	"closed" features (폐쇄형)
0.5 ～ 2.5mm 2.5 ～ 10mm > 10mm	open moderately wide wide	"gapped" features (틈새형)
1 ～ 10cm 10 ～ 100cm > 1m	very wide extremely wide cavernous	"open" features (개방형)

5. 절리의 충전물질

1) 절리의 틈새를 충전하고 있는 물질로서 대부분 모암보다 강도가 약함.

2) 측정

(1) 형태 : 폭(width), 벽면 거칠기(wall roughness)

(2) 현장스케치(field sketch)

① 충전물 종류 : 광물조직, 입자크기, 풍화등급

② 충전물 강도 : 전단강도, 선행변위의 유무

6. 절리면의 거칠기

1) 절리면의 요철과 만곡은 절리면의 전단강도에 영향을 주기 때문에 절리면의 전단강도를 추정하기 위하여 절리면의 굴곡을 조사

2) 요철을 정량화하는 방법은 profile gauge 등으로 측정

3) 절리면의 거칠기의 구분

표 현		상 태
계단형 (stepped)	거칢(불규칙, rough)	
	완만(smooth)	
	매끄러움(slickensided)	
파동형 (undulating)	거칢(불규칙, rough)	
	완만(smooth)	
	매끄러움(slickensided)	
평면형 (planar)	거칢(불규칙, rough)	
	완만(smooth)	
	매끄러움(slickensided)	

7. 절리계의 종류 수
   1) 정의 : 방향이 서로 다른 절리의 숫자로 표시
   2) 특징 : 절리의 종류 수는 발파 굴착 시 암괴의 크기 및 암반 비탈면 안정성을 결정

8. 절리면의 강도
   1) 정의 : 절리면의 1축압축강도
   2) 측정
      (1) 정성적 방법 : 칼로 긁거나 망치로 타격하여 측정
      (2) 정량적 방법 : 락테스트 해머 또는 1축압축시험기를 이용하여 측정

시험 개요	시험 모습
• **탄성계수** : 1축압축시험에서 측정, 기록한 하중-횡방향 변형자료로부터 응력-횡방향 변형률곡선을 구한 후 ISRM 방법에 의거, 강도의 40 ~ 60% 수준에서 접선의 기울기인 접선탄성계수를 구함 • **1축압축강도** : 원주의 공시체에 축방향의 압축력을 가하여 강도를 얻는 시험으로 가장 많이 실시. 1축강도 외에 공시체의 변형이나 변형률을 측정하여 탄성계수, 푸아송비 등의 역학적 성질을 측정	

Ⅴ 지표지질조사의 활용성

1. 절리계의 종류 수를 이용하여 암반의 파괴형태 추정
2. 절리에 대한 자료는 극점밀도분포도(pole density diagram) 등을 통해 분석
3. 자연상태 또는 시공상태에서의 사면 방향의 안정성(붕괴 가능성)을 검토
4. 지표지질조사를 통하여 단층, 습곡, 절리 등 지질구조도를 작성하고 암석의 분포상태나 특성을 파악하여 지질재해의 가능성 등을 검토

Ⅵ 맺음말

1. 지표지질조사는 사업지역 일대의 지표상 흙과 암석 등의 지반분포특성, 단층, 습곡, 절리 등 지질구조의 발달상태 등을 파악하여 지질도를 작성하여야 한다.
2. 특히 충전물질은 단기간이나 장기간의 공학적인 성질에 매우 큰 영향을 미칠 수 있으므로 지표지질조사 시에 주의 깊게 충전물질의 종류와 공학적인 성질을 확인하여야 한다.

Section 3 실내토질시험의 종류 및 특징

문제 분석	문제 성격	기본 이해	중요도	
	중요 Item	시험목적, 활용성		

시험종류	시험목적 및 방법	이용법과 구하는 값	비 고
입도(size)시험 체(sieve)분석 비중계분석 (hydrometer)	• 토입자의 분포상태를 질량 백분 율로 표시 • 흙의 입도배합 파악 • No. 200체 이상 : 체분석 • No. 200체 이하 : 비중계분석	• 흙의 분류·입경가적곡선도 • 일정 입경에 대한 질량비 • 균등계수, 곡률계수, 투수성, 압축성	D_{10}, D_{30}, D_{60}, D_{85}, Cu, Cg 통일분류법 AASHTO
밀도(density) 비중(gravity)	• 단위체적당 중량 • 토입자의 비중은 보통 2.65 정도 이나 유기물·암편 함유 시는 2.5 이하가 일반적임	간극비(e), 상대밀도(D_r), 입도 포화도(S), 수축한계(SL), 다 짐 정도 파악, 파이핑 검토	γ, G_s [g/cm^3]
함수비 (water content)	• 습윤상태(자연상태)의 흙에 함유 되었던 수분(물)의 110℃ 노건조 상태에 대한 무게비를 산출	$w = \dfrac{수분무게}{건조무게} \times 100\%$ (습윤−건조무게)	W [%]
습윤(wet)밀도 (단위체적중량)	• 자연상태(습윤·불교란)의 단위 체적당 중량 다짐 정도 파악 • 토압산출에 활용	공시체의 중량(W), 체적(V) $\gamma = W/V$	γ_t [g/cm^3, t/m^3]
액성(liquid) 한계	• 액성한계 측정접시에 담긴 흙을 양분한 후 1cm 높이에서 25회의 반복 낙하로 양분된 흙이 1.5cm 정도 합류 시의 함수비	• 소성의 최대 함수비·액성의 최소 함수비 • 흙의 분류, 활성도(A), 소성지수(PI), 액성지수(LI)	L_L or W_L [%]
소성(plastic) 한계	• 시료를 유리판 위에 손으로 직경 3mm의 실과 같이 비벼서 부스 러지는 상태의 함수비 • 지반의 침하·drain 추정에 활용	• 흙의 분류, 소성의 최소 함 수비 • 소성지수(PI), 액성지수(LI), 활성도(A)	PL or W_P [%]
수축정수 (shrinkage) 한계	• 흙의 체적이 감소되지 않는 한계 의 함수비 • 토공의 적정성·동토성·기초지 반의 적정성·허용지지력 추정 시 보조 역할	반고체상태 변화, 경계함수비, 수축비(SR), 체적함수율(S_v) 동상성 판정	SL or W_s [%]
원심 함수당량	• 물로 포화된 시료가 중력의 1,000 배와 같은 원심력을 1시간에 걸쳐 받은 후의 시료함수비	• PF값 2.0 ~ 2.4까지에 한 하여 적용 • 흙의 모세관 판정 • 동상성, 투수성 파악	CME [%]

시험종류	시험목적 및 방법	이용법과 구하는 값	비 고
모래의 상대밀도 (relative)	• 모래의 최대 밀도와 최소 밀도를 구하여 모래의 압축성·변형특성·액상화현상 검토 • 간극비로 모래의 상대적인 다짐상태 파악	• 최소 밀도 : 수두법 • 최대 밀도 : 수평타격법 • 상대밀도	$\gamma_{d_{max}}[\text{g/cm}^3]$ $\gamma_{d_{max}}[\text{g/cm}^3]$ $D_r[\%]$
유기물 함유량 (강열 감량법)	• 공기에 건조시킨 흙을 700~800℃ 온도로 강열하여, 그 감량을 유기물량으로 보는 것 • 이탄 및 유기물 함유량이 50% 이상인 흙에 적용	• 흙의 물리적 성질, 압축성, 전단강도 등에 영향 • 광물의 종별 판단·추정에 참고	가열시간 (사질토 1, 점토 2 유기질 3, 이탄 4)
유기물 함유량 (중크롬산법)	• 유기물 중의 탄소를 탄산가스로 변환시키는 데 소요되는 중크롬산의 양으로부터 반응한 탄소량을 구하여 유기물량으로 환산하는 것 • 이탄을 제외한 유기물 함유량이 50% 이하인 흙에 적용	• 흙의 종류·기후·식생 및 수문환경 등에 따라 다양하게 영향을 미치는 유기물의 함량	중크롬산법 (이탄, 흑니 등 제외)
부식성 함유량	• 흙의 부식성(유기물) 함유량을 구하는 것이며 칼륨에 녹을 수 있는 유기물로 생명이 있었던 동식물과 잔해를 제외한 분해가 진전되는 흑색~갈색의 무정형이 아닌 부분의 부식 유기물	• 수산화나트륨(NaOH)용액에서 추출된 흙 속의 유기물 함유량(질량)의 노건조질량에 대한 백분율	%
pH 시험	• 콘크리트 구조물기초·금속류·도료 등의 내구성 조경용 토양 선정 시 산성·알칼리도의 측정	도료피막파괴, 약액주입효과와 soil cement 공법에의 영향	H_2O, KCl 2종 glass 전극법
수용 성분시험	• 간극수 중에 용해되어 있는 무기·유기성분의 합계량 • 수용성 성분함량은 노건조토 1g당의 수용성 성분의 질량 백분율로 표시 • 흙에 포함된 주된 수용성 성분은 Na·Mg·Ca 등의 염화물·초산염·황산염과 탄산염, 또한 Ca·Fe·Al 등의 인산염, 그리고 부식산과 규산염화합물 등이 있음.	• 수용성 성분함량은 토질안정처리공법과 약액주입공법 등의 적합성과 공종의 선정 및 흙 속에 매설된 강재와 콘크리트 등의 부식의 정도를 추정하기 위한 기초적인 자료로 이용	water soluble materials (%)
다짐시험 (compaction)	• 자연 건조시킨 흙시료에 함수비를 변화시키며, 동일한 부피와 에너지로 다져서, 함수비-건조밀도 관계곡선을 그려서 최대 건조밀도와 최적함수비를 구함. • 다짐방법은 흙의 종류와 사용목적, 소요다짐도로 결정(표준다짐, 수정다짐, KS F 2312) • 준비 : 건조, 습윤-건조 후 또는 습윤(자연)상태의 시료에 순차적으로 가수 또는 건조시키는 것 • 사용방법 : 반복(동일)·비반복(신선)	• 도로·철도·제체·택지조성 등에의 다짐에너지별 포장두께와 성토횟수를 결정하기 위한 시험 • 성토현장의 함수비범위를 시방하며, 최대 건조밀도는 다져진 지반의 상대다짐도의 평가기준으로 이용 • 25kg rammer 30cm 낙하 • 45kg rammer 45cm 낙하	• 시료준비방법 a. 건조반복법 b. 건조비반복법 c. 습윤비반복법 최적함수비(%), 최대 건조밀도 (g/cm³) 함수비-밀도곡선 (다짐곡선), 래머무게, 낙하높이, 최대입경·mold부피, 층수·타격횟수

시험종류	시험목적 및 방법	이용법과 구하는 값	비 고
투수시험 (permeability)	• 포화상태에 있는 흙 속에 층류(層流)로 침투할 때 투수계수를 구하는 시험 • 정수위 : 투수계수가 큰 시료, 일정 수위차와 시간의 침투수량 • 변수위 : 투수계수가 작은 시료, 침투수위 강하와 시간과의 관계	• 제체 등의 기초지반 내에 작용하는 양압력, landslide나 사면안정, 지하공사 시의 배수방법 선정 등의 검토목적으로 한 투수시험	k[cm/s] (투수계수)
CBR 시험 (California Bearing Ratio)	• 시공관리시험으로 노반 · 기층 · 표층 등의 설계에, 흙에 대한 지지력의 대소를 판정하는 것으로, 다짐에너지를 변화시켜 다진 공시체를 수침한 후의 관입 저항력 측정결과로, 수정지지력비(CBR)를 구함(D다짐 실시).	• CBR 추정에 활용하고, asphalt의 포장두께 설계에 이용 • 교란된 다짐시료는 노반재료의 수정 CBR과 자연함수비에 의한 설계 CBR · 자연상태 흙의 CBR을 구하는 데 이용	변상토 CBR 수정 · 설계, 현상토 CBR, 수침법
압밀시험 (consolidation)	• 투수성이 낮은 포화 점성토에 대해 1차원적인 변형이 일어나도록 단계 하중을 가하여, 시료 내부에 과잉간극수압을 발생시키고, 이를 연직방향으로 소산시켜 시료의 변형을 일으킴으로써 압밀정수를 구함.	• 압밀변형량에 대한 해석 : 선행압밀압력(P_c)과 과압밀비(OCR) 압축지수(C_c)와 팽창지수(C_s) • 압밀시간에 대한 해석 : 압밀계수(C_v), 체적변화계수(M_v), 투수계수(K), 2차 압축지수(C_α)	C_v, C_c, C_s [cm²/s], P_c[kgf/cm²], M_v[cm²/kgf], K[m/s]
1축압축 강도시험 (uniaxial compression)	• 점성토의 1축압축강도(q_u)를 파악하기 위해 수행되는 간편한 시험방법이며, 시험은 원통형의 시료에 연직방향으로 압축하중을 가하면서 하중−변위 관계를 측정	• 1축압축강도는 최대 압축하중을 단면적으로 나눈 값이며, 비배수 전단강도(C_u)는 일축압축강도의 1/2로 산정 • 변형계수(E_{50}), 예민비(S_t)	q_u[kgf/cm²], E_{50}[kgf/cm²]
직접전단시험 (direct−shear)	• 지반의 강도특성을 파악하기 위한 간편한 시험방법이며, 2개의 분리된 전단상자에 시료를 넣고 연직하중을 가한 후 수평하중을 증가시킴으로써 시료를 전단시키는 방법으로, 수평하중과 수평변위 및 연직변위를 측정	• 흙의 배수전단강도(c', ϕ') 측정	c'[kgf/cm²], ϕ'[°]
3축압축 강도시험 (UU, CU, $\overline{CU}$, CD)	• 원주상 공시체를 압력실이라 부르는 압력원통 속에 넣고 고무막 등의 불투수막을 매개로 공시체에 등방(等方)적인 유체압을 가한(압밀과정) 후 축압(axial stress)을 증가시키면서 공시체를 전단파괴(전단과정)시키는 시험 • 압밀과 배수조건에 따라 비압밀 비배수시험(UU), 압밀 비배수시험(CU, $\overline{CU}$), 압밀 배수시험(CD)으로 구분됨.	• UU : 시공 직후의 안정 해석, 즉 구조물의 시공속도가 과잉간극수압이 소산되는 속도보다 더 빠를 때의 안정 계산에 이용 • CU, $\overline{CU}$: 지반이 외력의 작용으로 완전히 압밀되어 평형을 유지하고 있다가 외력이 추가로 작용할 때의 안정 계산(CU) · 과잉간극수가 소산될 만한 시간적 여유를 두고 시공하는 경우의 안정 계산에 이용 • CD : $\overline{CU}$ 시험으로 구한 강도정수와 동일하며, 점성지반의 장기안정(유효응력 해석)조사에 이용	전응력 해석 (C[kgf/cm²], ϕ[°]), 유효응력 해석 (c'[kgf/cm²], ϕ'[°])

시추조사 시 시료 채취방법의 종류 및 특징

문제 분석	문제 성격	기본 이해	중요도	■■■■□□
	중요 Item	교란시료, 불교란시료, 시료의 활용방안		

I 개 요

1. 흙의 시료 채취방법은 표준관입시험에 의한 시료 채취, 얇은 관에 의한 시료 채취, 피스톤 샘플러에 의한 시료 채취 등이 있다.
2. 시료 교란도 평가방법은 현장 시추작업조건과 실내시험에 의한 방법으로 구분할 수 있다.
3. 불교란시료 채취는 시료의 교란을 방지하기 위하여 불교란 샘플러, 연직비와 내경비 검토, 시료 채취 후 즉시 밀봉처리 등을 통하여 채취한다.

II 시추조사(boring)의 시험순서

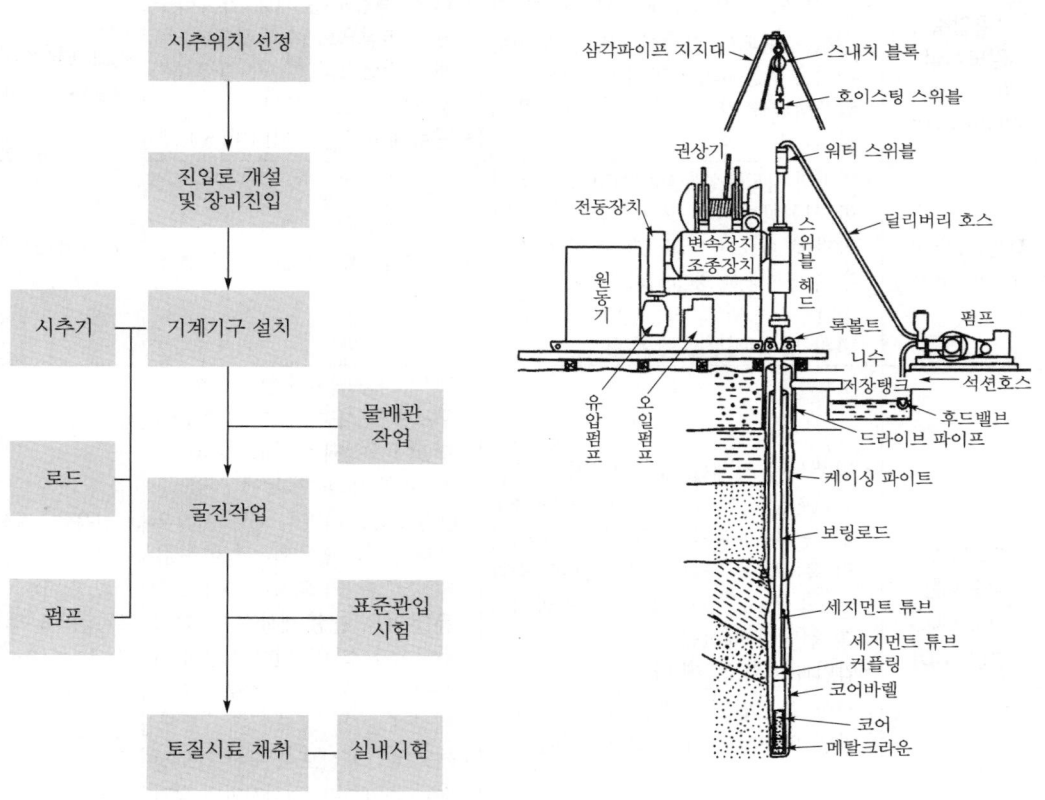

Ⅲ 시료 채취방법의 종류 및 특징

1. 교란시료(disturbed sample)의 채취
   1) 교란시료의 채취는 split-spoon barrel sampler를 이용하며 일반적으로 표준관입시험과 동시에 이루어짐.
   2) 교란시료 채취기는 회전봉(rod), 표준관(split barrel), 회전봉과 표준관을 연결시키는 head, 굴착부(shoe) 등으로 구성되어 있으며, 길이 방향으로 2분할되는 split-spoon barrel 끝에 굴착용 shoe를 장착하고 회전봉에 연결
   3) 시료 채취는 시추공이 임의의 깊이까지 굴착되면 샘플러를 소정의 심도에 위치시킨 후 표준관입시험을 수행하게 되며, 이때 샘플러 내부에 시료가 채취
   4) 채취된 시료는 현장에서 토질의 육안 분류를 수행한 다음 실내시험을 실시하기 위하여 시료병에 보관

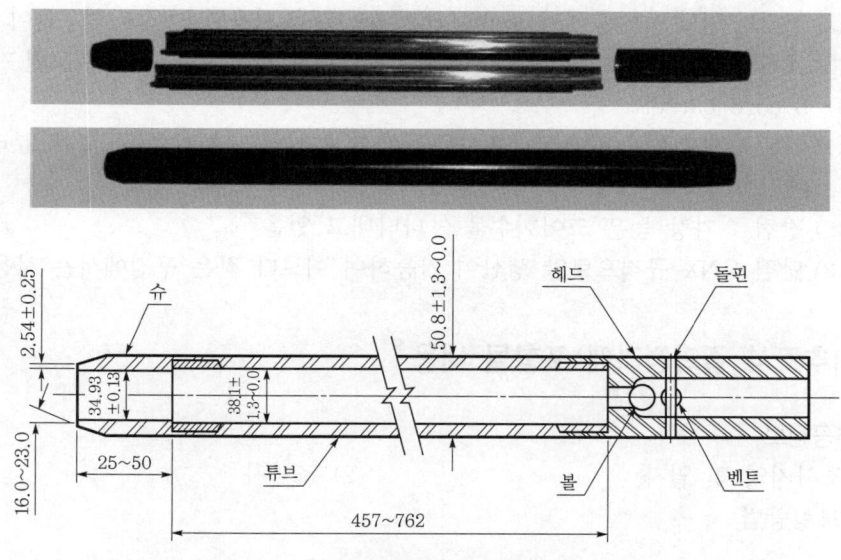

[split spoon sampler]

2. 불교란시료(undisturbed sample)의 채취
   1) 고정 피스톤식 thinwall sampler
      (1) 연약점토 채취에 가장 많이 이용되는 샘플러로 두께가 얇은 샘플링 튜브 안에 가는 로드가 부착된 피스톤이 장착
      (2) 채취순서 : thinwall sampler를 시추공 바닥에 내린 후 piston-rod를 지상에 고정시키고 샘플러를 압입시켜서 시료가 튜브 속으로 들어가면 이것을 회수하여 샘플을 채취
   2) 수압식 피스톤
      (1) 샘플러를 압입할 때 수압을 이용하는 것으로, 하부 피스톤은 sampler-head에 고정되어 있고 상부에서 수압으로 샘플링 튜브를 땅속에 관입시켜 샘플을 채취

(2) 장점 : 고정 피스톤식에 비해 로드의 좌굴에 따른 시료의 교란이 적음.

3) 회전식

(1) 고정 피스톤식 thinwall sampler처럼 정적관입으로 채취가 곤란한 경우

(2) 샘플링 튜브의 외측에 굴착날이 부착된 튜브가 회전하면서 굴착

4) block sampling

(1) 대상 지반에 채취자가 접근하여 직접 시료를 잘라내어 채취하는 방법

(2) 채취대상이 지표면에 가깝고 지하수위면보다 얕은 곳에 있는 경우 적용

3. 암 코어의 채취

1) core barrel(single type)

단 하나의 강재 튜브로 구성

2) core barrel(double type)

(1) 외부 강재 파이프 안에 코어회수용 내부 튜브가 있는 것을 말함.

(2) 절리가 발달한 암층에서 double core barrel을 사용한 암 코어회수율이 높게 나타남.

(3) 채취된 시료와 튜브 사이에 유격이나 완충장치가 없어 불연속면이 마모될 가능성이 있음.

3) D-3 core barrel

(1) 외부 강재 파이프 안에 코어회수용 내부 튜브가 있고, 튜브를 절반으로 분리 가능하도록 제작한 것

(2) 장점 : 가장 높은 코어회수율을 나타내고 있음.

(3) 단점 : NX 규격으로만 생산이 가능하여 이보다 작은 구경에서는 사용할 수 없음.

Ⅳ 시추조사 결과정리에 포함될 내용

1. 시추공정보

1) 조사지역 및 일자

2) 조사자

3) 보링방법

2. 지질정보

1) 지하수위

2) 심도에 따른 색조 및 토질

3) 층두께 및 구성상태

4) N값

3. 세부조사정보 : 시료조사내용

Ⅴ 맺음말

1. 토질재료는 시험목적에 따라 적정한 시료 채취가 이루어져야 역학적, 물리적 특성을 파악할 수 있다.

2. 시료 채취 시에는 적절한 시료 채취방법을 적용하여 시험결과에 오류가 발생하지 않도록 하여야 한다.

Section 5 토질조사 시 시료의 교란원인과 교란을 최소화할 수 있는 방법

문제 분석	문제 성격	기본 이해		중요도	■■■□□□
	중요 Item	시료 교란·원인, 불교란시료 채취방법			

I 개 요

1. 흙의 시료 채취방법은 표준관입시험에 의한 방법, 얇은 관에 의한 방법, 피스톤 샘플러에 의한 시료 채취 등이 있다.
2. 시료 교란도 평가방법은 현장 시추작업조건과 실내시험에 의한 방법으로 구분할 수 있다.
3. 불교란시료 채취는 시료의 교란을 방지하기 위하여 불교란 샘플러, 면적비와 내경비 검토, 시료 채취 후 즉시 밀봉처리 등을 통하여 채취한다.

II 흙시료의 종류

1. 교란시료
   1) 정의 : 타격, 조작에 의해 본래의 역학적 성질을 잃어버린 시료
   2) 조사 가능사항
      (1) 함수비   (2) 비중
      (3) 액·소성한계   (4) 입도 등
   3) 채취방법
      (1) 표준관입시험   (2) 오거 시추

2. 불교란시료
   1) 정의 : 지반조사 시 토질이 자연상태 그대로 흐트러지지 않게 채취하는 시료
   2) 조사 가능사항
      (1) 압밀   (2) 압축
      (3) 전단강도   (4) 1축압축
   3) 채취방법 : 불교란 샘플러에 의한 방법
      (1) 사질토
         ① 피스톤식 thinwall sampler   ② core catch식 샘플러
         ③ 동결식 샘플러   ④ 측압식 샘플러
      (2) 점성토
         ① thinwall sampler : 연약 점성토($N=0 \sim 4$)에 적용
         ② foil sampler : 연약 점성토($N=0 \sim 4$)의 연결시료 채취 시 적용

③ decision sampler : 경질 점성토($N = 4 \sim 20$)에 적용
④ block sampler : 자갈을 제외한 모든 토질에 적용 가능

Ⅲ 시료 교란의 원인

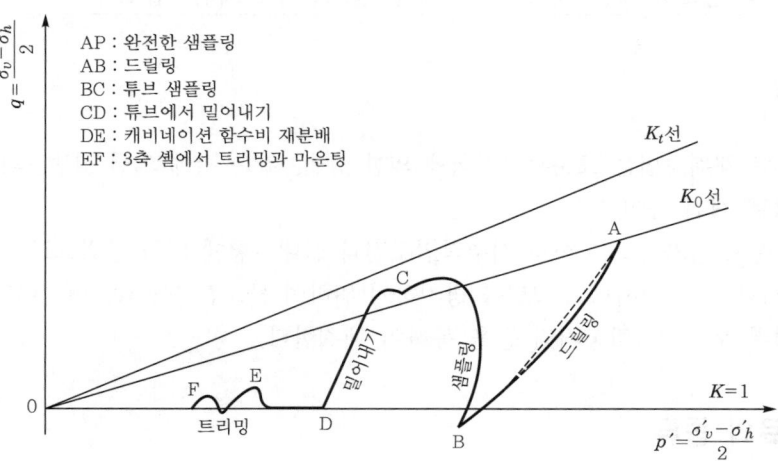

AP : 완전한 샘플링
AB : 드릴링
BC : 튜브 샘플링
CD : 튜브에서 밀어내기
DE : 캐비네이션 함수비 재분배
EF : 3축 셸에서 트리밍과 마운팅

[교란시료의 응력경로]

1. 시료의 채취, 운반, 성형, 시험 시 여러 가지 요인에 의하여 교란 발생

2. 시료의 채취 : A, $K_o = \dfrac{\sigma_h}{\sigma_v} = 0.5$(보통 흙)

3. 시료의 운반 : AB(시추 시), σ_v가 제거되므로 $K > 1$

4. 시료의 성형 : BC(채취), 튜브 삽입으로 σ_h 차단

5. 시료의 시험

   1) CD(추출) : 응력이 해방되므로 $K = 1 (\sigma_v = \sigma_v)$

   2) DE : 함수비 재분배

   3) EF : 성형

Ⅳ 시료 교란도 평가방안

1. 현장 시추조사 작업조건에 따른 교란도 평가

   1) 시료회수비에 의한 평가

      (1) 흙시료 : 시료회수비 $= \dfrac{\text{채취 된 시료길이}}{\text{샘플러의 길이}} \times 100\%$

      (2) 암석시료 : 회수율(TCR) $= \dfrac{\text{채취 된 시료의 실제 길이}}{\text{샘플러 관입깊이}} \times 100\%$

2) 면적비와 내경비에 의한 평가

  (1) 면적비 : 10% 이하(불교란시료)

$$C_a = \frac{D_w^2 - D_e^2}{D_e^2} \times 100\% < 10\%$$

  (2) 내경비 : 0.75~1.5%(불교란시료)

$$C_i = \frac{D_s - D_e}{D_e} \times 100\% = 0.75 \sim 1.5\%$$

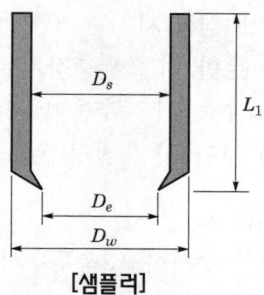

[샘플러]

2. 실내시험에 의한 교란도 평가

  1) 1축압축시험 : 6% 이상의 파괴변형률을 나타내면 교란시료로 판정

  2) 전단강도에 의한 방법

  3) 압밀시험에 의한 방법

  4) 변형계수 이용

    (1) 산정식 : $E_{50} = \dfrac{\dfrac{q_u}{2}}{\varepsilon_{50}}$

    (2) 파괴변형률값이 작을수록, 변형계수(E_{50})값이 클수록 불교란시료

  5) 잔류 유효응력에 의한 방법

    파괴변형률값이 작을수록, 변형계수(E_{50})값이 클수록 불교란시료

V 시료 교란을 최소화할 수 있는 방법

1. 시료 채취 시

  1) 불교란 샘플러 사용

    (1) 사질토

      ① 피스톤식 thinwall sampler   ② core catch식 샘플러

      ③ 동결식 샘플러   ④ 측압식 샘플러

    (2) 점성토

      ① thinwall sampler : 연약 점성토($N = 0 \sim 4$)에 적용

      ② foil sampler : 연약 점성토($N = 0 \sim 4$)의 연결시료 채취 시 적용

      ③ denison sampler : 경질 점성토($N = 4 \sim 20$)에 적용

      ④ block sampler : 자갈을 제외한 모든 토질에 적용 가능

  2) 면적비와 내경비 검토

    (1) 면적비 : 10% 이하   (2) 내경비 : 0.75 ~ 1.5%

  3) 시료 회수율을 가능한 100%로 사용

  4) 시료 채취 후 즉시 밀봉처리(포화도 변화 방지목적)

2. 운반 성형 시
    1) 운반 시 : 완충장치 이용
    2) 추출 시 : 추출기 사용
    3) 보관 시 : 적정 온도 유지(약 15℃)

3. 시험 시
    1) 투수시험 : 3축투수시험 → 현장, 실내 병행 → 최확값 산정
    2) 압밀시험 : $e - \log P$ 곡선 수정법 적용 → Rowe cell 시험

Ⅵ 맺음말

1. 본래의 역학적 성질이 상실된 교란시료는 실내시험을 통해 흙의 물리적 특성만을 파악할 수 있다.
2. 본래의 역학적 성질을 유지한 불교란시료는 압밀시험, 1축압축시험, 3축압축시험, 전단시험 등 흙의 역학적 특성을 파악할 수 있다.
3. 시료 채취 시 연약지반 등 불교란시료가 채취하기 어려운 관계로 물리적 특성을 이용한 추정식이 많이 나와 있으나, 이는 경험에 의한 추정식이므로 적용 시 신중히 고려하여 적용하여야 한다.

흙의 전단강도를 구하기 위한 시험방법과 특징

문제 분석	문제 성격	기본 이해	중요도	■■■■■
	중요 Item	시험방법의 분류 및 특징, 시험결과의 활용성		

I 개 요

1. 흙의 전단강도란 점착력과 마찰력으로 구성되는 강도로서, 흙은 작용하는 전단응력의 증가에 따라 결국 파괴되는데, 이때의 파괴 전 강도를 전단강도라고 한다.
2. 흙의 전단강도를 구하기 위한 시험방법은 실내 전단시험과 현장 전단시험으로 구분된다.
3. 실내전단시험 중 직접전단시험은 전단상자에 흙시료를 담아 수직력 크기를 고정시킨 상태에서 수평력을 가하여 점착력과 내부마찰력을 산출하고, 1축압축시험은 교란 공시체에 직접 하중을 가해 파괴시험을 하며, 흙의 점착력은 1축압축강도의 1/2로 산정한다.
4. 3축압축시험은 자연과 거의 같은 조건에서 일정한 측압을 가하며 수직하중을 가해 공시체를 파괴시험하여 간극수압, 점착력, 내부마찰각을 산출하는 특징이 있다.

II 흙의 전단강도 산정식

$$\tau = c + \sigma' \tan\phi \quad (\text{이때 } \sigma' = \sigma - u)$$

1. 내부마찰각(ϕ) : 흙 속에서 수직응력과 전단저항과의 관계직선이 수직응력축과 만나는 각도로 일체가 된 흙 사이 마찰각
2. 점착력(c) : 흡착수의 상호작용에 기인하고, 전단면에 작용하는 수직응력에 관계없는 흙의 전단강도

III 사질토와 점성토의 전단강도 특성

구 분	점성토	사질토
구 조	이산 / 면모	단립 / 봉소
전단강도		
전단강도 영향요인	PI, 교란, LL, OCR	Dr, 입도, 입형, 구속압력

Ⅳ 흙의 전단강도를 구하기 위한 시험방법의 분류

1. 실내시험방법
   1) 직접전단시험
   2) 1축압축시험
   3) 3축압축시험
   4) 단순 전단시험
   5) 대형 전단시험

2. 현장시험방법
   1) 베인전단시험(연약한 점토)
   2) 공내전단시험
   3) 표준관입시험

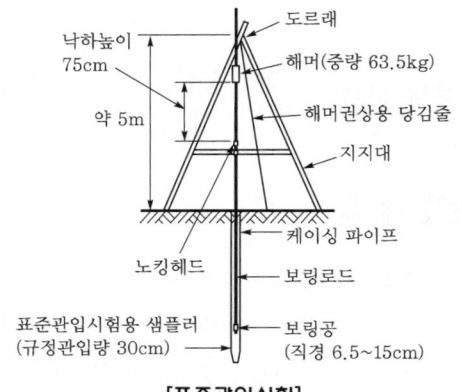

[표준관입시험]

Ⅴ 흙의 전단강도를 구하기 위한 실내시험의 특징

구 분		직접전단시험	1축압축시험	3축압축시험
전단 모식도				
c, ϕ 구하는 방법				
특징	장점	• 모든 토질에 이용 가능 • 시험은 간단함	• 압축시험 중 시험이 가장 간단함	• 모든 토질에 이용 가능 • 이론적으로 가장 좋은 시험법
	단점	• 구속이 크고 단면 한정 • 배수조절이 곤란	• 점착력만 발휘되는 흙에 적합 • 유효응력을 구하기 어려움	• 시험이 어려움 • 시험자의 능력에 따라 결과가 상이

Ⅵ 흙의 전단강도를 구하기 위한 시험방법

1. 실내시험방법
   1) 직접전단시험
      (1) 전단상자에 흙시료를 담아 수직력 크기를 고정시킨 상태에서 수평력을 가하여 시험하며 점착력과 내부마찰력을 산출
      (2) 종류는 일면 전단시험과 이면 전단시험이 있음.

[직접전단시험]

   2) 1축압축시험
      불교란 공시체에 직접 하중을 가해 파괴시험을 하며, 흙의 점착력은 1축압축강도의 1/2로 산정
   3) 3축압축시험
      자연과 거의 같은 조건에서 일정한 측압을 가하며 수직하중을 가해 공시체를 파괴하여 간극수압, 점착력, 내부마찰각을 산출

2. 현장전단시험방법
   1) 베인 전단시험
      (1) 특징
         ① 시료 채취가 어려워 실내시험이 불가능한 초연약점토에 효과적인 시험법
         ② 교란 전단강도로부터 예민비 산출

산출방법	시험 모식도
베인의 형상은 $H = 2D$를 표준형으로 사용하였으며, 비배수전단강도(S_u)는 다음 식으로 산정 $$S_u = \frac{M_{\max}}{\pi D^2 \left(\dfrac{H}{2} + \dfrac{D}{6} \right)}$$ 여기서, S_u : 비배수 전단강도(kgf/cm^2) $\quad\quad M_{\max}$: 측정된 최대 회전모멘트(kgf · cm) $\quad\quad D$: 베인폭(5cm) $\quad\quad H$: 베인높이(10cm)	

      (2) 시험방법
         ① 베인 삽입 : 구멍 지름의 5배 이상 되는 깊이의 자연지반까지 한 번에 삽입
         ② 베인 회전 : 회전속도가 0.1deg/s 미만, 일정 깊이 유지, 최대 회전력 기록
         ③ 흙이 전단될 때 우력을 측정하여 점토의 전단강도 측정

(3) 베인시험기 형상 및 시험 모식도

베인시험기 형상	시험 모식도 및 교란영역
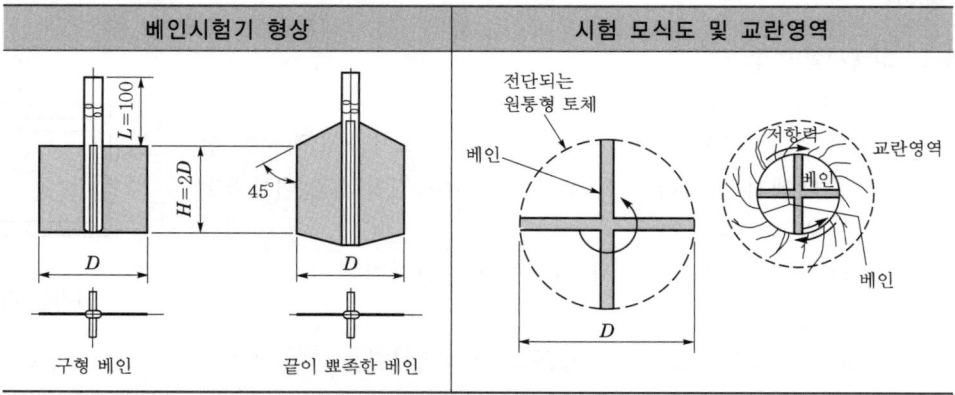	

2) 공내전단시험

(1) 시험목적

불교란시료 채취가 곤란한 원지반 풍화대(풍화토 및 풍화암)의 전단강도(점착력, 내부마찰각) 측정, 펌프를 가압시켜 원위치 암반의 전단응력을 측정하는 원위치시험

시험방법	시험 모식도
• 대상지반의 분포상태를 확인 • 최적의 시험위치 결정 • 시추공 내 시험구간에 전단기 삽입 • 지상에서 핸드펌프를 이용, 전단기를 공벽에 부착시킨 후 수평압력(normal stress)을 가함 • 시추공 내 전단기와 연결된 rod를 지상에서 유압잭(hydraulic jack)으로 끌어당기는 수직력(shear stress)을 가하여 파괴 시의 전단력을 산정 • 시험구간을 변경한 후 동일한 방법으로 수평응력을 바꾸어 3회 이상 시험 • 모든 시험과정은 응력이완 및 지반상태를 고려하여 시추 직후 신속히 수행	압력계(shear) 압력계(normal) 유압펌프 전용로드 고정장치 재킹 삼각대 케이싱 프로브

(2) 활용방안

① 풍화대(풍화토 및 풍화암)의 점착력 및 내부마찰각 산정, 원지반 풍화암의 강도정수 산정

② 구조물 및 비탈면 안정 해석 시 입력 물성치 활용

③ 토사 및 풍화대의 전단강도(c, ϕ)를 결정하여 가시설 및 터파기 안정성 판단, 분석을 위한 설계자료로 활용

3) 표준관입시험
  (1) 시험방법 : 중량 63.5kg의 추를 75cm 높이에서 자유낙하시켜 시험용 sampler를 30cm 관입시켜 필요한 타격횟수(N값)를 구함.
  (2) 전석층 시험 시 타 시험방법과 병행하여 시험의 신뢰도를 증진 필요
  (3) 50회의 타격에 대하여 누계 관입량이 10mm 미만인 경우는 관입불능으로 표기
  (4) N값은 근사적인 값으로 사질토에서는 신뢰할 만하나, 점성토에 대한 시험에서는 신뢰성이 떨어짐.
  (5) N값은 보정하는 것이 중요하며, 특히 에너지 효율에 대한 보정은 필수적임.
  (6) N값의 보정방법

$$보정 \ 관계식 : N_{60}' = NC_n \eta_1 \eta_2 \eta_3 \eta_4$$

  여기서, N_{60}' : 해머효율 60%로 보정한 N값
  N : 시험값
  C_n : 유효응력 보정
  η_1 : 해머효율 보정
  η_2 : Rod 길이 보정
  η_3 : 샘플러 종류 보정
    • liner가 없는 경우 : 1.2
    • liner가 있는 경우 : 1.0
  η_4 : 시추공경 보정

Ⅶ 흙의 전단강도 시험방법 결정 시 고려사항

1. 1축압축시험
  1) 시공 직후 안정 검토 시
  2) 점착력만 발휘되는 흙을 시험할 경우
  3) 포화되고 균질한 점토인 경우

2. 3축압축시험
  1) 유효응력을 해석하기 위한 강도정수가 필요한 경우
  2) 교란영향이 감소하고 모래 섞인 시료, 불포화토를 시험할 경우
  3) 배수조건을 고려한 강도정수가 필요한 경우

3. 베인시험
  1) 시료 채취가 곤란할 정도로 연약한 지반의 전단강도를 구할 경우
  2) 지반개량 전후에 시행하여 개량 정도를 확인하는 경우

VIII 3축압축시험의 종류 및 활용성

1. 시험의 종류
   1) UU시험(Unconsolidated Undrained test) : 비압밀 비배수시험
   2) CU시험(Consolidated Undrained test) : 압밀 비배수시험
   3) CD시험(Consolidated Drained test) : 압밀 배수시험

2. 시험의 활용
   1) UU시험(단기 안정 해석)
      (1) 급속성토시공안정 해석   (2) 급속시공기초안정 해석
      (3) 댐 코어 급속시공안정   (4) 소규모 제방
   2) CU시험(중장기 안정 해석)
      (1) 압밀 후 급속성토 시   (2) 자연사면 위에 성토 시
      (3) 흙댐에서 수위 급강하 시 안정 해석
   3) CD시험(장기 안정 해석)
      (1) 단계성토   (2) 흙댐에서 정상 침투 시
      (3) 과압밀점토 굴착 시   (4) 자연사면 해석 시
   4) 3축압축시험방법

3축압축시험(UU, CU)	3축압축시험기
• 과업구간 점성토 연약지반층의 강도정수(c, ϕ) 파악 • 시험편을 3축압축 체임버에 넣고 일정한 측압을 가한 후 수직으로 하중을 가하여 파괴강도를 얻음 • 시료에 응력을 가하고 간극수압이 0이 될 때까지 압밀시킨 후 비배수 전단상태로 전단 • 전응력을 Mohr원으로 표시하여 포락선으로 C_u를 구함	

IX 흙의 전단강도시험 시 주의사항

1. 사질토인 경우 : 사질토인 경우 비교란상태의 시료 채취가 곤란하므로, 자연상태의 전단강도는 현장에서 표준관입시험 등의 간접적인 방법으로 추정

2. 점성토인 경우(3축압축시험)
   1) 모래의 경우 전단 시 속도에 따른 전단강도의 차이가 별로 없어 고려하지 않음.
   2) 점성토의 경우 전단 시 재하속도에 따라 전단강도가 1 ~ 2배 증가하므로 전단속도에 따라 전단강도가 다를 수 있음.
   3) 재하속도는 UU, CU시험일 경우 분당 1%로 규정
   4) CD시험(압밀 배수)은 분당 0.1% 또는 간극수압이 발생되지 않도록 재하

Section 7

노상토 지지력시험의 종류 및 시험방안

문제 분석	문제 성격	기본 이해	중요도	■■■□□□
	중요 Item	설계 CBR, 수정 CBR, 현장 CBR의 차이점 및 활용성		

I 개 요

1. CBR이란 California Bearing Ratio의 약자로, CBR(노상토 지지력시험)을 하는 목적은 도로나 비행장 같은 가요성 포장을 지지하는 포장 하부의 노상 또는 노반의 강도, 압축성, 팽창성, 수축성 등을 파악하고 포장 하부의 지지력을 측정함으로써 포장두께를 결정하기 위한 시험이다.

2. 도로나 비행장의 포장두께를 결정하기 위해서 포장을 지지하는 노상토의 강도, 압축성, 팽창, 수축 등의 특성을 알 필요가 있으며, 이와 같은 목적으로 캘리포니아 도로국에서 포장설계를 위해 개발한 반경험적 지수로서 어떤 관입깊이에서 표준단위하중에 대한 시험단위하중의 비율을 백분율로 나타낸 것이다.

II CBR 시험의 종류

1. CBR의 종류
   1) 설계 CBR : 아스팔트 포장설계, 아스팔트 포장두께 결정
   2) 수정 CBR : 노반(노상, 보조기층, 기층), 재료의 강도(규격) 확인
   3) 현장 CBR : 현장 원지반에서 직접 24시간 물로 포화하여 지지력 확인

2. CBR 시험의 종류
   1) 실내 CBR 시험
   2) 현장 CBR 시험

III 흙의 분류에 따른 개략적인 CBR값

CBR값	용 도	통일분류법
0 ~ 3	노상	OH, CH, MH, OL
3 ~ 7	노상	OH, CH, MH, OL
7 ~ 20	보조기층	OL, CL, ML, SC, SM, SP
20 ~ 50	보조기층, 기층	GM, GC, SW, SM, SP, GP
> 50	기층	GW, GM

Ⅳ 실내 CBR 시험의 특징

1. CBR 산정식

   1) 방법 : 다져진 흙 또는 불교란시료에 직경 5cm 강봉을 관입하여 하중-침하량 관계를 구하여 표준하중에 대한 비로 나타낸 것

   2) 산정식 : $CBR = \dfrac{시험하중}{표준하중} \times 100\% = \dfrac{시험단위하중}{표준단위하중} \times 100\%$

2. CBR값의 결정

   1) 보정관입곡선에서 2.5mm와 5mm 관입량에 대한 각각의 하중강도를 구하여 다음과 같이 CBR 2.5와 CBR 5.0을 구함.

관입깊이[mm(in)]	표준단위하중[kg/cm²(psi)]
2.5 (0.10)	70 (1,000)
5.0 (0.20)	105 (1,500)
7.5 (0.30)	134 (1,900)
10.0 (0.40)	162 (2,300)
12.5 (0.50)	183 (2,600)

   2) CBR 2.5 = 시험하중강도 ÷ 표준하중강도 × 100

   3) CBR 5.0 = 시험하중강도 ÷ 표준하중강도 × 100

   4) CBR 2.5 > CBR 5.0이면 CBR 2.5를 CBR값으로 결정

   5) CBR 2.5 < CBR 5.0이면 재시험 시행

   6) 재시험 결과 CBR 2.5 < CBR 5.0으로 동일한 결과가 나오면 CBR 5.0을 CBR값으로 결정

3. 시험방법

   1) 시료준비

      (1) 그늘에서 자연건조 후 잘게 빻아서 19mm체에 남은 것은 버리고, 같은 중량만큼 19mm체를 통과하고, 4.75mm체에 남은 시료로 치환

      (2) 약 5kg을 준비하여 밀폐된 시료상자에 넣어 함수비 변화를 방지

   2) 공시체 제작

      (1) 최적함수비 및 최대 밀도 결정 : 공시체 제작에 앞서 시료의 최적함수비를 구하기 위해 다짐시험 실시

      (2) 공시체 다짐 : 함수비 차가 1% 이내가 되도록 각각 다짐횟수를 10, 25, 55회로 하여 공시체를 3개 만듦.

   3) 흡수팽창시험

      (1) 4일간 수침하여 시간-팽창량 기록

      (2) $팽창비 = \dfrac{다이얼게이지\ 최종\ 읽음 - 최초\ 읽음}{공시체\ 최초\ 높이(mm)} \times 100\%$

4) 관입시험

   (1) 공시체에 1mm/min 속도로 피스톤이 관입되도록 하중을 가하고 하중-관입량 측정

   (2) 하중-관입량 관계를 곡선에 도식화

5) 해석

   (1) 현장에서 기대할 수 있는 노반재료의 강도를 나타내는 CBR 함수비-건조밀도곡선을 그림

   (2) 허용 최대 입자크기에 따라 다진 3개의 공시체의 CBR로부터 건조밀도-CBR곡선을 작도

     ① 허용 최대 입자크기가 19mm인 경우 : 다짐횟수를 5층 55회로 3개, 5층 25회로 3개, 5층 10회로 3개의 시험체 제작 후 CBR 시험 시행

     ② 허용 최대 입자크기가 37.5mm인 경우 : 다짐횟수를 3층 92회로 3개, 3층 42회로 3개, 3층 17회로 3개의 시험체 제작 후 CBR 시험 시행

   (3) 수정 CBR 결정방법

     ① 현장에서 기대할 수 있는 노반재료의 강도를 나타내는 CBR 소정의 밀도(예, 95%)의 수평선을 그음.

     ② 건조밀도-CBR곡선의 교점에서 수직선을 내린 CBR값이 수정 CBR이 됨.

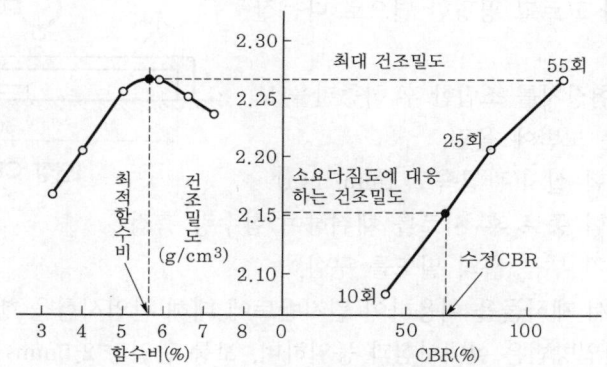

[기준밀도에 해당되는 수정 CBR : 허용 최대 입자크기가 19mm인 경우]

6) 설계 CBR과 수정 CBR의 비교

구 분	설계 CBR	수정 CBR
시험목적	가요성 포장두께 결정	노상, 노반재료 선정
시료상태	자연함수비	최적함수비
구하는 법	각 층별 평균 CBR	현장밀도에 대응하는 CBR값

V 현장 CBR 시험

1. 정의

   현장 CBR 시험은 도로와 비행장 같은 노상 또는 노반의 강도, 압축성, 팽창성 등을 결정하는 시험으로 포장 하부의 지지력을 측정하는 방법

2. 시험방법
   1) 시험용 기구
      (1) 재하물
      (2) 재하장치
      (3) 관입량 측정장치
      (4) 관입 피스톤과 하중판
      (5) 기타
   2) 시험방법
      (1) 시험위치의 표면을 지름 약 30cm의 수평한 면으로 다듬질한다. 평평하게 다듬질할 수 없는 곳에는 건조모래를 얇게 깔아 고르고 평평한 면으로 다듬질 실시
      (2) 현장시험장치를 조립한 후 하중판을 노상 또는 노반에 올림.
      (3) 관입시험 실시(관입속도 1mm/min)
      (4) 관입시험 종료 후 시료를 채취하여 함수량 측정
      (5) 시험위치 부근 흙의 밀도를 구함.
      (6) 현장에서 재하물을 이용하여 원지반토에 대해 관입시험을 행하는 것으로, 피스톤에 의한 관입방법은 실내시험과 동일하며, 보통 관입량 2.5mm에 있어서의 값으로 결정

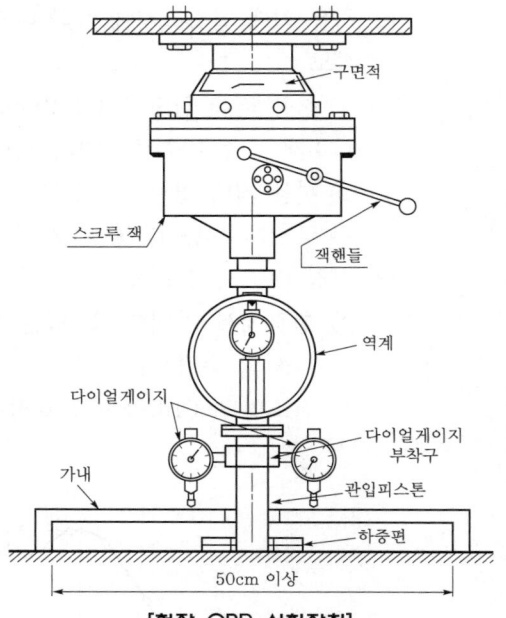

[현장 CBR 시험장치]

3. 현장 CBR 시험의 특징
   1) 장점
      (1) 현장에서 CBR값의 직접 판단이 가능
      (2) 교란되지 않는 공시체의 채취가 대단히 어려운 막자갈 재료와 같은 경우에는 실내시험보다도 현장시험 쪽이 더 합리적인 결과 도출
   2) 단점 : 기상변화나 경년변화에 따른 상태변화에 관해서는 측정이 어려움.

4. 현장 CBR 시험의 적용
   1) 아스팔트 포장의 두께나 구성을 결정하기 위한 노상의 설계 CBR 결정
   2) 노상, 성토, 철도 노체의 다짐 관리
   3) 자연 노상토의 지지력비 결정

VI CBR 시험의 활용방안

1. 설계 CBR
   노상 위의 전체 포장두께 결정
2. 수정 CBR
   성토재료의 품질규격 확인, 즉 현장에서 기대할 수 있는 노반재료(노상, 보조기층 등)의 강도 확인

[수정 CBR 시방기준]

구 분	CBR값(%)
노체	2.5 이상
노상 및 뒤채움	10 이상
보조기층	30 이상
입도조정기층	80 이상

3. 포장두께 결정(AASHTO, TA 설계법)
4. 노상, 성토, 철도노선 등의 다짐관리
5. 중장비 트래피커빌리티 결정
6. 노상토 지지력 평가방법 : 전단시험, PBT, SPT

VII 맺음말

1. CBR 시험에 의해 구해진 CBR값은 도로의 포장두께와 표층, 기층, 노반의 두께 및 재료 등의 설계에 이용되거나 성토재료로서의 적부 등 흙의 판별에 이용된다.
2. 현장 CBR 시험 시에는 기상변화나 경년변화를 고려하여 시험결과의 정확도를 향상시켜야 한다.

CBR 시험의 특징 및 수정 CBR 결정방법

문제 분석	문제 성격	기본 이해	중요도	■■■■■
	중요 Item	수정 CBR의 활용성, 시방기준		

Ⅰ 개 요

1. CBR 시험은 노상토의 지지력 상태 파악 및 재료 선정, 포장설계를 결정하기 위한 기초자료를 얻기 위한 시료의 관입시험이다.

2. 수정 CBR의 결정방법은 최적함수비에서 4일 수침 → 3층 17회, 42회, 92회로 각각 다진 후 수정 CBR 시험 시행 → 최대 건조밀도에 대한 소요의 다짐도에서의 수정 CBR값을 구하는 방법을 이용한다.

Ⅱ CBR 시험의 분류 및 차이점

1. CBR 시험의 개념
   1) 도로나 비행장의 포장두께를 결정하기 위한 노상토의 강도, 압축성, 팽창, 수축 등의 특성 파악
   2) 캘리포니아 도로국에서 포장설계를 위해 개발한 반경험적 지수로서 어떤 관입깊이에서 표준단위하중에 대한 시험단위하중의 비율을 백분율로 나타낸 것

2. CBR 시험의 분류
   1) 실내시험
      (1) 설계 CBR 시험
      (2) 수정 CBR 시험
   2) 현장시험 : 현장 CBR 시험

3. CBR 시험의 차이점

구 분	설계 CBR	수정 CBR
시험목적	가요성 포장두께 결정	노상, 노반재료 선정
시료상태	자연함수비	최적함수비
구하는 법	각 층별 평균 CBR	현장 밀도에 대응하는 CBR값

Ⅲ 실내 CBR 시험

1. 실내 CBR 시험

1) CBR값 : 다져진 흙 또는 불교란시료에 대하여 직경 5cm의 강봉을 관입하여 침하량-하중 관계를 구하여 표준하중에 대한 비로 나타낸 것

$$CBR = \frac{시험하중강도}{표준하중강도} \times 100\% = \frac{시험하중}{표준하중} \times 100\%$$

2) CBR의 결정 : 표준단위하중 및 시험단위하중은 보통 관입량 5.0mm에 있어서의 값을 취함.

관입량(mm)	표준하중강도(MN/m²)	표준하중(kN)
2.5	6.9	13.4
5.0	10.3	19.9

(1) 관입량 2.5mm일 때의 CBR이 5.0mm일 때보다 클 경우 : CBR 2.5 적용
(2) 관입량 5.0mm일 때의 CBR이 2.5mm일 때보다 클 경우 : 재시험해서 같은 결과이면 CBR 5.0 선택

2. 실내 CBR 시험순서

1) 시험용 기구

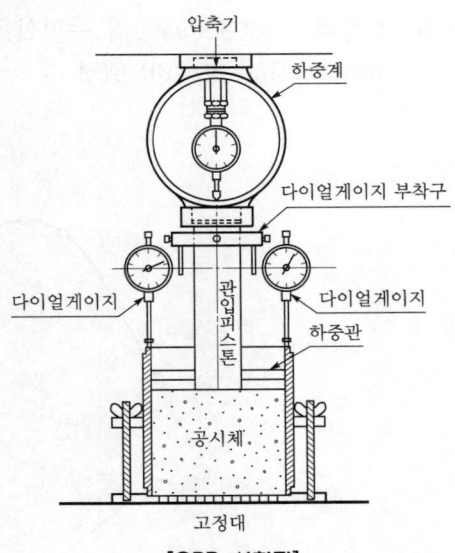

[CBR 시험기]

(1) mold : 내경 150mm, 높이 175mm
(2) rammer : 직경 50mm, 무게 4.5kg, 자유낙하고 45cm
(3) 관입 피스톤 : 직경 50mm, 길이 200mm
(4) 재하장치 : 용량 약 5t, 관입속도 1mm/min
(5) 다이얼게이지
(6) 축이 붙은 유공판(흡수팽창 측정용)
(7) 하중판
(8) 팽창 측정장치
(9) 저울

2) 시료의 준비 및 최적함수비 결정

(1) 시료를 그늘에 말려 자연건조시킨 후 잘게 빻아서 19mm체에 남는 중량만큼 19mm체를 통과하고 4.76mm체에 남는 치수로의 재료로 치환
(2) 시료를 15cm 몰드에 5층으로 나누어 각층마다 55회씩 다져 공시체를 만들고, 이 공시체를 시험하여 최적함수비(OMC)를 구함.

(3) 함수비가 최적함수비와 1% 내외의 차가 되도록 조정하여 10회, 25회, 55회로 각각 다진 공시체를 3개 제작

3) 흡수 팽창시험 : 공시체를 4일간 수침시켜 흡수 팽창시험 시행

4) 관입시험 및 노상토의 지지력비 계산

   (1) 흡수 팽창시험이 끝난 공시체에 하중판 재하

   (2) 피스톤을 공시체에 관입시켜 관입량이 0.5 ~ 12.5mm일 때의 하중을 읽어 하중-관입량곡선을 기입

   (3) 관입량 2.5mm 5.0mm일 때 하중값 및 노상토 지지력비를 구함.

Ⅳ 수정 CBR 시험의 결정방법

1. 함수비-건조밀도곡선을 그린다.

2. 입자크기에 따른 다짐 시행

   1) 허용 최대 입자크기가 19mm일 경우 : 다짐횟수를 5층 55회로 3개, 5층 25회로 3개, 5층 10회로 시험체 제작

   2) 허용 최대 입자크기가 37.5mm일 경우 : 다짐횟수를 3층 92회로 3개, 3층 42회로 3개, 3층 17회로 시험체 제작

3. 소정의 밀도(예, 95%)의 수평선을 긋고 건조밀도-CBR곡선의 교점에서 수직선을 내린 CBR값으로 수정 CBR 결정

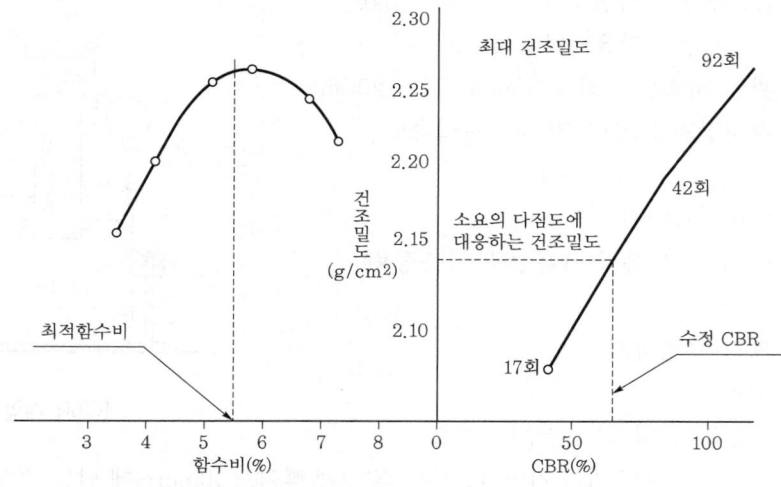

[수정 CBR 결정방법 : 허용 최대 입자크기가 37.5mm인 경우]

Ⅴ 현장 CBR 시험

1. 현장 CBR 시험의 목적 : 현장 CBR 시험은 도로와 비행장 같은 노상 또는 노반의 강도, 압축성, 팽창성 등을 결정하는 시험으로 포장 하부의 지지력 측정

2. 현장 CBR 시험방법
   1) 시험위치의 표면을 지름 약 30cm로 수평하게 정리
   2) 현장시험장치를 조립한 후 하중판을 올림.
   3) 관입시험 시행(관입속도 1mm/min)
   4) 관입시험 종료 후 시료를 채취하여 함수량 측정
   5) 시험위치 부근 흙의 밀도를 구함.

3. 현장 CBR 시험의 특징
   1) 장점 : 현지에서의 상태에 대해 바로 판단 가능
   2) 단점 : 기상조건의 변화나 장래 최악의 상태에 대해서는 추정 불가

Ⅵ CBR 시험의 활용성

1. 설계 CBR
   1) 노상 위의 전체 포장두께 결정
   2) 아스팔트 포장의 두께나 구성을 결정
   3) 설계법(AASHTO, TA)에 의한 포장두께 산정 시 이용

2. 수정 CBR
   1) 노상, 기층, 보조기층재료의 적정 여부 결정
   2) 수정 CBR의 품질기준

구 분	노 체	노 상	보조기층	입도조정기층
품질기준	2.5 이상	10 이상	30 이상	80 이상

3. 현장 CBR
   1) 노상, 성토, 철도 노체의 다짐관리
   2) 자연 노상토의 지지력비 결정
   3) 중장비의 trafficability 결정

Ⅶ 맺음말

CBR 시험은 가요성 포장설계를 위해 개발된 것으로, 도로의 응력상태 파악은 곤란하며, 국내 여건에 적합한 노상강도 추정기법 개발이 필요하다.

(예제) 수정 CBR의 산정방법

문제 분석	문제 성격	기본 이해	중요도	■■■□□□
	중요 Item	산정방법		

1. 함수비-건조밀도곡선을 그린다.
2. 다짐곡선으로부터 최적함수비 10%, 최대
   건조밀도 $2.07t/m^3$를 구한다.
3. 10회, 25회, 55회 다짐시험한 공시체의
   CBR값을 구한다.

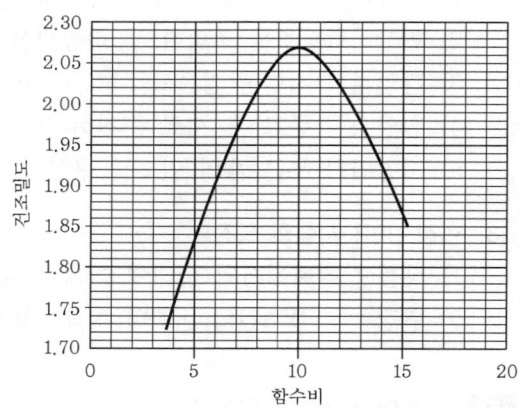

   (1) CBR 10 $= \dfrac{2.05}{13.4} \times 100\% = 15.3\%$

   (2) CBR 25 $= \dfrac{10.7}{13.4} \times 100\% = 80.2\%$

   (3) CBR 55 $= \dfrac{19.6}{13.4} \times 100\% = 146.8\%$

> ※ 10회 다졌을 때 피스톤을 2.5mm 관입시키기 위한 필요한 힘이 2.05kN이고, 이는 표준값에
>   대한 15.3%라는 의미
> ※ 다짐횟수를 늘리면 다짐에너지가 커지기 때문에 55회의 경우 100% 이상의 값이 나옴.

4. 노상은 95% 다짐이므로 $0.95 \times r_{d\max}(= 2.07) = 1.97t/m^3$이고 $r_d = 1.97$과 교점이 86%이
   므로 **수정 CBR값은 86%로 산정**된다.

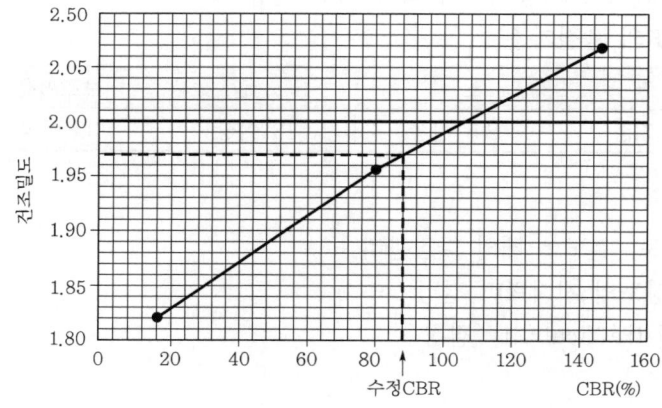

표준관입시험(SPT, Standard Penetration test)

문제 분석	문제 성격	기본 이해	중요도	■■■■■□□
	중요 Item	N값의 수정, N값의 활용성		

I 개 요

1. 표준관입시험기를 사용하여 원위치에서 지반의 단단한 정도와 토층의 구성을 판정하기 위한 N값을 구하는 동시에 흙시료를 채취하는 관입시험이다.
2. N값은 장비, 시험자, 지반조건에 따라 지반을 과대 또는 과소평가할 수 있으므로, 합리적인 지반평가를 위해서는 N값의 보정이 필요하다.
3. 표준관입시험의 결과를 이용하여 지반정수의 추정 및 지반공학적 설계값 반영 등으로 활용할 수 있다.

II 표준관입시험의 특징

1. 시추공 필요
2. 교란시료 채취 가능
3. 기존 자료가 많고 시험이 간단하여 많이 이용
4. 시험자의 숙련도에 따른 오차가 큼.
5. 점성토에 대한 시험치는 신뢰도가 낮음.
6. N값은 보정이 필요함.

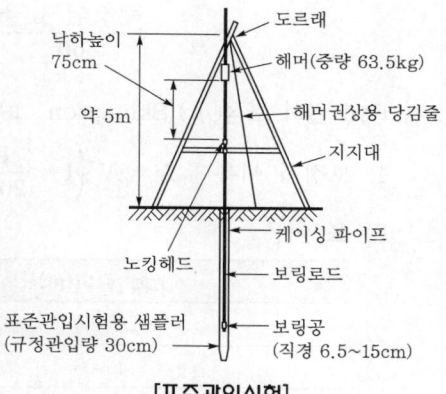

[표준관입시험]

III 표준관입시험의 시험방법

1. 간격 : 토사 및 풍화대에서 1m마다 또는 지층변화지점에서 시험 시행
2. split spoon sampler를 boring rod 하단에 연결하여 boring hole 밑에 내림.
3. 표준 해머(63.5kg±1kg)로 낙하고 76±1cm 높이에서 자유낙하시켜 관입깊이 관측
4. 15cm를 예비 타격한 후에 본 타입으로 30cm 관입에 필요한 타격횟수 산정(N값)
5. 30cm 관입이 어려운 지반의 경우에는 50회까지 타격 후 관입량 명기(예, 50/5)
6. 표준관입시험 시 주의사항
   1) 처음 15cm 타격 시 N값은 사용하지 말 것
   2) 전석층 시험 시 타 시험방법과 병행하여 시험의 신뢰도 증진 필요

Ⅳ N값의 보정절차

1. N값의 보정방법 : Skempton 제안식 이용(1986)

> 보정 관계식 : $N_{60} = N' C_n \eta_1 \eta_2 \eta_3 \eta_4$

여기서, N_{60} : 해머효율 60%로 보정한 표준관입시험 결과
N' : 장비별 표준관입시험 결과
C_n : 유효응력 보정
η_1 : 해머효율 보정
η_2 : Rod 길이 보정
η_3 : 샘플러 종류 보정
η_4 : 시추공경 보정

2. 유효응력 보정(C_n) : 유효응력 보정은 사질토에 대하여 실시

3. 해머효율 보정(η_1)

$$\eta_1 = \frac{측정된 \ 효율}{60}, \ 국제표준에너지비를 \ 60\%로 \ 함.$$

4. Rod 길이 보정(η_2)(Skempton, 1986)

1) 보정식 이용 : $N = N'\left(1 - \dfrac{l}{200}\right)$

2) 표 이용

rod 길이(m)	보정값
3 ~ 4	0.75
4 ~ 6	0.85
6 ~ 10	0.95
10 이상	1.0

5. 샘플러 종류 보정(η_3)(Skempton, 1986)

종 류	보정값
Liner 있는 경우	1.0
Liner 없는 경우	1.2

6. 시추공경 보정(η_4)(Skempton, 1986)

직경(mm)	보정값
65 ~ 115	1.0
150	1.05

Ⅴ 표준관입시험 에너지 보정방법

1. 에너지비 = $\dfrac{\text{현장에서 측정한 에너지}}{\text{해머무게} \times \text{낙하고}}$

   ※ 여기서 해머무게×낙하고=이론에너지로 에너지 손실 미고려

2. 동적효율(η_d) = $\dfrac{\text{해머가 앤빌에 충돌할 때 발생하는 손실}(ER_r)}{\text{표준 관입 시 각종 마찰에 의한 에너지 손실}(ER_v)}$

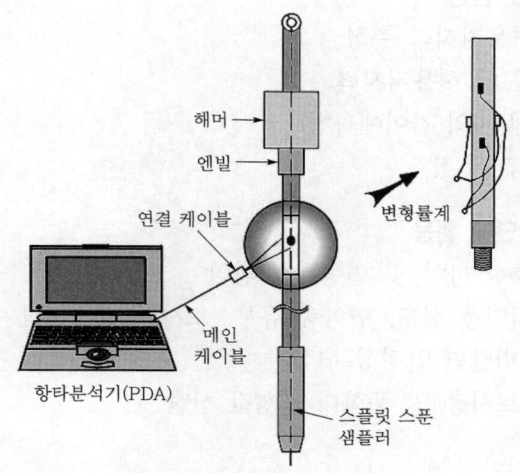

[SPT 에너지효율 측정 모식도]

Ⅵ 표준관입시험 결과의 활용방안

1. 지반정수 추정

사질토	상대밀도 / 지지력 / 지지력계수 / 탄성계수 / 전단저항각
점성토	Consistency / 1축압축강도 / 점착력 / 지지력

1) 사질토 지반의 N값의 특성과 상대밀도의 관계

N값	상 태	상대밀도(%)
0 ~ 4	대단히 느슨	0 ~ 15
4 ~ 10	느슨	15 ~ 35
10 ~ 30	보통	35 ~ 65
30 ~ 50	조밀	65 ~ 85
50 이상	대단히 조밀	85 ~ 100

2) 점성토 지반의 N값의 특성

N값	상 태	1축압축강도(kgf/cm^2)
0 ~ 2	대단히 연약	0 ~ 0.25
2 ~ 4	연약	0.25 ~ 0.50
4 ~ 8	보통	0.50 ~ 1.00
8 ~ 16	단단	1.00 ~ 2.00
16 이상	대단히 단단	2.00 이상

2. **지반공학적 설계값 반영**

   1) 얕은기초의 허용지지력 추정
   2) 깊은기초(말뚝)의 허용지지력
   3) 액상화 가능성 파악(간이예측법)
   4) 지반반력계수값 추정

3. **지반의 종합적 판단에 활용**

   1) 지반의 강도특성 파악 및 변형특성 파악
   2) 지층 분포, 지지층 심도, 연약층 유무, 토사와 리핑암의 구분 등
   3) 터널 출구부 비탈면 안정성 해석
   4) 터널설계 시 토사층 및 풍화대 물성값 산출

Ⅶ 표준관입시험을 이용한 흙의 전단강도 추정식

1. **사질토**

   1) Peck 공식 : $\phi = 0.3N + 27$
   2) Dunham 공식 : $\phi = \sqrt{12N} + (15 \sim 25)$

   ┌ 입자가 둥글고 입경이 균질 : 15
   ├ 입자가 둥글고 입도분포가 양호 : 20
   └ 입자가 모나고 입도분포가 양호 : 25

2. **점성토**(점착력 산정) : $C = \dfrac{q_u}{2} = \dfrac{N}{16}$

Ⅷ 맺음말

1. 전석층 시험 시 타 시험방법과 병행하여 시험의 신뢰도를 증진할 필요가 있으며, 50회의 타격에 대하여 누계 관입량이 10mm 미만인 경우는 '관입불능'이라고 표기한다.

2. N값은 근사적인 값으로 정확한 시험값을 구하기 위해서는 사질토에서는 신뢰할 만하나 N값은 보정하는 것이 중요하며, 특히 에너지 효율에 대한 보정은 필수적으로 보정하여야 한다.

Section 11

표준압밀시험의 시험방법 및 시험 시 문제점

문제 분석	문제 성격	기본 이해		중요도	■■■□□□
	중요 Item	시험의 활용성, 시험의 적용성, 특징			

I 개 요

1. 표준압밀시험은 간극비나 체적의 변화에 따른 각종 계수와 지수 산정, 압축 특성 및 투수성을 판단하기 위하여 시행하는 실내시험이다.
2. 시험 시 시험방법 및 교란시료 사용에 따른 문제점이 발생할 수 있으므로 이에 대한 주의가 필요하다.

II 표준압밀시험의 목적

1. 간극비나 체적의 변화에 따른 각종 계수와 지수 산정
2. 압축 특성 및 투수성 판단
3. 압밀도 계산 : 시간에 따른 과잉간극수압 소산 정도 파악

III 표준압밀시험의 시험방법

표준압밀시험	표준압밀시험기
• 흙시료를 링 속에 넣고 하부로 압밀하중을 가함. • 처음 9.8kPa을 24시간 가한 후 침하량을 기록한 후 2배 하중을 가함. • 동일한 방법으로 627.6kPa까지 가한 후 하중제거 • Terzaghi의 1차원 압밀이론 – 흙이 하중을 받게 되면 체적이 감소하게 되는데, 이때 토체를 이루고 있는 흙입자, 간극, 공기 중에서 흙입자와 물은 비압축성이므로 공기의 압축, 용해 또는 간극수가 간극으로부터 빠져나감.	

Ⅳ 표준압밀시험의 문제점

1. 시료 교란에 따른 문제점
   1) 시료의 채취 · 운반 · 성형 · 시험 시에 교란 발생은 불가피함.
   2) 교란영향으로 압밀곡선의 기울기가 원지반조건보다 완만하게 나타남.
   3) 결과적으로 교란시료의 시험결과 이용 시
      (1) P_c 감소, C_c 감소의 영향으로 침하량 과소예측
      (2) k 감소, C_v 감소의 영향으로 침하시간 과다예측

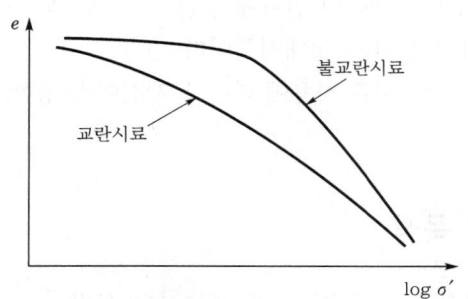

[교란시료와 불교란시료의 압밀곡선]

2. 시험방법에 따른 문제점
   1) 단계하중 : $\dfrac{\Delta P}{P}$ 가 클수록 S_c 증가
   2) 배수문제 : 연직배수만 가능
   3) 측방마찰 : 측면마찰 → S_f 감소
   4) 간극수압 : 양면배수 방식으로 u 측정 불가
   5) 응력 불균형 : 강성 재하판 사용(강성기초와 동일)
   6) 시간영향 : 24시간 재하시험이나 실제 장시간 → S_f 증가

Ⅴ 표준압밀시험의 특징

1. 고무막을 통해 가압하므로 시료구속영향이 경감되므로 성과가 양호
2. 배수조건을 조절하여 간극수압 측정이 가능
3. back pressure를 가할 수 있음.
4. 직경이 큰 시료($D=25\text{cm}$)도 시험 가능
5. 연속 하중 적용으로 시험시간 단축, 시험결과가 보다 양호
6. 시료 가운데 구멍을 뚫고 배수층을 두어 방사선 방향으로 배수시켜 수평방향에 대한 압밀계수 C_h값을 측정할 수 있음.

VI 표준압밀시험의 문제점 해결방안

1. 시료 교란대책 : perfect sampling으로 교란영향 최소화

2. 시험방법에 대한 대책

표준압밀시험	급속압밀시험(CRS, CGS)	Rowe cell 시험
시험기간이 길다.	시간단축 가능(실무적 장점)	시간단축 가능
시험방법상 문제점	낮은 응력에서 큰 변형이 발생하는 문제점이 있다.	• 응력 불균형→ 연성 고무판 사용 • 단계하중→ 연속 가압 • 배수조건→ 간극수압 측정 • 측방마찰→ 직경이 큰 중공시료 사용 • back pressure 사용
C_h, u 측정 불가	u 측정 가능	중공시료 이용, 양면 배수로 C_h 측정 가능

3. 시험결과의 보정 : 교란시료의 투수성 저하로 인한 압축 관련 지수의 보정
   1) $e - \log P$곡선 이용

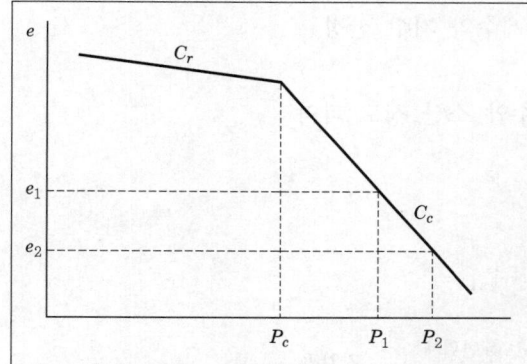

비선형의 결과 정리를 P_c 결정 후 선형으로 보정하여 구함.

$$C_c = \frac{\Delta e}{\Delta \log P} = \frac{e_1 - e_2}{\log \frac{P_2}{P_1}}$$

   2) Terzaghi−Peck 제안식 이용
      (1) 불교란시료 : $C_c = 0.009(LL-10)$
      (2) 교란시료 : $C_c = 0.007(LL-10)$
   3) 자연함수비 이용 : $W_n/100$

VII 표준압밀시험의 활용성

1. 선행 압밀하중 결정
2. 압밀침하량 산정
3. 압밀침하시간 산정
4. OCR 산정으로 NC와 OC의 구분

표준압밀시험의 결과 활용

문제 분석	문제 성격	기본 이해		중요도	■■■■□□□
	중요 Item	표준압밀시험의 이해, 시험의 결과 정리, 결과의 활용성			

I 개 요

1. 표준압밀시험은 시료에 압밀하중을 가한 후 시간경과에 따른 침하량 및 24시간 후 하중 제거 후 변형량을 측정하는 시험이다.
2. 시험결과 점성토의 간극비나 체적의 변화에 따른 각종 계수와 지수 산정 및 압축특성, 투수성을 판단하기 위하여 시행한다.

II 표준압밀시험의 목적

1. 간극비나 체적의 변화에 따른 각종 계수와 지수 산정
2. 압축 특성 및 투수성 판단
3. 압밀도 계산 : 시간에 따른 과잉간극수압 소산 정도 파악

III 표준압밀시험의 방법

1. 시험개요($\Delta P = \Delta h \cdot \gamma_w = \Delta u_i$)

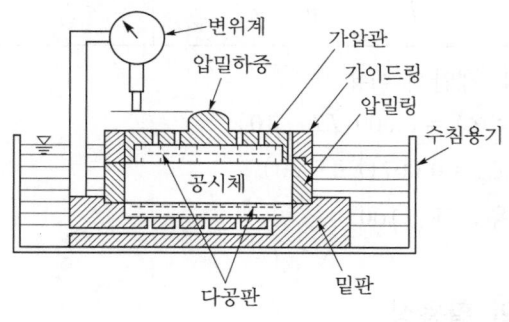

변위계
가압관
압밀하중
가이드링
압밀링
물
수침용기
공시체
다공판
밑판

[표준압밀시험상자]

2. 표준압밀시험의 시험방법
   1) 흙시료를 링 속에 넣고 하부로 압밀하중을 가함.
   2) 처음 9.8kPa을 24시간 동안 가한 후 침하량을 기록하고, 이후 2배 하중 가함(loading).
   3) 동일한 방법으로 627.6kPa까지 가한 후 하중 제거(unloading)
   4) plot하여

(1) $e - \log P$ 곡선 작도 : C_c, C_r 구함.

(2) $t - d$ 곡선 작도 : C_v 구함.

(3) $e' - P'$ 곡선 작도 : a_v 구함.

(4) $\varepsilon_v - P'$ 곡선 작도 : m_v 구함.

Ⅳ 표준압밀시험의 결과 정리

1. 계수와 지수의 차이점

   1) 계수(coefficient) : 구간별 기울기값이 각기 다른 비선형 기울기

   2) 지수(index) : 구간별 기울기값을 단순화시킨 선형 기울기

2. 압축지수(compression index, C_c)

   1) 구하는 법

   (1) $e - \log P$ 곡선 이용

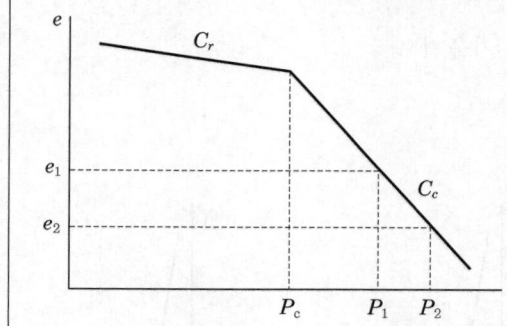

비선형의 결과 정리를 P_c 결정 후 선형으로 보정하여 구함.

$$C_c = \frac{\Delta e}{\Delta \log P} = \frac{e_1 - e_2}{\log \dfrac{P_2}{P_1}}$$

   (2) Terzaghi-Peck 제안식

   ① 불교란시료 : $C_c = 0.009(LL - 10)$

   ② 교란시료 : $C_c = 0.007(LL - 10)$

   (3) 자연함수비 이용 : $W_n / 100$

   (4) ΔP에 의한 1차 압밀침하량 산정 시에는 교란시료의 수정방법 적용

3. 압축계수(coefficient of compressibility, a_v)

   1) 구하는 법

   (1) $e - \log P$ 곡선의 기울기 이용

   (2) 각 구간별 기울기가 다름.

   (3) $a_v = \dfrac{\Delta e}{\Delta \sigma} = \dfrac{e_1 - e_2}{\sigma_2 - \sigma_1}$

   2) 한계성 : 각 구간별 기울기가 다르므로 실무 적용에 어려움이 많음.

4. 체적변화계수(coefficient of volume compressibility, m_v)

   1) 구하는 법

     (1) $\Delta \varepsilon_v - P$곡선의 기울기 이용

     (2) $m_v = \dfrac{\Delta \varepsilon_v}{\Delta \sigma'} = \dfrac{1}{1+e}\left(\dfrac{\Delta e_1 - e_2}{\Delta \sigma_2' - \sigma_1'}\right) = \dfrac{a_v}{1+e}$

   2) 이용 : 1차원적 압밀이론의 문제점인 다차원적 체적변화를 고려할 수 있음.

5. 압밀계수(coefficient of consolidation, C_v, C_h)

   1) $\log t$법(casagrande)

     (1) $d - \log t$곡선에서 얻어지는 기울기

     (2) $C_v = \dfrac{TH^2}{t_{50}} = \dfrac{0.197 H^2}{t_{50}}$

     (3) 정규압밀범위 내에서는 C_v값이 $\log t$법보다 일반적으로 크게 나오므로 $\log t$법으로 구한 값이 실제와 더 유사

   2) $\sqrt{t}$법(Taylor법)

     (1) $d - \sqrt{t}$곡선에서 얻어지는 기울기

     (2) $C_v = \dfrac{T_v H^2}{t_{90}} = \dfrac{0.848 H^2}{t_{90}}$

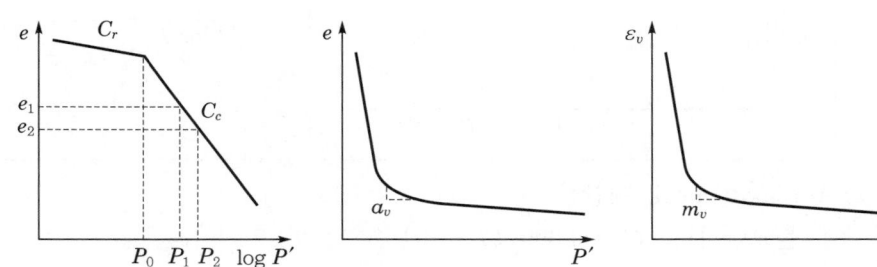

[표준압밀시험의 결과를 이용한 곡선]

V 표준압밀시험의 결과 활용

1. 지반의 압밀침하속도를 나타내는 계수
2. 지반의 압밀침하속도 및 투수계수 산정에 이용
3. 연직배수공법의 개량효과 판단
4. 연약지반의 최종 압밀침하량 예측 및 계산

Section 13 토질별 투수계수를 구하기 위한 시험

문제 분석	문제 성격	기본 이해	중요도	■■□□□□□
	중요 Item	정수위시험, 변수위시험의 특징, 시험의 활용성		

Ⅰ 개 요

1. 흙의 투수성은 투수계수의 대소로 표현된다. 흙의 투수계수를 구하는 방법에는 실내투수시험법과 현장투수시험법이 있다.
2. 투수시험에는 수위의 주어진 방법에 따라 정수위투수시험 및 변수위투수시험이 있으며, 통상 정수위형은 사질토에, 변수위형은 점성토에 적용된다.

Ⅱ 투수계수의 이론적 배경

1. 흙 속을 흐르는 물의 흐름이 층류나 정상류인 경우 유속은 어느 구간의 수두차를 그 거리로 나눈 동수구배에 비례한다는 법칙
2. 자갈 이하의 토립자는 대부분 층류이므로 흙 속 물의 흐름은 Darcy 법칙 이용
3. Darcy 법칙 : $Q = KIA = K\left(\dfrac{dh}{dl}\right)A$

   여기서, K : 수리전도도, I : 지하수의 동수구배, A : 모래층 단면적

Ⅲ 토질별 투수계수의 성질 및 투수계수에 영향을 주는 요인

1. 토질별 투수계수의 성질
   1) 투수계수가 큰 것은 투수량이 크고, 모래는 점토보다 큼.
   2) 간극비가 큰 토질은 투수계수가 큼.
   3) 토질별 투수계수($k[\text{cm/s}]$)
      (1) 자갈$=1 \sim 10$
      (2) 조립토$=1 \sim 1 \times 10^{-3}$
      (3) 실트, 풍화된 점토$=1 \times 10^{-4} \sim 1 \times 10^{-7}$

2. 투수계수에 영향을 주는 요인
   1) 입자의 모양과 크기   2) 공극비
   3) 포화도   4) 흙의 구조
   5) 공극수의 점성과 밀도

[정수위투수시험 장비]

Ⅳ 정수위투수시험의 특징

1. 시험 모식도

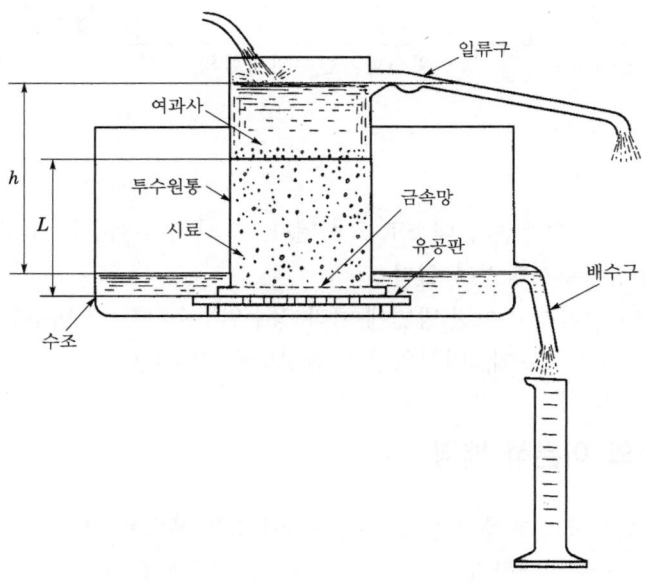

2. 산정식 : $k = \dfrac{QL}{hAt}$

　여기서, t : 측정시간(sec)

　　　　L : 물이 시료를 통과한 거리(cm)

　　　　Q : t시간 동안 침투한 유량(cm^3/s)

　　　　A : 시료의 단면적(cm^2)

　　　　h : 수두(cm)

3. 시험방법
   1) 정수위투수시험기의 몰드와 밑판의 무게를 측정하고 몰드의 안지름과 길이 측정
   2) 몰드에 사질토를 넣고 진동을 가하여 시험용 시료 조제
   3) 투수시험용 시료 : 다짐방법으로 다진 시료 또는 불교란시료
   4) 시료 상면에 필터 페이퍼를 놓은 다음 고무개스킷을 놓고 뚜껑을 덮으며, 이때 뚜껑은 물이 새지 않도록 잘 죄어야 함.
   5) 뚜껑에 붙은 비닐관을 저수조와 연결한 다음 기포가 완전히 없어질 때까지 물을 순환 시킴.
   6) 시료를 통해 흘러나온 물을 500mL 또는 1,000mL 용기(Q)로 받고 용기를 채우는 시간 (t)을 측정
   7) 이와 같은 조작을 2, 3회 반복하여 측정시간이 거의 일치하는가 확인
   8) 시료의 배수면과 저수조의 상류면 사이의 높이를 측정하여 투수계수 산정

Ⅴ 변수위투수시험의 특징

1. 시험 모식도

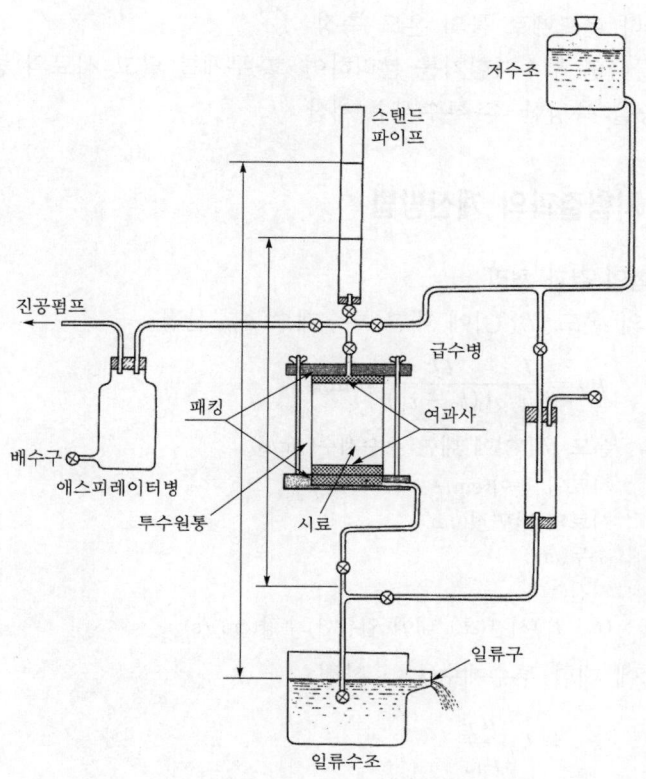

2. 산정식 : $k = 2.3 \dfrac{a\,L}{A} \dfrac{1}{t_2 - t_1} \log\left(\dfrac{h_1}{h_2}\right)$

여기서, a : 스탠드 파이프의 단면적(cm^2)

t_1 : 측정 시작 시간(sec)

t_2 : 측정 종료 시간(sec)

h_1 : t_1 에서의 수주높이(cm)

h_2 : t_2 에서의 수주높이(cm)

3. 시험방법

1) 변수위투수시험기와 밑판의 무게 및 몰드의 용적(V)과 단면적(A) 측정

2) 스탠드 파이프의 단면적(a) 측정

3) 투수시험기 속에 흙을 넣어 시료 조제

4) 시료 : 교란된 흙을 적절한 에너지로 다져서 만들 수도 있고, 불교란시료도 사용 가능

5) 시료를 포화시키며, 시료의 포화는 백 프레셔(back pressure) 가압장치를 사용하는 것이 가장 효과적임.

6) 스탠드 파이프의 최초의 수위 h_1과 최종 수위 h_2를 미리 결정

7) 수위가 h_1에서 h_2로 내려올 때의 시간을 스톱워치로 측정

8) 수회 되풀이하여 측정시간이 일정하게 되는가 확인

9) 측정 때마다 온도계로 물의 온도 측정

10) 시험이 끝나면 투수시험기를 분리하여 그 무게를 달고 시료의 중량 결정

11) 흙의 비중을 측정한 후 투수계수 계산

Ⅵ 투수계수 시험결과의 계산방법

1. 정수위투수시험의 결과 처리

1) 측정할 때의 온도 $T[℃]$에 대한 투수계수 k_T 산정

$$k_T = \frac{L}{h}\frac{Q}{A(t_2 - t_1)}\ [\text{cm/s}]$$

여기서, k_T : 온도 $T[℃]$에 대한 투수계수(cm/s)
　　　　L : 시료의 높이(cm)
　　　　A : 시료의 단면적(cm^2)
　　　　h : 수두(cm)
　　　　t : 시간(s)
　　　　Q : $(t_2 - t_1)$시간(초) 내에 일류한 수량(cm^3/s)

2) 온도 15℃에 대한 투수계수(k_{15}) 산정

$$k_{15} = k_T \frac{\mu_T}{\mu_{15}}$$

여기서, μ_{15} : 온도 15℃에 대한 투수계수(cm/s)
　　　　μ_T : 물의 점성계수(poise)

[투수계수에 의한 $T[℃]$에 대한 보정계수 μ_T/μ_{15}]

$T[℃]$	0	1	2	3	4	5	6	7	8	9
0	1.567	1.513	1.460	1.414	1.369	1.327	1.286	1.248	1.211	1.177
10	1.144	1.113	1.082	1.053	1.026	1.000	0.975	0.950	0.926	0.903
20	0.881	0.859	0.839	0.819	0.800	0.782	0.764	0.747	0.730	0.714
30	0.699	0.684	0.670	0.656	0.643	0.630	0.617	0.604	0.593	0.582
40	0.571	0.561	0.530	0.540	0.531	0.521	0.513	0.504	0.496	0.487
50	0.479	0.472	0.465	0.438	0.470	0.443	0.436	0.430	0.423	0.417

3) 시료의 건조단위무게(γ_d) 산정

$$\gamma_d = \frac{W}{AL\left(1 + \dfrac{\omega}{100}\right)}$$

여기서, γ_d : 시료의 건조단위무게(g/cm^3)

W : 시료의 무게(g)

ω : 시료의 함수비(%)

4) 시료의 간극비(e) 산정

$$e = \frac{G_s \cdot \gamma_w}{\gamma_d} - 1$$

여기서, e : 시료의 간극비

G_s : 흙입자의 비중

γ_w : 물의 단위중량(g/cm^3)

2. 변수위투수시험의 결과 처리

1) 수두가 미리 표시하여 둔 h_1 과 h_2 사이를 지나는 동안 걸리는 시간($t_2 - t_1$)을 측정하여 투수계수 산정

$$k_T = 2.3 \frac{aL}{A\,(t_2 - t_1)} \log_{10} \frac{h_1}{h_2}\ [\text{cm/s}]$$

여기서, a : 스탠드 파이프의 단면적(cm^2)

2) 정수위투수계수 산정과 동일한 방법으로 온도 15℃에 대한 투수계수 k_{15} 를 구함.

3) 시료의 건조단위중량(γ_d)과 간극비(e)도 동일한 방법으로 구함.

[변수위투수시험]

Ⅶ 투수계수 시험결과의 활용방안

1. 정수위투수시험은 투수계수가 큰 사질토의 투수계수를 구하는 데 적합
2. 흙댐, 토류구조물, 기초지반에 침투나 압력에 대한 영향 및 안정성 검토
3. 제체와 배수공 등을 설계하여 시공에 적용

Ⅷ 맺음말

투수시험 결과는 흙댐과 하천제방, 간척제방의 제체와 기초지반 중의 투수 또는 지하수위 이하에 설치된 구조물에 미치는 양압력을 알아내어 제체와 배수공 등을 설계하여 시공에 적용하므로 토질 및 목적에 맞는 시험을 선정하여야 한다.

암반 수압시험 시 주입패턴의 종류 및 각 패턴별 지반의 투수특성

문제 분석	문제 성격	기본 이해	중요도	■■■■■□□
	중요 Item	시험목적, 활용성, 루전테스트, 댐기초 개량 확인		

I 개 요

1. 수압시험은 야외에서 시추조사와 병행하여 지하수의 유동특성을 정량적으로 규명하기 위하여 시추공 내의 일정 구간에 packer를 설치, 밀폐한 후 일정압의 압력수를 주입하여 주입압력과 주입량과의 관계로부터 대상지반의 투수성을 평가하는 현장시험법이다.
2. 특징으로는 지층별 투수계수와 암반의 Lugeon값을 파악하여 수리지질특성 및 지하수 거동분석, 그라우팅 보강효과를 예측할 수 있다.

II 수압시험의 원리 및 시험방법

1. Lugeon : 시추공에 압력 $10 kgf/cm^2$로 주수한 경우 주입길이 1m당 주입량을 리터 단위로 나타낸 것
2. 시험방법 : single packer를 사용, 하향식으로 실시하는 것을 원칙으로 하며, 압력의 증감은 5∼9단계로 실시하여 각 단계에서 주입압력별로 약 5분간의 가압시간을 유지하여 정확한 주입수량을 측정하여 시행
3. 투수계수에 사용되는 공식

$$K = \frac{Q}{2\pi HL} \ln \frac{L}{R}$$

여기서, K : 투수계수(cm/s)　　　　L : 시험구간(cm)
　　　　Q : 주입유량(cm^3/s)　　　H : 총수두(cm)
　　　　R : 공반경(cm)

4. 각 압력단계별로 Lugeon(L_u)값 계산
5. Lugeon 패턴에 따라 Lugeon값 결정
6. Lugeon값 산출에 사용된 공식

$$L_u = \frac{10Q}{PL}$$

여기서, L_u : Lugeon값　　　　　Q : 주입유량(L/min)
　　　　L : 시험구간(m)　　　　P : 주입압력(kgf/cm^2)

Ⅲ P–Q곡선에 의한 암반 투수성 평가(Houlsby)

flow type	시험압력	Lugeon 형태	압력-주입량곡선	시험특성 및 그라우팅조건
group A : 층류 (laminar flow)				• 압력(P)과 주입량(Q)이 비례 • 각 압력단계별 Lugeon값이 비슷 • Lugeon값은 평균값을 사용 • 그라우팅효과가 가장 양호
group B : 난류 (turbulent flow)				• 균열의 열림이 가역적 • 압력의 증가에 비해 주입량의 증가비율이 작음. • 가장 높은 주입압력에서 가장 작은 Lugeon값을 나타냄. • Lugeon값은 가장 높은 주입압력에서의 값을 나타냄. • 그라우팅효과가 대체로 양호
group C : 팽창 (dilation)				• 균열의 열림이 가역적 • 압력의 증가에 비해 주입량의 증가비율이 큼. • 가장 높은 주입압력에서 가장 높은 Lugeon값을 나타냄. • Lugeon값은 최소(또는 중간) 주입압력에서의 값을 나타냄. • 그라우팅효과가 대체로 양호
group D : 유실 (wash-out)				• 균열의 열림이 비가역적 • 같은 주입압력에서의 증압 시보다 감압 시의 주입량이 많음. • Lugeon값은 압력변화에 관계없이 점점 증가함. • Lugeon값은 최대값을 적용 • 균열 틈 사이의 충전물이 이동되어 균열이 열림. • 그라우팅효과가 가장 불량
group E : 공극 충전 (void filling)				• 균열의 열림이 비가역적 • 같은 주입압력에서의 증압 시보다 감압 시의 주입량이 작음. • Lugeon값은 압력변화에 관계없이 점점 감소함. • Lugeon값은 마지막 단계의 값을 사용 • 지반 내의 균열은 연결성이 미약하여 점차로 공극이 채워짐. • 그라우팅효과는 양호하지 못함.

Ⅳ Lugeon값에 의한 암반 투수성 평가기준

1. L_u값 < 5 : 완전 불투수성
2. 5 < L_u값 < 100 : 지수에 대한 검토가 필요한 암반층
3. L_u값 > 100 : 그라우팅이 요구되는 투수성 암반층

Ⅴ 암반 수압시험의 결과 활용방안

1. 조사구간 기반암의 투수계수와 Lugeon값 산출
2. 터널 내의 침투류 해석 및 배수설계 시 적용
3. 투수패턴 파악(laminar, turbulent, dilation, wash-out, void filling)
4. 그라우팅 보강설계 시 기초자료로 활용, 투수패턴 파악
5. 암반 지반 그라우팅 후 보강효과 확인

Ⅵ 맺음말

1. 암반 수압시험은 기반암의 투수성을 파악하기 위하여 실시하는 현장시험이다.
2. 평가방법은 Lugeon값은 $P-Q$곡선을 이용하여 산출하며, 측정결과가 $25L_u$ 이상이 되는 경우 신뢰성이 저하되므로 재시험을 시행하여야 한다.

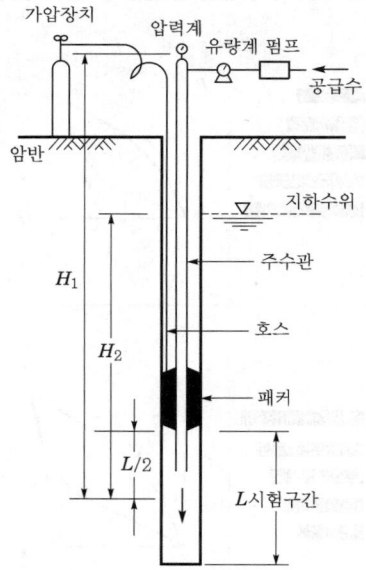

[Single packer method]

Section 15 시추조사 후 시추공 폐공처리

문제 분석	문제 성격	기본 이해	중요도	■■■□□□
	중요 Item	시추공의 폐공처리 목적 및 방법, 환경관리		

Ⅰ 개 요

1. 시추조사 및 보링 등 각종 조사 시 소기의 목적을 달성한 후 남게 되는 시추공을 폐공이라 하며, 폐공을 통한 오수의 유입으로 지하수오염 등의 환경오염문제 등이 발생할 수 있다.
2. 이를 방지하기 위하여 폐공은 충적층 시추공의 폐공과 암반 시추공의 폐공으로 구분하여 폐공처리순서에 따라 적정하게 처리하여야 한다.

Ⅱ 시추공 폐공처리의 목적

1. 폐공 내로 유입되는 지표오염원 차단
2. 오염원의 수직적 이동통로 제거
3. 오염유발시설(케이싱 등) 제거 등의 지하수오염 방지

Ⅲ 폐공처리 관련 법규

폐공의 정의	현재 또는 미래에 이용할 계획이 없고 오염 방지를 위한 별도의 조치 없이 방치되어 있는 지층을 굴착한 모든 공
원상복구 등 (지하수법 제15조)	1. 허가·인가 등이 취소된 경우 2. 허가·인가 등에 의한 개발·이용기간이 만료된 경우 3. 지하수의 개발·이용을 위하여 굴착한 장소에서 지하수가 채취되지 않은 경우 4. 소요 수량이 확보되지 않고, 수질불량으로 지하수를 개발·이용할 수 없는 경우 5. 지하수의 개발·이용을 종료한 경우 6. 신고의 효력이 상실된 경우 7. 신고를 하고 굴착한 경우로서 제9조의4 제1항 각 호의 어느 하나에 해당하는 행위를 종료한 경우 8. 그 밖에 원상복구가 필요한 경우로서 대통령령으로 정하는 경우
지하수 업무 수행지침 (환경부)	1. 지표 하부에 그라우팅이 되어 있는 경우에는 토지 굴착깊이까지 불투수성 재료(시멘트, 슬러리 등)를 주입하여 다짐하면서 되메움(공매작업) 2. 지표 하부에 그라우팅이 되어 있지 않고 보호벽(케이싱)이나 유공관(파이프) 등이 설치되어 있는 경우에는 가능한 이를 제거한 후 토사 굴착깊이까지 불투수성 재료(시멘트 슬러리 등)를 다짐하면서 되메움(공매작업)

Ⅳ 시추공의 폐공처리절차

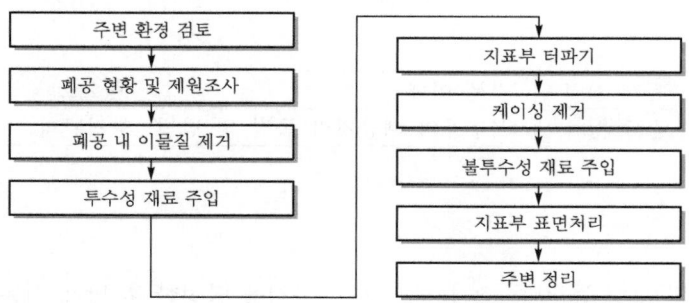

Ⅴ 조사구간의 폐공처리방법

1. 충적층 시추공의 폐공처리방법

1) 충적층 폐공은 암반층까지 굴착하지 않고 암반층 상부의 모래, 자갈, 실트 등 충적층 구간까지만 굴착한 시추조사공에 대한 폐공임.

2) 폐공방법은 케이싱을 인발한 후 공 내부는 자연함몰 또는 주변 흙으로 다짐하며 되메움 실시

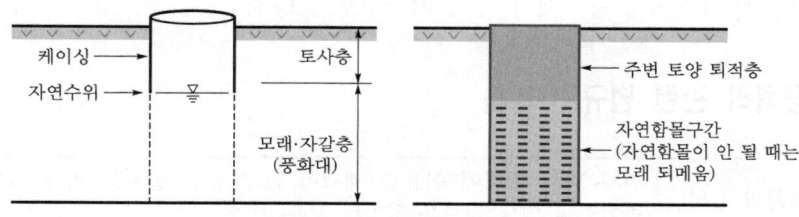

[충적층 폐공처리방법]

2. 암반 시추공의 폐공

1) 암반층 폐공은 암반구간에 대하여 불투수성 재료로 되메움을 실시함.

2) 상부 충적층은 자연함몰 또는 투수성 재료로 되메움을 실시하며, 지표면은 주변 환경과 어울리게 주변을 정리함.

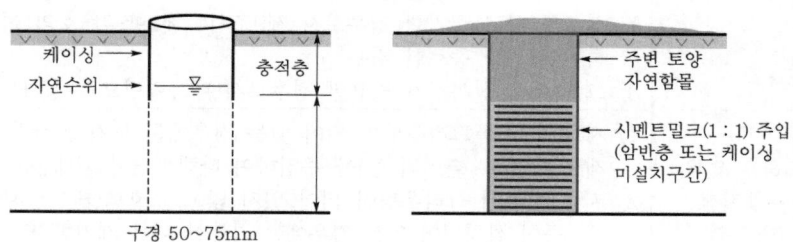

[암반층 폐공처리방법]

3. 폐공처리 순서 및 방법

1) 폐공처리순서

폐 공 전	폐 공 중	폐 공 후

• 공매재료의 양 결정
   – 시추공 직경, 깊이, 지하
     수위 파악
 • 시추공 내 접지
   – 케이싱 및 검측 PVC 파이
     프 제거
	• 공매재료의 충전
	   – 충적층 : 자연함몰 또는
	     모래
	   – 암반층 : 시멘트+벤토나
	     이트+물
	   – 호스 설치 후 공매재료 충전
	   – 충전 시 호스를 올리면서
	     공매재료 부설
		• 상부구간 마무리
		   – 공매재료를 지표면 하부
		     약 1.0 ~ 1.5m까지 충전
		   – 그 상부에 영농작업과
		     식생을 고려하여 양질의
		     흙으로 되메움 실시

2) 폐공처리방법

(1) 자재의 제거 : 펌프 혹은 시설장비 등의 폐공처리에 장애가 되는 것은 봉인하기 전에 제거

(2) 케이싱의 제거

(3) 폐공의 직경과 깊이 및 지하수위 위치 측량 : 폐공의 직경과 봉인재료의 소요량 결정에 이용되며, 지하수위는 봉인재료 주입 시의 압력 결정에 이용됨

(4) 봉인재료의 최소 사용량 결정 : 폐공처리에 소요되는 봉인재료의 최소 부피는 다음 식을 참조하여 결정

$$V = \frac{\pi r^2}{144} D_1 \,[\mathrm{ft^3}] = \frac{\pi r^2}{1550} D_2 \,[\mathrm{m^3}]$$

여기서, V : 부피 r : 폐공의 내부반경(inch)
        D_1 : 지표면 1ft 아래로부터의 전폐공깊이(ft)
        D_2 : 지표면 1m 아래로부터의 전폐공깊이(m)

(5) 봉인재료의 준비 : 봉인재료는 재료 최소 사용량의 1.1 ~ 1.3배 정도 준비

(6) 봉인방법

    ① A방법 : 트레미 파이프나 호스의 선단을 착정공 하부에 위치시킨 상태에서 그라우팅 재료를 지표 하부 1 ~ 1.5m까지 충전

② B방법 : 트레미 파이프나 호스를 끌어올리면서 깊이별로 단계적으로 충전
③ C방법 : 지상에서 투하하는 경우 투입물질을 소형공(ϕ10cm 이내) 크기로 하여 투하하되, 시간간격을 두고 투하하여 완전 충전
(7) 상단부 되메움
① 지표면 하부 1 ~ 1.5m에서 지표면까지는 깨끗한 흙으로 다지면서 되메우기 실시
② 만일 부득이한 사정으로 설치자재의 완전 제거가 불가능한 경우 지표면 하부 1 ~ 1.5m까지 터파기를 하여 노출된 폐공 설치자재를 제거한 후 지표면까지 깨끗한 흙으로 다지면서 되메움 실시

Ⅵ 구간별 폐공처리공법의 적용방안

1. 깎기 구간 : 시멘트 채움
2. 교량 구간 : 양질의 토사로 되메움
3. 터널 구간 : 시멘트 채움

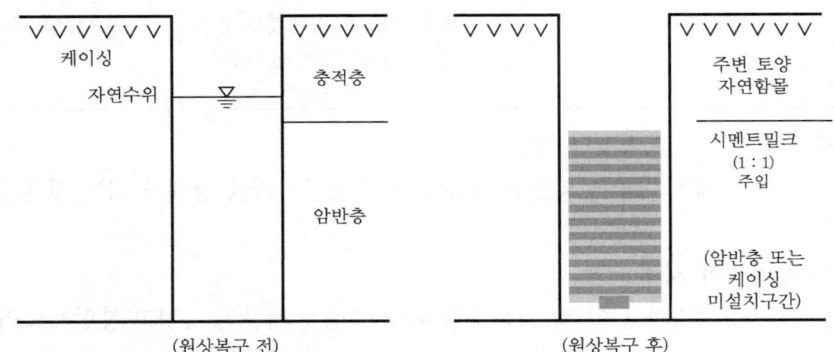

[폐공처리 모식도]

Ⅶ 맺음말

조사 후 방치된 폐공을 통한 오수의 유입 등으로 지하수오염 등의 환경오염문제가 발생할 수 있으므로 시추조사 등에 의한 시추공은 조사 완료 후 철저한 폐공처리를 하여 환경오염을 방지하여야 한다.

Section 16　지반의 정밀물리탐사

문제 분석	문제 성격	기본 이해	중요도	■■■□□
	중요 Item	종류별 특징, 활용성		

I 개 요

1. 지반의 정밀물리탐사란 파의 회절, 반사, 전파원리나 전기비저항의 변화를 측정하여 지반 물성과 지층분포, 불연속면·공동·지하매설물의 규모와 위치, 지하수의 이동상태 등을 시각적 영상처리나 해석적 분석방법으로 조사하는 비파괴탐사법을 말한다.
2. 지반의 물리탐사는 파를 이용하여 탐사하는 방법과 파를 이용하지 않고 탐사하는 방법으로 나뉜다.

II 정밀물리탐사의 분류

1. 파를 이용하는 방법
   1) 탄성파
      (1) TSP(Tunnel Seismic Profiling)　　(2) 지오토모그래피
      (3) 공내속도 검측(down hole test)
   2) 전자기파
      (1) 지표레이더탐사(GPR)　　(2) 시추공레이더탐사
   3) 초음파 : 초음파반향 검측
2. 파를 이용하지 않는 방법
   1) 전기비저항 검측　　2) 공내영상촬영(BIPS)　　3) 방사능탐사

III 정밀물리탐사의 활용 및 고려사항

구 분	적용분야	탐사 시 고려사항
TSP	• 암석 종류, 강도, 균열 • 단층파쇄대 존재 여부 • 원지반상태 공학적 평가	• 심부 파쇄대 측정 곤란 • 동결, 연약지반 측정 곤란 • 얇은 층 측정 곤란
GPR	• 매설관로, 폐기물 등의 매설물 • 지하공동(공동, 갱도, 지하실) • 매몰유적, 지하수면	• 점토층, 갯벌, 해수지역 • 지하수면 하부 측정 곤란
전기비저항법	• 단층 파쇄대 • 열수 변질대	• 비저항값이 낮으면 측정 곤란 • 송전선, 철도와는 거리 이격
방사능탐사	• 활성단층, 파쇄대 • 암반의 암상탐사	• 지표층의 영향을 많이 받음. • 다른 조사와 종합적인 해석 필요

Ⅳ 지반 물리탐사의 종류별 특징

1. TSP(Tunnel Seismic Profiling)
    1) 시험원리 : TSP는 터널 굴진 전에 탄성파를 이용한 전방탐사를 하여 암질상태, 변화경계
        부, 단층, 파쇄대 등을 파악하는 비파괴시험
    2) 적용분야
        (1) 단층 파쇄대 등 지질 급변부의 존재 여부 확인(100 ~ 200m 전방탐사)
        (2) 막장 전방의 단층, 파쇄대 등의 공간적 위치 및 경사 파악
        (3) 단층 파쇄대 등의 규모(갱 내에서의 분포거리), 특성 파악
        (4) 터널과의 교차각도, 방향의 추정, 파쇄대층의 지하수 존재 여부 예측
    3) 유의사항
        (1) 한계성 : 동결지반, 연약지반, 심부 파쇄대의 경우 측정 곤란
        (2) 기대효과
            ① 단층 및 파쇄영역에 대한 사전조치 가능
            ② 작업 정지에 따른 공사비 손실 감소
            ③ 위험지역에 대한 최적의 보강으로 공기 및 공사비 절감

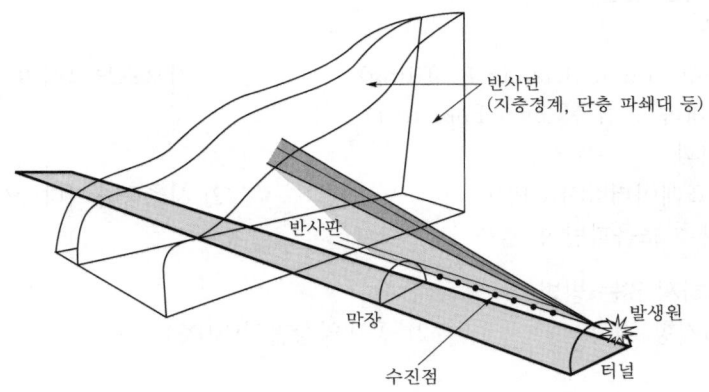

[반사법 탄성파탐사에 의한 막장 전방탐사의 측정 개념도]

2. 지오토모그래피(geotomography)
    1) 시험원리
        (1) 단층촬영기술(Computerized Tomography, CT)을 이용하여 지반에 시추한 두 천공
            홀 사이의 지층구조, 공동현상 및 지하수 이동상태를 화상처리하여 분석하는 방법
        (2) 탄성파, 레이더파 및 전기비저항 지오토모그래피로 구분
    2) 적용분야
        (1) 터널과 댐 주변 지반의 지층분포와 물성평가
        (2) 교량과 댐 기초의 공동과 불연속면탐사(sink hole 탐사)

   (3) 제방의 누수부탐사
   (4) 폐광의 지하수 이동
   (5) 매립장의 침출수 이동
  3) 유의사항
   (1) 심한 이방성 지반, 불규칙한 파쇄대에는 정밀도 저하
   (2) 이방성 지반과 공내수영향 보정 시에는 경험과 기술 필요

3. 공내속도 검측(down hole test)

  1) 시험원리 : 충격탄성파를 지표에 발생시킨 후 시추공 저면에서 수신되는 파의 전달속도
    를 측정하여 지반물성과 동적특성을 분석하는 방법
  2) 적용분야
   (1) 진동을 받는 기계기초의 탐사
   (2) 지하철, 발전소, 전자공장의 건축물
   (3) 내진설계를 위한 지반의 동특성과 지반계수의 도출

$$G = \frac{E}{2(1+v)}$$

    여기서, E : 동탄성계수
      G : 동전단탄성계수
      v : 동푸아송비
  3) 유의사항
   (1) 계측과 분석이 용이하고 비용이 저렴
   (2) 시추공의 케이싱에 의해 탄성파의 전달속도가 빨라지므로 정밀성 저하

4. 초음파반향 검측(BHTV)

  1) 시험원리 : 검측기에 장착된 발진기를 통해 시추공벽에 초음파를 입사시킨 후 회전반사
    경에 검측된 반사파의 위상과 주기변화를 분석하여 지반물성과 불연속면의
    상태를 분석하는 방법
  2) 적용분야
   (1) 지반의 동적특성과 물성평가
   (2) 불연속면의 방향과 연장 추정
   (3) 터널과 댐 기초의 암반분류에 활용
  3) 유의사항
   (1) 검측결과의 통계처리 후 수치 해석 입력자료로 활용
   (2) 공내수 혼탁도의 영향이 없음.

BHTV검층 모식도	BHTV 측정방법

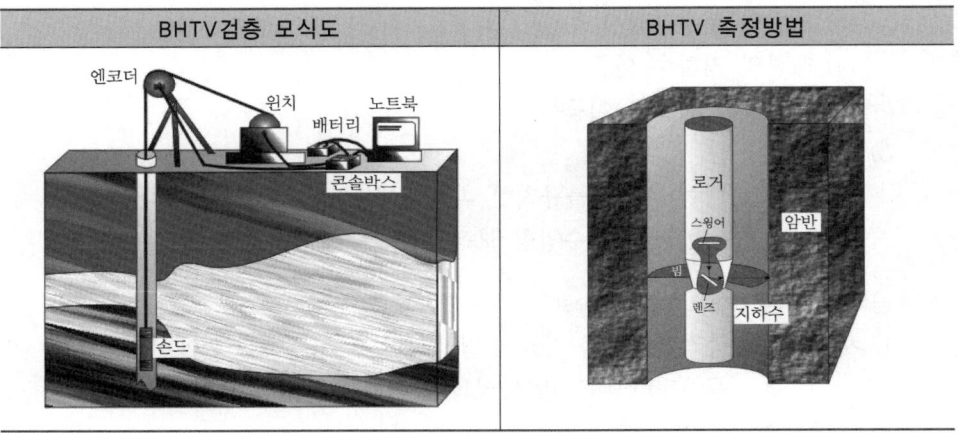

5. 지표레이더탐사(Ground Penetration Rader, GPR)
   1) 시험원리 : 전자파를 지표에서 전달시킨 후 지층경계나 불연속면에서 난반사되어 되돌아오는 반사파의 수신시간과 특성변화를 화상처리하여 정량적·정성적으로 분석하는 방법
   2) GPR 탐사의 종류
      (1) 반사법 : 지반조사를 하기 위한 가장 일반적인 방법으로, 송신기와 수신기를 일정한 간격으로 고정시킨 후, 임의의 간격으로 이동시키며 조사하는 방법
      (2) CMP법 : 송신기와 수신기를 일정한 간격으로 벌려 가며 탐사하는 방법. 목표물까지의 깊이를 정확히 알 수 있음
      (3) 투과법 : 반사파가 아닌 투과파를 수신하여 건물의 기둥이나 교각 내부의 균열조사 등에 이용하는 방법

반사법	CMP법	투과법

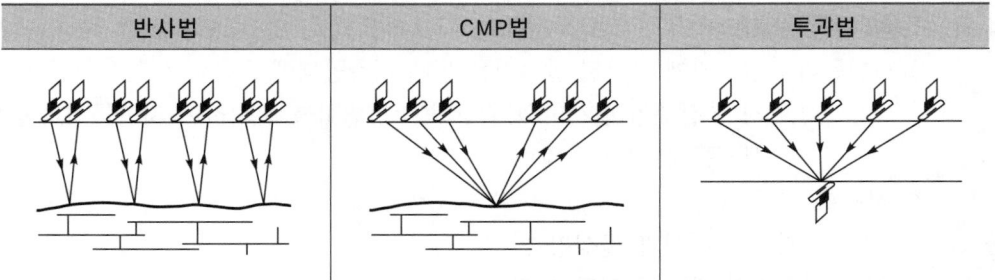

   3) 적용분야
      (1) 지하구조물과 터널 배면의 공동 탐사
      (2) 지하매설물탐사(sink hole 조사)
      (3) 하상의 퇴적과 침식을 확인하기 위한 수중부 측량
   4) 유의사항
      (1) 고주파를 이용할수록 정밀도 향상
      (2) 탐사깊이가 증가할수록 저주파 이용

6. 시추공레이더탐사(borehole radar exploration)

 1) 시험원리 : 시추공에 송신원 혹은 수신기를 삽입하여 측정하는 탐사법

 2) 시추공레이더탐사의 측정방식

  (1) 시추공 대 지표방식 : 송신원을 시추공에 두고 지표에서 측정

  (2) 지표 대 시추공방식 : 지표에 송신원을 두고 시추공에서 측정

  (3) 시추공간방식 : 한 시추공에 송신원을 두고 다른 시추공에서 측정

  (4) 단일 시추공방식 : 하나의 시추공에서 송수신을 수행하여 측정

 3) 적용분야

  (1) 시추공 주위의 불연속면, 연약지반 분포상태 파악

  (2) 지하매설물탐사

  (3) 지하구조물과 터널 배면의 공동 탐사

 4) 유의사항 : 정밀한 탐사가 가능하지만 탐사범위가 상대적으로 작음

7. 전기비저항 검측(potentionmeter)

 1) 시험원리 : 직류전원을 지반에 흘려보낸 후 지반이 보유하고 있는 비저항으로 변화된 전위차를 측정하여 지반의 종류, 기반암의 심도, 지하수의 수질상태 등을 측정하는 방법

 2) 시험분류

  (1) 1차원 탐사 : 지하의 층서구조 파악

  (2) 2차원 탐사 : 측선 하부의 2차원적 영상 획득

  (3) 3차원 탐사 : 탐사지역 하부 지반의 3차원적 영상 획득

  (4) 전극 배열에 따른 분류 : 웨너 배열, 슐럼버저 배열, 쌍극자 배열

 3) 적용분야

  (1) 사질토와 점성토 구분

  (2) 지층 내 지하수의 수질변화, 염수분포, 침출수 이동상태 파악

  (3) 기반암이나 퇴적층의 분포심도 추정에 활용

 4) 유의사항

  (1) 지반의 함수비와 용해성분에 따라 검측결과 상이

  (2) 다층지반에서 측정결과의 신뢰성 저하

8. 공내영상촬영(Borehole Image Processing System, BIPS)

 1) 시험원리 : 시추공 내부를 시각적으로 확인하기 위하여 360° 회전이 가능한 특수 카메라를 광원과 함께 시추공에 인입시킨 후 시추공벽을 촬영하여 시추공 내부를 파악하는 비파괴검사방법

2) 공내영상촬영 모식도

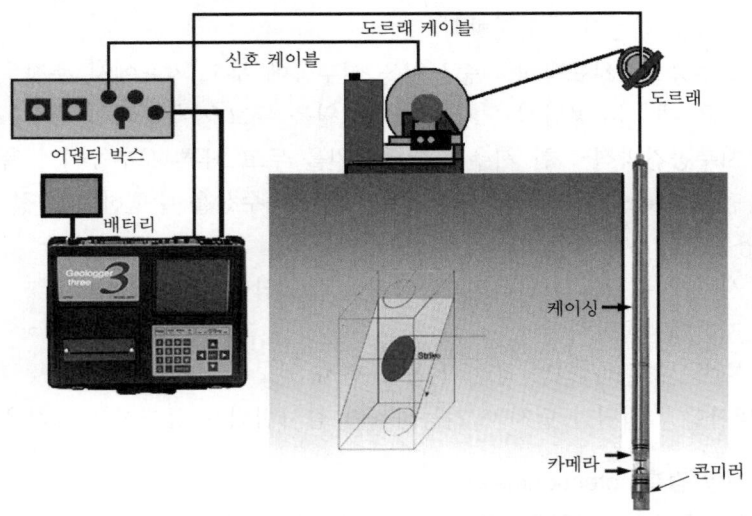

3) 적용분야
   (1) 터널과 댐 기초의 암반분류에 활용
   (2) 불연속면의 주향, 경사, 충전물질, 틈새크기 확인
4) 유의사항
   (1) 불연속면의 강도와 연장의 확인 불가
   (2) 공내수 혼탁도의 영향이 큼
5) 공내영상촬영에 의한 주향, 경사 판정방법

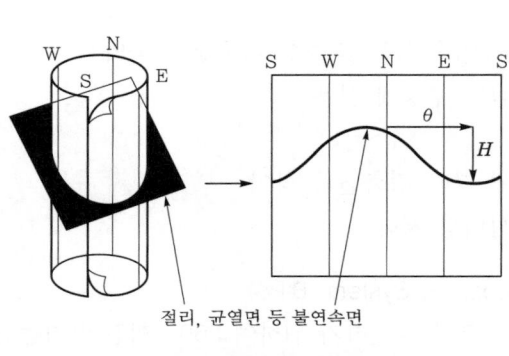

[경사균열의 방향을 결정하는 모식도]

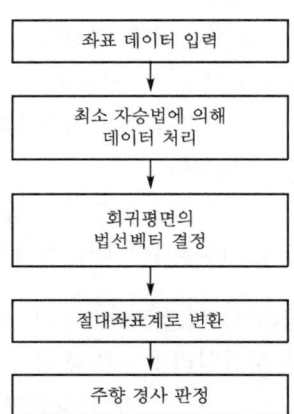

좌표 데이터 입력

↓

최소 자승법에 의해
데이터 처리

↓

회귀평면의
법선벡터 결정

↓

절대좌표계로 변환

↓

주향 경사 판정

Ⅴ 지반 물리탐사의 장단점

1. 장점

   1) 파괴적 시험에 비하여 시간 및 비용 절감

   2) 전체적인 지반상태의 개략적 조사 가능

   3) 파괴적 시험의 국지적 특성 보완

2. 단점

   1) 기후영향, 격년변화에 대한 미고려

   2) 기술자의 숙련도 결과에 영향

   3) 개략적인 지반평가로 신뢰성이 저하되므로 파괴적 시험과 병행 필요

Ⅵ 맺음말

지반 물리탐사는 파괴시험에 비하여 시간 및 비용이 절감되며 전체적인 지반상태의 조사가 가능하나, 개략적인 지반평가로 신뢰성이 저하되므로 파괴적 시험과 병행하여 신뢰성을 증진 시킬 필요가 있다.

참고 탄성파탐사의 원리 및 방법

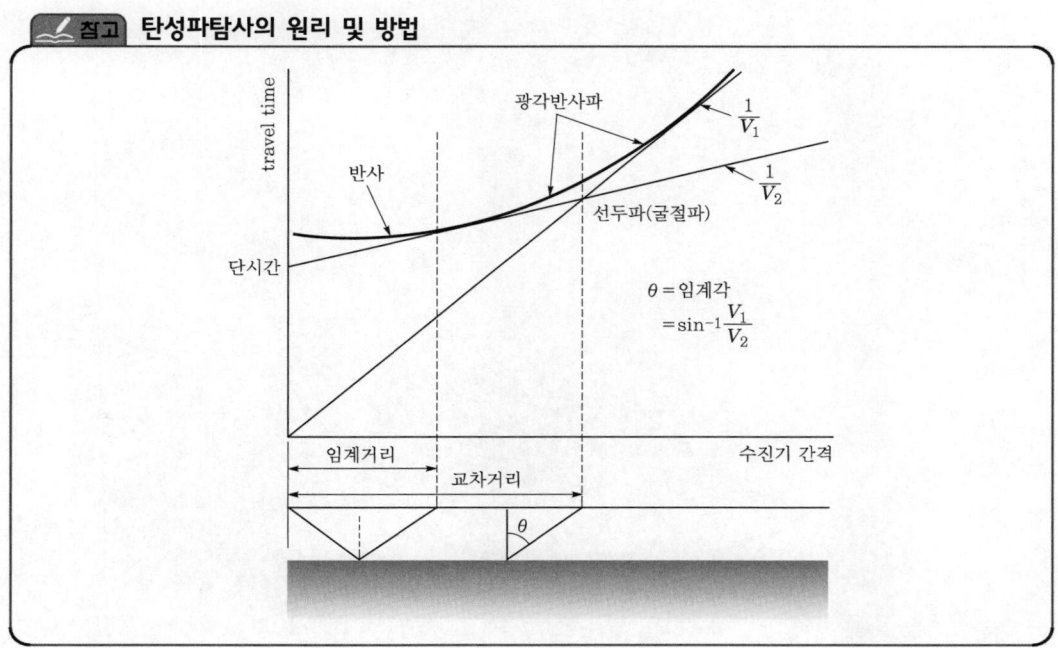

MEMO

CHAPTER 02

토질 및 토공

자신을 신뢰할 수 있는 사람만이 남에게도 성실할 수 있다.
부드러운 말과 정성을 다하는 마음으로 상대방을 대하면
머리카락 한 올로도 능히 코끼리를 끌 수 있다.

- **지반 관련 필수 Item = 요구조건 + 3상 + 문제점 + 구조/전단특성**
  1. 요구조건 : 성토재료＋약액＋기초지반
  2. 흙의 3상 : 고체(흙입자)＋액체(물)＋기체(공기) → 압밀과 다짐
  3. 문제점 : 성토(재료, 시공)＋땅깎기(시공)
  4. 구조/전단특성 : 구조(사질, 점질)＋전단특성(자갈, 모래, 점토)

- **토질 = 분류 + 특성**
  1. 분류(통일분류법＋SC와 CL 차이, AASHTO＋군지수)
     - 입도분석(유효경, 균등계수＋곡률계수, Filter 규정)
     - Atterberg 한계(LL＋PL＋SL, PI)＋연경도(consistency)＋소성도
  2. 특성(전단/일반특성)
     - 점성토 문제점(틱소트로피＋예민비＋퀵크레이＋swelling＋slaking＋heaving)
     - 사질토 문제점(dilatancy＋bulking＋quick sand＋액상화＋boiling)
     - 흙의 동상(구조물에 미치는 영향＋동결심도＋동상과 융해)＋arching

- **토공 = 다짐 + 사면안정 + 취약 5공종**
  1. 다짐 = 원리＋특성＋효과＋규정＋제한＋공법＋장비
     - 기본(원리＋OMC＋과전압＋제한이유＋영공기 간극곡선)
     - 다짐효과에 영향을 주는 요소/증진대책
     - 다짐한 흙의 특성(도로 및 제방 다짐)
     - 다짐규정방법(다짐도 판정＋다짐도)＋다짐 시 품질관리＋다짐장비
     - 공법(다짐＋비탈면다짐＋토성별 성토)
  2. 사면안정 = 사면분류＋사면붕괴 원인/형태＋검토방법＋공법
     - 산사태(응급/항구대책＋원인＋land slide/creep＋억제공법＋해빙기＋토석류)
     - 절성토 구간(붕괴원인/대책＋안정 저해요인＋붕괴 예방조치)
     - 암사면(안정 해석 및 보강공법＋낙석방지공＋암비탈파괴＋평사투영법)
     - 공법(사면안정＋soil nailing＋억지말뚝＋피암터널)
     - 비탈면 보호(공법＋seed spray)
     - 사면계측＋사면거동예측＋사면붕괴예측
  3. 취약 5공종 = 토공/구조물공＋토공/토공
     - 성토재료 구비조건(요구성질)＋선정요령
     - 취약 5공종(단차＋구조물 뒤채움, 편절·편성＋종방향 흙쌓기 땅깎기＋확폭구간)
     - 흙쌓기 시 주의사항(고함수비 점성토＋암버력/암쌓기＋높은 흙쌓기)
     - 땅깎기 시 주의사항(원지반 암반＋땅깎기부 토질 상이＋기초면 마무리)

토질 및 토공 용어해설

1. **통일분류법**

   입도, 입경, consistency 등을 고려하여 흙을 공학적으로 분류하는 방법

2. **애터버그한계(Atterberg limits)**

   흙(점성토)의 함수비변화에 따른 강도와 체적 등의 상태변화(액상, 소성, 반고체, 고체)를 나타내는 성질

3. **소성지수**

   흙이 소성상태로 존재할 수 있는 함수비의 범위, 균열이나 점성적 흐름 없이 쉽게 모양을 변형시킬 수 있는 범위

4. **액성한계**

   점착력이 있는 흙에서 함수비상태에 따라 흙이 외력에 대한 전단저항력이 "0"이 되는 상태의 최소 함수비

5. **활성도(activity)**

   점토의 광물성분이 일정하다고 할 때 2μ보다 가는 입자의 중량백분율에 대한 소성지수의 비로 나타내며, 이것이 1.25 이상은 활성이 강하고, 0.75 이하는 비활성임.

6. **군지수(GI, Group Index)**

   미국 AASHTO 분류법의 근거가 되는 지수로서 재료에서 #200체 통과백분율, 액성한계, 소성지수값에 의해 정해지는 지수이며, 군지수가 0에 가까울수록 조립토 재료이고, 클수록 미립자의 함유량이 큰 재료임.

7. **입도분석(입경가적곡선)**

   체가름(입도시험) 결과를 반대수모눈종이 위에 표시한 곡선으로 가로축에 입경을, 세로축에 통과중량백분율을 산술눈금으로 표시한 곡선

8. **전단강도**

   흙의 가장 중요한 역학적 성질로 점착력, 유효응력, 내부마찰각으로 구성되어 있음.

9. **내부마찰각**

   흙 속에 작용하는 수직응력과 전단응력의 관계식($\tau = c + \delta\tan\phi$)이 이루는 직선이 수직응력축과 이루는 각

10. **간극수압(공극수압)**

    간극수가 외력에 의해 받는 압력으로, 토립자 접촉면을 제외한 면적에 받는 수압

11. **과잉간극수압(excess pore water pressure)**

    완전히 포화되어 있거나 또는 부분적으로 포화되어 있는 흙에 하중이 가해지면 그 하중으로 인해 흙 속에서 발생하는 간극수압

12. 유효응력

흙의 유효응력은 포화된 지반에서 토립자의 접촉면을 통하여 전달되는 압력으로, 전응력에서 간극수압을 뺀 값

13. 상대밀도(relative density)

사질토에서의 토립자의 조밀한 정도를 판단하고, 성토 시공에 있어서 다짐 후의 다짐 정도를 판단하는 기준으로 사용하는 수치

14. 흙의 동상(frost heave)

0℃ 이하의 기온이 지속되는 경우 모관현상으로 물이 동결선 위로 상승 동결하여 ice lense를 형성, 팽창 지표면이 융기하는 현상

15. 서릿발(ice lense)

동결심도 위에 존재하는 흙이 0℃ 이하의 기온에 의해서 얼게 되면 인접한 간극 속의 물을 끌어들여 얼음의 결정이 만들어지며, 인접한 간극이 비게 되면 모관 상승으로 지하수가 올라 오게 되고, 이와 같은 과정을 반복하여 형성된 얼음의 결정

16. 동결지수(freezing index)

0℃ 이하의 동결기간 동안의 누적온도. 일(℃ · day)에 대한 시간곡선상의 최고점과 최저점의 차

17. 연화현상(frost boil)

동결지반이 기온 상승(해빙기)으로 인하여 융해 시 함수비가 높은 상태로 되어 지반이 연약화 되는 현상

18. 액상화(liquefaction)

모래지반에서 순간충격, 지진, 진동 등에 의해 간극수압의 상승 때문에 유효응력이 감소되어 전단저항을 상실하고 지반이 액체와 같은 상태로 변화되는 현상

19. 강도회복현상(thixotropy)

자연상태의 점토를 교란시키면 배열구조가 파괴되면서 강도가 현저히 저하되나, 강도가 저하된 교란상태의 점토는 시간이 경과함에 따라 서서히 회복하는 현상

20. 예민비(sensitivity ratio)

불교란시료에 대한 교란시료의 1축압축강도의 비

21. swelling 현상

흙 또는 암석이 물을 흡수하는 과정은 간극 내 물을 채우는 1단계와, 흙입자 또는 암석 속의 광물 자체가 물을 흡수하여 팽창되는 2단계로 구분됨. 이와 같이 2단계가 되어 큰 팽창이 생기고 팽창압이 발생하는 현상

22. slaking 현상

자연상태의 고결력을 가진 암석이 지하수변동이나 암반 굴착 시 흡수 팽창 및 풍화 등에 의해 고결력을 잃는 현상을 말하며, 연한 암석이 건조 · 흡수작용이 반복되면 급격히 고결력을 잃어버리고 붕괴되는 현상

23. bulking 현상

사질 및 실트지반이 약간의 물을 함유하면 극히 느슨한 상태가 되어 마치 벌집처럼 엉켜서 건조한 경우에 비해 체적이 훨씬 증가하는 용적 팽창현상

24. 다일레이턴시(dilatancy)

사질토에 전단응력이 발생할 때의 체적변화를 dilatancy라 하며, 체적이 증가할 경우 (+)dilatancy라 하고, 체적이 감소하는 경우 (−)dilatancy라고 함.

25. leaching

토립자의 구성물질 중 일부 또는 간극수 중의 염류가 지하수 등에 의해 용해 또는 유출하는 현상으로, 용탈로 인하여 입자 사이의 부착력이 감소되어 전단강도가 감소하게 됨.

26. 보일링(boiling)

모래층 속에 상향의 침투수가 흐를 때 모래에 작용하는 상향수압이 모래 자체의 무게 이상이 되면 모래입자가 심하게 교란되어 분출되는 현상

27. 퀵샌드(quick sand)

사질지반에서 수두차에 의해 상향의 침투압이 커질 경우 침투압과 모래의 중량이 서로 같게 되면 모래지반의 유효응력이 없어져 0이 되고, 유효응력이 0이 되면 $\tau = c + \delta \tan \phi$에서 $\tau = 0$이 되어 모래가 위로 솟구쳐 오르는 현상

28. 파이핑(piping)

흙막이 벽체를 통하여 지하수가 누출될 때 배면의 토사를 동반하여 누출되면서 물의 통로가 발생하는 현상

29. 히빙(heaving)

연약 점토지반의 흙막이 굴착 시 굴착 배면토의 중량과 재하중이 굴착저면 이하의 지지력보다 클 때 굴착 저면이 부풀어 오르는 현상

30. 과압밀비(OCR, Over Compaction Ratio)

현재의 유효연직응력에 대한 선행압밀 응력비를 말하며, 선행압밀응력은 어떤 점토에서 과거에 받은 최대의 압축응력

31. 토량환산계수

자연상태의 흙을 굴착하게 되면 원래의 부피보다 증가하며 굴착토사를 포설하여 다짐장비로 다질 때 부피는 다소 감소하는데, 이러한 단계를 토량변화라 하며, 증가변화율(L)과 감소변화율(C)에 대한 비로 표시되고, 이를 토량환산계수(f)라 함.

32. 유토곡선(mass curve)

토량의 배분, 평균운반거리 산출, 장비의 선정, 공구 분할 등의 목적으로 누가토량으로 그려지는 곡선

33. 땅깎기, 흙쌓기 사면 표준구배

토공작업에서는 땅깎기작업과 흙쌓기작업이 주를 이루며, 작업 후 땅깎기부와 흙쌓기부의 안전을 위하여 토질에 맞는 사면에 구배를 두어야 함.

34. 안식각(휴식각, angle of repose)
    안정된 비탈면과 원지면이 이루는 흙의 사면 각도

35. 다짐도
    현장 성토작업에서 다짐 정도를 판단하는 방법으로, 시험실에서 구한 최대 건조밀도에 대한
    현장 건조밀도의 비를 백분율로 나타낸 것

36. 실내다짐시험
    현장에서 사용할 재료로서 다짐에 대한 특성을 조사하기 위해 실시하는 시험으로, 실내다짐
    시험에서 건조밀도와 함수비와의 관계를 작도하여 최대 건조밀도와 최적함수비를 구함.

37. 최대 건조밀도
    함수비가 증가함에 따라 물이 윤활작용을 하여 다짐효과가 커지고 건조밀도도 증가하는데,
    다짐효과가 가장 높을 때의 밀도를 최대 건조밀도라 함.

38. OMC(최적함수비)
    다짐효과가 가장 높은 경우 최대 건조밀도가 얻어지는데, 이때의 함수비를 최적함수비라 함.

39. 흙쌓기공의 노상재료
    지하수 영향이 적고 큰 지지력을 가질 수 있는 재료

40. 흙의 다짐
    흙에 인위적인 에너지를 가하여 공극을 줄이고 밀도를 증대시키는 것

41. 층분리
    흙쌓기작업에서 층다짐 시공을 할 때 상부층과 하부층이 일체가 되지 않고 각각의 층이 분리
    되는 현상

42. 토취장
    성토재료를 얻기 위하여 자연상태의 토사를 절취하는 장소

43. 사토장
    토공 완료 후 잔여토사 및 불량토사를 반출, 적치하는 장소

44. 토목섬유(geotextile)
    합성섬유로 geotextile의 filter 기능을 이용하여 piping 방지, 필터, 분리, 배수, 차수, 보강
    등의 기능을 수행하는 재료

45. 평사투영법
    암반 사면안정 해석 시 예비평가단계에서 현장에서 사면의 안정성 여부를 손쉽게 개략적 평
    가를 할 수 있는 방법으로 불연속면이나 절개면(경사면)과 같은 3차원적인 형태를 2차원적인
    평면상에 투영하는 방법

46. land creep

자연적으로 조성된 자연사면에서 강우, 융설 및 지하수위 상승 등에 의해 중력의 작용으로 시간적으로 장시간에 걸쳐 완속으로 사면이 비교적 완만하게 낮은 곳으로 이동하는 현상

47. sliding 응급대책

sliding 발생 우려 시 지표, 지하배수공, 지하수차단공, 배토공, 압성토공 등을 긴급하게 시공하는 것

48. soil nailing 공법

토사나 암반을 천공한 후 보강재를 삽입, 그라우팅 후 숏크리트를 타설하여 흙막이를 조성하거나 급경사 비탈면을 보강하는 공법

49. 억지말뚝

표면으로부터 활동토괴를 관통하여 안정지반까지 말뚝을 설치함으로써 말뚝의 수평저항으로 지반활동하중을 안정지반에 전달시키는 공법

50. seed spray(분사파종)

성토, 절토부의 비탈면 보호공법의 일종으로 비탈면 녹화를 위하여 초지 씨앗을 기계를 이용하여 파종하는 것

51. 단차

구조물 접속부와 지하매설물 위치 또는 도로포장면의 주행선과 노견 사이에서 발생하는 높이 차현상

52. 어프로치 슬래브

구조물 본체와 흙쌓기 접속부에 발생하는 단차를 최소화하기 위해서 구조물에 접근하여 흙쌓기부에 설치하는 구조물

53. 장비 주행성(trafficability)

건설장비의 주행성을 지반 측면에서 판단하는 기준이며, cone 지수(q_c)로 표시

54. 흙의 투수성

흙 속의 공극은 그 이웃끼리 연결되어 있으며, 연결되어 있는 공극 사이로 물이 흐를 수 있는 성질

55. 유선망(flow net)

투수성 지반의 제방이나 널말뚝 등에서 물이 흐르는 자취인 유선과 손실수두가 동일한 등수두선에 의해 이루어진 곡선군

56. 침윤선(seepage line)

하천 제방이나 fill dam과 같은 제체에서 흙 속으로 물이 통과할 때 침투하는 중력수의 자유수면을 나타내는 선으로서 수압이 0이 되는 유선

57. 피압수

지반 중의 대수층에 존재하는 지하수가 상위토층 지하수보다 수두가 높을 때

흙의 종류 및 흙의 3상에 따른 물리적 특성

문제 분석	문제 성격	기본 이해	중요도	■■■□□□
	중요 Item	흙의 3상, 물리적 특징		

I 개 요

1. 암석은 물리적 또는 화학적 풍화작용을 받아 흙으로 변화되며, 종류에는 입경에 의한 분류와 성인에 의한 분류가 있다.

2. 실제 흙은 토립자와 간극 속의 물과 공기가 섞여 있는 형상이지만, 공학적 편의를 위해 토립자(고체), 물(액체), 공기(기체)의 3상으로 구분한다. 물리적 특성은 체적과 중량으로 나타낼 수 있는데, 체적관계는 간극률, 간극비, 포화도를 사용하며, 중량관계는 함수비를 사용하여 표시한다.

II 흙의 종류

1. 입경에 의한 분류
   1) 사질토
      (1) 자갈 : 입경이 2mm 이상인 것
      (2) 모래 : 입경이 0.074mm 이상이고 2mm 미만인 것
   2) 점성토
      (1) 실트 : 입경이 0.005mm 이상이고 0.074mm 미만인 것
      (2) 점토 : 입경이 0.005mm 미만인 것

2. 성인에 의한 분류
   1) 잔적토
      (1) 정의 : 풍화작용에 의해 형성된 흙이 운반되지 않고 남아 있는 것
      (2) 특징 : 모암의 성질을 유지하고 입자 형상의 깊이가 깊어질수록 모남.
   2) 운적토
      (1) 정의 : 풍화된 흙이 물, 빙하, 바람, 중력 등에 의해 운반 퇴적되는 것
      (2) 운반요인별 흙의 종류

운반요인	흙의 종류
물	충적토
빙하	빙적토
바람	풍적토, 황토(loess)
중력	붕적토

Ⅲ 흙의 3상

1. 기본개념

흙은 불연속체로서 자연적 결합체이며, 토립자의 간극 속에 물, 공기가 섞여 있는 형상이지만 공학적 편의를 위해 토립자(고체), 물(액체), 공기(기체)의 3상으로 분류함.

2. 흙의 3상 모식도

W	$W_w = Se\gamma_w$ (W_a는 무시)	W_a	공기	V_a	$V_v = e$	$V = 1+e$
		W_w	물	V_w		
	$W_s = G_s\gamma_w$	W_s	흙입자	$V_s = 1$	$V_s = 1$	

Ⅳ 흙의 3상에 의한 흙의 물리적 특성

1. 간극비(void ratio, e)

1) 정의 : 흙입자의 체적에 대한 간극의 체적비
2) 산정식

$$e = \frac{V_v}{V_s}$$

여기서, V_v : 간극의 체적
V_s : 흙입자의 체적

2. 간극률(porosity, n)

1) 정의 : 흙 전체의 체적에 대한 간극체적의 백분율
2) 산정식

$$n = \frac{V_v}{V} \times 100\%$$

여기서, V_v : 간극의 체적
V : 흙 전체의 체적

3) 활용성 : 성토재료의 적정성 확인

3. 포화도(degree of saturation, S)

1) 정의 : 간극의 체적에 대한 물체적의 비율
2) 산정식

$$S = \frac{V_w}{V_v} \times 100\%$$

여기서, V_v : 간극의 체적
V_w : 물의 체적

3) 특징

흙이 포화상태에 있으면 $S=100\%$, 완전히 건조되어 있으면 $S=0\%$

4. 함수비(water content, w)

   1) 정의 : 흙입자의 중량에 대한 물중량의 백분율

   2) 산정식

   $$w = \frac{W_w}{W_s} \times 100\%$$

   여기서, W_w : 물의 중량
   W_s : 흙입자의 중량

   3) 활용성

   (1) 액 · 소성한계, 점성토의 물리적 · 역학적 특성 판정

   (2) 최대 건조밀도에 의한 최적함수비 관리로 성토재료의 다짐효과 향상

5. 함수율(w')

   1) 정의 : 흙 전체의 중량에 대한 물중량의 백분율

   2) 산정식

   $$w' = \frac{W_w}{W} \times 100\%$$

   여기서, W_w : 물의 중량
   W : 흙 전체의 중량

6. 비중(specific gravity, G_s)

   1) 정의 : 4℃에서의 물의 단위중량에 대한 대상물질의 단위중량

   2) 산정식

   $$G_s = \frac{\gamma_s}{\gamma_w}$$

   여기서, γ_s : 흙입자의 중량
   γ_w : 물의 중량

7. 단위중량(γ)

   1) 습윤단위중량(wet density or total unit weight, γ_t)

   (1) 정의 : 자연상태에 있는 흙의 중량을 이에 대응하는 체적으로 나눈 값

   (2) 특징 : 흙의 다짐상태, 입경과 입도분포, 함수비에 따라서 변함

   (3) 산정식

   $$\gamma_t = \frac{W}{V} = \frac{G_s + Se}{1+e} \gamma_w$$

   2) 건조단위중량(dry unit weight, γ_d)

   (1) 정의 : 흙을 노건조시켰을 때의 단위중량

   (2) 산정식

   $$\gamma_d = \frac{W_s}{V}$$

   3) 포화단위중량(saturated unit weight, γ_{sat})

   (1) 정의 : 흙이 수중에 있거나 모관작용에 의하여 완전히 포화되었을 때의 단위중량

(2) 산정식

$$\gamma_{sat} = \frac{G_s + e}{1 + e}\gamma_w$$

4) 수중단위중량(submerged unit weight, γ_{sub})

(1) 정의 : 흙이 지하수위 아래에 있을 때의 단위중량

(2) 산정식

$$\gamma_{sub} = \gamma_{sat} - \gamma_w = \frac{G_s - 1}{1 + e}\gamma_w$$

(3) 특징 : 부력을 받으므로, 이때의 단위중량은 포화단위중량에서 부력을 뺀 만큼 감소

8. 상대밀도(relative density, D_r)

1) 정의 : 사질토의 다짐 정도를 나타내는 값

2) 관련식

(1) 공극비에 의한 방식

$$상대밀도(D_r) = \frac{e_{max} - e}{e_{max} - e_{min}} \times 100\%$$

(2) 건조밀도에 의한 방식

$$상대밀도(D_r) = \frac{\gamma_{dmax}}{\gamma_d}\left(\frac{\gamma_d - \gamma_{dmin}}{\gamma_{dmax} - \gamma_{dmin}}\right) \times 100\%$$

여기서, e : 자연상태에서의 간극비, 이때의 건조단위중량 γ_d

e_{max} : 가장 느슨한 상태에서의 간극비, 이때의 건조단위중량 γ_{dmin}

e_{min} : 가장 조밀한 상태에서의 간극비, 이때의 건조단위중량 γ_{dmax}

3) 활용성

(1) 액상화 판단 : $D_r < 40\%$일 경우 액상화 우려($N<10$)

(2) 얕은기초 지지층 판정 : $D_r > 60\%$($N<30$)

(3) 사질지반의 얕은기초 파괴형태, 내부마찰각 추정

(4) 사질토의 다짐 정도 판단기준

(5) 현장에서의 상대밀도는 N값으로 추정하여 적용

V 맺음말

1. 흙이 다른 재료와 근본적으로 구별되는 것은 불연속체로 자연적 결합체라는 점이다.

2. 흙의 일반적인 개념은 토립자 자체를 말하지만 공학적으로 토립자와 간극에 차 있는 물과 공기 전체를 의미하며, 관련 시험을 통하여 흙의 역학적 특성, 즉 압축성, 강도, 지내력 등을 정확히 파악하여 설계정수를 산정하여야 한다.

흙의 성인에 의한 분류 및 붕괴토 대책방안

문제 분석	문제 성격	기본 이해	중요도	■■■□□□
	중요 Item	잔적토, 운적토, 토양별 대처방안		

I 개 요

1. 암석은 물리적 또는 화학적 풍화작용을 받아 흙으로 변화되며, 종류로는 입경에 의한 분류와 성인에 의한 분류로 구분된다.

2. 성인에 의한 분류는 풍화작용에 의해 형성된 흙이 운반되지 않고 남아있는 잔적토와, 풍화된 흙이 물, 빙하, 바람, 중력 등에 의해 운반·퇴적되는 운적토로 분류된다.

II 성인에 의한 흙의 분류

1. 잔적토(殘積土)
   1) 정의 : 풍화작용에 의해 형성된 흙이 운반되지 않고 남아있는 것
   2) 특징
      (1) 모암의 성질을 유지하고 깊이가 깊어질수록 입자의 형상이 모가 남.
      (2) 풍화속도 > 운반속도

2. 운적토(運積土)
   1) 정의 : 풍화된 흙이 물, 빙하, 바람, 중력 등에 의해 운반·퇴적되는 것
   2) 특징
      (1) 느슨하게 고결되며 연약하고 침하되기 쉬움.
      (2) 풍화속도 < 운반속도
   3) 운반요인별 흙의 종류

운반요인	흙의 종류
물	충적토, 해성점토
빙하	빙적토
바람	풍적토, 황토(loess)
중력	붕적토

Ⅲ 잔적토의 종류 및 특징(풍화속도 > 운반속도)

1. 잔적토의 정의

풍화속도가 운반속도보다 빠르게 진행되는 조건의 흙으로, 주로 화강 풍화토와 유기질토에 해당함.

2. 화강 풍화토

1) 특징

(1) 모암의 성질을 그대로 유지하고 있으며 심도가 깊어질수록 모가 남.

(2) 습도가 많고 온난한 지방에서 주로 발생하며 화학적 풍화가 우세함.

(3) 과다짐을 할 경우 입자가 잘게 부서지므로 다짐 시 유의

2) 풍화 정도를 판단하는 방법

(1) 강열감량치를 이용하는 방법

$$강열감량 = \frac{W_{100℃} - W_{1000℃}}{W_{1000℃}} \times 100\%$$

(2) 간극비에 의한 분류

(3) 탄성파속도

(4) 화학적 풍화지수를 이용하는 방법

$$CWI = \left(\frac{Al_2O_3 + Fe_2O_3 + TiO_2 + H_2O}{화학성분합계}\right)mole \times 100\%$$

[화학적 풍화지수에 따른 분류등급표]

분류등급	I	II	III	IV	V	VI
분류기호	F	SW	MW	HW	CW	RS
CWI[%]	13~15	15~20			20~40	60 이상

3) 공학적 특성 : $k = 10^{-3} \sim 10^{-4}$, $\phi = 20 \sim 30°$, $c = 0.1 \sim 0.3kg/cm^2$

3. 유기질토

1) 특징

(1) 동식물의 부패물을 함유하고 있으며, 비교적 습윤한 지역에서 많이 생성

(2) 함수량이 매우 높고, 압축성이 크며 투수계수가 작음.

(3) 2차 압밀침하량이 매우 큼.

2) 유기질함량시험법

(1) 중크롬산법 : 유기질함유량이 50% 이하 시

(2) 강열감량법 : 유기질함유량이 50% 이상, 화학적 분해도가 낮은 토질

Ⅳ 운적토의 종류 및 특징(풍화속도 < 운반속도)

1. 분류
   1) 물(충적토) : 해성점토, 호상토, 하천 하류 델타지역
   2) 바람(풍적토) : Loess(황토), Sand Dune(사구)
   3) 중력(붕적토) : 절벽이나 산기슭(터널 갱구부 붕괴, 지하수 유출통로)
   4) 얼음(빙적토)

2. 해성점토
   1) 특징
      (1) 생성 : 유수에 의해 강이나 하천을 지나 바다에 퇴적된 흙
      (2) 염분(Na^+)의 영향으로 느슨한 면모구조를 이루고 있으며 압축성이 큼.
      (3) 압밀침하량이 크며, 측방유동 가능성이 큼.
   2) 공학적 특성
      (1) $A = 0.92 \sim 7.2$, $W = 30 \sim 80\%$, $PI = 25\%$ 이상
      (2) $OCR = 0.49 \sim 0.77$, $CC = 0.3 \sim 0.7$, $LL = 30 \sim 80\%$

3. Loess(황토)
   1) 생성 : 바람에 의해 실트크기 이하 토립자가 퇴적되어 형성된 지층
   2) 매우 느슨하며 물의 공급으로 흙이 포화되면 큰 침하가 발생
   3) 연직방향으로 균열 발생 가능성이 크며 투수계수가 높음($k_h < k_v$).

Ⅴ 붕괴토 및 붕괴성 지반대책

1. 붕괴토의 정의
   붕괴토(불안정토, metastable soil)란 수분이 공급되었을 때 외력의 증가 없이도 체적이 크게 감소하는 불포화토로, 자연적으로 형성된 붕괴토의 대부분은 바람에 의해 형성된 풍적토임.

2. 붕괴토 판정방법
   1) 시험방법
      (1) 불교란시료에 하중을 단계적으로 2kgf/cm^2까지 증가시킴.
      (2) 압력을 유지하고 시료에 물을 채워 24시간 동안 방치
      (3) 물을 채우기 전과 후의 간극비(e_1과 e_2)를 구해서 붕괴퍼텐셜(C_p)을 구함.

$$붕괴퍼텐셜(C_p) = \frac{e_1 - e_2}{e_0} \times 100\%$$

여기서, C_p : 붕괴퍼텐셜(collapse potential)

e_0 : 자연상태에서의 간극비

e_1 : 물을 공급하기 전의 간극비

e_2 : 시료를 포화시키기 위해 물을 공급한 후의 간극비

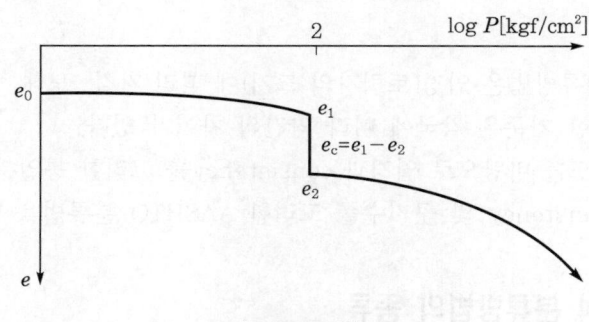

[붕괴퍼텐셜]

2) 판정방법

C_p	판정
0 ~ 1%	문제 없음
1 ~ 5%	보통 정도로 곤란함
5 ~ 10%	곤란함
10 ~ 20%	심하게 곤란함
20% 이상	매우 심하게 곤란함

3. 붕괴성 흙에 기초 시공 시 품질관리 방안대책

1) 기초터파기 부근 : 화학적 안정처리

2) 지표에서 2m 이내 : 치환, 습윤측 다짐, 화학처리, 보상기초

3) 지표에서 10m 이내 : 동다짐, SCP, Vibro-Floatation

4) 지표에서 10m 이상 : 깊은기초(기성말뚝, 현장 타설 말뚝) 부주면 마찰력 고려

Ⅵ 맺음말

1. 풍화작용에 의해 형성된 흙이 운반되지 않고 남아있는 잔적토와 풍화된 흙이 물, 빙하, 바람, 중력 등에 의해 운반·퇴적되는 운적토로 분류된다.

2. 특히 운적토인 경우에는 생성특성상 간극비가 크고, 단위중량이 가벼우며 붕괴가능성이 매우 높으므로 사전 토질조사 및 관련 시험을 통해 설계정수를 산정하고, 토질특성에 적합한 설계·시공을 통해 구조물 품질관리에 만전을 기하여야 한다.

흙의 공학적 분류방법의 종류 및 특징

문제 분석	문제 성격	기본 이해		중요도	■■■■□
	중요 Item	연경도, 군지수(GI), 입도 양호조건			

I 개 요

1. 흙의 공학적 분류방법은 입경(토립자의 크기)에 따라 자갈, 모래, 실트, 점토로 구분되며, 분류방법에 대한 기준은 각국에 따라 약간씩 차이가 있다.

2. 일반적으로 입도를 바탕으로 입경과 consistency를 고려한 통일분류법과, 입도를 바탕으로 입경과 consistency 및 군지수를 고려한 AASHTO 분류법을 많이 사용하고 있다.

II 흙의 공학적 분류방법의 종류

1. 입도에 의한 분류
   1) 입경분류법   2) 삼각좌표분류법

2. 컨시스턴시에 의한 분류 : Casagrande에 AC 분류법

3. 입도 및 컨시스턴시에 의한 분류
   1) 통일분류법   2) AASHTO 분류법

III 통일분류법(USCS)의 특징

1. 정의 : 통일분류법은 Casagrande가 비행장의 노상토를 분류하기 위해 고안한 AC분류법을 발전시킨 것으로, 입도와 컨시스턴시를 고려한 흙의 공학적 분류방법임.

2. 현황 : 세계적으로 가장 많이 사용하고 있는 것으로 이 분류법은 특히 기초공학분야에서 많이 사용하며 1969년에는 ASTM에서 흙을 공학적 목적으로 분류하는 표준방법으로 채택하였음.

3. 분류방법
   1) 입경에 의한 조립토와 세립토로 분류
   2) 조립토에서 입도 및 함유 세립토의 컨시스턴시에 따라 8종류로 분류
   3) 세립토에서 컨시스턴시만으로 6종류로 분류
   4) 관찰에 의한 판별로 유기질토를 추가하여 합계 15종으로 흙을 분류

4. 사용문자

1) 제1문자 : G / S / M / C / O / Pt

2) 제2문자 : W / P / M / C / L / H

5. 분류방법

주요 구분			분류기호	분류방법		
조립토 75μm체 통과 50% 이하	자갈 4.75mm체 통과분 50% 이하	깨끗한 자갈	GW	입도곡선으로 모래와 자갈의 비율을 정한다. 세립분(75μm체 이하)의 백분율에 따라 다음과 같이 나눈다. • 5% 이하 : GW, GP, SW, SO. • 12% 이상 : GM GC, SM, SC. • 5~12% : 경계 선에서는 복기호	$C_u = \dfrac{D_{60}}{D_{10}}$: 4 이상, $C_z = \dfrac{(D_{30})^2}{D_{10} \times D_{60}}$: 1~3		
			GP		GW 분류기준에 맞지 않는다.		
		세립분을 함유한 자갈	GM		소성도에서 A선 아래 또는 $PI < 4$	소성도에서 사선을 한 부분에서는 이중 기호로 분류한다.
			GC		소성도에서 A선 위 또는 $PI > 7$	
	모래 4.75mm체 통과분 50% 이상	깨끗한 모래	SW		$C_u = \dfrac{D_{60}}{D_{10}}$: 6 이상, $C_z = \dfrac{(D_{30})^2}{D_{10} \times D_{60}}$: 1~3		
			SP		SW 분류기준에 맞지 않는다.		
		세립분을 함유한 모래	SM		소성도에서 A선 아래 또는 $PI < 4$	소성도에서 사선을 한 부분에서는 이중 기호로 분류한다.
			SC		소성도에서 A선 위 또는 $PI > 7$	
세립토 75μm체 통과 50% 이상	실트 및 점토 $LL < 50$		ML			
			CL			
			OL			
	실트 및 점토 $LL > 50$		MH			
			CH			
			OH			
유기질토			Pt			

6. 유기질토 판정방법

1) 육안 판별에 의한 방법 : 동식물의 썩은 육체를 함유하기 때문에 독특한 냄새가 나며 암회색 또는 암갈색의 색

2) 유기물함유량시험에 의한 방법

(1) 중크롬산법 : 유기물함유량이 50% 이하인 유기질토의 시험방법으로, 유기물 중 탄소를 탄산가스로 변화시키는 데 소비되는 중크롬산의 양을 측정하는 방법

(2) 강열감량법(ignition loss method) : 유기물함유량이 50% 이상인 유기질토의 시험방법

3) 액성한계시험에 의한 판별 시행(30% 이상 차이 나면 유기질토)

$$산정식 = \frac{노건조(105 \pm 5℃)시료의\ 액성한계}{공기건조시료의\ 액성한계} < 0.70$$

Ⅳ AASHTO 분류법(개정 PR법)

1. 개념 : 입도, 액성한계, 소성지수 및 군지수에 따라 흙을 A-1에서 A-7의 군으로 분류하는 것으로, 주로 도로 또는 활주로의 노상토 재료의 적부를 판단하는 데 이용함.

2. 분류방법
   1) #200체 통과율 35%에 의해 조립토와 세립토로 구분
   2) 액성한계, 소성지수, 군지수에 따라 흙을 세부적으로 분류
   3) AASHTO 분류

<table>
<tr><th colspan="2" rowspan="2">대분류</th><th colspan="7">세립토
(No.200체 통과량 35% 이하)</th><th colspan="4">실트, 점토질토
(No.200체 통과량 35% 이상)</th></tr>
<tr></tr>
<tr><th rowspan="2">분류기호</th><th colspan="2">A-1</th><th rowspan="2">A-3</th><th colspan="4">A-2</th><th rowspan="2">A-4</th><th rowspan="2">A-5</th><th rowspan="2">A-6</th><th rowspan="2">A-7</th></tr>
<tr><th>A-1-a</th><th>A-1-b</th><th>A-2-4</th><th>A-2-5</th><th>A-2-6</th><th>A-2-7</th></tr>
<tr><td rowspan="3">체분석
통과량
(%)</td><td>No.10</td><td>50 이하</td><td>–</td><td>–</td><td>–</td><td>–</td><td>–</td><td>–</td><td>–</td><td>–</td><td>–</td><td>–</td></tr>
<tr><td>No.40</td><td>30 이하</td><td>50 이하</td><td>51 이하</td><td>–</td><td>–</td><td>–</td><td>–</td><td>–</td><td>–</td><td>–</td><td>–</td></tr>
<tr><td>No.200</td><td>15 이하</td><td>25 이하</td><td>10 이하</td><td>35 이하</td><td>35 이하</td><td>35 이하</td><td>35 이하</td><td>36 이상</td><td>36 이상</td><td>36 이상</td><td>36 이상</td></tr>
<tr><td rowspan="2">No. 40체
통과분</td><td>액성한계</td><td colspan="2">–</td><td>–</td><td>40 이하</td><td>41 이상</td><td>40 이하</td><td>41 이상</td><td>40 이하</td><td>41 이상</td><td>40 이하</td><td>41 이상</td></tr>
<tr><td>소성지수</td><td colspan="2">6 이하</td><td>N.P</td><td>10 이하</td><td>10 이하</td><td>11 이상</td><td>11 이상</td><td>10 이하</td><td>10 이하</td><td>11 이상</td><td>11 이상</td></tr>
<tr><td colspan="2">일반적인 주요 구성물</td><td colspan="2">석편, 사력</td><td>세사</td><td colspan="4">실트질 또는 점토질의 사력</td><td colspan="2">실트질 흙</td><td colspan="2">점토질 흙</td></tr>
<tr><td colspan="2">노상토의 등급</td><td colspan="5">우 ~ 양</td><td colspan="6">가 ~ 불량</td></tr>
</table>

3. 군지수(GI)
   1) 정의 : AASHTO 분류법의 근거가 되는 지수로서 재료에서 #200체 통과백분율, 액성 한계, 소성지수값에 의해 정해지는 수
   2) 성질 : 군지수값이 클수록 흙입자가 작으며 압축성이 크기 때문에 노상토로서 부적당함 (군지수가 20 이상이면 노상토로서 부적합).
   3) 계산식

$$GI = 0.2a + 0.005ac + 0.01bd$$

   여기서, a : No.200체 통과중량백분율에서 35%를 뺀 값, 0 ~ 40의 정수만 취함.
   　　　　 b : No.200체 통과중량백분율에서 15%를 뺀 값, 0 ~ 40의 정수만 취함.
   　　　　 c : 액성한계에서 40%를 뺀 값, 0 ~ 20의 정수만 취함.
   　　　　 d : 소성한계에서 10%를 뺀 값, 0 ~ 20의 정수만 취함.

Ⅴ 통일분류법(USCS)과 AASHTO 분류법의 차이

항 목	USCS	AASHTO	평 가
조립토, 세립토 구분	#200 통과율 50%	#200 통과율 35%	AASHTO 적절
모래, 자갈 구분	#4	#10	#10 더 많이 이용
모래질과 자갈질 흙	구분 명확	구분 모호	USCS 명확
분류기호	GW, SM, CH	A-1-a	USCS가 더 잘 설명
유기질 흙	OL, OH, Pt	없음	USCS에만 있음

Ⅵ 입도분석법

1. 개념 : 체분석과 비중계분석인 입도시험을 통해 입경에 따른 통과율 관계를 나타낸 것으로, 흙의 공학적 성질을 판단하는 흙의 분류방법

2. 분류방법
   1) 시험순서
      (1) 2mm체에 의한 체가름
      (2) 2mm체 잔류분에 대한 체분석(체가름시험법)
      (3) 2mm체 통과분에 대한 침강분석
      (4) 2mm체 통과, 0.08mm체 잔류분에 대한 체분석
      (5) 0.08mm체 통과분에 대한 분석(침강분석법)
   2) 체가름시험법 : 0.08mm체에 잔류한 시료
      (1) 방법 : 건조시료를 13개의 체(75mm ~ 0.08mm)에 넣고 통과시킨 후 각 체에 남은 양을 계산하여 체를 통과한 중량백분율을 구하여 입도 판단
      (2) 관련식

$$각 \ 체의 \ 통과중량백분율 = \frac{각 \ 체에 \ 남은 \ 잔류시료중량}{전체 \ 시료} \times 100\%$$

   3) 침강분석법 : 0.08mm체를 통과한 시료(세립토)
      (1) 비중계법 : 세립토로 만든 흙탕물의 밀도를 측정하여 침강하는 속도를 Stokes 법칙을 적용하여 입경별 함유율을 산출하는 시험법
      (2) 피펫법
      (3) 광투과법

3. 입경가적곡선
   체가름시험 분석결과를 도표의 가로축에는 흙의 입경을, 세로축에는 중량통과 백분율을 표시하여 작성했을 때 나타나는 곡선

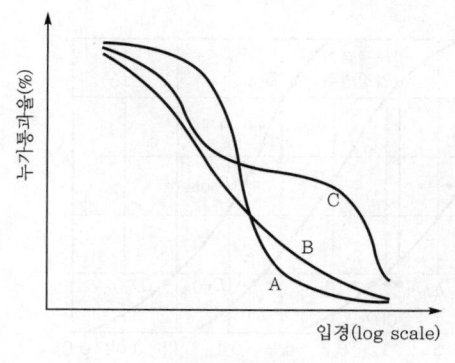

- A : 입도분포가 균등한 흙
- B : 입도분포가 좋은 흙
- C : 입도분포가 좋지 않은 흙

[입경가적곡선]

4. 입도분석 결과의 활용방안

1) 주요 입경

(1) D_{10} : 가적통과율 10%에 해당하는 입경(유효경) → 사질토의 투수성 판단

$$k = C(D_{10})^2 \ [\text{cm}/\text{s}]$$

여기서, k : 투수계수, C : 매질의 분급에 따라 주어지는 상수

(2) D_{30} : 가적통과율 30%에 해당하는 입경

(3) D_{60} : 가적통과율 60%에 해당하는 입경

2) 주요 계수

(1) 균등계수(C_u, coefficient of uniformity)

① 정의 : 조립토의 입도분포가 좋고 나쁜 정도를 나타내는 계수

② 관련식

$$C_u = \frac{D_{60}}{D_{10}}$$

③ 입도 양호조건 : 모래 $C_u > 6$, 자갈 $C_u > 4$

(2) 곡률계수(C_g, coefficient of curvature)

① 관련식

$$C_g = \frac{(D_{30})^2}{D_{10} \times D_{60}}$$

② 입도 양호조건 : $1 < C_g < 3$

3) 필터규정

(1) 기준 : 통과백분율 15%, 85%에 해당하는 입경 D_{15} 및 D_{85}

(2) 규정

$$(4 \sim 5)D_{15} < d_{15} \leq (4 \sim 5)D_{85}$$

여기서, D_{15} : 필터재료의 통과중량백분율 15%의 입경

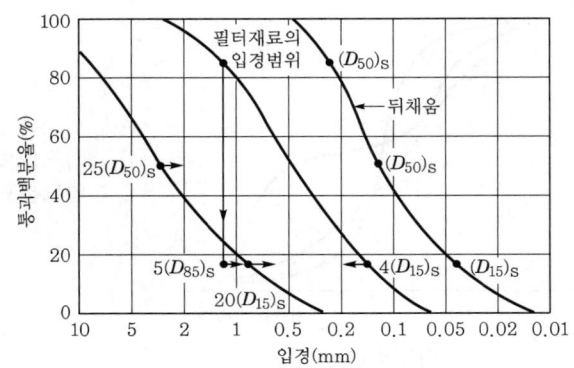

Section 4

흙의 consistency 설명 및 시험결과 이용방안

문제 분석	문제 성격	기본 이해	중요도	■■■□□□
	중요 Item	Atterberg 한계, PI(소성지수), 활용방안		

Ⅰ 개 요

1. 흙의 consistency는 흙 속의 수분함량에 따라 그 성질이 변하고, 간극 중에 많은 물을 함유하면 액체와 같이 유동성을 나타낸다. 함수량이 감소하면 소성상태를 나타내는데 세립토가 함수비의 변화에 따라 액성, 소성, 반고체, 고체의 네 과정을 경과할 때 각각의 한계를 consistency 한계 또는 Atterberg 한계라고 한다.

2. 흙의 consistency 시험결과는 액성한계와 소성지수를 이용하여 세립토의 흙 분류, 흙의 전단강도 증가율 추정, 세립토의 연경상태 파악, 압축지수 추정, 활성도 및 유동지수 등의 추정에 활용된다.

Ⅱ 흙의 consistency 한계(Atterberg 한계)

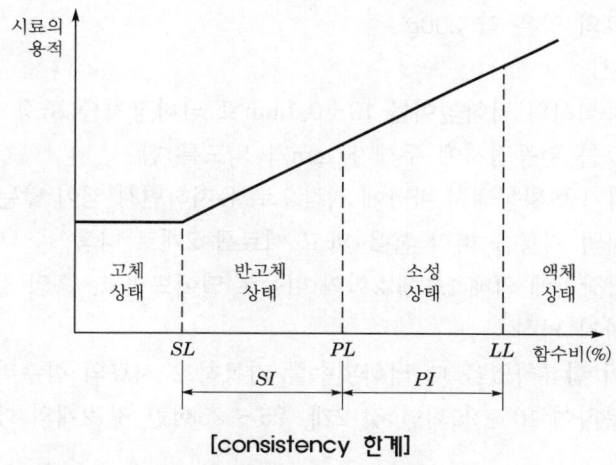

[consistency 한계]

1. 수축한계(SL, Shrinkage Limit)
   1) 반고체에서 고체로 변하는 단계
   2) 함수비가 감소해도 부피변화가 없는 최대 함수비
   3) 시험방법 : 수축한계시험법

2. 소성한계(PL, Plastic Limit)

  1) 소성에서 반고체로 변하는 단계

  2) 흙의 파괴 없이 변형시킬 수 있는 최소 함수비

  3) 압축, 투수, 강도 등 역학적 성질을 추정

  4) 시험방법 : 소성한계시험(KS F 2308)

    (1) 시료 준비

      ① 0.425mm체를 통과한 흙

      ② 시료의 양은 약 30g

    (2) 시험순서

      ① 반죽한 시료를 손바닥과 불투명 유리판 사이에서 굴리면서 끈 모양으로 만듦.

      ② 흙의 끈이 지름 3mm가 된 단계에서 끊어졌을 때 함수비를 구한다.

      ③ 소성한계를 위의 조작에서 얻을 수 없을 경우 "NP"로 표기

3. 액성한계(LL, Liquid Limit)

  1) 액성에서 소성으로 변하는 단계

  2) 외력에 전단저항력이 "0"이 되는 최소 함수비

  3) 시험방법 : 액성한계시험

    (1) 시료 준비

      ① 0.425mm체를 통과한 흙(자연함수비)

      ② 시료의 양은 약 200g

    (2) 시험순서

      ① 황동접시의 낙하높이를 10±0.1mm로 낙하장치를 조정

      ② 시료를 황동접시에 두께가 1cm가 되도록 함.

      ③ 홈파기를 황동접시 바닥에 직각으로 유지하면서 캠이 닿는 중심선을 지나는 황동
접시의 지름을 따라 홈을 파고 시료를 2개로 나눔.

      ④ 낙하장치에 의해 1초에 2회의 비율로 떨어뜨리고, 흙의 길이가 약 1.5cm 합류할
때까지 낙하

      ⑤ 홈이 합류하였을 때 낙하횟수를 기록하고 시료의 함수비를 구함.

      ⑥ 반복하여 10~25회인 것 2개, 25~35회인 것 2개의 데이터를 구함.

[흙의 소성한계시험]

[흙의 액성한계시험]

Ⅲ 흙의 consistence의 시험결과 이용방안

1. 소성한계(PL, Plastic Limit)

    1) 토공재료 적합 여부 판정 : $PL > 25$(토공재료 부적합)

    2) 소성지수 산정식

$$PI(\text{Plasticity Index}) = LL - PL$$

   여기서, LL : 액성한계, PL : 소성한계

2. 소성지수(PI, Plastic Limit)

    1) 흙 분류 : 소성도를 이용한 세립분이 있는 모래, 자갈과 실트, 점토 분류

    2) 차수재 판정

    (1) Dam Core : $PI > 15\%$

    (2) 매립장 : $PI > 10\%$

    3) 점성토, 사질토 분류

    (1) $PI < 10$: 사질토

    (2) $PI > 10$: 점성토

    4) 활성도(activity) 산정

    (1) 산정식

$$활성도(A) = \frac{소성지수\,(PI[\%])}{2\mu\text{m}보다\ 미세한\ 점토입자의\ 중량백분율(\%)}$$

    (2) 활성도를 이용한 점토의 분류

     ① 비활성 점토($A < 0.75$) : kaolinite를 주성분으로 한 점토

     ② 보통 점토($0.75 \leq A \leq 1.25$) : illite를 주성분으로 한 점토로서, 해저 또는 하구 퇴적토

     ③ 활성 점토($A > 1.25$) : montmorillonite를 주성분으로 하는 점토로서, 유기질 colloid를 함유한 점토

    (3) 활성도의 활용성

     ① 퇴적 지반토의 생성과정 판별, 점토광물의 주성분 판별에 활용

     ② 점토 생성과정 확인 : 입도가 다른 점성토에서 활성도가 같으면 같은 생성과정을 거친 흙으로 판단

     ③ 활성도의 한계성 : 점토입경의 상한선을 2μm로 하여 실용상 불편이 있음.

    5) 강도증가율 추정 : $\dfrac{C_u}{P} = 0.11 + 0.0037\,PI$

    6) 도로공사 재료기준 적정 여부 판정에 이용(도로공사 표준시방서)

    (1) 노상, 뒤채움, 선택층 재료($PI=10$ 이하)

    (2) 보조기층($PI=6$ 이하)

3. 액성한계(LL, Liquid Limit)

   1) 소성지수의 산정

$$PI(\text{Plasticity Index}) = LL - PL$$

   2) 연경지수(Consistent Index) 산정

$$CI = \frac{LL - W}{PI}$$

   3) 유동지수 산정 : 액성한계시험에서 유동곡선의 기울기

   4) 토공재료 적합 여부 판정 : $LL > 50$(토공재료 부적합)

   5) 동해 우려 판단 : $LL > 20$(흙의 동해 우려)

   6) 소성도 판정

     (1) 정의 : Casagrande가 세립토의 분류와 특성을 파악하기 위하여 액성한계와 소성지수를 사용하여 만든 도표

     (2) 소성도의 특징

• A선
  – 실트와 점토의 구분선
  – 관계식 : $PI = 0.73(LL - 20)$
• U선
  – 액성한계와 소성지수의 관계상한선
  – 관계식 : $PI = 0.9(LL - 8)$
• B선 : 액성한계 50%선으로 압축성의 크기 구분선(CL과 CH, ML과 MH)
• 압축성 구분
  – $LL < 30\%$(저압축성)
  – $30 \sim 50\%$(중간 압축성)
  – $LL \geq 50\%$(고압축성)

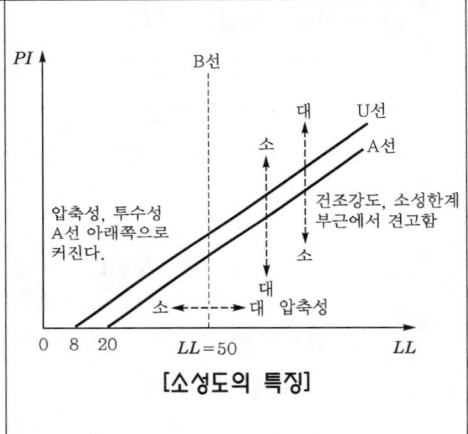

[소성도의 특징]

Ⅳ. 흙의 consistency 관련 지수

1. 소성지수(PI, Plasticity Index)

   1) 관련식

$$PI = LL - PL$$

   2) 특징

     (1) 소성상태에 있을 수 있는 물의 범위로 소성상태가 클수록 물을 많이 함유함.

     (2) 소성지수가 크면 점토성분이 많이 함유되어 있는 토질로서, 간극비가 크고 함수비가 크며, 구조적으로 느슨하고 압축성이 커짐.

3) 특성치

    (1) 모래 : $PI = 0\%$

    (2) 실트 : $PI = 10\%$

    (3) 점토 : $PI = 50\%$

2. 수축지수(SI, Shrinkage Index)

$$SI = PL - SL$$

3. 액성지수(LI, Liquid Index)

1) 관련식 : $LI = \dfrac{W - PL}{PI}$

2) 특징 : 자연함수비가 LL에 가까우면 유동화하기 쉬움.

4. Consistency 지수(CI, Consistency Index)

1) 관련식 : $CI = \dfrac{LL - W}{PI}$

2) 특징 : 점토의 경도나 안전도를 의미하고, $CI \geq 1$이면 소성상태 이하로 안정

5. 유동지수(FI, Flow Index)

1) 관련식 : $FI = \dfrac{W_1 - W_2}{\log N_2 - \log N_1}$

2) 특징 : 유동지수가 큰 시료는 공학적 거동이 매우 불안한 시료임.

6. Toughness 지수(TI, Toughness Index)

$$TI = \dfrac{PI}{FI}$$

7. 압축지수(C_c)

$$C_c = 0.009(LL - 10)$$

V 흙의 consistency 건설공사 적용방안

1. 액성한계, 소성지수를 이용하여 세립토의 흙 분류
2. 흙의 전단강도 증가율 추정
3. 세립토의 연경상태 파악
4. 압축지수 추정 : $C_c = 0.009(LL - 10)$
5. 활성도 및 유동지수 추정

점성토와 사질토의 공학적 특징

문제 분석	문제 성격	기본 이해	중요도	
	중요 Item	역학적 특성, 물리적 특성, thixotropy		

I 사질토와 점성토의 차이점

1. 역학적 특성

구 분	점성토	사질토
구 조	이산 / 면모	단립 / 봉소
전단강도		
	점착력	마찰각/상대밀도/입도/입형
문제점	heaving / thixotropy quick clay / leaching swelling / slacking	boiling / piping quick sand / dilatancy bulking / 액상화

2. 물리적 특성

구 분	점성토	사질토
단위중량	$1.4 \sim 1.8$	$1.6 \sim 2.0$
투수성	작음	큼
동상영향	큼	작음
변형	소성변형 압밀침하	즉시 변형 즉시 침하
팽창성	수분흡수 시 swelling 외력작용 시 dilatancy	수분흡수 시 bulking 외력작용 시 dilatancy

3. 전단강도 특성

1) 점성토 : 투수성이 낮기 때문에 압축하는 데 많은 시간이 소요되며, 따라서 압축에 필요한 밀도의 증가와 전단강도 증가에는 많은 시간이 걸림.

2) 사질토 : 힘을 가하면 투수성이 크기 때문에 흙 속의 물은 짧은 시간에 빠져나가서 단기간에 압축이 일어나고 그 결과 밀도 및 전단강도가 커짐.

Ⅱ 점성토의 특성(문제점)

1. 입자구조
   1) 이산구조
      반발력 작용, 이중층이 두껍고 간극비와 투수성이 상대적으로 적음.
   2) 면모구조
      인력 작용, 이중층이 얇고 간극비와 투수성이 상대적으로 큼.
2. heaving
   1) 정의
      연약 점성토 지반 굴착 시 흙막이 배면토
      와 재하중이 굴착 저면의 전단강도보다 크
      게 되어 배면토 침하에 의해 굴착저면이
      융기하는 현상
   2) 안전율 검토방법

      $$F_s = \frac{S_u\,(PI + 2\theta)}{h + \gamma' h_d} \geq 1.2$$

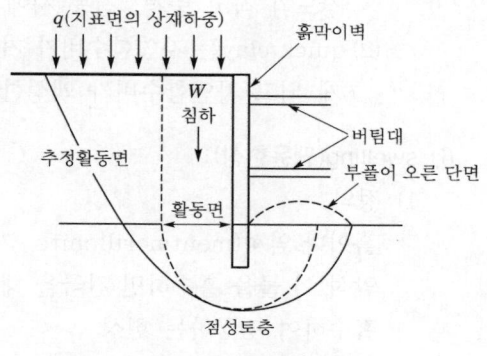

[heaving 현상]

3. thixotropy
   1) 정의
      점토시료(교란된 시료)를 함수비변화 없
      이 계속 둔다면 시간이 지남에 따라 전기
      화학적 또는 colloid 화학적 성질에 의해
      입자접촉면에 흡착력작용으로 인한 새로
      운 부착력이 생겨 강도의 일부가 회복되
      는 현상

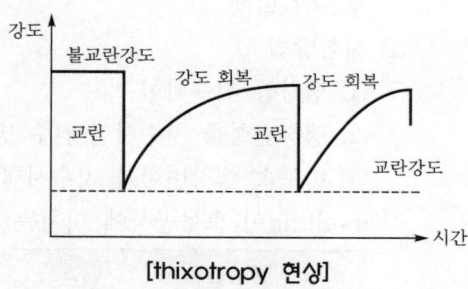

[thixotropy 현상]

   2) 발생 메커니즘
      (1) 흙의 강도 : 원지반 → 교란 → 강도 저하 → 시간 경과 → 강도 회복
      (2) 흙의 구조 : 면모구조 → 예민성 → 이산구조 → thixotropy → 면모구조
4. 예민비(S_t)
   자연상태에 있는 흙의 함수비를 일정하게 두고 교란시키면 교란된 흙의 전단강도는 감소하
   는데, 이와 같은 전단강도의 감소비를 예민비라고 함.

   $$예민비\,(S_t) = \frac{q_u\,(불교란시료의\ 압축강도)}{q_{ur}\,(교란시료의\ 압축강도)}$$

5. quick clay

  1) 정의

    해저에서 퇴적된 점토가 지반의 융기로 인해 담수로 세척되어 생성된 예민한 점토로 강도가 작고 충격, 진동 시에 교란이 심하게 생기는 토질(스칸디나비아와 동부 캐나다에 널리 퇴적되어 있는 초예민성 점토)

  2) 특징

    (1) 해저에서 퇴적된 점토가 지반의 융기로 인해 담수로 세척되어 생성된 예민한 점토로 강도가 작고 충격, 진동 시에 교란이 심하게 생김.

    (2) quick clay는 자연함수비가 거의 일정한 반면 액성한계가 낮아져 액성지수가 1을 넘게 되고 자연함수비가 액성한계보다 10% 이상 큼.

6. swelling(팽윤현상)

  1) 정의

    흙이나 암석(montmorillonite, 가수 할로이사이트 함유 암석)이 물을 흡수하면 간극을 채우고 입자 자체가 물을 흡수하여 팽창하는 현상

  2) 발생 메커니즘

    점토 → 물 흡수 → 간극 채움 → 광물질이 물 흡수 → 팽윤압 발생

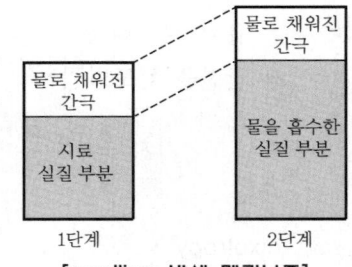

[swelling 발생 메커니즘]

  3) 시험방법

    (1) 팽창압 지수시험

    (2) 팽창변형률 지수시험(원주 방향 구속)

    (3) 비구속 팽창변형률 지수시험

  4) swelling이 토목공사에 미치는 영향 및 대책

발생원인	미치는 영향	대책
내적 원인 • 흙의 간극, 입자 배열 • 시료의 화학적 반응	기초 : slab의 융기 및 균열	• 팽윤압을 고려한 설계 반영 • 깊은기초 반영
외적 원인 • 기상작용, 기온차 • 수분 침투	사면 : 사면 내 붕괴, 사면 붕괴	• 팽윤압을 고려한 설계 반영 • 적정 보강공법 선정 시공
	터널 : 굴착 시 융기 발생	• 팽윤압을 고려한 설계 반영 • 조기폐합, S/C 시공

7. slaking(비화현상)

  1) 정의

    자연상태의 고결력을 가진 암석이 지하수변동, 지반굴착과 흡수 팽창, 풍화 등 건조, 흡수, 반복에 의해 급격히 고결력을 잃어 세편화되면서 붕괴되는 현상[점토광물이 함유된 암반(이암, 편암 등)에서 발생됨.]

2) 시험방법

  (1) 공시체로서는 일변 3cm 정도의 입방체, 원주 혹은 괴상 공시체 3개 제작

  (2) 110℃±5의 건조로에서 시료 건조

  (3) 건조된 시료를 40 ~ 60g짜리로 10개 준비하고 각 무게를 기록

  (4) 시료 전체를 물속에 넣고 10분 동안 200rpm으로 회전

  (5) 통 안에 든 시료를 다 제거한 뒤 다시 건조로에 말리고 시험을 반복 시행

  (6) 그 시료를 이용하고 시험 후의 건조무게를 측정하여 slacking 지수 산정

3) 내슬래킹지수

  (1) 산정식

$$내슬래킹지수 = \frac{시험\ 후\ 시료중량}{초기\ 시료중량} \times 100\%$$

  (2) 내슬래킹지수를 이용한 암석의 내구성 판정방법

내슬래킹지수	80% 이상	80 ~ 50%	50% 이하
내구성	내구성 있음	내구성 보통	내구성 낮음

Ⅲ 사질토의 특성(문제점)

1. 입자구조

  1) 봉소구조 : 아주 가는 모래나 실트가 침강하여 느슨한 구조이며, 간극이 큼.

  2) 단립구조 : 점착력 없이 마찰력으로 맞물린 구조로 상대밀도가 주요 요소임.

2. boiling

  1) 정의

    느슨한 모래지반 굴착 시 흙막이 배면토와의 수위차에 의해 굴착 저면에서 물과 모래가 유출하는 현상

  2) 안전율 검토방법

$$F_s = \frac{W}{U} = \frac{D_L \gamma_s'}{h_a \gamma_w} \geq 1.5$$

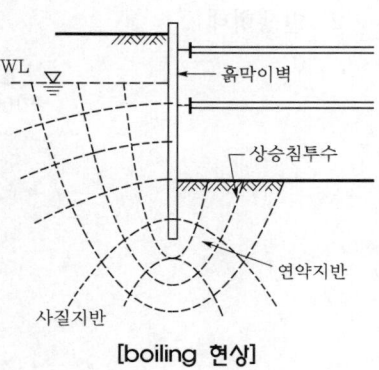

[boiling 현상]

  3) 발생지반 : 느슨한 사질토

  4) 발생원인 : 수위차(침투압)

  5) 방지대책

    (1) 물막이 벽, 지수층 시공

    (2) 기초저면 보강(고결)

    (3) 지하수위 저하

    (4) 수밀성 흙막이를 불투수층까지 삽입

3. piping
   1) 파이핑은 지반 내에 생긴 파이프형태의 물길을
      통하여 지하수가 유출되는 현상
   2) 발생메커니즘
      침투압 증가 → 유효응력 감소(전단강도 상실)
      → quick sand → boiling → piping 발생
   3) 안전율 검토

$$F_s = \frac{\text{하향의 무게응력}}{\text{상향의 침투력}} \geq 1.5$$

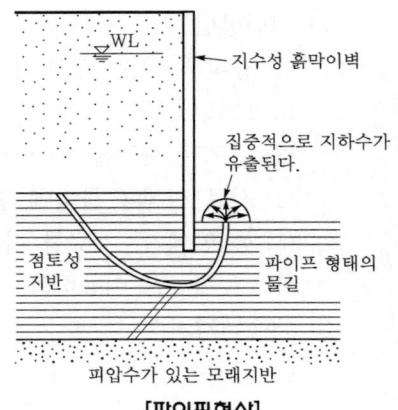

[파이핑현상]

4. quick sand(분사현상)
   1) 정의
      사질토 지반에서 수두차에 의해 상향의 침투압력이 커질 경우 모래지반의 유효응력이
      없어지고, 유효응력이 0이 되면 전단강도가 0이 되어 위로 모래가 솟구쳐 오르는 현상
   2) 특징
      (1) 사질토 지반 : 전단강도가 유효응력에 비례하므로 quick sand가 잘 발생됨.
      (2) 점성토 지반 : 유효응력이 "0"이 되어도 점착력(c)이 있으므로 전단강도가 "0"이
                        되지 않아 분사현상이 일어나지 않음.

5. dilatancy
   1) 정의
      비점착성 흙이 외력에 의하여 전단변형을 일으킬 때 입자의 배열상태에 따라 체적이
      증가하거나 감소하는 현상(전단변형에 따른 용적변화율)
   2) 발생형태

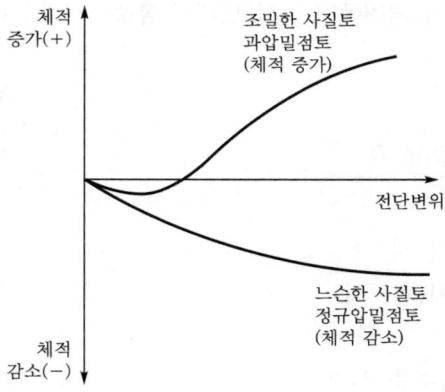

(1) 발생형태 (+)dilatancy : 초기 감소 후 지속적 체적 증가

　　　　　　(−)dilatancy : 지속적 체적 감소

(2) 한계간극비 : 전단될 때 촘촘한 모래는 팽창하고, 거친 모래는 수축하는데, 팽창도 수축도 하지 않는 상태의 모래의 간극비(e_c)

6. bulking

1) 정의 : 사질토 지반에 물이 흡수되면서 합수비가 증가하게 되면, 모래입자 간에 벌집모양의 구조가 형성되어 용적(부피, 체적)이 팽창하는 현상

2) 특징 : 건조모래 5 ~ 6% 수분 증가로 부피가 125%까지 증가되어 포장면 침하, 기초 slab의 융기, 균열 등 발생

7. 액상화

1) 정의

액상화는 모래지반에서 순간충격, 지진, 지반 진동 등에 의해 간극수압의 상승으로 흙의 유효응력이 감소되는 동시에 전단저항을 상실하여 흙이 액체와 같이 변하는 현상

2) 액상화 검토방법

(1) 간이법 : 콘지수, 표준관입시험, 입도분포($D_r \le 40\%$의 경우 액상화 우려)

(2) 정밀법 : 지진응답 해석법, 진동 반복 3축시험, 모형을 이용한 시험

진동 반복 3축시험	진동 반복 3축시험 모식도
• 지반이 진동을 받으면 지반요소는 주기적인 전단응력을 받게 되므로, 시험 시 일정한 수직응력과 주기적인 전단응력을 반복해서 가해 지반요소 내의 응력을 모방 • 지반의 지진파를 등가반복 전단응력으로 전환한 후 지반의 전단응력과 실험실에서 등가전단응력을 재현하여 구한 액상화 강도를 비교하여 액상화의 안전율을 구함	

Ⅳ 흙의 체적변화현상

구 분		사질토	점성토
수축	외력	(−)dilatancy : 느슨한 상태	(−)dilatancy : 정규압밀
팽창	외력	(+)dilatancy : 조밀한 상태	(+)dilatancy : 과압밀
	물	bulking	swelling

Ⅴ 흙의 전단강도가 "0"이 되는 현상

구 분	액상화	quick sand	boiling
외력	지진, 파, 진동	수위차, 침투력	수위차, 침투력
작용 방향	수평	수직	수직
현상	전면적	전면적	국부적

Ⅵ 맺음말

1. 점성토와 사질토는 입자구조가 상이하여 여러 가지 차이점과 문제점을 내포하고 있다. 전단 강도에 영향을 주는 요인으로는 사질토는 입형, 입도, 구속압력, 상대밀도 등이고, 점성토는 소성지수(PI), 간극수압, 과압밀비(OCR), 교란 여부 등이 영향을 미친다.

2. 점성토와 사질토의 정확한 특성을 알기 위해 물리적 시험 및 역학적 시험을 조사 시 철저히 시행하여 문제점을 사전에 방지하여야 한다.

Section 6
boiling과 heaving 발생원인과 방지대책

문제 분석	문제 성격	기본 이해		중요도	■■■□□□
	중요 Item	검토방법, 방지대책, 비교			

I 개 요

1. boiling 발생 시에는 모래입자가 부력을 받아 흙막이 벽이 밀리는 현상이 발생하며, heaving 발생 시에는 주변의 지반침하나 인접 구조물의 침하가 발생하므로 굴착 시에 세심한 주의를 요한다.
2. 공사 전에 조사를 철저히 하여 지반조건 및 구조물 조건에 적정한 방지대책을 수립하여 적용하여야 한다.

II boiling 현상

1. 정의 : 느슨한 모래지반 굴착 시 흙막이 배면토와의 굴착 저면에서 수위차에 의해 물과 모래가 유출하는 현상
2. 문제점 : 모래입자가 부력을 받아 저면 모래지반의 지지력이 감소(수동토압 감소)하여 흙막이벽이 밀리는 현상 발생
3. 발생원인
   1) 사질토의 입자구조 및 전단특성
      (1) 단립구조   (2) 봉소구조
   2) 수위차(침투압)
   3) 발생지반 : 느슨한 모래지반
4. 검토방법
   1) 한계동수경사법
   2) 유한요소법
5. 안전율 검토식

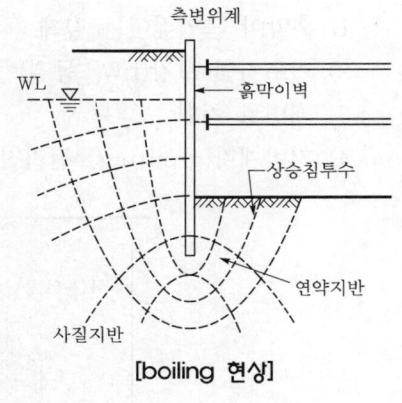

[boiling 현상]

$$F_s = \frac{W}{U} = \frac{D_L \gamma_s'}{h_a \gamma_w} \geq 1.5$$

6. 방지대책
   1) 물막이 벽, 지수층 시공
   2) 기초저면 보강(고결)
   3) 지하수위 저하
   4) 수밀성 흙막이를 불투수층까지 삽입하여 boiling 발생 방지

Ⅲ heaving 현상

1. 정의 : 연약 점성토 지반 굴착 시 흙막이 배면토와 재하중이 굴착 저면의 전단강도보다 크게 되어 배면토 침하에 의해 굴착 저면이 융기하는 현상

2. 문제점 : 흙막이의 전면적 파괴 및 주변 지반의 침하 발생

3. 발생원인
   1) 점성토의 입자구조 및 전단특성
      (1) 이산구조   (2) 면모구조
   2) 흙막이 벽의 근입장 부족
   3) 흙막이 벽 내외의 흙이 중량차이가 클 때
   4) 발생지반 : 연약 점성토

4. 검토방법
   1) moment법
   2) force법

5. 안전율 검토식

$$F_s = \frac{S_u(PI + 2\theta)}{h + \gamma' h d} \geq 1.2$$

6. 방지대책
   1) 흙막이 근입깊이는 깊게
   2) 기초저면 보강(LW, 동결)
   3) 배면토 치환
   4) 지반개량(grouting, 전기침투공법)

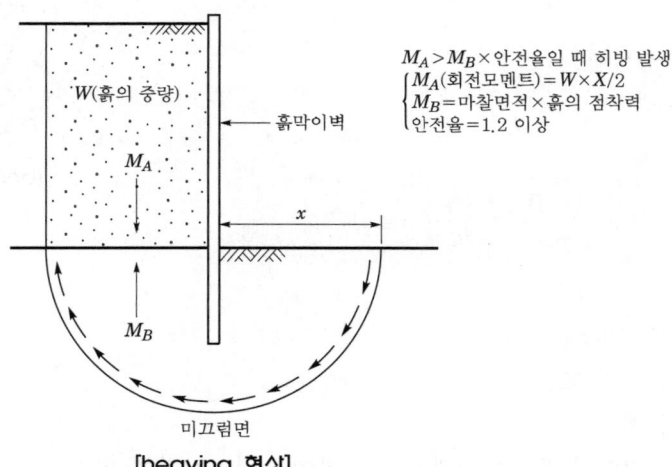

$M_A > M_B \times$ 안전율일 때 히빙 발생
$\begin{cases} M_A(\text{회전모멘트}) = W \times X/2 \\ M_B = \text{마찰면적} \times \text{흙의 점착력} \\ \text{안전율} = 1.2 \text{ 이상} \end{cases}$

[heaving 현상]

Section 7

부력 및 양압력의 발생원인과 대책

문제 분석	문제 성격	기본 이해	중요도	■■■□□□
	중요 Item	부력 및 양압력의 차이점, 검토방법		

I 개 요

1. 부력(buoyancy)

   어떤 물체가 수중에 있을 때 그 물체는 물속에 잠긴 물체부피의 물 무게만큼 가벼워지는데, 이때 가벼워지는 힘을 부력이라고 한다.

2. 양압력(up lift)

   어떤 물체가 수중에 있을 때 그 물체는 수압이 작용하며, 이런 수압 중 상향으로 작용하는 수압을 양압력이라고 한다(상향의 침투압력).

II 부력과 양압력의 발생원인 및 차이점

1. 부력의 발생원인

   1) 지하수 상승의 원인

   2) 지하수위가 높은 지역에서 구조물 완성 후 배수 중단 시

   3) 강우에 의한 지표수의 지하 침투 시

   4) 굴착 주변의 상수도관 파열로 침수 시

2. 양압력의 발생원인

   1) 피압(압력이 있는=수두차가 있는) 지하수=간극수압=상향의 침투압

   2) 액상화 등에 의해 발생

3. 부력과 양압력의 차이점

구분	부 력	양압력
개념	• 물속에 잠긴 물체에 작용하는 수직 상향의 힘 • $B = \gamma_w V$ [kN]	• 지하수위 아래 놓인 구조물 저면에 작용하는 상향의 힘 • 정수압상태 : $u = B h_w \gamma_w$ [kN/m^2] • 침투수압작용 시 유선망이나 간극수압계를 이용하여 구함.
해석	• 물속에 잠긴 물체의 체적과 비중을 알면 쉽게 계산	• 물의 흐름이 발생하지 않는 조건에서는 정수압과 동일하며, 흐름 발생 시 비선형적으로 변화하므로 해석이 복잡함.

Ⅲ 부력과 양압력 발생 시 문제점

1. 부력 발생 시 문제점
    1) 시공 중인 하수처리장의 침사지, 포기조, 초침, 종침, 펌프동, 정수장의 침사지, 지하저수조의 부상
    2) 시공 중인 건축물의 지하실의 부상
    3) 시공 중인 관로의 부상 등

2. 양압력 발생 시 문제점
    1) 전면기초의 경우 부력에는 안전하지만 바닥 슬래브 밑에서 상향으로 작용하는 양압력에 대해 단면이 부족한 경우 발생
    2) 시공 중인 건축물 지하바닥 슬래브의 융기 및 파손, 지하수 용출

Ⅳ 부력과 양압력의 특징

1. 부력의 크기
    1) 물체에 의해 밀려난 물의 중량
    2) 물에 잠긴 물체의 체적과 같은 양의 물의 중량과 같은 의미임.

$$부력(B) = V\gamma_w \,[\text{kN}]$$

여기서, V : 물에 잠긴 물체의 체적 또는 물체에 의해 밀려난 물의 체적

   3) 아르키메데스의 원리와 같음.

$P = V - W$
- P : 필요앵커력
- V : 부력
- W : 구조물의 중량

[부력의 계산]

2. 양압력의 크기
    1) 구조물의 저면에 작용하는 상향의 압력
    2) 정수압상태의 간극수압은 등방이므로, 양압력의 크기 전체는 구조물의 저면면적에 해당하는 물높이의 중량임.

$$양압력(u) = Bh_w\gamma_w \,[\text{kN/m}^2]$$

여기서, B : 구조물 저면폭, h_w : 수면까지의 높이
   3) 침투수압이 작용할 경우 유선망이나 수치 해석에 의해 구함.

3. 양압력의 검토방법

$$F_s = \frac{저항력}{작용력} = \frac{구체자중 + 상재하중 + 측면마찰력}{양압력} > 1.2$$

Ⅴ 구조물의 부력에 저항하는 기구 및 안전율

1. 부력저항기구
   1) 구조물의 자중 및 상재하중
   2) 구조물과 되메움 토사와의 마찰력
   3) 바닥 slab key와 지표와의 wedge 무게
   4) pile의 인발저항력
   5) 부력 방지용 anchor

2. 부력에 대한 안전율

$$F_s = \frac{W + W_w + \mu + \text{anchor force or } PI \leq \text{인발저항력의 일부}}{U}$$

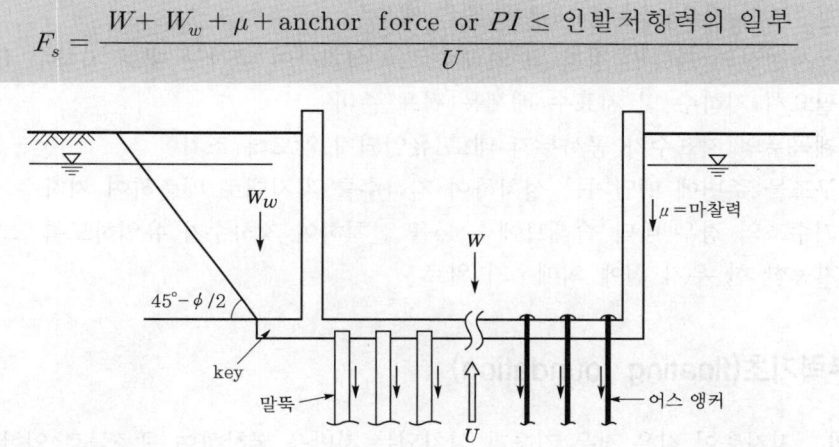

Ⅵ 지하구조물의 부력 및 양압력에 대한 대책

1. rock anchor 또는 earth anchor 시공
2. 마찰말뚝 이용
   1) 부상력에 대응하는 하중을 말뚝 지지력으로 저항
   2) 지하구조가 깊지 않은 경우
3. 브래킷 설치
4. 구조물의 자중 증대
5. 인접 건물에 긴결
6. 지하수위 저하공법 적용
   1) 영구적인 배수시설공법
   2) 집수정 설치공법
   3) 수압과 부력을 감소시키는 2중효과
   4) dewatering 공법

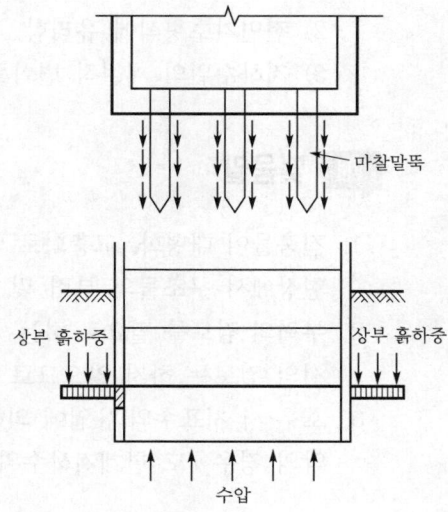

7. 현장에서 구조물의 부력 및 양압력에 대한 검토

   1) 현장에서 지반조사 주상도나 주변 지하수위를 파악하여 시공단계 및 완성구조물의 부력에 대해 사전 검토

   2) 지하수위에 의해 작용하는 양압력에 대해 바닥 슬래브의 안전성 검토

$$\sigma = \frac{M}{z} < 콘크리트\ 허용응력$$

여기서, $M_{max} = \frac{wl^2}{8}$

8. 호우 시 지표수의 유입에 의해 급격히 지하수가 상승하지 않도록 대책 강구

   1) 저수조의 경우 저수조 내부에 물을 채움

   2) 공사현장의 지표면 정리 및 가배수로를 설치하여 굴착구 내로 지하수 유입 방지

   3) 필요시 지하수 및 지표수 배제용 펌프 준비

   4) 계곡부의 지표수가 공사부지 내로 유입되지 않도록 조치

   5) 구조물 주변에 맹암거를 설치하여 지하수를 저지대로 배출하여 지하수 상승 방지

   6) 저수조의 경우 바닥 슬래브에 hole을 설치하여 지하수가 유입하도록 조치

   7) 가능한 한 우기 전에 되메우기 완료

Ⅶ 부력기초(floating foundation)

1. 정의 : 지지층이 깊은 경우 기초가 설치되는 지반을 굴착하여 구조물로 인한 하중 증가를 감소시키거나 완전히 제거시키는 형식의 얕은기초

2. 특징

   1) 하중 경감효과로 침하 감소 및 방지

   2) 전면기초형식에 유리함.

   3) 지하수위의 계절적 변화를 고려하여야 함.

Ⅷ 맺음말

1. 건축물이 대형화, 고층화로 인하여 건축물의 깊이가 깊어지므로, 사전 지반조사를 토대로 현장에서 구조물의 부력 및 양압력에 대해 검토하여 적용한다.

2. 부력의 검토를 필요로 하는 구조물은 설계 시 완성된 구조물에 대해 검토하며 시공단계에서의 검토는 하지 않으므로, 이는 시공현장에서 검토되고 대책을 수립하여야 한다.

3. 호우 시 지표수의 유입에 의해 지하수가 급격히 상승하지 않도록 대책공법을 적용하여 최악의 경우에도 한계지하수위 이상 지하수가 상승하지 않도록 조치하여야 한다.

Section 8
흙의 동상 발생원인과 대책

문제 분석	문제 성격	기본 이해	중요도	■■■□□□□
	중요 Item	발생 메커니즘, 동결심도 구하는 법, 동상 방지대책		

Ⅰ 개 요

1. 대기의 온도가 0℃ 이하로 내려가면 지표면의 물이 얼기 시작하며, 이와 같이 땅이 얼어 지표면이 부풀어 오르는 현상을 동상이라 한다.

2. 흙의 동상은 흙(실트질 흙), 온도(0℃ 이하 온도), 지중수(지속적인 물의 공급)의 세 가지 요소의 조합에 의해 발생하며, 대책은 치환, 단열, 차단, 약액처리공법 등을 이용하여 동상을 방지한다.

Ⅱ 동상 발생 메커니즘

구 분	모세관이론	열역학이론(제2법칙)
mechanism (ice lense 형성의 2가지 이론)	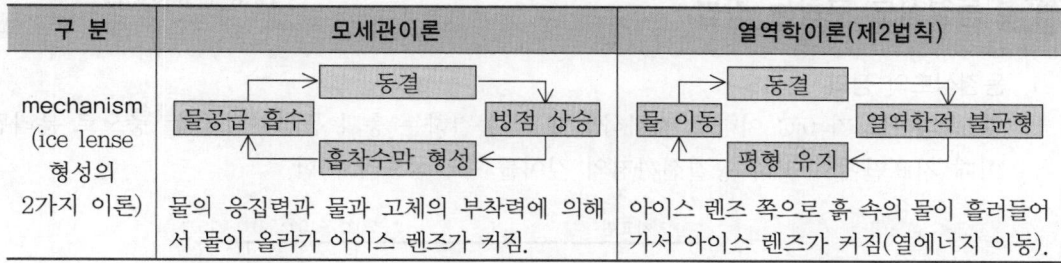 물의 응집력과 물과 고체의 부착력에 의해서 물이 올라가 아이스 렌즈가 커짐.	아이스 렌즈 쪽으로 흙 속의 물이 흘러들어가서 아이스 렌즈가 커짐(열에너지 이동).

Ⅲ 흙의 동상 발생형태 및 정의

1. 발생형태

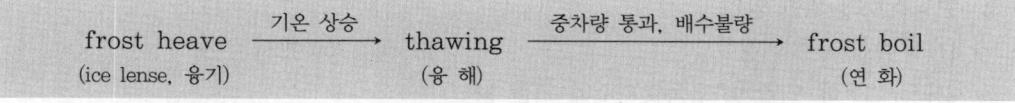

2. 융기 : 0℃ 이하의 저온이 지속될 때, 지표면의 흙의 간극수가 동결하여 토층에 ice lense가 형성되고 체적의 팽창에 따라 지표면이 부푸는 현상

3. 융해 : 지표 가까운 곳의 ice lense(서릿발)가 녹기 시작할 때 하부 동결층 때문에 배수가 방해되어 증가된 함수비로 인해 지반이 약해지는 현상(thaw settement, thaw consolidation)

4. 연화 : 봄철에 언 흙이 녹았을 때 중차량 통과나 배수불량 등으로 지반이 연약해져 강도가 저하되는 현상

Ⅳ 흙의 동상이 토목구조물에 미치는 영향

1. 구조물 기초
   1) 지반 연약화로 편기, 지지력 부족 발생   2) 부등침하 발생
2. 도로포장
   1) 노면의 융기, 균열 발생   2) 노면 파손
3. 옹벽구조물
   1) 지반 연약화로 편기, 지지력 부족 발생   2) 부등침하 발생
4. 상하수도 : 융기 및 연약화로 인한 이음부 파손

Ⅴ 흙의 동상 발생원인

1. 실트질 흙 : 비교적 세립의 흙으로 모관현상이 큰 토질
2. 온도 : 지속적인 0℃ 이하의 온도
3. 물 : ice lense를 형성할 수 있는 충분한 물의 공급

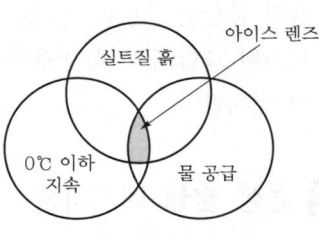

[동상 발생 3요소]

Ⅵ 동결심도 구하는 방법

1. 동결심도의 정의
   흙 속의 온도가 0℃ 이하로 저하하면 흙이 동결하는 층과 동결하지 않는 층으로 분리됨.
   이때 지표면에서 지하 동결선까지의 깊이를 동결심도라고 함.

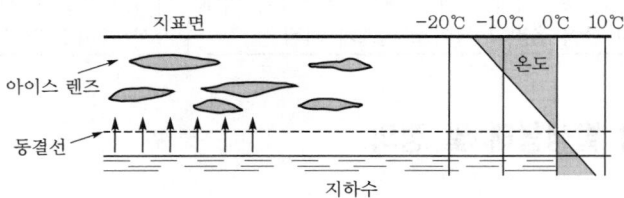

2. 현장조사에 의한 방법
   1) 동결심도계 이용   2) test pit에서 관찰
3. 일평균기온에 의한 방법(동결지수에 의한 방법)

$$Z = C\sqrt{F}$$

   여기서, Z : 동결심도(cm), C : 정수(3~5), F : 동결지수(℃ · day)
4. 열전도율(k)에 의한 방법

$$Z = \sqrt{\frac{48kF}{L}}$$

   여기서, k : 열전도율, F : 동결지수(℃ · day), L : 융해잠열(cal/cm^3)

5. 수정동결지수에 의한 방법

   1) 목적 : 기상대와 현장과의 표고차 보정

   2) 산정식

$$F' = F \pm 0.5 \times 동결기간 \times \left(\frac{기상대\ 표고 - 현장\ 표고}{100} \right)$$

Ⅶ 흙의 동상에 대비한 포장두께 결정방법

1. 완전 방지법

   1) 동결깊이 전체를 비동결재료층으로 설치하는 방법

   2) 비경제적인 방법임.

2. 노상 동결관입허용법

   1) 포장 파괴를 일으키지 않을 정도의 동결을 허용하는 방법

   2) 매우 경제적이며 설계 시 사용하는 방법

   3) 현재 도로포장의 설계에 적용

3. 감소노상강도법

   1) 동결에 의한 노상의 강도 저하를 고려하여 포장두께를 결정하는 방법

   2) 동결지수는 포장두께 산출의 직접 함수가 아니므로 제한적으로 사용

Ⅷ 흙의 동상 방지를 위한 공법 및 품질관리방안

1. 치환공법

   1) 보통 동결심도의 80% 깊이까지 동상을 일으키지 않는 재료로 치환

   2) 비동상성 재료

      (1) #200체 통과량이 10% 미만인 모래, 쇄석 등

      (2) 통일분류법 : GW, GP, GM, SW, SP

      (3) AASHTO법 : A-2, A-3

2. 차단공법 : 모관수 상승을 차단하기 위해 soil cement나 동상방지층 시공 또는 지하수위를 저하시키거나 성토를 하여 공급수 차단

3. 단열공법

   1) 포장 바로 밑에 스티로폼 등의 단열재료를 사용하여 보온처리

   2) 적용 : 상수도관 등(도로는 불가)

4. 약액처리공법 : 동결온도를 낮추기 위하여 흙에 NaCl, $CaCl_2$ 등을 섞어 화학적으로 안정 처리하거나 기타 약품으로 동결 방지

2m 이상 성토구간의 동상방지층 생략

문제 분석	문제 성격	기본 이해	중요도	▰▰▰▱▱▱
	중요 Item	동상방지층 생략기준		

Ⅰ 검토배경

현재 포장단면 설계 시 성토구간에도 동상방지층을 설치하도록 되어 있으나, 성토구간에서는 노상재료가 양호할 경우 동상이 발생하지 않으므로, 성토고 2m 이상 구간에서는 동상방지층을 생략하여 경제적인 도로건설에 이바지하고자 함.

※ 동상방지층 생략 및 스크리닝스 활용기준 알림
(건설교통부 도로건설팀-4287, 2006. 12. 21)

Ⅱ 현 황

1. 포장단면 설계 시 포장단면이 동결심도보다 부족할 경우 동상이 발생할 수 있으므로 동결심도까지 동상방지층을 설치하고 있음.
2. 동상방지층은 투수가 양호한 재료로 구성되어 모관 상승작용을 억제하여 동상을 방지하며, 포장단면이 동결심도보다 부족한 구간에 설치함.

Ⅲ 문제점 및 개선사항

1. 동상은 수분의 공급, 0℃ 이하의 온도, 토질의 세 가지 요소의 조합에 의하여 발생하며, 한 가지 요소라도 충족되지 않을 경우 발생하지 않음.
2. 토공부에서 성토구간은 절토구간과는 달리 지하수위대가 성토구간 내에 존재하지 않으며, 노상토가 양호할 경우 배수가 원활하여 수분의 공급이 이루어지지 않으므로 검토결과와 같이 성토고 2m 이상일 경우 동상이 발생하지 않음.
3. 그러므로 성토구간에서 동상방지층을 설치하여야 할 부분과 생략하여야 할 부분을 구분하여 성토구간의 동상방지층 설치기준을 제시

Ⅳ 동상 발생요소

1. 수분의 공급, 영하의 온도, 동상에 민감한 토질의 세 가지 요소가 갖추어질 때
2. 이러한 요소 중 하나라도 만족하지 못하면 동상은 발생하지 않음.

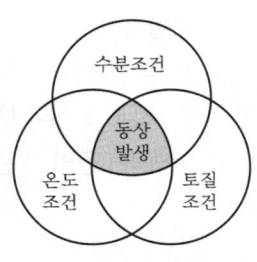

[동상의 발생조건]

Ⅴ 동상방지층 생략기준

1. 성토높이

노상 최종면을 기준으로 2m 이상인 성토구간에서는 노상토의 품질기준이 다음을 만족할 경우 동상방지층을 생략

2. 토질조건

구 분	기 준
0.08mm체 통과량(%)	25 이하
소성지수(%)	10 이하

3. 지하수위

노상 최종면기준으로 2m 이상에 지하수위대가 위치한 경우에는 동상방지층을 생략

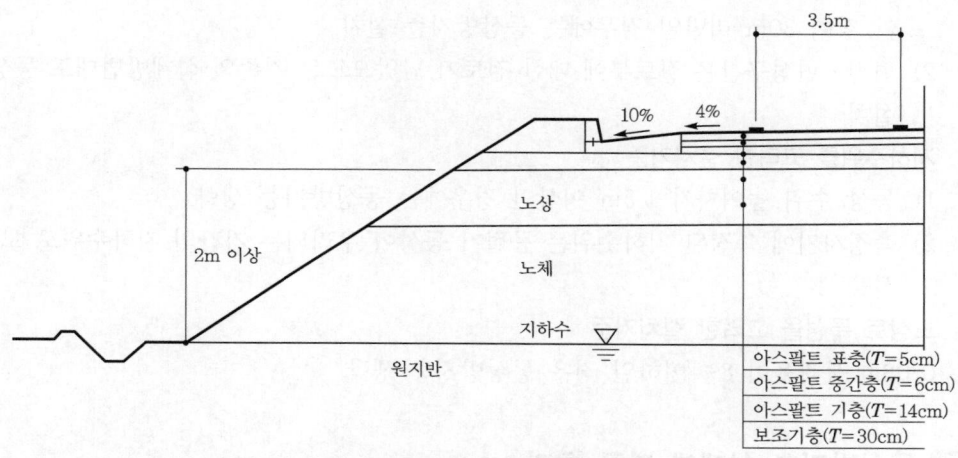

[성토부 최종면 2m 이상 지하수위대]

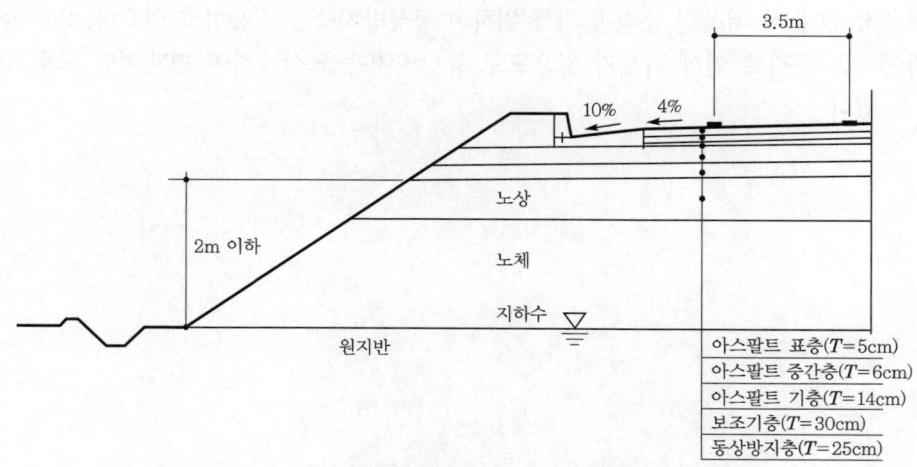

[성토부 최종면 2m 이내 지하수위대]

Ⅵ 동상방지층 적용 대상

1. 흙쌓기 높이를 고려한 설치기준
   1) 흙쌓기 2m 이상, 이하 구간이 불연속적으로 이어질 경우, 흙쌓기 2m의 기준은 상당히 안전측으로 결정된 것이므로 흙쌓기가 2m에서 다소 부족하더라도 큰 문제가 되지는 않으며, 아래와 같이 구분하여 적용
      (1) 일반적으로 흙쌓기가 2m 이상인 구간이 50m 이상 이어질 경우 동상방지층 삭제
      (2) 흙쌓기 2m 이상이 많고 부분적으로 흙쌓기 2m 미만 구간이 존재하는 경우, 2m 미만 구간의 연장이 30m 미만일 경우에는 동상방지층 생략
      (3) 흙쌓기 2m 미만이 많고 부분적으로 흙쌓기 2m 이상 구간이 존재하는 경우, 2m 이상 구간의 연장이 30m 미만일 경우에는 동상방지층 설치
      (4) 흙쌓기 2m 미만인 구간과 흙쌓기 2m 이상 구간이 계속적으로 반복되며 각각의 연장이 30m 미만일 경우에는 동상방지층 설치
   2) 편절·편성구간은 절토부에 대한 검토가 남았으므로 기존의 설계방법대로 동상방지층 설치
2. 지하수위를 고려한 설치기준
   1) 동상 수위 높이차가 1.5m 이상인 경우에는 동상방지층 생략
   2) 측정시기에 측정된 지하수위는 동절기 동상이 우려되는 기간의 지하수위로 보정된 값 사용
3. 노상토 특성을 고려한 설치기준
   0.08m 통과율이 8% 이하일 경우 동상방지층 생략

Ⅶ 동상방지층 삭제에 따른 효과

도로포장 설계 시 겨울철 동결 방지를 위하여 동상방지층을 적용하고 있으나, 2m 이상의 성토 구간에서는 동결로 인한 피해가 없으므로 동상방지층을 삭제하여 경제적인 도로건설을 시행할 수 있다.

Section 10 흙의 다짐도를 건조밀도로 평가할 때 다짐도 평가방법 및 품질관리방안

문제 분석	문제 성격	기본 이해	중요도	■■■■□
	중요 Item	실내시험방법, 현장시험방법, 품질관리방안		

I 개요

1. 다짐은 흙에 인위적인 압력을 가하여 물을 공급하면서 간극 내의 공기를 배출시켜 입자 간의 결합을 치밀하게 함으로써 단위중량을 증가시키는 과정이다.
2. 건조밀도로 다짐도를 평가할 때에는 실내시험과 현장시험을 통하여 다짐도를 평가하고 품질관리를 시행하여야 한다.

II 흙다짐의 목적과 효과

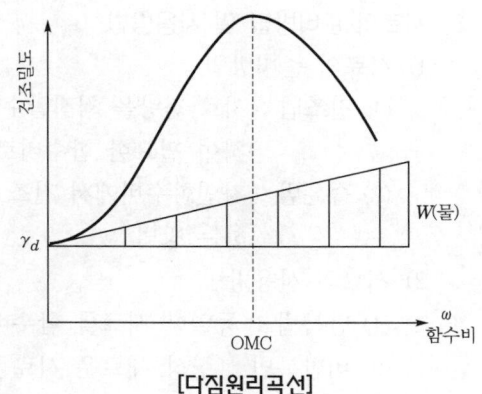

[다짐원리곡선]

1. 흙 다짐의 목적
   1) 강도 증가   2) 압축성 감소
   3) 투수성 감소
2. 흙 다짐의 효과
   1) 지지력 증가   2) 침하량 감소
   3) 동상 및 액상화 방지

III 다짐도 확인을 위한 다짐시험의 분류

1. 실내다짐시험
   1) 채취한 시료에 물을 점차 가해 최소 5회 이상 실험하여 함수비와 건조단위중량의 변화를 그려 다짐곡선 완성
   2) 다짐방법
      (1) 표준다짐방법 : A/B(노체)   (2) 수정다짐방법 : C/D(노상)/E(보조기층)
2. 현장다짐시험
   1) 다짐도 산정식 : 다짐도 $= \dfrac{\gamma_d(\text{현장 건조밀도})}{\gamma_{d\,max}(\text{시험실 최대 건조밀도})} \times 100\%$
   2) 현장 활용성
      (1) 성토작업에서 다짐상태 판정   (2) 다짐작업에서 다짐장비 적정성 판정
      (3) 사용재료의 적정성 검토   (4) 보조기층, 뒤채움 다짐상태 판정

Ⅳ 흙의 실내다짐시험방법

1. 다짐시험방법의 종류
   1) 충격하중에 의한 다짐 : 래머를 이용한 실내다짐
   2) 정적하중에 의한 다짐 : static compaction
   3) 반복적 하중에 의한 다짐 : kneading action에 의한 방법

2. 다짐시험방법(KS F 2312)

다짐방법의 호칭명	래머 질량 (kg)	몰드 안지름 (cm)	다짐층수	1층당 다짐횟수	허용 최대 입자지름(mm)
A	2.5	10	3	25	19
B	2.5	15	3	55	37.5
C	4.5	10	5	25	19
D	4.5	15	5	55	19
E	4.5	15	3	92	37.5

3. 시료의 준비방법 및 사용방법
   1) 시료의 준비방법
      (1) 건조법 : 시료 전량을 최적함수비가 얻어지는 함수비까지 건조하고 다질 때 물을 가하여 필요한 함수비로 조정하는 방법
      (2) 습윤법 : 자연함수비에서 건조 또는 물을 가함으로써 시료를 필요한 함수비로 조정하는 방법
   2) 시료의 사용방법
      (1) 반복법 : 동일한 시료를 함수비를 바꾸어 반복 사용하는 방법
      (2) 비반복법 : 항상 새로운 시료를 함수비를 바꾸어 사용하는 방법
   3) 시료의 준비방법 및 사용방법의 조합

조합의 호칭	시료의 준비방법 및 사용방법
a	건조법으로 반복법
b	건조법으로 비반복법
b	습윤법으로 비반복법

   4) 시료의 최소 필요량

조합의 호칭명	시료준비 및 사용방법의 조합	몰드의 지름 (cm)	허용 최대 입자지름(mm)	시료의 최소 필요량
a	건조법으로 반복법	10	19	5kg
		15	19	8kg
		15	37.5	15kg
b	건조법으로 비반복법	10	19	3kg씩 필요 무더기
		15	37.5	6kg씩 필요 무더기
c	습윤법으로 비반복법	10	19	3kg씩 필요 무더기
		15	37.5	6kg씩 필요 무더기

4. 시험방법의 선택

1) 다짐방법 : 시험목적과 시료의 최대 입자지름에 따라 선택

2) 시료의 준비방법

(1) 습윤법 : 시료를 건조하면 다짐시험 결과에 영향을 미치는 흙

(2) 건조법 : 그 이외의 흙

3) 시료의 사용방법

(1) 비반복법

① 다짐에 의해 흙입자가 파쇄되기 쉬운 흙(화강 풍화토 등)

② 물을 가한 후에 물과 섞이는 데 시간이 걸리는 흙

(2) 반복법 : 그 이외의 흙

5. 시험순서 및 주의사항

시료 준비	4분법 또는 시료분취기
① 몰드와 밑판의 질량 측정	
② 시료를 몰드에 넣고 소정의 방법으로 다짐.	다짐은 견고하게, 각 층의 두께는 같게
③ 칼라를 떼어내고 상부 여분의 흙을 깎음.	구멍은 작은 흙으로 메움.
④ 외부에 붙은 흙을 닦아내고 질량 측정	
⑤ 시료를 몰드에서 꺼내 함수비 측정	시료추출기 사용
①~⑤의 과정 반복	예상되는 최적함수비를 포함 6~8종류
결과 정리	

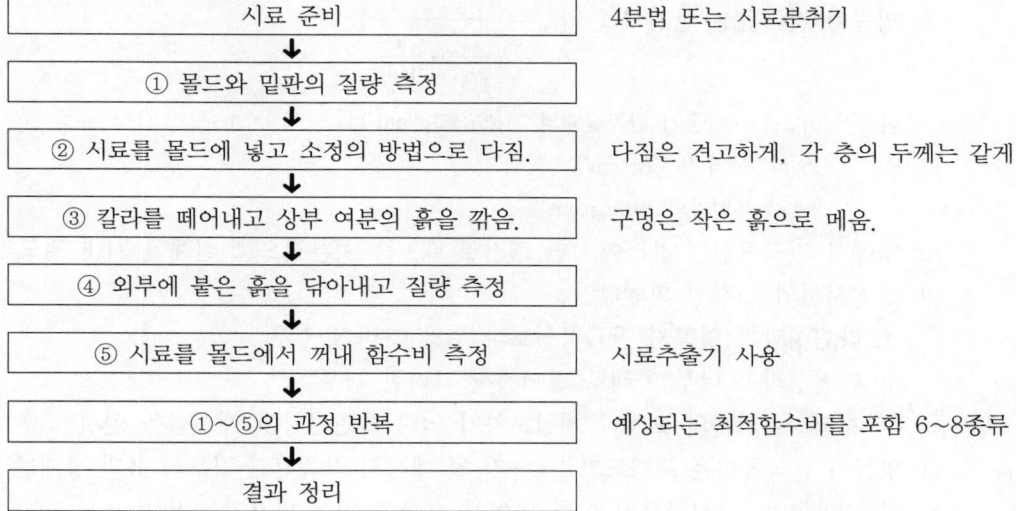
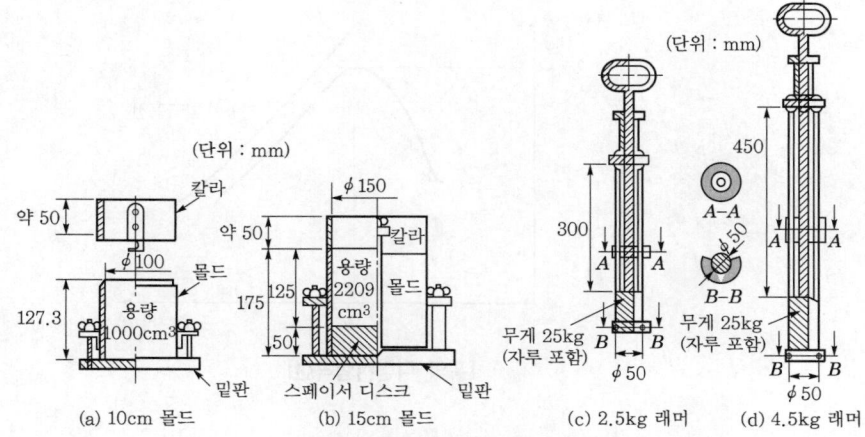

(a) 10cm 몰드   (b) 15cm 몰드   (c) 2.5kg 래머   (d) 4.5kg 래머

[흙의 다짐시험용 래머와 몰드]

6. 시험 계산방법 및 결과의 적정성 확인방안

1) 습윤 흙의 습윤밀도 산출 : $\gamma_t = \dfrac{W_2 - W_1}{V}$

2) 다진 흙의 건조밀도 산출 : $\gamma_d = \dfrac{\gamma_t}{1 + \dfrac{w}{100}}$

3) 6 ~ 8개의 시료에서 구한 건조밀도를 세로축에, 함수비를 가로축에 취하여 측정치를 기입하고, 매끈한 곡선으로 연결

4) 이 곡선의 건조밀도 최대치를 최대 건조밀도(g/cm^3), 그것에 대응하는 함수비를 최적 함수비(%)로 함.

5) 영공기간극상태에서의 함수비(W)에 대한 포화건조밀도($\gamma_{ds\,at}$)는 다음 식으로 산출하고, 그 결과를 건조밀도-함수비곡선에 명기함.

  (1) 영공기 간극곡선 산정식 : $\gamma_{ds\,at} = \dfrac{\gamma_w}{\dfrac{\gamma_w}{\gamma_a} + \dfrac{w}{100}}$

  여기서, $\gamma_{ds\,at}$: 영공기 간극상태의 건조밀도(g/cm^3)

  γ_w : 물의 밀도(g/cm^3)

  γ_a : 흙입자의 밀도(g/cm^3)

  (2) 영공기 간극곡선 : 간극이 0인 조건일 때, 즉 이론적으로 설계된 최대 밀도의 값

  (3) 다짐시험의 적정성 확인방안

   ① 다짐성과가 영공기 간극곡선보다 위로 그려질 경우

   ② 다짐성과가 너무 아래로 떨어져서 그려질 경우

   ③ 시험 시 저울의 오차나 계산오차가 있다고 판단하여 재시험을 실시

  (4) 영공기 간극곡선은 포화도가 100%가 될 때까지 압축시킨 경우의 흙의 상태를 표시하는 것이며, 다짐곡선이 이를 넘어서 오른쪽 위로 나오지는 않음.

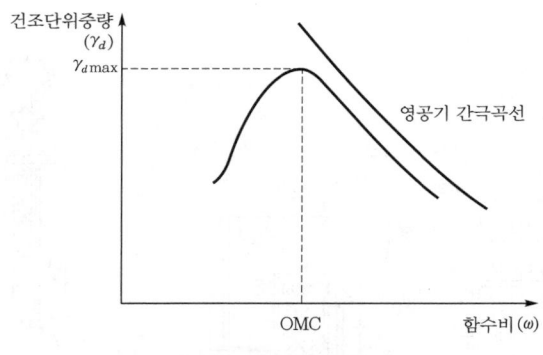

[흙의 다짐시험곡선]

V 흙의 현장다짐시험방법

1. 적용규정 : 현장에서 모래치환법에 의한 흙의 밀도시험방법(KS F 2311)

2. 적용범위
   1) 현장에서 최대 입자지름이 53mm 이하인 흙의 단위중량을 모래치환법으로 결정하는 방법
   2) 모래치환법은 현장에서 간편하게 단위중량을 결정할 수 있는 방법으로 흙댐, 도로성토, 구조물의 뒤채움 등을 시공할 때 다진 흙의 품질관리방안
   3) 일반적으로 불포화지반에 적용되며, 연약한 지반이나 굴착하면 물이 스며나올 수 있는 곳에서는 시험의 결과가 영향을 받을 수 있음.

3. 시험준비요령
   1) 병과 연결부의 체적 검정
   2) 시험용 모래의 단위중량 검정
   3) 깔때기를 채우는 데 소요되는 모래의 중량 검정

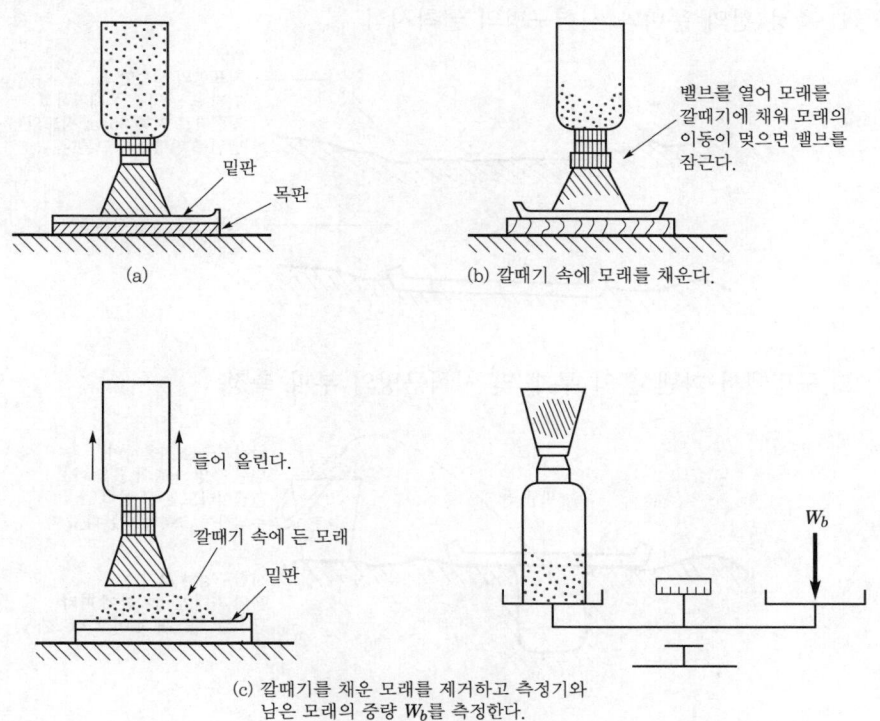

[깔때기를 채우는 데 소요되는 모래의 중량 검정]

4. 건조밀도를 이용한 현장시험요령

1) 측정 전의 준비와 시험구멍의 굴착

(1) 지표면의 느슨한 흙, 자갈 또는 먼지 등을 제거하고 지표면을 곧은 날로 수평으로 고름

(2) 편편히 고른 지표면에 밑판을 밀착

(3) 밑판 구멍 내측의 흙을 숟가락 등의 굴착기구를 이용하여 파서 조금이라도 손실되지 않도록 주의하여 용기에 넣음.

(4) 시험구멍의 최소 체적은 흙의 최대 입자지름에 따라 결정

[흙의 최대 입경에 대한 시험구멍의 최소 체적 및 함수량시험에 필요한 최소량]

최대 입경(mm)	시험구멍의 최소 체적(cm³)	함수량시험용 시료의 최소량(gf)
No. 4	700	100
13mm	1,400	250
25mm	2,100	500
50mm	2,800	1,000

2) 시험구멍에서 파낸 흙의 중량 및 시험구멍의 체적 측정

(1) 측정 전의 준비와 시험구멍의 굴착시험

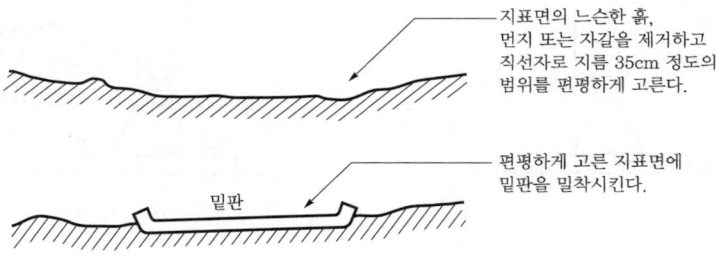

지표면의 느슨한 흙, 먼지 또는 자갈을 제거하고 직선자로 지름 35cm 정도의 범위를 편평하게 고른다.

편평하게 고른 지표면에 밑판을 밀착시킨다.

밑판

(2) 구멍에서 파낸 흙의 무게 및 시험구멍의 부피 측정

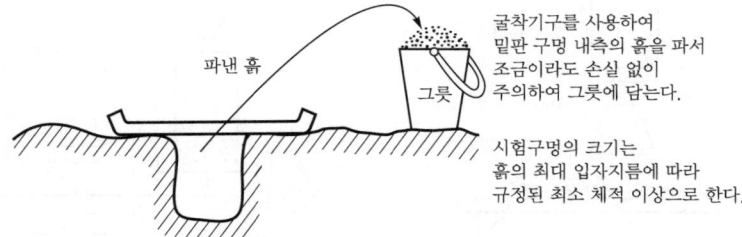

파낸 흙

그릇

굴착기구를 사용하여 밑판 구멍 내측의 흙을 파서 조금이라도 손실 없이 주의하여 그릇에 담는다.

시험구멍의 크기는 흙의 최대 입자지름에 따라 규정된 최소 체적 이상으로 한다.

(3) 파낸 흙의 전무게 W_3을 잘 혼합하고, 규정된 양 이상의 흙을 취해 함수량 측정용으로 사용

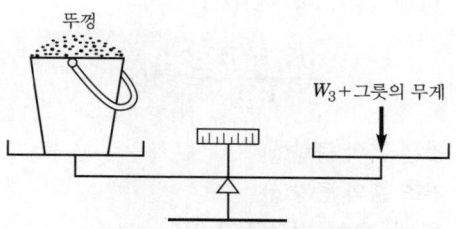

(4) 파낸 흙의 무게 측정

(5) (3)과 같은 동작으로 병 속에 모래를 넣고 밸브를 잠금.

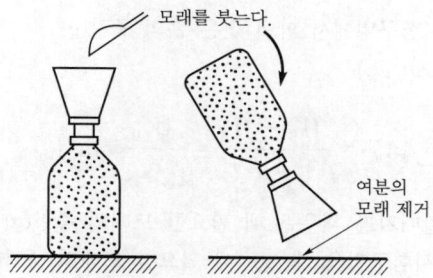

(6) 측정기+모래의 무게 W_{16}을 측정한 후, 밸브를 열고 시험구멍에 모래를 넣음.

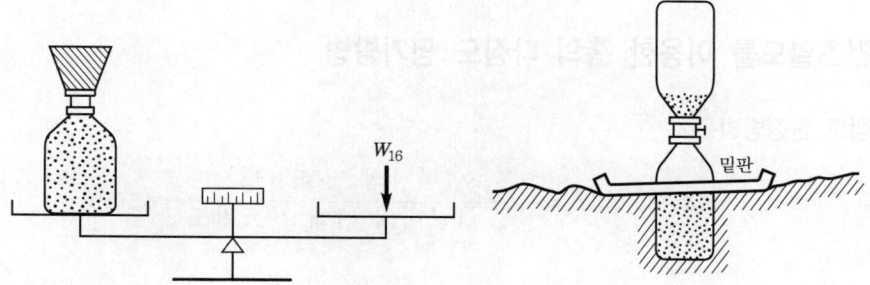

(7) 모래의 이동이 멎은 후 밸브를 잠그고 측정기를 들어 올려 측정기와 남은 모래의 무게 W_{17} 측정

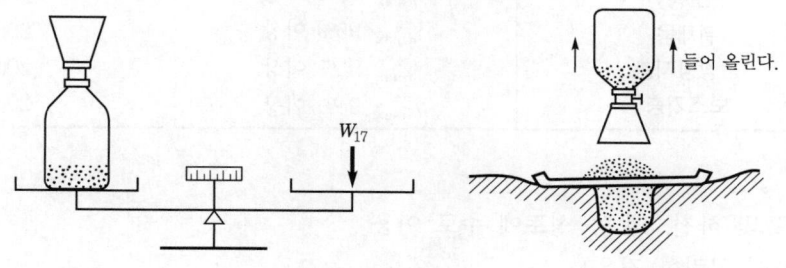

3) 시험결과 계산

(1) 시험구멍에서 파낸 흙의 함수량(ω)

$$\omega = \frac{W_{11} - W_{12}}{W_{12}} \times 100\%$$

여기서, W_{11} : 젖은 흙의 중량(g)

W_{12} : 건조 흙의 중량(g)

(2) 시험구멍에서 파낸 흙의 건조중량(W_0)

$$W_0 = \frac{100\,W_7}{\omega + 100}[\text{g}]$$

여기서, W_7 : 시험구멍에서 파낸 젖은 흙의 중량(g)

(3) 시험구멍의 체적(V_0)

$$V_0 = \frac{W_9 - W_6}{Y_s} = \frac{W_{10}}{Y_s}[\text{cm}^3]$$

여기서, W_6 : 깔때기를 채우는 데 필요한 모래의 중량(g)

W_{10} : 시험구멍을 채우는 데 필요한 모래의 중량(g)

W_9 : 시험구멍 및 깔때기 속의 모래의 중량(g)

Y_s : 시험용 모래의 밀도(g/cm^3)

Ⅵ 건조밀도를 이용한 흙의 다짐도 평가방법

1. 다짐도 판정방법

$$\text{다짐도} = \frac{\gamma_d(\text{현장의 건조밀도})}{\gamma_{d\max}(\text{실내의 최대 건조밀도})} \times 100\%$$

2. 판정기준

구 분	다짐기준	1층의 두께
노체	$\gamma_{d\max}$ 90% 이상	30cm
노상	$\gamma_{d\max}$ 95% 이상	20cm
뒤채움	$\gamma_{d\max}$ 95% 이상	20cm
동상방지층	$\gamma_{d\max}$ 95% 이상	20cm
보조기층	$\gamma_{d\max}$ 95% 이상	20cm

3. 적용성

1) 도로 및 하천, 댐 등 성토에 주로 이용

2) 적용이 곤란한 경우

(1) 토질변화가 심한 곳

(2) 기준이 되는 최대 건조밀도를 구하기 어려운 경우

(3) over size를 함유한 암재료인 경우

Ⅶ 흙다짐 시 품질관리방안

1. 다짐 전 시험목적과 시료의 최대 입자지름에 따른 적절한 실내다짐시험 시행
2. 흙쌓기 시 충격다짐으로 정확한 함수비−밀도곡선과 최대 건조밀도를 구할 수 없거나 점성이 없고 배수가 잘 되는 흙의 밀도를 결정하기 위해서는 KS F 2345에 의하여 시험 실시
3. 선정된 장비의 다짐횟수는 시험다짐 후 결정(현장에 적정한 시공법 결정)
4. 시방규정에 의거한 철저한 다짐관리 시행(노상 : 다짐도 95% 이상)
5. 각 단계마다 재료의 품질 및 다짐도를 흙의 다짐기준에 적합하게 시공되었는지 확인을 받은 후 다음 단계의 작업 수행
6. 다짐도시험에 필요한 함수량시험방법은 KS F 2306에 따르며, 급속함수량시험, 적외선 수분계 또는 방사성 동위원소를 사용한 측정장비(RI)를 사용할 경우에는 각 시험방법에 따른 보정값에 대하여 확인 시행
7. 현장 다짐도 및 함수량시험 시 방사성 동위원소를 사용한 측정장비(RI)를 사용

Ⅷ 맺음말

1. 흙의 다짐은 요구하는 밀도를 얻기 위한 작업으로, 동일한 흙에 대해서도 다지는 방법을 달리하면 건조밀도와 최적함수비와의 크기도 달라지게 된다.
2. 현장시험 시에는 현장조건과 시험실조건의 상이, 상재하중의 상이, 과다짐 발생 등의 문제점이 발생할 수 있어 시공 중 다짐관리를 철저히 하고 다짐도를 확인하여 적정 여부를 판정하여야 한다.

> ### ✎참고 방사성 동위원소탐사에 의한 γ_d와 ω 측정방법
>
> [ASTM D 2922−91, AASHTO T238−86]
> 원자의 질량은 양자와 중성자의 질량의 합이며, 원자분열로 인하여 양자수는 같으나 중성자의 수가 다른 원소가 발생된다. 양성자 수가 같은 원소는 중성자 수가 다르더라도 위상이 같으므로 이를 동위원소라 한다. 자연에는 서로 다른 방사선을 방출하는 동위원소가 매우 많다. 지반조사 분야에서는 다른 동위원소에 비하여 투과성이 좋은 감마(γ)선이 사용된다. 장시간에 걸쳐서 수행되는 시험에서는 반감기가 긴 동위원소를 사용해야 한다. 동위원소의 방사선이 물체를 투과할 때 물체의 종류, 밀도 및 두께에 따라 다른 정도로 흡수되며, 흡수량은 지수법칙이 적용되고 이로부터 원하는 값을 풀어낼 수 있다.

현장밀도시험에서의 조립자 함유 보정방법

문제 분석	문제 성격	기본 이해	중요도	■■■ ■ ■
	중요 Item	조립자 함유 보정방법의 종류		

Ⅰ 현장밀도시험에서의 조립자 함유 보정

다짐시료는 37.5mm, 또는 19mm, 4.75mm체 통과분을 시료로 하므로, 이보다 큰 입경이 다량 함유된 경우에는 최대 건조밀도를 자갈 함유량에 따라 보정해야 한다.

Ⅱ 조립자 보정방법의 분류 및 적용

1. 공식에 의한 방법
   공식에 의한 방법은 2가지로서 최대 골재크기 4.75mm 이하(다짐방법 : A, B방법)의 경우에만 적용

2. 도표에 의한 방법
   1) 도표에 의한 방법은 3가지로서 AASHTO 다짐시험법 A, B, C, D 모두 적용 가능하고, 특히 19mm체에 남는 조립자 잔율과 비중을 알고 있는 경우에도 도표를 적용하여 산출이 가능
   2) 19mm체에 남는 조립자 잔율과 비중으로 보정하여야 함.

Ⅲ 공식에 의한 조립자 보정 및 함수비 보정

1. 조립자 보정방법

$$D_d = \frac{100\,D_f k}{D_f P_c + k P_f}$$

여기서, D_d : 보정된 최대건조밀도(kg/m^3)

D_f : 실내다짐 시 결정된 최대건조밀도(kg/m^3)

P_c : 무게에 의한, 사용된 체의 굵은 골재(남은 골재)의 백분율

P_f : 무게에 의한, 사용된 체의 잔골재(통과한 골재)의 백분율

k : $1,000 \times$굵은 골재의 절건비중(kg/m^3)

2. 함수비 보정공식

$$MC_t = \frac{MC_f P_f + MC_c P_c}{100}$$

여기서, MC_t : 잔골재와 굵은골재의 보정된 함수비(소수로 표현)

P_f : 무게에 의한, 20mm체를 통과한 골재의 백분율

P_c : 무게에 의한, 20mm체에 남는 골재의 백분율

MC_f : 20mm체를 통과한 골재의 함수비(소수로 표현)

MC_c : 20mm체에 남은 골재의 함수비(소수로 표현)

Ⅳ 도표에 의한 조립자 함유 보정방법

1. A방법 및 B방법

1) 전제조건

(1) No.4체 잔류량을 버리고 사용

(2) 만약 No.4체 잔류량이 7% 이상인 경우에는 C방법을 사용

2) 보정방법

(1) No.4체 통과분에 대한 최대 건조밀도(A점) $1.800t/m^3$

(2) 다짐시료에 대한 비중(B점) $G_s = 2.65$

(3) A, B를 연결

(4) 구멍 속의 시료 중 NO.4체 잔류율(C점) 30%

(5) C점에서 수직으로 연결(D점)

(6) D점에서 수평으로 선을 그어 E점을 찾음.

(7) E점이 굵은골재에 대해 보정된 최대 건조밀도($\gamma_{d\max} = 1.965t/m^3$)

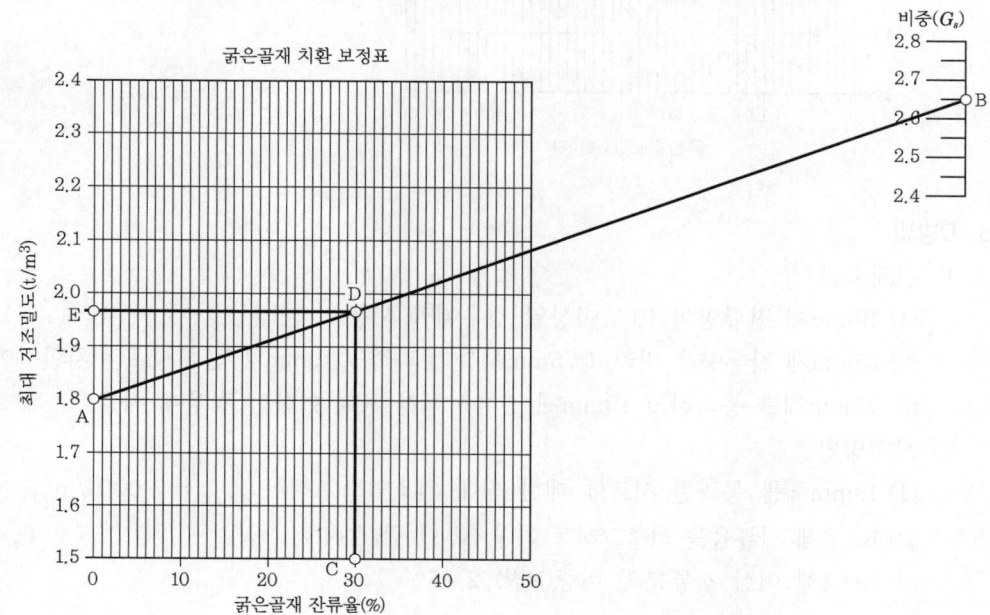

굵은골재 치환 보정표

2. C방법

1) 전제조건

(1) 19mm체 잔류량을 버리고 사용

(2) 19mm체 잔류량이 10% 이상인 경우에는 D방법을 사용

2) 보정방법

(1) 19mm체를 통과한 시료에 대한 최대 건조밀도(A점) $\gamma_{d\max} = 2.00t/m^3$

(2) 19mm체 잔류분의 비중(B점) 2.60

(3) 현장구멍 속의 흙 중 19mm 잔류율(C점) 25%

(4) 수정 최대 건조밀도(D점) 2.080t/m^3

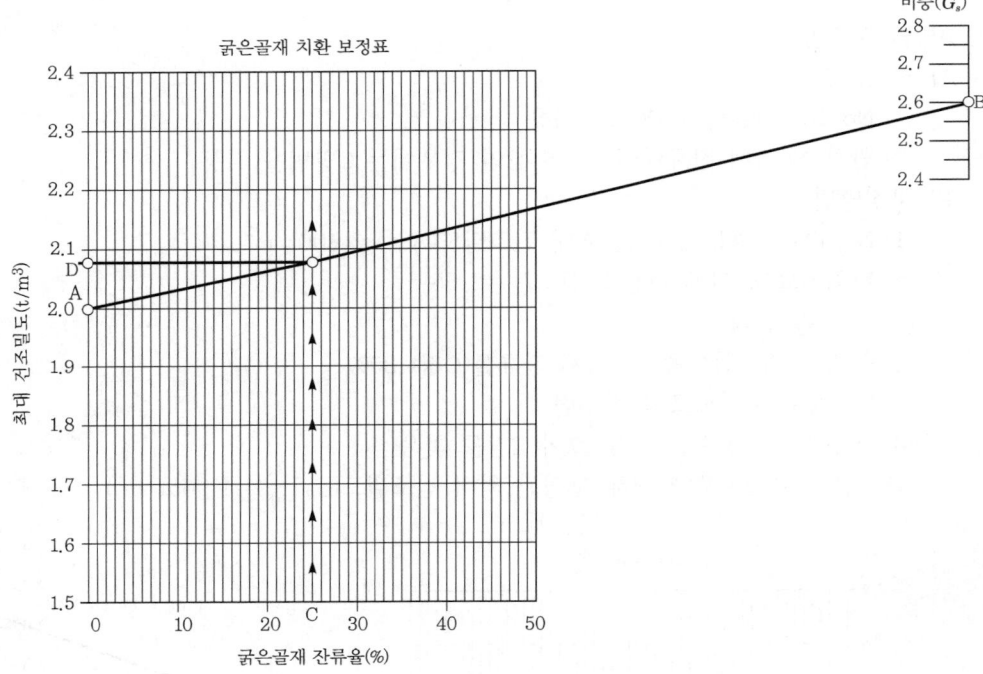

굵은골재 치환 보정표

3. D방법

1) 전제조건

(1) 19mm체 잔류량이 10% 이상일 경우에만 사용

(2) 75mm체 잔류량은 버리고 75mm체를 통과하고 19mm체 잔류시료는 치환하여 사용

(3) 75mm체를 통과하고 19mm체 잔류시료가 30% 이하인 경우에 사용

2) 보정방법

(1) 19mm체를 통과한 시료에 대한 최대 건조밀도(A점) $\gamma_{d\max} = 2.000t/m^3$

(2) No.4체 잔류율을 산출그래프 하단 B점에 플롯(45%, B점)

(3) No.4체 이상 잔류분의 비중(E점) 2.65

(4) A점과 B점이 교차되는 지점 C점을 정함.

(5) C점과 E점을 연결하여 연장선 작도

(6) 현장에서 No.4체 잔류율을 그래프 하단에 F점(20%) 표시

(7) D점에서 수평으로 만나는 G점이 수정된 최대 건조밀도(G점) $\gamma_{d\max}=1.845t/m^3$

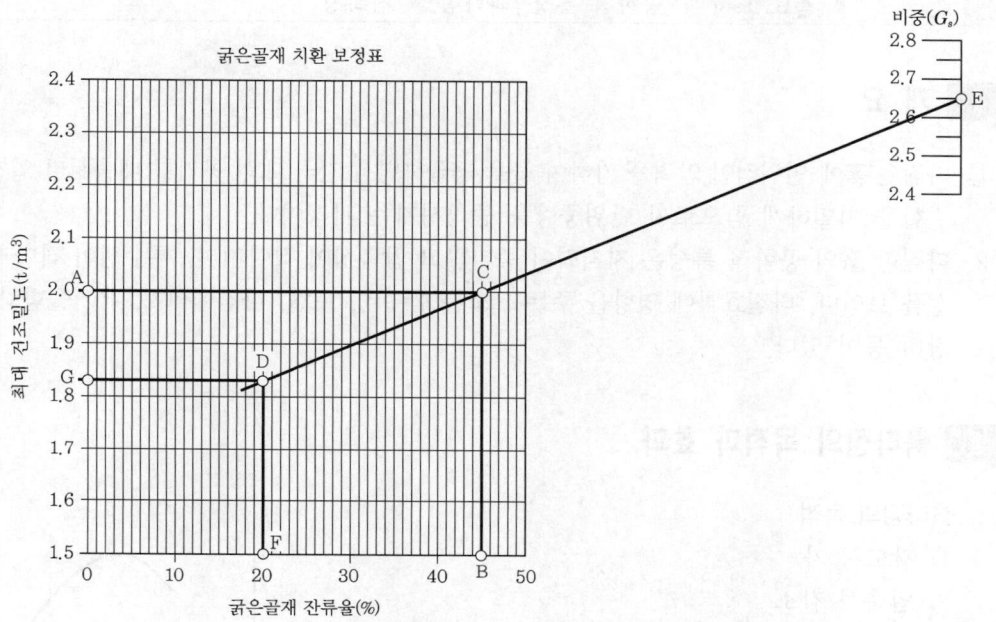

Ⅴ 시험 시 정밀도 향상을 위한 향후 개선

1. AASHTO T 224-01에 나와 있는 수식으로 인한 보정식은 A, B방법(4.75mm 통과시료)에 대한 보정식으로 KS에 준한 다짐시험에 적용하기는 "흙의 다짐시험방법"이 KS와 AASHTO 규정이 서로 다르므로 수치의 신뢰성이 저하된다.

2. 우리나라의 현실에 적합한 조립자 함유 보정방법을 개발 시행하여 37.5mm보다 큰 입경이 포함된 성토재료의 다짐도에 대한 품질관리 및 품질 신뢰성 확보를 철저히 시행하여야 한다.

다짐한 흙의 공학적 특성과 다짐효과에 영향을 주는 요소

문제 분석	문제 성격	기본 이해	중요도	■■■■□□
	중요 Item	공학적 특성, 과다짐, 다짐특성		

I 개 요

1. 다짐은 흙에 인위적인 압력을 가하여 물을 공급하면서 간극 내의 공기를 배출시켜 입자 간의 결합을 치밀하게 함으로써 단위중량을 증가시키는 과정이다.

2. 다짐한 흙의 공학적 특성은 지지력이 증가하고 압축성이 작아지며, 투수성이 작아지는 특성을 보인다. 다짐효과에 영향을 주는 요소는 함수비, 토질, 다짐에너지, 유기물함량, 다짐장비 등이 있다.

II 흙다짐의 목적과 효과

1. 흙다짐의 목적
   1) 강도 증가
   2) 압축성 감소
   3) 투수성 감소

2. 흙다짐의 효과
   1) 지지력 증가
   2) 침하량 감소
   3) 동상 및 액상화 방지

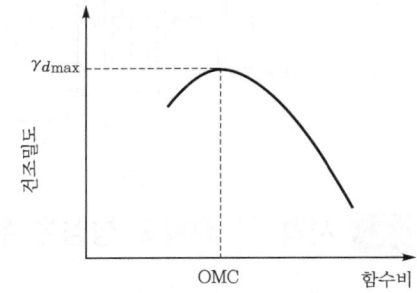

[건조밀도와 함수비의 관계]

III 다짐한 흙의 공학적 특성

1. 다짐에너지가 클수록 최적함수비는 감소하고, 최대 건조밀도는 증가함.

2. 다짐방법에 따라 건조밀도와 최적함수비가 달라짐.

3. 함수비 : 점성토의 경우 투수계수와 전단강도에 영향을 미침.

4. 전단강도 : 최적함수비보다 약간 건초측의 함수비에서 최대가 됨.

5. 투수계수 : 최적함수비보다 약간 높은 함수비에서 최소가 됨.

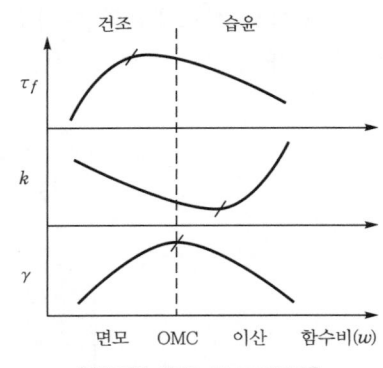

[다짐한 흙의 특성그래프]

Ⅳ 다짐효과에 영향을 주는 요소

1. 함수비(수막현상)

   1) 흙은 함수비 증가에 따라 수화, 윤활, 팽창, 포화의 단계를 거침.

   2) 윤활단계에서 $\gamma_{d\max}$와 최적함수비(OMC, Optimum Moisture Content)를 얻음.

   3) 함수비의 영향

      (1) 적을 경우 : 입자 간 저항으로 다짐효과 저하(interlocking에 의한 전단저항)

      (2) 많을 경우 : 쿠션효과로 인한 스펀지현상으로 다짐효과 저하

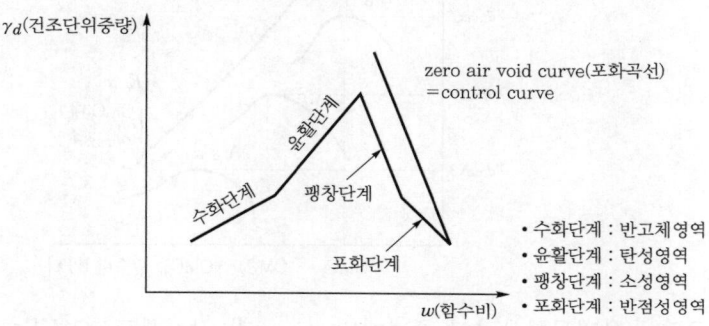

2. 토질

   1) 입도분포, 흙입자의 비중, 점토광물의 종류와 양에 따라 $\gamma_{d\max}$와 OMC가 다름.

   2) 조립토일수록 다짐곡선이 급경사이며 $\gamma_{d\max}$가 크고, OMC는 작음.

   3) 양입도는 $\gamma_{d\max}$가 크고, OMC는 작음.

   4) 현장에서는 양입도의 토질을 사용하여 다짐효과를 높여야 함.

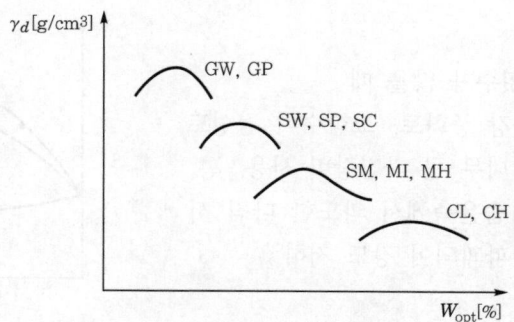

[토질에 따른 다짐에너지 변화곡선]

3. 다짐에너지

   1) 함수비가 건조측인 경우 : 다짐에너지가 증가할수록 강도 증가

   2) 함수비가 습윤측인 경우 : 다짐에너지의 크기에 따른 강도 증감이 거의 없으며, 때로는 큰 에너지로 다진 경우 강도 저하 발생

   3) 다질 때 다짐에너지 및 함수비가 유지될 경우는 건조측이 습윤측보다 강도가 큼.

   4) 다짐 후 포화될 경우 : 강도차이가 뚜렷하지 않고 건조측이 약간 큼.

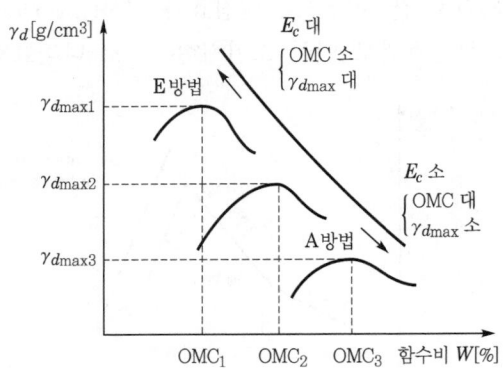

4. 유기물함유량 : 유기물함유량이 증가하면 $\gamma_{d\,max}$가 감소하고, OMC는 증가함.

5. 다짐장비 : 다짐장비의 종류, 다짐횟수 등에 따라 변화됨.

V 과다짐(과전압, over compaction)

1. 정의 : 과다짐이란 최적함수비의 습윤측에서 너무 높은 에너지로 다질 때, 표면의 흙입자가 전단파괴됨에 따라 흙이 분산화되어 그 결과 강도가 저하되는 현상

2. 발생원인

   1) 한 층의 다짐횟수가 많을 때

   2) 토질조건 : 화강 풍화토, 고함수비 점성토

   3) 다짐에너지가 너무 큰 다짐장비 사용

   4) 최적함수비의 습윤측에서 과도한 다짐 시 흙입자가 전단파괴되어 강도 저하

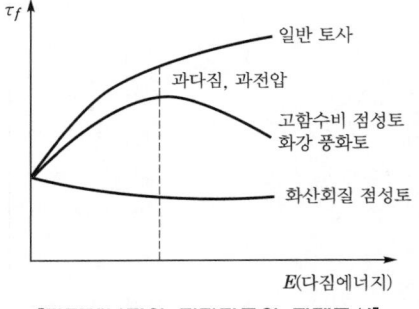

[다짐에너지와 전단강도의 관계곡선]

3. 품질관리방안

   1) 실내다짐시험 시 주의사항

     (1) 파쇄되기 쉬운 화강 풍화토는 비반복법에 의해 시료를 준비

     (2) 다짐에너지별로 입도시험을 하여 다짐으로 인한 파쇄 정도를 파악

   2) 성토 전 시험 시공을 시행하여 다짐두께, 다짐속도, 장비 선정 후 공사 시행

   3) 과다짐이 우려되는 토질의 다짐 시에는 건조측에서 다짐 및 관리

VI 점성토의 다짐특성

1. 특성 : 점성토를 다지면 함수비의 증가에 따라 입자의 배열이 달라짐.
   1) OMC보다 건조측 다짐 : 입자가 엉성하게 엉김(면모구조).
   2) OMC보다 습윤측 다짐 : 입자가 서로 평행한 배열을 함(이산구조).
   3) 이에 따라 팽창성, 투수성, 압축성, 전단강도에 현저한 차이를 보임.

2. 원인 : 평형함수비와 최적함수비의 차이

3. 성질 : 흙을 다진 후 물을 흡수할 수 있도록 허용하는 경우
   1) 팽창성 : OMC 건조측(팽창성 큼), OMC 습윤측(팽창성 작음)
   2) 투수성 : OMC 건조측(투수계수 큼), OMC 습윤측(투수계수 작음)
   3) 압축성
      (1) OMC 건조측 : 낮은 압력에서는 압축성이 작으나, 높은 압력에서는 압축성이 큼.
      (2) OMC 습윤측 : 낮은 압력에서 압축성이 큼.
   4) 강도
      (1) OMC 건조측 : 강도가 크게 나타남.
      (2) OMC 습윤측 : 강도가 작게 나타남.

VII 다짐특성을 고려한 품질관리 및 다짐 시 주의사항

1. 흙의 다짐특성을 고려한 품질관리
   1) 도로공사 : OMC보다 약간 건조측의 함수비 적용(전단강도 최대)
   2) 제방, 댐 : OMC보다 약간 높은 함수비 적용(투수계수 최소)

2. 다짐 시 주의사항
   1) 다짐 전 시험목적과 시료의 최대 입자지름에 따른 적절한 실내다짐시험 실시
   2) 선정된 장비의 다짐횟수는 시험다짐 후 결정(현장에 적정한 시공법 결정)
   3) 시방규정에 의거한 철저한 다짐관리 시행(노상 : 다짐도 95% 이상)

VIII 맺음말

흙의 다짐은 함수비, 토질, 다짐에너지, 유기물함유량, 다짐장비에 따라 많은 변화를 보일 수 있으므로, 현장에서는 시험 시공을 시행하여 다짐특성을 파악하고, 이에 따른 품질관리를 시행하여 흙의 다짐에 만전을 기하여야 한다.

문제 분석	문제 성격	기본 이해	중요도	■■■■□□
	중요 Item	성토재료의 다짐기준, 판정방법, 다짐도 향상방안		

Ⅰ 개 요

1. 도로 성토재료의 구비조건은 전단강도가 커야 하고, 공학적으로 안정되어야 하며, 입도 및 지지력이 양호한 재료를 사용하여야 한다.

2. 토공의 품질관리방안은 건조밀도, 포화도, 강도특성, 상대밀도, 변형량 등의 품질규정과 다짐횟수, 속도, 두께 등을 적용하는 공법규정을 통하여 관련 품질기준과의 적정 여부를 판정하여 합격 여부를 결정하고, 그 결과에 따라 토공의 품질을 관리하여야 한다.

Ⅱ 토공 시공 및 관련 시험 흐름도

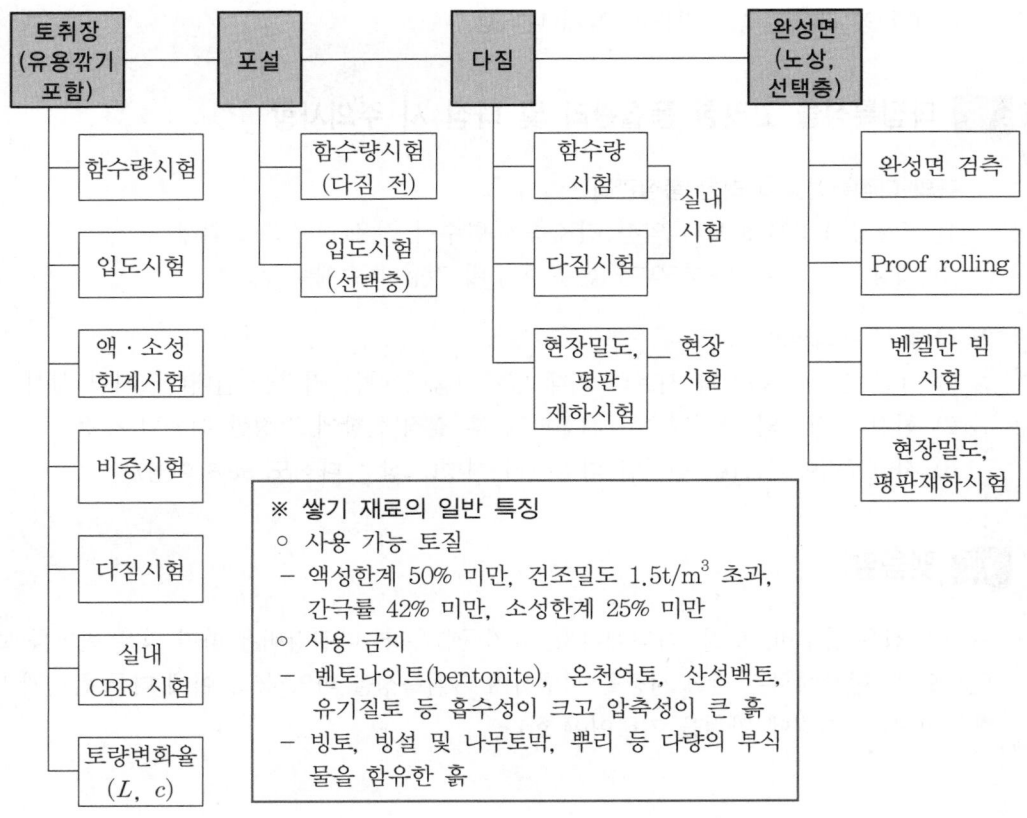

```
토취장                 포설          다짐          완성면
(유용깎기                                          (노상,
 포함)                                             선택층)
  │                    │            │               │
  ├ 함수량시험         ├ 함수량시험  ├ 함수량        ├ 완성면 검측
  │                    │  (다짐 전)  │  시험    실내 │
  ├ 입도시험           │            │         시험  ├ Proof rolling
  │                    ├ 입도시험    ├ 다짐시험       │
  ├ 액·소성           │  (선택층)  │               ├ 벤켈만 빔
  │  한계시험          │            │               │  시험
  │                    │            ├ 현장밀도,  현장 │
  ├ 비중시험           │            │  평판        시험 ├ 현장밀도,
  │                    │            │  재하시험          평판재하시험
  ├ 다짐시험           │
  │
  ├ 실내
  │  CBR 시험
  │
  └ 토량변화율
     (L, c)
```

※ 쌓기 재료의 일반 특징
ㅇ 사용 가능 토질
－ 액성한계 50% 미만, 건조밀도 $1.5t/m^3$ 초과, 간극률 42% 미만, 소성한계 25% 미만
ㅇ 사용 금지
－ 벤토나이트(bentonite), 온천여토, 산성백토, 유기질토 등 흡수성이 크고 압축성이 큰 흙
－ 빙토, 빙설 및 나무토막, 뿌리 등 다량의 부식물을 함유한 흙

Ⅲ 도로 성토재료의 구비조건

1. 공학적으로 안정한 재료
   1) 액성한계 50% 미만
   2) 건조밀도 1.5t/m^3 초과
   3) 간극률 42% 미만
   4) 소성한계 25% 미만

2. 입도가 양호한 재료
   1) C_g : 1 < C_g < 3
   2) C_u : 모래 > 6, 자갈 > 4

3. 전단강도가 양호한 재료

4. 지지력이 강한 재료

5. trafficability가 충분히 확보되는 재료 : 시공기계의 지지력 확보

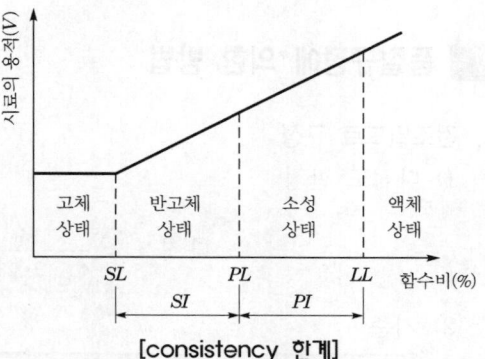

[consistency 한계]

Ⅳ 토공의 품질관리방법

1. 토공의 품질관리흐름

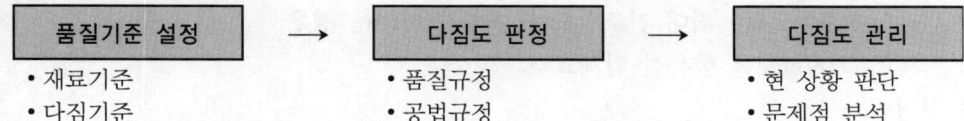

- 재료기준
- 다짐기준

- 품질규정
- 공법규정

- 현 상황 판단
- 문제점 분석

2. 성토재료의 품질관리기준

구 분			단 위	노 체		노 상
				암성토	일반 성토	
재료기준	최대 입경		mm	600 이하	300 이하	100 이하
	수정 CBR		%	–	2.5 이상	10 이상
	5mm체 통과율		%	–	–	25 ~ 100
	0.08mm체 통과율		%	–	–	25 이하
	소성지수		%	–	–	10 이하
다짐기준	다짐 후 1층 두께		cm	60 이하	30 이하	20 이하
	실내다짐시험방법		–	–	A, B방법	C, D, E방법
	다짐도		%	–	90 이상	95 이상
	평판재하 시험	CCP	침하량	mm	1.25	1.25	1.25
			지지력계수(K_{30})	kg/cm^3	20 이상	10 이상	15 이상
		ACP	침하량	mm	1.25	2.5	2.5
			지지력계수(K_{30})	kg/cm^3	20 이상	15 이상	20 이상

3. 토공의 다짐 판정방법
   1) 품질규정에 의한 방법   2) 공법에 의한 방법

V 품질규정에 의한 방법

1. 건조밀도로 규정
   1) 다짐도 판정

$$다짐도 = \frac{\gamma_d (\text{현장의 건조밀도})}{\gamma_{d\max} (\text{실내의 최대 건조밀도})} \times 100\%$$

   2) 기준

구 분	다짐기준	1층의 두께
노체	$\gamma_{d\max}$ 90% 이상	30cm
노상	$\gamma_{d\max}$ 95% 이상	20cm
뒤채움	$\gamma_{d\max}$ 95% 이상	20cm

   3) 적용성
      (1) 도로 및 댐 성토에 주로 이용하는 신빙성 있는 방법
      (2) 적용이 곤란한 경우
         ① 토질변화가 심한 곳
         ② 기준이 되는 최대 건조밀도를 구하기 어려운 경우
         ③ over size를 함유한 암재료
   4) 시험법
      (1) core 절삭법(core cutter method)
      (2) 모래치환법
      (3) 고무막법(rubber baloon method)

[모래치환법에 의한 흙의 밀도시험]

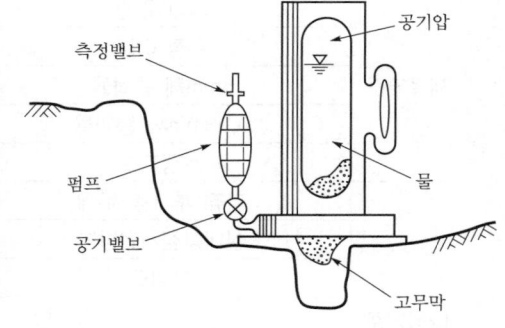

[고무막법에 의한 다짐도 측정]

2. 포화도 또는 간극률로 규정

1) 포화도(S) 판정

$$S = \frac{G_s w}{e}$$

2) 기준 : 포화도는 85 ~ 95%, 공극률은 10 ~ 12%

3) 적용성

(1) 고함수비 점토 등과 같이 건조밀도로 규정하기 어려운 경우

(2) 토질변화가 현저한 곳

3. 강도특성에 의한 규정

1) 현장에서 측정한 지반지지력계수 K값, CBR값, Cone 지수 등으로 판정

2) 기준 : CBR은 노상 10 이상, 보조기층 30 이상

3) 적용성

(1) 안정된 흙쌓기 재료(암괴, 호박돌, 모래질 흙)에 적용

(2) 함수비에 따라 강도의 변화가 있는 재료에는 적용이 곤란

4. 상대밀도(relative density)에 의한 방법

1) 상대밀도 판정

$$D_r = \frac{e_{\max} - e}{e_{\max} - e_{\min}} \times 100\%$$

2) 적용성 : 점성이 없는 사질토에 이용

5. 변형량에 의한 방법

1) proof rolling, Benkelman beam 변형량이 시방기준 이상이면 합격

2) 적용성 : 노상면, 시공 도중의 흙쌓기면

6. 방사선 밀도기에 의한 방법

1) 원리 : 라듐이나 세슘 등의 방사선 분산량이 재료의 전체 밀도에 비례

2) 실험방법 : 방사선 밀도기를 천공된 시험공의 지표면에서 작동시켜 단위체적당 건조단
   위중량을 흙의 습윤단위중량에서 수분의 무게를 제하고 결정

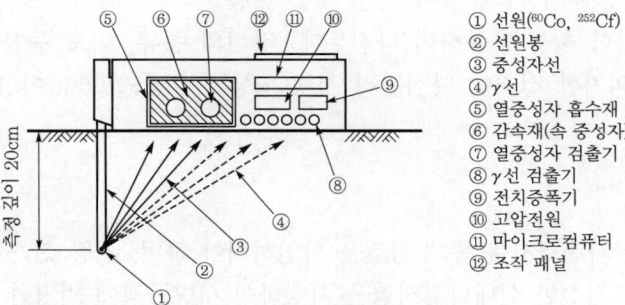

① 선원(^{60}Co, ^{252}Cf)
② 선원봉
③ 중성자선
④ γ선
⑤ 열중성자 흡수재
⑥ 감속재(속 중성자)
⑦ 열중성자 검출기
⑧ γ선 검출기
⑨ 전치증폭기
⑩ 고압전원
⑪ 마이크로컴퓨터
⑫ 조작 패널

[방사선 밀도기의 모식도]

VI 공법규정에 의한 방법

1. 시험 시공을 통한 다짐기준 선정
   1) 다짐장비   2) 포설두께   3) 다짐횟수
2. 적용 : 토질이나 함수비변화가 크지 않은 현장, 암괴, 호박돌 다짐 시
3. 주의사항 : scale effect를 고려한 다짐장비 및 다짐두께 선정

VII 토공의 다짐관리방안

1. 다짐상황 분석
   1) histogram : 다짐평가 후 그 값의 규격이나 치우침, 변동원인 파악
   2) $\bar{x} - R$ 관리도 : 공정의 안전상태 판정
2. 문제 발생 시 문제점 파악
   1) 특성요인도
   2) 파레토도
   3) 다짐평가 불합격 시 대책
      (1) 재다짐 시행
      (2) 재료불량 시 치환 후 재다짐
      (3) 함수비가 큰 경우 함수비 조절 후
          재다짐을 한 후 다짐도 평가 실시

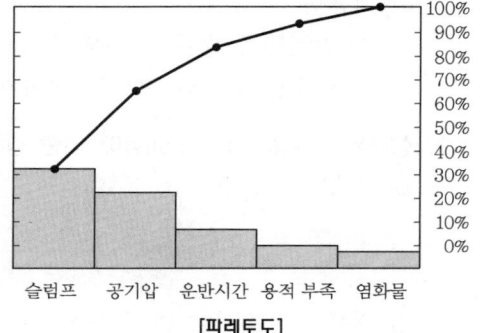

[파레토도]

VIII 토공의 다짐도 향상방안

1. 함수비 : 다짐 시 적정한 함수비를 적용하여 다짐 시행
   1) 도로공사 : OMC보다 약간 건조측의 함수비 적용(전단강도 최대)
   2) 제방, 댐 : OMC보다 약간 높은 함수비 적용(투수계수 최소)
2. 토질 : 세립토보다는 OMC가 작고 최대 건조밀도가 높은 조립토 이용
3. 다짐에너지 : 허용한도 내에서 큰 다짐에너지를 크게 하여 다짐 시행
4. 유기물함유량 : 유기물함유량이 적은 것을 사용
5. 다짐장비 : 시험 시공을 통하여 다짐두께, 장비의 종류, 속도 등을 결정
6. 시방규정에 의거한 철저한 다짐관리 시행(노상 : 다짐도 95% 이상)

IX 맺음말

도로 성토재료는 사전조사를 통해 품질을 확인하여야 하며, 시공 전 시험목적과 시료의 최대 입자지름에 따른 적절한 실내다짐시험을 시행하여 시방규정에 의거한 철저한 다짐관리를 하여야 한다.

Section 14 | 도로공사에서 토공의 단계별 품질관리

문제 분석	문제 성격	기본 이해	중요도	▰▰▰▱▱▱
	중요 Item	노체, 노상의 분류 및 품질관리방안		

I 개 요

1. 도로공사에서의 토공은 땅깎기 한 흙을 운반하여 쌓기부에 쌓고 다지는 일련의 과정을 말한다.
2. 도로공사를 위한 토공의 단계는 토공 준비 및 흙쌓기에 의한 노체, 노상으로 이루어지며, 각 단계별로 적정한 품질관리를 수행하여야 한다.

II 토공 준비

1. 규준틀 및 표지판 설치
   1) 비탈면의 위치와 경사, 도로의 폭을 나타내는 것으로 토공의 기준이 되므로 정확하고 견고하게 설치
   2) 설치위치는 각 소단마다 설치하며, 땅깎기부는 비탈면 상단에, 흙쌓기부는 비탈면 하단에 설치
   3) 규준틀 설치간격

설치장소의 조건	설치간격
직선부	20m
곡선반경 300m 이상	20m
곡선반경 300m 이하	10m
지형이 복잡한 장소	10m 이하

2. 표지판 설치
   1) 토공 및 포장공의 높이를 전체적으로 판단할 수 있도록 일정 구간마다 나누어 설치
   2) 시공 중 망실되지 않도록 견고하게 설치

3. 준비 배수 시행
   1) 답구간 및 습지구간에 미리 배수로를 설치하여 배수 유도
   2) 노면의 배수가 불량하면 시공장비의 이동성이 나쁘고 작업중단일수가 길어지므로 쌓기면은 4% 이상의 횡단기울기를 주고 표면을 평탄하게 하는 다짐 시행
   3) 우수가 집중되어 방류될 경우 쌓기 비탈면이 세굴 또는 붕괴될 가능성이 있으므로 길어깨 측에 가배수로 설치

4. 벌개 제근

1) 토취장과 흙쌓기에 사용되는 땅깎기 부분의 초목은 깎기작업에 앞서 벌개하여 나무뿌리 및 표토 부근의 유기질토와 함께 제거
2) 일반적으로 깎기 비탈면의 어깨나 쌓기 비탈면의 기슭에서 1m 떨어진 곳까지 실시
3) 쌓기 높이 1.5m 이상인 구간 : 수목이나 그루터기는 지표면에 바짝 붙도록 잘라 잔존 높이가 지표면에서 15cm 이하가 되도록 시행
4) 쌓기 높이 1.5m 미만인 구간 : 지표면에서 20cm 깊이까지 모두 제거

Ⅲ 노체의 시공 및 품질관리

1. 재료의 품질 및 다짐기준

항 목 \ 공 종	노 체		시험법
	토사[1]	암괴[2]	
시방 최소 밀도에서의 수침 CBR	2.5% 이상	–	KS F 2320
다짐도	90% 이상(A, B방법)	시험 시공에 의해 결정	KS F 2312
시공함수비	다짐시험방법에 의한 최적함수비 부근과 다짐곡선의 90% 밀도에 대응하는 습윤측 함수비 사이	자연함수비	
시공층두께	30cm 이하	시험 시공에 의해 결정	한 층의 마무리 두께

주) 1) 토사란 암괴에 해당하지 않는 일반적인 흙쌓기 재료
2) 암괴란 단단한 암석으로 된 지반을 땅깎기 또는 터널굴착을 했을 때 발생하는 암석조각

2. 품질관리

1) 최대 입경
  (1) 토사인 경우 최대 치수는 300mm 이하
  (2) 암석인 경우 시공성을 기준으로 600mm 이하로 하고, 전압이 가능한 대형 전압장비 사용을 원칙으로 함.
2) 수정 CBR
  (1) 흙의 다짐시험 결과에 따라 정해진 최대 건조밀도에 90% 이상의 밀도가 현장에서 얻어지는 흙에 대한 수정 CBR 산정
  (2) 노상, 보조기층, 기층 등 포장체 각 층 재료의 적정 여부 판정

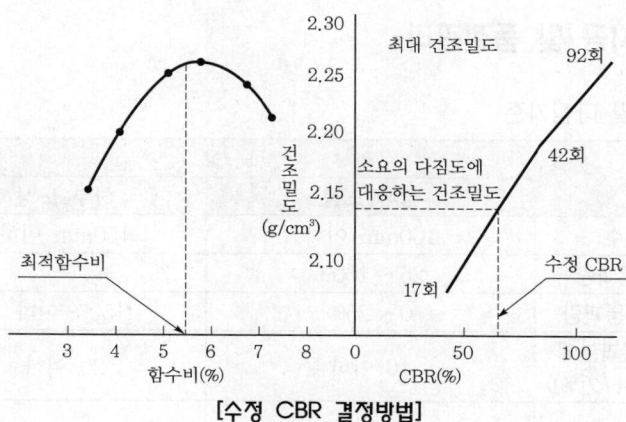

[수정 CBR 결정방법]

3) 다짐도 관리

  (1) 흙의 다짐도

    ① 목표 : 실내시험을 실시한 최대 건조밀도의 90% 이상

    ② 다짐도

$$다짐도 = \frac{\gamma_d(현장의\ 건조밀도)}{\gamma_{d\max}(실내의\ 최대\ 건조밀도)} \times 100\%$$

  (2) 암의 다짐도

    ① 암은 토사와 같이 건조밀도에 의한 다짐도 관리가 곤란

    ② 시험 시공을 하여 밀도나 표면침하량 등으로부터 다짐기계나 다짐횟수 등을 결정

    ③ 일상관리는 타코미터 등에 의해 관리

    ④ 암괴재료의 층당 마무리 두께에 따른 다짐기계의 선정

1층 마무리 두께	다짐기종
30cm 이하	• 진동롤러 : 5t 이상 • 타이어롤러 : 15t 이상
30 ~ 60cm	• 진동롤러 : 13t 이상
60 ~ 90cm	• 진동롤러 : 20t 이상

4) 평판재하시험

  ① 흙쌓기

    • ACP : 지지력계수(K_{30})가 침하량 2.5mm일 때 15kgf/cm^3 이상으로 관리

    • CCP : 지지력계수(K_{30})가 침하량 1.25mm일 때 10kgf/cm^3 이상으로 관리

  ② 암쌓기 : 지지력계수(K_{30})가 침하량 1.25mm일 때 20kgf/cm^3 이상으로 관리

Ⅳ 노상의 시공 및 품질관리

1. 재료의 품질 및 다짐기준

공종 항 목	노 상		비 고
	상부 노상	하부 노상	
최대 치수	100mm 이하	150mm 이하	
No. 4체 통과량	25 ~ 100%	–	
No. 200체 통과량	0 ~ 25%	50% 이하	
No. 40체 통과분에 대한 소성지수(PI[%])	10 이하	20 이하	
다짐도	95% 이상(D다짐)	90% 이상(D다짐)	KS F 2312 C, D, E방법
시공함수비	다짐도 및 수정 CBR 10 이상을 얻을 수 있는 함수비, 최적함수비 ±2%	다짐도 및 수정 CBR 5 이상을 얻을 수 있는 함수비	KS F 2306 KS F 2312
시공층두께	20cm 이하	20cm 이하	한 층의 마무리 두께
수침 CBR	일반노상 / 안정처리 노상	일반노상 / 안정처리 노상	
	10 이상 / 20 이상	5 이상 / 10 이상	

2. 노상면의 proof-rolling
    1) 처짐량 관찰 : 노상, 보조기층, 기층의 최종 마무리 전 장비를 3회 이상 주행시킨 후
                    처짐량 관찰
    2) 사용장비
        (1) 복륜하중 5ton 이상, 타이어 접지압 5.6kgf/cm² 의 타이어롤러
        (2) 14ton 이상 트럭으로 토사를 적재한 덤프트럭
    3) 검사시기 : 노상, 보조기층, 기층 등의 최종 마무리 전 검사
    4) 품질기준
        (1) 노상 5mm 이하   (2) 보조기층, 기층 : 3mm 이하
    5) 품질기준 초과 시 대책
        (1) 추가 다짐 후 재검사   (2) 안정처리 실시(치환, 입도 조정, 함수비 조정)

Ⅴ 맺음말

1. 도로공사 시 토공사는 매우 중요한 공정으로, 토공사를 착수하기 전 사전 준비부터 단계별로 품질관리를 철저히 시행하는 것이 매우 중요하다.
2. 노상 및 노체 부분은 상부 교통하중을 최종적으로 지지하는 층으로서, 재료의 선정 및 다짐 관리에 만전을 기하여야 한다.

Section 15 토공작업 시 취약공종의 종류 및 품질관리방안

문제 분석	문제 성격	기본 이해	중요도	■■■■■
	중요 Item	취약 5공종의 분류, 구조물+토공, 토공+토공		

Ⅰ 개 요

1. 흙쌓기 공사 시 구조물과 토공구간에는 압축성의 차이, 토공과 토공구간에는 지지력 및 간극비의 상이로 인하여 침하가 발생한다.
2. 종류로는 단차, 구조물 뒤채움, 편절·편성부, 종방향 절성토, 확폭구간 접속부 등이 있으며, 다짐관리를 철저히 시행하여 침하가 발생하지 않도록 관리하여야 한다.

Ⅱ 토공작업의 분류 및 시공 시 문제점

1. 흙쌓기(성토)
   1) 성토고
      (1) 높은 경우 : 사면안정　　　　(2) 낮은 경우 : 주행성 확보 곤란
   2) 토질
      (1) 고함수비 점성토 : 과다짐, 주행성 확보, 배수처리
      (2) 암버력 : 균질다짐 곤란
   3) 접속부 : 취약 5공종
2. 흙깎기(절토)
   1) 암반구간 : 면 처리
   2) 암 + 토사구간 : 지지력 차이
   3) 토사구간 : 사면안정

Ⅲ 취약 5공종의 분류

1. 구조물과 토공의 접속부
   1) 단차(공용 중)
   2) 구조물 뒤채움(시공 중)

2. 토공과 토공의 접속부
   1) 편절·편성부(한쪽 깎기, 한쪽 쌓기)
   2) 종방향 흙쌓기, 땅깎기 접속부(쌓기, 깎기 경계부)
   3) 확폭구간 접속부

Ⅳ 도로구조물과 토공 접속부 부등침하(단차) 시 품질관리방안

1. 원인
   1) 비압축성인 콘크리트 구조물과 압축성인 성토체 사이에는 압축성 차이로 부등침하 발생
   2) 기초지반이 연약한 경우 부등침하가 심함.
   3) 교대, 암거(culvert) 등에서 강우 시 배수가 안 되는 경우 물로 포화되어 전단강도 저하

2. 문제점
   1) 침하로 인한 포장 파손   2) 교통사고 발생

3. 대책
   1) 승인된 입상재료 사용   2) 다짐 철저
   3) 적정 다짐장비 선정   4) 배수처리 시행
   5) 필요에 따라 구조물과 성토 접속부에 접속 슬래브 설치

4. 품질관리방안
   1) 뒤채움용 재료는 다짐시험과 물리특성시험을 하여 다짐 정도 파악
   2) 매 층마다 함수비와 현장밀도시험 측정
   3) 되도록 많은 층수에 대하여 PBT 실시
   4) 성토 완료 후 proof rolling을 실시하여 변형량 측정

Ⅴ 구조물 뒤채움 시공 시 품질관리방안

1. 원인
   1) 설계와 현장여건의 상이   2) 협소한 작업공간

2. 문제점
   1) 침하로 인한 포장 파손   2) 교통사고 발생

3. 대책
   1) 승인된 입상재료 사용   2) 다짐 철저
   3) 적정 다짐장비 선정

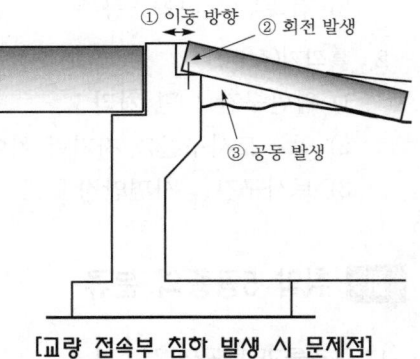

[교량 접속부 침하 발생 시 문제점]

4. 다짐방법
   1) 쌓기구간에 구조물만 시공된 경우
   2) 쌓기구간에 구조물과 토공이 이미 시공된 경우
   3) 깎기부에 구조물이 시공된 경우

5. 품질관리방안
   1) 뒤채움재료는 시공 전에 선정시험을 실시
   2) 현장지지력시험인 평판재하시험, 현장밀도시험과 함수량시험은 3층(1층 기준 : 20cm)
      마다 최소 1회 실시

Ⅵ 편절·편성부(횡방향 흙쌓기·땅깎기) 시공 시 품질관리방안

1. 원인
   1) 절토부와 성토부 지지력 불균일   2) 절토부와 성토부 간극비 상이
   3) 용수처리 미비   4) 다짐 불충분
   5) 경사지반 성토 sliding 발생으로 부등침하 발생

2. 문제점
   1) 침하로 인한 포장 파손   2) 교통사고 발생

3. 대책
   1) 승인된 입상재료 사용   2) 다짐 철저
   3) 적정 다짐장비 선정   4) 배수처리 철저
   5) 층따기 정밀 시공

4. 경계부의 세로균열
   1) 원인 : 경계부의 부등침하
   2) 대책
      (1) 세로줄눈간격 : 4.5m 이하   (2) 절단시기 : 타설 후 4~24시간 경과 후 실시
      (3) 절단깊이 : 단면의 1/4 이상

5. 품질관리방안
   1) 매 층마다 함수비와 현장밀도시험 측정
   2) 되도록 많은 층수에 대하여 PBT 실시
   3) 성토 완료 후 proof rolling을 실시하여 변형량 측정

Ⅶ 종방향 흙쌓기, 땅깎기 시공 시 관리방안

1. 원인
   1) 절토부와 성토부 지지력 불균일   2) 절토부와 성토부 간극비 상이
   3) 용수처리 미비   4) 다짐 불충분
   5) 경사지반 성토 sliding 발생으로 부등침하 발생

2. 문제점
   1) 침하로 인한 포장 파손   2) 교통사고 발생

3. 대책
   1) 승인된 입상재료 사용   2) 다짐 철저
   3) 적정 다짐장비 선정   4) 배수처리 철저
   5) 층따기 정밀 시공

4. 접속구간장
   1) 절토부 노상에 치환이 없을 때
   2) 절토부 노상에 치환이 있을 때
   3) 원지반이 암반일 때

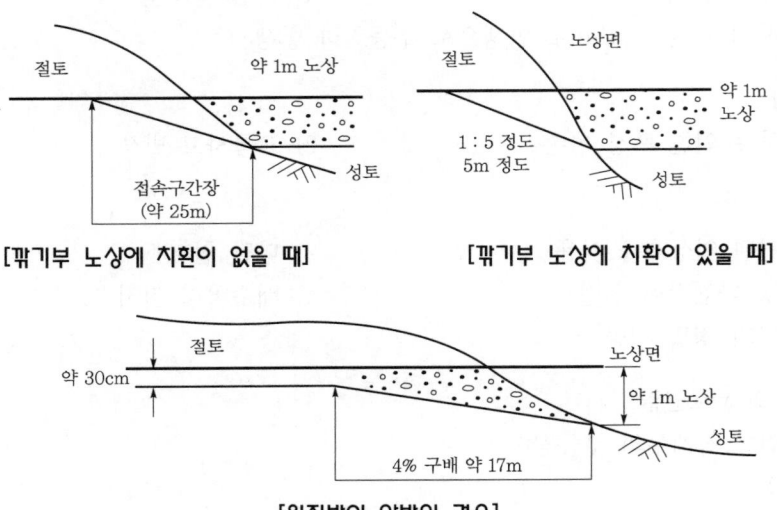

[깎기부 노상에 치환이 없을 때] [깎기부 노상에 치환이 있을 때]

[원지반이 암반일 경우]

5. 품질관리방안
   1) 매 층마다 함수비와 현장밀도시험 측정
   2) 되도록 많은 층수에 대하여 PBT 실시
   3) 성토 완료 후 proof rolling 실시하여 변형량 측정

Ⅷ 확폭구간 접속부 시공 시 관리방안

1. 원인
   1) 절토부와 성토부 지지력 불균일   2) 절토부와 성토부 간극비 상이
   3) 용수 침투에 의한 성토의 열화   4) 경계의 성토다짐 불충분
   5) 기존 성토체와 새로운 성토체의 부착강도 저하 등으로 인하여 부등침하 발생

2. 문제점
   1) 침하로 인한 포장 파손   2) 교통사고 발생

3. 대책
   1) 승인된 입상재료 사용   2) 다짐 철저
   3) 적정 다짐장비 선정   4) 배수처리 철저
   5) 층따기 정밀 시공

4. 층따기부 층다짐 시 유의사항

   1) 경계부 완화구배 1 : 4 정도 유지   2) 절·성 경계부 맹암거 설치

   3) 절토부 굴착 시 계단식 굴착   4) 다짐 시공 철저

   5) 시방규정에 의거하여 지지력 확인 후 다음 공정 진행

   6) 기존 도로 표면수의 침투를 방지하기 위해 배수구 설치

5. 확폭부 성토 및 다짐방법

   1) 성토방법

      (1) 수평층쌓기

      (2) 전방층쌓기

   2) 다짐방법

      (1) 전압다짐 : tamping roller, grid roller로 전압다짐

      (2) 진동다짐 : 진동으로 공극을 채우는 효과로 rammer, tamper 이용

6. 품질관리방안

   1) 건조밀도 : γ_{max} =95% 이상

   2) 포화도 / 공극률 : 85 ~ 95% / 2 ~ 10%

   3) 상대밀도

   4) 다짐기간, 다짐횟수

   5) proof rolling을 실시하여 변형량 측정

   6) 접속부 변형 여부 수시로 확인

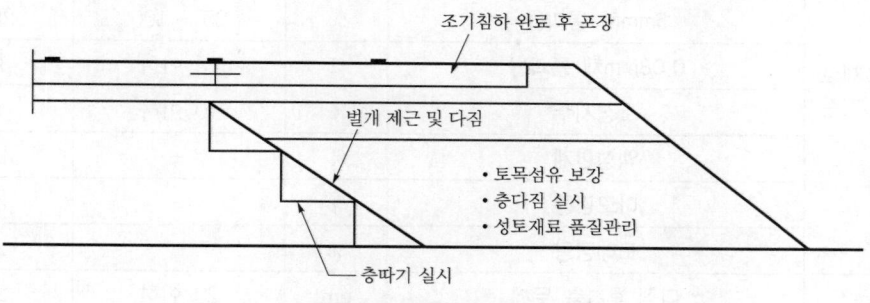

[도로 확폭부 품질관리방안의 예]

Ⅸ 맺음말

구조물과 토공의 접속부, 토공과 토공의 접속부에는 공사 시 하자가 발생할 우려가 크므로, 양질의 성토재료를 선정하고 다짐관리 및 품질관리에 만전을 기해야 한다.

구조물 뒤채움 재료의 품질관리기준과 품질관리방안

문제 분석	문제 성격	기본 이해		중요도	■■■■□□
	중요 Item	재료기준, 다짐방법, 품질관리방안, 교대 침하 시 보수방안			

I 개 요

1. 교대, 암거 등의 비압축성인 콘크리트 구조물과 압축성이 있는 성토 사이에는 압축성 차이로 인한 부등침하가 발생한다.
2. 부등침하로 인한 단차를 방지하기 위해서는 뒤채움에 대한 품질기준과의 적정 여부를 판정하여 뒤채움의 품질을 관리하여야 한다.

II 구조물 뒤채움 재료의 품질관리기준

1. 재료 및 다짐기준

구 분			단 위	양질의 토사 피토고 3.5m 이상	선택층 재료 피토고 3.5m 미만
재료 기준	최대 입경		mm	100 이하	100 이하
	수정 CBR		%	10 이상	30 이상
	5mm체 통과율		%	25 ~ 100	25 ~ 100
	0.08mm체 통과율		%	15 이하	15 이하
	소성지수		%	10 이하	6 이하
	액성한계		%	–	25 이하
	마모감량		%	–	50 이하
	모래당량		%	–	25 이상
다짐 기준	다짐 후 1층 두께		cm	20 이하	20 이하
	실내다짐시험방법		–	C, D, E방법	E방법
	다짐도		%	95 이상	95 이상
	평판 재하 시험	Con'c 포장 침하량	mm	1.25	2.5
		Con'c 포장 지지력계수(K_{30})	kg/cm^3	15 이상	30 이상
		AP 포장 침하량	mm	2.5	2.5
		AP 포장 지지력계수(K_{30})	kg/cm^3	20 이상	30 이상

2. 시험방법 및 시험빈도

시험종목	시험방법	시험빈도
다짐	KS F 2312	• 재질변화 시마다
현장밀도	KS F 2311	• 독립구조물 : 개소별 3층마다 • 연속구조물 : 3층마다, 50m마다 • 관로매설물 : 3층마다, 100m마다
평판재하	KS F 2310	• 현장밀도시험 불가능 시
입도	KS F 2302	• 토질변화 시마다
함수비	KS F 2306 또는 급속함수량 측정방법	• 현장밀도시험의 빈도

Ⅲ 구조물 뒤채움불량 시 문제점

1. 구조물 손상, 변형
2. 포장면과 부등침하 발생
3. 포장 파손 및 교통사고 발생

Ⅳ 구조물 뒤채움부 부등침하원인

1. 비압축성의 구조물과 압축성의 토공부 접속으로 부등침하 발생
2. 뒤채움부의 기초지반이 연약하거나 잔류침하가 큰 채움재 사용
3. 뒤채움부의 급속한 시공으로 인한 다짐 불충분
4. 구조물 배면 배수처리의 불량으로 인한 뒤채움부의 전단강도 저하

Ⅴ 구조물 뒤채움부 부등침하 방지대책

1. 설계
   1) 접속 슬래브 반영
   2) 기초지반조사 실시 후 연약층일 경우 대책공법 시행
      (1) 사질층 : 진동다짐, 다짐말뚝, 폭파, 전기충격, 약액주입공법
      (2) 점토층 : 치환, 압밀, 배수, 탈수, 고결공법 시행
2. 재료
   1) 공학적으로 안정된 재료
      (1) 전단강도가 큰 재료
      (2) 투수성이 양호한 재료
      (3) 압축성 적음
      (4) 지지력이 큰 재료

2) 물리적으로 안정된 재료

    (1) 액성한계(LL) : 40 이하

    (2) 소성지수(PI) : 10 이하

    (3) 균등계수(C_u) : 10 이상

    (4) 곡률계수(C_g) : 1 ~ 3 이내

$$균등계수 = C_u = \frac{D_{60}}{D_{10}}$$

$$곡률계수 = C_g = \frac{(D_{30})^2}{D_{10} \times D_{60}}$$

3. 시공 시 방안

1) 구조물 뒤채움은 조기에 뒤채움을 하여 충분한 잔류침하를 유도

2) 콘크리트 암거나 교량의 교대는 그 상부 슬래브를 타설하여 콘크리트 설계기준강도의 80% 이상이 확보된 후 또는 14일 이상 양생 후 뒤채움 시행

3) 승인된 입상재료로 층다짐하여 복류수에 의한 토립자의 유실을 방지

4) 롤러로 다짐을 할 수 없는 부위는 마이티 팩이나 소형 래머를 사용하여 소요밀도를 얻을 때까지 다짐

5) 뒤채움과 접하는 후면 비탈면은 계단식을 형성하도록 시공

    (1) 층별 다짐시험 실시 : 다짐도 최대 건조밀도 95%

    (2) 구조물 토압 경감 및 부착력 증진

Ⅵ 구조물 뒤채움부 다짐방법

1. 토공과 구조물공이 완료된 후 뒤채움이 시공되는 경우

다짐방법	그림 설명
뒤채움부 하단 50cm 이상을 암버력 또는 깬잡석 등으로 치환하고, 대형 다짐장비의 진입을 위해 하단 최소폭을 3.0m로 하며, 노체부와 접합 부위는 1.0m 이상 어긋나게 함.	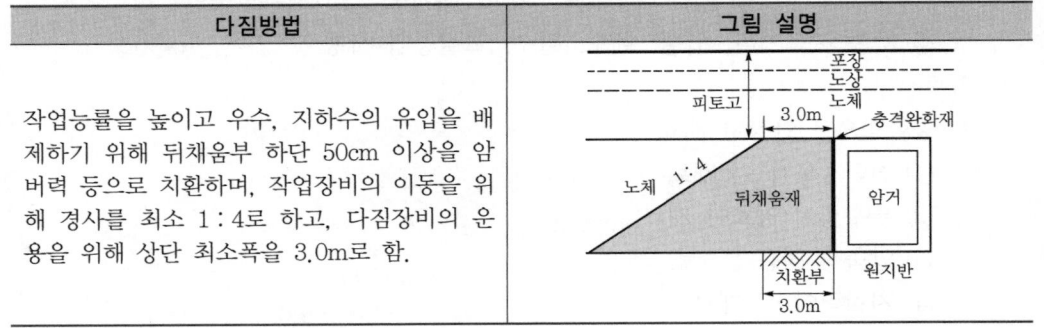

2. 구조물공이 완료된 후 토공보다 뒤채움 시공이 선행되는 경우

다짐방법	그림 설명
작업능률을 높이고 우수, 지하수의 유입을 배제하기 위해 뒤채움부 하단 50cm 이상을 암버력 등으로 치환하며, 작업장비의 이동을 위해 경사를 최소 1 : 4로 하고, 다짐장비의 운용을 위해 상단 최소폭을 3.0m로 함.	

3. 구조물공이 완료된 후 토공과 뒤채움을 동시 시공하는 경우

다짐방법	그림 설명
그림의 번호순서대로 다짐을 실시하며, 뒤채움부 하단 50cm 이상을 암버럭 등으로 치환함. 뒤채움부의 최소폭은 3.0m 이상 확보하고, 노체부와 접합되는 부분은 1.0m 이상 어긋나도록 시공	

4. 기존 보조기층재료(SB-1)로 뒤채움 시공하는 경우

다짐방법	그림 설명
뒤채움부의 최소폭은 0.5m 이상, 접합부는 1.0m 이상 어긋나도록 하고, 경사는 1 : 1로 시공	

Ⅶ 구조물 뒤채움 품질관리방안

1. 뒤채움용 재료에 대한 다짐시험을 실시하여 현장다짐과 비교하여 철저하게 시행
2. 현장지지력시험인 평판재하시험, 현장밀도시험과 함수량시험은 3층(1층 기준 : 20cm)마다 최소 1회 실시
3. 되도록 많은 층수에 대하여 평판재하시험 실시
4. 뒤채움부의 다짐은 실내다짐시험(D방법)에 의한 최대 건조밀도의 95% 이상
5. 성토가 완료되면 proof rolling을 시행하여 뒤채움부의 변형 여부 확인
6. 뒤채움 부위와 암거의 균열은 뒤채움관리시트를 작성하여 관리 시행
   1) 밀도시험 또는 평판재하시험을 실시하고 결과 확인 후 시험결과 및 시행일자를 기록
   2) 불합격 시에는 관리도에 붉은 글씨로 표시하고 재다짐하여 그 결과를 성과도에 표시
   3) 뒤채움 재료가 보조기층일 경우 침하량 2.5mm에서 $300MN/m^3(30kgf/cm^3)$ 이상이어야 하고, 뒤채움 재료가 양질의 토사일 경우 침하량 2.5mm에서 $150MN/m^3(15kgf/cm^3)$ 이상이어야 함.

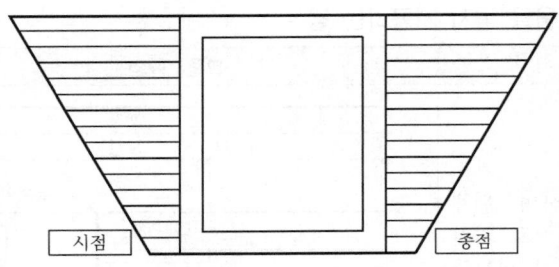

구분	시공일	시험값(K_{30}, kg/cm³)	비고
시점 3층	'15. 4. 11	32	합격
종점 3층	'15. 4. 11	33	"
시점 6층	'15. 4. 11	30	"
종점 6층	'15. 4. 11	34	"
시점 9층	'15. 4. 11	36	"
종점 9층	'15. 4. 13	27→35	재시험
시점 12층	'15. 4. 13	38	합격
종점 12층	'15. 4. 13	39	"
시점 15층	'15. 4. 14	34	"
종점 15층	'15. 4. 14	34	"

[뒤채움관리도 작성 예]

Ⅷ 교량 접속부 침하 시 보수방안

1. 접속구간만 침하된 경우 보수방법

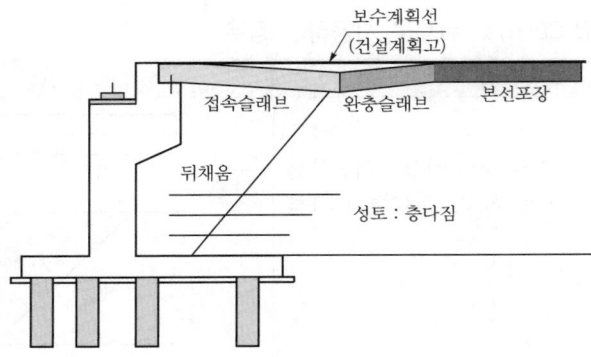

2. 토공부까지 침하된 경우 보수방법

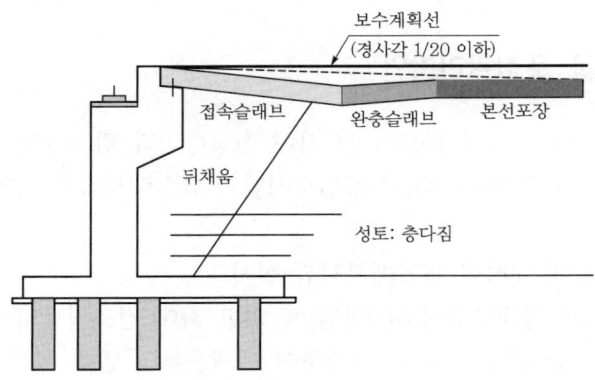

Ⅸ 맺음말

1. 콘크리트 구조물과 토공의 압축성의 차이로 부등침하가 발생하는데, 부등침하 및 단차 발생 시에는 포장의 파손 및 교통사고가 발생한다.
2. 따라서 시공 전 철저한 사전조사는 물론, 시공 및 철저한 품질관리를 통하여 부등침하 발생을 억제하여야 한다.

편절 및 편성토 구간의 성토 시 문제점과 품질관리방법

문제 분석	문제 성격	기본 이해	중요도	
	중요 Item	부등침하 발생원인, 방지대책, 품질관리 시 유의사항		

I 개 요

도로 개설 시 균등한 토량 배분을 위해서 한쪽은 절토, 다른 쪽은 성토작업을 해야 할 경우 절성토 경계부는 지지력과 간극수압비의 상이로 인해 부등침하가 발생하므로 양질의 성토재료와 다짐관리가 중요하다.

II 편절 · 편성토 구간의 조사방안

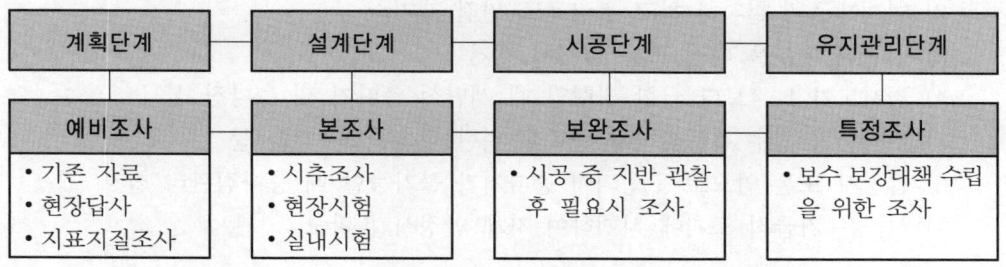

III 성토재료의 요구조건

1. 입도 양호
   1) 균등계수 : $C_u > 10$
   2) 곡률계수 : $1 < C_g < 3$
   3) 액성한계 : $LL < 40$
   4) 소성지수 : $PI < 18$
2. 공극이 작은 재료
3. 전단강도가 큰 재료
4. 지지력이 큰 재료
5. 배수가 용이한 재료
6. 장비 trafficability가 확보되는 재료

IV 편절 · 편성토 구간의 문제점

1. 절토와 성토부의 지지력이 불균일하여 공극비의 상이함으로 인해 용수나 지표수가 침투하기 쉬워 재료의 연약화가 발생함.

2. 경계부 성토 다짐 부족 시 성토 압축에 따른 침하 발생 및 경계지반에서는 성토의 슬라이딩 및 도로포장의 파손이 발생함.

Ⅴ 편절·편성토 구간의 부등침하원인

1. 절·성토부 지지력 불균일, 공극비 상이
2. 용수 침투에 의한 성토의 열화
3. 경계의 성토다짐 불충분
4. 경사지반 성토 슬라이딩 발생

Ⅵ 편절·편성토 구간의 부등침하 방지대책

1. 접촉부 부착력 증진
   1) 성토체 응력을 유효하게 지지할 수 있는 각도로 형성시켜 부착면적을 최대로 함.
   2) 벌개제근을 철저히 하고 불량표토 완전 제거
   3) 이완된 부분을 다짐 또는 철저히 제거
   4) 경사도가 1 : 4보다 급한 지형일 때 계단식 층따기 및 층다짐 실시
   5) 토사층의 경우 부등침하량 완화를 위한 접속완화구간을 둠
   6) 급경사 또는 암으로 구성되어 층따기가 불가능할 때 층다짐관리 철저
   7) 시공은 가급적 조기에 시행하여 자체 안정시간 확보

2. 지내력 차이에서 오는 부등침하 방지
   1) 절토부가 토사인 경우 다짐 완료 후 절토부와 성토부를 동시에 평판재하시험 실시
   2) 지내력시험은 동등한 성과가 유지되도록 함.

3. 지하수로 인한 접속부 용출수 처리
   1) 발생수량의 경계부 침입을 방지하고 유도 배수하여 침하와 파괴 방지
   2) 절토부의 계단식 절취부는 유리하도록 수평면에 3~5% 하향구배
   3) 절토부 측 측구 및 맹암거는 구배 설치를 정확히 함.
   4) 용출수가 비교적 큰 유속과 유량을 갖는 경우 별도의 배수관망 및 유로 설치

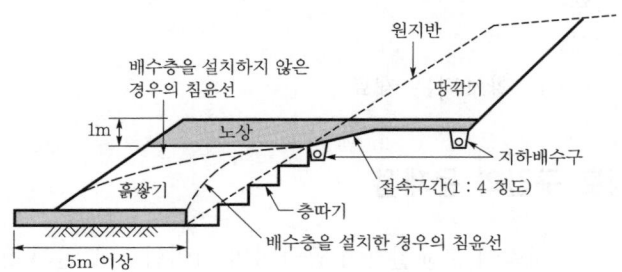

[편절·편성부에서의 층따기 및 배수처리의 예]

Ⅶ 편절·편성토 구간의 품질관리방법

1. 관리방법

1) 건조밀도 : $\gamma_{d\max} = 95\%$ 이상

2) 포화도 / 공극률 : $85 \sim 95\%$ / $2 \sim 10\%$

3) 강도규정 : Cone지수, CBR, PBT

4) 상대밀도

5) 변형량

6) 다짐기간, 다짐횟수

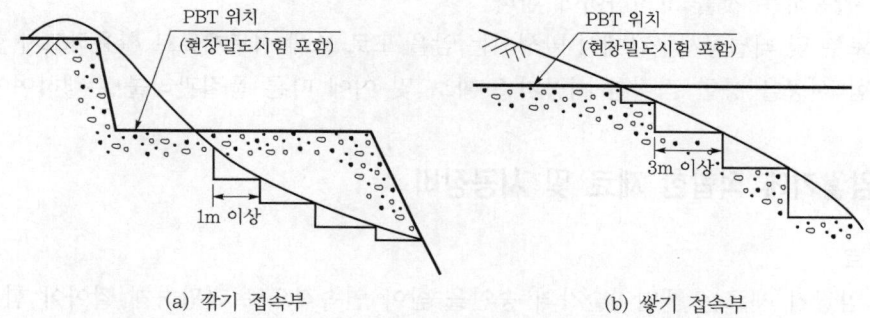

(a) 깎기 접속부   (b) 쌓기 접속부

[편절·편성부 및 깎기·쌓기 접속부의 시험위치]

2. 유의사항

1) 관리대장 작성 및 시험실 부착

2) 시공 및 품질관리 시 사진을 구간별로 관리

3) 절·성 경계부 표지판 설치(가로 600mm×세로 400mm)

4) 다짐시험과 물리시험을 실시하여 다짐도 파악

5) proof rolling을 실시하여 변형량 측정

6) 접속부 변형 여부 수시 확인

7) 시험위치에 적절한 다짐도 확인시험 시행

Ⅷ 맺음말

1. 도로 개설 시 균등한 토량의 배분을 위하여 한쪽은 절토, 다른 쪽은 성토일 경우 절·성 경계부는 지지력, 간극수압의 차이로 부등침하가 발생할 우려가 높다.

2. 시공 전 철저한 조사와 시공 시 양질의 성토재료 사용 및 시방규정에 의거한 다짐관리를 시행하는 것이 매우 중요하다.

암쌓기 시 시공관리방안 및 다짐도 관리방안

문제 분석	문제 성격	기본 이해	중요도	■■■□□□
	중요 Item	암쌓기에 적합한 재료, 다짐방법, 시험성토		

I 개 요

1. 암굴착 시에는 전체 발생암에서 부순 골재로의 유용 부분을 고려하고, 남은 잔량을 암쌓기에 활용하는 것을 고려하여야 한다.
2. 절토부 및 터널공사구간에서 발생되는 암을 도로 노체 성토재료로 활용하고자 할 경우에는 시험 시공을 통한 적절한 시공기준 확보 및 이에 따른 품질관리를 수행하여야 한다.

II 암쌓기에 적합한 재료 및 시공장비

1. 재 료
   1) 암쌓기 재료는 책임기술자의 승인을 받아 연속적으로 편평하게 깔아야 함.
   2) 암쌓기 재료는 재료분리가 최소화되도록 시공
   3) 층의 두께가 60cm를 초과하지 않도록 시공
   4) 암석의 역학적 특성에 의해 쉽게 부서지거나, 수침 반복 시 연약해지는 암버력의 최대 치수는 30cm 이하
2. 시공장비
   1) 암쌓기 시공 시 824, 825 compactor, breaker 달린 back-hoe 투입 후 시공
   2) 다짐장비는 책임기술자의 승인을 받은 것으로 다짐롤러의 폭은 1.8m 이상이어야 하며, 정적인 상태에서 무게는 10톤 이상이어야 함.

III 암쌓기와 토사쌓기의 장비 비교

토사쌓기	암쌓기
• 그레이더 3.6m • 진동롤러 6ton 이상 • 타이어롤러접지압 0.56MPa(5.6kgf/cm²) 이상 　(탱크에 물이 충만한 상태) • 살수차 5,500L 이상 • 보통 인부 1명(over size 및 잡물 제거)	• 도저 32ton 이상 • 양족식 롤러 또는 824, 825 compactor • breaker • 보통 인부 1명(over size 및 잡물 제거)

Ⅳ 암쌓기 시 일반조건

1. 암버력과 기타 재료를 동시에 포설해야 할 경우
   1) 암버력은 외측
   2) 기타 재료는 중앙부에 포설 시행
   3) 성토체의 안정성과 배수성 향상

2. 암쌓기를 시행해서는 안 되는 구간
   1) 절토부와 성토부가 접속되는 구간
   2) 저지대로서 부분 침수예상구간일 경우 예상선 상부 60cm선 이하 구간
   3) 말뚝기초가 예정되어 있는 구간
   4) 노체 마무리면으로부터 밑으로 60cm 구간

Ⅴ 암쌓기 시 시공관리방안

1. 암쌓기 작업구간의 계획 및 선정
   1) 암쌓기 시공을 위해 일정 구간을 선정하여 구간단위로 작업계획 수립
   2) 구간단위작업의 최소 단위는 50m 이상, 150m 미만이어야 함.

2. 발파암의 소할
   1) 각각의 발파암은 암쌓기 재료로 사용하기 위하여 가급적 30cm 정도로 소할
   2) 발파암의 소할작업은 발파현장 및 작업여건 등에 따라 결정 시행
      (1) 별도의 소할작업장 및 야적장 설치
      (2) 발파현장에서의 직접 소할
      (3) 성토현장에서의 소할

3. 소할암의 운반 및 상차
   1) 운반 : 소할암은 덤프트럭 등 기타 장비를 사용하여 운반
   2) 상차
      (1) 소할 야적장에서의 상차
         ① 소할암의 야적장에 소할암과 공극채움재가 별도로 야적되어 있을 경우 소할암과 채움재료가 암성토에 함께 상차
         ② 입도조절이 된 소할암이 아닐 경우에는 소할작업 중 발생한 작은 조각, 부스러기, 파편 등도 함께 상차
      (2) 발파현장에서의 상차
         ① 소할 야적장으로 운반될 암은 우선 큰 덩어리 암부터 상차
         ② 발파암의 파쇄 정도가 좋아 성토작업으로 직접 운반될 경우 가급적 덩어리 암은 피하고 작은 덩어리와 부스러기 등을 먼저 상차

4. 암쌓기 재료의 포설
   1) 포설층의 두께
      (1) 암성토의 재료는 책임기술자의 승인을 받아 연속적으로 편평하게 포설
      (2) 암성토의 재료는 재료분리가 최소화되도록 시공

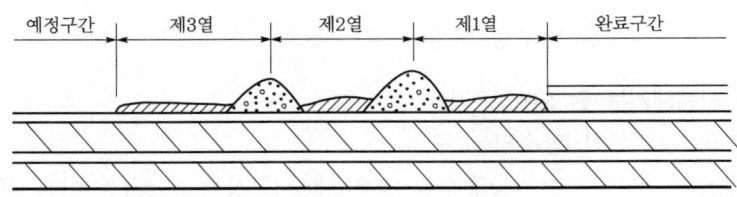

[암재료의 포설방법]

   2) 하차방법
      운반차량(덤프트럭)은 하차신호수의 지시에 따라 하차위치에 정차 후 느린 속도(15km/h)로 전진하여 적재함을 들어 올려 성토재료를 포설함.

5. 깔기 및 고르기
   최대의 다짐효과를 얻을 수 있도록 균일한 두께로 깔아야 함.

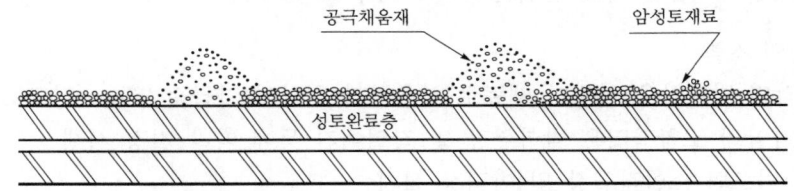

[암재료의 깔기 및 고르기 방법]

6. 다 짐
   1) 다짐방법
      (1) 1차 다짐(안정성 다짐)
      (2) 2차 다짐(밀도 다짐)
      (3) 3차 다짐(평탄성 다짐)
      (4) 비탈면의 다짐 : 각 구간의 비탈면은 추가로 2회 정도 더 다짐
      (5) 1층 포설 후 최소 8회 이상 진동롤러를 사용하여 진동상태에서 다짐 시행
   2) 다짐 완료층의 관리
      (1) 시공 중의 다짐 마무리면은 파손이 생기지 않도록 유지 관리 시행
      (2) 강우수 등의 침투로 인한 다짐의 파손이 생기지 않도록 보호
7. 표면처리
   마지막층 상부에 입상재료층 또는 소일시멘트 중간층을 시공하여 세립자 하부 이동 및 침하 방지

Ⅵ 암쌓기 시 품질관리방안

1. 도로의 평판재하시험(지지력시험)을 통한 품질관리방안
   1) 검사방법
      (1) KS F 2310에 의해 지지력계수(K_{30})가 침하량 1.25mm일 때 $200MN/m^3(20kgf/cm^3)$ 이상이어야 함.
      (2) 평판재하시험에 사용되는 재하판 규격의 선택은 현장 암쌓기 재료의 최대 치수 이상의 지름을 갖는 규격으로 사용
      (3) 지지력계수값은 30cm 표준치에 대한 환산치로 관리 시행
   2) 시험빈도 : 일반토사 성토재료와 동일

2. 시험성토를 통한 품질관리방안
   1) 재료 : 설계도서에서 정해진 재료로 하되 가능한 절토 시 발생되는 암 유용
   2) 시험성토 시 사용장비
      (1) 펴 고르기 작업용 도저   (2) 진동롤러 10톤 이상
      (3) 수준측량기 1조
      (4) 평판재하시험기 또는 성토재료의 크기 및 포설두께에 따른 시험장비
   3) 시험성토 진행순서
      (1) 시험성토장을 폭 8m, 길이 15m 이상으로 평평하게 조성
      (2) 시험성토장 조성공사 완료 후 감독자로부터 승인
      (3) D/T으로 운반된 암성토 재료는 불도저를 사용하여 1m 두께로 펴 고르기 함.
      (4) 시험성토장소가 형성되면 종방향 중심선을 따라서 1.5m 간격마다 측량지점을 표시한 후 시행하며, 매 2회 다짐작업 후 기표시된 측량지점에 대하여 수준측량 실시
      (5) 시험성토 과정에서 확인된 성토재침하량과 다짐횟수의 관계로부터 상대밀도(D_r) 70%에 도달하기 위하여 적합한 다짐침하량 또는 다짐횟수 산출
      (6) 상대밀도는 다짐 전 상대밀도를 0%(γ_{min})로 고려하고, 20회 다짐작업 후 상대밀도를 100%(γ_{max})로 고려하여 산출
   4) 시험성토구간의 시험항목
      (1) 포설층의 두께   (2) 다짐횟수(장비의 통과횟수 및 운전상태)
      (3) 살수효과   (4) 침하량 및 침하율(압축률)
      (5) 현장밀도 및 공극률   (6) 입도분석(체분석)

Ⅶ 맺음말

최대 치수가 15cm 이상인 암버력으로 성토작업을 할 때는 다짐관리가 난이하므로 균질한 품질을 확보하기 위해서는 시공 전 품질관리대책을 수립하여 시행하여야 한다.

토공사 시 땅깎기 구간의 품질관리방안

문제 분석	문제 성격	기본 이해	중요도	■■■□□□□□
	중요 Item	토사, 리핑, 발파암의 분류, 땅깎기부 노상부 처리방법		

Ⅰ 개 요

1. 토공사에서 땅깎기부 노상 시공은 지역에 따라 각기 다른 토사, 암반으로 구성되므로 지반의 지내력이 불균형해져 노상이 연약화 또는 부등침하 등을 일으켜서 시공 후 많은 문제가 발생한다.
2. 품질관리방안은 땅깎기부의 지반처리, 땅깎기부의 지하수처리, 다짐관리 및 굴착토사관리에 대한 품질관리를 수행하여야 한다.

Ⅱ 땅깎기 작업 전 사전조사사항

1. 벌개 제근
2. 땅깎기 비탈면 구배 설정
3. 땅깎기 비탈면 시공 전 안정성 검토
   1) 토사 : 한계평형법 / 수치해석법
   2) 암반 : 경험법 / 기하학적 방법(평사투영법) / 한계평형법 / 수치해석법

Ⅲ 도로 땅깎기의 분류 및 토질

1. 땅깎기의 분류
   1) 도로, 주차장, 교차시설, 진입로, 수로의 땅깎기
   2) 비탈면 고르기 및 비탈면 소단 형성
   3) 땅깎기 구간의 노상부
   4) 흙쌓기 구간 원지반의 부적합재료의 제거
2. 도로 땅깎기 시 토질의 분류
   1) 토사 : 땅깎기에 있어서 불도저가 유효하게 사용될 수 있는 정도의 흙, 모래, 자갈 및 호박돌이 섞인 토질
   2) 리핑암 : 땅깎기에 있어서 불도저에 장착한 유압식 리퍼가 유효하게 사용될 수 있을 정도의 풍화가 상당히 진행된 지층
   3) 발파암 : 땅깎기에 있어서 발파를 사용하는 것이 가장 유효한 지층

3. 땅깎기 작업 중 또는 완료 후에 공사비 산정을 위하여 지층을 분류할 필요가 있는 경우에는 암판정위원회의 공동 조사결과에 의하여 지층경계선을 확정하여야 함.

Ⅳ 토사, 리핑, 발파암의 판별

구 분		토공작업		
		토 공	리핑암	발파암
표준관입시험(N값)		50 / 10 미만	50 / 10 이상	
불연속면의 발달빈도	BX	–	TCR=5% 이하, RQD=0% 정도	TCR=10% 이상, RQD=5% 이상
	NX	–	TCR=25% 이하, RQD=10% 정도	TCR=25% 이상, RQD=10% 이상
탄성파 속도	A그룹	700m/s 미만	700 ~ 1,200m/s	1,200m/s 이상
	B그룹	1,000m/s 미만	1,000 ~ 1,800m/s	1,800m/s 이상

※ A그룹 암종 : 편마암, 사질편암, 녹색 편암, 석회암, 안산암, 현무암, 유문암, 화강암
※ B그룹 암종 : 흑색 편암, 휘록응회암, 세일, 이암, 응회암, 집괴암
※ BX : 직경 58mm, NX : 직경 74mm, TCR : 코어회수율, RQD : 암반 양호도

Ⅴ 땅깎기 구간의 노상부 지반처리의 종류 및 방법

1. 원지반이 토사인 경우
   1) 원지반이 노상재료의 기준에 부적합하거나 나무뿌리, 전석 등이 섞여 있어 노상의 균질성을 훼손하는 경우에는 양질의 재료로 치환
   2) 원지반이 노상재료의 기준에 적합한 경우에는 상부 15cm를 긁어 일으켜 노상기준 밀도로 다짐 시행
2. 원지반이 암인 경우
   1) 절취부가 암반인 경우 암석 절취면을 노상 마무리면으로 정함.
   2) 리핑 또는 발파로 인하여 요철이 생긴 경우는 물의 영향을 받지 않는 동상방지층 또는 보조기층용 재료를 포설하고, 충분한 다짐을 실시

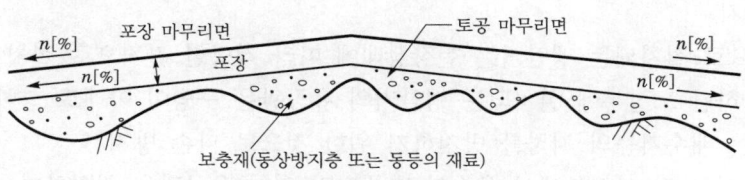

[원지반이 암인 경우의 노상]

3. 땅깎기면의 토질이 다른 경우
   1) 계획노상이 암반과 토사가 접합되는 곳에서는 1 : 4 정도의 경사를 가지는 접속구간 설치
   2) 접합부는 재료의 성질이 다른 점을 고려하여야 하며 토사 절취부 측은 노상 마무리선에서 약 15cm 정도 깊이로 긁어 일으켜서 다짐 시행

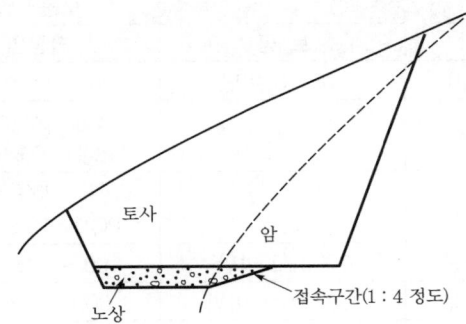

[절토면의 토질이 다른 경우의 노상]

4. 토사 절취부인 경우
   1) 절취부는 지하수 등의 영향으로 인하여 현장의 함수상태가 대체적으로 높아 밭갈이 작업을 통하여 충분히 함수비를 조정한 후 다짐작업 시행
   2) 절취부의 재료가 품질기준을 만족시키지 못할 경우는 설계 CBR값을 만족시키는 층까지 양질의 토사로 치환하여 소요의 지지력 확보

Ⅵ 땅깎기부 지하수처리

1. 깎기부는 대체적으로 지하수막이 형성되어 있어 노상면관리에 어려움을 주며, 특히 포장파괴의 원인이 되므로 주의하여 시공하여야 함.
2. 지하수가 다량으로 발생하는 지역은 절취부 끝단 하부를 약 1m 정도 깊이까지 굴착하여 지하수위를 노상 하단으로 유도
3. 배수층은 투수성이 좋은 깬잡석 등으로 채워 근본적으로 지하수가 포장체 내부로 유입되는 것을 방지
4. 횡방향으로 설치되는 맹암거는 현장상태에 따라 적당한 간격으로 설치
5. 절취부 하단 노상부에 설치되는 맹암거의 유공관은 구멍이 아래로 향하게 설치
6. 부직포는 배수기능의 저하를 방지하기 위한 것으로 파손 방지
7. 맹암거 설치 전 깎기부에서 용수가 발생되면 임시 유공관을 설치하여 용수처리
8. 땅깎기부 소단 설치 : 절토고 20m마다 소단에 놓이는 반월관을 설치하기 이전에 강우에 대비하여 비닐 등으로 임시 수로 설치(도로 외측 방향으로 4% 횡단 경사 유지)

Ⅶ 땅깎기 시 붕괴되기 쉬운 지반의 처리방안

1. 붕괴되기 쉬운 지반

구 분	설 명
불투수성 층 위에 투수성 층이 퇴적되어 있고, 경계면 구배가 절토면과 동일 방향인 경우	**투수성의 층과 불투수성의 층이 같은 층인 경우**
투수성 토층 하부에 암반이 있고, 경계면 구배가 절토면과 동일 방향인 경우	**투수성의 층 아래에 암반이 있는 경우**
붕적토층을 절단한 경우	**붕적토 부분의 경우**
수성암이나 변성암에 있어 층리 혹은 편리의 경사가 절토면의 구배와 같은 방향인 경우	**층의 경사가 팍기 방향으로 있는 경우**

2. 처리방안 : 사전 비탈면 보호 및 안정공법을 검토하여 대책 수립 후 시공

VIII 땅깎기 시 유의사항

1. 깎기부 노상재료가 품질기준에 맞을 경우 원지반을 15cm 이상 긁어 일으킨 후 다짐
2. 깎기부에 암층이 발견되어 접촉할 경우 접촉부는 1 : 4 정도의 완화구간을 두어 재료에 의한 잔류침하 방지 시행
3. 깎기면은 배수에 유의하여 종·횡단 경사를 두어야 하고, 깎기면의 양측단은 측구를 깊게 굴착하여 배수를 원활히 함으로써 함수비 저하
4. 깎기·쌓기 경계부, 편절·편성부 및 기존 쌓기부에 연결쌓기 시 기울기가 1 : 4 이상인 경우는 반드시 연속적인 층따기 시행
5. 깎기·쌓기 시공 시 갑작스런 강우로 요철구간에 물이 고여 있을 때는 표면수를 즉시 제거 (배수 또는 pumping)하여 흙의 함수비를 저하시켜야 함.
6. 맹암거 설치 전 깎기부에서 용수가 발생되면 임시유공관을 설치하여 용수처리
7. 깎기 높이 20m마다의 소단 L형 측구는 콘크리트 타설 전에도 비탈면 세굴을 방지하기 위해 천막 등으로 임시배수시설 설치
8. 깎기부 소단 양측은 가배수관(유공관 등)으로 연결하여 절취면의 붕괴 방지를 시행하여야 함.

IX 맺음말

땅깎기부 노상은 지역에 따라 토사, 암반토사 또는 암반으로 구성되므로 지반의 지내력이 불균등해지고, 지하수맥이 형성되어 있어 노반을 연약화시킬 우려가 있다. 따라서 시공 후 하자발생률이 일반 흙쌓기 구간보다 높은 점을 감안하여 철저한 시공 및 품질관리가 이루어져야 한다.

Section 20 토취장 및 사토장 선정 시 고려사항

문제 분석	문제 성격	기본 이해	중요도	■■□□□□
	중요 Item	흙의 체적변화율, 토석정보공유시스템		

I 개 요

1. 토취장이란 필요한 성토재료를 얻기 위하여 자연상태의 토사를 절취하는 장소로서 토취장 선정은 공사비에 직결되므로 필요토량에 맞도록 복수의 토취장을 후보지로 하여 토질, 토량, 현장까지의 운반거리 등을 고려하여 선정하여야 한다.

2. 절토작업 시 발생하는 잔토 및 불량토를 사토하는 경우는 가능 사토량, 토사 유출 및 붕괴를 방지하기 위한 방재대책, 법적 규제, 흙 운반로, 토지이용계획, 그리고 용지 보상 등을 고려하여 후보지를 여러 곳 선정, 비교 검토한 후 사토장을 선정하여야 한다.

II 토취장 선정 시 조사사항

1. 토량 파악을 위한 조사
   1) 현장조사
      (1) 시추조사, 탄성파시험 → 토질 종·횡단도 작성
      (2) 현장밀도시험 → 토량환산계수
   2) 실내시험
      (1) 토성시험　　　　　　　　　　(2) 역학시험

2. 재료의 적합성 여부 조사
   1) 현장조사
      (1) boring test　　　　　　　　(2) 샘플시료 채취
   2) 실내시험
      (1) 물리시험(흙의 분류)
         ① 밀도시험　　　　　　　　② 입도시험
         ③ Atterberg 시험　　　　　④ 자연함수비
      (2) 역학시험(변형과 강도 등의 역학특성 파악)
         ① 실내다짐시험　　　　　　② CBR 시험

3. 시공성조사
   1) 시공의 난이도, 시공장비 선정을 위한 조사
   2) cone 지수시험 : trafficability 조사

Ⅲ 토취장 선정 시 고려사항

고려사항	내 용
토질	• 성토재료로서의 적합성 여부 • 자연상태의 함수비, 입도분포, 입경 등의 검토
토량	• 공사에 필요한 토량의 존재 여부 • 선별작업 시 사용 불가능한 골재의 비율 등 검토
경제성	• 운반거리 • 용지 보상
법규	• 지역환경에 따르는 자연환경 파괴에 따른 규제 여부 • 특히 문화재발굴지역, 관광지 등
시공성	• 장비의 trafficability • 시공의 난이도 검토
기타	• 토질변화 / 지형 / 지하수 / 운반로

Ⅳ 사토장 선정 시 고려사항

1. 사토장 위치
   가능한 도로 인접지역

2. 법적 규제의 해제
   공공단체와 충분한 협의

3. 방재계획
   1) 사전 배수 및 기존 수로 교체
   2) 옹벽에 의한 토류공 및 비탈면 보호공 계획
   3) 계획적인 매립과 배수구배의 확보
   4) 필요시 방재조절지, 이토침전지 설치

4. 운반로
   1) 운반거리   2) 연도상황   3) 교통량 및 보도
   4) 도로폭   5) 포장상황

5. 사토장 용량 : 토량변화율 고려

Ⅴ 토취장 굴착 및 사토장 사토 시 유의사항

1. 시공 시 토량변화율 등의 변경에 따라 채취토량이 변경되는 경우에 주의
2. 토지이용계획에 대하여 용지 소유자와 충분한 협의
3. 절토에 따른 사면안정

4. 경계 외의 용지 및 시설물 피해 방지

5. 발파방호책, 지반활동 방호책 설치

6. 법면대비 붕괴 방지

7. 강우에 대비한 배수계획 수립 및 운용

Ⅵ 흙의 체적변화율

1. 흙은 자연상태, 굴착 후의 상태, 다짐 후 상태에서 체적이 상이함.

2. 상태별 흙의 체적
   1) 암(흐트러진 상태>다짐>자연)
   2) 토사(흐트러진 상태>자연>다짐)

3. 흙의 상태
   1) 굴착/적재/운반(흐트러진 상태)
   2) 토공장비의 작업량(흐트러진 상태)
   3) 성토량(다짐상태)

4. 흙의 체적환산계수
   1) 흙의 체적환산계수는 밀도시험에 의하여 구함.
   2) L(팽창률)$= \dfrac{\text{흐트러진 토량}(\text{m}^3)}{\text{자연상태 토량}(\text{m}^3)} = \dfrac{\text{자연상태의 밀도}}{\text{흐트러진 상태의 밀도}}$
   3) C(압축률)$= \dfrac{\text{다져진 토량}(\text{m}^3)}{\text{자연상태 토량}(\text{m}^3)} = \dfrac{\text{자연상태의 밀도}}{\text{다져진 상태의 밀도}}$

5. 토량환산계수 적용방법
   1) 토량이 적은 경우 : 표준품셈이나 인근 현장자료 이용
   2) 토량이 많은 경우 : 현장시험을 통하여 토량환산계수 적용
   3) 현장시험방법
      (1) 자연상태에서의 건조밀도 산출(자연상태)
      (2) 운반장비 적재 후 건조밀도 산출(L값)
      (3) 흙의 용도에 따른 최대 건조밀도 산출(C값)
      (4) 현장시험 시에는 최소 10개소 이상의 시험을 시행하여 평균값으로 토량환산계수 산출

Ⅶ L과 C를 고려한 토량환산계수

1. 정의
   토공작업에 따라 원지반상태, 흐트러진 상태, 다져진 토량의 부피가 차이가 나므로 이 차이를 환산시켜 주는 계수

2. 토량환산계수(f)

구 분	자연상태의 토량	흐트러진 토량	다져진 토량
자연상태의 토량	1	L	C
흐트러진 토량	$1/L$	1	C/L
다져진 토량	$1/C$	L/C	1

VIII 토석정보공유시스템을 활용한 성토 및 사토관리

1. 목적 : 건설현장 순성토 및 사토정보 공유 및 관리

2. Tocycle(www.tocycle.com) : 국토교통부

3. 활용방안
   1) 입력 및 공시
      (1) 발주/건설업체
      (2) 설계/발생량 정보
   2) 조회 및 사용
      (1) 인근 지역 수요자
      (2) 순성토/사토의 관리

4. 효 과
   1) 효율적 토석정보관리
   2) 운반거리 단축
   3) 공사비 절감
   4) 환경보호 및 민원관리

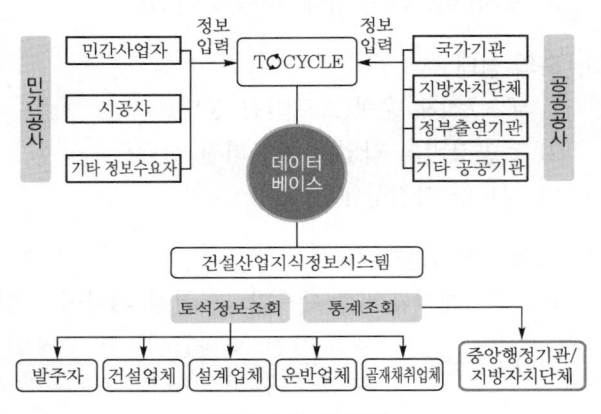

[Tocycle 구성도]

IX 맺음말

1. 다양한 조사를 통하여 토질, 채취 가능 토량, 방재대책, 법적 규제, 흙 운반로, 현지조건, 특히 보전가치가 있는 지형·지질유산 존재 여부, 생태적 중요성, 환경영향 등을 파악하여 토취장 및 사토장을 선정한다.
2. 주변의 토지이용현황을 살펴보고 주민의 의견을 수렴하여 자연친화적인 토취장 및 사토장 복구계획을 수립하여 시행하여야 한다.

토량변화율(L, C) 및 토량환산계수(f) 적용방법

문제 분석	문제 성격	기본 이해	중요도	■■■□□□
	중요 Item	체적변화율 산정식, 체적환산계수		

I 개 요

1. 체적변화율의 정의 : 토공작업 중 절토 → 운반 → 다짐 3단계에서 원지반 자연상태 토량을 기준으로 한 체적변화비율
2. 체적환산계수의 정의 : 토공작업에 따라 원지반상태, 흐트러진 상태, 다져진 토량의 부피가 차이가 나므로 이 차이를 환산시켜 주는 계수
3. 체적환산계수의 적용 : 토량이 적은 경우는 품셈이나 인근 현장자료를 이용하고, 토량이 많은 경우에는 현장시험을 통하여 토량환산계수를 적용함.

II 상태에 따른 체적변화

1. 암인 경우 : 흐트러진 상태>다짐>자연
2. 토사인 경우 : 흐트러진 상태>자연>다짐

III 체적변화율 산정식 및 특성

1. 흙의 상태
   1) 굴착 / 적재 / 운반(흐트러진 상태 : L)
   2) 토공장비의 작업량(흐트러진 상태 : L)
   3) 성토량(다짐상태 : C)
   4) 원지반상태(자연상태 : 1)

2. 흙의 체적변화율 산정식
   1) $L(팽창률) = \dfrac{흐트러진\ 토량(m^3)}{자연상태\ 토량(m^3)} = \dfrac{자연상태의\ 밀도}{흐트러진\ 상태의\ 밀도}$
   2) $C(압축률) = \dfrac{다져진\ 토량(m^3)}{자연상태\ 토량(m^3)} = \dfrac{자연상태의\ 밀도}{다져진\ 상태의\ 밀도}$

3. 흙의 체적변화율의 특성
   1) L의 특성
      (1) 토공사비용에 영향을 줌
      (2) L이 크면 공사비가 증가하고, 작으면 공사비가 감소함.

2) C의 특성

    (1) 흙의 분배에 영향을 줌.

    (2) C가 크면 성토량이 부족하고, 작으면 성토량이 많음.

Ⅳ 체적환산계수의 적용방법

1. 토공량이 소량인 경우

    1) 표준품셈의 체적환산계수표 사용

    2) 표준품셈의 체적변화율(표준품셈)

종 별	L	C
경암(硬岩)	$1.70 \sim 2.00$	$1.30 \sim 1.50$
보통암(普通岩)	$1.55 \sim 1.70$	$1.20 \sim 1.40$
연암(軟岩)	$1.30 \sim 1.50$	$1.00 \sim 1.30$
풍화암(風化岩)	$1.30 \sim 1.35$	$1.00 \sim 1.15$
폐콘크리트	$1.40 \sim 1.60$	별도 설계
호박돌(玉石)	$1.10 \sim 1.15$	$0.9 \sim 1.05$
역(礫)	$1.10 \sim 1.20$	$1.05 \sim 1.10$
역질토(礫質土)	$1.15 \sim 1.20$	$0.90 \sim 1.00$
고결(固結)된 역질토	$1.25 \sim 1.45$	$1.10 \sim 1.30$
모래(砂)	$1.10 \sim 1.20$	$0.85 \sim 0.95$
암괴(岩塊)나 호박돌이 섞인 모래	$1.15 \sim 1.20$	$0.90 \sim 1.00$
모래질 흙	$1.20 \sim 1.30$	$0.85 \sim 0.90$
암괴(岩塊)나 호박돌이 섞인 모래질 흙	$1.40 \sim 1.45$	$0.90 \sim 0.95$
점질토(粘質土)	$1.25 \sim 1.35$	$0.85 \sim 0.95$
역(礫)이 섞인 점질토	$1.35 \sim 1.40$	$0.90 \sim 1.00$
암괴(岩塊)나 호박돌이 섞인 점질토	$1.40 \sim 1.45$	$0.90 \sim 0.95$
점토(粘土)	$1.20 \sim 1.45$	$0.85 \sim 0.95$
역(礫)이 섞인 점토	$1.30 \sim 1.40$	$0.90 \sim 0.95$
암괴(岩塊)나 호박돌이 섞인 점토	$1.40 \sim 1.45$	$0.90 \sim 0.95$

주) 암(경암·보통암·연암)을 토사와 혼합 성토할 때는 공극 채움으로 인한 토사량을 계상할 수 있다.

    3) 체적환산계수(f)(표준품셈)

구 분	자연상태의 체적	흐트러진 상태의 체적	다져진 후의 체적
자연상태의 체적	1	L	C
흐트러진 상태의 체적	$1 / L$	1	C / L

2. 토공량이 대규모인 경우

    1) 현장시험을 통하여 체적환산계수 결정

    2) 흙의 체적환산계수 측정방법

(1) 자연상태의 밀도 측정

① 토취장 원지반의 표토를 50 ~ 100cm 제거한 후 바닥을 평탄하게 고르고 모래치
환시험법(KS F 2311)으로 토취장의 자연상태 밀도 측정

② 밀도는 습윤상태

③ 함수비는 자연함수비

(2) 흐트러진 상태의 밀도 측정

① 토취장 흙을 실제로 굴착한 후 적재한 상태에서 적재토 상단을 50 ~ 100cm 제거
한 후 바닥을 평탄하게 고르고 모래치환시험법(KS F 2311)으로 토취장의 자연
상태 밀도 측정

② 밀도는 습윤상태, 함수비는 자연함수비

(3) 다져진 상태의 밀도 측정

① 시방서에 명시된 규정에 의해 다짐시험 후 밀도 결정

• 노상일 경우 : 실내시험에서 결정된 최대 건조밀도의 95%

• 노체일 경우 : 실내시험에서 결정된 최대 건조밀도의 90%

② 함수비는 최적함수비

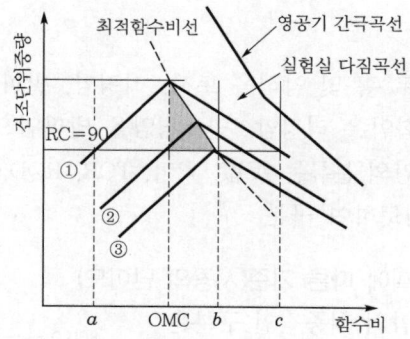

(4) 토취장 또는 절토구간 흙의 체적환산계수는 상기 방법에 따라 10개소 이상 시험 후
평균치 적용

(5) 산정식

$$L = \frac{자연상태의\ 밀도}{흐트러진\ 상태의\ 밀도}, \quad C = \frac{자연상태의\ 밀도}{다져진\ 상태의\ 밀도}$$

Ⅴ 맺음말

1. 토량환산계수는 가능한 한 유사현장 실적의 결과값을 이용하거나, 소규모 현장은 표준품셈
에 따른 토량환산계수를 적용한다.

2. 대규모 토공사 시 변화율은 가능한 한 현장시험을 통하여 L값과 C값을 산정하여 공사비
및 운반방법, 운반장비대수 등을 결정한다.

토사, 리핑암, 발파암 분류방법 및 굴착 시공 시 유의사항

문제 분석	문제 성격	기본 이해		중요도	■■■□□□□
	중요 Item	토사, 리핑암, 발파암 구분절차(설계 시, 시공 시)			

I 개 요

1. 토사, 리핑암, 발파암은 시공의 난이도에 따라서 구분하며, 이들의 구분은 공사비나 공기에 중대한 영향을 미친다.
2. 설계 시 보링의 조사결과를 충분히 검토하고 현지조사나 주변의 공사기록, 탄성파속도 등을 참고해서 신중하게 분류하여 추후 시공단계에서의 공사비나 공기의 변화가 없도록 하여야 한다.

II 토사, 리핑암, 발파암 분류기준

1. 설계 시 기준
   1) 토공작업을 기준으로 흙 및 암석을 토사, 리핑암, 발파암으로 구분하며, 표토 및 풍화잔류토는 토사, 풍화암은 리핑암, 연·경암을 발파암으로 규정
   2) 토사, 리핑암, 발파암의 분류는 N값, P파, TCR, RQD, 1축압축강도, 암석의 풍화 정도 등을 종합적으로 검토하여 구분

2. 토공의 적산 및 시공계획에 따른 기준(시공의 난이도)
   1) 토사, 리핑암, 발파암의 최종적인 구분은 시공 시 사용할 불도저의 가동능률을 기준으로 하여 판정
   2) 장비 가동에 따른 분류
      (1) 토　사 : 불도저가 유효하게 사용될 수 있는 정도의 흙, 모래, 자갈 및 호박돌이 섞인 토질
      (2) 리핑암 : 불도저에 정착된 유압식 리퍼가 유효하게 사용될 수 있을 정도로 풍화가 상당히 진행된 지층
      (3) 발파암 : 발파를 하는 것이 가장 효과적인 지층

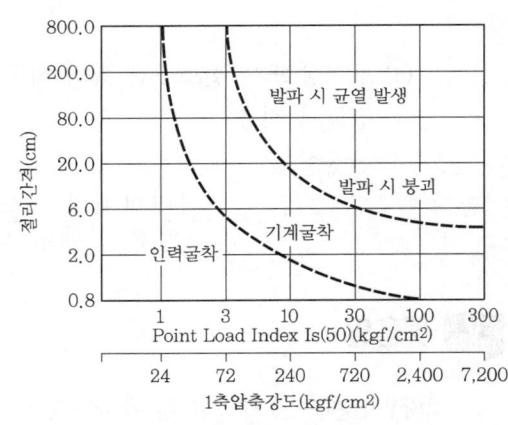

[토공작업의 난이도 결정]

Ⅲ 설계에서 토사, 리핑암, 발파암 구분절차

1. 현지답사

   현지답사에서는 굴착예정지점의 노두를 조사하고 지질, 암질, 균열의 크기 및 간극, 풍화의 정도 및 굴착작업의 난이도 등을 판정

2. 시추조사

   1) 시추조사 결과는 토사, 리핑암, 발파암의 구분상 큰 지표가 됨.
   2) 적용 시 주의사항
      - (1) 위치 및 빈도
      - (2) 코어시료의 관찰
      - (3) 코어회수율 및 RQD
      - (4) 굴진속도
      - (5) 표준관입시험(N값)
      - (6) 암석의 1축압축강도

3. 공사기록의 조사

   1) 주변의 도로, 철도 등의 시공기록이 있으면 암질, 풍화변질의 정도, 굴착방법 등을 조사
   2) 동일한 지질조건을 가진 장소의 시공기록 참조

4. 시공성 검토

5. 탄성파탐사

   1) 터널 및 대규모 절토구간 등의 탐사에서 탄성파탐사를 하는 경우에는 탄성파속도에 의한 굴착난이도가 대체로 추정 가능
   2) 탄성파는 일반적으로 고결도가 높은 암석 등에서는 전달속도가 빠르지만, 균열이 많은 암석이나 풍화가 진행된 암은 그 속도가 느리기 때문에 탄성파속도가 같더라도 암질적으로 다르게 되는 경우가 있어서 탄성파속도와 암종, 암질을 종합하여 검토할 필요가 있음.

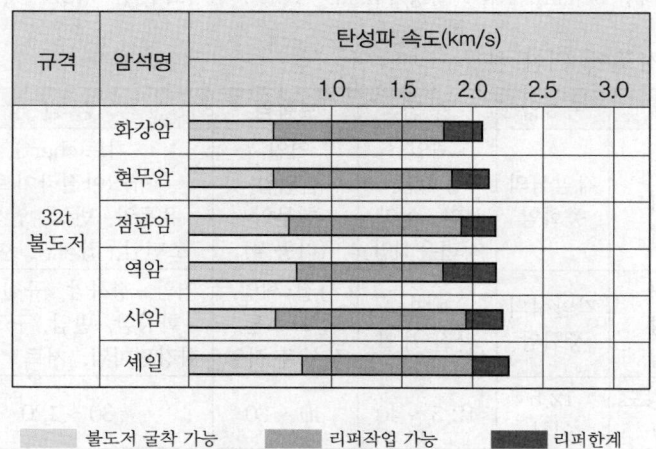

[탄성파속도와 32t 불도저의 작업범위]

Ⅳ 토사, 리핑암, 발파암의 분류방법

1. 토층과 리핑암의 분류
   1) N값이 50일 때 10cm를 경계로 하여 더 많이 관입되면 토층
   2) N값이 50일 때 10cm를 경계로 하여 더 적게 관입되면 리핑암

2. 리핑암과 발파암의 분류
   1) TCR, RQD값을 이용하는 경우
   2) 탄성파속도(P)파를 이용하는 경우
   3) 1축압축강도를 이용하는 경우 : rock hammer 또는 시료 채취 후 1축압축시험기를 이용하여 강도 추정

3. 토사, 리핑암과 발파암 분류표
   1) 리퍼빌리티에 의한 분류

구 분		토공작업		
		토 공	리핑암	발파암
표준관입시험(N값)		50 / 10 미만	50 / 10 이상	
불연속면의 발달빈도	BX	–	TCR=5% 이하, RQD=0% 정도	TCR=10% 이상, RQD=5% 이상
	NX	–	TCR=25% 이하, RQD=10% 정도	TCR=25% 이상, RQD=10% 이상
탄성파 속도	A그룹	700m/s 미만	700 ~ 1,200m/s	1,200m/s 이상
	B그룹	1,000m/s 미만	1,000 ~ 1,800m/s	1,800m/s 이상

※ A그룹 암종 : 편마암, 사질편암, 녹색 편암, 석회암, 안산암, 현무암, 유문암, 화강암
　 B그룹 암종 : 흑색 편암, 휘록응회암, 셰일, 이암, 응회암, 집괴암
　 BX : 직경 58mm, NX : 직경 74mm, TCR : 코어회수율, RQD : 암반 양호도

   2) 1축압축강도에 의한 분류

구 분	풍화암	연 암	보통암	경 암	극경암
제3기 퇴적암 화성암	각암석의 풍화암	셰일, 응회암, 사암, 이암, 각력응회암	역암, 집괴암, 현무암 (다공질)	처트(chert), 규질아질라이트, 유문암, 반암, 안산암, 조면암, 집괴암, 현무암	규질아질 라이트, 석영, 조면암, 석영안산암
중생대 퇴적암 화성암	각암석의 풍화암	셰일, 탄질 셰일	사질 셰일, 실트스톤, 장석질 사암	역암, 경사암, 규질 셰일, 화강암, 반암, 규장암, 화강편마암, 처트, 혼펠스	석영맥, 처트, 혼펠스
1축압축강도 (MPa)	12.5 이하	12.5 ~ 40	40 ~ 80	80 ~ 120	120 이상
적용 시 고려사항	상기 암석의 1축압축강도는 암반분류의 한 요인으로서 엽리(foliation) 및 잠재 균열이 발달한 경우 1축압축강도는 저하됨.				

Ⅴ 토사, 리핑암, 발파암 굴착 시 유의사항

1. 환경조건

   설계구간에서 발파공법 적용 시 소음, 진동 및 낙석에 대한 대책을 세워야 함.

2. 시공 시 굴착경계 조정

   1) 땅깎기부의 기반암이 암맥을 관입, 단층 파쇄대의 발달 등에 의해 차별, 풍화작용 등의 영향을 받아 암질의 변화가 심한 경우

   2) 땅깎기 심도가 낮은 구간의 지층분포는 인접 깎기부 및 교량지역 시추조사의 성과를 이용하였으나 실제 분포된 암질이 상이한 경우

3. 굴착장비의 적용

   풍화암을 절취방법상 리핑암으로 분류하였으나, 절리, 균열 등이 발달하지 않은 괴상의 풍화암이 분포하여 ripper 작업 시 절취작업이 어려운 경우는 적절한 장비조합으로 토공작업 실시

Ⅵ 암반 분류의 활용성

1. 건설표준품셈 분류기준에 따라 풍화암, 연암, 경암으로 구분하고, 터널구간은 RMR 및 $Q-$시스템 분류법에 의하여 암반을 분류하고 지보패턴 선정
2. 토공의 작업성(rippability)에 의한 분류는 토사, 리핑암, 발파암으로 구분
3. 비탈면공사 시 보호 및 보강대책 수립
4. 암반의 굴착 및 다짐 시 토량환산계수 산정에 적용

Ⅶ 맺음말

1. 설계단계에서의 토사, 리핑암, 발파암의 구분은 보링조사자료 등으로 추정하기 때문에 시공단계에서는 이들의 구분이 변경되기 쉬우므로 설계 시에 신중한 검토가 필요하다.
2. 시공 전 관련 시험을 시행하여 토질 및 암반특성에 맞는 시공방안을 수립한 후 철저히 관리하여야 한다.

유토곡선(mass curve, 토적곡선)의 작성방법 및 성질

문제 분석	문제 성격	기본 이해	중요도	■■□□□□
	중요 Item	토공의 배분원칙, 유토곡선에 의한 토공 배분		

I 개 요

1. 토량 배분은 토공에서 성토와 절토의 토공 밸런스를 맞추기 위하여 계획토량, 운반거리 등을 결정하는 것이다.
2. 유토곡선은 선형토공에서 토량 배분을 효율적으로 하기 위하여 작성한 곡선을 의미한다.

II 토량 배분목적 및 배분방법

1. 배분목적
   1) 절·성토량의 효율적 배분
   2) 장비기종 선정
   3) 적정 토취장, 사토장 선정
   4) 평균운반거리 산출

2. 배분방법
   1) 선형토공 : 유토곡선법(mass curve)
   2) 단지토공 : 화살표법(평균단면법, 주상법, 등고선법 등)

III 토공 밸런스

1. 굴착 : 굴착량, 사토량
2. 되메우기 : 유용토, 순성토
3. 굴착량 : 구조물 체적량 + 유용토 + 순성토
4. 사토량 : 구조물 체적량 + 순성토

IV 토공의 배분원칙

1. 운반거리와 시공성을 감안하여 최대한 짧게
2. 운반은 높은 곳에서 낮은 곳으로
3. 운반은 한 곳에 모아서 일시에

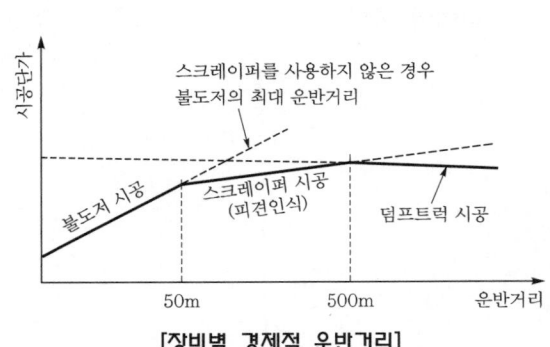

[장비별 경제적 운반거리]

V 유토곡선에 의한 토공 배분

1. 유토곡선 작성법

   1) 측량에 의해 종단면상에 시공기면 작성

   2) 횡단면 도로부터 각 구간의 토량 계산

   3) 토량계산서를 이용하여 누가토량 계산

   4) 종축에 누가토량, 횡축에 거리를 취한 그래프 속에 누가토량 기입

2. 유토곡선 그래프

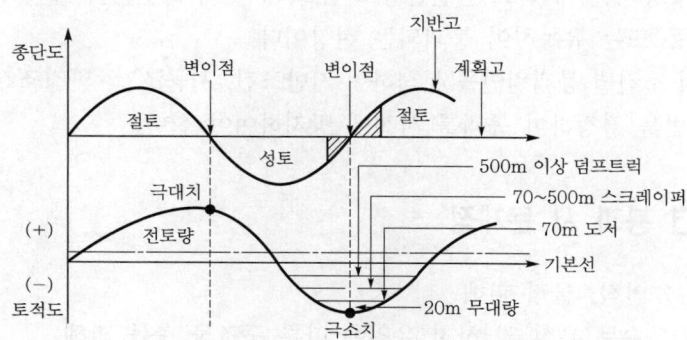

3. 유토곡선의 성질

   1) 곡선 하향구간 : 성토구간

   2) 곡선 상향구간 : 절토구간

   3) 극소점 : 성토구간에서 절토구간의 변이점

   4) 극대점 : 절토구간에서 성토구간의 변이점

   5) 곡선의 극대치와 극소치의 차 : 두 점 간의 전토량을 의미

   6) 운반토량 및 평균운반거리

      (1) 토공 균형 : 평형기선을 그은 후 만나는 두 점 사이의 토량

      (2) 운반토량 : mass curve의 수직고

      (3) 평균운반거리 : 중간 위치의 수평거리

4. 유대량과 무대량

   1) 유대량 : 불도저 + 스크레이퍼 + 덤프트럭

   2) 무대량 : 유토곡선의 세로 방향 토량 + 토량계산서의 가로 방향 토량

VI 맺음말

토취장과 사토장의 위치 및 토공량을 고려하여 적절한 평형선을 결정하고, 시공이 용이하고 경제적인 토량 배분이 될 수 있도록 관리하여야 한다.

자연사면의 붕괴(산사태)원인 및 대책

문제 분석	문제 성격	기본 이해	중요도	■■□□□
	중요 Item	산사태 특징, 산사태 대책, 토석류		

I 개 요

1. 자연사면의 붕괴는 내적 요인(전단강도 감소)과 외적 요인(전단응력 증가)으로 인해 자연사면이 활동 또는 유동하여 붕괴되는 현상이다.
2. 자연사면의 조건별 붕괴원인을 분석하여 지반조건, 시공조건, 환경조건, 경제성 등을 고려한 대책공법을 결정하여 붕괴를 사전에 방지하여야 한다.

II 자연사면 붕괴 시 문제점

1. 1차적 문제 : 인적, 물적 피해
2. 2차적 문제 : 수목 유실 및 하천 유입에 따른 구조물 충돌 피해

III 우리나라의 산사태 특징 및 분류

1. 산사태 특징
   1) 길이 : 20m 길이가 전체의 50%에 달하고, 100m 이상 길이의 산사태는 14% 정도 해당
   2) 폭 : 폭이 5m인 경우가 가장 많으며, 20m 이하인 경우가 90% 정도 차지
   3) 깊이 : 산사태의 발생깊이는 1m 정도의 깊이가 가장 많음
   4) 면적 : 일반적으로 발생면적이 2,000m^2 이하

2. 규모에 따른 산사태 분류
   1) 소규모 산사태
      (1) 동일 조건에서 산사태가 1 ~ 3개소 발생
      (2) 최대 시간 강우강도가 10mm, 누적강우량이 40mm 초과
   2) 중규모 산사태
      (1) 동일 조건에서 4 ~ 19개소 발생
      (2) 최대 시간 강우강도가 15mm, 누적강우량이 80mm 초과
   3) 대규모 산사태
      (1) 동일 조건에서 20개소 이상 발생
      (2) 최대 강우강도가 35mm, 누적강우량이 140mm 초과

Ⅳ 자연사면 붕괴의 형태 및 특징

1. 형태
   1) land slide : 사면의 이동이 급격히 발생하는 붕괴 현상
   2) land creep : 장시간에 걸쳐 사면이 서서히 이동하여 발생하는 붕괴 현상

2. 특징

구 분	land slide	land creep
원인	호우, 융설, 지진	강우, 융설, 지하수위 상승
발생시기	호우 중	강우 후 일정 시간 경과 후
지질	풍화암, 투수성 좋은 사질토	파쇄대, 연질암지대
지형	급경사(30° 이상)	완경사(5 ~ 20°)
토질	불연속층	점성토, 연질암이 활동면
발생속도	빠르고, 순간적	느리고, 연속적
발생규모	작음	큼

Ⅴ 자연사면 붕괴(산사태)의 발생원인

1. 내적 요인(전단강도 감소요인)
   1) 지질 : 단층, 파쇄대, 습곡, 단사   2) 지형
   3) 토질 : 풍화, 화산암의 변질   4) 강우 : 물의 침투로 인한 침식

2. 외적 요인(전단응력 증가요인)
   1) 자연적 요인 : 지하수위 변화, 하천 및 해안의 침식, 지진
   2) 인위적 요인 : 절취, 성토, 단지 조성, 기타(벌목, 진동, 충격)

Ⅵ 자연사면 붕괴(산사태) 방지를 위한 대책

1. 응급대책(억제공) : 자연조건 개선
   1) 지표수 배제공
   2) 지하수 배제공
   3) 지하수 차단공

2. 영구대책(억지공) : 구조물 이용
   1) 옹벽공
   2) 억지말뚝공
   3) soil nailing공
   4) anchor공

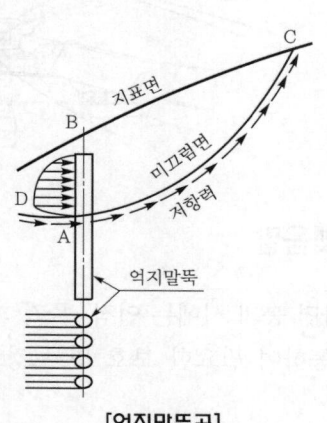

[억지말뚝공]

Ⅶ 토석류의 특징

1. 정의 : 중력에 의해 사면을 따라 아래쪽으로 흐르는 물로, 포화된 토양 및 암석의 층상류나 흐름을 말함.

2. 분류 : 토석류(수로형/사면형), 토사류, 이류(泥流)

구 분	수로형	사면형
위치	수로	사면
이동거리	길음	짧음
규모	소규모	대규모

3. 토석류의 발생과정과 이동특성

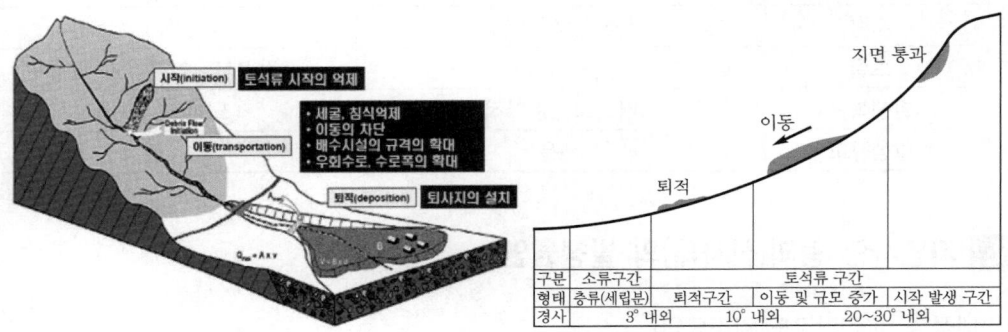

4. 토석류 구간별 주요 대책공법

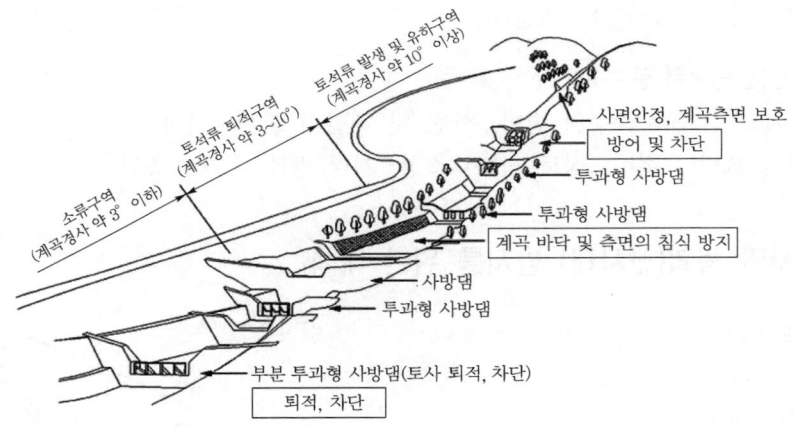

Ⅷ 맺음말

자연사면 붕괴 시에는 인적, 물적 피해 등 많은 문제가 예상되므로 사전에 위험 발생 예상평가 등을 통하여 필요한 보호 및 보강조치를 취해야 한다.

Section 25 인공사면의 붕괴원인 및 대책

문제 분석	문제 성격	기본 이해	중요도	■■■■□
	중요 Item	사면의 안전율 검토방법, 안전율 증가방법, 사면계측		

I 개 요

1. 사면에는 자연사면과 인공사면이 있다. 인공적으로 성형된 사면을 비탈면이라 하며, 절토 비탈면과 성토비탈면으로 분류된다.
2. 인공사면의 붕괴는 내적 요인(전단강도 감소)과 외적 요인(전단응력 증가)으로 인하여 발생한다. 조건별 붕괴원인을 분석하여 지반조건, 시공조건, 환경조건, 경제성 등을 고려한 대책공법을 결정하여 사면을 안정시켜야 한다.

II 인공사면의 조사흐름

1. 예비조사
   지역특성, 연간 강수량, 최대 강우강도 등의 자료조사
2. 본조사
   1) 지질, 토질, 지층구조의 조사와 시험 : 암석강도, 풍화 정도, 절리발달상태 등
   2) 인근 사면형태, 지하수, 지표수 등 조사
3. 보완조사
4. 유지관리조사

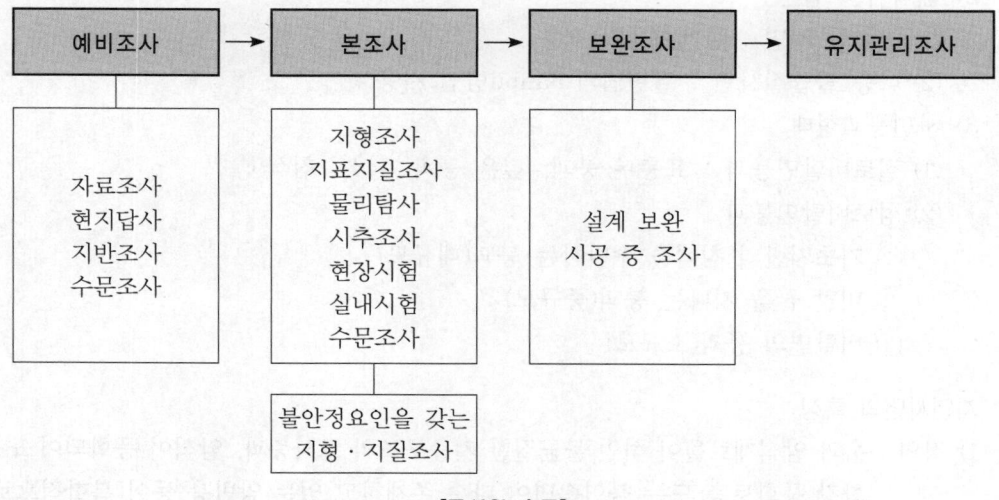

[조사의 흐름]

Ⅲ 인공사면의 붕괴형태

1. 토사사면
    1) 무한사면 : 직선활동
    2) 유한사면
        (1) 원호활동
            ① 저부파괴
            ② 선단파괴
            ③ 사면 내 파괴
        (2) 복합곡선활동

2. 암반사면
    1) 원형파괴   2) 평면파괴
    3) 쐐기파괴   4) 전도파괴

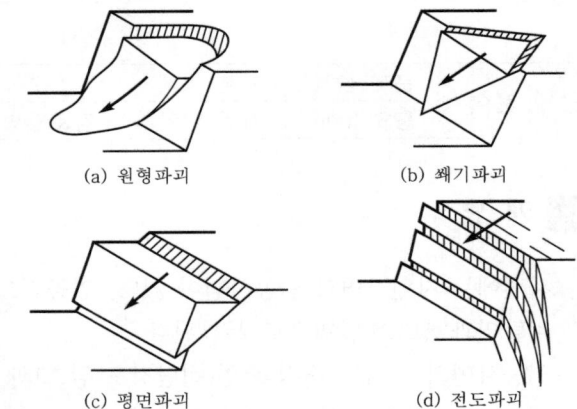

(a) 원형파괴   (b) 쐐기파괴

(c) 평면파괴   (d) 전도파괴

[암반사면의 파괴형태]

Ⅳ 인공사면과 자연사면의 구분

1. 인공사면의 특징
    1) 인공사면의 종류
        (1) 흙깎기 사면 : 흙깎기 공사로 인해 암과 토사층이 토층별로 노출되는 도로나 택지
            등에서 흙깎기 후 노출된 사면
        (2) 흙쌓기 사면 : 도로나 택지 등에 흙쌓기 공사로 인해 만들어진 사면으로 연약지반상
            에 흙쌓기 공사 후 조성된 사면이 가장 위험
    2) 해석이론 접근
        (1) 균질한 사면 : 한계평형법 적용
        (2) 다층 불균질사면 : 절편법의 Janbu방법 사용
    3) 사면붕괴형태
        (1) 절토비탈면붕괴 : 표층부 붕괴, 깊은 붕괴, 낙석, 침식
        (2) 성토비탈면붕괴
            ① 기초지반의 침식을 수반하는 붕괴(대규모)
            ② 비탈 끝을 지나는 붕괴(중규모)
            ③ 비탈면의 붕괴(소규모)

2. 자연사면의 특징
    1) 정의 : 흙과 암석재료들이 섞인 불균질한 지층구조의 토사층과, 암석이 풍화되어 노출된
        화강 풍화토층 또는 불연속면이 다수 존재하고 있는 암반층 등이 복합적으로 구
        성된 불안정구조의 자연상태의 사면

2) 우리나라 산사태의 특징

길이 20m×폭 5m×깊이 2m 이내의 소규모 산
사태가 많으며, 주로 토층의 경계부에서 활동파
괴가 많이 발생

3) 해석이론 접근

(1) 무한사면에 대한 해석

(2) 평행활동으로 가정

(3) 만일 절취사면처럼 다층분포 및 활동깊이가
깊을 경우 절편법 사용

4) 사면붕괴형태

(1) 붕괴

(2) 낙석

(3) 침식

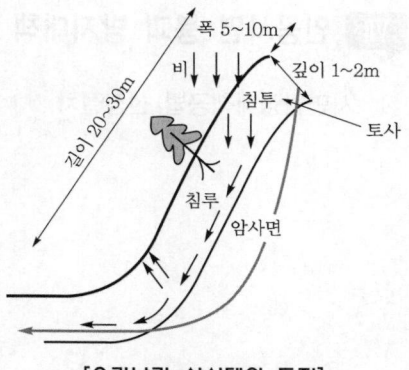

[우리나라 산사태의 특징]

V 인공사면 붕괴 시 문제점

1. 1차적 문제 : 인적, 물적 피해 발생

2. 2차적 문제

1) 수목 유실 및 하천 유입에 따른 구조물 충돌 피해

2) 사회적 복구비용 증대

VI 인공사면 붕괴원인

1. 내적 요인(전단강도 감소요인)

1) 지질 : 단층, 파쇄대, 습곡, 단사

2) 지형

3) 토질 : 풍화, 화산암의 변질

4) 강우 : 물의 침투로 인한 침식

2. 외적 요인(전단응력 증가요인)

1) 자연적 요인

(1) 지하수위 변화   (2) 지진

2) 인위적 요인

(1) 설계 : 비탈면 경사   (2) 재료 : 토질

(3) 시공 : 발파, 비탈면 보호   (4) 유지관리 : 환경

Ⅶ 인공사면 붕괴 방지대책

1. 사면안정대책공법 선정절차

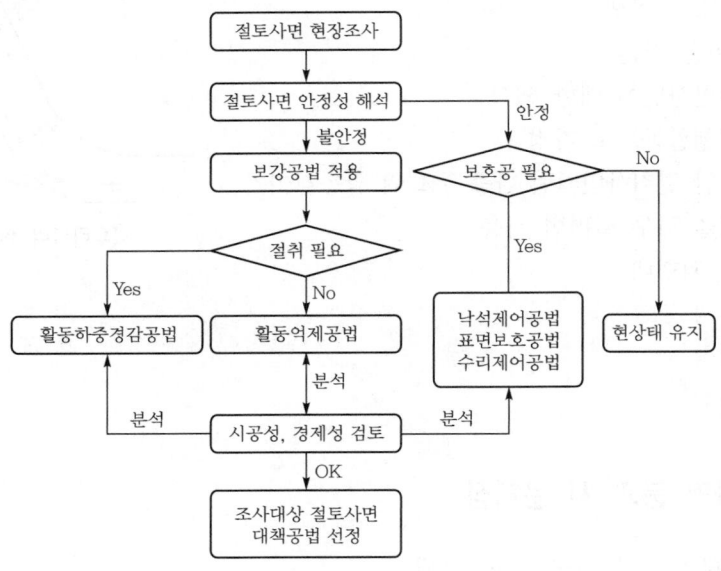

2. 안전율 유지법(사면보호공법, 억제공)

1) 식생을 이용한 방법

분 류	목 적	공 종
식생공	전면식생	종자 살포공
		종자 뿜칠공
		식생 매트공
	부분식생	줄떼
	부분객토식생	식생 구멍공
		식생 포대공

2) 구조물을 이용한 방법

분 류	목 적	공 종
구조물공	원지반 밀폐	콘크리트 및 모르타르 뿜칠공
		콘크리트 블록 및 돌 붙임공
	토압저항	콘크리트 블록 및 돌 쌓기공
		옹벽공
	표층부 박락 방지	현장치기 콘크리트틀공
		앵커공
	낙석 방지	네트공
		편책공

3. 안전율 증가법(사면보강공법, 억지공)

공법 종류		공법 개요
활동력 감소	사면경사 완화	사면경사를 완만하게 조정하여 토괴의 활동력을 감소시키는 공법
	절토공	사면 상부의 흙을 제거하여 활동력을 감소시키는 공법
저항력 증가	억지말뚝공	사면의 활동토괴를 관통하여 부동지반까지 말뚝을 설치함으로써 사면의 활동하중을 말뚝의 수평저항으로 부동지반에 전달시키는 공법
	앵커공법	고강재를 앵커체로 하여 보링공 내에 삽입하여 그라우트 주입을 실시함으로써 앵커재를 지반에 정착시켜 앵커 두부에 작용한 하중을 정착지반에 전달하여 안정시키는 공법
	고압분사주입공	그라우팅을 사면에 적용하여 사면의 개량은 물론 기둥모양의 지반개량체가 사면활동에 저항할 수 있도록 하는 공법
	옹벽공	사면경사 선단부에 도로를 건설할 경우 사용되며, 앵커공이나 말뚝공을 병행하여 시공함.

Ⅷ 인공사면의 안정 검토방법

1. 사면안정 해석식

$$SF = \frac{\cos\theta\,\tan\phi\sum W_i + \sum CL}{\sin\theta\sum W_i} = \frac{\text{전도 }FM}{\text{활동 }FM}$$

2. 사면안정 해석방법
   1) 경험적 방법 : SMR
   2) 기하학적 방법 : 평사투영법
   3) 한계평형법
   4) 수치 해석 : Slope/w, DIPS, PC STABL 5

3. 안정해석법 종류
   1) Bishop   2) Fellenious   3) Morgenstone & Price

Ⅸ 인공사면 계측관리방안

1. 사면계측대상
   1) 붕괴조짐이 있어 관측이 필요한 곳
   2) 붕괴 후 대책공법(구배 완화, 앵커공, 지하수위 저하공)의 유효성 확인
   3) 계측결과 변위로부터 역해석하기 위한 곳
   4) 주기적인 계측의 결과를 바탕으로 만일의 사태 발생 시 복구, 대피를 위해 거동추이 파악이 필요한 경우

2. 사면계측기 설치시기
   1) 붕괴 전 동태관측 계측 시 : 붕괴조짐이 있는 것을 발견한 후 필요한 계측기 설치
   2) 붕괴 후 대책공법 계측 시 : 대책공법 전에 계측기를 매설하여 대책공법의 효과, 변형량,
                              간극수압의 변화를 관찰

3. 사면계측기의 종류 및 특징
   1) 신축계
      표고, 좌표를 측정해 두고 균열간격 및 변화를 잴 수 있도록 균열 외부에 설치
   2) 변위말뚝
      토사인 경우 말뚝, 암반인 경우 천공 후 약 5m 간격으로 철근 등을 설치하고 표고, 좌표
      측정
   3) 경사계
      지중의 수평변위를 깊이별로 측정하기 위한 것으로, 추정활동선보다 깊게 설치하며 경
      사계 하부는 부동점에 설치
   4) 간극수압계
      간극수압 측정용 소자(sensor)는 추정되는 활동면에 집중 배치하여 간극수압 분포도가
      그려지도록 설치
   5) AE(Acoustic Emission)
      붕괴에 의한 파괴 시 발생하는 변형에너지의 일부가 탄성파로 방출되는 현상으로, AE변
      환자에 의해 수신된 특성을 분석하여 사면의 내부상태(균열의 위치 · 진행방향)를 추정

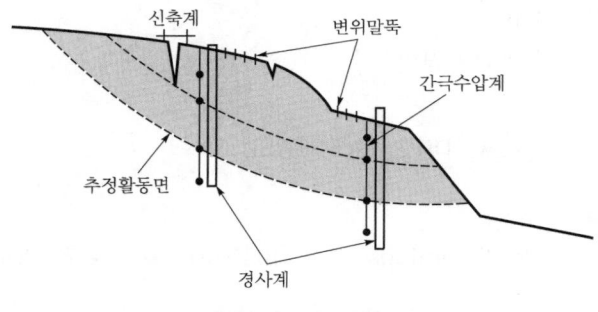

[사면계측기 설치위치]

Ⅹ 맺음말

사면의 종류에 따라 적합한 대책공법을 개발하여 적용하고, 적용된 사면 붕괴대책공을 관리하
여 차후에 발생될 수 있는 사면 붕괴를 미리 예측함으로써 재해를 억제 혹은 저감하는 방안을
추진하여야 한다.

Section 26 | **소일네일링(soil nailing)공법의 시공 및 품질관리방안**

문제 분석	문제 성격	응용 이해		중요도	■■■□□□□
	중요 Item	소일네일링 인발시험, 자재 시방기준, 시공 개요			

Ⅰ 개 요

1. 소일네일링공법은 사면보강 및 굴착지반의 전체적인 전단강도를 증가시키고 변위를 억제하며, 굴착 도중 또는 굴착 완료 후 예상되는 지반의 이완을 제한하는 원위치 지반보강공법이다.

2. 시공 및 품질관리방안은 인장력, 전단력 및 휨모멘트에 저항할 수 있는 보강재(주로 29mm 철근 사용), 그라우트재료, 숏크리트 등 전면판에 대한 관리를 시행하여야 한다.

Ⅱ 소일네일링공법의 특징

1. soil nailing의 구성
   1) 보강재 : 원지반에 삽입하여 소요 인장력을 발휘하여 soil nail 복합지반의 전단강도를 증가시키는 부분으로서 주로 이형철근을 사용함.
   2) 전면판 : 전면판의 주요 기능은 보강된 층 사이의 국부적인 지반에 대한 안정을 확보하고 굴착 직후의 지반이완을 방지하며 침식 및 풍화작용으로부터 지반을 보호하기 위한 구조체임.

2. 공법의 장단점
   1) 장점
      (1) 소형 장비의 사용으로 시공성이 양호함.
      (2) 원지반 자체의 지반강도 이용으로 가시설비용이 저렴함.
      (3) 좁은 장소나 경사가 급한 지형에서도 적용성이 우수함.
      (4) 건물 외벽과 합벽 시공이 가능하여 거푸집 및 되메우기 작업이 필요 없음.
      (5) 다소의 변형을 허용하는 구조적 유연성으로 인하여 주변 지반의 거동에 대한 수직 및 부등침하에 효과적임.
   2) 단점
      (1) 특정 조건의 지반(비점성 모래, 붕괴성 모래, 수맥을 가진 흙, 다량의 함수비 증가가 예상되는 점성토, 동결이 쉬운 흙 등)에는 적용이 곤란함.
      (2) 단계별 시공 시 숏크리트 타설 전까지 일시적인 지반자립이 필요하므로 사질토 $N \geq 5$, 점성토 $N \geq 3$ 정도의 지반 최소 강도가 필요함.
      (3) 산악지역에 세워진 soil nail 벽체는 동해의 피해가 우려됨.

소일네일링공법과 어스앵커공법의 비교

soil nailing	어스앵커
soil nailing 보강재	어스앵커구조체
prestressing 없음, 변위 허용	prestressing을 통한 인장력으로 지지
수량 많고 간격 좁음(1 ~ 1.5m)	수량 적고 간격 넓음(2 ~ 3m)
재료 : 이형철근	재료 : PS 강선
soil nail에 의한 복합지반 및 중력식 구조체 개념	어스앵커 인장력에 의한 구조체 개념

Ⅳ 소일네일링 시공관리방안

1. soil nailing 공법 적용분야
   1) 임시 숏크리트 전면판 위에 숏크리트 마감 벽체
   2) 거푸집을 설치한 후 콘크리트 타설 벽체

2. soil nailing 시공 시 유의사항
   1) soil nailing 작업순서

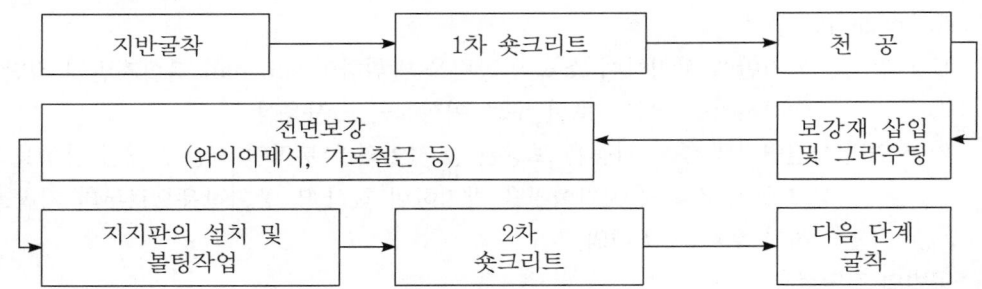

   2) soil nailing 시공 개요도

① 원지반현황　　② 1차 굴착　　③ 1단계 보호공

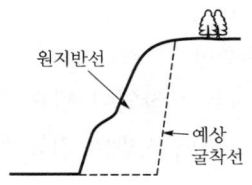 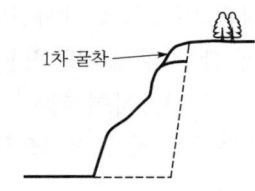 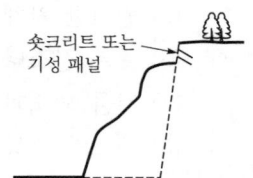

④ 2차 굴착　　⑤ 2단계 보호공 및 3차 굴착　　⑥ 보호공 완료

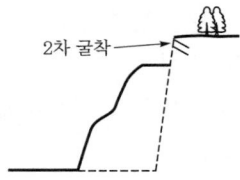 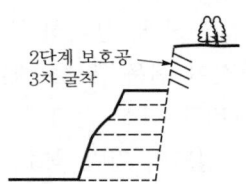 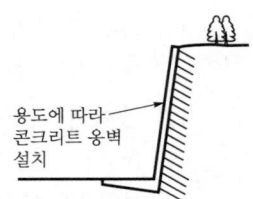

3) 지반 굴착작업

   (1) 굴착장비는 백호를 사용

   (2) 단계별 연직굴착깊이는 최대 2m 이내

4) 천공작업

   (1) 천공은 크롤러드릴로 하며, 천공직경은 10 ~ 30cm 정도로 실시

   (2) 천공이 이루어진 구멍은 최소한 수시간 동안 나공상태 유지

   (3) 천공이 이루어진 후에는 반드시 공 내부를 깨끗이 청소 실시

5) nail 삽입작업

   (1) 그라우트와 부착되는 부분의 유해한 흙이나 기름 등은 사전에 제거

   (2) 영구구조물에 사용하는 네일은 에폭시코팅 시행

   (3) 네일 연결 시에는 커플러를 이용하며, 용접이음을 하지 말아야 함.

   (4) 네일의 끝에는 화살촉모양의 부재를 용접하여 부착

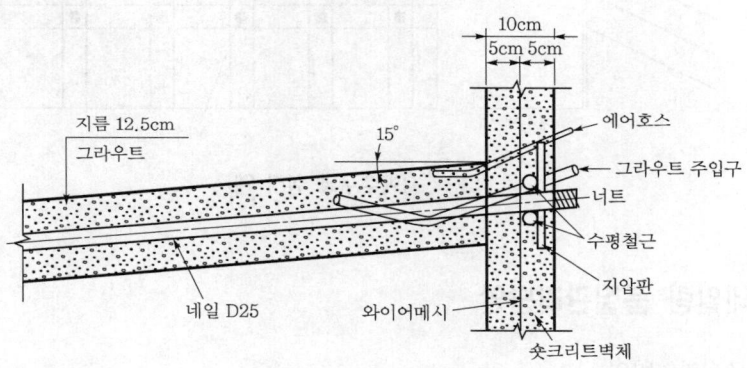

[네일링 시공단면도]

6) grout 작업

   (1) 물/시멘트비(W/C) 45% 이하로 배합

   (2) 팽창제를 많이 사용하는 경우 강도 저하가 우려되므로 가급적 적은 양을 사용

   (3) 혼화제는 PC강재에 손상을 줄 위험이 있는 물질을 사용해서는 안 됨.

   (4) 그라우트의 블리딩율은 3시간 후 최대 2%, 24시간 후 최대 3% 이하

   (5) 그라우트의 압축강도는 24MPa 이상

   (6) 그라우팅 전 시험그라우팅을 실시한 후 시공

7) 숏크리트작업

   (1) 숏크리트를 치기 전 충분한 시험분사 후 작업 실시

   (2) 노즐의 방향은 타설면과 약 2m 정도 띄어서 면에 직각이 되도록 결정

   (3) 건식 숏크리트의 경우 시멘트중량이 최소 300kg/m³이어야 하며, 습식 숏크리트의 경우 최소 400kg/m³ 이상

8) 배수시설 설치작업

(1) 지하수가 많이 배출되는 곳에서는 굴착지반과 숏크리트면 사이에 배수재(geo-textile) 설치

(2) 벽면 배수시설의 배수재는 네일과 네일 사이에 설계도에서 지정한 간격, 폭 30 ~ 45cm 정도로 벽체 상단에서 하단까지 수직 방향으로 설치

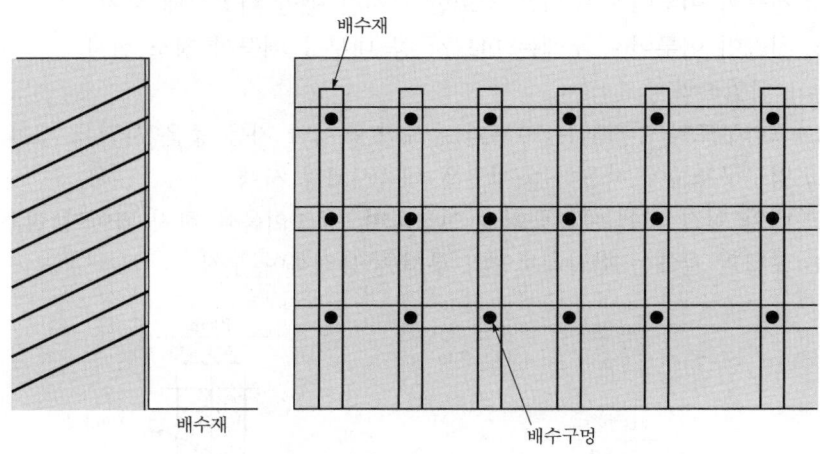

[배수구멍 설치 예]

Ⅴ 소일네일링 품질관리방안

1. 자재의 품질관리방안

1) 철근 : 철근 인장시험에 의한 KS 시방기준에 적정하여야 함.

2) 시멘트 : KS L 5201 기준에 적합한 포틀랜드시멘트

3) 잔골재 : 0.1mm 이하의 세립자를 포함하지 않은 깨끗한 모래이며, 입도가 시방기준에 적정하여야 함.

4) 굵은골재 : 최대 직경 15mm 이하로서 입도분포는 명시된 범위 내에 들어야 함.

입도크기(mm)	15	10	5	2.5
통과량(%)	100	66 ~ 70	10 ~ 25	0

2. 그라우트 품질관리방안

1) 그라우트 주입작업 관리항목

(1) 그라우트 배합관리

(2) 반죽질기관리

(3) 주입량관리

2) 그라우트 주입작업 시 품질관리방안

(1) 모래의 표면수에 따른 배합을 조정은 오전과 오후에 각 1회 이상 실시

(2) 일반적인 그라우트 배합표

항목	시멘트	물	혼화제	W/C
규정	1,271kg	572kg	25kg	45%

(3) 모래의 표면수량시험은 KS F 2509(잔골재의 표면수량시험방법)에 의함.

(4) 그라우트 반죽질기시험은 flow cone에 의하며 flow time 측정은 배합 후 15분 후에 실시하여 12 ~ 21초 사이에 들어야 함.

(5) 그라우팅작업 시에 1축압축시험용 몰드(100mm×200mm)를 사용하여 시험용 공시체를 만든 후 7일 이상 양생하여 1축압축시험 실시

3. 숏크리트 품질관리방안

1) 숏크리트는 시험배합을 시행하여 시공 전 확인하여야 함.

2) 숏크리트의 압축강도는 24시간 이내에 8MPa, 28일에 18MPa 이상

3) 잔골재의 표면수량은 3 ~ 6% 범위에 들어야 함.

4) 숏크리트 품질관리항목

관리항목	관리내용 및 시험	빈 도	비 고
품질관리 "A"	• 뿜어붙이기 두께의 관리 • 뿜어붙이기 콘크리트의 부착상황 • 리바운드 • 분진 • 크랙 발생상황	뿜어붙임 시공 시에는 매일	가설 구조체
품질관리 "B"	• 뿜어붙이기 콘크리트의 압축강도 • 시험 시공 후 뽑기시험 • 단기재령 압축강도시험 • 장기재령 압축강도시험	뿜어붙임 콘크리트 면적이 • 200 ~ 1,000m^2 : 200m^{2}당 1회 • 1,000m^2 이상 : 500m^2 1회	영구 구조체

4. soil nailing 인발시험

1) 인발시험의 분류

(1) pull-out test

① 시험대상 : 시험용 네일에 대하여 실시

② 시험빈도 : 1회/500본

(2) proof testing

① 시험대상 : 실제 도면상에 표시된 시공네일에 대하여 실시

② 시험빈도 : 최소 1회 50본

(3) proof testing의 시험이 불가능할 경우에는 pull-out 시험으로 대치

2) proof testing 시험목적
    (1) 실제 soil nailing 시공에 앞서 설계조건에서 제시한 지반조건, 사용재료에 의한 soil nailing의 품질, 설계의 정확성 등을 조사·증명하기 위함.
    (2) 인발시험은 설계와 동일한 지반에서 시행하여야 함.
3) proof testing 시험방법
    (1) 시험장비

No.	시험장비명	수 량	규 격
1	잭(jack)	1조	30ton
2	다이얼게이지(dial gauge)	1조	0.01mm
3	자기식 홀더	1조	–
4	기타 장비	1식	–

    (2) 시험시기
        ① 인발시험 시 그라우트의 압축강도가 설계압축강도의 80% 이상 도달했을 때
        ② 그라우트의 강도발현시기 확인을 위한 별도의 시험을 하지 않은 경우
            • 그라우트재 주입 완료 후 7일이 경과한 후에 인발시험 실시
            • 초기강도 발현을 위한 혼화제를 사용한 경우는 3일 경과 후 실시

[소일네일링 인발시험]

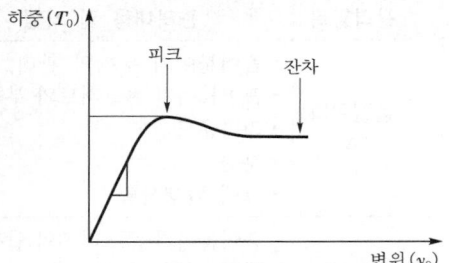
[최대 인발력의 결정방법]

4) proof testing 시험 시 주의사항
    (1) 인발시험은 그라우트의 압축강도가 24MPa 이상인 경우 시행
    (2) 재하는 설계하중의 12.5%, 25 ~ 125%까지 단계별로 12.5%씩 증가시키면서 실시
    (3) 인발시험은 soil nailing에 가해지는 시험하중과 하중단계별 네일 끝단의 변위를 측정하여 인발하중 결정

Ⅵ 소일네일링 시공 시 계측관리방법

1. 계측관리 목적
    1) 네일구조체의 안정성 판단
    2) 시공 중의 공사관리와 향후의 유지관리

2. 계측기 설치 및 항목
    1) 경사계
        (1) 목적 : 네일링 보강 굴착지반의 안전성 판단 여부와 시공관리
        (2) 설치 : 2개소/사면폭 10m 이상 설치
    2) 변형률 측정계(strain gauge)
        (1) 목적 : 축방향력을 계측하여 네일의 안정성 및 보강지반의 안정성 파악
        (2) 설치 : 상·중·하단 각 네일의 1 ~ 2m 간격으로 설치되는 네일의 상·하면에 부착
    3) 지하수위계(water level meter)
        (1) 목적 : 지하수위 변동 및 우수침투 등의 영향에 대한 네일보강지반의 거동변화 파악
        (2) 설치 : 지하수위면변화가 예상되는 지형에서는 배면 방향으로 2 ~ 4개소에 일정
                간격으로 설치

Ⅶ 맺음말

1. 소일네일링공법은 통상적으로 널리 이용되는 엄지말뚝+앵커 또는 버팀보, 현장타설 slurry 벽체 등의 굴착지보체계에 비해 많은 장점을 지니고 있다.

2. 현장에서 적용 시에는 소일네일링공법이 가지고 있는 문제점을 분명하게 파악하여 올바른 시공관리와 품질관리를 시행하여 소일네일링공법의 안정성을 확보하여야 한다.

어스앵커(earth anchor)공법의 앵커의 긴장력 확인방법

문제 분석	문제 성격	응용 이해		중요도	■■■□□□
	중요 Item	긴장력시험방법, 오프로드테스트, 보강대책			

I 개 요

1. 지중에 매설된 인장재의 선단부에 앵커체를 만들고 그것을 인장재와 앵커 두부로 연결된 것을 어스앵커라 하며, 앵커의 인장재에 가해지는 인장력을 앵커체를 통해 지중으로 전달시켜 흙막이 벽체를 지지하는 공법이 어스앵커공법이다.
2. 영구앵커와 가설(임시)앵커로 구분되는 구조체로 그라운드앵커라고도 한다.

II 어스앵커공법의 분류

1. 어스앵커의 분류
   1) 영구앵커 : 영구적으로 사용할 목적으로 사용되는 앵커
   2) 가설앵커 : 가설적인 목적을 갖고 2년 이하로 사용되는 앵커

2. 어스앵커의 구성
   1) 앵커 두부 : 가해진 긴장력을 효과적으로 수압판에 전달하기 위한 부분을 말하며, 정착구와 지압판으로 구성되는 앵커의 머리 부분
   2) 자유부 : 인장력을 도입하기 위해 주변 부착강도가 없도록 설치하는 부분으로서 강연선을 이용하기 위해서는 필수적임.
   3) 정착부 : 자유부에 전달된 앵커력을 지반에 정착시키기 위한 부분

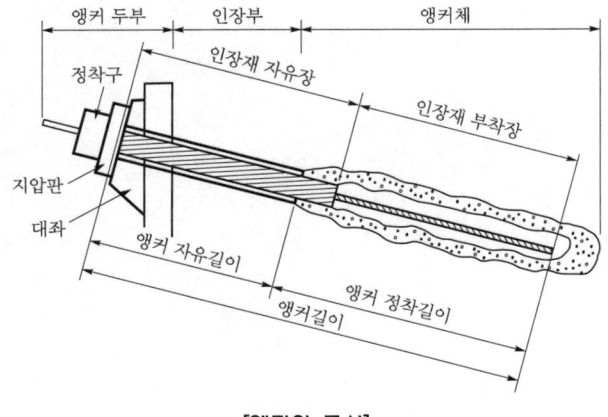

[앵커의 구성]

Ⅲ 어스앵커의 정착방식에 따른 분류

1. 마찰형 지지방식

   앵커의 주면과 흙의 전단저항에 따라 내력을 기대하는 방식으로서 앵커체가 지반과의 접촉면에 내력을 저하시키지 않도록 그라우트재를 가압하여 주입하는 방식

2. 지압형 지지방식

   앵커체 선단부를 국부적으로 크게 뚫고 plate와 기타 재료를 덧붙여 불룩하게 하여 흙의 수동저항에 따라서 내력을 기대하는 방식

3. 복합형 지지방식

   마찰형 + 지압형 혼합방식

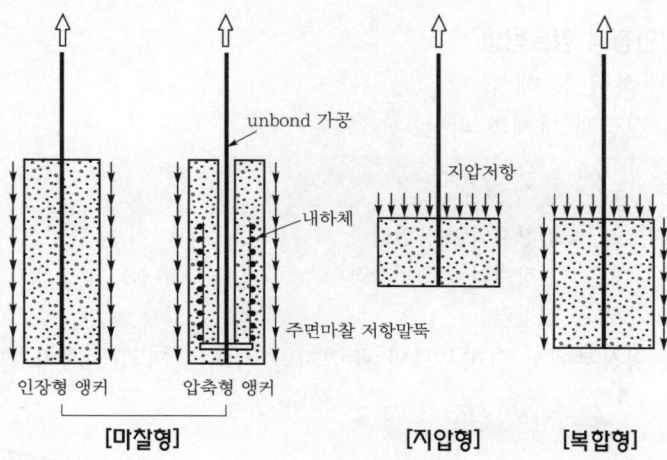

Ⅳ 어스앵커공법의 장단점

1. 장점

   1) 버팀대(strut)공법에 비하여 작업공간을 넓게 할 수 있음.
   2) 평면 형상이 복잡하고 경사지반에서도 시공 가능
   3) 편토압을 받는 지반조건에서도 적용 가능
   4) 앵커에 prestress를 주기 때문에 벽체 변위와 인접 지반침하를 최소화할 수 있음.

2. 단점

   1) 특대수층 천공 시 지하수가 유입됨.
   2) 인접 구조물, 지하매설물 등에 의한 제약
   3) 연약지반에서는 적용 불가
   4) 어스앵커 정착장 부위의 토질이 불확실한 경우에는 위험

Ⅴ 어스앵커 설계 시 안정성 검토방법

1. 어스앵커의 발생 가능한 파괴형태

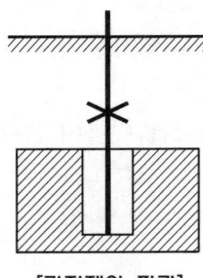
[긴장재의 파괴]

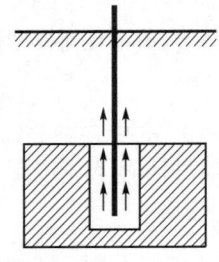
[긴장재와 그라우트의 분리]

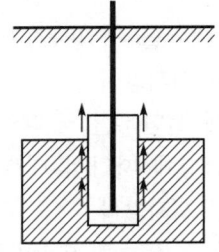
[지반과 그라우트체의 분리]

2. 어스앵커의 안정성 검토방법

  1) 앵커의 내적 안정 해석

    (1) 앵커 긴장재 자체의 파단

$$T_{as} = T_{us}/FS \geq P$$

여기서, T_{as} : 긴장재의 허용인장력
      T_{us} : 긴장재의 극한인장력
      P : 긴장력

    (2) 앵커 정착부에서 그라우트와 주면지반 사이의 파괴(정착파괴)

$$T_{ag} = T_{ug}/FS \geq P$$

여기서, T_{ag} : 그라우트와 지반 사이에서
             발휘되는 허용인발저항력
      T_{ug} : 그라우트와 지반 사이에서
             발휘되는 극한인발저항력
      P : 긴장력

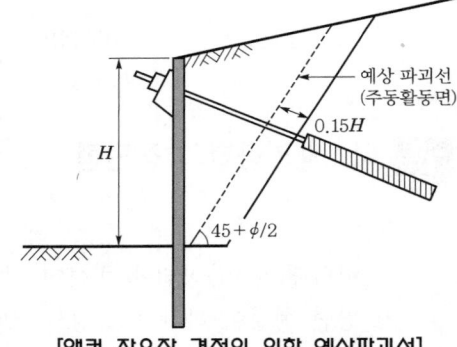
[앵커 자유장 결정의 위한 예상파괴선]

    (3) 긴장재와 그라우트 사이의 파괴

$$T_{ab} = C_b U L_e \geq P$$

여기서, T_{ab} : 긴장재와 그라우트 사이의 부착력
      C_b : 긴장재와 그라우트 사이의 부착응력
      U : 긴장재의 원주면길이
      L_e : 앵커정착장

    (4) 설계앵커력의 결정 : 설계앵커력은 계산된 허용인장력, 허용인발력, 허용부착력
                           중 최솟값 사용

Ⅵ 어스앵커의 시공순서 및 시공 시 주의사항

1. 어스앵커의 시공순서

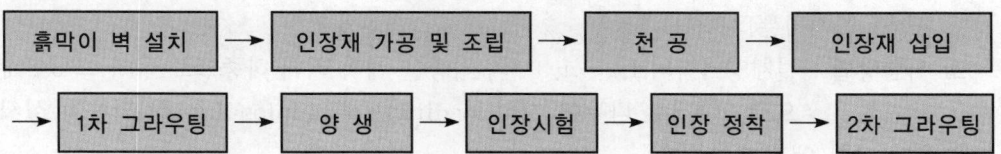

2. 어스앵커 시공 시 주의사항
    1) 인장재의 가공 및 조립을 정확히 할 것
    2) 천공 시 공벽을 보호할 것
    3) 인장재 삽입은 정착장에 안전하게 깊이 삽입할 것
    4) 정착장의 인장력이 설계대로 확보되었는지 확인할 것
    5) 그라우팅재는 인장재에 부식영향이 없을 것
    6) 인발력이 작용하여 지반균열 발생 시 그라우팅으로 지반을 보강할 것
    7) 그라우팅 양생 시 진동, 충격, 파손이 없도록 주의할 것
    8) 영구용 앵커인 경우에는 자유장 부분의 PS 강선의 부식 방지를 위해 방청재로 2차 그라우팅을 시행할 것

Ⅶ 어스앵커의 긴장력 확인방안

1. 어스앵커 긴장력 확인을 위한 시험순서

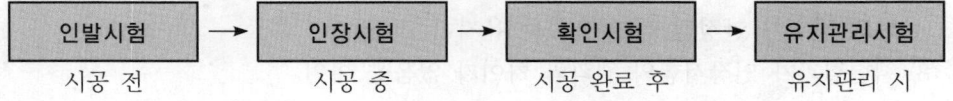

2. 어스앵커 인발시험
    1) 목적
        (1) 실제 시공에 앞서 설계조건에서 제시한 지반조건, 사용재료, 안전율 등에 대한 앵커의 품질, 설계의 정확성 등을 조사ㆍ증명하기 위한 시험
        (2) 인발시험은 설계와 동일한 지반에서 실시해야 함.
    2) 시험방법
        (1) 인발시험의 최대 하중은 강선 항복강도의 90% 또는 강선 인장극한강도의 80% 중에서 작은 값을 한도로 하여야 함.
        (2) 인발시험은 충분히 양생한 후 시험을 실시함.
        (3) 단계하중을 시험하중의 0.2배로 하여 재하(loading)-제하(unloading)를 5단계로 실시함.
    3) 시험수량 : 앵커의 배치 형상, 지반의 지질이나 지층의 종류, 인장재 등이 다를 때마다 1개소 이상 실시

3. 어스앵커 인장시험

1) 목적 : 실제 시공조건과 동등한 조건에서 시공된 앵커를 대상으로 실시하며, 설계하중까지
재하하여 앵커의 설계·시공의 안전성, 합리성 등을 판정하는 자료를 얻기 위해
실시하는 시험

2) 시험방법 : 설계앵커력의 1.2 ~ 1.3배의 하중을 계획 최대 하중으로 하여 그 0.2배 간격
으로 5단계로 나누어 재하(loading)−제하(unloading)를 되풀이 실시

3) 인장시험 앵커개수

구 분		암반 및 비점성토	약간 점성을 가진 지반 및 과압밀 지반	정규압밀상태의 점토 및 점토질 실트
20개 이하	가설	1개	1개	2개
	영구	1개	1개	3개
21개 이상	가설	앵커 총수의 0.05% 또한 2개 이상	앵커 총수의 1% 또한 3개 이상	앵커 총수의 1.5% 또한 3개 이상
	영구	앵커 총수의 1% 또한 2개 이상	앵커 총수의 1.5% 또한 3개 이상	앵커 총수의 2% 또한 3개 이상

4. 어스앵커 확인시험

1) 목적 : 확인시험은 인장시험으로 확인된 변형특성을 기초로 시공된 앵커가 설계앵커력
에 대하여 안전하다는 것을 확인하기 위해 실시하는 시험

2) 시험방법

(1) 계획 최대 시험하중은 설계하중의 1.2배로 하여 1회 재하 실시

(2) 재하 도중 계획 최대 시험하중의 0.4배, 0.8배, 1.2배의 각 단계별로 가압을 정지
하고 변위가 안정될 때까지 하중 유지

(3) 시험결과가 인장시험의 결과와 차이가 없음을 확인

(4) 확인시험결과 앵커의 인장력에 도달하지 못하는 경우 문제의 앵커를 체크하고 재시
공 등의 대처방안 강구

3) 시험수량 : 실시공에 사용되는 앵커의 전체에 대하여 실시

5. 크리프시험

1) 목적 : 시간변화에 따른 장기거동을 측정하기 위한 것으로 인장시험과 같은 방법으로
하중을 재하하지만 인장시간을 다르게 하여 변형을 측정하는 방법

2) 시험방법

$$크리프 변형 = \Delta t - \Delta t_1$$

여기서, Δt_1 : 1분 동안의 변형, Δt : 시간 t분 후의 변형

3) 시험의 적용 : 소성지수가 20 이상인 점토질 지반

6. 리프트 오프 시험(lift off load test)

  1) 목적 : 이미 긴장·정착되어 있는 앵커의 긴장력을 확인하기 위해 실시하는 시험으로, 유지관리를 위한 잔존긴장력을 구하는 시험

  2) 시험방법

    (1) 계획 최대 시험하중은 설계하중의 1.5배로 하여 재하 실시

    (2) 초기하중$(P_i) = (0.05 \sim 0.1)P_d$

    (3) 단계적 하중 증분은 잔존긴장력(P_d)의 85% 정도까지는 $\Delta P = (0.02 \sim 0.05)P_d$

  3) 시험수량 : 일반적으로는 앵커 50~100본에 한 곳의 비율로 시험 실시

  4) 평가방법

    (1) 인장재의 하중−신장곡선의 관계에서 신장량의 증가비율이 인장재 자유장에 대한 탄성신장량과 같아진다는 전제하에 잔존긴장력을 구함.

    (2) 리프트 오프 하중(P_i)과 도입긴장력(P_d)의 대소를 비교함으로써 앵커의 성능을 평가함.

  5) 시험의 특징

    (1) 정해진 일시의 앵커 잔존긴장력이 계측 가능

    (2) 임의의 장소에서 측정 가능

    (3) 측정에 시간 필요

Load	$0.10P_d$	$0.35P_d$	$0.60P_d$	$0.85P_d$	$0.90P_d$	$0.95P_d$	$1.00P_d$	$1.02P_d$	$1.04P_d$	$1.06P_d$	$1.08P_d$	$1.10P_d$
측정간격	직후	〃	〃	〃	〃	〃	〃	〃	〃	〃	〃	〃

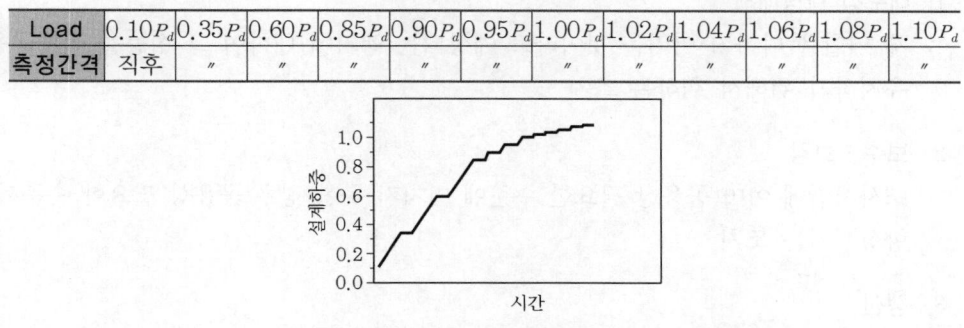

[리프트 오프 시험절차]

Ⅷ 어스앵커공법의 시공 후 유지관리방안

1. 목적 : 잔존긴장력의 측정을 통한 어스앵커의 유지관리 시행

2. 시험방안

  1) 하중계에 의한 잔존긴장력 계측

  2) 리프트 오프 시험에 의한 잔존긴장력 측정

3. 하중계에 의한 잔존긴장력 계측방안
    1) 하중계 설치 후 쉽게 계측 가능
    2) 잔존긴장력의 경시변화가 측정 가능
    3) 기상조건에 의한 영향이 추측 가능
    4) 유선, 무선 등을 이용해 집중관리 가능
    5) 사용연수가 넘은 하중계는 교체 필요
    6) 하중계의 분류 및 개요

[변형률게이지식 하중계]

계측형식	변형률게이지식 하중계	차동트랜스식 하중계	유압디스크식 하중계
계측원리	원통형의 계기 외부에 설치한 변형률게이지를 매개로 하여 전압으로 변환을 계측 실시	1차 코일과 2차 코일 및 그 중심부에 있는 자성체로 구성된 트랜스로서, 그 양자의 유도전압의 차를 계측함으로써 축력을 계측 실시	디스크의 구조는 금속박판 2장을 용접하여 그 안에 작동유를 충전한 것으로서 디스크 내의 유압력으로부터 축력을 계측 실시
성 능	• 적용하중 : ~5,000kN • 온도제한 : −10~+60℃	• 적용하중 : ~2,000kN • 온도제한 : −30~+80℃	• 적용하중 : ~1,600kN • 온도제한 : −30~+60℃

IX 어스앵커공법의 잔존긴장력 부족 시 대처방안

1. 내구성 향상대책
    제 역할을 다하기 어려울 것이라고 예상되는 앵커에 대하여 그 성능을 설계공용기간까지 유지하기 위해서 취하는 조치

2. 보수 · 보강
    조사시점에 이미 공용상 필요한 수준에 미치지 못한 경우 공용상 필요한 수준까지 성능을 향상시키는 조치

3. 갱신
    조사시점에 앵커가 이미 공용상 필요한 수준에 미치지 못한 경우 보수 · 보강을 통해 그 자체의 기능 회복을 시키는 것이 어렵고, 비용과 공사기간 등을 고려하였을 때 어려움이 있을 경우 새로운 앵커 가설

4. 긴급대책
    1) 점검 시 앵커가 곧 파단할 것이 분명한 경우에 피해를 막을 목적으로 긴급하게 실시하는 처치방안
    2) 허용한계수준을 밑도는 앵커에 대하여 허용수준을 웃도는 정도까지 신속한 대책을 강구하는 대책

5. 응급대책
   1) 본격적인 대책을 실시할 때는 비용 등을 고려하여 당초의 기능 확보나 기능의 저하 방지를 위해 실시하는 처치
   2) 본격적인 대책을 하기 앞서 필요한 시간을 확보하기 위해 현 시점에서의 성능 수준을 유지하는 대책

X 맺음말

1. 어스앵커 정착 지반의 투수계수가 높거나 분당 약 10m 이상의 지하수 유동이 있는 경우, 특이 지반으로 인해 그라우트 수화가 진행되지 않는 경우 등으로 정착 부분의 형성에 실패하게 되면 앵커의 정착력 분포가 너무 크게 되어 앵커 적용이 어렵게 된다.
2. 따라서 사전에 철저한 지반조사와 더불어 설계 시 앵커의 안정관리에 만전을 기하여야 하며, 시공 후 확인시험을 철저히 실시해야 한다.

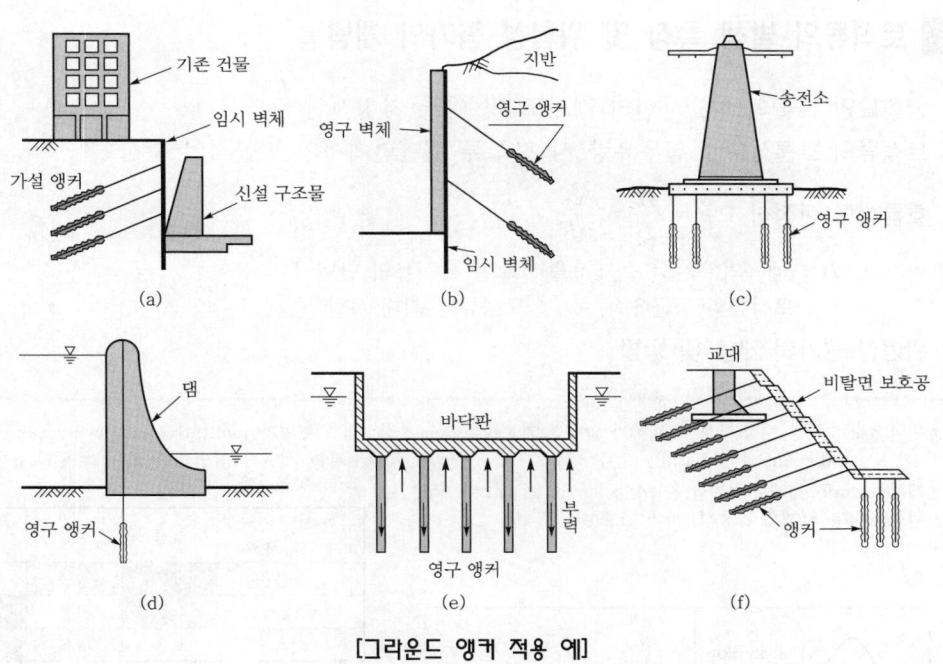

[그라운드 앵커 적용 예]

토석류(debris flow)의 발생원인과 대책

문제 분석	문제 성격	응용 이해	중요도	■■■□□□□
	중요 Item	발생 메커니즘 및 저감대책		

I 개 요

1. 토석류는 집중강우 시 자연사면 붕괴로 인한 파괴쇄설물이 표면수 및 계곡수와 섞여 물길을 형성하면서 빠르게 이동하는 사면파괴의 유형이다.
2. 토석류는 토석류(debris flow), 토사류(sand flow), 이토류(mud flow)로 구분되며, #4번체 통과백분율이 50% 이상일 때 토석류로 분류하며, #200체 통과백분율이 50% 미만일 때 이토류로 분류한다.

II 토석류의 발생 특징 및 위험성 평가의 개념

1. 영향요인 : 물의 양, 사면의 경사도 및 다른 지형적인 요인
2. 토석류의 흐름심도 : 첨두유량 시 토석류 횡단면에서의 평균적인 수심
3. 흐름심도 산정식 : $h = \dfrac{A}{B} = \dfrac{Q_p}{vB}$

   여기서, B : 계곡의 폭, A : 계곡을 흐르는 토석류의 단면적
   v : 토석류의 평균유속, Q_p : 토석류의 최대 유량

4. 위험성 평가의 개념 및 방법

- 위험(risk) : 특정 지점(시설)에 피해가 발생할 가능성 (likelihood of harm)
- 재해(hazard) : 피해를 유발할 가능성(potential to cause harm)
- 위험(risk) = F(재해 가능성, 피해 가능성)

- 정성적 위험평가(qualitative risk evaluation)
  - 결과를 서술적 방법으로 표현 : 매우 높음, 높음, 보통, 낮음, 매우 낮음

재해 가능성 / 피해 가능성	높음	중간	낮음
높음	매우 높음	높음	보통
중간	높음	보통	낮음
낮음	보통	낮음	매우 낮음

- 정량적 위험평가(quantitative risk evaluation)
  - 결과를 정량적 방법으로 표현 : 5년 안에 발생할 확률 80% 손실가능금액 등
- P = 연간 재해 발생확률
  × 재해가 시설물에 도달할 확률
  × 시설물에서의 재해규모에 의해 피해 발생확률
  [× 피해금액]

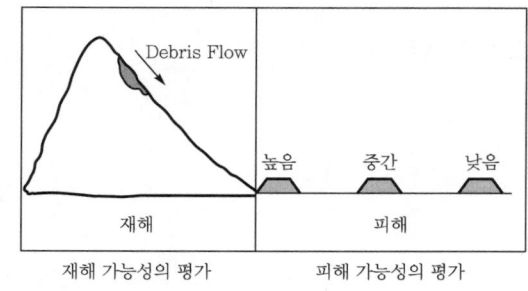

재해 가능성의 평가 / 피해 가능성의 평가

Ⅲ 토석류(debris flow)의 발생원인 및 발생형태

1. 발생원인
   1) 집중호우로 인한 간극수압의 증가
      (1) 발생 가능 : 강우강도가 30mm/h 이상의 일누적강우량 100mm/h 이상
      (2) 대규모 발생 : 강우강도가 55mm/h 이상의 일누적강우량 250mm/h 이상
   2) 급한 경사
      (1) 시작부 사면경사 : 20 ~ 40°
      (2) 퇴적지 사면경사 : 5 ~ 10°
   3) 지하수위 증가에 따라 배수상태에서 구속압의 감소에 의한 파괴

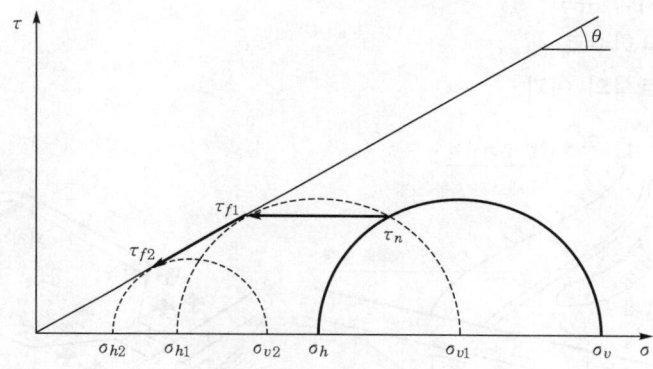

2. 발생형태
   1) 계곡형
      임목, 토석 등이 계곡에 쌓여 물길을 방해하면서 저장된 물의 양이 많아지고 수두차가 커질수록 큰 에너지가 축적된 물과 암석, 토사 등의 혼합물이 계곡을 따라서 빠르게 이동하는 파괴형태로, 이동거리가 멀고 하부에 큰 피해가 발생
   2) 사면형
      경사가 급한 사면 상부의 큰 분지에서 원호파괴나 전이형 파괴로 시작된 붕괴토와 물이 완만한 경사지까지 빠르게 이동하는 파괴형태로 이동거리가 짧은 계곡형 토석류의 초기파괴형태

3. 토석류의 규모 산정방법
   1) 첨두토석유량(peak debris discharge) 기준
      (1) 기준위치에서 단위시간당 통과하는 토석의 부피(m^3/s)
      (2) 첨두토석유량 산정은 현장조사결과를 바탕으로 함.
   2) 퇴적되는 토석의 양(volume of debris) 기준
   3) 피해범위(area inundated) 기준

Ⅳ 토석류의 대책(구조적 대책)

1. 첨두유량의 감소 : 표면수 저감 / 표면수 분산 / 표면수 일시 저수

2. 침식 저감
   1) 표면수에 의한 지표면 침식 저감 : 식생, 표면 피복
   2) 사면안정성 증대 : 산마루 측구 / 배수로 바닥 및 측면 침식 방지 / 대책
   3) 유량 조절 : 사방댐, 유수지

3. 토석류 제어
   1) 토석류 흐름의 변화
   2) 토석류 퇴적 유도
   3) 토석류 우회수로
   4) 유기질 토석의 여과

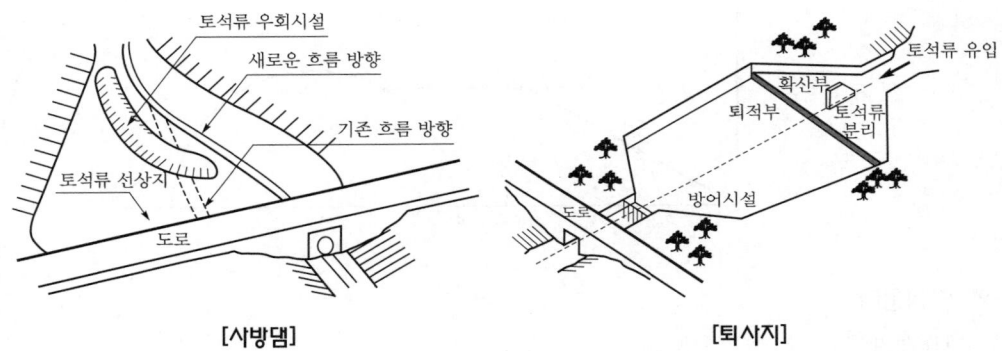

[사방댐]   [퇴사지]

Ⅴ 토석류의 대책(비구조적 대책)

1. 토석류 감시시스템의 도입
   1) 토석류의 발생 가능성 예측
   2) 토석류 발생 시 토석류의 이동형태의 관찰 및 발생과 흐름 메커니즘 분석
2. 강우 측정을 통한 경보시스템 구축으로 인명과 재산피해의 최소화
3. 중장기적인 연구수행 및 토석류에 대한 설계기준 마련

Ⅵ 맺음말

토석류 발생 시에는 인적, 물적 피해 등 많은 재해가 예상되므로 사전에 위험 발생 예상 평가 등을 통하여 필요한 구조적, 비구조적 대책을 수립하여, 토석류에 대한 피해 발생을 최소화 하여야 한다.

CHAPTER 03

전문 공종

자신을 신뢰할 수 있는 사람만이 남에게도 성실할 수 있다.
부드러운 말과 정성을 다하는 마음으로 상대방을 대하면
머리카락 한 올로도 능히 코끼리를 끌 수 있다.

- **연약지반(정.문.대.시) = 정의 + 문제점 + 대책 + 시공관리**
  1. 정   의 : 내적 + 외적
  2. 문 제 점 : 안정 + 침하 + 측방유동
  3. 대   책 : 안정(하중 조절 + 지중구조물 형성)
     침하(지반개량공법) = (지수 + 치환 + 고결 + 탈수 + 다짐)
  4. 시공관리 : 계측 → (안정 + 침하)

- **옹벽 = 토압 + 안정조건 + 시공관리**
  1. 토   압 : 토압 및 계수(주동/수동/정지) + arching effect
  2. 안정조건 : 내적 + 외적(전도, 활동, 지지력, 원호활동)
  3. 시공관리(배.뒤.줄.기) : 배수 + 뒤채움 + 줄눈 + 기초

- **흙막이 = 벽체구조 + 지지구조 + 보조공법**
  1. 벽체구조 : 개수(엄지말뚝/토류판) + 차수(slurry wall)
  2. 지지구조 : 자립식 + 버팀대식 + tie rod식 + top down식
  3. 보조공법 : 생석회말뚝공법 + 지하수처리공법 + 약액주입공법 + 동결공법
  4. 최종 물막이공법 : 완속식(점고/점축/병용) + 급속식

- **기초 = 얕은(직접)기초 + 깊은(간접)기초 + 지지력 결정**
  1. 얕은기초 : footing 기초(확대기초) + mat 기초(전면기초, 온통기초)
  2. 깊은기초 : 탄성기초(말뚝기초) + 강성기초(caisson) + 특수 기초
     ※ 말뚝기초 : 기성말뚝(시공법, 기능) + 현장타설말뚝(굴착, 치환)
  3. 지지력 결정 : 조사 → 계획(정역학적) → 시항타(동역학적) → 결정(동재하, 정재하) → 본항타

- **암반 = 암석, 암반 차이점 + 결함 + 암반분류방법**
  1. 차이점 : 불연속면 유(암반) + 불연속면 무(암석)
  2. 결   함 : 내적 결함(불연속면) + 외적 결함(풍화 정도)
  3. 암반분류방법 : 풍화도 + 절리간격 + 풍화/절리간격 + 풍화/절리특성

- **터널 = 굴착 + 보조공법 + 기타**
  1. 굴착 : 굴착방법(수단) + 굴착공법(pattern)
  2. 보조공법 : 막장안정공법(천단부/막장면) + 용수처리공법
  3. 기타 : 붕괴 + 환기 + 방배수 + 방재 + 갱구부

- **교량 = 상부구조 + 하부구조 + 부속장치**
  1. 상부구조 : Concrete교(가설/타설) + 강교(가설/연결)
  2. 하부구조 : 교각 타설공법 + 교량기초
  3. 부속장치 : 교좌장치 + 신축이음장치

- **댐 = 기본 + 구조 + 재료(Conc./Fill Dam)**
  1. 기본 : 유수 전환(가물막이) + 기초처리
  2. 구조 : 안정 + 차수
  3. 재료 : Concrete Dam+Fill Dam

- **하천 = 기본수리 + 시설물 + 문제점(홍수, 가뭄, 세굴)**
  1. 기본수리 : 흐름 + 관련 식(기본 + 연속, 에너지, 운동량)
  2. 시설물 : 제방 + 호안 + 수제공 + 하상유지공 + 보 + 유수지
  3. 문제점 : 홍수/가뭄(기술적, 법제도적) + 세굴

- **상하수도 = 관기초 + 관 파손 + 하수관거 + 누수, 수밀시험**
  1. 관기초 : 관기초형식 + 파손원인/대책
  2. 관 파손 : 추진공법(도심지) + 관거검사 + 파손원인/대책
  3. 하수관거 : 불명수 유입문제/대책+수밀시험
  4. 누수 방지+세관 및 갱생공사

- **계측 = 일반사항 + 대상 + 시기**
  1. 일반사항 : 계측의 목적(1차, 2차, 3차)
  2. 대   상 : 침하, 변위, 수압, 수위, 토압, 변형, 진동
  3. 시   기 : 시공 중, 공용 중

전문 공종 용어해설

❖ 터 널

1. **건축한계**

   터널 이용목적을 원활하게 유지하기 위한 공간적 한계이며, 건축한계 내에는 시설물을 설치할 수 없도록 규제하고 있음.

2. **경사**

   층리면, 단층면, 절리면과 같은 지질구조면의 기울기 각으로서 주향과 직각으로 만나는 연직면 내에서 수평면과 지질구조면이 이루는 사이 각

3. **계측**

   터널 굴착에 따른 주변 지반, 주변 구조물 및 각 지보재의 변위 및 응력의 변화를 측정하는 방법 또는 그 행위

4. **굴착공법**

   막장면 또는 터널 길이 방향의 굴착계획을 총칭하는 것으로서 전단면 굴착공법, 분할 굴착공법, 선진도갱 굴착공법 등이 있음.

5. **굴착방법**

   막장의 지반을 굴착하는 수단을 말하며 인력굴착, 기계굴착, 파쇄굴착, 발파굴착 등이 있음.

6. **기계굴착**

   중장비에 부착된 브레이커, 파워쇼벨, 커터붐 등을 이용하여 굴착하는 방법을 말하고, TBM, shield 등에 의한 굴착도 기계굴착에 속함.

7. **내공변위량**

   터널 굴착으로 발생하는 터널 내공의 변화량으로 통상 내공단면의 축소량을 양(+)의 값으로 함.

8. **뇌관**

   폭약 또는 화약을 기폭시키기 위해 사용되는 기폭약 또는 첨장약이 장전된 관체

9. **단층**

   외력에 의하여 지반이 상대적으로 이동된 단열구조로서 발생유형에 따라 정단층, 역단층, 충상단층(thrust fault) 등으로 구분됨.

10. **디스크 커터**

    shield나 TBM 등 각종 기계굴착기에 부착되는 원반형의 커터로 회전력과 압축력에 의해 암반을 압쇄시켜 굴착

11. **록볼트**

    지반 중에 정착되어 단독 또는 다른 지보재와 함께 지반을 보강하거나 지반 간의 결속을 꾀하여 변위를 구속함으로써 지반의 지내력을 증가시키는 봉상의 부재
    - 록볼트 인발시험 : 록볼트의 인발내력을 평가하기 위한 시험
    - 록볼트 축력 : 지반에 설치된 록볼트에 발생하는 축방향 하중

12. 막장

    터널 내에서 굴착작업이 수행되는 최전방지역

13. 바닥부

    터널 단면의 바닥 부분

14. 발진터널

    TBM의 초기굴착 시 TBM 본체의 발진을 위한 터널로서 발파공법에 의해 굴착하며, 일반적으로 TBM 본체길이 정도의 터널이 필요함.

15. 발파굴착

    착암기나 점보드릴 등 천공장비에 의해 천공된 공에 화약을 장약하여 그 폭발력을 이용하여 암반을 굴착하는 방법

16. 버력

    터널 굴착과정에서 발생하는 암석덩어리, 암석조각, 토사 등의 총칭

17. 변형여유량

    굴착에 따른 지반변형에 의해 계획내공단면이 축소되지 않도록 미리 예상되는 지반변형량 만큼 여유를 두어 굴착하는 내공 반경 방향의 여유량

18. 벤치(bench)

    터널 단면을 수평면으로 분할하여 굴착하는 경우의 분할면

19. 벤치길이

    분할굴착 시 분할면의 터널 축방향의 길이

20. 보조지보재

    막장 전방에 설치하여 굴착 시 지반의 자체 지보능력을 발휘하도록 도와주는 지보재로 주지보재를 제외한 지보재의 총칭

21. 섬유보강 숏크리트(fiber reinforced shotcrete)

    숏크리트의 역학적인 특성을 보완하기 위하여 강 또는 기타 재질의 섬유를 혼합하여 타설하는 숏크리트

22. 세그먼트(segments)

    터널, 특히 실드터널공법에 사용되는 라이닝을 구성하는 단위조각으로, 일반적으로 철재 또는 프리캐스트 콘크리트

23. 숏크리트(shotcrete)

    굳지 않은 콘크리트를 가압시켜 노즐로부터 뿜어내어 소정의 위치에 시공하는 콘크리트

24. 스프링라인(spring line)

    터널의 상반 아치의 시작선 또는 터널 단면 중 최대폭을 형성하는 점을 종방향으로 연결하는 선

25. 스킵(skip)

    수직갱을 통하여 버력 등을 운반하는 데 사용되는 운반용구

26. 외판(skin plate)

실드기계에서 굴진장치, 세그먼트 조립장치 등 감싸고 있는 원통형의 판

27. 언더피닝(underpinning)

기존 구조물이나 기초를 변경 혹은 확대하거나 인접 공사 등으로 보완이 필요할 경우 기존 구조물을 보강 또는 지지하는 공법

28. 이렉터(erector)

실드기의 구성요소로 세그먼트를 들어 올려 링으로 조립하는 데 사용하는 장치

29. RMR(Rock Mass Rating) 분류

비에니아스키(Bieniawski)가 제안한 정량적인 암반분류방법이며 암석강도, RQD, 절리면간격, 절리면상태, 지하수상태, 절리면의 상대적 방향 등을 반영하여 암반상태를 분류하는 방법

30. RQD(Rock Quality Designation)

시추코어 중 10cm 이상 되는 코어편의 길이의 합을 시추길이로 나누어 백분율로 표시한 값으로서 암질의 상태를 나타내는 데 사용함. 이때 코어의 직경은 NX규격 이상이어야 함.

31. 애추(talus)

절벽 기슭이나 산 사면에 쌓인 모난 암석의 집합체

32. 어깨(shoulder)

터널의 천장과 스프링라인의 중간점

33. 엽리

변성암에 나타나는 지질구조로 암석이 재결정작용을 받아 같은 광물이 판상으로 또는 일정한 띠를 이루며 형성된 지질구조

34. 용출수

터널의 굴착면으로부터 용출되는 지하수

35. 이완영역

터널 굴착으로 인해 터널 주변의 지반응력이 재분배되어 다소 느슨한 상태로 되는 범위

36. 인력굴착

삽, 곡괭이 또는 픽해머, 핸드브레이커 등의 소형 장비를 이용하여 인력으로 굴착하는 방법

37. 인버트(invert)

터널 단면의 바닥 부분에 설치되어 터널 단면을 폐합시키기 위하여 숏크리트 또는 콘크리트 등으로 설치한 지보재

38. 일상계측

일상적인 시공관리를 위해 실시하는 계측으로서 지표침하, 천단침하, 내공변위 측정 등이 포함된 계측

39. 장대터널

터널의 연장이 1,000m 이상인 터널

40. 절리

암반 중에 발달되어 있는 비교적 일정한 방향을 갖는 갈라진 틈을 말하며, 그 양측 암석의 상대 이동량이 없거나 거의 없는 불연속면

41. 정밀계측(대표계측)

정밀한 지반거동 측정을 위해 실시하는 계측으로서 계측항목이 일상계측보다 많고 주로 종합적인 지반거동 평가와 설계의 개선 등을 목적으로 수행

42. 주지보재

굴착 후 시공하는 지보재로서 보조지보재 및 콘크리트 라이닝을 제외한 지보재의 총칭. 강지보재, 숏크리트, 록볼트, 철망 등으로 구성

43. 주향

지층, 단층과 같은 판상의 평면과 수평면이 이루는 교선의 방향을 진북 방향으로 기준하여 측정한 방위

44. 지구물리탐사(geophysical exploration)

지구물리학적 방법에 의해 광화대의 존재, 지하수 분포의 상태, 지질특성 및 지질구조 등을 조사하는 방법으로서, 중력탐사, 자력탐사, 전기탐사, 전자탐사, 탄성파탐사, 방사능탐사 등

45. 지반

건설행위의 대상이 되는 지표 구성물질로서 토사 및 암반층을 총칭

46. 지보재

굴착 시 또는 굴착 후에 터널의 안정 및 시공의 안전을 위하여 지반을 지지, 보강 또는 피복하는 부재 또는 그 총칭을 말함

47. 지보패턴

각 지보재들의 규격, 시공위치, 시공순서, 수량 등을 일정한 형식(pattern)으로 정한 것

48. 지중변위

터널 굴착으로 인해 발생하는 굴착면 주변 지반의 변위로서 터널 반경 방향의 변위를 말함.

49. 지중침하

터널 굴착으로 인해 발생하는 터널 상부 지반의 깊이별 침하

50. 지표침하

터널 굴착으로 인해 발생하는 터널 상부 지표면의 침하

51. 지하매설물

지표 하부에 묻혀 있는 인공구조물로서 지장물이라고도 함.

52. 천장부(crown)

터널의 천단을 포함한 좌우 어깨 사이의 구간

53. 천단침하

   터널 굴착으로 인해 발생하는 터널 천단부의 연직 방향의 침하를 말하며, 기준점에 대한 하향 방향의 절대 침하량을 양(+)의 천단침하량으로 정의

54. 초기응력

   굴착 전에 원지반이 가지고 있는 응력

55. 추가볼트

   설계된 지보패턴에 추가하여 시공되는 록볼트

56. 측벽부(wall)

   터널 어깨 하부로부터 바닥부에 이르는 구간

57. 측선

   계측을 위해 설정한 측점 사이의 최단거리에 해당하는 가상의 선

58. 층리

   퇴적암이나 충적토 등이 층상으로 쌓이며 생성되는 불연속면

59. 커터 비트(cutter bit)

   실드의 면판에 부착하는 칼날형의 비트로, 칼날형으로 가공한 부체의 앞에 견고한 팁을 용접한 것. 본체는 크롬몰리브덴강, 니켈크롬몰리브덴강 등의 내마모강을, 침은 광산공구용 초경합금, 텅스텐, 코발트, 카본합금 등을 사용함.

60. 커터숍(cutter shop)

   TBM 작업이나 실드작업 시, 특히 암반부 굴착 시 다량 소요되는 예비커터를 보관하고 커터를 정비하는 창고

61. 커터 슬릿(cutter slit)

   실드굴착 시 굴착토를 커터 헤드의 회전에 따라 실드기 안으로 끌어 담는 역할

62. 커터 헤드(cutter head)

   실드나 TBM의 맨 앞부분에 배열 장착된 각종 커터나 비트를 부착하여 회전 · 굴착하는 부분

63. 케이지(cage)

   수직갱을 통하여 버력이나 작업원 등을 운반하는 데 사용되는 바구니 형상의 운반용구

64. K형 세그먼트

   실드의 세그먼트 조립 시 마지막으로 끼워 넣는 세그먼트

65. 콘크리트 라이닝(concrete lining)

   터널의 가장 내측에 시공되는 무근 또는 철근콘크리트의 터널 부재

66. Q – 시스템

   바톤(Barton) 등이 제안한 정량적인 암반분류의 하나이며 RQD, 절리군 수, 절리면 거칠기, 절리면변화 정도, 지하수에 의한 감소계수, 응력감소계수 등을 반영하여 암반을 분류하는 방법

67. 테일 보이드(tail void)

세그먼트로 형성된 링의 외경과 실드기계 외판 바깥지름 사이의 원통형의 공극으로, 테일 스킨 플레이트의 두께와 테일 클리어런스의 두께의 합

68. 테일 스킨 플레이트(tail skin plate)

실드기계의 테일부의 외판(skin plate)을 말하며 일반적으로 외판보다 약간 두꺼움.

69. 테일 실(tail seal)

실드의 외판 내경과 세그먼트 사이에 틈이 생기는데, 이곳에서 지하수 유입 또는 뒤채움 주입재의 역류를 막기 위해 실드 후단에 부착하는 것

70. 테일 클리어런스(tail clearance)

테일 스킨 플레이트의 내면과 세그먼트 외면 사이의 간격

71. 토피

터널 천단으로부터 지표까지의 연직두께

72. 특수 지반

팽창성 지반, 함수미고결 지반 등

73. 틈새

절리 등 불연속면의 벌어진 정도

74. TCR(Total Core Recovery)

시추길이에 대한 회수된 코어의 길이비를 백분율로 표시한 값

75. 파쇄굴착

유압가스, 팽창성 모르타르, 특수 저폭속화약 등을 이용하여 암반을 파쇄시켜 굴착하는 방법

76. 편압

터널 좌우 또는 전후 방향으로 불균등하게 작용하는 지반압력

77. 팽창성 지반

팽창성 광물을 다량 함유한 토사 혹은 암반 및 잔류지중응력이 높은 지반

78. 표준지보패턴

지반의 등급에 따라 미리 표준화한 지보패턴

79. 필러(pillar)

굴착면 사이에 남아 있는 기둥이나 벽모양의 지반

80. 허용편차

변형여유량에 시공상 피할 수 없는 오차를 합한 값

❖ 터널(발파)

1. 결선(結線, connection of wire)
전기발파에 있어서 각선끼리, 각선과 보조모선, 발파모선과 보조모선을 결합하는 것을 말함.

2. 공명(共鳴, resonance)
공진의 현상으로 진동이 발음체에 의하는 현상
※ 발음체 : 자유로 진동할 때에 나오는 것과 같은 진동수의 음을 받을 때 그 자체도 강하게 진동

3. 공발(空發, blown—out)
발파작업 시 장전한 폭약의 폭력이 부족하여 암석을 파괴하지 못하고 공구 쪽으로 폭력이 빠져나가 전색물만 날려 보내거나 공구 쪽의 암석 일부만을 파쇄하는 현상으로, 소음과 비석의 위험이 있는 현상으로 그 원인은 아래와 같음.
- 과도한 약장일 경우
- 전색이 부적당할 경우
- 지발시차의 부적절로 인하여 후열에서 먼저 기폭되는 경우
- cut—off 등의 이유로 인하여 저항선이 증가되는 경우

4. 공진(共振)
진동계의 강제 진동에 있어서 외력의 크기를 일정하게 한 채로 주파수를 변화시킬 때 계의 고유진동수 부근에서 변화하여 속도, 압력 등이 극대치가 되는 현상

5. 과장약, 약장약, 표준장약
원론적인 의미에서의 판단기준은 최소 저항선(W)과 누두반경(R)의 비, 즉 누두반경을 대상으로 판단하지만 실질적인 의미에서는 발파목적에 부합되는 발파를 수행하였을 경우 표준장약이라 함.

6. 굴진장
터널작업에서 매 발파당 전진한 실제 단위길이를 의미하고, 발파의 경우 일반적으로 굴진장은 천공장보다 짧음. 적정한 굴진장의 선정은 갱도의 크기, 작업사이클, 지보의 설치, 발파방법 등에 의하지만 암반 자체의 지보능력에 좌우하며, 특히 도심지에서는 발파진동의 허용치 정도에 영향을 받음.

7. 기폭
폭약에 충격, 마찰, 전기, 열 등의 외적 작용에 의하여 폭약을 폭발시키는 것. 천공장과 장약장이 클수록 강력한 기폭약을 사용하여야 완전한 폭력을 발휘할 수 있고, 이렇게 폭약이 기폭할 수 있는 예민도를 기폭감도라고 함. 초유폭약(AN—FO)은 뇌관만으로는 기폭이 되지 않고 기폭약포(primer)를 사용하여야 비로소 폭굉에 이름(경우에 따라 뇌관만으로 불완전한 폭발을 일으키기도 함).

8. 누설전류
발파회로의 절연상태가 나쁠 경우 기폭전류가 외부로 새어나가는 것을 말하는데, 이로 인해 뇌관의 점화가 불발이 되는 경우가 있으므로 발파회로의 결선 부위를 절연테이프로 감아서 절연을 확실히 함.

9. 다중렬발파
벤치발파에 있어서 자유면으로부터 후방향을 향하여 다수의 천공을 하고 자유면에 가까운 공으로부터 기폭을 시작하여 순차적으로 마지막까지 발파를 하는 방법을 말함. 전열의 발파로 인한 새로운 자유면의 형성으로 발파효과가 좋아지고, 주로 지발뇌관을 사용

10. 단발발파
- 순발뇌관 : 뇌관의 기폭과 동시에 폭약을 폭굉시킴.
- 지발뇌관 : 뇌관이 기폭되면 뇌관 내의 지연작용에 의하여 일정 시간 지연시킨 후 폭약을 폭굉시킴. 지발뇌관에는 MS지발과 DS지발이 있음.

기본 지연초시로 MS지발은 단차 간 지연시간이 25/1,000sec이고, DS지발은 25/100sec임.

11. 단수(段數, number of delay)
지발뇌관의 단차 수를 말하며(총사용뇌관의 수가 아님), 만약 어느 현장의 MS전기뇌관의 단수가 6단이라면 6종류의 지연시차를 가지는 뇌관을 사용하였다는 것을 의미함.

12. 도폭선발파, 도화선발파, 전기발파, 비전기식 발파
장전된 폭약을 기폭시키기 위한 화공품으로 대체적으로 뇌관을 기폭시키는 수단에 의해 분류. 전기뇌관은 누설전류나 미주전류 등에 의하여 불의의 사고위험성을 내재하고 있는바, 벼락이 잦은 지역, 미주전류, 누설전류 등이 많은 지역이나 장소(터널)에서는 도폭선 또는 비전기식 뇌관의 사용이 안전하고, 도화선발파는 최근에는 거의 사용하지 않음.

13. 디커플링지수(decoupling index)
폭약과 천공 간의 공극이 크면 디커플링효과에 의하여 천공 내벽에 작용하는 폭굉압력(爆轟壓力)이 급격히 떨어지고 발파효과(파쇄효과)가 나빠짐. 파쇄효과를 중시하는 경우에는 밀장전이 바람직하며, 진동의 제어가 필요한 경우에는 디커플링지수가 크게 하여 사용함.

14. 미주전류
발파장소에 전등선, 전력선 등의 전원에서 절연상태의 부족으로 지중, 수중으로 전류가 흘러가는 것을 말함. 불의 폭발사고의 주요 원인이 됨.

15. 분산장약(分散裝藥, deck charge)
일반적으로 폭약은 천공 내에 집중해서 장약, 발파하면 효과는 크지만, 천공 도중 점토층이나 주위 암반에 비해 몹시 약한 약층의 출현 또는 공동이 존재할 경우 비석(飛石, stone fly)의 문제가 발생함. 이러한 현상을 방지하기 위하여 장약 사이에 모래 등의 전색물을 충전시켜 분리하여 장약하는 방법을 말함.

16. 불발(不發, misfire)
발파작업에 있어서 점화를 하였는데도 기폭약포(primer, 뇌관이 삽입된 폭약)가 폭발하지 않아 전면 폭발이 일어나지 않는 것. 뇌관은 폭발하였지만, 폭약은 폭발하지 않은 것

17. 서브드릴링(subdrilling, underdrilling)
벤치발파에서 천공장을 벤치의 높이보다 더 깊게 천공하는 것

18. 소할발파(小割發破, boulder blasting, secondary blasting)

발파작업 시 소기의 목적보다 큰 규격의 암석이 발생하면 적재의 어려움, 운반의 문제, 크라싱의 효율 저하 등 여러 문제가 발생함. 이때 큰 규격의 암석을 재차 발파하여 원하는 크기로 만드는 발파를 말함. 소할발파법에는 천공법, 사혈법, 복토법이 있으며, 천공법이 가장 양호함. 소할발파 시에는 비석 발생으로 인한 불의의 사고가 다발하므로 신중하여야 함.

19. 순발전기뇌관(瞬發電氣雷管, instantaneous electric detonator)

뇌관에 전기를 통하면 순식간에 폭발하는 전기뇌관(실제로는 점화약이 연소하는 점화시간과 폭발이 일어나서 회로가 절단할 때까지의 점폭시간의 합계만큼인 1.5~2.0ms 정도 지연된 후 폭발함.)

20. 시험발파(試驗發破, test blasting, trial blasting)

폭약의 위력이나 암석의 발파에 대한 저항성을 알고 그 암석을 파괴하기 위하여 필요한 장약량을 산정하기 위한 기본자료를 얻기 위한 목적으로 행하는 발파를 의미. 누두공의 형상, 크기에 의한 폭약의 과소(過少) 여부, 암석의 균열, 용융상태, 파쇄모양 등에 의하여 폭약의 맹도를 판정. 발파에 의한 파쇄도, 비석의 정도, 발파진동치 측정, 소음 측정, 비석방지망의 적합 여부, 인근 주민의 반응 등을 종합적으로 체크하는 사항도 포함

21. MS발파(milisecond blasting)

뇌관의 지연시간이 25/1,000sec 정도인 뇌관을 사용하여 발파하는 방법으로 DS발파에 비하여 다음의 이점이 있음.
- 암석의 파쇄율이 높고, 파쇄암의 입도가 고름.
- 공고의 길이가 짧아지므로 굴진율이 향상됨.
- cut-off 현상 감소
- 발파진동이 감소하고 분진 발생 및 부석이 감소함.

22. 역기폭, 정기폭, 중기폭

천공 내의 장약을 기폭시키는 primer의 위치에 따라 분류함. 공구 부근에 위치하면 정기폭, 공저 부근에 있으면 역기폭, 공의 중간 부위에 있으면 중기폭이라고 함. 안전상의 관점에서 역기폭이 우세하며, 발파이론 관점에서는 정기폭이 우수함.

23. 자유면(自由面, free surface)

암석이 외계(外界, 공기 또는 물)와 접하고 있는 면. 면의 수에 따라 1~6개의 자유면이 있고, 자유면의 수가 많을수록 동일한 장약량으로 발파할 경우 파쇄효과가 좋아지며, 자유면이 확보될수록 진동의 감쇄가 양호함.

24. 저부장약(底部裝藥=下部裝藥, bottom charge)

벤치의 하부에는 짐이 무겁고 발파 후 계획하는 대로 굴착이 되지 않으므로, 천공의 하부에는 함수폭약이나 다이너마이트 등의 강력한 폭약을 배치하고, 상부에는 AN-FO 등의 위력이 약한 폭약을 장전함.

25. 전색(塡塞, stemming, tamping)

발파공에 소정의 장약을 한 후 잔여 부분에 모래, 점토 등의 불가연성 물질을 채워 넣은 것을 말함. 발파효율을 증진시키고 소음을 감소시키는 작용을 함.

26. 정체량(approved explosives quantity)

화약류 단속법에서 규정한, 동시에 저장할 수 있는 화약류의 최대량

27. 주변 발파(contour blasting)

굴착면의 바깥쪽 발파를 말함. 제어발파에 의하여 back break를 감소시킴. 터널에서는 주로 smooth blasting 공법을, 노천발파에서는 presplitting 공법을 주로 채용

28. 최소 저항선(最小抵抗線, burden)

장약의 중심에서 자유면까지의 최단거리를 지칭

29. 페이라인(支拂繕, pay line)

터널공사에서 굴착의 여굴, 라이닝의 초과 부분 등 실제 시공에서 설계라이닝 두께선을 넘는 굴착량이나 라이닝 콘크리트량이 생기는 것이 보통이므로 도급계약 등의 경우 여분의 공사 수량에 대한 대금지불의 한계를 나타내는 선

❖ 댐 콘크리트

1. VC값(Vibrating Consistency value)

롤러다짐용 콘크리트의 반죽질기를 나타내는 값으로서 진동대식 반죽질기 시험방법에 의하여 얻어지는 시험값을 초(sec)로 나타낸 것

2. 롤러다짐용 콘크리트(roller compacted dam-concrete)

진동롤러를 사용하여 다짐 시공을 위한 슬럼프가 0인 댐 콘크리트

3. RI 시험(Radio Isotope test)

진동롤러로 다진 후 다짐면의 다짐 정도를 판단하기 위해 라디오 아이소토프를 이용하여 다짐도를 판정하는 것

4. 그린컷(green cut)

롤러다짐 콘크리트를 시공할 때 타설이음면에 대해 고압살수, 청소, 진공흡입청소 등을 실시하는 것

5. 표면차수벽댐용 콘크리트(concrete faced rockfill dam-face concrete)

표면차수벽형 석괴댐의 상류 차수벽 콘크리트에 사용하는 댐 콘크리트

6. 단위유량도

특정 기간에 단위량(1mm 또는 1cm)의 강우가 동일한 강도로 전 유역에 균등하게 내릴 때 특정 지역에서 유출수문곡선으로 정의되며, 이것은 직류유출수문곡선과 유효우량 간의 불변적 상관성을 가정한 것

7. 단위도

강우강도의 균일성과 강우분포의 지역적 균등성을 실용적으로 인정할 수 있는 범위 내에서 사용되어야 함. 대체로 3,000~5,000km^{2}를 한계로 하며, 이것은 절대적 기준이 될 수 없음.

8. 댐 높이

댐의 높이는 기초지반과 댐 마루와의 고저차. 기초지반이라 함은 지수벽, 차수벽 등의 직하류에서의 최저기초지반

9. 댐 길이

댐 길이는 댐의 가장 높은 부분에서부터 댐 전체의 길이를 말하며, 월류부와 비월류부로 구성된 댐은 이들의 총연장임.

10. 댐의 분류(용도에 따른 분류)

- 저류댐(storage dam) : 풍수기에 물을 저류하였다가 물이 부족한 시기에 공급해 주기 위한 댐을 말함. 그 저류기간은 계절, 연간 또는 그 이상일 때도 있으며 대부분의 용수댐, 수력발전용 댐 등이 여기에 속함.
- 취수댐(diversion dam) : 수용지로 물을 보내기 위한 수로, 운하 등 송수시설에 물 등을 제공하기 위하여 축조되며 하천에서 물을 끌어 쓰는 관개용수보가 그 전형적인 예임. 그 밖에 생활 및 공업용수의 취수를 목적으로 하는 댐도 많음.
- 지체댐(detension dam) : 홍수유출을 일시적으로 지체시킴으로써 갑작스런 홍수로 인한 피해를 경감시키기 위한 것임. 지체댐은 두 가지 종류가 있는데, 유수를 일시 저류하고 하류부 하도통수능을 초과하지 않도록 방류하는 것과, 다른 하나는 유수를 가능한 한 오랫동안 저류하여 투수성이 높은 양안이나 사력지층에 침투되도록 하는 것으로서 이를 살수댐(water-spreading dam)이라고도 하며, 이 댐은 지하수 충전 이외에 유사의 집수기능도 있음. 이러한 지체댐은 일반적으로 커튼 그라우팅(curtain grouting)을 하지 않으므로 공사비가 다른 댐에 비하여 저렴함.

11. 수위

- 사수위(Dead Storage Level, DSL) : 유사의 퇴적으로 인하여 저수기능이 상실되는 상한표고를 말하며 저수지의 구조수명(physical life)을 100년으로 결정
- 저수위(LWL) : 불용용량의 최고수위로서 저수지 조작의 하한제약조건으로 저수위와 사수위 간에 있는 저수량은 이상가뭄이나 댐체 보수를 해야 할 경우에 관계당국의 승인을 얻어 방류할 수 있으며 일반적으로 수력발전 최저수위를 채택
- 상시만수위(NHWL) : 저수위 위에 활용용량을 추가할 때 최고표고를 말하며, 활용용량의 규모는 비용과 편익에 의한 경제성에 따라 결정
- 홍수위(FWL) : 활용용량 위에 홍수조절전용용량이 추가될 때 그 최고수위를 가리키며 홍수용량의 크기로 특별한 법률, 행정적 규제가 없는 한 경제평가에 따라 최적화됨.
- 제한수위 : 사용기간을 미리 정하여 이수목적과 치수목적으로 쓰이는 공용용량의 최고표고
- 최고홍수위(Maximum Water Level, MWL) : 댐의 유입설계홍수(inflow design flood)를 저수지 및 여수로로 추적할 때 서차지(surcharge)되는 최고수위로서 제체의 안전 계산에 기준이 됨. 설계홍수는 유역상황, 댐의 규모 또는 하류부에 대한 댐의 중요도에 따라 결정

12. 계획강우량(design storm)

유입설계홍수를 계산하는 데 선택된 강우로, 이것은 확률 최대 강수(PMP)와 동일한 경우도 있고, 그렇지 않을 수도 있음.

13. 확률 최대 강수(Probable Maximum Precipitation, PMP)

모든 형태의 호우자료에서 얻은 강우강도-지속시간곡선을 최대화한 포락곡선으로 나타냄. 예를 들면 최대화된 단일호우는 6시간 내외의 지속시간과 약 100km²인 경우가 많으므로 이 이상의 지속시간과 면적에 대해서는 일반화된 형태나 호우자료로부터 구해야 함.

14. 확률 최대 호우(Probable Maximum Storm, PMS)

동일 형태의 호우자료로 작성된 최대 강우강도-지속시간 포락곡선으로서, 이를 적용하는 데는 집수면적과 지속시간, 유역의 단위 등을 고려해야 함.

❖ 하천

1. 갈수(渴水)

자연현상에 의하여 물의 수요와 공급의 관계가 균형을 상실하여 물이 부족한 현상으로, 연중 355일은 이보다 저하하지 않는 유량을 갈수량이라 함.

2. 강수량

수문순환과정을 거쳐 하늘에서 형성된 빗방울이나 눈 등이 지상으로 떨어지는 모든 형태의 수분을 관측한 것으로서 일정한 기간(시간)에 내린 수량(비, 우박, 서리, 눈 등)을 단위면적당 깊이로 표시한 것이며, 크게 강우량과 강설량(적설량을 강우량으로 환산한 우량)으로 나누어짐.

3. 계획 홍수량/홍수위

하천유역개발계획, 홍수방어(조절)계획, 이수계획, 내수배제계획, 그리고 하천환경관리계획 등 각종 계획에 맞추어 이미 산정된 기본홍수를 종합적으로 분석하여 합리적으로 배분하거나 조절할 수 있도록 계획기준점이나 하천시설 설치지점, 지류와 본류 합류점 등에서 하천개발 계획을 위해 책정된 홍수량/홍수위를 말함.

4. 구조물적 대책

제방, 방수로 등에 의한 하천 정비, 개수, 홍수조절지, 유수지 및 홍수조절용 댐과 같은 구조물에 의한 치수대책

5. 보

각종 용수의 취수, 주운 등을 위하여 수위를 높이고 조수의 역류를 방지하기 위하여 하천을 횡단하여 설치하는 제방의 기능을 갖지 않는 시설

6. 비구조물적 대책

유역관리, 홍수예·경보, 홍수터관리, 홍수보험, 그리고 홍수방지대책 등과 같은 치수대책

7. 설계강우량

어떤 지점에서 강우량 또는 강우깊이, 호우기간 동안 강수의 시간분포를 정한 설계강우주상도 또는 강우의 공간분포를 나타내는 등우선도로 나타낼 수 있음.

8. 설계홍수량

홍수특성, 홍수빈도, 그리고 홍수피해 가능성과 사회적·경제적 요인을 함께 고려한 후 최종적으로 어떤 수공구조물의 설계기준으로 채택하는 첨두유량이나 첨두수위, 또는 설계강우에 따른 유량수문곡선

9. 수문

조석의 역류 방지, 내수배제, 각종 용수의 취수 등을 목적으로 제방을 절개하거나 본류로 유입되는 지류를 횡단하여 설치하는 구조물로서 단면형태에 따라 원형 및 구형암거로 구분됨.

10. 수위

기준면(영점표고)으로부터 측정한 수면의 높이

11. 수제

흐름 방향과 유속을 제어하여 하안 또는 제방을 유수에 의한 침식작용으로부터 보호하기 위해 호안 또는 하안 전면부에 설치하는 구조물

12. 유수지

평상시에는 비워둔 상태에서 홍수 시 제내지에 내린 강우유출에 따른 제내지 저지대가 침수되는 것을 방지하기 위한 저류 및 배수시설

13. 이수기능

각종 용수의 공급, 주운, 수력발전, 어업, 골재 채취, 여가생활 등에 하천의 물을 이용하는 기능

14. 저수량

연중 275일은 이보다 더 적지 않은 유량

15. 제방(levee)

홍수 시 유수의 원활한 소통을 유지시키고 제내지를 보호하기 위하여 하천을 따라 토질재료 등으로 축조한 공작물

16. 최대 가능강수량(Probable Maximum Precipitation, PMP)

어떤 지속기간에서 어느 특정 위치에 주어진 호우면적에 대해 연중 지정된 기간에 물리적으로 발생할 수 있는 이론적으로 추정한 최대 강수량 깊이

17. 최대 가능홍수량(Probable Maximum Flood, PMF)

최대 가능강수량으로부터 계산되는 홍수량을 말하며, 이는 보통 구조물의 파괴로 인한 피해가 경제단위로 표시할 수 없을 만큼 피해가 큰 구조물을 설계하는 데 많이 사용됨.

18. 치수기능

홍수, 토사 이송 등에 의한 피해로부터 인명과 재산을 보호하는 하천의 기능

19. 침사지

개발지역에서 침식되어 유송되는 토사를 자연적 · 강제적으로 침전 · 퇴적시킬 목적으로 만든 저류시설물

20. 하상계수

하천의 어느 지점에서 특정 연도에 대해 최대 유량과 최소 유량의 비

21. 하안(bank)

평상시 물이 흘러가는 하도의 측면을 의미하며, 하안은 유수로 인해 침식이 발생하므로 이를 방지하기 위해 저수호안을 설치하기도 함.

22. 호안

유수(流水)가 하안(河岸)의 침식, 붕괴를 일으키는 장소에 횡침식의 방지를 위하여 하안에 따라 유수 방향으로 설치된 시설

23. 홍수방어

홍수로 인한 인명 및 재산 등 각종 피해를 줄이거나 방지하기 위하여 홍수방어 및 조절계획에 따라 구조물적 및 비구조물적 치수대책을 강구하는 것

24. 홍수조절지

홍수방어계획의 일환으로 홍수를 조절할 수 있는 기능을 가진 저수지를 말하며, 주로 대규모 택지나 공업용지를 개발함에 따라 하류에 홍수유출량이 증가할 것을 예상하고 개발지역 내에 설치되는 지역의 저류시설

25. 홍수터(floodplain)

과거 홍수로 침수된 사실이 있거나 홍수 시 범람이 예상되는 하천, 호소, 만 또는 바다와 인접한 부지로서 평상시 건조한 연안지역

Section 1 **연약지반의 처리에 필요한 조사, 시험, 대책공법**

문제 분석	문제 성격	기본 이해	중요도	■■□□□
	중요 Item	연약지반 정의, 시험의 활용성, 연약지반 계측		

Ⅰ 개 요

1. 연약지반이란 상부의 구조물 하중을 지지할 수 없어 안정, 침하, 측방유동에 대한 문제를 일으키는 지반이다.
2. 연약지반의 처리에 필요한 조사는 시추조사, 자연시료, 핸드오거를 이용한 조사가 있으며, 시험은 현장시험과 실내시험으로 구분된다.
3. 연약지반대책공법은 안정에 대한 대책인 하중조절공법, 지중구조물 형성공법과 침하에 대한 대책인 지반개량공법 등이 있다.

Ⅱ 연약지반의 정의 및 문제점

1. 연약지반의 정의
   1) 외적 기준
      (1) 절대적 기준

구 분	점성토, 유기질토		사질토
연약층 두께	10m 미만	10m 이상	–
N값	4 이하	6 이하	10 이하
q_c[kg/cm^2]	8 이하	12 이하	–
q_u[kg/cm^2]	0.6 이하	1.0 이하	–

      (2) 상대적 기준 : 상부구조물을 지지할 수 없는 상태의 지반
   2) 내적 기준 : 매립지, 유기질토 등 시간경과 후 문제가 발생할 수 있는 지반

2. 연약지반의 문제점

문제점	원 인	대 책
안 정	급속 시공	• 계획 시공속도 확인 • 측방변위 계측 • 기초지반침하 측정 • 간극수압 측정 → 전단변형 억제, 강도 저하 억제, 강도 증가 촉진, 액상화 방지
침 하	압밀침하	• 지반의 침하량 • 간극수압 측정 → 압밀침하 촉진, 전침하량 감소
측방유동	히빙	• 하중 경감, 균형 • 지반 강화 • 지중구조물 형성(기초공)

Ⅲ 연약지반의 처리에 필요한 조사

1. 시추조사
   1) 연약지반구간 및 신설 구조물
   2) 연약지반에서의 조사간격 : 1공/100m

2. 자연시료
   1) 연약지반 시추조사에서 심도 2 ~ 3m마다
   2) 연약층이 균일하거나 분포의 두께가 얇은
      경우는 공당 2개소

3. 핸드 오거
   1) 쌓기부에서는 100 ~ 250m당 1개소
   2) 연약층이 두꺼운 경우는 제외

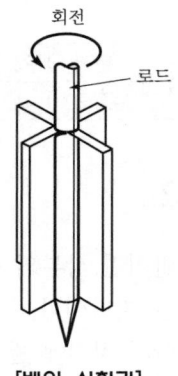

[베인 시험기]

4. 지반조사항목(필수조사항목)
   1) 지반의 3차원적 구성   2) 지반의 강도특성
   3) 지반의 압밀특성   4) 지반의 물리적 성질
   5) 지하수위의 3차원적 분포와 성질

Ⅳ 연약지반의 처리에 필요한 시험의 종류 및 특징

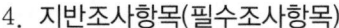

구 분	종 류	시험의 특징
현장시험	표준관입시험	• 시추조사 시 매 1.0m마다 또는 토층이 바뀔 때마다 • KS F 2307에 의거 연속성 있게 실시
	베인시험	• 상부 연약층의 비배수 전단강도 측정 • 연약지반에서 100 ~ 250m마다 1회 • 쌓기지역 연약층의 전단강도 측정 • 측정심도는 연약층 전체 또는 시료채취 위치
	콘관입시험 (CPT, DCPT)	• 연약한 표층의 지지력 특성 및 주행성 예측 • 연약지반에서 100 ~ 250m마다 1회 • 연약지반 표층의 지지력 및 강도, 간극수압 파악 • 필요시 소산시험 시행
실내시험	물리시험	• 비중시험, 입도시험, 액성한계, 소성한계 • 함수량시험
	역학시험	• 투수시험 • 압밀시험 • 직접전단시험 • 1축압축시험, 3축압축시험
	기 타	• rowe-cell 압밀시험, 유기질함량시험

V 시험결과의 활용성

항 목		기 호	활용성	시험방법
지층 분류		–	지층분포조건 파악	정적 콘관입시험, 표준관입시험 + 시추조사
기본 정수	자연함수비	w_n	흙 분류, 상관성	실내 또는 현장시험
	액(소)성한계	$LL(PL)$	흙 분류, 상관성	실내시험
	소성지수	PI	흙 분류, 상관성	$= LL - PL$
	단위중량	γ	흙 분류, 하중·응력 계산	실내·현장시험, 체적–중량 관계식
	초기간극비	e_0		체적–중량 관계식, 비중–함수비 관계식
압밀 정수	압축지수	C_c	침하량 계산	표준압밀시험
	선행압밀하중	P_c	압밀 해석	
	압밀계수	C_v, C_h	압밀속도 계산	압밀시험, 현장간극수압소산시험
	투수계수	k_v, k_h	압밀속도 계산	투수시험, 압밀시험 관계식
강도 정수	비배수강도	C_u		현장베인전단시험, 정적 콘관입시험, 3축압축시험
	강도 증가율	C_u/P	• 압밀 진행 시 증가 • 강도 계산	3축압축시험, PI 등 각종 지수 관계식

VI 연약지반처리대책공법

1. 연약지반의 토질별 처리공법의 원리
   1) 사질토 : 다짐, 수위 저하 → 밀도 증대 → 전단강도 증대
   2) 점성토 : 탈수, 치환 → 간극수압 저하 → 전단강도 증진

2. 연약지반의 토질별 처리공법 선정 흐름도

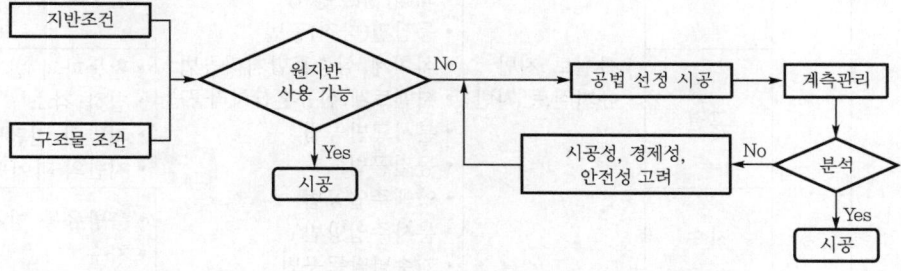

3. 연약지반의 토질별 처리대책공법

구 분		개량원리	적용토질	주요 공법		개량목적
안정	하중 조절	경량화	• 점성토 지반 • 유기질토 지반	경량자재		• 지반의 지지력 향상 • 지반의 전단변형 억제 • 지반의 침하 억제 • 활동파괴 방지 • 시공기계의 trafficability 확보
		하중 균형	• 점성토 지반 • 유기질토 지반	압성토공법		
		하중 분산	• 점성토 지반 • 사질토 지반	침상공법		
			유기질토 지반	sheet, net 공법		
			• 점성토 지반 • 유기질토 지반	sand mat 공법		
			• 점성토 지반 • 유기질토 지반	표층혼합처리공법		
	지중 구조물	골격 형성	사질·실트 지반	체절성토공법		• 활동파괴 방지 • 측방유동 방지
			사질토 지반	pile CAP 공법 pile slab 공법		
침하	지반 개량	치환	점성토 지반	굴착치환공법		• 활동파괴 방지 • 침하 감소 • 지반의 전단변형 억제
			• 점성토 지반 • 유기질토 지반	강제치환공법		
		탈수 (압밀 촉진)	사질토 지반	preloading		• 압밀침하 촉진 • 지반의 강도 증가 촉진 • 활동파괴 방지
			• 점성토 지반 • 사질토 지반	연직 drain 공법	sand drain 공법	
			사질토 지반		paper drain 공법	
			점성토 지반		plastic drain 공법	
			• 점성토 지반 • 사질토 지반	지하수위 저하공법	well point 공법	
			사질토 지반		deep well 공법	
			• 점성토 지반 • 사질토 지반	생석회 pile 공법		
		다짐	• 사질토 지반 • 유기질토 지반	• sand compaction pile 공법 • vibroflotation 공법 • vibrotamper 공법 • 쇄석 pile 공법 • 동압밀(다짐)공법		• 침하 감소 • 액상화 방지 • 활동파괴 방지
		고결		• 석회계 심층혼합처리공법 • 시멘트계 심층혼합처리공법 • 분사교반공법 • 동결공법		• 활동파괴 방지 • 침하 감소 • 지반의 전단변형 방지 • 지반의 파이핑현상 방지
		지수		• 약액주입공법 • 분사주입방법 • 지수널말뚝공법		• 측방유동 방지 • 차수

Ⅶ 연약지반에 성토 및 굴착 시 발생할 수 있는 문제점

구 분		전단(안정)		압밀(침하)	
성토 구조물 재하	기초지반의 전단에 따른 성토의 변상 또는 파괴		과대침하 또는 부등침하에 의한 성토의 변상		
	기초의 지지력 부족에 의한 구조물 변상 또는 파괴	지지력 부족	과대침하 또는 부등침하에 의한 구조물의 변상		
	편재하중 또는 토압에 의한 구조물 및 기초변위, 경사 또는 파괴		구조물과 성토 각 구조물 간에 생기는 부동침하 또는 부등변형에 의한 단차, 변상		
	성토 또는 구조물하중에 의한 측방지반의 유동, 융기	측방 유동	성토 또는 구조물 하중에 의한 측방지반의 압밀침하와 변위		
지중 굴착	전단에 따른 굴착사면의 붕괴와 굴착저면의 히빙		토압변화에 의한 굴착사면, 흙막이 벽의 변상		
	굴착 시의 응력 해방 등에 따른 측방 또는 위쪽 지반의 변형		굴착 시 배수에 의한 지하수위 저하에 따른 주변 지반 침하		

Ⅷ 연약지반의 처리 시 시공관리방안

1. 침하관리기법

예측법	장 점	단 점
Asaoka법 (1978)	• 1차원, 3차원 압밀 및 creep 효과를 고려할 수 있음. • 이론적으로 거의 완벽한 예측법	• 침하계측의 단위시간이 일정해야 하는 불편 • 수렴지점의 위치를 결정하는 데 개인 오차가 발생할 수 있음.
쌍곡선법 (1991)	• 비교적 객관성 있는 자료분석이 가능함.	• 경험적인 방법 • 이론적으로 예측침하량이 20% 이상으로 과대평가됨. • 가끔 직선성을 찾기가 어려움.
Hoshino법 (1962)	• 쌍곡선법에 비하여 직선성이 향상됨.	• 직선의 기울기가 압밀시간이 증가함에 따라 수평으로 되어서 예측이 불가능할 경우가 종종 발생함.

2. 안정관리기법
  1) 원리
     연약지반 위에 성토하여 하중이 증가하면 기초지반의 지지력 부족으로 지반이 현저하
     게 변형되거나 지반이 파괴되는데, 이러한 현상을 방지하기 위한 관리기법
  2) Matsuo-Kawamura 방법
     시공 중의 측정값을 $\rho - \delta / \rho$의 관계도상에 플롯하여 파괴기준선에 근접 여부에 따라 그
     림과 같이 안정, 불안정을 판단하는 방법

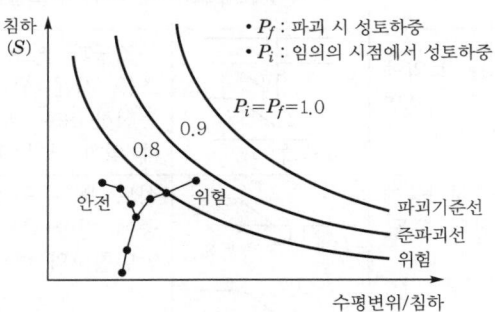

[Matsuo-Kawamura 방법]

  3) Tominaga-Hashimoto 방법
  4) Kurihara 방법
  5) Shibata-Sekiguchi 방법
     성토하중 H에 대한 수평변위 $\Delta \delta$를 측정하여 $\Delta q / \Delta \delta - q$ 관계도에 플롯하여 관리하는
     방법

Ⅸ 연약지반의 처리 시 계측관리방안

1. 계측의 목적
   연약지반은 설계 시 자료와 실제 지반의 조건이 불일치하는 경우가 많으므로 실시간으로
   현 상태의 안정성과 위험 정도를 판단하기 위해 실시

2. 연약지반 계측의 필요성
   1) 압밀이론의 한계성
   2) 설계 시 사용된 압밀정수의 부정확성
   3) 연약지반처리공법의 불확실성
   4) 계측결과의 피드백
   5) 시공 전, 중, 후의 안정성 확보

3. 연약지반 계측관리방안

1) 연약지반의 지반거동에 따른 계측기 배치

	융기		쌓기체		
	측방유동		침하	측방유동	
지반거동 특징	횡변위가 발생하고 지반 융기	횡변위가 두드러짐	침하가 두드러지고 간극수압이 증가함	횡변위가 두드러짐	횡변위가 발생하고 지반 융기
배치할 계측기	변위말뚝 경사계 틸트미터(구조물)	침하계 경사계 간극수압계	침하판, 층별 침하계 간극수압계, 토압계	침하계 경사계 간극수압계	변위말뚝 경사계 틸트미터(구조물)

2) 계측항목 및 계측빈도

(1) 계측항목

① 연직변위 : 지표침하판, 층별 침하계, 수평경사계, 전단면 침하계

② 수평변위(경사계, 수평변위계, 변위말뚝) : 단계별 성토시기 결정

③ 수압(간극수압계, 지하수위계) : 성토하중에 의한 과잉간극수압 측정

④ 토압(토압계, 변형률계, 하중계) : 성토하중에 의한 토압변화 측정

(2) 계측빈도

성토기간 중	성토 종료 후		
	최초 1월	1 ~ 3개월	3개월 이후
1회 / 3일	1회 / 1주	1회 / 2주	1회 / 1월

(3) 계측 모식도

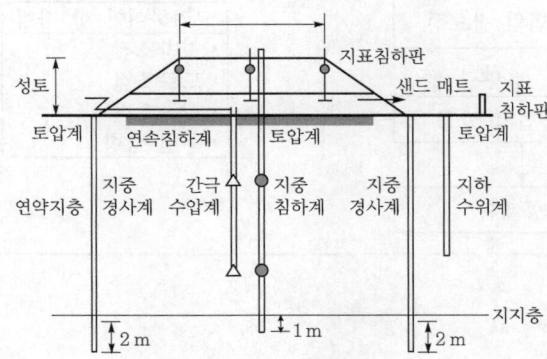

연약지반 자동화 계측

• 파괴위험의 징후를 조기 발견

• 시공 중에 위험에 대한 정보 획득

• 시공공법의 개선 및 시공속도 조절

• 지역의 특이한 경향 파악

• 이론의 검증

3) 계측 시 주의사항

(1) 계측기는 설치 전 반드시 성능 및 내구성, 교정검사를 마친 계측기 사용

(2) 계측기 설치 후 공정이 진행되기 전 반드시 안정된 초기값 기록 · 유지

Ⅹ 맺음말

1. 연약지반은 상부의 구조물 하중을 지지할 수 없어 안정, 침하, 측방유동에 대한 문제를 일으키는 지반으로, 시공 전 예비조사, 현지조사, 본조사 등을 시행하여 정확한 대책공법을 선정하여야 한다.
2. 연약지반 대책공법은 계측결과를 바탕으로 안정에 대한 대책과 침하에 대한 대책을 수립하여 계획대로 침하되었을 경우 종료한다.

📖 참고 **연약지반의 안정 분석과정**

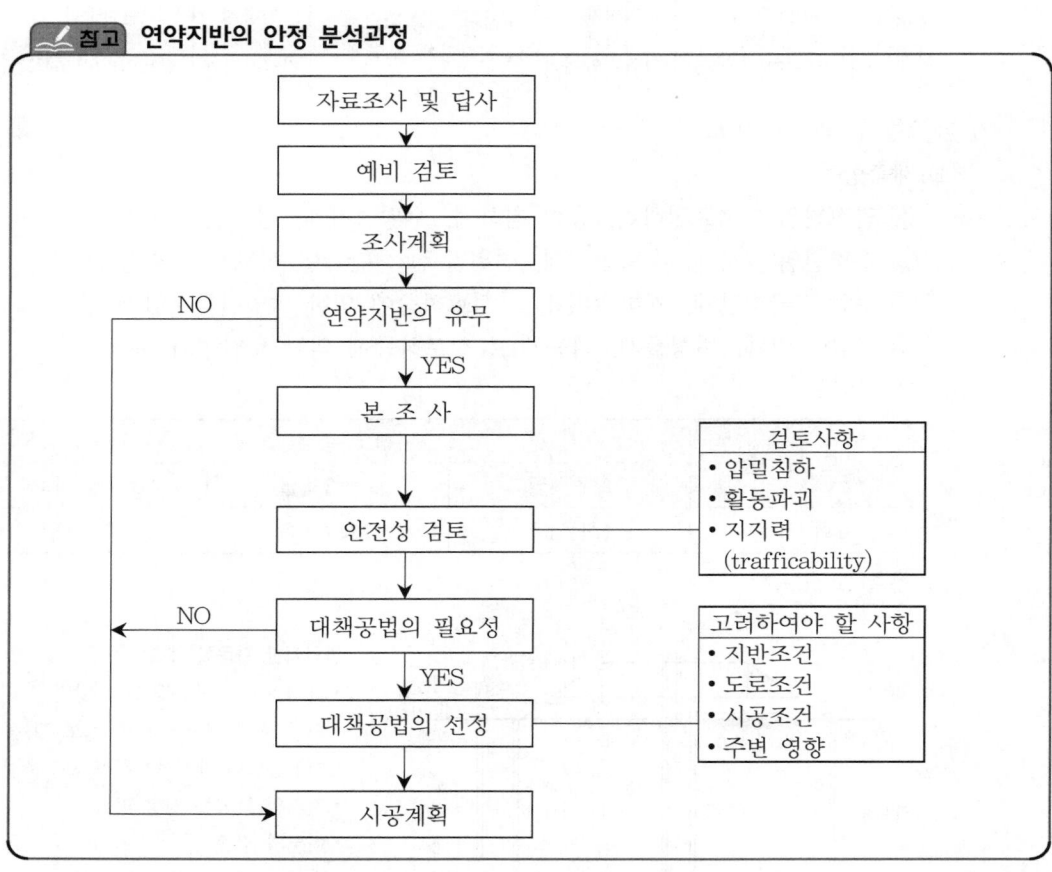

Section 2 연약지반처리공법의 적용성

문제 분석	문제 성격	기본 이해		중요도	■ ■ ■ □ □
	중요 Item	공법별 목적, 대상지반, 효과, 환경조건			

연약지반처리공법의 적용성(Ⅰ)

개량원리	공법명	대상지반		개량목적								차수
				침하대책		안정대책						
		사질토	점성토	침하촉진	침하저감	활동파괴방지	토압의경감	히빙방지	액상화방지	변형억제		
배수	연직드레인공법		○	○		○	○	○			
	쇄석드레인공법	○							○		
배수·다짐	샌드콤팩션파일공법	○	○	○	○	○	○	○	○		
다짐	바이브로플로테이션공법	○			○				○		
	로드콤팩션 공법	○			○				○		
	동압밀공법	○			○				○		
혼합고결	천층혼합처리공법	○	○			○	○			○	
	심층혼합처리공법	○	○		○	○	○	○	○	○	○
경화	생석회파일공법		○								
	지반동결공법	○	○		○	○	○	○	○	○	○
주입고화	고압제트분사공법	○	○		○	○	○	○	○	○	○
	약액주입공법	○									○

연약지반처리공법의 적용성(Ⅱ)

개량원리	공법명	개량목적						대상지반			효과		시공시지반의교란
		침하		안정									
		침하촉진	침하저감	전단변형억제	강도증가촉진	활동저항부여	액상화방지	사질토	세립토	고유기질토	즉효성	지효성	
치환	굴착치환공법		◎	○		◎	○	○	○	◎			小
	강제치환공법		◎			◎			○	○		○	小
배수	압성토재하공법	◎			○				○	◎		○	小
	연직드레인공법	◎			◎				○			○	中
	생석회파일공법	○			○				○				小
	웰포인트공법	◎			○				○			○	小
다짐	샌드콤팩션공법	○	◎		△	◎	◎	◎	○				大
	바이브로플로테이션공법		○		○		◎	◎					大
	동압밀공법		○				◎	◎	△		○		大
고결	심층혼합처리공법		◎			◎		○	◎		○		大
	천층혼합처리공법		◎	◎	○			◎	◎	◎			大
	약액주입공법		○			○		○	△				小

연약지반처리공법의 적용성(Ⅲ)

분류 공법명	지반조건						개량목적·용도					시공·환경조건						
	사질토		점성토		고유기질토	지지력증가	침하방지	액상화방지	굴착저면 등의 안전	지수	근접구조물의 보호	대규모공사	중규모공사	협소한 부지의 공사	공사시 진동·소음	지하수오염	지반변위
	$N>25$	$N<25$	$N>4$	$N<4$													
바이브로플로테이션공법	×	○	×	×	×	○	○	◎	△	×	×	◎	○	△	中	中	小
샌드콤팩션파일공법	×	◎	×	○	×	○	○	◎	○	×	×	◎	△	×	大	小	大
재하중공법	×	×	×	◎	○	○	◎	×	○	×	△	○	◎	×	小	小	中
동압밀공법	○	◎	○	△	○	◎	◎	◎	×	×	○	◎	◎	×	中	小	小
연직드레인공법	×	○	○	◎	○	○	◎	◎	×	×	×	◎	○	○	小	小	小
천층혼합처리공법	○	○	○	○	○	○	○	○	○	×	○	○	○	○	小	小	小
심층혼합처리공법	○	○	◎	◎	◎	◎	○	○	○	△	○	◎	○	○	小	小	中
생석회파일공법	○	○	○	◎	○	◎	○	◎	○	△	○	◎	◎	○	小	小	中
약액주입공법	◎	○	△	△	△	○	○	○	○	◎	○	×	○	◎	小	中	中

구 분	공법의 목적						시공성	경제성	효과
	침하대책		안정대책						
	압밀침하촉진	전침하량감소	전단변형억제	강도증가촉진	활동저항	액상화방지			
plastic board drain	◎		○	○			○	○	△
menard cylindrical drain	◎		○	○			○	△	○
sand complaction pile	○	◎	◎	○	◎	◎	○	×	△
쇄석다짐말뚝	○	◎	◎	○	◎	◎	○	△	△
vibrated crushed-stone drain	◎	○	○	○			○	×	△

※ ◎ : 최적합,　○ : 보통,　△ : 약간 곤란,　× : 부적합

Section 3 **연약지반의 토질별 침하량 및 압밀기간 산정방법**

문제 분석	문제 성격	기본 이해		중요도	■■■■□
	중요 Item	연약지반기준, 침하량 산정방법, 테르자기에 의한 압밀기간 산정방법			

I 개 요

1. 연약지반의 토질별 침하량 산정방법은 점성토인 경우에는 초기간극비(e_o)법, 체력압축계수 (m_v)법, 압축지수(c_c)법, Skempton- Bjerrum, Lambe 응력경로법과 사질토인 경우에는 Schmertmann, Mayerhof, Peck, De Beer, Parry 등이 제안한 방법들과 N값을 이용한 방법 등이 있다.
2. 압밀기간 산정 시에는 배수거리, 시간계수, 평균압밀계수 등을 고려하여 압밀기간을 산정 하여 적절한 연약지반처리공법을 선정하여야 한다.

II 연약지반의 조사단계별 과정

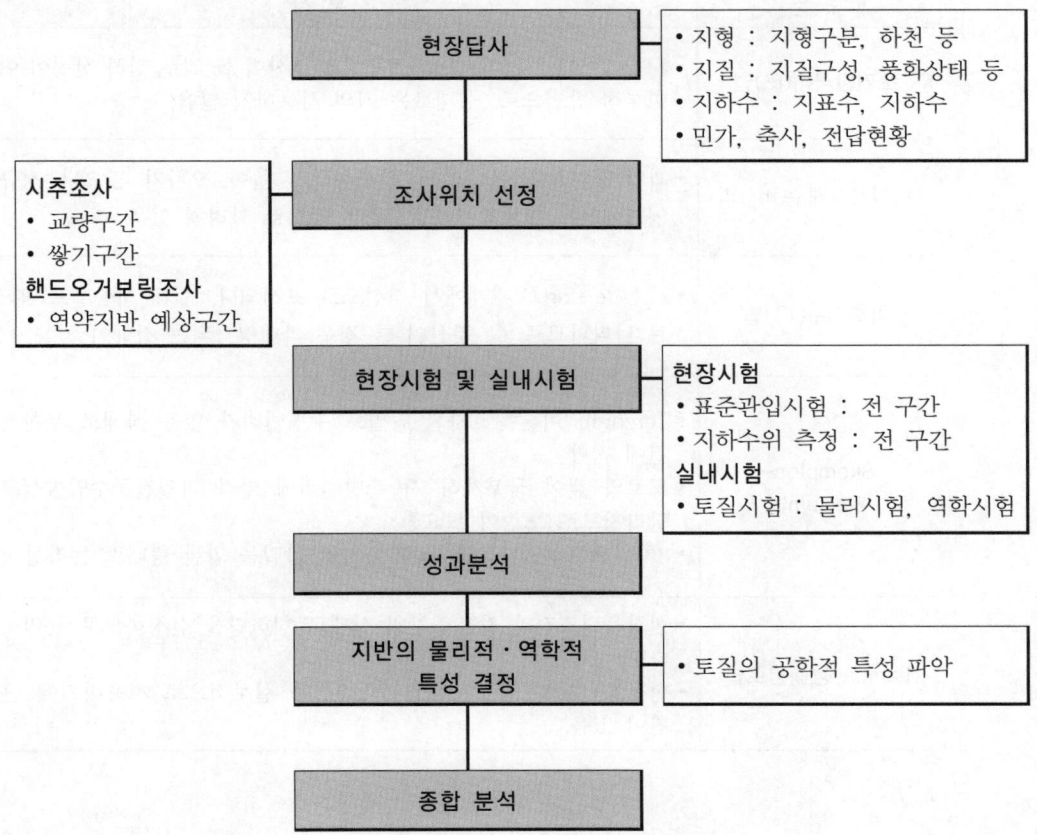

제3장 전문 공종 · 229

Ⅲ 구조물 및 토질의 종류에 따른 연약지반 기준

항 목	지 층	유기질토층	점성토층	사질토층
고속도로	함수비(%)	100 이상	50 이상	30 이상
	1축압축강도(kg/cm^2)	0.5 이하	0.5 이하	
	N값	4 이하	4 이하	10 이하
철도	N값	0 이하	2 이하	4 이하
	총두께(m)	2 이상	5 이상	10 이상
건축구조물	N값	4 이상, 장기허용지내력 10tf/m^2 이하		
필댐	N값	20 이하		

Ⅳ 연약지반의 토질별 침하량 산정방법

1. 점성토

  1) 침하량 산정방법의 종류 및 특징

구 분	특 징
초기간극비(e_o)법	• 시험데이터가 많아 $e-\log P$곡선의 분산이 클 경우 침하 산정이 어려운 이론적 방법으로, 실제로는 거의 사용하지 않음.
체적압축계수(m_v)법	• 과압밀영역에서는 m_v의 분산정도가 높아 오차가 많으나 정규압밀 영역에서는 비교적 정도가 좋은 것으로 알려져 있음.
압축지수(C_c)법	• C_c는 $e-\log P$ 관계에서 직선으로 표시되나, 실제 하중별로 역S형태로 나타나므로 C_c 분산이 클 경우 과대평가되는 경향이 있음.
Skempton–Bjerrum법	• Terzaghi 이론은 1차원 압밀로 수평변위가 없는 상태로 무한분포조건에 적합 • 도로와 같이 국부재하 시 측방변위에 따라 과잉간극수압발생크기가 달라지므로 보정이 필요함. • 3차원으로 구한 간극수압과 1차원 압밀을 합한 형태로 논리성 결여
Lambe 응력경로법	• 현장응력조건과 같은 2차원 상태로 침하량을 산정하므로 논리적으로 타당 • 현장응력체계 결정, 시험 고난이 등 실무적으로 사용하기에 곤란한 면이 있음.

2) 압축지수(C_c)를 이용한 압밀침하량 산정방법

  (1) 점성토에서의 압밀침하량은 Terzaghi의 1차원 압밀이론 적용

  (2) 심도별 특성을 고려하여 침하량을 산정할 수 있는 압축지수법을 이용하여 압밀침하량 산정

  (3) 점성토의 종류별 산정식

    ① 정규압밀점토($P_0 \geq P_c$)

$$S_c = \frac{C_c H}{1+e_0} log\left(\frac{P_0 + \Delta P}{P_0}\right)$$

    ② 과압밀점토($P_0 < P_c < (P_0 + \Delta P)$)

$$S_c = \frac{C_c H}{1+e_0} log\left(\frac{P_c}{P_0}\right) + \frac{C_c H}{1+e_0} log\left(\frac{P_0 + \Delta P}{P_c}\right)$$

    ③ 과압밀점토($(P_0 + \Delta P) < P_c$)

$$S_c = \frac{C_s H}{1+e_0} log\left(\frac{P_0 + \Delta P}{P_0}\right)$$

구 분	정규압밀점토 $(P_0 \geq P_c)$	과압밀점토 $(P_0 < P_c < (P_0 + \Delta P))$	과압밀점토 $((P_0 + \Delta P) < P_c)$
응력이력			

2. 사질토

1) 사질토층에서 발생하는 침하는 하중의 재하와 동시에 발생하는 즉시침하발생

2) 즉시침하량을 산정하는 방법은 Schmertmann, Mayerhof, Peck, De Beer, Parry 등이 제안한 방법들과 N값을 이용한 방법 적용

3) 사질토 지반의 침하량을 산정하는 De Beer 방법 산정식

$$S_i = 0.4 \frac{P_0{'}}{N} H log\left(\frac{P_0{'} + \Delta P}{P_0{'}}\right)$$

여기서, S_i : 즉시침하량(m)

      $P_0{'}$: 유효상재하중(kPa)

      N : 사질토의 N값

      H : 층두께(m)

      ΔP : 재하중에 의한 응력 증가분(kPa)

Ⅴ 압밀기간 산정방법

1. 산정목적
   시간 · 침하량 분석을 통한 예정공기 내 허용잔류침하량기준의 만족 여부 평가 및 압밀촉진 공법 도입 여부 판단

2. 압밀기간 및 압밀도 산정방법

압밀기간 산정방법	압밀도 판정방법
$t = \dfrac{T_v H^2}{C_v}$ 여기서, t : 압밀시간 T_v : 시간계수 H : 배수거리(양면배수의 경우 $H/2$) C_v : 평균압밀계수(cm^2/s)	• $0 < U < 53\%$인 경우 $\quad T_v = \dfrac{\pi}{4}\left(\dfrac{U}{100}\right)^2$ • $53\% < U < 100\%$인 경우 $\quad T_v = 1.781 - 0.933\log(100 - U)$

Ⅵ 맺음말

1. 연약지반처리공법이라 함은 기초지반 토사의 공학적 성질을 처리하는 것이며, 주어진 자연상태의 지반에 기초구조물을 축조하고 단계적으로 지반의 성질을 변화시켜 기초지반과 구조물을 포함하여 전체적으로 안정성이 있고 경제적인 구조물 구축을 추구하는 공법이다.

2. 적절한 연약지반의 대책공법은 토질조사 및 침하량, 압밀기간, 압밀도 판정 등을 통하여 경제적이고 잔류침하량이 적은 공법을 선정하여 적용하여야 한다.

Section 4

연약지반의 시공관리를 위한 침하관리기법과 안정관리기법

문제 분석	문제 성격	기본 이해	중요도	■■■□□□
	중요 Item	침하관리기법의 종류, 안정관리기법의 종류, 특징		

I 개 요

1. 연약지반상에 구조물을 시공할 경우 시공 중, 시공 후에 그 침하를 실측하여 그 침하−시간 곡선이 설계 시 압밀시험값을 이용하여 계산한 예측침하−시간곡선과의 일치 여부를 검증 함으로써 시공관리를 한다.

2. 연약지반 위에 성토하여 하중이 증가하면 기초지반의 지지력 부족으로 지반이 현저하게 변 형되거나 지반파괴가 발생되는 경우가 많다. 따라서 이러한 현상을 미연에 방지하고, 계획공 정에 따라 항상 기초지반을 안정상태로 유지하면서 성토를 하기 위해서는 안정관리를 실시 하여야 한다.

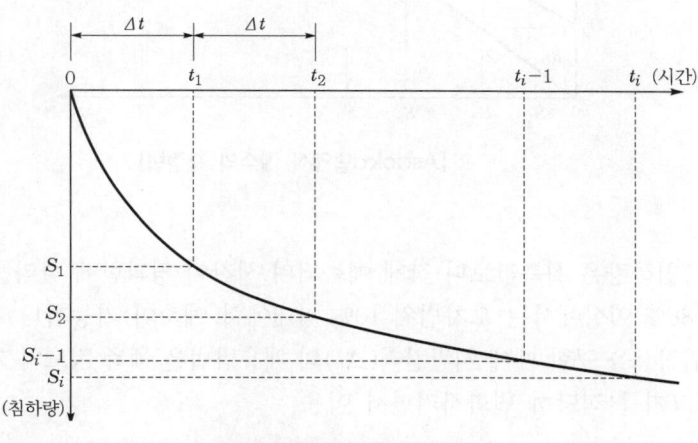

[실측 침하량−시간곡선도]

II 연약지반의 처리 시 침하관리기법 및 안정관리기법의 분류

1. 침하관리기법
   1) Asaoka법　　　　　　　　　　　2) 쌍곡선법
   3) Hoshino법
2. 안정관리기법
   1) Matsuo−Kawamura 방법　　　　2) Tominaga−Hashimoto 방법
   3) Kurihara 방법　　　　　　　　4) Shibata−Sekiguchi 방법

Ⅲ 침하관리기법의 원리 및 특징

1. Asaoka법
   1) 1차원 압밀방정식에 의거, 하중이 일정할 경우의 침하량을 나타내는 간편식으로 침하량을 구하는 방법
   2) 산정식 : $S_i = \beta_0 + \beta_1 \triangle S_{i-1}$

   여기서, S_i : 시간 t_i에서의 침하량

   $\quad\quad\quad$ S_{i-1} : 시간 $t_{i-1} = \Delta t(i-1)$일 때의 침하량(cm)

   $\quad\quad\quad$ $\beta_0,\ \beta_1$: 실측 침하량으로 구한 계수

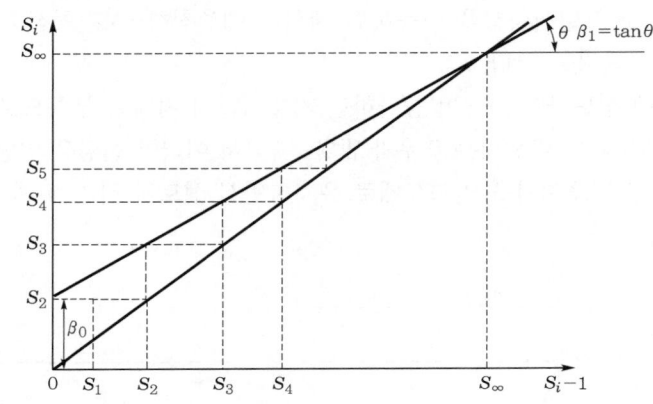

[Asaoka법에서 계수의 측정법]

   3) 특징
   (1) 예측침하량은 실측값보다 작게 예측되며 시간이 경과함에 따라 실측값에 근접(압밀도 80% 이상에서는 오차범위 10% 이내에서 예측이 가능함)
   (2) 회귀직선을 구할 때에 시간간격(Δt)의 채용방법은 예측 정도와 거의 무관하므로 Δt의 크기를 적당히 변화시키면서 이용

2. 쌍곡선법
   1) 쌍곡선법은 "침하속도가 쌍곡선적으로 감소한다"는 가정하에 초기침하량으로부터 장래의 침하량을 예측하는 방법
   2) 산정식 : $S_t = S_0 + \dfrac{t}{\alpha + \beta_t}$

   여기서, S_t : 성토 종료 후 경과시간 t일 때의 침하량(cm)

   $\quad\quad\quad$ S_o : 성토 종료 직후의 침하량(cm)

   $\quad\quad\quad$ t : 성토 종료 후부터 측정한 경과시간(day)

   $\quad\quad\quad$ $\alpha,\ \beta$: 계수

3) 특징

   (1) 침하량 내에 2차 압밀침하가 포함되어 있으므로 예측값과 실측값은 잘 대응함.

   (2) 예측침하량은 실측값보다 작은 값으로 예측되다가 점차 실측값과 가까워짐.

   (3) 데이터의 처리가 간단하고 예측 정도가 높으며 예측 가능시기가 빠름(압밀도 70% 이상에서는 오차범위 10% 이내에서 예측이 가능함).

   (4) 시공 완료 후 장기간 방치한 시점의 침하량을 이용해야 하며, 시공 직후의 측정값을 이용하는 것은 부적당함.

3. Hoshino법

1) 전단에 의한 측방유동을 포함하여 전 침하가 시간의 평방근에 비례한다는 기본원리를 토대로 장래의 침하량을 예측하는 방법

2) 산정식 : $S_t = S_i + S_d = S_i + \dfrac{AK\sqrt{t}}{\sqrt{1 + K^2 t}}$

   여기서, S_t : 성토 종료 후 경과시간 t일 때의 침하량(cm)

           S_i : 성토 종료 직후의 침하량(cm)

           S_d : 시간경과와 함께 증가하는 침하량(cm)

           t : 성토 종료 후부터 측정한 경과시간(day)

           A, K : 그림에서 구한 계수

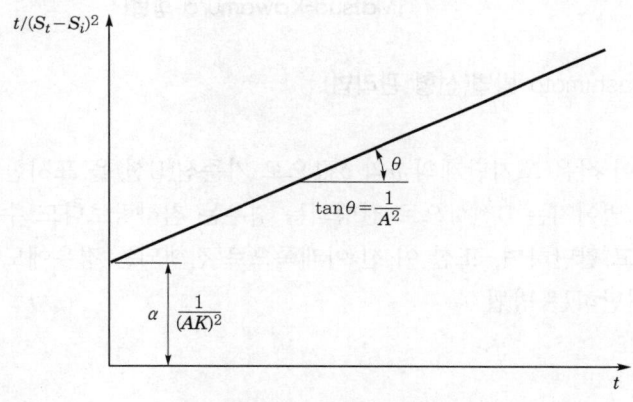

[Hoshino법에서 계수의 결정법]

3) 특징

   (1) S_i, T_i의 선정방법에 따라 예측 정도가 크게 달라지고, 예측침하량은 실측값보다 작은 값을 나타내며, 시간이 경과함에 따라 실측값에 근접함.

   (2) 침하의 예측은 압밀도가 작은 단계에서도 예측이 가능하며 예측 정도가 높음(압밀도 75% 이상에서는 오차범위 10% 이내에서 예측이 가능함).

Ⅳ 안정관리기법의 원리 및 특징

1. Matsuo-Kawamura 방법(비선형 관리법)
   1) 판정방법
      성토의 파괴사례를 조사한바, 파괴 시 성토 중앙부의 침하량(ρ)과 δ/ρ(δ는 성토 경사면의 수평변위량)의 관계가 대개 하나의 곡선(파괴기준선)으로 나타난다는 점에 착안하여 시공 중의 측정값을 $\rho-\delta/\rho$의 관계도상에 플롯하여 파괴기준선의 근접 여부에 따라 안정, 불안정을 판단하는 방법
   2) 안전관리도

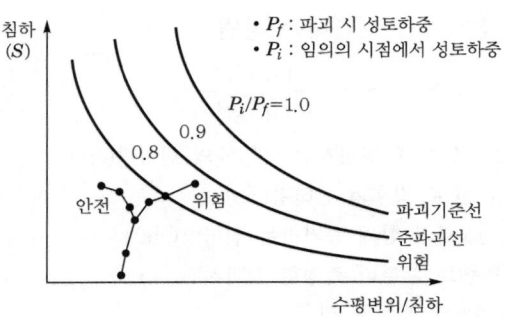

[Matsuo-Kawamura 방법]

2. Tominaga-Hashimoto 방법(선형 관리법)
   1) 판정방법
      성토하중이 작은 초기단계의 ρ와 δ값으로 기준선(E선)을 표시한 후, 이 선을 기준으로 위쪽으로 멀어지는 D선상으로 진행되는 경우는 침하량보다도 수평변위가 크기 때문에 위험하다고 판단하며, 또한 이 선 아래쪽으로 진행되는 경우에도 ρ/δ가 급증하면 위험하다고 판단하는 방법
   2) 안전관리도

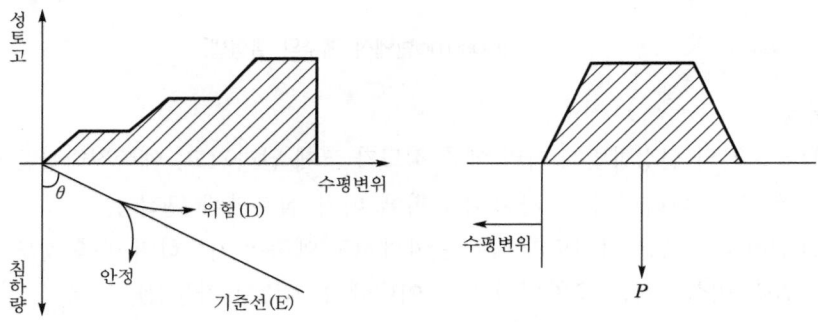

[Tominaga-Hashimoto 방법]

3. Kurihara 방법(일정량 성토 관리법)

1) 판정방법

성토 경사면의 수평변위속도에 착안하여 관리하는 방법으로서 측정값에서 $\Delta\delta/\Delta t$와 t 의 관계를 안전관리도에 플롯하여 $\Delta\delta/\Delta t$가 어느 한계값(과거의 예는 20mm/일)을 넘는 경우에 위험하다고 판단하는 방법

2) 안전관리도

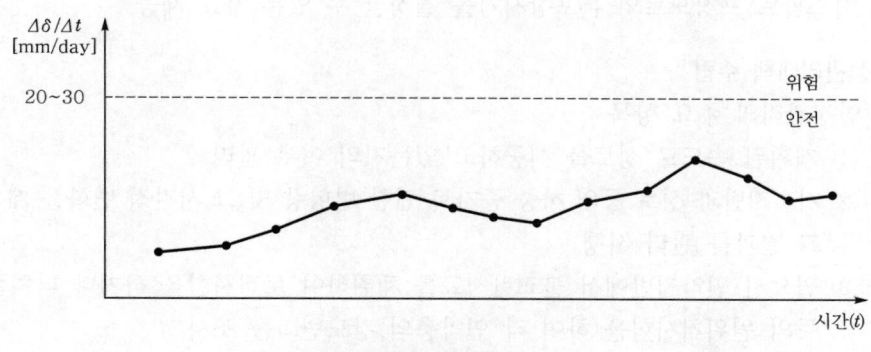

[Kurihara 방법]

4. Shibata-Sekiguchi 방법(일정기준 관리법)

1) 판정방법

성토하중 H에 대한 수평변위 $\Delta\delta$를 측정하여 다음의 안전관리도와 같은 $\Delta q/\Delta\delta - t$ 관계도에 플롯하여 관리하는 방법으로 기준값(Q_f/Q_i)보다 적을 경우 위험하다고 판단 하는 방법

2) 안전관리도

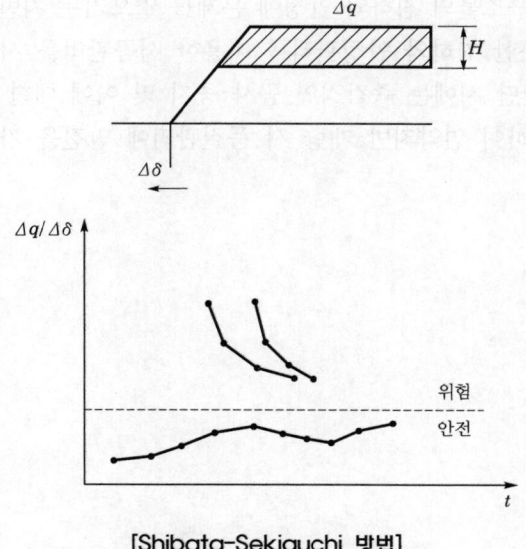

[Shibata-Sekiguchi 방법]

Ⅴ 연약지반 시공관리 시 품질관리방안

1. 침하대책 수립
   1) 도로, 제방 및 각 구조물이 연약지반 위에 건설될 경우 정기적인 점검 및 계측관리로 지반변화의 이상 유무 확인
   2) 예기치 않은 부등침하 발생 시 신속한 대책을 수립할 수 있도록 자료 제공
   3) 아스팔트 포장도로의 본포장시기를 결정할 수 있는 자료 제공

2. 안정관리대책 수립
   1) 안정관리의 주요 항목
      (1) 계획된 속도로 성토를 시공하고 있는지의 여부 관리
      (2) 기초지반과 성토 등의 하중 증가로 인한 변형량 및 그 시간적 변화를 계속 측정하여 그 결과를 관리 시행
      (3) 필요시 연약지반에서 불교란시료를 채취하여 토질시험을 하거나 더치콘 관입시험 등의 원위치시험을 하여 각 연약층의 강도변화를 조사
   2) 이상징후 발생 시 대처방안
      (1) 계측관리 시에 이상징후가 관측되어 성토지반의 활동파괴의 징후가 보이면 즉시 공사를 중단하고 파괴장소 부근의 상재하중의 일부를 제거하고 파괴범위를 최소화
      (2) 그 후 토질조사를 하여 활동파괴에 대한 실태를 충분히 검토하고 그 결과를 가지고 대책을 수립하도록 자료 제공

Ⅵ 맺음말

1. 연약지반은 상부구조물의 침하와 안정에 문제를 일으키는 지반이므로 연약지반 개량공사 시에는 계측을 통한 침하와 안정관리를 이용한 시공관리를 시행해야 한다.
2. 만일 이상징후 판단 시에는 즉각적인 공사 중지 및 이에 대한 대책 수립 후 계측을 통한 시공관리를 시행하여 연약지반 개량 시 품질관리에 만전을 기해야 한다.

Section 5

연약지반에서 교대 측방유동 검토방법과 방지대책

문제 분석	문제 성격	기본 이해		중요도	▮▮▮▯▯
	중요 Item	측방유동 발생원리, 검토방법, 방지대책			

Ⅰ 개 요

1. 매립지 등과 같이 연약지반의 두께에 비해 재하면적이 매우 큰 기초지반의 변형은 주로 연직 방향의 1차원적 압밀변형이 발생한다.

2. 방처럼 좁고 긴 하중이나 교대의 뒤채움과 같은 국부적인 하중이 작용하게 되면 연직 방향의 압밀변형 이외에도 수평 방향의 전단변형이 발생하게 되는데, 이와 같은 현상을 측방유동 (lateral flow)이라 한다.

Ⅱ 교대 측방유동 발생 시 문제점

1. 교대의 이동으로 인한 교좌의 파손 및 상판구조물의 변형 및 탈락
2. 교량 신축이음의 파손 및 교각 슈의 탈락 및 파손
3. 교각의 변형 및 균열
4. 교대기초의 변형 및 절단
5. 교대의 전도 및 균열
6. 교대 배면지반의 활동파괴 및 포장구조물의 균열, 침하

Ⅲ 교대 측방유동에 따른 이동형태

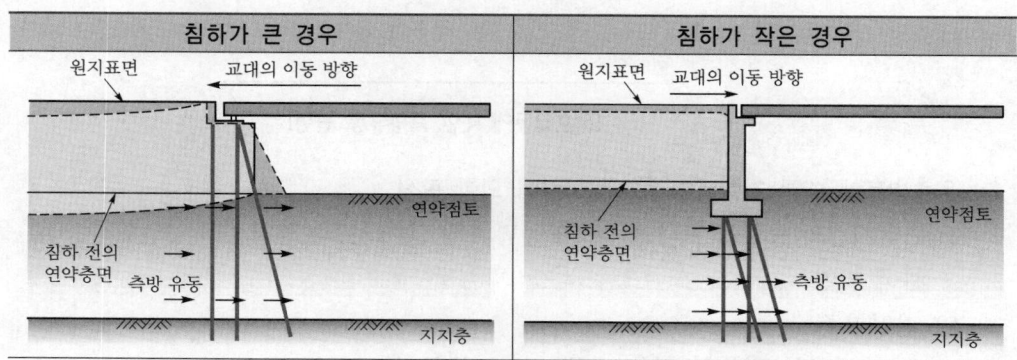

- 배면성토고가 커서 침하량이 크게 발생하면 배면 성토부 쪽으로 교대 이동
- 배면성토의 침하가 작으면 교대는 배면성토와 반대 방향인 교량 쪽으로 이동
- 교대의 이동에 따라 shoe 및 shoe plate의 파손, 신축이음부의 기능 저하, 주형과 흉벽의 폐합 불량, 교대기초의 파손 등 심각한 문제 발생

Ⅳ 교대 측방유동에 영향을 미치는 요인

개요도	영향요소
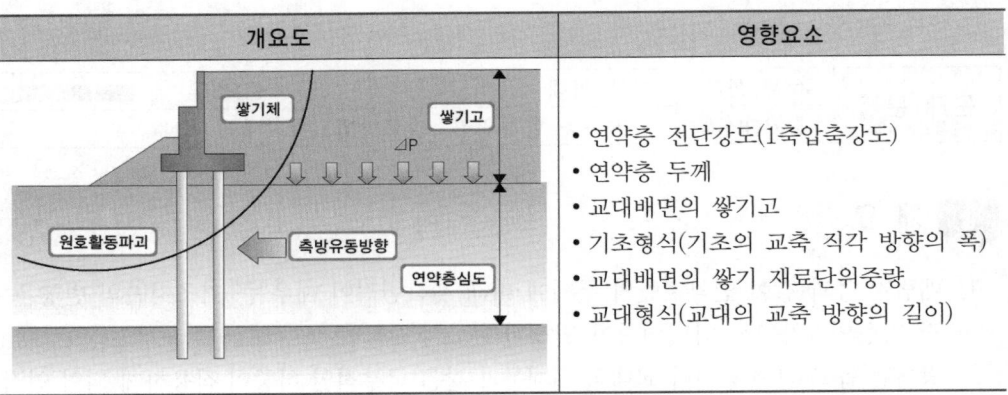	• 연약층 전단강도(1축압축강도) • 연약층 두께 • 교대배면의 쌓기고 • 기초형식(기초의 교축 직각 방향의 폭) • 교대배면의 쌓기 재료단위중량 • 교대형식(교대의 교축 방향의 길이)

Ⅴ 교대 측방유동 검토방법

1. 원호활동 안전율에 의한 판정
   1) 성토와 연약지반을 대상으로 원호활동의 안전율을 계산하여 판정
   2) 판정기준
      (1) 말뚝 미고려 시 : $F_s < 1.5$이면 측방유동 가능성 있음
      (2) 말뚝 고려 시 : $F_s < 1.8$이면 측방유동 가능성 있음

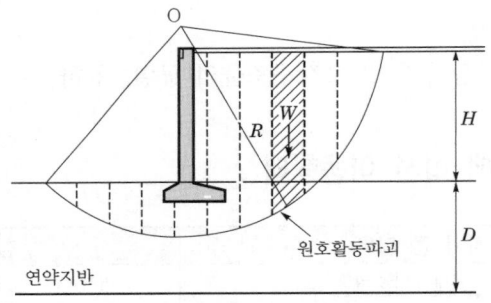

[원호활동에 대한 측방유동 판정]

2. 원호활동에 대한 저항비와 압밀침하량에 의한 판정
   1) 연약지반의 중앙을 지나는 원호활동면의 안전율(F_s)과 연약층의 압밀침하량(S_v)을 고려하여 판정
   2) 판정기준
      (1) 측방유동 가능성 없음 : $F_s \geq 1.6$ 또는 $S_v < 10\text{cm}$
      (2) 측방유동 불확실 : $1.2 \leq F_s \leq 1.6$ 또는 $10\text{cm} \leq S_v \leq 50\text{cm}$
      (3) 측방유동 가능성 있음 : $F_s < 1.2$ 또는 $S_v > 50\text{cm}$

3. 측방유동지수에 의한 방법

1) 산정식 : $F = \dfrac{c_u}{\gamma H D} \times 100$

여기서, F : 측방유동지수(m^{-1}) c_u : 연약지반의 점착력(tf/m^2)

γ : 성토재의 단위중량(tf/m^3) H : 계산위치의 성토고(m)

D : 연약토층의 두께(m)

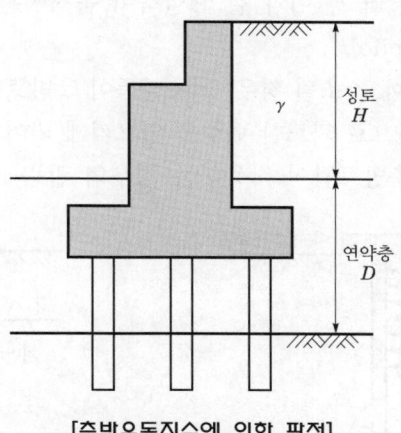

[측방유동지수에 의한 판정]

2) 판정기준

(1) $F \geq 4.0$이면 위험성 없음

(2) $F < 4.0$이면 위험성 있음(대책공법 필요)

4. 측방유동 판정값에 의한 판정

1) 산정식 : $I = \mu_1 \, \mu_2 \, \mu_3 \, \dfrac{\gamma H}{c_u} = \dfrac{D^2 \, \Sigma b \, \gamma H}{l B A \, c_u}$

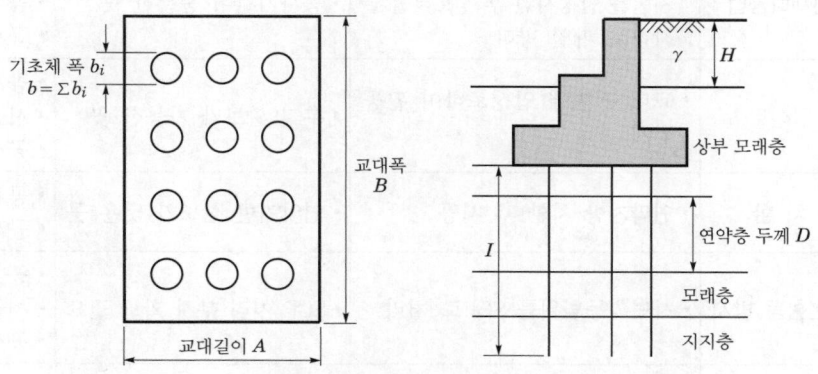

[측방유동판정값에 의한 판정]

2) 판정기준

(1) $I < 1.2$이면 측방유동 가능성 없음

(2) $I \geq 1.2$이면 측방유동 가능성 있음

Ⅵ 측방유동의 방지대책

1. 수동말뚝을 이용하는 방법
   1) 주동말뚝(active pile)

      상부하중을 말뚝이 받는 경우에는 말뚝이 변형함에 따라 말뚝 주변 지반이 저항하므로 지반에 하중이 전달되고, 이와 같이 말뚝이 움직이는 주체가 되는 경우의 말뚝
   2) 수동말뚝(passive pile)

      교대가 연약지반상에 축조될 경우, 기초말뚝이 측방토압을 견딜 수 없는 경우에는 상부 구조물이 수평 방향으로 과도한 변형을 일으키게 되어 말뚝의 주변 지반이 변형되고 그 결과로서 말뚝에 측방토압이 작용하는 경우의 말뚝

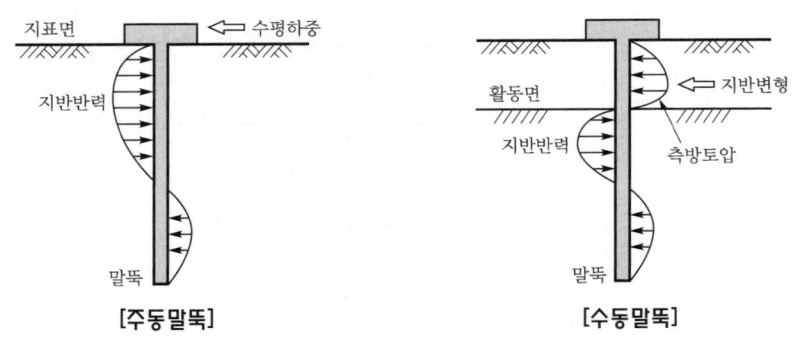

[주동말뚝]   [수동말뚝]

2. 연약지반의 처리를 이용하는 방법

공 법	원 리	적 용	장단점
선재하공법	• 압밀 촉진과 선재하를 병행하여 지반을 안정시킨 후 성토부를 굴착하고 파일 항타	• 공사기간이 충분한 곳	• 가장 확실한 공법 • 공기 장기간 • 공사비 저렴
압성토	• 교대 전면에 압성토하여 활동 방지	• 부지 확보가 가능한 곳	• 공기 장기간 • 시공 간편 • 공사비 고가
치 환	• 연약지반 치환 후 시공	• 연약지반 심도가 낮은 곳	• 공기 짧음 • 공사비 고가
사면활동 방지	• 사면활동범위를 SCP로 처리	• SCP 처리 부지 확보 필요	• 공기 짧음 • 시공 간편 • 공사비 고가
경량골재 사용	• 교대배면에 경량골재를 사용하여 측방토압 경감	• 어느 곳이나 가능	• 공기 짧음 • 시공 간단 • 처리결과 불확실

참고 측방유동 판정흐름도

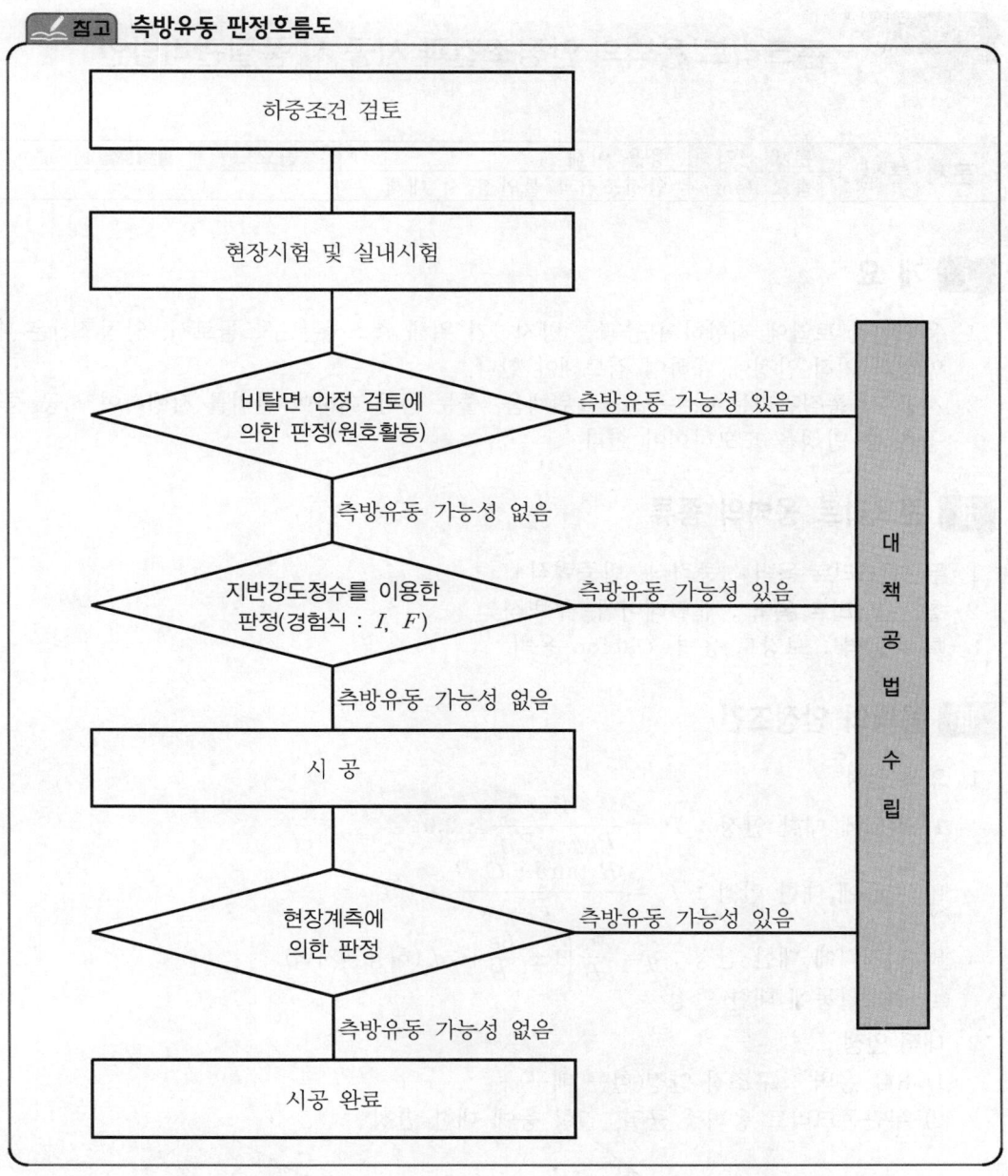

콘크리트 옹벽의 안정조건과 시공 시 품질관리방안

문제 분석	문제 성격	응용 이해	중요도	■■■□□□
	중요 Item	안정조건과 불안정 시 대책		

I 개 요

1. 옹벽이란 토압에 저항하여 붕괴를 방지하기 위해 축조하는 구조물로서, 안정조건은 내적 안정과 외적 안정에 대하여 검토해야 한다.
2. 시공 시 품질관리는 배수구조물, 뒤채움, 줄눈 등에 대하여 관리를 시행하여 시공 중 및 공용 중 안정을 도모하여야 한다.

II 콘크리트 옹벽의 종류

1. 무근콘크리트 옹벽 : 중력식, 반중력식
2. 철근콘크리트 옹벽 : 캔틸레버식, 부벽식
3. 특수 옹벽 : 보강토 옹벽, Gabion 옹벽

III 옹벽의 안정조건

1. 외적 안정
   1) 전도에 대한 안정 : $F_s = \dfrac{W_a}{P_h y - P_v f} \geq 2.0$
   2) 활동에 대한 안정 : $F_s = \dfrac{R_v \tan \delta + C_a B}{P_h} \geq 1.5$
   3) 지지력에 대한 안정 : $q = \dfrac{R_v}{B}\left(1 \pm \dfrac{6e}{B}\right) < q_a$ (허용지지력)
   4) 원호활동에 대한 안정

2. 내적 안정
   1) RC 옹벽 : 구조적 안정(철근 배근)
   2) 무근콘크리트 옹벽 : 균열, 열화 등에 대한 안정

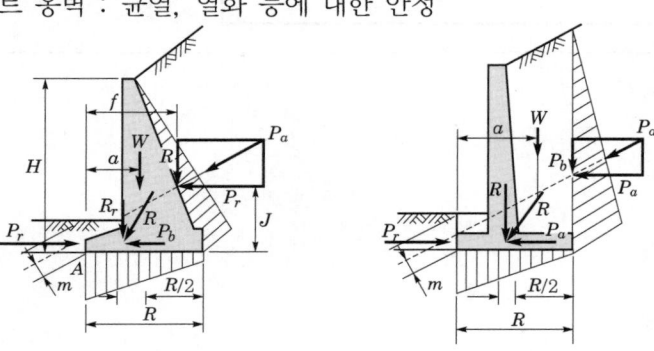

[옹벽의 하중상태]

Ⅳ 옹벽 불안정 시 대책

1. 전도에 대한 불안정 : 저판 확대, anchoring
2. 활동에 대한 불안정 : shear key 설치, 말뚝 설치, 저판 확대
3. 기초지반의 지지력에 대한 불안정 : 지반개량
4. 원호활동에 대한 불안정

Ⅴ shear key의 설치

1. shear key 구간의 활동안전율

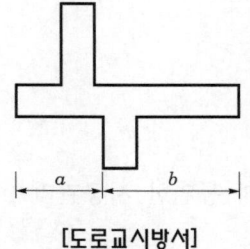 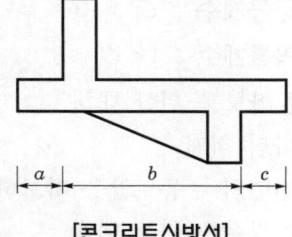

[도로교시방서]   [콘크리트시방서]

2. 구간별 마찰저항 계산(도로교시방서기준)
   1) a구간 : 토사와 토사 간의 전단저항에 의해 활동에 저항하는 구간으로 점착력과 마찰각
      ($\delta = \phi$)으로 계산함.
   2) b구간 : 옹벽 저면 콘크리트와 토사 간의 전단저항에 의해 활동에 저항하는 구간으로,
      통상 점착력은 무시(활동 발생 시 부실한 밀착상태 예상)하고, 마찰각만을 고려
      하여 검토함.
   3) 콘크리트시방서기준에서는 3구간으로 나누어 계산함(마찰 + 수동토압 + 마찰).
      (1) a구간, c구간 : 토사와 토사 간의 전단저항에 의해 활동에 저항하는 구간
      (2) b구간 : 수동토압에 의해 활동에 저항하는 구간
3. shear key의 높이
   옹벽 저판길이를 B라 하면 0.1~0.15B 정도 높이로 설계함.
4. 뒷굽판의 최적위치
   1) 각 구간별 저항력 고려 시 : 위에서 a구간의 저항력이 커지므로, 가급적 shear key의
      위치를 뒷굽판 쪽에 설치하는 것이 유리
   2) 토압작용 깊이 고려 시 : shear key가 뒷굽판에 위치하는 경우 안정 검토 시의 토압작용
      깊이가 깊어지게 되어 작용력이 커지는 것에 유의해야 함.
   3) 최적위치 : 뒷굽에서 파괴각범위(수동파괴각 적용) 밖에 설치하는 것이 가장 유리함.
   4) 통상 shear key 높이의 2배 떨어진 위치에 설치

Ⅵ 옹벽 시공 시 품질관리방안

1. 배수관리

1) 배수공(weep hole) 설치
2) 배수층 설치 : 30cm 정도 두께로 자갈 또는 쇄석층
3) 배수 파이프 설치 : 배수층 하단에 설치하여 안전한 곳으로 배수
4) 유하된 물이 기초슬래브 바닥의 흙을 연화시키지 않도록 그 주변을 불투수층으로 차단

2. 뒤채움관리

1) 투수를 양호하게 하기 위한 대책
   (1) 필터층의 입도조건에 맞는 균등계수가 큰 입도를 가진 사질토 사용
   (2) 균등계수 : $C_u > 10$
   (3) 곡률계수 : $1 < C_g < 3$
2) 안전 확보를 위한 대책
   (1) 다짐 철저
   (2) 전면의 수동토압을 확보하기 위하여 배면과 동일한 시공관리
3) 토압 경감을 위한 대책
   (1) 내부마찰각이 큰 재료 사용
   (2) 지하수위 저하
   (3) 배수대책 철저
   (4) 뒤채움 재료는 EPS 경량재료 이용
   (5) 뒤채움 재료의 구비조건
   ① 5mm체 통과량 : 25 ~ 100%
   ② 0.075mm체 통과량 : 0 ~ 20%
   ③ PI : 10 이하
   ④ 골재 최대 치수 : 100mm 이하
   ⑤ 수침 CBR : 10 이상

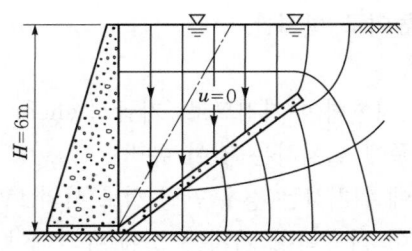
(a) 옹벽 배면에 경사배수재를 설치한 경우

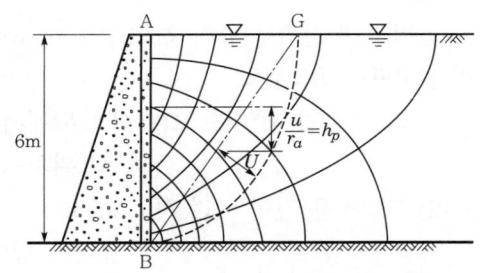
(b) 옹벽 배면에 연직배수재를 설치한 경우

[옹벽 배면 배수재 설치에 따른 유선망과 수압분포]

3. 줄눈

  1) V형의 연직 수축줄눈

    (1) hair crack 방지

    (2) 균열제어

  2) 신축이음

    (1) 목적 : 부등침하 방지

    (2) 간격 : 중력식 10m 이하, 캔틸레버식 15 ~ 20m

    (3) 시공 : 지수판을 설치하여 수밀성 확보

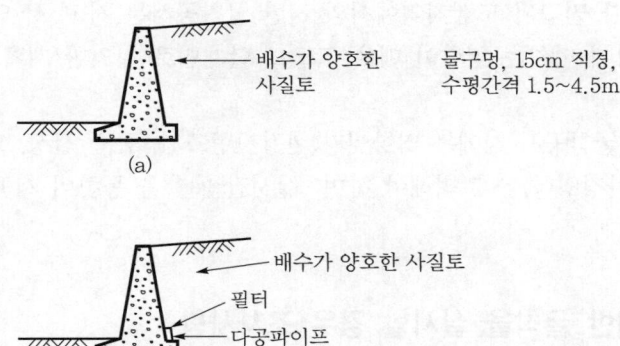

배수가 양호한 사질토   물구멍, 15cm 직경, 수평간격 1.5~4.5m

(a)

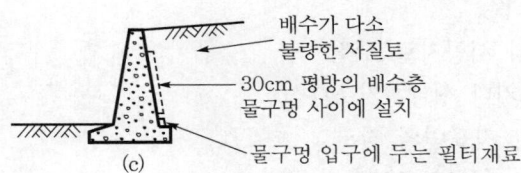

배수가 양호한 사질토 / 필터 / 다공파이프

(b)

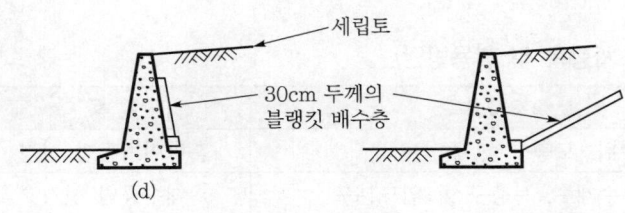

배수가 다소 불량한 사질토 / 30cm 평방의 배수층 물구멍 사이에 설치 / 물구멍 입구에 두는 필터재료

(c)

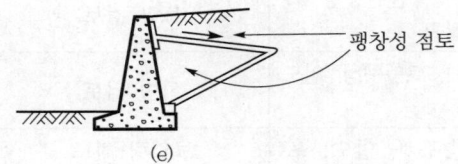

세립토 / 30cm 두께의 블랭킷 배수층

(d)

팽창성 점토

(e)

[뒤채움 재료에 따른 배수방법]

도심지 지반 굴착 시 영향인자와 문제점 및 해결대책

문제 분석	문제 성격	기본 이해		중요도	■■■■□
	중요 Item	도심지 근접 시공 시 문제점, 정보화 시공방안			

I 개 요

1. 건물과 인구가 밀집된 도심지역에서의 지반 굴착공사는 사고 시 엄청난 인적, 물적 피해 및 주변 환경에 미치는 영향이 매우 크므로 단계별로 철저한 계획 수립과 점검이 필요한 공사 이다.
2. 도심지 지반 굴착공사 시에는 영향인자(현장지형조건, 공법 선정, 교통조건, 지하수위, 주변 구조물, 환경영향)를 고려해야 하며, 실시간 계측을 통하여 시공단계별로 안정성을 고려하여야 한다.

II 도심지 지반 굴착을 실시할 경우 조사사항

1. 예비조사
   1) 주변 환경조사
   2) 기존의 지반조사와 시공자료 수집
   3) 인접 구조물의 크기나 상태, 기초형식
   4) 지하수위, 용출수, 지표면의 경사
   5) 현장의 접근성, 장비의 진출입성
   6) 그 외 특이사항

2. 본조사(토질조사항목 및 활용방안)

토질조사항목	활 용	비 고
N값, 지하수위, 토층구성, 주상도	흙막이벽공법 선정	공법 선정
지하수위, 투수계수, 토층구성, 입도분포	배수공법 선정	
1축압축강도, 내부마찰각, 점착력, 단위중량, N값, 지하수위, 토층구성, 입도분포	토압 검토	안정에 대한 검토
1축압축강도, 내부마찰각, 점착력, 토층구성, 입도분포	히빙 검토	
단위중량, 비중, 지하수위, 토층구성, 입도분포	보일링 검토	
단위중량, 피압수두, 토층구성	지면융기 검토	
간극비, 압밀지수, 단위중량, 비중, 지하수위, 토층구성, 압밀층 두께	주변 지반의 압밀에 의한 침하에 대한 검토	

Ⅲ 도심지 지반 굴착을 실시할 경우 흙막이의 분류

1. 벽체 구조 및 지하수처리에 의한 분류
    1) 개수식 흙막이공법 : 엄지말뚝식 흙막이공법
    2) 차수식 흙막이공법
        (1) 널말뚝식(sheet-pile) 흙막이공법
        (2) 지하연속벽식 흙막이공법
        (3) 주열식 흙막이공법

2. 지지구조에 의한 분류
    1) 자립식 흙막이공법
    2) 버팀대식 흙막이공법
    3) 어스앵커식 흙막이공법

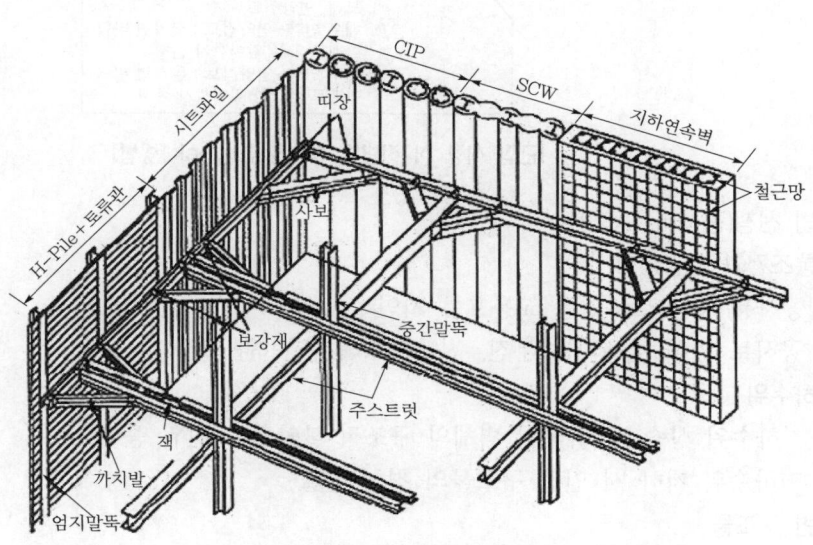

[버팀대식 흙막이공법 모식도]

Ⅳ 도심지 지반 굴착을 실시할 경우 설계 시 검토항목

1. 벽체구조의 안정성   → 응력, 변위
2. 지보공의 안정성   → 응력
3. 굴착 저면의 안정성   → 보일링, 히빙
4. 주변 구조물의 안정성   → 침하, 수평이동
5. 지하수처리에 대한 문제   → 지하수 상승, 저감

V 도심지 지반 굴착을 실시할 경우 영향인자

1. 현장의 지형, 지반조건
   1) 현장과 그 주변의 지하매설물상태
   2) 진동과 소음 제한지역인 경우
   3) 주변 지반의 침하가 제한된 경우 : 지장매설물, 철도, 지하철 인접 지역

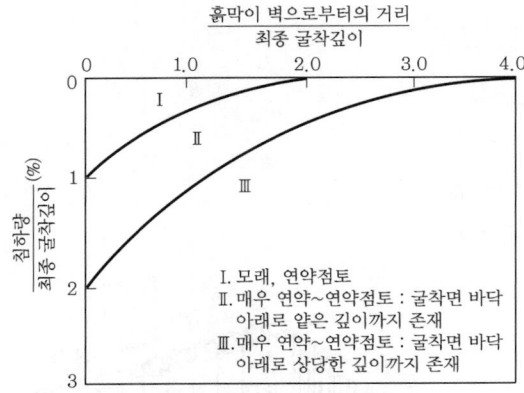

[근접 시공 시 지반별 침하영향, peck 방법]

2. 공법 선정(공사비, 공기)
3. 교통조건과 환경영향
   1) 공사용 차량으로 인한 교통흐름 지연
   2) 공사로 인해 발생되는 분진, 진동으로 인한 민원 발생
4. 지하수위
   1) 지하수위 상승 시 흙막이 벽체의 구조적 불안정과 변위 증대
   2) 지하수위 저하 시 인접 구조물의 침하 유발
5. 주변 구조물
   1) 흙막이 벽체와 인접 구조물 간의 이격거리
   2) 인접 구조물의 규모
   3) 인접 구조물의 중요성

VI 도심지 지반 굴착을 실시할 경우 예상되는 문제점

1. 응력 집중에 따른 흙막이 벽체의 변형 및 주변 지반 침하
2. 지하수위 저하로 인한 벽체 배면의 침하 유발, 주변 우물의 고갈
3. 토사 유출에 따른 배면측 변위 발생
4. 침하로 인한 주변 구조물 및 지하매설물 변형 발생

Ⅶ 도심지 지반 굴착 시 문제점 및 해결대책

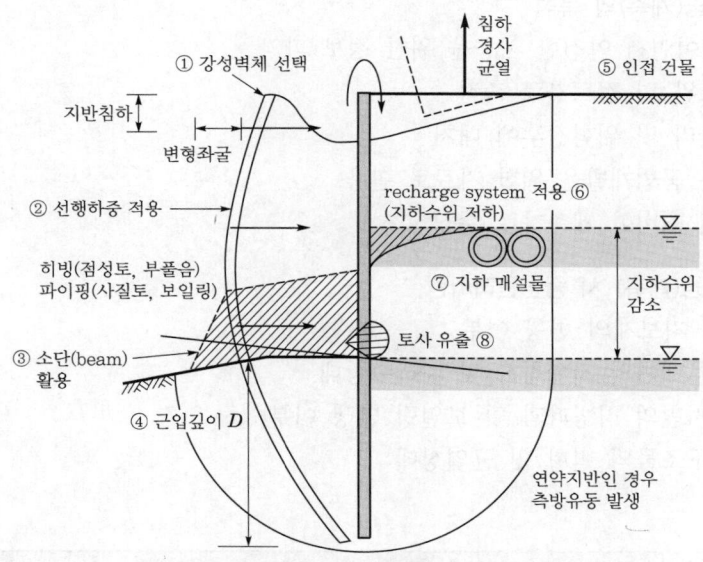

① 강성벽체 선택
지반침하
변형좌굴
② 선행하중 적용
히빙(점성토, 부풀음)
파이핑(사질토, 보일링)
③ 소단(beam) 활용
④ 근입깊이 D
침하 경사 균열
⑤ 인접 건물
recharge system 적용 ⑥ (지하수위 저하)
⑦ 지하 매설물
지하수위 감소
토사 유출 ⑧
연약지반인 경우 측방유동 발생

[도심지 근접 시공 시 문제점 및 해결대책]

1. 벽체변형 억제대책
   1) 벽체 강성을 고려한 강성벽체 적용(시트파일 → 지하연속벽)
   2) 벽체 변위를 억제하는 선행하중공법 적용
   3) 소단을 설치하여 벽체 변형 억제
   4) 근입깊이를 깊게 하여 벽체 변형 억제

2. 지하수위 저하대책
   1) 지반의 압축침하 및 압밀침하예상 시에는 recharge하여 침하 억제(복수공법)
   2) 우물 고갈 발생 시 배수된 물을 배면지반으로 recharge 시행

3. 토사 유출에 따른 배면측 변위대책
   1) 배수 시 토립자 흡입에 따른 지반 흐트러짐 시 침전지 활용
   2) 웰포인트 사용 시에는 필터의 충분한 효과 적용
   3) 벽체 강성을 고려한 강성벽체 적용(시트파일 → 지하연속벽)

4. 침하로 인한 주변 구조물 및 지하매설물 변형 발생
   1) 토질 및 지형조건을 고려한 적절한 공법 선정
   2) 정보화 시공을 통한 시공의 불확실요소관리

Ⅷ 도심지 지반 굴착 시 정보화 시공방안

1. 정보화 시공(계측)의 목적
1) 경제적이면서 안전한 시공을 위한 정보 파악
2) 설계보완 및 검토자료 축적
3) 시공관리 및 위험징후에 대처
4) 새로운 공법개발을 위한 자료로 활용
5) 민원에 대비한 계측자료 수집

2. 정보화 시공(계측) 시 중점관리사항
1) 흙막이 지보재의 변형 여부
2) 흙막이 배면의 지반침하 및 지하수상태
3) 굴착 저면의 히빙파괴 및 보일링 발생 여부
4) 주변 구조물의 변형 및 균열상태

3. 계측항목

구 분	계측항목		계측계기
흙막이 벽	흙막이 벽	변형 응력 토압, 수압 변위	삽입식 경사계 변형계, 철근계 토압계, 수압계 트랜싯, 레벨
	버팀대	축력, 응력, 온도	변형계, 하중계, 온도계
	띠장	응력, 처짐	변형계, 트랜싯
	중간 말뚝	응력 수평변위	변형계, 트랜싯 레벨
주변 지반 · 구조물	주변 지반	침하 수평변위	트랜싯, 레벨 트랜싯, 변위계, 삽입식 경사계
	주변 구조물	침하 경사 수평변위	트랜싯, 레벨 고정식 경사계 트랜싯, 레벨
지하수	굴착 밑면	굴착 밑부분의 부상 지하수위	침하계 관 측정, 수압계
	주변 지하수	양수량 주변 지반수위의 변동	노치 관 측정, 수압계

4. 계측 시 유의사항
1) 계측기 설치, 측정, 자료 집계, 분석이 일률적으로 관리될 수 있도록 체계 구성
2) 계측기 설치 전 사전점검을 통한 이상 유무 확인
3) 계측기 설치방법상 문제, 측정자에 의한 측정오차에 유의

4) 시공상 장애요소가 되지 않는 장소에 설치하여 계측 신뢰도 증진

5) 계측관리 시 이상징후가 발견되면 즉시 발주처에 보고하고 관련 기술자와 정확한 원인을 파악한 후 대책을 마련하여 신속하게 조치하여야 함.

Ⅸ 계측에 따른 시공관리 및 대책

관리체제	절대치 관리기준	계측관리체계	시공관리 및 대책
평상시	계측치 ≤ 제1관리치	• 정상계측 및 보고	• 주변 침하 정도 • 흙막이 벽체 균열 여부 • 인접 건물의 균열 정도
제1단계 (주의)	제1관리치 < 계측치 ≤ 제2관리치	• 보고 • 계측기기의 점검 및 재측정 • 요인 분석	• 주변 침하, 흙막이 벽체 균열 정도 • 인접 건물의 균열 정도 • 대책공의 검토 준비

제2단계
(경고)
	제2관리치 < 계측치
	≤ 제3관리치
		• 계측체제의 강화
		• 요인 분석
		• 관리기준치 검토
		• 해당 구간의 계측기 및 측점 추가
			• 현장상황의 점검 및 강화
			• 대책공의 실시
			  → 버팀보, 띠장의 보강
			  → 건물 주변의 지반 보강,
			  → 차수공법

제3단계 (위험)	계측치 > 제3관리치	• 계측체제의 강화 • 요인 분석 • 관리기준치 검토 • 예측관리기법 채택 • 재설계, 대책공 실시, 확인	• 공사 중지, 현장점검 • 대책공의 실시결과 검토 • 예측관리기법에 의한 대책

Ⅹ 맺음말

1. 도심지역에서의 지반굴착공사는 사고 시 엄청난 인적, 물적인 피해 및 주변 환경에 미치는 영향이 매우 크므로 단계별로 철저한 계획수립 및 이행 확인이 필요하다.

2. 근접 시공에서는 정보화 시공을 통하여 흙막이 구조물뿐만 아니라 주변 지반과 인접구조물을 보호하여야 한다.

지하연속벽공사 시 안정액의 종류별 특징 및 품질관리방안

문제 분석	문제 성격	응용 이해	중요도	
	중요 Item	안정액의 기능 및 일수현상		

I 개 요

1. 지하연속벽공법이란 지수벽, 구조체 등으로 이용하기 위해서 지하에 크고 깊은 트렌치를 굴착하여 철근망 삽입 후 콘크리트를 타설한 패널을 연속으로 축조해 나가거나, 원형 단면 굴착공을 파서 연속된 주열을 형성시켜 지하벽을 축조하는 공법이다.
2. 안정액은 굴착공사 중 굴착벽면의 붕괴를 막고 지반을 안정시키는 비중이 큰 액체로서, 안정액의 일수현상 방지를 위한 품질관리방안으로는 점성, 여과성, 비중, 사분율에 대한 관리를 시행하여야 한다.

II 지하연속벽공사의 분류

1. 벽식
   1) 현장타설방법
   2) prefabricated
2. 주열식
   1) SCW(Soil Cement Wall)
   2) CW(Concrete Wall)
   3) SPW(Steel Pipe Wall)

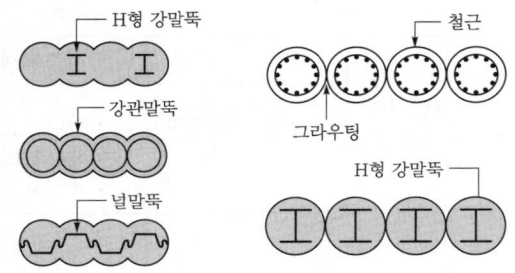

[주열식 공법]

III 안정액의 목적 및 분류

1. 목적
   1) 굴착벽면의 붕괴 방지
   2) 현장 콘크리트를 중력으로 치환할 수 있게 하는 낮은 점성
   3) 흙의 공극을 겔화하여 굴착면의 흙입자를 지탱
   4) 지반으로부터의 지하수 유입과 지반에서의 안정액 유출을 막아 보호막 형성
2. 안정액의 분류
   1) 벤토나이트(bentonite) 계열
      (1) bentonite 안정액   (2) CMC(Carboxy-Methyl Cellulose) 안정액
      (3) bentonite + CMC 혼합 안정액
   2) 폴리머(polymer) 계열

Ⅳ 안정액의 종류별 특징

1. bentonite 계열 안정액
   1) 성질 : bentonite는 점토광물의 하나로 응회암, 석영암 등의 유리질 부분이 분해하여
      생성된 미세 점토로 물을 흡수하여 크게 팽창함.
   2) 구비조건
      (1) 비중
          ① 진비중 : 2.4 ~ 2.95
          ② 분체의 겉보기 비중 : 0.83 ~ 1.13
      (2) 액성한계 : 330 ~ 590%
      (3) 6 ~ 12%의 용해 시 pH : 8 ~ 10
      (4) 비표면적 : 80 ~ 110m^2/g
   3) 기능
      (1) 굴착벽면 붕괴 방지
      (2) 굴착벽면에 물의 침입 방지
      (3) 굴착토사 분리
      (4) 굴착벽면의 마찰저항 감소
   4) 특징
      (1) 활성이 강해 팽윤하기 쉽고 점성을 얻기 쉬움.
      (2) 콘크리트나 해수에 오염되기 쉬움.
      (3) 사용 후 폐기하는데 분해 및 고형화하기가 힘듦.
      (4) 물을 함유하면 6 ~ 8배의 체적이 팽창

2. CMC(Carboxy-Methyl Cellulose) 안정액
   1) 성질 : 펄프를 화학적으로 처리하여 만든 인공풀로서 물에 혼합하면 쉽게 녹아 점성이
      높은 액체가 됨.
   2) 혼합량 : 물 100cc에 대해 0.1 ~ 0.5g
   3) 반복 사용이 가능하나 비중이 높은 안정액을 만들 수 없음.

3. bentonite + CMC 혼합 안정액
   CMC 용액에 bentonite를 2 ~ 3% 혼합

4. 폴리머(polymer) 계열 안정액
   1) 특징
      (1) 친수성 고분자 화합물로서 물에 용해되어 점성을 나타냄.
      (2) 종류 : 전분, 알긴산, 소다, 한천, 고무, 젤라틴
   2) 굴착 시 혼입되는 토사는 bentonite계열보다 쉽게 분리
   3) 시멘트 염분에 의한 오염이 적음.

V 안정액의 품질관리방안

1. 물리적 안정성

   안정액을 장시간(10시간) 방치하여 물이 분리되지 않아야 함.

2. 비중

   보통 비중은 1.02 ~ 1.07 정도이며 조립일수록 비중이 커야 함.

3. 점성

   1) 시험방법 : 500cc 용기에서 유출되는 시간을 측정하여 점성을 판단함.

   2) 판정기준 : 모래는 30 ~ 45초, 자갈질은 40 ~ 80초

   3) 점성이 과소한 경우 : bentonite, CMC 첨가

   4) 점성이 과대한 경우 : 분산제 혼입

4. 여과성

   1) 측정방법 : 여과시험기로 유출하는 여과수와 여과지의 cake 두께로 측정

   2) 여과가 많이 되는 경우 : bentonite, CMC 첨가

5. 사분율

   안정액에 포함된 75μm체보다 큰 입경에 대한 체적비로 2 ~ 5%가 적당

6. 안정액의 관리항목 및 관리치

관리항목	bentonite계		polymer계	
	굴착 시	Slime 처리 시	굴착 시	Slime 처리 시
누수량(mL)	40 이하	–	40 이하	–
점성(S)	22 ~ 40	22 ~ 35	20 ~ 36	20 ~ 30
비중	1.04 ~ 1.20	1.04 ~ 1.10	1.01 ~ 1.20	1.01 ~ 1.10
pH	7.5 ~ 10.5	7.5 ~ 10.5	7.5 ~ 11.5	7.5 ~ 11.5

VI 안정액의 일수현상 및 대책

1. 정의 : 공벽을 유지하기 위해서 공급한 안정액이 주위 지반으로 유출되는 현상
2. 원인 : 내적(안정액 품질), 외적(지질공동, 지하수위변화 등)
3. 대책

   1) 내적 : 유출방지제, 톱밥, 점토 투입

   2) 외적 : 굴착 전 벽의 외측에 약액 주입→방수벽 형성

VII 맺음말

안정액의 농도가 옅으면 붕괴 발생률이 높고, 농도가 너무 짙으면 콘크리트와의 치환이 불안전 하게 되므로 공사조건에 따른 적당한 농도를 유지하여야 하며, 공사기간 중 비중, 점성, 여과성 등을 관리하여야 한다.

Section 9
매입말뚝공법의 종류 및 단계별 품질관리방안

문제 분석	문제 성격	응용 이해		중요도	■■■□□□
	중요 Item	말뚝의 이음, 시공순서, 고정액의 품질관리, 최종 품질관리방안			

I 개 요

1. 매입말뚝은 기성제품의 말뚝을 거의 그 전장에 걸쳐서 미리 지반 속에 뚫은 구멍에 매입함으로써 설치하는 말뚝공법이다.
2. 단계별 품질관리방법은 시공 전, 시공 중, 시공 후 단계별로 품질관리방안을 설정하여 관리함으로써 품질관리에 만전을 기하여야 한다.

II 매입말뚝공법의 시공순서

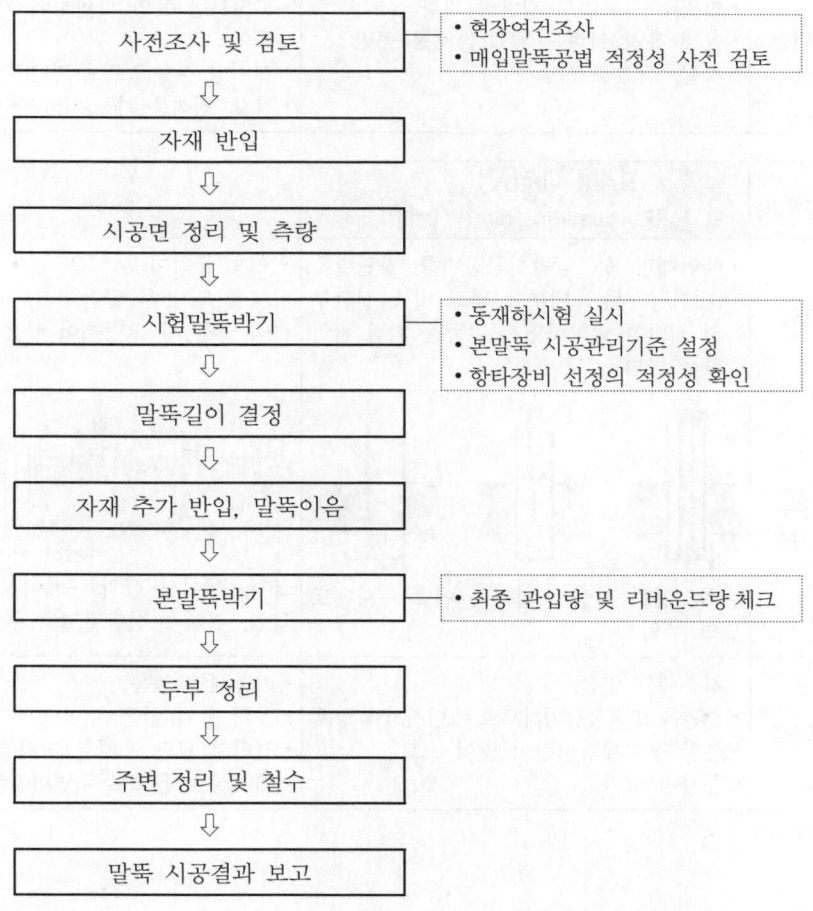

사전조사 및 검토
- 현장여건조사
- 매입말뚝공법 적정성 사전 검토
⇩
자재 반입
⇩
시공면 정리 및 측량
⇩
시험말뚝박기
- 동재하시험 실시
- 본말뚝 시공관리기준 설정
- 항타장비 선정의 적정성 확인
⇩
말뚝길이 결정
⇩
자재 추가 반입, 말뚝이음
⇩
본말뚝박기
- 최종 관입량 및 리바운드량 체크
⇩
두부 정리
⇩
주변 정리 및 철수
⇩
말뚝 시공결과 보고

III 매입말뚝공법의 종류 및 특징

구분	SIP (Soil-cement Injected Precasting Pile)	SDA (Separation Doughnet Auger)
개요	• 지지층까지 screw auger로 선굴착 후 시멘트 밀크를 주입하고 말뚝 관입 및 최종 경타	• 공벽 붕괴 방지를 위해 screw auger와 casing screw를 사용하여 동시 굴착
시공 순서도	 오거 굴착 → 선단근고액 주입 → 말뚝 관입 → 주면고정액 주입 → 경타	 굴착, 케이싱 삽입 → 선단근고액 주입 → 말뚝 삽입 → 주면고정액 주입 → 케이싱 인발 → 경타
장단점	• 공사비 저렴 • 말뚝주면 고결로 횡방향 저항 유리 • 공벽 유지 어려운 퇴적층 적용 곤란 • 자갈, 전석층 시공 저하	• 케이싱 사용으로 공벽 붕괴 방지 • 굴착토를 육안 확인하여 지지 지층 확인 용이 • 케이싱 사용으로 주면마찰력 저하 • 자갈, 전석층 시공 저하 → T4 사용 보완

구분	PRD (Percussion Rotary Drill)	auger + T4
개요	• 에어해머 등 암반천공장비를 강관말뚝(케이싱 사용) 내부에 넣고 말뚝 선단부의 지반을 굴착하면서 말뚝을 회전 관입하는 공법	• 오거 굴착이 어려운 경우 오거 선단에 T4를 부착 후 굴착 • T4 굴착 시 고압에어 사용
시공 순서도	 굴착, 강관 삽입 → 천공기 인발 → 시멘트 밀크 주입	 굴착, 케이싱 삽입 → 케이싱 인발 → 말뚝 삽입, 경타 → 선단근고액 주입
장단점	• 지층제약 없음 • 강관을 회전·압입하므로 주면지지력 양호 • 본당 장비세팅시간이 많이 소요 • 공사비 고가	• 지층제약 없음 • 공벽 붕괴 없음 • 선단부 교란에 따른 지지력 저하 • 케이싱 사용으로 주면마찰력 저하

Ⅳ 매입말뚝공법의 단계별 품질관리방안

1. 사전조사 및 검토

1) 매입말뚝 시공 전 소음 · 진동 등 환경규제 및 시설물 근접, 민가로 인한 민원 우려 지역 여부에 대하여 현장조사 실시

2) 시추조사 및 현장조사 결과를 이용하여 지하수위위치, 자갈층의 상태(층두께, 자갈지름 등) 등 설계공법 적정성 검토

3) 설계적용공법의 변경이 필요한 경우는 발주처 사전보고 및 승인 후 공사 시행

4) 공법별 적용기준

구분	SIP	SDA	SDA+T4	PRD
적용 기준	• 15cm 이하의 자갈 및 전석 존재 시 • 공벽 유지 가능 시	• 15cm 이하의 자갈 및 전석 존재 시 • 공벽 유지 불가능 시	• 15cm 이상의 자갈 및 전석 존재 시 • 공벽 유지 불가능 시	• 중요 구조물에 인접하여 지반변위 억제가 필요한 경우

2. 자재 반입 및 반입검사

1) 현장 반입 시 자재 검수를 실시하여 부적합한 제품은 즉시 반출 조치 : 강관말뚝은 KS F 4602, PHC말뚝은 KS F 4306의 규정에 적합해야 함.

2) 자재 운반 및 보관

(1) 말뚝 운반 시 2점뜨기를 하여 말뚝에 변형과 손상이 없도록 할 것

(2) 시험말뚝박기 후 말뚝을 주문 · 제작하여 현장에서의 용접 최소화

(3) 말뚝길이, 근입심도를 알 수 있도록 1m마다 심도 표시

① 규격 : 20cm×10cm

② 색상 : 백색(강관파일), 흑색(PHC파일)

(4) 말뚝 보관은 평탄하고 배수가 양호한 장소에 적치

3. 시공면 정리 및 측량

1) 작업지반 정리

(1) 일반적인 말뚝박기 장비의 접지압은 $1 \sim 2\text{kgf/cm}^2$이므로 이것에 충분히 견딜 수 있도록 원지반 정지 및 개량

(2) 말뚝박기 시공면은 설계계획고에 맞추어 터파기 또는 쌓기 실시

2) 말뚝위치 측량

(1) 말뚝 평면위치 확인

(2) 허용오차 : 항타 완료 후 설계도면의 위치로부터 D(말뚝직경)/4와 10cm 중 큰 값 미만으로 시공관리

4. 시험말뚝 박기

1) 목적 : 해머를 포함한 항타장비의 성능 확인, 설계내용과 실제 지반조건의 여부, 말뚝재료의 건전도 판정 및 말뚝의 지지력 확인

2) 준비 및 확인사항

(1) 항타 및 천공장비 사전 확인

(2) 항타장비 진출입로 및 파일 시공위치의 적정 여부 확인

(3) 반입된 말뚝의 손상 여부 확인(찌그러짐, 용접부 손상 여부 등)

(4) 시험말뚝은 토질조사 자료 및 지형을 감안하여 대표적인 위치 선정

(5) 시험항타장비는 본항타에 적용할 것을 사용

(6) 시험말뚝은 교대, 교각마다 적절한 위치를 선정하여 예상되는 본말뚝의 길이보다 1~2m 더 긴 것을 사용

3) 시험말뚝 최종 경타 시

(1) 동재하시험을 실시하여 본말뚝 시공관리기준 설정

① 래머무게 및 낙하높이, 해머효율, 최종 관입량 결정

② 항타장비 선정의 적정성 확인

③ 말뚝재료의 건전도, 설계심도와 시공심도의 길이 비교

④ 지반조건의 이상 유무(설계내용과 비교)

(2) 동재하시험 실시빈도(end of initial driving 방식)

구 분	시험빈도	시험말뚝위치
기초별 말뚝개수 1~80개까지	2	대각선상이나 감독원이 지정하는 위치
기초별 말뚝개수 81~160개까지	3	
기초별 말뚝개수 161개 이상	4	

(3) 동재하시험 시 최종 관입량 및 리바운드 측정

5. 말뚝이음

1) 말뚝이음작업은 지표면에서 최소 1.5m 위에서 실시

2) 용접 완료 후 용접검사기준에 의거, 검사하고 나머지 말뚝은 육안검사를 실시, 합격 여부를 판정

3) 육안검사 시 용접부의 균열, 언더컷, 비드 외관불량 등 결함 발생 시 제거 후 재용접 실시

4) 용접검사기준

(1) 용접이음부의 검사방법 : UT(초음파탐상검사, Ultrasonic Test)

(2) 검사빈도 및 판정기준

검사빈도	판정기준
5이음당 1이음(전주변장) 이상	• 인장부재 : 2류 이상 합격 • 압축부재 : 3류 이상 합격

※ 판정기준 : 홈의 높이 및 단면적의 크기에 따라 판정(KS B 0896 참조)

6. 본말뚝 박기

   1) 시공순서

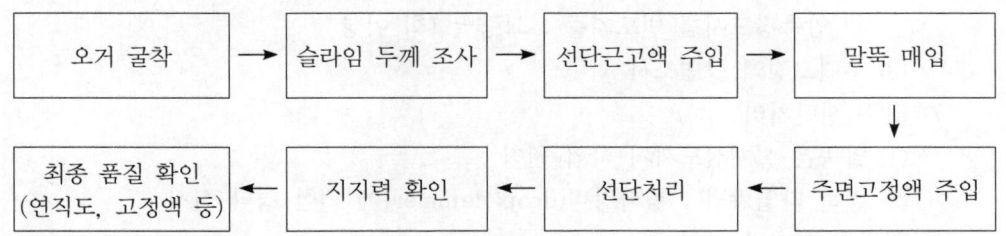

| 오거 굴착 | → | 슬라임 두께 조사 | → | 선단근고액 주입 | → | 말뚝 매입 |

| 최종 품질 확인 (연직도, 고정액 등) | ← | 지지력 확인 | ← | 선단처리 | ← | 주면고정액 주입 |

   2) 굴착

   (1) 굴착 전 현장여건에 적합한 용량의 장비 사용

   (2) 굴착 전 연직도검사 실시

   (3) 굴착공지름 : 말뚝지름 + 100mm 이상

   (4) 말뚝 매입깊이까지 케이싱이 삽입될 수 있도록 조치(SDA 공법)

   (5) 지지층 굴착깊이 : 1.5m 이상

   (6) 굴착 후 천공홀 주변 굴착토 제거 철저

   3) 슬라임 두께 조사

   (1) 시기 : 오거 천공 후(선단근고액 주입 전)

   (2) 방법 : 정사각형 또는 원형의 다림추를 이용하여 측정

   (3) 빈도 : 행선별, 기초별 말뚝 10개당 1회 이상

   (4) 공저의 슬라임 두께는 50cm 이내로 관리

   4) 선단근고액 주입

   (1) 주입깊이 : 공저에서 $4d(d$: 말뚝 안쪽 지름) + 1m 이상

   (2) 오거헤드는 주입하는 선단근고액보다 항상 아래에 위치(공벽 붕괴 최소화)

   (3) 주입액 품질관리

       ① 말뚝 시공 전 반드시 주입액 배합 및 압축강도시험 확인

       ② 압축강도시험 빈도기준 : 교량별 1회 이상

   5) 말뚝 매입

   (1) 말뚝의 매입깊이 및 최종 관입량을 감안하여 적정 길이의 말뚝 사용

   (2) 말뚝 매입 시 천공한 홀이 붕괴되지 않도록 수직도를 철저히 유지

   (3) 연직도검사

       ① 말뚝 매입 직전 : 말뚝에 직교하는 2방향으로부터 시준기 또는 측량장비를 이용
          하여 연직도 확인

       ② 말뚝 타입 후 : 연직도 및 말뚝의 외면과 오거 천공면 사이 간격 확인

   6) 주면고정액 주입

   (1) 기초저면(지표면)까지 주입

(2) 주입액 품질관리

    ① 말뚝 시공 전 주입액 배합 및 압축강도시험 확인

    ② 압축강도시험 빈도기준 : 교량별 1회 이상

(3) 주면고정액 상면조사

7) 말뚝 선단처리

(1) 말뚝은 설계심도까지 타입 원칙

(2) 말뚝 타입방법 : 항타장비(drop hammer)에 의한 경타 실시

8) 말뚝의 지지력 확인

    시험말뚝박기 시 설정한 시공관리기준(최종 관입량, 래머 중량 및 높이 등) 준수

9) 최종 품질확인검사

(1) 말뚝 연직도 : 1/100 이내

(2) 평면상 시공오차 : D(말뚝직경)/4와 10cm 중 큰 값 미만

(3) 말뚝의 외면과 오거 천공면 사이 간격 : 5cm 이상

(4) 주면고정액 : 기초저면(지표면)까지 주입 여부 확인

Ⅴ 맺음말

매입말뚝 시공 전에 매입말뚝공법에 대한 시공단계별 품질관리방안을 수립하여 현장 시공 시 예방적 품질관리 시행으로 고품질의 구조물 지지력을 확보하여야 한다.

Section 10

말뚝 재하시험의 종류와 방법 및 현장타설말뚝의 건전도 평가

문제 분석	문제 성격	기본 이해		중요도	■■■■■
	중요 Item	PDA, 정재하시험과 동재하시험의 비교, 재하시험의 평가방법			

Ⅰ 개 요

1. 말뚝기초의 지지력이란 말뚝 상부하중에 대한 저항력을 말하며, 지지력 산정방법에는 기존 산정방법인 정역학적 공식, 동역학적 공식, 재하시험 등이 있다.
2. 말뚝 재하시험의 종류에는 기존의 산정방식인 정재하시험, 동재하시험, 정동재하시험, 최근에는 Osterburg Cell 방식, SPLT에 의한 재하시험이 사용된다.
3. 말뚝 재하시험방법에는 실물재하 또는 반력말뚝을 이용하여 설계하중의 200 ~ 300%까지 단계적으로 재하하는 방법인 정재하시험과, 기성말뚝의 항타 시 적용하는 방법으로 말뚝머리에 변위측정계와 가속도계를 부착하여 개략적인 지지력을 확인하는 방법인 동재하시험 등이 있다.
4. 현장타설말뚝의 건전도 평가는 말뚝의 지지력을 평가하는 방법이 아니라 말뚝의 지지력에 영향을 주는 결함이나 균열 등을 파악하는 비파괴검사로 건전도 평가방법은 검측공을 이용하는 경우와 검측공이 없이 충격파를 이용하여 말뚝의 건전도를 파악하는 경우가 있다.

Ⅱ 말뚝기초의 요구조건 및 말뚝 재하시험의 목적

1. 말뚝기초의 요구조건
   1) 지내력
   2) 침하량 한도
   3) 시공성
   4) 근입깊이
   5) 경제성
2. 말뚝 재하시험의 목적
   1) 기초저면, 성토기초면 등에서 기초지반의 허용지내력 및 탄성계수 산출
   2) 강성 포장설계를 위해 지지력계수(K) 산출
   3) 건축물에서의 기초형식 결정

Ⅲ 말뚝 지지력 산정을 위한 조사 시 고려사항

1. **지반조건** : 토질의 종류, 지하수위, 주변 여건
2. **시공조건** : 기초 시공방법, 기초 시공 후 경과시간, 부주면마찰 발생 등

3. 말뚝지지력에 영향을 주는 요인
    1) 말뚝압축강도   2) 침하량
    3) 이음개소 및 방법   4) 말뚝간격
    5) 말뚝깊이   6) 부주면마찰력의 영향

Ⅳ 말뚝 재하시험의 종류

1. 말뚝의 지지력 산정방법

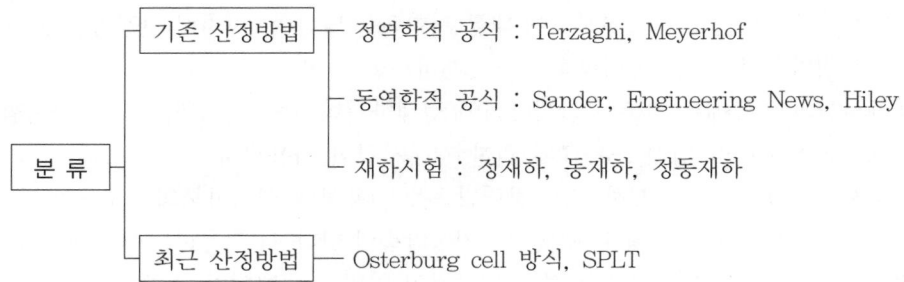

- 기존 산정방법 ─ 정역학적 공식 : Terzaghi, Meyerhof
- 분류 ─ 동역학적 공식 : Sander, Engineering News, Hiley
- 재하시험 : 정재하, 동재하, 정동재하
- 최근 산정방법 ─ Osterburg cell 방식, SPLT

2. 말뚝 재하시험 종류별 비교

구 분	정재하시험	동재하시험	정동재하시험	비 고
시험방법	길다	짧다	길다	최근에는 Osterburg Cell 방식, SPLT
시험비용	고가	저가	고가	
시험기간	장기간	단기간	장기간	
적용성	기성말뚝, 현장타설말뚝	기성말뚝	기성말뚝	

Ⅴ 말뚝 재하시험방법

1. 정재하시험
    1) 분류 : 압축재하시험 / 인발시험 / 수평재하시험
    2) 압축재하시험
        (1) 등속도관입시험(CRP test)
            ① 등속도(0.25 ~ 0.5mm/min)로 관입되도록 지속적으로 하중을 증가시킴.
            ② 말뚝의 기초지반이 파괴될 때까지 계속 관입(극한하중 결정)
        (2) 하중지속시험(MLT)
            ① 말뚝에 하중을 가하여 1시간 정도 말뚝을 침하시킨 후 동일한 하중을 한 단계씩 지속적으로 높여가는 방법
            ② 설계하중의 두 배까지 재하하며, 한 단계의 하중은 설계하중의 25%로 8단계로 지속함. 단계별로 하중을 가하여 1시간 정도 침하시킨 후 지속하는 방법

3) 인발시험

타입된 말뚝을 유압잭을 이용하여 인발하고, 압축재하시험과 비슷한 방법으로 시행

4) 수평재하시험

(1) 타입된 말뚝이 수평하중에 저항하는 정도 측정

(2) 무리말뚝에서의 수평재하시험 시 말뚝간격은 지름의 10배 이상

(3) 외말뚝의 수평재하시험은 콘크리트 받침 블록 이용

2. 동재하시험

1) 정의

기성말뚝의 항타 시 적용하는 방법으로 말뚝머리에 변위측정계와 가속도계를 부착하여 개략적인 지지력을 확인하는 방법

2) 항타분석기의 구성

(1) 항타분석기(pile driving analyzer)

(2) 가속도계(accelerometer)

(3) 변형률계(strain transducer)

(4) 메인 케이블(main cable)

3) 시험방법

파일 두부에 가속도계와 스트레인 게이지를 부착하여 가속도와 변형률을 측정하여 파일에 걸리는 응력을 환산하여 지지력을 측정

[PDA 센서 부착]   [항타분석, 침하량 측정]   [PDA]

4) 시험목적

(1) 파일의 지지력 측정

(2) 파일의 파손 유무 체크

(3) 지지력 분석

5) 특징

(1) 신속한 판정 가능

(2) 소요내력 파악 용이

(3) 비용 저렴

3. 정동재하시험
   1) 원리 : 추진연료의 연소 시 발생하는 가스압과 열을 이용하여 반력하중을 밀어올리는
      반작용으로 말뚝의 두부에 하중을 가하는 시험으로, 말뚝과 재하장치 사이에 설
      치된 하중계로 말뚝에 작용하는 힘을 측정하며 레이저로 말뚝의 변위를 측정하
      여 하중-변위 관계를 알 수 있는 재하시험
   2) 적용 : 대구경 말뚝, 지지력이 큰 현장타설말뚝
   3) 필요하중 : 정재하 시 하중의 1/20 필요

4. Osterberg cell 시험
   1) 원리 : 재하시험의 일종으로 말뚝에(어디 위치든 설치 가능) Osterberg cell을 설치
      하고 유압을 가하여 마찰력과 선단지지력을 구할 수 있는 시험법
   2) 특징
      (1) 단점
         ① 말뚝 시공 전 미리 Osterberg cell 설치 필요
         ② 재하장치와 측정 부위 상태 육안 확인 불가
         ③ 두부재하 시의 하중-침하량 관계를 유추 해석
      (2) 장점 : 비용 절감, 큰 시험하중, 적용범위 확대
   3) 시험장치의 구성
      (1) 계측장치 : 변위계측, 레퍼런스 빔
      (2) 재하장치 : Osterberg cell, 유압잭, 유압펌프

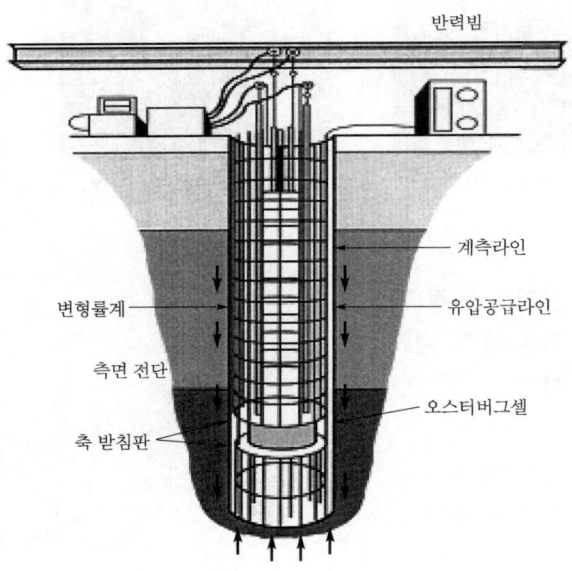

[Osterberg cell 시험 모식도]

4) 시험셀의 위치 구성

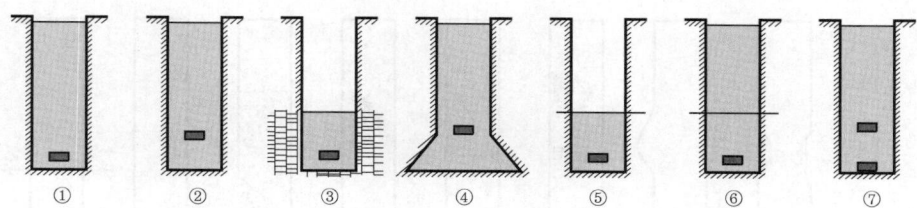

①　②　③　④　⑤　⑥　⑦

5) 시험빈도 : 교각 10본당 1회

5. SPLT(Simple Pile Load Test)

1) 정의

말뚝에 실제 하중이 재하되는 것과 같이 말뚝의 두부에 하중을 가하여 이에 따른 말뚝의
거동을 하중-변위곡선의 형태로 얻어 말뚝의 허용지지력을 산정하는 재하시험

2) 시험방법

(1) 표준재하방법

(2) 반복하중재하방법

(3) 급속재하방법 : 2 ~ 5시간이면 말뚝의 지지력 산출 가능

3) 특징

(1) 별도의 계측 없이 선단지지력, 주면마찰력 분리 측정

(2) 연약지반에서 부마찰력 측정 가능

(3) 말뚝설계의 경제성 향상

[SPLT(Simple Pile Load Test) 시험 전경]

Ⅵ 현장타설말뚝의 건전도 평가

1. 건전도 평가의 정의

말뚝의 지지력을 산정할 수 없지만 말뚝의 지지력에 영향을 줄 수 있는 균열이나 결함 등을
예측하기 위한 방법으로, 측정된 파의 특성을 분석하는 비파괴검사

2. 현장타설말뚝의 결함유형

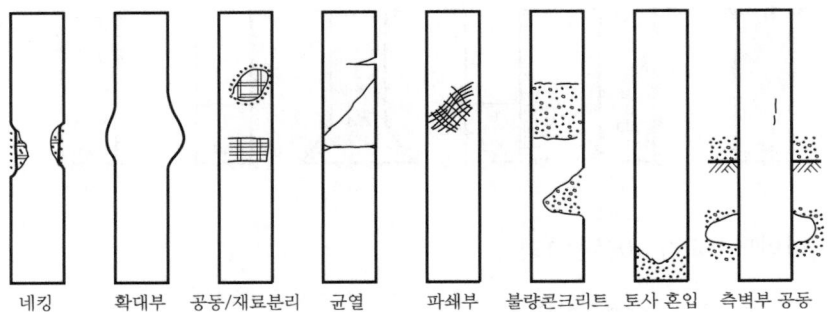

네킹　　확대부　공동/재료분리　균열　　파쇄부　불량콘크리트　토사 혼입　측벽부 공동

3. 건전도 평가의 분류

　　1) 검측공에 의한 방법

　　　　(1) Sonic Logging test(공대공 초음파시험)

　　　　(2) 감마선 이용법(Gamma-ray Testing)

　　2) 검측공에 의하지 않는 방법 : PIT 시험(Pile Intergrity Test)

4. Sonic Logging test의 특징

　　1) 원리

　　　　콘크리트 타설 이전에 설치, 매설된 튜브를 이용하여 말뚝의 결함을 추정하는 방법

　　2) 특징

　　　　(1) 말뚝의 전길이에 걸쳐 건전도 확인 가능

　　　　(2) 많은 비용이 소요되며 말뚝길이에 따라 10 ~ 30% 실시

평균말뚝길이(m)	검사수량(%)	비 고
20 이하	10	검사수량은 교각당 소요되는 말뚝 총수량에 대한 백분율 (단, 교각당 최소 1개소 이상)
20 ~ 30	20	
30 이상	30	

　　　　(3) 시험결과 판정이 용이함

　　　　(4) 한계성 : 말뚝 전체의 형상은 확인 불가

5. PIT(Pile Intergrity Test)의 특징

　　1) 원리

　　　　충격에 의해 발생하는 응력파장의 특성을 이용하여 말뚝의 길이와 형상을 추정하는 방법

　　2) 특징

　　　　(1) 간편성과 말뚝의 대략적인 단면형상을 파악할 수 있음.

　　　　(2) 적정 활용 시 현장타설 콘크리트 말뚝의 건전도 및 지지력 평가 가능

　　　　(3) 적용할 수 있는 대상말뚝이 종류에 따라 제한됨.

　　　　(4) 한계성 : 장말뚝인 경우와 지반저항이 큰 경우 해석이 불가능함.

6. 건전도 시험결과의 활용

  1) 시험결과 적정한 경우

    (1) 판정

      특정 검측경로의 프로파일 그래프가 A급에 해당되거나, 건전도 점수의 평균점수가 30 이하인 경우

    (2) 처리방안

      검사용 튜브의 물을 완전히 제거한 후 그라우팅 시행

  2) 시험결과 적정하지 않은 경우

    (1) 판정

      특정 검측경로의 프로파일 그래프가 D급에 해당되거나, 건전도 점수의 평균점수가 30 이상인 경우

    (2) 처리방안

      ① 보링, 고변형률의 PDA 시험으로 결함구간 결함도 재확인

      ② 결함부 그라우팅(grouting), 마이크로파일, 추가말뚝 시공 시행

  3) 현장타설 콘크리트 말뚝의 내부결함 판정기준

등 급	판정기준	점 수	비 고
A	• 초음파 주시곡선의 신호왜곡이 거의 없음 • 건전한 콘크리트 초음파 전파속도의 10% 이내 감속에 해당하는 전파시간 검측	0	
B	• 초음파 주시곡선의 신호왜곡이 다소 발견 • 건전한 콘크리트 초음파 전파속도의 10 ~ 20% 감소에 해당되는 전파시간 검측	30	$V = \dfrac{S}{T}$ • V : 전파속도 • S : 튜브 간의 거리 • T : 전파시간
C	• 초음파 주시곡선의 신호왜곡 정도가 심함 • 건전한 콘크리트 초음파 전파속도의 20% 이상 감소에 해당되는 전파시간 검측	50	
D	• 초음파 신호 자체가 감지되지 않음 • 전파시간이 초음파 전파속도 1,500m/s에 근접	100	

Ⅶ 맺음말

1. 말뚝의 지지력이 부족할 때에는 상부구조물의 균열, 부등침하 등의 문제점이 발생하므로 재하시험을 통하여 설계지지력에 대한 확실한 검증이 필요하다.

2. 현장타설말뚝의 경우 말뚝지지력에 영향을 주는 결함, 균열 등을 파악하기 위한 건전도 시험을 시행하여 결함 시에는 그라우팅, 추가말뚝 시공 등의 지지력 확보방안을 강구하여야 한다.

말뚝의 지지력 산정방법

문제 분석	문제 성격	응용 이해	중요도	■■■■□□□
	중요 Item	지지력에 영향을 주는 요인, time effect, 하중전이현상		

I 개 요

1. 말뚝의 지지력은 말뚝 선단지반의 지지력과 주면마찰력의 합을 말하며, 말뚝의 허용지지력은 말뚝 선단의 지지력과 주면마찰력의 합을 안전율로 나눈 것을 의미한다.
2. 말뚝의 지지력에는 축방향 지지력, 수평지지력, 인발저항 등이 있으나, 보통 말뚝의 지지력이라 하면 축방향 지지력을 가리킨다.

II 말뚝의 지지력 산정방법의 종류

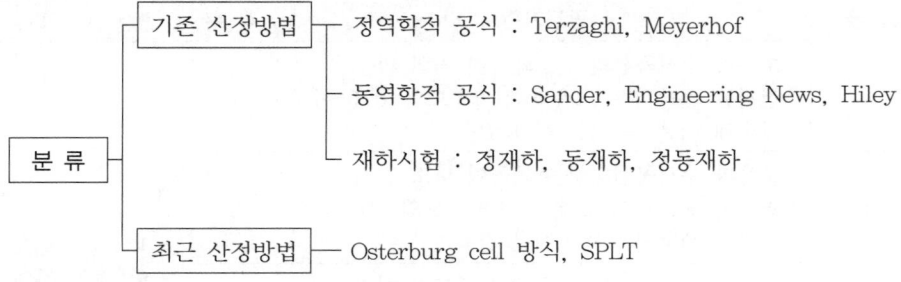

분류
- 기존 산정방법
  - 정역학적 공식 : Terzaghi, Meyerhof
  - 동역학적 공식 : Sander, Engineering News, Hiley
  - 재하시험 : 정재하, 동재하, 정동재하
- 최근 산정방법 ─ Osterburg cell 방식, SPLT

III 말뚝의 지지력 산정방법 시 고려사항 및 지지력에 영향을 주는 요인

지지력 산정 시 고려사항	지지력에 영향을 주는 요인
• 기초 시공방법 • 기초 시공 후 경과시간 • 부주면마찰력 발생 가능성 • 군말뚝효과	• 말뚝의 압축강도 • 침하량 • 이음개소 및 방법 • 말뚝간격 • 말뚝깊이(세장비) • 부주면마찰력

IV 정역학적 추정방법

1. 설계 시 재하시험을 실시하기 곤란할 때 이용
2. 실제 공사 시에는 필히 재하시험에 의한 허용지지력의 확인 필요

3. Terzaghi 공식 : 토질시험에 의한 방법

$$R_u = R_p + R_f$$

여기서, R_u : 극한지지력, R_p : 선단극한지지력, R_f : 주면극한지지력

4. Meyerhof 공식 : 표준관입시험에 의한 방법

$$R_u = 40NA_p + \frac{1}{5}N_s A_s + \frac{1}{2}N_c A_c$$

Ⅴ 동역학적 추정방법

1. Sander 공식

$$R_u = \frac{WH}{S}$$

여기서, W : 해머무게(kg), H : 낙하고(cm), S : 평균관입량(cm)

2. Engineering News 공식(Wellington 공식)
   1) Drop 해머

$$R_u = \frac{WH}{S+2.5}$$

   2) Steam 해머
      (1) 단동식

$$R_u = \frac{WH}{S+0.254}$$

      (2) 복동식

$$R_u = \frac{WapH}{S+0.254}$$

3. Hiley 공식

$$R_u = \frac{e\,W_n H}{S+\dfrac{C+C_c}{2}} \cdot \frac{W_h + n^2 W_p}{W_h + W_p}$$

여기서, e : 해머효율(디젤해머 $e=50\%$, 유압해머 $e=70\%$)

Ⅵ 재하시험에 의한 방법

1. 일정한 실물시험으로 말뚝의 허용지지력을 직접적으로 산출
2. 고려사항 : 재하시험은 재하가 장기에 이루어지며, 한 개의 말뚝에 대한 시험결과임.
3. 지지력 판단방법
   1) 정재하시험 : 극한지지력 1/3, 항복지지력 1/2 중 작은 값 결정
   2) 동재하시험 : 파동방정식법, CAPWAP 방법

Ⅶ 말뚝지지력의 시간효과(time effect)

1. 정의 : 말뚝을 지반에 항타 시공할 경우 말뚝 항타에 의해 주변 지반은 교란이 발생하게
되고, 이후 지반의 강도는 시간에 따라 변화됨. 이러한 지반조건의 변화는 말뚝이
설치된 이후부터 시간경과에 따라 변화하게 되며, 따라서 말뚝의 지지력도 시간 의
존적인 함수가 되는데, 이를 말뚝지지력의 시간경과효과라고 함.

2. 발생토질 및 효과
   1) set-up 효과 : 느슨한 사질토, 정규압밀점토
   2) relaxation 효과 : 조밀한 모래, 과압밀점토지반

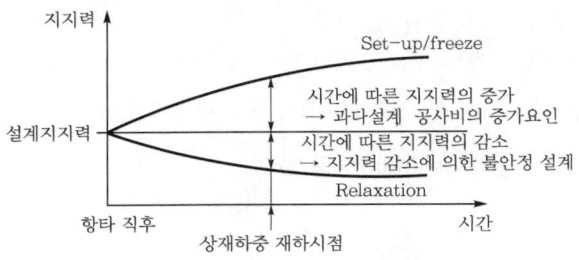

Ⅷ 말뚝의 하중전이(load transfer)

1. 발생 메커니즘
   1) 말뚝머리에 하중이 작용할 경우 초기하중상태에서는 말뚝 상부의 일정 부분에서만 주
   면마찰(skin friction)이 발휘되어 하중을 지지하고, 하중이 증가함에 따라 주면마찰이
   발휘되는 부분은 점차적으로 말뚝 하부로 전이됨.
   2) 주면마찰이 저항할 수 있는 그 이상의 하중이 작용할 경우에는 주면에서뿐만 아니라
   말뚝 선단에서도 지지력이 발휘되는 현상

2. 하중전이현상 및 하중침하곡선

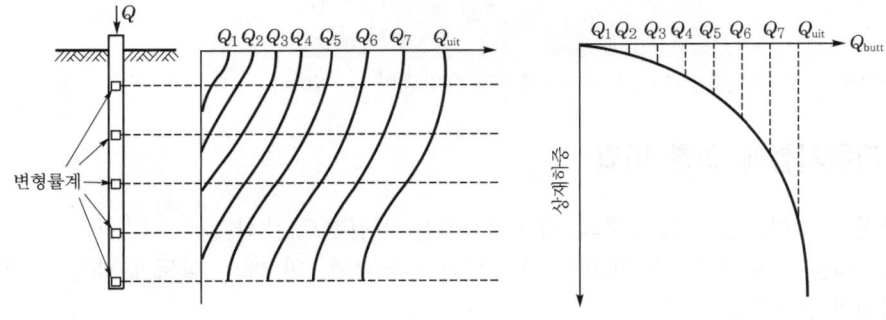

Section 12 **정재하시험의 종류 및 지지력 판정방법**

문제 분석	문제 성격	응용 이해	중요도	■■■■■
	중요 Item	시험방법, Davisson의 방법, 지지력 결정기준		

I 개 요

1. 정재하시험은 기초말뚝의 거동을 파악하기 위하여 가장 확실한 방법으로 타입된 말뚝에 실제 하중을 재하하는 시험방법이다.

2. 완속재하시험과 등속도관입시험으로 구분되며, 분석에는 $S-\log t$ 분석법, $\Delta S/\Delta \log t - P$ 분석법, $\log P - \log S$ 분석법, Davisson 방법 등이 사용된다.

II 정재하시험의 종류 및 특징

1. 완속재하시험(MLT) : 표준재하방법

   1) 총시험하중을 8단계, 즉 설계하중의 25%, 50%, 75%, 100%, 125%, 150%, 175%, 200%로 나누어 재하

   2) 각 하중단계에서 말뚝머리의 침하율이 시간당 0.25mm 이하가 될 때까지, 단 최대 2시간을 넘지 않도록 하여 재하하중 유지

   3) 설계하중의 200%의 재하단계에서 하중을 유지하되, 시간당 침하량이 0.25mm 이하일 경우 12시간, 그렇지 않을 경우 24시간 동안 유지

   4) 총시험하중을 설계하중의 25%씩 각 단계별로 1시간씩 간격을 두고 재하

   5) 만일 시험 도중 말뚝의 파괴가 발생하는 경우 총침하량이 말뚝머리 직경의 15%에 달할 때까지 재하 시행

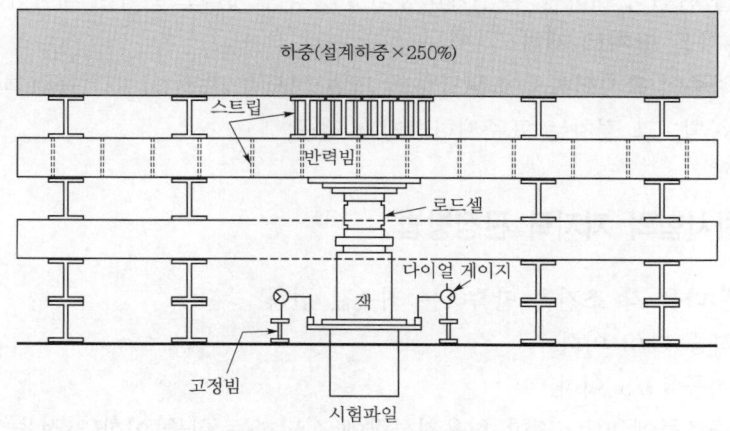

[실하중을 이용한 말뚝의 압축재하시험]

2. 등속도관입시험(CRP test)
   1) 말뚝의 침하율이 통상 0.01inch/min(0.5mm/min)이 되도록 재하하중을 조절하면서 2분마다 하중과 침하량 기록
   2) 침하율을 일정하게 유지하면서 재하하중을 증가시켜 말뚝의 총침하량이 2inch에 달할 때까지 또는 총시험하중에 도달할 때까지 계속 재하
   3) 시험결과 하중-침하량곡선을 그려서 지지력을 분석

3. 하중 증가 평형시험방법
   1) 재하하중단계를 설계하중의 15% 내지 25%로 결정
   2) 각 재하하중단계에서 재하하중을 일정 시간(5~15분) 동안 유지시킨 후 하중-침하량이 평형상태에 도달할 때까지 재하하중이 감소하도록 방치
   3) 위와 같은 평형상태에 도달하면 다음 단계의 하중을 재하하는 식으로 같은 방식을 되풀이하여 재하하중이 총시험하중에 이를 때까지 시험 실시

4. 일정 침하량시험방법
   1) 단계별 재하하중을 말뚝의 침하량이 대략 말뚝두부의 직경 또는 대각선길이의 1%에 해당하는 값과 같아지도록 조절
   2) 위와 같이 소정의 침하량을 유지하기 위한 재하하중변화율이 시간당 각 단계에서 재하하중의 1% 미만에 이르게 되면 다음 하중단계로 변경
   3) 이러한 과정을 계속하여 말뚝의 총침하량이 말뚝머리의 직경 또는 대각선길이의 10%에 달할 때까지(또는 재하장치의 용량한도까지) 시험 시행

5. 반복하중재하방법
   1) 재하하중의 하중단계는 표준재하방법에서와 같이 결정
   2) 재하하중단계가 설계하중의 50%, 100%, 150%에 도달하였을 때 재하하중을 각각 1시간 동안 유지시킨 후 단계별로 20분 간격을 두면서 재하
   3) 하중을 완전히 재하한 후 설계하중의 50%씩 단계적으로 다시 재하하고 표준시험방법에 따라 다음 단계로 재하
   4) 재하하중이 총시험하중에 도달하게 되면 12시간 또는 24시간 동안 하중을 유지시킨 후 재하하되, 그 절차는 표준재하방법과 같음.

Ⅲ 정재하시험의 지지력 판정방법

1. 지지력은 다음 각 조건을 만족하는 최솟값 선택
   1) 항복하중×1/2 이하
   2) 극한하중×1/3 이하
   3) 상부구조물에 따라 정한 허용침하량에 상당하는 하중 이하(안전율 고려)

4) 침하량에 의해 구한 하중의 1/2 이하

5) 말뚝재료의 허용압축량 이하

2. 하중－침하량곡선에 의한 항복하중 추정방법

1) $P-S$ 분석법

구하는 방법	그래프
재하단계별 하중(P)과 침하량(S)을 일반 그 래프용지에 플롯하였을 때 그래프와 같이 곡 선이 가장 크게 변했을 때의 하중을 항복하 중으로 결정	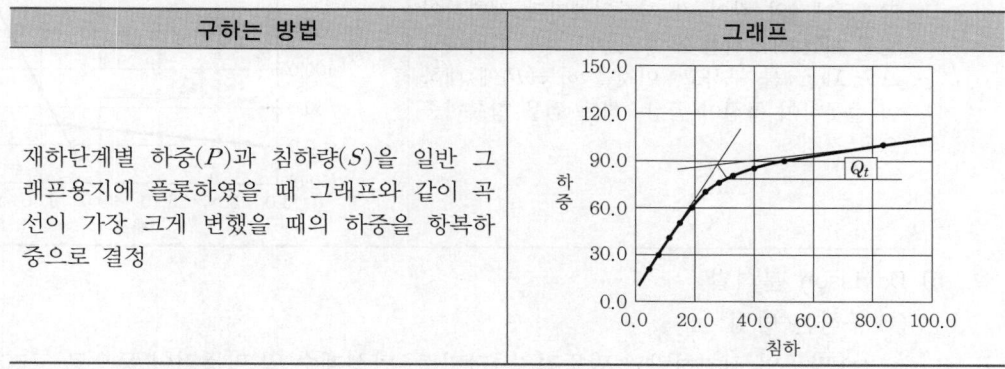

2) $\log P - \log S$ 분석법

구하는 방법	그래프
재하중(P)과 전침하량(S)을 그래프와 같이 양 대수 그래프에 플롯하면 접선이 생기는데, 이 접 점에 대응하는 하중을 항복하중으로 결정하는 방법	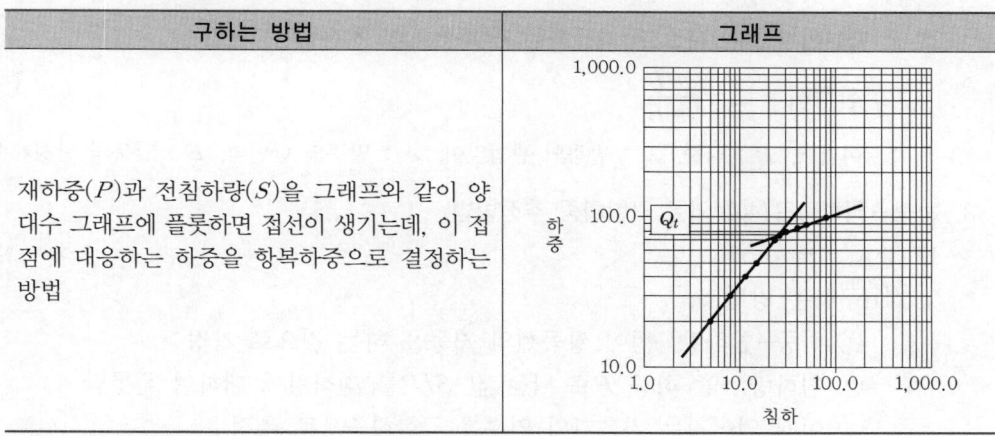

3) $S-\log t$ 분석법

구하는 방법	그래프
그래프와 같이 각 하중단계에 대해서 각각 재 하 후의 경과시간(t)을 대수눈금의 가로축에, 이에 대응되는 전침하량(S)을 세로축에 플롯 하여 연결하면 각 하중단계별 $S-\log t$곡선이 여러 개 그려지는데, 이들 $S-\log t$곡선 중 하 중이 증가함에 따라 직선상에서 상향으로 凹 형이 되든가 또는 직선이 급상승하는 하중을 항복하중으로 결정	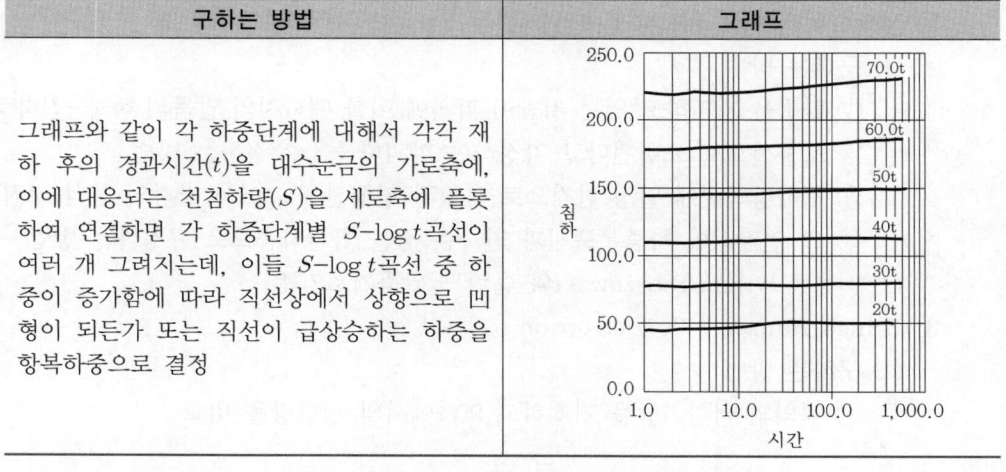

4) $P-\Delta S/\Delta \log t$ 분석법

구하는 방법	그래프
그래프에서와 같이 각 하중단계마다 재하하여 일정 시간이 경과한 후에 있어서 대수침하속도 $\Delta S/\Delta \log t$를 구하고, 이것을 하중(P)에 대하여 플롯하여 곡선이 급상승하는 점을 항복하중으로 결정	

5) Davisson 분석법

   (1) 구하는 방법

   ① 말뚝의 전침하량과 말뚝직경, 단면적, 탄성계수 및 말뚝길이 등으로 고려한 순침하량 판정

   ② 이를 복합적으로 적용하여 말뚝기초의 허용하중 결정

   (2) 산정식 : $\Delta = \dfrac{PL}{AE}$

   여기서, P : 하중. L : 말뚝의 관입깊이, A : 말뚝의 단면적, E : 말뚝의 탄성계수

3. 하중 – 침하량곡선에 의한 극한하중 추정방법

   1) Chin's method

      (1) 구하는 방법

      ① 하중–침하량곡선이 쌍곡선의 거동을 하는 것으로 가정

      ② 침하량 S를 하중 P로 나눈 값 S/P를 침하량에 대하여 플롯함.

      ③ 이때 얻어지는 기울기의 역수를 극한하중으로 추정

      (2) 적용 : 설계를 위한 극한하중의 판정은 구한 값의 75% 정도를 사용

   2) Mazurkiewicz's method

      (1) 구하는 방법

      ① 말뚝을 지지하고 있는 지반이 파괴에 이를 때까지의 말뚝의 하중–침하량곡선이 포물선으로 표현된다고 가정하여 파괴하중을 추정하는 방법

      ② 침하량곡선에 일정 간격으로 분할된 평행선을 그어서 각각의 선의 교점을 표시

      ③ 그 연장선이 하중분포선과 만나는 점을 극한하중으로 규정하는 방법

      (2) 적용 : Wilum/Starzewski와 폴란드 말뚝기초기준

   3) Brinch Hansen's 90% criterion

      (1) 구하는 방법

      ① 임의의 극한하중을 가정하고 90%에서의 침하량을 비교

② 반복작업을 통하여 극한하중을 결정하는 방법
(2) 적용 : 스웨덴의 항타 및 말뚝재하시험기준과 국제토질기초공학회
4) French method
(1) 구하는 방법
① 각 하중단계마다 1시간 이상 하중 유지
② 그때의 침하량을 일정한 시간간격으로 측정
③ 각 하중단계마다의 침하량을 y축에, 시간을 로그로 하여 x축에 취하여 직선으로 표시한 후 직선의 경사와 하중의 관계에서 극한하중을 유추하는 방법
5) 그 외 극한하중 추정방법

방 법	특 징
De Beer's Method	$\log P$–$\log S$ 직선이 아래로 꺾이는 점
Brinch Hansen's 80% critrion	포물선 가정, 반복재하시험에 사용 곤란
Fuller and Hoy's Method	긴 말뚝에 불리, 0.14mm/kN일 때의 하중
Vander Veen's Method	분석에 시간이 많이 걸림
Butler and Hoy's Method	초기접선과 0.14mm/kN의 접선과의 교점에서 하중

Ⅳ 맺음말

말뚝지지력 분석 시 허용하중 분석법은 각 분석법을 모두 적용하고, 극한하중 추정법의 경우 현장에서 적용이 용이한 분석법을 결정, 적용하여 정확한 말뚝의 지지력을 산정하여야 한다.

동재하시험의 지지력 산정방법과 관리방안

문제 분석	문제 성격	응용 이해	중요도	■■■□□□
	중요 Item	시험방법, 재하시험 시 유의사항, 지지력 검토방안		

I 개 요

동재하시험은 말뚝에 변형률계(strain transducer)와 가속도계(accelerometer)를 부착하고 말뚝머리에 타격력을 가함으로써 발생하는 응력파(stress wave)를 분석하여 말뚝의 지지력을 측정하는 시험법이다.

II 동재하시험을 통한 파악 가능한 항목

1. 말뚝지지력
2. 말뚝에 전달되는 응력분포
3. 압축응력과 인장응력
4. 타입 중 말뚝의 손상 여부(건전도)
5. 시간에 따른 지지력 경시효과
6. 항타기 효율
7. quake, damping 계수

III 동재하시험의 장비 및 설치

1. 2개의 가속도계와 2개의 변형률계를 말뚝에 설치
2. 각 센서로부터의 신호는 helmet이나 말뚝에 걸려 있는 연결케이블 및 메인 케이블을 통하여 PDA 본체로 전달
3. PDA는 2개의 변형률계와 가속도계로부터 변형과 가속도를 측정하며 측정된 변형과 가속도를 시간에 대한 힘과 속도로 변형시킴.
4. 이러한 힘과 속도의 파형경로는 항타과정에서 PDA 화면으로 나타남.

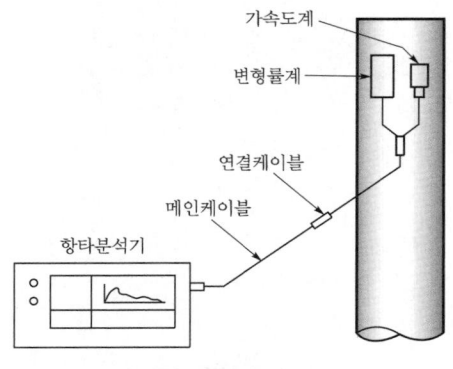

[말뚝항타기의 구성]

Ⅳ 동재하시험에 의한 지지력 산정방법

1. 동재하시험 과정

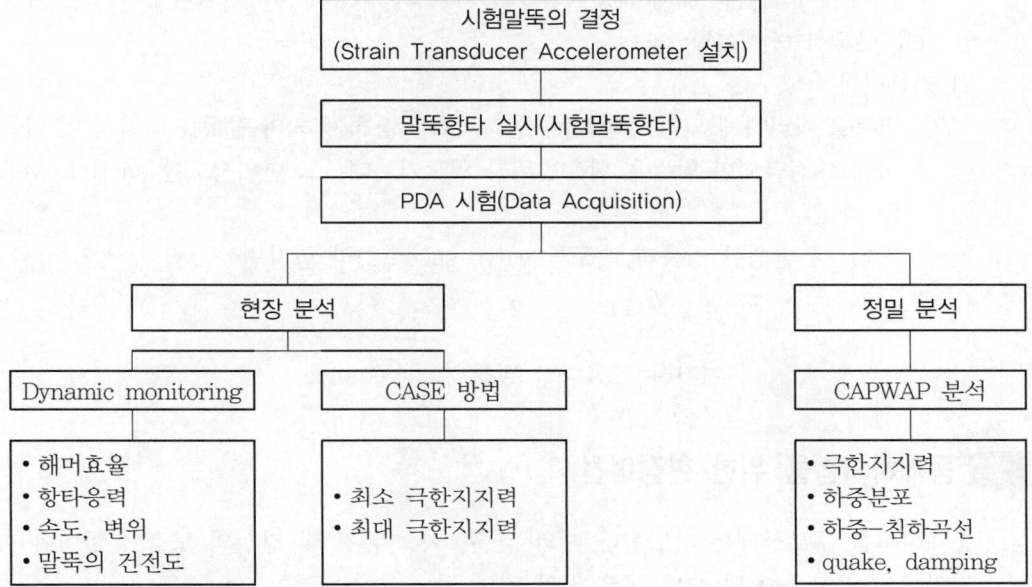

```
┌──────────────────────────────────────────┐
│          시험말뚝의 결정                     │
│  (Strain Transducer Accelerometer 설치)     │
└──────────────────────────────────────────┘
                    │
┌──────────────────────────────────────────┐
│      말뚝항타 실시(시험말뚝항타)              │
└──────────────────────────────────────────┘
                    │
┌──────────────────────────────────────────┐
│      PDA 시험(Data Acquisition)             │
└──────────────────────────────────────────┘
```

현장 분석 / 정밀 분석

Dynamic monitoring	CASE 방법	CAPWAP 분석

- 해머효율
- 항타응력
- 속도, 변위
- 말뚝의 건전도

- 최소 극한지지력
- 최대 극한지지력

- 극한지지력
- 하중분포
- 하중－침하곡선
- quake, damping

2. CASE 방법

1) 말뚝 두부에서 측정된 가속도 a와 힘 F를 사용하고, 말뚝은 질량 m을 갖는 탄성체로 가정하여 해석

2) 지반의 전체 지지력 : $R_t = F - ma$

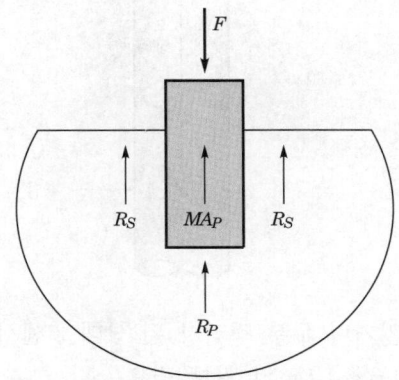

[CASE 방법에 의한 정적 지지력 예측]

3. CAPWAP(Case Pile Wave Analysis Program) 방법

1) 항타분석기로 측정한 힘(F)과 속도(V)를 이용하여 경계조건(흙의 저항력분포, 탄성침하한계, damping 계수 등)을 가정하고 계산파형과 측정파형을 비교하면서 반복 계산하여 두 파형이 일치할 때의 출력치를 이용하여 모사 정적 재하시험곡선의 정적 극한지지력을 산출하는 해석법

2) 기본이론

(1) 말뚝을 항타하게 되면 말뚝 내에 압축력이 작용하게 되며 말뚝을 따라서 이 압축력이 아래로 전달되면 말뚝은 압축변위를 일으키는데, 그 변위속도를 particle velocity (v)라 함.

(2) 항타 시 발생한 압축파 속도를 wave speed(c)라 한다면

$$F = \frac{EA}{c}v$$

여기서, EA/c : 말뚝의 impedance

Ⅴ 동재하시험을 위한 현장여건

1. 동재하시험 두부상태는 파일항타 시와 같은 level 유지 및 강선의 노출이 없어야 함.
2. 지면에 파일이 노출된 상태(두부 정리 전)

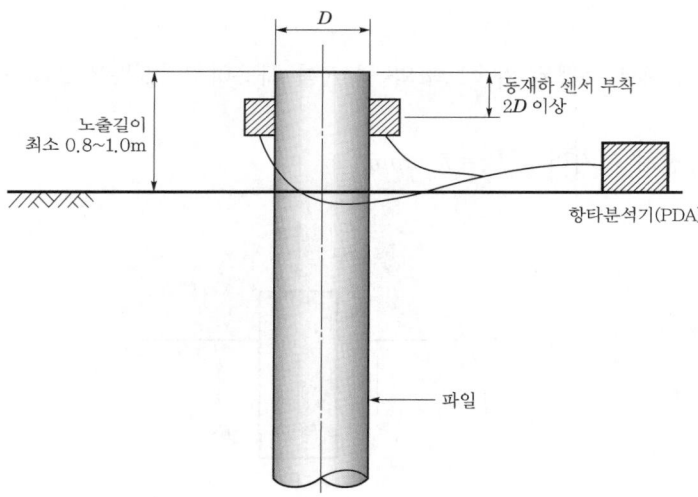

3. 지면에 파일이 보이지 않거나 두부 정리가 된 상태 : 센서를 부착하기 위한 작업공간, 즉 깊이 0.8~1.0m, 폭 0.6~1.0m의 확보 필요

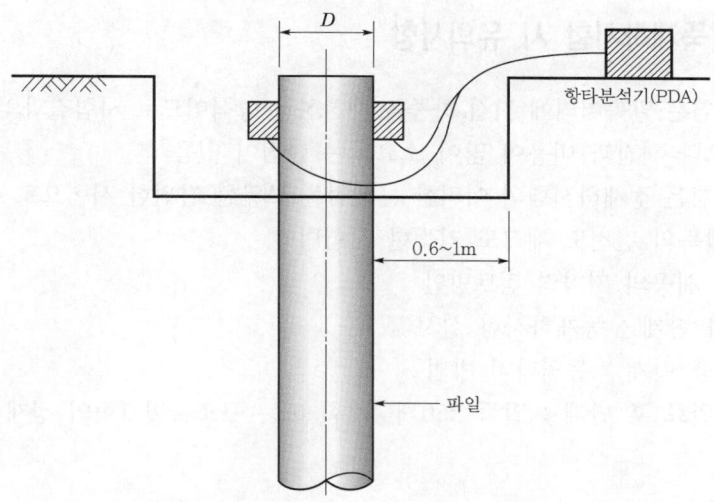

VI 동재하시험의 순서

1. 시항타 실시
2. 말뚝에 드릴작업
3. 센서(가속도계와 변형률계) 부착
4. PDA에 기초자료 입력
5. 항타 중 파동 입력 및 초기분석
6. 침하량 측정(항타기록지 이용)
7. 실내프로그램을 이용하여 최종 분석
8. 보고서 작성 및 제출

[동재하시험 전경]

VII 재항타의 동재하시험(restrike)

1. 직타의 경우 24시간 경과 후 실시
2. SIP 등의 매입말뚝의 경우 : 밀크의 양생기간을 고려하여 최소 7일 경과 후 실시

VIII 현장말뚝재하시험 시 유의사항

1. 정재하시험은 말뚝머리에 직접 하중을 재하하는 방식이므로 시험결과의 신뢰도가 높은 장점이 있으나 시간과 비용이 많이 소요되는 단점이 있음.
2. 동재하시험은 정재하시험의 이러한 문제점을 보완한 간편한 시험으로서 축방향 지지력뿐 아니라 말뚝의 건전도 체크도 가능한 시험법임.
3. 현장말뚝 시공의 지지력 검토방안
   1) 시항타 단계 : 동재하시험 실시
   2) 시공 중 단계 : 동역학적 방법
   3) 시공 완료 후 단계 : 말뚝 250개당 1회 또는 구조물별 1회의 정재하시험 실시

IX 맺음말

1. 지반조사의 한계로 인하여 지지층의 변화를 설계에 정확하게 반영하지 못하므로 말뚝의 지지력문제, 해머의 크기와 낙하고, 적정한 말뚝길이 결정에 대한 어려움이 있다.
2. 따라서 PDA를 이용한 시항타를 행하여 현장조건에 적합한 항타기준을 세우고 적절한 항타관리를 시행하여야 한다.

Section 14 SPLT(Static Pile Load Test)의 시험 및 분석방법

문제 분석	문제 성격	응용 이해		중요도	■■■□□□□
	중요 Item	시험방법, Davisson의 방법에 관한 고찰, 부분 안전율			

I 개 요

1. SPLT 시험은 말뚝에 실제 하중이 재하되는 것과 같이 말뚝의 두부에 하중을 가하여 이에 따른 말뚝의 거동을 하중-변위곡선의 형태로 얻어 말뚝의 허용지지력을 산정하는 재하시험이다.
2. 결과 분석방법은 전침하량기준, 순침하량기준, 항복하중 판정법을 통하여 지지력을 판정한다.

II SPLT(Static Pile Load Test)의 시험방법

1. 시험 준비
   1) 계획 최대 하중의 120% 이상의 가압능력을 갖춘 가압장치
   2) 하중 측정장치(load cell)
   3) 파일 두부의 변위량 측정장치(dial gage, LVDT) 등의 계측장치

2. 시험방법
   1) 표준재하시험
      (1) 총시험하중을 8단계, 즉 설계하중의 25%, 50%, 75%, 100%, 125%, 150%, 175%, 200%로 나누어 재하
      (2) 각 하중단계에서 말뚝머리의 침하율이 시간당 0.25mm 이하가 될 때까지, 단 최대 2시간 이내로 재하하중 유지
      (3) 설계하중의 200%, 즉 총시험하중 재하단계에서 하중을 유지하되 시간당 침하량이 0.25mm 이하인 경우에는 12시간, 그렇지 않은 경우에는 24시간 동안 유지
      (4) 총시험하중의 25%씩 각 단계별로 1시간씩 간격을 두어 재하
      (5) 만약 시험 도중 파괴되면 총침하량이 말뚝머리의 직경 또는 대각선길이의 15%에 도달할 때까지 재하 시행
   2) 반복재하하중시험
      (1) 총시험하중을 8단계, 즉 설계하중의 25%, 50%, 75%, 100%, 125%, 150%, 175%, 200%로 나누어 재하

(2) 재하하중단계가 설계하중의 50%, 100%, 150%에 도달하였을 때 재하하중을 각각
　　　　1시간 동안 유지시킨 후 표준재하방법의 재하 시와 같은 단계를 거쳐 단계별로 20
　　　　분 간격을 두면서 재하

　　(3) 하중을 완전히 재하한 후 설계하중의 50%씩 단계적으로 다시 재하하고 표준시험방
　　　　법에 따라 다음 단계로 재하

　　(4) 재하하중이 총시험하중에 도달하게 되면 12시간, 24시간 동안 하중을 유지시킨 후
　　　　재하하되, 그 절차는 표준재하방법과 동일

　3) 급속재하시험

　　(1) 재하하중을 설계하중의 10% 내지 15%로 정하고, 각 하중단계의 재하간격을 2.5분
　　　　내지 15분으로 하여 재하

　　(2) 각 하중단계마다 2 ~ 4차례 침하량을 읽어 기록

　　(3) 시험은 재하하중을 계속 증가시켜 말뚝의 극한하중에 이를 때까지, 또는 재하장치의
　　　　재하용량이 허용하는 범위까지 재하한 후 최종 단계에서 2.5분 내지 15분간 하중을
　　　　유지시킨 후 재하

[SPLT 내부장치 및 시험전경]

Ⅲ SPLT(Static Pile Load Test)의 결과 분석

1. 기본개념
　1) 어느 경우에도 상부구조물이 파괴되지 말아야 함.
　2) 침하량이 허용치 이내일 것

2. 지지력 산출방법
　1) 전침하량기준
　　(1) 파괴에 대해 안전할 것 : 극한지지력을 안전율로 나눔(2 ~ 3의 비교적 높은 안전율).
　　(2) 대부분의 재하시험에서는 극한상태(하중 증가 없이 침하량이 무한대로 증가)가 관찰
　　　　되지 않음. → 인위적 침하량을 극한으로 간주

(3) 0.1D에 도달하면 파괴하중이라고 보는 경우→일본, 스웨덴, 영국 등

(4) Terzaghi와 Peck → 25.4mm 침하 시의 하중

(5) 타입말뚝과 현장타설말뚝의 차이→다른 해석결과와 비교 필요

2) 순침하량기준

(1) 순침하량＝전침하량-탄성변형량

(2) 소성침하에 의해 극한하중을 판정하는 방법

3) 항복하중 판정법

(1) $P-S$곡선법 : 급변하는 점의 하중을 항복하중으로 하고 안전율 2를 적용하는 방법

(2) $\log P-\log S$곡선법 : 일정 하중을 일정 시간간격으로 단계적으로 증가하여 얻어지는 하중-침하량을 로그용지에 작성한 방법(주면마찰력의 항복 의미)

(3) $S-\log t$곡선법 : 재하 시 파일의 역학적 특성이 잘 반영

(4) Davisson의 방법

① 파괴기준에 파일의 길이를 고려하는 방법

② 말뚝머리의 변위가 그 말뚝의 탄성압축변형을 초과하는 상태에서의 하중 → 파괴하중

③ 탄성압축변형선 $\Delta = \dfrac{PL}{AE}$을 $x = 3.81 + \dfrac{D}{120}$[mm]만큼 평행이동시킨 선과 침하곡선과의 교점에서의 하중 → 파괴하중

④ 침하량이 적어서 offset line과의 교차점을 찾기 어려운 경우에는 사용이 곤란함.

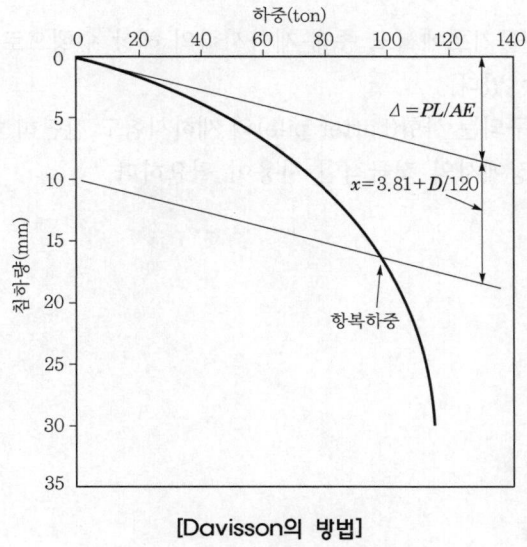

[Davisson의 방법]

Ⅳ Davisson의 방법에 관한 고찰

1. 정의
   파일의 전 침하량과 직경, 단면적, 탄성계수 및 파일길이 등으로 고려한 순침하량 판정을
   복합적으로 적용하여 파일기초의 허용하중을 결정하는 방법
2. 지반조건 + 파일의 강성 등도 고려
   → 서구에서는 가장 합리적인 방법으로 인정
3. 국내에서도 항복하중기준 설계법과 비교적 잘 일치하는 것으로 나타남. DIN의 파일직경의
   2.5%, 순침하량기준 및 COE의 0.25in 순침하량기준과도 결과가 비교적 잘 일치하는 분석
   방법

Ⅴ SPLT(Static Pile Load Test)의 활용성

1. 선단지지력과 주면마찰력을 분리 측정함으로써 부분안전율 적용이 가능하며 말뚝설계의
   경제성을 크게 향상
2. SPLT에서는 별도의 계측장치를 설치하지 않고도 선단저항과 주면마찰력을 분리 측정
3. 최근의 건물 고층화에 따라 풍화중에 대한 말뚝기초의 인발저항이 주요 고려사항이 되는
   경우 또는 연약지반에서의 건축으로 부주면마찰이 문제시될 때 본 시험방법이 적용 가능

Ⅵ 맺음말

1. SPLT은 해상구조물기초에서도 종래 재하시험의 해상 수행으로 인한 시간, 비용상의 문제
   점을 해소시킬 수 있다.
2. 특별한 장치가 요구되는 사항(batter pile)의 재하시험도 간단히 해결할 수 있는 장점이 있는
   시험방법으로 현장에서의 적극적인 사용이 필요하다.

Section 15

암반분류방법(토공사, 터널공사)

문제 분석	문제 성격	응용 이해		중요도	■■■■■■□□□
	중요 Item	RMR, Q-system, 분류방법의 활용성, 신뢰성, 공식			

I 개 요

1. 암반분류방법은 원지반 암반에 대한 불연속면, 단층, 파쇄대, 풍화 정도 등의 성질을 조사하여 공학적인 목적에 활용할 수 있도록 분류하는 방법이다.
2. 암반역학의 주요 과제는 암반에 작용하는 응력과 변형관계 규명에 있으나, 불연속면을 다수 포함하고 암반의 거동특성을 정확히 이해하기 힘들기 때문에 공학적으로 편리하게 이용할 수 있는 암반분류가 필요하다.

II 암반분류의 목적

1. 유사한 거동을 보이는 암반특성 규명
2. 각 그룹의 특성을 이해하는 데 필요한 기준 제공
3. 공학적 설계를 위한 정량적 자료 제공
4. 공학적 의사소통을 위한 공통기준 제공

III 토목공사를 위한 암반분류방법

1. 풍화단면에 의한 분류
   1) 불규칙한 암반선의 발달 가능성
   2) 점이적/특이한 풍화단면

2. 절리발달빈도에 의한 분류
   1) 절리빈도에 따른 분류

표 시	절리간격	암반의 정도
매우 넓음	$\geq$ 3m	연속성
넓음	1 ~ 3m	괴상
보통	0.3 ~ 1m	블록상/약층
근접	0.05 ~ 0.3m	균열 발달
매우 근접	< 0.05m	분쇄됨

2) RQD에 따른 분류

    (1) 코어 채취가 가능할 때 : $RQD = \dfrac{10\text{cm 이상 되는 코어길이의 합}}{\text{시추공의 길이}} \times 100\%$

    (2) 코어 채취가 불가능할 때 : $RQD = 115 - 3.3J_v$

        여기서, J_v : 1m^{3}당 절리 수(4.5 이하일 때 RQD=100%가 됨)

    (3) 적정성 검증방법 : BIPS 자료에서 RQD 산정

상 태	암질지수(RQD)
아주 불량	0~25%
불량	25~50%
양호	50~75%
우수	75~90%
아주 우수	90~100%

※ 시추코어 RQD 산정 예

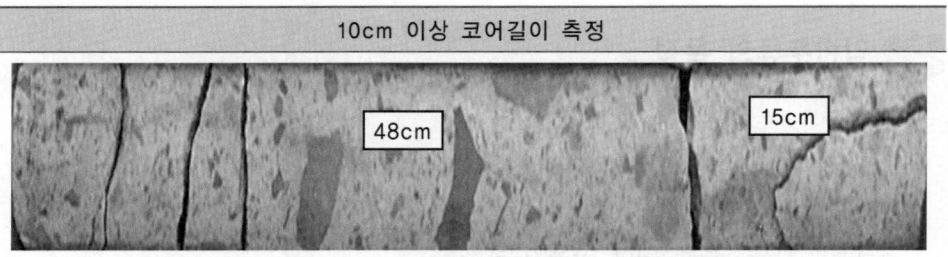

10cm 이상 코어길이 측정

48cm   15cm

$$RQD = \dfrac{48 + 15}{100} \times 100\% = 63\%$$

3) 절리발달빈도 + 암석강도(풍화상태)에 의한 분류

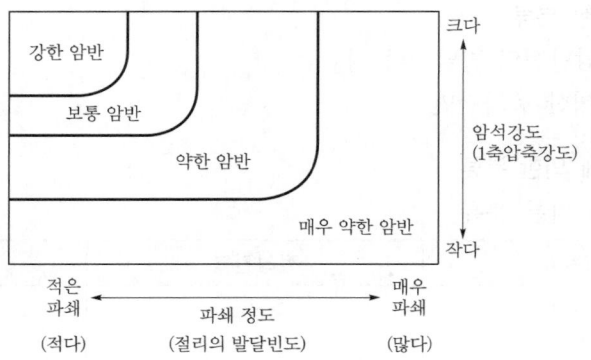

Ⅳ 터널공사를 위한 암반분류방법

1. 정성적 분류
    1) Terzaghi
    2) Lauffer

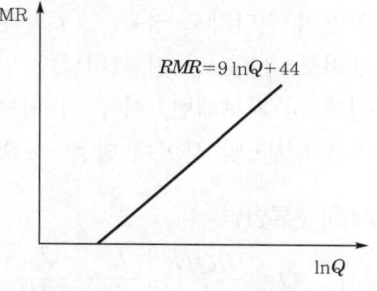

$$RMR = 9 \ln Q + 44$$

[Q-system과 RMR의 관계]

2. 정량적 분류
    1) Deere
    2) Wickham
    3) Bieniawski(RMR, CSIR)
    4) Barton(Q-system, NGI)

3. RMR에 의한 분류방법
    1) 분류항목 및 점수
        (1) 암의 1축압축강도 : 15   (2) RQD : 20
        (3) 불연속면의 간격 : 20   (4) 불연속면의 상태 : 30
        (5) 지하수상태 : 15   (6) 불연속면의 방향 : 평점 보정
    2) 불연속면 방향에 대한 보정 : 주향과 경사에 대한 보정 시행(−12 ~ 0)

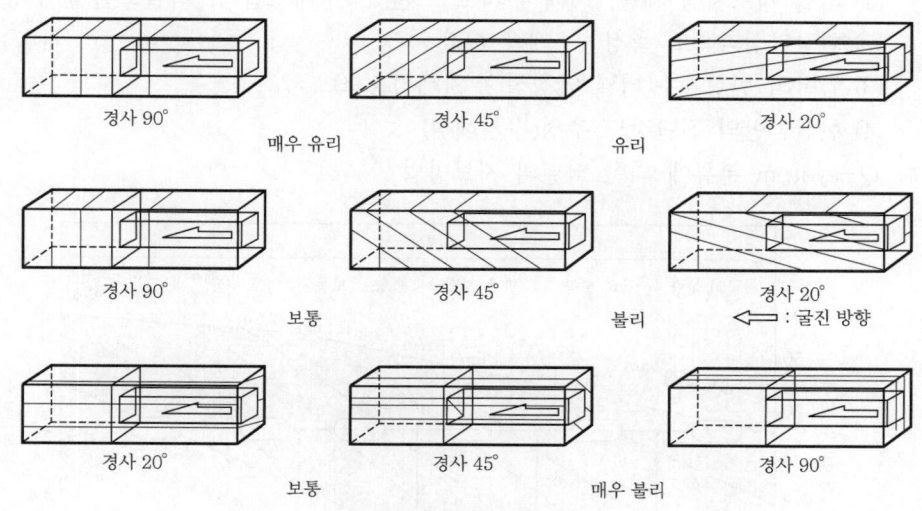

[굴진 방향과 평행]

    3) 암반등급

점 수	81 ~ 100	61 ~ 80	41 ~ 60	21 ~ 40	< 20
암반등급	I	Ⅱ	Ⅲ	Ⅳ	V
암반상태	매우 양호 (very good)	양호 (good)	보통 (fair)	불량 (poor)	매우 불량 (very poor)

4) RMR의 활용성

　(1) 안정성 평가를 위한 공학적 기초정보의 취득 용이

　(2) 암반의 전단강도 정수(ϕ, C) 추정에 이용

　(3) 무지보 유지시간 판단(터널) + 암반계수 측정

　(4) 설계 시 지보패턴, 시공 시 지보패턴 확인 및 변경

　(5) 기초 암반 및 사면에 활용 ⇒ SMR＝RMR + Function

4. Q-system 분류방법

1) 산정식 : $Q = \dfrac{RQD}{J_n} \cdot \dfrac{J_r}{J_a} \cdot \dfrac{J_w}{SRF}$

　여기서, 암괴의 크기 : RQD, J_n(절리군의 수)

　　　　　절리면의 전단강도 : J_r(절리면 거칠기 계수), J_a(변질계수)

　　　　　암반의 활성응력 : J_w(물에 의한 저감계수), SRF(응력저감계수)

2) 암반등급

Q값	<1.0	1.0 ～ 4.0	4.0 ～ 10.0	10.0 ～ 40.0	> 40.0
등 급	매우 불량	불량	보통	양호	매우 양호

3) Q-system 분류의 활용성

　(1) 터널 지보지침 제공, 최대 무지보 스팬, 영구지보압력, 록볼트길이 추정

　(2) 현장탄성파속도 측정 → 개략 Q값 추정

　(3) 암반의 변형계수(터널 안정성 수치해석요소)

　(4) 현장암반의 전단강도 추정(수치해석)

4) Q-system 분류에 의한 터널의 지보방법

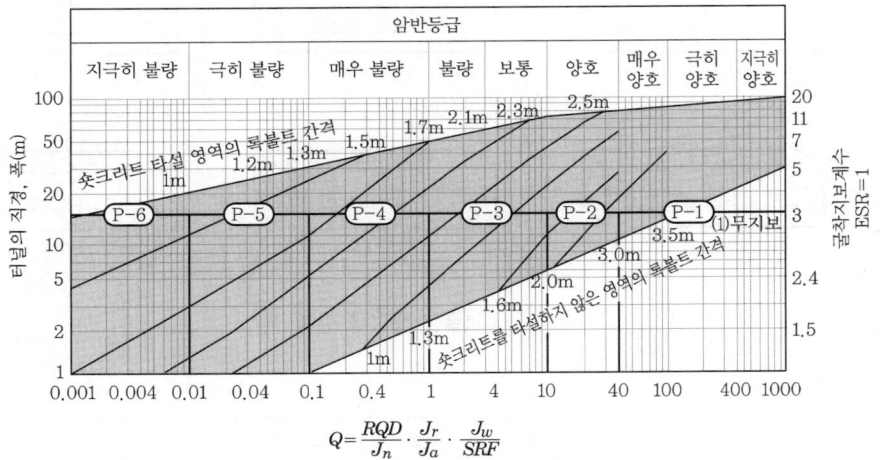

$$Q = \dfrac{RQD}{J_n} \cdot \dfrac{J_r}{J_a} \cdot \dfrac{J_w}{SRF}$$

5. Q-system과 RMR의 비교

구 분	Q-system	RMR
불연속면 방향	보정 미흡	보정
응력조건	고려	고려하지 않음
평가 난이도	어려움	쉬움
적용성	대단면, 팽창성 암반 같은 취약한 지반에 적용	연암, 경암, 소단면
상관관계	$R = 9 \ln Q + 44$ (Bieniawski)	

6. ESR(Excavation Support Ratio, 굴착지보비)
   1) 터널 유효크기(D_e)

$$D_e = \frac{\text{굴착 경간이나 높이}}{\text{ESR(굴착 지보비)}}$$

   2) ESR 적용기준
      (1) 0.8 : 철도역, 공장
      (2) 1.0 : 발전소, 대규모 도로터널, 대규모 철도터널, 터널 교차부
      (3) 1.3 : 소규모 도로터널, 소규모 철도터널, 진입로
      (4) 1.6 : 도수터널, 선진도갱, 수평도갱
      (5) 2.5 : 수갱
      (6) 3~5 : 일시적 광산

Ⅴ 암반분류방법의 문제점

1. 분류기준의 부적합
2. 분류기준 통일성 부족
3. 분류용어 혼용에 따른 불합리성
4. 설계 시 암반공학적 개념 부족
5. 시추결과와 현장지질상태의 괴리

Ⅵ 맺음말

RMR 및 Q-system은 국외의 암반조건을 기준으로 한 것이므로 지보형식이나 상관식 등을 사용할 때는 국내 암반상태와 부합되지 않는 경우도 있으므로 국내의 지반특성을 고려하여 신중히 적용하여야 한다.

암질지수(RQD) 산정방법 및 용도

문제 분석	문제 성격	기본 이해		중요도	■■■■□
	중요 Item	산정방법, 문제점, 활용성, 특징			

I 개 요

1. RQD란 암반을 시추한 후 암반의 회수코어합에 의하여 정량적으로 암을 분류하는 방법을 말하며 Deere(1964)에 의해 제안되었다.
2. "총시추길이에 대한 길이 10cm 이상 되는 코어길이의 합계비율"을 의미하며, 절리의 빈도 및 암반의 강도 측정 등을 반영할 수 있다.

II RQD 산정방법

1. 시추코어를 이용하는 경우
   1) 산정식

$$RQD = \frac{10cm \ 이상 \ 되는 \ core \ 길이의 \ 합}{총시추길이} \times 100\%$$

   2) 더블튜브 코어바렐과 다이아몬드 비트 시추장비를 이용한 최소 구경 75mm인 NX(직경 54mm) 규격 이상의 시추코어에 적용

2. 시추코어를 이용할 수 없는 경우
   1) 산정식

$$RQD = 115 - 3.3 J_v$$

   여기서, J_v : 암반 1m^{3}당 절리의 수

   2) 노두조사 시 암반의 단위체적당 포함된 절리의 수(J_v : 체적절리계수)를 이용하여 간접적으로 추정

III RQD와 암질관계(Deere)

점 수	90 ~ 100	75 ~ 90	50 ~ 75	25 ~ 50	< 25
암질상태	매우 양호 (very good)	양호 (good)	보통 (fair)	불량 (poor)	매우 불량 (very poor)

Ⅳ RQD의 용도

1. 암질의 분류

2. 변형계수의 추정
   1) RQD-암반변형계수비의 관계(Bieniawski, 1978)
   2) RQD와 시험실 및 현장암반의 변형계수비의 관계로 변형계수 추정

3. 지지력의 추정
   1) RQD-암반지지력의 관계(Peck et al., 1974)
   2) RQD 및 도표를 이용하여 암반의 지지력 추정 시

4. 터널 지보형식 선정
   RQD를 이용한 경험적 터널 지보형식 선정

5. 암반분류법의 매개변수로 이용
   1) RMR 분류(RQD에 의한 평점)

RQD(%)	90 ~ 100	75 ~ 90	50 ~ 75	25 ~ 50	< 25
평점	20	17	13	8	3

   2) Q 분류

$$Q = \frac{RQD}{J_n} \cdot \frac{J_r}{J_a} \cdot \frac{J_w}{SRF}$$

Ⅴ RQD와 TCR의 비교

1. TCR의 정의
   코어회수율이란 현장에서 지반의 물성 및 역학적 특성을 파악하기 위해 코어 채취기로 시료를 채취할 때 파쇄되지 않은 상태로 회수되는 정도

$$TCR = \frac{회수된\ core의\ 총길이}{시추굴진장} \times 100\%$$

2. RQD가 TCR보다 암반의 특성을 더 잘 나타내는 이유
   1) TCR은 코어배럴의 종류, 굴진속도, 기능공의 숙련도에 따라 크게 지배됨.
   2) 불연속면의 간격이 구분되지 않아 파쇄암반과 밀실한 암반에서 코어회수율로 구분이 곤란함.
   3) 파쇄암반과 밀실한 암반 모두 TCR이 50% 또는 100%가 될 수 있음.
   4) RQD는 불연속면간격의 구분이 용이하고 균열의 상태를 잘 나타냄.

Ⅵ RQD와 TCR의 활용성(암반사면구배 결정)

구 분	흙깎이 높이	암반파쇄상태		법면 구배	암반의 전단강도정수		소단 설치
		코어회수율	RQD				
리핑암, 파쇄가 극심한 풍화암, 연암		20 이하	10 이하	1 : 1	30°	1.0	H=5m마다 소단 1m 설치
발파암 파쇄 없는 풍화암 연암, 경암		20 ~ 30	10 ~ 25	1 : 0.8	33°	1.3	H=10m마다 소단 1~2m 설치
		40 ~ 50	25 ~ 35	1 : 0.7	35°	1.5	
		70 이상	40 ~ 50	1 : 0.5	40°	2.0	H=20m마다 소단 3m 설치

Ⅶ RQD 이용 시 문제점 및 유의사항

1. 문제점
   1) RQD는 신속하고 적은 비용으로 구할 수 있는 암질평가지수이나, 암반의 거동을 지배하는 절리의 방향성, 밀착성, 충전물의 상태 등을 고려하지 않음.
   2) RQD는 코어암질의 평가에 대해서는 실용적인 변수이나 그 자체만으로 현장암반의 암질을 충분히 표현할 수 없음.
   3) 따라서 암반의 상태를 보다 적절히 표현할 수 있는 RMR 분류법과 Q 분류법 등에서 암반을 분류하기 위한 매개변수로 한정하여 사용

2. 유의사항
   1) 시추조사 중 발생된 깨진 것은 RQD 계산에 포함.
   2) 이암(mud stone) 등과 같은 경우에는 RQD 및 암질분석 병행 시행
   3) RQD 측정을 위해서는 NX 크기 (공경 75mm, 코어 54mm) 이상 시추 및 더블튜브 코어바렐을 이용하여 시료 채취

Ⅷ 맺음말

1. RQD 자체는 코어의 상태(core quality)를 쉽게 추정하는 좋은 자료가 될 수 있으나, 암반의 상태를 파악하기에는 부족한 면이 없지 않다.
2. RQD는 절리가 얇은 점토층이나 풍화를 받은 다른 물질로 채워져 있는 경우와 절리의 방향, 밀착 정도 또는 협재물 등의 영향을 고려하여야 한다.

RMR과 Q-system의 특징, 활용방안

문제 분석	문제 성격	기본 이해		중요도	■■■■■□
	중요 Item	분류항목, 차이점, 활용성, 특징			

I 개 요

1. RMR 분류법은 터널 시공에서 얻어진 암반특성과 보강과의 관계에 근거하여 "암반을 수치적으로 점수화하여 정량적으로 분류하는 방법"이며, Bieniawski(1973)에 의해 제안되어 현재 전세계적으로 가장 보편화된 암반분류방법이다.

2. Q-system은 스칸디나비아 지역의 약 200여 개 터널에 대한 암반상태와 보강관계를 분석하여 개발된 정량적 암반분류체계이며, NGI의 Barton에 의해서 제안되었다.

II RMR과 Q-system 비교

구 분	RMR	Q-system
인자	암석강도, RQD, 불연속면간격, 불연속면상태, 지하수상태, 불연속면 방향성	RQD, 불연속면의 군수, 불연속면의 거칠기, 불연속면의 풍화도, 지하수상태, 응력감소계수
점수	1~100	$10^{-3} \sim 10^3$
주된 분류기준	절리 방향성이며 Q분류에서 고려하는 현장응력은 고려하지 않음.	전단강도에 비중을 두고 현장응력 고려, 절리 방향성은 고려하지 않음.
보강방법	개략적	구체적
분류특성	• 분류 간단 • 개인편차 작음	• 조사자료가 많이 필요(지표지질조사, 막장관찰 등) • 분류 복잡, 경험 필요 • 개인차 클 수 있음
적용성	• 연암 · 경암, 소단면 • 취약지반은 부적합	대단면, 유동성이나 팽창성 암반과 같은 취약한 지반 적용
결과 이용	• 지보방법 • 암반의 점착력, 전단저항각 • 무지보 유지시간, 터널 최대 안정폭 • 지보하중 • 변형계수	• 지보방법 • 무지보 굴진장 • 지보압력 • 변형계수 • Rock Bolt 길이 • V_p 속도
상관성	$R = 9\ln Q + 44$ (Bieniawski)	

Ⅲ RMR 특징과 활용방안

1. RMR 분류방법
   1) 분류변수에 따른 평점
      (1) 신선한 암석의 강도 (15점)
         ① 1축압축강도
         ② 점하중강도 적용
      (2) RQD (20점)
         ① Deere의 RQD에 의한 분류방법을 적용
         ② 자료가 없을 경우는 불연속면간격으로부터 RQD 추정도표 활용
      (3) 절리면의 간격 (20점)
         평점 산정은 3개 이상의 불연속면군이 형성된 암반에 대하여 적용
      (4) 절리면의 상태 (30점)
         절리의 분리성, 연속성 및 면의 거칠기와 견고성, 충전물 유무 판단
      (5) 지하수의 상태 (15점)
         지하수의 유입량, 절리면의 수압과 최대 주응력의 비 등을 판단
   2) 절리의 방향에 따른 보정
      (1) 분류변수에 따른 평점이 산정되면 평점을 합산하여 기본평점 결정
      (2) 구조물 대상에 따라 절리의 방향 보정을 실시하여 RMR값 결정
   3) RMR 분류점수에 의한 암반 구분

점 수	81 ~ 100	61 ~ 80	41 ~ 60	21 ~ 40	< 20
암반등급	Ⅰ	Ⅱ	Ⅲ	Ⅳ	Ⅴ
암반상태	매우 양호 (very good)	양호 (good)	보통 (fair)	불량 (poor)	매우 불량 (very poor)

2. RMR 분류의 장 · 단점
   1) 장점
      (1) 터널 시공 시 세계적으로 가장 보편화된 분류법
      (2) 각 요소들에 대한 평가가 비교적 용이하고 개인오차가 작음.
      (3) 터널의 유지시간, 최대 가능폭 및 최대 무지보 span 등의 예측 가능
      (4) 암반의 물리적 성질의 값도 예측 가능
   2) 단점
      (1) 지보량의 결정에 있어 세밀하지 않고 현장응력을 고려하지 않음.
      (2) 불연속면평가 시 불연속면군이 3개 이하인 경우는 보수적으로 평가됨.
      (3) 5개의 암반등급으로 분류하고 있으나 영역 간 뚜렷한 경계가 없음.
      (4) 터널의 폭에 대한 연구가 충분하지 않음.

3. RMR 분류의 특징

1) 암반을 수치적으로 점수화하여 정량적으로 분류하는 가장 보편화된 분류법

2) 심도가 얕은 절리가 발달한 연·경암에 대한 분류로서 유동성 및 팽창성 암반 등 매우 취약한 층에는 적용이 곤란함.

3) 조사항목이 비교적 간단하여 조사자 간의 오차가 비교적 적음.

4) 암반등급에 따라 굴착 시 무지보 자립시간과 span을 제시하고 있으며, 터널 굴착방법 및 지보방법을 개략적으로 제시하고 있음.

5) 평가항목 중 타당성 있는 인자는 암석의 강도와 RQD이며, 그 외의 항목은 개략적으로 판정하므로 객관성이 떨어짐.

6) Q 분류법과 같이 다양한 평가항목이 없으며 현장응력을 미고려함

7) 외국의 암반상태를 경험적으로 분석하여 제시된 분류법이므로 국내 암반상태와 부합되지 않는 경우도 있으므로 보다 세밀한 연구가 필요함.

4. RMR 분류결과 활용방안

1) RMR 평점으로 터널 굴착 시 무지보 유지시간과 최대 안정구간 추정

2) 터널 굴착방법 및 지보형식 선정

3) 지보하중 계산

$$P = \frac{100 - RMR}{100} \gamma B = \gamma H_t$$

여기서, P : 지보하중(kN)
　　　　γ : 암반의 단위중량(kN/m^3)
　　　　B : 터널폭(m)
　　　　H_t : 암반하중의 높이(m)

4) 암반의 강도 추정

등 급	I	II	III	IV	V
$c[\text{tf/m}^2]$	> 40	30 ~ 40	20 ~ 30	10 ~ 20	< 10
$\phi[°]$	> 45	35 ~ 45	25 ~ 35	15 ~ 25	< 15

※ $c = \frac{R}{2}$, $\phi = \frac{1}{2}R + 5[°]$

5) 암반의 변형계수 추정

(1) $RMR < 50$인 암반(Sarafim & Pereira, 1983)

$$E_m = 10^{\frac{R-10}{40}} \ [\text{GPa}]$$

(2) $RMR > 50$인 암반(Bieniawski, 1978)

$$E_m = 2R - 100[\text{GPa}]$$

Ⅳ Q-system의 특징과 활용방안

1. Q-system 분류방법
   1) 변수값의 평가
      (1) 암괴의 크기(RQD/J_n)
         ① RQD
            • 시추코어에 의해 결정
            • 시추자료가 없은 경우는 다음 식으로 계산
            $$RQD = 115 - 3.3\,J_v$$
            여기서, J_v : 1m³당 암반의 전체 절리 수
         ② J_n(Joint set number)
            • 절리군의 수로서 층리, 편리, 엽리 등의 영향
            • 우세한 절리군에 대해서만 고려
      (2) 절리면의 전단강도(J_r/J_a)
         ① J_r(Joint roughness number) : 절리면의 거칠기 계수로서 가장 약한 면에 대해 고려
         ② J_a(Joint alteration number) : 절리면의 변질계수로서 가장 불리한 면에 대해 고려
      (3) 암반의 활성응력(J_w/SRF)
         ① J_w(Joint water reduction factor)
            • 절리 사이의 물에 의한 저감계수
            • 용수량과 용수에 따른 충전물의 유출 및 수압의 영향 고려
         ② SRF(Stress Reduction Factor)
            • 응력저감계수로서 점토광물을 포함한 암반의 이완성 평가
            • 견고한 암반의 응력 및 소성암반의 압착 및 팽창하중 평가
   2) Q값의 계산
      $$Q = \frac{RQD}{J_n} \cdot \frac{J_r}{J_a} \cdot \frac{J_w}{SRF}$$
   3) Q값에 의한 암반등급분류
      계산된 Q값의 범위는 $10^{-3} \sim 10^3$이며 다음과 같이 암반등급을 분류함.

Q값	< 1.0	1.0 ~ 4.0	4.0 ~ 10.0	10.0 ~ 40.0	> 40.0
등급	매우 불량	불량	보통	양호	매우 양호

2. Q-system의 특징

   1) 암반의 전단강도에 보다 더 주안점을 둔 분류법이며 현장응력 고려

   2) RMR 분류에서 고려하는 절리의 방향성은 고려하지 않음.

   3) 대단면 터널과 유동성 및 팽창성 암반 등 취약한 층에 적합한 분류방법

   4) 암반을 세밀하게 분류하므로 구체적이고 체계적인 보강방법 제시

   5) 분류변수의 대부분이 일반적인 시추조사만으로는 판단하기 곤란하고 터널 굴착 시 막장 관찰에서 정확히 조사되므로 설계단계에서는 적용이 어려움.

   6) 분류변수의 산정이 복잡하여 숙련도에 따른 오차가 큼.

   7) 분석 시 각 요소를 곱하거나 나누어서 Q값을 산정하므로 분석결과의 오차가 더욱 커지는 경향이 있음.

3. Q-system의 활용

   1) 최대 무지보 span 추정 : $S = 2 \, (ESR) \, Q^{0.4}$

   2) 영구지보압력 추정 : $P_{roof} = \dfrac{2.0}{J_r} Q^{-\frac{1}{3}}$

   3) Rock Bolt 길이 결정 : $L = \dfrac{2 + 0.15B}{ESR}$

   여기서, B : 터널폭

   4) 암반의 변형계수 추정 : $E_m \coloneqq 10 Q^{\frac{1}{3}}$ [GPa]

   5) 터널의 유효크기 결정

   $$D_e = \frac{B}{ESR}$$

   여기서, B : 터널의 굴진장, 직경 또는 높이
   　　　　ESR(Excavation Support Ratio) : 굴착지보율(굴착의 목적 및 안정성 요구에 따라 결정되는 값)

Ⅴ 맺음말

1. 설계 시 RMR값을 이용한 상관식에 의한 지반의 변형계수를 구하여 터널 해석에 이용하는 경우에는 반드시 재하시험 등으로 구하는 것이 바람직하다.

2. Q-system 분류법은 국외의 암반조건을 기준으로 한 것이므로 지보형식이나, 특히 상관식 등을 사용할 때는 국내의 지반특성을 고려하여 신중히 적용해야 한다.

3. 이와 같이 암반분류법은 외국의 암반상태를 경험적으로 분석하여 제시된 분류법이므로 국내 암반상태와 부합되지 않는 경우도 있으므로 세밀한 연구가 필요하다.

터널공사 시 일반 여굴과 진행성 여굴의 발생원인 및 대책

문제 분석	문제 성격	응용 이해	중요도	
	중요 Item	지불선, 여굴, 여굴 시방기준, 진행성 여굴 방지대책, 계측관리		

Ⅰ 개 요

1. 여굴은 터널 단면 굴착 시 여러 가지 원인에 의해서 터널의 1차 숏크리트 라이닝의 설계선 외측 부분에 필요 이상으로 단면이 굴착되는 것이다.
2. 여굴은 그 양이 증가함에 따라 버력 산출량, 숏크리트 시공량 및 2차 라이닝 시공량이 증가 하여 상대적으로 공사비의 증가를 초래하며 터널 지보측면에서도 가능한 한 여굴량을 감소 시키는 것이 유리하다.

Ⅱ 지불선과 여굴의 모식도 및 차이점

1. 지불선과 여굴의 모식도

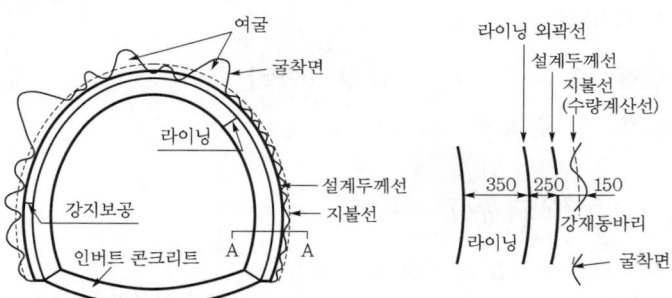

2. 지불선과 여굴의 차이점

구 분	지불선	여굴
공사대금	지급	없음
지반변형	거의 없음	발생 많음
계획	유	무
대책방안	lining	덧채움

3. 터널 여굴의 시방기준

구 분	표준품셈		설계기준	
	구 분	여굴두께	구 분	여굴두께
여굴량 설계기준	측벽	10 ~ 15	일반	15 ~ 20
	아치부	15 ~ 20	측벽	10 ~ 15
			아치부	10 ~ 15

(설계기준의 구분란에 측벽, 아치부)

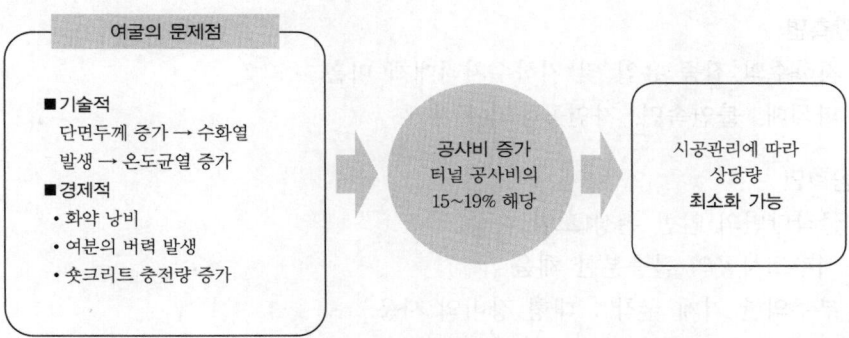

Ⅲ 여굴 발생 시 문제점

여굴의 문제점

■ 기술적
단면두께 증가 → 수화열
발생 → 온도균열 증가
■ 경제적
• 화약 낭비
• 여분의 버력 발생
• 숏크리트 충전량 증가

공사비 증가
터널 공사비의
15~19% 해당

시공관리에 따라
상당량
최소화 가능

Ⅳ 일반 여굴 발생원인

1. 사용장비에 의한 원인
   점보드릴과 같은 대형 장비의 경우 그 장비가 크므로 많은 여굴 발생

2. 천공위치 및 천공기능에 의한 원인
   1) 천공위치에 따른 작업의 난이도에 의하여 여굴량 변화
   2) 작업원의 천공기능 숙련도

3. 천공 ROD의 휨에 의한 원인
   장공 천공 시 연약구조대를 따라 drill rod가 휘어지는 현상에 따라 발생

4. 사용발파법에 의한 원인
   1) 주변 공에 일반 폭약을 사용하는 통상의 발파법 적용 시
   2) 현재 터널 굴착에는 미려한 굴착면을 얻기 위하여 smooth blasting 공법이 널리 채택

5. 지질구조적인 원인
   1) 암질 및 터널 굴착 시 수시로 변화하는 지질여건
   2) 연약지반 및 조인트의 상호 교차점에서 나타나는 슬라이딩현상으로 여굴 발생

Ⅴ 일반 여굴 방지대책

1. smooth blasting 공법 채택
2. 매 round 발파 후 가능한 한 조속히 초기보강(shotcrete) 실시
3. 적절한 사용장비의 선정
4. 숙련된 작업원 활용 및 기능교육 실시
5. 정밀폭약 사용 및 적정량의 폭약량 사용
6. 예상되는 연약지반에는 pre-grouting 실시

Ⅵ 진행성 여굴 발생원인

1. 지반측면
   1) 지하수의 집중 유입 및 지하수처리대책 미흡
   2) 파쇄대, 불연속면, 자연공동의 존재

2. 시공측면
   1) 굴착단면의 암반 손상(모암 손상)
   2) 시추조사공의 불충분한 채움
   3) 부주의한 기계 굴착 : 대형 장비의 사용
   4) 과장약의 발파
   5) 지보시기의 부적절 및 fore poling의 미실시
   6) 굴진장의 부적절 : 굴진장이 너무 긴 경우

Ⅶ 진행성 여굴의 예측방법

1. 터널 내 관찰조사 : face mapping
2. 계측관리 실시 : 천단침하, 지표침하, 내공변위, 지중변위, 지중응력, 지하수위 등의 일상
   계측 및 정밀계측 실시
3. 유공관이나 수발공의 지하수유출량 및 토사유출량의 관리

Ⅷ 진행성 여굴에 대한 대책

1. 진행성 여굴 방지대책
   1) 건조된 비점착성 토사
      (1) 굴착장에 forepoling 사이로 흘러내리는 소규모의 비점착성 토사의 즉시 처리
      (2) 모든 공극을 완전히 채워야 하며, 작은 면적의 경우 숏크리트로 방지
   2) 지하수 유입에 따른 진행성 여굴
      (1) 1~2막장 후방에 방사선형으로 배수 수발공 설치
      (2) 지하수 집중유입으로 지반유실 시 가능한 깊게 유공관을 삽입하여 지반 추가 유실 방지
      (3) 유입수가 어느 정도 잡히면 발생된 여굴면을 숏크리트 + 철망으로 채움
      (4) 숏크리트 라이닝에 작용하는 수압은 수발공(relief hole)을 시공하여 압력 증가 방지
   3) 진행성 여굴 차단 후 여굴지역 복구방법
      (1) 토사 유입 차단 후 여굴지역은 시멘트모르타르, 콘크리트, 철망, 숏크리트 채움
      (2) 추가 층 철망의 공극을 채우기 위해서는 주입용과 배기용으로 두 개의 호스 설치

2. 진행성 여굴처리대책

　1) 숏크리트 타설장비를 막장으로부터 30m 거리 이내에 대기시킴.

　2) 즉시 타설이 가능한 충분한 양의 건식 배합재 확보

　3) 응급조치용 자재(철망, 철근, 결속선, 나무쐐기, 대패나무밥, 천조각 등) 막장 근처 확보

　4) 모든 노출면과 막장의 신속한 폐합

　5) 시공 중 적절한 배수대책, 여분의 대기용 펌프 현장 비치

Ⅸ 규모에 따른 여굴처리방법

구 분	대규모 공동부 처리	소규모 공동부 처리
공동부 규모에 따른 처리계획		
대규모 공동부 여굴처리 시공순서	① 공동부를 숏크리트와 록볼트로 보강(절리상태를 철저히 조사) ② H형 버팀강재 고정 ③ H형 강재에 철망을 겹쳐 부착 ④ 철망에 숏크리트 타설(배수공 설치) ⑤ 공동을 경량 콘크리트로 채움	

Ⅹ 맺음말

1. 터널 시공에서 여굴 발생은 불가피한 것이지만, 여굴은 막장의 작업인부 및 터널 인접 구조물의 안정에 영향을 미친다.

2. 과도한 변형을 발생시켜 최악의 경우에는 터널의 붕괴를 초래할 수도 있다. 따라서 진행성 여굴을 방지하거나 차단하는 것은 매우 중요하다.

터널 보조공법의 종류 및 품질관리방안

문제 분석	문제 성격	응용 이해		중요도	■■■■■□□□
	중요 Item	보조공법의 적용대상, 적용방법, 분류			

I 개 요

1. 터널 보조공법은 터널굴착에 따른 주변 원지반, 주변 구조물, 터널 막장면 등의 안정을 위하여 수행하는 방법이다.
2. 터널 굴착 시 지반의 상황이나 용출수에 의해 시공이 곤란해지거나 지보효과가 저하되는 경우, 안전하고 효율적으로 시공하기 위해 터널의 지보재(숏크리트, 록볼트, 철망, 강지보재 등)와 병용하여 적용하여야 한다.

II 터널 보조공법의 시행목적

1. 터널 주변 지반의 전단강도 강화
   1) 전단강도식 : $\tau = c + \sigma' \tan\phi$
      여기서, τ : 전단강도(kg/cm^2) c : 유효점착력(kg/cm^2)
      ϕ : 유효내부마찰각(°) σ' : 유효연직응력(kg/cm^2)
   2) 강도의 정수 c 혹은 ϕ를 향상시킴으로써 터널 굴착 시 터널의 안전성 향상

2. 압축특성 개선
   안정제의 첨가, 주입 등에 의해서 토립자들을 접착하여 지반의 강성 증가

3. 투수성 저감
   투수성을 저하시켜서 지하수 유출에 의한 터널의 안정성 저해요소 감소

4. 지반의 변형 및 파괴 방지
   지반 강화 및 구조적 보강을 통한 터널 굴착에 따른 지반의 변형 및 파괴 방지

III 터널 보조공법 적용대상

1. 토피가 작은 경우
2. 지반이 연약하여 지반의 자립성이 낮은 경우
3. 터널 인접 구조물의 보호를 위하여 지표나 지중변위를 억제하여야 할 경우
4. 용수로 인한 지반의 열화 및 이완이 진행될 수 있어 터널의 안정성 확보가 필요할 경우
5. 편토압, 심한 이방성(high anisotropy) 지반이거나 특수 조건에서 터널을 시공할 경우

Ⅳ 터널 보조공법의 종류 및 특징

1. 터널 보조공법의 종류

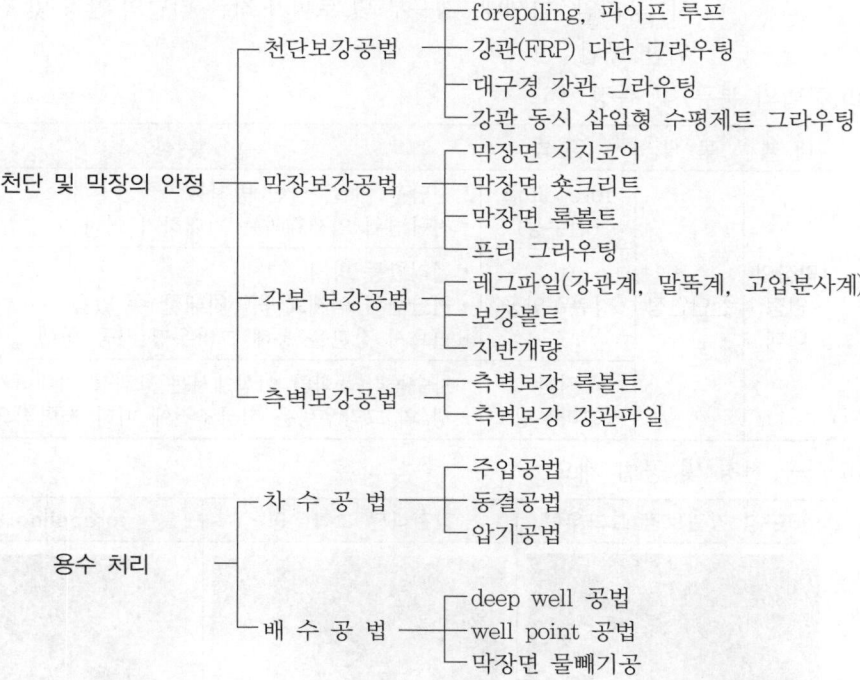

2. 원지반조건에 따른 터널 보조공법 적용방안

대 책	목 적	공 법	원지반조건			비 고
			경암	연암	토사	
지반 강화 및 구조적 보강	천단안정	파이프 루프		△	△	
		경사 록볼트		△		
		forepoling		△	△	철근, 강봉, 강관
		강관보강형 다단 (1단) 그라우팅		△	○	
		약액주입공법			○	
	막장면/ 바닥면	막장면 숏크리트		△	○	
		막장면 록볼트		△	△	
		코어핵		△	△	ring cut
		약액주입공법			○	
		가인버트		△	△	
용수 대책	지수/배수	약액주입공법	△	○	○	
		물빼기공	△	○	○	웰포인트, 딥웰공법 포함
		웰포인트공법			○	
		딥웰공법			○	

주) ○ : 비교적 자주 사용되는 공법, △ : 보통으로 사용되는 공법

3. 터널 보조공법의 종류별 특징
   1) 천단보강공법
      (1) 공법 개요 : 천단보강공법은 튜브(강관, FRP)를 이용하여 지반을 보강, 강화시켜 토
                    사, 풍화암, 파쇄대, 갱구부 및 토피가 작은 터널의 안정 및 침하 억제를
                    위한 공법
      (2) 공법의 분류 및 특징

대 책	목 적	공 법	특 성
막장의 안정 대책	천단안정	forepoling (선수봉)	• 천단부 여굴, 낙반 방지용 • 천단변위 억제효과는 기대하기 어려움
		강관주입공	• 절리활동 방지 • 천단변위 억제효과를 기대할 수 있음 • 필요시 강관을 통해 그라우팅 시공 병행
		지반 그라우팅	• 차수목적(풍화암 이상에서는 효과를 기대하기 어려움) • 갱 외 그라우팅은 지상조건에 따라 제한적으로 적용

      (3) 시공 전경 및 공법 개요

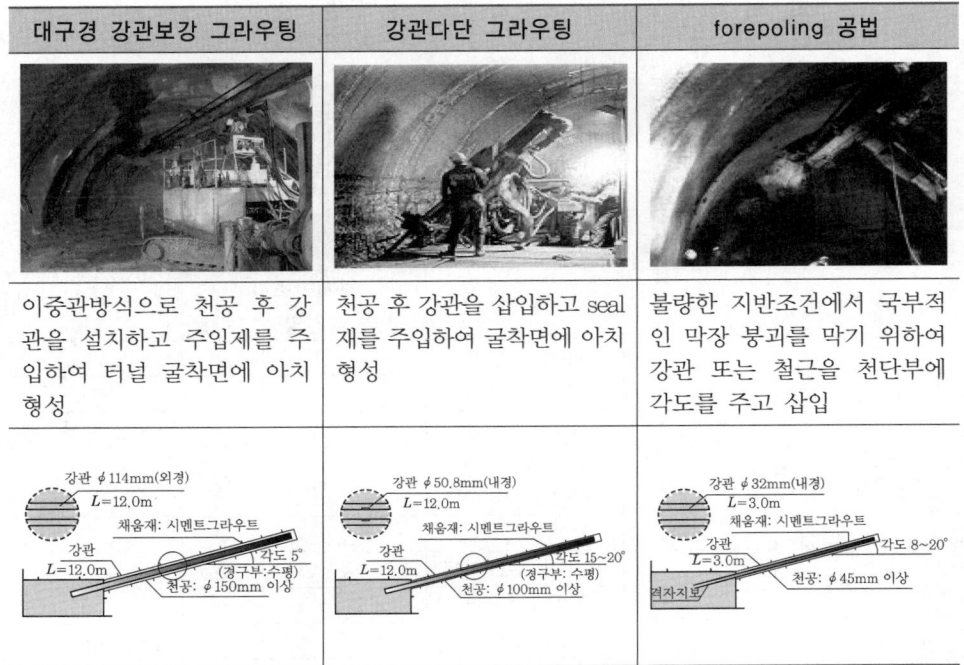

대구경 강관보강 그라우팅	강관다단 그라우팅	forepoling 공법
이중관방식으로 천공 후 강관을 설치하고 주입제를 주입하여 터널 굴착면에 아치 형성	천공 후 강관을 삽입하고 seal재를 주입하여 굴착면에 아치 형성	불량한 지반조건에서 국부적인 막장 붕괴를 막기 위하여 강관 또는 철근을 천단부에 각도를 주고 삽입

   2) 막장보강공법
      (1) 공법 개요 : 연약한 지반에 위치하는 막장면이 밀어냄이나 붕괴에 저항할 수 있도록
                    도와주는 공법

(2) 공법의 분류 및 특징

대 책	목 적	공 법	특 성
막장의 안정대책	막장 정면 안정	막장 숏크리트	• 막장부 낙석 및 풍화 방지 • 지하수량이 많은 경우 막장부에 배수공 설치 필요 • 장기간 막장이 정지할 시에는 필히 시행
		막장 록볼트	• 막장부 낙석 방지 • 막장 숏크리트와 병행 시 효과 향상
		지반 그라우팅	• 차수목적

(3) 시공 모식도

공 법	시공 모식도
막장 지지코어 (핵을 남기는 방법)	핵(core) / 핵
막장 숏크리트	막장면 보호 숏크리트 $45° + \frac{\phi}{2}$
막장 록볼트	막장면 록볼트 $45° + \frac{\phi}{2}$

3) 각부 보강공법

(1) 공법 개요 : 각부 보강공법은 연약한 지층(터널 전단면에 걸쳐 충적토사층이 분포하는 경우)에 시공되는 터널 상반의 지지력 강화 및 침하 억제를 위한 목적으로 아치 하단부인 각부에 강관이나 말뚝을 삽입하고, 주변에 그라우팅을 시행하여 지반을 보강하는 공법

※ 각부 : 상반 굴착 시 강지보재를 지지하는 인버트 양단의 지지 부위 또는 아치 하단부

(2) 공법의 분류 및 특징

대 책	목 적	공 법	특 성
막장의 안정 대책	각부 보강	각부 보강볼트	• 록볼트 등을 타설하여 선단보강이나 주입에 의한 강도 증가 • 볼트에 의한 하중 분산과 선단보강
		각부 보강 강관계 레그파일 (AGP)	• 강제파이프 타설 후 우레탄계열의 주입재를 압입하여 강도 증가 • 주입재를 압입하여 강관과 일체화
		각부 보강 말뚝계 레그파일 (마이크로파일)	• 강제파이프 타설 후 시멘트계열의 주입재를 압입하여 말뚝 형성 • 마찰말뚝형태로 지지력 증대
		각부 보강 고압분사 레그파일 (제트 그라우팅)	• 시멘트 밀크를 고압분사하고 고결 개량체를 형성하여 강도 증가 • 고압의 경화재 분사로 개량체 형성

4) 측벽보강공법

(1) 공법 개요 : 측벽보강공법은 연약한 지층에 위치한 터널 하반의 측벽부 변위를 억제하고 측벽부로 유입되는 지하수를 효과적으로 차단하기 위한 목적으로 측벽부에 강관 등의 보강재를 경사 삽입하고 보강재 주변을 그라우팅하여 지반을 보강하는 공법

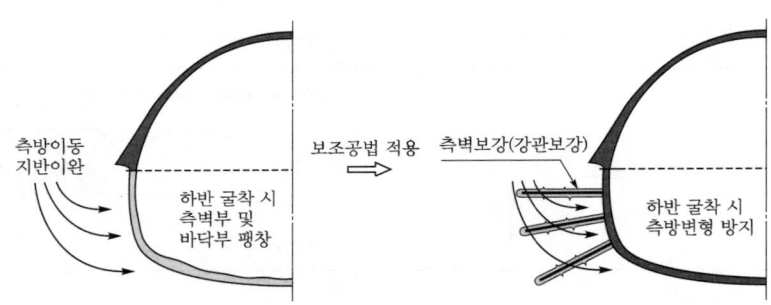

[측벽보강 개요도]

(2) 공법의 분류 및 특징

구분	록볼트보강	강관보강(시멘트 주입)	강관보강(우레탄 주입)
공법 개요	• 이형강봉을 삽입하고 공 내에 충전재를 주입하여 지반과 일체화시켜 지반의 탈락을 방지하는 공법	• 강관을 삽입하고 시멘트계의 주입재로 그라우트하여 지반과 일체화로 강도를 증가시키는 공법	• 강관을 삽입하고 우레탄계의 주입재로 그라우트하여 차수 및 보강효과를 기대할 수 있는 공법
장점	• 부대설비가 필요하지 않아 별도의 공종이 필요하지 않고 시공이 간단 • 공기 및 공사비가 유리	• 그라우팅으로 강관과 지반의 일체화로 지반강도 증가 및 변형 억제에 유리 • 다양한 강관규격 적용 가능	• 그라우팅으로 강관과 지반의 일체화로 차수 및 지반보강효과 동시 달성 • 다양한 강관규격 적용 가능
단점	• 토사지반에 지반보강효과 불확실 • 강관보강공법에 비해 지반강도 증가 미흡	• 암반지반에 적용성 불리 • 그라우팅을 위한 설비 필요 • 용수구간에 그라우트재의 용탈로 보강효과 미흡	• 암반지반에 적용성 불리 • 그라우팅을 위한 설비 필요 • 차수목적 시 간격 축소 필요 • 공사비가 다소 고가
적용 조건	• SL 하부에 암반이 존재할 경우 측벽부 붕락 및 탈락 방지에 효과적	• 토사층의 심도가 깊어 측벽부 변형 억제가 필요한 경우 효과적	• 토사층의 심도가 깊고 우기 시 지하수위 상승영향에 대한 차수보강대책으로 효과적

5) 용수처리공법

(1) 공법의 분류 및 특징

대책	목적	공법	특성
용수 대책	배수	깊은 우물	• 막장 전방 지하수위 저감
		수발공	• 터널 주변의 지하수위 저감 • 선진보링공 등을 이용할 수 있음
	차수	압기공	• 사질토에서 적용되나 공법에 따라 적용에 제한이 큼
		지반 그라우팅	• 차수목적(단, 암반에는 효과가 작음)

(2) 수발공 : 터널 막장면에 유공관이나 다발집속관 등을 천공 후 또는 천공과 동시에 삽입하여 침투수를 자연배수시킴으로써 막장면에 작용하는 침투수압을 배제시키는 수평배수공

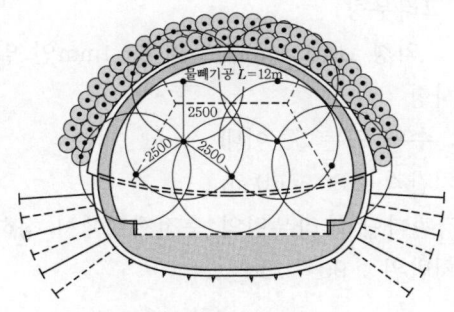

[물빼기공 모식도]

Ⅴ 터널 보조공법의 품질관리방안

1. 천단보강공법

   1) forepoling

      (1) 규격 및 재질 : 내경 $32 \sim 38$mm, 두께 3 ± 1mm인 일반구조용 탄소강관

      (2) 충전재 및 양생기간은 현장시험을 시행하여 결정

      (3) 설치 시 주의사항

         ① 진행 방향의 설치각도 : $8 \sim 20°$ 이하

         ② 설치구간 : 천단부를 중심으로 좌우 $60°$ 구간을 표준

         ③ 종방향 매 굴진장마다 설치하여 굴진 방향으로 forepoling이 상호 중첩되도록 설치

   2) 강관다단 그라우팅

      (1) 규격 및 재질 : 내경 50.8mm, 외경 60.5 ± 3mm인 일반구조용 탄소강관

      (2) 시공순서 : 천공 → 강관 삽입 → 주입구 코킹 → 강관 주변부 실링 → 다단식 주입

      (3) 설치 시 주의사항

         ① 횡방향 설치간격 : $30 \sim 60$cm

         ② 횡방향 설치범위 : $90 \sim 180°$

         ③ 종방향 설치각도 : $15 \sim 20°$(갱구부 수평)

      (4) 시멘트 현탁액 배합방법

         ① 시멘트 현탁액의 배합비기준

구 분	주입량	A액			B액		
		규산소다 (L)	물 (L)	시멘트 (kg)	물 (L)	시멘트 (kg)	W/C (%)
배합 1		100	100	100	181	60	302
배합 2	400L 기준	100	100	100	175	80	219
배합 3		100	100	100	168	100	168

         ② 빈배합에서 부배합으로 배합비를 변경해가며 시행

         ③ 시험 시공을 실시하여 현장지질여건에 가장 적합한 배합비 선정

   3) 대구경 강관보강 그라우팅

      (1) 규격 및 재질 : 외경 114 ± 3mm, 두께 6 ± 1mm인 일반구조용 탄소강관

      (2) 설치 시 주의사항

         ① 설치각도 : 수평 또는 $5°$ 이내

         ② 횡방향 설치간격 : $30 \sim 60$cm

         ③ 충전재 : 강관다단 그라우팅의 충전재료에서 정하는 바와 동일함

         ④ 횡방향 설치범위 : $90 \sim 180°$

2. 막장보강공법

1) 지지코어 설치

(1) 막장면 중앙부에 지지코어를 남겨두고 굴착한 후 지보 설치

(2) 지지코어의 크기는 후속 작업공정의 원활한 수행이 가능하도록 결정

2) 막장면 숏크리트 타설

(1) 막장면이 작은 붕락으로부터 큰 붕괴로의 연결이 예상될 경우 3cm 이상(최소 5cm 추천)의 숏크리트를 막장면에 타설

(2) 장기간 공사 중지 시에는 필수적으로 시행해야 함.

3) 막장 록볼트 또는 막장 FRP 보강 그라우팅

(1) 길이는 굴진장의 3배 이상

(2) 연약지반은 막장 숏크리트와 병용하면 효과가 증대됨.

(3) 절단이 용이한 록볼트나 FRP 볼트의 적용

3. 측벽보강공법

1) 시공 시 주의사항

(1) 일괄 시공이 용이하도록 종방향 30°의 각도로 시공

(2) CTC=굴진장, 그라우팅 구근은 $\phi 400$ 이상이 형성되도록 현장관리 시행

(3) 시공성이 용이하도록 하반 막장에서 시공하는 것을 원칙으로 함

(4) 현장에 적정한 주입재의 선정 및 시험 시공 후 현장 적용

2) 주입재의 종류

항 목	시멘트 밀크	LW 또는 SGR	우레탄
주입재	시멘트	시멘트 + 물유리	저점도 폴리우레탄
침투가능 투수계수	5.0×10^{-1}cm/s	3.0×10^{-1}cm/s	1.0×10^{-4}cm/s
고결성	• 경화시간이 길어 긴급을 요하는 지하수 용수 지역은 처리 불가	• 지하수에 의한 희석으로 겔화시간이 10배 이상 지연	• 지하수에 의한 희석이 발생하지 않으며 유속이 빠른 경우에도 고결 가능
지수성	• 지수효과를 기대할 수 없음	• 장기 지수성을 기대할 수 없음	• 용출률 0.1% 이하로 장기 지수성 탁월
환경오염	• 수질오염 우려(슬라임처리 필요)	• 주변 지반의 환경 및 수질 오염 우려	• 환경친화적이며 지하수 수질오염문제 없음
적 용	일반구간	일반구간	하천 인접 구간

4. 용수대책

1) 품질관리방안

관리항목	관리내용 및 시험	시험빈도
막장용수처리	• 수발공 및 수발갱 설치 • 공함몰 예상 시 수발공 내에 유공 PVC 파이프 삽입	필요시
1차 숏크리트 타설 후 유도배수	• 파이프에 의한 집수 • 반할관에 의한 집수 • 부직포, 방수시트에 의한 집수	필요시
2차 숏크리트 타설 후 유도배수	• PVC나 방수시트에 의한 집수	필요시
인버트 배수	• 인버트 콘크리트 타설 시 맹암거 상부에 비닐 포설	필요시
집수 및 배수체계	• 상향구배 굴착 시 　– 좌우측구 이용 집수, 배수 　– 측구청소 철저 　– 연약지반인 경우 측구 구축 • 하향구배 굴착 시 : 막장에서 펌프를 이용하여 수직구 　까지 배수	필요시

2) 배수처리공법의 비교

구 분	딥웰공법	웰포인트공법
개요도		
장단점	• 수위 저하는 목적에 따라 자유롭게 조절 가능 • 공경이 크기 때문에 도심지에서는 설치개소나 공기에 제약이 따름 • 국내 시공사례 다수 • 침하량에 대한 안정성 확보 가능 • 모래자갈층에도 시공 가능	• 진공(강제)배수이기 때문에 적용 가능한 지반조건의 범위가 넓어 시공성 및 경제성 우수 • 자갈층이 출현할 경우 선단부 워터제팅에 의한 자력삽입 곤란 • 지하수위가 GL−10.0m 이하에 위치할 경우 적용 불가

Ⅵ 맺음말

1. 터널 굴착 시에는 지반조건, 터널 중요도, 지하수상황, 터널규모, 용도 등을 고려하여 보강 공법의 목적에 맞는 공법을 선정하여야 한다.
2. 특히 약액주입공법 적용 시 지하수오염 및 Gel Time 조정에 유의하여야 하며, 시험배합 및 시험 시공을 시행하여 적합 여부를 확인한 후 시공하여야 한다.

참고 터널 보강흐름도

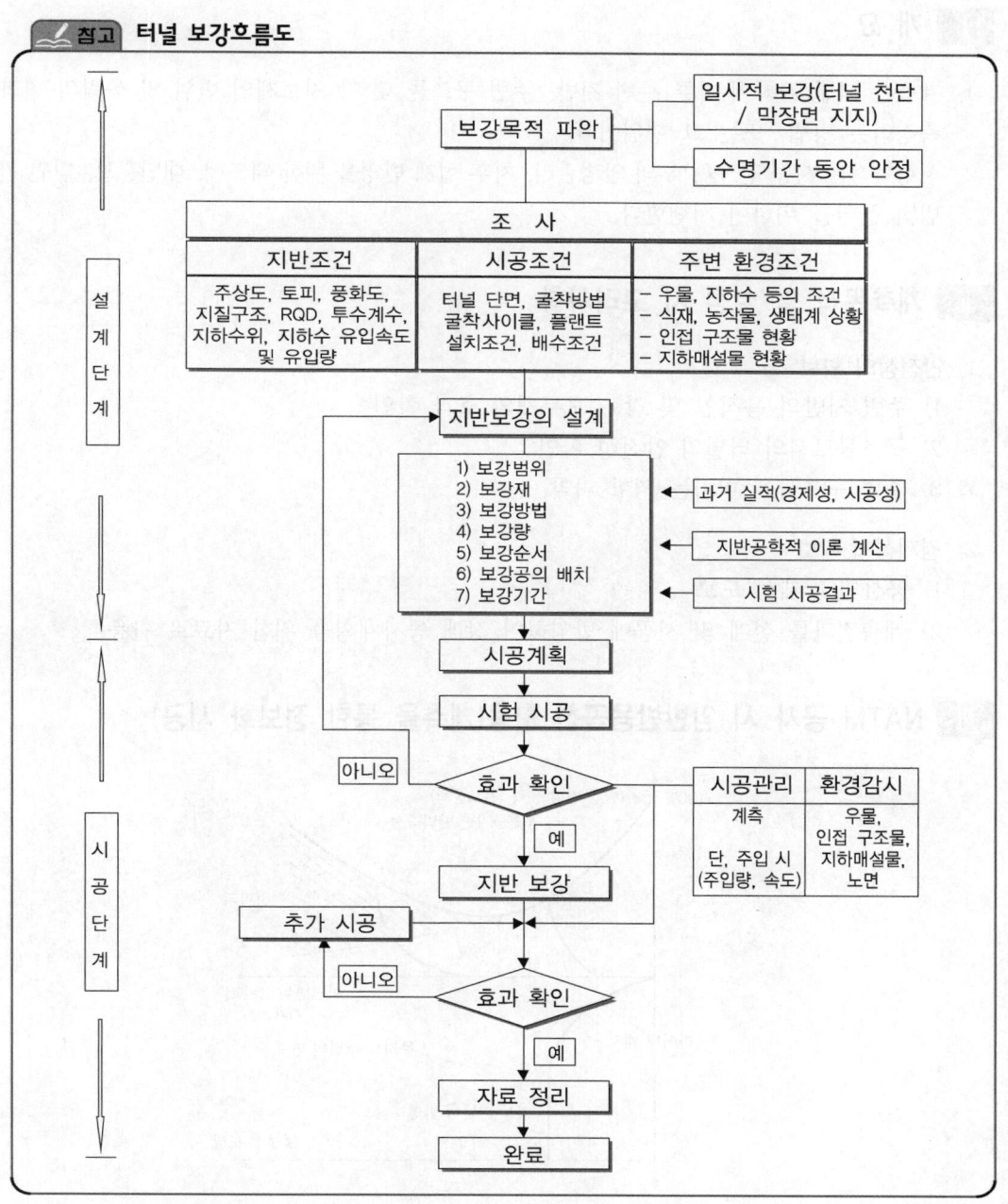

터널공사의 계측항목 및 계측성과 응용방안

문제 분석	문제 성격	응용 이해		중요도	■■■■□□□
	중요 Item	계측의 시기(시공 중, 공용 중), 계측구간(개착, 터널)			

I 개 요

1. 계측은 터널 굴착에 따른 주변 지반, 주변 구조물 및 각 지보재의 변위 및 응력의 변화를 측정하는 방법, 또는 그 행위이다.
2. 시행목적은 시공 전, 중, 후의 안정관리, 차후 설계 반영을 위한 피드백, 대민홍보, 민원 관련 법적 근거를 위하여 시행한다.

II 계측목적 및 설정 시 고려사항

1. 안정성의 확보
   1) 주변 지반의 움직임 및 각 지보부재의 효과 확인
   2) 구조물로서의 터널의 안전성 확인
   3) 주변 구조물에 미치는 영향 파악

2. 경제성의 확보
   1) 공사의 경제성 도모
   2) 계측결과를 설계 및 시공에 반영하여 장래 공사계획을 위한 자료로 활용

III NATM 공사 시 암반반응곡선 활용(계측을 통한 정보화 시공)

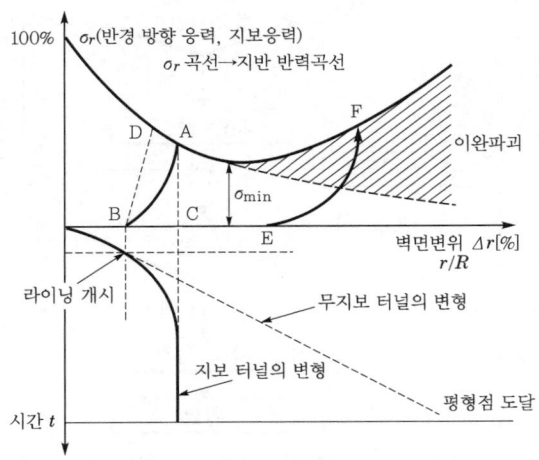

Ⅳ NATM 공사 시 단계별 계측계획

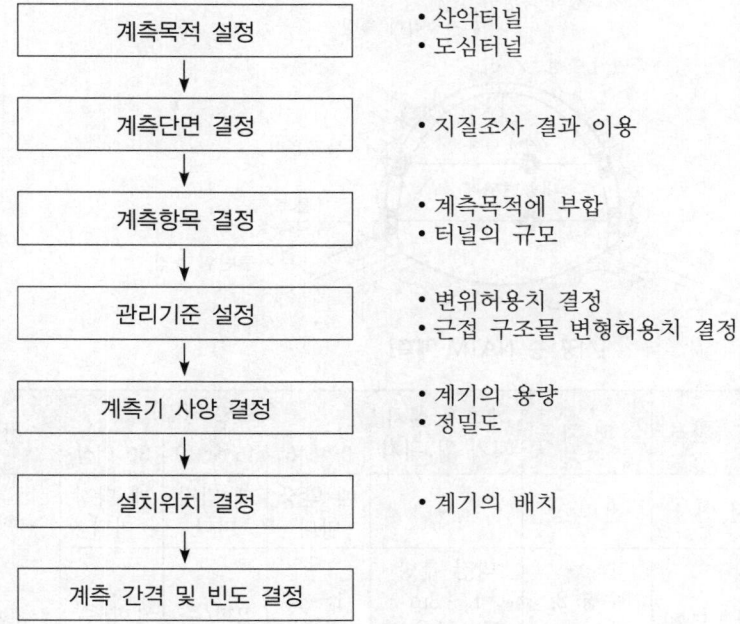

계측목적 설정	• 산악터널 • 도심터널
계측단면 결정	• 지질조사 결과 이용
계측항목 결정	• 계측목적에 부합 • 터널의 규모
관리기준 설정	• 변위허용치 결정 • 근접 구조물 변형허용치 결정
계측기 사양 결정	• 계기의 용량 • 정밀도
설치위치 결정	• 계기의 배치
계측 간격 및 빈도 결정	

Ⅴ NATM 계측의 종류

1. 일상계측(A계측)
   1) 목적 : 시공대상 전구간 시행, 터널 시공의 안정성 확인
   2) 계측항목
      (1) 갱내 관찰조사
      (2) 내공변위 측정
      (3) 천단침하 측정

2. 정밀계측(B계측)
   1) 목적
      (1) 대표적 지반조건, 초기 굴착구군 소성영역 분포 확인
      (2) 지보재의 응력거동 파악, 지보부재의 안정성, 설계 타당성 검증
   2) 계측항목
      (1) 지표, 지중침하 측정   (2) 지중변위 측정
      (3) 록볼트 축력 측정   (4) 숏크리트 응력 측정

3. 영구관리계측
   1) 터널 공용 후 하자 발생 시 원인 파악, 위험징후 감지 및 조치
   2) 계측항목 : 간극수압 측정, 복공응력 측정, 자동화계측이 원칙

4. NATM 시공 중 계측 빈도 및 간격

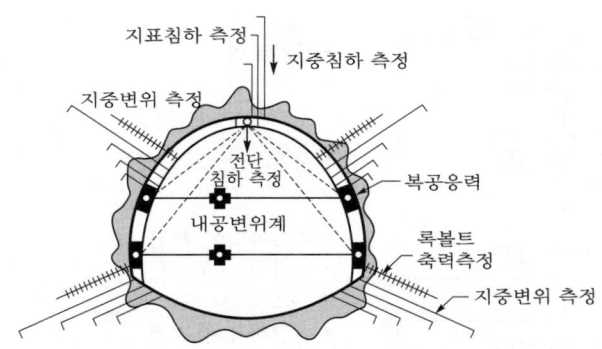

지표침하 측정
지중침하 측정
지중변위 측정
전단 침하 측정
복공응력
내공변위계
록볼트 축력측정
지중변위 측정

[시공 중 NATM 계측]

구 분	계측 항목	계측간격	배 치	계측기 설치 시기 및 위치	측정빈도(일)			비 고
					0 ~ 15	15 ~ 30	30 이상	
계측 A (일상 계측)	터널 내 관찰	전 연장	전 막장	–	매 막장 마다	매 막장 마다	매 막장 마다	록볼트 인발시험은 록볼트 품질관리 시험으로 실시
	내공변위	10 ~ 50m	수평 2, 대각선 4	막장 후방 1 ~ 3m 또는 굴착 후 24시간 이내	1 ~ 2 회/일	2회/주	1회/주	
	천단침하	10 ~ 50m	1개소	막장 후방 1 ~ 3m 또는 굴착 후 24시간 이내	1 ~ 2 회/일	2회/주	1회/주	
	록볼트 인발시험	록볼트 50본당 1개소	측벽부 천장부 어깨부		–	–	–	
계측 B (정밀 계측)	지표침하 지중침하	300 ~ 600m	터널 상부 3 ~ 5개소	막장 전방 30m	1회/일	1회/주	1회/2주	각 항목별 계측기를 동일한 단면에 설치하여 종합적으로 계측
	숏크리트 응력	200 ~ 500m	3 ~ 5개소 (반경 방향, 접선 방향)	막장 후방 1 ~ 3m 또는 굴착 후 24시간 이내	1회/일	1회/주	1회/2주	
	지중변위	200 ~ 500m	3 ~ 5개소 (3 ~ 5개의 다른 심도)	막장 후방 1 ~ 3m 또는 굴착 후 24시간 이내	1 ~ 2 회/일	1회/2일	1회/주	
	록볼트 축력	200 ~ 500m	3 ~ 5개소 (3 ~ 5개의 다른 심도)	막장 후방 1 ~ 3m 또는 굴착 후 24시간 이내	1 ~ 2 회/일	1회/2일	1회/주	

VI 터널 굴착 시 계측성과 응용방안

계측항목	계측성과 응용방안
내공변위 측정	변위량, 변위속도, 변위의 수속상황, 단면의 변형상태에 따라 주변 원지반의 안정성, 1차 라이닝의 치기 시기 등 판단
천단침하 측정	터널 천단의 절대침하량을 감시하고, 단면의 변형상태를 알고 터널 천단의 안정성 판단
지표, 지중의 침하 측정	터널 굴착으로 인한 지표에의 영향, 침하 방지대책의 효과 판정, 터널에 작용하는 하중범위의 추정 판단
지중변위 측정	터널 주변의 이완영역, 변위량을 알고 록볼트의 길이, 설계, 시공의 타당성 판단
록볼트 축력 측정	록볼트에 생긴 변형으로부터 록볼트의 축력, 효과의 확인, 록볼트의 길이와 지름 판단
라이닝 응력 측정	1차 라이닝의 배면토압, 뿜어 붙이기 콘크리트의 내응력 판단
록볼트 인발시험	록볼트의 인발내력으로부터 적정한 정착방법, 적정한 록볼트 길이 등 판단

VII 록볼트 축력 측정시험 결과에 따른 보강방안

1. 내공변위 수렴속도가 빠르고 변위속도가 작은 경우
   1) 록볼트 개수 및 길이를 줄이는 것으로 검토

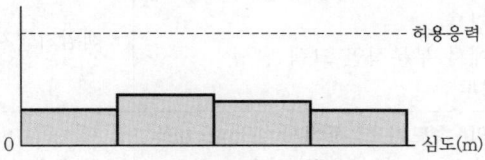

   2) 록볼트 개수를 늘리는 방향으로 검토

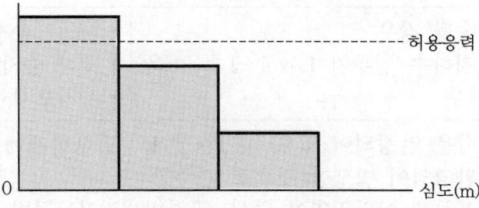

   3) 록볼트 길이를 줄이는 방향으로 검토

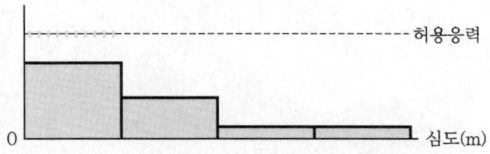

2. 내공변위가 수렴하지 않고 지중변위 측정결과 록볼트 길이보다 큰 곳에서 변위를 보이는 경우
   1) 록볼트 길이를 늘리는 방향으로 검토

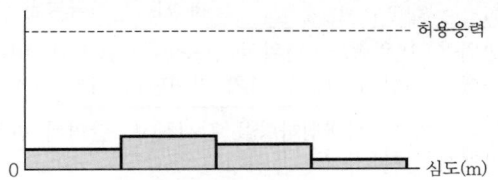

   2) 록볼트의 길이 및 개수를 늘리는 방향으로 검토

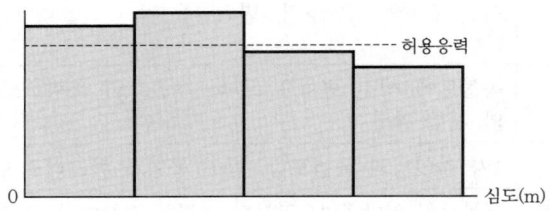

Ⅷ 계측관리기준 및 이상 시 대응방법

주의 Level	관리기준	대응방법
Ⅰ	• 내공변위의 속도가 막장에서 5mm/day 보다 클 경우 • 숏크리트에서 부분적인 크랙 발생 • 지하수 침투	• 책임기술자에게 보고
Ⅱ	• 내공변위의 속도가 막장에서 10mm/day, 후방에서 5mm/day보다 클 경우 • 숏크리트에서 상당한 균열 발생 • 지하수 침투	• 책임기술자에게 보고 • 지보재, 록볼트, 숏크리트 추가 시공
Ⅲ	• 변위가 가속될 경우 • 균열이나 지하수 침투가 Level Ⅱ를 더욱 더 넘을 경우	• 책임기술자에게 보고 • 굴착 중지 • 강지보재, 긴 길이의 록볼트 시공

• 주의 Level Ⅰ : 지반은 안정되어 있으나 이완영역의 발생한계에 달하기 때문에 주의요함.
• 주의 Level Ⅱ : 이완영역이 발생한 것으로 간주함.
• 주의 Level Ⅲ : 명확하게 이완영역이 발생, 굴착방법, 지보공법 등의 변경요함.

IX 터널 현장계측관리 시 주의사항

1. 계측데이터 측정 시 주의사항
   1) 계측계획에 따라 시행하여야 하며 목적에 맞는 정밀도로 측정
   2) 전 회의데이터를 지참하여 이상값이 아닌가를 현장에서 파악
   3) 굴착 후 1～2일간의 변위량에 의하여 최종값이 결정되는 경우가 많으므로 해당 기간 중 정확하고 정밀한 계측 시행
   4) 관리기준에 측정값이 접근하면 측정빈도를 증가시킴과 동시에 대응책을 수립해야 함.

2. 계측데이터 정리 시 주의사항
   1) 측정이 완료되면 즉시 그래프로 만들어 측정값의 경향을 파악해야 하며, 이상값이 있으면 재측정 시행
   2) 데이터 정리는 초기값, 계측기간, 막장과의 거리 및 지보 설치시점 등을 중심으로 정리
   3) 측점이 많으며 장기간 계측이 시행되는 경우에는 컴퓨터를 이용하여 데이터처리
   4) 계측효과와 지질상황과의 상호 관계가 잘 나타날 수 있도록 계측연관표 작성

X 터널의 유지관리계측

1. 목적 : 터널의 유지관리계측은 완성된 구조물에 대해 공용 중에 지속적으로 구조물의 안전과 최적의 유지관리를 위해 객관적이고 연속적인 자료를 제공하여 터널구조물 유지관리에 기여하기 위함.

2. 유지관리계측 설치대상
   1) 대통령령이 정하는 1, 2종 시설물 중 지반변형이 예상되는 터널
   2) 터널 주변의 특정 건물로 인해 위해가 예상되는 터널
   3) 하저터널, 해저터널, 장대터널 등에 설치하는 것을 원칙으로 함.

3. 시공 중(공사 중)과 공용 중(유지관리) 계측영역 구분

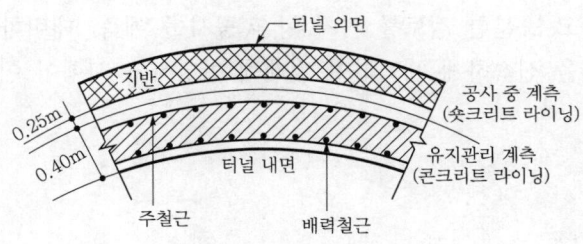

4. 터널의 유지관리계측 항목 및 내용

계측항목	계측내용
토 압	• 터널 라이닝설계의 적정성 평가 • 지반의 이완영역 확대 여부 및 지반응력의 변화 조사
간극수압	• 배수터널의 배수기능 저하에 따른 잔류수압 상승 여부 측정 • 비배수 터널라이닝 작용수압 측정 • 수압에 따른 라이닝의 안정성 확인
지하수위 및 용수량	• 간극수압 측정 시의 신뢰성 평가 • 터널 내 용수량과의 상관성 평가
콘크리트 응력	• 외부하중으로 인한 콘크리트 라이닝 응력 측정 • 콘크리트 라이닝이 구조체로 설계된 경우 라이닝 내부응력 측정
철근응력	• 외부하중으로 인한 콘크리트 라이닝 내 철근응력 측정 • 콘크리트 라이닝 응력 측정결과의 신뢰성 검증
내공변위	• 외부하중으로 인한 콘크리트 라이닝의 변위량을 측정하여 터널구조물의 안정성 판단
균 열	• 콘크리트 라이닝에 발생된 균열의 진행상태를 측정하여 터널의 안정성 판단
건물 경사	• 터널구조물의 거동으로 인한 지상건물의 기울기를 측정하여 건물의 안정성 판단
지진 및 진동	• 지진 발생 시 터널구조물의 안전성 판단 및 열차운행 등에 의한 주변 구조물의 진동영향 판단
온 도	• 콘크리트 라이닝의 온도영향 판단

XI 맺음말

1. 설계 시 자료와 실제 지반의 조건이 불일치하는 경우가 많으므로 현장에서 실시간으로 현 상태의 안정성과 위험 정도를 판단하고 계측관리결과에 의해 설계와 시공을 보완하는 정보화 시공을 시행하여야 한다.
2. 현장 계측관리자는 계측을 정확하고 정밀하게 측정을 수행하고, 측정값의 데이터를 책임기술자에게 제출하고 충분한 검토를 거쳐 향후 공사를 예측, 대비하여야 한다.
3. 필요시 보강공법을 신속하게 채택하여 설계에 반영하고 시행이 이루어지도록 한다.

터널 콘크리트 라이닝에 발생하는 균열형태 및 저감방안

| 문제 분석 | 문제 성격 | 응용 이해 | 중요도 | ■■■■■ |
| | 중요 Item | 시공관리방안, 균열보수대책, 터널의 특성 | | |

I 개 요

1. 터널 라이닝 천단부에 발생하는 균열형태는 종방향 균열, 횡방향 균열, 전단균열, 복합균열 등이 있다.
2. 균열저감방안은 콘크리트 품질 개량, 시공관리, 콘크리트 라이닝의 구속효과 저감 및 하중 작용요인 제거 등을 통하여 저감할 수 있다.

II 터널 콘크리트 라이닝의 균열 발생원인과 종류

1. 균열 발생원인
   1) 거푸집 제거시기가 부적절하여 양생기간 부족
   2) 콘크리트의 양생기간 중 온도강하에 따른 수축
   3) 주변 대기온도변화에 따른 수축과 팽창의 반복
   4) 슬럼프(slump)가 큰 콘크리트의 타설
   5) 콘크리트 라이닝의 두께 부족이나 타설방법의 불량(시공불량)
   6) 국부적인 지반팽창에 따른 추가하중의 증가
   7) 라이닝과 원지반 사이의 공극에 의한 휨모멘트 혹은 편압의 발생
   8) 좌·우측 측벽 하부기초의 침하
   9) 지하수압의 작용 등

2. 균열의 종류
   1) 수직균열
      (1) 발생위치 : 측벽 부위
      (2) 발생원인 : 인버트 슬래브와 터널 아치 사이 시공이음부의 종방향 온도변화와 건조수축으로 인하여 발생
   2) 종방향 균열
      (1) 발생위치 : 터널 천단부의 중심선을 따라 발생
      (2) 발생원인 : 횡방향 온도변화 및 건조수축으로 인하여 발생
   3) 불규칙한 균열
      (1) 발생위치 : 터널 천단부 전면부
      (2) 발생원인 : 콘크리트 라이닝의 두께가 균일하지 못한 경우

Ⅲ 터널 콘크리트 라이닝 균열 발생형태

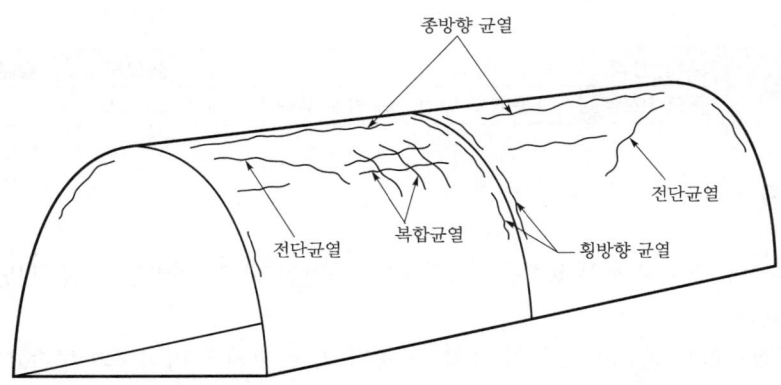

[터널 콘크리트 라이닝 균열형태]

1. **종방향 균열**
    1) 형태 : 터널 중심선과 평행하게 발생한 직선상의 균열
    2) 발생위치
        (1) 터널 천단과 어깨부에 터널 종단 방향으로 발생
        (2) 터널 시종점 초입부에 많이 발생
    3) 발생률 : 전체 균열 발생의 50% 이상
    4) 특징
        (1) 종방향 균열의 대부분은 천단부로부터 20° 범위 내에서 발생
        (2) 균열의 폭이 다른 균열에 비해 훨씬 크며 균열의 연장이 김.

2. **횡방향 균열**
    1) 형태 : 터널 중심선에 직교하여 횡방향으로 발생하는 형태
    2) 발생위치
        (1) 시공이음부 전 주변장과 터널 어깨부, 천단부에 주로 발생
        (2) 시공이음부에서 주로 발생
    3) 발생률 : 전체 균열 발생의 30% 정도

3. **전단균열**
    1) 형태 : 터널 중심선에 대각선 방향으로 나타나는 균열형태
    2) 발생위치 : 터널 어깨부에 주로 발생

4. **복합균열**
    1) 터널 천단에서 발생한 종방향 균열이 전단균열의 형태로 진전된 균열
    2) 종방향 균열이 횡방향 균열과 복합적으로 나타나는 균열형태

Ⅳ 터널 콘크리트 라이닝 균열저감방안

1. 콘크리트 품질개량
   1) 수화열을 감소시키고 온도응력을 적게 하기 위하여 혼화재료 사용
   2) 섬유보강재를 혼합 사용

2. 시공관리방안 개선
   1) 콘크리트 거푸집 탈형시기 검토
      (1) 콘크리트 강도가 3MPa 이상 발현한 후 제거
      (2) 1일 콘크리트 압축강도에서 자중에 의한 라이닝부재의 응력이 허용응력범위 내로 발생되는지 여부 검토
      (3) 콘크리트의 강도특성 커브를 산정하여 라이닝 거푸집 제거시기 결정
   2) 터널 라이닝 양생방법 개선 : 콘크리트 양생 자동살수기를 사용함으로써 초기강도 증진 및 균열 발생 예방

[콘크리트 양생 자동살수기]

   3) 그라우팅 홀(grouting hole) 시공
   4) 터널라이닝 콘크리트 철근 피복 유지용 간격재(spacer) 개선

3. 콘크리트 라이닝의 구속효과 저감
   1) 온도변화가 심한 터널 입출구 가까이에 신축이음부 시공
   2) 콘크리트 라이닝에 컨트롤 조인트를 두어서 균열이 발생한 곳으로 유도
   3) 콘크리트 라이닝과 숏크리트 사이에 토목섬유 삽입

4. 하중작용요인의 제거
   1) 숏크리트를 균일한 두께로 타설하고 숏크리트에 배면공극 제거
   2) 숏크리트의 배면공극에 충전 그라우팅 실시

V 터널 콘크리트 라이닝 균열보수방안

1. 콘크리트 보수기준

분류	평가	균열폭		
		구조적 안전성 기준	내구성 기준	방수성 기준
미세균열 (fine)	• 구조적 문제는 없음 • 보수 불필요 • 균열 관찰관리	구조적 허용균열폭 w_a 이하	환경조건별 허용균열폭 w_a 이하	0.1 이하
중간 균열 (medium)	• 구조적 문제 검토 • 균열 보수 필요 • 균열 부위 관찰관리	$w_a \sim 0.5$	$w_a \sim 0.5$	$0.1 \sim 0.2$
대균열 (wide)	• 구조 내하력 저하 • 구조적 검토 필요 • 즉각적인 균열 보수	0.5 이상	0.5 이상	0.2 이상

2. 콘크리트 보수방법

1) 표면처리공법 : 에폭시 모르타르 도포공법, 에폭시수지 실(seal)공법
2) 주입공법 : 수동식 주입공법, 자동식 저압주입공법
3) 충전공법 : U커트 실링제 충전공법, 에폭시수지 모르타르 충전공법

보수목적	철근 부식	균열폭		보수공법			
		변동	크기 (mm)	표면처리 공법	주입 공법	충전 공법	기타
방수성	철근 미부식	작음	0.2 이하	○	△		
			0.2 ~ 1.0	△	○	○	
		큼	0.2 이하	△	△		
			0.2 ~ 1.0	△	○	○	
내구성	철근 미부식	작음	0.2 이하	○	△	△	
			0.2 ~ 1.0	△	○	○	
			1.0 이상		△	○	
		큼	0.2 이하	△	△	△	
			0.2 ~ 1.0	△	○	○	
			1.0 이상			○	
	철근 부식	−				○	
	염해	−					○
	반응성 골재	−					○

※ ○ : 적정, △ : 다소 주의

Ⅴ 맺음말

1. 터널 라이닝 콘크리트의 균열은 콘크리트의 건조수축 등 2차적인 효과에 의해 많이 발생한다.
2. 콘크리트 품질 개선, 콘크리트 타설방법 및 철근콘크리트 시공구간 간격재 개선, 그라우팅 홀 설치 후 시멘트 밀크 주입에 의한 라이닝 배면공극 충전 등을 고려하여 균열을 저감하여야 한다.

참고 **터널 라이닝 콘크리트 배면 공동확인 전경**

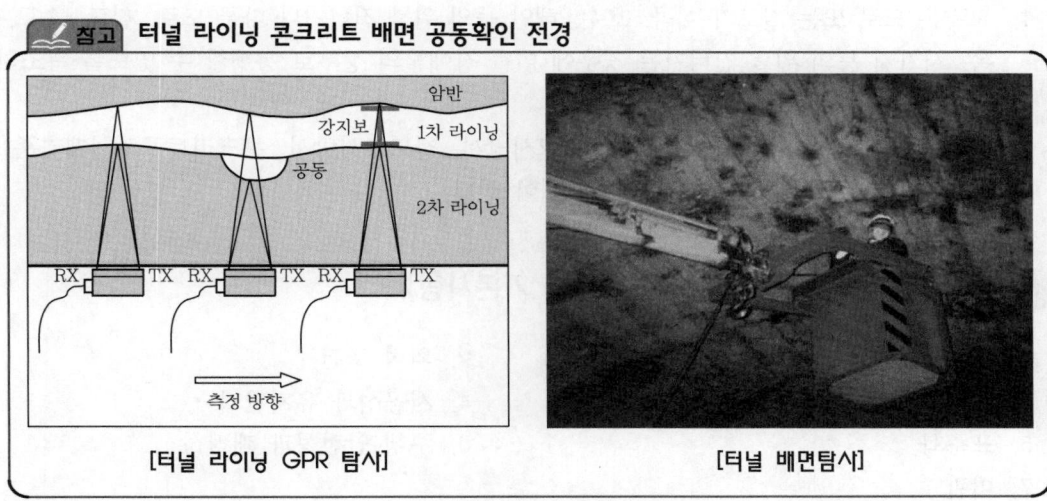

[터널 라이닝 GPR 탐사]   [터널 배면탐사]

교량설계의 종류 및 특징

문제 분석	문제 성격	기본 이해	중요도	■■■□□□
	중요 Item	설계 시 고려사항, 설계의 종류, 교량별 적용방안, 내진설계		

Ⅰ 개 요

1. 교량은 도로 또는 철도가 계곡, 호수, 해안 등의 위를 건너거나 다른 도로, 철도, 수로, 가옥, 시가지 등의 위를 건너가는 경우에 이들 장애물의 상부로 통행할 수 있도록 축조하는 구조물이다.

2. 교량구조물 설계 시 관련 시방서(도로교시방서, 철도교시방서, 콘크리트구조설계기준 등) 및 법규 등 관련 규정에 따라 설계하여야 한다.

Ⅱ 교량설계의 기본원칙(교량계획의 기본사항)

1. 가설위치와 노선 선형
2. 외적 조건
3. 안전성과 경제성
4. 시공성과 유지관리
5. 표준화
6. 주행 안전성과 쾌적성
7. 미관

Ⅲ 교량설계 시 조사방안

1. 조사의 목적

교량을 건설하는 데 있어 도중에 큰 변경 없이 합리적이고 경제적인 계획, 설계, 시공을 수행하기 위하여, 구조물의 규모, 중요성 및 교량 설치지점의 상황 등을 정확하게 판단하게 하는 데 그 목적이 있음.

2. 교량설계 시 조사방안

1) 계획단계

(1) 가교지점, 교장, 형하공간과 구조형식을 결정하기 위해 필요한 조사

(2) 교량의 형식 비교와 계획설계, 개략적인 공사비 산정, 공사방법 검토

(3) 지형조사, 기상조사, 지질토질조사, 기존 자료조사 등

2) 설계단계

(1) 공사 발주에 필요한 교량의 설계도를 작성하기 위한 조사

(2) 교량의 기초공, 하부공 및 상부공의 상세설계 시행, 공비 및 공기 산정

3) 시공단계
  (1) 상세설계된 결과를 가지고 시공에 앞서 행하는 조사
  (2) 시공조건조사, 시공 시 주변 환경 영향조사

Ⅳ 교량설계 시 고려 하중

1. 하중의 분류

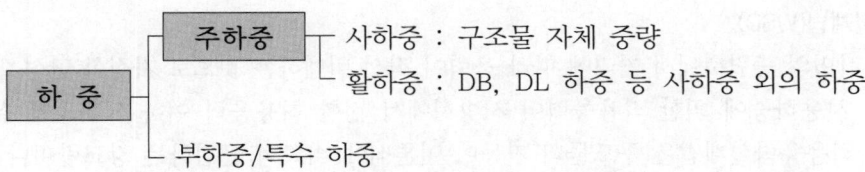

2. 설계하중의 종류

구분	종류	
지속하는 하중	1) 구조부재와 비구조적 부착물의 중량(DC) 2) 포장과 설비의 고정하중(DW) 3) 프리스트레스 힘(DW) 4) 시공 중 발생하는 구속응력(EL) 5) 콘크리트 크리프의 영향(CR) 6) 콘크리트 건조수축의 영향(SH) 7) 수평토압(EH) 8) 상재토하중(ES) 9) 수직토압(EV) 10) 말뚝부마찰력(DD)	
변동하는 하중	11) 차량활하중 및 열차활하중(LL) 13) 보도하중(PL) 15) 충격(IM) 17) 구조물에 작용하는 풍하중(WS) 19) 온도 경사(TG) 21) 정수압과 유수압(WA) 23) 설하중 및 빙하중(IC) 25) 지점이동의 영향(SD) 27) 원심하중(CF) 29) 가설 시 하중(ER) 31) 선박충돌하중(CV) 33) 시제동하중(SB) 35) 장대레일 종방향 하중(LR)	12) 상재활하중(LS) 14) 열차횡하중(LF) 16) 차량에 작용하는 풍하중(WL) 18) 단면평균온도(TU) 20) 지진의 영향(EQ) 22) 부력 또는 양압력(BP) 24) 지반변동의 영향(GD) 26) 파압(WP) 28) 제동하중(BR) 30) 차량충돌하중(CT) 32) 마찰력(FR) 34) 탈선하중(DR)

Ⅴ 교량설계의 종류

1. 원칙
  1) 콘크리트 구조물 : 강도설계법
  2) 강구조물 및 PSC 구조물 : 허용응력설계법

2. 종류

    1) 허용응력설계법(WSD) : 부재의 허용응력 ≥ 부재의 작용응력

    2) 강도설계법(USD) : 부재의 설계강도 ≥ 부재의 극한강도

    3) 하중저항계수설계법(LRFD) = 강도한계상태와 사용성한계상태 고려

Ⅵ 교량설계의 종류별 특징

1. 허용응력설계법(WSD)

    1) 원리 : 단면의 중립축에서 거리에 따라 응력이 직선 비례하는 것으로 가정한 탄성설계법

    2) 설계 : 사용하중에 의한 작용응력이 시방서에서 정한 허용응력 이하가 되도록 설계

    3) 특징 : 허용응력설계법은 구조물의 거동이 이론식에 비교적 근접하는 강교량이나 PSC 교량에 적용하고 있으나, 강도설계법에 비하여 구조물의 파괴에 대한 안전율 정의가 어려움.

2. 강도설계법(USD)

    1) 원리 : 콘크리트 파쇄 또는 철근의 항복 등 구조물을 파괴상태로 만드는 극한하중과 이런 하중하에서 구조물의 파괴형태를 예측

    2) 3요소 : 하중계수, 강도감소계수, 사용성 검토

      (1) 하중계수(γ)

        ① 정의 : 외력의 예측 정도를 표현하는 계수

        ② 사용하중 : 고정하중이나 활하중, 토압 및 풍하중 등

        ③ 하중계수 결정 : 사용하중의 크기를 예측할 수 있는 정확도에 따라 정해짐.

        ④ 극한하중 = 하중계수×사용하중

      (2) 강도감소계수(ϕ)

        ① 정의 : 부재 내력의 안전을 추가적으로 확보하기 위해 적용하는 계수

        ② 결정 : 부재 강도의 부득이한 손실과 부재의 연성, 부재 강도를 예측할 수 있는 정확도, 전체 구조강도에 대한 그 부재의 중요도 등을 고려한 값으로 1보다 작은 값으로 나타냄.

부 재	분 류	콘크리트구조설계기준
휨부재	휨모멘트	0.85
	전단	0.75
기 둥	나선철근	0.70
	띠철근	0.65

    3) 사용성 검토

      (1) 처짐, 균열, 피로 등 사용성에 대한 제한규정으로 안전성을 반드시 확보해야 함.

      (2) 사용성은 하중계수가 곱해진 극한하중이 아닌 사용하중으로 검토

3. 하중저항계수설계법(Load & Resistance Factor Design, LRFD)
   1) 원리 : 부재나 상세 요소의 극한내력강도 또는 한계내력에 기초를 두고 극한 또는 한계
            하중에 의한 부재력이 부재극한 또는 한계내력을 초과하지 않도록 하는 설계법
   2) 설계
      (1) LRFD는 강도한계상태와 사용성한계상태를 고려하는 설계법
      (2) 구조물에 발생 가능한 모든 한계상태 관련 파괴모드의 확인
      (3) 각 한계상태에 적정한 안전수준의 결정
      (4) 지배적이고 주요한 한계상태를 고려한 구조단면의 설계단계를 거침.

Ⅶ 교량의 내진설계

1. 기본원칙
   1) 인명피해를 최소화
   2) 지진 시 교량 부재의 부분적인 피해는 허용하나 전체적인 붕괴나 낙교 방지
   3) 지진 시 가능한 교량의 기본기능은 발휘할 수 있어야 함.

2. 내진 해석방법
   1) 등가정적 해석법 : 지진력을 정적하중으로 환산하여 적용하는 해석법
   2) 스펙트럼 해석법 : 단일모드 스펙트럼 해석법, 다중모드 스펙트럼 해석법
   3) 시간이력 해석법 : 지역의 지반운동을 외력으로 직접 적용하는 해석법

3. 내진설계 적용방안
   1) 내진설계
      (1) 정의 : 교량 자체를 지진력에 견디도록 하는 설계방법
      (2) 장치 : 포트받침, 롤러받침, 디스크받침, 충격전달장치(STU)
   2) 면진설계
      (1) 정의 : 면진장치를 이용하여 지진에너지를 소산시켜 지진력이 교량에 약하게 전달
              될 수 있도록 하는 설계방법
      (2) 장치 : 고무받침, 고감쇠 고무받침, 납탄성받침, 마찰포트받침, 점성댐퍼, 강재댐
              퍼 등

Ⅷ 맺음말

1. 교량설계는 현 단계에서 가장 적합한 재료를 선정하고 사회적·환경적 조건에 알맞게 구조
   요소들을 배치하여 각 요소단면의 치수를 공학적·경제적으로 결정한다.
2. 교량설계 시에는 시공성, 안정성, 경제성, 환경과의 조화 및 유지관리 등을 고려하여 기능
   이 최대한 발휘될 수 있도록 설계하여야 한다.

1. DB하중과 DL하중의 정의
   1) DB하중 : 3축트럭 1대 하중
   2) DL하중 : 차선하중(집중+분포하중)

2. DB하중과 DL하중의 차이점

구 분	DB하중	DL하중
개념	3축트럭 1대	자동차 군분포
적용하중	총중량	집중+분포하중
대상	바닥틀판	주형

3. 교량등급 분류 및 DB하중 특성

등 급	하중등급	총중량 $1.8W$[t]	적 용
1등교	DB-24	43.2	• 고속도로 및 자동차 전용도로상의 교량 • 교통량이 많고 중차량 통과가 불가피한 교량 • 장대교량 등
2등교	DB-18	32.4	• 일반국도, 특별시도와 지방상의 교통량이 적은 교량 • 시도 및 군도 중에서 중요한 도로상에 가설하는 교량
3등교	DB-13.5	24.3	• 산간벽지에 있는 지방도 및 시도, 군도 중 교통량이 적은 곳에 가설하는 교량

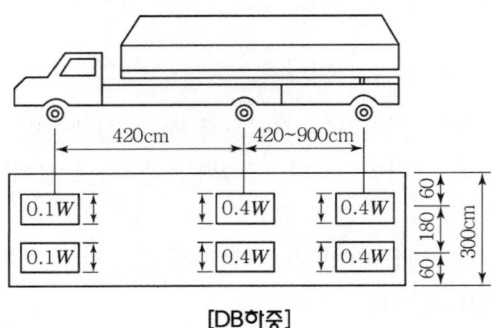

[DB하중]

Section 23 교량의 구성 및 종류별 품질관리방안

문제 분석	문제 성격	기본 이해	중요도	■■■□□□□
	중요 Item	교량의 구성, 종류별 특징, 품질관리방안		

I 개 요

1. 교량의 구조는 상부구조, 하부구조, 교량 부속물 등으로 구성되며, 교량 연장, 지간 분할, 지지기반 등에 의하여 선정된다.
2. 각 구성별로 적정한 구성요소를 선정하여 자재 선정 및 시공 시 적절한 품질관리를 시행하여야 한다.

II 교량의 구성

1. 상부구조 : 교량을 통과하는 차량과 열차 등을 직접 지지하는 교량의 주체
2. 하부구조 : 상부구조를 지지하는 교대와 교량의 총칭
3. 교량 부속물 : 교량받침, 신축이음장치, 낙교방지장치, 교면배수장치 등

III 교량의 상부구조

1. 구성요소
   1) 포장
   2) 바닥판
   3) 바닥틀
   4) 주형

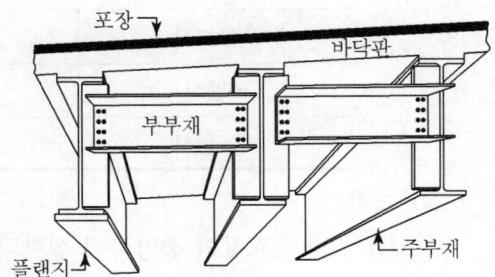

[교량 상부구조의 구성]

2. 구성요소별 기능
   1) 포장
      (1) 목적 : 교량 바닥판 보호
      (2) 교면포장
         ① 요구성능 : 장기간 방수에 대한 신뢰성 확보
         ② 두께 : 아스팔트 포장의 경우 8cm 확보
   2) 바닥판 및 바닥틀
      (1) 목적 : 자중 및 활하중 지지, 하중을 주형으로 전달
      (2) 역할 : 주형과 주형 사이에 위치하여 바닥판에서 전달된 하중 분배

3) 주형
  (1) 목적 : 바닥판이나 부부재에 의해 전달된 하중을 교축방향으로 전달
  (2) 요구성능 : 교축 방향 휨에 대한 충분한 내력 확보

Ⅳ 교량의 하부구조

1. 구성요소

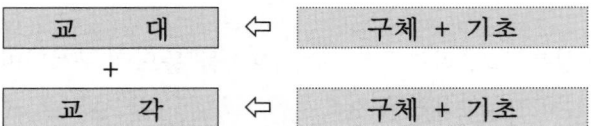

2. 구성요소별 기능
  1) 교대
    (1) 역할 : 상부구조로부터 하중을 기초로 전달, 배면토압 지지
    (2) 종류 : 중력식, 반중력식, 역T형식, 뒷부벽식, 라멘식 등

교대형식	높이(m)		
	10	20	30
중력식	4		
반중력식	6		
역T형식	6 12		
뒷부벽식	10 20		
라멘식	10 15		
박스형식	12 20		

  2) 교각
    (1) 역할 : 교량의 중앙부에 설치되어 주로 상부구조의 수직하중을 기초지반으로 전달
    (2) 종류

구 분	T형	문 형	역A형(V형)
형태			
특징	• 가장 일반적 • 시공성, 경제성 우수 • 풍력, 지진력 불리	• 주형이 많은 교량 적용 • 풍력, 지진력 우수 • 하부 미관 불리	• 안정감 우수 • 풍력, 지진력 우수 • 시공상 불량

교량 부속물의 종류 및 특징

1. 교량받침
   1) 정의 : 교량의 상부하중을 하부구조로 전달하고 처짐, 온도변화 등에 의한 회전과 변위
      를 흡수하는 교량 부속장치
   2) 기능
      (1) 받침기능 : 상부하중 전달
      (2) 굴림기능 : 상하 회전
      (3) 미끄러짐기능 : 교축 또는 교축 직각
                      방향으로 이동

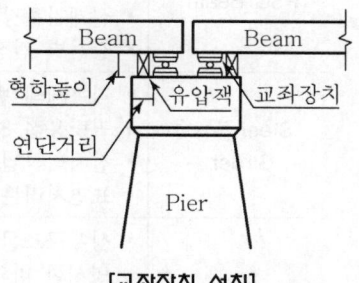

[교좌장치 설치]

   3) 종류
      (1) 형식 : 고정, 가동형
      (2) 재료 : 강재, 고무, 납면진
   4) 교량받침 이동량

   $$총이동량 = 계산\ 이동량 + 여유량$$

2. 신축이음장치
   1) 정의 : 교량의 온도변화 크리프 및 건조수축하중에 의한 변형에 대하여 주행성에 지장이
      없도록 설치한 장치
   2) 신축이음장치 형식별 차이점

형 식	고무형식		강재형식	
종류	T.F (트랜스 플랙스)	모노셀	레일식 (스트립씰)	레일식 강핑거
규격(m/m)	–	60 이하	100 이하	100 초과
특징	• 연약지반 • 유지보수용	• 수밀성 우수 • 내구성 우수	• 수밀성 우수 • 내구성 우수	• 내구성 우수 • 강핑거식 : 소음 적음

   3) 신축이음의 신축량 산정방법

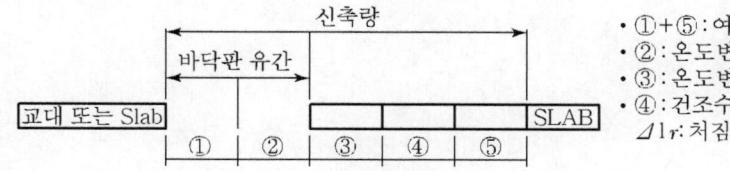

   • ①+⑤ : 여유량
   • ② : 온도변화 신장량
   • ③ : 온도변화 수축량
   • ④ : 건조수축+Creep($\Delta ls + \Delta lc$)
     Δlr : 처짐에 의한 이동량

   Δl(신축량)$= \Delta lt + \Delta ls + \Delta lc + \Delta lr +$ 여유량

Ⅵ 교량 상부공형식에 따른 중점 품질관리사항

구 분	중점 품질관리사항
PSC Beam	• PSC 빔 제작 시 지반지지력 확보로 부등침하 방지 • PS 강재, 정착장치, 철근 배근상태 검사 • 설계기준강도 80% 이상 도달 시 강선인장 실시 • 강선별 긴장순서에 의한 긴장(142~156tf 긴장)
Steel Box Girder	• 피복제의 변질 및 건조상태 확인 • 필릿용접 8mm 이상, 변의 길이 4mm 이상 • 전처리작업으로 용접잔재 및 기타 이물질 완전 제거 • 표면처리는 가조립검사 완료 후 해체하여 재용접검사 후 실시
지중강판 라멘교	• 상부구조물의 유해한 영향을 최소로 하기 위하여 콘크리트 타설순서를 도면에 명시한 바와 같이 정확하게 시공 • 동바리를 설치하는 지반의 침하를 억제하기 위하여 기초면의 지지력을 확보할 수 있는 시설과 조치가 필요하므로 현장에 적합한 방식으로 동바리 기초지반의 변형 방지

Ⅶ 맺음말

교량의 구성은 상부공, 하부공, 부속시설물 등으로 구분되며, 교량 시공 각 단계별로 적절한 자재관리 및 시공품질관리를 통하여 내구적인 교량을 건설하여야 한다.

Section 24 상부구조형식에 따른 교량의 분류 및 특징

문제 분석	문제 성격	기본 응용	중요도	■■■■□□
	중요 Item	상부구조형식 결정기준, 교량의 분류, 품질관리방안		

I 개 요

1. 교량의 상부구조형식에 따른 분류는 슬래브, 라멘교, 트러스교, 거더교, 아치교, 사장교, 현수교 등으로 구분된다.
2. 상부구조형식별 특징을 고려한 적정한 재료관리 및 시공관리, 품질관리를 실시하여야 한다.

II 교량의 분류와 상부구조형식 결정기준

1. 교량의 분류

분 류	교량의 종류
상부구조형식	슬래브교, 라멘교, 트러스교, 거더교, 아치교, 사장교, 현수교
사용목적	도로교, 철도교, 수로교, 보도교, 관로교, 운하교
중심선에 대한 각도	직교, 사교, 곡선교
노면의 위치	상로교, 중로교, 하로교
내용연수	영구교, 가설교, 응급교
설계하중	1등급, 2등급, 3등급
가동 여부	선개교, 승개교, 도개교
거더와 바닥판의 연결	합성교, 비합성교
사용재료	콘크리트교, 강교, 석교, 케이블교, 목교

2. 상부구조형식 결정기준

단순교	연속교
• RC 구조 원칙 • 경간 $L \leq 30$: PC Girder • $30 < L < 60$: 합성 Girder • $60 < L$: Truss or Arch	• $H' =$ 교각(교대)높이$+\dfrac{1}{3}\times$기초높이일 경우 경간 $L = (1-1.5)H'$ • $H' \leq 15$ & $L \geq 20$: PC Girder • $H' > 15$: 강 Girder • $L > 80$: Truss

Ⅲ 교량재료 및 교량형식에 따른 분류

재 료	교량형식	적정 지간(m)	형고/지간비
RC	슬래브	10 ~ 15	1/15~1/20
	중공 슬래브	15 ~ 25	1/20~1/25
	T형	15 ~ 25	1/20~1/25
	라멘	10 ~ 15	1/10~1/20
PSC	슬래브	20 ~ 25	1/20
	중공 슬래브	25 ~ 30	1/10
	T형	25 ~ 30	1/20
	빔	25 ~ 40	1/15
	박스		
	• FSM	30 ~ 50	1/15~1/20
	• ILM	40 ~ 50	1/15~1/20
	• MSS	40 ~ 70	1/15~1/20
	• FCM	80 ~ 150	1/17~1/40
STEEL	플레이트	30 ~ 40	1/20
	박스	40 ~ 70	1/20
	강상판	70 ~ 150	1/25~1/40
	트러스	100 ~ 600	1/10
	아치	90 ~ 150	5~7(sag/L)

Ⅳ 상부구조형식에 따른 교량의 분류 및 특징

1. 슬래브교(slab교)

   1) 철근콘크리트 슬래브교

      (1) 적용 : 단순경간의 경우 15m 이하에 적용

      (2) 특징

         ① 보 높이를 줄일 수 있어 형고의 제약을 받는 곳에서 유리

         ② 시공이 비교적 용이하고 확실하며, 품질관리가 쉬움.

   2) 중공 슬래브교

      (1) 적용 : 자중을 줄일 수 있어 단순경간일 경우 10 ~ 20m에 적용

      (2) 유의사항 : 중공관 주위에 대한 집중적인 품질관리가 필요

   3) T형교

      (1) 적용 : 자중이 슬래브교보다 적어 15~40m에 적용

      (2) 유의사항 : 보의 병렬연결로 상호 처짐의 차이로 인해 평탄성 저하 우려

2. 라멘교

   1) 정의 : 상부구조와 하부구조를 강결하여 전체 구조의 강성을 높인 교량

   2) 적용 : 10 ~ 30m 이하에 적용

   3) 유의사항 : 기초지반 부등침하 시 응력변화에 의한 균열, 파괴 우려

3. 거더교

1) 정의 : 교량의 상부구조물인 슬래브의 하중을 지탱하는 구조물로 주행의 구성에 의해
분류되며 빔(beam), 플레이트(plate) 등으로 구분됨.

2) 거더의 지지형식

구 분	단순교	연속교	겔버교
구조형식	정정	부정정	정정
지반조건	보통	양호	불량
장점	부등침하에 유리	높이가 낮아서 경제적	부등침하의 영향 적음
단점	신축이음 필요	부등침하에 취약	힌지 부분이 취약
적용경간(m)	15 ~ 30	40 ~ 70	30 ~ 60

3) 거더형태

(1) I형 거더교

① 적용 : 교고가 비교적 높고 20~40m 적용

② 종류 : PSC I형교, 강판형교 등

③ 단점 : 다른 형식에 비해 거더의 형고가 높음.

(2) BOX형 거더교

① 적용 : 거더교에 비해 긴 경간에 적용(50m 이상)

② 종류 : PSC 박스(상자)형교, 강상자형교 등

③ 단점 : 거푸집이 복잡해서 현장 품이 많이 발생

(3) 기타

① 두 가지 이상의 재료를 이용하거나 거더의 형상을 특화시킨 형식

② 종류 : 프리플렉스 빔교, T형 빔교, U형 빔교 등

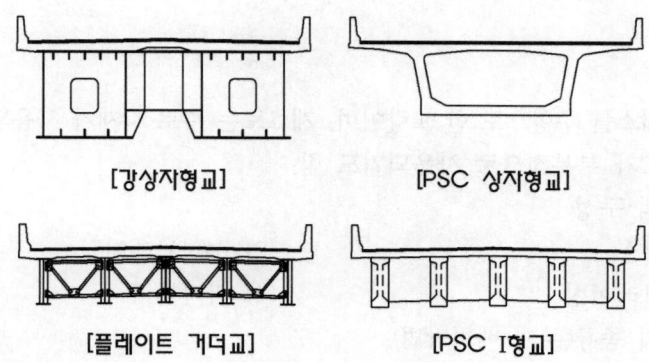

[강상자형교]　　　　[PSC 상자형교]

[플레이트 거더교]　　　　[PSC I형교]

4. 아치교

1) 정의 : 주형에 곡률을 준 다음 철부(凸部)를 상향으로 하여 연직하중이 작용할 때 지점에
연직 및 수평반력이 발생하도록 한 교량형식

2) 분류
  (1) 구조계(힌지 수)에 의한 분류
    ① 고정 아치교(3차 부정정) : 지점을 힌지로 처리하기 곤란한 콘크리트교에 주로
       사용
    ② 1힌지 아치교(2차 부정정)
    ③ 2힌지 아치교(1차 부정정) : 가장 폭넓게 사용되는 형식으로 미관 및 경제성이 우수
       하나 지반상태가 좋은 곳에서 적용(지간 180 ~ 270m)
    ④ 3힌지 아치교(정정) : 2힌지 아치의 크라운에 힌지를 추가한 것으로 정정구조인
       아치교량

  (2) 형식별 분류
    ① 타이드 아치교 : 지점상의 횡변위를 타이드 바가 잡아주는 구조형식
    ② 랭거 아치교 : 아치부가 축력만을 받도록 설계되는 형식(동작대교)
    ③ 로제 아치교 : 아치부가 축력과 휨에 저항하도록 설계하는 방식
    ④ 닐센 아치교 : 아치부의 행거가 케이블로 이루어져 있으며, 약간 경사지게 배치
       되는 형식(서강대교)

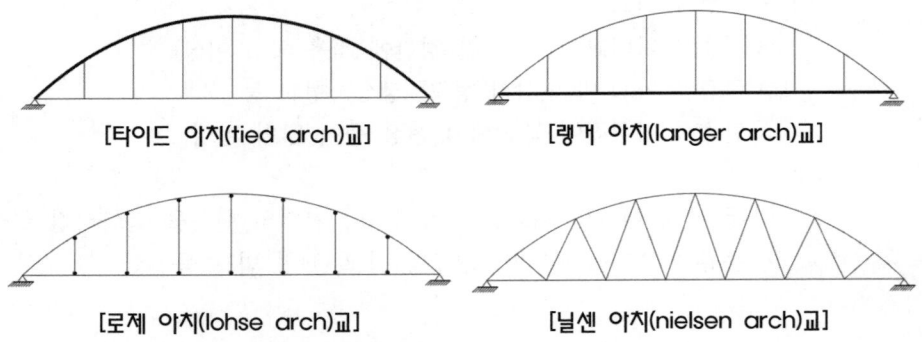

[타이드 아치(tied arch)교]   [랭거 아치(langer arch)교]

[로제 아치(lohse arch)교]   [닐센 아치(nielsen arch)교]

5. 트러스교
  1) 정의 : 트러스를 주형으로 한 교량이며, 재료로는 주로 강재가 사용되나 철근콘크리트나
     PSC가 부분적으로 사용되기도 함.
  2) 트러스교의 구성
    (1) 주트러스   (2) 수평브레이싱
    (3) 수직브레이싱   (4) 바닥틀
  3) 트러스교의 종류(부재 배치방법)
    (1) 프랫 트러스(Pratt truss)
      ① 정의 : 사재가 만재하중에 의하여 인장력을 받도록 배치한 트러스
      ② 적용 : 지간 50m 내외에서 적용

(2) 하우 트러스(Howe truss)

사재가 만재하중에 의하여 압축력을 받도록 배치한 트러스

(3) 워렌 트러스(Warren truss)

① 정의 : 상로의 단지간에 사용

② 적용 : 지간 60m 내외에서 적용

(4) K트러스(K-truss)

① 사용 : 외관이 좋지 않으므로 수평브레이싱에 주로 사용

② 적용 : 지간 90m 이상에 적용

③ 특징 : 부재에 발생하는 2차 응력이 작음

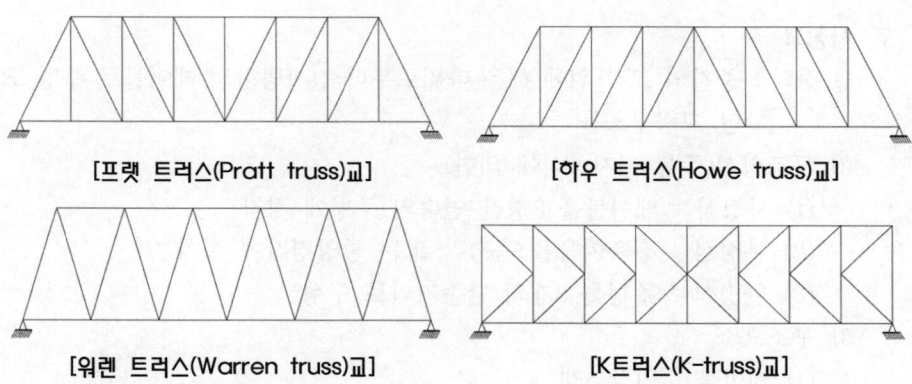

[프랫 트러스(Pratt truss)교]　　　　[하우 트러스(Howe truss)교]

[워렌 트러스(Warren truss)교]　　　　[K트러스(K-truss)교]

4) 트러스의 2차 응력과 교번응력

(1) 트러스의 2차 응력

① 원인 : 부재의 중심에 대해 축방향력이 편심력, 횡연결재의 변형에 영향

② 대책 : 부재의 세장비 또는 높이, 길이의 비 h/L 조정(시방서 규정사항 : h/L < 1/10)

(2) 교번응력

① 정의 : 한 부재의 전 부재력이 인장력도 될 수 있고, 압축력도 되는 현상을 응력교체(應力交替)라 하고, 이때의 응력을 교번응력이라 함.

② 대책

• 설계 : 좌굴강도 검토, 상반응력 부재 적용 시행

• 시공 : 응력교체가 일어나는 구간에 추가 사재 설치

6. 합성형교

1) 정의 : 바닥판과 거더가 강결로 연결되어 두 부재가 일체 구조로 설계되어 외부하중에 대해 합성적으로 거동하는 교량

2) 합성형교의 유형

(1) 활하중 합성형(반합성형)

(2) 사하중 및 활하중 합성형(전 합성형)

(3) 프리스트레스 연속합성형

(4) 프리플렉스 합성형

3) 합성형교의 비교

구 분	활하중 합성교	사하중＋활하중 합성교
형태	반단면	전 합성
동바리(지주)	사용치 않음	사용
타설 시 지지	지점	전체

4) 전단 연결재 : 합성형교에서 강거더와 콘크리트 슬래브를 연결하는 부재로 전단력에 대한 내하력을 가진 부재

7. 사장교

1) 정의 : 중간의 교각 위에 세운 타워로부터 경사방향의 케이블로 주형 또는 트러스를 매단 교량구조물

2) 구조형식(주형 지지방식에 의한)

(1) 자정식 : 케이블을 3경간 연속의 주형에 정착

(2) 부정식 : 신축이음을 측경간 또는 중앙경간에 설치

(3) 완정식 : 주형을 3개의 단순거더로 구성

3) 구조요소

(1) 케이블 : 인장부재

① 종방향 : 방사형, 하프형, 부채형, 스타형

② 횡방향 : 1면배치, 2면배치, 다면배치

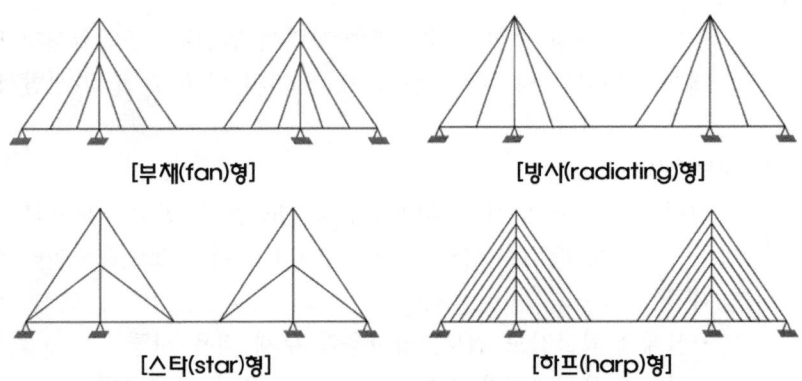

[부채(fan)형]   [방사(radiating)형]

[스타(star)형]   [하프(harp)형]

(2) 주형(deck)

(3) 주탑 : 압축부재

① 역할 : 케이블 지지＋장력연직성분 지탱

② 높이

• 방사형 : $(0.15 \sim 0.20) \times$ 중앙경간

• 하프형 : $(0.20 \sim 0.25) \times$ 중앙경간

8. 현수교
   1) 정의 : 교량이 설치된 양단의 앵커리지와 주탑 사이에 케이블을 걸쳐 그것에서 행거에
      의해 보강형 또는 보강트러스를 달아내려 상판을 설치하는 교량구조물
   2) 구조형식
      (1) 자정식(self-anchored type) : 측경간의 보강형 단부에 앵커장치를 설치하여 주케
         이블을 정착하는 형식
      (2) 타정식(earth-anchored type) : 별도의 앵커블록을 설치하여 주케이블을 정착하
         는 형식
   3) 구조요소
      (1) 케이블
      (2) 주탑
      (3) suspended structure
      (4) 앵커리지시스템
   4) 현수교 케이블 가설공법
      (1) AS 공법 : 홀링시스템에 스피닝휠을 부착하고, 여기에 소선을 걸고 홀링시스템을
         구동하여 가선하는 것을 반복하여 소정의 와이어를 가설하는 공법
      (2) PWS 공법 : 공장에서 수십 개의 소선을 묶어 양단에 소켓을 단 것을 릴에 감아 현장
         에 반입하여 전개 및 가설하는 공법

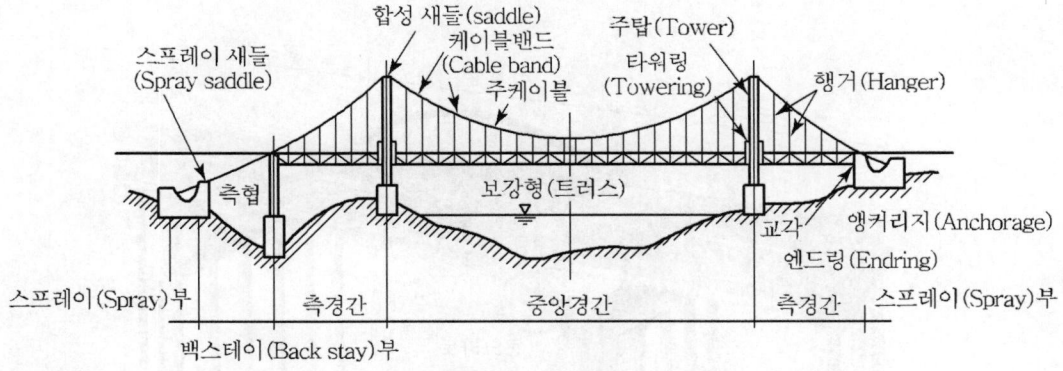

[타정식 현수교의 구성]

9. 기타 교량
   1) 엑스트라도즈(extradosed)교
      (1) 정의 : 부모멘트구간에서 PS 강재로 인해 단면에 도입되는 축력과 모멘트를 증가시
         키기 위해서 PS 강재의 편심량을 인위적으로 낮은 주탑의 정부에 외부긴장
         재의 형태로 증가시킨 교량
      (2) 구조적 특징
         ① 주탑 : 관통구조에 의한 새들 정착

② 주형 : 상부에 작용하는 대부분의 하중 분산

③ 케이블 : 수평에 가깝게 유지하는 것이 유리

(3) 종류

① 사판교 : 케이블을 사판에 넣음, 강성/피로 우수

② 사장외 케이블교 : 사재 케이블을 외부로 노출, 개방감 우수

2) 부체교

(1) 정의 : 자중, 활하중 등의 연직하중을 부체부에 작용하는 부력에 의해 지지하는 교량

(2) 종류 : 연속 폰툰형, 분리 폰툰형

(3) 특징

① 큰 수심에 대응이 가능하며 수심에 영향이 없음.

② 연약지반 및 지진의 영향이 적음.

③ 수위변동에 따라 노면고가 변화하고, 접속구조가 필요함.

3) 복합 트러스교

(1) 정의 : PSC 박스형교의 복부를 강재 트러스로 대체한 콘크리트와 강재의 복합구조 형태의 교량

(2) 특징 : 구조적 특징은 PSC 박스형교와 동일하나, 복부의 트러스 부재로 인하여 개방감이 우수함.

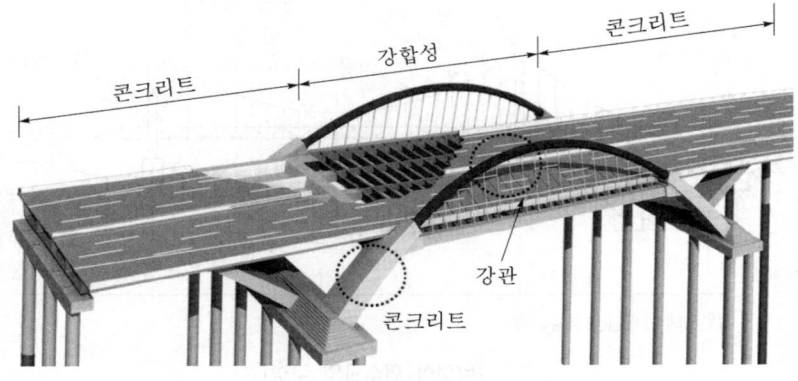

[복합 트러스교]

Ⅴ 맺음말

교량의 상부구조는 사용목적, 설계하중, 가동 여부, 사용재료, 노면의 위치 등에 따라 적정한 형식을 선정하여 설계 및 시공 시 품질관리를 하여야 한다.

Section 25   연속 합성형교 지점부 부모멘트 처리방법

문제 분석	문제 성격	기본 응용	중요도	■■■■□
	중요 Item	합성형교의 종류, 전단 연결재, 품질관리방안		

Ⅰ 개 요

1. 합성형이라는 것은 강형과 철근콘크리트 바닥판이 일체로 거동하도록 강형의 플랜지와 철근콘크리트 바닥판을 전단연결재로 합성시킨 거더를 의미한다.

2. 합성형은 강재와 콘크리트의 서로 다른 재료의 강점을 최대로 이용할 수 있도록 합성하였으며, 비합성형에 비해 강성이 높고 강형의 중량을 줄일 수 있어 경제적이기 때문에 널리 사용된다.

Ⅱ 합성형교의 종류 및 특징

1. 활하중 합성형(반합성형)

   강형을 지점에서만 지지한 상태로 바닥판 콘크리트를 타설하는 방법으로, 사하중에 대해서는 강형만이 지지하며, 바닥판 경화 후 추가되는 사하중 및 활하중에 대해서는 합성형으로 작용

2. 사하중 및 활하중 합성형(전합성형)

   바닥판 콘크리트가 경화하여 강형과 합성작용을 할 때까지 강형을 지보공으로 지지하여 거더에 변형이 발생하지 않도록 제작하는 합성형

3. 프리스트레스 연속합성형

   연속보의 중간 지점에 발생하는 부모멘트에 의한 콘크리트 바닥판의 균열을 방지하기 위해 지점부 바닥판에 미리 압축력을 도입시키는 합성형

4. 프리플렉스 합성형

   하부플랜지를 구성하는 콘크리트 부분에 작용하중에 의한 인장응력이 발생하지 않도록 제작 시 프리플랙션기법에 의해 압축응력을 도입한 프리플랙스형과 현장타설 콘크리트 바닥판을 서로 합성시킨 합성형

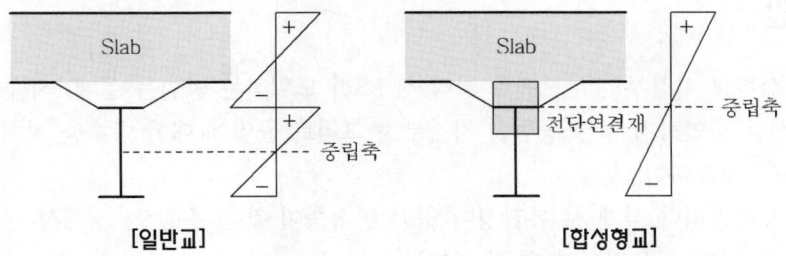

[일반교]　　　　[합성형교]

Ⅲ 합성형교의 장단점

1. 장점
   1) 콘크리트 슬래브의 거의 전부를 압축상태로 이용할 수 있음.
   2) 비합성에 비해 강도가 훨씬 크며, 처짐은 작음.
   3) 초과하중을 받을 수 있는 능력이 큼.
   4) 형고가 낮아 경쾌하고 수려한 구조로 제작 가능
2. 단점
   1) 전단 연결재의 설치 및 가설에 비용 발생
   2) 설계 시 합성단면 취급이 어려움.
   3) 세밀한 시공관리와 품질관리 필요

Ⅳ 연속 합성형교 지점부의 부모멘트 처리방법

1. PS를 도입하는 방법
   1) 사전하중을 재하는 방법
      지점에 인장력을 유발하기 위해 하중을 미리 재하한 후 콘크리트를 타설하고 콘크리트가 경화한 후 하중을 제거하여 PS를 도입하는 방법
   2) 지점의 상승, 하강방법
      지점을 상승시켜 콘크리트를 타설한 후 지점을 하강시켜 콘크리트에 PS를 도입하는 방법
   3) PS 강선·강봉을 이용하는 방법
      지점 부근의 콘크리트에 직접 PS를 가하는 방법

2. PS를 도입하지 않는 방법
   1) 연속 합성형
      전단 연결재를 전 길이에 걸쳐 배치하고, 인장력을 받는 바닥판에서 콘크리트 단면을 무시하고 교축 방향 철근과 주형의 합성단면으로 설계하는 방법
   2) 단속 합성형
   3) 탄성 합성형

Ⅴ 맺음말

1. 연속 합성형교 지점부의 부모멘트 처리 시 PS를 도입하는 방법은 설계, 시공상의 어려움이 있고, PS를 도입하지 않는 방법은 지점부 콘크리트 균열에 대한 방수층 설치, 전단 연결재 설치 등이 필요하다.
2. 그러나 응력관리나 설계 시 복잡성이 없고 연속형이 갖는 주행성, 경제성, 시공성 등의 장점을 갖춰 보다 실용적이라 할 수 있다.

Section 26 **교량 콘크리트 타설순서**

문제 분석	문제 성격	기본 이해	중요도	■■■■■■
	중요 Item	경간 연속교 치기 시 타설순서, 거더교 타설순서, 시공이음처리		

Ⅰ 개 요

1. 교량 콘크리트 타설 시에는 교량구조물의 형식에 따라 적정한 시공계획 및 품질관리계획을 수립하고 타설원칙을 준수하여야 한다.
2. 콘크리트 교량의 균열 및 처짐을 방지하기 위하여 종방향, 횡방향, 보, 슬래브 등의 타설순서를 정하여 타설 및 품질관리를 하여야 한다.

Ⅱ 교량 콘크리트 타설원칙

1. 중앙부 동바리 처짐이 가장 많은 곳을 먼저 타설
2. 균열을 방지하기 위해 지점부를 최종 타설
3. (+)모멘트 부분을 먼저 타설하고, (−)모멘트 부분을 나중에 타설

Ⅲ 교량 콘크리트 타설순서 및 타설 시 유의사항

1. 타설순서
   1) 종방향
      (1) 최대 변위가 발생하는 경간을 먼저 타설
      (2) BMD (+), (−)모멘트 교차지점에 시공이음 설치

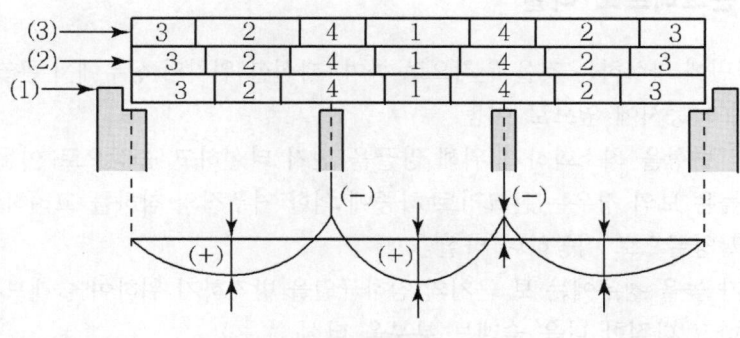

[종방향 타설순서]

2) 횡방향

    (1) 교량 중심선을 기준으로 하여 좌우대칭으로 타설

    (2) 횡단구배가 있을 경우 낮은 쪽에서 높은 쪽으로 타설

    (3) T형교는 보 부분을 먼저 타설한 후 중앙에서 대칭이 되도록 타설

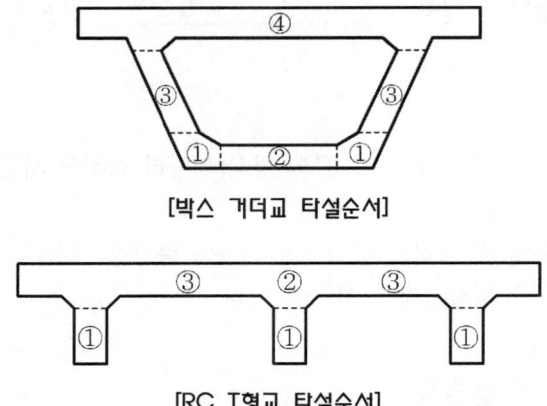

[박스 거더교 타설순서]

[RC T형교 타설순서]

2. 타설 시 유의사항

  1) 차후 캠버(camber)에 의한 솟음이 회복되도록 처짐이 가장 큰 곳을 우선적으로 타설

  2) 지점부 타설로 발생될 (+)모멘트에 대비할 콘크리트 강도가 충분히 발현된 후 지점부 타설

  3) 좌우대칭 시공으로 불균형에 의한 2차 응력 발생요인을 줄임.

  4) 건조수축, 동바리 침하 등에 의한 균열 발생 최소화를 위하여 지점부를 최종적으로 마감 처리

  5) 데크피니셔(deck finisher)를 이용하여 타설 시에는 진행 방향으로 타설

  6) 부득이하게 시공이음을 둘 경우에는 전단력이 작은 곳에 시공이음부를 둘 것

Ⅳ 교량 콘크리트보 타설

1. 보는 한 번에 타설하는 것을 원칙으로 하며, 타설할 위치의 상부에서 콘크리트를 부어넣고 다짐작업과 동시에 옆으로 이동

2. 거푸집의 변형을 최소화하기 위해 양끝을 먼저 타설하고 중앙으로 이동

3. 높이가 높은 보의 경우는 콘크리트 하중에 의한 거푸집의 침하를 고려하여 중앙부를 먼저 타설하고 양끝으로 이동하며 타설

4. 보 높이가 높을 경우에는 보 근처의 침하균열을 방지하기 위하여 슬래브 하단부까지를 먼저 타설하고 다짐한 다음 슬래브 부분을 타설

5. SRC조의 보는 철골 하단부에 공극이 생기기 쉬우므로 한쪽에서 타설해 나가며, 다짐작업으로 반대쪽에 밀실해졌는지 확인

Ⅴ 교량 콘크리트 슬래브 타설 시 유의사항

1. 타설 직전의 슬래브 배근은 콘크리트 펌프의 호스에 의해 이탈되는 경우가 많으므로 철근의 결속, 간격재(space)를 사전 점검
2. 슬래브 콘크리트는 타설된 콘크리트가 손상되지 않도록 먼 쪽에서부터 타설
3. 슬래브 콘크리트는 보의 콘크리트 타설 후 계속해서 타설
4. 기둥 · 벽의 타설 시 슬래브 거푸집에 떨어져 굳어 있는 콘크리트를 제거한 후 타설
5. 기둥 · 보 부분에는 콘크리트의 침하에 의한 침하균열이 발생하기 쉬우므로 미장공에 의한 슬래브 마감 시에 나무흙손으로 탬핑 시행

Ⅵ 교량 콘크리트 타설 시 시공이음부 처리방안

1. 수평 시공이음
   1) 구조물 강도가 영향이 적은 곳에 설치하고 필요시 지수판 설치
   2) 압축력을 받는 방향과 직각으로 설치
   3) 이음면은 워터제트로 청소하거나 치핑

2. 수직 시공이음
   1) 콜드조인트(cold joint)로 인한 불연속층이 생기지 않도록 함.
   2) 방수를 요하는 곳은 지수판 설치
   3) 수화열, 외기온도에 의한 온도응력, 건조수축을 고려하여 위치 결정
   4) 가능한 한 시공이음을 내지 않도록 함.

Ⅶ 맺음말

교량 콘크리트 타설 시에는 타설원칙을 준수하고, 최대 변위가 발생하는 부분부터 종방향 콘크리트를 타설하고, 횡방향은 교량 중심선을 기준으로 좌우대칭으로 시공하여 균열 및 처짐 방지를 하여야 한다.

강교 제작 및 가설공법

문제 분석	문제 성격	기본 이해	중요도	■■■□□□
	중요 Item	강교 가조립, 제작 및 가설순서, 연결부 품질관리		

I 개 요

1. 강교는 가공제작의 용이성, 강재의 고인장강도에 의해 장대교량에 많이 사용되고 있는 교량형식이다.
2. 강교량의 가설공법 선정 시에는 가설지점의 지형, 현장의 조건, 교량의 형식, 공기, 안전성 등을 고려하여 최적공법을 선택해야 한다.

II 강교의 제작순서 및 단계별 품질관리

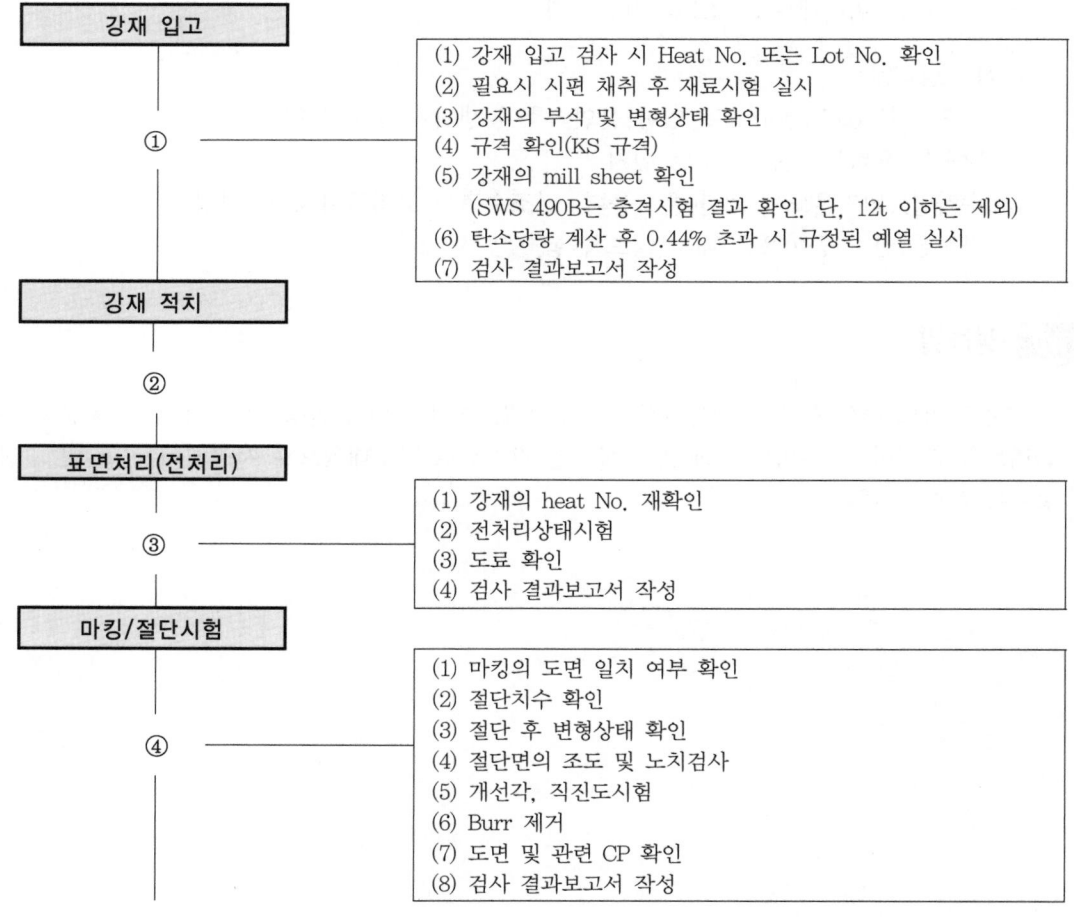

```
강재 입고
   │
   ①
   │        (1) 강재 입고 검사 시 Heat No. 또는 Lot No. 확인
   │        (2) 필요시 시편 채취 후 재료시험 실시
   │        (3) 강재의 부식 및 변형상태 확인
   │        (4) 규격 확인(KS 규격)
   │        (5) 강재의 mill sheet 확인
   │            (SWS 490B는 충격시험 결과 확인. 단, 12t 이하는 제외)
   │        (6) 탄소당량 계산 후 0.44% 초과 시 규정된 예열 실시
   │        (7) 검사 결과보고서 작성
강재 적치
   │
   ②
   │
표면처리(전처리)
   │
   ③        (1) 강재의 heat No. 재확인
   │        (2) 전처리상태시험
   │        (3) 도료 확인
   │        (4) 검사 결과보고서 작성
마킹/절단시험
   │
   ④        (1) 마킹의 도면 일치 여부 확인
   │        (2) 절단치수 확인
   │        (3) 절단 후 변형상태 확인
   │        (4) 절단면의 조도 및 노치검사
   │        (5) 개선각, 직진도시험
   │        (6) Burr 제거
   │        (7) 도면 및 관련 CP 확인
   │        (8) 검사 결과보고서 작성
```

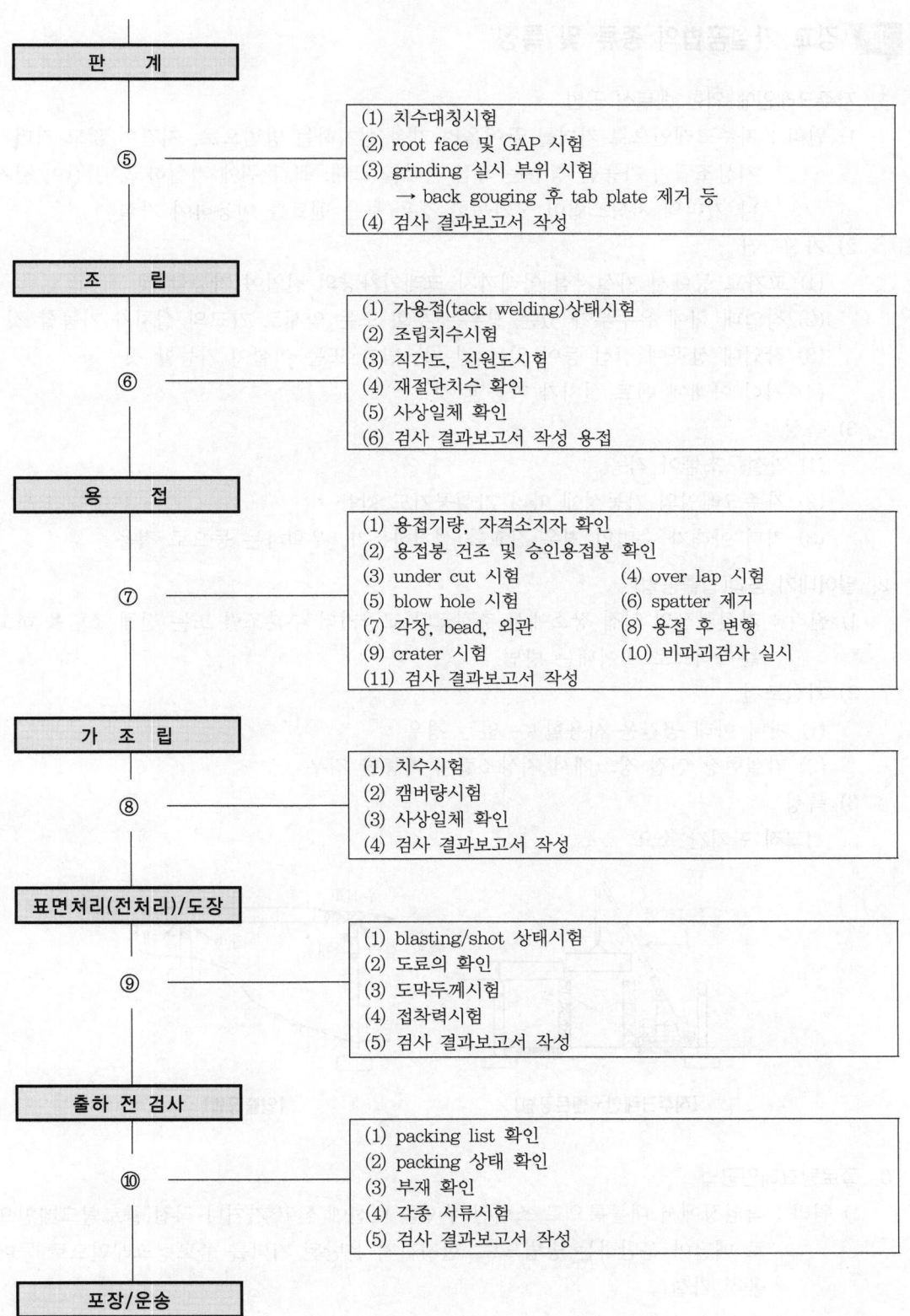

판　계

⑤
(1) 치수대칭시험
(2) root face 및 GAP 시험
(3) grinding 실시 부위 시험
　　→ back gouging 後 tab plate 제거 등
(4) 검사 결과보고서 작성

조　립

⑥
(1) 가용접(tack welding)상태시험
(2) 조립치수시험
(3) 직각도, 진원도시험
(4) 재절단치수 확인
(5) 사상일체 확인
(6) 검사 결과보고서 작성 용접

용　접

⑦
(1) 용접기량, 자격소지자 확인
(2) 용접봉 건조 및 승인용접봉 확인
(3) under cut 시험　　　(4) over lap 시험
(5) blow hole 시험　　　(6) spatter 제거
(7) 각장, bead, 외관　　　(8) 용접 후 변형
(9) crater 시험　　　(10) 비파괴검사 실시
(11) 검사 결과보고서 작성

가 조 립

⑧
(1) 치수시험
(2) 캠버량시험
(3) 사상일체 확인
(4) 검사 결과보고서 작성

표면처리(전처리)/도장

⑨
(1) blasting/shot 상태시험
(2) 도료의 확인
(3) 도막두께시험
(4) 접착력시험
(5) 검사 결과보고서 작성

출하 전 검사

⑩
(1) packing list 확인
(2) packing 상태 확인
(3) 부재 확인
(4) 각종 서류시험
(5) 검사 결과보고서 작성

포장/운송

Ⅲ 강교 가설공법의 종류 및 특징

1. 자주크레인에 의한 벤트식 공법

　　1) 원리 : 자주크레인으로 거더를 끌어올려 가설 설치하는 방법으로, 지간이 짧고 거더의
　　　　　　 지상조립이 가능한 경우는 직접 거더를 교대, 교각 위에 가설하고, 기간이 길거
　　　　　　 나 거더의 지상조립이 불가능한 경우 등은 벤트를 이용하여 가설

　　2) 가설조건

　　　　(1) 고가교 등에서 가설지점 아래까지 크레인차량의 진입이 가능할 것

　　　　(2) 작업대 내에 유수부가 있는 경우는 우회 또는 임시로 가교의 설치가 가능할 것

　　　　(3) 작업대 상공에 전선 등이 있는 경우는 방호 또는 이설이 가능할 것

　　　　(4) 거더 아래에 벤트 설치가 가능할 것

　　3) 특성

　　　　(1) 가설구조물이 적음.

　　　　(2) 자주크레인의 기동성에 따라 가설공기도 짧음.

　　　　(3) 거더 아래가 수면인 경우 잔교를 설치하든가, 우회하는 등으로 적용

2. 밀어내기 공법(압출공법)

　　1) 원리 : 가설현장의 인접 장소에서 추진코와 교량거더 부분조립 또는 전체 조립을 하고
　　　　　　 순차적으로 밀어내는 방법

　　2) 가설조건

　　　　(1) 거더 아래 공간을 사용할 수 없는 경우

　　　　(2) 가설현장 인접 장소에서 지상조립이 가능한 경우

　　3) 특성

　　　　비교적 단기간 소요

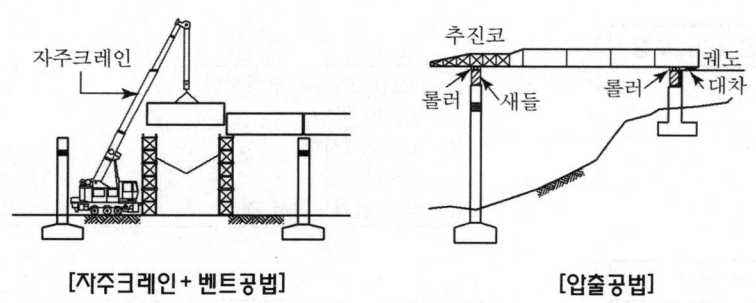

[자주크레인 + 벤트공법]　　　　　　　　　[압출공법]

3. 플로팅크레인공법

　　1) 원리 : 작업장에서 대블록으로 조립된 부재를 대선에 싣고 가거나 직접 플로팅크레인으
　　　　　　 로 매달아 운반하는 방법으로, 현지까지 운반된 거더를 플로팅크레인으로 들어
　　　　　　 올려 가설

2) 가설조건

    (1) 적당한 수심이 있고 흐름이 약한 지점

    (2) 플로팅크레인이 가설지점까지 진입이 가능할 것

3) 특성

    (1) 가설공기가 짧고 높은 장소에서의 작업이 적음.

    (2) 운반 및 가설 시 지지조건이 완성구조물과 다르기 때문에 가설응력, 처짐 등을 조사하여 보강하여야 함.

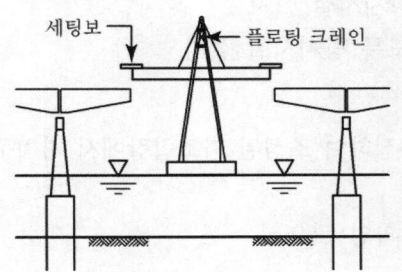 

[플로팅크레인공법 및 시공 전경]

Ⅳ 강교 가조립과 지조립

1. 원칙 : 1경간 이상, 제품은 무응력상태

2. 목적 : 치수검사, camber 조정, 거치 시 문제점 사전 파악

3. 가조립의 종류

    1) 정조립 : 현장에서 가설되는 것과 같은 상태로 가조립하는 공법

    2) 수평 가조립

    3) 도립조립 : 상판 또는 상면을 거꾸로 세운 상태로 가조립하는 공법

    4) 횡조립

4. 가조립순서

    가조립장 준비 → 가조립 지지대 설치 → 박스거더 배열 및 준비 → 크로스빔과 스트링거 조립 → 고장력 볼트 체결 및 스터드 볼트 시공 → 솔 플레이트 시공 및 검사

5. 가조립 시 유의사항

    1) 각 부재가 무응력상태가 되도록 지지대 설치

    2) 블록 고정과 정도 유지를 위해 가조립장 준비

    3) 길이 측정 시 스틸자를 사용하는 경우 측정거리에 따른 장력 측정

    4) 검사시기는 태양열에 의한 변형을 고려하여 일출/일몰 30분 전에 실시

    5) 현장 이음부/연결부는 볼트구멍 수의 30% 이상 볼트 및 드리프트 핀을 사용하여 견고하게 조임.

6. 강교 가설순서

   현장 지조립장 준비 → 현장조립 → 가설 → 도장 → 준공

7. 강교 가설공사 시 유의사항
   1) 크레인 제원사항 검토(규격 및 용량)
   2) 아웃트리거를 설치하는 장소의 지반을 점검하여 크레인 전도 및 지반침하에 대한 안정성 검토
   3) 크레인 붐이 고공케이블(전력)과 접촉되지 않도록 작업반경 검토
   4) 전도, 좌굴을 막기 위해 지점별 전도방지시설 설치
   5) 주거더가 풍하중에 의해 전도되지 않도록 방지시설 설치

8. 강교 지조립
   1) 목적 : 현장으로 운반 후 설치장소에 근접하여 조성된 지조립장에서 거치구간별로 조립하는 것
   2) 지조립장의 평탄성 및 지지력에 대한 확인 필요

Ⅴ 맺음말

1. 강교 제작 시에는 자재에 대한 선정시험, 관리시험을 시행하고, 각 단계별로 품질관리기준에 의한 검사를 거쳐 품질관리를 수행하여야 한다.
2. 강교 가설공사 선정 후 시공 시 사전에 시공 및 품질관리계획을 수립하여 제작공장과의 긴밀한 협의하에 균일한 품질과 적정한 시공속도를 유지할 수 있도록 관리하여야 한다.

Section 28 · PSC 교량 가설공법의 종류 및 특징

문제 분석	문제 성격	기본 응용	중요도	■■■■□
	중요 Item	선정기준, FCM, PSM, MSS, ILM, FSLM		

Ⅰ 개 요

1. PSC 교량은 고강도 콘크리트에 고강도 강선(PC 강선)을 삽입한 후 프리스트레싱하여 외력에 저항하도록 설계된 교량이다.
2. PSC 교량 가설공법에는 동바리 설치 유무 및 콘크리트 타설방법에 따라 현장 타설공법과 Precast 공법으로 분류할 수 있다.

Ⅱ 교량 가설공법 선정 시 고려사항

1. 유량이 많은 하천이나 형하고가 높은 교량 및 연약지반상의 교량상에서는 동바리가 없는 가설공법형식 필요
2. 형하고 20m 이상일 때 거더교에서는 크레인을 이용한 가설 곤란
3. 기초 시공 시 기존 도로나 하천의 손상이 없도록 조치 필요
4. 도로 선형에 적합한 교량형식 선정
   1) ILM : 종단곡선이 있을 때 시공 곤란
   2) MSS/FCM : 평면선형에서 상·하행선 간격을 1.0m 가량 분리
   3) PSC/PF빔교 : 평면곡선이 있을 때 빔 배치 곤란
   4) PF빔교 : 형하고가 부족한 곳에서 경간길이를 크게 할 때 유리
5. 현장여건에 맞는 적정한 경간길이가 되도록 가설공법 선정

Ⅲ PSC 교량 가설공법별 적정 경간길이

공 법 \ 경간길이(m)	20	40	60	80	100	140	160	180	200	220
동바리공법(FSM)		■	■							
캔틸레버공법(FCM)			■	■	■	■	■	■	■	■
프리캐스트세그먼트공법(PSM)			■	■	■					
이동식 비계공법(MSS)		■	■							
압출공법(ILM)		■	■							

Ⅳ PSC 교량 가설공법의 종류

동바리 설치 여부	콘크리트 타설방법	가설방법의 분류	
동바리 사용공법 (지보공법)	현장타설공법	• 전체 지지식 • 지주 지지식 • 거더 지지식	
동바리 미사용	현장타설공법	캔틸레버공법 (Cantilever)	• 이동식 작업차에 의한 가설 • 이동식 가설 트러스에 의한 가설
		이동식 비계공법 (MSS공법)	• 상부 이동식(hanger type) • 하부 이동식(support type)
		압출공법 (ILM공법)	• 집중압출공법 • 분산압출공법
		Precast Girder 공법 (PGM)	• 거더 설치기를 이용한 가설 • 기타 가설
	Precast 공법	Precast Prestressed Segmental Method (PSM)	• Span By Span Method • Balanced Cantilever Method • Progressive Placement Method

Ⅴ PSC 교량 가설공법의 특징

1. MSS(Movable Scaffolding System, 이동식 동바리공법)
    1) 원리 : 동바리 사용 없이 거푸집이 부착된 특수 이동식 지보인 비계보와 추진보를 이용하여 교각 위에서 이동하면서 교량 가설
    2) 분류
        (1) 하부이동식
            ① Mannesmann 방식
            ② Rechenstab 방식 : 특수 제작된 이동식 비계가 상부공의 하부에서 거푸집을 지지하는 형식으로 상부공을 축조하는 방식

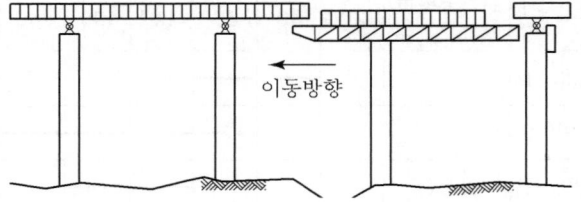

이동방향

        (2) 상부이동식(hanger type)

3) 특징

(1) 적용현장특성

① 하부조건 : 가설장비가 교각 위로 이동하므로 하부조건에 영향 없음.

② 급속성 : 한 경간 시공에 약 10일 정도 소요되므로 시공속도가 매우 빠름.

③ 경제성 : 다경간 교량 시공에 유리

(2) 거푸집을 이동하면서 한 지간씩 콘크리트 타설 및 프리스트레스 도입

(3) 보통 지간의 1/5지점에서 시공이음 설치(모멘트 최소)

(4) 1개 지간길이의 이동거푸집과 그 양측의 추진코 및 교각에 붙은 가설받침대 필요

(5) 이동식 거푸집이 대형이며, 단면변화 시에는 사용이 곤란함.

(6) 공용 중 과다한 긴장력이 상실되어 공용내하력이 설계하중 이하로 떨어진 경우 이를 보강하기 위해 추가긴장력을 도입하여야 함.

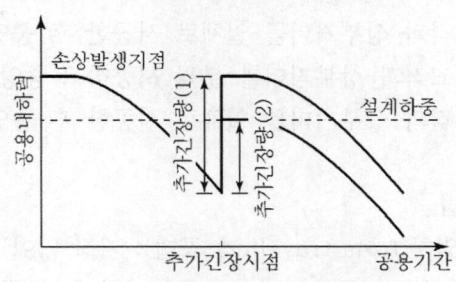

[추가긴장력 도입시점]

2. ILM(Incremental Launching Method, 압출공법)

1) 원리 : 교대 후면 제작장에서 콘크리트 박스거더를 1세그먼트씩 만들어 최초 세그에 추진코(nose)를 부착하고, 교각 상부에는 마찰력이 거의 없는 슬라이딩 패드를 이용하여 전방으로 압출시키는 공법

2) 분류

(1) 지점에 의한 분류

① 집중가설방식

② 분산가설방식

(2) 압출방식에 의한 분류

① pushing

② pulling

③ lift & pushing

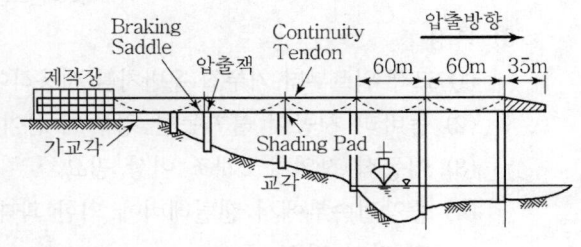

3) 특징

(1) 적용현장특성

① 하부조건 : 가설 중 하부조건에 전혀 지장이 없음.

② 급속성 : 한 세그먼트의 작업속도가 7~14일 정도이므로 시공속도가 비교적 빠름.

③ 경제성 : 교각의 높이가 높을 경우에는 매우 경제적

(2) 제작장에서 한 분절씩 제작한 후 압출잭을 사용하여 밀어냄.

(3) 제작장 설치로 전천후 시공 및 품질관리가 용이함.

(4) 추진 시 캔틸레버 모멘트를 줄이기 위해 추진코 사용

(5) 계곡, 도로, 철도, 횡단 등 지보공법이 어려운 곳에 사용

(6) 직선, 단일 곡선에 적용이 가능하며, 변화되는 단면의 시공은 곤란

(7) 가설 시 생기는 부모멘트를 처리하기 위한 추가 프리스트레싱이 필요함.

3. FCM(Free Cantilever Method, 캔틸레버공법)

1) 원리 : 동바리 없이 이미 시공된 교각 및 데크슬래브 위에서 이동식 작업차, 이동식 트러스를 사용하여 좌우대칭을 유지하면서 가설하는 공법

2) 분류

(1) 구조형식별 분류

① 힌지식 : 교각과 상부거더를 일체로 시공한 후 중앙부에 힌지 연결

② 연속보식 : 교각과 상부거더를 분리 시공하고 중앙부에서 강결

③ 라멘식 : 교각과 상부거더를 일체로 시공한 후 중앙부에서 강결

(2) 시공법별 분류

① 현장타설공법

• 이동식 작업차(form traveller) 공법 : 가장 많이 사용하는 공법으로, 교각 상부에 주두부를 시공한 후 양측에 form traveller를 이용하여 콘크리트 타설

• 이동식 트러스방식 : 독일의 P&Z사에서 개발된 공법으로, 교각 위 피어테이블 위에 트러스 거더를 설치, 트러스 거더에 지지되는 거푸집을 이동시키면서 상부공을 시공하는 공법

② precast segment 공법 : 현장타설공법과는 달리 공장 제작장에서 미리 세그먼트를 제작하여 현장에서 양중기 또는 런칭거더를 이용하여 1세그먼트씩 접합시켜 나가는 공법

3) 특징

(1) 교각 위로부터 거푸집 운반차를 사용하여 1seg씩 콘크리트 타설 및 프리스트레스 도입

(2) 동바리 시공이 불가능한 경우 수심이 깊거나 깊은 계곡에 적용

(3) 이동식 작업차 2개조 이상 필요

(4) 중앙접속부에서 캔틸레버에 의한 과대한 부모멘트가 생기므로 추가 프리스트레싱 및 단면 필요

(5) 불균형모멘트를 처리하기 위한 가벤트 및 교량 가설 중 처짐관리 필요

4) 처짐관리

(1) 처짐원인

① 하중에 의한 처짐

② 재료에 의한 처짐

(2) 처짐 확인 및 관리방안

① 세그먼트 중앙에 처짐점검계측기 설치

② pre setting level 조정

③ 관리 : 도표관리, 처짐량만큼 상향 조정

5) 키 세그먼트(key segment)

(1) 정의 : 양측 캔틸레버 시공 시 중앙부에서 발생하는 1~2m 정도의 짧은 세그먼트로서 키 세그먼트가 설치되면 상부부재에 작용하던 응력이 재분배되어 정정구조물에서 부정정구조물로 전환되면서 설계 사하중과 활하중이 작용하게 됨.

(2) 고정장치

① 횡방향 고정 : Diagonal bar를 이용

② 수직 방향 고정 : Form traveller를 이용

③ 종방향 고정 : 종방향 버팀대는 H-형강으로 복부의 상부와 하부 두 곳에 설치

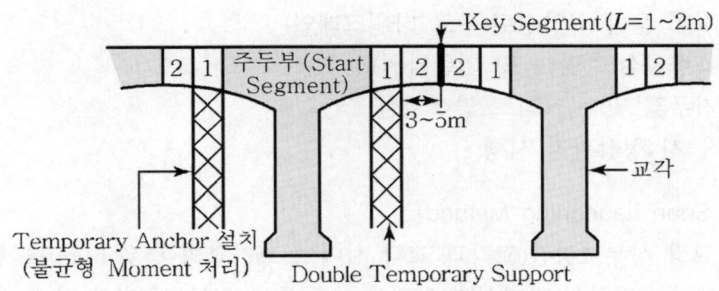

[불균형모멘트 처리 모식도]

4. PSM(Precast Segment Method)

1) 원리 : 일정한 길이로 분할된 교량 상부구조(세그먼트)를 제작장에서 균일한 품질로 정밀 제작한 후 가설장소에서 각종의 가설장비를 사용하여 포스트텐션에 의한 프리스트레스로서 순차적으로 세그먼트를 조립하여 상부구조를 완성시키는 공법

2) 분류

(1) 가설방법에 의한 분류 : PFCM, SBS, PPM

구 분	PFCM (Precast Free Cantilever Method)	Span By Span (Precast 연속조립공법)
공법개요	크레인 또는 가동인양기에 의하여 미리 제작된 프리캐스트 세그먼트를 교각을 중심으로 양측에서 순차적으로 연결하여 캔틸레버를 조성하고 지간 중앙부를 연결	가동식 가설트러스를 교각과 교각 사이에 설치하고 미리 제작된 프리캐스트 세그먼트를 그 위에 정렬한 후 스트레스를 가하여 인접 지간과 연결
가설장비	• 독립장비에 의한 가설(크레인) • 상부구조에 설치된 가동인양기	• 가설트러스

(2) 세그먼트 연결방법에 의한 분류

　① Wide Joint 방식

　② Match-cast Joint 방식 : Long Line 공법, Short Line 공법

3) 특징

(1) 공기 단축 및 2차 응력에 의한 변형이 적음.

(2) 세그먼트는 제작장에서 제작하므로 품질 및 시공관리가 월등함.

(3) 선형관리가 현장타설방식에 비해 복잡하고 오차 수정이 어려움.

(4) 세그먼트의 제작 및 야적을 위해 넓은 장소 및 대형장비가 필요함.

4) 세그먼트 생산

(1) 제작장의 주요 설비

　① 콘크리트의 생산, 운반 및 타설에 필요한 설비

　② 철근가공설비(절단기, 벤딩기계 등)

　③ 철근조립대

　④ 자재 운반 인양장비(주로 타워크레인)

　⑤ 측량시설(측량대 및 기준타워)

　⑥ 거푸집 및 콘크리트 양생시설

(2) 제작 시 형상관리 시행

5. FSLM(Full Span Launching Method)

1) 원리 : 교량 상부 1경간(교각과 교각 사이로 고가교의 경우 50m)을 한 번에 육상에서 사전 제작하여 바지선으로 해상 이동 후, 기시공한 교각 위에 대형 해상크레인을 이용해 일괄 가설하고, 교량 상부에 특수 가설장비를 배치하여 교량 상부 1경간씩을 원하는 위치로 이동하여 순차적으로 가설하는 공법

2) 특징

(1) 해상 현타공법에 비해 품질 우수

(2) 공기 대폭 단축(교량 상부 100m의 경우 일반공법 60일, FSLM 3일)

[FSLM 시공 전경]

6. FSM(Full Staging Method, 동바리공법)

    1) 원리 : 콘크리트를 타설하는 경간 전체에 동바리를 설치하여 타설된 콘크리트가 소정의
            강도에 도달할 때까지 콘크리트의 자중 및 거푸집, 작업대 등의 중량을 동바리가
            지지하는 공법

    2) 특징

      (1) 경간의 변화 및 선형이나 폭원에 대한 제한이 없음.

      (2) 전구간 지보공 설치시공으로 확실한 시공

      (3) PC Box 단면 및 포물선 가능

      (4) 사용장비의 비용이 저렴하고 비교적 간편하며 소교량에 적용

      (5) 동바리 사용 전 전문기술자에 의한 구조검토 시행 필요

Ⅵ 맺음말

1. PSC 교량 가설공법은 동바리 설치 유무 및 콘크리트 타설방법에 따라 현장타설공법과 Precast 공법으로 분류할 수 있다.

2. 가설공법 선정 시에는 하부조건, 경제성, 공기, 공정 및 품질관리 등의 요인을 고려하여 적절한 공법을 선정한 후 단계별로 품질관리를 시행하여 안전하고 내구적인 교량을 건설하여야 한다.

교좌장치 파손원인 및 보수대책

문제 분석	문제 성격	응용 이해	중요도	■ ■ ■ □ □
	중요 Item	교좌장치 손상, 파손원인, 원인별 보수대책		

I 개 요

1. 교좌장치란 교량의 상부구조인 상판과 하부구조인 교각 사이에 설치돼 상판을 지지하면서 교량 상부구조에 가해지는 충격을 완화시키는 교량안전의 핵심장치이다.
2. 교좌장치 파손 시에는 받침 자체뿐 아니라 인접한 상부구조나 하부구조의 부재에도 손상을 주므로 견고히 설치되고 관리되어져야 한다.

II 교좌장치의 기능 및 분류

1. 기능
   1) 받침기능(지압) 2) 굴림기능(회전)
   3) 미끄러짐기능(이동)

2. 분류
   1) 고정형
   2) 가동형

III 교좌장치의 파손형태

분 류		파손형태
받침 본체	강재받침	• 부상방지장치의 손상 • 이동제한장치의 손상 • 받침부의 벌어짐. • 각 부재의 부식 • 너트의 느슨함. • 탑볼트, 시트볼트의 빠짐. • 활동면, 구동면의 녹 발생 • 롤러의 벗어남 및 낙하 • 핀 및 롤러의 벌어짐.
	고무받침	• 고무받침의 열화, 균열
설치부		• 충전 모르타르의 균열 • 앵커볼트의 절단, 인발 • 받침 지지면 콘크리트의 압괴, 박리

Ⅳ 교좌장치의 파손원인

1. 내적 원인
   1) 설계불량   2) 제작불량
   3) 시공 및 유지관리 미비
2. 외적 원인
   1) 지진 등 환경적 요인
   2) 하부구조의 예상 밖 변위 발생 등

Ⅴ 교좌장치 받침 본체 파손형태별 원인

1. 부상방지장치의 손상
   구조나 그 거동이 복잡한 경우 예상 밖의 부반력 발생(곡선교, 사교)
2. 이동제한장치의 손상
   1) 이동방향과 회전방향이 일치하지 않는 경우(곡선거더, 사교)
   2) 크리프, 건조수축 등에 의한 수축 발생(PSC교, RC교)
   3) 긴장에 의한 거더의 수축량 부족(PSC 곡선교, 사교)
   4) 시공 시 세트량의 오류
3. 받침부의 벌어짐
   1) 모르타르의 충전불량 또는 라이너 플레이트의 부식
   2) 불균등한 반력이 국부에 집중(곡선교, 사교)
4. 각 부재의 부식
   1) 도장계 선정의 잘못, 방청불량 및 방수배수장치의 손상
   2) 받침 지지면의 청소 불충분
5. 너트의 느슨함
   시공 시 너트의 조임불량 및 진동
6. 상부 및 하부볼트의 빠짐
   빠짐에 대한 설계오류
7. 활동면, 구동면의 녹 발생
   1) 활동면 구동면에 먼지, 이물질의 혼입
   2) 신축장치의 지수장치 및 방수, 배수장치의 손상에 의한 누수, 침수
8. 롤러의 벗어남 및 낙하
   1) 이동량 또는 이동방향의 설계오류
   2) 콘크리트 장대교의 경우는 크리프, 건조수축에 의한 예상 밖의 이동
   3) 시공 시 세트량의 실수

9. 핀 및 롤러의 벌어짐

   교축 직각 방향의 핀 및 롤러의 틈이 한쪽 방향으로 치우침.

10. 고무받침의 열화, 균열

   1) 받침 지지면 모르타르의 마무리불량

   2) 제조상의 품질관리불량에 의해 고무의 조기 열화

VI 교좌장치 설치부 파손형태별 원인

1. 충전 모르타르의 균열

   1) 무수축 모르타르의 충전불량

   2) 신축장치의 지수장치나 배수장치의 파손

2. 앵커볼트의 절단, 인발

   1) 가동받침 적용범위의 일탈 또는 고정받침 위치오류

   2) 부의 반력을 받는 받침의 정착장치의 미비

   3) 앵커볼트의 본수, 매입길이에 대한 설계불량

   4) 모르타르 충전불량

3. 받침 지지면 콘크리트의 압괴, 박리

   1) 받침 연단거리의 부족 및 받침 지지면 보강철근의 부족

   2) 받침의 바닥면돌기 및 받침 바닥면의 형상 및 치수 부족

   3) 모르타르 충전불량

VII 교좌장치 파손 시 보수방안

1. 전체 교환 : 받침 본체 및 부속품 전체 교환
2. 부분 교환 : 받침 본체 및 부속품의 일부 교환
3. 용접 : 손상부재의 보수
4. 받침 지지면 모르타르 보수, 폭 넓히기

   1) 대규모 파손 시 : 상부구조를 작업해서 임시 받침하고, 파손 부분을 충분히 깎아내고
                        보강하여 새로운 콘크리트 타설

   2) 경미한 크랙 : 에폭시수지 등 충전
5. 보수도장 : 재칠도장
6. 기타 : 받침의 오염이 두드러진 경우에는 받침방호용 커버 설치

VIII 맺음말

교좌장치의 기능(상부구조 하중을 하부구조에 전달하는 기능, 온도 변화에 따른 신축에 의한 상부구조의 종방향 이동, 처짐 등에 따른 회전의 기능 등)을 확보하고 유지하기 위해서는 견고하게 설치하고 주기적인 보수를 통하여 관리하여야 한다.

Section 30 교량의 파손원인과 보수·보강대책

문제 분석	문제 성격	응용 이해	중요도	■■■■□
	중요 Item	내하성능 저하 그래프, 파손원인, 보수·보강대책		

I 개 요

1. 교량의 파손원인은 설계요인, 시공요인, 외적요인(환경, 유지보수) 등에 의해 파손되고 있다.
2. 이러한 교량의 파손은 차량 파손 및 교통사고위험이 매우 높아 주기적인 점검을 통한 유지, 보수를 시행하여 교량의 내구성을 확보하여야 한다.

II 교량의 파손원인

1. 설계요인
   1) 설계하중, 사용재료 및 허용응력에 대한 설계기준을 잘못 적용
   2) 구조해석상의 오류, 장래 교통량 예측에 대한 설계 미숙 등

2. 시공요인
   1) 불량한 재료 사용에 의한 강도 부족, 시공불량에 의한 품질 저하
   2) 거푸집 초기처짐 및 콘크리트 양생 불충분 등 시공관리 소홀

3. 외적요인
   1) 차량의 증가 및 대형화
   2) 화학적 작용(해수, 폐수, 제설제 등)
   3) 교량 부속시설(받침, 신축장치)의 유지관리 미흡으로 인한 작동 불능

III 시간흐름에 따른 교량구조물의 내하성능 저하 그래프

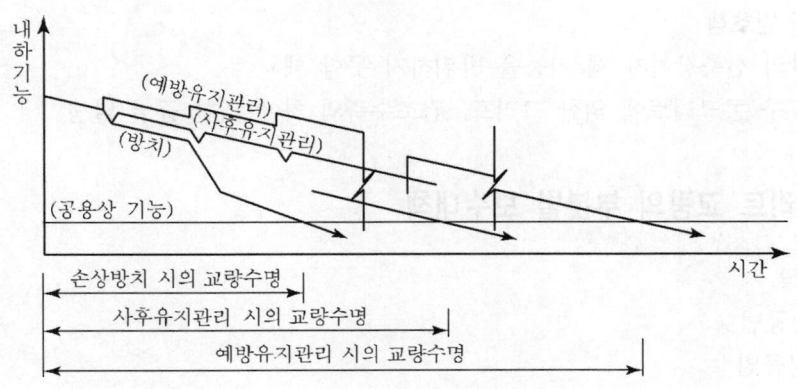

Ⅳ 교량의 각 부분별 파손원인

1. **콘크리트 상판**
   1) 상판 누수(건조수축, 온도균열, 충격균열 등으로 인한 누수)
   2) 겨울철 결빙 방지를 위한 화학물질(염화칼슘) 과다 사용
   3) 철근콘크리트의 피복두께 부족
   4) 배수시설불량으로 제설제 등의 고임

2. **강상판**
   1) 반복하중에 의한 용접부 피로파괴 및 볼트 풀림
   2) 동결방지제, 매연, 누수 등에 의한 강재 부식

3. **콘크리트 주형**
   1) 부적절한 골재 사용으로 인한 콘크리트 품질불량
   2) 시공결함 및 부적절한 설계

4. **강주형**
   1) 방식불량으로 인한 강재 및 연결부 부식
   2) 시공 또는 설계 결함으로 편심 발생 시 국부좌굴로 인한 파손
   3) 용접부 응력집중, 연결부(용접, 볼트) 부실 시공

5. **신축장치**
   1) 유간거리가 너무 좁은 경우 : 부서짐, 연결부 좌굴
   2) 유간거리가 너무 넓은 경우 : 쪼개짐(spalling)
   3) 불량신축장치 사용

6. **교좌장치**
   1) 상판의 신축장치가 제 기능을 발휘하지 못할 때
   2) 온도변화, 지점침하가 발생했을 때
   3) 과대한 횡방향력이 발생할 경우(지진 시 허용수평력 고려)
   4) 불량한 교좌장치 설치

7. **난간 및 방호책**
   1) 상판의 신축장치가 제 기능을 발휘하지 못할 때
   2) 신·구 콘크리트에 의한 크리프, 건조수축의 차에 의한 균열 발생

Ⅴ 콘크리트 교량의 부분별 보수대책

1. **교면포장**
   1) 패칭공법
   2) 실링공법

3) 안전구(safety grooving)공법

4) 재포장공법

2. 상부구조

공 통	콘크리트교		강 교
• 기둥 증설공법 • 보 증설공법 • 케이블공법 • 교체공법	일반	• 주입공법 • Putty 공법 • 강판압착공법 • 교체공법	• 주형교체공법 • 교정공법 • 스톱홀공법 • 첨가판공법
	바닥판	• 차선 조정 • 방수공법 • FRP 접착공법 • 강판접착공법 • 단면수복공법 • 모르타르뿜칠공법	• 용접보수공법 • 플랜지보강재공법 • 겹침부재공법 • 지지공법 • 가열공법 • 고장력볼트체결공법

3. 하부구조

1) 균열 및 열화 보수공법

2) 세굴 및 하상저하 방지공법

3) 배면토압 경감공법

4) 지반개량공법

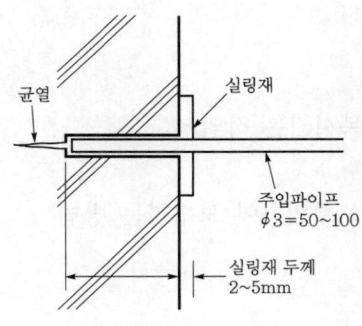

[주입공법]

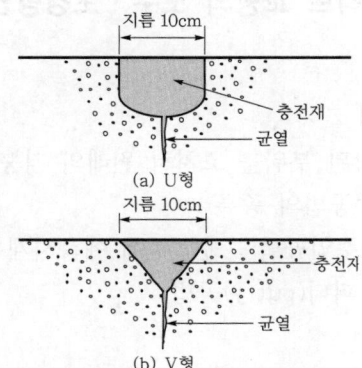

[철근이 부식하지 않는 경우의 충전공법]

4. 배수시설

1) 배수시설 보수

2) 교면 배수장치 보수

5. 교량받침

공 법	손상원인	공 법	손상원인
모르타르보수공법	균열 / 탈락	확폭공법	파손(탈락)
힌지보수공법	균열 / 박리	철근방청공법	노화 / 균열
교체	파손	하부교좌개조공법	균열

6. 신축이음장치

파손상태	파손 정도	보수방법	시공성	문제점
조인트 부근 포장부 결손	경미	패칭	용이	기포장과 접착성
	심각	치환	곤란	장기간 교통방해
조인트 낙하	경미	실링	용이	
	심각	교체	곤란	장기간 교통방해
후타앵커 콘크리트 파손	경미	실링	용이	
	심각	교체	곤란	시공관리 곤란
단차	조인트 단차	교체 / 높임	곤란	장기간 교통방해
	후타재 전후 요철	평탄화	다소 곤란	
차량 주행 시 소음	경미	볼트조임/용접	곤란	장기간 교통방해 작업공간 협소
	접합볼트 파손	교체	곤란	
배수기능 상실	토사 축적	청소	곤란	작업공간 협소
	배수통 부식 파손	교체	곤란	
토사 관입	–	청소	용이	

Ⅵ 콘크리트 교량의 보수 · 보강방안

1. 보수
   1) 원리
      손상된 부위를 고쳐서 원래의 기능을 회복시키는 작업
   2) 보수공법의 종류
      (1) 주입공법 : 균열부에 에폭시계 수지를 주입하여 보수하는 방법
      (2) 퍼티(putty)공법

2. 보강
   1) 원리
      현 상태의 손상진행 방지는 물론 구조적 내하력 및 지지력을 현 상태 이상으로 향상시키는 것을 목적으로 실시하는 작업
   2) 보강공법의 종류
      (1) 강판접착방법
         콘크리트 상판의 전체적인 강성이 떨어질 때 상판 인장부에 접착제나 앵커볼트 등을 사용하여 강판을 접착시켜 강성을 증가시키는 방법
      (2) FRP 부착방법
         강판접착 대신 FRP층을 접착시키는 방법

(3) 숏크리트 부착

상판 인장부에 철근을 부착하고 모르타르를 분사하여 상판과 일체화시키는 방법

(4) 보의 증설방법

보를 증설하여 내하력을 크게 하는 공법

(5) 기둥의 증설방법

기존 보의 처짐이 크게 되고 균열 발생 시 교대 또는 교각 사이에 기둥을 증설하는 방법

(6) 콘크리트 또는 강재를 이용한 단면 확대방법

기존 보와 밀착시켜 콘크리트를 타설하여 단면을 크게 한다든가, 강주형을 증설하여 기존 단면과 합성시켜 내하력을 증가시키는 방법

(7) 프리스트레스 도입방법

PC 강재를 사용하여 주형에 프리스트레스를 도입, 인장응력을 감소시켜 균열을 축소할 뿐만 아니라 압축력을 주어 내하력을 증대시키는 방법

Ⅶ 강교의 보수 · 보강대책

1. 거더교의 보강

1) 거더교의 플랜지단면에 커버 플레이트 부착

2) 기존 거더에 인접하여 거더를 신설하여 병렬 배치하고, 브레이싱으로 연결시켜 하중 분담

3) 콘크리트 슬래브를 철거하고 강슬래브로 대체시켜 사하중 경감

4) 외부 포스트텐션 보강법으로 내하력 증대

2. 트러스의 보강

1) 분격점 및 대재를 사용하는 방법

2) 부재단면을 증가시켜 보강하는 방법

Ⅷ 맺음말

1. 해마다 수많은 교량이 건설되고 있는데 많은 교량이 여러 가지 원인으로 파손되고 있다.

2. 이러한 교량들은 산업화와 더불어 중차량의 주행이 해마다 늘면서 교량 파손이 가속화되고 있어 시기에 맞춘 점검과 동시에 적절한 보수를 시행하여야 한다.

댐의 분류 및 유수전환방식의 종류

문제 분석	문제 성격	기본 이해	중요도	
	중요 Item	댐의 분류, 유수전환방식의 종류 및 특징, 처리방법		

I 개 요

1. 댐 시설은 생활용수, 공업용수 등의 용수 공급과 홍수 조절, 수력발전, 수변 위락시설 제공 등의 목적으로 건설되는 구조물이다.
2. 댐 건설공사에서 유수전환공사는 공사를 하기 위한 필수요소이고, 댐 공사의 전체 공정을 좌우할 정도로 중요한 공정이다.

II 댐 시공 전 조사사항

1. 측량
2. 기상 및 수문조사
3. 수질조사
4. 유역현황조사
5. 지질 및 지반조사
6. 댐 입지조건조사
7. 환경성조사
8. 경제적 타당성

III 댐의 분류

1. 기능에 의한 분류
   1) 저수댐
   2) 취수댐
   3) 지체댐(홍수 조절댐)

2. 수리에 의한 분류
   1) 월류댐
   2) 비월류댐

3. 축조재료에 의한 분류
   1) 필댐(주재료 : 암석과 토사)
      (1) 균일형
      (2) 존형
      (3) 중심코어형 석괴댐(CCRD)
      (4) 표면차수형 석괴댐(CFRD)

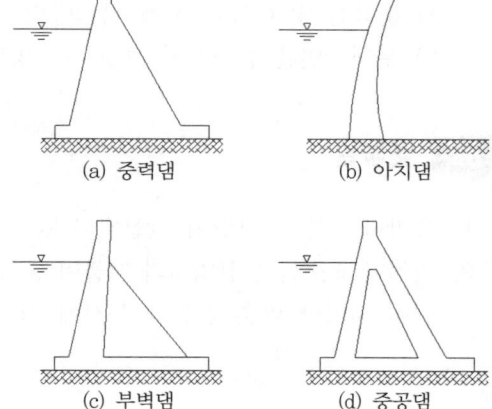

(a) 중력댐   (b) 아치댐

(c) 부벽댐   (d) 중공댐

[콘크리트댐의 분류]

2) 콘크리트댐

    (1) 콘크리트 중력댐(CGD)

    (2) 롤러다짐 콘크리트댐(RCCD)

    (3) 아치댐(Arch댐)

Ⅳ 댐 유수전환방식

1. 형식 선정 시 고려사항

    1) 지반조건 : 댐 지점의 지형, 기초지질, 하상퇴적물의 두께

    2) 시공조건 : 댐의 공기와 가배수로의 통수기관

    3) 구조물조건 : 댐 형식 및 높이, 방류설비, 취수설비 등

    4) 환경조건 : 수질오염, 가물막이 월류하는 홍수에 의한 피해 정도

    5) 수리 · 수문조건

2. 유수전환방식 형식 선정순서

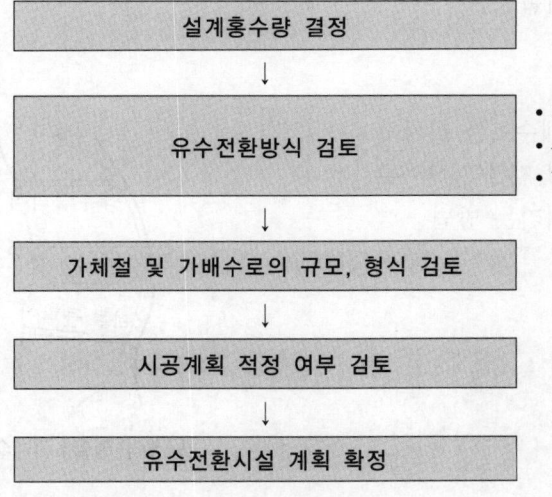

설계홍수량 결정

↓

유수전환방식 검토   • 전체절방식
• 부분체절방식
• 단계식 체절방식

↓

가체절 및 가배수로의 규모, 형식 검토

↓

시공계획 적정 여부 검토

↓

유수전환시설 계획 확정

3. 유수전환방식의 분류

    1) 전체절방식

        (1) 정의 : 댐 지점의 하천을 완전히 막고 가배수로를
                  설치하여 유수를 전환하는 방식

        (2) 적용성

           ① 하천의 폭이 좁은 계곡형 지점

           ② 하천의 만곡이 발달된 지형

        (3) 특징

           ① 기초굴착에 제약이 없음.

           ② 가물막이를 본제체 일부로 활용

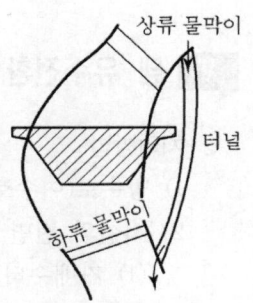

[전체절 + 가배수터널]

③ 공사기간이 길고 공사비 고가

④ 유수처리 : 가배수터널

2) 부분체절방식

  (1) 정의 : 하천 폭의 한쪽 구간을 막고 유수를 반
             대쪽 구간으로 전환하여 체절구간에서
             제체의 일부를 시공한 후, 나머지 구간
             을 막고 공사를 수행하는 방식

  (2) 적용성

    ① 하천 폭이 넓은 경우

    ② 가배수터널 시공이 곤란한 곳

    ③ 유량이 많지 않은 곳

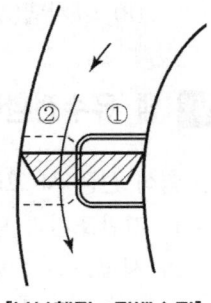

[부분체절 + 가배수거]

  (3) 특징

    ① 전면적 기초공사 불가능

    ② 댐 본체 공정 제약

    ③ 공사기간이 짧고 공사비 저렴

    ④ 유수처리 : 가배수거

3) 단계식 체절방식

  (1) 정의 : 하천 폭의 한쪽 편에 개수로를 설치하
             여 유수를 처리하고, 댐 지점의 상하류
             를 막아 유수를 전환시키는 방법

  (2) 적용성

    ① 하천 폭이 넓은 경우

    ② 유량이 많지 않은 곳

  (3) 특징

    ① 전면적 기초공사 불가능

    ② 댐 본체 공정 제약

    ③ 공사기간이 짧고 공사비 저렴

    ④ 유수처리 : 가배수로

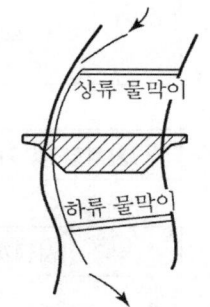

[단계식 체절 + 가배수로]

Ⅴ 댐 유수전환 물돌리기공 폐쇄시기 및 방법

1. 처리방법

1) 방수로(여수로)로 전환

2) 시설의 전면 폐쇄

  (1) 가배수터널 : 가물막이 일부 붕괴 후 폐쇄

    ① 라이닝 제거 후 충전

　　　　② 라이닝 원상태 충전(플러그 콘크리트)
　　(2) 제체 내 가배수로 : 스톱로그, 게이트 이용 폐쇄

2. 폐쇄길이
　1) 폐쇄길이 산정 시 고려사항
　　(1) 전단응력
　　(2) 폐쇄 주변의 고정
　　(3) 활동조건
　2) 폐쇄길이 실례
　　(1) 밀양댐 : 15m
　　(2) 용담댐 : 25m

3. 유수전환시설 폐쇄 시 주의사항
　1) 부속시설물로의 전환을 적극적으로 고려
　2) 시설 폐쇄에 따른 수리적 변화 고려

Ⅵ 맺음말

1. 댐 시설물은 기능에 의한 분류와 수리조건에 의한 분류, 축조재료에 의한 분류로 구분할 수 있다.
2. 댐 건설공사에서 유수전환시설은 가물막이공과 물돌리기공으로 구분되고, 가물막이공에는 전체절, 부분체절, 단계식 체절이 있으나, 국내특성상 전체절이 주로 적용되며, 유수전환시설의 폐쇄는 갈수기에 실시하여 전면 폐쇄하거나 댐의 여수로, 방수로, 도수로로 전환한다.

[인도네시아 Karian 댐 가배수터널 전경]

댐 기초처리공법의 품질관리

문제 분석	문제 성격	응용 이해		중요도	■■■■□□
	중요 Item	Lugeon Tes, Curtain/Consolidation Grout, 기초면 처리			

Ⅰ 개 요

1. 댐 기초처리의 목적은 기초 굴착 및 표면처리를 포함하여 제체를 지지하는 데 필요한 기초 지반을 형성하고, 제체와 기초지반 간 접착면 및 기초에 분포하는 균열침투층을 침수경로로 하는 저수지로부터의 침투류를 제어함으로써 댐의 안정을 꾀하는 것이다.

2. 기초처리는 기초의 역학적 성질 개량 및 댐 저류, 기초와 댐 본체와의 접합부 처리 등을 목적으로 시공하고 품질관리를 해야 한다.

Ⅱ 댐 기초처리의 목적

1. 내하력 증대
   1) 지지력 확보
   2) 활동파괴 방지
   3) 지반 취약부 처리
   4) 지반변위 억제

2. 수밀성 증대
   1) 누수량 억제
   2) 파이핑(piping) 방지
   3) 양압력 경감

Ⅲ 댐 기초처리의 순서

1. 처리순서

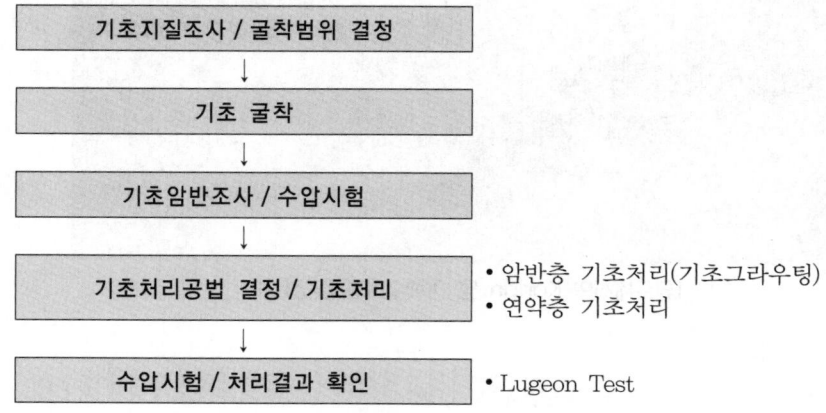

```
┌─────────────────────────────┐
│   기초지질조사 / 굴착범위 결정    │
└─────────────────────────────┘
              ↓
┌─────────────────────────────┐
│          기초 굴착            │
└─────────────────────────────┘
              ↓
┌─────────────────────────────┐
│     기초암반조사 / 수압시험      │
└─────────────────────────────┘
              ↓
┌─────────────────────────────┐
│   기초처리공법 결정 / 기초처리    │   • 암반층 기초처리(기초그라우팅)
└─────────────────────────────┘   • 연약층 기초처리
              ↓
┌─────────────────────────────┐
│    수압시험 / 처리결과 확인      │   • Lugeon Test
└─────────────────────────────┘
```

2. 기초 굴착면 정리
    1) 목적 : 댐체와 기초체의 일체화, 지질 확인
    2) 정리방법
        (1) 요철부 성형 : 돌출부(절취), 오목부(충전), 개구부(충전)
        (2) 사면부 성형 : 70° 이하 성형 및 경사각 변화 시 20° 이하 성형

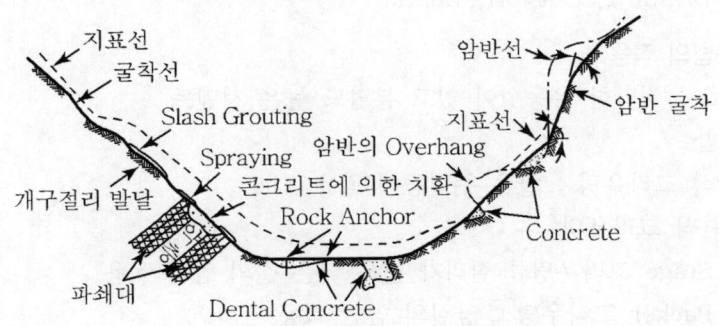

[차수존 기초 굴착 및 표면처리]

Ⅳ 토질별 기초면 처리방법

1. 암반기초
    1) 적용 : 모든 댐의 형식 채택 가능
    2) 필댐 : 표토층이나 퇴적층 제거(지지력 확보)
    3) 콘크리트댐 : 풍화암층까지도 제거 시행(전단강도 고려)
    4) 단층, 파쇄대 구간
        (1) 문제점 : 지지력 부족에 따른 부등침하, 누수 유발 및 파이핑 발생
        (2) 대책 : 소규모는 그라우팅처리, 대규모는 굴착 후 콘크리트 치환

2. 사력기초
    1) 댐의 지지력은 확보가 가능하나, 투수성 지반으로 기초를 통한 누수 우려
    2) 적용 : 필댐형식
    3) 커튼 그라우팅, 시트파일에 의한 지수공 수행

3. 토질기초
    1) 댐 높이가 30m 미만의 비교적 낮은 댐 외에는 기초지반의 개량처리 필요
    2) 보통 샌드드레인(sand drain)공법으로 지반개량효과를 거둘 수 있음.
    3) 토질기초는 연약하기 때문에 댐의 침하에 대하여 적극적인 대책 고려
    4) 콘크리트댐 형식 및 콘크리트 표면차수벽형 댐은 채택 불가

V 댐 기초처리공법의 분류

1. 기초처리공법의 분류
   1) 암반층 기초처리공법 : Consolidation, Curtain, Contact, Rim
   2) 연약층 기초 처리공법 : 콘크리트 치환, 추력전달구조물, 다월링, 암반 PS
   3) 기타 : Draining, Cut-off, Dental

2. 그라우팅공법의 적용
   1) 주입재료 : 적당한 유동성이 있고 분말도 높은 시멘트
   2) 주입방법
      (1) 1단식 그라우팅 : 얕은 주입공에 적용
      (2) 다단식 그라우팅
          ① Stage 그라우팅 : 절리가 많은 낮은 질의 암반 적용
          ② Packer 그라우팅 : 양질의 암반 적용

VI 암반층 기초처리공법

1. 블랭킷(Blanket) 그라우팅
   1) 목적 : 표층 가까이의 지반을 불투수로 함으로써 침투로의 길이를 늘리고, 커튼 그라우
            팅의 주입 시 누수 방지 및 주입압을 높이기 위한 보강 그라우팅
   2) 시기 : 커튼 그라우팅에 앞서 시공
   3) 위치 : 커튼 그라우팅의 양측에 비교적 얕은 그라우팅

2. 컨솔리데이션(Consolidation) 그라우팅
   1) 목적 : 암반의 변형을 억제하여 기초지반의 균질화 도모
   2) 위치 : 기초면 전면적

3. 커튼(Curtain) 그라우팅
   1) 목적 : 기초암반의 누수를 방지하여 차수성 증진
   2) 위치 : 댐 축방향 상류측

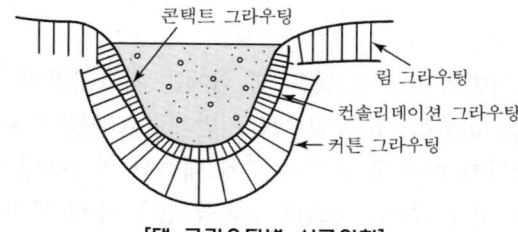

[댐 그라우팅별 시공위치]

4. 컨솔리데이션 그라우팅과 커튼 그라우팅의 비교

구 분	Consolidation 그라우팅	Curtain 그라우팅
효과	• 지지력 증대	• 침투압에 의한 파이핑 방지 • 댐 하류측의 양압력 감소
위치	• 기초면 전면적	• 댐 축방향 상류측
배치	• 5 ~ 10m 간격 • 격자형	• 0.5 ~ 3m 간격 • 병풍모양(1열, 2열)
심도	• 5m	• $d = \dfrac{1}{3}H_1(댐높이) + C(8 \sim 25\text{m})$ • $d = a(0.5 \sim 1)H_2(최대\ 수심)$
주입압	• 1st stage : 3 ~ 6kgf/cm^2 • 2nd stage : 6 ~ 12kgf/cm^2	• 각 stage별 : 5 ~ 15kgf/cm^2
개량목표	• 중력식 댐 : 5 ~ 10Lu • 아치댐 : 2 ~ 5Lu	• 콘크리트댐 : 1 ~ 2Lu • 필댐 : 2 ~ 5Lu

5. 콘택트(Contact) 그라우팅

   1) 목적 : 댐 콘크리트와 기초암반 사이의 틈을 채우는 그라우팅

   2) 시기 : 콘크리트 및 암반이 안정상태에 도달한 후에 실시

   3) 주입압 : 댐 변위가 발생하지 않도록 규제 필요

6. 림(Rim) 그라우팅

   1) 목적 : 댐 주위 암반의 차수를 목적으로 시행하는 그라우팅

   2) 특징 : 암반의 안정성 향상

7. 그라우팅공법의 시공순서

   1) 시추조사 및 수압시험

   2) 그라우팅 계획 수립

   3) 시험 그라우팅 및 평가공 시행 : 한계압력 산정

   4) 그라우팅 계획의 적합성 판단 : 계획 확정

   5) 본 그라우팅 시행 : 압밀공 시행 후 차수공 시행

   6) 검사공 시행 : 대상지반의 개량 여부 판단, 필요시 추가공 시행

   7) 공사기록 정리 : 지하지질단면도 작성, Lugeon Map 작성

Ⅶ 연약층 기초처리공법

1. 추력전달 구조물공

   1) 원리 : 콘크리트판을 기초암반 내에 설치

   2) 목적 : 댐 추력을 단층을 관통하여 심부지반에 전달

2. 다월링(Dowelling)공

   1) 원리 : 기초암반의 단층, 연약부를 콘크리트로 치환하는 방법

   2) 목적

     (1) 단층의 전단저항력 개선

     (2) 기초암반의 응력분포 개선

3. 암반 PS공

   1) 원리 : 암반 천공 후 강봉, 강선 등을 삽입하여 암반에 정착

   2) 목적 : 변형 구속

4. 콘크리트 치환공

   1) 원리 : 기초지반 내의 연약층을 콘크리트로 치환하는 방법

   2) 목적 : 강도 증대, 변형 억제, 수밀성 확보

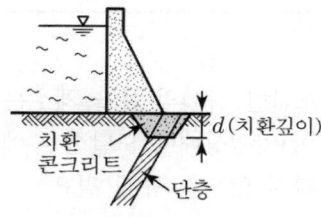

[콘크리트 치환공]

Ⅷ 루전테스트(Lugeon Test)

1. 목적

   1) 기초지반 투수성조사

   2) 암반의 역학적 성질조사

2. 1루전의 정의

   보링공 1m당 10kgf/cm^{2}의 주입압으로 1분당 1L의 물 주입상태

3. 주입압변화에 따른 루전값 산정식

$$Lu = \frac{10Q}{Pl}$$

여기서, Lu : 루전값

       Q : 주입량(L/min)

       P : 주입압(kgf/cm^2)

       l : 시험구간길이(m)

4. 시험방법

1) 보링공 5m 정도 아래에 패커 설치

2) 물 주입

3) 주입압과 송수량으로 투수성 파악

5. 루전값에 의한 암반투수성 평가기준

1) Lu값 < 5 : 완전 불투수성

2) 5 < Lu값 < 100 : 지수에 대한 검토가 필요한 암반층

3) Lu값 > 100 : 그라우팅이 요구되는 투수성 암반층

6. 루전시험 후 활용방안

1) 조사공(pilot hole)

(1) 목적 : 시공 전 실제의 조건을 루전시험을 통해 구체적으로 확인하고 시공 방향 결정

(2) 위치 : 커튼 홀 예정위치에 선정하여 커튼 홀로 활용

(3) 심도 : 커튼 홀보다 1/2 ~ 1/3 내외 정도로 더 깊게 결정함.

(4) 공간격 : 20m 간격에 1공 기준, 구경은 BX(60mm)

2) 검사공(check hole)

(1) 목적 : 시공완료구간에 대하여 루전시험을 통해 시공효과 확인

(2) 위치 : 커튼 홀 상하좌우의 중심에 선정

(3) 심도 : 커튼 홀 계획심도와 동일 심도로 계획

(4) 공간격 : 20m 간격에 1공 기준

IX 맺음말

1. 댐 설계 시 기초지반에 대한 지질조사와 투수시험 등을 통하여 지층의 구조를 파악하여 구조에 적합한 기초처리계획을 수립하여 지지력 확보와 누수 방지 및 지반의 활동을 방지하여 댐의 안전성을 도모해야 한다.

2. 기초지반 개량을 위해 기술적, 경제적으로 합리적인 계획을 수립해야 하며, 특히 시공과정에서 단계별 품질관리와 공사 완료 후 점검이 매우 중요하다.

콘크리트댐의 품질관리방안

문제 분석	문제 성격	기본 이해	중요도	■■■□□□□
	중요 Item	RCCD와 재래식 콘크리트댐의 차이점, 품질관리, 시공순서		

Ⅰ 개 요

1. 콘크리트댐이란 구축재료로 콘크리트를 사용한 댐을 말하며, 형식에 의한 분류와 시공법에 의한 분류로 구분할 수 있다.
2. 형식에 의한 분류로는 댐 자체의 중량으로 저수수압에 저항하는 중력댐, 중력댐의 내부에 공동을 설치해 댐에 작용하는 양압력을 감소시키고 저수중량을 이용해 콘크리트 양의 절약을 꾀한 중공중력댐, 댐의 수압과 그 외의 하중을 댐 저부의 아치구조에 의해 양 가장자리의 암반에 전하는 아치댐 등이 있다.

Ⅱ 콘크리트댐의 분류

1. 형식에 의한 분류
   1) 중력식 댐(중공중력식) : 댐 형상계수(= 길이/높이)가 3~6인 경우
   2) 부벽식 댐
   3) 아치식 댐(Arch댐) : 댐 형상계수(= 길이/높이)가 3 이하인 경우

2. 시공법에 의한 분류

구 분	재래식 댐(슬럼프)	롤러다짐 콘크리트댐(RCD)
단위결합재량	$140 \sim 160 kg/m^3$	$120 \sim 130 kg/m^3$
slump	30mm	0mm
믹서	가경식 믹서, 강제비빔형 믹서	강제비빔형 믹서
운반	호동케이블크레인/지브크레인	고정케이블크레인/덤프트럭
소운반	호동케이블크레인/지브크레인	덤프트럭
치기방법	블록방식	레이어방식
포설	버킷 직접 배출	불도저
다짐	내부진동기/바이브로도저	진동롤러/콤팩터
양생	Cooling Method	불필요
이음	거푸집 사용	진동압입식 이음절단기

Ⅲ 재래식 댐의 품질관리방안

1. 재료 : 시멘트 콘크리트
2. 배합
   1) 단위결합재량 : $140 \sim 160 \text{kg/m}^3$　　2) 슬럼프 : 5mm 이하
   3) 물시멘트비 : 60% 이내　　　　　　　　4) G_{max} : $40 \sim 150 \text{mm}$
   5) 설계기준 압축강도(91일) : $f_{ck} \geq \dfrac{4f_c}{1.3}$(지진 고려)

3. 타설
   1) 타설방식
      (1) 블록타설방식
      (2) 분할타설방식
   2) 타설원칙
      (1) 리프트(lift) 간 타설간격은 1주일 이상
      (2) 1층의 두께는 $40 \sim 50 \text{cm}$
      (3) 암반면 불규칙 시 리프트높이는 계획리프트의 1/2

4. 이음
   1) 이음의 종류
      (1) 수축이음 : 간격 $10 \sim 15 \text{m}$
      (2) 시공이음
      (3) 기타 이음 : 개방이음, 치형이음
   2) 이음 설치 시 주의사항
      (1) 가로 및 세로이음 간에 키 설치
      (2) 세로이음에는 조인트 그라우팅 실시
      (3) 가로이음 시 누수방지대책 수립
         ① 댐 상류측에 지수판 설치
         ② 지수판 배면에 배수공 설치

[콘크리트댐의 구성]

Ⅳ 롤러다짐 콘크리트댐의 품질관리방안

1. **공법원리** : 콘크리트댐의 경제적이고 합리적인 시공을 위한 신공법으로, 댐 본체 내부 콘크리트를 슬럼프값이 "0"인 빈배합 콘크리트를 사용하고, 이 콘크리트를 진동롤러로 다지는 공법

2. **재료** : 시멘트 콘크리트

3. **배합**
   1) 슬럼프 : 0mm
   2) 단위결합재량 : $110 \sim 130 \text{kg/m}^3$
   3) G_{max} : 80mm

4. **시공**
   1) 운반 : 덤프트럭, 케이블크레인, 버킷
   2) 포설 : 불도저(Bulldozer)(포설두께 약 70cm 기준)
   3) 다짐 : 자주식 진동롤러의 다짐 방향은 댐축 직각 방향(상하류 방향)
   4) 이음 : 세로, 수축은 없음, 가로는 진동압입식 이음절단기로 설치

5. **반죽질기시험** : VC(Vibrating Compaction Value)값이 10~30초

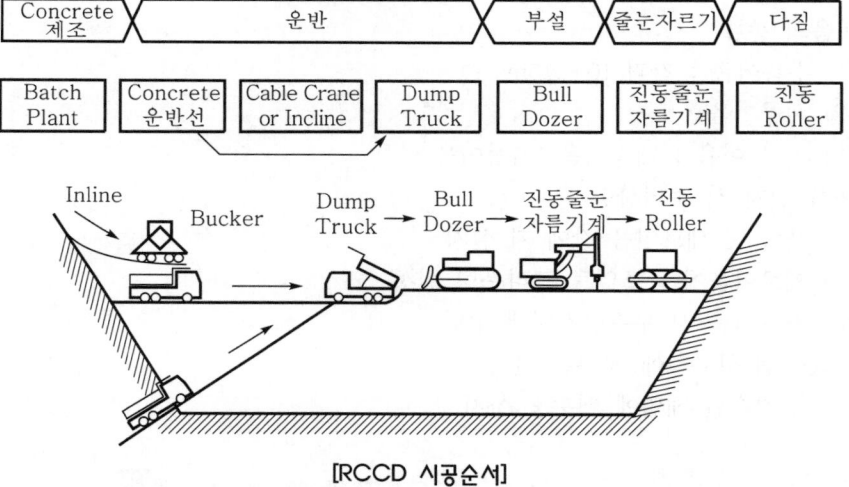

[RCCD 시공순서]

Ⅴ 맺음말

1. 콘크리트댐은 장기간의 공사기간과 타설두께에 따른 온도균열이 발생하기 쉬운 구조물로, 콘크리트 재료관리 및 시공 시 품질관리를 철저히 하여 누수요인을 사전에 차단하는 댐을 시공하여야 한다.

2. RCCD댐은 슬럼프값이 "0"인 빈배합 콘크리트를 이용하며, 다짐관리와 반죽질기관리를 철저히 시행하여야 한다.

Section 34　필댐(Fill dam) 및 표면차수벽 댐의 품질관리방안

문제 분석	문제 성격	기본 이해	중요도	■■■□□
	중요 Item	성토 시험방법, Filter 기능, 표면차수형식, 플린스		

I 개 요

1. 댐은 콘크리트댐과 필댐으로 나누어지며, 필댐은 락(Rock) 필댐과 어스(Earth) 필댐으로 나누어진다. 락 필댐은 차수벽을 표면, 내부, 중앙에 설치한 댐이다.
2. 표면차수벽 댐은 시공속도가 빠르고 공사비가 저렴한 장점이 있으나, 다른 형식의 댐에 비해 댐체의 누수량이 많고 공동현상이 발생하는 단점이 있다.

II 필댐의 안정조건(댐 설계기준)

1. 제체가 활동하지 않을 것
2. 댐 마루를 저수가 넘지 않을 것
3. 비탈면이 안정되어 있을 것
4. 기초지반이 압축에 대해서 안정할 것

III 필댐의 종류

1. 재료에 의한 분류
   1) Earth Fill댐(기계다짐, 물다짐)
   2) Rock Fill댐

2. 차수형식에 의한 분류
   1) 균일형
   2) 심벽형(Core형, Zone형)
   3) 차수벽형

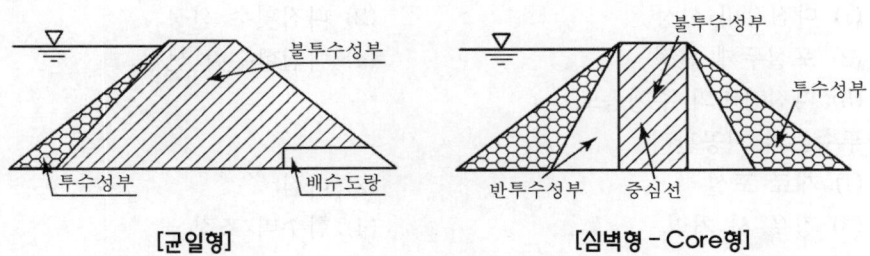

[균일형]　　　　　　　　[심벽형 – Core형]

Ⅳ 필댐의 종류별 특징

1. 균일형
   1) 제체의 최대 단면에서 균일재료단면이 80% 이상 점유하고 있는 댐
   2) 하류에 드레인을 설치하여 댐의 안전성 확보
   3) 적용 : 연약지반상에도 축조가 가능하며 낮은 댐에 많이 사용

2. 심벽형 – Zone형
   1) 토질재료의 불투수성 존을 포함한 다른 여러 층의 존을 갖는 댐
   2) 중심존에서 상하류 방향으로 세립질에서 조립질 재료의 존을 배치
   3) 적용 : 대체로 높은 댐에 많이 사용

3. 심벽형 – Core형
   1) 제체 내에 토질재료 이외의 차수벽을 갖는 댐
   2) 차수재료 : 아스팔트, 콘크리트 등

4. 표면차수벽형
   1) 제체의 상류 사면에 토질재료 이외의 차수재료로 포장된 댐
   2) 차수재료 : 아스팔트, 콘크리트, 인공 또는 천연재료 등
   3) 적용 : 양수 발전댐 및 홍수 조절댐 등 수위의 급강하가 심한 댐

Ⅴ 필댐의 품질관리방안

1. 코어재료의 품질관리

구 분	요구성능	관리방안
코어재료	• 차수성 • 입도	• 입도관리 • 함수비관리 • 다짐밀도관리
암재료	• 전단강도 • 투수성	• 입도관리 • 다짐밀도관리

2. 시공 시 품질관리방안
   1) 성토관리
      (1) 다짐장비 선정   (2) 다짐횟수 선정
      (3) 포설두께 선정   (4) 다짐함수비 선정
      (5) 다짐장비의 주행속도
   2) 투수존의 시공관리
      (1) 재료 포설   (2) 다짐
      (3) 강우 시 처리   (4) 함수비 조정
      (5) 한랭기 처리   (6) 성토속도 제한

3) 반투수존의 시공관리

(1) 재료분리 주의

(2) 필터 zone의 oversize 제거

3. 필터재료의 품질관리

1) 목적 : 배수 및 입자유출 방지

2) 기준 : $(4 \sim 5)D_{15} < D_{15} \leq (4 \sim 5)D_{85}$

VI 필댐의 내진설계

1. 내진설계대상 시설물

1) 필댐의 높이 15m 이상으로서 총저수량 50만m³ 이상의 댐 및 부속시설

2) 필댐이 사질토나 연약지반에 축조된 경우

3) 지진이 빈번하게 발생하여 피해가 예상되는 경우

2. 내진설계방법

1) 정적 해석방법

(1) 지진의 관성력과 동수압을 이용하여 해석하는 방법

(2) 내진설계방법은 진도법을 기본으로 함.

(3) 경험적으로 안정적인 방법임.

2) 동적 해석방법

동적시험을 시행하여 지진응답 해석으로 해석하는 방법

3. 지진피해 방지 보강공법

1) 필댐 : 단면 증설공법

2) 댐의 여수로 : 댐퍼 설치공법

3) 댐의 취수탑 : 단면 증설공법

VII 표면차수벽 댐의 품질관리방안

1. 표면차수벽 댐의 종류

1) CFRD : Concrete Faced Rockfill댐

2) AFRD : Asphaltic Faced Rockfill댐

3) SFRD : Steel Membrane Faced Rockfill댐

2. 표면차수벽 댐의 특징

1) 공기가 짧고 공사비가 저렴하며 시공 중 기상의 영향이 적음.

2) 타 형식 댐에 비해 누수량이 많으며 표면차수벽이 손상되기 쉬움.

3. 시공순서 및 품질관리항목
   1) 기초처리
   2) 플린스(plinth)
   3) 암석층 시공
   4) 차수벽 지지층
   5) 콘크리트 차수벽
   6) 패러핏
   7) 댐마루 여성토
   8) 조인트

4. 플린스(plinth) 품질관리
   1) 플린스는 차수벽 선단에 설치되어 차수벽의 토대역할을 하며, 차수벽과 댐기초 사이의 침투수를 차단하고 그라우트의 뚜껑역할을 함.

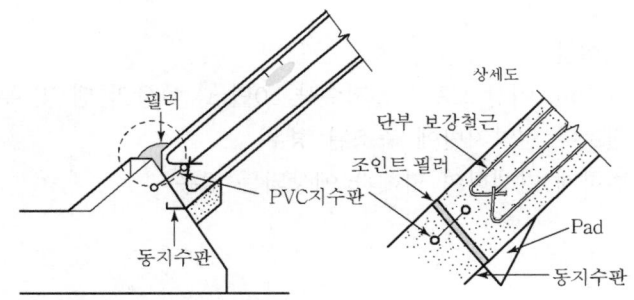

[프린스 연결 시 품질관리]

   2) 플린스 아래는 높은 동수경사를 갖는 침윤선이 지나가므로 견고하고 부식성이 없는 암반에 설치해야 함.
   3) 플린스의 폭은 견고한 암반에서는 10m, 연한 암반에서는 20m 정도임.

5. 콘크리트 차수벽의 품질관리방안
   1) 차수벽 두께는 일반적으로 $0.3+0.003Hm$ [여기서, H : 수심]
   2) 차수벽의 콘크리트 타설은 슬립폼 페이버(Slip form paver)를 이용하여 가능한 한 이음부 없이 연속적으로 타설해야 함.
   3) 슬럼프는 50~70mm 정도이며 시험타설 후 조정이 필요함.
   4) 타설속도는 2~5m/h이며 진동기 사용 시 슬립폼이 떠오르지 않도록 30cm 떨어져서 다짐을 시행함.

Ⅷ 맺음말

1. 댐 형식의 결정은 지형, 지질, 재료 등의 자연적인 조건과 댐의 목적, 규모 등의 간접적인 조건 등을 종합적으로 고려해야 한다.
2. 최근 이상강우에 대비한 설계기준 강화와 EAP(비상대처계획) 수립 등과 함께 계측관리에 의한 과학적인 시공 및 시설물관리를 통하여 댐의 안정을 도모하는 것이 무엇보다도 중요하다.

참고 CFRD 공사 시 기초처리작업의 흐름도

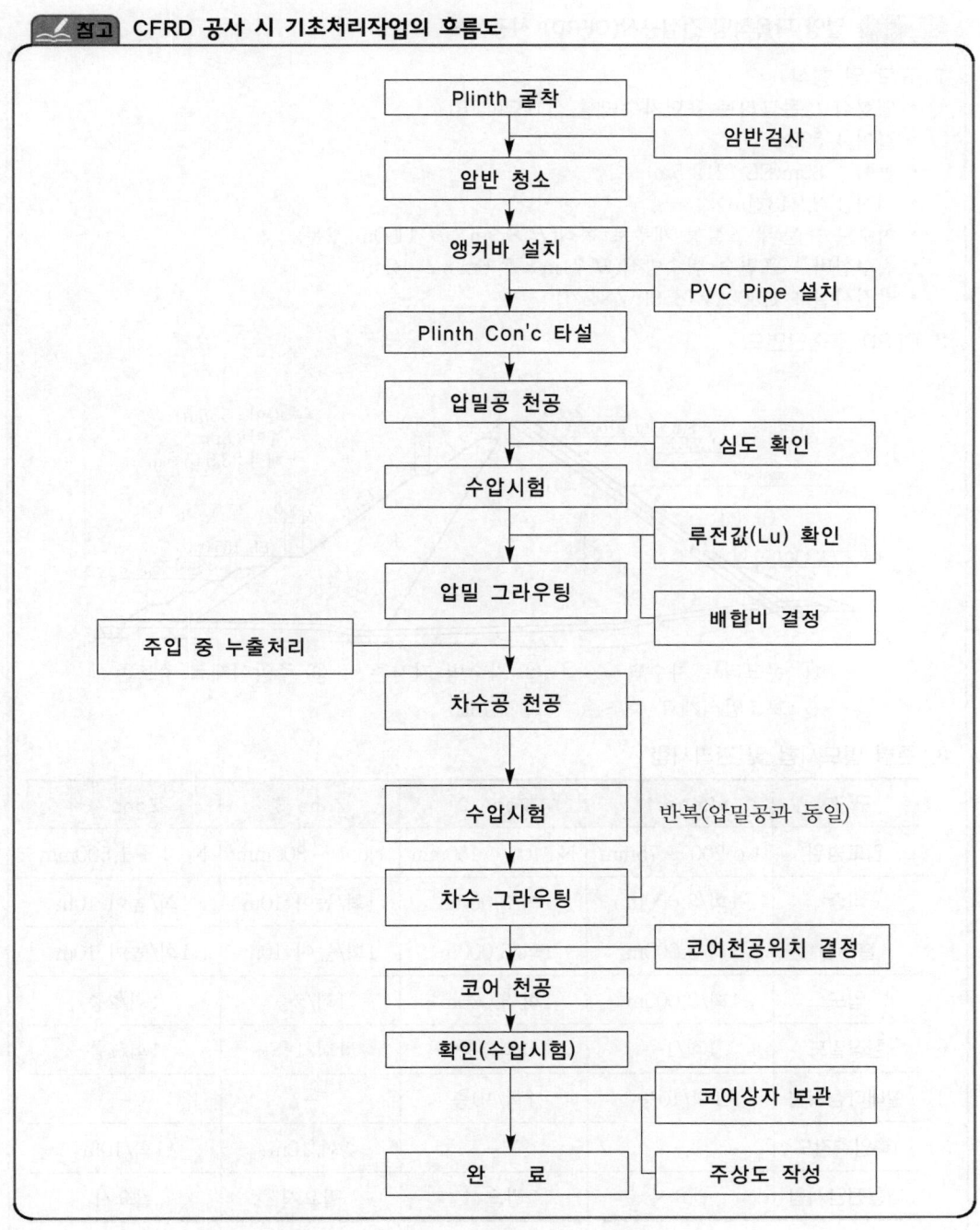

1. 규모 및 형식

- 댐형식 : 콘크리트 표면차수벽형 석괴댐(CFRD)
- 길이 : 535m
- 높이 : 89m(EL. 212.5m)
- 체적 : 3,943천m^3
- 여수로 : 문비 조절형 개수로 형식(H 8.3m×B 11.0m, 2문)
- 취수설비 : 표면수 취수방식(H 71m×B 6m×L 12m)
- 발전시설 : 1,300kW(650kW×2기)

2. CFRD 표준단면도

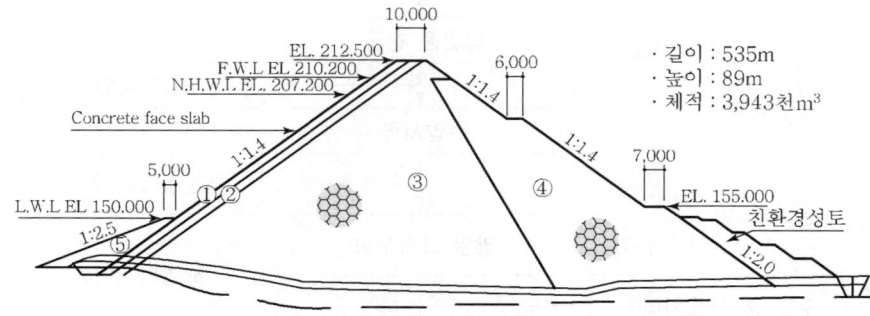

① 콘크리트 차수벽　　② 차수벽 지지존　　③ 주암석재료 축조존
④ 보조암석재료 축조존　　⑤ Plinth

3. 존별 입도시험 및 관리시험

구 분	Zone 1	Zone 2	Zone 3	Zone 4
입도범위	No.200 ~ 75mm	No.100 ~ 150mm	No.4 ~ 800mm	No.4 ~ 1,500mm
비중	1회/3,000m^3	1회/3,000m^3	1회/높이 10m	1회/높이 10m
흡수율	1회/3,000m^3	1회/3,000m^3	1회/높이 10m	1회/높이 10m
입도	1회/3,000m^3	1회/3,000m^3	1회/2층	1회/2층
현장밀도	1회/1층	1회/1층	1회/1층	1회/1층
실내다짐시험	1회/10층	1회/10층	–	–
1축압축강도	–	–	1회/10m	1회/10m
대형전단시험	필요시	필요시	필요시	필요시

Section 35 필댐의 누수원인과 대책

문제 분석	문제 성격	응용 이해		중요도	■■■■ □□
	중요 Item	파괴원인, 누수원인, 대책, 수압파쇄			

I 개 요

1. 필댐의 파손원인은 제체기초 및 취수관의 누수, 물넘이의 배수능력 부족, 제체의 활동침하 등이다.

2. 이를 방지하기 위해서는 설계에 사용되는 수문, 지질 등의 충분한 기초자료와 양질의 재료 선택과 철저한 시공관리를 통해 댐의 누수를 미연에 방지하여야 한다.

II 필댐의 누수 및 Piping 발생원리

```
침하 / 지진 / 건조 / 하류에 휨 ┐
       댐체와 기초경계 ┤
   기초단층의 약선, 약면 ├ → 댐체의 균열 → 누수 → Piping
   기초수용성물질 존재 ┘
```

III 필댐의 누수원인과 대책

1. 필댐의 파괴원인
   1) 누수   2) 세굴   3) 월류   4) 사면붕괴   5) 시공관리불량

2. 필댐의 누수원인
   1) 기초처리불량   2) 댐체 시공불량
   3) 코어존 시공불량   4) 기타 품질관리불량

3. 필댐의 누수방지대책
   1) 기초처리 철저
      (1) 지반조사 철저
      (2) 기초처리공법 선정 철저
   2) 댐체 시공 철저
      (1) 시방규정에 적합한 재료 사용
      (2) 필터 및 드레인재의 적정 선정 및 시공 철저
      (3) 댐체다짐 철저
      (4) 품질관리 철저

3) 코어존 시공 철저

    (1) 댐 부등침하 방지 기초공법 선정 및 시공 철저

    (2) 코어재는 소성이 큰 재료를 습윤측에서 다짐

    (3) 시험성토를 통한 다짐관리

4) 계측 및 품질관리 시행

Ⅳ 필댐의 수압파쇄(Hydraulic fraturing)

1. 정의

심벽형 댐 시공 시 강성이 서로 다른 재료의 사용과 깊은 계곡의 지형 등의 이유로 응력전이와 부등침하가 발생한 상태에서 담수로 수위가 상승하면, 아칭효과(arching effect)로 감소된 최소 주응력이 정수압보다 작아지는 곳에서 댐축에 수직한 균열이 발생하는 현상

2. 발생원인

1) 부등침하

    (1) 댐은 축방향 중앙 부근에서 댐 높이가 높고 양안으로 갈수록 작아지므로 다짐을 잘 하더라도 부등침하 발생

    (2) 댐 상부에 균열이 발생하거나 수평방향 응력이 정지토압에 비해 감소하거나 인장력이 발생하여 균열이 수평방향으로 생겨 담수 시 물이 침투함.

2) 응력전이

심벽과 필터층 또는 외곽재와의 강성이 달라 심벽의 무게 일부가 인근의 재료로 옮겨지게 됨. 이를 응력전이라 하며 심벽의 무게가 상당히 감소하는 경우 담수 시 수압이 커져 균열이 심벽에 생기게 됨.

3. 방지대책

1) 심벽의 폭을 넓게 하여 응력전이를 줄임.

2) 필터를 효과적으로 설계, 시공하면 침식을 방지하며, 수압할렬이 생기더라도 균열이 발전되지는 않음.

3) 필터의 D15는 0.7mm 이하 되는 재료 사용

4) 응력전이가 생기더라도 수압할렬은 재료의 불연속적인 결함이 중요한바, 신구 다짐층 사이가 잘 밀착되도록 품질관리를 철저히 시행하여야 함.

Ⅴ 맺음말

필댐의 누수 시에는 대규모 인적, 물적 피해가 발생하므로 평상시 계측관리를 기본으로 하는 유지관리를 시행하여 위험요소를 사전에 제거하여야 한다.

Section 36　댐 계측 시행방안

문제 분석	문제 성격	기본 이해		중요도	■■■■■
	중요 Item	콘크리트댐 계측, Fill댐 계측, 댐 안정관리			

I 개 요

1. 댐의 시공에 있어 계측은 댐 시공 중 시공관리에 필요한 자료를 수집 분석하여 시공 중 정보화 시공이 가능하도록 한다.

2. 구조물 완공 후에 댐의 거동상태를 사전에 감시하여 설계 시에 적용한 각종 설계기준값과 매설계기의 실제 계측치를 비교 분석함으로써 댐의 안전을 위한 적절한 대책을 강구할 수 있다.

II 댐 계측의 목적

1. 시공관리적 측면
   1) 콘크리트댐 : 콘크리트 타설 후의 내부온도 규제, 그라우팅시기 선정, 시공이음부의 개도량 측정
   2) 필댐 : 시공 중의 과잉간극수압과 제체 내의 변형토압 등을 측정하여 댐의 거동상태 파악

2. 안전관리적 측면
   1) 간극수압, 양압력, 응력변형, 내부온도, 개도현황 및 누수량 등을 측정
   2) 댐 시공 중 및 시공 후 댐의 거동상태를 꾸준히 감시하여 분석 시행
   3) 댐 시설물의 안정적 관리를 위하여 측정

III 댐 계측기기 선정 시 고려사항

1. 기초지반, 지하수, 주변 환경 등의 상황과 설계 및 시공방법 등을 파악하여 필요한 계기를 선정

2. 계측기기와 계측시스템을 일치시키고 계측항목이 많은 경우에는 가능한 한 통일된 방식의 계기 선정

3. 계측방법, 설치방법 및 계측시스템에 따른 경제성을 검토하여 계측기기의 형식, 치수, 용량, 정밀도 및 신뢰성을 최종적으로 결정

4. 계측시스템은 댐의 형식, 댐의 재해등급, 기존 댐 또는 신규 댐, 가용한 비용, 관리규정 등을 고려하여 선정

Ⅳ 댐 목적별 계측항목

목 적	항 목	장 소
축제 시의 시공관리	간극수압 변형, 온도 용수량	차수존 · 기초 기초 · 제체 기초
완성 후의 안전관리	침윤선 변형 누수량 침투압 지진	제체 · 지산 기초 · 제체 기초 · 제체 · 지산 · 구조물 및 그 주변 기초 기초 · 제체
설계로의 피드백 및 연구자료 수집	변형 토압 지진	존의 경계 · 제체와 지산의 경계 제체 · 구조물 기초 · 제체 · 지산 · 구조물

Ⅴ 댐 계측기기 및 계측항목

1. 댐 계측기기의 분류
   1) 매설계기형
      (1) 제체 내부와 기초암반에 매설하는 것으로 온도계와 이음계, 간극수압계 등의 계측에 이용
      (2) 이러한 계기는 고장이 나면 수리 · 교환이 불가능하므로 계기를 매설할 때 세심한 주의가 필요
   2) 관측계기형
      (1) 제체와 일체화하여 설치하나 매설하지 않으며 누수량, 양압력, 변형량, 저수위 등의 계측에 이용
      (2) 댐의 안전관리상 또는 저수지의 조작상 필요한 계기이며, 수리 · 교환이 가능한 구조

2. 계측항목
   1) 필댐의 계측항목 : 댐체의 변형, 응력, 간극수압, 침투량, 지진과 기초의 간극수압 측정을 원칙으로 함.
   2) 콘크리트댐의 계측항목 : 댐체의 온도, 변형, 응력, 침투량, 지진, 기초의 간극수압과 양압력 측정을 원칙으로 함.
   3) 다만, 댐의 규모, 기초지반, 안정해석결과 등에 따라 조정할 수 있음.

3. 계측 측정기기 및 목적

1) 필댐의 계측

구 분	계측항목	계측기기명	측정되는 물리량	단 위	계측목적
댐체	변형	측량점	댐마루 및 상·하류 사면의 변위량	cm	댐체의 외부변형상태 파악
		경사계	설치지점의 표고별 수평변위량	cm	댐체의 내부변형상태 파악
		층별침하계	설치지점의 표고별 변위량(침하량)	cm	댐체의 내부변형상태 파악
		수평변위계	동일 표고상에서 상대적인 수평변위량	mm	댐체의 내부변형상태 파악
	응력	토압계	댐체 내의 응력	kN/m^2	각 존별 응력분포 파악에 의한 댐체의 안정성 검토
	간극수압	간극수압계	코어존의 간극수압	kN/m^2	수위변동에 따른 간극수압 분포 및 침윤선의 위치 파악에 의한 댐체의 안정성 검토
	침투량	침투량계	댐체 및 기초를 통과한 침투수의 양	L/분	댐체의 침투류에 대한 안정성 파악
	지진	지진계	지진 시 기초 및 댐체의 응답가속도	cm/s^2	지진 시 댐체 거동특성 파악
기초	간극수압	간극수압계	기초암반의 간극수압	kN/m^2	커튼 그라우팅의 차수효과 파악 및 댐체 내 간극수압과 비교에 의한 댐체의 안정성 파악

2) 콘크리트댐의 계측

구 분	계측항목	계측기기명	측정되는 물리량	단 위	계측목적
댐체	온도	온도계	콘크리트의 내부수화열	℃	콘크리트의 품질관리
	변형	개도계	이음부의 수축변위량	mm	저수위변동 등에 따른 시공이음부의 상태 파악
		플럼라인	댐의 휨변위량	mm	저수위변동에 따른 댐체의 휨거동 파악
	응력	응력계	콘크리트의 내부응력	kN/m^2	저수위변동 등에 따른 댐체의 응력분포 및 거동상태 파악
		무응력계	수화열에 의한 콘크리트 응력	kN/m^2	응력계 측정결과의 보정
	침투량	침투량계	댐체 및 기초를 통과한 침투수의 양	L/분	침투수에 대한 제체의 안정성 파악
	지진	지진계	댐 높이별 응답가속도	cm/s^2	지진 시 댐의 거동 파악

구 분	계측항목	계측기기명	측정되는 물리량	단 위	계측목적
기초	간극수압	간극수압계	댐 기초암반의 간극수압	kN/m^2	커튼 그라우팅의 차수효과 파악
	양압력	양압력계	댐체에 작용하는 양압력	kN/m^2	댐체의 안정성 검토

Ⅵ 댐 계측기 설치위치 및 수량, 계측빈도

1. 설치위치 및 수량
    1) 댐에서의 계측은 내부상태를 알기 위한 내부 측정과, 댐의 변형 및 변위를 알기 위한 외부 측정으로 분류
    2) 계측위치를 선정할 때 가장 위험한 단면을 주계측단면으로 선정
    3) 기초지반의 형상으로 인한 부등침하에 의하여 인장균열이 예상되는 곳에 추가로 계측단면 선정
    4) 일반적으로 3개 이상의 주계측단면을 선정하여 각종 계측기기를 매설하며, 지반조건과 현장조건에 따라 최대 변위와 최대 응력이 작용할 것으로 추정되는 위치에 중점적으로 배치

2. 댐의 계측빈도

시 기	단 계	측정빈도	측정기간
공사 중	1단계	1회/일	매설계기 설치 후 1개월간
	2단계	1회/주	매설계기 설치 후 1개월 후부터 댐 완공 후 담수 시까지
	3단계	1회/일	측정치가 이상을 보이는 경우 안전이 확인될 때까지
	4단계	1회/일	홍수조절 또는 지진 발생 후 1주일간
완공 후	제1기	1회/일	댐 완성 후 최초 만수위 도달 후 최초 3개월
	제2기	1회/주	최초 만수 이후 댐 거동이 정상상태 도달 시까지
	제3기	1회/월	댐의 거동이 안정상태에 도달(제2기 경과 시)

Ⅶ 댐 종류별 계측결과 활용방안

1. 기초암반
    1) 기초지반의 간극수압 변화 파악
    2) 예상되는 활동면에 따른 수압의 분포 확인

2. 댐 제체 · 내부변형

1) 댐 제체

(1) 댐 제체 내부의 건설 중, 건설 후 상재하중의 증가 확인

(2) 저수위의 증감 등에 의해 발생되는 댐체 내 · 외부변형 측정

(3) 계측결과를 이용하여 댐 제체의 변형형태, 위치, 대책 등 수립

2) 내부변형

댐 단면 전체 성토높이 구간의 심도별 침하량을 측정하여 침하분포 파악

3. 콘크리트 표면차수벽

1) 댐 건설 후 수위의 변화에 따른 콘크리트의 응력 및 변형 파악

2) 연결부의 분리현상 등 파악

Ⅷ 맺음말

1. 계측항목은 댐의 형식에 따라 다르게 정하여야 하며, 계측목적별로 계측항목과 이와 관련되는 관리사항 등 계측의 의의를 파악하여 계측항목을 결정하여야 한다.

2. 댐을 축조하는 데는 여러 종류의 계기를 매설하여 축조과정에서의 안전과 품질관리를 하고, 댐이 완성되어 담수 후에는 댐 내부에서의 응력변화와 이에 따른 댐체의 거동을 관측하여 안전관리에 활용하여야 한다.

호안의 종류와 구조

문제 분석	문제 성격	기본 이해	중요도	
	중요 Item	호안구조/종류, 비탈보호공, 제방법선, 생태호안		

I 개 요

1. 호안은 제방 또는 하안을 유수에 의한 파괴와 침식으로부터 보호하기 위해 유수와 접하는 비탈부에 설치하는 제방보호구조물이다.
2. 호안의 구조는 바탈면 덮기, 비탈면 멈춤, 밑다짐공으로 구성되어 있다.

II 호안의 종류

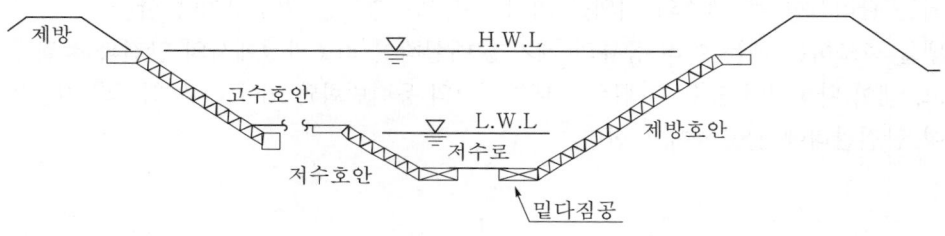

1. **고수호안** : 홍수 시 앞비탈을 보호하기 위해 설치하는 호안
2. **저수호안** : 저수로에 발생하는 난류를 방지하고 고수부지의 세굴을 방지하기 위해 저수로 의 하안에 설치하는 호안
3. **제방호안** : 고수호안 중 제방에 설치하는 것을 제방호안이라고 함. 고수호안과 저수호안이 일체화된 호안
4. **환경호안** : 호안 설치 시 치수적 요건뿐만 아니라 환경적 요건도 고려하여 설치하는 호안

III 호안 설치 시 고려사항(설치위치와 연장)

1. 호안의 설치위치와 연장은 하도 내의 수리현상, 세굴, 퇴적의 변화 등 고려
2. 호안을 설치해야 하는 경우 소류력 또는 유속에 따라 호안공법 선정
3. 도시하천에서 비탈경사가 1 : 2 이상일 때는 전면적으로 호안 설치
4. 교량, 보, 낙차공 등의 구조물 상하류에는 구조물 보호를 위하여 호안 설치
   - 대하천 : 약 20~30m
   - 소하천 : 10m 이상
5. 고수부지의 포락이 진행 중이거나 예상되는 지점에는 저수호안 설치

Ⅳ 호안의 구조

1. 비탈면 덮기
   1) 정의 : 유수, 유목 등에 대해 제방 또는 하안의 비탈면을 보호하기 위하여 설치하는 것
   2) 종류
      - (1) 식생
      - (2) 식생매트
      - (3) 돌망태
      - (4) 돌붙임, 돌쌓기
      - (5) 콘크리트 블록
      - (6) 점토, 황토블록

2. 비탈면 멈춤(기초)
   1) 정의 : 비탈면 덮기의 움직임을 막아 견고한 비탈면을 유지하도록 하기 위해 비탈면 덮기의 밑단에 설치하는 것
   2) 종류
      - (1) 돌쌓기
      - (2) 돌붙임
      - (3) 콘크리트 블록

3. 밑다짐
   1) 정의 : 비탈면 덮기 및 비탈면 멈춤의 양쪽 하상에 설치하여 하상 세굴을 방지하고 기초와 비탈면 덮기를 보호하는 것
   2) 종류
      - (1) 콘크리트 블록
      - (2) 사석공
      - (3) 돌망태공(매트리스형, 주머니형)

Ⅴ 자연형 호안의 특징

1. 자연형 호안의 기능 및 효과
   1) 다양한 하천기능(치수 · 이수 + 수질정화기능 + 친수기능 + 생태기능)
   2) 하천부지 이용에 편리성 향상
   3) 생태계 및 경관 보전
   4) 풍부한 수량 확보, 깨끗한 수질 유지

2. 자연형 호안의 종류 및 특징
   1) 친수/하천 이용 호안
      - (1) 정의 : 물놀이를 위해 물가에 쉽게 접근할 수 있는 형태의 호안과 고수부지 등의 하천공간을 편리하게 이용할 수 있도록 만들어진 호안
      - (2) 종류 : 완경사 호안, 계단 호안, 자연석 호안

2) 생태계 보전 호안
  (1) 정의 : 수중생물의 산란과 생육, 홍수 시 대피장소 제공 등을 고려하여 설치한 호안
  (2) 종류 : 어류 보전 호안, 반딧불 및 플랑크톤 보전 호안
3) 경관 보전 호안
  (1) 정의 : 주변 환경과의 조화, 외관상의 아름다움 등을 고려하여 설치한 호안
  (2) 종류 : 녹화 호안, 조경 호안

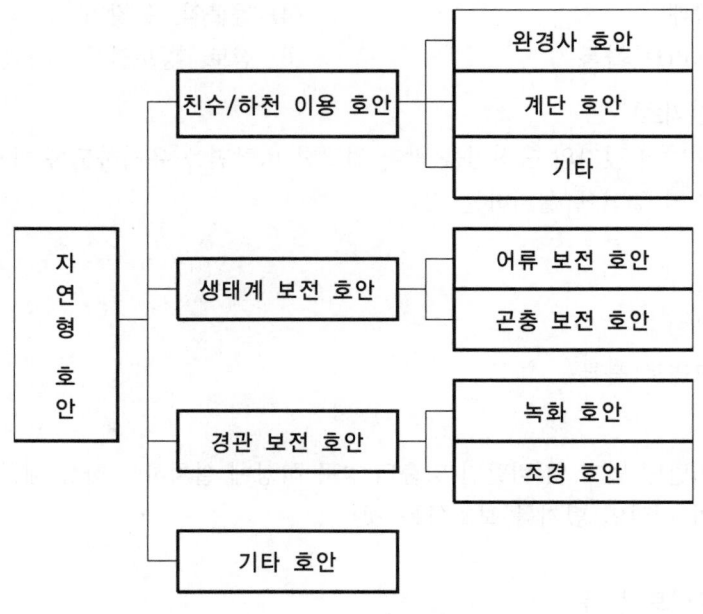

[자연형 호안의 종류]

Ⅵ 맺음말

1. 호안은 유수에 의한 파괴와 침식으로부터 제방 또는 하안을 보호하기 위해 유수와 접하는 비탈부에 설치하는 제방보호구조물로 고수호안과 저수호안으로 구분된다.
2. 호안 설치 전 설치위치와 연장에 대한 검토를 시행하여 제방을 보호하여야 하며, 단순히 치수적 요건뿐만 아니라 환경적 요건도 고려하여 친환경적인 호안을 설치하여야 한다.

Section 38 제방의 종류, 붕괴, 누수원인 및 대책

문제 분석	문제 성격	응용 이해		중요도	■■■■□□
	중요 Item	제방누수/파괴원인, 제내지누수, 침윤선/유선망			

Ⅰ 개 요

1. 제방은 유수의 원활한 소통을 유지시키고 제내지를 보호하기 위하여 하천을 따라 흙으로 축조한 공작물이다.

2. 제방은 주로 누수 및 세굴 등에 의해 붕괴되지만 다양한 원인이 있으므로 파괴원인에 대한 정확한 파악과 필요한 조치를 해야 한다.

Ⅱ 제방의 종류

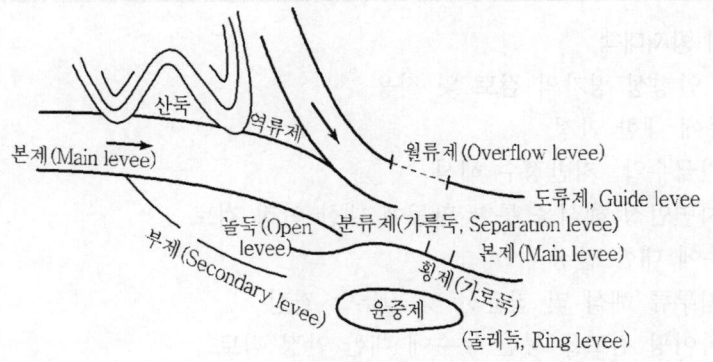

[제방의 종류]

1. 본제(본둑, main levee)
   제방 원래의 목적을 위해서 양안에 축조하는 연속제로 가장 일반적인 형태

2. 부제(예비둑, secondary levee)

3. 분류제(가름둑, seperation levee)
   홍수지속기간, 하상경사, 홍수규모 등이 다른 두 하천을 바로 압류 시에는 합류점에 토사가 토적됨에 따라 이를 방지하기 위하여 설치하는 제방

4. 월류제(overflow levee)

5. 역류제(back levee)

6. 윤중제(둘레둑, ring levee)

7. 개제(놀둑, 열린둑, open levee)

8. 횡제(가로둑, cross levee)

9. 도류제(guide levee)

Ⅲ 제방의 붕괴원인 및 대책

1. 제방의 붕괴형태 및 원인

외 력	파괴형태	발생원인
강우 홍수 바람 지진	월류	• 하수의 통수능을 초과하는 홍수 유출 • 토사나 유목 등에 의해 통수능 저하
	침식	• 하천의 급경사에서의 과대한 유속작용 • 하천의 급격한 만곡 부분에서 소류력작용 • 제방 비탈면이나 하단부 세굴(측방침식, 직접침식)
	제체 불안정	• 성토재료불량 • 활동에 의한 붕괴
	누수	• 제체 및 지반누수에 의한 파이핑 발생 • 누수에 의한 붕괴
	하천구조물에 의한 붕괴	• 하천횡단구조물의 붕괴 • 제방과 이질재료로 건설된 구조물 접촉면의 붕괴 • 배수구조물에 의한 붕괴

2. 제방의 붕괴 방지대책

  1) 설계 시 안정성 평가의 검토 및 적용

    (1) 활동에 대한 안정

      ① 간극수압, 지반정수 해석

      ② 사면안정 해석을 통한 활동에 대한 안정 검토

    (2) 누수에 대한 안정

      ① 침투류 해석 및 침윤선 및 침투압 결정

      ② 파이핑 검토를 통한 누수에 대한 안정 검토

      ③ 파이핑 판정기준 : 유한요소법에 의한 판정, Creep Ratio에 의한 판정

    (3) 침하에 대한 안정 : 지반조사 → 기초지반 압밀침하 검토

  2) 시공 중 붕괴 방지대책

    (1) 제방단면의 확대

    (2) 기초지반의 그라우팅 실시

    (3) 제체의 다짐 철저

    (4) 차수층 설치

    (5) 차수심벽 설치

    (6) 배수층 설치

    (7) 제체의 브래킷 설치

    (8) 동물에 의한 유실및 구멍뚫림 방지

    (9) 세굴에 의한 파괴 방지

Ⅳ 제방의 누수원인 및 대책

1. 제체를 통한 누수

1) 원인

(1) 제방단면이 작은 경우

(2) 제체를 충분히 다지지 않은 경우

(3) 제체 내 구조물과의 접촉부에 흐름이 생길 경우

(4) 두더지 등의 동물에 의해 구멍이 생길 경우

2) 대책

(1) 제방단면 확대

(2) 비탈면 피복/보강, 차수벽으로 누수경로 차단

(3) 침윤선이 제방부지 밖에 위치

(4) 제체 내 차수벽 설치

2. 지반누수

1) 발생현상

외수위 상승으로 침투압이 증가하여 제내지 측 지반에 침투수가 용출하는 파이핑현상 발생

2) 원인

(1) 지반이 투수성이 큰 모래층, 자갈층일 경우

(2) 고수부지 부근의 표토가 세굴되어 투수층이 노출된 경우

(3) 제외지 비탈면 부근의 골재 채취로 투수층이 노출된 경우

3) 대책

(1) 투수층에 차수판 설치

(2) 제방과 제내지/제외지와 접하는 부분에 불투수성 표토층으로 피복

(3) 제외지 앞부분에 수제를 설치하여 세굴 방지 및 퇴적 유도

(4) 제방에 배수로 설치

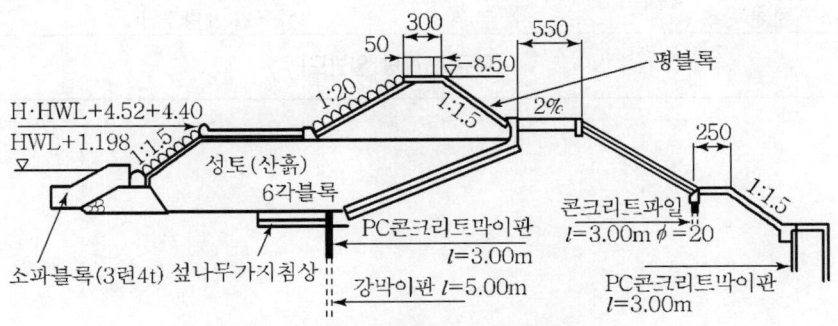

[제방누수 방지를 위한 시공사례]

Ⅴ 맺음말

1. 설계, 시공, 유지관리의 불량 등에 의한 내적 요인과 홍수, 지진 등과 같은 외적 요인에 의하여 제방이 파괴되는 경우에는 많은 인적·물적 손실이 우려된다.
2. 이를 방지하기 위하여 조사단계 때부터 철저한 조사와 시험을 통하여 적절한 제방 및 하천시설물을 설치하여 누수 및 제방 붕괴가 발생하지 않도록 품질관리에 만전을 기하여야 한다.

참고 │ 고규격 제방(대제방, Super Levee)

1. **정의**

   대도시 하천 특정 구간에 치수목적과 더불어 단지 이용을 목적으로 축조하는 제방으로, 실제 홍수보다 훨씬 큰 홍수가 발생하여 제방을 월류하여도 제방 붕괴를 막을 수 있는 폭이 매우 넓은 제방

2. **고규격 제방의 축조규격**

   1) 제내측 비탈경사 : 1/30 이내
   2) 앞비탈경사는 1 : 3 혹은 이보다 완만한 경사로
   3) 둑마루폭 : 최소 4m 이상
   4) 일반제방 뒷비탈의 경사는 1 : 3 혹은 이보다 완만한 경사
   5) 단지제방 뒷비탈의 경사는 1 : 30 혹은 이보다 완만한 경사

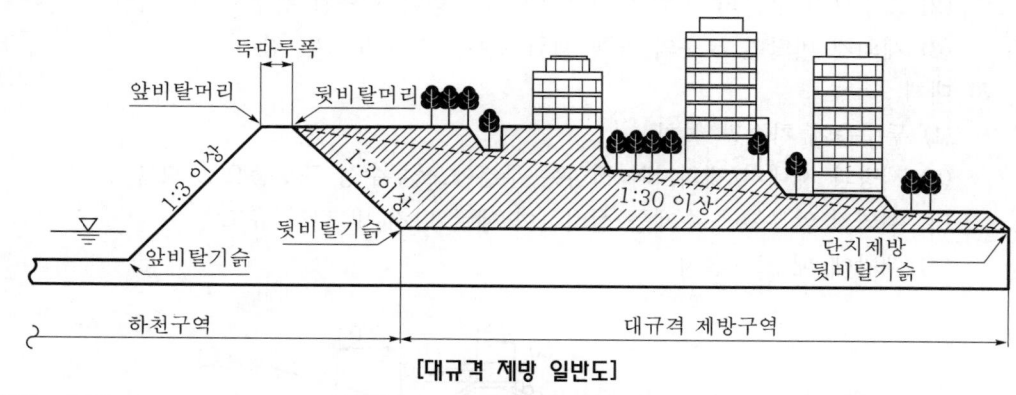

[대규격 제방 일반도]

Section 39 하천의 유지관리

문제 분석	문제 성격	기본 이해	중요도	■■■□□□□
	중요 Item	하천의 유지관리분류, 시설관리방안, 행정관리방안		

I 개 요

1. 하천은 홍수, 고조 등에 의한 재해 발생을 방지하여 하천이 적정하게 이용되게 하여야 한다.
2. 또한 유수의 정상적인 기능을 유지하여 하천환경의 정비와 보전이 이루어지도록 종합적인 관리를 하여야 한다.

II 우리나라 하천의 특징

1. 계절에 따라 유량변동이 커서 유황이 불안정함.
2. 큰 하천들은 지형상 서해와 남해로 유입
3. 큰 하천의 하상경사가 완만하여 유속이 느림.
4. 하천의 총유출량 중 홍수 시의 유출량이 평상시 유출량보다 많음.
5. 감조하천과 하구가 넓은 삼각강 발달
6. 조류의 영향으로 삼각주 발달이 미약함.

III 우리나라 하천의 분류(중요도에 따른 분류)

1. 국가하천
   1) 정의 : 국토보전상 또는 국민경제상 중요한 하천으로 국토교통부장관이 그 명칭과 구간을 지정하는 하천
   2) 관리 : 국토교통부
   3) 적용법 : 하천법

2. 지방하천
   1) 정의 : 지방의 공공의 이해와 밀접한 관계가 있는 하천으로 시 · 도지사가 그 명칭과 구간을 지정하는 하천
   2) 관리 : 시 · 도지사
   3) 적용법 : 하천법

3. 소하천
   1) 정의 : 국가하천, 지방하천 이외의 하천
   2) 관리 : 해당 시장, 군수, 구청장
   3) 적용법 : 소하천정비법

Ⅳ 하천 유지관리의 분류

1. 시설관리
   1) 하천공사
   2) 하천환경의 정비와 보전
   3) 하천(하천관리시설물 포함) 유지

2. 행정관리
   1) 하천구역, 하천보전구역, 하천예정지의 지정
   2) 하천대장의 작성 보관
   3) 하천의 사용허가
   4) 하천보전구역, 하천예정지에서의 행위규제

Ⅴ 하천의 시설 유지관리방안

1. 고수부지의 유지
   1) 치수에 지장이 있는 수목의 벌목
   2) 관리범위 외 잡초 제거

2. 저수로의 유지
   1) 굴착, 준설 실시
   2) 하상유지공, 여공 등 실시

3. 제방의 유지
   1) 제방의 제초작업
   2) 제방의 비탈면 식생 실시

[하천 유수 지장목 정비 전경]

4. 호안·수제의 유지
   1) 수제 파손 시 신속한 보수
   2) 쓰레기, 유목 등 퇴적물질 제거

5. 하천구조물의 유지
   1) 하천구조물 : 통문, 통관, 보, 하상유지공, 띠공, 수문, 배수펌프장
   2) 순찰, 점검에 의한 이상 조기 발견 및 보수

6. 긴급 시의 대비방안
   1) 홍수 시 복구를 위하여 토사, 쇄석, 콘크리트 블록 등 자재 비축
   2) 복구활동을 위한 기계류의 작업공간 확보

Ⅵ 제방시설물의 보수 · 보강방안

1. 제체 침투에 대한 보수 · 보강
   1) 단면 확대공법
   2) 앞비탈 피복공법

2. 기초지반 침투에 대한 보강
   1) 차수공법
   2) 고수부 피복공법

3. 기초연약지반의 보수 · 보강
   1) 치환공법
   2) 압성토공법
   3) 고결공법

4. 배수통관의 보수 · 보강
   1) 전체(부분) 보수공법
   2) 비굴착 전체 교체공법

5. 콘크리트 구조물 손상에 의한 보수 · 보강

Ⅶ 맺음말

1. 하천을 방치하면 노화가 발생하여 기능이 감소하고 재해의 원인이 된다.
2. 그러므로 하천이 기능 및 형태를 유지하고 그 목적을 충분히 달성할 수 있도록 점검하고 유지 보수하는 것이 중요하다.

상수도관의 종류 및 기초형식

문제 분석	문제 성격	기본 이해	중요도	■■■■
	중요 Item	상수도관의 적용, 관 기초의 분류, 연약지반 시공 시 대책		

I 개 요

1. 상수원이란 음용·공업용 등으로 제공하기 위하여 취수시설을 설치한 지역의 하천·호소·지하수 등을 말한다.
2. 상수원으로부터 관로, 그 밖의 공작물을 사용하여 원수나 정수를 공급하는 시설을 상수도라 하며, 광역상수도, 지방상수도, 마을상수도로 구분된다.

II 상수도의 목적

1. 생활환경 및 보건위생 개선
2. 생산성 증가
3. 소방기능 향상

III 상수도의 구성

1. 수원과 저수시설
   1) 지표수   2) 지하수
2. 취수시설
3. 도수 및 송수시설
   1) 도수관, 도수거   2) 펌프설비
4. 정수시설
   1) 완속여과   2) 급속여과   3) 냄새 처리 및 염소소독 등
5. 배수시설
6. 급수시설

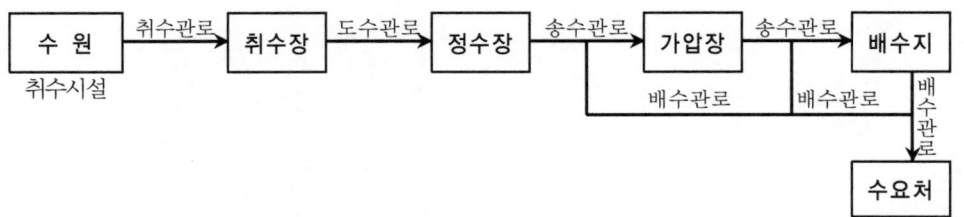

[상수도의 구성 및 흐름]

Ⅳ 상수도관의 종류

재질별	장 점	단 점
덕타일 주철관	• 시공기간이 짧음. • 접합 부속 및 이형관 등이 다양 • 접합부에 신축성이 있음. • 분기가 많은 배수관로에 유리	• 현장가공 불가능함. • 운반 및 설치 시 장비가 필요함. • 곡관부에 보호공 필요 • 이음 시 연결 부분이 불안정
도복장 강관	• 용접 시 소요기간이 길어지나, 링조인트 접합 시 소요시간이 짧음. • 대구경관의 사용이 용이함. • 중량이 주철관의 2/3 정도로 취급이 다소 용이함.	• 강도는 좋으나 용접 부위에 별도 도장이나 전식 방지 필요 • 이형관이 다양하나 가공성 불리 • 관 절단 후 절단면의 부식 우려 • 대구경관의 경우 변형이 큼.
내충격 수도관	• 강관 및 주철관에 비해 가벼워 운반 및 시공이 편리함. • 시공 시 별도 장비가 필요 없음. • 현장가공이 양호함.	• 경화현상으로 관의 강도가 약해져 누수 발생빈도가 높음. • 저온 시 내충격성 저하 • 표면 손상 시 강도 저하 우려
고밀도 PE관	• 중량이 가벼워 운반이 용이함. • 부등침하 시 관이탈 우려가 적음. • 내식성 및 가공성이 뛰어남. • 지반변형 등에도 유연하게 적응 가능	• 협소공간 또는 관로에 물이 있을 경우 용착접합이 곤란함. • 시공기간이 길게 소요됨. • 열융착공법으로 시공현장에 전기설비와 전문기술이 필요함.

Ⅴ 상수도관의 기초형식 및 특징

1. 목적 : 관체 보강, 관거침하 방지

2. 관 기초형식의 분류
   1) 관체의 보강을 주목적으로 한 기초
      (1) 적용 : 지반조건에 따른 관 측부 흙의 수동저항력 확보
      (2) 종류
         ① 소일시멘트(soil cement)기초
         ② 베드토목섬유(bed geotextile)기초
   2) 관거의 부등침하 방지를 주목적으로 한 기초
      (1) 적용 : 연약지반에서 부등침하가 우려되는 경우
      (2) 종류
         ① 말뚝기초
         ② 콘크리트 + 모래기초 : 주변의 충분한 모래 부설

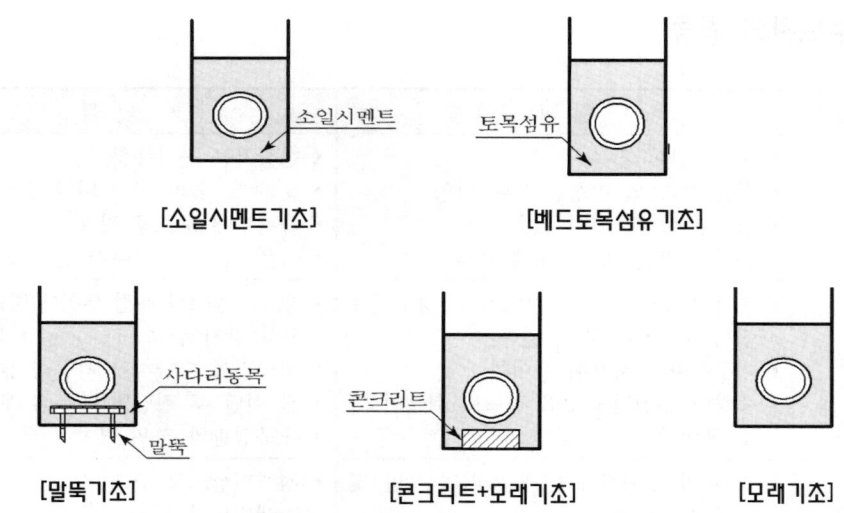

[소일시멘트기초]　　[베드토목섬유기초]

[말뚝기초]　　[콘크리트+모래기초]　　[모래기초]

Ⅵ 상수도관의 기초 파손원인 및 대책

1. 관 기초 파손원인
   1) 내적 원인 : 관의 품질불량, 강도 부족, 이음부 응력집중
   2) 외적 원인 : 지질불량(침하, 유동 등), 지하수변동, 과재하중 등

2. 연약지반상 시공 시 대책
   1) 지반개량공법 적용(압밀, 다짐, 고결, 치환 등)
   2) 신축가동이음관을 사용하여 관의 부등침하에 대한 저항성 증대

Ⅶ 상수도관 파손 방지를 위한 품질관리방안

1. 상수도관 기초 적용방안
   1) 관체의 저면을 충분히 이용하여 하중이 고르게 기초지반에 전달되어야 함.
   2) 대구경관은 굽힘응력을 줄이기 위하여 지지각이 큰 관받침기초 적용
   3) 소구경관은 관축 방향에 대한 부등침하 발생에 안정될 수 있는 기초 적용

2. 되메우기 시 주의사항
   1) 되메우기 할 때는 관에 손상을 줄 우려가 있는 이물질(암석 또는 콘크리트 조각 등)이 없는 양질의 토사(모래 등)로 시행
   2) 대구경관은 30cm 두께로 되메우기 하면서 구석다짐을 철저히 실시
   3) 되메우기가 부실하거나 흙의 침하가 생긴 곳은 적정한 깊이까지 재굴착한 후 품질기준에 적정하게 충분한 되메우기 및 다짐 시행
   4) 되메우기 전 관받침시설은 반드시 관의 접합부를 피하여 설치

Ⅷ 상수도관 매설공사용 모래관리대책

1. 모래가 현장으로 유입되기 이전인 채취장소 또는 야적장 등에서 검사를 실시하고, 이상이 있을 때에는 반입 자체를 금지함.
2. 상수도관 매설공사 계약 시에는 계약서 등에 되메우기용 모래는 양질의 모래를 사용한다고 명시함.
3. 시공업자가 상수도공사 표준시방서에 적합하지 아니하게 시공한 경우에는 관련 법에 따라 재시공
4. 노후 수도관 교체사업 또는 누수방지사업 등을 실시하면서 기존에 불량한 재질의 모래로 되메우기 한 사실이 밝혀지면 전량 제거조치

Ⅸ 맺음말

1. 상수도용 공사는 자재의 제품관리를 비롯하여 굴착, 포장 절단, 터파기 및 배관 및 접합, 되메우기 다짐, 통수작업 및 수질검사, 포장 복구 등 각 단계별로 품질관리를 시행하여 시설의 안전성과 경제성 및 유지관리가 용이한 공사를 하여야 한다.
2. 이를 통하여 양질의 용수 공급과 안정된 급수를 위한 용수공급체계의 수립 및 시민 보건위생 향상 및 생활환경 개선을 실시하여야 한다.

폐쇄 상수도관 처리방법

문제 분석	문제 성격	응용 이해	중요도	
	중요 Item	폐쇄 상수도 적용기준, 폐쇄 상수도 품질관리방안		

I 개 요

1. 노후 상수도관을 개량하기 위한 사업을 진행 중 기존의 노후 상수도관을 도심지 지하특성 및 타 시설물과의 근접으로 인하여 회수하지 못하는 경우가 발생한다.
2. 철거하지 못한 상수도관으로 인하여 관체 변형에 의한 지반침하 우려가 높고, 관 내부의 오염된 용수로 인한 2차 피해 발생이 우려되므로 충전 등의 대책을 수립하여 피해 발생을 방지하여야 한다.

II 폐쇄 상수도관 처리목적

1. 안정성
   1) 상수도관 내부충전으로 도로의 침하 방지
   2) 지하수오염 방지
2. 경제성
   1) 관로 교체 시 발생비용 절감
   2) 공기단축으로 인한 공사비 절감
3. 시공성
   1) 압송주입공법으로 주입구 개소 최소화
   2) 민원 감소 및 사고 발생 최소화

III 폐쇄 상수도관 충전처리공법

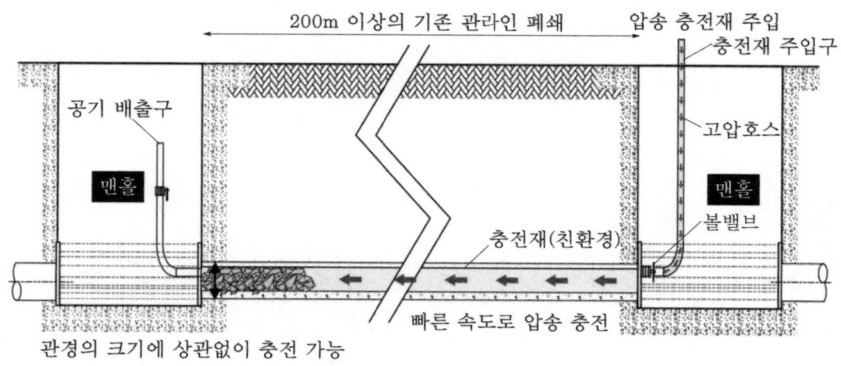

Ⅳ 폐쇄 상수도관 처리방법의 비교

구 분	충 전	철 거
개요	• 폐관 내부에 충전재를 주입하여 폐쇄 • 상부 굴착이 불가능한 주택 · 교량 · 건물 등의 하부 또는 인접하여 부설된 관의 적용	• 폐관 설치노선에 따라 포장을 절단하고 터파기를 실시한 후 관 철거 • 상부 굴착이 가능한 공공도로 · 보도 · 나대지 · 하천 등에 부설된 관에 적용
장점	• 교통정체에 따른 민원이 적음. • 공사비가 철거에 비해 저렴함. • 철거공사비의 약 25% 소요	• 토양 및 지하수오염이 없음. • 도로침하의 우려가 없음. • 도로공사 및 유지관리 용이
단점	• 지장물로 도로공사 및 유지관리가 어려움.	• 공사비가 많이 소요됨. • 교통정체에 다른 민원 발생

Ⅴ 폐쇄 상수도관 처리순서

1. 계획 수립
   1) 사전 준비
   2) 대상관로 확인
   3) 부속시설 및 분기점 확인
   4) 폐쇄계획 수립

2. 시공 준비
   1) 대상구간 분할
   2) 안전조치
   3) 터파기 및 관로 색출
   4) 관로 절단
   5) 관 내부상태 확인

[관로 절단]

3. 충전 시공
   1) 관 내부의 잔류수 제거
   2) 주입구 설치 및 배관 연결
   3) 공기배출구 설치
   4) 충전재 배합
   5) 충전재 투입
   6) 양 끝단 마개 플랜지 설치

4. 평가 분석
   1) 경화 후 시공구간 굴착 : 완전 경화 후 평가를 위한 굴착
   2) 관 천공 및 절단 : 평가를 위한 관 천공 및 절단
   3) 검사 및 육안 확인 : 강도 및 육안 확인

Ⅵ 폐쇄 상수도관 처리기준

1. 원칙 : 폐쇄 상수도관은 전량 철거
2. 장해물 등으로 철거가 불가능한 경우

구 분		강 관	주철관	내충격 수도관	유리섬유 복합관	폴리에틸렌관
관종	폐기	D300mm 이하	D300mm 이하	D200mm 이하	D200mm 이하	D200mm 이하
	충전	D350mm 이상	D350mm 이상	D250mm 이상	D250mm 이상	D250mm 이상
	※ 과도한 예산 투입 시 탄력적으로 폐기 및 충전 실시					
부속시설	밸브실	• 전량 철거 • 부득이한 경우 지반침하가 발생되지 않도록 충전재로 채움. • 밸브실 뚜껑 철개는 제거				
	밸브	• 전량 철거 • 부득이한 경우 밸브를 완전히 개방 후 충전 • 신축관과 같은 연결 부속은 철거				
	분기관	• 절단 후 마개 플랜지로 막음 • 관종별 처리기준에 따라 폐쇄				
매설환경	도로구간	• 전량 철거를 원칙으로 함. • 왕복 2차선 이하 D300mm 이하 폐기, D350mm 이상 충전 • 왕복 4차선 이상 D200mm 이하 폐기, D250mm 이상 충전 • 과도한 예산 투입 시 충전관경 결정 가능				
	토사구간	• 전량 철거를 원칙으로 함. • 관종별 처리기준에 따라 처리				
폐기 충전 예외구간		• 논밭 등 경작지구간 • 임야 산지구간 • 하천 횡단구간 • 기타 도로 함몰 및 사고 발생가능성이 낮은 구간				

Ⅶ 충전하기 전 관내 잔류수 제거방안

1. 문제점 : 폐쇄 상수도관 내부에 잔류수가 있으면 원활한 충전이 안 됨.
2. 충전 대상관에 이토밸브가 설치되어 있는 경우 : 이토밸브 이용
3. 이토밸브가 없는 경우 : 펌프를 사용하여 강제배수 시행

Ⅷ 폐쇄 상수도관의 충전 후 검사방법

1. 충전재의 품질검사 항목 및 기준

구 분	기포슬러리 비중	플로값 (mm)	침하깊이 (mm)	압축강도(N/mm^2)	
				7일	28일
0.4품	0.39 이상		15 이하	0.5 이상	0.8 이상
0.5품	0.52 이상	180 이상	10 이하	0.9 이상	1.4 이상
0.6품	0.72 이상		6 이하	1.5 이상	2.0 이상

※ 출처 : 현장타설용 기포 콘크리트, KS F 4039

2. 시공품질검사

1) 시공 도중 확인공 및 주입공을 활용하여 충전상태 확인
2) 타설이 완료된 이후에 확인구를 통한 완전 충전 여부 확인
3) 완전히 충전되지 않았을 때에는 재주입을 통해 충전 완료
4) 시공 완료 후 시공구간 중 일부 부분의 관을 굴착 및 천공하여 코어경도를 확인하여 충전의 적정성 확인

3. 완전 충전을 위한 품질관리방안

1) 시공 전 시험 시공을 실시하여 주입압력을 설정하고 주입효과 확인
2) 압입충전시키는 관의 길이는 150~250m 유지
3) 시공 중 1회 이상의 주입제의 주입시험 실시
4) 시공 완료 후 충전재 강도 확인 : 코어강도 이용
5) 충전상태 확인 : 확인공 및 주입공 이용
6) 주입량은 설계상의 주입량보다 약간 여유 감안
7) 주입량이 설계치보다 과다 시 즉시 공사 중지 및 대책 수립

Ⅸ 맺음말

1. 폐쇄된 대형 상수도관은 관체 변형에 의한 지반침하 우려가 높고, 관 내부의 오염된 용수로 인한 2차 피해 발생이 우려된다.
2. 따라서 폐쇄관의 충전, 철거를 통하여 폐쇄관 변형에 따른 공동 발생 지반침하 등의 문제점을 사전에 예방하여야 하고, 이에 따른 도로침하에 대한 시민의 불안감을 해소시키는 한편 도시안전기반을 확보하여야 한다.

하수배제방법 및 하수관거공사 시 검사종류

문제 분석	문제 성격	응용 이해		중요도	■■■■□
	중요 Item	합류식/분류식, 하수관거 정비방법, 하수관거검사			

I 개 요

1. 하수배제방법은 오수와 우수를 별개의 하수관거에 의하여 배제하는 방식인 분류식과, 오수와 우수를 한 개의 하수관거에 의하여 배제하는 합류식이 있다.

2. 하수관거 정비란 하수관거의 유지관리를 위한 여러 가지 방법 중 외부요인에 의해 훼손되어 구조적, 수리적으로 제 기능을 발휘하지 못하는 하수관거를 원래의 기능을 회복하도록 보수, 보강하는 것으로 관거의 신설에서부터 교체, 갱생, 개량, 개축, 보수, 보강, 갱신 등을 총칭하는 포괄적인 개념을 말한다.

II 하수배제방법의 종류 및 특징

1. 합류식의 특징
   1) 정의 : 오수와 하수도로 유입되는 빗물, 지하수가 함께 흐르게 하기 위한 하수관로
   2) 합류식의 장단점

단 점	• 계획하수량 이상이 되면 오수의 월류현상이 발생함. • 청천 시에는 수위가 낮고 유속이 적어 고형물이 퇴적하기 쉬움. • 강우 시에 비점원 오염물질을 하수처리장에 유입시켜 대책이 필요함. • 우천 시에 다량의 토사가 유입되어 침전지에 퇴적
장 점	• 강우 시의 우수처리에 유리 / 관거의 부설비가 저렴하고 시공이 용이함. • 우수를 신속히 배수하기 위해서는 지형조건에 적합한 관로망임. • 관거의 단면적이 크기 때문에 폐쇄의 염려가 없고 유지관리가 용이함.

2. 분류식의 특징
   1) 정의 : 오수와 하수도로 유입되는 빗물, 지하수가 각각 구분되어 흐르게 하기 위한 하수관로
   2) 분류식의 장단점

단 점	• 오수관거와 우수관거를 별개로 매설해야 하므로 부설비가 비쌈. • 강우 초기의 오염된 우수 및 오염물질이 처리되지 못하고 공공수역으로 방류됨. • 오수관거에서 소구경 관거에 의한 폐쇄의 우려가 있음. • 초기강우 시 노면의 세정수가 직접 하천 등으로 유입됨.

장 점	• 관거 내 오물의 퇴적이 적음. • 오수만을 처리하므로 처리비용이 저렴함. • 청천 시에는 합류식에 비해 오수관의 유속이 비교적 빠름. • 발생하는 오수를 전부 처리장으로 도달시킬 수 있음. • 강우 시 전 오수를 하수처리장으로 보냄.

Ⅲ 하수관로 정비의 목적

1. 차집지역
   1) 기존 관거 개량 및 보수
   2) 오수관로 신설 보급

2. 미차집지역 : 오·우수관로 신설 보급

3. 유지관리 모니터링시스템 구축
   1) 하수관거의 체계적인 유지관리
   2) 하수관거정비사업의 성과 보증 및 효과 검증

Ⅳ 하수관로공사의 업무수행절차

1. 업무흐름도

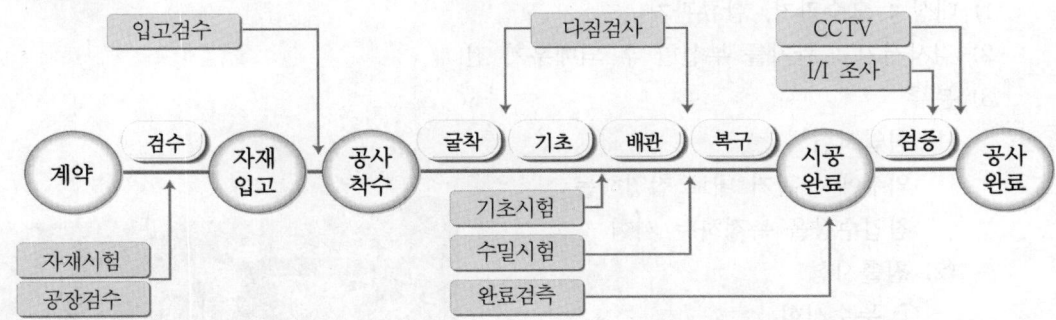

2. 주요 관리방안
   1) 재료 및 자재의 품질관리
   2) 품질관리시설 및 인력관리
   3) 시방서에 따른 시공관리
   4) 수밀성시험에 의한 관거불량 교정 및 보수
   5) 공사 완료 후 관거 내부조사를 통한 관거 시공품질 확보

Ⅴ 기존 하수관거 정비방법

1. 하수관거 관종 및 접합방법

구 분	덕타일주철관(D.I.P)	PVC 이중벽관	PVC 내충격관	흄 관
매설구간	시가지 도로 하천 및 압송구간	연결관 취락지역 지간선	배수관	우수관거
접합방식	KP 메커니컬접합	수밀고무링 소켓접합	수밀고무링 소켓접합	수밀고무링 소켓접합

2. 기존 관거 정비순서

현장 분석 CCTV 조사	⇨	세정작업	⇨	이물질 제거	⇨	보수 시공	⇨	관내 검사

Ⅵ 하수관로공사 시공 후 검사방안

1. 경사검사
   1) 경사검사
   2) 측선변동검사

2. 수밀검사
   1) 대상 : 오수관거, 합류관거
   2) 검사시기 : 관거를 부설한 후 되메우기 전
   3) 분류
      (1) 침입시험
         외부에서 관거 내로 침입하는
         침입수량을 측정하는 시험
      (2) 침출시험
         ① 누수시험
         ② 공기압시험(가변압시험)
         ③ 연결부시험
         ④ 압송관의 수압시험

[본관 누수시험]

3. 연결 및 내부검사
   1) 내부검사
      (1) 목적 : 부설된 모든 관거나 기존 관거의 개보수 적정 여부 판단
      (2) 종류 및 시험순서
         ① 육안검사(1,000mm 이상 관거) : 조사대상관 설정 → 육안조사 → 이상 부위 촬영
            → 자료정리

② CCTV 검사(1,000mm 이하 관거) : 조사대상관 설정 → CCTV 설치 → 조사작업
→ 영상 및 자료정리

4. 오접 및 유입수 · 침입수 경로조사

   1) 연기시험

      (1) 목적 : 관거시설에서 유입수 발생위치 판단

      (2) 시험 전 공공기관 사전 공지 및 연기 발생지점 기록 및 촬영 시행

   2) 염료시험

      (1) 목적 : 우수관거에서의 침입수와 강우유발 침입수의 발생지점 파악

      (2) 추적자(tracer)를 유하시켜 하수의 경로 및 농도를 분석하여 조사

   3) 음향시험

      (1) 목적 : 관거시설의 올바른 접속 여부 평가(접합관의 접속 여부)

      (2) 측정지점에서 음의 수신 및 분석을 통해 연결경로 파악

Ⅶ 하수관로공사의 품질 향상을 위한 관리방안

구 분	관리항목	관리방안
재료 품질관리	연성관	직사광선에 노출되지 않도록 덮개를 씌움.
	강성관	자재 입고 시 파손 여부 확인 및 사용 전 검사
관부설 및 연결	관기초	연약지반 발생 시 치환 또는 기초 콘크리트 타설
	관부설	바닥 정리 및 모래깔기로 이상경사 방지
	관접합	연결부의 이물질을 제거하고 접합시방 준수
	연결관	본관과 연결접속부는 접합전용 이음단지관 사용
	맨홀 연결	설치 전 기초심도 및 관저면 수준고 확인
품질검사	경사검사	10m마다 수준측량 실시
	공기압시험	시공 전구간에 걸쳐 실시(수밀시험, 공기압시험)
	오접시험	일정 규모 이상의 블록단위별로 수행(연막시험, 염료시험)

Ⅷ 맺음말

1. 하수관로 정비공사 특성상 시가지공사의 민원이 많으므로 민원을 저감하기 위한 중점관리 대책을 수립하여야 하며, 환경적 현장관리를 위하여 당일 발생한 토사 및 폐기물은 당일 즉시 반출하여야 한다.

2. 하수관로 정비 시 각 단계별로 관리를 철저히 하여 수리능력의 회복 및 향상, 하수처리효율을 제고하고, 도시환경 개선, 지하수 · 하천 · 토양의 오염 방지효과를 달성해야 한다.

CHAPTER 04 시멘트 콘크리트

지혜로운 사람은 사리에 밝아서 혼란에 빠지지 않고,
어진 사람은 늘 편한 마음을 갖고 있기 때문에 근심하지 않으며,
용감한 사람은 어떠한 일에도 두려움을 갖지 않는다.

- 흐름 = 재.배.시. 굳.굳.구(재료+배합+시공+굳지 않은+굳은+구조물)
- 재료[결.혼.골.물] = 결합재 + 혼화재료 + 골재 + 물
  1. 결 합 재 : C,W + Asphalt + Resin + Polymer + 유황 + 합성수지
  2. 혼화재료(성능개선재) : 혼화재(시멘트질량의 5% 이상) + 혼화제
  3. 골   재 : 잔골재 + 굵은 골재 ⇨ 결정기준 : 5mm체
  4. 물 : 수돗물 + 수돗물이 아닌 물 + 회수수
- 배합[원.종.강] = 원칙 + 종류 + 강도(배합 3총사 : 이 · 원 · 흐)
  1. 원   칙 : $W/B + G_{max} + s/a$ + 강도 + 내구성
  2. 종   류 : 시방배합 + 현장배합
  3. 강   도 : 설계기준강도 + 배합강도
- 시공 = 계/비/운, 타/다, 양/이/마, 철/거
  * 계량/비비기/운반, 타설/다짐, 양생/이음/마무리, 철근일/거푸집 · 동바리
  - 철근일 : 갈고리/정 + 이/방/피(갈고리/정착, 부착 + 이음/방식/피복두께)
- 강도 = 조기강도 + 장기강도 + 불합격 시 조치방안
- 강재 = 분류 + 연결방법(용.꼬.리) + 문제점
  1. 분   류 : 화학적(탄소강/합금강) + 구조적(보통강/고장력강)
  2. 연결방법 : 야금적 연결(용접) + 기계적 연결(고장력/리벳)
  3. 문 제 점 : 재질(화학/물리) + 구조(반복/고,잔류)
- 재료적 특수 콘크리트(결.혼.골.보)
  1. 결 합 재 : 팽창시멘트 + 합성수지(폴리머) + 유황 + 레진
  2. 혼화재료 : 혼화재(팽창재) + 혼화제(고성능감수제/유동화/수중불분리성)
  3. 골   재 : 경량골재 + 중량골재 + Porous + 순환골재
  4. 보 강 재 : 보강섬유 + 강재(PS + 철골 + 강관) + FRP 보강근
- 조건적 특수 콘크리트(환.타)
  1. 환경조건 : 온도[기온(서중/한중)+고온(내화/내열)] + 습도(수중/해양/수밀)
  2. 타설조건 : 타설두께(매스) + 타설방법(숏크리트/RCC/PAC/포장/공장)
- 시멘트 콘크리트의 성질
  1. 굳지 않은 콘크리트(경화 전/미경화/생/fresh) = 성질 + 재료분리
    - 성질 : workability / consistency / plasticity / finishability + M / V / P
    - 재료분리 : 물 + cement paste + 굵은 골재
  2. 굳은 콘크리트(경화 후/hardened) = 성질 + 2차 응력 + 균열
    - 성질 : 강도 + 응력/변형률 + 내구성 + 수밀성
    - 2차 응력(온.건.크) = 온도 + 건조수축 + creep
  3. 구조물 : 관리 + 열화
    - 관리 : 품질관리 + 유지관리
    - 열화 : 원인 + 현상 + 팽창(자체 + 철근 부식 + 동해)
- 시멘트 콘크리트의 균열
  1. 굳지 않은 콘크리트 균열(소.침.물) : 소성수축 + 침하 + 물리적 요인
  2. 굳은 콘크리트 균열(2.열.설) : 2차 응력 + 열화 + 설계/시공
  3. 구조물 균열(결.손.열) : 결함 + 손상 + 열화

시멘트 콘크리트 용어해설

1. **급열양생(heat curing)**
   양생기간 중 각종 열원을 이용하여 콘크리트를 양생하는 방법

2. **갇힌 공기(entrapped air)**
   혼화제를 사용하지 않더라도 콘크리트 속에 자연적으로 포함되는 공기

3. **감수제(water-reducing admixture)**
   혼화제의 일종으로, 시멘트 분말을 분산시켜서 콘크리트의 워커빌리티를 얻는 데 필요한 단위수량을 감소시키는 것을 주목적으로 한 재료

4. **검사(inspection)**
   품질이 판정기준에 적합한지의 여부를 시험. 확인 및 필요한 조치를 취하는 행위

5. **경량골재(lightweight aggregate)**
   경량골재는 천연 경량골재와 인공 경량골재로 구분되며, 골재알의 내부는 다공질이고 표면은 유리질의 피막으로 덮인 구조로 되어 있으며, 잔골재는 절건밀도가 $0.0018g/mm^3$ 미만, 굵은 골재는 절건밀도가 $0.0015g/mm^3$ 미만인 것

6. **결합재(binder)**
   물과 반응하여 콘크리트 강도 발현에 기여하는 물질을 생성하는 것의 총칭으로, 시멘트, 고로슬래그 미분말, 플라이애시, 실리카퓸, 팽창재 등을 함유하는 것

7. **고로슬래그 미분말(ground granulated blast-furnace slag)**
   용광로에서 선철과 동시에 생성되는 용융상태의 고로슬래그를 물로 급랭시켜 건조 분쇄한 것, 또는 여기에 석고를 첨가한 것

8. **고성능 공기연행감수제(air-entraining and high range water-reducing admixture)**
   공기연행성능을 가지며, 감수제보다 더욱 높은 감수성능 및 양호한 슬럼프 유지성능을 가지는 혼화제

9. **골재(aggregate)**
   모르타르 또는 콘크리트를 만들기 위하여 시멘트 및 물과 혼합하는 잔골재, 부순 모래, 자갈, 부순 굵은 골재, 바닷모래, 고로슬래그 잔골재, 고로슬래그 굵은 골재 및 기타 이와 비슷한 재료

10. **골재의 실적률(solid volume percentage of aggregate)**
    용기에 채운 골재 절대용적의 그 용기 용적에 대한 백분율로, 단위질량을 밀도로 나눈 값의 백분율

11. **골재의 유효흡수율(effective absorption ratio of aggregate)**
    골재가 표면건조포화상태가 될 때까지 흡수한 수량을 절대건조상태의 골재질량으로 나눈 값의 백분율

12. 골재의 입도(grading of aggregate)
    골재의 크고 작은 알이 섞여 있는 정도

13. 골재의 절대건조밀도(density in oven-dry condition of aggregate)
    골재 내부의 빈틈에 포함되어 있는 물이 전부 제거된 상태인 골재알의 밀도로서 절대건조상
    태의 골재질량을 골재의 절대용적으로 나눈 값

14. 골재의 절대건조상태(absolute dry condition of aggregate)
    골재를 100~110℃의 온도에서 일정한 질량이 될 때까지 건조하여 골재알의 내부에 포함되
    어 있는 자유수가 완전히 제거된 상태

15. 골재의 조립률(fineness modulus of aggregate)
    80mm, 40mm, 20mm, 10mm, 5mm, 2.5mm, 1.2mm, 0.6mm, 0.3mm, 0.15mm 등 10개의
    체를 1조로 하여 체가름시험을 하였을 때, 각 체에 남는 누계량 전체 시료에 대한 질량백분율
    의 합을 100으로 나눈 값

16. 골재의 표면건조포화밀도(표건밀도, density in saturated surface-dry condition of aggregate)
    골재의 표면수는 없고 골재알 속의 빈틈이 물로 차 있는 상태에서의 골재알 밀도로서 표면건
    조포화상태의 골재질량을 골재의 절대용적으로 나눈 값

17. 골재의 표면건조포화상태(saturated and surface-dry condition of aggregate)
    골재의 표면수는 없고 골재알 속의 빈틈이 물로 차 있는 상태

18. 골재의 표면수율(surface water content ratio of aggregate)
    골재의 표면에 붙어 있는 수량의 표면건조포화상태의 골재질량에 대한 백분율

19. 골재의 함수율(water content ratio of aggregate)
    골재의 표면 및 내부에 있는 물 전체 질량의 절건상태 골재질량에 대한 백분율

20. 골재의 흡수율(absorption ratio of aggregate)
    표면건조포화상태의 골재에 함유되어 있는 전체 수량의 절건상태 골재질량에 대한 백분율

21. 굵은 골재(coarse aggregate)
    1) 5mm체에 거의 다 남는 골재
    2) 5mm체에 다 남는 골재

22. 굵은 골재의 최대 치수(maximum size of coarse aggregate)
    질량비로 90% 이상을 통과시키는 체 중에서 최소 치수인 체의 호칭치수로 나타낸 굵은 골재
    의 치수

23. 균열저항성(crack resistance)
    콘크리트에 요구되는 균열 발생에 대한 저항성

24. 급결제(quick setting admixture)
    터널 등의 숏크리트에 첨가하여 뿜어 붙인 콘크리트의 응결 및 조기강도를 증진시키기 위해
    사용되는 혼화제

25. 내구성(durability)
    시간의 경과에 따른 구조물의 성능 저하에 대한 저항성

26. 내동해성(freeze thaw resistance)
    동결융해의 되풀이 작용에 대한 저항성

27. 단위량(quantity of material per unit volume of concrete)
    콘크리트 또는 모르타르 $1m^3$를 만들 때 쓰이는 각 재료의 사용량

28. 레디믹스트 콘크리트(ready-mixed concrete)
    정비된 콘크리트 제조설비를 갖춘 공장으로부터 구입자에게 배달되는 지점에 있어서의 품질
    을 지시하여 구입할 수 있는 굳지 않는 콘크리트

29. 레이턴스(laitance)
    블리딩으로 인하여 콘크리트나 모르타르의 표면에 떠올라서 가라앉은 물질

30. 모래(sand)
    자연작용에 의하여 암석으로부터 만들어진 잔골재

31. 모르타르(mortar)
    시멘트, 잔골재, 물 및 필요에 따라 첨가하는 혼화재료를 구성재료로 하여, 이들을 비벼서 만
    든 것, 또는 경화된 것

32. 무근콘크리트(plain concrete)
    강재로 보강하지 않은 콘크리트

33. 물-결합재비(water-binder ratio, water cementitious material ratio, W/B)
    굳지 않은 콘크리트 또는 굳지 않은 모르타르에 포함되어 있는 시멘트풀 속의 물과 결합재의
    질량비

34. 물-시멘트비(water-cement ratio)
    굳지 않은 콘크리트 또는 굳지 않은 모르타르에 포함되어 있는 시멘트풀 속의 물과 시멘트의
    질량비

35. 반죽질기(consistency)
    주로 수량의 다소에 의해 좌우되는 굳지 않은 콘크리트, 굳지 않은 모르타르, 굳지 않은 시멘
    트풀의 변형 또는 유동에 대한 저항성

36. 방청제(corrosion inhibitor)
    콘크리트 중의 강재가 사용재료 속에 포함되어 있는 염화물에 의해 부식되는 것을 억제하기
    위해 사용하는 혼화제

37. 배치(batch)
    1회에 비비는 콘크리트, 모르타르, 시멘트, 물, 혼화재 및 혼화제 등의 양

38. 배치믹서(batch mixer)
    콘크리트 재료를 1회분씩 비비기 하는 믹서

39. 배합(mixing)
   콘크리트 또는 모르타르를 만들 때 소요되는 각 재료의 비율이나 사용량

40. 배합강도(required average concrete strength)
   콘크리트의 배합을 정하는 경우에 목표로 하는 강도

41. 보온양생(insulation curing)
   단열성이 높은 재료 등으로 콘크리트 표면을 덮어 열의 방출을 적극 억제하여 시멘트의 수화열을 이용해서 필요한 온도를 유지하는 양생

42. 보통골재(normal aggregate)
   자연작용으로 암석에서 생긴 잔골재, 자갈 또는 부순 모래, 부순 굵은 골재, 고로슬래그 잔골재, 고로슬래그 굵은 골재 등의 골재

43. 일반 콘크리트(normal-weight concrete)
   잔골재, 자갈 또는 부순 모래, 부순 자갈, 여러 가지 슬래그골재 등을 사용하여 만든 단위질량이 2,300kg/m^3 전후의 콘크리트

44. 부순 모래(crushed fine aggregate)
   암석을 크러셔 등으로 분쇄하여 인공적으로 만든 잔골재

45. 블리딩(bleeding)
   굳지 않은 콘크리트, 굳지 않은 모르타르, 굳지 않은 시멘트풀에서 고체재료의 침강 또는 분리에 의해 혼합수의 일부가 분리되어 상승하는 현상

46. 생산자 위험률(producer's risk factor)
   합격으로 해야 하는 좋은 품질의 로트(lot)가 불합격으로 판정되는 확률

47. 성형(molding)
   콘크리트를 거푸집에 채워 넣고 다져서 일정한 모양을 만드는 것

48. 성형성(plasticity)
   거푸집에 쉽게 다져 넣을 수 있고, 거푸집을 제거하면 천천히 형상이 변하기는 하지만 허물어지거나 재료가 분리되지 않는 굳지 않는 콘크리트의 성질

49. 수밀성(watertightness)
   투수성이나 투습성이 작은 성질

50. 습윤양생(moist curing)
   콘크리트를 친 후 일정 기간을 습윤상태로 유지시키는 양생

51. 시멘트풀(cement paste)
   시멘트와 물 및 필요에 따라 첨가하는 혼화재료를 비벼서 만든 것, 또는 경화된 것

52. 시방배합(specified mix)
   소정의 품질을 갖는 콘크리트가 얻어지도록 된 배합으로서 표준시방서 또는 책임기술자가 지시한 배합

53. 알칼리골재반응(alkali aggregate reaction)
    알칼리와의 반응성을 가지는 골재가 시멘트, 그 밖의 알칼리와 장기간에 걸쳐 반응하여 콘크리트에 팽창, 균열, 박리 등을 일으키는 현상

54. 공기연행감수제(air-entraining and water-reducing admixture)
    공기연행제와 감수제의 두 가지 효과를 겸비한 혼화제

55. 연행공기(entrained air)
    공기연행제 또는 공기연행작용이 있는 혼화제를 사용하여 콘크리트 속에 연행시킨 독립된 미세한 기포

56. 공기연행제(air-entraining admixture)
    혼화제의 일종으로, 미소하고 독립된 수없이 많은 기포를 발생시켜 이를 콘크리트 중에 고르게 분포시키기 위하여 쓰이는 혼화제

57. 공기연행 콘크리트(air entraining concrete)
    공기연행제 등을 사용하여 미세한 기포를 함유시킨 콘크리트

58. 온도제어양생(temperature-controlled curing)
    콘크리트를 친 후 일정 기간 콘크리트의 온도를 제어하는 양생

59. 워커빌리티(workability)
    재료분리를 일으키는 일 없이 운반, 타설, 다지기, 마무리 등의 작업이 용이하게 될 수 있는 정도를 나타내는 굳지 않은 콘크리트의 성질

60. 유동성(fluidity)
    중력이나 외력에 의해 유동하기 쉬운 정도를 나타내는 굳지 않은 콘크리트의 성질

61. 유동화제(superplasticizer, superplasticizing admixture)
    배합이나 굳은 후의 콘크리트 품질에 큰 영향을 미치지 않고 미리 혼합된 베이스 콘크리트에 첨가하여 콘크리트의 유동성을 증대시키기 위하여 사용하는 혼화제

62. 자갈(gravel)
    자연작용에 의하여 암석으로부터 만들어진 굵은 골재

63. 자기수축(autogenous shrinkage)
    시멘트의 수화반응에 의해 콘크리트, 모르타르 및 시멘트풀의 체적이 감소하여 수축하는 현상

64. 잔골재(fine aggregate)
    1) 10mm체를 전부 통과하고, 5mm체를 거의 다 통과하며, 0.08mm체에 거의 다 남는 골재
    2) 5mm체를 통과하고 0.08mm체에 남는 골재

65. 잔골재율(fine aggregate ratio, S/a)
    골재 중 5mm체를 통과한 부분을 잔골재, 5mm체에 남는 부분을 굵은 골재로 보고, 산출한 잔골재량을 전체 골재량에 대한 절대용적백분율로 나타낸 것

66. 순환골재(recycled aggregate)

콘크리트를 크러셔로 분쇄하여 인공적으로 만든 골재로서 입도에 따라 순환잔골재와 순환 굵은 골재로 나누어짐

67. 절대용적(absolute volume)

콘크리트 속에 공기를 제외한 각 재료가 순수하게 차지하고 있는 용적

68. 지연제(retarder, retarding admixture)

혼화제의 일종으로 시멘트의 응결시간을 늦추기 위하여 사용하는 재료

69. 책임기술자(supervisor)

콘크리트 공사에 관한 전문지식을 가지고 콘크리트 공사의 설계 및 시공에 대하여 그 공사에 대한 책임을 지고 있는 자 또는 책임자로부터 각 공사에 대하여 책임의 일부분을 부담 받은 자

70. 체(sieve)

KS A 5101-1에 규정되어 있는 망체

71. 초기동해(early frost damage)

응결경화 초기에 받는 콘크리트의 동해

72. 촉진양생(accelerated curing)

콘크리트의 경화나 강도 발현을 촉진하기 위해 실시하는 양생

73. 콘크리트(concrete)

시멘트, 물, 잔골재, 굵은 골재 및 필요에 따라 첨가하는 혼화재료를 구성재료로 하여 이들을 비벼서 만든 것, 또는 경화된 것

74. 콘크리트 설계기준압축강도(specified compressive strength of concrete)

구조설계에서 기준으로 하는 콘크리트의 압축강도

75. 콜드조인트(cold joint)

시공 전에 계획하지 않은 곳에서 생겨난 이음으로서, 먼저 타설된 콘크리트와 나중에 타설되는 콘크리트 사이에 완전히 일체화가 되어 있지 않은 이음 부위

76. 크리프(creep)

응력을 작용시킨 상태에서 탄성변형 및 건조수축변형을 제외시킨 변형으로, 시간과 더불어 증가되어 가는 현상

77. 펌퍼빌리티(pumpability)

펌프에 의한 운반을 실시하는 경우 콘크리트의 압송성

78. 팽창재(expansive additive)

시멘트 및 물과 함께 혼합하면 수화반응에 의하여 에트린자이트 또는 수산화칼슘 등을 생성하고 모르타르 또는 콘크리트를 팽창시키는 작용을 하는 혼화재료

79. 포졸란(pozzolan)

혼화재의 일종으로서 그 자체에는 수경성이 없으나 콘크리트 중의 물에 용해되어 있는 수산화칼슘과 상온에서 천천히 화합하여 물에 녹지 않는 화합물을 만들 수 있는 실리카질 물질을 함유하고 있는 미분말상태의 재료

80. 표준양생(standard curing)

20±3℃로 유지하면서 수중 또는 습도 100%에 가까운 습윤상태에서 실시하는 양생

81. 품질관리(quality control)

사용목적에 적합한 콘크리트 구조물을 경제적으로 만들기 위해 공사의 모든 단계에서 실시하는 콘크리트의 품질 확보를 위한 효과적이고 조직적인 활동

82. 현장배합(mix proportion at job site, mix proportion in field)

시방배합의 콘크리트가 얻어지도록 현장에서 재료의 상태 및 계량방법에 따라 정한 배합

83. 화학적 침식(chemical attack)

산, 염, 염화물 또는 황산염 등의 침식물질에 의해 콘크리트의 용해·열화가 일어나거나 침식물질이 시멘트의 조성물질 또는 강재와 반응하여 체적팽창에 의한 균열이나 강재 부식, 피복의 박리를 일으키는 현상

84. 혼화재(mineral admixture)

혼화재료 중 사용량이 비교적 많아서 그 자체의 부피가 콘크리트 등의 비비기 용적에 계산되는 것

85. 혼화재료(admixture)

시멘트, 골재, 물 이외의 재료로서 콘크리트 등에 특별한 성질을 주기 위해 배합 시 필요에 따라 더 넣는 재료

86. 혼화제(chemical admixture, chemical agent)

혼화재료 중 사용량이 비교적 적어서 그 자체의 부피가 콘크리트 등의 비비기 용적에 계산되지 않는 것

87. 설계기준압축강도(specified concrete strengh, f_{ck})

콘크리트 부재설계에 있어서 계산의 기준이 되는 콘크리트 강도로 일반적으로 재령 28일의 압축강도를 기준으로 함.

88. 내구성기준 압축강도(f_{cd})

콘크리트 내구성설계 시 기준이 되는 강도로 구조물의 노출범위 및 등급에 따라 결정됨.

89. 품질기준강도(f_{cq})

설계기준압축강도와 내구성기준 압축강도 중에서 결정된(큰 값) 기준강도

$$f_{cq} = (f_{ck}, \ f_{cd})_{max}$$

90. 기온보정강도(T_n)

기온에 따른 콘크리트 배합보정강도

시멘트의 화학적 성분 및 시멘트 화합물의 특성

문제 분석	문제 성격	기본 이해	중요도	■■■□□□□
	중요 Item	물리적 특성, 혼합시멘트, 시멘트 저장, 시멘트 풍화		

I 개 요

1. 시멘트의 화학적 성분은 주성분(석회, 실리카, 알루미나)과 부성분(산화철, 산화마그네슘, 삼산화황, 알칼리성분)으로 구성된다.
2. 시멘트 화합물의 특성은 시멘트 제조과정에서 생성된 C_2S, C_3S, C_3A, C_4AF의 함량에 따라 1종(보통), 2종(중용열), 3종(조강), 4종(저열), 5종(내황산염) 등의 용도로 사용할 수 있다.

II 시멘트의 종류

1. 포틀랜드 시멘트   2. 혼합시멘트   3. 특수 시멘트

III 시멘트의 제조공정 모식도

1. 시멘트의 제조흐름

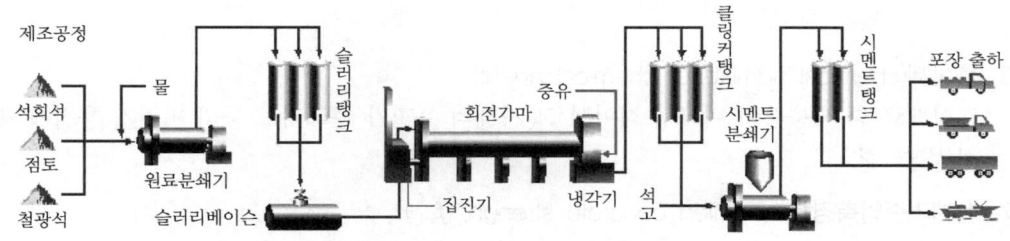

2. 시멘트의 제조과정
   1) 원료 : 석회석, 점토, 규석, 철광석(성분 조절용), 석고(응결 조절용)
   2) 석회석 원료와 점토질 원료를 중량비 4 : 1의 비율로 혼합
   3) 산화철 2% 첨가
   4) 원료를 분쇄하고 적당한 비율로 조합하여 충분히 혼합
   5) 소성로에서 재료를 소성(1,450℃로 10시간 소성) 후 급속 냉각
   6) 급속 냉각으로 얻어진 클링커에 석회를 넣고 분쇄하여 시멘트 제조

Ⅳ 시멘트의 화학적 성분

1. 시멘트의 화학적 성분

주성분	부성분
• 석회(CaO) : 63 ~ 65% • 실리카(SiO_2) : 21 ~ 25% • 알루미나(Al_2O_3) : 4 ~ 6%	• 산화철(Fe_2O_3) : 2 ~ 4% • 산화마그네슘(MgO) : 1 ~ 3% • 삼산화황(SO_3) : 1 ~ 2% • 알칼리성분

2. 수경률(HM)

1) 조합비율은 시멘트의 품질 결정

2) 산정식 : $HM = \dfrac{CaO}{SiO_2 + Al_2O_3 + Fe_2O_3}$ [%]

3) 기준

(1) 보통시멘트 : 2.1

(2) 조강시멘트 : 2.2

3. 시멘트의 3성분계

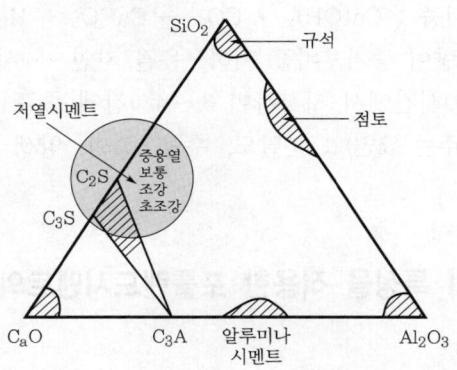

Ⅴ 시멘트 화합물의 특성(클링커 조성물질)

명 칭		규산 제3칼슘	규산 제2칼슘	알루민산 제3칼슘	알루민산철 제4칼슘
분자식		$3CaO \cdot SiO_2$	$2CaO \cdot SiO_2$	$3CaO \cdot Al_2O_3$	$4CaO \cdot Al_2O_3 \cdot Fe_2O_3$
약자		C_3S	C_2S	C_3A	C_4AF
별명		alite	belite	aluminate	ferrite
특징	조기강도	대	소	대	소
	장기강도	중	대	소	소
	수화열	중	소	대	소
	건조수축	중	소	소	소
	화학저항성	–	–	소	대

Ⅵ 시멘트의 물리적 특성

1. 분말도(fineness)
   1) 정의 : 1g당 비표면적
   2) 적정 분말도 : 2,800 ~ 3,300cm^2/g
   3) 시험방법 : 체가름시험(표준체시험),
                 비표면적시험(브레인투과장치시험)

2. 수화열(heat of hydration)
   1) 수화열 발생 메커니즘
      $CaO + H_2O \rightarrow Ca(OH)_2 + 125cal/g$
   2) 문제점 : 내·외부온도차로 온도균열 발생

[브레인투과장치]

3. 풍화(風化, weathering)
   1) 정의 : 시멘트가 저장 중 공기에 노출되면서 습기와 탄산가스
            를 흡수하여 수화반응을 일으키고 탄산화되면서 고화
            하는 현상
   2) 풍화 발생 메커니즘 : $Ca(OH)_2 + CO_2 \rightarrow CaCO_3 + H_2O \downarrow$
   3) 문제점 : 강열감량이 증가, 비중 저하, 응결 지연 → 시멘트강도 저하
4. 응결시간 : 1.5 ~ 2.0시간에서 시작하여 3 ~ 4시간에 종료
5. 강도(강도에 영향을 주는 요인) : 분말도, 수량, 풍화, 양생
6. 비중, 안정도, 수축

Ⅶ 시멘트 화합물의 특성을 적용한 포틀랜드시멘트의 분류

1. 1종(보통시멘트)
   1) 분말도 : 2,800cm^2/g 이상
   2) 특징 : 수화열 보통, 장기강도 보통
   3) 용도 : 일반 건설공사 사용

2. 2종(중용열시멘트)
   1) 분말도 : 2,800cm^2/g 이상
   2) 특징 : 수화열이 적고, 장기강도 우수
   3) 용도 : 포장, 댐 등 매시브한 구조물
   4) 화학조성 : 수화열 저감을 위하여 C_2S를 늘리고 C_3S, C_3A를 줄인 시멘트

3. 3종(조강시멘트)
   1) 분말도 : 3,300cm^2/g 이상

2) 특징 : 수화열이 많고, 초기강도 우수

3) 용도 : 급속, 긴급공사

4) 화학조성 : 조기강도 발현을 위하여 C_3S, C_3A, 분말도를 크게 한 시멘트

4. 4종(저열시멘트)

1) 분말도 : $2,800cm^2/g$ 이상

2) 특징 : 수화열이 가장 적고, 내구성 우수

3) 용도 : 교량, 터널, 댐 등 2종과 유사

4) 화학조성 : 수화열 저감을 위하여 C_2S를 늘리고 C_3S, C_3A를 줄인 시멘트

5. 5종(내황산염시멘트)

1) 분말도 : $2,800cm^2/g$ 이상

2) 특징 : 해수, 황산염 저항성이 큼

3) 용도 : 하수처리시설, 해양구조물, 원자로 등

4) 화학조성 : 황산염의 저항을 늘리기 위해 C_4AF를 늘리고 C_3A를 줄인 시멘트

VIII 특수 시멘트의 종류와 특징

구 분	특 징	비 고
팽창성 수경시멘트	포틀랜드시멘트와 같이 수경성 칼슘실리케이트를 함유하며, 칼슘알루미네이트 및 황산칼슘을 함유하여 물로 반죽하였을 때 응결 후 초기경화기간 중 부피가 현저하게 증가하는 시멘트	KS L 5217
초조강시멘트	초기에 수화활성이 큰 시멘트 광물조성을 가지고 있어 1일 강도가 보통시멘트의 7일 강도를 발현하며 수밀성과 내구성이 우수하여 공기단축을 요하는 각종 토목공사, 도로, 활주로 등 긴급보수, 암반 및 연약 지반 그라우트, 한중공사에 이용	
초속경시멘트	2～3시간 만에 보통시멘트의 7일 강도를 발현하고 알루미나시멘트보다 조강성을 가지며, 도로, 교량의 긴급 보수 및 기계기초공사, 한중공사 및 콘크리트 2차 제품 제조에 이용	
알루미나 시멘트	주로 알루미나질 원료 및 석회질 원료를 적당한 비율로 충분히 혼합, 용융 혹은 그 일부가 용융되어 소결한 클링커를 미분쇄하여 만듦. 1일에 1종 시멘트 28일 강도를 발현하여 One day cement 라고 부르며 긴급 공사 및 내열성이 우수한 특징을 나타내므로 내열성 골재와 배합하여 많이 이용	KS L 5205
팽창질석을 사용한 단열시멘트	팽창된 질석과 시멘트 또는 플라스터 혼합물에 적절한 양의 물을 가하고 가소성 물질로 하여 시공하여 그대로 자연건조시켜 표면의 온도가 38～982℃ 범위인 곳에 단열재로 사용할 수 있는 시멘트	KS L 5216

Ⅸ 혼합시멘트의 종류 및 특징

구 분	플라이애시시멘트	실리카퓸시멘트	고로슬래그시멘트
종류	A(5 ~ 10%) B(10 ~ 20%) C(20 ~ 30%)	A(5 ~ 10%) B(10 ~ 20%) C(20 ~ 30%)	A(10 ~ 30%) B(30 ~ 60%) C(60 ~ 70%)
생성	화력발전소 연돌에 전기 집진장치 이용	반도체회사에서 발생	제철회사에서 암석 용융 시 떠 있는 돌을 냉각시킨 것
특성	• 볼베어링작용 : 워커빌리티 개선 • 2차 반응(포졸란반응) : 수화열 감소, 장기강도 증진	• 볼베어링작용 : 워커빌리티 개선 • 2차 반응(포졸란반응) : 수화열 감소, 장기강도 증진 • 공극 채움 역할	• 2차 반응(잠재적 수경성) : 수화열 감소, 장기강도 증진 • AAR 반응에 대한 저항성 • 염해에 대한 저항성
용도	서중, 매스 콘크리트	고강도 콘크리트	서중, 매스, 해양 콘크리트

Ⅹ 시멘트의 저장관리방안

1. 저장장소 : 방습구조의 사일로 또는 창고
2. 저장기간 : 가능한 짧게

　　　　　→ 창고에 1개월 이상 저장 시 압축강도가 5% 정도 감소

3. 저장방법
   1) 포대시멘트

   (1) 지상에서 0.3m 이상 되는 마루에 13포 이하 저장, 벽 접촉 금지

   (2) 품종별로 구분

   (3) 시멘트 창고의 필요면적

$$A = 0.4 \frac{N}{n}$$

　　　여기서, A : 창고면적(m^2), N : 저장 시멘트 포대 수, n : 쌓는 시멘트 포대 수

   2) 벌크(bulk)시멘트 : 저압(0.36 ~ 0.71kgf/cm^2)에서도 압축공기를 이용하여 배출해 낼 수 있는 공기압 벌크탱크에 저장하여 사용하는 시멘트

   3) 사일로(silo)시멘트

   (1) 방습구조로 된 사일로 또는 창고에 품종별로 구분하여 저장해야 함.

   (2) 사일로의 용량은 1일 평균작업량의 3일분 이상

   (3) 시멘트는 검사 및 확인이 용이하도록 저장해야 하고, 습기를 방지할 수 있도록 함은 물론 기후조건에도 견딜 수 있도록 저장해야 함.

4. 사용

  1) 저장순서대로 사용

  2) 저장 중에 약간이라도 굳은 시멘트를 공사에 사용해서는 안 되며, 제조일로부터 3개월 이상된 시멘트는 사용하기 전에 시험을 실시하여 그 품질을 확인함.

XI 시멘트 품질관리 시 주의사항

1. 시멘트 안정도 시험방법은 오토클레이브시험과 르 샤틀리에시험 중 택일하여 시행

2. 3일 강도는 1일 강도보다, 7일 강도는 3일 강도보다, 28일 강도는 7일 강도보다 커야 함.

3. 4종(저열시멘트)의 91일 강도는 42.5MPa 이상이어야 함.

XII 맺음말

1. 시멘트의 화학성분과 화합물특성은 시멘트의 품종이나 제조사에 따라 차이는 있으나 공사 목적에 적합한 시멘트를 선정하여 이용해야 한다.

2. 시멘트를 장기간 보관하면 대기 중의 탄산가스와 물이 침투하여 풍화되고 비중이 감소되어 강도 저하 및 응결이 늦어지는 등 품질 저하가 발생하므로 시멘트 공급과 수요에 따라 철저하게 관리해야 한다.

시멘트의 제조방법과 품질시험항목

문제 분석	문제 성격	기본 이해	중요도	■■□□□
	중요 Item	품질시험항목, 분말도시험방법		

I 개 요

1. 시멘트의 제조방법은 석회질 원료와 점토질 원료를 혼합, 소성하여 얻은 것을 클링커에 석고를 가하여 분쇄하여 제조한다.
2. 시멘트의 품질시험항목은 분말도, 팽창안정도, 수화열, 응결시간, 압축강도 등으로 구분되며 시멘트의 품질 적정성 확인에 적용한다.

II 시멘트의 제조공정 모식도

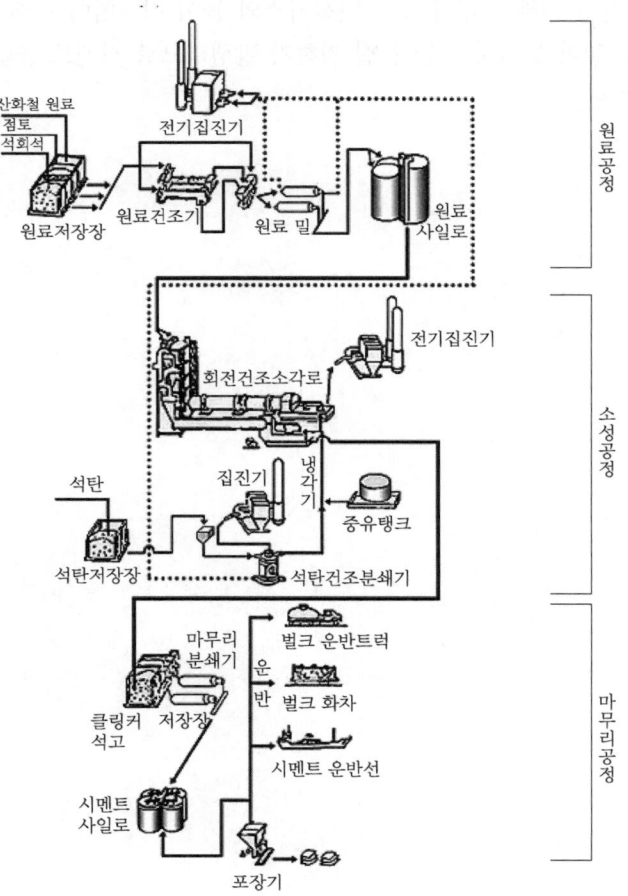

Ⅲ 시멘트의 제조방법

1. 원료 : 석회석, 점토, 규석, 철광석(성분 조절용), 석고(응결 조절용)

> ※ 시멘트 1,000kg을 제조하기 위한 원료량
> 석회석 1,260kg, 점토 200kg, 규석 20kg, 철광석 20kg, 석고 35kg

2. 석회석 원료와 점토질 원료를 중량비 4 : 1의 비율로 혼합
3. 산화철 2% 첨가
4. 원료를 분쇄하고 적당한 비율로 조합하여 충분히 혼합
5. 소성로에서 재료를 소성(1,450℃로 10시간 소성) 후 급속 냉각
6. 급속 냉각으로 얻어진 클링커에 석회를 넣고 분쇄하여 시멘트 제조

Ⅳ 시멘트의 품질시험항목

1. 분말도(fineness)
   1) 정의 : 1g당 비표면적
   2) 적정 분말도 : $2,800 \sim 3,300 cm^2/g$
   3) 시험방법 : 체가름시험(표준체시험), 비표면적시험(브레인투과장치시험)

2. 응결시간
   1) 시험목적 : 시멘트 품질(풍화) 확인, 콘크리트 운반, 타설계획 수립
   2) 시험방법 : 비카침시험, 길모어시험
   3) 보통포틀랜드시멘트 : $1.5 \sim 2.0$시간에서 응결을 시작하여 $3 \sim 4$시간에 종료

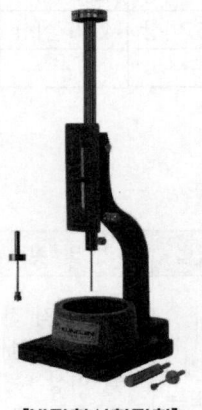

[비카침시험장치]

[길모어시험장치]

3. 압축강도
   1) 시험목적 : 시멘트 품질 확인, 콘크리트 강도 추정(급속경화법)
   2) 시험방법 : 압축강도시험

3) 3일 강도는 1일 강도보다, 7일 강도는 3일 강도보다, 28일 강도는 7일 강도보다 커야 함.
4) 4종(저열시멘트)의 91일 강도는 42.5MPa 이상

4. 수화열
1) 시험목적 : 중용열시멘트, 저열시멘트의 수화열 측정

5. 팽창 안정도
1) 시험목적 : 시멘트 경화 시 팽창으로 인한 균열에 대한 안정성 파악
2) 시험방법 : 시멘트의 오토클레이브 팽창도 시험방법

Ⅴ 시멘트의 품질기준

항 목	종 류		1종	2종	3종	4종	5종
분말도	비표면적(Blaine)(cm²/g)		2,800 이상	2,800 이상	3,300 이상	2,800 이상	2,800 이상
안정도	오토클레이브 팽창도(%)		0.8 이하	0.8 이하	0.8 이하	0.8 이하	0.8 이하
	르 샤틀리에(mm)		10 이하	10 이하	10 이하	10 이하	10 이하
응결시간	비카침 시험	초결(분)	60 이상	60 이상	45 이상	60 이상	60 이상
		종결(시간)	10 이하	10 이하	10 이하	10 이하	10 이하
수화열 (J/g)	7일		–	290 이하	–	250 이상	–
	28일		–	340 이하	–	290 이하	–
압축강도 (MPa)	1일		–	–	10.0 이상	–	–
	3일		12.5 이상	7.5 이상	20.0 이상	–	10.0 이상
	7일		22.5 이상	15.0 이상	32.5 이상	7.5 이상	20.0 이상
	28일		42.5 이상	32.5 이상	47.5 이상	22.5 이상	40.0 이상
	91일		–	–	–	42.5 이상	–

Ⅵ 시멘트의 품질관리방안

종 류	항 목	시험, 검사방법	시기 및 횟수	판정기준
KS에 규정되어 있는 시멘트	해당 시멘트의 KS에 규정되어 있는 항목	제조회사의 시험성적서에 의한 확인, 또는 KS에 의한 방법	• 공사 시작 전 • 공사 중 1회/ 월 이상 • 장기간 저장 한 경우	해당 시멘트의 KS 표준에 합격한 경우
KS에 규정되어 있지 않은 시멘트	필요로 하는 경우			사용목적을 달성하기 위해 정한 규격에 적합한 경우

VII 시멘트의 분말도 시험방법

1. 시험목적 : 분말도시험은 시멘트의 수화작용과 강도를 측정하기 위하여 시행

2. 체가름시험(표준체시험)
   1) 시료 50g을 표준체(90μm)에 넣고 한 손으로 1분간 150번의 속도로 체를 두드려치며, 25회 두드릴 때마다 체를 약 1/6회전시킴.
   2) 1분간 통과량이 0.1g 이하가 되면 그치고 남은 것을 측정하여 분말도 산정

[잔골재 체가름시험기]

3. 비표면적시험(브레인투과장치에 의한 시험)
   1) 비표면적시험의 경우 단위는 cm^2/g으로 표시되며, 보통시멘트는 $2,800 \sim 3,300cm^2/g$임.
   2) 비표면적이란 1g의 시멘트가 가지고 있는 전체 입자의 면적임.
   3) 분말도가 클수록, 즉 미세할수록 표면적은 증가되고 수화작용이 빨라짐.

VIII 맺음말

1. 불량시멘트 사용 시 대기 중의 탄산가스와 물이 침투하여 풍화되고 비중이 감소되어 강도 저하 및 응결이 늦어지는 등 품질이 저하된다.
2. 시멘트의 반입 및 사용 전 철저한 품질 확인을 통하여 적정성을 확인한 후 사용하며, 저장한 지 3개월이 경과된 경우에는 시험을 시행하여 적정성을 확인한 후 사용하여야 한다.

물(혼합수)의 종류와 품질관리방안

문제 분석	문제 성격	기본 이해	중요도	■■■□□□
	중요 Item	혼합수의 품질기준		

Ⅰ 개 요

1. 콘크리트용 혼합수는 콘크리트의 품질에 영향을 주는 중요한 재료이나, 다른 구성재료에 비해 상대적으로 품질관리를 소홀히 해온 재료이다.
2. 혼합수는 콘크리트나 강재에 악영향을 주는 유해물질을 함유해서는 안 되고, 특히 철근콘크리트구조에서는 바닷물을 혼합수로 사용해서는 안 된다.
3. 사용 시에는 염분이온이 강재의 부식을 촉진시켜 궁극적으로 구조물 전체의 내하력을 현저하게 저하시킬 수 있기 때문이다.

Ⅱ 물(혼합수)의 종류

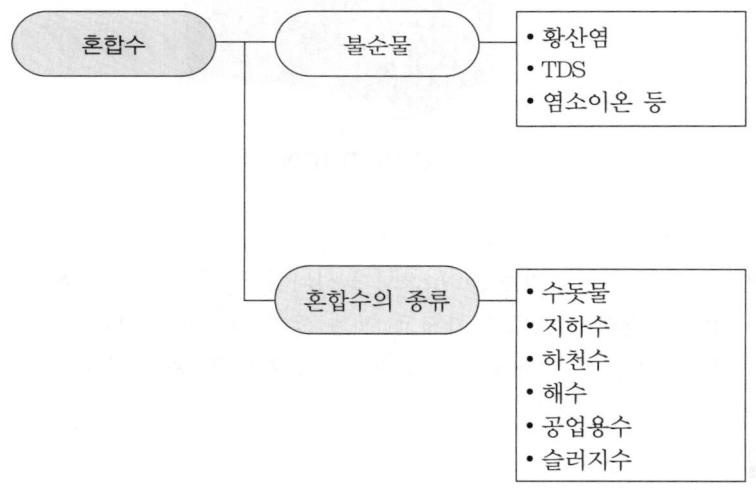

Ⅲ 혼합수의 불순물이 콘크리트에 미치는 영향

1. 굳지 않은 콘크리트 : 거의 영향 없음
2. 굳은 콘크리트 : 염소이온량이 기준 초과 시에는 응결이 촉진되고 건조수축량이 현저하게 증가함.

Ⅳ 물(혼합수)의 특징

1. 수돗물
   상수도용 수돗물은 콘크리트용 혼합수로 문제가 없음.

2. 하천수
   1) 오염되지 않은 하천수는 콘크리트용 혼합수로 무방
   2) 공업용수 등으로 오염된 것은 주의

3. 지하수
   1) 청결한 지하수의 사용은 무방
   2) 지하수에 유기물이 다량 포함되면 주의
   3) 해안지대 지하수의 경우 염분이 유입될 가능성이 있으므로 주의

4. 공업용수
   책임기술자의 판단 아래 악영향을 주지 아니할 경우 사용 가능

5. 해수
   1) 철근콘크리트에 해수를 혼합수로 사용할 수 없음.
   2) 해사에 포함된 염화물의 허용한도는 NaCl로 환산
   3) 염소이온 등 각종 이온이 다량 함유되어 사용 시 주의

6. 슬러지수
   1) 콘크리트 운반차 및 믹서를 청소한 물은 강알칼리성임.
   2) 청소한 물은 슬러지수 및 골재로 분리하고, 슬러지수를 소정의 농도로 조정한 물이나
      상등수는 사용할 수 있음.
   3) 혼합수에 시멘트 등의 미립분 및 골재를 함유하고 있음.

Ⅴ 혼합수의 품질기준

1. 콘크리트용 상수도 혼합수의 규격

시험항목	허용량
색도	5도 이하
탁도(NTU)	0.3 이하
수소이온농도(pH)	5.8 ~ 8.5
증발잔류물(mg/L)	500 이하
염소이온량(mg/L)	250 이하
과망간산칼륨 소비량(mg/L)	10 이하

※ 수도법에 의한 상수도기준 및 KS F 4009(레디믹스트 콘크리트) 부속서 2에 의한 혼합수의 기준

2. 상수도 이외의 혼합수의 품질기준

시험항목	품질기준
현탁물질량	2g/L 이하
용해성 증발잔류물량	1g/L 이하
염소이온량	250ppm 이하
시멘트 응결시간의 차	초결 30분 내, 종결 60분 내
모르타르의 압축강도비	재령 7일과 28일에서 90% 이상

3. 회수수의 품질기준
   1) 회수수의 구성
      (1) 슬러지수 : 콘크리트의 세척 배수에서 굵은 골재, 잔골재를 분리 회수하고 남은 현탁수
      (2) 상징수 : 슬러지수에서 슬러지 고형물을 침강 또는 기타의 방법으로 제거한 물
   2) 품질기준

시험항목	품질기준
용해성 증발잔류물량	1g/L 이하
시멘트 응결시간의 차	초결 30분 내, 종결 60분 내
모르타르의 압축강도비	재령 7일과 28일에서 90% 이상

Ⅵ 혼합수의 품질관리방안

1. 품질관리

종 류	항 목	시험, 검사방법	시기 및 횟수	판정기준
상수도 물	–	상수도 물을 사용하고 있다는 자료로 확인	공사 시작 전	상수도일 것
상수도 이외의 물	KS F 4009 부속서 2의 항목	KS F 4009 부속서 2의 방법	• 공사 시작 전 • 공사 중 1회/년 이상 • 수질이 변한 경우	KS F 4009 부속서에 적합할 것

2. 물(혼합수) 품질관리 시 유의사항
   1) 강재의 품질에 나쁜 영향을 미치는 물질을 유해량 이상 함유하지 않아야 함.
   2) 기름, 산, 염류 등 콘크리트 표면을 해칠 물질을 기준 이상 함유하지 않아야 함.
   3) 해수는 강재를 부식시킬 우려가 있으므로 철근콘크리트에서는 혼합수로 사용 불가
   4) 부득이 염화물이 많이 함유한 물을 사용하는 경우에는 콘크리트의 염소이온 총량의 허용한도 이내가 되도록 철저하게 관리

Ⅶ 맺음말

1. 콘크리트용 혼합수는 콘크리트의 품질에 영향을 주는 중요한 재료이며, 다른 구성재료에 비해 상대적으로 품질관리를 소홀하게 해온 재료이다.
2. 특히 레미콘 생산과정에서 회수수의 발생은 필연적인 산물로서, 이에 따른 환경피해 방지 및 자원재활용대책으로 회수수의 활용은 매우 시급하다.
3. 따라서 회수수를 재활용하더라도 레미콘 품질이 저하되지 않는 대책의 수립, 즉 회수수의 효율적인 활용방안에 대한 모색이 절실하며, 레미콘 회수수의 재활용에는 많은 주의가 요망된다.

참고 콘크리트 내 물의 역할

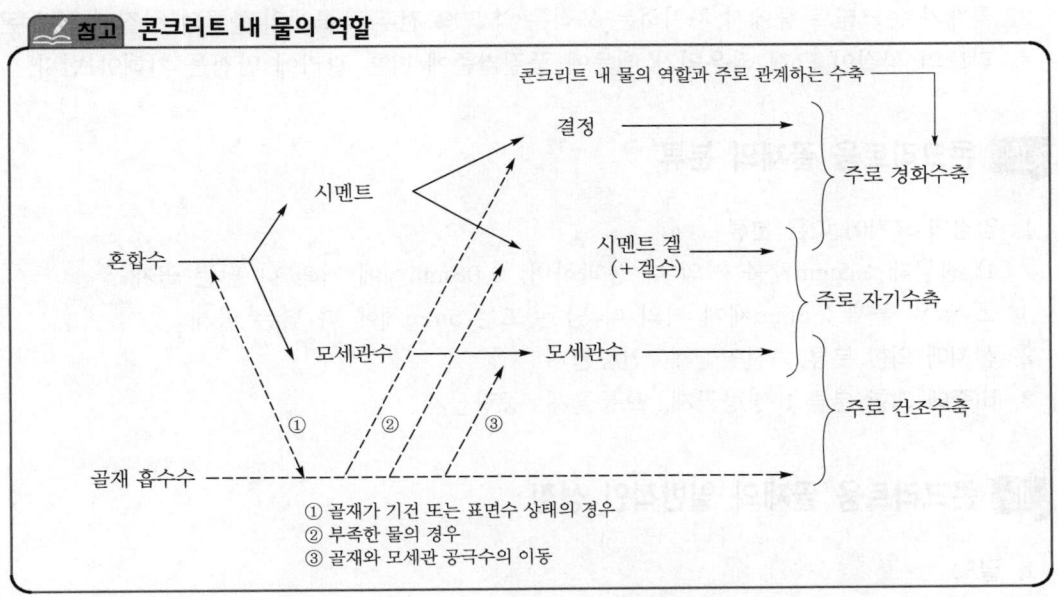

① 골재가 기건 또는 표면수 상태의 경우
② 부족한 물의 경우
③ 골재와 모세관 공극수의 이동

콘크리트용 골재로서 요구되는 성질과 품질기준

문제 분석	문제 성격	기본 이해	중요도	■■■■■□
	중요 Item	골재의 실적률과 공극률, 골재의 함수상태, 골재의 최대 치수		

I 개 요

1. 골재란 시멘트 모르타르나 콘크리트를 만들기 위해 시멘트와 물에 혼합되는 보강과 중량을 주목적으로 사용하는 모래, 자갈, 부순 골재 및 기타 이와 비슷한 재료를 총칭한다.
2. 골재가 콘크리트 중에서 차지하는 용적은 약 70% 전후로 골재의 종류와 성질에 의해 콘크리트의 성질이 크게 좌우되기 때문에 품질기준에 따른 관리에 만전을 기해야 한다.

II 콘크리트용 골재의 분류

1. 입경의 크기에 따른 분류
   1) 잔골재 : 5mm체를 거의 다 통과하며, 0.08mm체에 거의 다 남는 골재
   2) 굵은 골재 : 5mm체에 거의 다 남는 또는 5mm체에 다 남는 골재
2. 산지에 의한 분류 : 천연골재, 인공골재
3. 비중에 의한 분류 : 경량골재, 보통골재, 중량골재

III 콘크리트용 골재의 일반적인 성질

1. 밀도
   1) 절대건조밀도상태를 기준으로 골재는 $2.50g/cm^3$ 이상의 값을 표준으로 함.
   2) 배합설계, 실적률, 공극률 계산에 이용

2. 함수상태

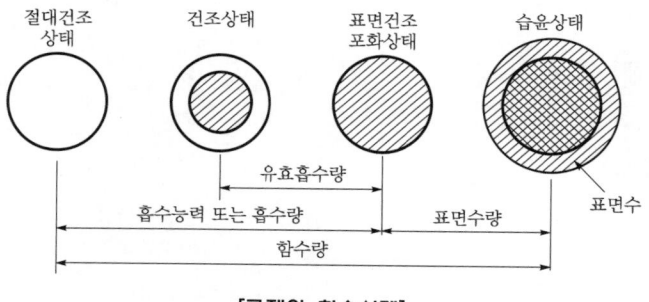

[골재의 함수상태]

3. 단위용적질량 : $1m^3$의 부피에 해당하는 골재의 질량
4. 입형, 입도

Ⅳ 콘크리트용 골재에 요구되는 성질

1. 깨끗하고 유해물을 포함하지 않을 것
2. 물리적 내구성이 클 것
3. 화학적 안정성이 클 것
4. 밀도가 클 것(견고하고 강할 것)
5. 부착력이 클 것(입방체나 공모양으로 표면이 매끄럽지 않은 것)
6. 적당한 입도일 것(공극 감소)
7. 소요의 중량을 가질 것
8. 내마모성일 것
9. 내화성일 것

Ⅴ 콘크리트용 골재의 품질기준

1. 입도
   1) 골재는 대소의 알이 알맞게 혼합되어야 하며, 굵은 골재는 조립률이 6 ~ 8, 잔골재는 조립률이 2.0 ~ 3.3 범위가 가장 적정
   2) 조립률이 벗어날 경우에는 2종 이상의 골재를 혼합하여 입도 조정 후 사용

2. 굵은 골재 최대 치수(G_{max})
   1) 정의 : 질량비로 최소 90% 이상을 통과시키는 체 중에서 최소 치수의 체눈의 호칭치수로 나타낸 굵은 골재의 치수
   2) 굵은 골재 최대 치수 기준

구 분		G_{max}
부재치수		최소 치수의 1/5 이하
피복두께		3/4
철근간격		최소 수평, 수직간격의 3/4
구조물	일반적인 경우	20mm 또는 25mm
	단면이 큰 경우	40mm
	무근콘크리트	40mm(부재 최소 치수의 1/4)

3. 굵은 골재 마모시험
   1) 시험목적 : 골재의 마모 정도 측정
   2) 시험방법 : 로스앤젤레스식 시험, 데발(Deval)시험방법

3) 시험 후 망체(1.7mm)에 남는 시료의 무게 계산

4) 품질기준 : 마모시험 후 마모율이 최대 40% 이하

4. 유해물함유량의 한도

1) 골재 중에 함유된 유해물로는 먼지, 점토분, 침니, 실트, 부식토 등이 있으며, 이는 콘크리트의 내구성 및 안정성에 나쁜 영향을 끼치는 유해한 물질임.

2) 골재 중 유해물함유 기준(유해물함유량 한도, 질량백분율)

구 분	잔골재	굵은 골재
점토 덩어리	1.0	0.25
연한 석편	−	5.0
0.08mm체 통과량 　콘크리트의 표면이 마모작용을 받는 경우 　기타의 경우	3.0 5.0	1.0 −
석탄, 갈탄으로 밀도 0.0022g/mm³ 액체에 뜨는 경우 　콘크리트 외관이 중요한 경우 　기타의 경우	0.5 1.0	0.5 1.0
염화물(NaCl 환산량)	0.04	−
유기불순물함유시험	표준색보다 엷어야 함.	−

5. 단위용적중량 및 실적률

1) 실적률(%)＝100−공극률(%)

2) 실적률이 클수록 골재의 모양이 좋고, 입도가 적당하며 시멘트 페이스트의 양이 절약되어 경제적이고 내구성이 좋은 콘크리트 생산이 가능

3) 실적률＝$\dfrac{단위용적질량}{골재의 밀도}\times 100\%$

4) 품질기준 : 부순 굵은 골재 55% 이상, 부순 잔골재 53% 이상

[단위용적중량 시험장치]

6. 내구성(안정성)
   1) 목적 : 황산나트륨의 결정압에 의한 파괴작용에 대한 저항성 판정
   2) 활용성 : 기상작용(동결융해)에 대한 골재의 안정성 파악
   3) 골재의 손실중량백분율의 한도 : 굵은 골재 12% 이하, 잔골재 10% 이하

7. 밀도
   1) 절대건조밀도상태를 기준으로 골재는 $2.50g/cm^3$ 이상의 값을 표준으로 함
   2) 골재의 밀도가 크면
      (1) 흡수율이 적고
      (2) 동결융해저항성이 크며
      (3) 내구성이 우수
   3) 배합설계, 실적률, 공극률 계산에 이용

8. 흡수율
   1) 콘크리트에 미치는 영향
      (1) 굳지 않은 콘크리트 : 흡수율이 높은 골재 → 단위수량 증가 → 블리딩 증가 → 표면 결함 증가, 수밀성 저하
      (2) 굳은 콘크리트 : 흡수율이 높은 골재 → 압축강도 저하, 동결융해저항성 저하, 중성화 용이, 열화 발생, 내구성 저하
   2) 품질기준 : 굵은 골재 3% 이하, 잔골재 3% 이하

Ⅵ 콘크리트에서 골재의 역할

1. 영향 : 골재는 레미콘에 70%, 건축기초에 10%, 아스콘에 90% 정도가 필요함에 따라 건설공사에 미치는 영향이 매우 큼.
2. 경제성 : 골재는 가장 경제적으로 구조물을 구축하게 할 뿐만 아니라 물리적, 화학적 작용에 대하여 구조물을 안정적으로 유지시키는 작용을 함.
3. 안정성 : 결합재가 온도변화 등에 의하여 부피 또는 성질변화가 많을 경우 골재의 안정적인 성질로 구조물의 변형을 방지함.
4. 내구성 : 구조물의 산화, 변형, 침식작용에 저항하여 구조물의 내구성을 향상시킴.

Ⅶ 맺음말

1. 골재는 시멘트 콘크리트의 약 70%, 아스팔트 콘크리트의 약 90% 전후의 용적비를 점유하고 콘크리트의 품질을 좌우하는 필수적인 건설기초자재이다.
2. 따라서 사용 전에 철저한 품질검사를 시행하여 요구성능에 적합한 콘크리트 품질을 확보하여야 한다.

굵은 골재의 최대 치수가 콘크리트에 미치는 영향

문제 분석	문제 성격	기본 이해	중요도	■■□□□□
	중요 Item	굵은 골재 최대 치수가 품질에 미치는 영향, 시방규정		

Ⅰ 개 요

1. 굵은 골재의 최대 치수는 질량비로 최소 90% 이상을 통과시키는 체 중에서 최소 치수의 체눈의 호칭치수로 나타낸 굵은 골재의 치수이다.
2. 굵은 골재의 최대 치수는 관계기준 및 시험배합을 통하여 결정되어야 하며 시공이 가능한 한도 내에서 크기를 크게 하는 것이 콘크리트 내구성 확보에 유리하다.

Ⅱ 굵은 골재의 구비조건 및 골재의 분류

1. 굵은 골재의 구비조건
   1) 불순물(기름, 염류, 먼지 등)이 없을 것
   2) 화학적, 물리적으로 안정하고 내구적일 것
   3) 밀도가 크고 견고할 것
   4) 입방체에 가까우며 입도가 좋을 것

2. 골재의 분류
   1) 입경의 크기에 따른 분류
      (1) 굵은 골재 : 5mm체에 거의 다 남는 또는 5mm체에 다 남는 골재
      (2) 잔골재 : 10mm체를 전부 통과하고 5mm를 거의 다 통과하며, 0.08mm체에 거의 다 남는 골재

체의 치수(mm)	10	5	2.5	1.2	0.6	0.3	0.15	0.075
체의 번호(No.)	2	4	8	16	30	50	100	200

   2) 산지에 의한 분류 : 천연골재, 인공골재
   3) 비중에 의한 분류 : 경량골재, 보통골재, 중량골재

Ⅲ 굵은 골재 최대 치수의 시방규정

1. 무근콘크리트 : 100(최대 150)mm 이하, 최소 부재치수의 1/4 이하
2. 철근콘크리트 : 50mm 이하, 최소 부재치수의 1/5 이하, 철근순간격의 3/4 이하
3. 포장 콘크리트 : 50mm 이하, 최소 부재치수의 1/4 이하
4. 댐 콘크리트 : 150mm 이하

Ⅳ 굵은 골재의 최대 치수가 콘크리트에 미치는 영향

1. 일반적인 경우
   1) 재료분리 : 굵은 골재의 최대 치수가 크면 재료분리 증대
   2) 시공연도 : 굵은 골재의 최대 치수가 너무 크면 시공연도 저하
   3) 감수효과 : 굵은 골재의 최대 치수가 커지면 단위수량 감소
   4) 중성화 : 굵은 골재의 최대 치수가 커지면 중성화속도 저하
   5) 강도 : 굵은 골재의 최대 치수가 클수록 강도 증진
   6) 내화성 : 굵은 골재의 최대 치수가 크면 내화성능 향상
   7) 단위시멘트량 : 굵은 골재의 최대 치수가 커지면 단위시멘트량 감소
   8) 내구성 : 굵은 골재의 최대 치수가 커지면 내구성 증가
   9) 블리딩 : 굵은 골재의 최대 치수가 커지면 단위수량 감소로 블리딩 감소
   10) 수화열 : 굵은 골재의 최대 치수가 크면 단위시멘트량 감소로 수화열 감소
   11) 부착강도 : 굵은 골재의 최대 치수가 클수록 부착강도 증대
   12) 온도균열 : 굵은 골재의 최대 치수가 크면 온도균열 감소
   13) 수밀성 : 굵은 골재의 최대 치수가 크면 수밀성 증대

2. 굵은 골재의 최대 치수가 40mm가 넘는 경우
   1) 부착면적 감소
   2) 부배합일 때 콘크리트 강도 감소
   3) 빈배합일 때 강도 증대

3. 굵은 골재의 최대 치수가 100 ~ 150mm인 경우
   1) 빈배합일 경우 강도 증가
   2) 부배합일 경우 강도 감소

Ⅴ 굵은 골재의 최대 치수 결정 시 고려사항

1. 단면크기
   부재단면의 최소 치수를 고려하여 결정
2. 철근 배근
   철근 배근간격을 고려하여 결정
3. 워커빌리티
   굵은 골재의 최대 치수가 너무 크면 워커빌리티, 피니셔빌리티 저하
4. 펌프 압송성
   굵은 골재의 최대 치수가 너무 크면 펌프 폐색 우려

5. 재료 구득

　재료 구득이 용이할 것

6. 빈배합 콘크리트의 경우

　골재는 100 ~ 150mm의 골재를 사용하는 것이 강도 및 경제적으로 유리

7. 부배합 콘크리트의 경우

　40mm 이내에서 사용하는 것이 강도 증진 및 경제성면에서 적정

Ⅵ 맺음말

1. 굵은 골재의 최대 치수가 크면 단위수량이 적게 소요되고 시멘트량이 적어져 경제적이나 너무 크면 워커빌리티 불량 및 마무리 작업이 어려우므로 시험배합 및 품질관리에 철저를 기해야 한다.

2. 굵은 골재의 치수는 콘크리트 강도를 결정짓게 되고 콘크리트 강도를 저해하는 요인에 대한 대응이 되므로 치수 결정에 신중을 기해야 한다.

Section 6

골재 중의 유해물이 콘크리트 품질에 미치는 영향

문제 분석	문제 성격	기본 이해	중요도	■■■■■□
	중요 Item	유해물의 종류, 허용함유량 한도, 품질에 미치는 영향		

I 개 요

1. 콘크리트용 골재에 규정치 이상의 유해물이 존재해서는 안 되며 골재에 존재하는 먼지, 점토 덩어리, 부식토 등은 콘크리트의 강도, 내구성 및 안정성 등을 해치는 요소이다.
2. 골재 중에 함유된 유해물로는 먼지, 점토분, 침니, 실트, 부식토 등이 있으며, 이는 콘크리트의 내구성 및 안정성을 해치게 된다.

II 콘크리트 품질에 영향을 미치는 유해물의 종류

1. 점토
2. 연한 석편
3. 미립분
4. 경량편
5. 염분
6. 유기물

III 골재의 요구 품질특성의 상호관계

1. 암질(개선 불가)

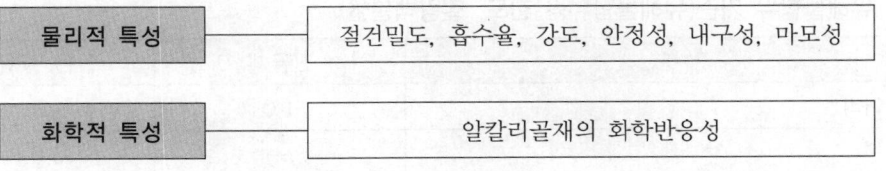

물리적 특성	절건밀도, 흡수율, 강도, 안정성, 내구성, 마모성
화학적 특성	알칼리골재의 화학반응성

2. 생산과정(개선 가능)

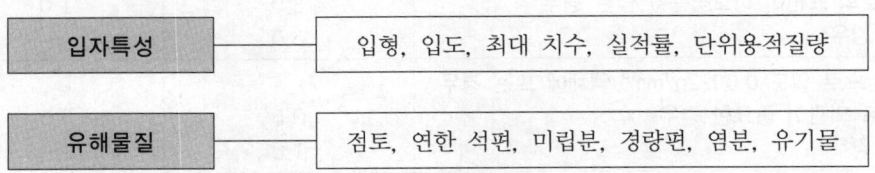

입자특성	입형, 입도, 최대 치수, 실적률, 단위용적질량
유해물질	점토, 연한 석편, 미립분, 경량편, 염분, 유기물

3. 저장과정(개선 가능)

함수특성	함수율, 표면수율

Ⅳ 골재 중 유해물이 콘크리트 품질에 미치는 영향

종 류	현 상	굳지 않은 콘크리트	굳은 콘크리트
점토, 실트	• 골재 표면에 밀착되어 시멘트풀과 부착불량 • 덩어리는 콘크리트 표면에 손상	• 블리딩 증가 • 단위수량 증가	• 강도, 부착력 감소 • 수밀성 저하 • 동결융해 발생
연한 석편	• 온도, 습도의 변화와 동결융해 등으로 큰 체적변화	• 워커빌리티 불량	• 강도 저하 • 동결융해 발생 • 골재의 파괴
미립분	• 골재 표면에 밀착되어 시멘트풀과 부착불량	• 블리딩 증가 • 단위수량 증가	• 강도, 부착력 감소 • 수밀성 저하
경량편	• 콘크리트 강도 발현 시 문제가 있으며, 황성분은 석회분과 반응하여 팽창성 물질 생성	• 워커빌리티 불량	• 강도 저하 • 콘크리트 표면 손상 • 팽창성 물질 생성
염분	• 철근 및 강재 분해를 촉진	• 응결 촉진	• 철근 부식 • 장기강도 저하 • 수밀성 저하
유기물	• 시멘트 수화반응 저해 • 경화 지연	• 경화 지연	• 강도 저하 • 내구성 저하 • 구조물 붕괴

Ⅴ 골재 중 유해물로부터 콘크리트 품질 확보를 위한 품질관리방안

1. 골재 중 유해물함유 기준(유해물함유량 한도, 질량백분율)

구 분	잔골재	굵은 골재
점토 덩어리	1.0	0.25
연한 석편	–	5.0
0.08mm체 통과량 콘크리트의 표면이 마모작용을 받는 경우 기타의 경우	 3.0 5.0	 1.0 –
석탄, 갈탄으로 밀도 0.0022g/mm³ 액체에 뜨는 경우 콘크리트 외관이 중요한 경우 기타의 경우	 0.5 1.0	 0.5 1.0
염화물(NaCl 환산량)	0.04	–
유기불순물함유시험	표준색보다 엷어야 함.	–

2. 골재 중 유해물 품질관리방안

1) 굵은 골재의 품질관리

종 류	항 목	시험, 검사방법	시기 및 횟수	판정기준
강자갈	• 점토 덩어리 • 0.08체 통과량	KS 규정	• 공사 시작 전 • 공사 중 1회/월 이상 • 산지가 바뀐 경우	KS 규정에 적합할 것
	• 석탄, 갈탄으로 밀도 0.0022 g/mm³ 액체에 뜨는 경우		• 공사 시작 전 • 공사 중 1회/년 이상 • 산지가 바뀐 경우	
	• 물리 · 화학적 안정성 (알칼리실리카반응)		• 공사 시작 전 • 공사 중 1회/6개월 이상 • 산지가 바뀐 경우	

2) 잔골재의 품질관리

종 류	항 목	시험, 검사방법	시기 및 횟수	판정기준
천연 잔골재	• 점토덩어리 • 0.08체 통과량 • 염소이온량 • 유기불순물	KS 규정	• 공사 시작 전 • 공사 중 1회/월 이상 • 산지가 바뀐 경우	KS 규정에 적합할 것
	• 물리 · 화학적 안정성 (알칼리실리카반응)		• 공사 시작 전 • 공사 중 1회/6개월 이상 • 산지가 바뀐 경우	
	• 석탄, 갈탄으로 밀도 0.0022 g/mm³ 액체에 뜨는 경우		• 공사 시작 전 • 공사 중 1회/년 이상 • 산지가 바뀐 경우	

3. 골재 중 유해물 품질관리 시 유의사항

1) 잔골재로서 바다 잔골재를 사용할 경우는 염화물, 입도 및 함수율의 시험빈도를 다른 잔골재보다 증가시킴.

2) 바다 잔골재 중 조개껍질의 혼입량이 많은 경우에도 콘크리트 품질에 영향을 미치므로 이 양에 대하여도 확인하여야 함.

3) 잔골재의 산지가 동일하더라도 채취 개소에 따라 품질이 변동하는 경우가 있으므로 입하 시에 이를 확인하여야 함.

Ⅵ 잔골재 중 해사(해수)가 콘크리트에 미치는 영향

1. 해사가 콘크리트에 미치는 영향
   1) 염화물에 의한 영향
      (1) 굳지 않은 콘크리트
         ① 콘크리트 초기강도 증가
         ② 콘크리트의 장기강도 저하
         ③ 응결시간이 약간 촉진됨.
      (2) 굳은 콘크리트
         ① 철근 부식 : 해사가 지닌 염화물 중 주로 NaCl에 의한 부식
         ② 강도 : 초기강도는 증가되나, 장기강도는 감소
         ③ PS 강선 : 염화물이온을 함유한 콘크리트나 모르타르가 PS 강선에 접촉하면 쉽게 부식 발생
   2) 조개껍질 : $CaCO_3$ 성분이지만 형상이 얇고 가늘어 워커빌리티가 나빠짐.

2. 콘크리트 생산 시 해사 사용에 따른 품질관리방안
   1) 염화물함유량 허용기준 준수 철저
      (1) 콘크리트 중 염화물이온량 허용치 : $0.3kg/m^3$ 이하(굳지 않은 콘크리트)
      (2) 잔골재 중 염화물이온량 허용치 : $0.022kg/m^3$ 이하(모래건조질량의 0.04%)
      (3) 무근콘크리트에는 염화물 허용기준이 없음.
   2) 해사제염 : 세척, 수중침적, 모래혼합, 제염제를 사용하여 허용치 이하로 제염 시행
   3) 배합 시 주의사항
      (1) 수밀성을 고려하여 W/B를 50% 이하로 배합설계
      (2) 철근콘크리트에 해수를 배합수로 사용할 수 없음.
   4) 시공 시 : 수밀 콘크리트 타설, 콘크리트 피막, 철근 피복을 시행하여 염해피해 방지

Ⅶ 맺음말

1. 골재 중에 함유된 유해물로는 먼지, 점토분, 침니, 실트, 부식토 등이 있으며, 이는 콘크리트의 내구성 및 안정성에 나쁜 영향을 끼친다.
2. 최근 골재원이 고갈되어 양질의 골재 입수가 쉽지 않다. 유해물함량의 한도를 벗어나는 골재가 반입되지 않도록 각별히 주의해야 한다.

혼화재료의 사용목적과 종류 및 사용 시 주의사항

문제 분석	문제 성격	기본 이해		중요도	■■■■ ▢
	중요 Item	혼화재의 종류, 포졸란반응, 감수제, 잠재적 수경성, 역할			

Ⅰ 개 요

1. 혼화재료(admixture)는 콘크리트의 성능을 개선하기 위해 첨가하는 재료로, 물리 · 화학적 작용에 의해 콘크리트의 특성을 개선하며, 종류에 따라서는 콘크리트에 새로운 특성을 부여하기 위해서 사용되기도 한다.

2. 혼화재료의 정의는 국가에 따라 다소 차이가 있지만 우리나라에서는 혼화재료를 사용량에 따라 혼화제와 혼화재로 분류한다. AE제, 감수제, 지연제, 촉진제 등과 같이 시멘트질량에 대하여 1% 전후 첨가하는 것을 혼화제(chemical admixture)라 하고, 고로슬래그 미분말, 플라이애시 등과 같이 시멘트질량의 5% 이상 첨가하는 것을 혼화재(mineral admixture)라 정의한다.

3. 사용 시 주의사항은 시방에 따른 용량 및 용도를 준수하여야 하며, 사용 전 시험배합을 통해 콘크리트 성질에 미치는 영향을 확인한 후 사용하여야 한다.

Ⅱ 혼화재료의 사용목적

1. 굳지 않은 콘크리트 : 워커빌리티 개선, 응결시간 조절
2. 굳은 콘크리트 : 강도, 내구성, 수밀성, 강재보호성능 증진, 경제성 확보
3. 환경보호 : 시멘트원료 대체에 따른 자원 및 에너지 절약, 경제성 증진

Ⅲ 혼화재료의 차이점

구 분	혼화재	혼화제
상태	일반적으로 미분말	액체 또는 분말
유기 · 무기계	무기계	유기계
사용량	다량으로서 시멘트질량의 5% 이상	소량으로서 시멘트질량의 1% 미만
사용방법	배합설계 시 중량 고려	중량 무시
시멘트반응성	시멘트와 수화반응	시멘트 수화물과 반응
대표적 재료	플라이애시, 실리카퓸, 고로슬래그, 팽창재 등	AE제, 감수제, 지연제, 유동화제 등
계량오차	2% 이내	3% 이내

Ⅳ 혼화재의 종류 및 사용 시 주의사항

1. 혼화재의 종류
   1) 혼화재는 크게 아래의 표와 같이 구분

구 분	특 성
포졸란작용이 있는 것	플라이애시, 화산회, 규산 백토
잠재수경성이 있는 것	고로슬래그 미분말
오토클레이브 양생에 의해 고강도를 가지는 것	규산질 미분말(실리카퓸)
착색시키는 것	착색재
경화 시 팽창을 일으키는 것	팽창재
기타	고강도용 혼화재, 폴리머 혼화재, 증량재, 충전재 등

   2) 일반적으로 사용하는 혼화재는 플라이애시, 고로슬래그 미분말, 실리카퓸

2. 플라이애시
   1) 개요
      (1) 대표적인 포졸란계 혼화재
      (2) 화력발전소 등의 고온 연소과정에서 배출되는 폐가스 중에 포함된 석탄재를 집진기에 의해 회수한 특정 입도범위의 입자
   2) 플라이애시의 물성
      (1) 주성분 : SiO_2, Al_2O_3, CaO
      (2) 입형 : 거의 대부분이 구형으로 볼베어링작용에 의해 콘크리트의 워커빌리티를 증대시킴.
   3) 플라이애시 분말을 사용한 콘크리트의 특성
      (1) 그 자체로서의 수화반응성은 없음.
      (2) 가용성의 규산 등이 시멘트 수화 시 생성되는 수산화칼슘과 상온에서 서서히 반응하여 불용성의 안정한 규산칼슘수화물 등을 생성함.
      (3) 조기강도가 낮고 장기강도는 높음.
      (4) 수화열이 저감되며 내화학성이 큼.
      (5) 콘크리트의 수밀성 향상
   4) 플라이애시 사용 시 주의사항
      (1) KS F 5405에 적합한 양질의 플라이애시 사용
      (2) 동절기 사용 억제 : 수화열 감소로 인한 동해 우려
      (3) 혼화제 흡착에 주의 : 플라이애시와 AE제 혼용 시 흡착 우려
      (4) 사용 전 시험배합을 통해 콘크리트 성질에 미치는 영향을 확인한 후 사용

3. 실리카퓸

 1) 개요

 실리카퓸은 실리콘이나 페로실리콘 등의 규소합금을 전기로에서 제조할 때 배출가스에 섞여 부유하여 발생하는 초미립자 부산물

 2) 실리카퓸의 물성

 (1) 화학성분 : 90% 이상의 비결정질 SiO_2

 (2) 비중 : 2.2 ~ 2.5 정도

 (3) 비표면적 : 200,000cm^2/g 이상

 3) 실리카퓸 분말을 사용한 콘크리트의 특성

 (1) 오토클레이브 양생을 병행할 경우 조기재령에서 강도 발현이 가능함.

 (2) 투수성이 매우 작아 수밀한 콘크리트 시공 가능

 (3) 실리카퓸을 결합재로 사용하는 경우 결합재 자체의 비표면적이 매우 커서 상당히 높은 단위수량이 요구되기 때문에 고성능 감수제를 사용하여야 함.

 (4) 화학저항성이 양호하여 고내구성 콘크리트에 효과적

 4) 실리카퓸 사용 시 주의사항

 (1) 고성능 감수제 사용은 필수적이므로 혼합 사용 시 유의할 것

 (2) 배합설계에 의해 적정 혼합률을 선정하며 너무 많아지면 소성수축균열 발생

 (3) 내화성능을 확인하고 유기섬유 등을 첨가하여 폭열 방지

4. 고로슬래그

 1) 개요

 (1) 제철공장의 고로작업 시 원료 중의 철분은 철이 되면서 밀도가 크기 때문에 노의 바닥 부분 가까운 곳에 가라앉음.

 (2) 고로의 상층부에는 철광석의 불순물이 섞인 SiO, Al_2O_3 등이 주성분인 암질이 CaO 와 화합하여 고온에서 부유하는데, 이를 고로슬래그라고 함.

 2) 고로슬래그의 물성

품 질 \ 종 류		1급	2급	3급
비중		2.80 이상	2.80 이상	2.80 이상
비표면적(cm^2/g)		7,000 ~ 10,000	5,000 ~ 7,000	3,000 ~ 5,000
활성도지수 (%)	재령 7일	95 이상	75 이상	55 이상
	재령 28일	105 이상	95 이상	75 이상
	재령 91일	105 이상	105 이상	95 이상

 (1) 비중 : 2.85 ~ 2.94 정도의 범위로 평균 2.90 정도의 값을 가짐.

 (2) 입형 : 매끈한 구곡상의 파면을 갖는 입방상

 (3) 분말도 : 분말도에 따라 1급, 2급, 3급으로 구분

3) 고로슬래그의 잠재적 수경성 메커니즘

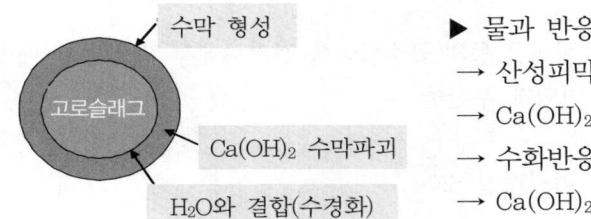

▶ 물과 반응 직후 불투수성
→ 산성피막 형성
→ $Ca(OH)_2$ 산성피막 파괴
→ 수화반응(수경성) $CaO + H_2O$
→ $Ca(OH)_2$ + 125cal/g

4) 고로슬래그 분말을 사용한 콘크리트의 특성
  (1) 콘크리트의 초기강도는 포틀랜드시멘트 콘크리트보다 작음
  (2) 고로슬래그를 사용한 시멘트는 수화열이 적음.
  (3) 화학저항성이 매우 큼.

5) 고로슬래그 사용 시 주의사항
  (1) KS 규격에 적합한 양질의 재료 사용
  (2) 배합설계에 의한 적정 혼합률 결정
  (3) 경제성 및 계절적 요인 등을 고려하여 치환율 결정

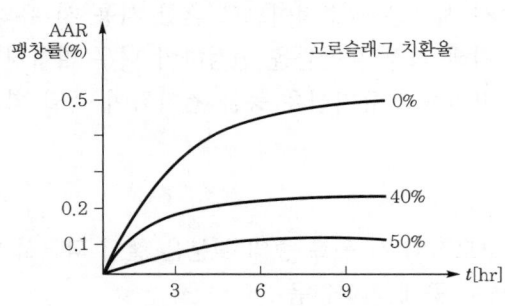

[고로슬래그와 알칼리골재반응의 팽창률 관계]

5. 팽창재
  1) 개요
    콘크리트의 건조수축 및 온도응력에 의해 발생하는 각종 구조물의 균열 방지를 목적으로 사용하는 혼화재이며, 에트링가이트와 석회계로 구분됨.
  2) 팽창재의 특성
    (1) 콘크리트의 균열 저감이 목적
    (2) 충전효과
    (3) 화학적 프리스트레싱을 도입하여 균열에 대한 보상작용

V 혼화제의 종류 및 사용 시 주의사항

1. 혼화제의 종류

혼화제	특 징
AE제, AE감수제	작업성, 동결융해저항성의 향상
감수제, AE감수제	작업성 향상, 단위수량 및 단위시멘트량의 감소
유동화제	감수효과에 의한 유동성의 개선
고성능 감수제	강력한 감수효과와 대폭적인 강도 증진
촉진제, 급결제, 지연제, 초지연제	응결, 경화시간 조절
기포제, 발포제	기포 발생으로 충전성 개선 및 경량화
증점제, 수중 콘크리트용 혼화제	점성, 응집작용 등을 향상시켜 재료분리 방지
방청제	염화물에 의한 강재의 부식 방지

2. AE제
   1) 개요
      (1) 동결융해작용에 대한 저항을 증가시킬 목적으로 사용되는 콘크리트용 혼화제
      (2) AE제를 혼입한 콘크리트를 AE 콘크리트라 함.
   2) AE제의 특성
      (1) 워커빌리티 개선을 통한 단위수량, 시멘트량 감소
      (2) 콘크리트 중에 미소한 독립된 기포를 고르게 발생시켜 내동결융해성, 내식성 등 내구성 개선
   3) AE제 사용 시 주의사항
      (1) KS F 규정에 적합한 것을 사용
      (2) AE제 계량에 유의(오차는 3% 이하)
      (3) 여름철에는 효과 저하(기포파괴)
      (4) 공기량이 규정치 이상이면 작업성은 좋아지나 강도가 저하되므로 주의
   4) AE 콘크리트의 품질기준
      (1) 허용공기량 : 4.5 ~ 7.5%(외기조건 및 굵은 골재 최대 치수 고려)
      (2) 공기량 : 4.5% 이하 시 내동해성 저하, 7.5% 초과 시 강도 저하
      (3) 공기량시험 : 에어미터식, 압기식
      (4) AE제 사용량 : 0.03 ~ 0.05%

3. 감수제 · AE감수제
   1) 개요
      (1) 콘크리트 중의 시멘트입자를 분산시켜서 단위수량 감소
      (2) 콘크리트 중에 미세기포를 연행시키면서 작업성 향상
      (3) 분산효과에 의해 단위수량을 감소시킬 수 있는 혼화제

2) AE감수제의 특성

  (1) 감수효과(10 ~ 15%) 및 감수제의 습윤작용으로 블리딩 저하

  (2) 감수효과로 압축강도 증가

  (3) 시멘트량 감소

  (4) 쿠션(cushion)효과로 동결융해저항성 증가

4. 고성능 감수제(superplasticizer)

1) 개요

  (1) 고성능 감수제란 콘크리트 및 모르타르의 작업성을 개선하거나 강도를 높이기 위하여 첨가하는 혼화제

  (2) 적은 사용량만으로도 시멘트입자를 강하게 분산시켜 물의 사용량을 줄임

  (3) 고성능 콘크리트 제조에 사용됨.

2) 고성능 감수제의 감수 메커니즘

감수 메커니즘	설 명
	• 시멘트입자에 음이온계 감수제가 부착되면 물(+)입자 부착 • 반대편 물입자는 서로 (−)성질을 나타내서 서로 밀어냄. • 따라서 소량의 물만 사용해도 워커빌리티는 상당히 개선됨.

3) 고성능 감수제의 특성

  (1) 강도 증진

  (2) 작업성 개선

  (3) 생산성 향상

4) 고성능 감수제 사용 시 주의사항

  (1) 사용 전 시험을 하여 성능 확인 후 투입 여부 결정

  (2) 펌프 압송성을 감안한 펌핑능력 확인

  (3) 깨끗한 물에 충분히 교반하고 계량에 주의(오차는 3% 이내)

  (4) 액상체이므로 분리나 변질에 주의할 것

5. 유동화제

1) 개요

  (1) 시멘트입자 표면에 흡착하여 입자 표면에 전하를 주고, 입자 간 상호반발력을 발산하여 작업성을 개선시키는 혼화제

  (2) 응집한 입자를 분산하여 시멘트 페이스트의 유동성을 증가시킴.

2) 유동화제의 특성

  (1) 콘크리트 시공성을 개선하여 작업성 향상

  (2) 콘크리트의 건조수축에 의한 구조물의 균열 방지

(3) 콘크리트 작업시간 단축 및 마무리작업 향상

(4) 수밀성 및 내구성 향상

6. 급결제

1) 개요

(1) 급결제는 주로 NATM 공법 등에 적용되는 숏크리트용 혼화제

(2) 종류 : 분말형, 액상형

(3) 기본적인 용도 : 순간적인 응결과 경화가 요구되는 경우에 사용

2) 분류

(1) 분말급결제 : 지하철공사, 암벽 및 법면보호공사, 통신구/전력구 등 NATM 공법에 주로 사용하는 건식 숏크리트용 급결제

(2) 액상급결제 : 고속도로 및 철도, 지하철 등 각종 NATM 터널공법에 사용하는 습식 숏크리트용 일루미네이트계 액상급결제

Ⅵ 화학혼화제 간 적합성 여부 판정방법

1. 목적

1) 두 종류 이상의 혼화제를 사용할 경우의 문제 발생 여부를 사전에 파악함.

2) 콘크리트의 품질 확보

2. 판정방법

구 분	리그닌계	나프탈렌계	멜라닌계	폴리카르본산계
리그닌계	－	○	○	○
나프탈렌계	○	－	△	×
멜라닌계	○	△	－	×
폴리카르본산계	○	×	×	－

※ ○ : 이상 없음, △ : 주의 필요, × : 문제 있음

Ⅶ 혼화재료의 품질관리방법

1. 혼화재

종 류	항 목	시험, 검사방법	시기 및 횟수	판정기준
플라이애시	KS L 5405	제조회사의 시험성적서에 의한 확인 또는 KS에 의한 방법	• 공사 시작 전 • 공사 중 1회/월 이상 • 장기간 저장한 경우	KS 규정에 적합할 것
콘크리트용 팽창재	KS F 2562			
고로슬래그 미분말	KS F 2563			
실리카퓸	필요로 하는 항목			
그 밖의 혼화재				

2. 혼화제

종 류	항 목	시험, 검사방법	시기 및 횟수	판정기준
공기연행제, 감수제, 공기연행감수제, 고성능 공기연행감수제	KS F 2560	제조회사의 시험성적서에 의한 확인 또는 KS에 의한 방법	• 공사 시작 전 • 공사 중 1회/월 이상 • 장기간 저장한 경우	KS 규정에 적합할 것
방청제	KS F 2561			
유동화제	KCI-AD101	제조회사의 시험성적서에 의한 확인 또는 KCI에 의한 방법		KCI 규정에 적합할 것
수중불분리성 혼화제	KCI-AD102			
그 밖의 혼화제	필요로 하는 항목	제조회사의 시험 성적서에 의한 확인		관련 규정에 적합할 것

Ⅷ 맺음말

1. 혼화재료는 콘크리트의 성능을 개선하기 위해 첨가하는 재료로, 물리·화학적 작용에 의해 콘크리트의 특성을 개선시키는 장점이 있다.
2. 사용 전 공급원 승인 시행 및 KS 규격에 적합한 양질의 재료 사용, 사용 시 적정 사용량 준수, 사용 전 성능시험 등을 실시하여 혼화재료 간의 이상반응 등이 발생하지 않도록 관리를 철저히 하여 콘크리트의 품질을 관리해야 한다.

Section 8

노출등급에 따른 콘크리트 구조물 내구성기준(내구설계)

문제 분석	문제 성격	기본 이해		중요도	■■■■■
	중요 Item	중요성, 콘크리트 성능 저하, 내구성 관련 기준			

I 개 요

1. 콘크리트 구조물의 내구성설계는 주어진 주변 환경조건에서 설계공용기간 동안 안전성을 확보하기 위해 필요한 내구성능을 가지도록 구조물을 설계하는 것을 말한다.
2. 콘크리트 구조물의 내구성설계는 구조물의 사용기간 동안 발생될 수 있는 여러 가지 요인을 사전에 점검하여 이에 대한 대비를 철저히 하도록 함으로써 구조물의 수명이 다할 때까지 충분한 기능을 발휘할 수 있도록 하는 데 그 목적이 있다.

II 콘크리트의 성능 저하작용

작 용	발생 메커니즘	성능 저하
염해 (chloride attack)	내부 또는 외부 염화물에 의해 철근 부동태피막이 깨지면서 철근 부식 유발	• 철근 단면적 및 내력 감소 • 연성 감소 • 피복 콘크리트 균열, 탈락
탄산화 (carbonation)	공기 중의 이산화탄소가 콘크리트 내부로 침투하여 수산화칼슘이 시멘트수화물과 결합 후 탄산칼슘과 물이 생성되면서 콘크리트의 pH가 감소함. $Ca(OH)_2 + CO_2 \rightarrow CaCO_3 + H_2O$	
황산염해 (sulfate attack)	황산염이 시멘트경화체의 수화 생성물과 반응하여 팽창성 물질 생성	• 반응 생성물이 팽창을 유발하여 콘크리트의 균열과 박리 발생 • CH 등 수화 생성물이 감소하여 강도 저하
동결융해 (freezing-thawing)	콘크리트 내부의 수분이 동결과 융해작용을 반복적으로 받으면서 표층부부터 성능 저하 발생	• 표층부 박리(scaling) • 골재 탈락(pop-out) • 콘크리트 표면균열 발생
알칼리-골재반응 (alkali-aggregate reaction)	콘크리트 내부의 공극수에 용해되어 있는 알칼리금속이온(Na^+, K^+ 등)이 골재 중의 알칼리반응성 광물과 반응하여 알칼리-실리카겔과 같은 팽창성 물질 생성	• 내부 팽창압에 의해 콘크리트 균열, 탈락

Ⅲ 콘크리트 구조물 내구성기준

1. 기준의 구성

1) 노출환경 : 일반 환경, 탄산화환경, 염해환경, 동결융해환경, 황산염해환경
2) 각 노출등급별 요구사항
   (1) 콘크리트 강도(KDS 14 20 40 및 KCS 14 20 10)
   (2) 콘크리트 재료 및 요구사항(KCS 14 20 10)
   (3) 최소 철근 피복두께(KDS 14 20 50)

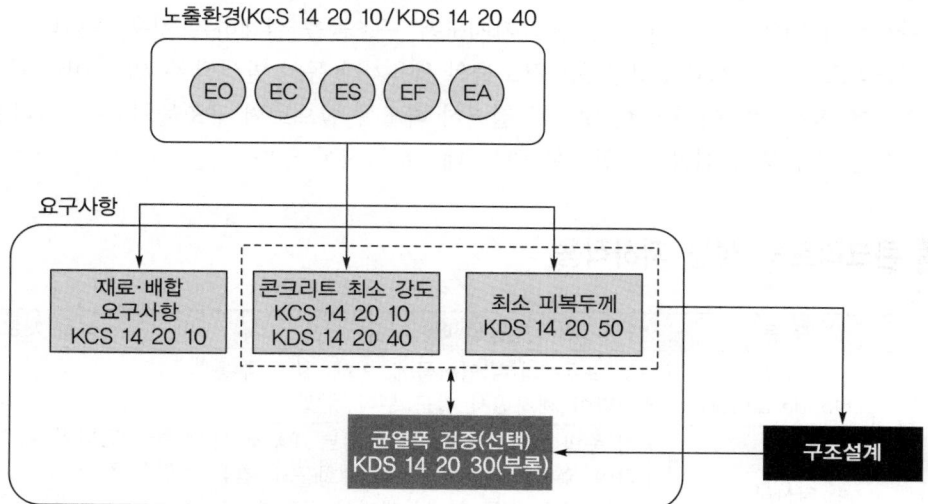

[내구성 관련 기준의 구성]

2. 노출환경에 따른 노출범주 및 등급

1) 노출범주의 구분 : 일반, 탄산화, 황산염, 해양환경, 제설염, 동결융해
   (1) 일반 : 물리적, 화학적 작용에 의한 콘크리트 손상의 우려가 없는 경우(E0)
   (2) 탄산화 : 구조물이 탄산화위험에 노출되는 경우 적용(EC1~EC4)
   (3) 황산염 : 유해한 농도의 수용성 황산염이온을 함유한 물 또는 흙과 접촉하고 있는
       콘크리트에 적용(EA1~EA3)
   (4) 해양환경, 제설염 등 염화물 : 염화물에 의한 철근 부식을 방지하기 위해 추가적인
       방식이 요구되는 철근콘크리트와 프리스트레스트 콘
       크리트에 적용(ES1~ES4)
   (5) 동결융해 : 수분에 접촉되면서 동결융해의 반복작용에 노출된 외부 콘크리트에 적
       용(EF1~EF4)
2) 노출등급의 숫자가 커질수록 더 극심한 열화환경에 노출된다는 것을 의미

Ⅳ 노출범주와 등급에 따른 요구조건

1. 강도 요구조건

1) 내구성 확보를 위한 콘크리트 최소 설계기준 압축강도

항 목	노출등급															
	일반	EC(탄산화)				EF(동결융해)				EA(황산염)			ES(해양, 제설염)			
	E0	EC1	EC2	EC3	EC4	EF1	EF2	EF3	EF4	EA1	EA2	EA3	ES1	ES2	ES3	ES4
최소 설계기준 압축강도 f_{ck}[MPa]	21	21	24	27	30	24	27	30	30	27	30	30	30	30	35	35

2) 별도의 내구성설계를 통해 입증된 경우나 성능이 확인된 별도 보호조치를 취하는 경우에는 시방서에서 규정하는 값보다 낮은 강도를 적용함(피복두께 증가, 고내구성 콘크리트 배합 적용, 표면코팅 적용 등).

2. 콘크리트 재료 및 배합

1) 콘크리트 재료 및 배합 관련 설계기준

항 목		노출범주 및 등급															
		일반	EC(탄산화)				EF(동결융해)				EA(황산염)			ES(해양, 제설염)			
		E0	EC1	EC2	EC3	EC4	EF1	EF2	EF3	EF4	EA1	EA2	EA3	ES1	ES2	ES3	ES4
내구성기준 압축강도 f_{ck}[MPa]		21	21	24	27	30	24	27	30	30	27	30	30	30	30	35	35
최대 물-결합재비		–	0.6	0.55	0.50	0.45	0.55	0.50	0.45	0.45	0.50	0.45	0.45	0.45	0.45	0.40	0.40
최소 단위 결합재량 (kg/m³)		–	–	–	–	–	–	–	–	–	–	–	–	KCS 14 20 44			
최소 공기량(%)		–	–	–	–	–	KCS 14 20 10				–	–	–	–	–	–	–
염소 이온량	무근	–	–				–				–			–			
	철근	1.0	0.30				0.15				0.30			0.30			
	PS	0.06	0.06				0.06				0.06			0.06			

2) 최대 물-결합재비는 경량골재 콘크리트에는 적용하지 않음.

3) 염소이온량은 KS F 2715 적용, 재령 28 ~ 42일 사이 측정

4) 내구성으로 정해지는 최소 단위결합재량(kg/m³)

굵은 골재 최대 치수(mm) / 환경구분	20	25	40
물보라지역, 간만대 등(ES1, ES2, ES4)	340	330	300
해중(ES3)	310	300	280

5) 공기연행 콘크리트 공기량의 표준값(KCS 14 20 10의 표 2.2-6)

굵은 골재 최대 치수(mm)	공기량(%)	
	심한 노출	일반 노출
10	7.5	6.0
15	7.0	5.5
20	6.0	5.0
25	6.0	4.5
40	5.5	4.5

(1) 심한 노출 : 노출등급 EF2, EF3, EF4
(2) 일반 노출 : 노출등급 EF1

3. 최소 철근 피복두께(KDS 14 20 50)

1) 철근 부식의 위험이 높은 노출범주에 대해서는 강도와 재료 및 배합에 관한 요구조건 외에 충분한 피복두께를 확보하는 것이 중요함.

2) 시방서에 의한 최소 피복두께를 준수하여야 하며, 철근의 부식위험이 높은 ES 범주에 대해서는 피복두께를 더 증가시켜야 함.

3) 긴장재의 부식이 우려되는 환경(ES 범주)에서 프리스트레스트 콘크리트 부재의 최소 피복두께는 규정보다 50% 이상 증가시켜야 함.

Ⅴ 맺음말

1. 구조물의 내구연한 동안 충분한 내구성을 발휘할 수 있도록 콘크리트 구조물은 하중설계에 따른 안전성뿐만 아니라 사용성 및 환경조건을 고려한 내구성설계도 함께 검토하여야 한다.

2. 구조물에 미치는 노출영향을 고려하여 강도 요구조건, 콘크리트 재료 및 배합, 최소 철근 피복두께를 적용하여 안정성, 사용성, 시공성, 경제성, 내구수명이 확보되는 구조물을 설계하여야 한다.

Section 9 콘크리트 내구성을 고려한 설계 및 시공절차

문제 분석	문제 성격	기본 이해	중요도	■■■■□□□
	중요 Item	강도의 종류, 콘크리트 강도 결정순서, 내구성 확보		

I 개 요

1. 콘크리트 구조물은 하중설계에 따른 안전성뿐만 아니라 사용성 및 환경조건을 고려한 내구성설계도 함께 검토하여야 한다.
2. 콘크리트 구조물의 내구성설계는 하중을 고려한 설계기준압축강도와 노출등급을 고려한 내구성기준 압축강도를 결정 후 품질기준강도를 정하여 기온보정강도를 포함한 호칭강도로 배합설계를 하여 콘크리트 구조물이 충분한 기능을 발휘할 수 있도록 하는 데 그 목적이 있다.

II 콘크리트 강도 결정을 위한 순서

1. 콘크리트 강도의 종류와 결정에 관한 프로세스

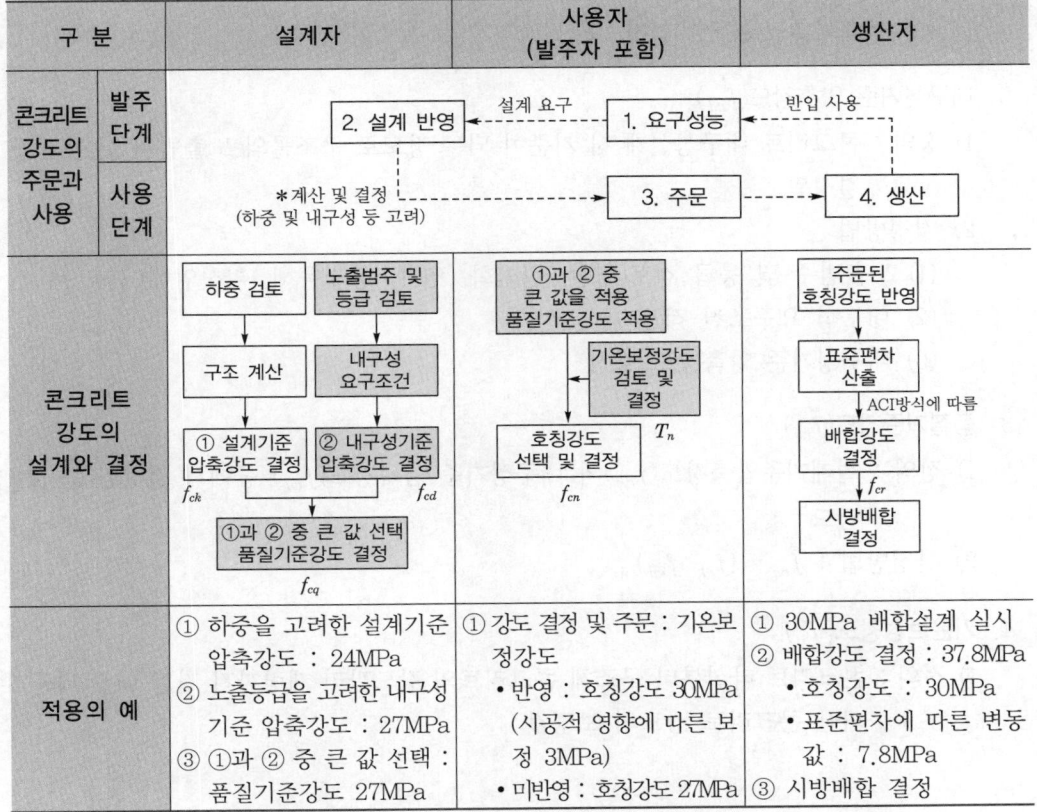

구 분	설계자	사용자 (발주자 포함)	생산자
콘크리트 강도의 주문과 사용			
콘크리트 강도의 설계와 결정			
적용의 예	① 하중을 고려한 설계기준 압축강도 : 24MPa ② 노출등급을 고려한 내구성기준 압축강도 : 27MPa ③ ①과 ② 중 큰 값 선택 : 품질기준강도 27MPa	① 강도 결정 및 주문 : 기온보정강도 • 반영 : 호칭강도 30MPa (시공적 영향에 따른 보정 3MPa) • 미반영 : 호칭강도 27MPa	① 30MPa 배합설계 실시 ② 배합강도 결정 : 37.8MPa • 호칭강도 : 30MPa • 표준편차에 따른 변동값 : 7.8MPa ③ 시방배합 결정

Ⅲ 콘크리트 강도 비교

구분	설계기준압축강도	내구성기준 압축강도	호칭강도	배합강도
기호	f_{ck}	f_{cd}	f_{cn}	f_{cr}
결정시기	설계 시	설계 시	주문 시	생산 시
검토사항	하중	노출등급	기온보정강도	표준편차
관련식	품질기준강도 $f_{cq} = (f_{ck}, f_{cd})_{\max}$		$f_{cn} = f_{cq} + T_n$	$f_{cr} = f_{cn} + 1.34s$

Ⅳ 콘크리트 강도의 분류

1. 설계기준압축강도(f_{ck})

   1) 정의 : 콘크리트 부재설계에서 기준이 되는 콘크리트 압축강도로서 설계기준강도와 동
      일한 용어

   2) 결정방법

      (1) 구조물에 작용하는 하중 검토

      (2) 구조 계산

      (3) 설계기준압축강도 결정

2. 내구성기준 압축강도(f_{cd})

   1) 정의 : 콘크리트 내구성설계 시 기준이 되는 강도로 구조물의 노출범위 및 등급에 따라
      결정됨

   2) 결정방법

      (1) 노출범주 및 등급 검토(일반, 탄산화, 염해, 동결융해, 황산염해)

      (2) 내구성 요구조건 적용

      (3) 내구성기준 압축강도 결정

3. 품질기준강도(f_{cq})

   1) 정의 : 설계기준압축강도(f_{ck})와 내구성기준 압축강도(f_{cd}) 중에서 결정된(큰 값) 기준
      강도

   2) 산정방법 : $f_{cq} = (f_{ck}, f_{cd})_{\max}$

4. 기온보정강도(T_n)

   1) 정의 : 콘크리트 타설부터 구조체 콘크리트의 강도관리 재령까지 기간 예상 평균기온에
      의한 콘크리트 강도의 보정값

2) 보정방법[콘크리트 강도의 기온에 따른 보정값(T_n)]

표준양생온도(20±2℃)보다 낮은 경우 보정

결합재 종류	재령(일)	콘크리트 타설일로부터 재령까지의 예상 평균기온의 범위(℃)		
보통포틀랜드시멘트 플라이애시시멘트 1종 고로슬래그시멘트 1종	28	18 이상	8 이상 ~ 18 미만	4 이상 ~ 8 미만
	42	12 이상	4 이상 ~ 12 미만	–
	56	7 이상	8 이상 ~ 7 미만	–
플라이애시시멘트 2종	28	18 이상	10 이상 ~ 18 미만	4 이상 ~ 10 미만
	42	13 이상	5 이상 ~ 13 미만	4 이상 ~ 5 미만
	56	8 이상	4 이상 ~ 8 미만	–
고로슬래그시멘트 2종	28	18 이상	13 이상 ~ 18 미만	4 이상 ~ 13 미만
	42	14 이상	10 이상 ~ 14 미만	4 이상 ~ 10 미만
	56	10 이상	5 이상 ~ 10 미만	4 이상 ~ 5 미만
콘크리트 강도의 기온에 따른 보정값 T_n[MPa]	0		3	6

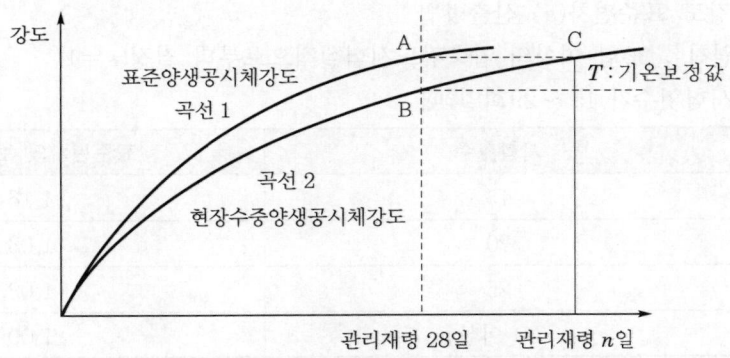

[콘크리트 강도와 양생온도 및 관래재령 간의 관계 그래프]

5. 호칭강도(f_{cn})

1) 정의 : 레디믹스트 콘크리트 주문 시 KS F 4009의 규정에 따라 사용되는 콘크리트 강도로서, 구조물설계에서 사용되는 설계기준압축강도나 배합설계 시 사용되는 배합강도와는 구분되며, 기온, 습도, 양생 등 시공적인 영향에 따른 보정값을 고려하여 주문한 강도

2) 결정방법 : $f_{cn} = f_{cq} + T_n$[MPa]

3) 호칭강도 주문 시 주의사항

   (1) 레디믹스트 콘크리트 사용자는 기온보정강도(T_n)를 더하여 생산자에게 호칭강도 (f_{cn})로 주문하여야 함.

   (2) 시기별 기온보정강도 적용(중부지방 기준)

     ① 4월, 5월, 10월 : 기온보정강도 적용(품질기준강도+3MPa)

     ② 3월, 11월 : 기온보정강도 적용(품질기준강도+6MPa)

6. 배합강도(f_{cr})

  1) 정의 : 콘크리트 배합을 정하는 경우 목표로 하는 압축강도

  2) 결정방법

   (1) $f_{cn} \leq 35\text{MPa}$인 경우 : 일반 콘크리트

     ① $f_{cr} = f_{cn} + 1.34s\,[\text{MPa}]$

     ② $f_{cr} = (f_{cn} - 3.5) + 2.33s\,[\text{MPa}]$ 중 큰 값

   (2) $f_{cn} > 35\text{MPa}$인 경우 : 고강도 콘크리트

     ① $f_{cr} = f_{cn} + 1.34s\,[\text{MPa}]$

     ② $f_{cr} = 0.9f_{cn} + 2.33s\,[\text{MPa}]$ 중 큰 값

     여기서, s : 압축강도 표준편차

  3) 압축강도 표준편차(s) 산출방법

   (1) 원칙 : 30회 이상의 압축강도시험실적으로부터 결정($s = 1$)

   (2) 시험횟수가 15 ~ 29회일 때

시험횟수	표준편차의 보정계수
15	1.16
20	1.08
25	1.03
30 이상	1.00

   (3) 압축강도 시험횟수가 14회 이하이거나 기록이 없는 경우

호칭강도(MPa)	배합강도(MPa)
21 미만	$f_{cn} + 7$
21 이상 35 이하	$f_{cn} + 8.5$
35 초과	$1.1f_{cn} + 5$

Ⅴ 내구성을 고려한 설계와 시공절차

1. 설계와 시공절차

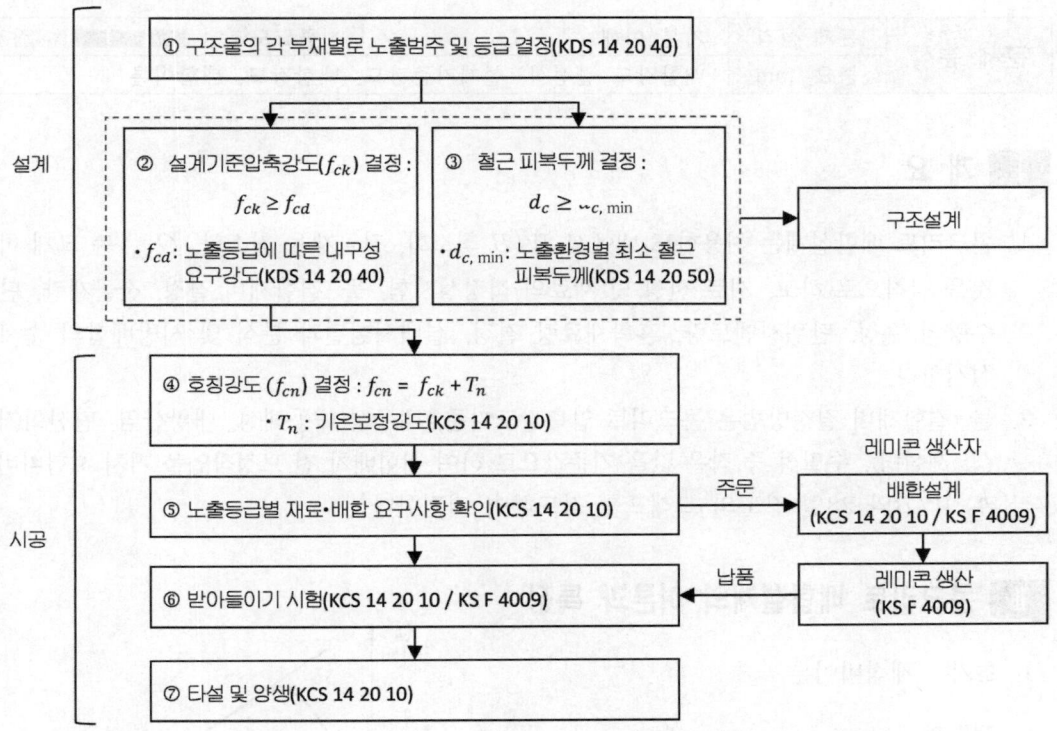

2. 내구성을 고려한 설계와 시공 시 주의사항
   1) KCS 14 20 10에 의한 품질기준강도 결정 : $f_{cq} = (f_{ck}, f_{cd})_{\max}$
   2) 호칭강도는 품질기준강도를 기준으로 결정 : $f_{cn} = f_{cq} + T_n$
   3) KCS 14 20 10에 따라 $f_{ck} > f_{cd}$ 라 하므로 항상 $f_{cq} = f_{ck}$ 임.

Ⅵ 맺음말

1. 구조물의 내구연한 동안 충분한 내구성을 발휘할 수 있도록 콘크리트 구조물은 하중설계에 따른 안전성뿐만 아니라 사용성 및 환경조건을 고려한 내구성설계도 함께 검토하여야 한다.
2. 특히 시공을 위한 호칭강도 결정 시 기후조건에 따른 기온보정강도를 적용하여 콘크리트의 초기동해를 방지하여 안정성, 사용성, 시공성, 경제성, 내구수명이 확보되는 구조물을 시공하여야 한다.

문제 분석	문제 성격	기본 이해	중요도	■■■■■
	중요 Item	배합강도 결정식, 설계기준강도, 배합강도, 배합이론		

I 개 요

1. 콘크리트 배합설계는 허용한도 내에서 W/B 최소화, 잔골재율 최소화, G_{max}는 크게 하는 것을 원칙으로 하고, 재료 선정 및 재료의 적정성시험, 물-결합재비 결정, 잔골재량, 단위수량의 수정, 단위시멘트량, 혼화재료량 결정, 실내시험결과 분석 및 시방배합의 순서로 실시한다.

2. 물-결합재비 결정방법은 콘크리트 압축강도기준, 내구성(내동해성, 내황산염, 탄산화저항성, 제설명), 수밀성 중 작은 값을 기준값으로 하여 시험배치 전 보정작업을 거쳐 시험비비기 후 W/B와 28일 강도의 그래프를 작도하여 결정한다.

II 콘크리트 배합설계의 이론과 특징

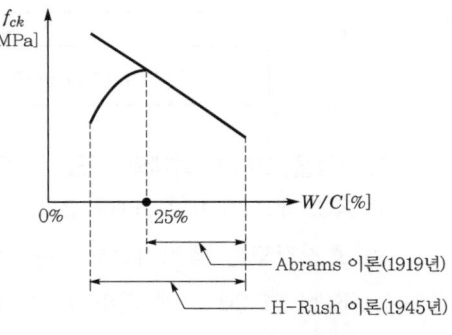

1. 초기 : 체적비이론

2. 전통적

  1) 물-시멘트비 이론

    (1) 1919년 아브람스(Abrams)가 주창했으며, 물과 시멘트의 비율에 의해 강도가 결정된다는 이론

    (2) 이론식

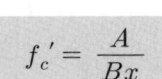

$$f_c' = \frac{A}{Bx}$$

    여기서, A, B : 시멘트 품질에 따른 정수, x : 물-시멘트비(W/C)

  2) 워커빌리티 배합이론 : 굳지 않은 콘크리트에 소정의 유동성을 부여하는 데 필요한 시멘트풀량을 계산하여 배합을 결정하는 이론

  3) 골재의 최밀충전이론 : 사용수량을 고려하지 않은 상태에서 사용재료의 공극을 최소화하여 시멘트량이 적은 경제적인 콘크리트 배합이론

3. 최근 : 시뮬레이션을 이용한 최적 배합이론

  → 인공골재, 초고강도 콘크리트, 실리카퓸 등을 사용하는 데 따른 배합이론

Ⅲ 콘크리트 배합설계의 순서

1. 각 재료에 대한 물성치에 대한 시험 시행
   1) 시멘트 : 비중
   2) 잔골재 : 비중, 입도, 조립률, 표면수량, 흡수량, 단위용적중량
   3) 굵은 골재 : 비중, 입도, 조립률, 표면수량, 흡수량, 단위용적중량

2. 콘크리트 배합설계의 순서

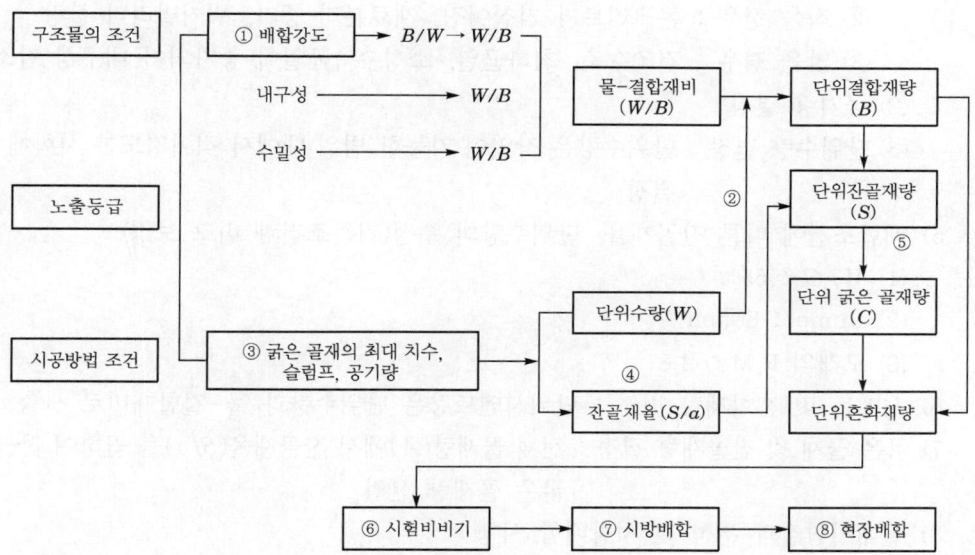

1) 강도 및 내구성을 고려한 W/B의 결정
2) 최대 골재크기의 결정
   (1) 구조물의 종류, 부재의 최소 치수, 철근간격 등을 고려하여 작업에 적합한 워커빌리티가 얻어지고 강도, 내구성, 수밀성 등에 지장이 없는 범위에서 굵은 골재의 최대 치수 결정
   (2) 굵은 골재 최대 치수 결정방법

구 분		G_{max}
부재치수		최소 치수의 1/5 이하
피복두께		3/4
철근간격		최소 수평, 수직간격의 3/4
구조물	일반적인 경우	20mm 또는 25mm
	단면이 큰 경우	40mm
	무근콘크리트	40mm(부재 최소 치수의 1/4)

3) 물−시멘트비, 최대 골재의 크기를 고려한 슬럼프 및 슬럼프플로 결정 : 콘크리트의 슬럼프는 운반, 타설, 다짐 등의 작업에 알맞은 범위 내에서 될 수 있는 대로 작은 값으로 결정

4) 잔골재율, 공기량, 단위수량의 결정
   (1) 잔골재율이 콘크리트에 미치는 영향
      ① 잔골재율이 소요강도, 내구성을 만족하는 범위에서 최소화한 경우
         • 소요의 워커빌리티를 얻기 위한 단위수량이 감소되어 건조수축 감소
         • 단위시멘트량이 감소되어 경제적인 콘크리트 생산 가능
      ② 적을 경우 : 콘크리트가 거칠어짐, 재료분리 증가, 워커빌리티 불량
      ③ 많을 경우 : 건조수축, 침하균열, 소성수축균열이 증가되어 내구성 감소
   (2) 공기량 결정
   (3) 단위수량 결정 : 단위수량은 작업이 가능한 범위 내에서 적어지도록 시험에 의해서 결정

5) 배합조건에 따른 잔골재율, 단위수량의 수정(기준조건과 비교 보정)
   (1) W/C : 55%
   (2) slump : 80mm
   (3) 모래의 F.M : 2.8

6) 시멘트 및 혼화제량 결정 : 단위시멘트량은 단위수량과 물−결합재비로 산출

7) 굵은 골재 및 잔골재량 결정 : 전체 골재량(A)에서 잔골재율(S/a)을 곱하여 잔골재량과 굵은 골재량 산정

8) 실내시험결과 분석 및 시방배합 시행

Ⅳ 물−결합재비 결정방법

1. 물−결합재비의 정의
   굳지 않은 콘크리트 또는 굳지 않은 모르타르에 포함되어 있는 시멘트풀 속의 물과 결합재의 질량비

2. 물−결합재비의 결정원칙 및 고려사항
   1) 결정원칙 : 배합강도를 만족하는 W/B 결정 → 내구성, 수밀성 적정 여부 결정
   2) 고려사항 : 소요의 강도, 내구성, 수밀성, 균열저항성

3. 물−결합재비의 결정
   1) 원칙 : 물−시멘트비는 소요의 강도와 내구성을 고려하여 정해야 하며, 수밀을 요하는 구조물에서는 콘크리트 수밀성에 대해서도 고려해야 함.

2) 콘크리트 압축강도를 기준으로 한 W/B 결정

   (1) 원칙 : 압축강도와 물-결합재비의 관계는 시험에 의하여 결정

   (2) 소규모 공사 시 : $f_{28} = -13.8 + 21.6\, B/W$ [MPa]

3) 내구성을 고려한 W/B 결정방법

   (1) 내동해성 : 45 ~ 55%

   (2) 내황산염 : 45 ~ 50%

   (3) 탄산화저항성 : 40 ~ 60%

   (4) 제설염 : 40 ~ 45%

4) 수밀성 고려 : 50% 이하

5) 위 사항 중 최소치를 물-결합재비의 기준으로 정함.

4. 최종 물-결합재비 결정방법

1) 시험 batch

   (1) 상기 가정에서 결정한 W/B 중 최소치를 구함.

   (2) 최소 W/B, 최소 $W/B + 5\%$, 최소 $W/B - 5\%$ 결정

   (3) 결정한 굵은 골재 최대 치수, 단위수량, 공기량, 혼화제량, 잔골재율 결정

   (4) 재료별 계량 후 시험 batch 시행

2) 시험(압축강도시험)

   (1) 시험 batch를 비벼 슬럼프, 공기량 등 측정

   (2) 시방과 일치하면 강도시험용 공시체 제작

   (3) 일치하지 않으면 단위수량, S/a를 조정하여 공시체를 다시 제작

   (4) 표준상태로 양생 후 7일, 28일 강도 측정

   (5) W/B 결정 → 강도시험 결과를 토대로 배합강도를 만족하는 W/B로 결정

Ⅴ 콘크리트 배합강도 결정방법

1. 설계기준강도와 배합강도의 비교

구 분	설계기준강도	배합강도
기준	설계 시 목표강도	배합 시 목표강도
적용	구조물에 따라 다름	재령 28일 강도
표기	f_{ck}	f_{cr}

2. 배합강도 결정방법(2가지)

1) $f_{cn} \leq 35$MPa인 경우 : 일반 콘크리트

   (1) $f_{cr} = f_{cn} + 1.34s$ [MPa]

   (2) $f_{cr} = (f_{cn} - 3.5) + 2.33s$ [MPa] 중 큰 값

2) f_{cn} >35MPa인 경우 : 고강도 콘크리트

    (1) $f_{cr} = f_{cn} + 1.34s$[MPa]

    (2) $f_{cr} = 0.9f_{cn} + 2.33s$[MPa] 중 큰 값

        여기서, s : 압축강도 표준편차

3. 압축강도 표준편차(s) 산출방법

1) 원칙 : 30회 이상의 압축강도시험 실적으로 결정($s=1$)

2) 시험횟수가 15 ~ 29회일 때

시험횟수	보정횟수
15	1.16
20	1.08
25	1.03
30 이상	1.00

3) 압축강도 시험횟수가 14회 이하이거나 기록이 없는 경우

호칭강도(MPa)	배합강도(MPa)
21 미만	$f_{cn}+7$
21 이상 35 이하	$f_{cn}+8.5$
35 초과	$1.1f_{cn}+5$

4. 호칭강도로부터 배합강도 결정 시 판정기준

1) 호칭강도가 35MPa 이하인 경우

    (1) 3회 연속한 시험값의 평균이 호칭강도(f_{cn}) 이상

    (2) 각 시험값이 호칭강도(f_{cn} -3.5) 이상

2) 호칭강도가 35MPa 이상인 경우

    (1) 3회 연속한 시험값의 평균이 호칭강도(f_{cn}) 이상

    (2) 각 시험값이 호칭강도의 90% 이상

Ⅵ 콘크리트 배합의 수정(시방배합, 현장배합)

1. 시방배합과 현장배합의 차이점

구 분		시방배합	현장배합
골재함수상태		표면건조포화상태	습윤 또는 건조상태
단위량		m^3	batch
골재계량		중량 표시	용적계량/중량 표시
골재입도	잔골재	5mm체 전부 통과	5mm체 남는 양 있음
	굵은 골재	5mm체 전부 남음	5mm체 남는 양 있음
시기		공사 착공 전	매일 공사 개시 전

2. 시방배합을 현장배합으로 수정하는 이유

  1) 현장에서는 골재 저장 시 외기환경으로 골재의 표건상태 유지가 곤란함.

  2) 굵은 골재와 잔골재가 혼입되어 입도조건이 시방배합 조건과 상이함.

  3) 시방배합 결과의 입도와 골재의 표면수율의 차이가 있어 재료량이 변경됨.

3. 시방배합을 현장배합으로 수정하는 방법

  1) 수정 시 고려사항

    (1) 골재의 함수상태

    (2) 굵은 골재 중에서 5mm체를 통과하는 잔골재량

    (3) 잔골재 중에서 5mm체에 남는 굵은 골재량

  2) 현장배합으로 수정하는 방법

    (1) 공식에 의한 방법

    (2) 도표에 의한 방법

VII 맺음말

1. 콘크리트의 배합은 소요의 강도, 내구성, 수밀성, 균열저항성, 철근 또는 강재를 보호하는 성능을 갖도록 정하여야 한다.

2. 배합 시에는 작업에 적합한 워커빌리티를 갖는 범위 내에서 단위수량은 될 수 있는 대로 적게 하여 재료분리 발생이 적고 콘크리트 균열이 저감되며 수밀성 및 내구성이 뛰어나고 경제적인 콘크리트를 생산하여야 한다.

※ 콘크리트 배합설계의 예 : 25 - 24 - 120

▶ 기본조건

가 구입자의 요구사항

- 콘크리트 호칭강도(f_{cn})＝24MPa
- 슬럼프＝120±15mm
- 공기량＝4.5±0.5%
- 굵은 골재 최대 치수＝25mm

[시험실 전경]

나 재료의 물성치시험

- 잔골재의 조립률(F.M)＝2.86
- 시멘트의 밀도＝3.15g/cm^3
- 잔골재의 표건밀도＝2.60g/cm^3
- 굵은 골재의 표건밀도＝2.65g/cm^3

▶ 배합설계

가 배합강도 계산

콘크리트의 품질이 변화한 경우에도 압축강도의 조건을 만족하여야 하며, 이 때문에 배합강도 (f_{cr})는 호칭강도(f_{cn})를 변동의 크기에 따라 증가시켜 정하여야 한다. 이때 표준편차 s를 3.6MPa이라 하면

$$f_{cr} = f_{cn} + 1.34s = 24 + 1.34 \times 3.6 = 28.8\,\text{MPa}$$
$$f_{cr} = f_{cn} + 2.33s - 3.5 = 24 + 2.33 \times 3.6 - 3.5 = 28.9\,\text{MPa}$$

배합강도는 이 중 큰 값인 28.9MPa로 한다.

나 물-결합재비의 결정

물-결합재비와 압축강도와의 관계가 다음과 같이 얻어졌다고 가정하고 W/B를 추정

$$f_{cr} = -13.8 + 21.6B/W[\text{MPa}]$$
$$\therefore\ 28.9 = -13.8 + 21.6B/W[\text{MPa}]$$

위 식으로부터 B/W=1.98, 따라서 W/B=0.505, 안전측으로 보아 W/B=0.5로 가정

콘크리트의 내동해성을 기준으로 한 최대 물-결합재비는 기상작용이 심하고 단면의 크기가 보통인 경우 물로 포화되지 않는 보통의 노출상태에 있을 때 55% 이하이기 때문에 압축강도로 정해지는 물-결합재비 50%를 사용하여도 된다. 만일 55% 이상이면 55%로 하면 된다.

수밀성, 황산염에 대한 내구성, 탄산화저항성을 기준으로 하여 물-결합재비를 정하는 경우 또는 제설염이 사용되는 경우나 해양구조물의 콘크리트 표준시방서의 최대 물-결합재비를 고려하여 가장 작은 값으로 한다.

다 잔골재율 및 단위수량의 보정

보정항목	기준값	배합조건	$S/a=42\%$ S/a의 보정량	$W=170\text{kg}$ W의 보정량
잔골재 조립률	2.8	2.86	$\dfrac{2.86-2.80}{0.1}\times0.5=0.3\%$	–
슬럼프	80	120	–	$\dfrac{120-80}{10}\times1.2=4.8\%$
물-결합재비	0.55	0.5	$\dfrac{0.5-0.55}{0.05}\times1=-1.0\%$	–
공기량	5.0	4.5	$\dfrac{5.0-4.5}{1}\times0.75=0.4\%$	$(5.0-4.5)\times3=1.5\%$
합계			-0.3%	6.3%
보정한 설계치			$S/a=42-0.3=41.7\%$	$W=170\times1.063=181\text{kg}$

라 단위량의 계산

- 단위시멘트량 : $C=181/0.5=362\text{kg}$
- 시멘트의 절대용적 : $VC=362/(0.00315\times1,000)=115\text{L}$
- 공기량 : $1,000\times4.5\%=45\text{L}$
- 골재의 절대용적 : $a=1,000-(115+181+45)=659\text{L}$
- 잔골재의 절대용적 : $s=659\times0.417=275\text{L}$
- 단위잔골재량 : $S=275\times0.0026\times1,000=715\text{kg}$
- 굵은 골재의 절대용적 : $V_g=659-275=384\text{L}$
- 단위 굵은 골재량 : $G=384\times0.0026\times1,000=1,018\text{kg}$
- 단위AE제량 : $362\times0.0003=0.1086\text{kg}=108.6\text{g}$

마 **시험비비기**

(1) 제1배치 : 30L

시험비비기 결과 : 슬럼프 140mm, 공기량 5.5%

구 분	굵은 골재 최대 치수 (mm)	슬럼프 범위 (mm)	공기량 범위 (%)	물-결합 재비 W/B(%)	잔골재율 S/a(%)	단위량(kg/m³)				
						물 W	시멘트 C	잔골재 S	굵은 골재 (mm)	혼화제 (g/m³)
단위량	25	120±15	4.5±0.5	50.0	41.7	181	362	715	1,018	108.6
30L	25	120±15	4.5±0.5	50.0	41.7	5.43	10.86	21.45	30.54	3.258

(2) 제2배치

- 슬럼프 20mm차에 대한 보정을 한다. 슬럼프 10mm 보정을 위해 수량은 일반적으로 1.2% 증감이 필요하므로 2.4%만큼 수량을 감소시킨다. 공기량 4.5%를 위해서 단위시멘트량에 대해 $0.03\% \times 4.5/5.5 = 0.0025\%$가 된다.
- 공기량 1% 증감에 따라 수량은 3kg 증감이 필요하고, 단위수량은 3−2.4=0.6%만큼 증가시키면 $181 \times (1+0.006) = 182$kg
- 단위량 : 물=182kg, W/B=50%, S/a=41.7%
- 단위시멘트량 : $C=182/0.5=364$kg
- 시멘트의 절대용적 : $V_C=364/(0.00315 \times 1,000)=116$L
- 공기량 : $1,000 \times 4.5\%=45$L
- 골재의 절대용적 : $a=1,000-(116+182+45)=657$L
- 잔골재의 절대용적 : $s=657 \times 0.417=274$L
- 단위잔골재량 : $S=274 \times 0.0026 \times 1,000=712$kg
- 굵은 골재의 절대용적 : $V_g=657-274=383$L
- 단위 굵은 골재량 : $G=383 \times 0.00265 \times 1,000=1,015$kg
- 단위AE제량 : $364 \times 0.00025=0.09106$kg=91g
- 슬럼프 120mm, 공기량 4.5%가 얻어졌다고 하면 콘크리트가 다소 거칠게 보이므로 작업에 적합한 워커빌리티를 얻기 위해 잔골재율을 2% 증가시킨다.

(3) 제3배치

- 잔골재율을 2% 증가시켜 43.7%로 정하고, 잔골재율 1% 증가에 따라 수량을 1.5kg 증가시키므로 단위수량은 185kg이 된다.
- 단위량 : 물=185kg, W/B=50%, S/a=43.7%
- 단위시멘트량 : $C=185/0.5=370$kg
- 시멘트의 절대용적 : $V_C=370/(0.00315 \times 1,000)=117$L
- 공기량 : $1,000 \times 4.5\%=45$L
- 골재의 절대용적 : $a=1,000-(117+185+45)=653$L
- 잔골재의 절대용적 : $s=6,537 \times 0.437=285$L
- 단위잔골재량 : $S=285 \times 0.0026 \times 1,000=741$kg

- 굵은 골재의 절대용적 : $V_g = 653 - 285 = 368L$
- 단위 굵은 골재량 : $G = 368 \times 0.00265 \times 1,000 = 975kg$
- 단위 공기 연행제량 : $370 \times 0.00025 = 0.0925kg = 92.5g$
- 슬럼프 120mm, 공기량 4.5%가 얻어졌고 워커빌리티도 적당하였으므로 시험비비기 종료. 적당한 워커빌리티가 얻어지지 않은 경우 제1배치부터 제3배치까지 실험을 반복하여야 한다.

바 $W/B - f_{28}$ 관계식을 구하기 위한 공시체 제작

세 종류 이상의 다른 W/B를 사용한 콘크리트에 대해 시험을 실시하며, W/B 50%, 45%, 55% 세 종류를 대상으로 한다.

(1) $W/B = 50\%$ 단위량 계산
- $W = 185kg$, $S/a = 43.7\%$로 계산한다.

(2) $W/B = 45\%$ 단위량 계산
- 잔골재율은 0.05 증감에 대해 1% 증감이 필요함. W/B가 5% 감소 시 잔골재율은 1% 감소되어 42.7%가 되며 $W = 185kg$으로 계산한다.

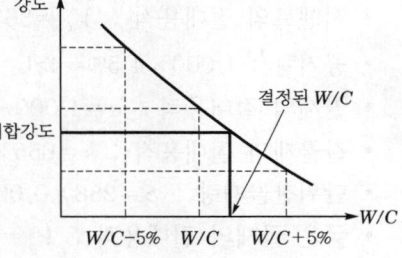

- 단위시멘트량 : $C = 185/0.45 = 411kg$
- 시멘트의 절대용적 : $V_C = 411/(0.00315 \times 1,000) = 130L$
- 공기량 : $1,000 \times 4.5\% = 45L$
- 골재의 절대용적 : $a = 1,000 - (130 + 185 + 45) = 640L$
- 잔골재의 절대용적 : $s = 640 \times 0.427 = 273L$
- 단위잔골재량 : $S = 273 \times 0.0026 \times 1,000 = 710kg$
- 굵은 골재의 절대용적: $V_g = 640 - 273 = 367L$
- 단위 굵은 골재량 : $G = 367 \times 0.00265 \times 1,000 = 973kg$
- 단위AE제량 : $410 \times 0.00025 = 0.1025kg = 102.5g$

(3) $W/B = 55\%$ 단위량 계산
- W/B가 5% 증가 시 잔골재율은 1% 증가되어 44.7%가 되며 $W = 185kg$으로 계산한다.
- 단위시멘트량 : $C = 185/0.55 = 336kg$
- 시멘트의 절대용적 : $V_C = 336/(0.00315 \times 1,000) = 107L$
- 공기량 : $1,000 \times 4.5\% = 45L$
- 골재의 절대용적 : $a = 1,000 - (107 + 185 + 45) = 663L$
- 잔골재의 절대용적 : $s = 663 \times 0.447 = 296L$
- 단위잔골재량 : $S = 296 \times 0.0026 \times 1,000 = 770kg$
- 굵은 골재의 절대용적 : $V_g = 663 - 296 = 367L$
- 단위 굵은 골재량 : $G = 367 \times 0.00265 \times 1,000 = 973kg$
- 단위AE제량 : $336 \times 0.00025 = 0.084kg = 84.0g$

- $f_{cr} = -12.3 + 21B/W$[MPa]에서 배합강도 28.9MPa에 대한 B/W의 값은 다음과 같다.

  $28.9 = -12.3 + 21B/W$[MPa]

  $\therefore\ B/W = 1.962$

  따라서 W/B는 51.0%가 되어 시방배합의 W/B가 결정된다.

사 시방배합

콘크리트 $1m^3$에 사용하는 단위수량은 185kg이며 W/B는 51.0%이다. 잔골재율은 W/B가 50.0%인 경우 43.7%이며, W/B가 0.05 증감하면 잔골재율은 1% 증감이 필요하므로 0.51-0.5/0.05=0.2%만큼 증가시켜 잔골재율은 43.7%가 된다.

- 단위시멘트량 : $C = 185/0.51 = 363$kg
- 시멘트의 절대용적 : $V_C = 363/(0.00315 \times 1,000) = 115$L
- 공기량 : $1,000 \times 4.5\% = 45$L
- 골재의 절대용적 : $a = 1,000 - (115 + 185 + 45) = 655$L
- 잔골재의 절대용적 : $s = 655 \times 0.439 = 288$L
- 단위잔골재량 : $S = 288 \times 0.0026 \times 1,000 = 749$kg
- 굵은 골재의 절대용적 : $V_g = 655 - 288 = 367$L
- 단위 굵은 골재량 : $G = 367 \times 0.00265 \times 1,000 = 973$kg
- 단위AE제량 : $363 \times 0.00025 = 0.0908kg= 90.8$g

굵은 골재 최대 치수 (mm)	슬럼프 범위 (cm)	공기량 범위 (%)	물-결합재비 W/B [%]	잔골재율 S/a [%]	단위량(kg/m³)				
					물 W	시멘트 C	잔골재 S	굵은 골재 (mm)	혼화제 (g/m³)
25	120±15	4.5±0.5	51.0	43.7	185	363	749	973	90.8

아 현장배합으로 환산

- 골재 체가름시험 결과 현장의 잔골재는 5mm체에 남는 것을 4% 포함하며, 굵은 골재는 5mm체를 통과하는 것을 3% 포함하고 있다고 하면

  $$x + y = 754 + 973 = 1722\text{kg},\quad 0.04x + 0.97y = 973\text{kg}$$

  $$\therefore\ x = 750\text{kg},\quad y = 972\text{kg}$$

- 잔골재 2.5%, 굵은 골재 0.5%라 하면 표면수량은 잔골재$= 750 \times 0.025 = 18.8$kg, 굵은 골재$= 972 \times 0.005 = 4.9$kg이다.
- 따라서 콘크리트 $1m^3$를 만들기 위해 계량할 재료의 양은 다음과 같다.
  - 단위시멘트량 : $C = 363$kg
  - 단위수량 : $W = 185 - 18.8 - 4.9 = 161$kg
  - 단위잔골재량 : $S = 750 + 18.8 = 769$kg

Section 11   시멘트 콘크리트의 재료분리현상과 저감방안

문제 분석	문제 성격	기본 이해	중요도	▮▮▮▯▯▯
	중요 Item	재료분리의 원인, 대책, 판정시험		

I 개 요

1. 콘크리트의 재료분리란 콘크리트 타설 중 또는 타설 후 균일하게 비벼진 콘크리트가 균질성을 잃고 시멘트, 물, 조골재, 세골재 등이 분리되는 현상이다.
2. 재료분리는 콘크리트의 강도, 내구성, 수밀성을 저하시키고 균열 발생의 원인이 되므로, 타설작업 중에 재료분리현상을 줄이기 위해서는 재료, 배합, 시공 시 품질관리를 철저히 해야 한다.

II 콘크리트 재료분리 발생 시 문제점

1. 콘크리트 강도 및 철근 부착강도 저하
2. 레이턴스 이음부 강도 저하
3. 수밀성 저하
4. 블리딩 발생(블리딩이 콘크리트에 미치는 영향)
   1) 건조수축에 따른 건조수축균열 발생
   2) 침하균열 및 레이턴스 발생
   3) 철근 및 골재 밑부분의 공극현상 발생

III 콘크리트 재료에 의한 재료분리현상

구 분	원 인	결 과
굵은 골재	굵은 골재와 모르타르의 비중차	콜드 조인트, 곰보(허니콤) 발생
	굵은 골재와 모르타르의 유동특성차	펌프관의 폐색
	굵은 골재의 치수와 모르타르 중의 잔골재의 치수차	곰보(허니콤) 발생
시멘트 페이스트	거푸집 이음, 볼트구멍	곰보 발생
물	비중 차	블리딩 발생

Ⅳ 시공에 의한 재료분리현상

1. 타설작업 시 재료분리현상
   1) 굵은 골재의 분리
      (1) 워커빌리티가 지나치게 클 때
      (2) 단위수량, W/C가 클 때
      (3) 골재의 입도, 입형이 비정상인 경우
   2) 시공작업에 의한 재료분리
      (1) 교반기 없는 운반차로 진동이 심한 경우
      (2) 슈트 사용 시 타설높이가 과다하게 높은 경우
      (3) 과도한 다짐인 경우

2. 콘크리트 타설 후 재료분리현상
   1) 블리딩현상
      콘크리트가 균질성을 잃고 불순물이 섞인 시멘트풀이 물의 상승과 함께 콘크리트 표면
      으로 떠오르는 현상
   2) 블리딩에 영향을 주는 요인
      (1) 콘크리트의 종류 및 성질   (2) 타설조건
      (3) 시멘트분말도(크면 적음)   (4) 물-시멘트비
      (5) 미립분의 함유량

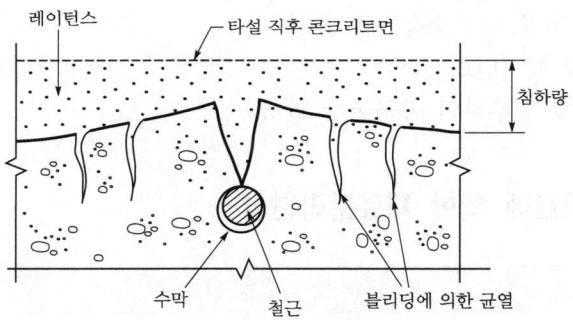

[블리딩과 레이턴스 발생 모식도]

3. 콘크리트 경화 후 재료분리현상
   1) 레이턴스(laitance)
      콘크리트 타설 후 블리딩 발생 시 시멘트나 그 밖에 골재 중의 미립자가 동반 부상하여
      콘크리트가 경화한 후 표면에 침전된 것

2) 레이턴스 성분 및 특성

    (1) 시멘트의 불활성 미분말, $CaCO_3$, SiO_2, Al_2O_3 등

    (2) 골재의 불순물

    (3) 혼화재료의 미 · 소립자

3) 레이턴스에 영향을 주는 요인

    (1) 시멘트 풍화 정도   (2) 골재 중의 미 · 세립분

    (3) 불순물   (4) 시멘트의 이상경화

Ⅴ 시멘트 콘크리트의 재료분리대책

1. 재료분리 저감방안

1) 재료

    (1) 골재 : 골재의 입도, 입형이 좋은 것(입도 양호조건 충족)

    (2) 잔골재 : 유해물함유량이 시방기준 이내일 것

    (3) 시멘트 : 풍화되지 않고 가능한 보관기간이 짧은 것

2) 배합

    (1) 허용한도 내에서 적절한 W/C 유지

    (2) 잔골재율은 작게

    (3) 슬럼프 적게

    (4) 혼화제 적절하게 사용(AE제, AE감수제, 고성능 AE감수제)

3) 운반 시

    (1) 콘크리트 펌프 수송관 배치 시 수송관이 막히지 않도록 사전 고려

    (2) 콘크리트 펌프 굵은 골재 최대 치수는 40mm 이하

    (3) 일정 시간 내에 콘크리트를 타설하여 재료분리 방지

4) 콘크리트 및 모르타르 운반시간 기준

구 분		운반시간(hr)
콘크리트	25℃ 이상	1.5 이내
	25℃ 이하	2.0 이내
모르타르	25℃ 이상	1.0 이내
	25℃ 이하	1.5 이내

5) 시공 시 재료분리 방지방안

    (1) 슈트에서 직접 타설하지 말고 타설높이를 준수하며 타설

    (2) 굵은 골재의 철근 배근 사이 간격 확보

    (3) 적당한 타설속도 및 다짐장비에 의한 적절한 다짐 시행

    (4) 거푸집 점검으로 누수에 따른 페이스트 누출 방지

2. 재료분리 발생 시 처리방안
   1) 굵은 골재의 분리는 정도가 미비하면 진동기로 충분히 다짐 실시
   2) 과도한 진동은 재료분리를 증가시킬 수 있으므로 주의하여야 함.
   3) 재료가 분리된 콘크리트는 타설을 금지하며 분리 발생 시 remixing 시행

Ⅵ 재료분리 판정을 위한 시험법

1. 육안 판정
2. 슬럼프시험
3. 굳지 않은 콘크리트 씻기 분석시험
4. 슈트로 낙하시키는 방법
5. 콘크리트 낙하에 의한 방법
6. γ 선에 의한 방법

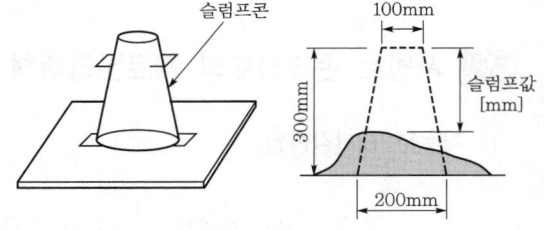

[슬럼프시험]

Ⅶ 맺음말

1. 재료분리는 콘크리트에 강도, 내구성, 수밀성을 저하시켜 균열 발생의 원인이 되므로 재료 단계부터 철저하게 관리하여야 한다.
2. 워커빌리티는 분리에 대한 저항성뿐만 아니라, 유동성 및 다짐성을 포함하고 있어 재료분리에 대한 저항성을 크게 할 경우에는 워커빌리티가 저하되어 유동성이나 다짐성이 저하될 수 있어 철저한 주의가 필요하다.

Section 12 **콘크리트 현장 품질관리의 종류 및 검사방법**

문제 분석	문제 성격	기본 이해		중요도	■■■□□
	중요 Item	콘크리트 품질관리, 콘크리트 시공관리, 콘크리트 구조물검사			

I 개 요

1. 콘크리트의 현장 품질관리는 사용목적에 맞는 구조물을 경제적으로 만들기 위한 현장에서 시행하는 모든 품질관리과정을 말하며, 콘크리트 품질관리, 콘크리트 시공검사, 콘크리트 구조물검사로 구분된다.
2. 완성된 구조물이 소요성능을 가지고 있다는 것을 확인할 수 있도록 공사 각 단계에서 콘크리트용 재료, 강재, 기계설비, 작업 등 필요한 검사를 철저히 시행하여야 한다.
3. 콘크리트 품질관리, 콘크리트 시공검사, 콘크리트 구조물검사 결과 불합격 시에는 구조물 중의 콘크리트 품질검사를 시행하여 구조물의 성능에 대한 검증을 시행하여야 하고, 성능 부족 시에는 적절한 조치를 강구하여야 한다.

II 콘크리트의 현장 품질관리 목적

1. 품질 확보
   레디믹스트 콘크리트의 생산, 공급 및 사용에 있어 부실 시공을 방지하고 품질 확보
2. 내구성 확보
   레디믹스트 콘크리트가 소요의 강도, 내구성, 수밀성, 강재보호성능을 갖추고 구조물이 소정의 성능을 확보할 수 있도록 관리
3. 경제성 확보
   사용목적에 맞는 콘크리트 구조물을 경제적으로 만들기 위함.

III 콘크리트의 현장 품질관리 flow

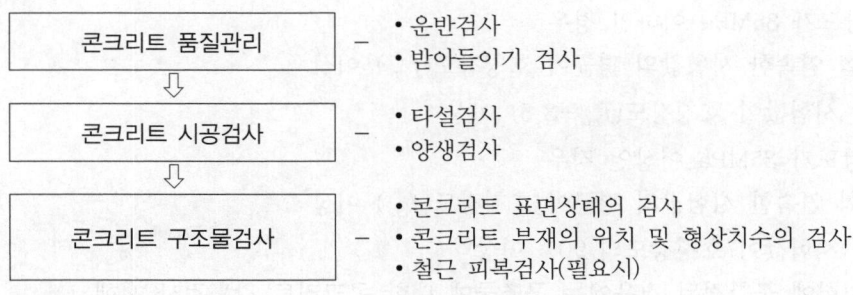

콘크리트 품질관리	–	• 운반검사 • 받아들이기 검사
⇩		
콘크리트 시공검사	–	• 타설검사 • 양생검사
⇩		
콘크리트 구조물검사	–	• 콘크리트 표면상태의 검사 • 콘크리트 부재의 위치 및 형상치수의 검사 • 철근 피복검사(필요시)

Ⅳ 콘크리트의 품질관리

1. 콘크리트 받아들이기 시 품질관리

1) 운반검사

항 목	시험, 검사방법	시기 및 횟수	판정기준
운반설비 및 인원 배치	외관관찰	콘크리트 타설 전 및 운반 중	시공계획서와 일치
운반방법	외관관찰		시공계획서와 일치
운반량	양의 확인		소정의 양
운반시간	출하, 도착시간 확인		규정에 적합할 것

2) 받아들이기 품질검사

(1) 굳지 않은 콘크리트의 품질검사

현장시험	규 격	시기 및 횟수	판정기준
외관관찰 (굳지 않은 콘크리트의 상태)	외관관찰	콘크리트 타설 개시 및 타설 중 수시	워커빌리티가 좋고, 품질이 균질하며 안정할 것
슬럼프시험(mm)	25	최초 1회 시험을 실시하고, 이후 압축강도 시험용 공시체 채취 시 및 타설 중 품질변화가 인정될 때	±10
	50 ~ 65		±15
	80 이상		±25
공기량시험(%)	고강도		3.5±1.5
	보통, 포장		4.5±1.5
	경량		5.5±1.5
온도	온도 측정		정해진 조건에 적합할 것
단위용적질량	KS F 2409		
염화물함유량(kg/m³)	굳지 않은	바다 잔골재를 사용할 경우 2회/일, 그 외 1회/주	0.3 이하
	책임기술자 승인		0.6 이하
	무근		–

(2) 콘크리트 배합의 적정 여부 검사

① 항목 : 단위수량, 단위시멘트량, 물–결합재비, 콘크리트 재료의 단위량

② 판정기준 : 허용값 이내에 있을 것

3) 펌퍼빌리티(pumpability) 압송부하 확인 : 압송부하비율이 80% 이하

2. 압축강도에 의한 콘크리트 품질검사(콘크리트 표준시방서 기준)

1) 호칭강도가 35MPa 이하인 경우

(1) 3회 연속한 시험값의 평균이 호칭강도(f_{cn}) 이상

(2) 각 시험값이 호칭강도(f_{cn} –3.5) 이상

2) 호칭강도가 35MPa 이상인 경우

(1) 3회 연속한 시험값의 평균이 호칭강도(f_{cn}) 이상

(2) 각 시험값이 호칭강도의 90% 이상

3) 강도시험에 불합격된 경우에는 구조물에 대한 콘크리트 강도검사 시행

V 콘크리트의 시공검사방법

1. 콘크리트의 타설검사

항 목	시험, 검사방법	시기 및 횟수	판정기준
타설설비 및 인원 배치	외관관찰	콘크리트 타설 전 및 타설 중	시공계획서와 일치
타설방법	외관관찰		시공계획서와 일치
타설량	타설개소의 형상치수로부터 양의 확인		소정의 양일 것

2. 콘크리트의 양생검사

항 목	시험, 검사방법	시기 및 횟수	판정기준
양생설비 및 인원 배치	외관관찰	콘크리트 양생 전 및 양생 중	시공계획서와 일치
양생방법	외관관찰		시공계획서와 일치
양생기간	일수, 시간의 확인		정해진 조건에 적합

VI 콘크리트 구조물의 검사

1. 표면상태의 검사

1) 노출면의 상태검사 : 평탄하고 허니콤, 자국, 기포 등에 의한 결함, 철근 피복 부족징후가 없으며, 외관이 정상 여부 검사

2) 균열상태검사 : 균열이 구조물의 성능, 내구성, 미관 등 사용목적을 손상시키지 않는 허용값범위 내에 있는지 검사

3) 시공이음부의 검사 : 신·구 콘크리트의 일체성 확보 검사

2. 콘크리트 부재의 위치 및 형상치수의 검사

1) 검사방법 : 설계도서에 기준하여 소정의 정밀도로 만들어졌는지 검사

2) 허용오차 : 구조물의 종류 및 중요도를 고려하여 결정

3) 불합격 시 : 대책 콘크리트를 깎아내든가 재시공 또는 덧붙이기 등 적절한 조치 시행

3. 철근 피복검사

1) 시기 : 철근 피복이 부족한 조짐이 있을 경우 시행

2) 철근 피복검사방법

  (1) 전자유도법

  (2) 전자파반사법

  (3) 방사선투과법

3) 불합격 시 대책

  (1) 콘크리트 제거 또는 재시공 실시

  (2) 피복두께 부족 부분에 콘크리트 덧타설

  (3) 콘크리트 표면에 도장 등 보호공 실시

Ⅶ 구조물 중의 콘크리트 품질검사

1. 검사대상
   1) 받아들이기 시 검사가 불합격된 콘크리트가 이미 타설되어 있는 경우
   2) 콘크리트공의 검사가 확실히 실시되어 있지 않은 경우

2. 검사방법
   1) 구조물의 공사품질기록 확인
      (1) 공사에 사용한 콘크리트의 받아들이기 검사결과 이용
      (2) 공사에 사용한 콘크리트의 타설, 양생의 검사결과 이용
   2) 비파괴시험에 의한 검사
      (1) 구조물의 종류와 중요도를 고려하여 비
          파괴시험에 의한 검사 시행
      (2) 검사의 판정은 공사품질기록과 병행하
          여 종합적으로 결정
   3) 시험방법
      (1) 슈미트 해머에 의한 강도시험
      (2) 초음파시험 등의 비파괴시험
      (3) 재하시험 : 구조물의 처짐, 변형률 등의 설계값과 비교 시행
   4) 시험결과 불량 시 대책
      (1) 구조물의 보수, 보강 시행
      (2) 불량 콘크리트의 제거 및 그 부분의 재시공 시행

[슈미트 해머]

Ⅷ 맺음말

1. 콘크리트의 현장 품질관리 불량 시에는 구조물의 보수, 보강 또는 불량 콘크리트의 제거 및 그 부분의 재시공 시행에 따른 사회적, 경제적 손실이 발생한다.
2. 사용목적에 맞는 콘크리트 구조물을 경제적으로 만들기 위해서는 공사 각 단계별로 콘크리트 현장 품질관리에 필요한 검사를 철저히 시행한다.
3. 현장 콘크리트의 품질을 관리할 수 있는 현장 콘크리트 품질기술자의 기술력 확보에 만전을 기하여야 한다.

Section 13
레디믹스트 콘크리트의 종류 및 품질관리방안

문제 분석	문제 성격	기본 이해		중요도	■■■■□□
	중요 Item	콘크리트 현장반입 시 품질검사종목, 불량레미콘 처리, 레미콘			

I 개 요

1. 레디믹스트 콘크리트는 정비된 콘크리트 제조설비를 갖춘 공장으로부터 구입자에게 배달되는 지점에서의 품질을 지시하여 구입할 수 있는 굳지 않은 콘크리트이다.
2. 레디믹스트 콘크리트의 품질관리에는 공장의 선정, 재료, 배합, 운반 후 받아들이기 검사, 타설 후 구조물검사 등을 시행하여야 하며, 추후 유지관리의 기초자료로 활용하기 위하여 품질검사기록을 보존하여야 한다.

II 레디믹스트 콘크리트의 요구조건

1. 굳지 않은 콘크리트
   1) 작업에 적합한 워커빌리티
   2) 재료분리의 발생이 억제되는 균일성

2. 굳은 콘크리트
   1) 소요의 강도를 가져야 함.
   2) 내구성
   3) 수밀성
   4) 강재를 보호하는 성능
   5) 균일하여야 함.

III 레디믹스트 콘크리트의 종류

콘크리트 종류	굵은 골재 최대 치수 (mm)	슬럼프 또는 슬럼프플로 (mm)	호칭강도(MPa)												휨4.0	휨4.5
			18	21	24	27	30	33	35	40	45	50	55	60		
보통 콘크리트	20, 25	80, 120, 150, 180	○	○	○	○	○	○	○	−	−	−	−	−	−	−
		210	−	○	○	○	○	○	○	−	−	−	−	−	−	−
		500*, 600*	−	−	−	○	○	○	○	−	−	−	−	−	−	−
	40	50, 80, 120, 150	○	○	○	○	○	○	○	−	−	−	−	−	−	−
경량골재 콘크리트	13, 20	80, 120, 150, 180, 210	○	○	○	○	○	○	○	−	−	−	−	−	−	−
포장 콘크리트	20, 25, 40	25, 65	−	−	−	−	−	−	−	−	−	−	−	−	○	○
고강도 콘크리트	13, 20, 25	120, 150, 180, 210	−	−	−	−	−	−	−	○	○	○	○	○	−	−
		500*, 600*, 700*	−	−	−	−	−	−	−	−	−	○	○	○	−	−

* : 슬럼프플로

IV 레디믹스트 콘크리트 공장의 선정

1. 레디믹스트 콘크리트 공장 선정 시 고려사항
   1) 현장까지의 운반시간 및 배출시간
   2) 콘크리트의 제조능력 및 설비의 성능, 관리상태
   3) 운반차의 수
   4) 운반차의 제조설비
   5) 공장의 품질관리상태 고려

2. 레디믹스트 콘크리트 공장 선정 시 주의사항
   1) 향후 하자관계에 대한 우려가 없도록 가능한 적은 수의 공장 선정
   2) 부득이 두 개 이상 선정하는 경우에는 가능한 한 원재료를 통일할 필요가 있음.

V 레디믹스트 콘크리트의 재료관리방안

1. 재료의 품질관리방안
   1) 결합재 : 시멘트의 품질관리 철저
   2) 물 : 유해물함유량
   3) 골재
      (1) 잔골재
          ① 입도   ② 유해물함유량 한도   ③ 내구성(바다, 부순, 고로슬래그, 잔골재)
      (2) 굵은 골재
          ① 입도   ② 유해물함유량 한도   ③ 내구성(부순, 천연)
   4) 혼화재료
      (1) 혼화재 : 품질이 확인된 것 사용
      (2) 혼화제 : 품질이 확인된 것 사용

2. 재료의 저장 시 유의사항
   1) 골재
      (1) 잔골재, 굵은 골재 및 종류와 입도가
          다른 골재는 구분해서 저장
      (2) 골재의 저장소에는 배수설비 설치
   2) 결합재
      (1) 시멘트는 방습, 방풍구조물에서 저장
      (2) 바닥과 0.3m 떨어진 위치에 높이는 13포대 이하

[골재저장설비]

3) 혼화재료

   (1) 분말상의 혼화재 : 습기를 흡수하여 굳어지는 일이 없도록 함.

   (2) 액상의 혼화제 : 분리되거나 변질되지 않도록 함.

   (3) 사용 : 저장순서대로 사용

Ⅵ 레디믹스트 콘크리트의 배합관리방안

1. 원칙

  1) 허용한도 내에서 물-결합재비를 최소한으로 결정

  2) 허용한도 내에서 잔골재율은 적게 하고, 굵은 골재의 최대 치수는 크게 결정

  3) 소요의 강도, 내구성, 수밀성 및 강재보호성능이 있고 경제적일 것

  4) 배합강도 결정순서

표준편차(s) → 2가지 식 → 결정(큰 값)

2. 배합설계 시 유의사항

  1) 배합강도

    (1) 현장 콘크리트의 품질변동을 고려하고 배합강도를 호칭강도보다 충분히 크게 할 것

    (2) 배합강도는 다음 두 식 중 큰 값 적용

$f_{cn} \leq 35\text{MPa}$인 경우	$f_{cn} > 35\text{MPa}$인 경우
$f_{cr} = f_{cn} + 1.34s\,[\text{MPa}]$ $f_{cr} = (f_{cn} - 3.5) + 2.33s\,[\text{MPa}]$	$f_{cr} = f_{cn} + 1.34s\,[\text{MPa}]$ $f_{cr} = 0.9f_{cn} + 2.33s\,[\text{MPa}]$

    여기서, s : 압축강도 표준편차

  2) 물-결합재비(W/B) : 소요의 강도, 내구성, 수밀성을 고려하여 결정

  3) 단위수량 : 작업이 가능한 범위에서 최소 / 시험을 통해 결정

  4) 단위결합재량 : 단위수량과 물-결합재비로 산출 / 시험을 통해 결정

  5) 굵은 골재의 최대 치수($G_{\max}$) : 부재 최소 치수의 1/5, 피복두께 및 철근 최소 수평,
                                    수직 순간격의 3/4 이하

  6) 슬럼프 : 운반, 타설, 다짐 등의 작업에 알맞는 범위 내에서 최소

  7) 잔골재율(S/a) : 소요의 워커빌리티를 얻을 수 있는 범위 내에서 단위수량이 최소가
                    되도록 결정

  8) 공기연행 콘크리트의 공기량

    (1) 소요의 워커빌리티를 얻을 수 있는 범위 내에서 최소량

    (2) 표준공기량 : 콘크리트 용적의 4.5 ~ 7.5%

  9) 혼화재료의 단위량

    (1) 소요의 슬럼프 및 공기량을 얻을 수 있도록 결정

    (2) 시험배합을 통하여 사용량 결정

Ⅶ 레디믹스트 콘크리트의 시공관리방안

1. 계량
1) 원칙 : 각 재료를 정확하게 계량
2) 목적 : 품질변동의 원인 제거
3) 시공관리 : 계량의 허용오차
4) 유의사항 : 계량의 허용오차 이내가 되도록 검교정관리 철저 시행

2. 비비기
1) 원칙 : 반죽된 콘크리트가 균일해질 때까지 충분히 비빔.
2) 목적 : 품질변동의 원인 제거
3) 시공관리 : 비비기 시간
4) 유의사항 : 규정된 비빔시간의 3배 이상 비빔 금지

3. 운반
1) 원칙 : 신속하게 운반
2) 목적 : 품질변동의 원인 제거
3) 시공관리 : 운반계획 / 운반방법
4) 유의사항 : 기온에 따른 운반시간 내 운반

[비비기부터 타설 완료까지의 시간]

기 온	시 간
25℃ 이상	1.5
25℃ 미만	2.0

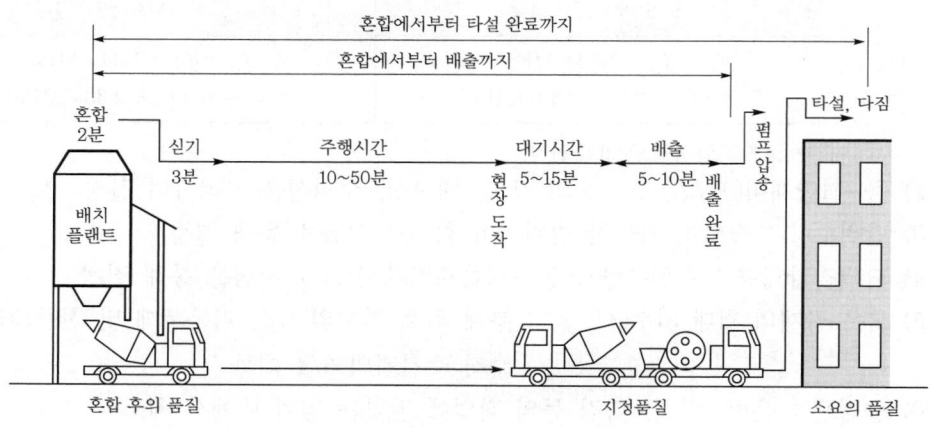

[레디믹스트 콘크리트 운반경로]

4. 타설
1) 원칙 : 시공계획서에 따라 쳐야 함. 연속타설
2) 목적 : 품질변동의 원인 제거
3) 시공관리 : 준비작업
4) 유의사항 : 높이가 높은 콘크리트 타설 시 반죽질기 및 속도 조정

5. 다지기
   1) 원칙 : 내부진동기 사용이 원칙이지만, 얇은 벽 등은 거푸집진동기 사용
   2) 목적 : 품질변동의 원인 제거
   3) 시공관리 : 진동기 사용법
   4) 유의사항 : 과다, 과소 시 문제점

6. 마무리
   1) 원칙 : 요구되는 정밀도와 물매에 따라 평활한 표면마감
   2) 목적 : 표면결함의 원인 제거
   3) 시공관리 : 표면처리
   4) 유의사항 : 마무리 불량 시 문제점

7. 양생
   1) 원칙 : 소요시간까지 경화에 필요한 온도, 습도 및 유해한 작용으로부터 보호
   2) 목적 : 품질변동의 원인 제거
   3) 시공관리 : 양생방법

8. 이음
   1) 원칙 : 설계에 정해져 있는 이음의 위치와 구조대로 시공
   2) 목적 : 시공성 및 기능성 확보
   3) 시공관리 : 이음종류(기능성, 비기능성)

9. 콘크리트 현장 품질관리
   1) 원칙 : 품질 확보, 내구성 확보, 경제성 확보
   2) 목적 : 품질변동의 원인 제거
   3) 방법 : 콘크리트 품질관리, 콘크리트 시공검사, 콘크리트 구조물검사
   4) 품질관리
      (1) 압축강도에 의한 콘크리트 관리
      (2) 물-결합재비에 의한 콘크리트 관리
   5) 구조물의 검사 및 시험

10. 공사기록
    1) 작업공정
    2) 시공상황
    3) 양생방법 및 기간
    4) 날씨 및 기온
    5) 실시한 시험 및 검사
    6) 구조물의 검사

Ⅷ 철근작업

1. 철근작업의 원칙
   철근가공조립도에 의거하여 정확한 치수 및 형상이 되도록 재질을 해치지 않는 적절한 방법으로 가공하고, 이것을 소정의 위치에 정확하고 견고하게 조립하여야 함.
2. 목적 : 철근콘크리트의 품질 확보
3. 철근작업의 시공관리
   1) 재료   2) 가공
   3) 조립   4) 이음

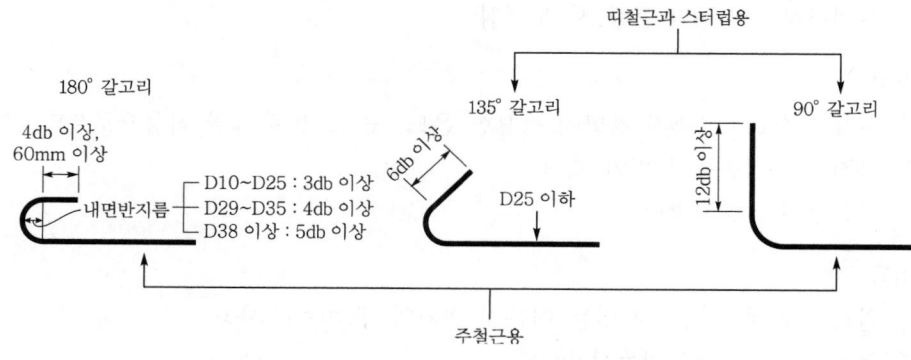

[철근 갈고리의 구분]

Ⅸ 거푸집 및 동바리

1. 원칙
   소정의 강도와 강성을 가지는 동시에 완성된 구조물의 위치, 형상 및 치수가 정확하게 확보되어 만족스러운 콘크리트가 되도록 설계 및 시공하여야 함.

2. 목적
   철근콘크리트의 품질 확보

3. 거푸집 및 동바리작업 시 품질관리방안
   1) 5m 이상 동바리의 경우 시공 전 전문가의 사전안정성 검토 필요
   2) 하중, 재료, 시공 시 허용오차 준수
   3) 사용자재의 적합성 확인(신규 자재, 재활용 자재 구분)
   4) 강도를 확인한 후 떼어내기
   5) 특수 거푸집 및 동바리 관리
   6) 해체 즉시 표면결함조치 시행

X 레디믹스트 콘크리트의 받아들이기 시 검사

1. 받아들이기 시 검사방법
1) 송장 확인 : 레미콘 출하시각, 도착시각, 규격 등 차량번호와 납품서(송장)와의 동일 여부
2) 현장배합 수정 및 허용오차 확인
3) 차량의 운반시간 및 도착 완료, 타설 완료시간 기록
4) 생산자 기록지(surer-print) 등 제출 여부 확인

2. 받아들이기 검사 부적합 시 조치방안 : 불량레미콘 처리 시행

3. 받아들이기 시 검사기준

현장시험	규 격	시기 및 횟수	허용차
외관관찰 (굳지 않은 콘크리트의 상태)	워커빌리티가 좋고, 품질이 균질하며 안정할 것	콘크리트 타설 개시 및 타설 중 수시	–
슬럼프시험(mm)	25	최초 1회 시험을 실시하고, 이후 압축강도시험용 공시체 채취 시 및 타설 중 품질변화가 인정될 때	±10
	50 ~ 65		±15
	80 이상		±25
공기량시험(%)	고강도		3.5±1.5
	보통, 포장		4.5±1.5
	경량		5.5±1.5
온도	온도 측정		정해진 조건에 적합할 것
단위용적질량	KS F 2409		
염화물함유량(kg/m³)	굳지 않은	바다 잔골재를 사용할 경우 2회/일, 그 외 1회/주	0.3 이하
	책임기술자 승인		0.6 이하
	무근		–

XI 불량레미콘 처리방안

1. 원칙
상주기술자와 시공자는 불량레미콘이 발생한 경우 즉시 반품처리하고, 불량레미콘 폐기처리사항을 확인하여 기록을 비치하여야 함.

2. 불량레미콘의 유형(5가지 유형)
1) 슬럼프 측정결과 시방기준에서 벗어나는 경우
2) 공기량 측정결과 시방기준에서 벗어나는 경우
3) 염화물함량 측정결과 시방기준에서 벗어나는 경우
4) 레미콘 생산 후 해당 공사 시방시간을 경과하는 경우
5) 재료분리 등으로 사용이 불가능하다고 판단될 경우

3. 불량레미콘 처리방안

   1) 반품처리된 레미콘의 타 현장 반입을 방지하기 위하여 불량레미콘 폐기확인서를 징구
      하여 준공 시까지 보관

   2) 생산자가 불량자재폐기확약서 내용을 이행하지 아니하여 민원 등 문제가 발생한 경우
      에는 국가기술표준원에 즉시 그 내용을 통보해야 함.

XII 맺음말

레디믹스트 콘크리트는 품질 확보를 위하여 공장의 품질관리 및 설계, 재료, 배합, 시공의 철저한
품질관리를 시행하여야 한다.

참고 레미콘 제조공정

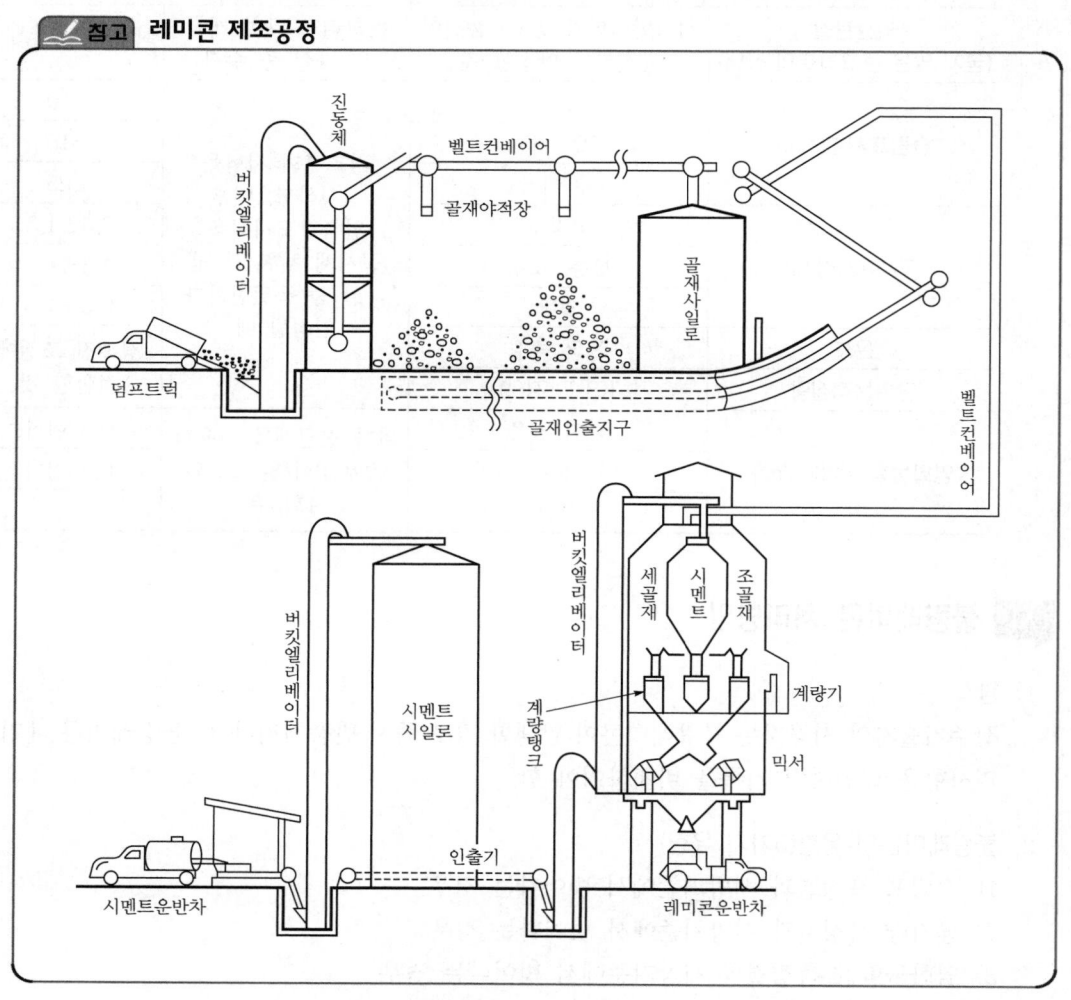

Section 14   굳지 않은 콘크리트의 단위수량 신속 측정방법

문제 분석	문제 성격	기본 이해	중요도	■■■□□
	중요 Item	단위수량의 영향, 단위수량기준, 단위수량시험기준		

Ⅰ 개 요

1. 단위수량이란 콘크리트 1m^3 중에 포함된 물의 양(골재 중의 수량 제외)으로 콘크리트 강도, 내구성, 콘크리트 품질에 직접적인 영향을 미치는 요소이다.
2. 건설현장에 부적합한 레미콘 사용을 근절하기 위해 그동안 시험방법의 적합성이나 신뢰성 등이 평가되지 않았던 단위수량품질검사기준을 반영하여 건설현장 품질 확보 및 콘크리트 구조물의 내구성을 확보하여야 한다.

Ⅱ 단위수량이 콘크리트 구조물의 품질에 미치는 영향

1. 굳지 않은 콘크리트
   1) 블리딩(bleeding) 증가 : 골재 사이 공극 발생 및 표면균열 발생
   2) 공기량 저하 : 콘크리트 내부 연행공기의 소실이 발생되어 공기량 저하
   3) 재료분리 발생 : 콘크리트 균질성 상실에 따른 결함 발생
   4) 타설 후 침하균열 발생 : 콘크리트 표면결함 발생

2. 굳은 콘크리트에 미치는 영향
   1) 압축강도 저하 : 물-결합재비가 증가로 콘크리트 강도 저하
   2) 내구성 저하 : 중성화, 염분침투저항성 저하 등으로 내구성 저하
   3) 탄성계수 감소 : 잔골재율 증가 및 굵은 골재의 감소에 따른 탄성계수 감소
   4) 소성수축, 건조수축 증가 : 콘크리트 수축반응으로 인한 균열 발생
   5) 내구성 저하 : 콘크리트 강도 저하 및 콘크리트 내구성 저하

Ⅲ 단위수량에 영향을 주는 요인

1. 재료 및 배합
   1) 결합재
   2) 골재(굵은 골재, 잔골재)
   3) 화학혼화재
   4) 콘크리트 배합비

2. 콘크리트 생산 및 공정관리
    1) 골재 표면수 측정오차
    2) 골재수급 부족으로 인한 품질불량
    3) 골재토분 혼입
    4) 입형, 입도의 불량

3. 생산, 운반 및 현장에서 발생하는 가수
    1) 레미콘 제조 및 운반과정 : 슬럼프 중심 생산, 우천 시 호퍼 유입 등
    2) 현장반입 및 타설 : 장시간 현장대기 및 작업지연으로 인한 가수

Ⅳ 굳지 않은 콘크리트 단위수량시험 비교

적용범위	고주파가열법	단위용적질량법 (에어미터법)	정전용량법	마이크로파법
시험기기				
측정개요	콘크리트 시료의 가열 건조 전후의 질량 차이를 통해 증발된 수분량 계산	시방배합과 실제 콘크리트시료의 진밀도 차이를 이용하여 수분량 계산	모르타르 중 정전용량과 수분율의 관계식에 의해 단위수량 추정	시료에 마이크로파를 투과하여 물분자에 의해 감쇠되는 파장의 변화를 감지하여 시료의 수분량 측정
시료	모르타르, 콘크리트	콘크리트	모르타르	콘크리트
시료량	400g	7L	0.4L	7L
시험시간	15분(30분)	10분	10분	2분
측정횟수	2회 평균	1회	3회 평균	5회 평균

Ⅴ 굳지 않은 콘크리트 단위수량시험의 분류

1. 정전용량법
    1) 원리 : 고주파 유전율방식을 이용하여 단위수량 측정
    2) 시험용 측정기기 및 시험방법
        (1) 사용되는 고주파 주파수는 50MHz로 정전용량, 전기저항의 측정 가능
        (2) 측정에 사용되는 측정용기의 내부용적은 300cc 이상

3) 시험순서

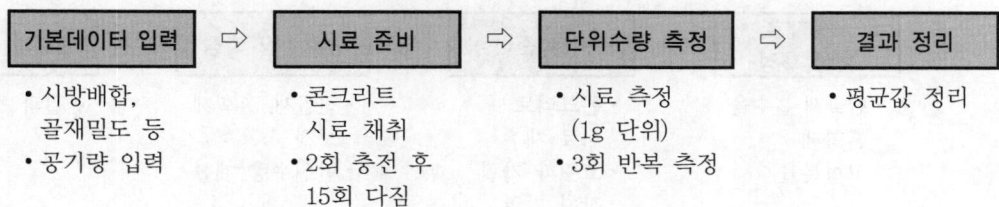

기본데이터 입력	⇨	시료 준비	⇨	단위수량 측정	⇨	결과 정리

• 시방배합,
  골재밀도 등
• 공기량 입력
		• 콘크리트
		  시료 채취
		• 2회 충전 후
		  15회 다짐
				• 시료 측정
				  (1g 단위)
				• 3회 반복 측정
						• 평균값 정리

4) 시험 시 주의사항

(1) 측정장치는 표면이 단단하고 평활한 위치에 설치

(2) 고주파 전압에 영향을 주는 금속제, 휴대폰 등은 20cm 이상 이격

(3) 전극부 이물질 제거

2. 단위용적질량법(에어미터법)

1) 원리 : 단위용적질량의 변화를 이용하여 단위수량 측정

2) 시험용 측정기기 및 측정방법

(1) 단위수량과 공기량 측정 시 주수법이 가능하여야 함(용기용적 7L)

(2) 압력계의 용량은 100kPa에서 1.00kPa 정도의 감도

3) 시험순서

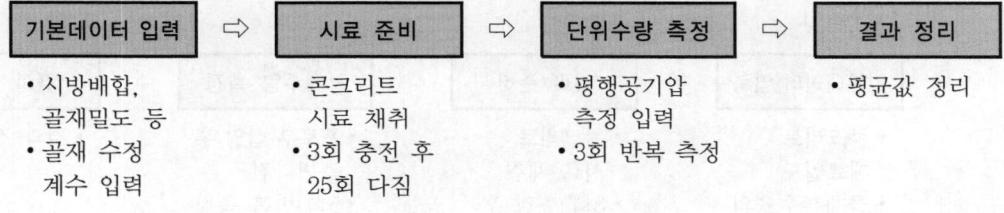

기본데이터 입력	⇨	시료 준비	⇨	단위수량 측정	⇨	결과 정리

• 시방배합,
  골재밀도 등
• 골재 수정
  계수 입력
		• 콘크리트
		  시료 채취
		• 3회 충전 후
		  25회 다짐
				• 평행공기압
				  측정 입력
				• 3회 반복 측정
						• 평균값 정리

4) 시험 시 주의사항

(1) 측정장치는 표면이 단단하고 평활한 위치에 설치

(2) 물이 기포 없이 충분히 배출되는 것을 확인 후 주수 정지

(3) 측정 전 공기량시험기 외부 이물질 완벽히 제거

3. 고주파가열법

1) 원리 : 고주파 가열장치(전자레인지)를 이용하여 가열 건조 전후의 질량차를 통해 단위
        수량 측정

2) 시험용 측정기기 및 측정방법

(1) 고주파 가열장치는 고주파의 정격출력이 1,700W 이상

(2) 시료용기의 크기는 230±30mm

(3) 고주파 정격출력 1,700W로 15분 이상 연속 가열이 가능한 재료

3) 시험순서

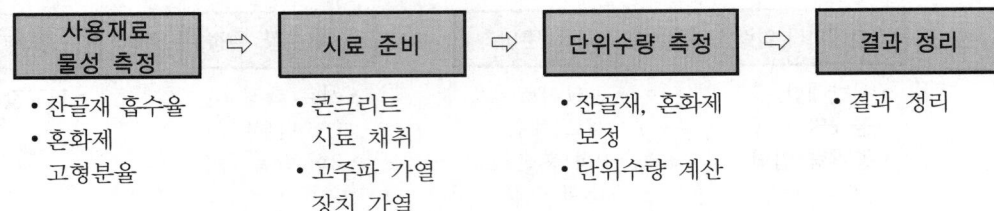

사용재료 물성 측정	⇨	시료 준비	⇨	단위수량 측정	⇨	결과 정리
• 잔골재 흡수율 • 혼화제 　고형분율		• 콘크리트 　시료 채취 • 고주파 가열 　장치 가열		• 잔골재, 혼화제 　보정 • 단위수량 계산		• 결과 정리

4) 시험 시 주의사항
   (1) 시험 전 시료용기는 표면이 건조해야 함.
   (2) 내부 이물질 제거

4. 마이크로파법
   1) 원리 : 콘크리트에 투과되는 마이크로파가 물분자에 의해 진폭감쇠, 주파수변동, 시간차
      가 발생하는 원리를 이용해 단위수량 측정
   2) 시험용 측정기기 및 측정방법
      (1) 사용되는 마이크로파의 주파수는 600MHz~1.2GHz
      (2) 마이크로파가 침투되는 깊이는 프로브 표면으로부터 30mm 이상
      (3) 측정에 사용되는 시료용기는 무주수법 공기량 측정기
   3) 시험순서

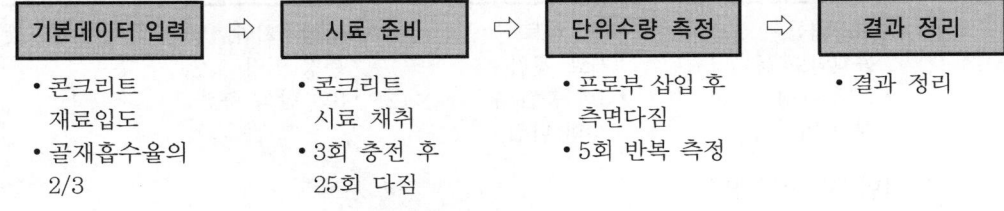

기본데이터 입력	⇨	시료 준비	⇨	단위수량 측정	⇨	결과 정리
• 콘크리트 　재료입도 • 골재흡수율의 　2/3		• 콘크리트 　시료 채취 • 3회 충전 후 　25회 다짐		• 프로부 삽입 후 　측면다짐 • 5회 반복 측정		• 결과 정리

4) 시험 시 주의사항
   (1) 측정장치는 표면이 단단하고 평활한 위치에 설치
   (2) 시료의 단위용적질량은 시험을 통해 구한 값으로 적용
   (3) 재료분리가 발생한 경우 측정값의 오차 발생 가능

Ⅵ 단위수량시험의 검사방법

1. 굳지 않은 콘크리트의 단위수량은 제시하는 시방배합표 단위수량과 시험에 의해 측정된 단
   위수량과의 차를 기록
2. 단위수량 측정값은 동일 시료에 대해 2회 반복 측정한 데이터의 평균값 적용
3. 콜드조인트, 시공조인트, 경시변화로 인한 시공성 결여 등 현장여건을 고려할 필요성이 있
   는 경우에는 품질관리자의 판단하에 측정횟수 조정 가능

Ⅶ 단위수량기준 및 측정횟수

1. 단위수량기준 : 185kg/m^3 이하

2. 허용범위 : 시방배합 단위수량 $\pm20\text{kg/m}^3$ 이내

3. 측정횟수
    1) 타설되는 콘크리트가 120m^3 이상인 경우
        (1) 콘크리트 타설 직전 1회 이상
        (2) 콘크리트 120m^3마다
        (3) 필요에 따라 품질관리자와 협의하여 측정횟수 조정 가능
    2) 타설되는 콘크리트가 120m^3 미만인 경우 콘크리트 타설 직전 1회 측정

Ⅷ 단위수량시험 결과 보고내용

1. 측정일자, 온도 및 습도
2. 시방배합표
3. 단위수량 측정방법 : 정전용량법, 단위용적질량법(에어미터법), 고주파 가열법
4. 측정단위수량값
5. 측정소요시간

Ⅸ 맺음말

1. 단위수량시험의 개정은 레미콘 불량 시공 근절을 위하여 레미콘공장에서 출하 전이나 현장에서의 가수(加水) 행위를 근절하기 위한 중요한 콘크리트 반입 시 시행하는 시험 방법이다.
2. 콘크리트 구조물의 품질에 단위수량이 미치는 중요성을 고려하여 시방서에 규정된 단위수량의 품질검사시험, 검사방법, 검사시기, 횟수, 판정기준을 철저히 준수하여 구조물의 내구성 및 품질관리를 철저히 준수하여야 한다.

콘크리트의 시공단계별 품질관리방안 및 품질시험항목

문제 분석	문제 성격	기본 이해	중요도	■■■□□□
	중요 Item	품질관리항목, 품질관리요점		

Ⅰ 콘크리트의 시공단계별 품질관리방안

항 목	품질관리항목	품질관리요점
운반 (batcher 출하에서 붓기까지)	• 시간경과에 따른 slump loss 　- consistency 저하 　- workability 저하 　- pumpability 저하 • W/C비 변화에 따른 강도 저하 　- 펌프카 가수행위 등으로 인함. • AE콘크리트에서는 공기 loss • 재료분리(segregation) • 거푸집, 철근의 변위변형 • 경량 콘크리트에서는 단위용적 중량 변화 • 혼화재 품질관리	• 운반거리는 현장에서 90분 이내 　- 25℃ 이상 : 1.5시간 이내 타설 　- 25℃ 이하 : 2.0시간 이내 타설 • 레미콘 배차간격 조정관리 　- 현장 대기시간 단축 • 현장여건 변동 시 신속 대응 • 압축강도 공시체(mould) 제조 • 혼화재 품질관리 　- 계량, 투입량, 비빔 • 가수행위 금지
타설	• slump-consisteny, 성형성, 작업성, 마감성 • 강도 : W/C비 변동 • 초기동해(initial-freezing) • 재료분리 • 균일성(uniformity) • 콜드조인트 • 응결 및 경화(setting and hardening) • 거푸집, 철근의 변위변형 • 이어타설 접착성 • 내구성피복두께	• 타설 전 철근 배근, 거푸집 조립 매설물 등 확인 • 타설 중 철근, 거푸집 변형 방지 • 타설 중 재료분리가 발생하지 않도록 철저히 관리 　- 타설속도, 토출구위치 등 • 표면에 떠오른 블리딩 수 제거 • 침하균열(settlement crack)을 방지하기 위해 타설순서 준수 • 이어타설은 가급적 피함. • 콜드조인트 방지
다짐	• 재료분리 • 콜드조인트 • 성형성(plasticity) • 철근부착강도 • 충전, 밀실, 균질, 일체, 수밀성 • 거푸집, 철근변위, 변형	• 다짐은 내부진동기 사용이 원칙 • 밀실, 수밀하게 충전되도록 다짐. • 과도한 진동 방지 • 철근에 다짐봉이 닿지 않도록 함. • tamping 처리 철저

항 목	품질관리항목	품질관리요점
양생	• 수화작용(hydration) : 수화열 관리 • 응결 및 경화(setting and hardening) • 초기동결 • 건조수축균열(drying shrinkage crack) • 소성균열(plastick crack) • 침하균열(settlement crack) • 강도 : 초기강도, 공시체 양생 등 • bleeding and laitance • 외적 요인 　– 진동, 충격에 의한 균열 　– 처짐 및 변위, 변형 　– 표면보양 　– 거푸집 존치, 동바리 존치	• 콘크리트 타설 후 경화에 필요한 온도, 습도조건 유지 • 수화작용을 돕기 위한 습윤보양 (wet-curing) • 직사, 일광에 의한 급격한 건조 방지 • 진동, 충격, 과하중 금지 • 최소한 초기강도(5MPa 이상) 발현 시까지 보온조치

Ⅱ 콘크리트의 시공단계별 품질시험항목

제조 시 품질시험	타설 직전 현장시험	경화콘크리트 품질시험
• 잔골재 표면수율시험 • 조골재의 비중, 흡수율시험 • 시멘트 이상응결(false setting), 분말도, 비중, 풍화도 시험 • 잔골재 염화물함유량시험 • 골재 유기불순물시험 • 슬럼프시험 • 공기량시험 • 강도시험 • 단위용적중량시험 • W/C비 판정시험 등	• 강도 측정시험 • 공시체 제작 • 슬럼프시험 • 염화물 판정시험 • 공기량시험 • 씻기 분석 • 혼화재 혼입량	• 압축강도시험 • 휨강도시험 • 인장, 전단시험 • 철근부착력시험 • 코어강도시험 • 각종 비파괴시험 • 중성화 판별시험

레미콘 품질 저하의 원인 및 대책

문제 분석	문제 성격	기본 이해		중요도	■■□□□□
	중요 Item	품질 저하의 원인, 대책			

구 분	품질저하 원인	대 책
레미콘 수급	• 수급조절관리 미흡 - 건설공사의 집중 발주(시기, 장소)	• 중-장기 건설계획 수립 시 레미콘 수급 전망을 충분히 고려
배처 플랜트 품질관리 불량	• 배합설계 부적합 • 골재불량 • 품질관리 소홀 • 물-시멘트비 불량	• 배합설계 철저 • 시설의 자동화 • 레미콘 생산업체 허가 및 사후관리 강화 • 골재품질 검사·감사 강화 • 현장 B/P 허가절차 간소화
허가 및 사후관리	• 레미콘 KS업체 허가 지정 후 정기적인 사후관리제도의 불합리	• 레미콘공장의 설비, 성적서 위주의 사후관리보다는 제품성능검사 위주의 현장관리 필요
슬럼프 규정	• KS에는 시험방법만 설명되어 있을 뿐 시험횟수 및 그 처리사항이 없음	• 보다 기계화된 시험장비 개발 필요 • 여러 회 반복 시험 후 평가하도록 KS 규격이나 시방서 개정 필요(품질변동계수관리)

품질관리
운영상
문제점
	• 전문인력 부족
	  - 품질시험기사, 기능사 절대 부족
	• 콘크리트 취급자의 의식 및 지식 부족
	  - 콘크리트 기능공, 장비기사
	  - 레미콘 운전기사
	  - 감리, 감독
	  - 생산업체 종사자
		• 품질시험 전문인력 양성, 공급
		• 콘크리트 기능공의 콘크리트 기본교육과정을 필히 이수토록 제도 보완
		• 기능공 경력관리제 및 평가제 도입 시행
		• 콘크리트 관련 종사자에 대한 전문교육기관을 설립하여 운영하도록 제도적 장치 마련

레미콘
품질측면
	• 레미콘 차량의 운반시간 지연
	  - 슬럼프변화
	  - 가수로 인한 W/C비 변동
	  - 콜드조인트 및 곰보현상
	• 레미콘 사용골재의 품질불량
	  - 해사의 세척불량
	  - 골재에 이물질 혼입
	  - 골재의 입도불량
	  - 골재강도 부족
		• 운반거리 및 교통조건을 감안한 레미콘공장 선정
		• 현장 내 간이 B/P 설치 운영
		• 건비빔 수송 후 현장 가수, 혼합방법
		• 고유동화제 등 혼화제 사용
		• 고슬럼프화(150 ~ 180mm)
		• 레미콘공장, 품질감사 강화
		  - 세척시설 확충
		  - 골재품질시험 강화
		  - 양질의 골재 부존자원 개발
		  - 대체골재 연구 개발

구 분	품질저하원인	대책
설계상 문제	• 지나친 경제성 추구로 부재단면 축소, 철근 과밀로 콘크리트 타설 곤란 • 강도 위주의 설계로 인한 내구성, 사용성 설계 적용 미흡으로 인한 급격한 내구성 저하 및 구조물 사용연수 단축	• 시공성 확보방안 마련 • 인식전환 및 설계개념 변화로 내구성, 사용성을 고려한 설계 필요
기타	• 레미콘업체 허가 및 사후관리 미흡 • 레미콘 운전기사 도급제로 인한 원거리 공급 기피 • 가격 때문에 낮은 슬럼프 주문으로 인한 현장 가수 가능성 있음	• 허가 및 사후관리 강화 • 법적 제재조치 강화 • 처음부터 높은 슬럼프 주문 또는 고유동화제 사용

콘크리트 타설 시 시행하는 다짐의 원리 및 다짐 시 유의사항

문제 분석	문제 성격	기본 이해	중요도	■■■□□□
	중요 Item	다짐으로 발생되는 현상, 다짐의 중요성, 다짐의 종류		

I 개 요

1. 콘크리트의 다짐은 내구성 향상을 위한 첫 번째 단계로서, 다짐의 원리는 혼합된 직후 콘크리트에 진동을 가하면 골재의 운동은 주어진 진동가속도에 비례하고 그 질량에 반비례하기 때문에 밀실화되는 것이 기본원리이다.
2. 다짐 시 유의사항은 진동기의 선정, 작업원의 교육, 예비진동기의 비치, 횡방향 이동 금지 및 관련 시방기준을 준수하여 적정한 다짐이 될 수 있도록 관리하여야 한다.

II 콘크리트 다짐의 기본개념

1. 콘크리트 다짐의 기본개념
   콘크리트 내부에 진동을 발생시켜 굳지 않은 콘크리트 내부의 기포 제거 및 내용물의 적절한 혼합을 도움으로써 콘크리트의 수밀성과 내구성 향상

2. 콘크리트 다짐 및 진동기의 종류
   1) 다짐법 : 손다짐, 진동다짐, 거푸집 두드림, 가압다짐법, 원심력다짐법, 진공다짐법
   2) 진동기의 종류 : 거푸집진동기, 표면진동기, 봉상진동기

3. 슬럼프와 진동시간의 관계

슬럼프(mm)	0 ~ 30	40 ~ 70	80 ~ 120	130 ~ 170	180 ~ 200
진동시간(초)	22 ~ 28	17 ~ 22	13 ~ 17	10 ~ 13	7 ~ 10
진동유효반경(cm)	25	25 ~ 30		30 ~ 35	35 ~ 50

4. 콘크리트 다짐에 영향을 주는 요인
   1) 진동기의 형식과 성능
   2) 콘크리트의 점성
   3) 콘크리트의 유동성

5. 콘크리트 다짐의 효과
   1) 콘크리트의 공극 감소
   2) 콘크리트 중의 불균일한 갇힌 공기가 주로 추출

　　3) 단위용적중량이 증가
　　4) 콘크리트의 강도, 내구성, 수밀성 증가

Ⅲ 콘크리트 진동다짐의 기본원리

1. 혼합된 직후의 콘크리트에 진동을 가하면 골재의 운동은 주어진 진동가속도에 비례하고 그 질량에 반비례하기 때문에 큰 골재는 운동이 적고, 작은 골재일수록 크게 운동함.
2. 바이브레이터에서 콘크리트로 '진동의 전파과정'은, 진동주파수는 거의 변화하지 않는 데 비해 진폭은 거리에 의한 감소현상 발생
3. 진동을 가한 점을 중심으로 시멘트 페이스트와 세골재는 액상화하고 조골재의 틈을 메우며, 또한 위로 밀어올려서 밀실한 상태로 변화됨.
4. 즉, 콘크리트는 내부진동기의 수평 방향의 진동에 의해 액상화하고 중력에 의해 굳어짐.

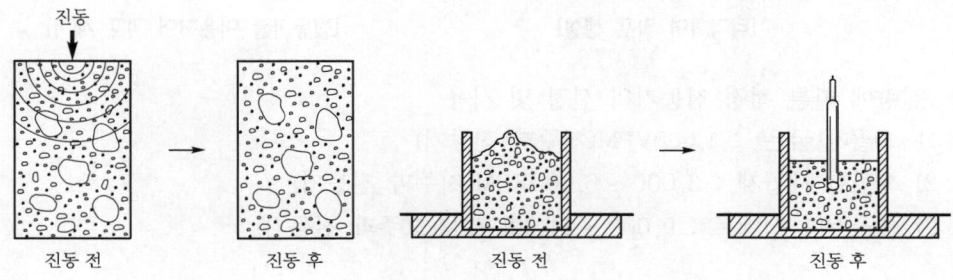

Ⅳ 콘크리트 진동다짐 시 유의사항

1. 타설한 콘크리트에 균일한 진동을 주기 위하여 진동기의 찔러 넣는 간격 및 한 장소당 진동시간을 규정하여 작업원을 교육시키고 철저히 시행(찔러 넣기 간격 50cm 이하)
2. 바이브레이터 다짐을 오래 하면 재료분리로 인해 강도가 저하되므로 장소당 진동시간은 페이스트가 오를 때까지 약 5 ~ 15초 정도 시행
3. 진동다지기는 충분히 하여야 하며 진동기를 뺄 때는 구멍이 남지 않도록 천천히 뺌.
4. 콘크리트 타설 시 주위 거푸집이나 철근에 콘크리트를 흘리거나 묻어 있는 콘크리트 잔재는 필히 제거
5. 내부진동기는 될 수 있는 대로 연직으로 일정한 간격으로 찔러야 하며, 바이브레이터로 콘크리트의 횡방향 이동 금지
6. 진동기는 철근, 철골에 직접 접촉하면 콘크리트와의 부착강도가 크게 떨어지므로 초기양생 중 철근에 접근을 절대로 금지
7. 진동기 사용 시 스페이서 등이 진동으로 인하여 떨어지지 않도록 유의함.

8. 콘크리트 타설현장에는 예비진동기를 갖추어 놓고 적당한 시간에 교체하고 정비해서 사용하여야 함.
9. 재진동을 할 경우에는 콘크리트에 나쁜 영향이 생기지 않도록 초결이 일어나기 전에 실시
10. 진동기는 하층 콘크리트에 10cm 정도 삽입하여 상하층 콘크리트가 일체화되도록 함.
11. 콘크리트 내부의 기포를 제거하기 위하여 아래로부터 위로 공기가 유도되도록 가격함. 이때 내부진동기는 반드시 수직으로 삽입한 후 수직으로 뽑아올림.

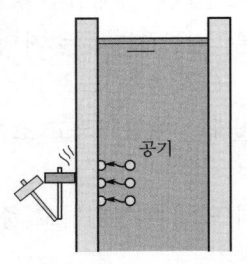
[타격하여 기포 생성]

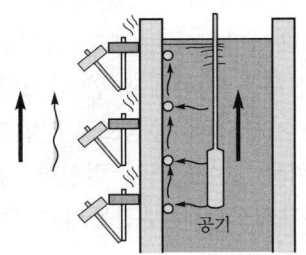
[진동기를 이용하여 기포 제거]

12. 질량에 따른 적정 진동기의 선정 및 사용
    1) 조골재(굵은) : 1,500VPM(저주파 진동기)
    2) 세립한 세골재 : 3,000 ~ 6,000VPM(저주파 진동기)
    3) 세골재나 시멘트 : 9,000 ~ 14,000VPM(고주파 진동기)

Ⅴ 콘크리트의 다짐으로 발생하는 현상

1. 블리딩(bleeding)
    1) 정의 : 콘크리트 재료(물, 시멘트, 모래, 골재 등)의 비중차로 상대적으로 가벼운 재료(물, 시멘트)는 떠오르고, 무거운 재료는 가라앉는 현상
    2) 블리딩 발생 시 문제점
        (1) 내적
            ① 철근의 부착강도 저하
            ② 수밀성 저하
        (2) 외적
            ① 레이턴스 발생
            ② 수축균열 발생(증발수 > 블리딩의 경우)
            ③ 콘크리트 내 수로 형성으로 인하여 수밀성, 내구성 저하
    3) 블리딩 저감대책
        (1) 시멘트는 분말도가 높은 것을 사용
        (2) 단위수량을 적게 하고, 골재는 유해물함유량이 적은 것을 사용
        (3) 타설속도와 진동을 적절하게 유지하여 블리딩 발생을 저감

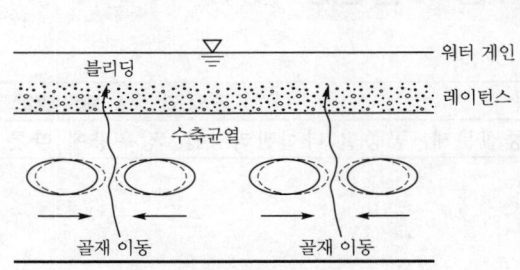

[블리딩 발생 모식도]　　　[블리딩 측정기]

2. 레이턴스(laitance)
　1) 정의 : 콘크리트 타설 후 블리딩 발생 시 시멘트나 그 밖에 골재 중의 미립자가 동반
　　　　　부상하여 콘크리트가 경화한 후 표면에 침전된 것
　2) 특징
　　(1) 화학성분은 시멘트와 거의 동일
　　(2) 부착력 및 수밀성이 약함
　3) 레이턴스 저감대책
　　(1) W/B 저감
　　(2) 부득이한 경우 건습교차위치에 시공이음 설치
　4) 레이턴스 처리대책
　　(1) 콘크리트 경화 전 워터제트 등을 이용하여 제거
　　(2) 콘크리트 경화 후 샌드 블라스팅하여 제거

Ⅵ 맺음말

1. 진동다짐은 콘크리트의 내부공극을 줄이고 공기를 제거하여 콘크리트 내부를 균일하고 밀실하게 하는 능력으로, 적정 장비의 선정, 충분한 사전 검토 및 작업원의 교육을 필요로 한다.
2. 콘크리트에 적정한 고주파 바이브레이터 사용을 적극적으로 권장하여 다짐효과를 증진시켜야 한다.

우기에 콘크리트 타설 시 품질관리방안

문제 분석	문제 성격	기본 이해		중요도	■■■□□□□
	중요 Item	면접 시 중점문제, 공종별 타설관리방안, 강우량에 따른 대처방안			

I 개 요

1. 콘크리트 시공 시에는 시방서 및 제반 규정을 준수하여야 하며, 물의 양은 콘크리트 강도에 가장 큰 영향을 주는 요인이다.
2. 강우일수가 많은 하절기에 콘크리트의 운반, 타설, 양생 시에는 빗물 등의 유입으로 콘크리트 강도를 저해시킬 우려가 있다.
3. 따라서 사전에 천막 등 덮개를 충분히 확보하여 강우 시 신속한 보양 조치를 취할 수 있도록 공사계획단계에서부터 사전준비 및 철저한 품질관리대책을 수립하여야 한다.

II 강우 시 콘크리트 타설의 속행 및 중단의 판단기준

1. 댐, 도로 등 특수 구조물에 대한 규제치(4mm/h)는 있으나 일반적인 기준은 없음.
2. '우비' 없이 견딜 수 있을 정도이고 준비만 철저히 되어 있으면 타설해도 무방
3. 제치장 콘크리트 마감일 경우에는 별도 마감을 고려해서 타설 시행
   표면의 재료분리, 빗물자국, 보양 시 발자국 등이 마감재에 미치는 영향 고려

> 우수에 노출되면
> • 시멘트의 유실 → 불량 콘크리트구조물 생성
> • 가수(加水)효과로 품질 저하

III 우기철 콘크리트 공사기준 및 현장 준비사항

1. 다음 날의 일기예보에 따른 기상조건을 고려하여 비가 예상될 때는 콘크리트 치기 계획은 원칙적으로 금지
2. 강우일수가 많은 우기철에는 타설 시 예기치 못한 비가 올 경우를 대비하여 천막, 비닐, 기타 필요한 자재와 인원 확보
3. 타설 중 어느 정도 비가 내리면 타설을 중지할 것인지는 시공 중인 구조물의 성질에 따라 결정하며, 부득이한 경우 천막이나 덮개를 하여 빗물의 유입 방지
4. 타설 중 많은 비가 내려 타설이 어려운 경우 구조상 안전한 부위에 시공이음부를 설치하고 중단하며, 생산자와 신속하게 연락하여 즉시 배출작업이 중지될 수 있도록 조치

Ⅳ 우기철 콘크리트 타설 시 품질관리방안

1. 시공(타설)계획 수립

   하절기 콘크리트 타설계획서에는 타설 중 예기치 않은 비가 올 경우를 대비하여 계획을
   수립

2. 운반

   1) 콘크리트 운반 시 빗물이 첨가되면 콘크리트는 재료분리가 발생하기 쉬움.

   2) 타설 중 비가 내릴 경우 운반차량의 호퍼에 덮개를 씌워 빗물유입 방지

3. 타설

   1) 우기 중에 콘크리트를 타설할 때는 기운반된 콘크리트는 신속하게 치고 충분히 다짐 실시

   2) 비비기로부터 치기가 끝날 때까지 1.5시간 이내에 완료

   3) 타설 중 많은 비가 내려 더 이상 타설이 어려운 경우 구조상 안전한 부위(전단력이 작은
   위치)에 시공이음을 설치하고 중단

   4) 우기 중 거푸집이나 콘크리트 표면에 고인 물이 있을 경우 적당한 방법으로 제거하고
   콘크리트 타설 실시

4. 양생

   1) 우기 중에 콘크리트를 타설한 후에는 천막, 비닐 등으로 덮어 빗물에 의한 곰보가 생기
   지 않도록 표면 보호

   2) 서중 콘크리트의 경우 타설 직후의 급격한 건조로 인하여 균열이 발생할 수 있으므로
   콘크리트 표면이 건조되지 않도록 습윤상태 유지

5. 시공이음

   1) 이음은 구조물의 강도와 외관에 크게 영향을 미침

   2) 타설 중 강우로 인하여 설계에 없는 이음을 설치할 경우 시공이음은 전단력이 작은 위
   치에 설치

   3) 시공이음면은 부재의 압축력이 작용하는 방향과 직각이 되게 설치

   4) 부득이 전단력이 큰 위치에 시공이음을 둘 경우 시공이음에 적절한 강재를 배치하여 보강

6. 거푸집 및 동바리

   1) 우기 중 거푸집 내나 터파기 안에 유입된 빗물은 콘크리트 중의 모르타르를 유실시키므
   로 완전히 제거하고 반드시 타설 전에 확인할 것

   2) 서중 콘크리트 타설 시는 치기 전 콘크리트로부터 흡수할 우려가 있는 거푸집 등은 충
   분히 적신 후 타설

7. 기타

   덮개시설을 제거한 후 이물질이 묻거나, 거푸집 및 동바리의 조립상태가 이탈 또는 손상된
   경우가 있으므로 타설 전 충분히 점검하고 청소한 후 타설

Ⅴ 강우량에 따른 콘크리트 품질관리방안

1. 적은 비의 경우(강우량 2 ~ 4mm/시간, 5 ~ 20mm/일)
   1) 타설 시 표면의 물은 집수배수하거나 스펀지, 헝겊 등으로 처리
   2) 부어 넣기 구획은 작게 하여 빗물이 괴지 않도록 하고, 하루 중 수평 이어치기 부위의 고인 물을 제거한 후 연결한 부분에 진동다짐
   3) 부어 넣기가 완료된 부분은 시트 등을 씌워 콘크리트 표면 보호

2. 큰 비의 경우(강우량 5mm 이상/시간, 20mm 이상/일)
   1) 콘크리트 부어 넣기 중지 및 중단
   2) 재개할 때 처리하기 쉬운 곳까지 콘크리트를 부어 넣기 하고 나서 중단
   3) 부어 넣기 완료 부위가 고인 빗물로 약점이 되지 않도록 콘크리트 표면을 시트로 씌워 보호

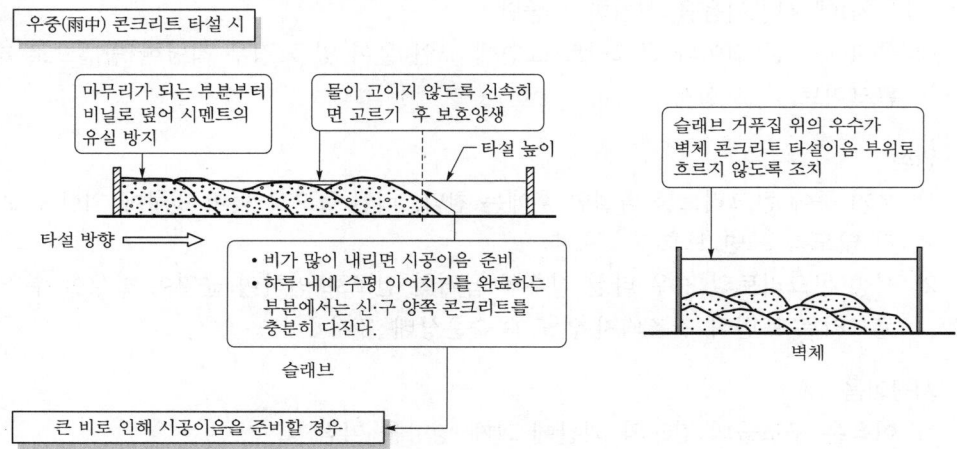

3. 콘크리트 치기를 재개할 경우
   유출된 시멘트풀량 및 중단된 시간을 고려하여 콘크리트의 취약 부분은 하이워셔나 와이어 브러시로 제거 후 이음용 모르타르 타설

Ⅵ 맺음말

1. 우기에 콘크리트를 타설할 때는 반드시 일기예보를 확인하여 타설계획 및 보양에 대한 사전계획을 수립하고, 항상 보양재를 준비하여야 한다.
2. 소나기와 같은 집중강우 시는 타설을 일시 중단하고, 비가 그치면 고인 물을 제거한 후 타설하여 콘크리트 구조물의 내구성을 확보하여야 한다.

거푸집 및 동바리에 적용하는 하중 및 품질관리사항

문제 분석	문제 성격	기본 이해	중요도	■■■ ■ ■ ■ ■
	중요 Item	콘크리트 헤드, 단계별 관리방안, 특수 거푸집의 특징		

Ⅰ 개 요

1. 거푸집 및 동바리는 소정의 강도와 강성을 가지는 동시에 완성된 구조물의 위치, 형상 및 치수가 정확하게 확보되어야 한다.
2. 거푸집 및 동바리는 콘크리트 구조물의 콘크리트 타설의 공정, 거푸집 및 동바리의 떼어내기 등의 시공계획에 따라 설계도를 작성하고, 이에 의거하여 시공하는 등의 품질관리방안이 필요하다.

Ⅱ 거푸집 및 동바리에 작용하는 하중

1. 연직방향 하중
   거푸집, 동바리, 콘크리트, 철근, 작업원, 시공기계기구, 가설설비 등의 질량 및 충격 고려
2. 횡방향 하중
   작업할 때의 진동, 충격, 시공오차 등에 기인하는 횡방향 하중 이외에 필요에 따라 큰 풍압, 유수압, 지진 등 고려
3. 콘크리트 측압
   거푸집의 설계에는 굳지 않은 콘크리트의 측압을 고려해야 하고, 콘크리트의 측압배합, 타설속도, 타설높이, 다지기 방법, 칠 때의 콘크리트 온도 등에 따라 다름.
4. 특수하중
   콘크리트를 비대칭으로 칠 때의 편심하중, 경사거푸집에 칠 때 수평분력 및 속 빈 슬래브에서 묻어버리는 거푸집에 작용하는 상양력 등

Ⅲ 콘크리트 측압의 정의 및 콘크리트 헤드

1. 콘크리트 측압의 정의 : 측압은 굳지 않은 콘크리트의 윗면으로부터 거리(m)와 단위용적중량(t/m^3)의 곱으로 표시하며 단위는 t/m^2

2. **콘크리트 헤드** : 콘크리트 타설 윗면에서부터 최대 측압이 생기는 지점까지의 거리
    1) 콘크리트 헤드의 최댓값
        (1) 벽 : 0.5m   (2) 기둥 : 1.0m
    2) 콘크리트의 최대 측압
        (1) 벽 : $0.5m \times 2.3t/m^3 ≒ 1.0t/m^2$ (2) 기둥 : $1.0m \times 2.3t/m^3 ≒ 2.5t/m^2$

Ⅳ 거푸집 및 동바리의 단계별 품질관리방안

1. 재료관리방안
    1) 일반사항 : 거푸집 및 동바리에 사용할 재료는 강도, 강성, 내구성, 작업성, 쳐야 할 콘크리트에 대한 영향 및 경제성 고려
    2) 거푸집널
        (1) 합판은 KS F 3110(콘크리트 거푸집용 합판)의 규정에 적합한 것 사용
        (2) 흠집 및 옹이가 많은 거푸집과 합판 접착 부분이 떨어져 구조적으로 약한 것은 사용 금지
        (3) 거푸집의 띠장은 부러지거나 균열이 있는 것을 사용해서는 안 됨.
        (4) 제물치장 콘크리트용 거푸집널에 사용하는 합판은 내알칼리성이 우수한 재료로 표면 처리된 것 사용
        (5) 제재한 널재는 한 면을 기계대패질하여 사용
        (6) 금속제 거푸집널은 KS F 8006(강제 틀 합판 거푸집)의 규정에 적합한 것 사용
        (7) 형상이 찌그러지거나 비틀림 등 변형이 있는 것은 교정한 다음 사용
        (8) 금속제 거푸집의 표면에 녹이 많이 나 있는 것은 쇠솔(wire blush) 또는 샌드페이퍼 등으로 닦아내고 박리제(form oil)를 엷게 칠함.
        (9) 거푸집널을 재사용하는 경우는 콘크리트에 접하는 면을 깨끗이 청소하고 볼트용 구멍 또는 파손 부위를 수선한 후 사용
    3) 동바리(받침기둥)
        (1) 강관받침기둥은 KS F 8001(강관 파이프 서포트), KS F 8002(강관비계용 부재), KS F 8003(강관틀 비계용 부재 및 부속철문)의 규정에 적합한 것 사용
        (2) 원형 강관은 KS D 3566(일반구조용 탄소강관), 각형 강관은 KS D 3568(일반구조용 각형 강관), 경량형강은 KS D 3530(일반구조용 경량형강)의 규정에 적합한 것 사용
        (3) 현저한 손상, 변형, 부식이 있는 것은 사용 금지
        (4) 강관 동바리는 양끝을 일직선으로 그은 선 안에 있어야 하고, 일직선 밖으로 굽어 있는 것은 사용 금지
        (5) 강관 동바리, 보 등을 조합한 구조는 최대 허용하중을 초과하지 않는 범위에서 사용
    4) 기타 재료
        (1) 긴결철물 : 내력시험에 의하여 허용인장력을 보증하는 것 사용
        (2) 박리제 : 콘크리트의 양생 및 표면 마감 시 유해한 영향을 끼치지 않는 것 사용

2. 설계 시 관리방안

　1) 거푸집 및 동바리 구조 계산

　　(1) 거푸집의 강도 및 강성 계산은 콘크리트 시공 시의 연직방향 하중, 횡방향 하중 및 콘크리트 측압에 대하여 검토해야 함.

　　　① 거푸집 및 동바리 계산에 사용하는 연직방향 설계하중은 고정하중, 충격하중(고정하중의 50%), 작업하중($1.50kN/m^3$) 등으로 다음 식 적용

$$W = \gamma t + 0.5\gamma t + 1.50$$

　　　　여기서, γ : 철근콘크리트의 단위질량(kg/m^3)

　　　　　　　　　　보통 콘크리트 $\gamma = 24kN/m^3$

　　　　　　　　　　제1, 3종 경량 콘크리트 $\gamma = 20kN/m^3$

　　　　　　　　　　제2종 경량 콘크리트 $\gamma = 17kN/m^3$

　　　　　　　t : 슬래브 두께

　　　　충격하중 및 작업하중의 합이 $2.5kN/m^3$ 이상 되어야 함.

　　　② 동바리에 작용하는 횡방향 하중 : 고정하중의 2% 이상 또는 동바리 상단의 수평 방향 단위길이당 $1.50kN/m$ 이상 중에서 큰 쪽의 하중이 동바리 머리 부분에 수평방향으로 작용하는 것으로 가정

　　　③ 옹벽 거푸집 : 거푸집 측면에 $0.5kN/m^3$ 이상의 횡방향 하중이 작용

　　　④ 바닥이나 유수의 영향을 크게 받을 때에는 별도로 고려

　2) 장선과 장선 사이 거푸집널의 허용처짐량 : 3mm 이하

　　(표면 마무리의 평탄성이 요구되는 경우 : 1 ~ 2mm 이하)

　3) 목재 거푸집 및 수평부재는 등분포하중이 작용하는 단순보로 검토

3. 시공 시 품질관리방안

　1) 일반사항

　　(1) 거푸집 및 동바리는 콘크리트 시공 중의 하중, 콘크리트의 측압, 부어 넣을 때의 진동 및 충격 등에 견디고, 콘크리트를 시공했을 때 시공허용오차의 허용치를 넘는 변형 또는 오차가 발생하지 않도록 거푸집을 제작 조립하여야 함.

　　(2) 설비, 전기 등의 연관 공종과 관련하여 시공하는 각종 개구부와 매설물은 소요위치에 정확히 시공

　2) 거푸집의 시공

　　(1) 조임재

　　　① 거푸집 긴결재(form ties), 볼트, 강봉 등

　　　② 조임재는 거푸집 제거 후 콘크리트 표면에 남겨 놓으면 안 됨.

　　　③ 콘크리트 표면에서 25mm 이내에 있는 조임재는 구멍을 뚫어 제거

(2) 거푸집을 사용한 콘크리트면에서 거칠게 거푸집이 마무리됐을 경우에는 구멍, 기타 결함이 있는 부위는 땜질하고, 6mm 이상의 돌기물은 제거

(3) 거푸집 시공허용오차 : 구조물의 허용오차가 보장되도록 하여야 함.

(4) 거푸집판 내면에는 콘크리트가 거푸집에 부착되는 것을 막고 거푸집 제거를 쉽게 하기 위해 박리제 사용

3) 동바리(받침기둥)의 시공

(1) 시공 전 기초가 소요지지력을 갖도록 하고 동바리는 충분한 강도와 안전성 확보

(2) 필요에 따라 솟음(camber) 고려

(3) 거푸집이 곡면인 경우에는 버팀대의 부착 등 당해 거푸집의 변형을 방지하는 조치 실시

(4) 침하를 방지하고 각부가 활동하지 않도록 견고하게 시공

(5) 강재와 강재와의 접속부 및 교차부는 볼트, 클램프로 정확하게 연결

4) 거푸집의 시공허용오차

(1) 수직오차

① 높이가 0.3m 미만인 경우
- 선, 면 : 25mm 이하

② 높이가 0.3m 이상인 경우
- 선, 면, 모서리 : 높이의 1/1000 이하, 최대 150mm 이하
- 노출모서리기둥, 컨트롤 조인트홈 : 높이의 1/2000 이하, 최대 75mm 이하

(2) 수평오차

① 부재(슬래브 밑, 천장, 보 밑, 모서리) : 25mm 이하

② 슬래브 중앙부에 300mm 이하의 개구부가 생기는 경우 또는 가장자리에 큰 개구부가 있는 경우 : 13mm 이하

③ 쇠톱 자름, 조인트, 슬래브에서 매설로 인해 약화된 면 : 19mm 이하

(3) 콘크리트 슬래브 제물바탕마감의 허용오차

① 슬래브 상부면
- 지반면에 접한 슬래브 : 19mm 이하
- 동바리를 제거하지 않은 기준층 슬래브 : 19mm 이하

② 동바리를 제거하지 않은 부재 : 19mm 이하

③ 인방보, 노출창대, 패러핏, 수평홈, 현저히 눈에 띄는 선 : 13mm 이하

④ 부재 단면치수의 허용오차
- 단면치수가 300mm 미만 : + 9mm, −6mm
- 단면치수가 300 ~ 900mm 이하 : +13mm, −9mm
- 단면치수가 900mm 이상 : +25mm

5) 거푸집 및 동바리검사

  (1) 거푸집 및 동바리는 콘크리트를 타설하기 전에 검사 실시

  (2) 콘크리트를 치는 동안 거푸집의 부풀, 모르타르가 새어 나오는 것, 이동, 경사, 침하, 접속부의 느슨해짐, 기타의 이상 유무 검사

  (3) 구조물의 시공정밀도를 유지하기 위하여 각 부분의 허용오차 및 누적허용오차는 규정한 시공허용오차의 범위 내로 함.

6) 거푸집 및 동바리(받침기둥) 떼어내기

  (1) 거푸집 및 동바리 떼어내기

    ① 콘크리트 압축강도를 시험할 경우

부 재		콘크리트 압축강도
확대기초, 보 옆, 기둥, 벽 등의 측벽		5.0MPa 이상
슬래브 및 보의 밑면, 아치 내면	단층구조의 경우	설계기준압축강도의 2/3배 이상, 또한 최소 14MPa 이상
	다층구조인 경우	설계기준압축강도 이상(필러 동바리구조를 이용할 경우는 구조 계산에 의해 기간을 단축할 수 있음. 단, 이 경우라도 최소 강도는 14MPa 이상으로 함)

    ② 콘크리트 압축강도를 시험하지 않을 경우(기초, 보 옆, 기둥, 벽의 측벽)

평균 기온 \ 시멘트의 종류	조강포틀랜드 시멘트	보통포틀랜드시멘트 고로슬래그시멘트(1종) 포틀랜드포졸란시멘트(1종) 플라이애시시멘트(1종)	고로슬래그시멘트(2종) 포틀랜드포졸란시멘트(2종) 플라이애시시멘트(2종)
20℃ 이상	2일	4일	5일
20℃ 미만 10℃ 이상	3일	6일	8일

    ※ 거푸집널 존치 기간 중의 평균기온이 10℃ 이상인 경우

    ③ 동바리 해체 후 해당 부재에 가해지는 하중이 구조계산서에서 제시한 부재의 설계하중을 상회하는 경우에는 존치기간에 관계없이 구조 계산에 따라 확인 후 해체

  (2) 거푸집 및 동바리를 떼어낸 직후의 재하

    ① 거푸집 및 동바리를 떼어낸 직후의 구조물에 재하할 경우에는 콘크리트의 강도, 구조물의 종류, 작용하중의 종류와 크기 등을 고려하여 유해한 균열이나 기타 손상을 받지 않도록 해야 함.

    ② 동바리 해체 후 재하가 있을 경우 적절한 동바리 재설치

V 특수 거푸집 및 동바리

1. 일반사항

  특수 거푸집과 동바리를 사용할 경우 각각에 요구되는 특별한 주의사항을 준수해야 하며 사전에 승인을 받아야 함.

2. 슬립폼(slip form)
  1) 슬립폼설계 시 규정하중 외에 활동에 대한 저항력도 고려
  2) 슬립폼은 구조물이 완성될 때까지 또는 소정의 시공구분이 완료될 때까지 연속이동
  3) 슬립폼은 충분한 강성을 가지고, 부속장치는 소정의 성능과 안전성을 가지는 것
  4) 슬립폼의 활동속도는 탈형 직후의 콘크리트 압축강도가 그 부분에 걸리는 전하중에 충분히 견딜 수 있도록 콘크리트의 품질과 시공조건에 따라 결정

3. 갱폼(gang form)
  1) 설계 시 규정하중 외에 활동에 대한 저항력 고려
  2) 요철규격, 리브간격, 개구부규격 및 위치 등은 갱폼의 설계도에 따름.
  3) 시공층의 요철무늬와 아래층의 요철무늬가 줄바르게 되도록 함.
  4) 갱폼이 아래로 처지거나 밖으로 이탈되지 않는 조립방법으로 하며, 아래층의 거푸집 긴 결재(form tie) 구멍을 이용하고 2열 이상 고정

4. 이동 동바리
  1) 충분한 강도와 안전성 및 소정의 성능을 가질 것
  2) 작용하중을 가설구조물이 받게 될 경우 그것이 받는 모든 하중에 대한 안전성 검토
  3) 이동 동바리에 설치되는 장치는 조립 후 및 사용 중 검사하여 안전 확인
  4) 이동은 정확하고 안전하게 함.
  5) 조립 후 및 사용 중 콘크리트에 유해한 변형을 생기게 해서는 안 됨.
  6) 이동 동바리는 필요에 따라 적당한 솟음을 두고, 특히 프리스트레스트 콘크리트보에서는 긴장에 의한 탄성변형 및 크리프를 고려하여 솟음량 결정

Ⅵ 재사용 동바리의 품질규정

1. 정의
  재사용 동바리는 현장에서 1회 이상 사용하였거나 또는 사용하지 않은 새 제품이라도 오랜 기간 현장에 보관하여 강도의 저하가 우려되는 동바리를 말함.

2. 재사용되는 동바리의 등급
  1) 등급 결정요인 : 부재의 변형, 손상, 녹슴 등의 정도
  2) 사용등급 : 성능시험 없이 재사용할 수 있는 동바리
  3) 시험등급 : 성능시험 결과에 따라 사용 여부를 판단해야 하는 동바리
  4) 폐기등급 : 재사용하지 못하고 폐기 처분할 동바리

3. 현장반입 전 관련 등급에 따른 자재의 적정성 확인 및 검수 후 현장에 반입 설치하여 붕괴 등이 발생하지 않도록 철저히 관리하여야 함.

Section 20 · 거푸집 및 동바리 설치 시 점검사항 및 판정기준

문제 분석	문제 성격	기본 이해		중요도	■■■□□□□
	중요 Item	붕괴원인, 점검사항, 판정기준			

I 거푸집 설치 시 점검사항 및 판정기준

구 분	항 목	점검사항	판정기준
거푸집 재료	거푸집 널	합판의 규격·휨변형량	치수오차 : 두께 ±0.5mm, 길이 +0~3mm, 휨 변형 1mm 이하
		표면 시멘트풀 도포시험	표면경화불량 0.1mm 이하
		금속제 거푸집의 규격	폭 +0.6~0.9mm, 길이 +1.3~1.7mm
	지보공	동바리 종류의 선정	• 건축물의 구조·규모 감안 • 안전상 단순한 구조
		강관동바리의 재사용	변형·부식에 의한 허용내력의 저하 여부
		목재 장선·멍에·보강재	강도상 지장이 되는 옹이·균열의 유무
		틀비계·조립강주·강재 가설	신뢰할 수 있는 시험기관의 내력시험
	결속 재료	결속재의 종류별 수량	KS 규격품·동등 이상의 품질
		폼타이의 인장강도	콘크리트의 측압
		고정출물 재사용	균열·손상 유무
	박리제	합판 거푸집용	• 치장합판 : 유성(수성은 마름) • 표면처리하지 않은 합판 : 수성·유성
		금속재 거푸집용	유성(수성은 발청 유발)
		알루미늄합금제 거푸집용	표면에 코팅도장한 후 유성박리제
		제물마감 거푸집용	착색·얼룩의 발생
거푸집 조립	기초	밑창 콘크리트 상단	거푸집 세우기 바탕 양단부 10~20cm를 고르게 마무리
		터파기 상태	• 굴착토사의 경사면 무너짐 • 인지경계 접근 시 작업공간의 확보
		거푸집의 일직선상태	수평실을 양 끝에 결속하여 측면검사
		철근 배근	지중보와 기둥의 철근결합부의 피복두께
		설비배관·환기용 관통구	배수관은 물매가 필요
		세퍼레이터, 앵커볼트의 위치	거푸집널 조인트와 겹침 방지
		종·횡보강재의 간격	구조계산서 기준에 적정
		콘크리트 타설한계	• 먹줄·표시못·나무조각의 간격 : 2~3m
		기초푸팅의 윗면구배덮개	못·베이스 철근에 결속선으로 부상 방지 (20° 이상)

구 분	항 목	점검사항		판정기준
거푸집 조립	기초	이중슬래브의 가개구		• 크기 : 거푸집 탈형 · 재료 반출 고려 • 위치 : 휨모멘트가 작고, 주근 · 매설배관의 절단이 적은 곳
		거푸집의 지지와 고정		• 터파기면에 덧댐널을 대고 버팀대로 고정 • 거푸집의 비계접촉 방지
	기둥 · 벽	먹줄과 거푸집널의 일치		바닥먹줄의 나머지 길이 · 여유먹줄 이용
		거푸집 하부고정	기둥 · 내벽 거푸집	베이스철물 · 기초둘러싸기 모르타르 고정
			외벽 거푸집	아래층의 기설폼타이 · 거푸집 상단 이용
		기둥 · 벽 거푸집의 세우기		다림추 · 가늠자를 이용하여 수직 · 직각 확인
		외벽 거푸집의 일직선상태		• 수평실로 계측 • 수정은 턴버클 · 지지재 이용
		모서리부 · T자형 교차부		체인 · 동바리로 보강
		보강재 설치	세로 보강재	거푸집 하단에서 상단까지 걸침 확인
			가로 보강재	겹침길이 확보, 이음위치 집중배제
		폼타이 설치간격		시방규정에 적정한지 확인
		폼타이의 과다조임 배제		타설 전 인장응력 발생, 거푸집널의 변형, 근접 너트의 풀림
		PC 패널 벽 거푸집		경사버팀대로 강풍에 의한 전도 방지
		SRC조 기둥의 격리재		격리재를 철골에 용접 정착
		개구부의 처리		• 개구부의 벽근 절단, 혹 정착 • 먼저 설치한 프레임의 보강
		전기 · 설비배관		거푸집 조립 · 배근작업과 겹침 주의
	보 · 슬래브	보의 대향 거푸집널		폭고정 보강재 · 전도방지철물로 가고정
		보 측판과 밑판 맞춤부		밀착 · 결속, 면봉의 설치
		큰 보 측판의 오림부		작은 보 조립 전 변형 방지 보강재 가고정
		춤이 높은 보		철근 배근 후 측판 세움
		SRC조 보 거푸집		철골보 양측에 격리재 용접
		대스팬 슬래브의 중앙부의 솟음		• 장스팬 보 : 1m당 1/300 • 슬래브 : 1m당 2mm 정도
		직선 및 고저검사		철골기둥 · 기둥 주근에 기준레벨을 두고 수평실 이용
		난간 거푸집		변형 방지 보강목 · 단차 표준철물로 고정
		발코니 바깥둘레보 상부		열림 방지 세퍼레이터장치, 체인과 턴버클로 지지
		인서트 간격	일반천장바탕	90cm 이내
			강관류	$\phi65$ 이상 3m 이내, $\phi5$ 이하 2.5m 이내
			덕트류	3.6m 이하

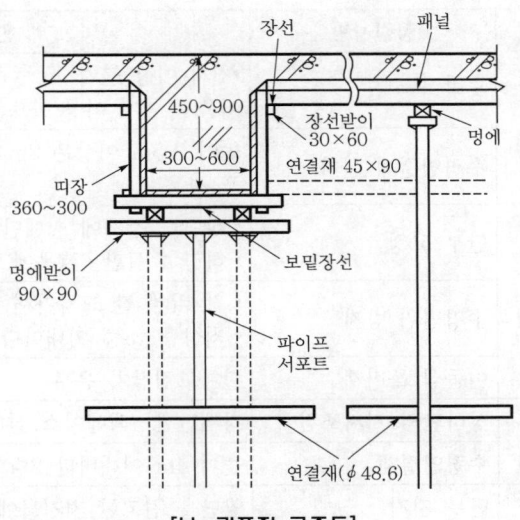

장선

패널

450~900

장선받이
30×60

멍에

300~600

연결재 45×90

띠장
360~300

멍에받이
90×90

보밑장선

파이프
서포트

연결재(∅48.6)

[보, 거푸집 구조도]

Ⅱ 동바리 설치 시 점검사항 및 판정기준

구 분	항 목	점검사항		판정기준
동바리	일반 사항	장선, 멍에의 간격		구조계산서 기준에 적정
		연약지반 위 지주의 부동침하 방지		• 지반다짐 : 5t/m^3 이상의 지내력 • 깔판에 2본 이상의 지주 고정 • 지반에 우수·양생수분의 침투 방지
		강조 검토	연직하중	타설 시 고정·작업하중의 충격하중에 유의 (콘크리트 중량의 50%)
			수평하중	• 강관동바리·조립강주 : 설계하중의 5% • 틀비계식 지보공 : 2.5%
		허용하중의 안전율		재료항복점의 1.5, 인장강도의 2 이상
		지주의 활동방지		다리부의 못·볼트 고정, 밑둥잡이 설치
		적치자재 균형분산		편심하중·수평력 발생 배제
		계단·경사면 지지		• 미끄럼 방지 : 캠버·피봇서포트 설치 • 편심 방지 : 두 곳에서 거푸집면에 직각 설치
	목재 동바리	흡수에 따른 강도의 저하		건조상태에 비해 30% 저하
		단부 고정		주두·각부에 덧댐목 부착
		동바리 이음		• 2개 이상의 덧댐목 • 4개소 이상 못·볼트로 고정
		수평연결재		• 높이 2m 이내마다 2방향으로 설치 • 단면적 : 60cm^2

구 분	항 목	점검사항	판정기준
동바리	강관 동바리	동바리 이음	• 3개 이상 불가 이음부, 4개 이상 볼트 · 전용철물
		수평연결재 설치	높이 3.5m 이상은 2m 이내마다 2방향 교차부 클램프 사용
	틀 비계식	단부 고정	• 상단 : 강재에 철재단판 부착 • 하단 : 깔판 · 깔목에 고정
		수평변위 방지	• 각 비계 간 교차가새 설치 • 최상층 · 5층 이내마다 수평연결재, 수평틀
		이동식 틀비계	활차고정장치 유무
	조립 강주식	상하단의 지지조건	강제단판 · 잭베이스 설치
		수평연결재	높이 4m 이내마다 2방향으로 설치
	강재 가설보	단부 지지	양단을 견고한 지지물에 고정
		보 측판의 보강	전도방지철물 : 2개소 이상, 3m 이내
		휨강도 · 전단강도 · 횡 좌굴에 안정	제조회사의 내력계산서 · 실험 확인
		보의 활동 · 탈락 방지	보와 보 사이에 잭 설치

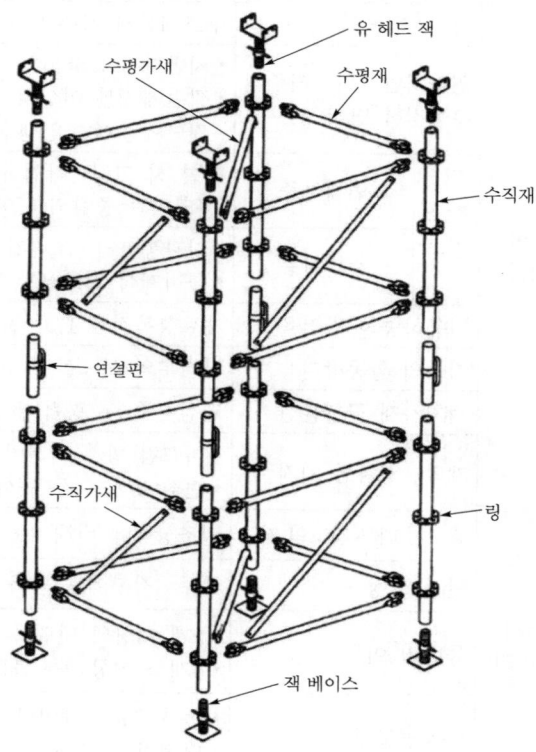

[시스템 동바리 구조도]

Section 21 콘크리트 강도가 기준보다 작게 나왔을 경우의 조치방안

문제 분석	문제 성격	기본 이해	중요도	■■■■■
	중요 Item	콘크리트 압축강도, 강도에 영향을 주는 요인, 공시체 치수와의 관계		

I 개 요

1. 콘크리트의 강도는 콘크리트 특성에 따른 분류와 재령에 따른 분류로 구분되며, 주로 압축 강도를 많이 사용한다. 압축강도는 굳지 않은 콘크리트에서 채취하여 제작한 공시체를 양생하여 얻은 압축강도의 평균값이다.
2. 콘크리트 강도시험은 배합 설계 시, 타설 후 콘크리트의 품질 확인을 위하여 필요하고, 강도시험결과 부족 시에는 단계별로 확인하여 그 결과에 따라 보수, 보강 등의 조치를 한다.

II 콘크리트의 강도시험 목적 및 분류

1. 강도시험의 목적
   1) 소요강도의 콘크리트를 얻으며 경제적인 배합방법 선정
   2) 사용하는 시멘트, 골재, 물, 혼화재료 등이 콘크리트용 재료로서 적정한지 판단
   3) 압축강도를 알고 다른 제성질(인장강도, 탄성계수, 내구성 등)을 추정
   4) 구조물의 안전성을 확보하고, 실제의 구조물에 시공된 콘크리트의 품질 확인
   5) 콘크리트의 품질관리용 데이터관리

2. 콘크리트 강도의 분류
   1) 재령에 따른 분류
      (1) 일반 콘크리트 : 28일 강도
      (2) 댐 콘크리트, PAC : 91일 강도
      (3) 공장제품 콘크리트 : 14일 강도
   2) 콘크리트 특성에 따른 종류
      (1) 압축강도
      (2) 전단강도 : 압축강도의 1/14 ~ 1/17
      (3) 휨강도
      (4) 인장강도 : 압축강도의 1/8 ~ 1/13
      (5) 부착강도
      (6) 지압강도 등

[콘크리트 압축강도시험기]

Ⅲ 콘크리트의 압축강도 계산방법

1. 공시체 지름 $d = \dfrac{d_1 + d_2}{2}$ [mm]

2. 압축강도 $f = \dfrac{P}{\pi \left(\dfrac{d}{2}\right)^2}$ [MPa]

   여기서, P : 시험 시 구한 최대 하중(N)

Ⅳ 콘크리트의 강도에 대한 품질검사기준(압축강도)

1. 압축강도

   콘크리트 공시체에 1축압축하중을 부하하였을 때 파괴에 이르기까지의 최대 응력값

2. 콘크리트 공시체의 분류

공시체의 종류		적 용	활용방안
표준양생 공시체		레미콘 검수용	• 연구용 • 콘크리트 품질관리용
구조물 관리용 공시체	현장수중양생 공시체	일반 콘크리트 서중 콘크리트	• 구조체 품질관리용 – 거푸집 제거시기 결정 – 기온보정강도의 확인
	현장봉함양생 공시체	한중 콘크리트	• 초기양생기간 및 양생기간 관리 • 구조체 적산온도관리
	온도추종양생 공시체	고강도 콘크리트 매스 콘크리트	• 수화열관리 • 기온보정 및 경제적 고려

3. 품질검사기준

   1) 시험빈도 및 채취시기

구 분	시험 항목	시험 검사방법	시기 및 횟수	비 고
굳지 않은 콘크리트 (레미콘 포함)	압축강도 (공시체)	KS F 2405	1회/일, 또는 구조물의 중요도와 공사의 규모에 따라 120m³마다 1 회, 배합이 변경될 때마다	1회 시험값은 공시 체 3개의 압축강도 시험값의 평균임.

   2) 콘크리트 압축강도 판정기준(콘크리트 표준시방서 기준)

   (1) 호칭강도가 35MPa 이하인 경우

   ① 3회 연속한 시험값의 평균이 호칭강도(f_{cn}) 이상

   ② 각 시험값이 호칭강도(f_{cn} −3.5) 이상

   (2) 호칭강도가 35MPa 이상인 경우

   ① 3회 연속한 시험값의 평균이 호칭강도(f_{cn}) 이상

   ② 각 시험값이 호칭강도의 90% 이상

Ⅴ 콘크리트 강도가 기준보다 작게 나왔을 경우 단계별 조치방안

1. 시험실에서 양생된 공시체의 강도가 작게 나온 경우
   1) 시험과정 전반에 대한 적절성 검토 : 시료 채취, 공시체 제작, 시험기기의 검교정 및 시험방법의 적절성 검토
   2) 관리재령의 연장 검토
   3) 불합격된 부분에 대하여 비파괴시험을 실시하여 적정 여부 검토
      → 일반적으로 슈미트 해머에 의한 방법 시행
   4) 부족 시에는 문제가 되는 부분에 대한 코어를 채취하여 압축강도시험 실시
      → 코어강도의 시험결과 판정방법
      (1) 3회 연속한 시험값의 평균값이 f_{ck}의 85%를 초과
      (2) 각 시험값이 설계기준강도의 75%를 초과하면 적합한 것으로 판정
   5) 시험결과 부분적인 결함 : 해당 부분을 보강하거나 재시공
   6) 전체적인 결함 : 재하시험에 의한 구조물의 성능시험 실시
   7) 재하시험결과에 따라 구조물을 보강하는 등의 적절한 조치를 취하여야 함.

2. 현장에서 양생된 공시체의 강도가 작게 나온 경우
   1) 목적 : 실제의 구조물에서 콘크리트의 보호와 양생이 적절한지 검토
   2) 설계기준압축강도(f_{ck})의 결정을 위해 지정된 시험재령일에 실시한 현장 양생된 공시체 강도가 동일 조건의 시험실에서 양생된 공시체강도의 85%보다 작을 때에는 콘크리트의 양생과 보호절차의 개선 필요
   3) 단, 현장 양생된 공시체의 강도가 f_{ck}보다 3.5MPa을 초과하여 상회하면 85%의 한계 조항은 무시할 수 있음.

Ⅵ 콘크리트의 압축강도에 영향을 주는 요인

1. 재료의 품질
   1) 시멘트 : 압축강도는 시멘트의 종류, 품질에 따라 상이함.
   2) 골재 : 굵은 골재와 모르타르의 부착력이 영향을 줌.

2. 배합의 영향
   1) W/B(물－결합재비) : 허용한도 내에서 가능한 적은 W/B 적용
   2) 공기량 : 공기량 1% 증가에 따라 압축강도는 4 ~ 6% 감소

3. 시공 : 비비기, 운반, 타설, 다지기, 마무리, 양생방법 등

4. 시험방법
   1) 공시체 형상 : 높이와 직경의 비가 큰 공시체일 경우 강도 증가
   2) 치수 : 치수가 클수록 압축강도가 커짐.

3) 시험방법 : 하중속도, 시험실 온도 등
4) 공시체 재령, 공시체 표면처리방법에 따라 압축강도 영향

Ⅶ 콘크리트의 압축강도시험방법 및 시험 시 주의사항

1. 공시체 제작 : 공시체는 지름의 2배 높이를 가진 원기둥형이며, 그 지름은 굵은 골재 최대
   치수의 3배 이상, 100mm 이상으로 함.

2. 시험순서
   1) 공시체의 상하 끝면 및 상하 가압판의 압축면 청소
   2) 공시체를 공시체 지름의 1% 이내의 오차에서 그 중심축이
      가압판의 중심과 일치하도록 놓음.
   3) 공시체에 충격을 주지 않도록 일정한 속도로 하중재하. 하
      중을 가하는 속도는 원칙적으로 압축응력도의 증가가
      (0.6 ± 0.2)MPa/s
   4) 공시체가 급격한 변형을 시작한 후에는 하중을 가하는 속
      도의 조정을 중지하고, 하중을 계속 가함.

[공시체 제작용 몰드]

   5) 공시체가 파괴될 때까지 시험기가 나타내는 최대 하중을 유효숫자 3자리까지 읽음.
   6) 하중을 단면적으로 나누어 압축강도 계산

Ⅷ 콘크리트의 휨강도시험방법 및 결과의 계산방법

1. 시험방법
   1) 공시체는 콘크리트를 몰드에 채웠을 때 옆면을 상하면으로 하여 베어링 너비의 중앙에
      놓고 지간 3등분점에 상부 재하장치 접촉
   2) 하중을 일정하게 가함(하중을 가하는 속도는 (0.6 ± 0.2)MPa/s).
   3) 시험체가 파괴될 때까지 최대 하중을 유효숫자 3자리까지 읽음.
   4) 파괴단면의 너비는 3곳에서 0.1mm까지 측정하여 그 평균값 적용
   5) 파괴단면의 높이는 2곳에서 0.1mm까지 측정하여 그 평균값 적용

2. 결과의 계산방법

$$f_b = \frac{Pl}{bh^2}$$

여기서, f_b : 휨강도(N/mm^2), l : 지간(mm)
　　　　P : 시험기가 표시하는 최대 하중[N]
　　　　b : 파괴단면의 너비(mm)
　　　　h : 파괴단면의 높이(mm)

3. 시험 시 주의사항

  1) 시험기는 용량의 1/5에서 용량까지 범위 내에서 사용

  2) 지간은 공시체 높이의 3배

  3) 공시체가 인장 쪽 표면 지간 방향 중심선의 3등분점 바깥쪽에서 파괴될 경우 그 시험결과를 무효로 하고 재시험 실시

IX 콘크리트 압축강도의 신뢰성 확보를 위한 방안

1. 공시체의 형상과 치수에 대한 보정 필요

  1) 원주 공시체보다 입방 공시체의 강도가 큼

  2) 같은 형상일 경우 치수가 작을수록 강도가 큼

2. 공시체 표면의 모양을 일정하게 하기 위하여 캐핑 실시

  1) 캐핑 : 콘크리트 압축강도시험에서 시료의 상면을 시멘트 페이스트, 유황 및 연마기 등을 사용하여 평활하게 마무리하는 것

  2) 분류

    (1) 본드 캐핑(접착 캐핑)

      ① 시멘트 페이스트 캐핑

      ② 석고 캐핑

      ③ 유황 캐핑

    (2) 연마기 캐핑 : 고강도 콘크리트 적용

    (3) 언본드 캐핑(비접착 캐핑)

      ① 공시체 상단을 별도로 가공하지 않고 덮개를 씌운 후 압축강도를 측정하는 공법

      ② 작업의 단순화로 시간·비용 절감 및 정확한 강도 측정 가능

3. 시험 시 재하속도가 빠를수록 강도가 크므로 재하속도를 일정하게 유지

4. 강도에 대한 검사는 1로트(피검사구조물대상기준)당 최소 3회(3조=공시체 9개)의 시험결과치로 합격·불합격을 판단하여야 함.

X 맺음말

1. 콘크리트 강도시험은 배합설계 시 타설 후 콘크리트의 품질 확인을 위하여 필요하다.

2. 강도시험의 결과 부족 시에는 시험과정에 대한 전반적인 검토, 관리재령 연장, 비파괴시험, 코어 채취를 통한 파괴시험, 재하시험에 의한 구조물의 성능시험을 단계별로 시행하고, 그 결과에 따라 구조물을 보강하는 등의 적절한 조치를 취하여 콘크리트 구조물의 내구성을 확보하여야 한다.

문제 분석	문제 성격	기본 이해	중요도	■■■□□□□
	중요 Item	비파괴시험의 종류, 슈미트 해머 보정방법, 비파괴시험 적용성		

I 개 요

1. 콘크리트 슈미트 해머는 콘크리트 표면 타격 시 반발경도와 콘크리트 압축강도와의 사이에 특정 상관관계를 구하여 강도를 추정하는 비파괴시험이다.
2. 콘크리트 슈미트 해머를 사용한 비파괴검사 시 강도 판정법은 반발경도를 구한 뒤 추정식을 이용하여 강도를 판정한다.
3. 강도 판정 시 보정방법은 슈미트 해머의 타격 방향, 콘크리트 응력상태, 콘크리트 건조수축, 재령에 의한 보정을 시행하여 강도를 추정한다.

II 콘크리트 강도 추정을 위한 비파괴검사의 종류

1. 순수 비파괴법
   1) 타격법
      (1) 표면경도식 : 낙하식 해머법, 회전식 해머법, 스프링 해머법
      (2) 반발경도법 : 슈미트 해머
   2) maturity법
   3) 초음파법
2. 부분 비파괴법
   1) 인발법
   2) pull-off법
   3) break-off법

[슈미트 해머]

   4) 관입저항법 : 소정의 핀을 콘크리트 표면에 박아 넣고 그 관입깊이에서 콘크리트 강도를 추정하는 방법

III 슈미트 해머의 원리 및 특징

1. 원리 : 스프링의 탄성을 이용하여 해머로 콘크리트를 타격하여 반발도 측정
2. 강도 추정 : 콘크리트 표면 타격 시 반발경도와 콘크리트 압축강도와의 사이에 특정 상관관계를 구하여 강도 추정

3. 영향요인 : 타격부의 골재의 유무, 콘크리트 습윤상태, 재령 등

4. 특징

1) 단점

(1) 구조체의 습윤상태에 따라 측정치 변동

(2) 시험결과에 대한 신뢰성 부족

2) 장점 : 구조 간단, 사용성 편리, 비용 저렴

Ⅳ 콘크리트 슈미트 해머를 사용한 비파괴시험 시 강도 판정방법

1. 검사에 적절한 기종 선정

기 종	충격에너지 (kg·m)	강도측정범위 (kg/cm^2)	비 고
N형(보통 콘크리트용)	0.225	150 ~ 600	반발경도 R을 직접 읽음.
NR형	0.225	150 ~ 600	반발경도 R을 자동 기록
ND형	0.225	150 ~ 600	반발경도 R이 디지털 표시기에 나타남.
M+C형	0.225	150 ~ 1,000	콘크리트 압축강도 기록
P형(저강도 콘크리트용)	0.09	50 ~ 150	진자식 초기강도 추정
L(R)형(경량 콘크리트용)	0.075	100 ~ 600	자동 기록
M형(매스 콘크리트용)	3.0	600 ~ 1,000	댐이나 활주로 등의 매스 콘크리트용

2. 측정방법

1) 측정위치

(1) 각 시설물의 대표부재 또는 목적에 따라 취약부재 등에 대해 선정하여 실시

(2) 측정면으로서는 균질하고 평활한 평면부 선정

(3) 벽, 보, 기둥 등의 측면 측정

2) 반발경도 측정방법

(1) 측정대상면에 도장이 되어 있는 경우는 제거하여 콘크리트면을 노출시킴.

(2) 측정면이 마감재료나 도료로 칠해져 있는 부위는 이를 제거하여 콘크리트면에 직접 타격 시행

(3) 타격은 수직면에서 직각으로 행하고 서서히 힘을 가해 타격

(4) 각 측정개소마다 슈미트 해머의 타격 점은 20점을 표준으로 함.

(5) 타격점 상호 간의 간격은 3cm를 표준으로 하며, 횡축 4개소, 종축 5개소의 선을 그어 직교되는 20점을 타격함.

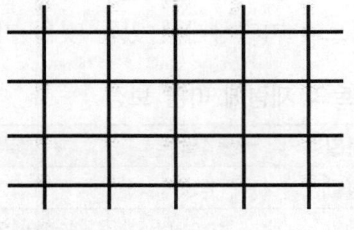

3cm 간격

[타격 측정개소]

3) 측정치의 판독 및 처리

    (1) 측정치는 원칙적으로 정수값을 읽음

    (2) 측정 시 이상치를 제외시킨 측정치의 평균을 그 측정개소의 반발도(R)로 결정

    (3) 이상치

        ① 타격 시 반향음이 이상한 경우

        ② 타격 시 타격점이 움푹 들어가는 경우

        ③ 타격 시 평균타격치의 ±20%를 상회하는 경우

3. 강도 판정법

  1) 일본재료학회의 식 : 추정압축강도＝13R(반발도값)－184

  2) 동경도 건축재료 검사소의 식 : 추정압축강도＝10R(반발도값)－110

  3) 건축학회 매뉴얼의 식 : 추정압축강도＝7.3R(반발도값)＋110

  4) 반발도－추정강도 환산표를 이용(스위스 연방재료시험소)

Ⅴ 콘크리트 슈미트 해머를 사용한 비파괴시험 시 강도 보정방법

1. 타격 방향에 의한 보정

타격 방향은 수평 방향이 일반적이나, 수평 이외 방향의 타격 시에는 보정하여야 함.

수평과 이루는 각도 반발경도(R)	+90°	+45°	-45°	-90°
10	－	－	+2.4	+3.2
20	-5.4	-3.5	+2.5	+3.4
30	-4.7	-3.1	+2.3	+3.1
40	-3.9	-2.0	+2.0	+2.7
50	-3.1	-2.7	+1.6	+2.2
60	-2.3	-1.6	+1.3	+2.2

2. 응력상태에 따른 보정

타격 방향에 직각인 압축응력을 받을 때 보정

3. 콘크리트의 건조수축에 따른 보정

콘크리트가 기건상태에 있는 것을 기준으로 습윤상태인 경우에는 +5를 적용

4. 콘크리트의 재령에 따른 보정

재령일	4일	7일	15일	28일	50일
보정값	1.90	1.72	1.32	1.00	0.87
재령일	100일	300일	500일	1000일	3000일
보정값	0.78	0.70	0.67	0.65	0.63

Ⅵ 콘크리트 슈미트 해머 사용 시 주의사항

1. 강도 검정용 테스트 앤빌로 검정 후 사용
   1) 교정시기 : 사용 직전 또는 정기적으로 실시
   2) 교정방법
      (1) 테스트 앤빌(test anvil)에 의한 테스트 해머의 반발강도 R은
          80을 기준으로 하고, 80±2의 범위를 정상으로 함.
      (2) 가능하면 80±1의 범위로 교정
      (3) 이 범위의 값을 벗어날 경우 테스트 해머의 조정나사를 조작
          하여 조정 실시

[테스트 앤빌]

2. 시험 전 콘크리트의 그라인딩을 시행한 후 비파괴검사 시행
3. 콘크리트 측정 시에는 측정부의 콘크리트 두께가 10cm 이상 되는 지점 선정
4. 측정면은 평탄한 면을 선정하며 측정면 내에 있는 곰보, 공극, 노출된 자갈 부분은 측정점
   에서 제외
5. 콘크리트 공시체를 강도 측정대상으로 할 때는 그 한 변의 길이가 20cm 이상인 것을 사용
   하고, 타격 시에는 압축강도기 등으로 공시체를 완전히 고정 후 타격
6. 화재에 의한 피해 발생 부분은 반발경도와 강도와의 관계가 불확실함.
7. 가능하면 재령 28일 후 시험을 실시하고, 타격각도는 직각 유지
8. 시험 후 시험기기 제원에 따라 보정치 및 판정데이터 관리

Ⅶ 콘크리트 슈미트 해머를 이용한 비파괴시험 결과의 활용성

1. 품질관리를 목적으로 한 압축강도 추정
   구조물의 콘크리트의 해당 개소에 측정한 반발경도와 압축강도와의 상관도표나 상관식을
   이용하여 압축강도 추정
2. 내력진단을 목적으로 한 압축강도 추정
   반발경도와 압축강도와의 상관관계에 의한 식이나 도표 이용
3. 콘크리트 재령에 따른 콘크리트 압축강도의 보정

Ⅷ 맺음말

1. 슈미트 해머는 구조물의 표면을 타격하여 반발계수를 예측하고, 이것으로 콘크리트 강도를
   추정할 수 있는 비파괴검사로서 구조가 간단하고, 사용성이 편리하며, 비용이 저렴하다는
   장점이 있다.
2. 구조체의 습윤상태에 따라 측정치 변동, 시험결과에 대한 신뢰성 부족 등의 문제가 있으
   므로 필요시에는 파괴시험과 병행하여 시험의 신뢰도를 증진시킬 필요성이 있다.

콘크리트 조기강도 판정의 필요성과 판정방법

문제 분석	문제 성격	기본 이해	중요도	■■■■■
	중요 Item	조기강도 판정방법의 종류, 필요성, 현장에서의 적용방안		

I 개 요

1. 콘크리트 조기강도 판정은 콘크리트의 품질관리 및 거푸집 재활용, 교통 개방시기 결정 등 공사관리상 보다 빨리 콘크리트 강도를 추정하는 데 사용하기 위하여 필요하다.

2. 콘크리트 조기강도 판정방법은 시험에 의하여 결정하는 방법과 시험에 의하지 않고 시간, 온도 등에 의해 결정하는 방법으로 구분된다. 콘크리트의 강도를 촉진할 수 있는 간단한 방법으로는 양생온도를 높이거나 급결제를 사용하여 경화속도를 증가시키는 방법 등이 있다.

II 콘크리트 강도의 종류

1. 압축강도
2. 휨강도 : 압축강도의 1/5 ~ 1/8
3. 인장강도 : 압축강도의 1/8 ~ 1/13
4. 전단강도 : 압축강도의 1/14 ~ 1/17
5. 부착강도
6. 지압강도 등

III 콘크리트 조기강도에 영향을 주는 요인

1. 재료의 품질
   1) 시멘트 : 압축강도는 시멘트의 종류, 품질에 따라 상이함.
   2) 골재 : 굵은 골재와 모르타르의 부착력이 영향을 줌.
   3) 혼화재료
2. 배합의 영향
   1) W/B(물-결합재비) : 허용한도 내에서 가능한 적은 W/B 적용
   2) 공기량 : 공기량 1% 증가에 따라 압축강도는 4 ~ 6% 감소
3. 시공 : 비비기, 운반, 타설, 다지기, 마무리, 양생방법 등

IV 콘크리트 조기강도 판정방법이 갖추어야 할 조건

1. 시험방법이 신속하고 간단할 것
2. 판단기준의 수치가 객관적으로 쉽게 표준화된 것

3. 재료특성의 적합한 판정이 가능할 것
4. 재현성이 있을 것

Ⅴ 콘크리트 조기강도 판정의 필요성

1. 콘크리트 품질관리
   1) 콘크리트 경화 후의 품질을 사전에 예측하여 품질 향상 및 부실공사 방지
   2) 콘크리트 품질시험 결과를 신속하게 제조과정에 반영하여 품질변동의 최소화
2. 콘크리트 공사관리
   1) 거푸집 해체시기 결정   2) 교통 개방시기 결정
   3) PSC 부재의 프리텐션(pre-tension) 시기 결정 4) 이음 절단시기 결정

Ⅵ 콘크리트 조기강도 판정방법의 종류 및 특징

1. 콘크리트 조기강도 판정방법의 분류
   1) 시험에 의하지 않는 방법 : 등가재령법, 적산온도법(maturity법)
   2) 시험에 의한 방법
      (1) 공시체 조기강도 시험결과 이용(3일, 7일 압축강도 이용)
      (2) 간접강도 시험법(공시체를 제작하지 않음)

물 리	화 학	역 학	기 타
비중계법	pH 미터법	급결촉진양생법	전기저항법
씻기 분석법	염산용해열법	자열양생법	초음파속도법
원심탈수법	산중화법	온수법/지불법	방사선법

2. 적산온도에 의한 방법
   1) 적산온도 산정식

$$M= \sum_{0}^{t}(\theta_z + A)\Delta t$$

여기서, M : 적산온도(℃ · day 또는 ℃ · hr)
Δt : 재령(day)
A : 강도발현 기준온도(일반적으로 10℃)
θ : 일평균양생온도(℃)

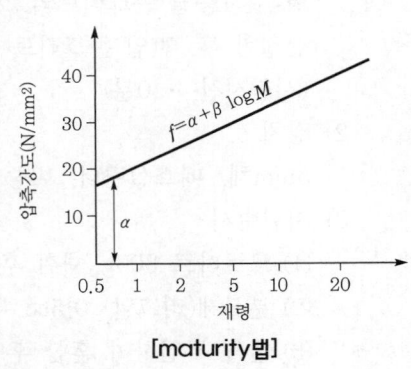
[maturity법]

   2) 적산온도에 의한 강도 추정방법
      (1) 적산온도와 압축강도와의 관계
         압축강도 $=\alpha+\beta\log M[\text{kg/cm}^2]$
         여기서, α, β : 물-시멘트비에 의하여 결정($\alpha=21$, $\beta=61$)
      (2) 산정순서 : 적산온도(M) 산정 → plowman 공식에 대응 → 압축강도 추정

3. 7일 강도로 28일 강도를 추정하는 방법

  1) 국내 국가기술표준원에서는 재령 7일의 콘크리트 압축강도로 재령 28일의 강도를 추정하는 식은 경험식으로 각종 연구논문 또는 콘크리트공학교재 등에 제안되어 있으나 공식적으로 적용하는 계산식은 없음.

  2) 콘크리트 재령 7일 강도로 28일 압축강도를 추정하는 추정식의 종류

    (1) 영국

      28일 강도는 7일 강도의 1.3 ~ 1.7배(cube mold 기준)

    (2) 미국(ASTM C 917−80)

      28일 강도는 7일 강도의 1.32 정도(확률 57% 수준)

    (3) 독일(O. Graf의 식)

      다음 두 식의 범위 안에 있다고 소개함(X : 재령 7일 강도)

      ① 하한 : 재령 28일=$1.4X+1.0$[MPa]

      ② 상한 : 재령 28일=$1.7X+5.9$[MPa]

    (4) 일본[일본건축학회 표준시방서 철근콘크리트 구조(JASS 5 T−602)]

      $F_{28}=AF_7+B$[kg/cm^2]

      여기서 계수 A와 B는 시멘트 종류에 따라 정한 값, 즉 많은 시험결과에 따라 얻은 데이터를 이용하여 7일 강도와 28일 강도와의 기울기를 이용하여 구한 정수

> ※ 21±3℃의 수중양생에서 보통포틀랜드시멘트를 사용하고, 콘크리트 타설 후부터 4주까지의 예상평균기온이 15℃ 이상일 경우
> - 보통포틀랜드시멘트 : $A=1.35$, $B=30$
> - 조강포틀랜드시멘트 : $A=1.0$, $B=80$

4. 비중계법에 의한 방법

  1) 시험의 개요

    향후 사용될 콘크리트의 28일 강도와 콘크리트 비중과의 상관관계를 공사 착수 전에 산정한 후, 반입 콘크리트 비중만 측정하여 28일 강도를 추정하는 조기강도 판정방법 (시험시간 : 10분)

  2) 장치

    5mm체, 메스실린더, 비중계, 믹서, 저울, 압축강도시험기

  3) 시험순서

    (1) 모르타르 300g 채취 후 1,000mm 메스실린더에 투입

    (2) 분산제(리그날) 0.5cc 투입

    (3) 물을 투입하여 혼합 후 15초 이내에 거품 제거

    (4) 현탁액 속에 비중계를 띄운 후 1 ~ 5분 사이에 30초 간격으로 비중 측정

    (5) 기설정된 비중−압축강도 상관그래프에서 강도 추정

5. 급속경화에 의한 방법

1) 시험의 개요

향후 사용될 콘크리트의 28일 강도와 콘크리트 모르타르의 강도 상관관계를 공사 착수 전에 산정한 후, 반입 콘크리트 모르타르 강도를 측정하여 28일 강도를 추정하는 조기 강도 판정방법(시험시간 : 90분)

2) 시험순서

(1) 굳지 않은 콘크리트에서 시료 채취(5mm체 이용)

(2) 시료에 급결성 약제를 첨가한 후 1분간 교반

(3) 모르타르 공시체를 70℃, 100%로 1.0~1.5시간 양생

(4) 꺼내어 실온(20±3℃)에서 냉각 후 모르타르 강도시험

6. 온수법에 의한 방법

1) 시험의 개요

온수를 이용한 촉진양생을 통해 콘크리트의 1일 강도를 측정하고, 그 결과를 이용하여 28일 강도를 추정하는 조기강도 판정방법(시험시간 : 24시간)

2) 장치

수조, 압축강도시험기

3) 시험순서

(1) 굳지 않은 콘크리트에서 시료 채취

(2) 공시체 제작 후 3시간 방치 후 캐핑

(3) 55℃ 수조에서 20시간 30분 양생

(4) 꺼내어 실온(20±3℃)에서 30분 냉각 후 강도 추정

(5) 추정식을 이용하여 28일 강도 추정

$$f_{28} = 1.35 f_7 + 30 [\text{kg/cm}^2]$$

Ⅶ 맺음말

1. 콘크리트의 사용 증대에 따라 소요의 품질 확보가 매우 필요하나, 콘크리트의 표준압축강도는 통상 28일 재령을 기준으로 관리함에 따라 품질확인기간이 장기간 소요되는 실정이다.

2. 따라서 콘크리트 품질의 단기간 확인을 위한 조기강도 추정방법이 물리·역학·화학적인 방법 등이 제안 중이나 대부분 경험식이나 추정값을 이용한 방법으로 많은 연구를 통하여 보다 확실한 방법이 개발될 필요성이 있다.

팽창 콘크리트의 품질기준 및 품질관리방안

문제 분석	문제 성격	기본 이해	중요도	
	중요 Item	팽창률시험, 용도, 적용성		

I 개 요

1. 팽창 콘크리트는 수축보상용 콘크리트, 화학적 프리스트레스용 콘크리트 및 충전용 모르타르와 콘크리트로 구분된다.
2. 수축보상용 콘크리트는 콘크리트의 건조수축에 의한 균열을 감소시키고, 화학적 프리스트레스용 콘크리트는 수축보상용 콘크리트보다도 큰 팽창력을 가져야 한다.
3. 충전용 모르타르 및 콘크리트는 팽창력 이용에 의한 충전효과를 주목적으로 한다.

II 팽창 콘크리트의 제조방법

1. 팽창시멘트 사용 콘크리트
   1) 알루미늄산염 + 황산 혼합
   2) 초기수축은 크지만, 장기수축은 작음.

2. 팽창재 사용 콘크리트(시방서기준)
   알루미늄산염 또는 기포 발생 혼화재 적용

[수축팽창시험기]

III 팽창 콘크리트의 팽창력의 크기에 따른 분류

1. 수축보상용 콘크리트
   1) 수축으로 인한 체적 감소 억제
   2) 프리스트레스 강도 $0.2 \sim 0.7$MPa 정도의 팽창 발생
   3) 건조수축으로 인한 인장응력을 상쇄할 만큼의 팽창 발생
   4) 팽창재 사용량 : 30kg/m^3

2. 화학적 프리스트레스용 콘크리트
   1) 프리스트레스 강도 6.9MPa 정도의 큰 팽창이 발생함.
   2) 팽창을 억제하여 콘크리트에 압축력을 가하는 방법을 화학적 프리스트레싱(chemical prestressing)이라 함.
   3) 팽창재 사용량 : $35 \sim 60\text{kg/m}^3$

3. **충전용 모르타르와 콘크리트** : 무진동 파쇄, 팽창성 파쇄로 사용하는 콘크리트

Ⅳ 팽창 콘크리트의 품질기준

1. 팽창률
   1) 일반적으로 재령 7일에 대한 시험치를 기준으로 하며 팽창률시험은 KS F 2562(콘크리트용 팽창재)의 참고 1에 규정된 A법에 따름.
   2) 수축보상용 콘크리트의 팽창률은 150×10^{-6} 이상, 250×10^{-6} 이하

2. 강도 : 일반적으로 재령 28일의 압축강도를 기준으로 함.

3. 단위시멘트량
   1) 화학적 프리스트레스용 콘크리트의 경우 단위팽창재량을 제외한 값
   2) 보통 콘크리트인 경우 $260kg/m^3$ 이상
   3) 경량 콘크리트인 경우 $300kg/m^3$ 이상

4. 공기량
   1) 보통 콘크리트 : 4%   2) 경량 콘크리트 : 5%

5. 비비기
   1) 강제식 믹서 : 1분 이상   2) 가경식 믹서 : 1분 30초 이상

6. 양생
   1) 양생 시 콘크리트 온도는 2℃ 이상 5일간 이상 유지
   2) 특히 노출면은 경화한 후 5일간은 적정 양생 시행

7. 거푸집
   1) 목적 : 존치기간은 콘크리트 강도의 확보와 팽창률 확보를 위하여 수화반응에 필요한 수분의 건조 방지
   2) 평균기온 20℃ 미만 : 5일 이상   3) 평균기온 20℃ 이상 : 3일 이상

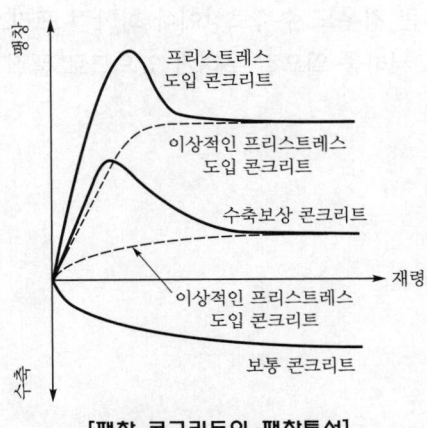

[팽창 콘크리트의 팽창특성]

Ⅴ 팽창 콘크리트의 품질관리방안

1. 팽창률에 대한 시험 및 판정기준

항 목	시험·검사방법	시기·횟수	판정기준
팽창률	KS F 2562(콘크리트용 팽창재) 참고 1의 A방법	구조물의 중요도와 공사의 규모에 따라 정함(재령 7일 표준).	• 수축보상용 콘크리트인 경우 : 150×10^{-6} 이상, 250×10^{-6} 이하 • 화학적 프리스트레스용 콘크리트인 경우 : 200×10^{-6} 이상, 700×10^{-6} 이하

2. 강도에 대한 시험 및 판정기준

종 류	항 목	시험·검사방법	시기·횟수	판정기준	
				$f_{cn} < 35$MPa	$f_{cn} > 35$MPa
호칭강도로부터 배합을 정한 경우	압축강도 (재령 28일의 표준양생 공시체)	KS F 2405의 방법	1회/일, 구조물의 중요도와 공사의 규모에 따라 120m³마다 1회 또는 배합이 변경될 때마다	① 연속 3회 시험값의 평균이 호칭강도 이상 ② 1회 시험값이 호칭강도−3.5MPa 이상	① 연속 3회 시험값의 평균이 호칭강도 이상 ② 1회 시험값이 호칭강도의 90% 이상
그 밖의 경우				압축강도의 평균값이 품질기준강도 이상일 것	

Ⅵ 맺음말(팽창 콘크리트의 사용 시 주의사항)

1. 팽창 콘크리트는 소요의 팽창성능, 강도, 내구성, 수밀성 및 강재를 보호하는 성능 등을 가지며, 품질에 대한 변동이 적은 것이어야 한다.
2. 특히 팽창률의 변동이 큰 경우도 수축보상이나 화학적 프리스트레스 효과가 줄어들거나, 지나친 팽창에 의해 강도 저하를 일으킬 우려가 있으므로 품질관리를 철저히 시행하여야 한다.

Section 25 경량골재 콘크리트의 종류와 품질관리방안

문제 분석	문제 성격	기본 이해		중요도	■■□□□□
	중요 Item	경량골재 콘크리트의 특징, 경량골재 콘크리트의 분류			

I 개 요

1. 콘크리트의 자중 감소가 목적이며, 설계기준강도가 18MPa 이상, 40MPa 이하로서 기건단위질량이 $1.4 \sim 2.1 t/m^3$의 범위에 들어가는 콘크리트이다.

2. 건설기술 발달 등으로 구조물의 대형화, 고층화 및 강도에 비해 비중이 크기 때문에 구조물의 자중 감소를 위하여 이용하고 있다.

II 경량골재 콘크리트의 요구조건

1. 굳지 않은 콘크리트
   1) 작업이 용이하게 워커빌리티 유지
   2) 재료분리 억제

2. 굳은 콘크리트
   1) 소요의 강도, 내구성, 수밀성이 있고 강재 보호
   2) 균일해야 하며 단위질량이 허용치 이내여야 함.

III 경량골재의 특징

1. 경량골재의 분류
   1) 천연 경량골재
   2) 인공 경량골재
   3) 부산물 경량골재

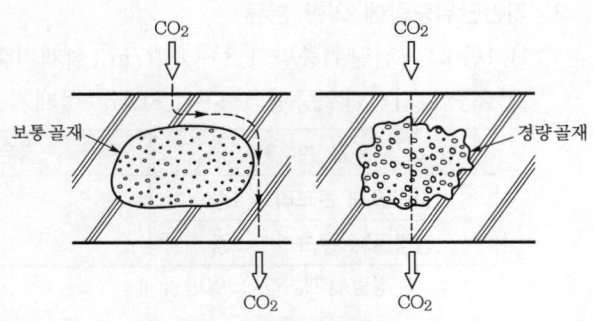

[골재의 탄산가스 침입 모식도]

2. 문제점
   1) 물리적 문제점 : 흡수율과 파쇄율이 큼.
   2) 화학적 문제점 : 탄산가스 침입에 따른 중성화속도 증가

3. 경량골재가 콘크리트에 미치는 영향
   1) 굳지 않은 콘크리트 : 화산자갈인 경우 워커빌리티 저하
   2) 굳은 콘크리트 : 압축강도 저하, 동결융해저항성 저하

Ⅳ 경량골재 콘크리트의 종류

1. 경량골재 콘크리트
    1) 천연 경량골재 : 화산암재 등
    2) 인공 경량골재 : 구조용, 비구조용

2. 경량기포 콘크리트
    1) 고압증기양생
        (1) 발포 : ALC, Vtong, Hebel 등   (2) Pre-form : Pmlite 등
    2) 상압증기양생
        (1) Pre-form   (2) Mix-form
    3) 현장타설
        (1) 발포 : Thermocon, Colcon, Pelcon 등
        (2) Pre-form : Aso-formcrete 등
        (3) Mix-form : Gurform95 등

3. 무세골재 콘크리트(Prous Con'c)

Ⅴ 경량골재 콘크리트의 특징

1. 설계기준압축강도에 따른 분류
    1) 고강도 경량골재 콘크리트 : 40MPa
    2) 일반 경량골재 콘크리트 : 18 ~ 35MPa

2. 기건단위중량에 의한 분류
    1) 1종 : 기건단위중량 1.8 ~ 2.1t/m³(설계기준강도 18 ~ 40MPa)
    2) 2종 : 기건단위중량 1.4 ~ 1.8t/m³(설계기준강도 18 ~ 27MPa)

구 분	굵은 골재	잔골재
경량골재 콘크리트 1종	◎	○
경량골재 콘크리트 2종	◎	◎

   ※ ◎ : 경량골재, ○ : 일반골재

    3) 경량 콘크리트의 단위중량 산정식

$$단위질량 = \frac{997A}{B-C}$$

여기서, A : 재령 28일에서 콘크리트 공시체의 건조질량(kg)
          B : 공시체의 표면건조포화상태의 질량(kg)
          C : 공시체의 수중질량(kg)

Ⅵ 경량골재 콘크리트의 품질관리방안

1. 재료관리방안
    1) 골재 : 함수율관리 프리웨팅(pre-wetting)을 24시간 이상 실시(3일 정도)
    2) 종류별 기건단위중량관리 철저

2. 배합 시 관리방안
    1) W/B : 수밀성을 기준으로 정할 경우는 50% 이하
    2) 굵은 골재의 최대 치수 : 20mm 이하
    3) 슬럼프 : 50 ~ 180mm
    4) 단위시멘트량 : $300kg/m^3$ 이상
    5) 공기량 : 보통골재를 사용한 것보다 1% 크게(5.5±1.5%)

3. 시공 시 품질관리방안
    1) 비비기 : 강제식 믹서는 1분 이상, 가경식 믹서는 2분 이상
    2) 콘크리트 펌프를 사용할 경우에는 원칙적으로 유동화 콘크리트 적용

4. 현장 품질관리 시 유의사항
    1) 단위질량시험 실시 : 단위질량이 설계보다 커지면 자중 증가로 위험하므로, 시방배합과
       $50kg/m^3$ 이내로 유지될 수 있도록 관리
    2) 골재의 점토함유량 : 2% 이내
    3) 골재의 부립률 : 10% 이내

Ⅶ 인공 경량골재 콘크리트의 품질관리방안

1. 골재의 관리방안
    1) 프리웨팅을 실시하여 사용
    2) 함수율이 가급적 균등하도록 관리
    3) 경량골재의 단위용적중량은 ±10% 이내로 관리
2. 혼합시간 : 강제 비빔믹서 1분 이상, 가경식 믹서 2분 이상을 표준으로 함.
3. 슬럼프 80mm 이상인 경우 경동형 교반기(agitator) 이용
4. 콘크리트 펌프에서는 원칙적으로 유동화 콘크리트로 함.
5. 유동화 후의 슬럼프는 180mm 이하로 하고 유동화폭은 50~80mm로 함.
6. 콘크리트의 상면은 굵은 골재를 압입하여 마무리 실시
7. 타설 후 적어도 5일간 습윤상태로 유지

VIII 기포 경량골재 콘크리트의 품질관리방안

1. 물−시멘트비 : 43% 이하
2. 압축강도 : $40 \sim 50 \text{kg/cm}^2$
3. 인장강도 : $4.3 \sim 5.0 \text{kg/cm}^2$
4. 휨강도 : $17 \sim 19 \text{kg/cm}^2$

IX 경량골재 콘크리트 사용에 따른 효과

1. 구조체의 자중 경감으로 인한 부재응력 감소와 단면의 최소화 가능
2. 자중 경감에 따른 기초공사 및 관련 시공기술의 간소화로 인한 공기단축
3. 구조물의 고층화 및 대형화에 효과적
4. 구조재료의 사용량 감소로 경제성 확보 및 무분별한 환경파괴 방지
5. 우수한 단열성 및 방음효과로 시공의 간소화 및 에너지 절약

X 맺음말

1. 경량골재 콘크리트는 구조체의 자중 경감으로 인한 부재응력의 감소와 단면의 최소화가 가능한 장점이 있는 콘크리트이다.
2. 골재특성상 물리·화학적 문제가 발생할 수 있으므로 설계, 재료, 배합, 시공 시 품질관리에 만전을 기하여야 한다.

Section 26　순환골재 콘크리트의 품질관리방안

문제 분석	문제 성격	기본 이해		중요도	■■■■■■□
	중요 Item	순환골재 콘크리트 적용범위, 품질기준, 이물질 시험방법			

Ⅰ 개 요

1. 순환골재란 "건설폐기물의 재활용 촉진에 관한 법률" 제2조 제7호의 규정(물리적 또는 화학적 처리과정 등을 거쳐 건설폐기물을 같은 법 제35조에 따른 순환골재 품질기준에 맞게 만든 것)에 적합한 골재이다.

2. 순환골재 콘크리트의 품질을 관리하기 위해서는 타설 전 순환골재 사용방법 및 적용 가능 부위 등을 고려하여 재료 선정 및 배합을 시행하여야 하고, 받아들이기 시험 및 시공 시 다짐 및 양생관리를 철저히 실시하여야 한다.

Ⅱ 순환골재 콘크리트 관련 규정 및 사용 전 검토사항

1. 관련 규정
   국토교통부공고 제2021-1852호, 2021. 12. 22.

2. 사용 전 검토사항
   1) 현장 구조물 타설조건 및 환경여건에 대한 적합성
      (1) 일반 콘크리트와 레미콘을 제외한 특수 콘크리트는 사용 제외
      (2) 특수 콘크리트 중 서중, 한중은 적용 가능
   2) 콘크리트 요구성능에 대한 안정성
   3) 환경 관련 규정의 적합 여부

Ⅲ 콘크리트용 순환골재 사용방법 및 적용 가능 부위

1. 순환골재 사용방법

설계기준 압축강도	사용골재	
	굵은 골재	잔골재
27MPa 이하	굵은 골재용적의 60% 이하	잔골재용적의 30% 이하
	혼합 사용 시 총골재용적의 30% 이하	

2. 순환골재 적용 가능 부위
   기둥, 보, 슬래브, 내력벽, 교량 하부공, 옹벽, 교각, 교대, 터널 라이닝공 등 콘크리트 블록, 도로구조물기초, 측구, 집수받이 기초, 중력식 옹벽, 중력식 교대, 강도가 요구되지 않는 채움재 콘크리트, 건축물의 비구조체 콘크리트 등

Ⅳ 콘크리트용 순환골재의 특성(문제점)

1. 물리적 특성
   1) 밀도 및 단위용적질량이 낮음.
   2) 흡수율 및 마모감량이 높음.
   3) 알칼리골재반응 및 중성화속도 증가
   4) 품질편차가 크고 품질관리가 어려움.

2. 콘크리트에 미치는 영향
   1) 굳지 않은 콘크리트
      워커빌리티 저하
   2) 굳은 콘크리트
      (1) 압축강도 저하
      (2) 동결융해저항성 저하
      (3) 산, 염류, 탄산가스의 침입 용이로 열화 발생 높음.

Ⅴ 순환골재 콘크리트의 품질관리방안

1. 콘크리트용 순환골재의 재료관리방안
   1) 환경에 유해한 화학물질이나 악취를 발생시키는 물질이 없어야 함.
   2) 콘크리트 품질에 나쁜 영향을 미치는 물질을 포함하지 않아야 함.
   3) 콘크리트용 순환골재의 품질기준을 충족하여야 함.

[콘크리트용 순환골재의 품질기준]

구 분		순환 굵은 골재	순환 잔골재
절대건조밀도(g/mm^2)		2.5 이상	2.3 이상
흡수율(%)		3.0 이하	4.0 이하
마모감량(%)		40 이하	–
입자모양 판정 실적률(%)		55 이상	53 이상
0.08mm체 통과량시험에서 손실된 양(%)		1.0 이하	7.0 이하
알칼리골재반응		무해할 것	무해할 것
점토 덩어리량(%)		0.2 이하	1.0 이하
안정성(%)		12 이하	10 이하
이물질함유량(%)	유기 이물질	1.0 이하(용적)	
	무기 이물질	1.0 이하(질량)	

4) 순환골재의 유기 이물질함유량시험

   (1) 유기 이물질 : 골재 속에 포함된 비닐, 플라스틱, 목재, 종이 등

   (2) 시험방법 : KS F 2576(순환골재의 이물질함유량시험방법)

   (3) 판정기준 : 함유량이 총골재용적의 1.0% 이하

   (4) 산정식

$$이물질함유량 = \frac{이물질의\ 부피(mL)}{순환골재\ 전체\ 부피(mL) + 이물질의\ 부피(mL)} \times 100\%$$

5) 순환골재의 무기 이물질함유량시험

   (1) 무기 이물질 : 골재 속에 포함된 유리, 슬레이트, 자기류, 적벽돌 등

   (2) 시험방법 : KS F 2576(순환골재의 이물질함유량시험방법)

   (3) 판정기준 : 함유량이 총골재질량의 1.0% 이하

   (4) 산정식

$$이물질함유량 = \frac{순환골재\ 이물질의\ 질량(g)}{순환골재\ 시험용\ 시료의\ 질량(g)} \times 100\%$$

2. 콘크리트용 순환골재의 운반 및 저장

  1) 저장 : 골재를 종류별로 분류하고 재료가 분리되지 않도록 저장

  2) 살수설비 : 프리웨팅(pre-wetting)이 가능하도록 살수설비 설치

  3) 계량 : 순환골재의 혼입률을 확인할 수 있는 별도의 계량 및 관리 시행

  4) 운반설비 : 배치플랜트까지 골재를 균일하게 공급할 수 있도록 설치

3. 배합관리방안

  1) 단위수량과 단위시멘트량이 많아지지 않도록 적절한 조치

  2) 온도관리 : 레미콘 출하 시 30℃ 이하, 타설 시 35℃ 이하

  3) 시공 전 반드시 시험배합을 시행하여 적용성 확인

4. 시공 시 품질관리방안

  1) 운반

   (1) 슬럼프가 저하되지 않도록 신속하게 운반(1.5시간 이내)

   (2) Agitator는 양생포로 단열하고 지속적으로 살수하여 습윤상태 유지

  2) 타설, 다지기

   (1) 타설 전 : 지반과 거푸집은 살수 냉각

   (2) 거푸집, 철근은 직사광선이 닿지 않도록 덮개를 덮어서 보호

   (3) 규정에 의한 다짐 시행

  3) 양생

   (1) 습윤양생 : 최소 24시간

   (2) 최소 4일 이상 실시

Ⅵ 순환골재 콘크리트의 받아들이기 시 품질기준

현장시험	규 격	시기 및 횟수	허용차
외관관찰 (굳지 않은 콘크리트의 상태)	워커빌리티가 좋고 품질이 균질하며 안정할 것	콘크리트 타설 개시 및 타설 중 수시	–
슬럼프시험(mm)	25	최초 1회 시험을 실시하고, 압축강도시험용 공시체 채취 시 및 타설 중 품질변화가 인정될 때	±10
	50 ~ 65		±15
	80 이상		±25
공기량시험(%)	순환		5.5±1.5
염분(kg/m³)	굳지 않은	바다 잔골재를 사용할 경우 2회/일, 그 외 1회/주	0.3 이하
	구입자 승인		0.6 이하
	무근		–

Ⅶ 콘크리트용 순환골재 적용 시 품질관리방안

1. 순환골재를 사용할 경우 천연골재와 혼합하여 사용하는 것이 원칙
2. 순환골재 최대 치수는 25mm 이하로 하고, 가능한 한 20mm 이하의 것 사용
3. 순환골재의 1회 계량분오차는 ±4%
4. 순환골재 사용 시 목표슬럼프를 ±20mm 이내로 관리
5. 콘크리트 설계기준압축강도는 27MPa 이하
6. 공기량은 보통 골재를 사용한 콘크리트보다 1% 크게 하여 배합
7. 순환골재를 사용하여 콘크리트 제조 시 시멘트를 사용하거나 플라이애시, 고로 슬래그 미분말 등을 혼합하여 사용 가능

Ⅷ 맺음말

1. 순환골재는 천연골재에 비하여 높은 흡수율과 마모율 등 취약한 품질로 효과적인 활용이 이루어지지 못하고 있는 실정이다.
2. 순환골재 콘크리트의 활성화를 위해서는 사용하고자 하는 용도, 공법, 원재료의 물리적 특성, 경제적 가치 등에 따라 적용한다. 안정적이고 균질한 품질의 순환골재를 지속적으로 생산하여 장기적으로 안전 및 품질을 확보하여야 한다.

Section 27 프리스트레스트 콘크리트의 특징

문제 분석	문제 성격	기본 이해	중요도	■■□□□
	중요 Item	가설 및 시험방법, 응력손실		

I 개 요

프리스트레스트 콘크리트는 콘크리트의 결함인 균열을 방지하며, 전단면을 유효하게 이용할 수 있도록 설계하중 작용 시 발생하는 인장응력을 소정의 한도까지 상쇄할 수 있도록 미리 인공적으로 압축력을 도입한 콘크리트이다.

II PSC의 세 가지 기본개념

1. 응력개념

1) PSC 강재가 도심축과 일치하는 경우 : $f = \dfrac{P}{A} \pm \dfrac{M}{I} y$

2) PSC 강재가 직선으로 편심배치되는 경우 : $f = \dfrac{P}{A} \mp \dfrac{Pe}{I} y \pm \dfrac{M}{I} y$

2. 강도개념

PSC 단면에서 PSC 강재는 인장력을 받고, 콘크리트는 전단면이 압축력을 받는 이론

3. 하중평형개념(등가하중개념)

1) 프리스트레스에 의해 생긴 상향력과 부재에 작용하는 하중이 평형이 되는 개념

2) PSC 강재를 포물선 형태로 배치한 경우

    (1) $u = w$인 경우 : $f = \dfrac{P}{A}$

    (2) $w > u$인 경우 : $f = \dfrac{P}{A} \mp \dfrac{Pe}{I} y \pm \dfrac{M}{I} y$

3) PSC 강재를 절곡하여 배치한 경우

    (1) $u = P_L$인 경우 : $f = \dfrac{P}{A}$

    (2) $P_L > u$인 경우 : $f = \dfrac{P}{A} \mp \dfrac{Pe}{I} y \pm \dfrac{M}{I} y$

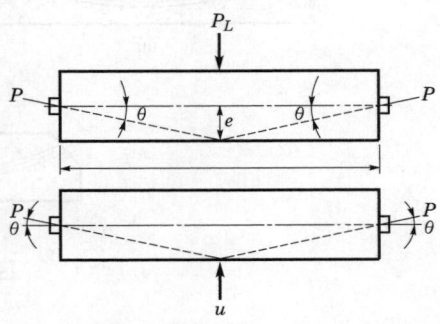

[긴장재를 절곡하여 배치한 경우]

Ⅲ 프리스트레싱의 방법 및 차이점

1. 프리스트레스를 주는 방법
   1) 기계적 방법
   2) 전기적 방법
   3) 화학적 방법

2. 프리스트레스 공법의 차이점

구 분	프리텐션(pre-tension)	포스트텐션(post-tension)
시공법	PS 강재 긴장 → 콘크리트 타설 → 긴장해제 프리스트레스 도입	시스관 설치 → 콘크리트 타설 → 경화 후 긴장, 정착, 그라우트
설계기준강도	35MPa	30MPa
도입시기	30MPa	25MPa
제품 적용	공장용	현장용
품질관리	용이	난이
공법종류	연속식, 단독식	부착식, 비부착식
배치	직선배치	곡선배치
부재길이	짧은 부재 유리	긴 부재 유리
장대지간	불리	유리

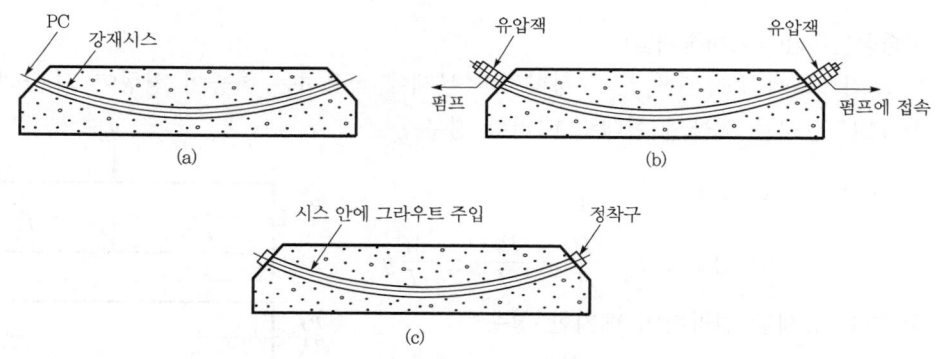

[포스트텐션의 시공순서]

Ⅳ 프리스트레스트 콘크리트의 응력손실

1. 즉시손실 : 콘크리트(탄성변형), 강재(시스관과의 마찰, 정착단 활동)
2. 시간 의존적 손실 : 콘크리트(2차 응력), 강재(relaxation)

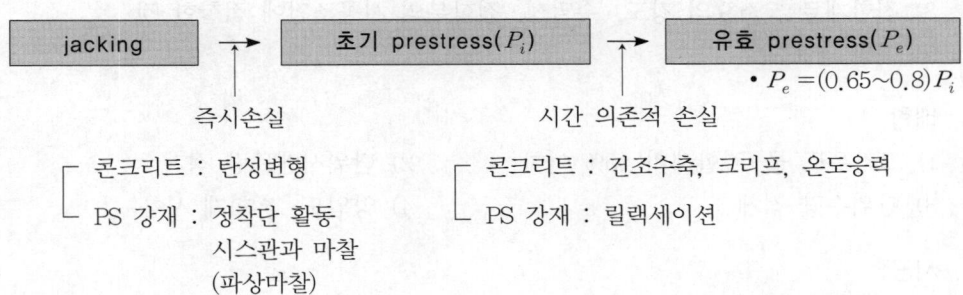

Ⅴ 프리스트레스트 콘크리트의 품질관리방안

1. 재료
   1) 시멘트
      (1) 보통 · 조강 · 초조강 포틀랜드시멘트
      (2) 팽창 시멘트
         ① PSC용 콘크리트는 RC보다 부배합이 되므로 상당량의 시멘트 사용
         ② 최소 단위시멘트량
            • 포스트텐션방식 : $300kg/m^3$
            • 프리텐션방식 : $350kg/m^3$
         ③ 단위시멘트량이 커지면 건조수축이 커지므로 유의
   2) 골재
      (1) 굵은 골재의 최대 치수는 PS강재, 시스, 철근, 정착장치 등의 주위에 콘크리트가 잘 채워질 수 있도록 정함
      (2) 굵은 골재의 최대 치수는 25mm가 표준이고, 부재치수, 철근간격, 펌프압송 등의 사정에 따라 20mm 사용
   3) PS 강재 : 품질변동 확인 후 사용
   4) 정착장치 및 접속장치
   5) 시스(sheath) : 긴장 후 PS 강재를 시스와 부착시키는 경우에는 강철제의 시스 사용
   6) 그라우트
      (1) 팽창률 : 24시간 경과 시 −1 ~ 5% 범위 내
      (2) 블리딩률 : 3시간 경과 시 0.3% 이하
      (3) 28일 압축강도 : 20MPa 이상

(4) 염화물이온량 : 단위시멘트량의 0.08% 이하

(5) $W/B \leq 45\%$

(6) 부착강도 : 비팽창성 30MPa 이상, 팽창성 20MPa 이상

7) 부착시키지 않는 경우 긴장재의 피복재료

8) 접합재료 : 소요의 강도, 수밀성, 접합부의 시공조건에 적합한 것

9) 마찰 감소제

2. 배합

1) 그라우트 물–결합재비 45% 이하   2) 단위시멘트량 적게

3) 단위수량 적게   4) 양입도, 혼화제 사용

3. 시공

1) 긴장재의 배치

(1) 긴장재의 가공 및 조립   (2) 덕트 형성

(3) 시스 및 긴장재의 배치   (4) 정착장치 및 접속장치의 조립

(5) 정착장치 및 부재 끝 단면의 보호

2) 거푸집 및 동바리
   떼어내기

3) 프리스트레싱

(1) 인장장치의 캘리브레이션(calibration)

(2) 프리스트레싱할 때의 콘크리트 강도

① 콘크리트에 일어나는 최대 압축응력의 1.7배

② 프리텐션방식에서는 30MPa 이상

(3) 프리스트레싱의 관리

4) 그라우트 시공

(1) 시공기구 : 5분 이내에 그라우트를 충분히 비빌 수 있는 것

(2) 비비기 및 휘젓기

(3) 주입

5) 프리스트레스 부재의 시공

제작 → 검사 → 운반 → 보관 → 접합면의 처리 → 접합

4. 가설 및 시험

1) 가설   2) 콘크리트의 시험

3) PS 강재의 시험   4) 정착장치 및 접속장치의 시험

5) 시스의 시험   6) 그라우트의 시험

7) 접합에 쓰이는 재료의 시험   8) 마찰 감소제의 시험

매스 콘크리트의 온도균열 메커니즘 및 방지대책

문제 분석	문제 성격	기본 이해	중요도	■■■■■
	중요 Item	콘크리트 온도균열, 온도균열지수, 온도균열대책		

I 개 요

1. 매스 콘크리트의 온도균열 메커니즘은 내부수축과 외부수축에 의한 구속으로 인하여 발생한다.
2. 매스 콘크리트의 온도균열 발생 방지대책은 적극적인 방법과 소극적인 방법으로 구분되고, 적극적인 방법은 프리스트레스, 철근간격 조절(온도철근), 섬유 및 수지보강 등 콘크리트의 내력을 증대시켜 균열 발생을 방지하는 대책이다.
3. 소극적인 방법은 재료나 시공방법 개선을 통한 콘크리트 온도 저감방법과 이음(신축이음, 균열유발이음), 블록분할타설, 초지연제 등을 이용하여 콘크리트의 응력을 저감시키는 방안이다.

II 매스 콘크리트의 정의 및 문제점

1. 매스 콘크리트의 정의
   1) 수화열로 인한 온도균열, 온도응력을 검토해야 하는 구조물로서, 부재치수가 넓은 평판구조에서는 두께 0.8m 이상, 하단이 구속된 벽체에서는 두께 0.5m 이상인 콘크리트
   2) 부배합 콘크리트 PS 콘크리트의 경우도 매스 콘크리트로 관리하여야 함.

2. 매스 콘크리트의 문제점
   수화열 → 콘크리트 온도 증가 → 콘크리트 온도응력 증가 → 온도균열 발생

III 매스 콘크리트의 설계인자와 온도균열 제어인자의 관계

구 분	온도 상승	온도 응력	균열폭
부재단면	◎	◎	◎
여러 가지 이음	–	◎	◎
철근 배근	–	–	◎
설계기준압축강도	◎	○	○

※ ◎ : 큰 영향, ○ : 보통 영향

Ⅳ 매스 콘크리트의 온도균열 발생 메커니즘

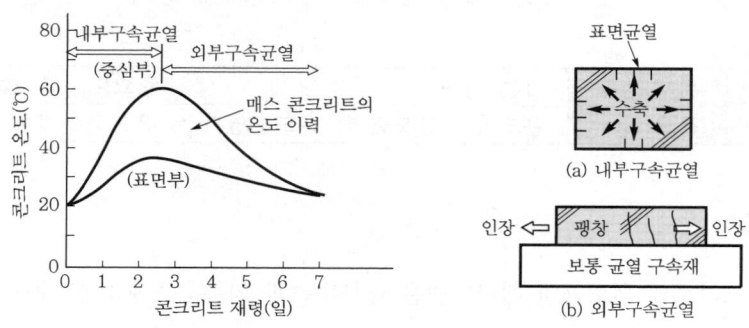

[매스 콘크리트의 온도균열 발생 모식도]

1. **내부구속으로 인한 균열**

   구조체 내에 수화열로 인해 온도가 상승하고 시간이 경과함에 따라 부재온도가 서서히 냉각되면서 구조체가 수축되며, 이때 외부구속이 강한 구조체나 암반, 파일, 콘크리트 등과 같은 구속조건으로 인하여 인장응력이 발생함. 이 인장응력이 콘크리트의 인장강도를 초과할 경우 균열이 발생됨.

2. **외부구속으로 인한 균열**

   시멘트와 물의 수화반응 시 발생한 수화열은 구조체 내에서 대기 또는 온도가 낮은 부위로 확산되며, 구조체가 큰 경우 온도의 확산이 늦어져 시간에 따라 부위별 온도차가 심화되고 내부구속의 원인으로 온도응력이 발생함. 구조체에서 부분적인 온도응력의 발생은 응력차를 유발시켜 완전한 강성을 가지지 못한 상태에서 구조체 내에 균열이 발생됨.

3. **발생온도차**

   1) 일반적으로 콘크리트의 최고온도와 외기온도의 차이가 20℃ 이하인 경우는 균열 발생 가능성이 낮고, 온도차가 30℃ 이상인 경우는 균열이 발생할 가능성이 높음.
   2) 월평균기온이 25℃ 이상인 경우 온도균열에 대한 대책이 필요

Ⅴ 콘크리트의 단열 온도상승특성

1. **단열온도 상승식**

   콘크리트 내의 시멘트가 수화반응으로 인해 증가되는 온도이력을 추정하는 식

   $$Q(t) = Q_\infty \left(1 - e^{-rt}\right)$$

   여기서, $Q(t)$: 재령 t일에서 단열온도 상승량(℃), Q_∞ : 최종 단열온도 상승량
   r : 온도 상승속도에 관한 계수, t : 재령(day)

2. 일반적으로 단열온도 상승시험 등을 통하여 얻는 것을 원칙으로 함.

3. 단열온도 상승에 영향을 주는 요인

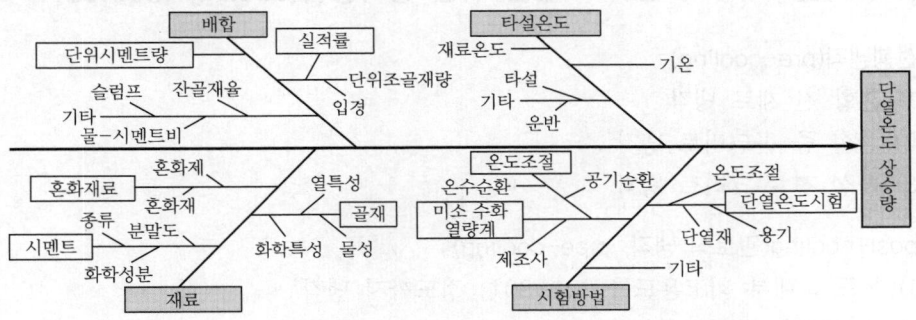

Ⅵ 매스 콘크리트의 온도균열 방지대책

1. 콘크리트 온도 저감(소극적)

1) 재료학적 대책

   (1) 내부온도를 감소시키기 위하여 수화열이 작은 시멘트 사용

   (2) 온도 강하 시의 수축 방지를 위한 감수제 및 AE감수제 사용

   (3) 가능한 슬럼프를 작게 하여 단위시멘트량 줄임(온도 강하 시의 수축 방지)

2) 매스 콘크리트 시공 시 수화열 최소화대책(cooling method)

2. 온도응력 완화(소극적)

   1) 수축이음(균열유발줄눈) 설치   2) 신축이음 설치

   3) 타설시간 및 간격 조절   4) 블록 분할 타설

3. 온도응력에 대한 저항력(적극적)

   1) 프리스트레스   2) 철근간격 조절(온도철근)   3) 섬유 및 수지보강

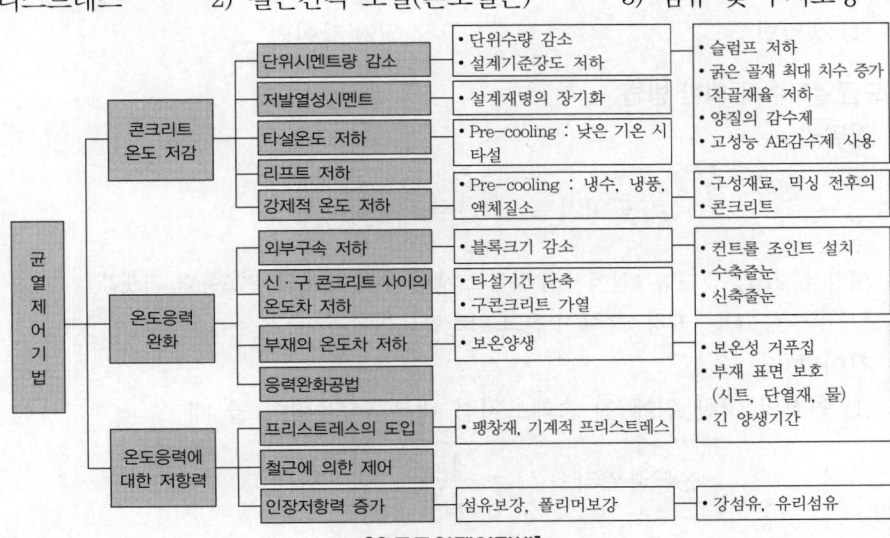

[온도균열제어기법]

Ⅶ 매스 콘크리트의 온도 저감을 위한 냉각방법(cooling method)

1. 선행냉각(pre-cooling)
   1) 혼합 전 재료 냉각
   2) 혼합 중 콘크리트 냉각
   3) 타설 전 콘크리트 냉각

2. post-cooling(관로식 냉각, pipe-cooling)
   1) 목표 : 내부 최고온도를 20 ~ 30℃ 정도까지 냉각
   2) 소요기간 : 2 ~ 4주
   3) 냉각관 : 외경 2.5cm, 두께 1.5mm의 알루미늄 또는 강관 사용
   4) 순환수 : 온도는 0 ~ 25℃, 순환율은 15 ~ 17L/min
   5) 냉각속도 : 0.5℃/day

3. post-cooling 시 계측관리방안
   1) 계측기 : 열전도온도계
   2) 계측기간 : 15일간 연속적으로 실시 + 콘크리트 내·외부온도차가 15℃ 이하가 될 때까지
   3) 위치 : 쿨링 파이프와 파이프 사이의 온도가 가장 높은 곳과 콘크리트 표면 부위

Ⅷ 매스 콘크리트의 온도균열에 대한 검토방안

1. 온도균열 검토방안
   1) 기존의 실적에 의한 방법
      (1) 인근 지역 시공자료   (2) 시공된 구조물
   2) 온도균열지수에 의한 방법
      (1) 정밀법   (2) 간이법

2. 온도균열지수에 의한 방법
   1) 정밀법

$$\text{온도균열지수 } I_{cr}(t) = \frac{f_{sp}(t)}{f_t(t)}$$

   여기서, $f_t(t)$: 재령 t일에서 수화열로 생긴 부재 내부의 온도응력 최댓값
   $f_{sp}(t)$: 재령 t일에서 콘크리트 인장강도
   2) 간이법
      (1) 연질의 지반 위에 친 슬래브처럼 내부구속응력이 클 때

$$\text{온도균열지수 } I_{cr} = \frac{15}{\Delta T_i}$$

   여기서, ΔT_i : 내부온도가 최고일 때 내부와 표면의 온도차(℃)

(2) 암반이나 매시브한 콘크리트 위에 친 슬래브처럼 외부구속응력이 클 때

$$온도균열지수\ I_{cr} = \frac{10}{R \cdot \Delta T_0}$$

여기서, ΔT_0 : 부재 평균 최고온도와 외기온도와의 균형의 온도차(℃)

R : 구속 정도 계수(연한 암반 위 타설 : 0.5, 이미 경화된 콘크리트 위 타설 : 0.60, 경암 위 타설 : 0.8)

3) 철근콘크리트에서 온도균열지수

균열제어조건	온도균열지수	온도균열 발생확률
균열 발생을 방지하고 싶은 경우	1.5 이상	10% 이하
균열 발생을 제한하고 싶은 경우 (철근이 배치된 일반적 구조물)	1.2 ~ 1.5	10 ~ 25%
유해한 균열 발생을 제한하고 싶은 경우	0.7 ~ 1.2	25 ~ 85%

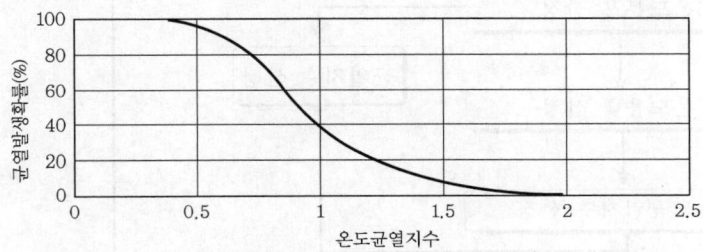

[균열 발생확률과 온도균열지수의 관계]

3. 온도균열에 대한 대책이 필요 없는 경우

1) 기존의 실적으로부터 온도응력 및 온도균열 발생이 문제되지 않는다고 판단되는 경우

2) 온도응력으로부터 계산된 온도균열지수가 1.5 이상인 경우

IX 맺음말

1. 매스 콘크리트는 수화열 미방출에 따른 온도균열 및 내·외부구속으로 인한 균열 발생이 쉬운 콘크리트이다.

2. 설계 시부터 충분한 조사 및 적절한 균열 저감방안을 적용하여 온도균열로 인한 내구성 저하가 발생하지 않도록 관리를 철저히 시행해야 한다.

참고 **매스 콘크리트 균열 발생 검토흐름도**

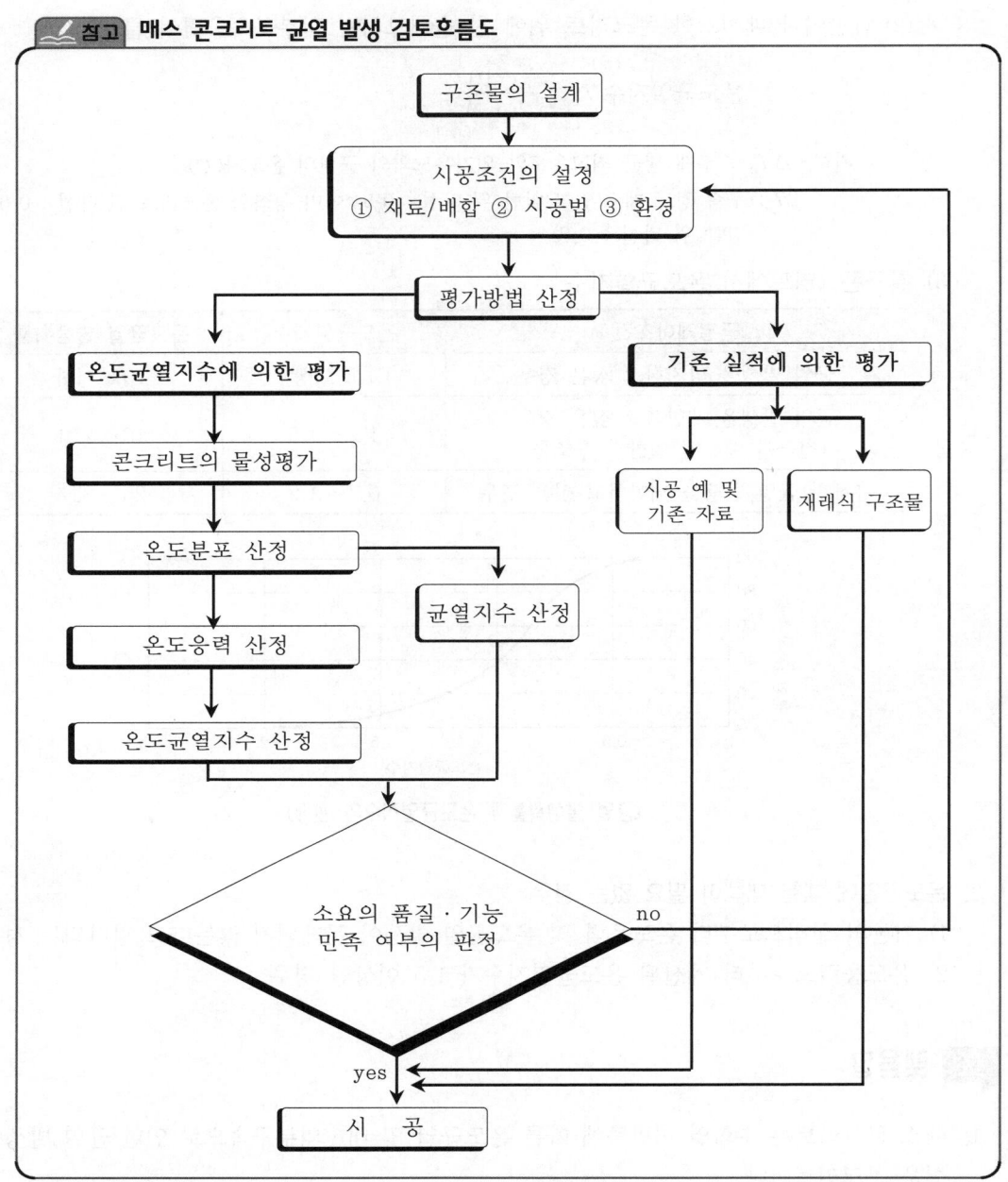

Section 29 해양 콘크리트의 요구성능, 문제점 및 품질관리방안

문제 분석	문제 성격	기본 이해	중요도	■■■■□
	중요 Item	일반사항, 문제점 발생요인, 재료, 배합, 시공관리방안		

I 개 요

1. 해양 콘크리트의 요구성능은 굳지 않은 상태의 작업에 적절한 워커빌리티 확보와 굳은 상태에서의 소요의 강도, 내구성, 수밀성, 강재보호성능이 요구된다.
2. 해양 콘크리트의 문제점은 염해로 인한 콘크리트의 열화와 강재의 부식 등에 의해 수밀성, 내구성 등이 손상되는 것이다.
3. 해양 콘크리트의 품질관리방안은 적절한 재료와 시공방법을 사용하고, 중요한 구조물인 경우 콘크리트 성능 저하 방지와 강재의 부식을 방지할 수 있는 추가적인 조치를 시행하여 내구성을 추가로 확보하여야 한다.

II 해양 콘크리트의 일반사항

1. 정의 : 해양 콘크리트란 항만, 해양, 해안에서 시공하는 콘크리트를 총칭하며, 해면하에서 해수의 작용을 받는 구조물 외에 육상이나 해상에 건설될 때 파랑과 조류의 영향을 받는 구조물
2. 수중에서 시공할 경우 프리플레이스 콘크리트 또는 수중 콘크리트
3. 해양 콘크리트의 분류
   1) 해수에 대한 침식이 심하지 않은 경우 : 시멘트 콘크리트
   2) 해수에 대한 침식이 심한 경우
      (1) 폴리머시멘트 콘크리트
      (2) 폴리머 콘크리트
      (3) 폴리머함침 콘크리트

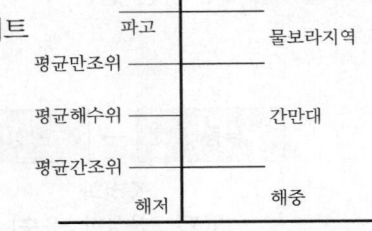

[해상부구조물의 해수 접촉구분]

III 해양 콘크리트의 요구성능

1. 굳지 않은 콘크리트
   1) 작업에 적합한 워커빌리티
   2) 재료분리의 발생이 억제되는 균일성

2. 굳은 콘크리트
   1) 소요의 강도, 내구성, 수밀성 및 강재를 보호하는 성능 등을 가지며 균일해야 함.
   2) 염해에 대한 콘크리트 열화 및 강재의 부식에 의해 기능이 손상되지 않도록 내구성이 있는 콘크리트

Ⅳ 해양 콘크리트의 문제점

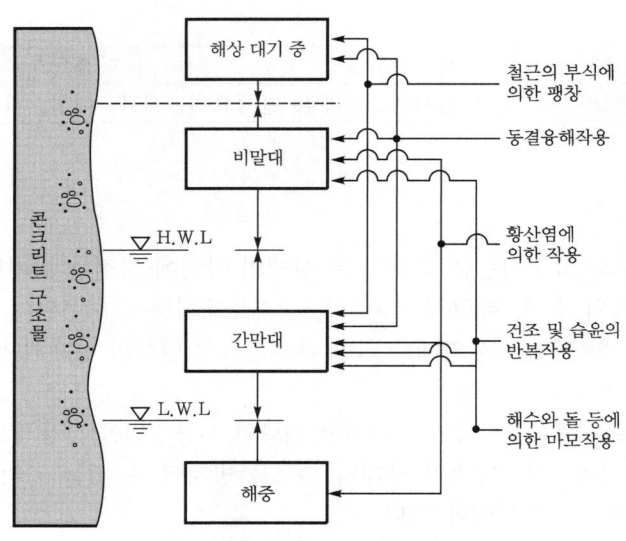

[구조물 위치에 따른 열화작용]

1. 해양 콘크리트 열화 메커니즘
   1) 화학적 침식에 의한 콘크리트 성능 저하

      해수 중의 SO^- 이온과 콘크리트의 Ca 성분의 결합으로 $CaSO_4$(석고) 생성

      ① $CaSO_4 + C_3A \rightarrow$ 에트린자이트로 인해 콘크리트 자체 팽창

      ② 팽창압이 콘크리트 인장강도 초과 시 인장균열 발생
   2) 염해에 의한 철근 부식

염해(Cl^-)
: 철근 분해 촉진

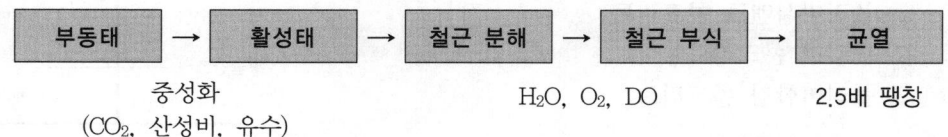

중성화
(CO_2, 산성비, 유수) H_2O, O_2, DO   2.5배 팽창

2. 해양 콘크리트의 문제점
   1) 시공 중
      (1) 품질관리 곤란   (2) 재료분리 발생   (3) 다짐관리 곤란
   2) 시공 후 : 복합열화 발생[화학적 침식 + AAR + 염해(해풍, 해수, 해사)]
      (1) 철근 부식   (2) 콘크리트 성능 저하   (3) 내구성 저하

Ⅴ 해양 콘크리트의 염해 방지를 위한 품질관리방안

1. 재료관리방안
   1) 시멘트
      (1) 중용열포틀랜드시멘트
      (2) 해수의 작용에 대해서 내구적인 혼합시멘트 사용
         ① 플라이애시시멘트   ② 고로슬래그시멘트
      (3) 해수에 의한 침식이 심한 경우
         ① 폴리머시멘트 콘크리트   ② 폴리머 콘크리트
   2) 골재
      (1) 적당한 입도, 내구성이 크고 내마모성 골재
      (2) 흡수율이 낮은 골재
      (3) 실리카탄산염과 같은 활성물질이 없는 것
      (4) 유해물함량이 적은 것
   3) 철근 및 강재
      (1) 내염성 철근 사용 시   (2) 철근의 피복두께 증가
      (3) 철근의 방식 피복   (4) 방청제 사용
   4) 혼화재료
      (1) 양질의 공기연행제, 공기연행감수제, 고성능 감수제, 고성능 공기연행감수제
      (2) 고로슬래그 미분말이나 플라이애시 사용
   5) 물
      (1) Cl^- 이온이 없는 것 사용
      (2) 음료수 정도의 깨끗한 물
      (3) 산, 유기물, 염류(NaCl)가 없는 것

2. 배합관리방안
   1) W/B비 : 50% 이하
      (1) 해중(상시 해중) : 50%   (2) 해상 대기 중(상시 조풍) : 45%
      (3) 간만대(가장 혹독한 조건) : 40%
   2) 내구성으로 정해지는 단위결합재량(kg/m^3)

환경구분 \\ 굵은 골재 최대 치수	20mm	25mm	40mm
물보라지역 및 해상 대기 중(노출등급 ES1, ES4)	340	330	300
해중(노출등급 ES3)	310	300	280

   3) 공기량 : 4 ~ 6%(허용오차는 ±1.5%)

3. 시공 시 품질관리방안
   1) 받아들이기 검사 철저하게 실시

2) 타설, 다지기, 양생 : 해양구조물은 시공이 불충분하거나 불량한 곳부터 구조물의 열화가
　　　　　　　　　　　진행되므로 균일한 콘크리트를 얻을 수 있도록 주의하여 시공

3) 시공이음
　(1) 최고조위로부터 0.6m 위로, 최저조위로부터 0.6m 아래 사이의 감조 부분의 시공이음
　　은 철저히 피함.
　(2) 간만의 차가 커서 부득이 시공이음을 두어야 하는 경우
　　　① 지수판 설치(수밀)　　　　　　　② 전단응력이 적은 곳에 설치

4) 치기
　(1) 연속타설　　　　　　　　　　　　(2) 콜드조인트 방지

5) 양생
　(1) 보통포틀랜드시멘트 : 타설 후 5일간 해수에 씻기지 않도록 함.
　(2) 고로시멘트 : 5일 이상 해수에 씻기지 않게 함.

4. 콘크리트 표면의 보호
　1) 사유 : 마모, 충격, 심한 기상작용을 받는 경우, 즉 물보라, 해상 대기 중(파랑, 조류)에
　　　　　서 반드시 표면보호를 시행하여야 함.
　2) 표면보호방법
　　(1) 고무방충재, 석재, 강재, 고분자재료 등으로 보강
　　(2) 철근의 덮개 증가 또는 단면 증가
　　(3) PS 강재의 정착부는 특별히 조치

Ⅵ 해양 콘크리트 구조물 프리캐스트 콘크리트 부재 설치 시 품질관리방안

1. 운반 예항대책
　1) 예항 시 해상조건 고려
　　(1) 시공기계 여유 확보　　　　　　　(2) 시공 시 안정성대책 검토
　2) 운반 예항 시 프리캐스트 부재의 응력변화상태 고려

2. 지반 정지, 보강, 연약지반처리
　1) 내하력 확보　　　2) 평탄성 확보　　　3) 토사치환 지반개량

3. 해상작업을 줄일 수 있는 공법 선정

Ⅶ 맺음말

해양 콘크리트는 염해에 의한 복합열화 등으로 콘크리트 구조물의 성능이 저하되기 쉬우므로
설계, 재료, 배합, 시공부터 성능 저하를 방지하기 위한 충분한 품질관리를 시행하여야 한다.

Section 30 하절기에 시공되는 콘크리트의 문제점과 품질관리방안

문제 분석	문제 성격	기본 이해	중요도	■■■□□□□□
	중요 Item	서중 콘크리트 적용범위, 발생할 수 있는 문제점, 대책		

Ⅰ 개 요

1. 하절기에 시공되는 서중 콘크리트는 높은 외부기온으로 콘크리트의 슬럼프 저하나 수분의 급격한 증발로 굳지 않은 콘크리트 및 굳은 콘크리트의 성능이 저하된다.
2. 서중 콘크리트의 품질을 관리하기 위해서는 타설 전 구조물조건, 기후조건 등을 고려하여 재료, 배합, 시공 시 온도 및 양생관리, 받아들이기 시험을 철저히 시행하여야 한다.

Ⅱ 서중 콘크리트의 적용범위 및 요구조건

1. 적용범위
   1) 하루평균기온이 25℃ 초과하는 시기에 시공하는 콘크리트
   2) 높은 외부기온으로 콘크리트의 슬럼프 저하나 수분의 급격한 증발 등의 염려가 있을 경우

2. 서중 콘크리트의 요구조건
   1) 굳지 않은 콘크리트
      (1) 작업에 적합한 워커빌리티　　　　　　(2) 재료분리 억제
   2) 굳은 콘크리트
      소요의 강도, 내구성, 수밀성 및 강재를 보호하는 성능 등을 가지며 균일하여야 함.

Ⅲ 서중 콘크리트 시공 시 콘크리트 온도 계산법

1. 목적 : 콘크리트를 구성하는 재료의 질량과 온도를 알고 있을 때 비빈 직후의 콘크리트 온도를 계산하기 위하여 적용

2. 계산식

$$T = \frac{0.2 T_c W_c + a_a T_a W_a + T_w W_w}{0.2 W_c + a_a W_a + W_w}$$

여기서, 0.2 : 고체재료(시멘트 및 골재)의 평균 비열
　　　　a_a : 함수상태 골재의 비열
　　　　W_c : 시멘트의 질량(kg), T_c : 시멘트의 온도(℃)
　　　　W_a : 골재의 질량(kg), T_a : 골재의 온도(℃)
　　　　W_w : 물의 질량(kg), T_w : 물의 온도(℃)

Ⅳ 하절기에 시공되는 서중 콘크리트의 문제점

1. 내적
   1) 콘크리트의 온도가 높아져 수화반응이 빨라지므로 이상응결 발생
   2) 워커빌리티(workability)가 감소되어 작업성 저하
   3) 운반 중의 슬럼프 저하, 연행공기량 감소
   4) 콜드조인트(cold joint) 발생

2. 외적
   표면수분의 급격한 증발에 의한 균열 발생

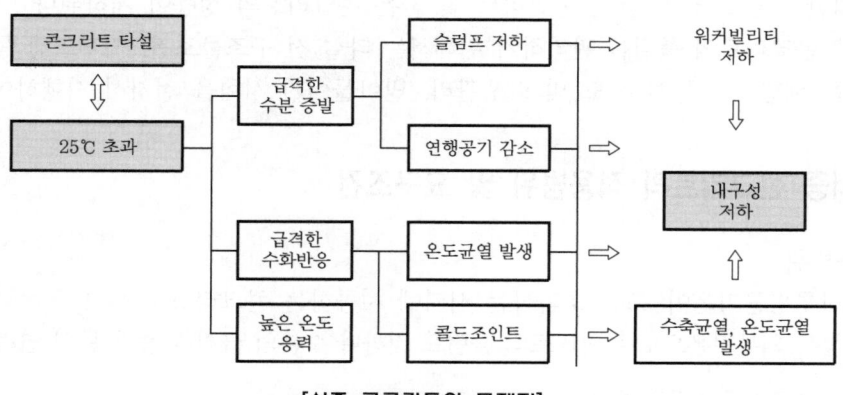

[서중 콘크리트의 문제점]

Ⅴ 서중 콘크리트의 품질관리방안

1. 골재 야적장관리
   1) 골재 야적장은 차광시설 및 스프링클러를 설치하여 골재의 온도 상승 방지
   2) 장시간 햇볕에 방치한 골재는 반드시 살수 등을 통해 골재온도를 저하시킨 후 사용

2. B/P 관리
   1) 시멘트 사일로는 단열시설(양생포)을 설치하여 살수를 주기적으로 실시하여 온도 상승 방지
   2) 물 및 혼화제 탱크는 지붕을 설치하여 단열처리

3. 재료관리방안
   1) 시멘트
      (1) 중용열포틀랜드시멘트 사용
      (2) 시멘트 저장 시 온도를 낮게 저장
      (3) 온도가 낮은 시멘트 사용
      (4) 시멘트 온도 ±8℃에 대하여 콘크리트 온도 ±1℃ 변화

2) 골재

(1) 적당한 입도를 가지며, 내구성이 큰 내마모성 골재

(2) 골재의 온도가 콘크리트의 온도에 미치는 영향이 큼.

(3) 골재 온도 ±2℃에 대하여 콘크리트 온도 ±1℃ 변화

(4) 직사광선을 피하고 굵은 골재에 살수하거나 얼음으로 온도를 낮추어 사용

3) 혼화재료

(1) 감수제, 공기연행감수제 사용 시 지연형 사용

(2) 지연형 고성능 감수제 사용

4) 물

(1) 물저장탱크, chilly plant 설치해서 냉각

(2) 수송관 : 태양광의 직사를 피하고, 도료를 칠해서 온도 상승 방지

(3) 얼음 사용 시 : 타설 전 녹았는지 확인

(4) 물 온도 ±4℃에 대하여 콘크리트 온도 ±1℃ 변화

4. 배합관리방안

1) 단위수량과 단위시멘트량이 많아지지 않도록 적절히 조치

2) 온도관리 : 레미콘 출하 시 30℃ 이하, 타설 시 35℃ 이하 관리

3) 시공 전 반드시 시험배합 실시

5. 시공 시 품질관리방안

1) 운반

(1) 슬럼프가 저하되지 않도록 1.5시간 이내로 빨리 운반

(2) 덤프트럭 사용 시 : 표면을 덮어서 태양광의 직사를 피함.

(3) 애지테이터는 양생포로 단열하고 지속적으로 살수를 하여 습윤상태 유지

2) 타설, 다지기

(1) 타설 전 : 지반과 거푸집은 살수냉각

(2) 거푸집, 철근은 직사광선이 닿지 않도록 덮개로 덮어서 보호

(3) 타설 시 온도 : 35℃ 이하

(4) 운반, 타설 시 시간이 걸릴 경우 응결지연제 사용

3) 양생

(1) 습윤양생 : 최소 24시간

(2) 최소 5일 이상 실시

6. 서중 콘크리트 시공관리기준

1) 콘크리트를 쳐 넣을 때의 콘크리트 온도는 35℃ 이하

2) 비빈 콘크리트는 90분 이내에 타설

3) 연속적으로 콘크리트 타설이 되도록 계획을 세워서 관리

Ⅵ 서중 콘크리트 받아들이기 시 품질기준

현장시험	규 격	시기 및 횟수	허용차
외관관찰 (굳지 않은 콘크리트의 상태)	워커빌리티가 좋고, 품질이 균질하며 안정할 것	콘크리트 타설 개시 및 타설 중 수시	−
슬럼프시험(mm)	25	최초 1회, 압축강도시험용 공시체 채취 시 및 타설 중 품질변화가 인정될 때	±10
슬럼프시험(mm)	50 ~ 65		±15
슬럼프시험(mm)	80 이상		±25
공기량시험(%)	고강도		3.5±1.5
공기량시험(%)	보통, 포장		4.5±1.5
공기량시험(%)	경량, 순환		5.5±1.5
온도	온도 측정		계획된 범위 이내
단위수량	KCI−RM101	필요시	정해진 조건에 적합할 것
염분(kg/m^3)	굳지 않은	바다 잔골재를 사용할 경우 2회/일, 그 외는 1회/주	0.3 이하
염분(kg/m^3)	책임기술자 승인		0.6 이하
염분(kg/m^3)	무근		−

Ⅶ 서중 콘크리트의 콜드조인트 발생 시 대책

1. 콜드조인트 발생 시 문제점
   1) 강도 저하   2) 내구성 저하
   3) 수밀성 저하   4) 철근 부식
   5) 균열 발생   6) 열화현상 촉진

2. 방지대책
   1) 지연형 유동화제 사용
   2) 타설간격이 장시간이 되지 않도록 해서 온도균열 방지
   3) 인원, 장비, 자재계획 수립
   4) 레미콘 조달계획, 운반시간, 배차간격 등 조정
   5) 비상시 강우대책을 수립해서 연속타설

3. 처리대책
   1) 경화 전 처리
      (1) 워터제트   (2) 에어제트   (3) 굵은 골재 노출
   2) 경화 후 처리
      (1) 치핑(chipping)   (2) 표면흡습   (3) 물로 씻어내고 타설

VIII 맺음말

1. 서중 콘크리트는 높은 외부기온으로 콘크리트의 슬럼프 저하나 수분의 급격한 증발로 콘크리트의 시공성 및 내구성에 많은 문제가 발생한다.
2. 이에 따라 서중 콘크리트의 품질관리를 위해서는 타설 전 구조물조건, 기후조건 등을 고려하여 재료, 배합, 시공 시 온도 및 양생관리를 철저히 하여 콘크리트의 슬럼프 저하나 수분의 급격한 증발이 발생하지 않도록 관리하여야 한다.

[서중 콘크리트 타설 후 살수양생 전경]

한중 콘크리트 적용범위 및 품질관리방안

문제 분석	문제 성격	기본 이해		중요도	■■■■□□
	중요 Item	한중 콘크리트 적용범위, 문제점, 온도관리대책			

I 개 요

1. 한중 콘크리트란 콘크리트 부어 넣기 후의 양생기간 중에 콘크리트가 동결될 염려가 있는 시기나 장소에서 시공하는 경우에 사용하는 콘크리트이다.
2. 한중 콘크리트의 품질관리를 위하여는 타설 전 구조물조건, 기후조건 등을 고려하여 재료, 배합, 시공 시 온도 및 양생관리 및 받아들이기 시험을 철저히 시행하여야 한다.

II 한중 콘크리트의 적용범위 및 요구조건

1. 적용범위
   1) 타설일의 일평균기온이 4℃ 이하
   2) 콘크리트 타설 완료 후 24시간 동안 일최저기온 0℃ 이하가 예상되는 조건
   3) 그 이후라도 초기동해위험이 있는 경우

2. 한중 콘크리트의 요구조건
   1) 굳지 않은 콘크리트
      (1) 작업의 용이함(workability)　　　(2) 재료분리 억제
   2) 굳은 콘크리트
      (1) 소요의 강도, 내구성, 수밀성 및 강재를 보호하는 성능 및 균질성
      (2) 초기동해 방지 및 동결융해작용에 대한 충분한 저항성

III 타설 후 콘크리트 온도 관계식

1. 목적 : 타설 후 콘크리트 온도를 추정하기 위하여 주위의 온도, 비볐을 때 콘크리트 온도, 타설 후 콘크리트 온도를 계산하기 위하여 적용

2. 계산식

$$T_2 = T_1 - 0.15(T_1 - T_0)t$$

여기서, T_0 : 주위의 온도(℃), T_1 : 비볐을 때의 콘크리트 온도(℃)
　　　　T_2 : 타설이 끝났을 때의 콘크리트 온도(℃), t : 비빈 후부터 타설이 끝났을 때까지의 시간(h)

Ⅳ 한중 콘크리트의 문제점

1. 내적
   1) 응결, 경화 지연
   2) 강도 증진이 느림.
   3) 동결온도 지속으로 인한 초기동해 발생
      (1) 초기동해 발생 시 콘크리트 압축강도 30% 저하
      (2) 수밀성, 내구성, 강재보호성능이 저하되어 열화 촉진

2. 외적 : 동결온도 지속

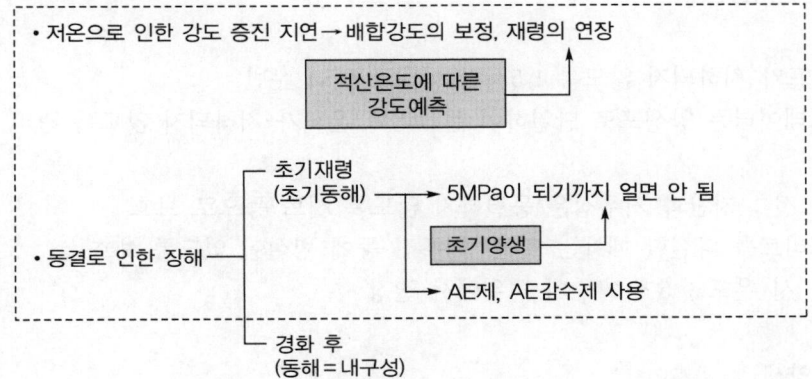

Ⅴ 한중 콘크리트의 품질관리방안

1. 재료관리방안
   1) 시멘트
      (1) 포틀랜드시멘트 사용을 원칙으로 함.
      (2) 재료를 가열할 경우 시멘트는 어떠한 경우라도 직접 가열할 수 없음.
   2) 골재
      (1) 적당한 입도를 가지며, 내구성이 큰 내마모성 골재
      (2) 골재의 온도가 콘크리트의 온도에 미치는 영향이 큼.
      (3) 골재의 저장
         ① 동결 빙설이 혼입되지 않게 시트로 피복해서 저장
         ② 냉각되지 않는 곳에, 골재규격별로 구분해서 저장
      (4) 골재가 동결되어 있거나 골재에 빙설이 혼입되어 있는 것은 사용 금지
   3) 혼화재료
      (1) 공기연행제, 공기연행감수제 사용 시 촉진형 사용
      (2) 필요시 조강제 사용

4) 물

    (1) 품질기준에 적합한 물 사용

    (2) 가열 시 온도는 시멘트가 급결하지 않을 정도의 온도로 정함.

2. 배합관리방안

  1) 단위수량과 단위시멘트량이 많아지지 않도록 적절한 조치

  2) 공기연행 콘크리트를 사용하는 것을 원칙으로 함.

  3) 물-결합재비는 원칙적으로 60% 이하

  4) 배합강도 및 물-결합재비는 적산온도방식에 의해 결정할 수 있음.

3. 시공 시 품질관리방안

  1) 운반

    (1) 슬럼프가 저하되지 않도록 1.5시간 이내로 빨리 운반

    (2) 애지테이터는 양생포로 단열하여 콘크리트 온도가 저하되지 않도록 관리

  2) 타설

    (1) 타설 전 : 지반과 거푸집은 동결하지 않도록 시트 등으로 보호

    (2) 콘크리트를 타설할 때에는 철근, 거푸집 등에 빙설이 없도록 보호

    (3) 타설 시 온도 : 5 ~ 20℃의 범위에서 결정

  3) 양생

    (1) 초기양생

      ① 콘크리트 타설이 종료된 후 초기동해를 받지 않도록 초기양생 실시

      ② 양생일수는 시험에 의해 정하는 것이 원칙

      ③ 5℃ 및 10℃에서 양생할 경우 다음 표와 같이 양생 시행

[한중 콘크리트 양생 종료 때의 압축강도 표준(MPa)]

구조물의 노출 단면(mm)	300 이하	300 초과 800 이하	800 초과
(1) 계속해서 또는 자주 물로 포화되는 부분	15	12	10
(2) 보통의 노출상태에 있고 (1)에 속하지 않는 부분	5	5	5

      ④ 구조체 관리용 시험체는 타설된 구조체와 동일한 조건으로 양생한 후 압축강도시험 실시

    (2) 보온양생

      ① 보온양생방법 : 급열양생, 단열양생, 피복양생

      ② 급열양생은 시험가열을 실시한 후 결정

      ③ 보온양생 또는 급열양생 후 콘크리트 온도의 급격한 저하 금지

      ④ 단열양생을 실시하는 경우 콘크리트가 계획된 양생온도를 유지하도록 관리하며 국부적으로 냉각되지 않도록 관리

⑤ 보온양생이 끝난 후에는 양생을 계속하여 관리재령에서 예상되는 하중에 필요한 강도를 얻을 수 있게 실시

[기온에 따른 콘크리트 보온방법]

단계별	외기온도(℃)	시공 부분	콘크리트 양생방법	비 고
1단계	4	상온 시공	• 상온타설 • 피복양생	• 경화열 이용
2단계	0~4	간단한 주의, 보온	• 상온타설 • 단열양생 • 급열양생 준비	• 간단한 보온장비 • 노출 콘크리트면 양생포, 가마니 덮기
3단계	-3~0	어느 정도 보온 물+골재 가열	• 급열양생	• 차단막 설치 • 급열장비 이동
4단계	-3 이하	본격적 한중	• 급열양생	• 콘크리트 내부온도 체크 후 시공

4. 거푸집 및 동바리
1) 거푸집은 보온성이 좋은 것을 사용
2) 지반의 동결융해에 의하여 변위를 일으키지 않도록 지반의 동결을 방지하는 공법으로 시공
3) 거푸집 제거는 기준에 맞추어 제거 시행

Ⅵ 한중 콘크리트의 받아들이기 시 품질기준

현장시험	규 격	시기 및 횟수	허용차
외관관찰(굳지 않은 콘크리트의 상태)	워커빌리티가 좋고, 품질이 균질하며 안정할 것	콘크리트 타설 개시 및 타설 중 수시	
슬럼프시험(mm)	25	최초 1회 시험 또는 압축강도시험용 공시체 채취 시 및 타설 중 품질변화가 인정될 때	±10
	50~65		±15
	80 이상		±25
공기량시험(%)	고강도		3.5±1.5
	보통, 포장		4.5±1.5
	경량		5.5±1.5
온도	외기온		일평균 4℃ 이하
	타설 때의 온도		5~20℃ 이내
	양생 중 콘크리트 온도		계획된 범위 이내
단위수량	KCI-RM101	필요시	정해진 조건에 적합할 것
염분(kg/m³)	굳지 않은	바다 잔골재를 사용할 경우 2회/일, 그 외 1회/주	0.3 이하
	구매자 승인		0.6 이하
	무근		-

Ⅶ 한중 콘크리트의 현장 품질관리방안

1. 양생을 끝낼 시기, 거푸집 및 동바리를 해체할 시기 결정방법
   1) 현장 콘크리트와 동일한 상태에서 양생한 공시체 강도시험(현장봉함양생)
   2) 콘크리트의 온도기록에 의한 적산온도로부터 추정한 강도

2. 물-결합재비를 적산온도방식에 의하여 정한 경우
   1) 사용한 콘크리트의 품질관리 또는 품질검사를 위한 압축강도시험의 재령
   2) 시험체의 양생은 20±2℃인 수중양생으로 시행

$$Z_{20} = \frac{M}{30} [\text{일}]$$

   여기서, Z_{20} : 압축강도시험을 할 재령(일)
   M : 배합을 정하기 위하여 사용한 적산온도의 값($^\circ$D · D)

Ⅷ 적산온도방식에 의한 배합강도 및 물-시멘트비 결정방법

1. 적산온도가 210°D · D 이상일 경우에 적용
2. 구조체 콘크리트의 강도관리 재령은 91일 이내에서, 또한 적산온도는 420°D · D 이하가 되는 재령으로 결정

3. 적산온도 산정방법

$$M = \sum_0^t (\Theta + A) \Delta t$$

   여기서, M : 적산온도[$^\circ$D · D(일), 또는 ℃ · D]
   Θ : Δt 시간 중의 콘크리트의 일평균양생온도(℃)
   A : 정수로서 일반적으로 10℃가 사용
   Δt : 시간(일)

4. 적산온도와 재령에 따른 배합강도 물-시멘트비 결정방법

$$x = \alpha x_{20} [\%]$$

   여기서, x : 적산온도가 M[$^\circ$D · D]일 때 배합강도를 얻기 위한 물-시멘트비
   α : 적산온도 M에 대한 물-시멘트비의 보정계정
   x_{20} : 콘크리트의 양생온도가 20±3℃일 때 재령 28일 배합

Ⅸ 맺음말

1. 한중 콘크리트는 동결기온이 지속되는 기후적 요인으로 인한 초기동해가 발생하고, 이로 인한 콘크리트 동결융해 등으로 인하여 콘크리트 내구성에 많은 문제가 발생된다.

2. 이에 따라 한중 콘크리트의 품질관리를 위하여는 타설 전 구조물조건, 기후조건 등을 고려하여 재료, 배합, 시공 시 온도 및 양생관리를 철저히 시행하여 콘크리트의 초기동해로 인한 내구성 저하가 발생되지 않도록 관리하여야 한다.

수중 콘크리트의 품질기준과 타설 시 유의사항

문제 분석	문제 성격	응용 이해	중요도	■■■□□□
	중요 Item	수중 콘크리트의 분류, 문제점, 품질검사항목		

I 개 요

1. 수중 콘크리트란 해양, 하천 등 수면하에 콘크리트를 타설하거나, 현장타설 콘크리트 말뚝 기초, 또는 지중연속벽을 타설할 경우 적용하는 콘크리트이다.
2. 수중 콘크리트의 품질관리방안은 재료, 배합, 시공 시 품질관리를 철저히 시행해야 하며, 타설 시 유의사항은 분류별로 타설 주의사항을 선정하여 관리하여야 한다.

II 수중 콘크리트 시공 시 문제점 및 분류

1. 수중 콘크리트 시공 시 문제점
   1) 철근과의 부착강도 저하
   2) 품질의 불균등화
   3) 품질 확인의 어려움
   4) 재료분리현상 발생
   5) 강도 저하

2. 수중 콘크리트의 분류
   1) 일반 수중 콘크리트
   2) 수중불분리성 콘크리트
   3) 현장타설말뚝 및 지하연속벽 콘크리트

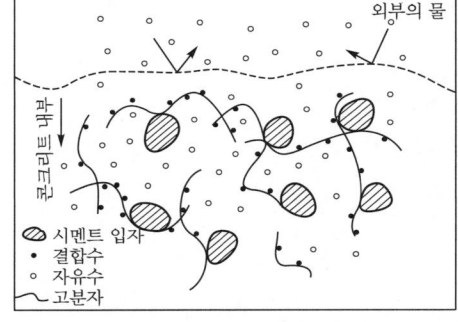

[수중불분리성 혼화제의 작용]

3. 수중 콘크리트와 수중불분리성 콘크리트의 차이점

항 목	일반 수중 콘크리트	수중불분리성 콘크리트
혼화제	감수제	수중불분리성 혼화제, 유동화제
타설장치	트레미, 펌프카	펌프카를 주로 사용
타설 시 유의점	수중에서 낙하 자제, 연속타설	낙하높이 50cm 이하 수중 유동거리 5.0m 이하
품질	재료분리가 큼	재료분리가 적음
수질오염	큼	작음
유동성/충전성	중간	양호

Ⅲ 수중 콘크리트의 품질기준

1. 일반 수중 콘크리트

1) 슬럼프기준

시공방법	슬럼프의 범위(mm)
트레미, 콘크리트 펌프	130~180
밑열림상자, 밑열림포대	100~150

2) 배합

(1) 물−시멘트비 50% 이하

(2) 단위시멘트량 370kg/m^3 이상

3) 혼화제 : 적합성을 확인하고 콘크리트의 배합, 타설방법 등을 검토 후 사용

2. 수중불분리성 콘크리트

1) 배합

(1) 내구성으로부터 정해진 콘크리트의 최대 물−시멘트비(%)

환 경　　콘크리트의 종류	무근콘크리트	철근콘크리트
담수 중, 해수 중	55	50

(2) 배합강도는 별도로 정하는 방법(수중불분리성 콘크리트의 압축강도시험용 수중 제작 공시체의 제작방법)에 의한 수중 제작 공시체의 압축강도를 기준으로 정함.

(3) 수중불분리성 콘크리트 코어의 재령 28일에 있어서 압축강도는 수중 제작 공시체의 동일 재령 압축강도와 동일한 또는 그 이상으로부터 콘크리트의 배합강도로 결정

2) 굵은 골재 최대 치수

(1) 콘크리트의 충전성을 좋게 하기 위하여 굵은 골재 최대 치수는 40mm 이하

(2) 부재 최소 치수의 1/5이 표준

(3) 철근 최소 간격의 1/2 이하

3. 현장타설말뚝 및 지하연속벽의 수중 콘크리트

1) 골재 최대 치수 : 철근 순간격의 1/2 이하, 25mm 이하

2) 슬럼프 : 150 ~ 210mm

3) 배합

(1) 물−시멘트비 55% 이하

(2) 단위시멘트량 350kg/m^3 이상

Ⅳ 수중 콘크리트의 타설방법(수중 콘크리트 공법) 및 품질관리방안

1. 목적 : 콘크리트의 재료분리 방지, 다짐 및 품질관리 향상

2. 수중 타설공법
   1) 트레미(tremie)에 의한 방법
      (1) 트레미는 수밀성을 가져야 함.
      (2) 트레미 안지름규격 : 굵은 골재 최대 치수의 8배 이상
      (3) 수중에서 콘크리트 유동거리가 멀어지면 품질이 저하됨.
      (4) 타설 중 수평이동 금지, 항상 콘크리트로 충만되어야 함.
   2) 콘크리트 펌프에 의한 방법
      (1) 펌프배관은 수밀성 유지
      (2) 배관 안지름은 10 ~ 15cm
      (3) 배관 1개당 5m^2 정도 타설 적당
      (4) 배관 선단부는 콘크리트 상면에서 30 ~ 50cm 아래로 유지
   3) 밑열림 상자 및 포대(부득이한 경우)
      (1) 콘크리트 타설면에서 쉽게 열릴 수 있는 구조
      (2) 콘크리트 타설 후 콘크리트가 작은 언덕 모양이 되어 그 사이 구석까지 콘크리트가 들어가지 않으므로 수심이 깊은 곳부터 타설
      (3) 소규모 공사에 사용
      (4) 시멘트가 물에 씻기는 것을 방지하기 위해 콘크리트 펌프나 트레미 사용

3. PAC(Preplaced Aggregate Concrete) 공법
   1) 일반 PAC
   2) 대규모 PAC : 시공속도 40 ~ 80m^3/h 또는 시공면적 50 ~ 250m^3 이상
   3) 고강도 PAC : f_{91} = 40 ~ 60MPa

Ⅴ 수중 콘크리트의 타설 시 유의사항

1. 일반 수중 콘크리트 타설
   1) 콘크리트는 정수중(靜水中)에서 쳐야 함(부득이한 경우 5cm/s 이하).
   2) 콘크리트는 수중에 낙하 금지
   3) 콘크리트는 그 면을 가능한 한 수평하게 유지하면서 연속해서 타설
   4) 콘크리트가 경화될 때까지 물의 유동 방지
   5) 한 구획의 콘크리트 타설을 완료한 후 레이턴스를 완전히 제거
   6) 콘크리트는 트레미나 콘크리트 펌프를 사용하는 것이 원칙
   7) 부득이한 경우에는 밑열림상자나 밑열림포대 사용 가능
   8) 트레미의 하단을 기타설된 콘크리트면보다 30 ~ 40cm 아래로 유지

9) 트레미 내경과 굵은 골재 최대치수와의 관계

수 심	내 경
3m 이내	25cm
3 ~ 5m	30cm
5m 이상	30 ~ 50cm

2. 수중불분리성 콘크리트
   1) 유속이 5cm/s 정도 이하의 정수 중에서 수중낙하높이 50cm 이하
   2) 펌프 또는 트레미 사용을 원칙으로 함.
   3) 펌프의 압송압력은 보통 콘크리트의 2 ~ 3배, 타설속도는 1/2 ~ 1/3 유지
   4) 트레미 및 펌프배관의 수중유동거리는 5m 이하

3. 현장타설말뚝 및 지하연속벽 수중 콘크리트 타설
   1) 철근의 덮개는 충분히 유지
   2) 철근망태의 보관, 운반, 제자리 놓기 등을 할 때 견고하게 설치
   3) 철근망태는 굴착이 끝나는 즉시 제자리 놓기를 하며 그 위치와 연직도 유지
   4) 콘크리트는 설계면보다 50cm 이상의 높이까지 치고 경화한 후 제거

Ⅵ 수중 콘크리트의 품질검사방안

구 분		일반 수중 콘크리트	수중불분리성 콘크리트	현타 및 지하연속벽 콘크리트
배합		압축강도시험	수중 제작 공시체 압축강도시험	압축강도시험
			굵은 골재 최대 치수 (배합시험)	굵은 골재 최대 치수 (배합시험)
수중분리 저항성		물−결합재비 확인 (배합시험)	수중분리도시험	물−결합재비 확인 (배합시험)
		단위시멘트 확인 (배합시험)	수중 · 기중 강도비시험	단위시멘트 확인 (배합시험)
유동성		슬럼프시험	슬럼프플로시험	슬럼프시험 또는 슬럼프플로시험

Ⅶ 맺음말

1. 수중 콘크리트 품질의 균일성, 이음의 신뢰성, 철근과의 부착성을 확보해야 하므로 고도의 품질관리가 요구된다.
2. 프리팩트 콘크리트나 해양의 수중 콘크리트는 프리팩트 콘크리트나 해양 콘크리트의 시방 기준에 따라 관리하여야 한다.

문제 분석	문제 성격	응용 이해		중요도	■■■□□
	중요 Item	수중불분리성 혼화제 종류, 품질시험방법, 품질관리			

I 개 요

1. 수중불분리성 콘크리트는 물밑에 콘크리트 타설 시 혼화제를 첨가하여 수중불분리성을 향상시킨 것이다.
2. 수중불분리성 혼화제의 효과에 의해 수중불분리성을 증대시킨 수중불분리성 콘크리트는 무근콘크리트 및 철근콘크리트에 사용되며, 적절한 재료, 배합 및 좋은 시공을 하게 되면 양질의 수중 콘크리트를 얻을 수 있다.

II 수중불분리성 콘크리트의 문제점 및 구비조건

1. 수중 콘크리트의 문제점
   1) 품질관리 난이
   2) 재료분리
   3) 다짐 곤란
   4) 강도 저하
2. 수중불분리성 콘크리트의 구비조건
   1) 타설 시 : 수중불분리성
   2) 경화 전 : 충분한 유동성
   3) 경화 후 : 소정의 강도 및 유동성

III 수중불분리성 콘크리트에 사용되는 혼화제

1. 종류
   1) 경화촉진제
   2) 수중불분리성 혼화제
      (1) 구성
         ① 증점제 : 외부의 물이 콘크리트 내부로 침투하는 것을 최대한 억제
         ② 고성능 유동화제 : 콘크리트의 점성이 증가함에 따른 작업성 보완
      (2) 종류 : 셀룰로오스계, 아크릴계
   3) 소포제 : 큰 기포 발생 방지
2. 분리저감제의 효과
   1) 수중에서의 재료분리 저감
   2) 블리딩 억제
   3) 우수한 유동성(self-levelling)

Ⅳ 분리저감제를 첨가한 콘크리트의 성질

1. 굳지 않은 콘크리트
   1) 수중에서의 분리저항성 우수
   2) 유동성이 우수하여 작은 간극과 촘촘한 배근부의 충전성 우수
   3) 보수성이 높아서 블리딩(bleeding)이 거의 발생하지 않음.
   4) 펌프압송성 우수

2. 굳은 콘크리트(역학적 특성)
   1) 압축강도
      (1) 공기 중에서 제작한 공시체의 경우
         분리저감제의 첨가량이 증가할 때 압축강도는 약간 저하
      (2) 수중에서 제작한 공시체의 경우
         첨가량에 따라 공기 중에서 제작한 공시체의 압축강도에 근접
   2) 휨강도, 인장강도 : 압축강도에 대한 비율은 일반 콘크리트와 거의 동등
   3) 부착강도 : 일반 콘크리트에 비하여 레이턴스와 재료분리가 적어 우수
   4) 동결융해저항성 : 일반 콘크리트에 비해 다소 떨어짐.

Ⅴ 수중불분리성 콘크리트 배합 및 비비기 시 품질관리방안

1. 배합
   1) 고려사항
      (1) 수중 유동거리 및 낙하높이
      (2) 수중오염 방지의 정도
   2) 배합원칙
      (1) 내구성으로부터 정해진 콘크리트의 최대 물-결합재비(%)

콘크리트의 종류 환 경	무근콘크리트	철근콘크리트
담수 중, 해수 중	55	50

   (2) 배합강도는 별도로 정하는 방법(수중불분리성 콘크리트의 압축강도시험용 수중 제작 공시체의 제작방법)에 의한 수중 제작 공시체의 압축강도를 기준으로 정함.

$$수중 \ 콘크리트 \ 배합강도 = \frac{기중 \ 제작 \ 콘크리트 \ 배합강도}{수중/기중 \ 강도비}$$

(3) 공기량

    ① 과대한 경우 강도 저하 및 콘크리트 유동 시 기포 발생으로 수질오염, 품질변동의 원인이 됨.

    ② 공기량은 4% 이하를 표준

(4) 슬럼프플로 : 450 ~ 550mm(일반적인 경우)

(5) 굵은 골재 최대 치수

    ① 최대 치수 40mm 이하 : 콘크리트 충전성 확보 목적

    ② 부재 최소 치수의 1/5을 표준

    ③ 철근 최소 간격의 1/2 이하

    ④ 일반적으로 19mm, 25mm 사용

2. 비비기

1) 점조성이 크므로 강제식 믹서 사용

2) 1회 비비기양은 믹서의 공칭용량의 80% 이하

3) 비비기 시간 90 ~ 180초

4) 플랜트에서 물 투입 전 건식으로 20 ~ 30초 비빈 후 전체 비빔.

Ⅵ 수중불분리성 콘크리트 타설 시 품질관리방안

1. 콘크리트 타설 시 검사항목

종 류	항 목	시험검사방법	시기 · 횟수	판단기준
타설	물의 유속	시공계획서에 의함.	타설 중 적절한 시기	50mm/s 이하
	수중낙하높이			0.5m 이하
	수중유동거리			5m 이하

1) 유속이 50mm/s인 정수 중에서 수중낙하높이 0.5m 이하

2) 트레미 또는 콘크리트 펌프 사용

3) 압송압력 : 보통 콘크리트의 2 ~ 3배

4) 타설속도 : 보통 콘크리트의 1/2 ~ 1/3

5) 트레미 및 펌프배관의 수중유동거리는 5m 이하

2. 콘크리트 표면의 보호

1) 유수, 파도 등에 씻겨 내려 표면이 세굴되지 않도록 함.

2) 표면보호

    (1) 시트 이용

    (2) 거푸집 설치

VII 수중불분리성 콘크리트 품질검사방안

1. 품질기준

구 분	항 목	기 준
배합	수중 제작 공시체 압축강도시험	설계기준강도 이상
	굵은 골재 최대 치수 (배합시험)	굵은 골재 최대 치수기준 이내
수중분리 저항성	수중분리시험	• 규정값 이내 • 규정값이 없는 경우 – 현탁물질량 : 50mg/L – pH : 12 이하
	수중·기중 강도비시험	• 일반적인 경우 : 0.7 이상 • 철근콘크리트의 경우 : 0.8 이상
유동성	슬럼프플로시험	규정치±30mm

2. 수중·기중 강도비

1) 정의

공기 중에서 제작한 공시체의 압축강도와 수중에서 제작한 공시체의 압축강도비

2) 기준

(1) 저항성이 높은 경우(철근콘크리트) : 0.8 이상

(2) 일반적인 경우 : 0.7 이상

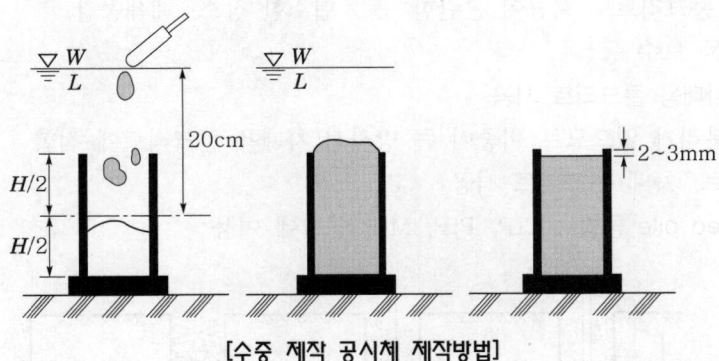

[수중 제작 공시체 제작방법]

VIII 맺음말

1. 수중불분리성 콘크리트는 수중에서 타설되는 콘크리트로서 품질의 균일성, 철근과의 부착성을 확보해야 하므로 고도의 품질관리가 요구된다.

2. 콘크리트의 공기량이 과다한 경우에는 압축강도 저하, 콘크리트 유동 중 기포가 확산되어 수질오탁 및 품질변동 등의 요인이 되므로 공기량관리에 만전을 기하여야 한다.

프리플레이스트 콘크리트(PAC)의 종류 및 관리방안

문제 분석	문제 성격	응용 이해	중요도	■■■□□□□
	중요 Item	일반 PAC, 대규모 PAC, 고강도 PAC, intrusion aid		

Ⅰ 개 요

1. 프리플레이스트 콘크리트(PAC, Preplaced Aggregate Concrete)란 굵은 골재를 거푸집 속에 미리 채워 넣고 그 공극 속에 특수한 모르타르를 주입하여 만든 콘크리트이다.
2. 타설방법에 따라 일반 PAC, 고강도 PAC, 대규모 PAC로 구분하여 품질관리를 시행하여야 한다.

Ⅱ 프리플레이스트 콘크리트의 용도

1. 수중 콘크리트 시공 : 재료분리가 적고 타설관리가 용이함.
2. 매스 콘크리트 시공
   1) 경화 후 수축이 적음.
   2) 굵은 골재 사용에 유리 : 조골재 용적 60%, 모르타르 40%
3. 특수 조건하에 시공
   1) 보통 콘크리트로 시공이 곤란한 곳 : 협소한 장소, 폐쇄공간
   2) 구조물 보수 등
4. 방사선 차폐용 콘크리트 시공
   1) 재료분리가 없으므로 비중이 큰 방사선 차폐용 콘크리트에 적합
   2) 원자로, 차폐 콘크리트 시공
5. prepacked pile 공법 : CIP, PIP, MIP 공법에 이용

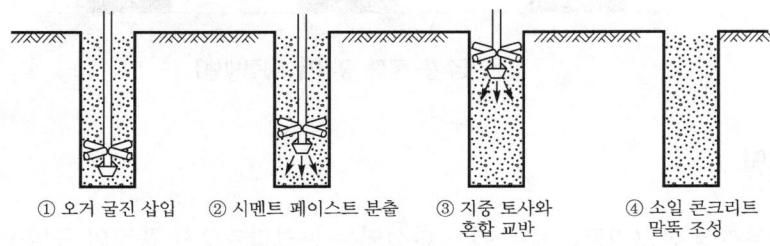

① 오거 굴진 삽입   ② 시멘트 페이스트 분출   ③ 지중 토사와 혼합 교반   ④ 소일 콘크리트 말뚝 조성

[MIP 단계별 시공순서]

Ⅲ 프리플레이스트 콘크리트의 분류

1. 일반 프리플레이스트 콘크리트 : 압축강도 30MPa 이하
2. 대규모 프리플레이스트 콘크리트
   1) 시공속도 40 ~ 80m^3/h　　　　 2) 한 구획의 시공면적 50 ~ 250m^2 이상
3. 고강도 프리플레이스트 콘크리트 : 재령 91일에서 압축강도 40MPa 이상

Ⅳ 프리플레이스트 콘크리트의 특징

1. 부착성능 : 인트루전 에이드(intrusion aid)의 특수 혼화제 사용으로 조골재 및 철근과의 모르타르 부착성능 향상
2. 시공이음 : 거푸집 내 조골재 충전 후 그라우팅(grouting)을 연속하여 실시하므로 시공이음이 없는 대형 구조물 시공 가능
3. 건조수축 : 조골재를 먼저 충전한 후 모르타르를 주입하여 침하량이 적고 건조수축이 일반 콘크리트에 비해 1/2 정도로 감소됨.
4. 강도 : 혼화제를 사용할 때 장기강도 40 ~ 60MPa 이상
5. 내구성 및 수밀성이 뛰어남.
6. 공정이 간단하여 작업 용이
7. 품질확인 곤란 : 모르타르 주입으로 콘크리트가 형성되므로 직접 품질확인이 곤란함.

Ⅴ 프리플레이스트 콘크리트의 재료관리방안

1. 시멘트
   1) 보통포틀랜드와 플라이애시시멘트
   2) 플라이애시시멘트
   3) 고로슬래그시멘트
2. 혼화제
   1) 유동성, 보수성, 지연성 및 팽창성 증대를 위해 사용
   2) 감수제, 보수제, 발포제, 재료분리 방지제, 지연제 등 사용
3. 골재
   1) 잔골재의 조립률은 1.4 ~ 2.2 범위(입경은 2.5mm 이하)
   2) 굵은 골재는 공극률을 크게 하고, 잔골재는 공극률을 작게 함.

Ⅵ 인트루전 에이드(intrusion aid, 침투제)

1. 정의 : 수밀성 물질을 주성분으로 하며, 모르타르, 플라이애시, AL 분말 등을 적당히 혼합하여 인트루전 에이드 모르타르를 만듦.

2. 특징

   1) 조골재 사이에서 완전한 부착 유도

   2) 모르타르 성분의 현탁성을 높임.

   3) 모르타르의 조기강도 억제, 펌프 주입을 용이하게 함.

   4) 물과 친화성이 거의 없음.

3. 용도 : 프리팩트 콘크리트 공사, 주열식 흙막이공법, 수중 콘크리트 공사 시 혼화제

4. 배합

   1) 보통 콘크리트의 W/C비보다 작게 사용

   2) 유동성을 좋게 하기 위해 플라이애시 사용

   3) 블리딩이 적어야 함(3% 이내).

   4) 굵은 골재의 최대 치수는 가능한 한 작은 것을 사용하여 재료분리 방지

Ⅶ 프리플레이스트 콘크리트의 시공관리

1. 시공순서

   거푸집 → 철근 배근 → 주입관, 검사관 설치 → 굵은 골재 충전 → 모르타르 주입 → 탈형

2. 거푸집 조립

   1) 틈새 누수 방지   2) 측압에 견디도록 견고하게 설치

3. 주입관, 검사관 설치

   1) 주입관

      (1) $\phi25 \sim 65$mm의 강관   (2) 연직주입관 수평간격 2m 정도

      (3) 수평주입관 수평간격 2m, 연직간격 1.5m

   2) 검사관

      (1) $\phi38 \sim 65$mm의 강관

      (2) 배치는 주요 구조물일 경우 주입관과 동일 수량 배치

      (3) 주입 모르타르 상승높이 측정법

         ① 삽입부자, 추붙임실   ② 초음파나 전기적인 방법

4. 굵은 골재 채움

   1) 충전 후 모르타르 신속 주입

   2) 입도분포가 고르게 주입하여 균등하게 채움

   3) 골재의 충격 방지를 위해 낙하고를 낮춤

5. 모르타르 주입

   1) 비비기는 믹서로 1분 이내

   2) 모르타르면의 상승속도는 0.3 ~ 2.0m/h 정도

Ⅷ 프리플레이스트 콘크리트의 품질관리항목

1. 주입모르타르 : 반죽질기, 블리딩률, 팽창률, 압축강도
2. 재료 : 잔골재입도, 골재 표면수, 시멘트 종류 및 혼화제량
3. 주입 시 : 주입압, 주입량, 주입높이 등
4. 콘크리트 : 압축강도(91일 강도)

Ⅸ 대규모 프리플레이스트 콘크리트의 관리방안

1. 개요
   1) 시공속도가 $40 \sim 80\text{m}^3/\text{h}$ 이상 또는 1구획 시공면적이 $50 \sim 250\text{m}^2$ 이상의 대규모 프리 팩트 콘크리트를 대상으로 함.
   2) 주입모르타르 제조설비의 용량이나 주입관의 수량이 커서 일반적인 프리팩트 콘크리트를 적용할 수 없는 경우 적용

2. 특징
   1) 시공속도가 $40\text{m}^3/\text{h}$로 빠름.
   2) 1구획 시공면적이 50m^2 이상으로 큼.
   3) 굵은 골재 최소 치수는 40mm 이상(가능한 클수록 좋음)

3. 주입모르타르의 배합
   1) 주입관 1개당 주입면적이 커야 함.
   2) 모르타르의 유동성 유지시간은 8 ~ 16시간
   3) 재료분리 방지목적으로 부배합 실시

4. 시공
   1) 설치 용이
   2) 끌어올리기, 분리하기 쉬운 구조
   3) 연속주입이 원칙이며, 모르타르면의 상승속도는 0.3m/h 이상이 되도록 함.
   4) 주입관
      (1) ϕ20cm 강관, 길이는 3m 정도
      (2) 유출이 자유로운 구조

Ⅹ 고강도 프리플레이스트 콘크리트의 관리방안

1. 개요
   1) 고성능 감수제에 의하여 주입모르타르의 물 - 시멘트비가 40% 이하, 91일 압축강도가 40MPa 이상인 콘크리트

2) 고강도가 필요하므로 물-시멘트비가 작고, 고성능 감수제를 혼입한 주입모르타르를 사용

2. 특징

1) 물-시멘트비는 40% 이하로서 가능한 작게 산정
2) 강도는 재령 91일, 압축강도 40MPa 이상
3) 골재공극 채움이 용이하고, 물-시멘트비 저감목적으로 고성능 감수제 사용

3. 주입모르타르의 배합

1) 유동성 시험 시 유하시간 25~50초
2) 묽은 비빔은 유하시간 25초 이하(재료분리 가능)
3) 유하시간 50초 이상은 된비빔으로 주입성 저하
4) 팽창률은 시험 후 3시간에서 2~5%
5) 블리딩률은 시험 후 3시간에서 1% 이하
6) 잔골재의 조립률은 1.8~2.2 범위가 좋음(단위시멘트량 저감목적)

4. 시공

1) 고성능 모르타르믹서 사용(보통 믹서의 1.5배 성능)
2) 고점성의 모르타르 압송목적으로 고성능 모르타르펌프 사용
3) 압송압력은 보통 모르타르 압송의 2~3배 정도로서 스퀴즈식 펌프 사용

XI 프리플레이스트 콘크리트의 문제점 및 대책

1. 문제점

1) 재료분리
2) 거푸집 측압이 큼.
3) 주입모르타르 누수 우려

2. 대책

1) 모르타르 누수 방지방안 연구
2) 연속타설로 재료분리 방지
3) 거푸집 강성이 큰 재료 사용

XII 맺음말

1. 프리팩트 콘크리트(prepacked concrete)는 재료분리나 수축이 적고 먼저 시공된 콘크리트와의 접착력도 좋아 수리, 개조 및 수중콘크리트에 유리하다.
2. 시공 시 측압이 크므로 주입압, 주입 상승속도를 준수하고 거푸집의 강성을 증대시켜야 하며 혼화제를 사용하여 유동성을 확보해야 한다.

특수 기능성 콘크리트의 종류 및 특징

문제 분석	문제 성격	응용 이해	중요도	■■■□□□□
	중요 Item	스마트 콘크리트, 초고성능 콘크리트, 효과		

I 개 요

1. 특수 기능성 콘크리트는 일반 콘크리트의 구조적 성능보다는 기능성에 초점이 맞추어져 있는 콘크리트이다.
2. 특수 기능성 콘크리트의 종류에는 투수 콘크리트, 칼라 콘크리트, 에코 콘크리트, 반투명 콘크리트, 질소산화물 흡수 콘크리트 및 스마트 콘크리트 등이 있다.

II 특수 기능성 콘크리트의 종류 및 특징

1. 초고성능 콘크리트(ultra-high performance concrete)
   1) 정의 : 압축강도가 100MPa 이상이며, 유동성이 높아 작업성이 우수하고 내구수명을 200년 정도 확보할 수 있는 콘크리트
   2) 자기 충전형 콘크리트 : 플로값이 200mm 이상으로서 타설하면 다짐 없이 저절로 거푸집을 채울 수 있는 콘크리트

2. 초경량 콘크리트
   1) 정의 : 콘크리트에 사용되는 골재를 경량화하거나 균등한 공극을 분포시켜 콘크리트의 밀도를 낮추어 단위용적중량을 낮춘 콘크리트
   2) 효과 : 콘크리트의 경량화를 통하여 구조물의 자중을 감소시키고, 이를 이용하여 구조물을 장대화 및 대공간화
   3) 경량화하는 방법
      (1) 기포를 도입하는 방법
      (2) 경량골재를 사용하는 방법

3. 투수 콘크리트
   1) 정의 : 연속된 공극을 많이 포함하여 물과 공기가 자유롭게 통과할 수 있도록 연속 공극을 균일하게 형성시킨 다공질의 콘크리트
   2) 효과
      (1) 투수기능을 활용하여 강우 시 도로에서의 유출량 감소
      (2) 홍수량을 감소시키거나 도로 주변의 수목에 대한 물 공급 가능

3) 투수 콘크리트의 종류

    (1) 무세골재 콘크리트(no-fine concrete)

    (2) 포러스 콘크리트(porous concrete)

4. 에코 시멘트

1) 에코 시멘트는 폐기물로 배출되는 도시 쓰레기인 소각회나 각종 오니에 시멘트원료성분이 포함되어 있는 점에 착안하여 이들을 결합재 원료로 사용하는 자원순환형 시멘트

2) 제품 1톤당 소각회나 하수오니 등 폐기물을 500kg 이상 사용하여 만들어지는 시멘트

5. 식생 콘크리트

1) 정의 : 다공질 콘크리트는 연속 공극과 독립 공극의 2가지 공극구조가 20 ~ 35% 정도 함유되어 있는 콘크리트

2) 효과

    (1) 수질 정화, 생물의 서식과 식재 가능

    (2) 환경에 미치는 영향을 완화 및 수자원의 제어

    (3) 주거공간의 환경을 개선하는 콘크리트 표면녹화(녹화 콘크리트)

6. 반투명 콘크리트

1) 정의 : 시멘트와 모래에 광섬유(fiberoptic)를 같이 배합하여 콘크리트의 성질이 있으면서 빛이 투과하는 콘크리트

2) 효과

    (1) 보는 사람에게 안정적이고 부드러운 느낌을 줄 수 있음.

    (2) 포장재, 환경미화, 주택미화에 활용

7. 컬러 콘크리트

1) 정의 : 백색 포틀랜드시멘트나 기타 시멘트에 안료를 첨가하여 제작하는 콘크리트

2) 효과

    (1) 보는 사람에게 안정적이고 부드러운 느낌을 줄 수 있음.

    (2) 포장재, 환경미화, 주택미화에 활용

3) 컬러시멘트 제조방법

    (1) 착색 클링커의 소성

    (2) 백색 클링커와 그 외 포틀랜드시멘트의 클링커 분쇄 시 안료 첨가

    (3) 백색 시멘트나 그 밖의 포틀랜드시멘트에 안료 혼합

8. 질소산화물 흡수 콘크리트

1) 정의 : 광촉매기능을 가진 모르타르나 페이스트를 혼합한 콘크리트로, 산성비가 콘크리트 내의 알칼리에 의해 초산염으로 변하고 블록 내로 침투되어 정화되는 콘크리트

2) 효과

    (1) 쾌적하고 편리한 환경을 구축할 수 있는 건축구조물 건설

9. 인텔리전트 또는 스마트 콘크리트

　1) 정의 : 물성을 스스로 회복할 수 있는 콘크리트

　2) 효과

　　(1) 콘크리트의 강도 증진

　　(2) 손상된 콘크리트의 자기 치유에 의한 내구성 증진

　3) 스마트 콘크리트의 강도 회복 메커니즘

　　(1) 콘크리트 내에 유동성 메틸메타크릴레이트가 들어간 중공 다공질 폴리프로필렌섬유를 미리 혼합

　　(2) 낮은 열을 주면 코팅된 섬유가 녹고 안에 있던 유동성 메틸메타크릴레이트가 콘크리트 내로 방출

　　(3) 열을 더욱 가하면 메틸메타크릴레이트가 폴리머화하고 콘크리트 내부의 공극을 충전하여 강도가 회복됨.

10. 항균 콘크리트

　1) 정의 : 인체에 해를 끼칠 수 있는 미생물을 콘크리트가 포집하여 살균한 후 미생물의 번식을 막거나 콘크리트를 산화시키는 미생물작용에 강한 콘크리트

　2) 효과

　　(1) 쾌적한 환경, 거주자의 안전, 건강과 정서 등 제공

　　(2) 거주자의 쾌적한 주거환경 확보 가능

Ⅲ 맺음말

1. 콘크리트는 시멘트를 생산하는 데 다량의 에너지를 사용하며, 양질의 골재가 고갈됨에 따라 여러 가지 문제점이 발생되고 있다.

2. 따라서 고강도, 고내구성, 고유동의 기능을 지닌 고성능 콘크리트 기술 개발 및 자연순환, 생태계 및 경관을 배려하는 기능이 있는 특수 기능성 콘크리트의 개발과 적용이 시급하다.

자기응력 콘크리트의 특징

문제 분석	문제 성격	응용 이해	중요도	■■■□□□
	중요 Item	자기응력시멘트, 자기응력 콘크리트의 메커니즘, 효과		

I 개 요

1. 자기응력 콘크리트(self stressed con'c)는 스스로 신장되는 거대한 화학에너지를 보유하고 있으며, 이 에너지를 이용하여 경화 시 철근콘크리트 구조물의 물성을 악화시키지 않고 강력하게 팽창시켜 구조물의 내구성을 증진시켜주는 콘크리트이다.
2. 건조수축에 의해 균열이 감소함과 동시에 장기강도 향상 및 구체방수효과, 팽창압력에 의해 내부철근이 긴장되며, 이로 인해 콘크리트에 압축응력이 도입되는 케미컬 프리스트레스트(chemical prestressed) 효과가 있다.

II 자기응력시멘트의 종류

1. 비가열시멘트(NASC, Non Autoclave Stressed Cement) : 상온에서 주로 거푸집으로 된 단단한 철근콘크리트에서 경화되는 자기응력 철근콘크리트 구조물과 건축물의 콘크리트와 일체화를 위한 자기응력시멘트
2. 가열시멘트(ASC, Autoclave Stressed Cement) : 열가습가공으로 제조 시 처해 있는 조립식 자기응력 철근콘크리트 제품을 일체화하기 위한 자기응력시멘트
3. 자기응력시멘트의 기능 및 용도

기 능	용 도
급경성	긴급공사, 지반개량 등
고강도성	고강도 콘크리트 제품, 내마모 라이닝 등
팽창성	수축보상 콘크리트, 케미컬 프리스트레스 콘크리트 등

III 자기응력 콘크리트의 용도

1. 일반 철근콘크리트, 고층빌딩이나 아파트 건축
2. 지하철도터널을 포함한 지하공사
3. 물과 석유제품을 위한 탱크와 같은 여러 가지 용도의 탱크
4. 스포츠시설을 포함한 지붕의 덮개, 인공스케이트코스와 빙판의 토대
5. 도로와 비행장의 포장
6. 철근콘크리트 선박 제작

Ⅳ 자기응력시멘트의 기능

1. 수축저감 및 체적팽창
1) 시멘트 경화과정에서 에트린자이트(ettringite) 형성으로 구조물의 공극 감소
2) 건조수축 방지
3) 체적을 팽창시켜 균열을 방지하고 수밀성을 높여 방수효과 증진

2. 자기응력 및 강도 증대
1) 체적이 팽창하여 팽창압에 의해 콘크리트 보강재가 긴장됨.
2) 그 반력으로 콘크리트에 압축응력 발현
3) 따라서 압축강도 및 휨강도, 인장강도 증가

3. 수화열 억제
1) 수화열 억제기능
2) 온도 상승 억제

4. 내구성
1) 수밀성이 높아 수분, 화학물질, 기타 액체의 침투 방지
2) 내부식성, 내마모성이 높음.
3) 동결 및 융해에 따른 구조물의 파괴, 부식을 막아주어 내구성을 향상시킴.

5. 작업성(점성과 유동성)
1) 점성과 유동성을 동시에 겸비한 특수 혼화재 첨가
2) 고층에 모르타르 타설 시 재료분리현상 방지
3) 펌핑작업 시 마찰력 최소화
4) 물을 적게 사용해도 유동성 및 작업성 상승

6. 경제성
1) 자기응력 혼화재는 시멘트중량비 5 ~ 15%를 치환하여 사용
2) 가격적인 면과 시멘트량을 줄일 수 있어 경제적임.

Ⅴ 자기응력 콘크리트의 특성

1. 자기응력 콘크리트의 신장력 발생 메커니즘

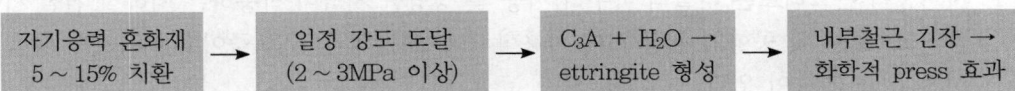

기존 포틀랜드시멘트에 적당량을 혼합하면 경화과정에서 미세한 침상결정의 에트린자이트($C_6AS_3H_{32}$)가 시멘트 경화 후 3일부터 20일간 형성되어 경화체의 구조를 치밀하게 해주고, 건조수축을 없애줌.

2. 효과
   1) 공극 및 균열 감소 : 수밀성 증대
   2) 자기응력 및 강도 증대 : 콘크리트 보강재 긴장으로 압축 · 인장 · 휨강도 증대
   3) 수화열 억제 : 중용열시멘트와 유사한 수화반응으로 온도 상승 억제
   4) 내구성 향상 : 내부식성, 내마모성, 동결융해저항성 향상
   5) 작업성 향상 : 유동성 향상 및 재료분리 저감
   6) 경제성 및 친환경성 우수

3. 구조적 특성(일반 콘크리트와의 차이점)
   1) 인장강도 15 ~ 40% 향상
   2) 수축률 1/2 정도로 감소
   3) 용액 및 가스에 대한 침투저항성 우수

Ⅵ 자기응력 콘크리트의 적용대상

1. 콘크리트 옥상 슬래브 : 근본적인 균열이 방지되며, 종래의 추가적인 방수 시공은 필요하지 않음.

2. 기초슬래브 콘크리트(공장, 빌딩 주차장 등)
   1) 넓은 범위의 콘크리트를 타설하는 것 가능
   2) 줄눈 없이 타설작업 가능
   3) 공사비의 절감 및 공기단축에 매우 효과적

3. 도로포장
   1) 타설 직후 표면에 발생하는 균열과 건조수축에 의한 균열 방지
   2) 공사비와 작업시간이 줄어들고 기계에 의한 효율화 가능
   3) 유지비, 보수비가 절약되며, 주행감이 좋은 쾌적한 도로 건설 가능

4. 숏크리트
   1) 건조수축량을 절반으로 감소시킴.
   2) 균열 발생 가능성을 줄일 수 있는 콘크리트의 제작 가능

Ⅶ 맺음말

1. 자기응력 콘크리트는 터널의 마무리 시공 및 상당한 지압이 작용하는 지하철 건설 시에 유용하고, 도로 및 공항의 포장 시에 사용할 경우 포장의 균열을 줄이고 이음새의 양을 감소시켜 주는 기능이 있다.
2. 특정 용도에 사용할 수 있음에도 불구하고, 그 작업기술은 일반적인 콘크리트 작업기술과 특별히 다르지 않아 품질관리를 철저히 시행하여 내구성이 높은 콘크리트로 관리하여야 한다.

특수 콘크리트(고강도, 수중, 포장, 숏크리트)의 품질관리방안

문제 분석	문제 성격	기본 이해		중요도	■■■□□□□□
	중요 Item	콘크리트의 종류, 시험방법, 종류별 특징, 문제점			

Ⅰ 개 요

1. 시멘트 콘크리트는 사용목적이나 주위 환경에 따라 적절한 콘크리트를 선정하여 사용하여 야 한다.

2. 고강도 콘크리트, 수중 콘크리트, 포장 콘크리트, 숏크리트는 사용 전 재료, 배합, 시공에 대한 철저한 품질관리방안을 수립하여 효율적으로 콘크리트를 타설할 수 있도록 하여야 한다.

Ⅱ 콘크리트의 품질관리방안

1. 일반 콘크리트(1 ~ 3종, 5종 콘크리트)
   1) 펌프카 사용을 고려하여 현장여건에 맞는 배합 선정 필요
   2) 터널 라이닝 콘크리트는 유동화제, 고성능 AE감수제의 사용으로 적정 슬럼프 확보
   3) 측구, 다이크 등 수로의 역할을 감당하는 구조물은 AE제를 사용하여 동결융해에 대한 저항성 확보 필요
   4) 5종 콘크리트는 알칼리함량이 낮고 황산염에 강하며 수화열이 낮은 시멘트를 이용한 콘 크리트로 철저한 품질관리 필요
   5) 광물성 혼화재료를 대체 사용 시 시멘트량의 저감과 성형성, 내화학성 및 밀실한 콘크리 트 제조로 내구성 증진이 가능하나, 초기강도 발현 지연에 따른 검토 필요

2. 고강도 콘크리트
   1) 고강도 콘크리트는 설계기준강도 40MPa 이상인 콘크리트로서 단위시멘트량이 많기 때 문에 고성능 감수제에 의한 단위수량 감소 필요
   2) 나프탈렌계 고성능 감수제는 슬럼프 저하율이 크기 때문에 주의 필요
   3) 폴리카르본산계 고성능 AE감수제는 감수성능 및 경과시간에 따른 슬럼프 유지능력이 우수하므로 단위수량이 적은 경우에도 목표슬럼프 확보 가능
   4) 광물성 혼화재료는 화학혼화제와의 상호 영향, 연행공기량 감소 등을 충분히 검토한 후 사용
   5) W/C와 압축강도 상관식 결정을 위한 W/C비의 변화는 기본배합의 물-시멘트비의 ±3%로 적용하여 W/C 결정
   6) 골재에 대한 품질관리시험 철저(실적률, 흡수율 등)

3. 수중 콘크리트

1) 수중 콘크리트의 품질은 시공상태에 따라 좌우되므로 가능한 한 재료분리가 적어지도록 적절한 시공방법 선정 필요

2) 수중오탁 방지 등 시공조건이 엄격한 경우 또는 철근콘크리트의 경우에는 수중불분리성 콘크리트 사용

3) 배합설계는 기중 콘크리트를 대상으로 설계기준강도로부터 표준편차를 고려한 배합강도를 계산한 후, 이 값에 수중분리도를 고려한 계수를 곱하여 계산

4) 수중분리도를 고려한 계수의 경우 일반적인 수중/기중 압축강도비는 $0.6 \sim 0.8$ 정도

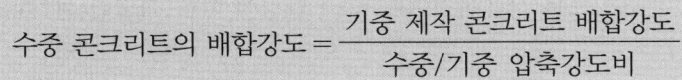

$$수중 \ 콘크리트의 \ 배합강도 = \frac{기중 \ 제작 \ 콘크리트 \ 배합강도}{수중/기중 \ 압축강도비}$$

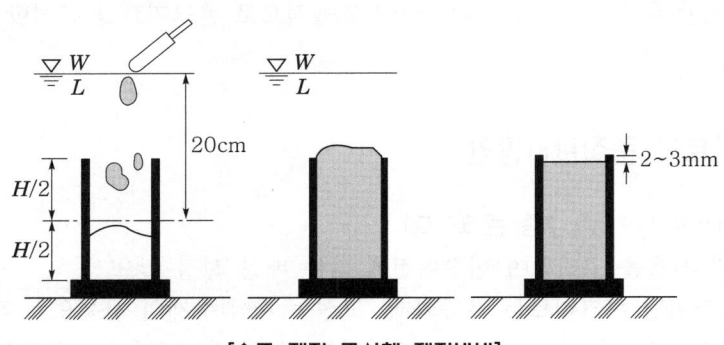

[수중 제작 공시체 제작방법]

5) 사용 전 수중불분리성 혼화제와 고성능 감수제의 적합성 여부 검토

6) 내구성으로 정해진 수중 콘크리트 최대 W/C 기준

콘크리트 구분 환경구분	무근콘크리트	철근콘크리트
담수 중, 해수 중	55% 이하	50% 이하

7) 공기량은 4% 이하

8) 수중불분리성 혼화제의 현탁물질량이 높은 경우 수질오염 및 품질 저하의 요인이 되므로 시험에 의해 재료의 성능을 확인하여야 함.

9) 현장관리시험은 수중타설과 유사한 모형을 현장(B/P 등)에 비치하여 수중몰드를 제작·관리하도록 하고, 이때 설계기준강도 이상의 강도를 확보하여야 함.

4. 포장 콘크리트
   1) 포장 콘크리트는 상·하면의 온도차에 의한 휨응력의 비중이 다른 응력에 비해 더 큰 것으로 규정하여 휨강도로 설계
   2) 슬럼프는 예상작업 시의 기온, 운반거리 및 장비, 포설장비 기종 및 성능에 따라 현장 도착 후 포설 시 적합한 슬럼프값을 사전에 고려하여 설계
   3) 실내 배합설계 시 마감성(finishability)에 있어 흙손으로 눌러 표면이 깨끗이 마감되었는지 확인하여 잔골재율(S/a) 조정

5. 터널용 강섬유보강 숏크리트
   1) 강섬유보강 숏크리트의 제조부터 시공 완료까지 30분 이내에 타설 실시
   2) 초과되는 경우 나프탈렌계 고성능 감수제는 급격한 슬럼프 경시변화에 따라 유동성 감소
   3) 숏크리트의 유동성, 시공성 및 경제성을 고려한 폴리카르본산계 고성능 감수제의 적정 첨가량은 시멘트중량비 0.7%
   4) 혼화제의 종류 및 품질에 따른 차이가 많기 때문에 시험 시공을 통하여 적정 혼화제 및 첨가량을 선정하여야 함.

6. 기계타설 콘크리트
   1) 해당 구조물 : 포장, 중앙분리대, 교량 난간, L형 측구 등
   2) 성형성에 영향을 미치는 요인 : 타설시기(계절), 장비 기종, 몰드 형상, 진동기 위치 및 진동 정도, 세골재 입도 및 형상, 배합비 등
   3) 실내 배합설계 시 설계강도를 확보하고, 현장시험 시공 후 최종 배합비 결정
   4) 성형성, 선형 유지 및 콘크리트 표면의 외관 등을 고려하여 조립률이 낮은 모래의 사용, 또는 잔골재율의 조정이 필요함.
   5) 시멘트를 과다투입하는 경우는 미세균열에 의한 백태와 높은 잔골재율에 의한 처짐 발생 우려가 있으며, 교량철근구간은 배합 조절이 다소 필요함.

Ⅲ 맺음말

고강도 콘크리트, 수중 콘크리트, 포장 콘크리트, 숏크리트는 사용용도 및 목적에 따라 품질관리방안을 시행하여 소요의 강도, 내구성, 수밀성 및 강재보호성능을 확보하여야 한다.

친환경 콘크리트의 품질관리방안

문제 분석	문제 성격	기본 이해	중요도	■■■■□□
	중요 Item	친환경 콘크리트의 정의, 친환경 시공계획, 저탄소 콘크리트		

I 개 요

1. 친환경 콘크리트 공사는 콘크리트 구조물이 생애주기 동안 환경에 미치는 영향을 고려하여 재료의 선정 및 시공에 있어 긍정적인 환경영향을 증가시키고 부정적인 환경영향을 저감시키는 것을 목적으로 한다.
2. 콘크리트 구조물을 위한 콘크리트의 배합설계와 콘크리트 구조물의 생산·제조, 시공, 사용, 해체 및 재활용의 생애주기 동안 지속 가능한 친환경구조물로서 역할을 수행하도록 하기 위해 시공 시 품질관리를 하여야 한다.

II 친환경 콘크리트 공사를 위한 환경관리 및 친환경 시공계획 수립

1. 환경관리 및 친환경 시공계획 수립
   1) 콘크리트 공사와 관련한 긍정적인 환경영향을 향상시키기 위하여 시공자가 공사 착공 전에 작성하고 책임기술자에게 제출하여 시행
   2) 환경관리 및 친환경 시공의 구체적인 목적 명시

2. 에너지 소비 및 온실가스 배출 저감계획 수립
   1) 에너지 소비 및 온실가스 배출 저감계획을 포함하여 함.
   2) 사용되는 각종 자재는 공인된 친환경재료를 우선적으로 사용

3. 자원의 효율적인 관리계획 수립
   1) 양질의 자재와 철저한 품질 시공으로 천연자원의 낭비 최소화
   2) 주요 건설폐기물에 대한 재사용 및 재활용 목표를 사전 설정
   3) 시공 중 건설폐기물 발생량 최소화
   4) 현장 내 기존 건축물 등의 해체는 재활용이 가능하도록 분리 선별하여 해체

4. 현장환경관리계획 수립
   1) 공사를 할 때 소음, 진동, 먼지 등 주위에 영향이 없도록 보완시설 설치
   2) 폐기물, 분진, 오수 및 배수 등이 공사장과 공사장 인근을 오염시키지 않도록 방지
   3) 공사장에서 발생되는 물 등이 지표나 지하에 유수되지 않도록 조치

5. 수자원관리계획 수립

1) 공사품질에 영향을 미치지 않는 범위 내에서 우수, 중수를 적극적 활용

2) 공사용 차도, 인도, 주차장 등의 표면은 투수 콘크리트 등 투수성이 높은 재료의 사용 검토

3) 현장의 폐수를 수자원으로 재활용할 수 있는 계획을 포함하여야 함.

Ⅲ 친환경 콘크리트의 재료관리방안

1. 시멘트

1) 고로슬래그시멘트, 플라이애시시멘트 등 산업부산물 혼합시멘트를 우선적으로 사용

2) 강도 및 내구성에 영향을 미치지 않는 범위 내에서 혼화재료의 혼합비율을 높인 시멘트를 우선적으로 사용

3) 혼합시멘트의 종류 및 특징

구 분	고로슬래그시멘트	플라이애시시멘트
종류	A(10 ~ 30%) B(30 ~ 60%) C(60 ~ 70%)	A(5 ~ 10%) B(10 ~ 20%) C(20 ~ 30%)
생성	제철회사에서 암석 용융 시 떠있는 돌을 냉각시킨 것	화력발전소 연돌에 전기집진장치 이용
특성	• 2차 반응(잠재적 수경성) : 수화열 감소, 장기강도 증진 • AAR반응에 대한 저항성 • 염해에 대한 저항성	• Ball Bearing 작용 : 워커빌리티 개선 • 2차 반응(포졸란반응) : 수화열 감소, 장기강도 증진
용도	서중, Mass, 해양, 친환경 콘크리트	서중, Mass, 친환경 콘크리트

2. 골재 : 품질 확보에 문제가 없는 한도 내에서 순환골재나 각종 산업부산물을 원재료로 활용한 골재 사용

3. 배합수 : 회수수는 콘크리트 품질에 영향을 미치지 않는 범위 내에서 배합수로 활용

4. 혼화재료

1) AE제, AE감수제, 고성능 감수제, 고성능 AE감수제 등의 유동화제를 이용하여 단위시멘트량을 저감시킴.

2) 철근의 부식이 우려되는 현장에서는 철근방청제 사용 검토

3) 콘크리트 품질에 영향이 없는 범위 내에서 고로슬래그 미분말이나 플라이애시 등의 시멘트 대체재의 사용 검토

Ⅳ 친환경 콘크리트의 배합관리방안

1. 배합설계 일반
   1) 콘크리트의 배합설계 시 구조물의 전과정에 걸친 환경영향 고려
   2) 콘크리트강도의 관리재령은 시공방법과 시공기간을 고려하여 91일 이내의 재령에서 결정
   3) 구조체의 영향을 미치지 않는 범위 내에서 물-결합재비는 가능한 한 작게 설계

2. 온실가스 저감을 고려한 배합설계
   1) 콘크리트 배합단계에서 단위결합재량은 목표 CO_2 저감률에 대한 혼화재 치환율과 배합 강도를 고려하여 결정
   2) 콘크리트의 배합단계에서 CO_2 배출량의 평가는 각 구성재료들의 생산, 운반, 그리고 콘크리트 생산공정단계를 포함하여 평가

Ⅴ 친환경 콘크리트의 제조 및 운송

1. 콘크리트 제조공장의 선정
   1) 순환골재 반입, 저장 및 관리, 콘크리트 제조가 가능하여야 함.
   2) 운송과 관련한 환경영향을 줄일 수 있도록 공사현장 인근의 공장 선정

2. 발주 및 제조
   1) 여분의 콘크리트가 발생하지 않도록 계획하여 발주 시행
   2) 저장, 관리를 적절히 수행하고 환경관리에 적합한 콘크리트 제조
   3) 비빔효율이 좋은 믹서를 사용하여 비빔효율 저하 방지

3. 운반
   1) 콘크리트 운반차량은 소음 및 배기가스 저감차량 이용
   2) 콘크리트의 운반경로는 공사현장에 신속하게 도달될 수 있는 경로 선정
   3) 타설 후 슈트에 부착된 콘크리트 세정은 지정된 장소에서 시행

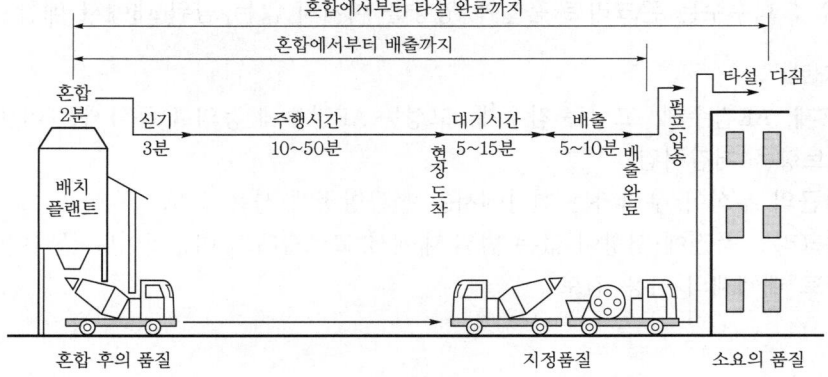

[레디믹스트 콘크리트 운반경로]

4. 반입
  1) 운반차량이 공사현장에서 대기하는 시간이 최소가 되도록 계획 시행
  2) 슬럼프 저하 시 유동화제를 사용하여 슬럼프 회복이 가능한 범위 내 사용
  3) 압송관에 남은 잔여 콘크리트는 수집하여 추가 콘크리트 타설에 활용

Ⅵ 친환경 콘크리트 공사를 위한 시공 시 품질관리방안

1. 콘크리트 공사
  1) 소음, 진동 등의 억제에 도움이 되는 건설차량, 장비를 우선적으로 이용
  2) 공정별 콘크리트의 양과 시간을 구체적으로 계획하여 잉여 콘크리트 최소화
  3) 공사현장 내에서 발생하는 오염물질, 세정배수를 적절하게 처리

2. 철근공사
  1) 가스압접을 실시하는 경우에는 가스소비량을 감소시킬 수 있는 공법 적용
  2) 염해를 받는 지역에는 에폭시 피복철근 또는 아연도금철근 등 사용
  3) 철근공장가공을 확대하고 합리적인 철근공사를 하여 철근손실률 최소화

3. 거푸집공사
  1) 거푸집공사는 전용횟수가 많은 것 사용
  2) 구조체의 보호효과가 높은 프리캐스트제품을 이용한 공법 적용
  3) 거푸집 박리제는 적절한 도포횟수 및 수량계획을 통하여 잔류량 최소화

4. 폐기물처리
  폐기물을 적정하게 수집, 분리, 보관처리를 통하여 폐기되는 자원을 재활용하고 부정적인 환경영향요소를 최소화하여야 함.

Ⅶ 저탄소 콘크리트(low carbon concrete)

1. 저탄소 콘크리트의 정의
  시멘트 대체 혼화재로서 플라이애시 및 콘크리트용 고로슬래그 미분말을 결합재로 대량 치환하여 제조된 삼성분계 콘크리트 중 치환율이 50% 이상, 70% 이하인 콘크리트

2. 저탄소 콘크리트 사용 시 발생할 수 있는 문제점
  혼화재 대량 사용에 따라 품질관리가 미흡할 경우 초기강도 발현 지연, 탄산화저항성 감소 등 내구성 변동에 영향이 큼

3. 저탄소 콘크리트의 종류

콘크리트 종류	굵은 골재의 최대 치수(mm)	슬럼프 또는 슬럼프플로(mm)	호칭강도 [MPa(＝N/mm²)¹⁾]					
			18	21	24	27	30	35
저탄소 콘크리트	20, 25	80, 120, 150, 180, 210	○	○	○	○	○	○
		500*, 600*	–	–	–	○	○	○

* : 슬럼프플로값을 의미함.
주 1) 예전 단위의 시험기를 사용하여 시험할 경우 국제단위계(SI)에 따른 수치의 환산은 <u>1kgf＝ 9.8N</u>으로 환산한다. 즉, <u>1MPa＝10.2kgf/cm²</u>가 된다.

4. 저탄소 콘크리트의 품질관리방안
1) 강도 및 내구성
   (1) 설계기준강도 : 40MPa 미만
   (2) 강도는 일반적인 구조물의 경우 표준양생 공시체 재령 28일 강도기준
   (3) 구조물의 소요강도를 확보하기 위해 필요시 조강제 사용
   (4) 탄산화저항성이 감소하는 특성을 고려한 조치를 적용하여 내구성 확보
2) 결합재
   (1) 플라이애시를 혼입할 경우 제조단계에서 포함된 고로슬래그 미분말의 혼입률을 전체 혼화재의 치환율에 포함.
   (2) 콘크리트용 고로슬래그 미분말을 혼입할 경우 플라이애시시멘트의 제조단계에서 포함된 플라이애시의 혼입률을 전체 혼화재의 치환율에 포함.
3) 혼화재료
   (1) 혼화재는 KS에 적합한 플라이애시와 고로슬래그 미분말에 한정
   (2) 석회석 미분말 등과 같은 기타의 혼화재는 저탄소 콘크리트에 사용하지 않음.
   (3) 혼화제는 KS F 2560에 적합한 제품을 사용하여야 하고 시험배합을 통해 적합 여부를 결정하여야 함.
4) 배합
   (1) 단위수량 : 원칙적으로 185kg/m³ 이하
   (2) 배합 시 단위시멘트량 : 125kg/m³ 이상
   (3) 단위결합재량 : 250kg/m³ 이상
   (4) 저탄소 콘크리트는 시험배합에 따라 단위결합재량 결정
5) 양생
   (1) 응결시간 지연 및 초기강도의 발현 저하가 발생하므로 거푸집 탈형시기를 고려하여 소요강도 발현까지 양생에 대해 세밀하게 관리 시행
   (2) 소요강도가 발현될 때까지 습윤양생을 기본으로 함.
   (3) 일평균기온 4℃ 이하의 저온에서는 한중 콘크리트에 준하여 양생 실시

Ⅷ 맺음말

1. 친환경 콘크리트는 긍정적인 환경영향을 증가시키고 부정적인 환경영향을 저감시키는 것을 목적으로 하는 콘크리트이다.

2. 콘크리트를 재료로 활용하는 건축구조물과 사회기반시설물 중 친환경 건축물의 친환경성과 내구성능을 확보하기 위하여는 콘크리트의 배합설계와 콘크리트 구조물의 생산·제조, 시공, 사용, 해체 및 재활용의 생애주기 동안 품질관리를 시행하여야 한다.

굳지 않은 콘크리트의 성질 및 워커빌리티에 영향을 미치는 요인

문제 분석	문제 성격	기본 이해	중요도	■■■■□□
	중요 Item	워커빌리티 시험방법, 굳지 않은 콘크리트의 펌퍼빌리티		

I 개 요

1. 굳지 않은 콘크리트(fresh concrete)란 굳은 콘크리트에 대응하여 사용되는 용어로, 비빔 직후 거푸집 내에 치어 부어 소정의 강도를 발휘할 때까지의 콘크리트를 의미한다.
2. 굳지 않은 콘크리트의 시공성능에는 워커빌리티와 펌퍼빌리티 등이 있다.
3. 워커빌리티는 반죽질기 여하에 따르는 작업의 난이의 정도 및 재료분리에 저항하는 정도로서 재료, 배합, 시공 등에 영향을 받는다.

II 굳지 않은 콘크리트의 성질

1. workability
2. consistency
3. plasticity
4. finishability
5. mobility
6. viscosity
7. compactability
8. pumpability

III 굳지 않은 콘크리트의 특성

1. 시공연도(workability)
   굳지 않은 콘크리트 또는 모르타르의 반죽질기 여하에 따른 작업의 난이도 및 재료의 분리에 저항하는 정도
2. 반죽질기(consistence)
   주로 수량의 다소에 의해 좌우되는 굳지 않은 콘크리트, 굳지 않은 모르타르, 굳지 않은 시멘트풀의 변형 또는 유동에 대한 저항성
3. 성형성(plasticity)
   거푸집에 주입하기 좋고, 거푸집을 제거하면 허물어지거나 재료가 분리되지 않는 성질
4. 마감성(finishability)
   $G_{\max}$, 잔골재율, 골재의 입도, 반죽질기 등에 따른 표면 마무리 용이성
5. 펌프 압송성(pumpability)
   콘크리트를 펌프로 압송할 경우 압송작업의 용이성

[굳지 않은 콘크리트의 성질]

Ⅳ 워커빌리티가 콘크리트 품질에 미치는 영향

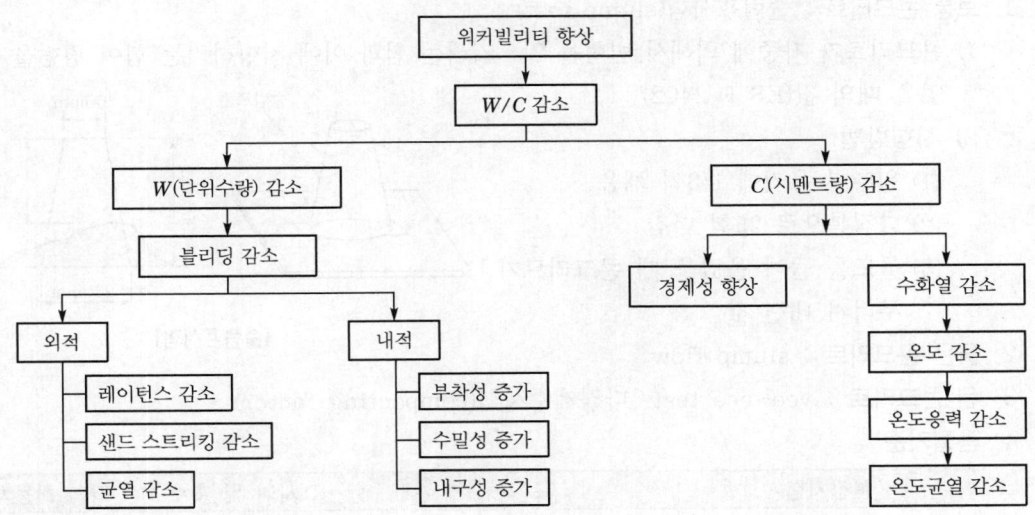

Ⅴ 워커빌리티에 영향을 미치는 요인

1. 재료

1) 시멘트 : 분말도와 품질

2) 굵은 골재 : 입도와 입형

3) 잔골재 : 입도와 입형

4) 혼화재료 : AE제, 감수제, 유동화제 등은 콘크리트의 워커빌리티를 크게 개선시킴.

2. 배합

1) W/B

2) 단위수량 : 많을수록 유동성은 좋아지나, 재료분리저항성은 저하됨.

3) 단위시멘트량 : 많을수록 작업성은 좋아지나, 수화열이 과다하게 발생됨.

4) 슬럼프값

3. 시공

1) 재료의 계량 및 비비기

2) 온도 : 높을수록 슬럼프가 작아짐.

3) 작업에 적합한 진동기 사용

Ⅵ 워커빌리티 측정방법

1. 보통 콘크리트 : 슬럼프시험(slump test)
   1) 콘크리트가 자중에 의해서 변형을 일으키려는 힘과 이에 저항하려는 힘이 평형을 이루었을 때의 값(KS F 2402)
   2) 시험방법
      (1) 원추형 용기에 1/3씩 채움
      (2) 다짐봉으로 25회 다짐
      (3) 몰드를 들어 올렸을 때 콘크리트가 무너져 내린 값

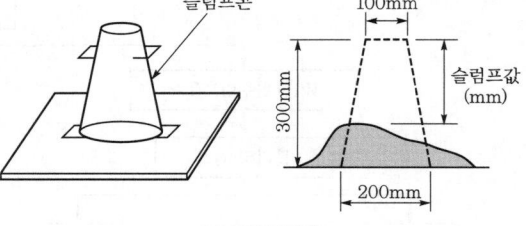

[슬럼프시험]

2. 묽은 콘크리트 : slump flow
3. 된 콘크리트 : vee-bee test, 다짐계수시험(compacting factor)
4. 품질기준

현장시험	규 격	시기 및 횟수	허용차
외관관찰 (굳지 않은 콘크리트의 상태)	워커빌리티가 좋고, 품질이 균질하며 안정할 것	콘크리트 타설 개시 및 타설 중 수시	
슬럼프시험(mm)	25	압축강도시험용 공시체 채취 시 및 타설 중 품질변화가 인정될 때	±10
	50 ~ 65		±15
	80 이상		±25

Ⅶ 콘크리트의 작업성 확보를 위한 워커빌리티 증진방법

1. 재료
   1) 시멘트는 분말도가 크고 풍화되지 않는 것을 사용
   2) 골재
      (1) 양입도의 골재
      (2) 편평, 세장하지 않고 둥근 골재(자갈, 부순 돌)
      (3) 공극률이 적은 골재 사용

2. 배합관리방안
   1) W/B는 적게   2) 슬럼프값은 되도록 크게   3) 감수제 사용

3. 시공 시 증진방안 : 적정한 유동화제를 사용하여 워커빌리티 증진

Ⅷ 맺음말

굳은 콘크리트의 성질 중 워커빌리티와 펌퍼빌리티는 시공관리에 중요한 요소이므로, 이에 대한 품질 확보가 중요하며 효과 증진방안에 대하여 지속적인 노력을 하여야 한다.

Section 40 블리딩으로 인해 나타나는 현상 및 저감방안

문제 분석	문제 성격	기본 이해	중요도	
	중요 Item	콘크리트의 채널링현상, 워터게인(water gain)현상		

I 개 요

1. 블리딩(bleeding)은 재료분리의 일종으로 시멘트, 골재의 침강으로 표면에 물이 상승하는 현상을 의미한다.
2. 블리딩으로 나타나는 현상은 레이턴스, 채널링 등이 있으며, 이로 인하여 콘크리트 구조물의 강도 저하나 수밀성 저하 등의 문제점이 발생한다.
3. 블리딩을 저감하기 위해서는 재료, 배합, 시공 시의 영향요인을 파악해야 한다.

II 블리딩 발생 메커니즘

1. 콘크리트 재료(물, 시멘트, 모래, 골재 등)의 비중차로 상대적으로 가벼운 재료(물, 시멘트)는 떠오르고, 무거운 재료는 가라앉음.
2. 비중차에 의한 침하 및 블리딩수 상승에 따른 표면균열 발생
3. 블리딩 시 동반 부상된 시멘트나 미립자가 건조 후 표면에 침전(레이턴스)

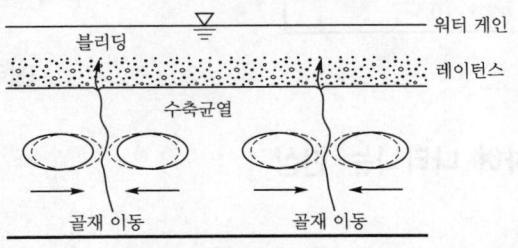

[블리딩 및 레이턴스 발생 모식도]

III 블리딩이 많은 경우의 문제점

1) 내적
   (1) 철근의 부착강도 저하   (2) 수밀성 저하
2) 외적
   (1) 레이턴스 발생
   (2) 수축균열 발생(증발수 > 블리딩의 경우)
   (3) 콘크리트 내 수로 형성으로 인하여 수밀성, 내구성 저하

Ⅳ 블리딩의 특징

1. 블리딩 및 침하에 영향을 주는 요인
   1) W/B : 클수록 큼
   2) 골재의 최대 치수 : 클수록 적음
   3) AE제, 감수제 사용 : 블리딩량, 침하량 저감
   4) 타설높이

2. 저감대책
   1) 시멘트는 분말도가 높은 것을 사용함.
   2) 단위수량을 적게 하고, 골재는 유해물함유량이 적은 것을 사용함.
   3) 타설속도를 적정하게 유지하고, 적정한 진동을 유지하여 블리딩 발생 저감

3. 시험방법 : 콘크리트의 블리딩시험방법(KS F 2414)

[블리딩 시험용 기구]

Ⅴ 블리딩에 의하여 나타나는 현상

1. 레이턴스(laitance)
   1) 정의 : 콘크리트 타설 후 블리딩 발생 시 시멘트나 그 밖에 골재 중의 미립자가 동반 부상하여 콘크리트가 경화한 후 표면에 침전된 것
   2) 특징
      (1) 화학성분은 시멘트와 거의 동일   (2) 부착력 및 수밀성이 약함.

2. 워터게인(water gain)
   1) 정의 : 콘크리트 타설 후 미경화 콘크리트에 있어서 블리딩현상에 의해 물이 상승하여 표면에 고이는 현상
   2) 특징
      (1) 콘크리트 구조체의 내구성 저하 및 균열 발생의 원인
      (2) 콘크리트의 수밀성 저하

3. 채널링(channeling)

  1) 정의 : W/C비가 높은 콘크리트 타설 시 거푸집과 콘크리트 사이에 생기는 길을 통해
         일시적으로 물과 cement paste가 함께 위로 떠오르는 현상

  2) 특징

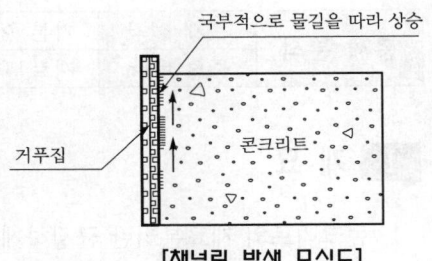

    (1) 레이턴스의 과다 발생으로 콘크리트 간의
       부착력 감소

    (2) 공극의 발생으로 수밀성 저하

    (3) 구조체의 강도 및 내구성 저하

    (4) 콘크리트 표면결함 발생

[채널링 발생 모식도]

Ⅵ 각 현상별 저감대책

1. 레이턴스(laitance)

  1) 저감대책

    (1) W/C 저감

    (2) 부득이한 경우 건습교차위치에 시공이음 설치

  2) 처리대책 : 콘크리트의 경화 전, 경화 후 water jet, sand blasting하여 제거

2. 워터게인(water gain)

  1) 재료

    (1) 분말도가 높은 시멘트 사용

    (2) 혼화제(AE제, AE감수제 등) 사용

  2) 배합

    (1) 단위수량을 적게 할 것

    (2) 단위시멘트량을 많게 할 것

    (3) 굵은 골재의 치수는 작게 하고, 균일한 입도 조정

  3) 시공

    (1) 1회 타설높이를 작게 함

    (2) 과도한 다짐을 방지할 것

3. 채널링(channeling)

  1) 타설 시 가수 등 물을 첨가하지 않게 품질관리를 하여야 함.

  2) 배합설계 시 W/C비와 단위수량을 줄임.

  3) 콘크리트 타설 시 다짐을 철저히 함.

  4) 유동화제 등 적절한 혼화제 사용

콘크리트 재료분리현상의 발생원인과 문제점 및 대책

문제 분석	문제 성격	기본 이해	중요도	■■■■□□
	중요 Item	재료분리의 종류, 재료분리 측정방법		

I 개 요

1. 콘크리트의 재료분리란 균질하게 비벼진 콘크리트는 어느 부분에서 콘크리트를 채취하여도 구성요소인 시멘트, 골재, 물의 구성비율은 동일해야 하나, 이 균질성이 소실되는 현상이다.
2. 재료분리 발생 시 문제점은 콘크리트의 소요의 강도, 수밀성, 내구성, 강재보호성능 등이 저하되는 것이다.
3. 재료분리를 저감하기 위해서는 콘크리트의 설계, 재료, 배합, 시공 시 적정한 관리를 하여야 한다.

II 콘크리트 재료분리의 종류

구 분	원 인	형 태
굵은 골재	굵은 골재와 모르타르의 비중차	콜드조인트, 곰보(허니콤) 발생
	굵은 골재와 모르타르의 유동특성차	펌프관의 폐색
	굵은 골재의 치수와 모르타르 중의 잔골재의 치수차	곰보 발생
cement paste	거푸집이음, 볼트구멍	곰보 발생
물	비중차	블리딩(bleeding) 발생

III 콘크리트 재료분리에 영향을 주는 요인

1. 재료
    1) 시멘트
    2) 골재의 종류, 입형, 입도
    3) 혼화재료
2. 배합 : 단위수량이 크고 슬럼프가 큰 콘크리트는 분리하기 쉬움
3. 시공 : 계량, 비비기, 운반시간, 타설높이, 타설속도, 다짐 등

Ⅳ 콘크리트 재료분리현상의 발생원인

1. 굵은 골재의 분리
   1) 정의 : 모르타르 부분에서 굵은 골재가 분리되어 불균일하게 존재하는 상태
   2) 원인
      (1) 굵은 골재와 모르타르의 비중차
      (2) 굵은 골재와 모르타르의 유동특성차
      (3) 굵은 골재의 치수와 모르타르 중의 잔골재의 치수차
   3) 결과
      (1) 비중차
         ① 중량골재 사용 시 침강분리 및 밀도의 불균일이 발생할 경우 차폐상 약점
         ② 콜드조인트(cold joint) 및 곰보현상(honey comb) 발생
      (2) 유동특성차 : 분리가 현저한 경우 관의 폐색
      (3) 잔골재의 치수차 : 철근위치에서 모르타르 부분만이 걸러져 철근위치에 따라 불량개
                          소 발생

2. cement paste의 분리
   1) 원인 : 거푸집 패널의 이음, 틈새, 구멍 등을 통해 거푸집의 외부로 누출 시 문제 발생
   2) 결과 : paste의 누출이 생긴 콘크리트의 표면은 골재만이 남아 곰보현상 발생

3. 물의 분리
   1) 원인 : 재료의 비중차
   2) 현상 : cement paste와 같이 거푸집 밖으로 누출되거나, 콘크리트 표면으로 부상
   3) 결과 : 블리딩

Ⅴ 콘크리트 재료분리 측정방법

1. 슬럼프시험
2. 진동기에 의한 방법
3. 슈트 낙하시험
4. 콘크리트 낙하시험
5. 굳지 않은 콘크리트의 씻기 시험

[슬럼프시험]

Ⅵ 재료분리 발생 시 문제점

1. 곰보 발생
2. 콜드조인트
3. 펌프관의 폐색
4. 블리딩 발생
5. 강도, 내구성, 수밀성 저하
6. 철근의 부착성능 저하
7. 균열의 발생원인
8. 열화 및 중성화 가속

Ⅶ 콘크리트 타설 시 재료분리 저감대책

1. 저감대책
    1) 재료
        (1) 골재 : 세조립이 알맞게 혼합되어 입도분포가 양호한 것 사용
        (2) 잔골재 : 미립분이 너무 적지 않은 것 사용
        (3) 혼화제 : 공기연행제 등 사용
    2) 배합
        (1) 단위수량이 적은 된비빔의 콘크리트로 함.
        (2) 굵은 골재의 최대 치수는 피복두께나 철근의 배근간격을 고려하여 선택
    3) 시공
        (1) 거푸집은 시멘트 페이스트의 누출을 방지하고 충분한 다짐작업에 견디도록 수밀성이 높고 견고한 것 사용
        (2) 타설 시 콘크리트를 부어넣을 최종 위치에 정치
        (3) 높은 곳에서의 자유낙하, 거푸집 내에서 장거리 흘러내림, 특히 콘크리트에 횡방향 속도가 붙은 채로 거푸집 속으로 부어 넣어서는 안 됨.
        (4) 펌프나 슈트 사용 시 먼저 용기에 받아 정지시킨 후 타설
        (5) 운반 및 타설방법에 주의

2. 처리대책
    1) 굵은 골재의 분리는 그 정도가 경미하면 진동기로 충분히 다짐
    2) 과도한 진동은 분리를 더욱 일으키게 하는 경우가 있으므로 주의
    3) 분리를 일으킨 콘크리트를 그대로 타설하지 않음.
    4) 분리가 확인된 것은 균일하게 다시 비벼서 타설

Ⅷ 맺음말

1. 콘크리트에 재료분리가 발생되면 콘크리트 구조물에 강도 저하 및 미관 손상, 수밀성 저하 등의 문제가 발생된다.
2. 재료, 배합, 시공에 대한 품질관리로 재료분리를 저감시키고, 타설 후 재료분리가 발생할 경우에는 즉각적인 처리를 통하여 콘크리트 구조물의 내구성에 영향이 없도록 조치를 취하여야 한다.

Section 42 콘크리트 표면결함의 종류별 발생원인 및 대책

문제 분석	문제 성격	기본 이해	중요도	■■■■□□
	중요 Item	블리딩과 레이턴스, sand streaking, 표면결함의 종류		

Ⅰ 개 요

1. 콘크리트 구조물의 표면결함 발생 시에는 콘크리트의 기능 저하, 미관 손상, 강도, 내구성, 수밀성 저하 등의 문제가 발생한다.
2. 표면결함의 종류별 발생원인은 콘크리트 타설 후 블리딩, 열화, 설계 및 시공에 의하여 발생되나, 결함의 대부분이 시공상의 문제점 때문에 발생한다.
3. 따라서 표면결함의 발생원인별로 분석하고, 이에 따른 방지대책을 검토하여 발생을 최대한 억제하여야 한다.

Ⅱ 콘크리트 표면결함의 종류

1. 내적 원인에 의한 결함

발생원인	표면결함현상	대 책
블리딩	laitance	발생 레이턴스 제거 후 다음 콘크리트 타설 (green cut, air jet, water jet)
	sand streaking	와이어 브러시로 제거
열화	efflorescence(백태)	발생 부위를 쪼거나 염산으로 제거
	pop out(동결 융기)	즉각적인 보수조치
설계 및 시공	honey comb	거푸집 해체 직후 표면처리 실시
	dusting	
	air pocket	

2. 외적 원인에 의한 결함 : 균열, 공극
3. 표면결함 발생시기 : 주로 거푸집 또는 동바리 제거 시 발생

Ⅲ 콘크리트 표면결함 발생 시 문제점

1. 콘크리트의 기능 저하
2. 콘크리트 구조물의 미관 손상
3. 강도, 내구성, 수밀성 저하
4. 보수작업 난이 및 보수비용 발생

Ⅳ 콘크리트 표면결함 종류별 발생원인 및 대책

1. 레이턴스(laitance)
   1) 발생 메커니즘
      (1) 콘크리트 재료(물, 시멘트, 모래, 골재 등)의 비중차로 상대적으로 가벼운 재료(물, 시멘트)는 떠오르고, 무거운 재료는 가라앉음.
      (2) 비중차에 의한 침하 및 블리딩수 상승에 따른 표면균열 발생
      (3) 블리딩 시 동반 부상된 시멘트나 미립자가 건조 후 표면에 침전(레이턴스)
   2) 원인
      (1) 단위수량이 많을 때
      (2) 골재에 미립분(0.08mm체 통과량)이 많을 때
   3) 대책
      (1) 단위수량 줄임.
      (2) 골재의 미립분이 규정치 이하인 골재 사용
      (3) 이어칠 경우 발생 레이턴스 제거 후 콘크리트 타설
   4) 제거방법
      (1) wet sand blasting   (2) green cut   (3) air jet, water jet

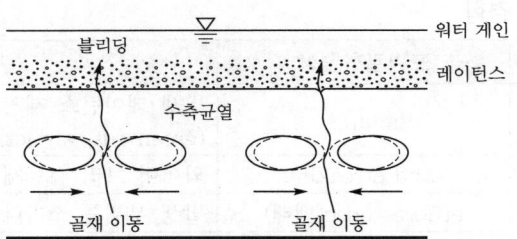

[블리딩과 레이턴스 발생 모식도]

2. 모래줄무늬(sand streaking)와 채널링(channeling)
   1) 정의
      (1) 모래줄무늬란 채널링현상의 결과로 모래가 지나가는 자리에 선(line, streak)이 남게 되는 현상
      (2) 채널링이란 W/C가 높은 콘크리트 타설 시 거푸집과 콘크리트 사이에 생기는 수로를 통해 일시적으로 물과 cement paste가 함께 떠오르는 현상
   2) 원인
      (1) 배합수 과다
      (2) 다짐불량

3) 대책

   (1) 모래입도 개선

   (2) 혼화재료(공기연행제, 방수제) 사용

   (3) 경화 전 재진동 실시

3. 백태(efflorescence)

1) 정의 : 콘크리트 타설 후 상당 기간이 지나면 백색의 염분이 표면에 나타나는 현상

2) 원인

   (1) 골재와 배합수에 염분이 있을 때

   (2) 백화현상은 시멘트 중의 수산화칼슘이 공기 중의 탄산가스와 반응

   (3) 백색의 결정체가 콘크리트 표면에 나타나는 현상

3) 대책

   (1) 깨끗한 물 사용(해수 사용 금지)

   (2) 골재에 염분이 없는 것 사용

   (3) 발생 시 제거

      ① 발생된 것은 쪼아서 제거

      ② 염산으로 제거하고 물로 깨끗이 씻어냄.

4. 동결융기(pop out)

1) 정의 : 흡수성이 큰 골재 입자 내의 수분이 동결되어 그 팽창력으로 얇게 덮인 모르타르 층을 뚫고 골재가 박락되는 현상

2) 원인

   (1) 비중이 작은 골재 사용

   (2) 공극이 많은 골재 사용

   (3) 초기동해에 의한 콘크리트 동상

[콘크리트의 동결융기]

3) 대책

   (1) 비중이 크고 강도가 높은 골재 사용

   (2) 동해 방지 보온양생 실시

5. 곰보 및 자갈포켓(honey comb and rock pockets)

1) 정의 : 굵은 골재가 모르타르로 피복되지 않고 표면에 나타나는 현상

2) 원인

   (1) 워커빌리티가 나쁜 콘크리트를 불충분한 다짐을 한 경우

   (2) 부적합한 다짐에 의한 재료분리

   (3) 거푸집이 수밀하지 못하여 모르타르가 누출된 경우

3) 대책

    (1) 워커빌리티(workability) 개선

    (2) 공기연행 콘크리트 사용

    (3) 거푸집은 수밀성 있게 설치하고 모르타르 누출 방지

    (4) 콘크리트의 주입은 제 위치에 투하, 횡방향 이동 금지, 과도한 다짐 금지

6. 더스팅(dusting)

1) 정의 : 표면이 먼지와 같이 부서지는 현상으로 수평 마무리면에 많이 발생함.

2) 원인

    (1) 부적합한 양생

    (2) 마무리할 때의 물 첨가

    (3) 불충분한 수화작용으로 시멘트입자와 잔골재 분리

    (4) 골재에 실트(silt) 점토분 함유

    (5) 과도한 finishing으로 물, 세립자가 모여서 약한 부분 형성

    (6) 과도한 박리제 도포로 먼지 부착 시 제거 불충분

3) 대책

    (1) 거푸집에 적당한 수분공급

    (2) 박리제 도포 시 적당량 사용

    (3) 골재에 미립분함유량 규제(시방허용범위 내)

    (4) 마무리 시 물 추가투입 금지

    (5) 양생 초기 습윤양생 철저

7. 기포로 인한 곰보(air pocket)

1) 정의

    (1) 수직이나 경사면에 기포나 물방울이 모여서 형성된 포켓

    (2) 지름 10mm 이하의 작은 곰보를 만드는 현상

    (3) 유속이 빠른 수로에서는 공동현상(cavitation) 발생 가능성 있음.

2) 원인

    (1) 방수성 거푸집 사용으로 기포, 물의 흡수나 누출 방해

    (2) 잔골재가 많아 기포 누출 방해

    (3) 거푸집 박리제에 부착된 기포

    (4) 거푸집과 콘크리트가 접한 부분의 공기 제거 불량

    (5) 경사진 거푸집의 공기 분출 방해 시, 즉 다짐 불충분

3) 대책

    (1) 흡수성 판재, 합판으로 거푸집 제작

    (2) 잔골재량 적게

    (3) 박리제 과도도포 금지

(4) 다짐 철저

(5) 경사진 거푸집에 공기누출구 설치(물, 공기 제거)

8. **볼트홀(bolt holes)**

   1) 정의 : 거푸집의 폼타이(form tie), 볼트 사용 시 볼트홀이 남는 현상

   2) 원인

   (1) 거푸집의 조임쇠 재사용

   (2) 폼타이, 볼트 재사용

   3) 대책 : 거푸집 제거 후 패칭(patching)

9. **얼룩 및 색깔차**

   1) 정의 : 콘크리트 구조물 표면의 색이 변하거나 얼룩지는 현상

   2) 원인

   (1) 콘크리트 매설물(form tie, separator) 등을 그대로 두어서 녹물이 흐를 때

   (2) 블리딩으로 인해 레이턴스가 콘크리트 표면에 나타났을 때

   (3) form oil이 표면에 잔류 시

   (4) 배합이 다른 콘크리트를 이어칠 때

   3) 대책

   (1) 콘크리트 매설물을 제거하고 무수축 모르타르로 그라우팅

   (2) 분말도 높은 시멘트 사용, 잔골재율 증가, 굵은 골재의 최대 치수 크게

   (3) form oil은 와이어 브러시로 제거

   (4) 배합 및 시공 시 동일 배합의 콘크리트로 타설

Ⅴ 맺음말

1. 표면결함의 종류별 발생원인은 콘크리트 타설 후 블리딩 발생, 초기열화, 설계 및 시공불량에 의하여 발생되나, 대부분은 시공상의 문제점 때문에 발생된다.

2. 따라서 시공 시 기술자나 작업공에 대한 철저한 품질교육과 품질관리를 통하여 콘크리트의 표면결함이 발생하지 않도록 관리를 수행하여야 한다.

굳은 콘크리트의 성질과 발생하는 균열의 종류 및 대책

문제 분석	문제 성격	기본 이해	중요도	■■■■■
	중요 Item	크리프, 건조수축과 균열의 상관성, 휨균열과 전단균열		

I 개 요

1. 굳은 콘크리트란 타설, 응결, 경화단계를 거쳐 설계에서 요구한 소정의 강도를 발현할 때의 콘크리트이다.
2. 굳은 콘크리트의 성질은 강도, 응력-변형률곡선, 탄성계수, 단위질량, 내구성, 수밀성, 체적변화, 크리프 등이 있다.
3. 굳은 콘크리트에 발생하는 균열은 2차 응력, 초기열화, 설계 및 시공에 의하며, 대책으로는 재료, 배합, 시공단계별 품질관리가 필요하다.

II 굳은 콘크리트의 성질

1. 강도
2. 응력-변형률곡선
3. 탄성계수
4. 단위질량
5. 내구성
6. 수밀성
7. 체적변화
8. 크리프(creep)

III 굳은 콘크리트의 응력-변형률곡선

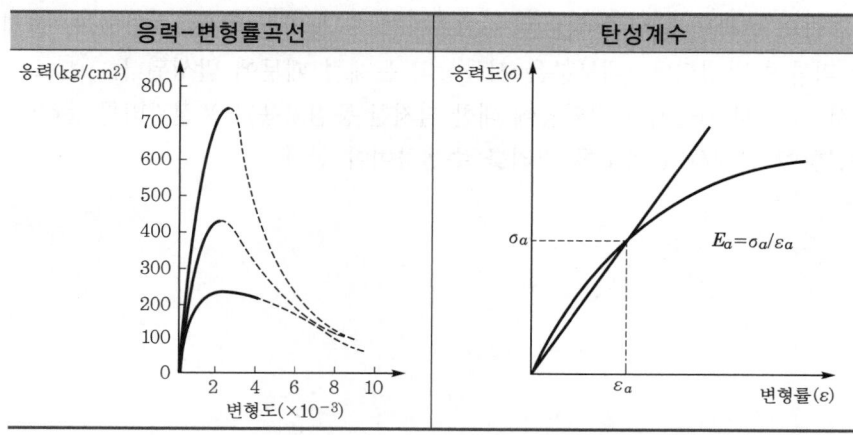

1. 저강도 콘크리트는 취성이 작으므로 고강도 콘크리트보다 더 큰 변형률에서 파괴
2. 최대 응력의 1/2까지는 거의 직선을 나타냄.

3. 최대 응력 근처에서의 변형률은 0.002 정도

4. 강도가 낮을수록 곡선은 평평

Ⅳ 굳은 콘크리트의 특성

1. 콘크리트 강도

 1) 분류

  (1) 정적강도 : 압축강도, 인장강도, 휨강도, 전단강도, 부착강도

  (2) 동적강도 : 피로강도

 2) 특징

  (1) 압축강도

   ① 강도는 재령에 따라 증가하며, 콘크리트 품질의 기준으로 사용

   ② 기준재령 : 일반 콘크리트 28일 압축강도, 댐 콘크리트 91일 압축 · 인장강도

  (2) 피로강도 : 콘크리트 구조물이 반복하중 시 하중에 저항하는 능력

2. 응력-변형률곡선

3. 탄성계수

 1) 정의 : 탄성물질이 응력을 받았을 때 일어나는 변형률의 정도를 나타낸 것으로 콘크리트
    의 응력을 변형률로 나눈 값

 2) 분류

  (1) 영계수

   ① 정영계수(정탄성계수)

$$E(정탄성계수) = \frac{\sigma(응력)}{\varepsilon(탄성변형)}$$

   ② 동영계수(동탄성계수)

  (2) 푸아송비

  (3) 전단탄성계수

4. 단위질량 : 보통 콘크리트의 단위질량 $2.3 \sim 2.4 t/m^3$

5. 내구성

 1) 정의 : 기상작용, 화학작용, 해수 및 전류작용 등과 기계적 마모에 대한 저항성

 2) 수밀성이 크고 체적변화가 작은 콘크리트일수록 내구성이 큼.

6. 수밀성 : W/B, 단위수량을 적게

7. 체적변화

 1) 콘크리트의 온도에 의한 열팽창계수 : $1 \times 10^{-5}/℃$

 2) 양생에 의한 수축율 : 공기 중에서 20×10^{-5}

 3) 체적변화 저감대책 : 부배합 콘크리트 사용, 단위수량 적게, 양생관리 철저

8. Creep : 일정 응력이 장기간 작용하는 경우에 온도, 습도, 탄성계수의 변화가 없이도 변형이 증가하는 성질

V 굳은 콘크리트에 발생하는 균열의 종류

1. 2차 응력에 의한 균열
   1) 온도응력 2) 건조수축응력 3) 크리프응력
2. 열화(초기)현상에 의한 균열
   1) 내적 요인 2) 외적 요인
3. 설계 및 시공불량에 의하여 발생한 균열

VI 굳은 콘크리트에 발생하는 균열 저감대책

1. 온도응력에 의한 균열
   1) 원인 : 타설 후 발생한 내·외부온도차에 의한 온도응력이 인장강도 초과

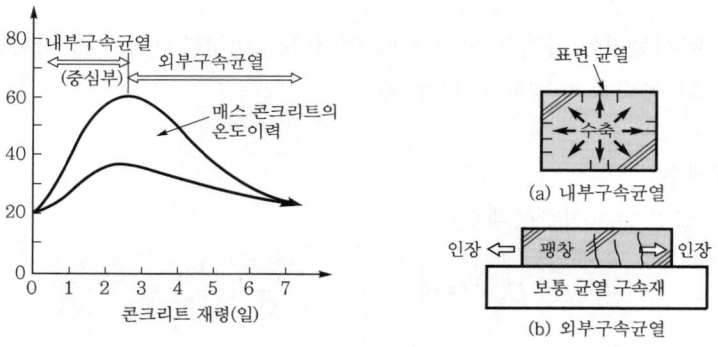

[매스 콘크리트의 온도균열]

   2) 대책
      (1) 콘크리트온도 저감(소극적)
         ① 재료적 대책
            • 내부온도를 감소시키기 위하여 수화열이 작은 시멘트 사용
            • 온도 강하 시의 수축 방지를 위한 감수제 및 AE감수제 사용
            • 가능한 슬럼프를 작게 하여 단위시멘트량 줄임
         ② 매스 콘크리트 시공 시 수화열 최소화대책(cooling method)
      (2) 온도응력제어(소극적)
         ① 수축이음(균열유발줄눈) 설치
         ② 신축이음 설치

③ 타설시간 및 간격 조절

④ 블록분할 타설

(3) 콘크리트내력 증대(적극적)

① prestress

② 철근간격 조절(온도철근)

③ 섬유 및 수지보강

2. 건조수축에 의한 균열

1) 원인 : 콘크리트가 건조하면서 외부에 발생한 인장응력이 인장강도 초과

2) 건조수축을 포함한 콘크리트 수축 메커니즘

(1) 콘크리트의 수축 메커니즘

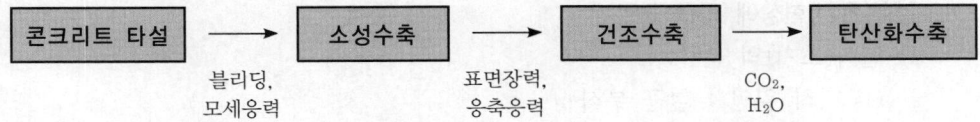

(2) 건조수축 발생 메커니즘 : 건조수축응력 > 콘크리트 인장강도

(3) 건조수축응력 산정식 $= \dfrac{\text{철근 단면적}}{\text{콘크리트 단면적}} \times$ 철근에 일어나는 압축응력

3) 건조수축시험법

(1) 모르타르로 시편(25mm×25mm×285mm) 제조 후 양생 실시

(2) 양생 후 4일, 8일, 25일의 길이를 측정하여 건조수축량 산정

4) 대책

(1) 가능한 배합수량을 줄이고, 골재크기를 적절히 조절

(2) 고성능 감수제를 사용하여 단위수량 감소

(3) 적당량의 철근을 올바르게 배치하므로 균열 감소

(4) 팽창시멘트를 사용하거나 팽창 콘크리트로 수축균열 최소화

3. 크리프에 의한 균열

1) 원인 : 일정한 지속응력하에 있는 콘크리트의 시간적인 소성변형

2) 크리프가 콘크리트 구조물에 미치는 영향

(1) 구조물의 변형이나 처짐이 시간의 경과와 더불어 증대

(2) 부정정구조물에서는 부정정반력이 변함

3) 크리프계수(ϕ)

(1) 데이비스-글랜빌(Davis-Glanville)의 법칙에 의거

$$\phi = \dfrac{\varepsilon_c}{\varepsilon_e}$$

(2) 보통 콘크리트 $\phi = 1.5 \sim 3$

(3) 시방서

① 옥외구조물 : $\phi = 2$

② 옥내구조물 : $\phi = 3$

③ 수중구조물 : $\phi = 1$ 이하

(4) 콘크리트 구조물에서는 주로 사하중이

지속하중의 역할

4) 대책

(1) 설계 : 압축측에 철근을 배치하여 보강

(2) 시공 : W/B 작게, 초기양생 철저

[크리프변형]

4. 열화(초기)현상에 의한 균열

1) 열화(초기)의 분류

(1) 내적 원인 : 철근 부식

(2) 외적 원인

① 물리적 원인 : 하중, 열, 습도, 기상, 진동, 충격, 마모 등

② 화학적 원인 : 해수(염해), 탄산화(중성화), 화학적 침식

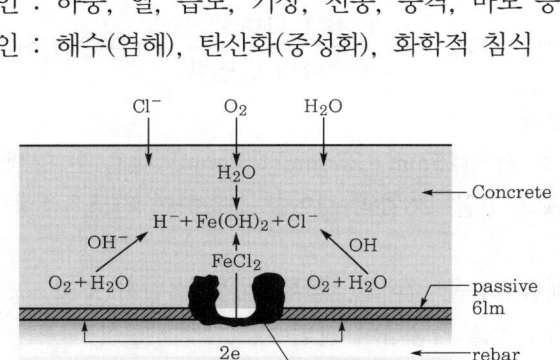

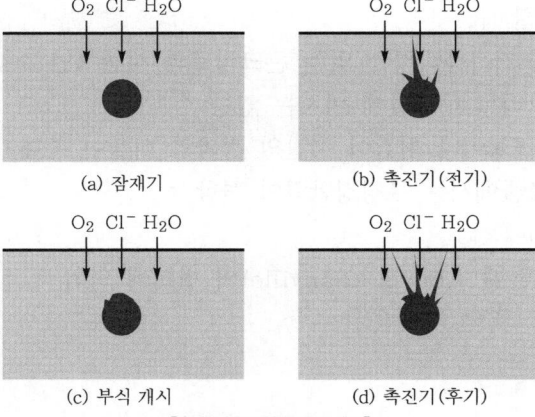

(a) 잠재기   (b) 촉진기 (전기)

(c) 부식 개시   (d) 촉진기 (후기)

[철근 부식 메커니즘]

2) 열화 발생 시 문제점

    (1) 균열 발생

    (2) 내구성 저하

    (3) 수밀성 저하

    (4) 강재 부식

3) 콘크리트 열화현상 발생 시 검사 및 대책

    (1) 콘크리트 열화검사방안

        ① 중성화시험 : 중성화깊이에 따른 내구성 평가(페놀프탈레인용액시험)

        ② 염화물시험 : 철근의 부식 정도 측정(질산은 적정법)

    (2) 열화 발생 최소화대책

        ① 재료 : 양질의 골재 및 배합수 사용, 분말도가 높은 시멘트 사용

        ② 배합 : W/B는 작게, $G_{\max}$는 크게, S/a는 작게

        ③ 시공관리 철저 : 다짐, 양생 철저, 이음부 시공 철저

        ④ 유지관리 : 과적차량 단속, 적기에 유지보수 실시

    (3) 열화 발생 시 처리대책

        ① 검사 후 보수(표면처리, 주입, 충전)

        ② 보강(부재 추가+단면 증가+PS 도입)

        ③ 교체(재시공)

5. 설계 및 시공불량에 의하여 발생한 균열

1) 원인 : 다짐 불충분, 양생불량, 거푸집 지지불량, 이음 시공불량

2) 대책 : 품질 확보를 위한 시공품질관리 철저

Ⅶ 맺음말

굳은 콘크리트의 균열은 2차 응력, 초기열화, 설계 및 시공에 의하여 발생하므로 각 단계별로 철저한 품질관리를 통하여 균열 발생을 제어하여야 한다.

콘크리트에 발생하는 균열 발생요인과 대책

문제 분석	문제 성격	기본 이해	중요도	■■■■■□
	중요 Item	균열의 분류, 허용균열폭, 균열조사 시 필요한 항목		

I 개 요

1. 콘크리트 구조물에 균열이 발생하면 구조적 결함, 내구성 저하, 외관 손상 및 철근 부식 및 방수성능 저하 등으로 치명적인 손실을 초래할 수 있다.

2. 콘크리트의 균열은 설계하중, 외적 환경의 원인, 재료특성, 배합조건 및 시공적인 요인에 의하여 많이 발생한다.

3. 콘크리트의 균열발생 메커니즘을 명확하게 이해하고 각각의 균열 발생원인을 분석하고, 이에 따른 방지대책을 검토하여 최대한 억제하여야 한다.

II 콘크리트 균열 발생 메커니즘 및 균열 발생 시 문제점

1. 콘크리트 균열 발생 메커니즘

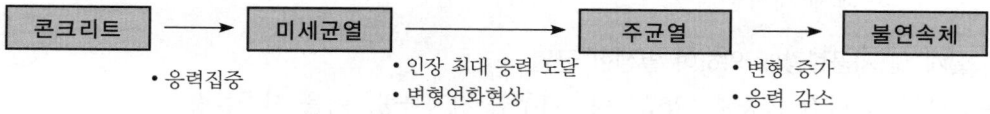

콘크리트	→	미세균열	→	주균열	→	불연속체
• 응력집중		• 인장 최대 응력 도달 • 변형연화현상		• 변형 증가 • 응력 감소		

2. 콘크리트 균열 발생 시 문제점

   1) 구조적 균열 : 응력집중, 내하력, 내구성 부족

   2) 비구조적 균열 : 미관불량, 열화의 원인, 내구성 저하

III 콘크리트 균열의 분류

1. 발생원인에 의한 분류

   1) 설계조건 : 설계기준 미비, 오류, 구조에 대한 이해 부족, 내구성 무관심 등

   2) 시공조건 : 시공 부주의, 시공 시 초과하중, 거푸집 오류, 피복두께 오류 등

   3) 재료조건 : 시멘트, 혼화재료, 골재 등의 품질관리 미비

   4) 사용환경 : 온도, 습도의 변화, 동결융해, 중성화, 염해, 화재 등

2. 내력 영향에 의한 분류

   1) 구조적 균열 : 사용하중의 작용으로 인하여 발생하는 균열

   2) 비구조적 균열 : 구조물의 안정성 저하는 없지만 내구성 및 사용성이 저하되는 균열(소성수축, 침하균열, 건조수축균열, 미세균열 등)

3. 발생시기에 의한 분류
   1) 경화 중 균열 : 재료분리, 소성수축균열, 침하균열, 자기수축균열, 온도균열 등
   2) 경화 후 균열 : 건조수축균열, 화학반응, 동결융해에 의한 균열

Ⅳ 콘크리트 균열의 발생요인

1. 설계, 재료, 배합, 시공부실에 따른 균열 발생요인(특성요인도)

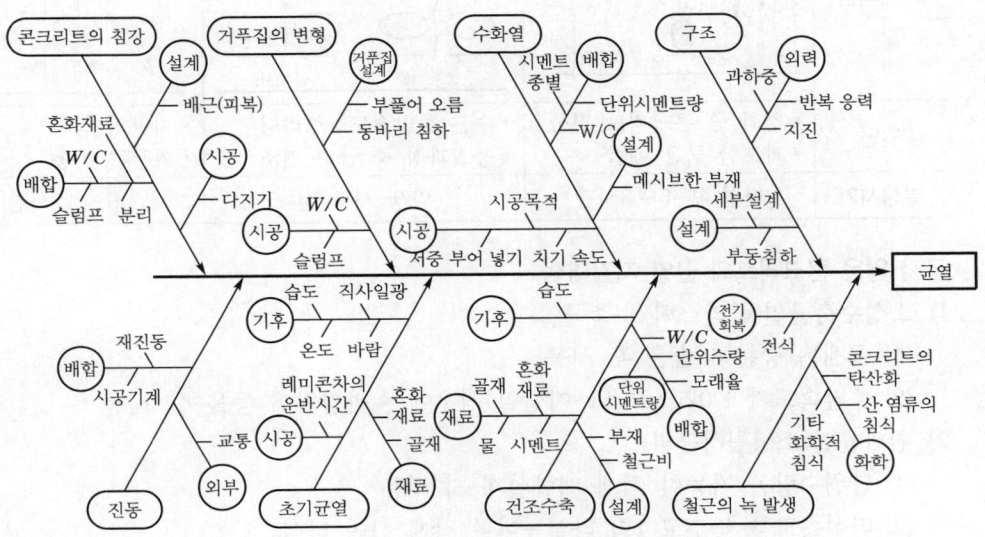

2. 원인별 시간에 따른 균열 발생요인

원인 \ 발생시기	타설 후 수시간	수시간~1일	타설 후 수일	시공 후 수개월	수년~
하중·외력의 작용			하중작용의 재하조건에 의한 균열		
수축	소성수축균열	경화수축균열		건조수축균열	
온도변화		시멘트의 수화열에 의한 온도균열		온도균열 (자연조건에 따른 온도변화)	
콘크리트의 분리	침하균열				
철근의 부식 화학반응					환경조건에 의함

Ⅴ 굳지 않은 콘크리트의 균열 발생요인 및 대책

1. 굳지 않은 콘크리트의 균열 발생요인

구 분	침하균열	소성수축균열 (pliastic 수축균열)	물리적 요인
메커니즘	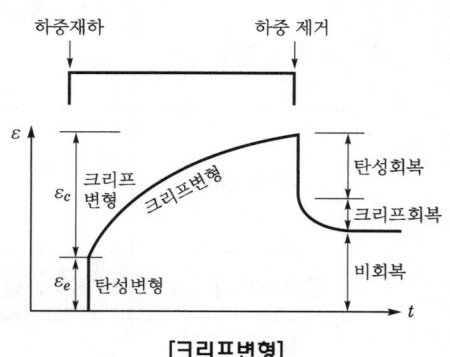		
원인	• 경화 중 콘크리트 침하 • 과도한 묽은 배합	• 수분 증발속도＞블리딩 • 응결과정 중 급속 건조	• 지반의 침하 • 거푸집 이동
발생시기	타설 후 1~3시간	양생 시작 전	6~12시간

2. 굳지 않은 콘크리트의 균열 저감대책
   1) 소성수축균열(플라스틱 수축균열)
      (1) 골재는 충분히 습윤 후 사용
      (2) 증발속도가 $1.0kg/m^2/hr$ 이상일 경우에는 바람막이 등을 설치
   2) 침하균열(소성침하균열)
      (1) 단위수량을 가능한 적게 배합설계 시 적용
      (2) 타설속도를 늦추고 1회 타설높이를 작게 하여 타설
   3) 물리적 요인에 의한 균열 : 타설 시 거푸집 변형 및 지주의 침하가 발생하지 않도록 관리 철저

Ⅵ 굳은 콘크리트의 균열 발생요인 및 대책

1. 굳은 콘크리트 균열의 분류
   1) 2차 응력에 의한 균열
      (1) 온도응력   (2) 건조수축응력
      (3) 크리프응력
   2) 열화(초기)현상에 의한 균열
      (1) 내적 요인   (2) 외적 요인
   3) 설계 및 시공불량에 의하여 발생한 균열
2. 굳은 콘크리트 균열의 원인 및 대책
   1) 건조수축균열
      (1) 원인 : 콘크리트가 건조하면서 외부에 발생한 인장응력이 인장강도 초과

[크리프변형]

(2) 대책

① 단위수량 감소　　　② 굵은 골재량 증가　　　③ 수축이음 시공

2) 온도응력(열응력)으로 인한 균열

(1) 원인 : 타설 후 발생한 내·외부온도차에 의한 온도응력이 인장강도 초과

(2) 대책

① 내부온도 증가 저감　② 냉각 및 타설속도 조절　③ 온도철근 배근

3) 화학적 반응에 의한 균열

(1) 원인 : 알칼리성 시멘트와 실리카성 골재의 반응으로 반응물질 팽창균열

(2) 대책 : 저알칼리시멘트 및 수용성 실리카성 골재의 사용 금지

4) 기상작용으로 인한 균열

(1) 원인 : 동결융해작용으로 콘크리트의 열화 및 팽창균열

(2) 대책

① 물−시멘트비 최소화　② 내구성이 강한 골재 사용　③ 치밀한 양생 시행

5) 철근 부식으로 인한 균열

(1) 원인 : 탄산화 등을 통한 부동태 피막 파손으로 철근의 팽창균열

(2) 대책

① 피복두께 증가　　② 철근의 코팅　　③ 투수성이 낮은 콘크리트 사용

6) 시공불량으로 인한 균열

(1) 원인 : 다짐 불충분, 양생불량, 거푸집 지지불량, 이음 시공불량

(2) 대책 : 품질 확보를 위한 시공품질관리 철저

7) 기타

(1) 시공 시 초과하중으로 인한 균열

(2) 설계 잘못으로 인한 균열

(3) 외부하중 초과로 인한 균열

Ⅶ 구조물의 특성에 따른 균열 발생원인 및 저감대책

구조물의 특성	주요 균열 발생요인	균열 저감대책
길이가 긴 구조물	• 외부구속에 의한 건조수축 • 온도변화	• 배력철근의 배근간격 조정 • 콘크리트의 타설간격 축소 • 종방향 분할 타설 • 초기양생 철저 및 외기변화에 의한 보호
넓이가 넓은 구조물	• 외부구속에 의한 건조수축 • 소성수축	• 모서리 보강철근 • 타설온도 저하, 초기양생 철저
규모가 큰 구조물	• 외부구속에 의한 수화열 • 내부구속에 의한 수화열	• 온도철근 배근 • 배합설계 개선 및 타설온도 저하
개구부를 갖는 구조물	• 개구부 모서리의 응력집중	• 개구부 모서리의 보강철근 및 헌치 설치
매입물을 갖는 구조물	• 매입물의 피복두께 부족	• 추가 보강철근

Ⅷ 콘크리트 균열의 조사방안

1. 원칙

   균열이 발생할 경우에는 구조적인 안전성을 고려하여 균열이 허용기준에 만족하는지를 먼저 검토하고 보수 또는 보강을 하는 방안을 결정하여야 함.

2. 콘크리트 균열 발생 시 조사방법

   1) 비파괴검사

      (1) 육안검사

         ① 균열폭은 휴대용 균열폭 측정기를 이용하여 측정

         ② 육안검사 시행 시 구조물에 대한 도면 위에 구간별로 표시

      (2) 설계도면 및 시공자료 검토

      (3) 비파괴시험

         ① 초음파 : pulse echo 실험방법을 이용하여 내부결함이나 균열을 찾아내는 방법으로 초음파신호가 부재 뒷면에서 반향되는 방법을 이용

         ② 방사선 : 동위원소를 이용하여 X선이나 Y선 투과법에 의한 균열검사

         ③ 반발경도법

         ④ 철근탐지기 : 철근의 위치, 직경 등을 간접적으로 측정

   2) 파괴적 검사(코어검사 등) : 의심 가는 부분의 코어를 채취하여 결함을 알아내거나 균열의 크기 측정

Ⅸ 콘크리트의 허용균열폭

1. 구조설계기준

강재의 종류	강재 부식에 대한 환경조건			
	건조환경	습윤환경	부식성 환경	고부식성 환경
철근	0.4mm와 $0.006t_c$ 중 큰 값	0.3mm와 $0.005t_c$ 중 큰 값	0.3mm와 $0.004t_c$ 중 큰 값	0.3mm와 $0.0035t_c$ 중 큰 값
프리스트레싱 긴장재	0.2mm와 $0.005t_c$ 중 큰 값	0.2mm와 $0.004t_c$ 중 큰 값	–	–

여기서, t_c : 최외단 주철근의 표면과 콘크리트 표면 사이의 최소 피복두께(mm)

2. 내구성기준

강재의 종류	강재 부식에 대한 환경조건			
	건조환경	습윤환경	부식성 환경	고부식성 환경
내구성기준	0.4mm	0.3mm	0.2mm	0.15mm

3. 수밀성기준 : 0.1mm

X 콘크리트의 보수 · 보강공법

1. 보수공법

   1) 개념 : 콘크리트 구조물의 균열 발생에 의해 열화된 부재 · 구조물의 내구성과 방수성
         등 내하력 이외의 성능을 복원시키기 위해 행하는 행위

   2) 보수재료의 요구조건

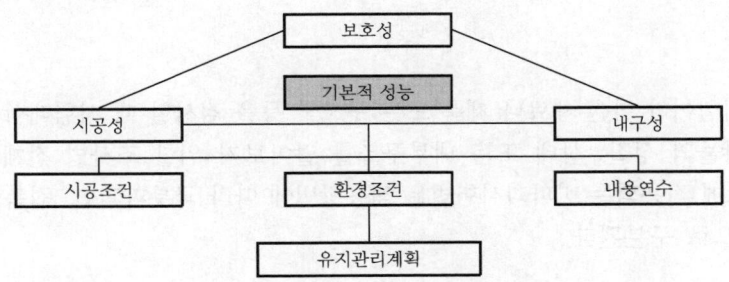

   3) 보수공법의 종류

     (1) 표면처리공법 : 에폭시 모르타르 도포공법, 에폭시수지 시일공법

     (2) 주입공법 : 수동식 주입공법, 자동식 저압주입공법

     (3) 충전공법 : U커트 실링제 충전공법, 에폭시수지 모르타르 충전공법

2. 보강공법

   1) 개념 : 균열 발생으로 생긴 부재 · 구조물의 내하력 저하를 설계 당시의 내하력 또는
         그 이상까지 복원시키기 위하여 행하는 행위

   2) passive method

     (1) 강판보강공법

       ① 주입공법   ② 압착공법

     (2) 탄소섬유시트보강방법

     (3) 강재앵커공법

     (4) 치환공법

   3) active method : prestress에 의한 응력 개선

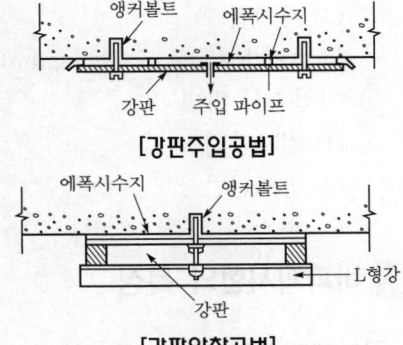

XI 맺음말

1. 콘크리트는 구성재료가 복합재료이고 여러 조건의 영향을 많이 받기 때문에 다양한 종류의
   균열이 발생한다.

2. 균열을 최소화하기 위하여 각 단계별로 현장에서 철저한 시공품질을 관리하는 방법으로 해
   결하고, 재료 선정의 문제, 배합설계, 레미콘에 대하여 철저한 품질관리를 시행하여야 한다.

철근콘크리트 구조물에 시행하는 비파괴시험

문제 분석	문제 성격	기본 이해	중요도	■■■■■
	중요 Item	비파괴시험의 목적, 시험방법, 시험별 장단점 비교		

Ⅰ 개 요

1. 비파괴시험이라 함은 재료나 제품 또는 구조물 등을 검사할 때 시험대상에 대한 손상 없이 조사대상물의 성질, 상태 또는 내부구조를 알아보기 위한 조사법 전체를 의미한다.
2. 콘크리트에 적용되는 비파괴시험법은 적용방법에 따라 국부파괴법, 접촉식 방법, 비접촉식 방법 등으로 구분된다.

Ⅱ 비파괴시험의 분류

1. 적용방법에 따른 분류
   1) 국부파괴법
      (1) 관입저항법   (2) 인발법(pull-out test)
      (3) 내시경법
   2) 접촉식 방법
      (1) 표면타격법   (2) 초음파법
      (3) 자기법   (4) 자연전위법
      (5) AE법(Acoustic Emission)
   3) 비접촉식 방법
      (1) 전자파법   (2) 적외선법
      (3) 방사선법   (4) 공진법

Ⅲ 비파괴시험의 특징

1. 국부파괴법
   1) 관입저항법
      (1) 시험방법 : 화약 또는 스프링을 사용하여 콘크리트에 핀을 박아 그 깊이를 측정하여 콘크리트의 압축강도 및 균질성을 평가하는 방법
      (2) 장점 : 장비가 간단하여 작동하기 쉬우므로 현장에서 쉽게 사용 가능
      (3) 단점
         ① 탐침을 제거하기 어려워 콘크리트 표면에 손상이 발생, 보수 필요
         ② 정확한 콘크리트 강도의 제시가 어려움

2) 인발법

  (1) 시험방법 : 머리 부분을 크게 한 기구를 콘크리트에서 뽑아내는 데 필요한 힘을 측정함으로써 콘크리트의 압축 또는 인장강도를 알 수 있는 방법

  (2) 장점 : 콘크리트의 압축강도와 상관성이 좋음

  (3) 단점

    ① 일반 시험기구(핀 등)를 시공하기 전에 삽입

    ② 뽑힌 콘크리트 덩어리에 대해 최소한의 보수 필요

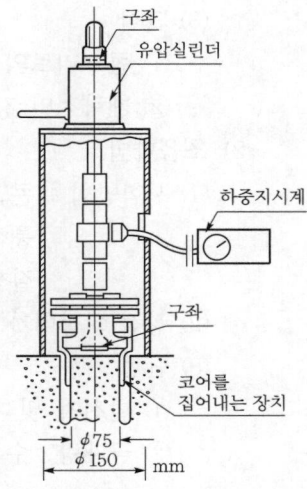

[인발강도시험기]

3) 내시경법

  (1) 시험방법 : 육안으로는 볼 수 없는 구조물의 내부를 유연한 광학섬유, 렌즈, 조명기기로 이루어진 내시경장비를 이용하여 관찰하는 방법

  (2) 장점

    ① 접안경을 통해 콘크리트의 균열·공극 또는 골재의 부착상태 등의 조사 가능

    ② 카메라를 연결해 사진촬영 가능

  (3) 단점

    ① 고가의 장비

    ② 만족스러운 결과를 얻기 위해서는 대상물에 많은 천공이 필요함.

2. 접촉식 방법

  1) 표면타격법

    (1) 시험방법 : 스프링의 힘을 받는 측정봉이 콘크리트 표면을 타격한 후 튕겨진 거리를 측정함으로써 콘크리트의 강도 또는 균질성을 평가할 수 있는 방법(예 슈미트 해머)

[슈미트 해머]

    (2) 장점

      ① 측정이 비교적 용이함.

      ② 피측정물의 형상과 치수에 관계없이 사용 가능

(3) 단점

    ① 콘크리트의 표면조건에 많은 영향을 받음.

    ② 개략적인 강도예측치 추정

2) 초음파법

  (1) 시험방법 : 콘크리트 표면에 위치한 발진자에서 발신된 초음파가 콘크리트 매질을 통해 인접한 수진자로 되돌아오는 시간을 측정함으로써 콘크리트의 균질성 · 품질 · 탄성계수 등을 예측하는 방법

  (2) 장점 : 장비가 비교적 저가이고 작동이 쉬움.

  (3) 단점

    ① 발진자 및 수진자의 해석이 어려워 전문 기술과 훈련이 필요

    ② 골재량 · 수분량의 변화와 철근의 존재가 결과값에 영향을 미침.

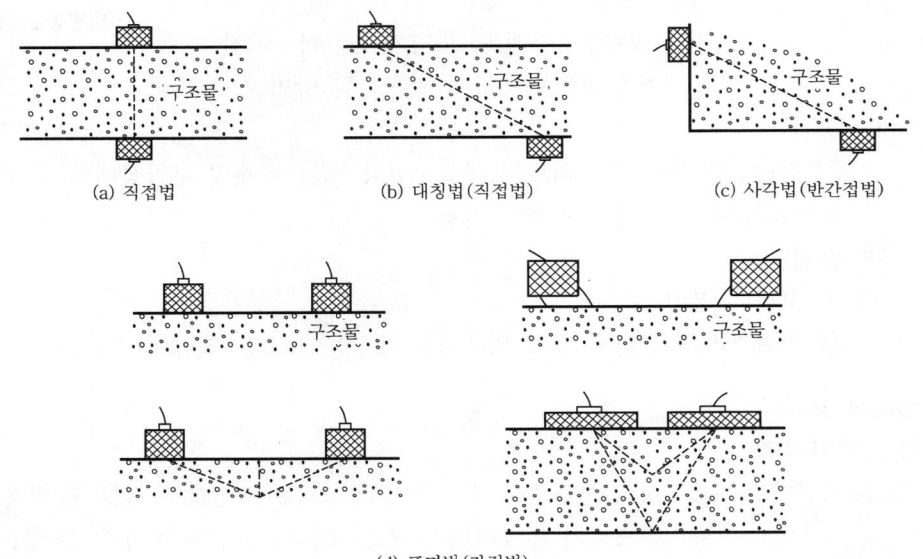

(a) 직접법   (b) 대칭법(직접법)   (c) 사각법(반간접법)

(d) 표면법(간접법)

[초음파법 시험방법]

3) 자기법

  (1) 시험방법 : 콘크리트에 매입되어 있는 철근은 자기장에 영향을 미친다는 원리를 이용해 철근의 피복두께, 크기, 위치 등을 탐지하는 데 사용되는 방법

  (2) 장점 : 휴대가 가능하며, 철근의 시공정밀도검사

  (3) 단점

    ① 철근망이 있는 경우에는 해석 곤란

    ② 철근이 과다하게 배근되어 있을 경우 해석하는 데 어려움이 있음.

4) AE법(Acoustic Emission)
    (1) 시험방법 : 균열의 성장 또는 소성변형이 일어나는 동안 발생되는 급격한 에너지로
                 발산된 음파를 대상구조물의 표면에 설치된 센서를 통하여 포착함으로써
                 구조물의 거동을 감시하는 방법
    (2) 장점 : 장비의 휴대가 가능하여 파괴 가능한 지역에 설치 가능
    (3) 단점
        ① 장비를 운용하는 데 비용이 많이 소요
        ② 시험을 계획하고 결과값을 해석하기 위한 전문가가 필요함.
5) 자연전위법
    (1) 시험방법 : 철근과 콘크리트 간의 전위차를 측정하여 전위도를 작성함으로써 철근의
                 부식 정도를 평가하는 시험
    (2) 장점 : 장비의 휴대가 가능하여 신뢰성 있는 정보 제공 가능
    (3) 단점
        ① 반드시 철근에 접근해야만 한다는 어려움이 있음.
        ② 시험체의 염분량과 온도에 따라 결과값이 변할 수 있음.

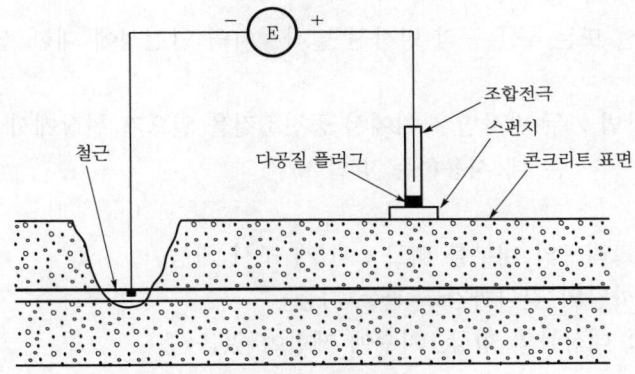

[철근의 자연전위 측정법]

3. 비접촉식 방법
  1) 전자파법
    (1) 시험방법 : 조사단면에서 얻어내는 화상을 기록으로 남겨 콘크리트 내력, 공극, 박리
                 또는 구조체의 두께를 검사하는 방법
    (2) 장점 : 조사단면에서 얻어내는 화상을 기록으로 남길 수 있음
    (3) 단점
        ① 고가의 장비
        ② 철근이 존재하면 공극의 발견이 어려움.

2) 적외선법
   (1) 시험방법 : 구조물에서 발산하는 적외선을 탐지하여 콘크리트 내의 균열, 박리, 내부
        공극 등을 알아내는 방법
   (2) 장점
      ① 넓은 지역에도 빠르게 적용 가능
      ② 표면과 내부의 온도차가 높을 때에 적용하면 특히 효과적임.
   (3) 단점 : 특별한 전문 기술과 고가의 장비가 필요
3) 방사선법
   (1) 시험방법 : X선 또는 γ선 등의 방사선의 흡수율은 시험체의 두께와 밀도에 영향을
        받는다는 원리에 근거해 철근의 상태, 위치, 크기와 콘크리트의 밀도, 건
        전성, 단면재질, 두께 등을 조사하는 방법
   (2) 장점
      ① 내적결함을 찾을 수 있고 광범위한 재료에 적용 가능
      ② 영구자료가 필름에 보관되고 장비의 휴대 가능
   (3) 단점
      ① 고가의 장비
      ② X선 또는 γ선 등의 방사선 발사장치의 안전성에 대한 신뢰성 확보문제
4) 공진법
   (1) 시험방법 : 두 반사면 사이에서 공진조건을 일으켜 현장에서 공극과 박리를 발견하
        는 데 사용하는 방법
   (2) 장점
      ① 콘크리트의 내부를 빠르고 쉽게 조사 가능
      ② 얼마간의 깊이까지도 관통 가능
   (3) 단점 : 대상물의 형상, 치수에 제한이 있음.

Ⅳ 맺음말

1. 비파괴시험에 의해 콘크리트 강도를 평가하기 위해서는 반발경도법, 초음파속도법, 조합
   법 등 기존에 제안된 식들을 이용하여 강도를 평가한다.
2. 신뢰성을 증진시키기 위해서 최소한의 코어를 채취하여 강도를 비교함으로써 상관성이 가
   장 양호한 비파괴강도 추정식을 선정·보정하여 구조물의 강도를 평가한다.
3. 이 결과에 따라 적정한 구조물의 보수, 보강을 시행하여 철근콘크리트 구조물의 내구성능
   을 유지하여야 한다.

Section 46 콘크리트 구조물의 균열 보수·보강 시 품질관리방안

문제 분석	문제 성격	기본 이해	중요도	■■■■□
	중요 Item	콘크리트의 사용성과 안전성, 내구성 조사 시 비파괴시험의 종류		

I 개 요

1. 콘크리트는 보수에 앞서 균열의 위치와 범위, 균열의 원인, 보수의 필요성 등에 대한 평가가 이루어져야 하고, 도면이나 특기 시방서 또는 시공과 유지관리의 기록도 검토하여 보수계획 수립에 이용해야 한다.

2. 균열이 구조물의 강도, 강성 및 내구성을 허용기준 이하로 감소시킬 것이 예상되는 경우에는 보수가 요망되며, 균열로 인해 구조기능이 떨어지거나 콘크리트 표면의 미관을 개선하기 위해 보수를 시행한다.

II 콘크리트 균열조사의 범위

1. 균열의 폭 및 변동조사
2. 균열의 길이 및 변동조사
3. 관통의 유무조사
4. 균열 주위의 상황조사

III 콘크리트 균열보수공법의 적용시기

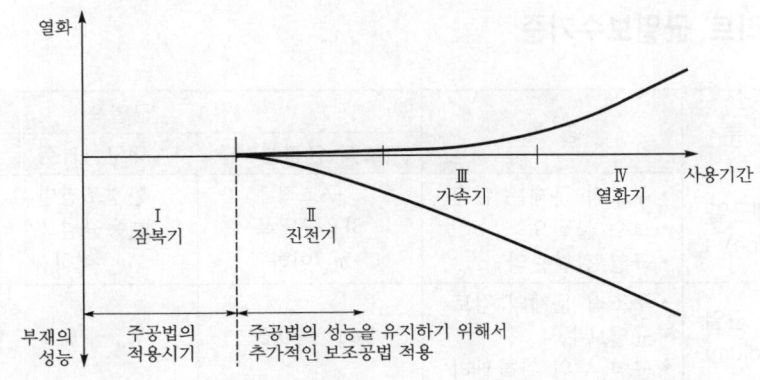

I (잠복기) : 콘크리트 속으로 외부염화물이온의 침입 및 철근 근방에서 부식 발생
　　　　　　한계량까지 염화물이온이 축적되는 단계
II (진전기) : 물과 산소의 공급하에서 계속적으로 부식이 진행되는 단계
III (가속기) : 축방향 균열 발생 이후의 급속한 부식단계
IV (열화기) : 부식량이 증가하고 부재로서의 내하력에 영향을 미치는 단계

Ⅳ 콘크리트 균열조사 및 보수보강순서

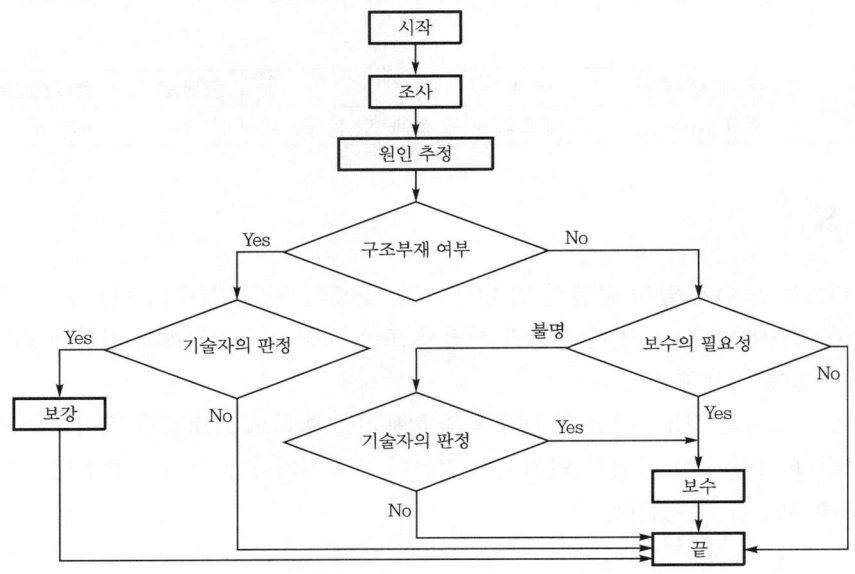

Ⅴ 콘크리트 보수공법의 효과

1. 강도 및 강성 회복
2. 구조물 기능 개선
3. 구조물 방수성 개선
4. 표면의 외관 개선
5. 내구성 개선
6. 철근의 부식 방지

Ⅵ 콘크리트 균열보수기준

분류	평가	균열폭		
		구조적 안전성기준	내구성기준	방수성기준
미세균열 (fine)	• 구조적 문제는 없음 • 보수 불필요 • 균열 관찰관리	구조적 허용균열폭 w_a 이하	환경조건별 허용균열폭 w_a 이하	0.1 이하
중간 균열 (medium)	• 구조적 문제의 검토 • 균열보수 • 균열 부위 관찰관리	$w_a \sim 0.5$	$w_a \sim 0.5$	0.1 ~ 0.2
대균열 (wide)	• 구조내하력 저하 • 구조적 검토 필요 • 즉각적인 균열보수	0.5 이상	0.5 이상	0.2 이상

여기서, w_a : 허용 균열폭

Ⅶ 콘크리트 보수공법의 종류 및 품질관리방안

1. 표면처리공법

   1) 개념 : 구조물의 균열폭이 일반적으로 0.2mm 이하의 미소한 균열일 경우 균열 위에 도
           막을 형성시켜 방수성 및 내구성을 증대시킬 목적으로 행하는 공법으로서 균열
           부위만 피복하는 방법과 전면을 피복하는 방법 등이 있음.

   2) 표면처리공법의 장단점

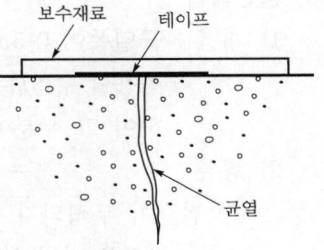

[표면처리공법]

     (1) 0.2mm 이하의 정지된 균열 부위 사용에 적합함.

     (2) 시공성 양호

     (3) 균열 내부를 완벽하게 보수하는 것은 불가능함.

     (4) 균열의 활성화 시 균열의 움직임에 저항하기 어려움.

   3) 표면처리 시 품질관리방안

     (1) 균열 표면에 피복재의 두께가 얇으므로 경년노화에
         주의 필요

     (2) 기존 콘크리트 색상과 동일하도록 배합

     (3) 균열폭 변동에 따라 충분히 저항할 수 있는 휨, 부착강도가 우수한 제품 설정

2. 주입공법

   1) 개념 : 균열폭이 0.2mm를 상회하는 경우에는 균열 부분에 보수재료를 충전, 주입하는
           공법 적용

   2) 주입공법의 종류

     (1) 고압주입공법

        ① 기계식 주입공법

        ② 관통하지 않은 균열의 경우 주입재료를 균열 속 깊이까지 주입하는 것은 곤란함.

        ③ 주입압력이 높으면 발생된 균열이 확대되어 구조물에 불리함.

        ④ 주입시간이 비교적 빠름.

        ⑤ 주입압력 $10kgf/cm^2$ 이상

     (2) 저압, 저속주입공법

        ① 주입재료의 주입량 점검이 용이함.

        ② 관통되지 않은 균열에서도 주입재료를 균열 속 깊이까지 주입 가능

        ③ 저압, 저속주입공법으로서 서서히 미세한 균열폭까지 주입 가능

        ④ 마이크로 캡슐을 사용하므로 시공 간편

        ⑤ 주입기에 재료가 남아 재료의 손실이 많음.

3) 주입공법 적용 시 품질관리방안

  (1) 수지계 재료를 사용할 때 가사시간을 적절히 조정

  (2) 균열폭에 적응할 수 있는 적절한 점도의 재료 필요

  (3) 균열의 진행성에 적응할 수 있도록 가소성 에폭시재료 사용 고려

  (4) 부착력 및 인장력이 충분한 재료 선정

3. 충전공법

  1) 개념 : 균열폭이 0.5mm 이상인 비교적 큰 균열부에 적용하나, 이보다 작은 균열에도
     적용할 수 있는 공법. 균열을 따라 모르타르 마감 또는 콘크리트를 U컷 또는 V컷
     하여 그 부분에 보수재를 충전하는 방법

  2) 종류

    (1) 철근이 부식되지 않은 경우

      ① 균열을 따라 약 10mm 폭으로 콘크리트를 U형 또는 V형으로 따낸 후, 이 부위에
         실링재, 에폭시수지 또는 폴리머시멘트 모르타르 등을 충전하여 보수하는 방법

      ② 균열이 거동하는 경우 유연성 에폭시수지 또는 탄성실링재 사용

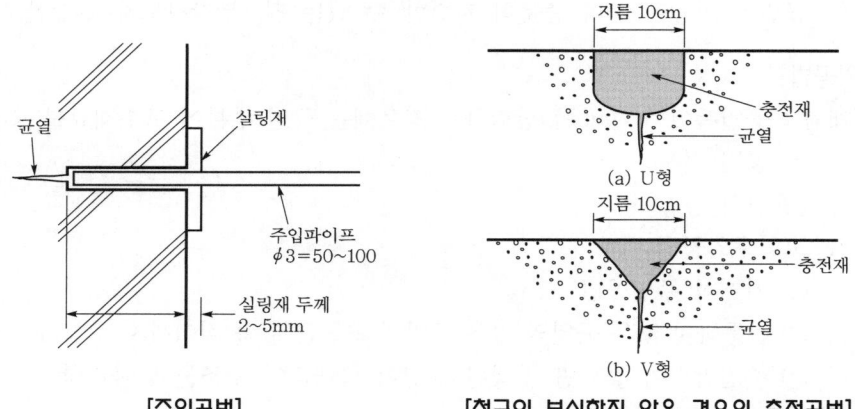

[주입공법]　　　　　　　[철근이 부식하지 않은 경우의 충전공법]

    (2) 철근이 부식된 경우

      철근이 부식되어 있는 부분을 처리할 수 있을 만큼 콘크리트를 제거하여 철근의 녹을
      완전히 제거하고 철근에 방청처리 시행. 필요시 콘크리트면에 프라이머를 도포한 후
      폴리머시멘트 모르타르 또는 에폭시수지 모르타르 등의 재료를 충전하여 보수

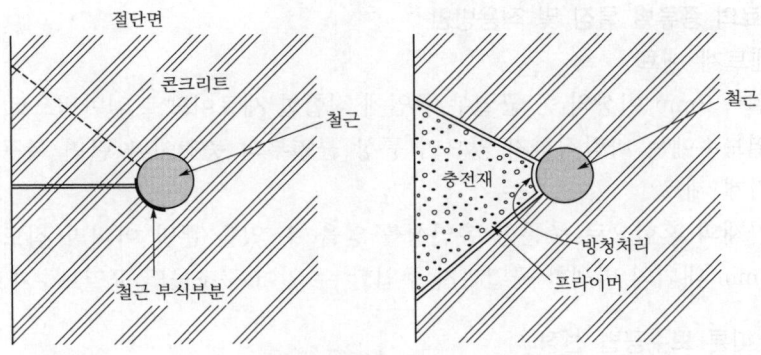

[철근이 부식된 경우의 충전공법]

4. 단면 회복공법
 1) 개념
  콘크리트의 박리·박락 및 재료분리 등의 콘크리트 단면 손실부에 적용하는 방법으로서,
  보수재는 무수축 모르타르, 에폭시수지 모르타르, 폴리머시멘트 등 이용
 2) 종류
  (1) 결함 부위 에폭시수지 모르타르 충전공법
  (2) 결함 부위 폴리머시멘트 모르타르 충전공법

Ⅷ 균열에 따른 보수재료 및 공법의 선정방법

1. 보수에 사용되는 재료와 공법의 관계

재료의 종류		표면처리공법	주입공법	충전공법
수지계 재료	에폭시수지 모르타르			○
	에폭시수지		○	○
	탄성실링재	○		○
	도막 탄성방수재	○		
시멘트계 재료	폴리머시멘트 슬러리		○	
	폴리머시멘트 페이스트	○		
	폴리머시멘트 모르타르			○
	시멘트 휠러	○		
	팽창시멘트 그라우트		○	

2. 보수재료의 종류별 특징 및 적용방안
   1) 시멘트계 재료
      균열폭 2mm 이상의 큰 균열부 주입에 적합한 재료이므로 일반적으로 발생하는 경미한
      균열보수에는 바람직하지 않으며 통상 균열부의 충전이나 단면 복구에 적용
   2) 수지계 재료
      첨가재의 혼합으로 충분한 유연성을 얻을 수 있을 뿐만 아니라 점도를 조절함으로써
      0.2mm 내외의 미세한 균열까지 주입할 수 있어 구조물의 균열보수재료로서 널리 적용

3. 균열에 따른 보수공법 선정

보수 목적	철근 부식	균열폭		보수공법			
		변 동	크기(mm)	표면처리	주입공법	충전공법	기 타
방수성	철근 미부식	작음	0.2 이하	○	△		
			0.2 ~ 1.0	△	○	○	
		큼	0.2 이하	△	△		
			0.2 ~ 1.0	△	○	○	
내구성	철근 미부식	작음	0.2 이하	○	△	△	
			0.2 ~ 1.0	△	○	○	
			1.0 이상		△	○	
		큼	0.2 이하	△	△	△	
			0.2 ~ 1.0	△	○	○	
			1.0 이상				
	철근 부식		−			○	
	염해		−				○
	반응성 골재		−				○

※ ○: 적정, △: 다소 주의

Ⅸ 콘크리트 보강공법의 종류 및 특징

1. 개념
   균열 발생에 의해 생긴 부재·구조물의 내하력 저하를 설계 당시의 내하력 또는 그 이상까
   지 복원시키기 위하여 행하는 행위

2. 보강공법의 종류 및 특징
   1) 탄소섬유시트공법
      탄소섬유시트를 결합재(에폭시수지 등)로 콘크리트 표면에 접착시키는 공법

2) 강재앵커공법

　　균열 부분을 U형 앵커체로 봉합시켜 내하력을 회복시키는 공법

3) 치환공법

　　손상되어 있는 구조체를 제거하고 새롭게 콘크리트를 타설해 손상을 입지 않은 부분과 같은 정도의 기능으로 회복시키는 공법

4) 강판부착공법

　　구조물의 표면, 특히 인장측 표면에 강판을 접착하여 일체화시킴으로써 내력을 향상시키는 공법

5) 프리스트레스트(prestress)공법

　　크랙 부위에 프리스트레스트를 부여함으로써 부재에 발생하고 있는 인장응력을 감소시켜 균열을 복귀시키는 방법

Ⅹ 콘크리트 보수 · 보강 시 유의사항

1. 보수공법은 열화와 종류 및 정도에 따라 가장 적절한 것을 선정하여야 함.
2. 보수 후 평가 시행 : 강도와 강성, 투수성, 미관에 대한 적정 여부 판정
3. 보강공사 후 균열에 의해 손상된 콘크리트 구조물의 내하력이 복원되었는지 확인
4. 기록 유지 : 점검방법 · 결과, 검토내용, 판정경위 및 결과, 보수 · 보강내용 등을 기록 보존하여 구조물의 효율적인 유지관리 시행

Ⅺ 맺음말

1. 콘크리트 구조물의 균열보수공법에는 표면처리, 충전, 주입공법 등이 있으며 발생된 균열의 폭, 형태, 원인에 따라 적절한 재료 및 공법을 선정하여 처리해야 한다.
2. 또한 균열 발생에 의해 생긴 부재 · 구조물의 내하력이 저하된 경우에는 설계 당시의 내하력 또는 그 이상까지 복원하기 위하여 적절한 보강공법을 선정하여 적용하여야 한다.

콘크리트 구조물의 균열보수·보강 후 평가방법

문제 분석	문제 성격	기본 이해	중요도	■■□□□□
	중요 Item	보수와 보강의 차이점, 평가방법의 종류별 특징		

I 개요

1. 보수·보강에 대한 평가는 보수·보강공사 중이거나 종료 시의 보수·보강이 설계대로 행해졌는가의 여부에 대해 수행하여야 한다.
2. 보수·보강공사 완료 후 필요에 따라서 평가기준을 적용하여 보수·보강효과를 확인한다. 작업 도중 검사기록을 재확인하고, 전체적인 보수의 마무리 상태를 확인하며 보수 후의 검사를 통하여 평가하여야 한다.

II 콘크리트 균열 발생 메커니즘 및 균열 발생 시 문제점

1. 콘크리트 균열 발생 메커니즘

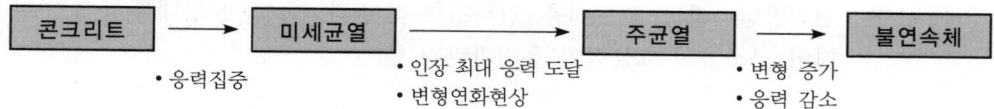

콘크리트 → 미세균열 → 주균열 → 불연속체
- 응력집중 / • 인장 최대 응력 도달 • 변형연화현상 / • 변형 증가 • 응력 감소

2. 콘크리트 균열 발생 시 문제점
   1) 구조적 균열 : 응력집중, 내하력, 내구성 부족
   2) 비구조적 균열 : 미관불량, 열화원인, 내구성 저하

III 콘크리트 보수·보강공법의 차이점

구 분	보수공법	보강공법
목적	내구성 개선	내력 증진
기능	기능 회복	기능 증진
비용	상대적으로 저가	고가
대상균열	비구조적 균열	구조적 균열
방법	• 표면처리주입공법 • 충전공법	• passive : 강판, 섬유보강 • active : pre-stress anchor
재료특성	모재와의 부착성	모재와의 거동특성

Ⅳ 콘크리트 구조물 보수·보강 후 평가기준

1. 강도와 강성에 관한 기준
    1) 최소한 균열깊이의 80% 이상 주입
    2) 시험법 : 보수한 단면의 코어를 채취하여 할렬인장강도시험 실시

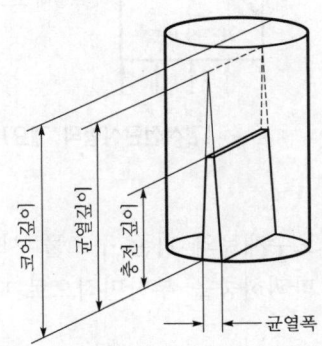

[콘크리트 시험시편의 균열 및 보수형태]

2. 투수성에 관한 기준
    1) 완전한 방수 : 100% 충전
    2) 삼투압이 작은 경우 : 95% 이상 충전
    3) 보수된 균열은 사용하중상태에서 물이나 기타 액체에 의한 투수성을 평가함.

3. 미관에 관한 기준
    1) 보수는 기존 콘크리트와 어울리게 해야 함.
    2) 균열과 철근 노출 및 녹물오염 등의 미관을 손상시키는 증상 복원
    3) 구조물의 기능성(미관) 회복

Ⅴ 콘크리트 구조물 보수·보강 후 평가방법

1. 코어 채취를 이용한 평가방법
    1) 육안에 의한 주입효과 평가
       채취한 코어로부터 육안관찰에 의한 주입효과 평가
    2) 실내시험에 의한 평가
       (1) 경사전단시험
          ① 경사전단시험은 재료성능을 평가함.
          ② 경사전단시험에 의해서 평가되는 부착강도값은 직접 인장시험보다 높음.

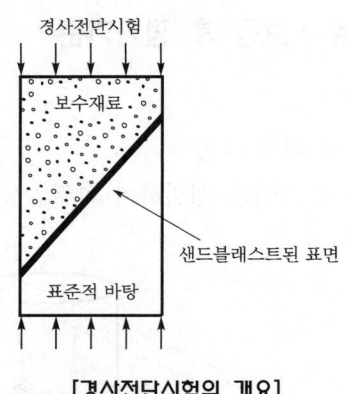

[경사전단시험의 개요]

(2) 직접전단시험
  ① 직접전단시험은 보수재료와 기존 구조물 사이의 부착강도를 측정해서 실시
  ② 전단부착강도는 파괴하중을 부착면적으로 나눠서 구함.
(3) 1축인장시험
  ① 1축인장시험은 인장부착강도, 즉 표면 보수재료와 덧씌우기의 인장강도를 측정
     하는 시험방법
  ② 1축인장시험은 현장에서나 실험실에서도 구할 수 있음.
  ③ 현장시험은 보수재료와 바탕을 일체의 코어로서 채취하여 강도를 구함.

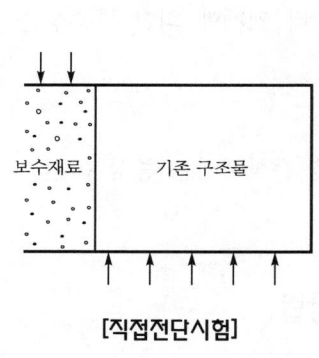

[직접전단시험]

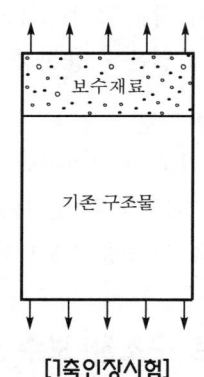

[1축인장시험]

2. 현장 부착강도시험
  1) 목적 : 덧씌우기(overlay)나 표면접착제의 부착강도
  2) 종류
    (1) 인발시험(pull-off test)
    (2) 박리시험 : 두 층을 커팅한 다음 시험기에 의해 인장파괴가 생길 때까지 인장하중을
                걸어 그 파괴양상으로 평가

3. 비파괴기법을 이용한 평가방법

  1) 충격음(impact echo)법

    (1) 충격음법에서 콘크리트 표면은 응력을 만들기 위해 작은 충격기로 기계적인 방법으로 충격을 발생 및 수신하여 보수효과를 평가함.

    (2) 충격음법은 균열이 분리되어 있을 때 접착재료의 침투 정도를 결정하기 위해서 사용

  2) 초음파신호속도(UPV)시험

    크랙이 전부 채워지거나 부분적으로 채워지거나 보수의 전체적인 품질을 평가하는 데 유용한 시험법

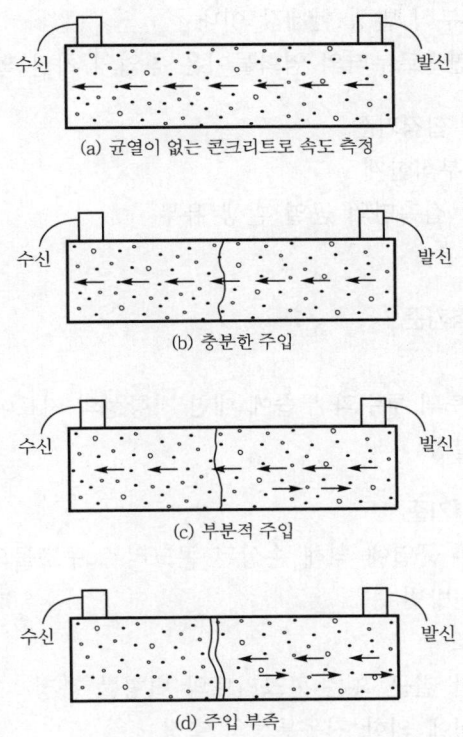

(a) 균열이 없는 콘크리트로 속도 측정

(b) 충분한 주입

(c) 부분적 주입

(d) 주입 부족

[초음파 전파속도 측정에 의한 보수효과의 평가]

4. 하중시험

  보수 전의 하중값과 보수 후의 하중값을 기록하여 보수효과를 확인함.

5. 내하력 회복 확인시험

  1) 균열의 추적조사 : 균열이 진행되지 않고 안정되어 있는지 확인. 단, 프리스트레싱공법으로 보강한 경우에는 균열의 닫혀짐을 확인함.

  2) 게이지에 의한 철근 혹은 콘크리트의 변형률 측정

  3) 동적 재하시험에 의한 진동특성의 측정

  4) 정적 재하시험에 의한 휨의 측정

VI 콘크리트 구조물 보수 · 보강 후 합격기준

1. 개념
   1) 표면처리공법은 시공흔적이 남는 문제가 있음.
   2) 주입공법은 실링 표면으로부터의 주입재의 누출 및 기계식 · 수동식 주입 시의 균열심부의 미주입문제 발생
   3) 충전공법은 마감재와의 부착성 등을 확인한 후 합격 판정을 내려야 함.

2. 표면처리공법에 대한 합격기준
   1) 염화물이온량의 부식 발생 한계값 이내
   2) 보수에 의해 표면으로부터의 염화물이온 침입의 차단 확인

3. 단면복원공법에 대한 합격기준
   1) 염화물이온량의 부식한계
   2) 신 · 구 콘크리트 접촉면의 균열 발생 유무
   3) 표면색 차이

4. 균열방수에 대한 합격기준
   1) 수밀성의 확보
   2) 수밀성은 콘크리트의 투수와 투습에 대한 저항성의 지표이고, 주로 콘크리트 조직의 치밀성에 의해서 결정

5. 보강공법에 대한 합격기준
   1) 보강공사 완료 후 균열에 의해 손상된 콘크리트 구조물의 내하력이 복원되어야 함.
   2) 내하력 복원 확인방법
      (1) 균열의 추적조사
      (2) 게이지에 의한 철근 혹은 콘크리트의 변형률 측정
      (3) 동적 재하시험에 의한 진동특성의 측정
      (4) 정적 재하시험에 의한 휨의 측정

VII 맺음말

1. 균열보수의 목적은 콘크리트 부재에 균열이 발생함으로써 초래되는 피해를 최소한으로 억제하고, 동시에 보수효과를 지속시키는 데 있다. 균열이 존재하지 않은 콘크리트 구조물의 내구성(성능 · 기능)에 최대한 가깝게 하는 것을 의미한다.
2. 보수 부위에서 보수재료와 콘크리트와의 부착, 주입깊이 정도, 보수한 콘크리트 부재의 강도 및 강성, 보수한 균열의 변동 유무를 파악하여 판정해야 한다.

Section 48

콘크리트의 내구성 평가

문제 분석	문제 성격	기본 이해	중요도	■■■■
	중요 Item	내구지수와 환경지수의 정의, 내구성 평가원칙		

Ⅰ 콘크리트의 내구성 개념

1. 콘크리트의 내구성이란 시간의 경과에 따른 구조물의 성능 저하에 대한 저항성을 말하며, 구조물의 내구등급은 구조물의 수명에 의하여 결정한다.
2. 콘크리트 구조물의 내구성 설계는 구조물의 사용기간 동안 발생할 수 있는 여러 가지 요인을 사전에 점검하여 이에 대한 대비를 철저히 하도록 함으로써 구조물의 수명이 다할 때까지 충분한 기능을 발휘할 수 있도록 하는 데 그 목적이 있다.

Ⅱ 콘크리트 내구성 평가원칙

1. 내구설계 : 내구지수 > 환경지수

내구지수		≥	환경지수	
Φ_k	A_k	≥	r_p	A_p
내구성 감소계수	내구성능 특성값	≥	환경계수	내구성능 예측값

2. 내구성 평가 항목 : 염해, 탄산화, 동해, 화학적 침식, 알칼리골재반응
3. 내구수명 : 결정(설계, 시공) + 저하(열화) + 연장(유지관리)

Ⅲ 콘크리트 내구설계의 기본개념

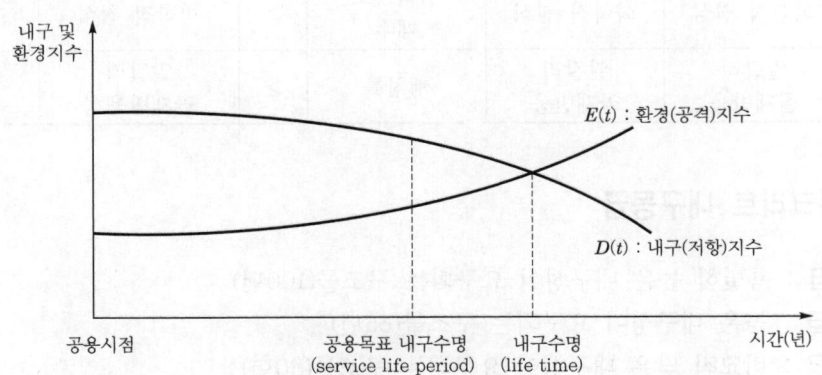

Ⅳ 콘크리트 구조물 내구성 평가원칙

내구성 평가	내구성 감소계수	내구성능 특성값	≥	환경계수	내구성능 예측값
원칙	Φ_k	A_k	≥	r_p	A_p
염해 (C)	염해	철근 부식 한계농도	≥	염해	염화물 이온농도
탄산화 (Y)	탄산화	피복두께	≥	탄산화	탄산화깊이
동해 (F)	동해	최소 한계값	≥	동해	상대 동탄성 계수
화학적 침식 (Z)	화학적 침식	침투한계 깊이	≥	화학적 침식	화학적 침식 깊이
알칼리 골재반응(R)	알칼리 골재반응	한계안정성	≥	알칼리 골재반응성	안정성 예측값

Ⅴ 배합 콘크리트 구조물 내구성 평가원칙

내구성 평가	내구성 감소계수	내구성능 특성값	≥	환경계수	내구성능 예측값
원칙	Φ_k	B_k	≥	r_p	B_p
염해	염해	염해물이온 확산계수	≥	염해	염해물이온 확산계수
탄산화	탄산화	탄산화 속도	≥	탄산화	탄산화속도
동해	동해	상대 동탄성 계수	≥	동해	상대 동탄성 계수
화학적 침식	화학적 침식	침식속도 계수	≥	화학적 침식	침식속도계수
알칼리 골재반응	알칼리 골재반응	팽창률	≥	알칼리 골재반응성	팽창률

Ⅵ 콘크리트 내구등급

1. 1등급 : 특별히 높은 내구성이 요구되는 구조물(100년)
2. 2등급 : 높은 내구성이 요구되는 구조물(65년)
3. 3등급 : 비교적 낮은 내구성이 요구되는 구조물(30년)

Ⅶ 콘크리트 내구성 평가시기

1. 평가시기 : 공사 착공단계에서 평가

2. 내구성 평가대상
   1) 콘크리트 구조물 : 설계대로 시공될 경우 요구되는 내구성능 만족 여부 평가
   2) 배합 콘크리트 : 콘크리트 재료에 대한 내구성을 평가하여 콘크리트 구성재료와 배합에 요구되는 내구성능 만족 여부 평가

Ⅷ 콘크리트 내구성 평가 시 고려사항 및 내구성 향상방안

1. 내구성 평가 시 고려사항
   1) 콘크리트 구조물의 복합적인 성능 저하가 우려될 경우 각각 성능인자에 대한 내구성 평가를 시행하여 지배적인 성능 저하인자 검토 실시
   2) 시공 후 초기재령단계에서 균열 발생 여부 평가 실시

2. 내구성 향상방안
   1) 적정 내구수명을 반영한 설계 시행
   2) 콘크리트에 대한 철저한 품질관리

Ⅸ 맺음말

1. 구조물의 내구연한 동안 내구성을 충분히 발휘할 수 있도록 내구지수뿐만 아니라 환경지수에 대한 영향도 구조물의 내구수명에 큰 영향을 미친다는 사실을 감안하여야 한다.
2. 구조물의 내구수명의 목표를 설정하여 안정성, 사용성, 시공성, 경제성, 내구수명을 고려한 구조물의 내구성에 대한 설계를 해야 한다.

콘크리트 구조물의 내구성 저하요인 및 내구성 평가방법

문제 분석	문제 성격	기본 이해		중요도	■■■■□
	중요 Item	내구성 저하원인 5가지, 내구수명 평가방법, 내하력 평가			

I 개 요

콘크리트의 내구성이란 "동결융해, 한서, 건습 등이 반복하여 작용하는, 즉 기상작용을 받는 황산염, 산류 등의 화학물질에 의한 침식작용, 차량이나 흐르는 물, 모래 등에 의해 마모되는 작용, 탄산화, 강재의 부식, 반응성 골재 등의 영향, 그 외의 콘크리트 사용상 발생하는 다양한 작용에 저항하는, 장기간에 걸친 사용에 견디는 성질"을 의미한다.

II 콘크리트의 내구수명 결정요인

> 내구수명 = 결정(재료, 설계, 시공) + 저하(열화) + 연장(유지관리)

1. 결정요인

	재료 분야	설계 분야	시공 분야
1	시멘트의 종류	책임기술자의 수준	책임기술자의 수준
2	골재의 흡수율	철근의 덮개	콘크리트 반입과정
3	골재의 입도	배근의 세부사항	운반, 타설, 다짐과정
4	혼화재의 종류	가외철근비	표면 마무리와 양생
5	유동성 및 재료분리저항성	시공이음	철근의 가공
6	물-시멘트비	설계도면의 명시 여부	철근의 조립
7	단위수량	온도균열지수	거푸집공
8	염소물함유량	허용균열폭	동바리공
9	콘크리트 제품의 생산체계	거푸집의 종류	그라우트공

2. 저하요인(열화)
   1) 탄산화(중성화)
   2) 염해
   3) 동해
   4) 기타(화학적 침식, 알칼리골재반응)

3. 연장요인
   1) 예방적 유지관리
   2) 보수, 보강

Ⅲ 콘크리트 구조물의 내구성 저하요인

1. 내구성의 상호관계

콘크리트는 여러 가지 환경이 동시에 작용하며, 각각의 내구성 결정요인이 단독적으로 작용하기도 하지만, 대부분은 상호복합적으로 작용하여 구조물의 내력을 저하시킴.

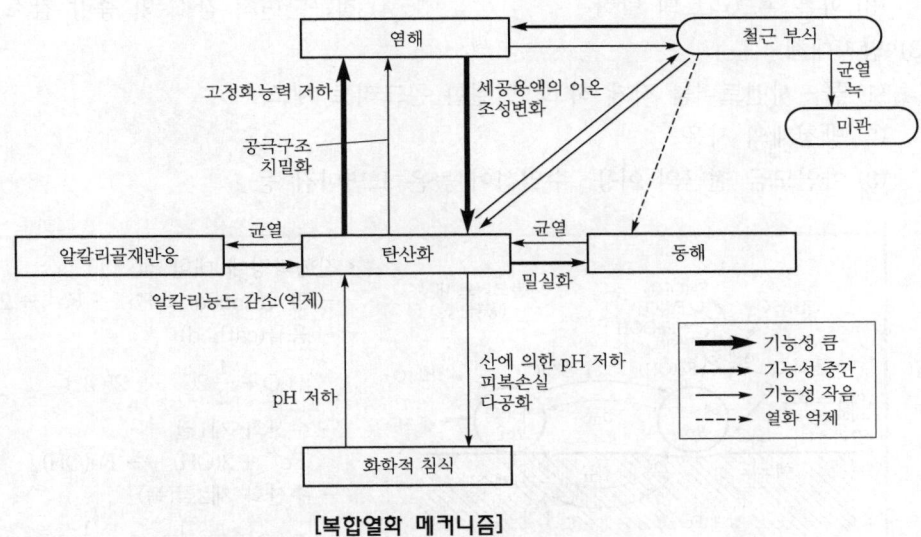

[복합열화 메커니즘]

2. 탄산화에 의한 영향

1) 정의

(1) 콘크리트 내의 수산화칼슘[$Ca(OH)_2$]이 외부공기 중의 이산화탄소(CO_2)와 반응하여 탄산칼슘($CaCO_3$)으로 변하는 현상

(2) pH가 12.5 이상의 강알칼리상태에서 탄산칼슘으로 변하면서 7에 가까운 중성상태로 변화므로 탄산화 혹은 중성화라고 함.

(3) 화학반응식 : $Ca(OH)_2 + CO_2 \rightarrow CaCO_3 + H_2O$

2) 콘크리트에 미치는 영향

(1) 콘크리트가 탄산화되면 철근의 부동태 피막이 파괴됨.

(2) 철근의 부식

(3) 구조내력의 저하

(4) 철근콘크리트의 균열, 박리 등이 발생

(5) 미관, 기능 및 안정성 저하

3) 방지대책

(1) 외부에 적절한 마감 실시

(2) 피복두께 증가

3. 염해에 의한 영향

  1) 정의 : 콘크리트 중의 염화물이온이 철근의 부동태 피막을 파괴하여 강재가 부식되어
            콘크리트 구조물에 손상을 끼치는 현상

  2) 콘크리트에 미치는 영향

    (1) 철근 부근에 균열 발생   (2) 발생된 균열에 의한 부식 가속화

    (3) 피복 콘크리트의 탈락   (4) 철근단면적 감소 및 중량 감소

  3) 방지대책

    (1) 물−시멘트비를 작게 하고, 밀실한 콘크리트 제조

    (2) 방청제의 사용

    (3) 아연도금 철근의 이용, 수밀성이 높은 표면마감 등

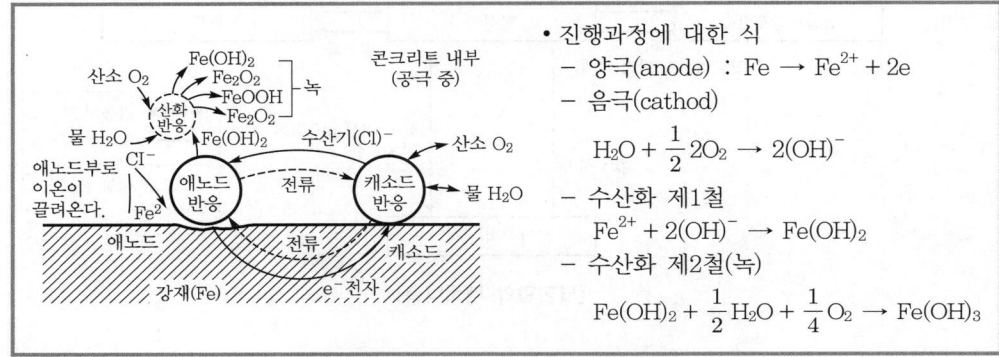

[염해로 인한 철근 부식 메커니즘]

4. 동해에 의한 영향

  1) 정의 : 콘크리트의 공극수가 동결과 융해를 반복하면서 콘크리트를 연약화시켜 내구성
            이 저하되는 현상

  2) 콘크리트 동해형태

    (1) 콘크리트 내 공극수 팽창에 의한 열화

    (2) 표면층이 박리하는 열화현상인 표면층의 박리(scaling)

    (3) 골재 중의 수분의 동결에 의해 팽창·박리되는 팝아웃(pop-out)

    (4) 경화 초기단계에서 콘크리트의 동결에 의해 손상을 입을 수 있는 초기동해

  3) 콘크리트에 미치는 영향

    (1) 물이 얼음으로 변화 시 체적이 9% 팽창하여 인장균열 발생

    (2) 균열로 인한 콘크리트의 소요의 강도, 내구성, 수밀성 및 강재보호성능 저하

  4) 방지대책

    (1) 적절한 콘크리트 배합 및 재료 사용

    (2) 적절한 시공 및 동결융해작용을 받기 전까지 충분한 양생

    (3) 수분 노출을 최소화할 수 있는 구조설계 시행

Ⅳ 콘크리트 구조물의 내구성 저하로 인하여 발생되는 현상

성능 저하현상		정 의
균열	철근에 인접	• 철근 배근 부위에 발생하는 균열 • 일반적으로 연직 또는 수평, 직선의 패턴을 나타냄. • 철근은 주근 외에 보조철근도 포함.
	망상	망상의 균열
	기타	규칙성, 불규칙성에 관계없이 상기 이외의 균열
탈락	박리	콘크리트 중의 일부 재료가 콘크리트로부터 분리되는 현상
	박락	콘크리트 중의 일부 재료가 콘크리트로부터 떨어져 나가는 현상
팝아웃		콘크리트 내부의 부분적인 팽창압에 의해 콘크리트 표면의 일부가 원추형의 오목상으로 파괴된 상태
백화		경화한 콘크리트 표면에 생긴 백색의 물질, 시멘트 중의 석회 등이 물에 녹아 표면에 용출되어 생성되는 상태
표면열화		• 동해, 마모 및 산에 의한 침식 등에 의해 취약해진 콘크리트의 표면 분상화 • 파손, 즉 물리적인 충격에 의하여 콘크리트가 손상을 입은 상태

Ⅴ 콘크리트 구조물의 내구성 판정방법

1. 콘크리트 구조물의 조사절차
   1) 내구성을 파악하기 위한 조사
      (1) 중성화조사
      (2) 염화물함유량조사
      (3) 균열깊이조사
      (4) 코어 채취에 의한 콘크리트 내부조사
      (5) 철근 부식상태조사
      (6) 배합비 분석
      (7) 피복두께조사
   2) 구조체의 상태를 파악하기 위한 조사
      (1) 콘크리트 강도조사
      (2) 철근 배근상태조사
      (3) 철근강도조사

2. 내구성 평가절차
   1) 1차 내구성 진단 : 감추어진 결함의 발견 및 의심되는 성능 저하의 원인 분류
   2) 2차 내구성 진단 : 성능 저하원인의 구체적인 원인 규명 및 보수공법 결정
   3) 3차 내구성 진단 : 보수의 필요성이 요구되었을 때 보수범위 결정
   4) 각 단계별 진단항목은 손상원인별로 추가할 수 있으며, 업무의 효율성을 위해서 1, 2, 3차 진단을 동시에 수행 가능

3. 각 단계별 진단항목

구분 \ 항목	1차 내구성 진단	2차 내구성 진단 (실내시험)	2차 내구성 진단 (현장시험)	3차 내구성 진단
공통	비파괴강도 염화물량 철근 및 균열탐사 자연전위 측정 현장탄산화 측정	코어강도 및 탄성계수 배합 추정 철근의 단면 감소	정밀외관조사 (균열간격, 폭, 길이, 방향성) 자연전위 측정	외관조사망도
염해	–	코어의 탄산화 코어의 염화물량	쪼아내기 조사 (철근의 부식상태)	자연전위에 의한 전위지도
탄산화	–	코어의 탄산화 코어의 염화물량	쪼아내기 조사 (철근의 부식상태)	자연전위에 의한 전위지도
동해	–	깊이별 세공량 측정 콘크리트 함수량	정밀외관조사 (들뜸, 박리, 박락면적)	반발도에 의한 압축강도 분포도
기타	–	부위별 XRD/SEM 분석 골재의 암종, 반응성 코어의 팽창량, 알칼리함유량	정밀외관조사 (변색 부위 등)	침식깊이 분포도

4. 손상형태에 따른 시험방법

시험항목 \ 손상형태	염 해	탄산화	동 해	기 타
정밀외관 조사	◉	◉	◉	◉
코어의 채취 조사	◉	◉	◉	◉
탄산화깊이 조사	◉	◉	○	
철근 부식상태 조사	◉	◉	○	◉
피복두께, 철근위치의 측정	○	○	○	○
슈미트 해머 반발도 시험	○	○	○	○
초음파 전달속도의 측정	○		○	
염화물이온함유량의 측정	◉	○	○	○
압축강도 및 정탄성계수 시험	○	○	◉	○
XRD 및 SEM 분석	▲	○	◉	◉
경화 콘크리트의 배합 추정	○	○		▲
알칼리골재반응 관련 시험			◉	
동해 관련 시험				◉

※ ◉ : 필수, ○ : 권장, ▲ : 생략 가능

5. 손상형태별 내구성 판정기준
1) 탄산화

기준	탄산화 잔여 깊이	철근 부식의 가능성
a	30mm 이상	탄산화에 의한 부식 발생 우려 없음.
b	10mm 이상 ~ 30mm 이하	향후 탄산화에 의한 부식 발생 가능성 높음.
c	0mm 이상 ~ 10mm 이하	탄산화에 의한 부식 발생 가능성 높음.
d	0mm 이하	철근 부식 발생
e	–	–

2) 염해

기준	전염화물이온량	철근 부식의 가능성
a	염화물 $\leq 0.3kg/m^3$	염화물에 의한 부식 발생 우려 없음.
b	$0.3kg/m^3 <$ 염화물 $< 1.2kg/m^3$	염화물이 함유되어 있으나 부식 발생 가능성 낮음.
c	$1.2kg/m^3 <$ 염화물 $< 2.5kg/m^3$	향후 염화물에 의한 부식 발생 가능성 높음.
d	염화물 $\geq 2.5kg/m^3$	철근 부식 발생
e	–	–

3) 철근 부식

전위 차	철근의 부식상태
> −0.20V 초과	부식이 발생하지 않을 확률 90% 이상
−0.20V ~ 0.35V	부식의 정도가 확실하지 않음.
< −0.35V 미만	부식이 발생할 확률 90% 이상

VI 맺음말

1. 조강 및 초조강 콘크리트는 균열이 발생하기 더 쉬우며, 부식성 환경에서 콘크리트의 성능 저하가 더 빨리 일어나는 것처럼 강도가 높을수록 내구성이 좋은 것은 아니다.
2. 따라서 구조물은 강도 및 강성뿐만 아니라 사용성, 경제성 및 내구성 등을 만족하는 내구설계가 이루어져야 하며, 시공 시에는 이를 반영하여 구조물의 내구수명 증진을 위하여 노력하여야 한다.

콘크리트의 열화 특성 및 방지대책

문제 분석	문제 성격	기본 이해	중요도	
	중요 Item	콘크리트 중성화, 알칼리반응과 시험방법, 콘크리트 부식원인		

I 개 요

1. 콘크리트의 열화란 당초 콘크리트가 가지고 있던 소요의 강도, 내구성, 수밀성, 강재보호 성능이 내적, 외적, 설계, 시공요인에 의하여 저하되는 현상이다.
2. 발생원인은 콘크리트 구조물의 공용 전과 공용 후로 구분되며, 방지대책은 재료, 배합, 시공관리를 통한 열화 발생 최소화대책과 보수·보강공사 등을 통한 열화 발생 시 처리대책으로 구분하여 대책을 수립하여야 한다.

II 콘크리트 열화 발생 시 문제점

1. 팽창으로 인한 균열 발생
2. 내구성 저하
3. 수밀성 저하
4. 강재 부식

III 콘크리트 복합열화 메커니즘

1. 정의 : 콘크리트의 성능이 물리적, 화학적, 생물학적 요인 등 복합적인 원인에 의하여 저하되는 현상
2. 복합열화의 종류
   1) 독립적 복합열화
   2) 인과적 복합열화
   3) 상승적 복합열화

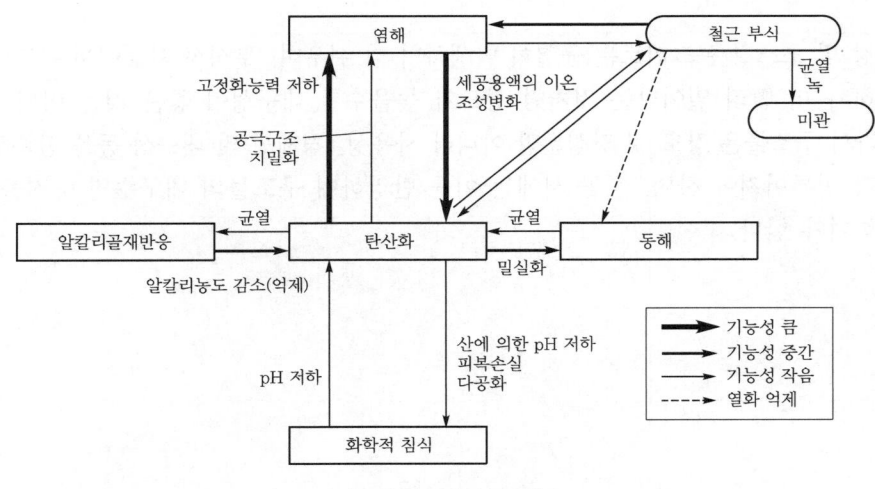

[복합열화 메커니즘]

Ⅳ 콘크리트 열화의 분류 및 특징

1. 콘크리트 열화의 분류

1) 내적 원인 : 알칼리골재반응, 철근 부식

2) 외적 원인

    (1) 물리적 원인 : 동해, 하중, 열, 습도, 기상, 진동, 충격, 마모 등

    (2) 화학적 원인 : 염해, 탄산화(중성화), 화학적 침식

2. 알칼리 골재반응

1) 정의 : 콘크리트 세공용액 중의 알칼리성분과 골재 중에 함유되어 있는 반응성 광물이 일정 반응을 일으켜 콘크리트에 팽창성 균열을 발생시켜 콘크리트의 내구성능을 현저히 저하시키는 현상

2) 필요조건

    (1) 시멘트 : 알칼리이온(R_2O)

    (2) 반응성 골재 : 실리카성분(SiO_2)

    (3) 수분 : 다습하거나 습윤상태일 것

3) 광물종류에 따른 분류

    (1) 알칼리-실리카반응(ASR)

    (2) 알칼리-탄산염암반응(ACRR)

    (3) 알칼리-실리케이트반응(ASR)

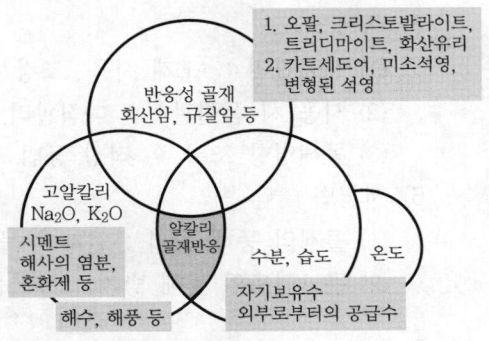

[알칼리골재반응의 필요조건]

4) 콘크리트에 미치는 영향

    (1) 균열 발생 : 콘크리트를 타설한 후 1 ~ 10년 내에 균열로 발생

    (2) 철근콘크리트 : 주근 방향 균열 발생

    (3) 무근콘크리트 : map crack 및 disruptive crack의 형태

    (4) 발생증상 : 백화현상 및 pop-out

5) 방지대책

    (1) 반응성 골재의 사용 금지

    (2) 시멘트의 알칼리량 저감 : Na_2O 당량 $\leq 0.6\%$ 또는 저알칼리형 시멘트 사용

    (3) 콘크리트 $1m^3$당 총알칼리량 저감 : $0.3kg/m^3$ 이하

    (4) 고로슬래그 미분말, 플라이애시 또는 실리카퓸 사용

    (5) 치밀한 콘크리트 타설 : 수분이동 방지

6) 시험법

    (1) 화학적 시험방법 : 결과 확인은 빠르나, 결과의 신뢰도는 다소 저하

        ① 비중계법   ② 광도 측정법

    (2) 모르타르봉 시험방법

    (3) 콘크리트 생산 공정관리용 : 골재의 알칼리·실리카 반응성시험

3. 동해

  1) 정의 : 콘크리트의 공극수가 동결과 융해를 반복하면서 콘크리트를 연약화시켜 내구성
        이 저하되는 현상

  2) 콘크리트 동해특성

    (1) 콘크리트의 초기동해는 압축강도가 5MPa 이상이 되면 동해를 받지 않음.

    (2) 경화 콘크리트의 동해저항성은 한계포수도 이하에서는 높음.

  3) 동해로 인한 열화형태

    (1) 표면 스케일링

    (2) 균열, 박리, 박락

  4) 콘크리트에 미치는 영향

    (1) 물이 얼음으로 변화 시 체적이 9% 팽창으로 인장균열 발생

    (2) 균열로 인한 콘크리트의 소요강도, 내구성, 수밀성 및 강재보호성능 저하

  5) 대책

    (1) 재료관리 : AE제 사용, 조강시멘트 사용

    (2) 시공 시 품질관리 : 다짐관리, 양생, 온도제어양생 철저 관리(초기동해 방지)

    (3) 동해영향 조사 후 적정 공법 적용(표면처리공법, 주입, 단면복구공법)

  6) 시험법

    (1) 골재의 동해 방지 : 골재의 물성시험(흡수율, 안전성 손실중량)

    (2) 콘크리트의 동해 방지 : 동결융해시험(상대 동탄성계수, 길이변화율)

$$DF = \frac{CN}{M}$$

    여기서, DF : 내구성 지수
           C : N회 반복에서 상대 동탄성계수(%)
           N : 동결융해실험을 마친 사이클의 수
           M : 원칙적으로 300회

    (3) 동해 발생 여부 조사 : 육안조사, 반발경도법, 초음파법, 투수시험

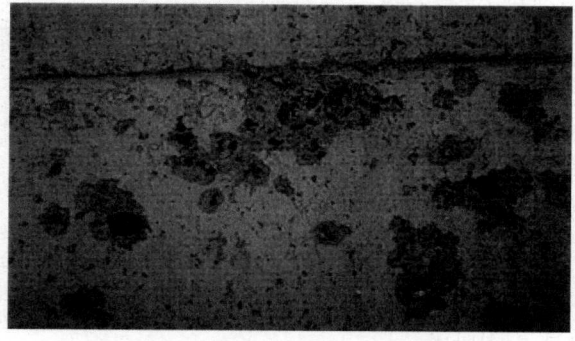

[동결융해로 인한 손상 예]

4. 염해

1) 정의 : 콘크리트 중의 염화물이온이 철근의 부동태 피막을 파괴하여 철근 또는 강재가
　　　　 부식함으로써 콘크리트 구조물에 손상을 끼치는 현상

2) 염해로 인한 철근 부식 메커니즘

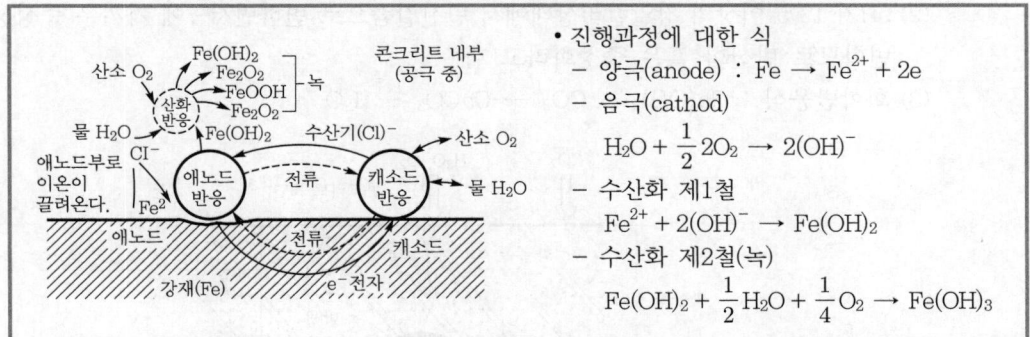

• 진행과정에 대한 식
- 양극(anode) : $Fe \rightarrow Fe^{2+} + 2e$
- 음극(cathod)
$$H_2O + \frac{1}{2}2O_2 \rightarrow 2(OH)^-$$
- 수산화 제1철
$$Fe^{2+} + 2(OH)^- \rightarrow Fe(OH)_2$$
- 수산화 제2철(녹)
$$Fe(OH)_2 + \frac{1}{2}H_2O + \frac{1}{4}O_2 \rightarrow Fe(OH)_3$$

3) 콘크리트에 미치는 영향

(1) 굳지 않은 콘크리트 : 응결은 약간 촉진시키나 큰 영향을 주지 않음.

(2) 굳은 콘크리트

① 압축강도 : 초기강도는 증가하나, 장기강도는 저하

② 염분량 증가로 철근 부식이 발생하면 부식 생성물(녹)에 의해 팽창(철근 부식 발
생을 위한 임계염화물농도 : $1.2kg/m^3$)

③ 팽창압에 의해 콘크리트에 균열, 박리, 박락 발생

④ 콘크리트 구조물의 내구성 저하

4) 대책

(1) 염화물 침투를 억제하는 방안 : 콘크리트 표면피복, 영구 거푸집 사용 등

(2) 염화물 침투를 느리게 하는 방안

① 치밀한 콘크리트 사용(설계강도 35MPa 이상의 콘크리트 사용)

② 슬래그 미분말과 같은 광물성 혼화재료의 사용

③ 피복두께 증가(최소 8 ~ 10cm 이상 확보)

(3) 철근 부식 자체를 억제하는 방안 : 에폭시도장 철근 사용, 전기방식 적용

5) 시험법

(1) 굳지 않은 콘크리트 : 질산은 적정법, 전위차 적정법, 비색법, Quantab법

(2) 굳은 콘크리트 : 시료분말 침적 후 염소이온 측정법

6) 염해에 의한 손상 판정법

(1) 염화물 침투량 및 침투깊이 조사 : 조사 부위에 대하여 코어 공시체를 채취해 깊이별
　　　　　　　　　　　　　　　　 염화물농도를 분석하여 철근위치에서의 농도가
　　　　　　　　　　　　　　　　 $1.2kg/m^3$를 초월했는지의 여부 확인

(2) 염화물침투량에 대한 간이조사방법 : 0.1N $AgNO_3$ 용액 이용

(3) 콘크리트 표면상태 및 철근 부식상태 조사 : 육안조사

5. 탄산화(중성화)

1) 정의

    (1) 콘크리트 내의 수산화칼슘[$Ca(OH)_2$]이 외부공기 중의 이산화탄소(CO_2)와 반응하여 탄산칼슘($CaCO_3$)으로 변하는 현상

    (2) pH가 12.5 이상의 강알칼리상태에서 탄산칼슘으로 변하면서 7에 가까운 중성상태로 변화므로 탄산화 혹은 중성화라고 함.

    (3) 화학반응식 : $Ca(OH)_2 + CO_2 \rightarrow CaCO_3 + H_2O$

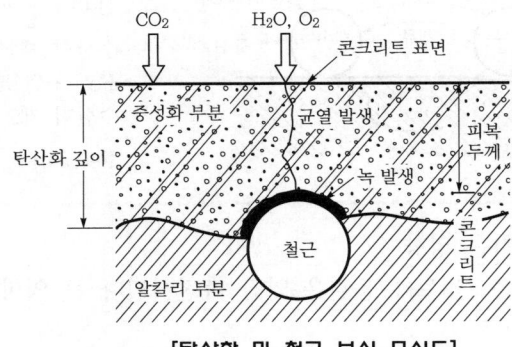

[탄산화 및 철근 부식 모식도]

2) 탄산화의 종류

    (1) 탄산화 : CO_2에 의한 중성화

    (2) 중화 : 산성비에 의한 중성화

    (3) 용출현상 : 유수에 의한 중성화

    (4) 폭열현상 : 화재로 인한 중성화

3) 콘크리트에 미치는 영향

    (1) 내부의 수산화칼슘이 탄산칼슘으로 변하여도 내부조직에 문제가 되지 않음.

    (2) pH의 저하에 따른 철근 부식이 가장 큰 문제

4) 방지대책

    (1) 외부에 적절한 마감 시행

    (2) 피복두께 증가

5) 탄산화속도

    (1) 관련식 : $x = A\sqrt{t}$

    여기서, A : 중성화 속도계수(실외 3 ~ 8, 실내 : 3 ~ 10)

    (2) 탄산화속도 지배인자

        ① 내부요인 : 재료, 배합, 시공, 양생, 염분, 표면마감

        ② 외부요인 : CO_2 농도, 습기, 산성비

6) 시험법

    (1) 콘크리트 표면을 쪼아 내거나, 코어를 채취하여 내부 콘크리트면이 노출되게 한 다음, 노출면에 페놀프탈레인 1% 에탄올용액을 뿌려 중성화 여부 판별

　　(2) 보라색으로 변색된 부위 : 강알칼리

　　(3) 변색되지 않은 부위 : 중성화

　　(4) 탄산화된 깊이와 철근위치와의 거리로서 철근 부식상태를 판정함.

6. 화학적 침식

　1) 정의 : 구성재료들이 서로 화학반응하거나 외부환경의 영향에 의해 화학반응을 일으켜 콘크리트의 강도가 저하되거나 열화되는 현상

　2) 화학적 침식의 분류

　　(1) 팽창현상

　　　① 발생조건 : 해양환경하에서 주로 발생

　　　② 팽창반응식 : 콘크리트 중$[Ca(OH)_2]$ + 해수$(MgSO_4)$ → $CaSO_4$ 생성 → $CaSO_4$(석고) + C_3A → ettringite(폭발적 팽창) 생성

　　(2) 부식현상

　　　① 발생조건 : 하수도시설 등 오염수에서 주로 발생

　　　② 부식반응식 : H_2S → $SO_3 + H_2O$ → H_2SO_4(황산) → 콘크리트 부식

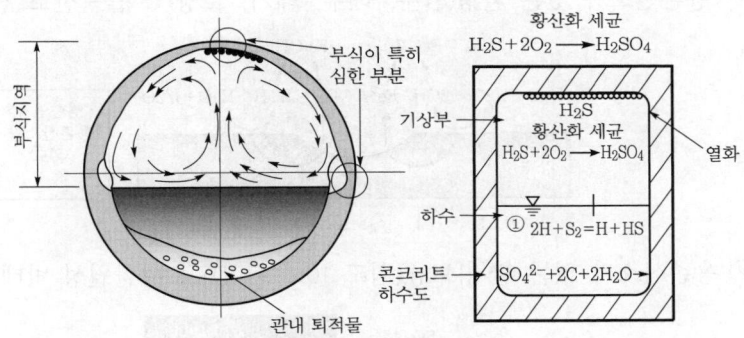

[하수관로의 부식 메커니즘]

　3) 콘크리트에 미치는 영향

　　(1) 콘크리트 구조물 강도 저하

　　(2) 균열 및 누수

　　(3) 구조물의 열화

　4) 방지대책

　　(1) 화학적 침식 정도가 약할 경우

　　　① 기본원리 : 시멘트 콘크리트의 개질을 통한 침식 방지

　　　② 콘크리트 자체를 실리카퓸, 플라이애시를 사용하여 밀실하게 해 줌.

　　　③ 저발열시멘트, 팽창재, 수축저감제 사용으로 균열 감소

　　　④ 폴리머 복합체를 사용하여 콘크리트 내부 밀실(폴리머시멘트 모르타르)

(2) 화학적 침식 정도가 강할 경우

    ① 기본원리 : 표면피복을 통한 침식 방지

    ② 콘크리트 표면을 코팅하여 화학적 침식 방지

    ③ 수지함침 콘크리트, 레진 콘크리트(라이닝) 적용

7. 철근 부식

1) 정의 : 철근은 그 표면에 부동태 피막이라는 얇은 산화피막을 형성하여 철근을 부식으로 부터 보호하고 있으나, 물리·화학적 반응에 의한 부동태 피막의 파괴로 철근, 물, 공기의 전기화학적 반응에 의한 부식이 발생함.

2) 철근 부식의 종류 및 메커니즘

  (1) 철근 부식의 종류

    ① 습식 : 수분을 동반한 부식으로서 수중, 지중, 대기 중에서 발생하는 부식

    ② 건식 : 수분을 동반하지 않은 부식으로서 고온의 공기 또는 반응성 가스로 인한 넓은 의미의 산화

  (2) 철근 부식의 메커니즘

    ① 용존산소가 있는 환경(담수, 해수, 대기, 토양) : 물－산소 전기화학반응

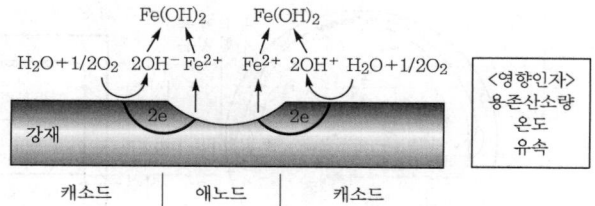

    ② 용존산소가 없는 환경[토중(심도 10m 이상)] : 황환원성 박테리아반응

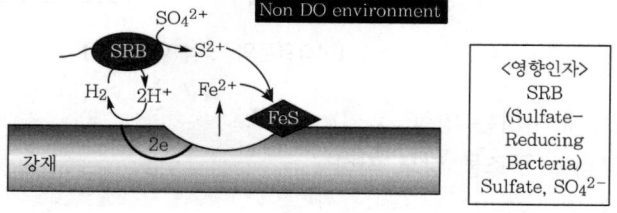

3) 철근 부식 시 문제점

  (1) 철근의 부식으로 체적이 팽창하여 콘크리트의 균열 및 내구성 저하

  (2) 부착강도 저하 : 부식률이 약 2% 이상이면 부착강도 저하

  (3) 균열에 의한 누수

4) 방지대책

  (1) 콘크리트(피복으로부터 침투, 침입 억제) : 적정 배합, 표면피복, 자체 밀실

  (2) 염화물이온량 허용치 이하 사용

  (3) 에폭시 코팅 철근 사용

5) 시험법

   (1) 전기화학적 방법 : 자연전위법, 전위차 측정법, 분극저항 측정

   (2) 물리적 방법 : X선법, AE법, 마이크로파법

Ⅴ 콘크리트에 발생하는 열화현상

1. 중성화

  1) 발생원인 : 탄산화, 중화, 용출, 폭열

  2) 문제점 : 중성화 → 철근의 부동태 피막 → 활성태 → 철근 부식

2. 철근 부식 : 중성화 → 염해 → 철근 분해 → 철근 부식

3. 균열

  1) 인장강도 기준(인장응력 > 강도)

  2) 인장변형률 기준(변형률 > 변형능력)

  3) 파괴에너지 기준(축적에너지 > 파괴에너지)

Ⅵ 콘크리트에 열화 발생 시 보수 · 보강방법

1. 보수공법

  1) 표면처리공법 : 에폭시 모르타르 도포공법, 에폭시수지 시일공법

  2) 주입공법 : 수동식 주입공법, 자동식 저압주입공법

  3) 충전공법 : U커트 실링제 충전공법, 에폭시수지 모르타르 충전공법

2. 보강공법

  1) passive method

    (1) 강판보강공법   (2) 탄소섬유시트보강방법

    (3) 강재앵커공법   (4) 치환공법

  2) active method

    prestress에 의한 응력 개선

Ⅶ 맺음말

1. 콘크리트의 열화는 콘크리트에 균열 발생 및 당초 콘크리트가 가지고 있던 소요의 강도, 내구성, 수밀성, 강재보호성능을 저하시킨다.

2. 따라서 발생원인을 정확히 파악하여 원인별로 대책을 수립하고 재료, 배합, 시공관리를 통한 열화 발생 최소화대책과 보수 · 보강 등을 통한 열화 발생 시 처리대책을 시행하여 콘크리트에 열화에 대한 피해가 발생하지 않도록 품질관리를 철저히 하여야 한다.

강재말뚝의 부식 발생 메커니즘 및 방식의 종류와 특징

문제 분석	문제 성격	응용 이해	중요도	■■■□□□□
	중요 Item	부식 발생 메커니즘, 전기방식, 해양환경하 부식성		

Ⅰ 개 요

1. 강재의 부식현상은 용존산소가 존재하는 일반적인 중성환경에서의 부식과, 용존산소가 존재하지 않는 환경에서의 부식으로 분류된다.

2. 강재말뚝의 부식은 강재말뚝을 둘러싸는 환경, 즉 담수, 해수, 대기, 토양 등이 가진 물과 산소에 의해 발생한다.

$$Fe^{2+} + H_2O + \frac{1}{2}O_2 \rightarrow Fe(OH)_2$$

$$Fe(OH)_2 + \frac{1}{2}H_2O + \frac{1}{4}O_2 \rightarrow Fe(OH)_3$$

$$\Rightarrow Fe_3O_3$$ 가 되고, 더 진행하면 Fe_3O_4 가 된다.

Ⅱ 부식과 방식에 대한 규정

구 분	부식두께	대 책
육상토층	0.025mm(평균연 부식률)× 80년(평균내구연한)=2.0mm	• 강말뚝두께 증가(+2.0mm)
염분함유토층	0.03mm(평균연 부식률)× 80년(평균내구연한)=2.4mm	• 강말뚝두께 증가(+3.0mm)
해상 및 수상구간	• 고조수위(HWL) 위 0.03mm/년×80년=2.4mm • 고조수위와 해저 지표면 사이 0.1mm/년×80년=8.0mm • 바다 밑 뻘 속 0.03mm/년×80년=2.4mm • 상시 물속 0.025mm/년×80년=2.0mm	• 기초 시공형태에 따라 강재두께가 증가하는 방법과 별도의 방식처리방법을 비교·검토하여 대책 선정 • 방식처리방법은 신뢰성 및 유지·관리측면을 고려하여 선정(전기방식법 지양)
기타	공장폐수 등 강말뚝 부식을 촉진시키는 조건에서는 별도의 검토가 이루어져야 함.	

Ⅲ 해양환경에 대한 부식성

1. 해양에 대한 환경은 해상 대기부, 비말대, 해중부, 해저토중으로 구분됨.
2. 강재의 평균부식속도(mm/년)

부식환경		부식속도
바다측	H.W.L 이상	0.3
	H.W.L ~ L.W.L -1.0m	0.1 ~ 0.3
	L.W.L -1.0m ~ 해저부	0.1 ~ 0.2
	해저 진흙층	0.03
육지측	육상 대기층	0.1
	토층(잔류수위 이상)	0.03
	토층(잔류수위 이하)	0.02

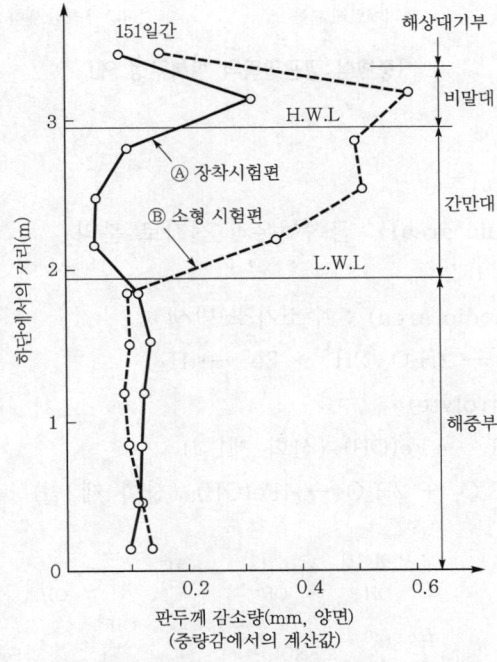

[해양환경에 대한 강재의 부식시험 결과]

Ⅳ 강재말뚝의 부식에 영향을 주는 요인

1. 지하수위 위치
2. 지반의 함수비
3. 흙의 종류
4. 흙의 저항성
5. 흙의 pH
6. 용해성 염
7. 미생물
8. 미주전류

Ⅴ 강재말뚝방식의 종류 및 특징

1. 부식두께 여분방법 : 연부식률×내구연한=여분 부식두께(부식두께 여분규정)
2. 중방식 강관말뚝(coating 방법) : 강관말뚝 표면에 폴리에틸렌, 폴리우레탄 등으로 중방식 처리 시행

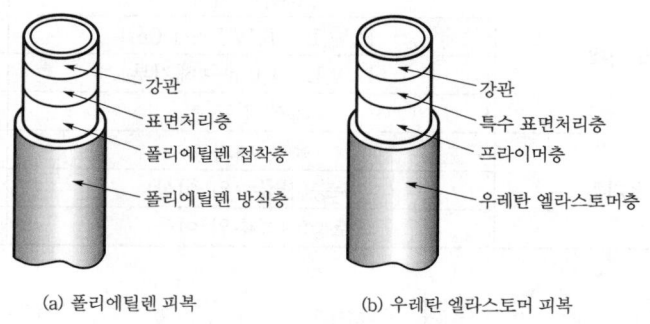

(a) 폴리에틸렌 피복   (b) 우레탄 엘라스토머 피복

[중방식 강관말뚝의 피복구성 예]

3. 전기방식방법
   1) 부식 발생 메커니즘
      (1) 양극부(anodic area) : 금속이온과 전자로 분리
         $$Fe \rightarrow Fe^{2+} + 2e^-$$
      (2) 음극부(cathodic area) : 수소가스 발생
         $$4H^+ + O_2^- \rightarrow 2H_2O, \ 2H^+ + 2e^- \rightarrow H_2$$
      (3) 전해질(electrolyte)
         $$Fe^{2+} + 20H^- \rightarrow Fe(OH)_2 \text{ (산화 제1철)}$$
         $$4Fe(OH)_2 + O_2 + 2H_2O \rightarrow 4Fe(OH)_3 \text{ (산화 제2철)}$$

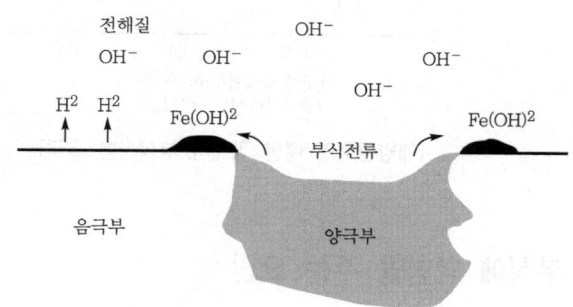

[부식과정의 전기화학적 모형]

2) 전기방식의 원리

   (1) 피방식체인 금속에 외부에서 인위적으로 전류(방식전류)를 유입시키면, 전위가 높은 음극부에 전류가 유입되어 음극부의 전위가 차차 저하되다가 양극부의 전위에 가까워져서 결국 음극부의 전위와 양극부의 전위가 같아짐.

   (2) 그 결과 금속 표면에 형성된 부식전류가 자연히 소멸되고 부식이 정지되어 피방식체인 금속은 완전한 방식상태에 있게 됨.

   (3) 이러한 원리를 응용한 방법을 전기방식법(cathodic protection system)이라 하며, 방식전류의 공급방식에 따라 희생양극법과 외부전원법 두 가지 형태로 구분됨.

3) 전기방식의 장점

   (1) 방식전류는 도장이 불가능한 환경이나 피방식체의 미세한 부분에 이르기까지 유입되므로 피방식체 전체에 대하여 완벽한 부식 방지효과가 있음.

   (2) 부식이 진행된 기존 시설물에 전기방식법을 적용하면 더 이상 부식되지 않음.

   (3) 도장, 도금 등 다른 형태의 부식 방지비용보다 훨씬 저렴하므로 더욱 큰 효과를 얻을 수 있음.

4) 외부전원방식(impressed current method)

   (1) 정의

     피방식체가 놓여 있는 전해질(해수, 담수, 토양 등)에 양극을 설치하고 여기에 외부에서 별도로 공급되는 직류전원의 (+)극을, 피방식체에 (−)극을 연결하여 피방식체에 방식전류를 공급하는 방법

   (2) 특징

     ① 별도의 외부전원 필요

     ② 타 인접 시설물에 간섭현상 야기

     ③ 부분적으로 방식전위가 다르게 나타남.

     ④ 양극전류의 조절이 수월하여 대용량에 적합

     ⑤ 토양비저항이 높은 곳에서도 적용 가능

     ⑥ 주기적인 유지보수 필요

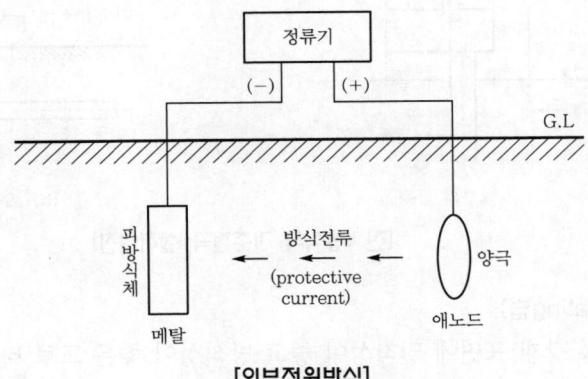

[외부전원방식]

5) 희생양극방식(sacrificial anode method)

(1) 정의

피방식체보다 저전위의 금속을 피방식체에 직접 또는 도선으로 연결시키면 저전위
의 금속은 피방식체 대신 소모되어 피방식체의 부식이 완전히 정지하게 되는데, 이
러한 전기방식법을 희생양극법 또는 유전양극법이라 함.

(2) 특징

① 별도의 외부전원이 필요 없음.
② 인접 시설물에 간섭현상이 거의 없음.
③ 전류분포가 균일함.
④ 양극전류가 제한되어 대용량에 부적합
⑤ 토양비저항이 높은 곳에서는 비경제적
⑥ 양극수명 동안 유지보수가 거의 필요 없음.

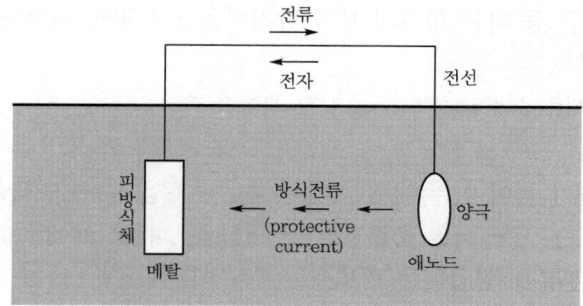

[희생양극방식]

6) 전기방식의 기준전극(reference electrode)

(1) 정의 : 전기방식 설치 후 피방식체에 대한 방식효과를 확인하는 방법
(2) 방법 : 기준전극을 이용하여 지중 또는 해수에 설치된 방식대상물의 방식전위를
측정할 수 있도록 피방식체 부근의 지상에 측정함 설치

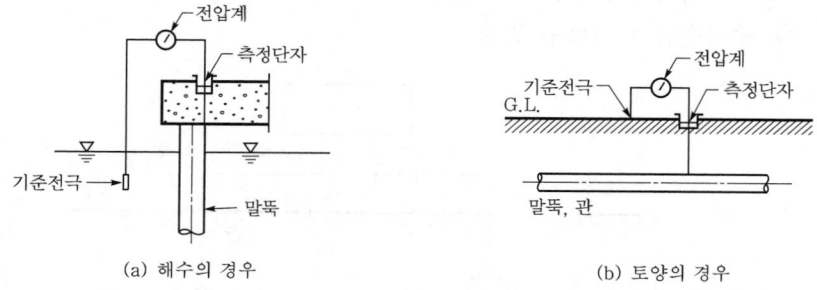

(a) 해수의 경우   (b) 토양의 경우

[전기방식의 기준전극 설치위치]

4. 기타 방식법(coating법)

1) 도복장방법 : 강재 표면에 밀착성이 좋고 방식성이 좋은 도료 타르에폭시(tar-epoxy)수
지, 후막 징크리치 페인트 등 사용

2) 유기라이닝방법 : 우레탄, 엘라스토머, 레진 모르타르(resin mortar) 강화플라스틱
   등 유기질 재료를 강재 표면에 2 ~ 10mm 두껍게 포장하는 방법
3) 무기라이닝방법 : 시멘트 밀크 콘크리트 등 시멘트 경화체로 말뚝 외부를 피복하는 방법
4) 복합방식법 : 복합방식이란 말뚝 표면의 피복층이 다수의 방식층으로 구성된 방식

Ⅵ 맺음말

1. 강관말뚝의 부식은 강재료보다 토양의 환경적인 원인 때문에 많이 발생하고 있다.
2. 토양의 환경적인 원인을 조사하기 위한 토양 부식성 평가를 위해 국내 지반환경조사를
   통해 인자를 점수화하여 강관말뚝의 부식을 방지할 수 있는 방안을 강구하여야 한다.

구조용 강재의 종류별 특징 및 후판 강재의 규격체계

문제 분석	문제 성격	기본 이해	중요도	■■■□□□□
	중요 Item	KS 개정, 샤르피 충격시험, 고성능강, 한랭지에서의 강재 선정		

I 개 요

1. 구조용 강재의 성능에 영향을 미치는 요소는 화학성분, 기계적 특성, 용접성, 기타 등으로 구분할 수 있다.
2. 구조용 열간압연강재에는 일반적으로 일반구조용 강재와 용접구조용 강재로 크게 나뉘며, 강판 열간압연에 의하여 제조된 강판은 두께에 따라서 6mm 이상을 후판이라 한다.

II 최근 KS 개정배경

1. 최근 건설구조물의 설계 및 시공기술의 발전으로 고층화·대형화 추세에 대비
2. 철강산업의 향상된 기술력 반영
3. 구조물 안정성 강화를 목적으로 한국산업규격(KS)을 상향 개정

III 주요 개정내용(후판 관련 규격)

1. 규격 변경

규격번호	규격명	Edition	
		기 존	개 정
KS D 3503	일반구조용 압연강재	2014	2016
KS D 3515	용접구조용 압연강재	2014	
KS D 3861	건축구조용 압연강재	1999	
KS D 3868	교량구조용 압연강재	2009	

2. 강종명 변경 : 인장강도 기준 → 항복강도 기준 표기
3. 성분기준 강화(PS 불순물 제재 강화)
4. 합금원소 첨가 제한
5. C_{eq}(탄소당량) 계산식 국제규격 일치화
6. 항복/인장강도 상향
7. 충격시험 범위 확대(6mm 초과, 저온충격인성 보증)

8. 적용시점

　　1) 2017년 1월 1일부 : 비KS 인증품목인 건축구조용 압연강재 적용

　　2) 2017년 12월 31일까지 : 신·구 KS 병행 적용

　　3) 2018년 1월 1일부 : 신KS 단독 적용

Ⅳ 구조용 강재의 종류별 특징

1. 용접구조용 압연강재(KS D 3515)

　　1) 정의

　　　(1) SS와 동일한 강재이나 용접성을 고려하여 제조한 강재

　　　(2) 샤르피 흡수에너지의 양에 따라 A, B, C, D종으로 구분

　　2) 종류 및 기호

기호(종래 기호)	적용두께
SM275A(SM400A)	강판, 강대, 형강 및 평강 200mm 이하
SM275B(SM400B)	
SM275C(SM400C)	
SM275D(－)	
SM355A(SM490A)	강판, 강대, 형강 및 평강 200mm 이하
SM355B(SM490B)	
SM355C(SM490C)	
SM355D(－)	
SM420A(－)	강판, 강대, 형강 및 평강 200mm 이하
SM420B(SM520B)	
SM420C(SM520C)	
SM420D(－)	
SM460B(SM570)	강판, 강대, 형강 및 평강 100mm 이하
SM460C(－)	

　　3) 주요 개정내용

　　　(1) 신규 : 탄소당량(C_{eq}) 및 용접균열 감수성(P_{CM}), 종류의 기호

　　　(2) 강화 : 항복강도, 인장강도, 연신율, 화학성분, 충격

　　　(3) 단순변경 : 종류의 기호(인장강도 → 항복강도) 외

　　4) 품질시험항목

　　　(1) 화학성분　　　　　　　　(2) 기계적 성질

　　　(3) 탄소당량　　　　　　　　(4) 두께방향 특성

　　　(5) 용접균열 감수성

2. 일반구조용 압연강재(KS D 3503)

  1) 정의

    용접성보다 기계적 성질에 중점을 둔 강재로서, 한랭지, 주요 부재 등의 용접에는 가능한 억제하여야 함.

  2) 종류 및 기호

기호(종래 기호)	적용두께
SS235(SS330)	강판, 강대, 형강 및 평강
SS275(SS400)	강판, 강대, 형강, 평강 및 봉강
SS315(SS490)	
SS410(SS540)	두께 40mm 이하의 강판, 강대, 형강, 평강 및 지름, 변 또는 맞변거리 40mm 이하의 봉강
SS450(SS590)	
SS550(－)	두께 40mm 이하의 강판, 강대, 형강, 평강

  3) 주요 개정내용

    (1) 신규 : 화학성분(C, Si, Mn) 및 합금첨가 규제, SS550

    (2) 강화 : 항복강도, 인장강도, 연신율

    (3) 단순변경 : 종류의 기호(인장강도 → 항복강도) 외

  4) 품질시험항목

    (1) 화학성분

    (2) 기계적 성질

3. 건축구조용 압연강재(KS D 3861)

  1) 정의

    건축에서 사용되는 강재로 용접성보다 기계적 성질에 중점을 둔 강재

  2) 종류 및 기호

기호(종래 기호)	적용두께
SN275A(SN400A)	강판, 강대 및 평강 6mm 이상 100mm 이하
SN275A(SN400A)	
SN275A(SN400A)	
SN355B(SN400B)	강판, 강대 및 평강 6mm 이상 100mm 이하
SN355C(SN400C)	
SN460B(－)	강판 및 강대 6mm 이상 100mm 이하
SN460C(－)	

  3) 주요 개정내용

    (1) 신규 : 종류의 기호

(2) 강화 : 항복강도, 인장강도, 연신율, 화학성분, 충격

(3) 단순변경 : 종류의 기호(인장강도 → 항복강도) 외

4) 품질시험항목

(1) 화학성분　　　　　　　　　(2) 기계적 성질

(3) 탄소당량(C_{eq})　　　　　　(4) 충격시험(두께 6mm 초과 강재 실시)

(5) 용접균열 감수성(P_{CM})

4. 교량구조용 압연강재(KS D 3868)

1) 정의

기존 강종 대비 화학성분 첨가원소, 탄소당량, 용접균열 감수성 등을 엄격히 제한하여
강도, 인성, 용접성, 내부식성 등을 종합적으로 개선한 교량 맞춤형 고성능강

2) 종류 및 기호

기호(종래 기호)	적용두께
HSB380(HSB500)	100mm 이하의 강판
HSB380L(HSB500L)	
HSB380W(HSB500W)	
HSB460(HSB600)	
HSB460L(HSB600L)	
HSB460W(HSB600W)	
HSB690(HSB800)	80mm 이하의 강판
HSB690L(HSB800L)	
HSB690W(HSB800W)	

3) 주요 개정내용

(1) 강화 : 항복강도, 화학성분, 충격

(2) 단순변경 : 종류의 기호(인장강도 → 항복강도)

4) 품질시험항목

(1) 화학성분

(2) 기계적 성질

(3) 탄소당량

Ⅴ 구조용 강재의 성능지표

1. 화학성분의 영향

1) 탄소(C)의 영향

(1) 탄소량 0.8% 이하에서 함유량과 강도가 비례함.

(2) 탄소량이 0.55%까지 증가 시

　① 강도특성(항복점, 인장강도, 경도) 증가

　② 인성 · 충격특성(단면 축소율, 연신율, 충격치) 감소

2) 망간(Mn) : 강도를 증가시키며 연성강도가 작음.

3) 규소(Si) : 강도를 증가시키며 충격치 감소

4) 인(P), 황(S)

(1) 강에 존재하는 불순원소로 함유량을 제한함.

(2) P의 함유량이 많아지면 용접성, 냉간가공성, 충격특성이 나빠짐.

(3) S 성분은 충격특성, 단면축소율에 영향을 미침.

(4) P외 S의 함량이 낮을수록 충격특성이 좋아짐.

2. 강재의 기계적 성질(특성치)에 대한 지표

1) 항복강도 및 인장강도

(1) 강재의 기본품질 및 구조물의 안정성 확보

(2) 항복 및 인장강도의 상 · 하한값 규정

2) 항복비

(1) 강재의 변형경화(strain hardening) 정도(소성변형능력)를 추정

(2) 항복비가 낮을수록 항복 후 인장강도 도달 시 충분한 소성변형 가능

(3) 연신율, 단면 축소율 : 강재 연성(ductility) 추정의 정도

3) 샤르피 충격에너지

(1) V-notch 시험편의 샤르피 충격시험에 의해 측정되는 에너지값

(2) 강재의 인성을 추정하며, 강재의 인성은 구조물(or 용접부)에 발생한 균열 또는 결함이 계속 전파될지 여부를 좌우하는 특성

3. 용접성에 대한 지표

1) 탄소당량(C_{eq}, carbon equivalent)

(1) 용접부의 기계적 성질은 탄소량에 의해 크게 변하는데, 기타 함유원소가 탄소에 비해 어느 정도 영향이 있는지 계수화하여 함유량에 곱한 값의 총량

(2) 0.44% 이상이면 용접 전 예열 실시

(3) 산정식 : $C_{eq} = C + \dfrac{Mn}{6} + \dfrac{Cr + Mo + V}{5} + \dfrac{Ni + Cu}{15}$

2) 용접균열 감수성(P_{CM})

(1) 용접 시 균열 감수성에 대한 판단지표

(2) 산정식 : $P_{CM} = C + \dfrac{Si}{30} + \dfrac{Mn}{20} + \dfrac{Cu}{20} + \dfrac{Ni}{60} + \dfrac{Cr}{20} + \dfrac{Mo}{15} + \dfrac{V}{10} + 5B$

Ⅵ 구조용 후판강재의 규격체계

SM 355 A W N ZC
1. 2. 3. 4. 5. 6.

1. 강재의 명칭
1) SS : Steel Structure(일반구조용 압연강재)
2) SM : Steel Marine(용접구조용 압연강재)
3) HSB : High-performance Steel for Bridges(교량구조용 압연강재)
4) SMA : Steel Marine Atmosphere(용접구조용 내후성 열간압연강재)
5) SN : Steel New(건축구조용 압연강재)
6) FR : Fire Resistance(건축구조용 내화강재)

2. 강재의 항복강도
1) 235 : 235MPa
2) 275 : 275MPa
3) 315 : 315MPa
4) 450 : 450MPa

3. 샤르피 흡수에너지등급
1) A : 27J 이상(시험온도 20℃)
2) B : 27J 이상(시험온도 0℃)
3) C : 27J 이상(시험온도 -20℃)
4) D : 27J 이상(시험온도 -40℃)

4. 내후성 등급
1) W : 압연, 녹 안정화처리 필요
2) P : 일반도장처리 후 사용

5. 열처리의 종류
1) N : Normalizing(표준)
2) QT : Quenching Tempering
3) TMC : Thermo Mechanical Control(열가공제어)

6. 내라멜라테어등급
1) ZA : 별도의 보증 없음
2) ZB : Z방향 15% 이상
3) ZC : Z방향 25% 이상
4) T자형, 십자형, 모서리 부위의 필릿 다층용접부와 같이 용접 시 판두께 방향(Z방향)으로 강한 인장구속응력으로 인한 층상균열(lamellar tear)을 개선하고 제거하기 위한 라멜라테어 강재의 등급

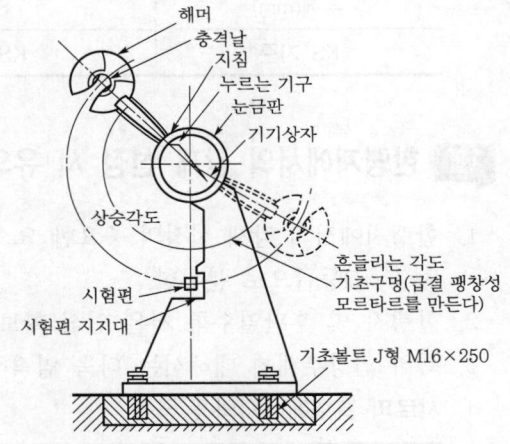

[샤르피 흡수에너지시험]

Ⅶ 교량구조용 압연강재의 특징

1. HSB : High-performance Steel for Bridges
2. 교량구조물의 최대 성능을 저렴한 비용으로 구현하기 위해 기존 강종 대비 강도, 인성, 용접성, 내부식성 등을 개선한 교량 맞춤형 강재
3. 높은 저온 인성 확보로 한랭지역의 취성파괴위험 감소, 화학성분 첨가원소, 탄소당량, 용접균열 감수성 등을 제한한 교량용 고성능 압연강재
4. 교량구조용 압연강재와 건축구조용 압연강재의 비교

항 목	교량구조용 HSB690	건축구조용 HSA650
항복비	규정 없음	0.85 이하
항복강도(MPa)	690 이상	650 ~ 770
인장강도(MPa)	800 이상	800 ~ 950
두께(mm)	80 이하	25 ~ 100
KS 기준	KS D 3868	KS D 5994

Ⅷ 한랭지에서의 강재 선정 시 유의사항

1. 한랭지에서의 강재 선정의 중요한 요소는 저온 인성을 나타내는 샤르피 흡수에너지로 A, B, C, D등급으로 분류함.
2. 한랭지 및 후판일수록 저온 인성 확보에 바람직함.
3. 특히 인장부재에 대해서는 더욱 엄격하게 적용해야 함.
4. 샤르피 흡수에너지의 등급

강 종	규 정
A재	20℃에서 27J 이상
B재	0℃에서 27J 이상
C재	-20℃에서 27J 이상
D재	-40℃에서 27J 이상

※ SM460B : 0℃에서 47J 이상

Ⅸ 맺음말

강재는 사용조건에 따라 적정한 성능과 규격의 강재를 선정하고 사용하여 강구조물의 고성능화(내부식/내피로, 내취성파괴, 내진)를 향상시켜야 한다. 특히 한랭지에서 강재를 선정할 때 샤르피 충격시험에 따른 강재 선정에 신중을 기하여야 한다.

Section 53 **용접결함의 종류 및 품질관리방안**

문제 분석	문제 성격	기본 이해	중요도	■■■■□□□
	중요 Item	결함의 발생원인과 대책, 조치방안, 비파괴검사		

I 개 요

1. 용접결함은 용접구조물의 안정성 및 사용목적을 손상시킬 수 있는 특정한 형태의 불연속 지시(균일한 형상에서 불균일한 형상을 총칭)를 가리키는 말이다.
2. 용접부의 결함은 구조물의 내구성을 저하시키고 접합부의 응력에 대한 강도를 상실시키므로, 이를 방지하기 위해서는 시공 시 결함의 종류를 파악하고 원인을 분석하여 품질관리를 철저히 해야 한다.

II 강재의 용접부의 구성

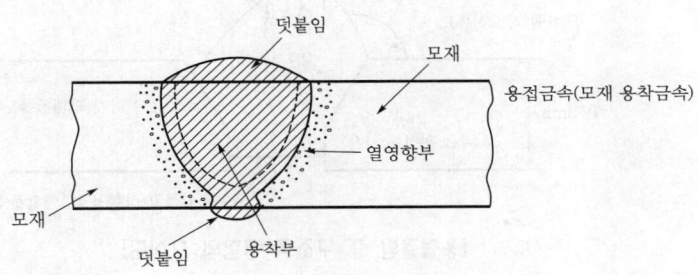

1. **용접금속** : 용접부의 일부로 용접하는 동안 용융 응고된 금속
2. **용착금속** : 용접작업에 의해 용가재로부터 모재에 용착된 금속
3. **융합부** : 조립한 결정구조를 가지며 모재의 일부가 융해 응고되어 고체가 된 부분
4. **열영향부(HAZ)** : 용접에 의해 열의 영향을 받아 성질이 변화된 모재 부분. 용접부는 국부적으로 용융된 후 냉각되는데, 이때 급속히 냉각이 이루어져 퀜칭효과에 의해 마텐자이트 같은 경한 조직이 생성되어 모재보다 경도가 높아짐.

III 강재의 용접결함 발생 시 문제점

1. 유효단면 감소 → 작용응력 증가 → 허용응력 초과 → 부재파괴
2. Notch 효과 → 응력집중 → 피로균열 발생

Ⅳ 강재의 용접결함의 종류

1. 치수상 결함
   1) 변형
   2) 치수불량
   3) 형태불량

2. 구조상 결함
   1) 기공(blowhole)
   2) 슬래그 혼입
   3) 용융불량
   4) 용입불량
   5) 언더컷(undercut)
   6) 균열(crack)
   7) 표면결함
   8) 웜홀

3. 재질상 결함
   1) 기계적 성질
   2) 화학적 성질

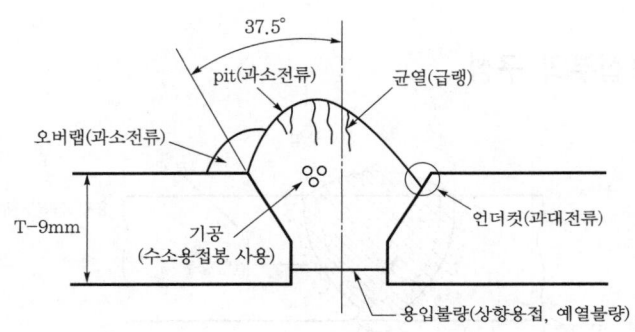

[용접결함 중 구조적 결함의 모식도]

Ⅴ 용접결함의 특징 및 품질관리방안

1. 균열(crack)
   1) 발생장소
      (1) 용접부의 작은 단면에 걸리는 하중이 금속의 응력값을 초과할 때 발생
      (2) 국부적인 높은 응력 때문에 용접부 또는 모재가 불균일하게 갈라짐
   2) 발생원인
      (1) 용접속도가 빠를 때
      (2) 습한 용접분위기 속에서 용접할 때
      (3) 부적당한 용접봉 사용
      (4) 모재의 탄소, 유황, 망간 등의 함유량이 많을 경우

3) 발생형태

발생시기	발생온도	발생위치	발생형상	발생방향
용접 중 발생한 균열	고온균열	용착금속부 균열	크레이터균열 병배 비드균열	종균열 횡균열
		모재부 균열	설퍼균열	
	저온균열	용착금속부 균열	루트균열 힐균열 미소균열	
		열영향부 균열	토우균열 루트균열 비드 밑 균열	
		모재부 균열	층상 터짐	
용접 후 발생한 균열	지연균열			
후열 처리 시 발생한 균열	재열균열(응력 제거 균열)			
사용 중 발생한 균열	피로균열(fatigue crack)			

4) 방지대책

   (1) 알맞은 용접속도 유지

   (2) 예열 및 적당한 보호장치 사용

   (3) 적정한 용접봉 사용

   (4) 예열, 후열을 하고 저수소계 용접봉 사용

   (5) 끝단부의 열원을 유지한 후 후열 시행

   (6) 예열, 용접비드 배치법 변경, 용접부 단면적을 넓힘.

2. 슬래그 혼입

1) 발생원인 : 전층의 슬래그 제거가 불완전하거나 소전류, 저속도로 용접 시행

2) 발생형태 : 슬래그가 완전히 부상하지 못하고 용착금속 속에 섞여 있는 상태

3) 방지대책

   (1) 전층의 슬래그를 브러시 및 그라인더로 완전히 제거

   (2) 적당한 용접각도 및 용접조건 설정 후 용접 실시

3. 기공(blow hole)

1) 발생원인

   (1) 가스의 유량이 부족하거나 가스에 불순물이 혼입된 경우

   (2) 강풍 등으로 인한 용접부의 급랭(가스가 냉각되어 기공 형성)

2) 발생형태 : 용접부에 작은 구멍이 산재되어 있는 상태

3) 방지대책

   (1) 바람이 2m/s 이상이면 방풍벽 설치 후 용접 실시

   (2) 적당한 용접조건 설정 후 용접 실시

4. 스패터(spatter)

   1) 발생원인

      (1) 건조되지 않은 용접봉을 사용하거나 전류가 높을 때

      (2) 아크길이가 길 때

   2) 발생형태 : 용접 시 조그만 알갱이가 튕겨 나와 붙어 있음.

   3) 방지대책

      (1) 충분히 건조시켜서 사용하며, 적정한 전류를 적용함.

      (2) 아크길이를 짧게 함.

5. PIT

   1) 발생원인

      (1) 모재에 탄소, 망간 등의 합금원소 과다

      (2) 이음부에 유지, 녹 등이 부착되어 있거나, 전극 와이어가 흡습

   2) 발생형태 : 용접부의 바깥면에서 나타나는 작고 오목한 구멍

   3) 방지대책

      (1) 예열 및 후처리 철저히 시행

      (2) 전극 와이어를 충분히 건조시키고, 염기도가 높은 전극 선택

6. 오버랩(overlap)

   1) 발생원인

      (1) 용접속도가 너무 느린 경우

      (2) 용접전류가 너무 낮거나, 토치위치가 부적당

   2) 발생형태 : 용착금속이 변 끝에서 모재에 융합되지 않고 겹친 형상

   3) 방지대책

      (1) 적당한 용접각도 및 용접조건 설정 후 용접 실시

      (2) 용접속도 및 전류에 관한 규정 준수

7. 언더컷(under cut)

   1) 발생원인

      (1) 용접전류 및 전압이 지나치게 높을 경우

      (2) 전극 와이어의 송급이 불규칙할 경우

      (3) 토치각도 및 운봉 조작이 부적당할 경우

   2) 발생형태 : 용접의 변 끝을 따라 모재가 파이고 융착금속이 채워지지 않음.

   3) 방지대책

      (1) 적당한 용접조건을 선정하여 실시

      (2) 전극 와이어의 송급속도가 일정하도록 wire feeding 장치 수시 점검

      (3) 토치각도 및 운봉 조작을 규정대로 시행

8. 언더필(under fill, 덧살 부족)

   1) 발생원인

      (1) 용접속도가 빠르거나 용접전류가 너무 낮을 경우

      (2) 토치각도가 낮거나 아크의 길이가 너무 길 경우

   2) 발생형태 : 용접부의 외부 면이 완전히 채워지지 않은 상태

   3) 방지대책

      (1) 충분히 용착될 수 있도록 용접속도 조정

      (2) 토치각도 및 운봉속도를 조절하여 슬래그가 선행하지 않도록 조절

      (3) 전층 비드의 괴형상을 제거하여 언더필의 발생 방지

9. under cut과 under fill의 비교

구 분	under cut	under fill
발생원인	과대전류	용접속도가 빠를 때
문제점	용접부 단면적 감소	단면적 감소 notch 효과

Ⅵ 용접결함의 일반적인 원인과 방지대책

1. 용접결함의 원인

   1) 재료의 불량 및 열의 영향으로 인한 재질변화

   2) 숙련도 부족(용접사의 기량 부족)

   3) 전류 및 속도의 불균일

   4) 개선면의 정확도 부족(불순물의 혼입)

2. 용접결함 방지대책

   1) 설계단계

      (1) 양질의 재료 선정 및 확보   (2) 용접방법

      (3) 시공조건   (4) 용접사의 숙련도 등을 종합적으로 검토

   2) 재료

      (1) 용접조건에 맞는 용접재료의 선정

      (2) 적정한 전류 및 전압

   3) 시공단계

      (1) 용접조건에 적합한 용접봉의 선정

      (2) 모재의 이물질 제거

      (3) 전극 와이어의 충분한 건조

      (4) 적정한 전류 및 전압

      (5) 적정한 용접속도의 유지

Ⅶ 용접결함 방지를 위한 품질관리방안

1. 용접 착수 전
   1) 트임새 모양   2) 구속법   3) 모아대기법   4) 자세의 적부
2. 용접작업 중 : 용접순서, 용접봉, 운봉법, 전류등의 확인
3. 용접 중 방풍막 설치기준
   1) 금속아크용접 : 10m/s 이상   2) 가스실드용접 : 2m/s 이상
4. 용접 완료 후
   1) 외관검사   2) 절단검사   3) 비파괴검사(MT, PT, UT, RT, ET)

검사방법	대 상	검사내용		장 점	단 점
육안검사	• 전체	• 균열 • 언더컷 • 뒤틀림	• 오버랩 • 용접 부족 • 용접 누락	• 비용 저렴 • 즉시 발견	• 표면결함 한정
방사선 검사	• V용접 • X용접 • 홈용접	• 내부균열 • 언더컷	• 기포 • 용접 부족	• 증거보존 가능	• 즉석에서 판단 불가 • 경험자 필요 • 취급 난이 • 비용 고가
자분탐상 검사	• 홈용접 • 필릿용접	• 표면 갈라짐 • 용입 부족 • 균열		• 표면결함조사 용이 • 즉석 판단 가능	• 경험 필요 • 자성물질에만 가능
약액침투 검사	• 홈용접 • 필릿용접	• 미세 표면균열		• 간편 • 비용 저렴	• 표면결함만 가능
초음파 검사	• 홈용접 • 필릿용접	• 표면, 내부결함 • 부식상태		• 정밀함 • 신속함 • 현장 판단 가능	• 경험 필요 • 결함종류 구분 난이

Ⅷ 용접결함부 보완방법

1. 균열(crack) : 용착금속은 전체 제거 후 재용접, 모재균열 시 모재 교체
2. 용접크기 부족 : 첨가용접으로 보강
3. 결함 수정 시 용접봉은 작은 지름의 용접봉 사용
4. 변형 수정 시 가열온도는 650℃ 이하로 하여 재질이 손상되지 않게 수정하여야 함.

Ⅸ 맺음말

1. 용접결함은 재료, 장비, 인력, 기상, 시공방법 및 순서 등 다양한 원인에 의해 발생하며, 결함 발생 시 구조체의 구조적 안정성 및 내구성 저하를 초래한다.
2. 따라서 접합부에 대한 품질을 확보하기 위해서는 사전에 계획을 수립하여 용접을 실시하고, 용접 전 단계에 걸친 정밀한 검사와 보완이 이루어져야 한다.

Section 54 강재 용접 시 단계별 검사방법 및 특징

문제 분석	문제 성격	기본 이해	중요도	■■■□□□□
	중요 Item	강재 용접의 종류, 검사의 필요성, 특징		

I 개 요

1. 용접으로 접합한 후 용접의 상태를 분석하고 올바른 판단을 내리는 것은 품질관리 측면에서 무엇보다 중요하다.

2. 용접검사는 용접 전, 용접 중, 용접 후의 검사로 구분되며, 용접 전 검사에서는 용접부재의 적합성 여부를 파악하고, 용접 중 검사는 사용재료 및 장비에서 발생하는 결함을 사전에 방지하기 위함이며, 용접 후 검사는 구조적으로 충분한 내력을 확보하고 있는지를 판단한다.

II 강재의 용접 종류

용접의 종류(모식도)	설 명
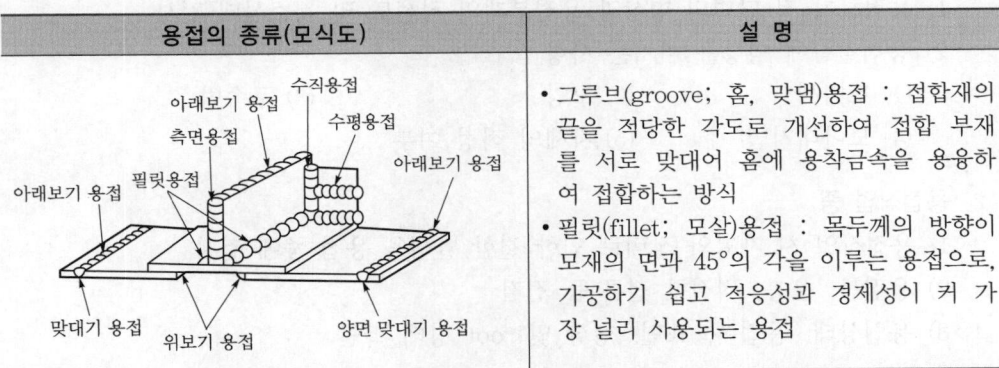	• 그루브(groove; 홈, 맞댐)용접 : 접합재의 끝을 적당한 각도로 개선하여 접합 부재를 서로 맞대어 홈에 용착금속을 용융하여 접합하는 방식 • 필릿(fillet; 모살)용접 : 목두께의 방향이 모재의 면과 45°의 각을 이루는 용접으로, 가공하기 쉽고 적응성과 경제성이 커 가장 널리 사용되는 용접

III 강재 용접이음의 특징

1. 장점
   1) 이음효율이 높음.　　　　　　　 2) 유밀성, 기밀성, 수밀성이 우수함.
   3) 구조의 간단화가 가능함.　　　　 4) 재료의 두께제한이 없음.
   5) 수리 및 보수가 용이하며 제작비가 절감됨.

2. 단점 및 해결방안
   1) 품질검사가 곤란함. → 비파괴시험 시행
   2) 응력집중에 대하여 민감함. → 변형, 파괴의 원인

3) 용접사의 기술에 의해서 이음부의 강도가 좌우됨. → 용접사 기량검사 시행

4) 저온 취성파괴가 될 가능성이 있음. → heat treatment로 완화

Ⅳ 단계별 강재 용접검사방안

단 계	관리항목
용접 착수 전	용접재료의 사항 확인, 용접절차 확인시험, 용접사 기량시험, 트임새 모양, 구속법, 모아대기법, 자세의 적부
용접작업 중	용접조건 확인(용접전류 및 전압, 용접속도, 예열, 중간 온도, 후열, 보호가스, 용접자세), 필요시 표면결함검사
용접 완료 후	용접조건, 용접 외관(언더컷, 오버랩 등), 비파괴검사, 용접 각장 등 치수검사, 용접 누락

Ⅴ 용접검사방법의 단계별 특징

1. 용접 착수 전

   1) 용접하기 전 단면의 형상과 용접부재의 직선도 및 청소상태 검사

   2) 용접결함에 영향을 미치는 사항

      (1) 트임새   (2) 모양   (3) 구속법

      (4) 모아대기법   (5) 자세의 적정 여부

2. 용접작업 중

   1) 용접작업 시 재료와 장비로 인한 결함 발생을 용접 중에 검사

   2) 용접봉, 운봉, 적절한 전류 등 점검

   3) 용입상태, 용접폭, 표면, 형상 및 root 상태 확인

3. 용접작업 후

   1) 외관검사(육안검사, Visual Testing, VT)

      (1) 용접부에 구조적 손상을 입히지 않은 상태에서 용접부 표면을 육안으로 분석하는 방법

      (2) 외관검사만으로 용접결함의 70 ~ 80%까지 분석 및 수정 가능

   2) 비파괴시험(nondestructive inspection, NDT, NDI)

      (1) 방사선투과시험   (2) 초음파탐상시험   (3) 자분탐상시험

      (4) 침투탐상시험   (5) 와류탐상시험   (6) 누설시험

   3) 절단검사

      (1) 구조적으로 주요 부위, 비파괴검사로 확실한 결과를 분석하기 어려운 부위 등을 절단하여 검사하는 방법

      (2) 절단된 부분의 용접상태를 분석하여 결함을 추정·예상하고 수정

Ⅵ 비파괴시험방법의 종류별 특징

1. 비파괴시험의 목적

   1) 품질평가 : 규정된 규격 혹은 사양서에 따라 제조되고, 규정된 품질을 만족하고 있는
      가의 여부를 확인하는 경우 적용

   2) 수명평가 : 다음 검사시기까지 안전하게 사용될 수 있는가의 여부를 추정하여 평가하고자
      하는 것이며, 설비의 수명을 평가하기 위하여 적용

2. 방사선투과시험(radiographic testing)

   1) 정의 : 엑스선, 감마선 등의 방사선을 시험체에 투과시켜 X선 필름에 상을 형성시킴으로
      써 시험체 내부의 결함을 검출하는 검사방법

   2) 결함 분석

      (1) 균열, blow hole, undercut, 용입불량

      (2) 슬래그 감싸돌기, 융합불량

   3) 특징

      (1) 검사장소의 제한

      (2) 검사한 상태를 기록으로 보존 가능

      (3) 두꺼운 부재의 검사 가능

      (4) 방사선은 인체 유해

      (5) 시험체 내부의 결함을 검출하는 방법

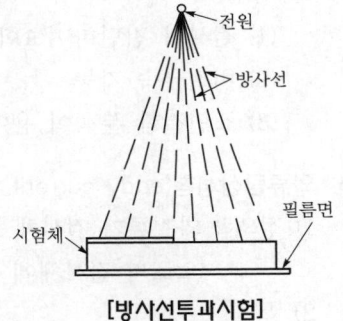

[방사선투과시험]

3. 초음파탐상시험(ultrasonic testing)

   1) 정의 : 용접 부위에 초음파를 투입과 동시에 브라운관 화면에 용접상태가 형상으로 나타
      나며 결함의 종류, 위치, 범위 등을 검출하는 방법

   2) 결함 분석

      (1) 용접부, 주단강품 등의 내부결함을 검출

      (2) 재료의 두께 및 배관 등의 부식 정도를 측정

   3) 특징

      (1) 넓은 면을 판단할 수 있으므로 빠르고 경제적임.

      (2) T형 접합부 검사는 가능하나, 복잡한 형상의 검사는 불가능

      (3) 기록성이 없음.

      (4) 시험체 내부의 결함을 검출하는 방법

4. 자분탐상시험(magnetic particle testing)

   1) 정의 : 용접 부위 표면 주변 결함, 표면 직하의 결함 등을 검출하는 방법으로 결함부의
      자장에 의해 자분이 자하되어 흡착되면서 결함을 발견하는 방법

2) 결함 분석

    (1) 균열, 겹침(laps), 심(seams), 탕경계(cold shut)

    (2) 라미네이션(lamination)

3) 특징

    (1) 육안으로 외관검사 시 나타나지 않은 균열, 흠집, 검출 가능

    (2) 용접 부위의 내부 깊은 곳의 결함 분석 미흡

    (3) 검사결과의 신뢰성 양호

5. 침투탐상시험(liquid penetrant testing)

1) 정의 : 용접 부위에 침투액을 도포하여 결함 부위에 침투를 유도하고, 표면을 닦아낸 후 판단하기 쉬운 검사액을 도포하여 검출하는 방법

2) 특징

    (1) 검사가 간단하며 1회에 넓은 범위를 검사할 수 있음.

    (2) 비철금속 가능

    (3) 표면결함 분석이 용이함.

6. 와류탐상시험(eddy current testing)

1) 정의 : 와전류가 검사체 표면 근방의 균열 등의 불연속에 의하여 변화하는 것을 관찰함으로써 검사체에 존재하는 결함을 찾아내는 검사방법

2) 특징

    (1) 검사체가 전도체일 경우 적용 가능

    (2) 결함을 검출하기 위한 탐상시험뿐만 아니라 재질시험, 두께 측정 등에 적용

7. 누설시험(leak testing)

1) 정의 : 기체나 액체와 같은 유체가 시험체 외부와 내부의 압력차에 의해 시험체의 미세한 구멍이나 균열 또는 틈 등의 결함을 통해 흘러들어가거나 흘러나오는 성질을 이용하여 결함 등을 찾아내는 방법

2) 특징

    (1) 누설 여부 확인

    (2) 누설이 있을 시 누설개소, 누설량을 검출하여 시험체의 안전성 확보

3) 종류

    (1) 기포 누설시험

    (2) 압력변화 측정시험

    (3) 할로겐 누설시험

    (4) 헬륨 누설시험

    (5) 초음파에 의한 누설시험

[가스계 소화설비 누설시험]

Ⅶ 비파괴시험의 기준(도로교 표준시방서 기준)

구 분	기 준
완전 용입 맞대기 용접부의 검사	• 인장응력이나 반복하중을 받는 부재 중 책임기술자가 필요하다고 인정하는 완전 용입 맞대기 용접부는 방사선투과시험(RT)을 실시하며, 용접 이음부 전체 길이에 대해 실시 • 단, 보의 웨브 맞대기 이음부는 최대 인장응력이 작용하는 점으로부터 복부판 높이의 1/6 길이에 대해 실시하고, 잔량의 길이 중 1/4을 다시 RT 실시 　– 불합격 발생 시 이음 전 길이에 RT 실시
	• 압축응력이나 전단응력을 받는 맞대기 이음부는 매 이음부 1/4 길이에 대해 또는 전체 이음부 1/4에 대해 RT 또는 초음파탐상시험(UT) 실시 　– RT 합격등급 : 3급 이상(UT : 3급 이상)
	• T이음부나 모서리 이음부의 완전 용입부는 UT 실시 　– 인장응력 작용이음 : 2급 이상 　– 압축응력 작용이음 : 3급 이상
필릿 용접부 또는 부분용입 용접부의 검사	• 특별한 경우가 아니면 자분탐상검사(MT) 실시 　– 용접길이 3m당 300mm 실시 　– 3m 이하와 이음변화가 있는 곳에서도 300mm 실시 　– 불합격 시 발견위치에서 양쪽 1.5m 중 짧은 쪽을 선택하여 재시험 실시
용접균열의 검사	• 용접비드 및 그 근방에서는 어느 경우라도 균열이 있어서는 안 됨. • 균열검사는 육안으로 하는데, 특별히 의심이 있을 때는 MT 또는 침투탐상검사(PT) 실시

Ⅷ 용접검사의 향후 개발방향

1. 검사방법, 검사기준의 표준화
2. 전문인력의 양성과 검사인정 공인기간 설립
3. 고성능 검사장비 개발
4. 용접 시 컴퓨터로 분석할 수 있는 기기 개발

Ⅸ 맺음말

1. 접합부 용접은 구조물의 강도 및 내구성에 영향을 미치므로, 구조적으로 요구하는 내력에 대한 검사를 시행하여야 한다.
2. 용접부 품질관리를 위해서는 용접 전, 용접 중, 용접 후의 검사방법 및 유의사항을 준수하고, 검사방법, 검사기준의 표준화와 고성능 검사장비의 개발 및 로봇화 시공이 필요하다.

강재 파괴의 분류 및 특징

문제 분석	문제 성격	기본 이해	중요도	■■■□□□□
	중 Item	파괴의 종류, 시험방법, 대책방안		

I 개 요

1. 강재 파괴는 딤플(dimple)이 생성되어 파괴되는 연성파괴와 피로파괴, 불안정한 파괴인 취성파괴로 분류된다.
2. 강재를 이용한 강구조물 제작 시에는 파괴에 대한 검토(경험적, 해석적)를 하여 적정한 강재 및 연결방법을 선정하여 적용하여야 한다.

II 강재 파괴현상별 차이점

구 분		피로파괴	응력 부식	지연파괴
개념		하중, 변위의 반복에 의해 재료나 구조물에 균열이 발생하고, 이 균열이 성장하여 최종적으로 파단되는 현상	강재에 인장응력이 주어졌을 때 응력과 부식의 협동작용에 의해 인장응력의 90° 방향으로 취성균열이 발생하는 현상	정적 응력 아래에서 재료가 어느 정도 시간이 경과한 후 갑자기 급진적으로 파괴되는 현상
원인		• 응력 : 반복하중	• 재료 : 스테인리스강 • 환경 : 알칼리 • 응력 : 잔류응력, 열응력	• 재료 • 환경 : 수중, 산성, 수소 • 응력 : 지속하중, 높은 응력
대책	방지	원인 제거		
	처리	보수, 보강, 교체		
형태		발생한 균열이 사방으로 분기하는 일이 거의 없으며 파단면이 줄무늬 혹은 해변의 모래무늬를 나타냄.	• 입계균열 • 입내균열	–
시험방법		• 컬러 체크 • 초음파탐상 • 자분탐상 • 방사선을 이용한 방법	• 응력부식시험 • 응력부식균열시험	• 전기화학적 • 수소투과법

Ⅲ 강재 파괴의 분류 및 특징

1. 연성파괴

    1) 강구조물에서 나타나는 대표적인 파괴형태

    2) 강재가 탄성체에서 소성상태를 거쳐 파단에 이르는 과정

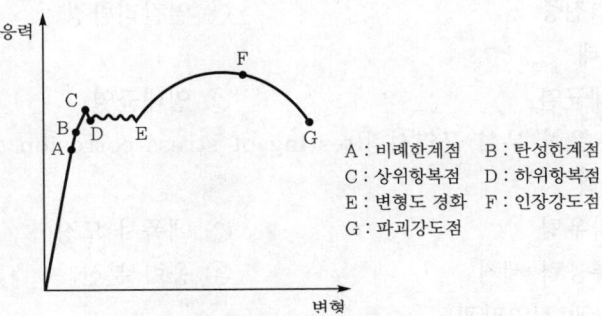

[연성파괴에 대한 강재의 응력-변형률선도]

    3) 파괴형태

        (1) 딤플 생성 파괴 : 소성변형에 의해 재료 내부의 석출물, 게재물 등의 미소입자가 핵이 되어 미소입자가 발생하고, 이 미소입자가 결합하여 강재가 파괴되는 형태

        (2) 전단분리 파괴 : 핵의 역할을 하는 미소입자가 적을 경우 큰 소성변형에 의해 미끄럼면에서 분리되어 파단되는 형태

2. 취성파괴

    1) 정의 : 저온에서 냉각 또는 충격적으로 하중이 작용하는 경우 그 강재의 인장강도 또는 항복강도 이내에서 파괴되는 현상

    2) 분류 : 응력 부식파괴, 수소취성파괴(지연파괴)

    3) 취성파괴의 원인

        (1) 재료의 인성 부족

        (2) 결함(흠)의 존재로 인한 응력집중 : 노치, 리벳구멍 및 용접결함 등의 응력집중원

    4) 강재의 인성

        (1) 취성파괴에 저항하는 강재(재료)의 성질

        (2) 인성을 평가하기 위하여 보통 샤르피(Charpy) 충격시험이 사용됨.

        (3) 샤르피 흡수에너지등급

            ① A : 27J(20℃)

            ② B : 27J(0℃)

            ③ C : 27J(−20℃)

            ④ D : 27J(−40℃)

5) 응력 부식(stress corrosion)파괴
  (1) 정의 : 강재에 인장응력이 주어졌을 때 응력과 부식의 협동작용에 의하여 인장응력
          의 90° 방향으로 취성균열이 발생하는 현상
  (2) 원인
      ① 용접 후 잔류응력   ② 강재변형
      ③ 응력집중   ④ 알칼리환경
  (3) 부식형태
      ① 임계균열   ② 임내균열
  (4) 시험 : 응력 부식 균열시험(testing of stress corrosion cracking)
  (5) 방지대책
      ① 그라우팅   ② 에폭시 도장
      ③ 잔류응력 제거   ④ 응력 분산
6) 수소취성파괴(지연파괴)
  (1) 정의 : 금속에 정적인 하중을 가하여 고온으로 장시간 유지하면 응력과 온도에 항복
          하기 전에 파괴되는 현상
  (2) 원인
      ① 응력 : 지속하중   ② 환경 : 수중, 산성, 수소
  (3) 지연파괴 검토방법
      ① 전기화학적 수소 투과법   ② 음극 수소부하 정하중 지연 파괴시험

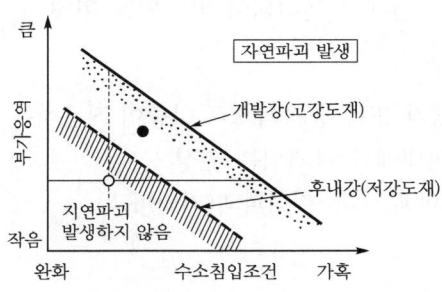

[지연파괴 발생 그래프]

3. 피로파괴
  1) 정의 : 강구조 부재가 반복하중을 받으면 부재의 내력이 인장강도 또는 항복강도 이하인
          경우에도 파괴되는 현상
  2) 피로수명 : 강재의 종류 또는 형상이 일정하면 어느 응력 수준에 대하여 거의 일정한
          반복횟수에서 파괴되는데, 이때 이 반복횟수를 말함.
  3) $S-N$ 곡선 : 어떤 응력(S)을 반복했을 경우 파괴하기까지의 반복횟수(N)

4) 피로한도 : 피로한계하중을 무한횟수로 반복하여 작용시켜도 파괴되지 않는 한도의 응력

$$f_D = \frac{2}{3} f_B \left(1 + \frac{1}{2} \frac{f_{\max}}{f_{\min}} \right)$$

5) 피로파괴의 초기단계를 파악하기 위한 비파괴시험
   (1) 컬러 체크(color check)
   (2) 자분(磁粉)탐상
   (3) 초음파탐상
   (4) 방사선을 이용한 시험방법
6) 피로부식균열(corrosion fatigue cracking)
   (1) 정의 : 부식과 반복응력의 동시 존재 상태하에서 피로저항의 감소를 의미함.
   (2) 원인 : 빠르게 반복되는 인장응력과 압축응력의 상호복합작용에 의해 발생
   (3) 방지대책
      ① 캐소드방식(예, 아연파괴)에 의해서 애노드를 불활성화
      ② 억제제(예, 크롬산염)에 의해 부동태화

Ⅳ 강교의 취성 및 피로파괴 방지대책

1. 설계, 제작 및 가설과정의 관리
   1) 응력집중부를 피할 것
   2) 내후성 강재의 충격흡수에너지 점검(고강도 강재)
   3) 후판의 사용에는 신중을 기할 것
   4) 제반 규정의 철저한 이행
   5) 동절기 용접작업은 예열, 용접비드의 연마
   6) 제작 완료 시 철저한 검사 및 점검작업
   7) 이음부에 과도한 외력을 피할 것

2. 사용 도중의 유지관리와 변상의 조기 발견
   1) 외적, 인위적 피해를 줄일 것
   2) 피로변상 조기 발견

Ⅴ 맺음말

고강도강의 사용은 재료의 결함을 가져올 수 있고 응력집중부에서 파괴가 시발되며 날씨가 추운 겨울철에 강재에 대한 충격에너지의 흡수능력을 저하시키는 점에 주의해야 한다.

MEMO

CHAPTER 05 아스팔트와 포장

무엇이든 하고자 하는 사람은 이루지 못하는 것이 없고,
무엇이든 얻고자 하는 사람은 얻지 못하는 것이 없다.

- **도로포장＝(기본) + 가요성 포장 + 강성 포장 → 선정 시 고려사항, 차이점**
  1. 포장 기본 : 안정처리공법 + 검사항목
  2. 가요성 포장 : 재료 + 배합 + 시공
  3. 강성 포장 : 재료 + 배합 + 시공

- **가요성 포장재료 [결.골.첨]＝결합재 + 골재 + 첨가재**
  1. 결합재 : 아스팔트, 개질 아스팔트
  2. 골재 : 잔골재 + 굵은 골재 → 결정기준 : 2.5mm체
  3. 첨가제 : ACP의 첨가제

- **가요성 포장 배합＝품질기준 + 배합설계**
  1. 품질기준 : 가열식, 중온식, 상온식
  2. 배합설계

- **시 공**
  1. 가요성 포장(온도, 다짐) : 코팅 + 계량 + 운반 + 포설 + 다짐
  2. 강성 포장(양생, 줄눈) : 계량 + 운반 + 포설 + 줄눈 + 마무리

- **개질 아스팔트 포장＝고무 + 금속 + 기타**
  1. 고무 : 폴리머, 합성수지
  2. 금속 : 캠크리트
  3. 기타

- **합성단면 포장＝교면포장 + White Topping 포장**

- **파손 및 대책**
  1. 가요성 아스팔트 포장의 파손, 대책
  2. 강성 아스팔트 포장의 파손, 대책
  3. 반사균열

- **재생포장＝가열재생 / 상온재생**

아스팔트 콘크리트 용어해설

1. **아스팔트**

   천연 또는 석유의 증유잔유물로서 얻어지는 역청(이산화탄소에 용해한 탄화수소의 혼합물)을 주성분으로 하는 반고체 또는 고체의 점착성 물질

2. **아스팔트 혼합물(아스팔트 콘크리트)**

   조골재, 세골재, 필러 및 아스팔트를 소정의 비율로 혼합한 재료. 도로에서 아스팔트 포장의 표층 또는 기층 등에 사용하며, 아스팔트 및 골재를 가열하여 만드는 가열 아스팔트 혼합물과 액체 아스팔트를 상온으로 사용하는 상온 아스팔트 혼합물이 있음.

3. **아스팔트추출시험**

   아스팔트 혼합물에 포함된 아스팔트분을 추출하기 위한 시험. 채취코어 등의 공시체에서 3염화에틸렌 또는 4염화에틸렌 등의 용제를 써서 아스팔트분을 추출하고, 시험 전의 중량차에서 아스팔트량을 구함.

4. **아스팔트 유제**

   아스팔트를 유화제 및 안정제를 포함하여 수중에 미립자($0.5 \sim 0.6\mu$m)로 하여 분산시킨 갈색의 액체. 살포한 후 수분이 증발하여 아스팔트의 성질을 발휘하는 특성이 있음.

5. **아스팔트 포장**

   골재를 아스팔트로 결합하여 만든 표층을 갖는 포장. 일반표층, 기층 및 보조기층에 사용하며, 시멘트 콘크리트 포장은 강성 포장이라 하고, 아스팔트 포장은 가요성 포장이라고 함.

6. **안정처리공법**

   비교적 성상이 약한 안정제를 첨가 혼합하여 개량하는 공법. 안정처리에는 연약토상의 토질개량을 목적으로 하는 것과 보조기층재료의 수정 CBR이나 PI를 개선하는 것으로 구분되며, 시멘트, 석회 및 역청재료를 안정제로 사용함.

7. **안정도**

   안정도시험에 의해 얻어지는 아스팔트 혼합물의 강도를 말하며, 통상 마샬안정도를 나타냄. 광의로는 교통하중에 의한 아스팔트 혼합물의 유동변형에 대한 저항성을 의미함.

8. **개질 아스팔트**

   포장용 석유 아스팔트의 성질을 개선한 것. 60℃ 점도를 높인 세미브라운 아스팔트, 터프니스(toughness) 및 테내시티(tenacity)의 증가에 중점을 둔 고무 넣은 아스팔트, 고온 시의 유동저항성의 개선에 중점을 둔 열가소성수지를 첨가한 아스팔트 등이 있음.

9. **개립도 아스팔트 혼합물**

   조골재, 세골재, 필러, 아스팔트로 되는 가열 아스팔트 혼합물로, 합성입도에 있어 2.36mm체 통과분이 15 ~ 30% 범위의 것. 이 혼합물의 노면은 극히 거칠어 미끄럼 방지용 혼합물로 사용

10. 하층 보조기층

보조기층을 2종류 이상의 층으로 구성할 때의 하부층. 하층 보조기층은 상부의 층에 비해서 작용하는 응력이 작으므로 경제성을 고려하여 분쇄한 입상재료나 안정처리한 현지 재료를 사용

11. 컷백 아스팔트

아스팔트를 휘발성의 석유와 혼합하여 액상으로 한 것. 일반적으로 가솔린을 혼합한 것을 RC, 케로신을 혼합한 것을 MC, 중유를 혼합한 것을 SC라고 하며, 상온혼합식 공법, 침투식 공법, 프라임코트, 택코트 등에 사용

12. 가열 아스팔트 혼합물

조골재, 세골재, 필러 등에 스트레이트 아스팔트를 적정량 가해서 가열 혼합한 아스팔트 혼합물. 통상의 아스팔트 혼합물 외에 구스 아스팔트, 매스틱 아스팔트, 아스팔트 안정처리 혼합물, 아스팔트 모르타르 등이 있음.

13. 간이포장

경교통로에 적용하는 간이포장으로, 통상 표층 및 보조기층으로 구성되며, 표층의 두께가 3 ~ 4cm 정도인 포장. 간이포장의 구조는 노상의 CBR 등에 근거하여 설계하고 기존의 자갈층 등을 유효하게 이용하는 것을 원칙으로 함.

14. 기준시험

재료나 기계의 사용 가능 여부를 확인하여 배합을 결정하며, 또 관리상 필요한 기준이 되는 수치를 얻기 위해 실시하는 시험

15. 기층

상층 보조기층의 위에 있어 그 요철을 보정하고, 표층에 가하는 하중을 균일하게 보조기층에 전달하는 역할을 갖는 층. 통상 조립도 아스팔트 혼합물 등의 가열 아스팔트 혼합물로 만듦.

16. 갭 아스팔트 혼합물

조골재, 세골재, 필러 및 아스팔트로 구성되는 가열 아스팔트 혼합물로, 합성입도에 있어 $600\mu m$ ~ 2.36mm체 또는 $600\mu m$ ~ 4.75mm체 입경 부분이 10% 정도 이내의 불연속입도로 되어 있는 것. 내마모성, 내유동성, 미끄럼저항성 등을 부여하기 위해 사용

17. 교면포장

교량 상판상의 포장. 통상 콘크리트 상판 및 강상판상의 포장으로 구분되며, 일반적으로 가열 아스팔트 혼합물이나 구스 아스팔트를 쓰고, 환경조건, 교통량에 따라 개질 아스팔트나 특수 결합재료를 쓴 혼합물을 포장에 사용

18. 구간의 CBR

조사대상구간 중 동일한 CBR로 설계하는 구간에 있어 각 지점의 CBR(평균 CBR)에서 구하는 CBR, 각 지점의 CBR의 평균치에서 그 표준편차를 빼고 구함.

19. 구스 아스팔트 포장

고온 시의 아스팔트 혼합물의 유동성을 이용하여 유입, 일반적으로 롤러전압을 하지 않는 가열혼합식 공법. 일반적으로 쿠커라 부르는 가열혼합장치를 갖춘 차로 220 ~ 260℃에 가열교반하면서 운반하고, 구스 아스팔트 피니셔나 인력에 의해 유입하여 시공하는 포장

20. 그루빙(grooving) 공법

포장노면에 폭 3 ~ 6mm, 깊이 3 ~ 4mm의 작은 홈을 15 ~ 25mm 간격으로 통상 도로연 장방향으로 절단하고, 배수가 잘되어 하이드로프레이닝 현상의 발생을 막고, 노면의 미끄럼저항성을 높이는 공법

21. 크러셔런(crusher run)

암석 또는 옥석을 크러셔로 깨뜨린 상태 그대로의 쇄석

22. K값

평판재하시험에 의해 구하는 지반의 지지력값. 아스팔트 포장에는 통상 재하강도에 대한 변위(0.25cm)의 비(kgf/cm^2)로 나타냄.

23. 공업용 석회

석회석을 원료로 하여 만들어지는 산화칼슘 또는 수산화칼슘을 주성분으로 하는 백색 괴상(생석회) 또는 분말상(소석회)의 재료. 주로 철강이나 화학공업에 쓰이나, 포장에는 노상보조기층의 안정처리나 박리 방지용 재료로 사용

24. 총두께(H)

노상에 설치한 포장단면 각 층의 총두께. 단, 마모층이나 차단층 및 동상방지층은 총두께(H)에 포함하지 않음. 포장의 구성을 결정할 경우에는 설정한 단면의 합계두께(H')가 목표로 하는 총두께(H)의 1/5 이상 밑돌지 않도록 결정함.

25. 교통량의 구분

포장설계에 쓰는 교통량의 구분. 5년 후의 대형차 1일 1방향당 교통량에 의해 L, A, B, C, D로 구분하고 있으며, 이 구분에 의해 목표로 하는 등치환산두께(T), 총두께(H)를 결정함.

26. 골재

모래, 자갈, 쇄석, 슬래그, 기타 이와 유사한 입상재료. 골재는 포함시키지 않는 것이 중요하며, 2.5mm체에 잔류하는 골재를 굵은 골재, 2.5mm체를 통과하여 75μm체에 남는 골재를 잔골재라 함.

27. 골재의 최대 입경

질량으로 95%가 통과하는 체 중 최소 크기의 체눈크기로 표시되는 골재의 크기

28. 고무 넣은 아스팔트

스티렌부타디엔 공중합물, 천연고무, 클로로프렌 중합물 등을 3 ~ 5% 정도 혼입한 아스팔트

29. 재생가열 아스팔트 혼합물

재생골재에 필요에 따라서 재생첨가제나 보충재 등을 가해 가열 혼합하여 만든 아스팔트 혼합물

30. 재생골재

기존 포장을 기계 파쇄 또는 열분쇄하여 만든 골재. 아스팔트 혼합물의 폐재 중에 아스팔트를 포함한 것을 의미함.

31. 최적 아스팔트량

아스팔트 혼합물의 사용목적에 따라서 성상이 가장 우수하도록 결정한 아스팔트량 각 혼합물의 최적 아스팔트량은 일반적으로 마샬시험에 의해 결정되며, 사용목적에 따라서 보충 실내시험(휠 트래킹시험, 라벨링시험 등)을 실시하고 최적 아스팔트량을 구하는 경우도 있음.

32. 쇄석

암석을 크러셔 등으로 파쇄하여 소정의 입도분포가 되도록 체가름한 재료. 도로포장의 보조기층이나 아스팔트 혼합물의 골재에 사용하며, 쇄석의 종류에는 단입도쇄석, 크러셔런, 입도조정 쇄석 등이 있음.

33. 세립도 아스팔트 혼합물

표층용의 가열 아스팔트 혼합물 중 밀립도 아스팔트 혼합물보다 세골재분이 많은 것. 2.36mm 체 통과량은 일반지역에서는 50 ~ 65%, 적설한랭지역은 65 ~ 80% 범위에 있다. 일반적으로 내구성이 우수하나, 내유동성에 결함이 있는 경향이 있음.

34. 세립도 갭 아스팔트 혼합물

갭입도를 갖는 세립도 아스팔트 혼합물. 2.36mm체 통과량은 45 ~ 65%로 연속입도의 것과 거의 같으나, 2.36mm ~ 600μm체 통과량은 비교적 많으며, 연속입도의 것으로 내마모성이 우수함.

35. 샌드위치공법

연약한 노상 위에 아스팔트 포장을 축조하고자 하는 경우의 공법 중 하나이며, 연약한 노상 위에 모래층이나 쇄석층을 설치하고 그 위에 두께 10 ~ 20cm의 빈배합 콘크리트 또는 시멘트 안정처리 등의 강성이 높은 층을 두고, 그 위에 입상재료의 보조기층, 가열 아스팔트 혼합물에 의한 기층, 표층을 설치하는 공법

36. 시크리프트공법

아스팔트 혼합물의 포설과 다짐에 있어서 1회의 포설두께를 통상의 경우보다 두껍게, 마무리 두께로 10cm 이상으로 하는 시공방법. 주로 보조기층의 시공에 적용

37. CBR

노상, 보조기층의 지지력을 나타내는 지수. 직경 5cm의 관입피스톤을 공시체 표면에서 관입 시킬 때 어느 관입량에 있어 시험하중강도와, 같은 관입량에 대한 표준하중강도의 비로 백분율로 나타냄.

38. 다짐도

노상, 보조기층에서 표층, 기층까지의 각 층의 시공에 있어서 재료의 다짐 정도를 나타내는 수치. 통상은 재료를 규정의 방법으로 다짐한 때의 건조밀도를 기준밀도로 하고, 현장에서 측정한 건조밀도기준의 밀도에 대한 비를 백분율로 나타냄.

39. 차단층

노상토가 지하수와 아울러 보조기층에 침입하여 보조기층을 연약화하는 것을 막기 위해 보조기층의 아래에 둔 모래층. 통상은 설계 CBR이 2일 때 두께 15 ∼ 30cm 정도의 층을 설치함. 차단층은 노상의 일부로 생각해 포장두께에는 포함하지 않음.

40. 수정 CBR

보조기층재료의 강도를 나타내는 것으로, KS F 2320을 적용하며, 3층으로 나누어서 각 층 92회 다짐했을 때의 최대 건조밀도에 대한 소요의 다짐도에 상당하는 수침 CBR을 말함. 다짐도는 통상 3층 92회 다짐할 때의 건조밀도의 95%로 결정함.

41. 상온혼합 아스팔트 혼합물

조골재, 세골재들을 아스팔트 유제나 컷백 아스팔트 등과 상온으로 혼합하여 상온(100℃ 이하)으로 포설하는 혼합물. 혼합방식에는 중앙혼합방식과 노상혼합방식이 있음. 표층에 쓰는 경우는 통상 전자에 의해, 보조기층의 안정처리는 후자에 의하며, 가열 혼합물에 비해 일반적으로 내구성은 약간 약하나, 저장이 쉽기 때문에 간단한 포장이나 보수재료로 사용.

42. 상층 보조기층

보조기층을 2종류 이상의 층으로 구성할 때 상부의 층. 입도조정공법, 역청안정처리공법, 시멘트안정처리공법 등에 의해 축조

43. 실코트

기존 포장면에 역청재료를 살포하고, 그 위에 골재를 살포하여 1층으로 마무리하는 공법. 실코트는 표층의 수밀성의 증가, 노화 방지, 미끄럼 방지 및 균열 방지 등의 목적으로 사용하며, 실코트를 반복하여 2 ∼ 3층으로 시공한 것을 아마코트라 하여 구별하고 있음.

44. 침투용 시멘트밀크

공극이 큰 입도배합의 아스팔트 혼합물층에 특수한 시멘트밀크를 침투시키는 반강성 포장에 쓰는 시멘트계 그라우트재. 시멘트, 포졸란 및 고운 모래 등을 주성분으로 하여 그것에 수지에멀전, 고무라텍스 등의 특수 첨가재를 첨가한 것.

45. 침입도

상온 부근에서 아스팔트의 경도를 나타내는 지수. 침입도시험에 의해 구한 침(針)의 관입깊이를 1/10mm 단위로 나타낸 값. 이 값이 작을수록 단단한 아스팔트임.

46. 수침휠트래킹시험

아스팔트 혼합물의 박리성상을 시험하기 위해 수중에서 하는 휠트래킹시험. 통상 60℃의 수중에서 휠트래킹시험을 하여 박리율 측정

47. 미끄럼 방지대책

습윤상태의 노면을 주행하는 차의 타이어가 미끄러져 교통사고를 일으킬 위험이 있는 장소에 미끄럼 방지를 목적으로 하여 시행하는 특별한 대책. 미끄럼 방지대책에는 개립도 또는 갭입도의 아스팔트 혼합물을 섞는 공법과 골재의 전부 또는 일부를 경질골재로 쓰는 공법, 노면에 경질골재를 살포 접착시키는 공법 및 그루빙 등의 여러 가지 공법들이 있음.

48. 수침마샬시험

아스팔트 혼합물의 박리성상을 시험하기 위해 수중에 일정 기간 수침한 혼합물에 대해서 하는 마샬시험. 통상의 마샬시험에 의한 값과 비교하기 위해 실시

49. 스티프니스

일반의 탄성체에 있어 영률 또는 탄성계수에 상당하며, 아스팔트 및 아스팔트 혼합물의 재료정수. 아스팔트 및 아스팔트 혼합물의 성상은 온도와 재하시간에 의해 영향을 받기 때문에 온도가 낮고 재하시간이 짧을수록 커짐.

50. 스트레이트 아스팔트

원유의 아스팔트분을 되도록 열에 의한 변화를 일으키지 않고 증유에 의해 들어내는 것. 산화, 중합, 점착성, 방수성이 풍부하고, 줄눈재 등 특수 목적용을 제외하고 결합재로 사용

51. 조강슬래그

철강슬래그의 하나로, 주철에서 강을 제조할 때에 발생하는 부산물. 규격에 적합한 것은 파쇄하여 보조기층용, 아스팔트 혼합물의 골재로 이용하며, 조강슬래그 중에는 팽창성 반응물질이 남아 있는 경우가 있으므로 에이징(철강슬래그를 옥외에 야적하여 안정시키는 조작)을 충분히 행한 것을 사용함.

52. 정제트리니다드 아스팔트

중미 카리브해의 트리니다드섬에서 생산되는 천연 아스팔트를 정제한 것. 산출장소가 $55만m^2$의 아스팔트로 이루어진 호수라서 레이크 아스팔트(TLA)라 부르며, 성분은 40%의 스트레이트 아스팔트와 가스, 물, 광물질로 구성되어 있음. 여기에서 물, 휘발유 및 협잡물을 제거한 것이 정제트리니다드 아스팔트

53. 설계 CBR

아스팔트 포장두께를 결정할 경우에 쓰는 노상토의 CBR. 노상토가 비슷한 구간 내에서 도로연장 방향과 노상의 깊이 방향에 대해서 구한 몇 개의 CBR의 측정치에서 그것을 대표하도록 결정한 것

54. 석회석 안정처리

노상토 등에 소석회 또는 생석회를 넣어서 스태빌라이저 등을 사용하여 혼합하는 안정처리 공법. 노상토 중의 점토와 석회가 화학적으로 반응하고, 비교적 장시간 양생 후에 사용하는 공법이며, 점토분을 포함한 자갈, 산모래 등을 골재로 사용하여 중앙플랜트로 혼합한 것은 보조기층에도 사용함.

55. 세미블로운 아스팔트

스트레이트 아스팔트에 공기를 불어넣는 조작(브로잉)을 하여 감온성을 개선하고, 60℃ 점도
로 조절하여 내유동 포장용 재료로 제조한 개질 아스팔트

56. 시멘트 · 아스팔트 유제 안정처리

현지재료 또는 노상재생 보조기층의 안정처리공법의 하나. 시멘트와 아스팔트 유제의 상승
효과에 의해 각 단위체에 의한 안정처리보다 안정성, 내구성을 높인 안정처리공법으로 주로
노상재생 보조기층의 안정처리에 사용

57. 시멘트 안정처리

현지재료 또는 이것에 보충재료를 첨가한 것에 수%의 시멘트를 첨가 혼합하여 최적함수비 부
근에서 다짐하여 보조기층을 만드는 공법. 시멘트량은 1축압축시험에 의해 결정하나, 일반적
으로 아스팔트 포장 상층 보조기층의 1축압축강도 $30kgf/cm^2$의 경우 시멘트량은 3 ~ 5% 정
도임.

58. 조립도 아스팔트 혼합물

합성입도에 있어 2.36mm체 통과분이 20 ~ 35%의 범위인 것. 아스팔트 포장의 기층 대부분
에는 이 혼합물이 사용됨.

59. 내마모대책

타이어체인이나 스파이크 타이어에 의해 노면에 마모가 심한 장소에 마모를 줄이기 위해 시
행하는 특별한 대책. 대책으로서는 아스팔트량, 골재의 경함, 아스팔트의 종류, 혼합물의 종
류 등을 검사함.

60. 내구성

골재에 대해서는 동결융해작용에 대한 안정성, 또 넓은 풍화, 침식, 마모작용에 저항하는 성
질을 말하고, 아스팔트 포장에는 박리나 균열이 발생하기 어려운 성질

61. 내유동대책

온난지역의 중교통로에 하절기의 유동을 방지하기 위해 시행하는 특별한 대책. 일반적인
아스팔트 혼합물에는 노면에 바퀴자국이 생기기 쉬운 경우, 입도나 사용하는 아스팔트를 개
선하고, 교통량, 주행속도, 기상조건 등에 적합한 배합이 되도록 함.

62. 택코트

역청재료 또는 시멘트 콘크리트판 등을 쓴 하층과 아스팔트 혼합물에 의한 상층을 결합하기
때문에 하층의 표면에 역청재료를 소량 살포한 것. 일반적으로 아스팔트 유제를 0.3 ~
$0.6L/m^2$ 살포하여 사용하며, 컷백 아스팔트, 스트레이트 아스팔트를 사용하는 것도 있음.

63. 터프니스 테네시티

고무를 넣은 아스팔트의 점탄성 물질의 파악(把握)력, 점결력을 나타내는 지표

64. 치환공법

연약한 지반을 모래나 양질의 토사 등으로 치환하는 공법

65. 착색포장

미관상 또는 교통의 안전대책상 도로의 기능을 높이기 위해 착색한 포장. 컬러포장과 같은 의미이며, 착색에는 유색골재를 쓰는 것과 결합재를 안료로 착색하는 것이 있음.

66. 중간층

아스팔트 포장에 있어 기층을 2층으로 나눈 경우 위의 층. 표층과 기층 사이에 있어서 중간층 이라고 하며, 콘크리트 포장에 있어서는 보조기층의 상부에 설치한 아스팔트 혼합물의 층

67. 철강슬래그

철강의 제조과정에서 생산되는 부산물. 규격에 적합한 것은 파쇄하여 보조기층용, 아스팔트 혼합물용 골재로 이용하며, 주철 제조과정 시 고로에서 생성하는 고로슬래그와 강의 제조과 정 시 생성하는 제강슬래그가 있으나, 그 물성은 대부분 다르므로 사용에 있어서는 적정성을 충분히 파악하는 것이 필요함.

68. 규격관리

공사 시공에 있어서 설계도서에 표시한 형상크기에 합격하도록 규격을 관리하는 것. 일반적 으로 도로포장의 경우에는 기준높이, 폭, 연장, 평탄성 등에 대해서 관리하는 것을 말함.

69. 천연 아스팔트

천연에서 산출하는 아스팔트의 총칭. 凹지에 호수와 같이 차 있는 레이크 아스팔트, 석회암이 나 사암에 스며든 록 아스팔트, 모래에 스며든 샌드 아스팔트, 또 천연석유가 암의 깨진 틈 등에서 열변성을 받아서 생기는 아스팔트타이트가 있음.

70. 동결지수

0℃ 이하의 기온과 시간의 합을 1년간 누계한 값을 말함.

71. 동상방지층

동결을 고려하지 않고 구한 포장설계두께보다 동결깊이에서 구한 치환깊이 쪽이 큰 경우 동 결 방지를 위해 그 차만큼 동상을 일으키기 어려운 재료나 단열성의 재료로 노상을 치환한 부분

72. 투수성 포장

노면의 배수를 조장하기 위해 투수성을 향상시킨 포장. 투수성 포장의 투수계수는 $1.2 \sim 1.4 \times 10 cm^3/s$ 정도의 값으로 되어 있으며, 주로 보도포장에 사용됨.

73. 등치환산두께(TA)

아스팔트 포장의 보조기층에서 표층까지의 전 층을 표층, 기층용 가열 아스팔트 혼합물로 만 들었다고 가정한 경우에 필요한 두께

74. 등치환계수

포장을 구성하는 어느 층의 두께 1cm가 표층, 기층용 가열 아스팔트 혼합물의 몇 cm에 상당 하는가를 표시한 값

75. 동적안정도(DS)

아스팔트 혼합물의 유동저항성을 표시한 지표. 휠트래킹시험에 있어 공시체가 1mm 변형하는 데 필요한 시험차륜의 통과횟수를 나타냄.

76. 동점도

절대점도를 그 시료온도의 밀도로 나눈 값. 단위는 스토크스(St, cm²/s). 동점도를 측정하는 데는 일반적으로 모세관형 점도계를 사용함.

77. 특수 결합재료

골재입자를 결합하기 위한 재료로 아스팔트 포장에 사용하는 통상의 아스팔트계 재료 이외의 유기질 결합재료의 총칭

78. 연약 노상

아스팔트 포장이나 콘크리트 포장 등에서 자연지반을 노상토로 한 구간의 CBR이 2 미만으로 되는 노상. 이 경우, 양질의 재료에 의한 치환이나 석회 또는 시멘트에 의한 안정처리, 또는 빈배합 콘크리트나 시멘트 안정처리에 의한 층을 포장하는 샌드위치공법 등을 사용하여 포장구성을 실시함.

79. 열가소성수지를 넣은 아스팔트

폴리에틸렌, 에틸렌 초산비닐 공중합물, 폴리프로필렌, 에틸렌에틸 아크리레이트 공중합물 등의 열가소성수지를 2 ~ 10% 정도 혼입한 아스팔트. 아스팔트에 열가소성수지를 혼입함으로써 아스팔트 혼합물의 내유동성이 향상됨.

80. 박리시험

아스팔트 피막의 골재에서 박리에 대한 저항성을 평가하는 시험

81. 배합설계

사용할 예정인 재료를 사용하여 소정의 재료강도가 얻어지도록 아스팔트량이나 안정재의 양을 결정하는 행위. 아스팔트 혼합물의 경우는 마샬시험, 시멘트 안정처리나 석회 안정처리의 경우는 1축압축시험, CBR 시험에 의해 배합설계 실시

82. 박리 방지대책

아스팔트 피막이 골재 표면에서 박리할 위험이 있는 경우는 그 방지를 목적으로 하여 시행하는 대책. 소석회 및 기타의 박리방지제를 첨가하는 방법이 일반적임.

83. 반강성 포장

공극이 큰 입도배합의 아스팔트 포장을 시공한 후 그 공극에 시멘트를 주체로 하여 침투 용해시키는 공법. 반강성 포장은 아스팔트 포장의 가요성과, 콘크리트 포장의 강성 및 내구성을 복합적으로 활용하는 공법

84. 표준배합

각종 아스팔트 혼합물의 특성을 얻기 위해 표시된 기준이 되는 골재입도의 범위 및 아스팔트의 배합. 통상 표준배합의 골재중앙입도를 목표로 마샬시험값이 규격을 만족하도록 아스팔트량을 배합설계로 정하는 경우가 많음.

85. 표층

아스팔트 포장에서 최상부에 있는 층. 표층은 교통하중을 분산하여 하부에 전달하는 역할 외에, 안전하고 쾌적한 주행이 되도록 적당한 미끄럼저항성과 평탄성이 요구됨.

86. 품질관리

재료의 품질특성이 시공 중에 항상 설계도서에 표시된 규격을 만족하도록 적정한 시험 등을 하여 관리하는 것. 결함을 사전에 막는 것을 목적으로 함.

87. 필러

$75\mu m$체를 통과하는 광물질 분말. 통상 석회암을 분말로 한 석분 등이 이에 상당함. 필러는 아스팔트 외관의 점도를 높이거나 골재로 혼합물의 공극을 충전하는 작용을 함.

88. 폼드 아스팔트 포장

가열한 아스팔트를 가압수증기 등을 사용하여 믹서 내에 분사하여 골재와 혼합하여 제조한 가열 아스팔트 혼합물을 쓴 포장

89. 프라임 코트

입상재료에 의해 보조기층 등의 방수성을 높여 그 위에 포설하는 아스팔트 혼합물층과 잘 부착되도록 보조기층상에 역청재료를 살포하는 것

90. 블리스터링(blistering)

아스팔트 포장 표면이 포장 후 또는 공용 시(특이하게)에 열에 의하여 원형으로 부풀어 오르는 현상. 강상판상에 남아 있는 수분이나 유분, 콘크리트 상판 등에 포함되어 있는 수분이 온도 상승에 의해 기화하여, 그때 발생하는 증기압이 원인이 되어 발생함. 일반적으로 구스 아스팔트와 같은 매스틱계 혼합물이나 세립도 아스팔트 혼합물 등 치밀한 혼합물에 많이 발생함.

91. 전 두께 아스팔트 포장

노상토의 전 층에 아스팔트 혼합물을 쓴 포장. 이 포장은 두께를 얇게 함으로써 굴삭토량이 적고 시공기간이 단축되고, 물의 침입에 의한 보조기층 지지력의 저하가 없는 등의 특징이 있음.

92. 프루프 롤링

노상, 보조기층의 다짐이 적당한지, 또 불량장소가 있는지 조사하기 위해 시공 시에 쓴 전압기계와 동등 이상의 보충다짐효과를 갖춘 롤러나 트럭 등으로 다짐 종료면에 수회 주행하여 다짐도를 확인하는 방법

93. 평균 CBR

노상의 연직 방향으로 지지력이 다른 몇 개의 층으로 되는 경우에 노상면에서 하부 1m의 층 전체로 어느 정도의 CBR에 상당하는가를 계산한 값

94. 평판재하시험

보조기층이나 노상의 지지력을 평가하기 위해 하는 시험. 일반적으로 직경 30cm의 원반에 잭으로 하중을 걸어 하중의 크기와 침하량에서 K값을 구함.

95. 휠트래킹시험

아스팔트 혼합물의 내유동성을 실내에서 확인하기 위해 하는 시험. 소정의 크기의 공시체상을, 하중을 조정한 소형 고무차륜을 반복하여 주행시켜 그때의 단위시간당 변형량에서 동적 안정도(DS)를 구함.

96. 포장용 석유 아스팔트

원유에서 얻어지는 스트레이트 아스팔트. 침입도가 40 ~ 120인 것.

97. 핫 조인트

가열 아스팔트 혼합물의 포설로, 2대 이상의 아스팔트 피니셔를 병행 주행시켜 아스팔트 혼합물이 온도가 저하되기 전에 다짐한 경우의 종이음.

98. 보행자용 도로포장

보도, 자전거전용도로, 보행자전용도로, 공원 내 도로 및 광장 등의 주로 보행자가 사용하도록 제공된 도로

99. 화이트 베이스

아스팔트 포장의 기층으로 이용되는 콘크리트 상판

100. 마모층

적설한랭지역에서 마모 방지나, 일반지역에서 미끄럼 방지를 목적으로 하여 표층 위에 설치하는 2 ~ 4cm의 아스팔트 혼합물의 층

101. 마샬시험

아스팔트 혼합물의 안정도 등 혼합물특성치를 얻기 위한 시험. 직경 약 100mm, 높이 약 63mm의 원통몰드를 사용하고, 공시체를 몰드에서 다짐하여 60℃ 수중에서 일정 시간 수침시켜 이것을 꺼내 궁형몰드에 넣고 하중을 걸어 공시체가 파괴될 때까지의 최대 하중(안정도)과 그때의 변형량(플로우치)을 구함.

102. 밀립도 아스팔트 혼합물

가열 아스팔트 혼합물 중 합성입도에 2.36mm체 통과량이 35 ~ 50%의 것. 표층용 가열 아스팔트 혼합물로 하여 가장 일반적으로 사용함.

103. 밀립도 갭 아스팔트 혼합물

밀립도 아스팔트와 입도가 비슷한 혼합물로, 600μm ~ 4.75mm의 입경의 골재를 거의 포함하지 않는 것

104. 명색포장

빛의 반사율이 큰 명색골재를 사용하여 노면의 밝기를 크게 한 아스팔트 포장

105. 라벨링시험

포장의 내마모성을 실내에서 확인하기 위해 실시하는 시험. 시험기계의 종류에 따라 왕복형, 회전형, 회전스파이크 타이어형의 세 가지 방법이 있음.

106. 입도조정공법

적당한 입도가 얻어지도록 2종류 이상의 재료를 혼합하여 포설하고 다짐하는 공법. 일반적으로 제조공장에서 입도조정재로 입도조정쇄석을 사용함.

107. 입상보조기층공법

크러셔런(막부순돌), 모래, 자갈 등의 입상재료를 포설하고 다짐하는 공법. 주로 하층 보조기층의 시공에 적용

108. 이론 최대 동결깊이

동상에 대한 대책을 검사할 경우 기준이 되는 동결깊이. 동상을 일으키기 어려운 균일한 조립재료에서 최근 10년간 지반에 생긴 최대 동결깊이

109. 역청 안정처리

현지산 재료 또는 여기에 보충재료를 첨가한 것에 아스팔트 등을 혼합하여 보조기층을 축조하는 공법. 상온혼합식, 현장혼합식과 플랜트혼합식이 있으나, 현재에는 표층 및 기층용 아스팔트 혼합물과 같은 재료, 방법에 의한 가열플랜트혼합식이 대부분임.

110. 역청재료

삼유화탄소에 용해한 탄화수소의 혼합물로, 상온에서 고체 또는 반고체의 것을 역청이라 하며, 이 역청을 주성분으로 한 재료. 아스팔트, 아스팔트 유제, 컷백 아스팔트 등이 있음.

111. 노상

포장을 지지하고 있는 지반 중 포장의 하면에서 1m의 부분

112. 노반(보조기층)

노상에 설치. 아스팔트 혼합물층이나 시멘트 콘크리트판에서 하중을 분산시켜서 노상으로 전하는 역할을 하는 층. 일반적으로 상층 보조기층과 하층 보조기층의 2층으로 나눔.

113. 60℃ 점도

역청재료의 60℃에 있는 점도. 세미블로운 아스팔트에는 내유동성을 목표로 하여 규정함.

114. 롤드 아스팔트 포장

모래, 필러, 아스팔트로 되는 아스팔트 모르타르에, 30 ~ 50%의 단입도 쇄석을 가해서 가열 아스팔트 혼합물을 제조하고, 그것을 포설하고 다짐하는 공법. 통상 프리코트한 쇄석을 치핑하여 안정성을 높임과 동시에 미끄럼저항성 확보

115. 골재의 흡수율

표면건조포화수상태의 골재에 함유되어 있는 전 수량의 절대건조상태의 골재무게에 대한 백분율(percentage of water absorption-aggregate)

116. 체가름시험

골재의 입도분포를 구하기 위하여 1조의 표준체를 사용하여 체가름하여 각 체를 통과하는 것, 또는 각 체에 남아 있는 것의 무게백분율을 구하는 시험

117. 골재의 표면건조비중

표면건조포화수상태에 있는 골재의 무게를 같은 용적의 물의 무게로 나눈 값

118. 골재의 표면건조포화상태

골재의 표면수가 없고 골재입자 내부의 틈이 물로 채워진 상태

119. 골재의 표면수

골재의 표면에 묻어 있는 물이며, 골재에 함유된 모든 물에서 골재입자 내부의 물을 뺀 것

120. 골재의 조립률

80, 40, 20, 5, 2.5, 1.2, 0.6, 0.3, 0.15mm의 체를 사용하여 체가름시험을 했을 때 각 체를 통과하지 않은 전 시료의 무게백분율의 합을 100으로 나눈 값(fineness modulus-aggregate)

121. 표준 체

골재나 흙 등의 입도재료를 구분하는 체. KS A 5101(표준 체)에 입도가 규정되어 있음.

122. 골재의 함수율

골재입자 내부의 공극에 함유되어 있는 물과 표면수의 합의 전량의 절대건조상태의 골재무게에 대한 무게백분율(percentage of water content-aggregate)

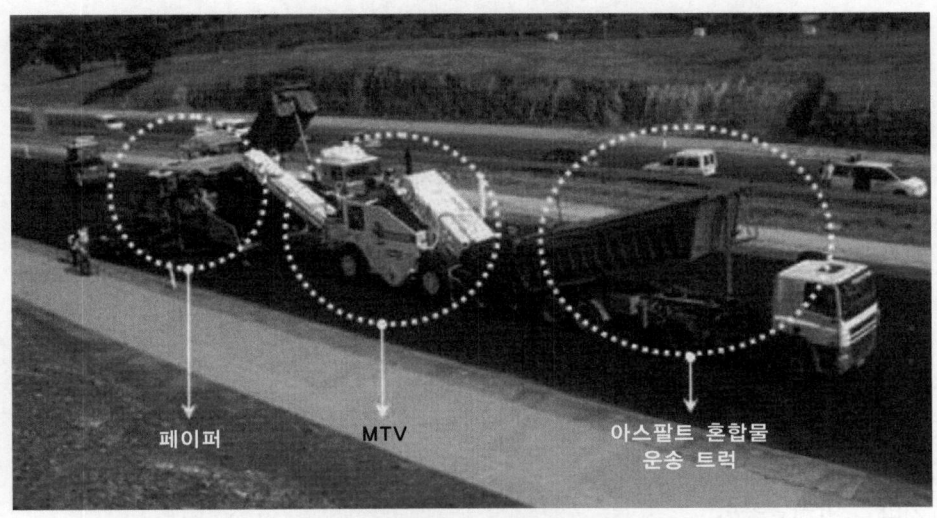

[동절기에 MTV를 이용하여 포장하는 모습]

안정처리공법의 종류 및 품질관리방안

문제 분석	문제 성격	기본 이해	중요도	■■□□□
	중요 Item	필요성, 재료의 조건, 안정처리공법의 종류		

I 개 요

1. 안정처리공법은 도로공사에서 노상 또는 기층의 지지력이 부족할 경우 적용하는 공법이다.
2. 현지 재료에 물리적 방법 또는 첨가제 등을 가하여 포설하는 노상 및 기층 지지력 증대공법과 시멘트, 역청 등의 첨가제를 넣는 방법, 쇄석다짐을 이용한 머캐덤(Macadam)공법 등이 있다.

II 안정처리공법의 목적

1. 노상 및 기층의 강도 증가
2. 포장의 내구성 증대
3. 부등침하 방지

III 안정처리공법의 종류

1. 물리적인 방법
   1) 입도조정공법
      (1) 노상혼합방식 : 로드 스태빌라이저(road stabilizer) 혼합
      (2) 플랜트혼합방식 : 연속믹서, 혼합믹서
   2) 함수비 조정
   3) 치환에 의한 방법

2. 첨가제
   1) 점성토 : 석회 안정처리
   2) 사질토 : 시멘트 안정처리
   3) 역청처리 안정처리공법

3. 기타 : 머캐덤공법

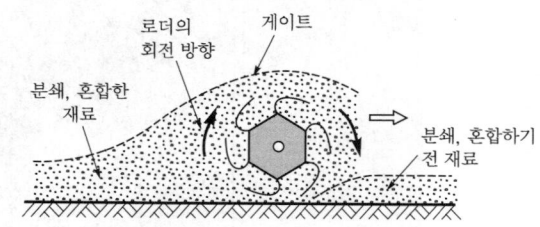

IV 노상지지력계수(SSV, Soil Support Value)

1. 정의
   도로포장체 중 노상의 지지강도를 나타내는 척도

2. 산정방법

CBR, 군지수, 동탄성계수와의 상관성을 이용한 환산도표에서 노상지지력계수를 구함.

3. 현황

'93 AASHTO 설계법에서 SSV를 노상회복탄성계수(M_R)로 대체

Ⅴ 입도조정공법의 종류 및 품질관리방안

1. 종류(혼합방식)

   1) 노상혼합방식 : 로드 스태빌라이저 혼합

   2) 플랜트혼합방식 : 연속믹서, 혼합믹서

2. 품질관리방안

   1) 재료 : 적정한 함수비에 유해물이 함유되어 있지 않은 재료

   2) 장비 : 재료분리를 일으키지 않는 장비

   3) 다짐 : 최대 건조밀도의 95% 이상의 다짐도를 갖도록 롤러로 다짐

Ⅵ 첨가제를 이용한 안정처리공법의 종류 및 품질관리방안

1. 시멘트 안정처리공법

   1) 재료

시멘트	골 재
• 보통포틀랜드 • 플라이애시	• 현지 재료 • 보충재료(쇄석, 자갈, 슬래그 등) • 다량의 연석이 함유되어 있지 않은 재료 • 실트, 점토 덩어리가 함유되어 있지 않은 재료 • 0.5mm체 통과분의 소성지수가 9 이하

   2) 배합

구분	아스팔트 콘크리트 포장	시멘트 콘크리트 포장	비고
일축압축강도 (f_7[MPa])	3 이상	2 이상	습윤 6일, 수침 1일 양생

   3) 시공 시 품질관리방안

   (1) 현장혼합방법 : 보조기층면에 골재 포설 → 시멘트 살포 → 기계로 혼합 → 최적 함수비로 살수 혼합

   (2) 공장플랜트혼합방식 : 플랜트에서 규정된 시간에 혼합하여 최적 함수비가 되도록 가수량 조절

(3) 포설 및 다짐

　① 포설 : 마무리 두께 20cm 이하가 되도록 균일하게 포설

　② 다짐 : 소정의 다짐도가 얻어지도록 균일하게 다짐

(4) 시공이음

　① 매일 작업 완료 시 도로 중심선에 직각으로 설치

　② 2층 이상 포설 시 세로이음은 1층 마무리 두께의 2배 이상, 가로이음은 1m 이상 어긋나게 설치

(5) 마무리

　① 시멘트 안정처리 기층의 마무리면은 계획고와의 차이가 3cm 이하

　② 20m 이내 임의의 2지점 측정 시 계획고의 차이는 1.5cm 이하

(6) 양생

　① 작업 완료 후 즉시 실시하고 보통포틀랜드시멘트일 때 최소 7일간 습윤 유지

　② 동결이 예상되는 경우는 동상 방지대책 수립

　③ 필요시 $1m^2$당 1L의 피막양생제 사용

2. 역청 안정처리공법

　1) 정의 : 스트레이트 아스팔트, 아스팔트 유제, 컷백(cutback) 아스팔트 등에 골재 상호 간의 결합력을 높여 가요성, 내수성 및 내구성을 부여하는 공법

　2) 특징

　　(1) 아스팔트 피니셔와 스태빌라이저 등을 사용하기 때문에 평탄성이 좋음.

　　(2) 시공 직후에 개방해도 표면이 망가질 염려가 적음.

3. 석회 안정처리공법

　1) 시공순서 : 살포 → 혼합 → 가전압 → 방치 → 2차 혼합 → 전압

　2) 주의사항 : 균일한 살포

　3) 1축압축강도 : $7kg/cm^2$(9일 양생, 1일 수침 후)

Ⅶ 머캐덤(macadam)공법의 특징

1. **원리** : 주골재로 50~100mm의 쇄석을 깔아 고르고, 이들이 충분히 맞물릴 때까지 다짐하고 골재의 간극을 세골재로 채워 쇄석의 맞물림과 세립분의 점성에 의해 도로의 안정성을 확보하는 공법

2. **종류** : 물다짐 머캐덤, 모래 채움 머캐덤, 쇄석 채움 머캐덤

Ⅷ 맺음말

도로공사 시 노상 또는 기층의 지지력이 부족할 경우 시공조건, 지반조건, 경제성, 환경적 조건을 고려한 적절한 안정처리공법을 선정하여 품질관리를 해야 한다.

Section 2

아스팔트 콘크리트 포장의 시험포장

문제 분석	문제 성격	기본 이해		중요도	■■□□□□
	중요 Item	위치 선정방법, 시공 전 관리사항, 보고서 포함내용			

I 개 요

1. 시험포장은 현장에 시공할 포장과 동일하게 실제 사용할 장비의 조합, 인력 편성으로 시공하여 시공의 적합성 및 관리상의 문제점을 미리 해결할 목적으로 하는 포장이다.
2. 관리방법은 아스팔트 플랜트, 시공 전, 시공 중, 시공 후로 구분하여 포설장비 및 포설두께, 다짐횟수 결정방법의 적합성을 결정하여야 한다.

II 시험포장의 목적

1. 생산자재의 품질시험
2. 시공기계의 적합성
3. 조합장비의 능력평가
4. 아스팔트 포장두께 결정

III 시험포장의 위치 선정방법

1. 시험포장구간은 종단경사가 2% 이내인 직선구간이고, 1차로 환산연장이 최소 200m 이내
2. 시험포장의 포설폭은 본 포장의 포설폭과 같아야 함.
3. 일반적으로 포장층당 포설두께의 변화구간 2종 이상, 다짐횟수의 변화구간 3종 이상으로 총 6~9구간이 필요함.
4. 시험포장구간은 10m 이상, 조정구간은 20m 이상
5. 포설두께의 변화는 최소 1cm 이상
6. 시험포장에 따라 적합한 포설두께와 다짐횟수를 선정하기 위해 포설두께와 다짐횟수를 다양하게 시행하여야 함.

조정구간 A-1 시험구간 $T=6$	조정구간 A-2 시험구간 $T=7$	조정구간 A-3 시험구간 $T=8$	조정구간 B-1 시험구간 $T=8$	조정구간 B-2 시험구간 $T=7$	조정구간 B-3 시험구간 $T=6$	조정구간 C-1 시험구간 $T=6$	조정구간 C-2 시험구간 $T=7$	조정구간 C-3 시험구간 $T=8$
$L=20$ $L=10$ $L=20$ $L=10$	$L=20$ $L=10$	$L=20$ $L=10$ $L=20$ $L=10$	$L=20$ $L=10$	$L=20$ $L=10$ $L=20$ $L=10$	$L=20$ $L=10$			
$L=90.0$m, 다짐횟수 : 3-3-4			$L=90.0$m, 다짐횟수 : 3-4-4			$L=110.0$m, 다짐횟수 : 3-5-4		

[시험포장구간 선정의 예]

IV 시험포장 관련 준비사항

1. 시험포장계획 적합성 확인
   1) 포설두께 및 다짐횟수 적합성
   2) 운반장비의 대수 및 대기장소와 잔여분 투기장소 결정 여부
   3) 페이버의 속도 결정 여부
   4) 부착 방지제의 결정(경유 등 석유계 연료는 불가) 여부 및 종류
   5) 시공현장에서의 품질별 담당자 지정 여부(혼합물 온도 측정, 다짐횟수관리, 포설두께관리 등)

2. 아스팔트 플랜트의 생산 전 준비사항 확인
   1) 트럭 적재함 부착 방지제로 경유 사용 금지(식용유 등의 사용 여부)
   2) 아스팔트 혼합물 운반 중 적재함 덮개가 혼합물 전체를 덮는지의 여부 확인
   3) 콜드빈골재의 함수율 과다 여부 및 이종골재 혼입 여부 확인

3. 시험포장 전 포설 및 다짐기사의 교육 실시 여부 확인
   1) 운반장비기사 : 시공 중 장비의 대기장소, 잔여분 투기장소, 식용유 등 부착 방지제의
      최소화, 아스팔트 혼합물 하차방법
   2) 포설장비기사 : 포설두께 변화구간, 포설속도, 호퍼 날개의 작동 등
   3) 다짐장비기사 : 다짐횟수의 변화구간, 다짐패턴, 다짐속도, 부착 방지제 사용의 최소화

4. 포설장비의 적정성 확인
   1) 포설량 자동조절장치의 장착 유무 및 작동상태
   2) 스크리드의 작동상태 및 가열판의 작동상태
   3) 진동탬퍼의 작동상태

5. 다짐장비의 적정성 확인
   1) 다짐장비의 무게
   2) 다짐장비에 물을 채운 상태
   3) 타이어롤러의 공기압 및 마모상태

V 아스팔트 플랜트의 품질관리사항

1. 아스팔트 혼합물의 생산온도 측정

2. 시료 채취
   1) 핫빈(hotbin)골재 채취
   2) 아스팔트 혼합물 시료 채취

3. 아스팔트 혼합물의 아스팔트함량 및 추출 입도시험
   1) 현장배합설계로 결정된 입도에 따른 입도범위 만족 여부 확인
   2) 아스팔트 함량범위 만족 여부 확인

4. 핫빈골재 입도시험 및 변화관리
   1) 핫빈골재의 입도변화가 클 경우 플랜트의 핫스크린 점검
   2) 콜드빈골재 입도시험 등 실시

5. 공시체 제작 및 밀도, 이론 최대 밀도시험 등 : 밀도, 이론 최대 밀도의 변화관리

6. 공시체 품질시험
   1) 이론 최대 밀도는 현장배합설계로 결정된 이론 최대 밀도 사용
   2) 공시체의 체적특성(공극률, 포화도, 골재간극률) 적정 여부
   3) 안정도 등 품질기준 만족 여부 확인

Ⅵ 시험포장 시 품질관리방안

1. 아스팔트 혼합물의 도착온도 측정
2. 포설된 포장의 온도 분리 여부 확인(적외선카메라 사용 시)
3. 시공온도의 적정성 확인
   1) 다짐 중 포장체의 밀림이나 미세균열 발생 여부
   2) 시공 중 포장체 온도 확인
   3) 포설 시작 및 다짐 시작 시의 온도 적합성 여부
4. 시공 중 다짐밀도 확인(현장밀도시험기 사용 시)
5. 시공속도 등의 적합성 확인
   1) 페이버의 속도가 사전에 결정된 속도에 적합한지의 여부
   2) 다짐장비의 속도가 균일한지의 여부
   3) 시공 중 중단 여부 및 횟수
6. 포설두께 적합성 확인(시험포장 대비)
7. 다짐횟수 적합성 확인(시험포장 대비)

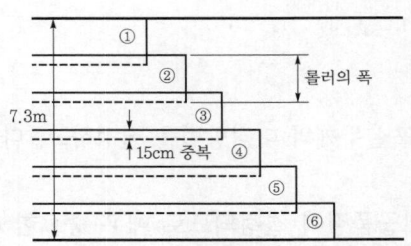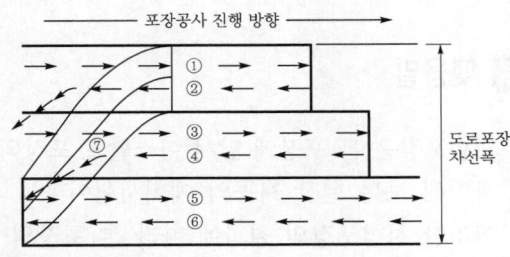

[롤러의 다짐패턴 모식도]

Ⅶ 시험포장 후 평가방안

1. 구간별 코어 채취
2. 다짐두께, 다짐도 측정 : 다짐도는 기준밀도 대비 코어의 밀도비율(98±2%)
3. 포설두께, 다짐횟수 결정방법의 적합성 확인
   1) 포설두께, 다짐횟수에 따른 다짐두께, 다짐도를 이용한 결정 여부
   2) 아스팔트 혼합물 생산온도 측정

Ⅷ 시험포장 후 제출할 보고서에 포함될 내용

1. 공사 개요
2. 혼합물 규격 및 포장일정
3. 골재원 위치 및 사용골재의 품질
   1) 골재원별 위치
   2) 사용골재의 품질 확인내용
   3) 석산과 크러셔의 점검결과
4. 혼합물 생산시설 점검 및 배합설계 결과
   1) 골재장시설 및 플랜트의 점검결과
   2) 실내 및 현장배합설계 결과
5. 아스팔트 혼합물에 사용되는 각종 재료의 시험성과 및 결과
6. 시공장비 제원 및 다짐중량의 확인결과
7. 교육내용 및 관련 사진
8. 아스팔트 혼합물 생산온도, 포설온도, 다짐온도
9. 페이버의 진동탬퍼 설정값 및 포설속도
10. 다짐장비의 속도, 구간별 포설두께, 다짐장비별 다짐횟수 및 다짐패턴
11. 코어의 밀도 및 공극률
12. 본 포장 시 포설두께, 다짐장비별 다짐횟수와 결정근거
13. 본 포장 시공계획
14. 기타 시험포장 실시에 필요한 서류 등

Ⅸ 맺음말

1. 시험포장은 본 포장에 앞서 아스팔트 포장의 포설두께와 다짐방법을 결정하고, 다짐밀도로 확인해 보는 현장 시공의 예비시험이다.
2. 이러한 시험포장의 결과에 따라 본 포장의 시공품질이 결정되므로 매우 중요한 절차임을 인식하고 시험포장관리를 수행하여야 한다.

Section 3 동상방지층 및 보조기층의 품질기준과 시공기준

문제 분석	문제 성격	기본 이해	중요도	■■■□□□
	중요 Item	각 층별 목적, 재료의 품질기준, 다짐관리방안, 동결심도		

Ⅰ 용어설명

1. 노상 : 노상 마무리 상부면에서 연직 하향 1m 깊이범위의 층
2. 동상방지층 : 노상 위층의 동상을 방지할 목적으로 설치하는 층
3. 차단층 : 노상의 물성이 매우 연약한 상태인 경우에는 보조기층의 재료와 노상의 재료가 서로 섞여 침하하는 것을 방지하기 위하여 설치하는 층
4. 선택층 : 동상방지층 + 차단층
5. 보조기층 : 노상 위에 놓이는 층으로, 상부에서 전달되는 교통하중을 분산시켜 노상에 전달하는 중요한 역할을 하는 부분

Ⅱ 아스팔트 포장의 구성

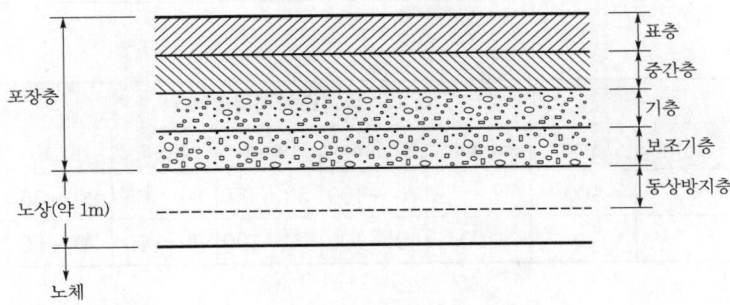

Ⅲ 동상방지층의 품질기준과 시공기준

1. 품질기준

구 분	시험방법	기 준
소성지수	KS F 2304	10 이하
모래당량	KS F 2340	25% 이상
수정 CBR	KS F 2320	10% 이상

2. 입도기준
   보조기층재 SB-1의 입도 또는 책임기술자의 승인을 얻은 소정 입도의 재료 사용

3. 시공기준

구 분		기 준	비 고
한 층 다짐두께		200mm	
다짐도		95% 이상	E 다짐, 함수비 OMC±2%
재하시험 지지력계수	아스팔트 포장	294MN/m³ 이상	K_{30}값 기준(침하량 2.5mm)
	콘크리트 포장	196MN/m³ 이상	K_{30}값 기준(침하량 1.25mm)
계획고 차이		±30mm 이내	

Ⅳ 보조기층의 품질기준과 시공기준

1. 품질기준

구 분	시험방법	기 준
액성한계	KS F 2303	25% 이하
마모감량	KS F 2508	50% 이하
소성지수	KS F 2304	6% 이하
수정 CBR치	KS F 2320	30% 이상
모래당량	KS F 2340	25% 이상

2. 입도기준

입도 번호	통과중량백분율(%)								
	100mm	75mm	53mm	37.5mm	19mm	No.4	No.10	No.40	No.200
SB-1		100	-	70~100	50~90	30~65	20~55	5~25	2~10
SB-2			100	80~100	55~100	30~70	20~55	5~30	2~10

3. 시공기준

구 분	기 준	비 고
한 층 다짐두께	200mm	
다짐도	95% 이상	
완성두께	±10% 이내	E 다짐
계획고의 차이	30mm 이내	
3m 직선자 측정의 요철	±10mm 이내	

Ⅴ 동상방지층과 보조기층의 품질시험종목

종별	시험종목	시험방법	시험빈도	비고
동상 방지층 및 보조 기층	골재의 0.08mm체 통과량	KS F 2511	• 골재원마다 • 재질변화 시마다	
	골재의 밀도 및 흡수율	KS F 2503		
	마모	KS F 2508		
	노상토 지지력비 (CBR)	KS F 2320		
	다짐	KS F 2312	• 골재원마다 • 재질변화 시마다	급속함수량 시험기 사용 불가
	체가름	KS F 2502	• 골재원마다 • 1,000m³마다	
	두께	KS F 2367	• 1일 1회 이상	
	함수비	KS F 2306, 급속함수량 측정방법	• 골재원마다 • 포설 후 다짐 전 500m³마다	
	현장밀도	KS F 2311	• 500m³마다(폭이 넓은 광활한 지역의 성토작업 시) • 층별 200m마다 : 2차로 기준	급속함수량 측정기 사용 가능
	평판재하	KS F 2310	• 선택층 및 보조기층 완성 후 100m마다 : 2차로 기준 • 500m³마다(폭이 넓은 광활한 지역의 성토작업 시)	현장밀도시험 불가능 시
	모래당량시험	KS F 2340	• 골재원마다 • 재질변화 시마다	
	프루프 롤링 (proof rolling)	5톤 이상의 복륜하중 통과	• 완성 후 전 구간에 걸쳐 3회 이상	

Ⅵ 맺음말

1. 완성된 동상방지층 및 보조기층은 설계도면에 표시된 경사 및 횡단면과 일치하여야 하며, 계획고 차이는 ±30mm 이하로 관리하며, 높이가 과다한 곳은 높이를 조정하여 소요밀도가 되도록 재다짐한다.

2. 포설두께 측정 시 10% 이상 차이가 나면 표면을 80mm 이상 긁어 일으켜 소요두께가 되도록 다시 다져 도로포장의 내구성을 확보하여야 한다.

Section 4

ACP와 CCP 비교 및 ACP 시공 시 온도관리의 기준과 중요성

| 문제 분석 | 문제 성격 | 기본 이해 | 중요도 | ■■■■■ |
| | 중요 Item | 아스팔트 품질시험항목, 시공 시 온도 관련 품질시험방법 |

I 개 요

1. 아스팔트 콘크리트 포장과 시멘트 콘크리트 포장은 구조적 차이점(역학적 성질, 하중 전달, 내구성, 지반 적용성)과 일반적인 차이점으로 비교할 수 있다.

2. 아스팔트 콘크리트 포장 시 온도관리기준은 해당 아스팔트 혼합물 시험 시공 시 결정한 생산, 운반, 포설, 다짐온도를 준수하여야 하며, 아스팔트 온도가 낮을 경우에는 다짐밀도를 확보하기 어려워 공용수명이 짧아지므로 온도관리에 만전을 기하여야 한다.

II 아스팔트 콘크리트 포장과 시멘트 콘크리트 포장 비교

1. ACP와 CCP의 구조적 차이점

구 분	Asphalt Concrete 포장	Cement Concrete 포장
역학적 성질	가요성	강성
하중 전달	교통하중 분산	교통하중을 슬래브가 지지
내구성	5 ~ 10년마다 덧씌우기	포장수명 : 20 ~ 40년
지반 적용성	매우 양호	불균질 토질에 대해 불리

2. ACP와 CCP의 일반적 차이점

구 분	Asphalt Concrete 포장	Cement Concrete 포장
시공성	단순	복잡
장비 / 자재	다소 문제	양호
표면처리	골재배합비율, 실링(sealing)공법 등으로 처리	그루빙(grooving)공법으로 미끄럼 방지 포장 시공
소음 / 진동	적음	큼

Ⅲ 아스팔트 콘크리트 포장 시 온도관리기준

1. 생산 시 온도관리기준
   1) 기준 : 180℃ 초과 금지
   2) 180℃ 이상 고온에서는 아스팔트의 급격한 산화가 발생하여 180℃ 이상의 고온으로 생산해서는 안 됨.

2. 운반 시 온도관리기준
   1) 기준 : 150℃ 이상
   2) 적외선온도계로 측정한 표면온도와 내부온도가 40℃ 이상 차이가 나면 온도 분리로 인한 아스팔트 콘크리트의 조기 파손이 발생할 수 있음.
   3) 측정방법

       (1) 내부온도 : 운반장비 적재함 옆면에 위치한 운반온도 측정구에서 탐침형 온도계를 이용하여 측정
       (2) 표면온도 : 적재함 표면에서 약 2cm 아래의 온도를 온도계로 측정

[표면온도 측정]

3. 포설 시 온도관리기준
   1) 기준 : 150℃ 이상
   2) 지정된 포설온도보다 아스팔트 혼합물의 온도가 20℃ 이상 낮으면 해당 혼합물을 폐기해야 함.

4. 시공 시 온도관리기준

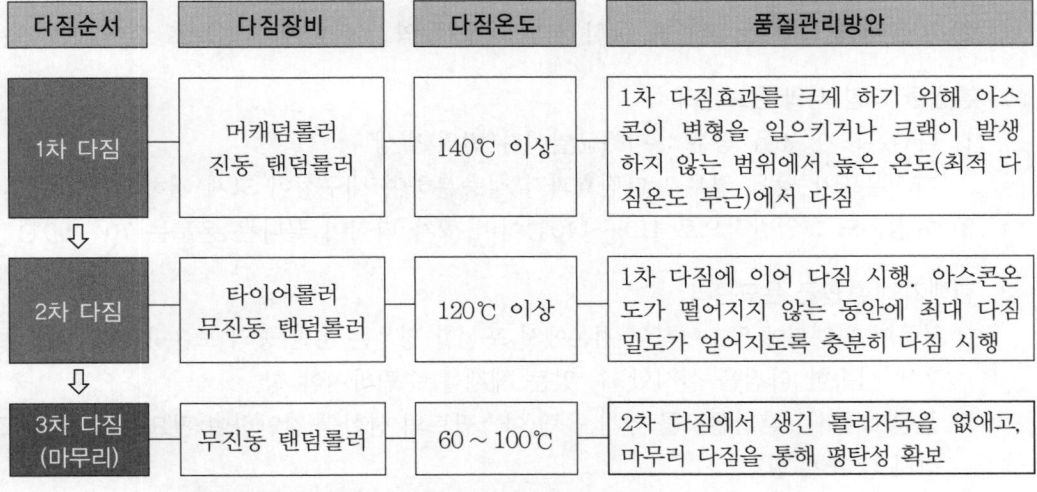

다짐순서	다짐장비	다짐온도	품질관리방안
1차 다짐	머캐덤롤러 진동 탠덤롤러	140℃ 이상	1차 다짐효과를 크게 하기 위해 아스콘이 변형을 일으키거나 크랙이 발생하지 않는 범위에서 높은 온도(최적 다짐온도 부근)에서 다짐
2차 다짐	타이어롤러 무진동 탠덤롤러	120℃ 이상	1차 다짐에 이어 다짐 시행. 아스콘온도가 떨어지지 않는 동안에 최대 다짐밀도가 얻어지도록 충분히 다짐 시행
3차 다짐 (마무리)	무진동 탠덤롤러	60~100℃	2차 다짐에서 생긴 롤러자국을 없애고, 마무리 다짐을 통해 평탄성 확보

※ 개질 아스팔트를 사용할 경우에는 관련 시방규정 준수

Ⅳ 아스팔트 콘크리트 포장의 온도관리 중요성(아스팔트 온도가 낮을 시 문제점)

1. 다짐밀도 확보가 어려움

   아스팔트 온도가 낮을 경우에는 다짐밀도의 확보가 어려워 아스팔트 혼합물 내부에 다량의 공극이 발생됨.

2. 소성변형에 대한 저항성 저하

   아스팔트의 온도가 낮을 경우에는 다짐이 되지 않아 아스팔트 내 공극이 많이 발생하여 소성변형에 대한 저항성이 저하됨.

3. 포장의 피로균열에 대한 저항성 저하

   포장의 공극률이 증가되어 외부의 물 또는 공기가 유입되어, 이에 따른 아스팔트의 노화 및 골재의 박리현상이 증가됨.

4. 포장의 저온균열 발생

   포장의 공극률 증가 및 다짐 부족으로 인해 차량의 반복하중에 의한 균열이 증가됨.

5. 포장층 내의 물, 공기의 유입으로 아스팔트의 노화 및 박리현상 발생

   포장의 밀도가 부족하여 겨울철 온도변화에 의한 수축 및 팽창의 반복에 의해 포장 표면에 균열이 발생됨.

Ⅴ 아스팔트 콘크리트 포장 시공 시 온도관리방안

1. 혼합물 운반 중의 온도관리

   1) 고려사항 : 운반거리, 외기온도, 풍속, 혼합물의 종류

   2) 기온이 낮을 때는 혼합물 출하 시의 온도를 약간 높이거나 시트로 덮어 보온 운반

2. 혼합물 다짐 시의 온도관리

   1) 다짐온도가 높을 경우 : 미세균열이나 변위 발생

   2) 다짐온도가 낮을 경우 : 다짐효과가 불충분하여 내구성이 크게 저하

   3) 다짐온도 : 일반적으로 $110 \sim 140℃$이며, 2차 다짐이 끝나는 온도는 $70 \sim 90℃$

3. 한랭기의 혼합물 온도관리

   1) 부득이 한랭기에 5℃ 이하의 기온에서 포설할 경우는 운반 중의 보온방법의 개선과 포설 후에 신속한 다짐을 실시할 수 있는 체제를 수립하여야 함.

   2) 플랜트에서는 혼합온도를 약간 올림(아스팔트의 산화를 감안하여 필요온도 이상으로 올리지 않아야 함).

   3) 혼합물의 현장 도착온도는 적재 혼합물의 표면으로부터 6cm 정도의 깊이에서 160℃를 내려가지 않는 것이 좋으며, 혼합물의 운반트럭에 보온설비를 장치하여야 함.

Ⅵ 아스팔트 혼합물 다짐작업 시 온도관리방안

1. 1차 다짐

1) 적정 다짐온도 : 120 ~ 140℃
2) 1차 다짐 시 발생하는 미세균열을 방지하기 위해서는 롤러의 전압을 낮추거나 윤경을 크게 하여 사용하며, 주행속도를 낮추어야 함.
3) 초기 다짐효과를 향상시키기 위해 진동롤러를 사용할 수 있으며, 이는 시험포장 시 검토 하여야 함.

2. 2차 다짐

1) 적정 다짐온도 : 100 ~ 120℃
2) 타이어롤러에 의한 아스팔트 혼합물의 다짐은 교통하중과 비슷한 다짐작용에 의하여 골 재 상호 간의 맞물림을 좋게 하고, 1차 다짐 시의 미세균열을 제거하는 효과도 있으며, 균일한 밀도를 확보할 수 있음.
3) 1차 다짐에서 진동 탠덤 또는 정적 탠덤, 머캐덤롤러에 의하여 다짐도가 확보가 이루어 졌으면 2차 다짐은 생략 가능

3. 3차 다짐

1) 적정 다짐온도 : 60 ~ 100℃
2) 다짐한 후 포장 위에 롤러를 장시간 정지시키면 안 됨. 롤러의 중량으로 인해 포장면 이 변형되어 요철의 원인이 됨.
3) 1, 2차 다짐작업 중에 연속성 있는 작업이 이루어지지 않은 구간 또는 가로 및 세로이음 부 설치구간에 대하여는 마무리 다짐 시에 평탄성이 확보되었는지 확인

4. 다짐장비별 다짐속도

(단위 : km/hr)

롤러의 종류	1차 다짐	2차 다짐	3차 다짐
머캐덤롤러/탠덤롤러	3 ~ 6	4 ~ 7	5 ~ 8
타이어롤러	3 ~ 6	4 ~ 10	6 ~ 11
진동 탠덤롤러	3 ~ 5	4 ~ 6	–

Ⅶ 맺음말

1. 아스팔트 콘크리트 포장 시공 시 아스팔트 혼합물의 온도가 낮을 때에는 다짐불량으로 인 해 공극 과다로 안정성, 균열저항성, 내구성 등이 현저하게 저하된다.
2. 따라서 시험 시공을 거쳐 결정된 각 단계별 온도관리에 만전을 기하고, 시공 시 적용하여 아스팔트 콘크리트 내구성 향상에 최선을 다해야 한다.

아스팔트 혼합물의 종류와 요구성질, 배합설계순서

문제 분석	문제 성격	기본 이해	중요도	■■■□□
	중요 Item	아스팔트 포장에서 VMA, 최적 아스팔트 함량(OAC) 결정방법		

Ⅰ 개 요

1. 아스팔트 혼합물은 가열방법과 입도에 따라 구분되며, 높은 안정성, 내구성, 가요성, 미끄럼저항성, 불투수성, 내마찰성 등이 요구된다.

2. 아스팔트 혼합물의 배합설계는 실내배합설계, 콜드빈 골재유출량시험, 현장배합설계, 시험생산 순으로 실시한다. 배합설계방법은 마샬안정도에 의한 방법, 골재입도에 의한 방법, 슈퍼페이브방법, Hveen 방법 등에 의하여 시행한다.

Ⅱ 아스팔트 혼합물의 구성

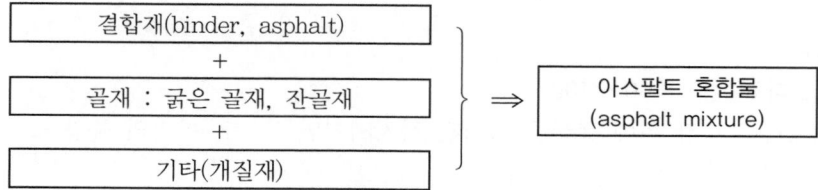

Ⅲ 아스팔트 혼합물의 종류

1. 가열 유무에 의한 분류

   1) 가열 아스팔트 혼합물
   2) 중온 아스팔트 포장
   3) 긴급보수용 상온 아스팔트 혼합물

2. 골재의 입도분포에 따른 분류

구 분	특 징		적용대상
	입 도	성 능	
조립도 아스팔트 혼합물	아스팔트 혼합물+잔골재 : 20 ~ 35%	내마모성 및 내구성이 우수하나, 내유동성은 떨어짐	기층
밀립도 아스팔트 혼합물	아스팔트 혼합물+잔골재 : 35 ~ 50%	내유동성, 내마모성, 미끄럼저항성, 내구성 등이 우수	표층
세립도 아스팔트 혼합물	아스팔트 혼합물+잔골재 : 50 ~ 65%	내구성은 우수하나, 내유동성이 떨어지는 경향이 있음	교통량이 적은 도로
개립도 아스팔트 혼합물	잔골재 : 5 ~ 20%	미끄럼저항성이 우수하나, 내구성이 떨어지는 경향이 있음	마모층
갭(gap) 아스팔트 혼합물	입도분포가 불연속인 배수성 포장입도	투수성은 크나, 내구성은 떨어짐	배수성 포장

Ⅳ 아스팔트 혼합물의 선정방법

1. 가열 아스팔트 혼합물

  1) 표층(중층)용 가열 아스팔트 혼합물

    (1) 일반적인 포장의 표층 : WC-1, WC-3

    (2) 중교통량 이하 일반적인 포장의 내마모용 표층 : WC-2, WC-4

    (3) 대형차 교통량이 많은 경우의 표층 : WC-5, WC-6

  2) 기층용 가열 아스팔트 혼합물

    (1) 일반적인 포장의 기층에 사용 : BB-1, BB-2, BB-3

    (2) 소성변형이 우려되는 경우의 기층에 사용 : BB-4

2. 상온 아스팔트 혼합물

  1) 긴급보수용 상온 아스팔트 혼합물

  2) 용도 : 도로의 긴급 또는 간이보수, 포트홀 보수

Ⅴ 가열 아스팔트 혼합물의 용도 및 특징

구 분	입 도	최대 골재 크기(mm)	용 도	특 징
표층용	밀립도 아스팔트 콘크리트(WC-1)	13	표층	• 표층용 아스팔트 포장에 주로 사용 • 최대 입경 20mm의 아스팔트 혼합물은 내유동성이 좋음
	밀립도 아스팔트 콘크리트(WC-3)	20		
	밀립도 아스팔트 콘크리트(WC-2)	13F	중교통량 이하 내마모용 표층	• 내마모성이 우수함 • 세립분이 많아 내유동성은 비교적 낮음
	밀입도 아스팔트 콘크리트(WC-4)	20F		
	내유동 아스팔트 콘크리트(WC-6)	13R	대형차 교통량이 많은 도로의 표층	• 내구성이 우수함 • 내유동성이 우수함 • 소성변형에 대한 저항성이 큼 • 소성변형 발생 가능성이 높은 도로에 적용
	내유동 아스팔트 콘크리트(WC-5)	20R		
중간층용	중간층용 아스팔트 콘크리트(MC-1)	20	중간층	• 중간층용 아스팔트 포장에 주로 사용
	내유동 아스팔트 콘크리트(MC-1)	20R	표층 및 중간층	• 임시 개방이 필요한 경우 중간층에 사용
기층용	기층용 아스팔트 콘크리트(BB-1)	40	기층	• 기층용 아스팔트 포장에 주로 사용
	기층용 아스팔트 콘크리트(BB-2)	30		
	기층용 아스팔트 콘크리트(BB-3)	25		
	내유동 아스팔트 콘크리트(BB-4)	25R	중교통량의 기층	• 소성변형에 대한 저항성이 큼 • 소성변형 발생 가능성이 높은 도로에 적용

여기서, R(Rutting) : 소성변형에 저항성이 높은 아스팔트
      F(Fine) : 입도가 세립화된 골재의 함유율이 높은 아스팔트

Ⅵ 아스팔트 혼합물의 요구성질

1. 안정성
    1) 외력에 의한 혼합물의 변형에 대한 저항성
    2) 안정성의 발현원리
        (1) 골재와 골재 사이의 맞물림
        (2) 바인더의 점착력
    3) 평가 : 마샬 안정도시험, 휠트래킹시험

2. 내구성
    직사광선, 강우 등의 노출에 대한 저항성

3. 가요성
    기층 이하의 부등침하에 대하여 대응할 수 있는 유연성

4. 미끄럼저항성
    노면과 자동차 타이어의 미끄럼 마찰저항능력

5. 불투수성
    표층 혼합물 자체에서 혼합물 내부로 물이 유입되어 발생하는 내구성 저하

6. 인장강도 및 피로저항성
    1) 아스팔트층 하단에 생기는 인장변형에 대한 저항
    2) 교통에 의한 피로균열에 대한 저항

7. 내마모성
    적설이 있는 한랭지에서 체인에 대한 마모저항성

[마샬 안정도시험]

Ⅶ 아스팔트 혼합물의 배합설계순서

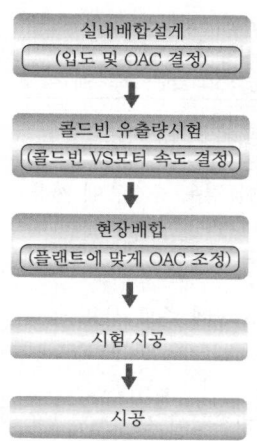

[배합설계순서]

1. 가열 아스팔트 혼합물은 배합목적에 따라 개립도, 밀립도, 세립도 아스팔트 등 적절한 종류 선정
2. 재료의 선정에 있어서는 소요의 품질을 구비하고 필요한 양을 확보할 수 있는 것이어야 하며, 재료의 품질에 대해서는 재료 선정시험을 실시하여 확인
3. 골재입도는 규정입도범위에 들어가고, 또한 되도록 원활한 입도곡선이 되도록 선정한 후 골재의 배합비 결정
4. 아스팔트의 동점도가 180±20cSt(세이볼트 퓨롤 85±10초) 및 300±30cSt(세이볼트 퓨롤 140±15초)로 되는 때의 온도를 각각 혼합온도, 다짐온도로 결정함.

5. 마샬시험용 공시체는 선정한 아스팔트 혼합물의 종류에 따른 아스팔트량의 범위를 감안하여 0.5% 간격으로 제작

6. 배합된 골재에 대응하는 설계 아스팔트량 산정식

$$P = 0.035a + 0.045b + Xc + F$$

여기서, P : 전체 아스팔트 혼합물 질량에 대한 추정 아스팔트 비율(%)
$\quad\quad a$: 2.5mm(No.8)체에 남은 골재의 질량비(%)
$\quad\quad b$: 2.5mm체를 통과하고 0.8mm체에 남는 골재의 중량백분율
$\quad\quad c$: 0.08mm체를 통과한 골재(채움재)의 질량비(%)
$\quad\quad X$: c값에 의해 결정되는 정수(c값이 11~15%일 경우 0.15, 6~10%일 경우 0.18, 5% 이하일 경우 0.20)
$\quad\quad F$: 0~2%로 자료가 없을 경우 0.7~1.0% 사용

7. 플랜트에서 콜드피더 및 하트빈의 배합배율을 설정하고, 시험혼합을 실시하여 마샬시험의 기준치와 대조

8. 현장 등에 포설한 상황을 관찰하며, 필요하면 실내배합을 수정하여 현장배합을 설정

Ⅷ 아스팔트 혼합물의 배합설계 시 주의사항

1. 아스팔트 혼합물은 적용층에 따라 아스팔트 혼합물의 표준배합범위에 만족하여야 하며, 원활한 입도곡선이 얻어지도록 선정된 각 골재의 배합비 결정

2. 아스팔트 혼합물에 자연모래는 사용하지 않음.

3. 골재 합성입도 결정 시 주의사항
   1) 입도범위 선정 : 가열 아스팔트 혼합물의 표준배합(표층용, 중간층용, 기층용)
   2) 기존 자료가 있을 경우 기존 자료 이용 가능
   3) 해당 입도범위의 중간 또는 5mm 이하가 입도범위의 중간에서 아래로 약간 처진 S자 형태의 입도로 선정
   4) 골재 합성입도 결정 시에는 목표 합성입도범위에 가깝게 결정하여야 함.

4. 공시체는 선정한 아스팔트 혼합물의 종류에 따른 아스팔트 함량범위를 감안하여 0.5% 간격으로 제작

5. 실내배합설계 후에 플랜트의 핫빈골재를 이용하여 현장배합설계를 실시하여 현장배합비율 결정

Ⅸ 맺음말

1. 아스팔트 혼합물 배합설계 시 제한된 수의 골재를 배합하여 시방에서 요구하는 입도분포를 만족시키는 합성골재를 결정하는 것은 사실상 매우 어렵다.

2. 따라서 시방입도에 합당한 골재 합성비율을 결정하는 기존의 방법(Rothfushs 방법, Faury-Dutron 방법, Rothfuchs-Faury 방법, Driscoll 방법)은 도해적 방법 또는 시행착오방법에 근간을 두고 있어 회귀분석개념을 도입한 골재 합성비율 결정기법이나 수치적으로 배합비를 결정할 수 있는 기법이 도입되어야 한다.

아스팔트 콘크리트 배합 및 시험생산 시 주의사항

문제 분석	문제 성격	기본 이해	중요도	■■■■□
	중요 Item	배합이론, 배합설계순서, 시험생산 시 주의사항		

I 개 요

1. 아스팔트 포장의 배합설계는 완공된 포장에서 소요의 성질을 얻을 수 있도록 재료를 선정하고 사용비율을 결정하는 것이다.
2. 골재와 아스팔트의 경제적인 혼합방법 및 입도를 결정하여 안정성, 내구성과 함께 표층용으로서의 미끄럼저항성이 좋고 혼합, 포설, 다짐 및 표면 마무리 시공성이 용이한 혼합물이 되도록 한다.

II 아스팔트 콘크리트 배합설계목적

1. 내구성 : 골재입자 주위에 적절한 피막두께를 형성할 수 있도록 충분한 바인더 함유
2. 미끄럼 저항성 : 차량의 회전이나 제동에 따른 미끄럼에 대한 충분한 저항성 보유
3. 작업성 : 적절한 힘에 의해 포설되고 다져질 수 있어야 함.

III 아스팔트 콘크리트 배합설계이론

1. 포화이론
   1) 혼합물이 도로에 적용되기 시작한 20세기 초 이론
   2) 골재의 간극을 역청재로 완전히 채우는 것이 가장 좋다고 하는 이론
   3) 노면이 미끄럽고, 안정성이 부족한 문제가 있음.
2. 표면체적이론
   1) 골재 표면을 적정 두께의 역청재 막으로 피복하는 것이 가장 적합하다고 하는 이론
   2) 경험적 타당성 있음.
   3) 표면적은 골재의 입도와 관련하여 여러 가지가 제안됨.
3. 공극이론
   1) 골재 간극의 일부는 역청재로 채우고 어느 정도 간극을 그대로 남겨 놓는 것이 가장 적당하다는 이론
   2) 경험적인 근거임.
4. 입도로 규정하는 이론

Ⅳ 아스팔트 콘크리트 배합설계순서

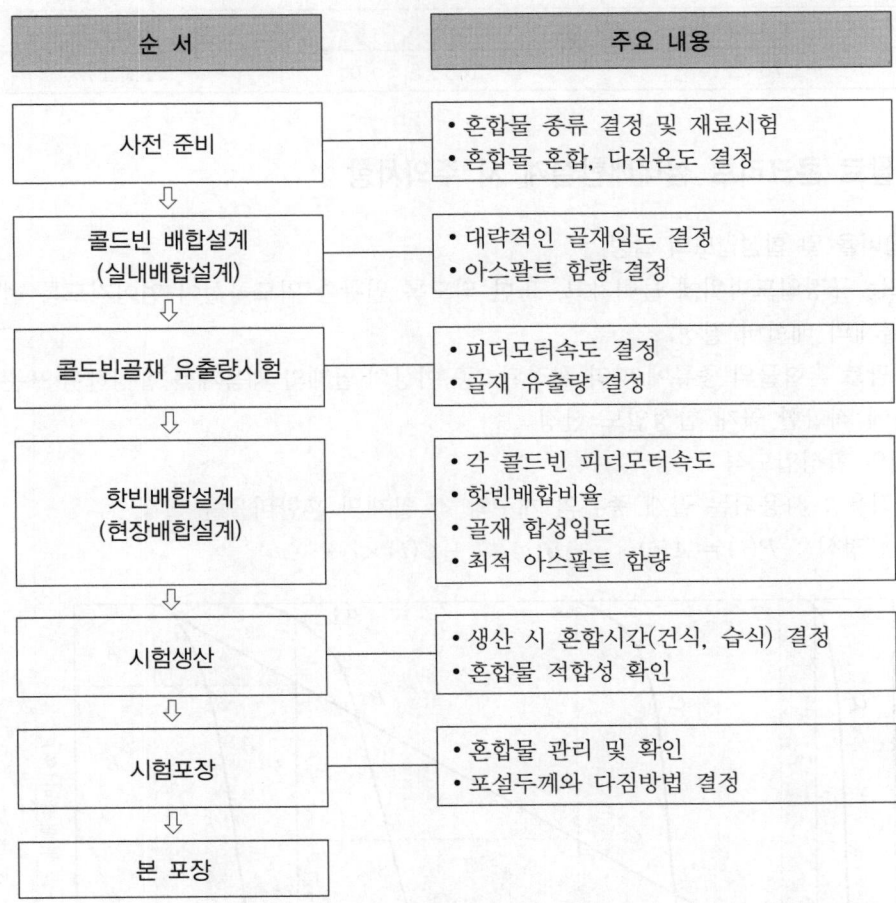

순 서	주요 내용
사전 준비	• 혼합물 종류 결정 및 재료시험 • 혼합물 혼합, 다짐온도 결정
콜드빈 배합설계 (실내배합설계)	• 대략적인 골재입도 결정 • 아스팔트 함량 결정
콜드빈골재 유출량시험	• 피더모터속도 결정 • 골재 유출량 결정
핫빈배합설계 (현장배합설계)	• 각 콜드빈 피더모터속도 • 핫빈배합비율 • 골재 합성입도 • 최적 아스팔트 함량
시험생산	• 생산 시 혼합시간(건식, 습식) 결정 • 혼합물 적합성 확인
시험포장	• 혼합물 관리 및 확인 • 포설두께와 다짐방법 결정
본 포장	

Ⅴ 혼합물의 선정 및 온도 결정방법

1. 가열 아스팔트 혼합물 선정
   목적에 따라 개립도, 밀립도, 세립도 아스팔트 등 적절한 종류 선정

2. 사용재료 선정
   1) 소요의 품질 구비
   2) 필요한 양 확보 확인
   3) 재료의 품질은 재료 선정시험을 실시하여 확인

3. 가열 아스팔트의 혼합온도, 다짐온도 결정
   1) 혼합온도 : 동점도가 170 ± 20cSt로 되는 때의 온도
   2) 다짐온도 : 동점도가 280 ± 30cSt로 되는 때의 온도

3) 일반적인 혼합온도와 다짐온도

침입도 등급	혼합온도(℃)	다짐온도(℃)
60-80(PG 64-22)	150±5	140±2
PG 76-22	165±5	150±2

Ⅵ 아스팔트 콘크리트 실내배합설계 시 주의사항

1. 골재배합비율 및 합성입도의 결정
   1) 입도는 규정입도범위에 들어가고, 또한 되도록 원활한 입도곡선이 얻어지도록 선정된 후 골재의 배합비 결정
   2) 아스팔트 혼합물의 종류에 따라 선정된 2종 이상의 골재와 채움재를 합성하여 표준입도 기준에 적합한 골재 합성입도 산정
   3) 골재의 합성입도식
      (1) 적용 : 사용되는 골재 종류의 개수와 각 골재의 혼합비율을 결정
      (2) 산정식 : $P(i) = A(i) \times a + B(i) \times b + C(i) \times c + \cdots$

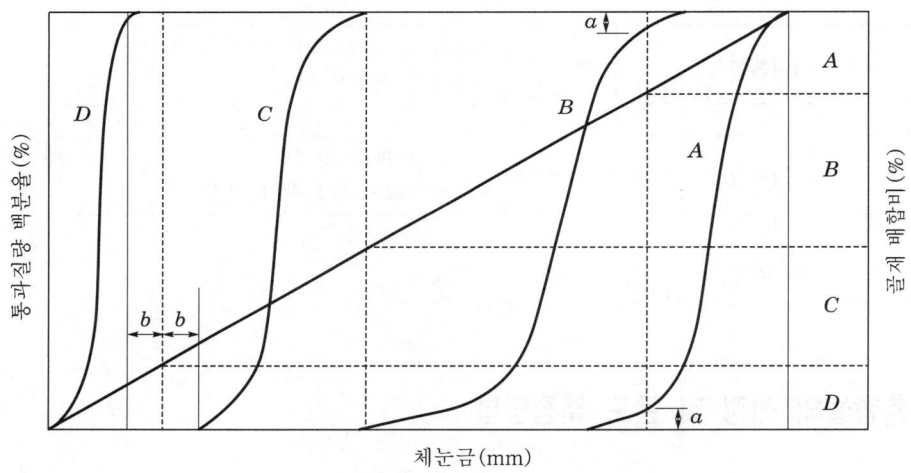

[골재의 배합비 결정 그래프]

2. 추정 아스팔트 함량 결정
   1) 경험에 의하는 경우
      시방기준이 같고 동일 재료, 동일 배합을 사용하여 양호한 결과를 얻은 시공 예가 있으면 그때의 AP량을 설계 AP량으로 함.
   2) 골재 합성입도에 의하는 경우
      (1) 골재 합성입도를 이용하여 대략적인 아스팔트 바인더 함량 결정
      (2) 산정식 : $P = 0.035a + 0.045b + Xc + F$

3. 공시체 제작 및 이론 최대 밀도시험, 최적 아스팔트 함량(OAC) 결정

1) 공시체 제작

(1) 추정 아스팔트 함량을 기준으로 아스팔트 함량 0%, ±0.5%, −1% 등 4종류의 공시체를 3개씩 4배치 제작

(2) 공시체를 다짐하거나 이론 최대 밀도시험 전 다짐온도에서 단기노화 시행

(3) 다짐된 공시체를 하룻밤 동안 몰드상태로 양생 시행

(4) 몰드의 탈형 후에 밀도, 공극률 등의 체적특성과 안정도 및 흐름값 등의 마샬특성치 측정

(5) 시험 후에는 X축을 아스팔트 함량, Y축을 해당 시험결과로 그래프 작성

2) 이론 최대 밀도시험 측정

(1) 추정 아스팔트 함량의 아스팔트 혼합물 이론 최대 밀도시험 실시

(2) 2회 시험의 평균값이며 측정값의 차이가 $0.01g/cm^3$ 이상이면 재시험 실시

[이론 최대 밀도시험기]

3) 최적 아스팔트 함량(OAC) 결정

(1) 최적 아스팔트 함량은 공극률이 표층 및 중간층용은 4±0.3%, 기층용은 5±0.3%일 경우 아스팔트 함량을 예비 아스팔트 함량으로 결정

(2) 다른 특성값이 예비 아스팔트 함량에서 기준을 만족하는지 검토

(3) 비교결과가 해당 시험기준값에 모두 만족하면 이때의 아스팔트 함량을 예비 최적 아스팔트 함량으로 결정

(4) 예비 최적 아스팔트 함량으로 공시체를 제조하여 품질기준에 따라 시험하여 기준에 적합한지 확인

(5) 모든 시험결과가 기준에 적합하면, 이를 최적 아스팔트 함량으로 결정

[표층의 최적 아스팔트 함량 결정 예]

특성값	기준범위	예비 최적 아스팔트 함량에 해당하는 값	검토
공극률(%)	4	4	합격
마샬 안정도(N)	5,000	15,180	합격
흐름값(1/100cm)	20 ~ 40	35	합격
포화도(%)	65 ~ 80	74.48	합격
VMA(%)	15.70	15.7	합격
최적 아스팔트 함량(%)		5.0	검토

4) 기준값 부적합 시 배합설계방법

  (1) 아스팔트 함량 재조정

    목표공극률에서 마샬특성값이 기준값을 만족하지 못할 경우

  (2) 재배합설계 시행방안

    ① 공극률이 낮고 안정도가 낮은 경우 : 골재입도분포 조정

    ② 공극률이 낮고 안정도가 적절한 경우 : 골재입도분포 조정

    ③ 공극률이 적절하나 안정도가 낮은 경우 : 굵은 골재 증가

    ④ 공극률이 높으나 안정도가 적절한 경우 : 아스팔트와 석분 증가

Ⅶ 콜드빈 골재 유출량시험

1. 시험목적

  1) 콜드빈에 저장된 유출량을 인식함.

  2) 콜드빈 피더모터속도의 변화에 따른 골재 유출량을 알 수 있음.

2. 콜드빈 골재 유출속도 결정방법

  1) 콜드빈별 소요골재량은 각각 3ton 이상씩 2종 이상의 유출속도를 유출하여 각 핫빈별로 유출량 작성

  2) 입도시험을 시행하여 현장배합설계의 예상 합성입도 계산

  3) 콜드빈 피더모터속도에 따른 골재 유출량그래프 작성

  4) 입도시험 후에 구한 예상 합성입도를 기준으로 소요골재중량을 계산하고, 이때의 피더모터속도를 골재 유출량그래프에서 결정

  5) 1종의 아스팔트 혼합물 생산 시 : 2종의 피더모터속도로 골재유출 가능

  6) 플랜트에서 일반적으로 사용하는 피더모터속도를 기준으로 상·중·하 또는 상·하로 결정

  7) 유출량시험이 적합하지 않으면 골재의 오버플로가 많이 발생함.

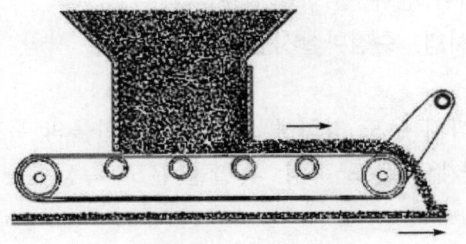

[콜드빈 피더모터]

VIII 아스팔트 콘크리트 현장배합설계(핫빈배합설계)

1. 골재 유출량시험 후 핫빈골재를 이용하여 현장배합설계 실시
2. 실내배합설계를 기준으로 콜드빈 골재를 가열하여 핫빈에서 골재 채취하여 골재입도시험 실시
3. 공시체 제작
   1) 현장배합설계 시의 골재 합성입도가 실내배합설계의 결과와 유사할 때
      실내배합설계의 최적 아스팔트 함량을 기준으로 ±0.3%, 0% 등으로 공시체를 제작
   2) 현장배합설계 시의 골재 합성입도가 실내배합설계의 결과와 상이할 때
      실내배합설계의 최적 아스팔트 함량을 기준으로 -1%, ±0.3%, 0% 등으로 공시체 제작
4. 최적 아스팔트 함량 결정
   공극률 등의 체적특성과 품질시험값이 기준값을 만족하는 아스팔트 함량을 최적 아스팔트 함량으로 결정
5. 현장배합설계의 결과가 기준을 만족하지 못할 경우
   1) 핫빈골재의 배합비율 변경
   2) 콜드빈 골재의 피더속도 변경

IX 아스팔트 콘크리트 시험생산방법

1. 현장배합의 결정
   1) 각 골재의 체가름시험결과와 현장목표입도범위 만족 여부 확인
   2) 관련 시험 : 골재의 체가름시험(콜드빈, 핫빈)
2. 아스팔트 함량 결정
   1) 설계 아스팔트 함량을 전후하여 0.3~0.5%의 변화를 주어 혼합상태 검토
   2) 관련 시험 : 마샬시험, 추출시험
3. 혼합시간의 결정
   1) 습식 배합시간을 변화시켜 피복상태 적정성 확인

2) 수침마샬시험에 의한 잔류 안정도 검토

3) 관련 시험 : 마샬시험, 수침마샬시험, Loss Count 시험

4. **목표온도 결정**

1) 출하부터 포설 시까지 온도 강하를 고려하여 혼합물의 목표온도 결정

2) 관련 시험 : 각 골재의 온도 측정, 혼합물 온도 측정

X 아스팔트 콘크리트 시험생산 시 주의사항

1. 시험생산은 아스팔트 플랜트에서 아스팔트 혼합물의 품질을 미리 확인하고 현장배합입도와 아스팔트 함량 및 공극률 등의 품질기준을 결정하기 위해 현장 시공 전에 실시

2. 긴급보수에 해당하지 않는 모든 아스팔트 혼합물에 대하여 현장배합설계 후 시험생산을 반드시 실시

3. 현장배합설계에서 결정된 콜드빈, 피더모터속도, 핫빈배합비율, 최적 아스팔트 함량 등을 이용하여 아스팔트 혼합물을 시험생산 실시

4. 시험생산된 아스팔트 혼합물 시료를 채취하여 공극률, 골재 간극률, 포화도, 아스팔트 함량, 골재입도 등이 현장배합설계의 결과에 적합한지 검토

5. 아스팔트 혼합물을 품질기준에 따라 시험하여 만족 여부를 평가하고 아스팔트 혼합물, 생산 시의 건식 혼합시간과 습식 혼합시간 등 결정

XI 결론

1. 아스팔트 포장의 내구성, 미끄럼저항성, 작업성을 확보하기 위해서는 품질기준을 만족하는 배합설계를 실시한다.

2. 배합설계 시 절차를 준수하여 아스팔트 포장의 요구성능을 만족하고, 적절한 힘에 의해 포설되고 다질 수 있는 아스팔트 포장이 되도록 만전을 기하여야 한다.

아스팔트 혼합물 시료 채취방법

문제 분석	문제 성격	기본 이해		중요도	■■■■□□□
	중요 Item	시료 채취 최소량, 랜덤샘플링방법, 코어 채취방법			

I 개 요

1. 아스팔트 혼합물의 품질관리 및 검사를 위해 실시하는 시료 채취는 소요의 품질을 확인할 수 있는 충분한 중량을 채취해야 한다.
2. 시료의 채취는 반드시 감독자가 직접 채취하거나 감독자 입회하에 시험담당자가 채취하고 바로 봉인하여 품질관리시험을 실시한다.

II 아스팔트 혼합물 시료 채취의 목적

1. 아스팔트 혼합물의 품질 확인
   1) 아스팔트 함량 골재입도
   2) 골재입도
   3) 아스팔트 혼합물의 밀도
   4) 이론 최대 밀도 확인
2. 코어시료 채취
   아스팔트 포장의 재료 및 시공품질 평가

III 아스팔트 혼합물 시료 채취 최소량

1. 시료 채취 최소량

골재의 최대 크기(mm)	다져지지 않은 아스팔트 혼합물 최소량(kg)	다져진 아스팔트 혼합물의 최소 면적(cm²)	코어 채취 시 최소 수량
10	4	232	4
13	6	413	4
20	8	645	4
25	10	929	6
40	12	929	6
50	16	1,453	9

2. 코어 채취를 통해 밀도와 두께를 확인할 경우 : 직경 100mm 코어 채취
3. 아스팔트 혼합물 시험 병행 시 : 직경 150mm 코어 채취

Ⅳ 아스팔트 혼합물 시료 채취방법

1. 포설면에서 시료 채취
    1) 아스팔트 페이버로 포설한 직후의 포설면에서 혼합물 시료 채취
    2) 단위포장면을 가상의 격자로 나누고 각각에 번호를 붙인 후 난수표에서 번호를 정하여 이를 근거로 시료 채취
    3) 시료 채취의 최소량은 굵은 골재의 최대 크기에 따라 적용
    4) 부득이할 경우에는 쌓여 있는 상태 등에서 시료 채취

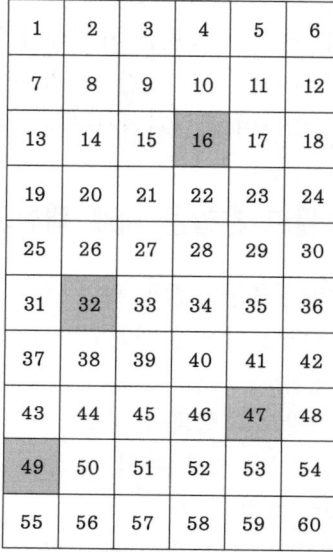

[랜덤샘플링방법에 의한 시료 채취장소의 선정(예)]

2. 운반장비 적재함에서 시료 채취
    1) 차량의 적재함 길이 방향을 2개의 횡단선으로 3등분하고 적재함 폭에 중간선을 가상으로 분할
    2) 차량 표면적의 1/6을 대표하는 중간점 표면의 약 30cm 깊이에서 6개 이상의 시료 채취
    3) 시료 채취의 최소량은 굵은 골재의 최대 크기에 따라 적용

3. 아스팔트 혼합물 더미에서 시료 채취
    1) 쌓여 있는 더미에서 정부, 중앙, 저부에 구멍을 파고 같은 양의 시료를 채취하여 혼합
    2) 혼합된 시료를 4분법에 의하여 소요량의 시료 채취
    3) 시료 채취의 최소량은 '시료 채취 최소량' 표를 만족하도록 채취

4. 아스팔트 페이버 오거 근처에서 시료 채취
    1) 아스팔트 페이버의 오거 근처에서 포설 직전 시료 채취
    2) 시료 채취는 일정 간격으로 시행
    3) 시료 채취의 최소량은 굵은 골재의 최대 크기에 따라 적용

5. 코어 시료 채취

1) 아스팔트 콘크리트 포장의 밀도, 아스팔트 함량, 골재 입도 등 품질시험을 위하여 포장 구간에서 코어 채취

2) 150mm 또는 100mm의 직경으로 해당 층을 관통하여 채취

(1) 100mm 코어 채취 : 밀도와 두께를 확인할 경우

(2) 150mm 코어 채취 : 아스팔트 혼합물 시험 병행 시

3) 시료 채취의 최소량은 '시료 채취 최소량'표와 같고, 구간당 최소 3개 이상 채취

4) 포장 시공 후 코어 채취는 양생 24시간 후에 실시

5) 시료 채취 부위

(1) 차량의 바퀴가 주행하는 차량바퀴 통과 부분

(2) 옆의 포장과 접하는 세로 시공이음부에서 1개 이상 채취

(3) 측구 쪽 단부 등의 구분 없이 전 포장면에서 채취

Ⅴ 아스팔트 혼합물 시료 채취 시 주의사항

1. 시료 채취위치 결정은 KS A 3151(랜덤샘플링방법)을 참고하여 결정

2. 시료 채취 시에는 KS F 2350(아스팔트 포장 혼합물의 시료 채취방법)에 따라 해당 구간 시료 채취

3. 시료 채취의 최소량은 굵은 골재의 최대 크기에 따라 '시료 채취 최소량'표의 값을 적용하며, 반드시 각 단위 포장구간마다 4개소 이상에서 시료 채취

Ⅵ 결 론

1. 아스팔트 혼합물의 품질을 확인하기 위한 기본적인 시험으로는 아스팔트 함량, 골재입도, 밀도, 이론 최대 밀도 등이 있으며, 이를 시험하기 위한 대표적인 시료를 채취한다.

2. 시료의 채취가 적합하지 않으면 시험결과의 신뢰성에 큰 영향을 미치므로 랜덤 샘플링 방법을 참고하여 채취할 시료의 위치를 정하고, 이에 따라 해당 구간의 대표적인 시료를 채취하여 품질관리를 시행하여야 한다.

아스팔트 포장다짐의 중요성 및 공정별 다짐방안

문제 분석	문제 성격	기본 이해		중요도	■■■■■
	중요 Item	중요성, 다짐방법, 시공이음의 종류			

I 개 요

1. 아스팔트 포장에서 규정된 다짐도를 만족하고 균질한 밀도를 얻기 위해서는 정해진 횟수만큼 다짐해야 한다.
2. 일반적으로 시험포장의 결과에 따라 다짐장비의 조합과 다짐횟수를 결정한다. 필요시에는 비파괴 현장밀도 측정장비를 사용할 수 있다.

II 아스팔트 포장다짐작업 시 고려해야 할 사항

1. 사용재료의 물성
2. 기후환경(대기온도, 바람세기, 날씨 등)
3. 현장특성(기존 포장, 하부구조, 포설두께 등)

III 아스팔트 포장다짐의 중요성

1. **교통하중에 대한 안정성 향상**
   아스팔트 혼합물 내의 적정 공극 및 밀도를 확보하여 외부교통하중에 의한 과도한 추가다짐 현상을 억제하고 강도특성을 발현
2. **포장의 소성변형에 대한 저항성 증가**
   포장의 공극률을 일정 수준 이하로 축소시켜 차량하중에 의한 추가다짐효과 및 압밀현상에 대한 저항성 증가

3. **포장의 피로균열에 대한 저항성 향상**
   포장의 공극률을 감소시켜 외부의 물 또는 공기 유입을 차단하고, 이에 따른 아스팔트의 노화 방지 및 골재의 박리현상 방지
4. **포장의 저온균열 발생 억제**
   포장의 공극률 확보 및 골재 간 맞물림작용에 따라 차량의 반복하중에 의한 균열 방지
5. **포장층 내의 물, 공기 유입의 억제를 통한 아스팔트의 노화 및 박리 방지**
   포장의 밀도를 확보하여 겨울철 온도변화에 의한 수축 및 팽창의 반복에 의한 포장 표면의 균열 발생 억제

IV 아스팔트 포장다짐에 영향을 미치는 요소

영향요소	고려항목	검토사항
사용재료의 물성	• 아스팔트 물성(침입도 등) • 골재 물성(입도, 입형, 흡수율 등)	• 롤러의 무게 및 구성 • 다짐온도 및 시간 등
기후환경	• 대기온도 • 바람세기 • 태양열의 복사수준	• 롤러의 작업온도 • 롤러의 투입시간 • 다짐온도 및 시간
현장특성	• 기존 포장상태(표면상태 및 온도) • 포설두께 및 도로의 경사 • 하부구조의 지지력	• 다짐 방향 • 롤러의 무게 • 다짐시간 등

V 아스팔트 포장다짐관리의 순서

1. 시험포장에 의해 다짐장비의 종류 및 다짐횟수 결정
2. 다짐작업 시작 전에 아스팔트 혼합물의 온도가 적정한지 확인
3. 다짐과정에서 다짐온도, 아스팔트 페이버와 다짐장비 거리, 다짐횟수 확인
4. 다짐 중에 비파괴 현장밀도 측정장비로 다짐 정도 실시
5. 다짐 완료 후에 코어를 채취하여 겉보기 밀도를 측정하여 밀도 확인

VI 적정 다짐을 위한 다짐장비 속도관리방안

1. 다짐속도는 일반적으로 아스팔트 페이버의 속도와 롤러의 다짐횟수에 의해서 결정
2. 다짐속도의 증가는 전압력을 떨어뜨려 포장의 다짐밀도가 낮아지므로 다짐속도를 증가시키려면 다짐롤러의 밸러스트(ballast)를 증가시켜 다짐밀도가 확보되도록 조치
3. 시공 중 아스팔트 페이버와 롤러의 거리가 너무 벌어지면 간격을 좁히기 위해 롤러의 속도를 증가시켜서 포장의 밀도가 부분적으로 낮아지므로 롤러의 다짐속도를 일정하게 유지하여 다짐하는 것이 중요함.
4. 다짐장비별 다짐속도(단위 : km/hr)

롤러의 종류 \ 다짐순서	1차 다짐	2차 다짐	3차 다짐
머캐덤롤러/탠덤롤러	3~6	4~7	5~8
타이어롤러	3~6	4~10	6~11
진동 탠덤롤러	3~5	4~6	-

Ⅶ 아스팔트 포장공정별 다짐관리방안

1. 온도별 다짐관리방안

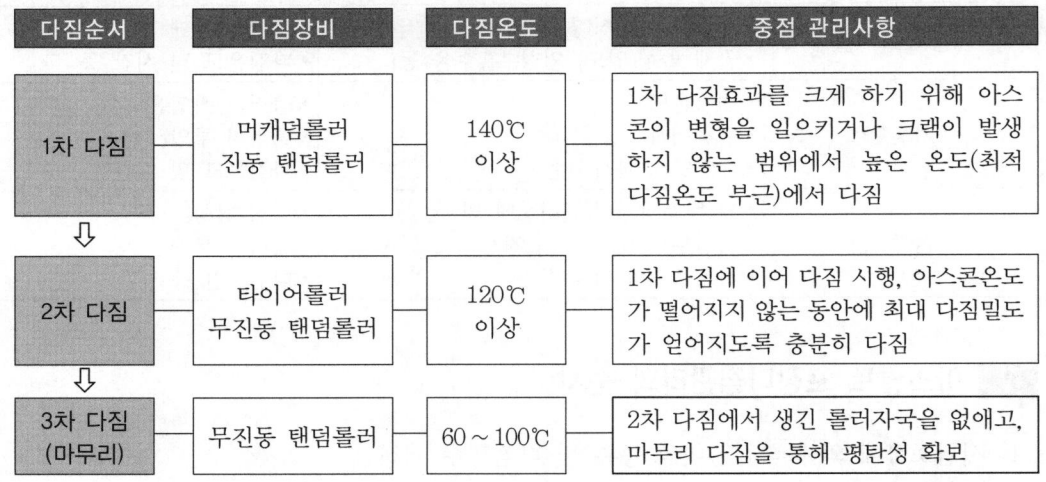

다짐순서	다짐장비	다짐온도	중점 관리사항
1차 다짐	머캐덤롤러 진동 탠덤롤러	140℃ 이상	1차 다짐효과를 크게 하기 위해 아스콘이 변형을 일으키거나 크랙이 발생하지 않는 범위에서 높은 온도(최적 다짐온도 부근)에서 다짐
2차 다짐	타이어롤러 무진동 탠덤롤러	120℃ 이상	1차 다짐에 이어 다짐 시행, 아스콘온도가 떨어지지 않는 동안에 최대 다짐밀도가 얻어지도록 충분히 다짐
3차 다짐 (마무리)	무진동 탠덤롤러	60~100℃	2차 다짐에서 생긴 롤러자국을 없애고, 마무리 다짐을 통해 평탄성 확보

2. 1차 다짐 시 유의사항

1) 1차 다짐 시 발생하는 미세균열을 방지하기 위해서는 롤러의 선압을 낮추거나 윤경을 크게 하여 사용하며, 주행속도를 낮추어야 함.

2) 초기 다짐효과의 향상을 위해 진동롤러를 사용할 수 있으며, 이는 시험포장 시 검토

3) 롤러 이동 시 아래층에서 아스팔트 혼합물이 순간적으로 떨어지는 현상을 방지하기 위하여 선압이 작은 롤러로 선다짐 시행

4) 1차 다짐작업 시 다짐속도는 최소 4km/hr 이상으로 함.

3. 2차 다짐 시 유의사항

1) 타이어롤러에 의한 아스팔트 혼합물의 다짐은 교통하중과 비슷한 다짐작용에 의하여 골재 상호 간의 맞물림을 좋게 하고, 1차 다짐 시의 미세균열을 제거하는 효과도 있으며, 균일한 밀도를 확보하기 쉬움.

2) 1차 다짐에서 진동 탠덤, 정적 탠덤 또는 머캐덤롤러에 의하여 다짐도의 확보가 이루어졌으면 2차 다짐은 생략 가능

4. 3차 다짐 시 유의사항

1) 롤러의 중량으로 포장면에 변형이 생겨 요철의 원인이 되므로 다짐한 후 포장 위에 장시간 롤러를 정지시키면 안 됨.

2) 1, 2차 다짐작업 중에 연속성 있는 작업이 이루어지지 않은 구간 또는 가로 및 세로이음부 설치구간에 대하여는 마무리 다짐 시에 평탄성이 확보되었는지 확인

Ⅷ 아스팔트 포장다짐 시 이음부 처리방안

1. 가로 시공이음부

1) 도로의 진행방향에 수직으로 발생하며, 포장작업을 종료하거나 부득이 작업을 중단할 때 도로의 가로방향으로 설치

2) 시공 중단 시 또는 종료 시 시공이음부는 가로방향으로 각목 등을 이용하여 규정높이로 마무리 실시

3) 이음은 상층과 하층의 이음부가 겹쳐서는 안 되며, 이음위치는 1m 이상 어긋나야 함.

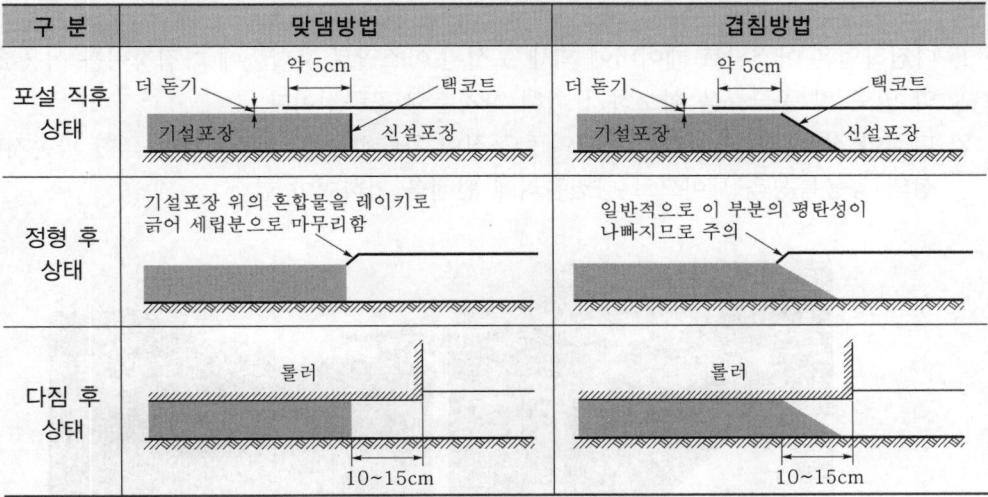

구 분	맞댐방법	겹침방법
포설 직후 상태	더 돋기 / 약 5cm / 택코트 / 기설포장 / 신설포장	더 돋기 / 약 5cm / 택코트 / 기설포장 / 신설포장
정형 후 상태	기설포장 위의 혼합물을 레이키로 긁어 세립분으로 마무리함	일반적으로 이 부분의 평탄성이 나빠지므로 주의
다짐 후 상태	롤러 / 10~15cm	롤러 / 10~15cm

2. 세로 시공이음부

1) 세로 시공이음부는 도로의 폭을 다차로에 걸쳐 시공하려면 도로 중심선에 평행하게 설치 시행

2) 각 층의 세로 시공이음부 위치가 중복되지 않도록 하여야 하며, 아래층과는 15cm 이상 어긋나도록 시공

3) 기시공된 포장에 설치하는 세로 시공이음부는 공용 후에 균열 또는 포트홀이 많이 발생하므로 가능하면 차선과 일치하여 설치

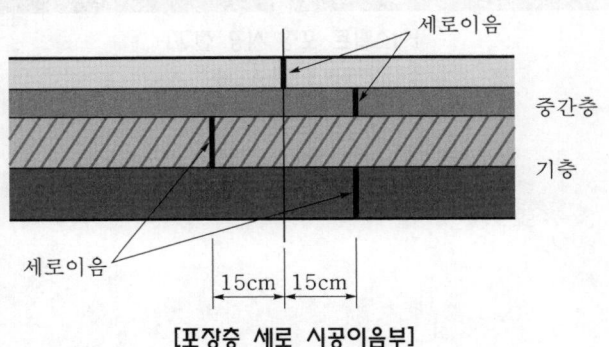

세로이음 / 중간층 / 기층 / 세로이음 / 15cm / 15cm

[포장층 세로 시공이음부]

Ⅸ 아스팔트 혼합물 적정 다짐의 효과

1. 아스팔트 혼합물의 공극률을 감소시키고, 밀도를 증가시켜 내구성 증대
2. 아스팔트 콘크리트 포장이 차량하중 및 환경조건에 의한 파손에 저항
3. 아스팔트 콘크리트 포장이 최상의 공용특성 발현

Ⅹ 결 론

1. 다짐작업은 아스팔트 페이버에 의해 포설된 아스팔트 혼합물에 다짐장비를 이용하여 소요의 밀도 및 공극률을 확보하기 위해 다지는 시공공정이다.
2. 다짐이 적합하면 아스팔트 콘크리트 포장이 차량하중 및 환경조건에 의한 파손저항 및 최상의 공용특성을 보이므로 다짐관리에 만전을 기하여야 한다.

[아스팔트 포장 시공 전경]

Section 9 **동절기 아스팔트 포장 시공 시 품질관리**

문제 분석	문제 성격	기본 이해	중요도	■■■■□□□
	중요 Item	동절기 기준, 온도관리, 다짐관리, 겨울철 특수 문제		

I 개 요

1. 동절기에 가열 아스팔트 혼합물을 포설하면 시공온도가 급격히 떨어져 소요작업성을 잃게 되어 적정 수준의 포장다짐도를 얻기 어렵다.
2. 이러한 문제점들이 아스팔트 포장의 수명을 단축시킬 우려가 있으므로 품질관리에 주의하여야 한다.

II 동절기 아스팔트 포장 시공 시 문제점

1. 가열 아스팔트 혼합물 동절기 관리온도 : 대기온도 5℃
2. 시공 시 문제점
    1) 다짐도 저하에 따른 밀도 감소
    2) 밀도 감소로 공극률 증가 및 투수성 저하
    3) 공극이 높아지면 교통하중에 의한 압밀로 소성변형 발생
    4) 공극이 크면 공극 내·외부로 공기가 유입되어 아스팔트 산화와 노화 촉진

III 동절기 아스팔트 포장 시공 시 품질관리방안

1. 일반적인 품질관리사항
    1) 대기온도 5℃ 이하에서 시공 지양
    2) 대기온도 5℃ 이상에서도 바람이 강할 때는 지양
    3) 부득이한 경우 특별 시공대책 수립 운용
2. 생산온도관리대책
    1) 드라이어에서 가열시간을 조절하고, 적치장의 골재관리에 별도의 대책 수립
    2) 생산온도는 현장 다짐온도보다 10~20℃ 높게
    3) 플랜트에서 혼합온도를 약간 올림.
    4) 산화 방지를 위하여 혼합온도가 185℃를 넘어서는 안 됨.
3. 운반관리대책
    1) 운반트럭에는 천막포를 2~3매 겹쳐서 사용하여 온도 저하 방지
    2) 혼합물의 현장 도착온도는 160℃를 내려가지 않도록 하여야 함.

3) 시공 시 포설면의 온도 불균형현상을 최소화하기 위하여 MTV장비 적용

4. 역청재료(택코트) 포설 시 대책
   1) 아스팔트 재료를 살포할 필요가 있는 경우에는 미리 예열 실시
   2) 동결한 기층에서는 용해하기를 기다려 포설 실시
   3) 젖은 노면 또는 서리가 내린 노면에는 로드히터 등으로 가열, 건조시키거나 건조 후 포장 실시

5. 가열 아스팔트 혼합물 포설대책
   1) 페이버의 스크리드를 계속하여 가열
   2) 포설작업에 끊어짐이 없이 연속 시공이 되도록 배차간격 조절

6. 가열 아스팔트 혼합물 다짐관리
   1) 신속히 다짐작업 실시
   2) 페이버 포설길이 최소화 유지
   3) 2차 다짐 시에는 미세균열 저감을 위하여 타이어롤러 사용

Ⅳ 동절기 아스팔트 포장 중점관리사항

1. 한랭기의 혼합물 온도관리
   1) 부득이하게 추운 겨울 5℃ 이하의 기온에서 포설할 경우에는 운반 중 보온방법의 개선과 포설 후에 신속한 다짐을 실시할 수 있는 체제 수립
   2) 플랜트에서 혼합온도를 약간 올림(아스팔트의 산화를 감안하여 필요온도 이상으로 올리지 않아야 함).
   3) 혼합물의 현장 도착온도는 적재 혼합물의 표면으로부터 6cm 정도의 깊이에서 160℃를 내려가지 않는 것이 좋으며, 혼합물의 운반트럭 보온설비를 장치하여 온도 저하 방지를 하여야 함(외부공기유입 차단).

2. 현장 도착온도는 5cm 깊이에서 160℃ 이상
3. 보온용 천막 2~3매, 특수 보온시트로 보온

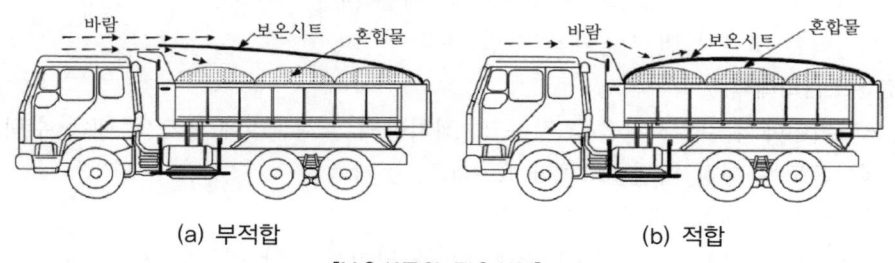

(a) 부적합   (b) 적합

[보온시트의 적용사례]

4. 다짐작업은 가능한 한 최소 범위까지 가열 아스팔트를 포설한 후 즉시 다짐 실시
5. 다짐 전 페이버의 포설길이가 10m 이상이 되지 않도록 조절

6. 다짐롤러에 아스팔트 혼합물 부착 방지를 위한 목적으로 물을 사용하지 않고 석유류를 제외한 폐식용유 등의 오일 등을 분무기로 얇게 도포

7. 1차 다짐 시 미세균열을 적게 하기 위해 선압이 적은 탠덤롤러 사용

8. 타이어롤러의 경우 동절기에는 타이어의 온도조절을 위하여 보온시트 사용

9. 초기예열을 위하여 엔진에서 나오는 배기가스 이용

10. 바람이 많이 부는 곳(특히 교면포장공사)에서는 가능하면 천막 등을 이용하여 바람을 막고 포장 실시

V 결 론

1. 동절기 시공 시 온도 저하로 품질이 저하되므로 부득이하게 시공할 때는 철저한 품질관리대책의 수립이 필요하다.

2. 다짐효율이 좋은 피니셔를 사용하고, 타이어롤러에 보온막을 설치하여 배기가스를 이용한 타이어 예열로 포장의 온도 저하를 방지하는 것이 중요하다.

반강성 포장의 특징 및 관리방안

문제 분석	문제 성격	응용 이해	중요도	■■□□□
	중요 Item	개념, 분류, 시공 시 품질관리방안		

I 개 요

반강성 포장은 공극률이 큰 개립도 아스팔트 혼합물에 침투용 시멘트 페이스트를 침투시켜 굳게 한 것으로, 아스팔트 콘크리트 포장의 가요성과 시멘트 콘크리트 포장의 강성을 겸비한 포장이다.

II 반강성 포장의 종류

1. 반침투형 : 표층두께가 30 ~ 50mm일 경우 시멘트 페이스트 10 ~ 15mm 침투
2. 전침투형 : 전 포장두께에 침투

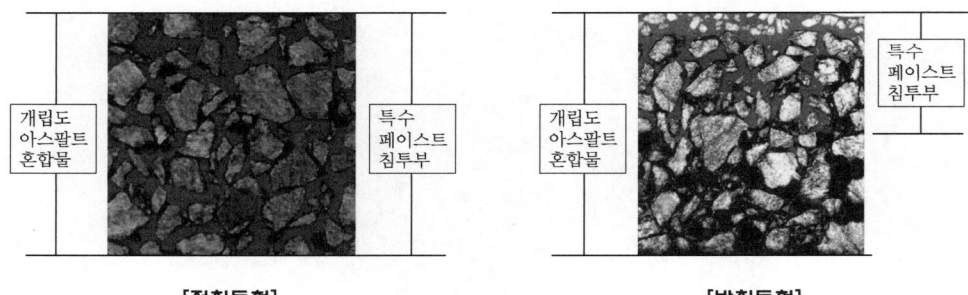

[전침투형]　　　　　　　　[반침투형]

III 반강성 포장의 특징

1. 기계적 강도가 큼.
2. 마샬 안정도가 2배 증가
3. 휠트래킹시험으로 시험한 결과 동적 안정도가 높음.
4. 고온, 저온 압축강도 우수
5. 내유성 우수
6. 내연성 우수
7. 노면 밝기(명색성) 우수 : 반강성 포장은 흰색에 가깝기 때문에 명색성이 우수함.

IV 반강성 포장의 재료 및 배합관리방안

1. 아스팔트 혼합물

1) 아스팔트 혼합물은 일반 아스팔트 혼합물용 재료와 배합에 따름.
2) 마샬시험의 목표치에 만족하도록 배합 시행
3) 마샬 안정도에 만족하더라도 아스팔트량 결정 시 충분한 주의가 필요함.
4) 반강성 포장용 아스팔트 혼합물의 종류와 표준적인 입도범위

체 크기		혼합물의 종류	
		I 형	II 형
통과 중량 백분율 (%)	26.5mm		100
	19mm	100	95 ~ 100
	13.2mm	95 ~ 100	35 ~ 70
	4.75mm	10 ~ 35	7 ~ 30
	2.36mm	5 ~ 22	5 ~ 20
	600μm(No.30)	4 ~ 15	
	300μm(No.50)	3 ~ 12	
	75μm(No.200)	1 ~ 6	
아스팔트량(%)		3.0 ~ 4.5	
시멘트 페이스트의 최대 침투두께		5cm 전후	10cm 전후

2. 침투용 페이스트

1) 시멘트 : 보통시멘트, 조강PC, 초속경시멘트 사용
2) 첨가제(균열 억제제)
   (1) 고무계 에멀션(고무 라텍스)
   (2) 수지계 에멀션
   (3) 유화 아스팔트
   (4) 고분자 유제
3) 착색용 : 안료를 혼입한 착색 시멘트
4) 미끄럼저항성 증대 : 실리콘 샌드 이용
5) 침투용 페이스트의 표준기준

항 목	기 준
플로(로트)	10 ~ 14초
압축강도(7일 양생)	$100 \sim 300 kg/cm^2$
휨강도(7일 양생)	$20 kg/cm^2$ 이상

Ⅴ 반강성 포장 시공 시 품질관리방안

1. 시공순서
   1) 개립도 아스팔트 콘크리트 포설
   2) 시멘트 페이스트 혼합 : 그라우트(grout) 혼합용 믹서, 교반기(agitator)
   3) 시멘트 페이스트 침투 : 소형 진동롤러 사용
   4) 마무리 작업 : 고무 레이키에 의한 마무리 작업

2. 시공 시 유의사항
   1) 개립도 아스팔트 콘크리트의 입도는 시멘트 페이스트의 침투량에 영향을 미치므로 철저히 관리하여야 함.
   2) 개립도 아스팔트 콘크리트의 다짐에는 철륜롤러만 사용
   3) 균일하게 혼합한 시멘트 페이스트는 포설 후 아스팔트 혼합물의 온도가 30 ~ 40℃ 이하로 식은 후 주입
   4) 시멘트 페이스트의 침투량은 수시로 확인
   5) 고무 레이키로 나머지 시멘트 페이스트를 긁어 제거하고 표면에 골재의 요철이 나타나게 함.
   6) 교통 개방까지의 일반적인 양생시간

시멘트 페이스트의 종류	양생시간
보통형	약 3일
조강형	약 1일
초속경형	약 3시간

Ⅵ 반강성 포장의 용도

특 성	용 도
하중저항성	하적장, 컨테이너 주차장, 공장, 차고, 등판차선
내유성	톨게이트, 주차장, 주유소
내열성	공항 활주로
명색성	상가 및 공원, 터널
내유동성	버스정류장, 등판차선, 중교통도로
유색성	상가보도, 유원지 도로

Section 11 포장의 평탄성 평가방법과 불합격 시 조치방안

문제 분석	문제 성격	기본 이해		중요도	
	중요 Item	PrI와 IRI의 비교, 도로포장 완성면의 검사항목 및 기준			

Ⅰ 개 요

1. 도로포장의 평탄성은 도로 주행자의 쾌적성 및 차량의 주행성을 확보하기 위한 표면 요철의 최대치를 제한하고 관리하는 것이다.
2. 평탄성 평가방법은 노상, 보조기층, 포장층에 대하여 실시하고, 기준 초과 시에는 그라인딩이나 재포장을 하여 도로포장의 평탄성을 확보하여야 한다.

Ⅱ 도로포장의 평탄성 확보 목적 및 평탄성 지수

1. 목적
   도로 주행자의 쾌적성 및 차량의 주행성을 확보하기 위한 표면 요철의 최대치를 제한하고 관리하는 것

2. 평탄성 지수의 비교

구 분	PrI	IRI	비 고
내용	국내 평탄성 지수	국제 평탄성 지수	
단위	mm/km	m/km	
측정방법	7.6m profile meter	APL	• QI : 국내 국도포장의 평가지수
교통영향/측정오차	큼 / 큼	적음 / 적음	
계산	용이	복잡	
적용	포장의 준공검사 시	포장의 유지관리 시	

3. 평탄성 지수 간의 관계식

평탄성 지수	관계식	단 위
PrI	$PrI=12.456+13.28(IRI)+4.78(IRI)^2$	cm/km
IRI	$IRI=(QI+10)/14$	m/km
QI	$QI=14(IRI)-10$	m/km

Ⅲ 도로포장의 평탄성 측정방법

1. 포장 각 층별 관리방법
   1) 노상 : 프루프 롤링(proof rolling)
   2) 기층 : 3m 직선자, 7.6m 프로필 미터(profile meter)
   3) 표층
      (1) 종방향 : 7.6m 프로필 미터, APL
      (2) 횡방향 : 3m 직선자

2. 평탄성 관리기준

구 분	시방기준
노상	• 요철 : 1cm • 측량오차 : ±3cm
선택층(보조기층)	• 요철 : 1cm • 측량오차 : ±3cm • 20m 이내의 임의의 2점에서 계획고의 차 : ±1.5cm
린 콘크리트 포장	• 계획고 : ±1.5cm • 요철 : 1cm • PrI : 48cm/km

3. 포장 평탄성 관리기준
   1) 종방향

구 분	조 건	평탄성 지수기준(mm/km)	
아스팔트 콘크리트 포장	본선 구간	토공부	100 이하
		교량부	200 이하
	확장 및 시가지 구간	본선	160 이하
		교량구간, 인터체인지구간	240 이하
시멘트 콘크리트 포장	본선 구간	토공부 및 터널부	160 이하
		기타 구간	240 이하

   2) 횡방향
      3mm 직선자를 도로의 중심선에 평행 또는 직각 방향으로 하여 최요부 깊이가 3mm 이하이어야 함.

Ⅳ California(7.6m) profile meter를 이용한 도로포장 평탄성 측정방법

1. 측정장비

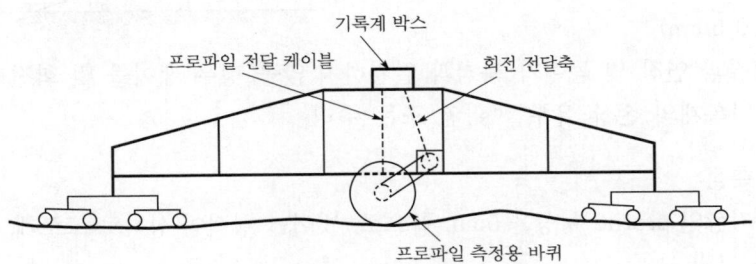

[측정장비 : California(7.6m) profile meter]

2. 용어 정의

용 어	정 의
상 · 하연선 (blanking band)	측정이 종료된 기록계의 프로파일그래프의 연속길이에 대하여 각 형적이 상하로 고르게 분포되도록 중앙 부위를 종방향으로 나눈 5mm의 일정한 폭의 띠
돌출높이 (roughness)	돌출높이는 상 · 하연선을 벗어난 높이로서, 높이 1mm, 폭 2mm 이하의 형적은 계산에서 제외하고, 연속적인 형적에 대한 각각의 높이를 1mm 단위로 측정한 거리
형적(scallops)	평탄성 측정 시 기록지상에 나타난 평탄성 형적
평탄성 지수(PrI)	상 · 하연선 작도 후 평탄성 측정거리(km)에 대한 돌출높이(h)의 합을 말하며, 일반적으로 평탄성 측정거리는 150m를 기준으로 함.

3. 측정장비

1) 축척 : 주행 방향으로 1 : 300, 연직 방향으로 1 : 1 축척으로 기록
2) 속도 : 수동이거나 장비의 중앙부에 부착된 엔진을 동력원으로 하는 추진장치 이용

4. 측정기의 운영조작

1) 측정속도 : 기록지상의 펜이 튀는 것을 가능한 한 방지하기 위해 이동속도는 보속 이하로 측정(4km/hr 정도)
2) 축척의 점검 : 기록계의 축척은 주기적으로 점검해야 하며, 수평축척(주행 방향)은 일정 거리를 주행시켜 실제 거리와 기록계상의 거리를 비교하여 점검하고, 부정확할 경우 바퀴의 직경을 적정한 것으로 교체

5. PrI 측정기의 점검방법

1) 주행 방향(축척 1 : 300)
연장 90 ~ 150m의 평탄한 도로 위에서 보속 정도(약 4km/hr)의 속도로 주행시켜 실연장과 기록지상의 연장을 비교(오차 : ±1%)

2) 연직 방향(축척 1 : 1)

검정용 10mm 및 6mm 높이의 각재를
이용하여 기록지상의 높이와 비교(오차
: ±0.5mm)

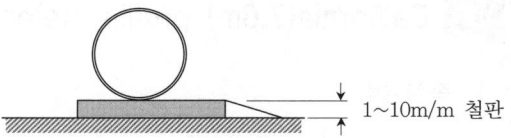

1~10m/m 철판

3) 점검결과 연장 및 높이가 축척과 일치하지 않을 경우 케이블 및 회전 전단축의 연결상
태, 기록계의 손상 유무를 확인 또는 수리

6. PrI의 측정

1) 기록지상의 profile 형상을 5mm 폭으로, 벗어난 형적이 상하로 고르게 분포될 수 있도록
선을 그림.

2) 이때 5mm 띠를 벗어난 상하의 모든 형적을 1mm 단위로 합산

3) 기록지에서의 구분은 실거리 150m 간격으로 5mm 띠를 벗어난 형적의 합산을 구하여
5mm 띠를 벗어난 양의 합산(cm)을 km당으로 계산하여 그 구간의 PrI로 결정

4) 어느 구간에서든 시방에서 제한한 규정치에 만족하지 못한 구간이 있다면 이 구간을 찾
아내어 범위를 프로파일에 기록하고, 차후 그라인딩할 곳을 포장면상에 표시

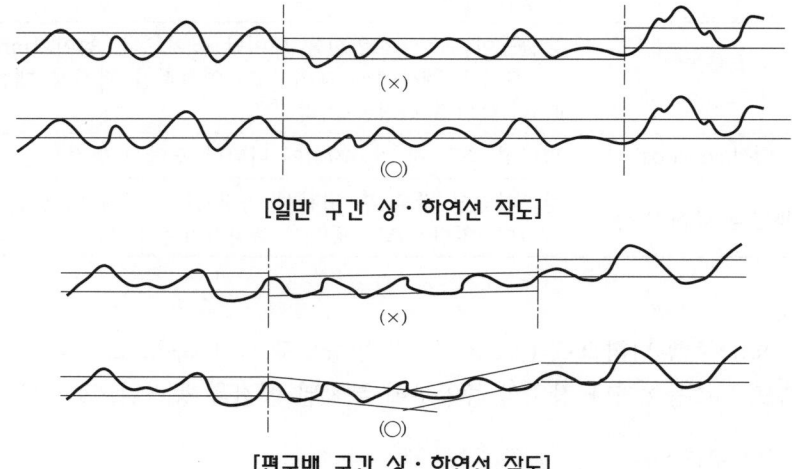

[일반 구간 상·하연선 작도]

[편구배 구간 상·하연선 작도]

7. PrI의 산정식 $= \dfrac{\sum hi}{측정거리}$ [mm/km]

Ⅴ 평탄성 시험 측정 후 불합격 판정 시 조치방안

1. 평탄성을 측정하는 데는 7.6m 프로파일미터를 사용하여야 하며, 부득이한 경우 3m 직선
자나 기타 기구를 사용할 수도 있음.

2. 프로파일 인덱스(profile index)는 7.6m 프로파일미터를 사용할 경우 평탄성기준에 적합
하여야 하며, 기준에 어긋나는 부분에 대하여는 재시공 또는 수정하여야 함.

3. 두께 측정 후 +10%, −5% 이상 차이가 나서는 안 되며, 높은 경우에는 승인된 기계로 갈아내어야 한며, 부족한 경우에는 패칭(patching) 후 재포설하여야 함.

Ⅵ 포장의 평탄성을 확보하기 위한 품질관리방안

1. 아스콘 재료관리 철저
   혼합물을 생산하고, 현장에 도착하여 온도 확인 후 포설 실시

2. 아스콘 포설 시 품질관리
   1) 피니셔 적정 포설속도 유지(기층, 중간층 : 6m/분, 표층 : 4m/분)
   2) 다짐장비의 다짐횟수, 다짐속도 준수
   3) 시공 직후 작업차량 주행 금지

Ⅶ APL(Longitudinal Profile Analyzer, 도로종단분석기)

1. 정의
   도로 노면의 요철 정도를 측정하는 자동화한 평탄성 측정기

2. 특징
   1) 측정속도 10 ~ 140km/hr로 1mm 미만의 정밀도를 얻을 수 있으며, 1일 320 ~ 480km 연속 측정이 가능
   2) APL 트레일러를 차량에 견인하여 측정하므로 차량 통제 없이 신속하게 측정
   3) 견인차량에 내장된 자동데이터처리장치로 결과를 즉시 얻을 수 있음.

3. 측정원리
   1) 트레일러 바퀴가 상하로 움직이면서 각 축의 운동을 변화기가 감지하여 각 축의 운동량을 전자신호로 바꾸어 컴퓨터로 보냄.
   2) 이동거리, 견인속도 등의 자료가 바퀴에 부착된 센서에 의해 측정되어 컴퓨터로 입력
   3) 자료가 입력됨과 동시에 측정도로의 평탄성 자료가 자동으로 출력

Ⅷ 맺음말

1. 도로포장의 평탄성기준 초과 시에는 주행자의 쾌적성 및 차량의 주행성이 확보되지 않아 주행 불안 및 교통사고 발생 우려가 매우 크다.
2. 따라서 노상, 보조기층, 포장층에 대하여 평탄성 평가방법에 의한 품질관리를 철저히 시행하고, 기준 초과 시에는 그라인딩이나 재포장을 하여 도로포장의 평탄성을 확보하여야 한다.

문제 분석	문제 성격	기본 이해	중요도	■■■■■□□
	중요 Item	아스팔트 혼합물의 소성변형, 도로의 반사균열, 파상요철		

I 개 요

1. 소성변형은 아스팔트 콘크리트 포장의 어느 한 부분을 차량이 집중적으로 통과할 때 표층 재료의 마모 또는 유동으로 노면이 요철모양으로 변하는 파손형태를 말한다.
2. 소성변형 발생 시에는 차량의 안정성과 주행성을 저하시키고, 강우 시 배수가 원활하지 않아 물보라현상이 발생하거나 고속 주행 시 노면의 미끄럼저항성이 저하되는 문제점이 발생한다.

II 소성변형의 종류 및 문제점

1. 소성변형의 종류
   1) 바퀴패임현상(rutting) : 차량의 진행 방향과 평행한 방향으로 발생
   2) 쇼빙(shoving)현상 : 차선의 횡방향으로 물결무늬형태로 발생

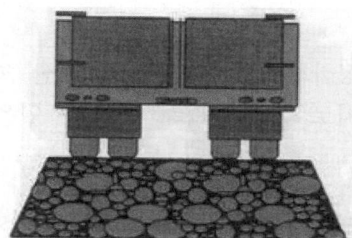
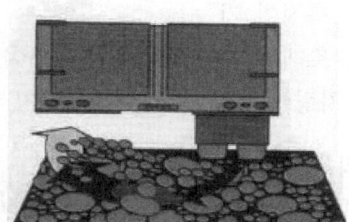

(a) 발생 전   (b) 발생 후

[소성변형 발생 메커니즘]

2. 소성변형 발생 시 문제점
   1) 강우 시 배수가 원활하지 않아서 물보라현상 발생
   2) 고속 주행 시 노면의 미끄럼저항성 저하로 사고 발생

III 소성변형에 취약한 장소

1. 중차량 및 대형차량의 운행이 많은 곳
2. 차량 정체로 저속 주행이 많은 곳
3. 차량이 정지하는 교차로 지점
4. 급커브 및 오르막 지점

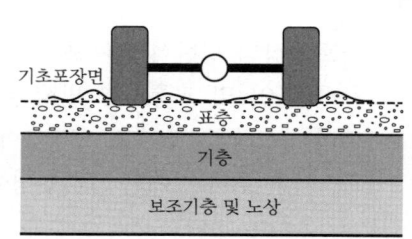

[공극 감소론에 의한 소성변형]

Ⅳ 소성변형 발생 메커니즘

구 분	압축이론	
	공극 감소론	전단변형론
공극률	6 ~ 7%	2 ~ 3%
변형	구조적 변형	유동적 변형(소성변형)
체적	감소	유지
발생위치	혼합물층 내	보조기층, 노상

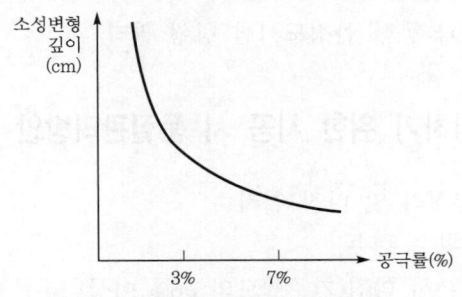

[공극률과 소성변형 깊이의 관계]

Ⅴ 소성변형 발생원인

1. 내적 원인
   1) 재료 : 아스팔트 침입도가 큰 경우, 점도불량
   2) 배합 : 아스팔트량 과다
   3) 시공 : 택코팅 과다, 다짐불량(과다, 과소), 양생불량

2. 외적 원인
   1) 환경 : 고온 시 포장 자체의 온도 상승
   2) 교통 : 대형차량, 중차량, 교통 정체가 심한 경우
   3) 교통하중 : 대형차량의 통행이 많은 경우
   4) 지형 : 오르막, 급커브, 교차로 및 횡단보도 앞

Ⅵ 소성변형을 저감하기 위한 배합관리방안

1. 아스팔트
   1) 침입도가 낮은 AP 사용(기존 AP-3 → AP-5 사용)
   2) 개질 아스팔트 사용
   3) 공용성 등급과 침입도 등급의 병행 적용
   4) 품질기준에 합격한 AP 사용

2. 골재

　1) 굵은 골재비율 증대, 자연모래 사용제한

　2) 편장석 사용규제

3. 배합

　1) 허용범위 내 굵은 골재 증가

　2) 적정 공극률(표층 : 4%, 기층 : 5%)을 유지할 수 있는 배합설계 시행

　3) 실측을 통한 이론 최대 밀도값의 적용으로 적정 아스팔트 함량 결정

　4) 일정한 골재 간극률 유지로 과다한 아스팔트 피복두께 방지

　5) 마샬 안정도시험과 동적 안정도시험 병행 관리

Ⅶ 소성변형을 저감하기 위한 시공 시 품질관리방안

1. 보조기층, 기층 안정처리 및 다짐 철저
2. 다짐온도, 순서 및 횟수 준수
3. 소요의 다짐까지 충분히 다짐(기준밀도의 96% 이상)
4. 여름철(7 ~ 8월) 포장은 가급적 제한하고, 여름철 포장 시 주간작업 제한
5. 피니셔 포설속도 제한(8m/분 이내)
6. 정확한 교통량 예측, 골재 변경(#78 → #67)
7. 현장 품질관리 강화

　1) 플랜트 품질관리, 혼합물 현장 확인

　2) 배합설계를 현장 실사로 확인
8. 포장체 표면온도 40℃ 이하에서 교통 개방

Ⅷ 소성변형 발생 시 처리방안

1. 소성변형 조사기준

　1) 조사대상구간을 100m마다 차선별로 시행

　2) 각 단면 최대치의 평균을 취하여 조사대상구간의 값으로 함.

　3) 교차점 부근은 200 ~ 400m를 대상으로 50 ~ 100m마다 측정구간 및 단면 최대치의
　　평균치 기록

2. 소성변형 측정방법

　1) 직선자를 이용하는 방법

　2) 횡단 profile meter에 의한 방법

　3) 노면 촬영차에 의한 방법

[직선자에 의한 방법]

[profile meter에 의한 방법]

3. 소성변형 보수기준
   1) 소성변형 측정치가 10mm 이하인 경우 : 노면 절삭처리
   2) 소성변형 측정치가 10mm 이상인 경우 : 전체 절삭 후 덧씌우기 실시

4. 소성변형 보수대책
   1) 절삭공법
   2) 전체 절삭 후 덧씌우기
   3) 전면 재포장
   4) 화이트 토핑(white topping) 포장

Ⅸ 맺음말

1. 현재 국내에서 문제가 되고 있는 소성변형 등의 포장 조기 파손원인은 일반 아스팔트의 점도 부족 및 배합, 시공에 대한 관리소홀 등이다.
2. 설계 시부터 하중조건, 토질조건, 기상조건, 재료조건을 만족할 수 있도록 해야 하고, 파손의 조기 발견을 통한 예방적인 유지관리가 필요하다.
3. 소성변형을 완전히 방지하기는 어려우나 높은 소성변형저항성이 있는 재료의 선정 및 배합, 시공 시 품질관리로 소성변형을 최소화하여야 한다.

아스팔트 콘크리트 포장의 구조와 파손원인, 대책

문제 분석	문제 성격	기본 이해	중요도	■■□□□□
	중요 Item	파손의 종류, 유지관리방법		

Ⅰ 개 요

1. 포장의 파손은 노상토의 지지력, 교통량, 포장두께의 세 가지 균형이 깨져서 일어난다. 또한 대형차 교통량이 많은 도로의 아스팔트 포장은 아스팔트 혼합물의 변형에 의해 공용성을 해치는 수가 있다.
2. 파손의 유형은 노면성상, 구조적 요인에 의한 파손유형으로 구분된다.
3. 아스팔트 콘크리트 포장의 파손 시 대책은 파손형태에 따라 유지공법과 보수공법으로 구분하여 적용할 수 있다.

Ⅱ 아스팔트 콘크리트 포장의 구조

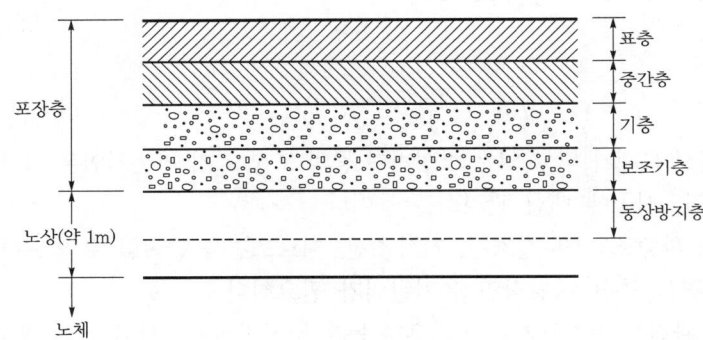

1. **표 층**
   1) 표면수 침투 방지
   2) 하부층 보호
2. **중간층**
   1) 요철 보정
   2) 하중 분산
3. **기 층**
   1) 입도조정처리
   2) 전달하중을 지지, 전달
4. **보조기층**
   1) 교통하중 지지
   2) 포장층 내 배수기능
5. **동상방지층**
   1) 흙의 동상으로부터 보호
   2) 모래당량은 20% 이하

Ⅲ 아스팔트 콘크리트 포장의 구비조건

1. **충분한 안정성** : 안정성이란 외력에 의해 혼합물에 일어나려고 하는 변형에 대한 저항성으로 대표적인 파손은 소성변형임.
2. **충분한 가소성** : 기층 이하가 부등침하를 일으키면 아스팔트 혼합물층은 이에 따라 변형할 수 있는 유연성이 있어야 함.
3. **적당한 미끄럼저항성 확보** : 자동차 타이어와 노면 사이에는 적당한 미끄럼 마찰저항성이 필요함.
4. **내구성 확보** : 포장 표면은 항상 교통하중과 태양광선, 폭풍우와 같은 외부작용에 대한 저항성이 필요함.

Ⅳ 아스팔트 포장의 일반적 파손원인

1. 조사상 원인
   1) 예상교통량 부정확
   2) 기초조사 미비
2. 설계상 원인
   1) 구조계산 안전 미확인
   2) 교통량 추정 부정확
3. 시공상 원인
   1) 시공불량
   2) 동절기 시공대책 미숙
   3) 조인트(joint) 처리불량
   4) 강성 부족
   5) 다짐 부족
4. 관리상 원인
   1) 과적차량 통제 미숙
   2) 재료, 보수시기 지연
   3) 전문지식 부족
   4) 행정조치 미숙
5. 기타
   1) 절·성토 경계부 부등침하
   2) 노상·보조기층의 지지 불균일
   3) 노상·보조기층의 단차
   4) 구속접속부의 요철
   5) 지하수의 유출

(a) 차로와 길어깨 균열

(b) 시공균열

[파손형상]

V 아스팔트 포장 파손의 분류와 원인

파손의 분류			주된 원인
노면성상에 관한 파손	국부적인 균열	미세균열	• 혼합물의 품질불량 • 다짐온도의 부적당
		선상균열	• 시공불량 • 절·성토 경계부의 부등침하 • 기층의 균열
		종횡 방향, 횡방향 균열	• 노상, 보조기층의 지지력 불균일
		시공조인트 균열	• 포장다짐불량
	단차	구조물 부근의 요철	• 노상, 보조기층, 혼합물 등의 다짐 부족 • 지반의 부동침하 등에 의한 요철
	변형	소성변형	• 과대한 대형차량 통행 • 혼합물의 품질불량
		종단 방향의 요철	• 혼합물의 품질불량 • 노상, 보조기층의 지지력 불균일
		Corrugation 침하	• 프라임코트, 택코트의 시공불량
		플러시(flush)	• 프라임코트, 택코트의 시공불량 • 혼합물의 품질불량(특히 아스팔트)
	마모	ravelling	• 제설 후의 타이어체인, 스파이크 타이어 사용
		폴리싱(polishing)	• 혼합물의 골재품질불량
		스케일링(scaling)	• 혼합물의 품질불량 • 다짐 부족
	붕괴	포트홀(pothole)	• 혼합물의 품질불량 • 다짐 부족
		박리(stripping)	• 골재와 아스팔트의 친화력(접착력) 부족 • 혼합물에 수분 침투
		노화(aging)	• 아스팔트의 열화 • 산화, 휘발, 고분자화, 의액성, 누출, 분리
	기타	타이어 자국	• 이상기온 • 혼합물의 품질불량
		흠집	• 사고 등
		표면 부풀음	• 혼합물의 품질불량 • 표면하 공기의 팽창
구조에 관한 파손	전면적인 균열	거북등균열 (alligator cack)	• 포장두께의 부족 • 혼합물, 보조기층, 노상의 부적당 • 계획 이상의 교통량 통과 • 지하수
	기타	펌핑(pumping), 동상	• 포장두께, 동상방지층 두께의 부족 • 지하수

Ⅵ 아스팔트 포장 파손의 종류와 유지보수방법

파손의 종류	유지보수방법
헤어크랙 선상균열	• 균열의 실링, 포그실(fog seal), 실코트(seal coat) • 비교적 크게 벌어진 균열은 V커트 후 아스팔트 모르타르 등을 채움. • 기층의 균열에 의한 선상균열은 부분적으로 절삭 후 재포장
구조적 부근의 요철	패칭, 부분 재포장
소성변형	융기부의 절삭, 융기 부분 절삭 후 카펫코트(carpet coat) 또는 오버레이, 상태에 따라 재포장
종횡 방향의 요철	아마코트, 카펫코트
범프	융기부의 절삭
침하	패칭, 부분 재포장
플러시	부순돌 또는 굵은 모래의 살포
라벨링	패칭, 아마코트, 카펫코트, 오버레이
폴리싱	실코트, 아마코트, 카펫코트, 그루빙, 수지계 표면처리
스케일링	패칭, 부분 재포장
포트홀	패칭, 부분 재포장
박리	실코트, 아마코트, 포그실
노화	슬러리실, 카펫코트, 오버레이
거북등균열	아마코트, 카펫코트, 오버레이, 절삭 재포장, 재포장
분니(噴泥)	재포장
동상	채움, 배수시설의 설치, 지하수위의 저하, 재포장

Ⅶ 아스팔트 콘크리트 포장 파손 시 대책

1. 방지대책

  1) 아스팔트 포장 시 시방규정 준수 철저

  2) 포장 후 제 규정 준수

  3) 배수처리 철저

  4) 각종 재료 및 시공관리 철저

구 분		토공(노체)	노 상	보조기층
재료	수침 CBR	2.5 이상	10 이상	30 이상
	소성지수	–	10 이하	6 이하
	최대 입경	300mm 이하	100mm 이하	50mm 이하
	체 통과율	–	#4(25~100) #200(0~25)	–
	마모감량	–	–	50% 이하
	모래함수당량	–	–	25% 이하
시공	1층 부설두께	30cm 이하	20cm 이하	20cm 이하
	다짐도	90% 이상	95% 이상	95% 이상

2. 유지관리대책

1) 예방적 유지관리

(1) 포그실(fog seal)

물로 묽게 한 유화 아스팔트를 얇게 살포하여 미세균열과 표면공극을 채우는 공법

(2) 표면처리(chip seal)

① 정의 : 포장 표면에 국부적 균열 발생 시 포장 표면에 아스팔트 또는 아스팔트+골재를 살포하는 공법

② 특징 : 포장의 구조적 안정성을 확보할 수 없으나, 경제적이고 시공이 용이하며 일부 내구성 확보 가능

2) 근본적 유지관리

(1) 패칭(patch)

① 정의 : 포장에 밀림이나 피로균열 등이 발생할 경우 양질의 포장재료로 채우는 응급처리방법

② 처리방법

㉠ 전 두께 처리 : 노상 또는 보조기층까지 포장체 제거 후 처리

㉡ 부분 두께 처리 : 표층만 제거하고 새로운 재료로 채우는 방법

(2) 변형, 마모, 붕괴, 부분적 균열 발생 시 : 표면처리 또는 패칭 실시

(3) 파손이 심한 경우 : 부분 재포장하여 파손이 심한 부분 보수

3. 보수대책

1) 덧씌우기

(1) 정의 : 포장수명의 연장 및 노면의 미끄럼저항성을 증진시킬 수 있는 포장보수공법

(2) 분류

① 아스팔트 덧씌우기   ② 시멘트 덧씌우기(white topping)

(3) 특징 : 포장의 내구성을 증진시키고 경제적임.

2) 재포장

    (1) 정의 : 유지관리시기가 늦어져 파손이 심각한 경우 시행

    (2) 고려사항 : 포장의 상태와 파손원인을 충분히 조사하고 채택 여부 판단

3) 가열표층재생공법(surface recycling)

    (1) 정의 : 기존의 아스팔트 포장을 가열한 후 분쇄하여 골재들을 재배열한 후 재생 첨가
재를 첨가하여 새로운 층에 포설하는 것

    (2) 특징 : 기존 포장재를 사용하므로 절삭 덧씌우기에 비해 경제적임.

Ⅷ 파손시기에 따른 유지보수방안

1. 긴급을 요하는 보수 : 포트홀(pothole)의 패칭, 단차의 보수

2. 시기를 놓치지 않아야 할 보수

    1) 표면처리, 노면 절삭, 소성변형의 처리, 부분적인 침하의 보수 등

    2) 표면처리 : 포장 표면에 부분적인 균열, 변형, 마모, 박리, 노화와 같은 파손이 발생한
경우에 2.5cm 이하의 두께로 실링층을 시공하는 공법

    3) 표면처리공법의 종류

        (1) seal coat : 역청재 살포 후 모래, 쇄석을 포설하여 부착

        (2) armor coat : seal coat를 2~3회 반복 포설

        (3) carpet coat : 아스콘으로 2.5cm 두께로 얇게 덧씌우기 하는 것

        (4) fog seal : 묽은 유화 아스팔트로 균열, 공극을 채움.

        (5) slurry seal : 유화 아스팔트, 부순 모래, 시멘트, 물을 혼합한 슬러리를 전용 장비로
두께 5~7mm로 표면에 씌우기 하는 것

        (6) 수지계 표면처리 : 미끄럼 방지와 같이 수지로 seal coat하는 것

3. 장기적인 관점에서 조치할 보수 : 덧씌우기, 절삭 덧씌우기, 재포장, 재생포장 등

Ⅸ 맺음말

1. 아스팔트 콘크리트 포장 파손은 초기에는 소성변형에 의하여 발생하고, 후기에는 균열에
의하여 발생한다.

2. 적절한 시기에 유지보수를 하여 아스팔트 포장의 파손현상을 늦추어 포장의 공용성을 확보
하여야 한다.

아스팔트 포장의 포트홀 발생원인과 대책

문제 분석	문제 성격	기본 이해	중요도	■■■■■■□□
	중요 Item	발생 메커니즘, 구조별 대책, 품질관리방안		

I 개 요

1. 강우, 강설 및 중차량 교통량의 증대로 아스팔트 포장에서 포트홀의 발생이 늘고 있으며, 이는 교통안전의 심각한 저해요인이 되고 있다.
2. 포트홀 발생으로 차량의 주행 쾌적성 및 통행안전이 많이 저하되므로 포트홀을 저감시키기 위한 대책이 필요하다.

II 포트홀 발생 메커니즘

단계	형 태	도로상태
1	윤하중이 반복되면서 균열이 불규칙하게 생성	균열 발생
2	균열의 폭, 깊이가 확대되어 폐합단면 형성	표층에서는 완전히 분리되고 기층과 접착만 남아 있는 상태
3	불규칙한 모양의 포트홀(작은 구멍) 형성	윤하중에 의한 반복적인 진동으로 기층에서도 완전히 분리된 상태
4	포트홀이 원형단면 형상으로 발달됨.	윤하중에 의한 응력이 집중되면 구멍 확대

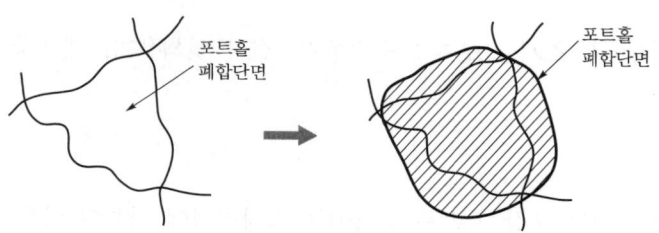

[포트홀 진행 메커니즘]

III 포트홀 발생 시 문제점

1. 포트홀은 아스팔트 포장의 표면이 움푹 패이는 모양의 파손 발생
2. 포트홀로 인하여 주행차량의 파손 및 교통사고 발생
3. 교통사고 발생에 따른 인적, 물적 피해 발생

Ⅳ 포트홀 발생의 주요 원인

1. 다짐도 부족(공극률 과다)

   다짐도 부족으로 인해 공극률이 과다하면 우천 시에 아스팔트 혼합물 내로 다량의 우수가 침투하여 포화된 상태에서 차량 통행 시 순간적으로 과잉간극수압이 형성되어 아스팔트 혼합물을 이완시켜 단기간에 포트홀 발생

2. 방수층 재료 및 시공불량

   품질이 불량한 방수재를 사용하여 교면방수층에서 요구하는 접착강도와 전단저항성이 부족함으로써 종·횡방향의 밀림이 발생하고, 이로 인해 균열에 우수가 침투하여 포트홀 발생

파손원인	비 고	
• 도막식(클로로플랜) 　– 재료불량 　– 부착력 부족 　– 두께(1mm 기준) 부족		
• 침투식 　– 침투식 방수기능 상실 　　⇒ 우수 침투 　　⇒ 콘크리트 상판 열화		
• 시트식 　– 시공 시 일반 밀립도 　　아스팔트 혼합물 시공에 따른 　　온도 저하 　　⇒ 시트 표면 부착 부족 　– 인력 시공으로 부착불량 　　⇒ 시트 아랫면 부착 부족		

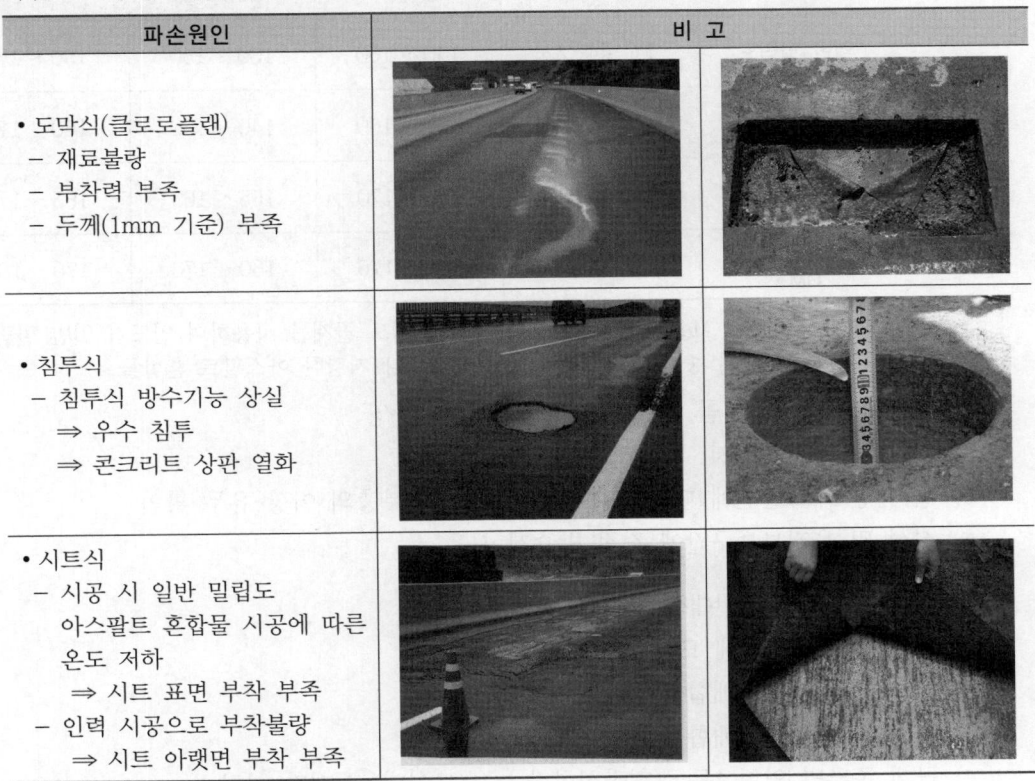

3. 기존 하부 아스팔트 혼합물층 박리

   표층 하부층 아스팔트 혼합물에 공극이 많은 경우 우수가 침투하여 배출되지 못한 상태에서 지속적인 차량의 통행에 의해 하부 아스팔트 혼합물층이 박리되어 하부층 박리에 기인한 포트홀 발생

4. 포장두께 부족

   포장두께 시방규정인 포장설계두께보다 5% 이상 적은 경우 포트홀 발생

Ⅴ 포트홀 방지대책

1. 포트홀 발생원인별 일반대책
   1) 롤러의 다짐에너지(중량) 향상
   2) 아스팔트 혼합물 온도관리 철저
      (1) 시공 전 : 현장별 생산, 운반, 포설, 다짐온도기준 작성
      (2) 시공 중 : 현장별 시공조건에 따른 다짐온도관리 철저

혼합물 종류	바인더 종류	다짐온도(℃)		
		일반	하절기 (6 ~ 8월)	동절기 (11 ~ 3월)
일반 밀립도	PG 64-22	140 ~ 160	130 ~ 150	150 ~ 170
SMA GMA	PG 64-22	150 ~ 160	140 ~ 150	160 ~ 170
SMA GMA	PG 76-22	160 ~ 170	155 ~ 165	165 ~ 175
SMA GMA	PG 82-22	165 ~ 175	160 ~ 170	170 ~ 180

      ※ GMA(General Mastic Asphalt) : 1등급 단립도 골재를 사용하며 입도가 일반 밀립도와 SMA 혼합물의 중간 정도이며, SMA 포장보다 저렴한 아스팔트 혼합물

   3) 효율적인 다짐관리를 위한 아스팔트 피니셔 운영
   4) 시공두께 확인 철저
   5) 설계 전 대표단면에 대한 코어를 채취하여 하부층의 이상 유무 확인
   6) 신설 및 유지보수구간에 적정 방수제 사용

2. 시공단계별 포트홀 일반대책
   1) 아스콘플랜트등급제 도입 추진
   2) 아스팔트 혼합물 배합설계관리 강화
   3) 아스팔트 혼합물 배합설계에 대한 교육 강화
   4) 골재 종류별 입형 1등급(편장석함량 : 10% 이내) 골재만 선정
   5) 비파괴시험장비(방사선장비)를 통한 현장 다짐도 평가 시행

3. 포트홀 발생 방지 및 아스팔트 포장 내구성 향상대책
   1) 불투수성 포장재 적용을 통한 포트홀 억제
   2) 신공법(GMA : General Mastic Asphalt) 적용

Ⅵ 노후 콘크리트 포장 위의 덧씌우기 시 품질관리방안

1. 노후 콘크리트 포장 위를 덧씌우기 하는 구간에서는 반사균열부와 다짐 부족으로 우수가 침투되어 침투수의 슬래브 체류와 염화물 침투로 포장이 파손됨.
2. 덧씌우기 두께는 8cm 이상 확보
3. 슬래브 위의 택코팅은 점도가 높은 개질 유화 아스팔트 적용
4. 덧씌우기 시공은 계절적인 영향을 최소화하기 위해 동절기와 하절기 시공 지양
5. 덧씌우기를 시공하기 전에는 슬래브 파손부를 동질의 재료로 보수하고 덧씌우기를 실시하기 전에 차선 등은 제거

Ⅶ 포트홀을 방지하기 위한 품질관리방안

1. 포트홀 방지대책
   1) 재료 : 침입도가 낮은 AP 사용, 개질 아스팔트 사용, 동적수침시험 실시, 박리 방지제 (소석회, 액상 박리 방지제) 사용
   2) 배합 : 적정 AP 배합, 허용범위 내 굵은 골재 증가
   3) 시공 : 단계별 적정 다짐관리 실시
   4) 유지관리 : 주기적인 점검을 통해 포트홀 발생 시 긴급보수 시행

2. 포트홀의 긴급보수방법
   1) 아스팔트 재료
      (1) 긴급보수용 상온 아스팔트 혼합물
      (2) 가열 또는 중온 아스팔트 혼합물
   2) 긴급보수방법 : 패칭, 부분 재포장

Ⅷ 맺음말

1. 재료적인 측면에서는 적색 셰일 등의 골재를 아스팔트 혼합물용 골재로 사용하지 않도록 하며, 시공적인 측면에서는 다짐 부족을 방지하기 위하여 현장에서 다짐도를 확보할 수 있도록 하고 현장 다짐밀도 측정방법을 개발해야 한다.
2. 구조적인 측면에서는 교면방수 형식별로 저감대책과, 노후 콘크리트 구간의 덧씌우기 시공 시 유의사항을 준수하여 포트홀을 방지하여야 한다.

시멘트 콘크리트 포장의 배합설계순서 및 항목별 고려사항

Ⅰ 개 요

1. 포장용 콘크리트의 배합설계란 소요의 시공성, 역학적 성능, 내구성 및 그 외의 성능을 만족하는 범위 내에서 단위수량이 가능한 한 적게 되도록 결정하는 것이다.
2. 허용한도 내에서 W/B 최소화, 잔골재율 최소화, G_{max}는 크게 하는 것을 원칙으로 하고, 순서는 재료 선정 및 재료의 적정성 시험, 물–결합재비 결정, 잔골재량, 단위수량의 수정, 단위시멘트량, 혼화재료량 결정, 실내시험결과 분석 및 시방배합의 순서로 한다.

Ⅱ 포장용 콘크리트의 배합설계순서

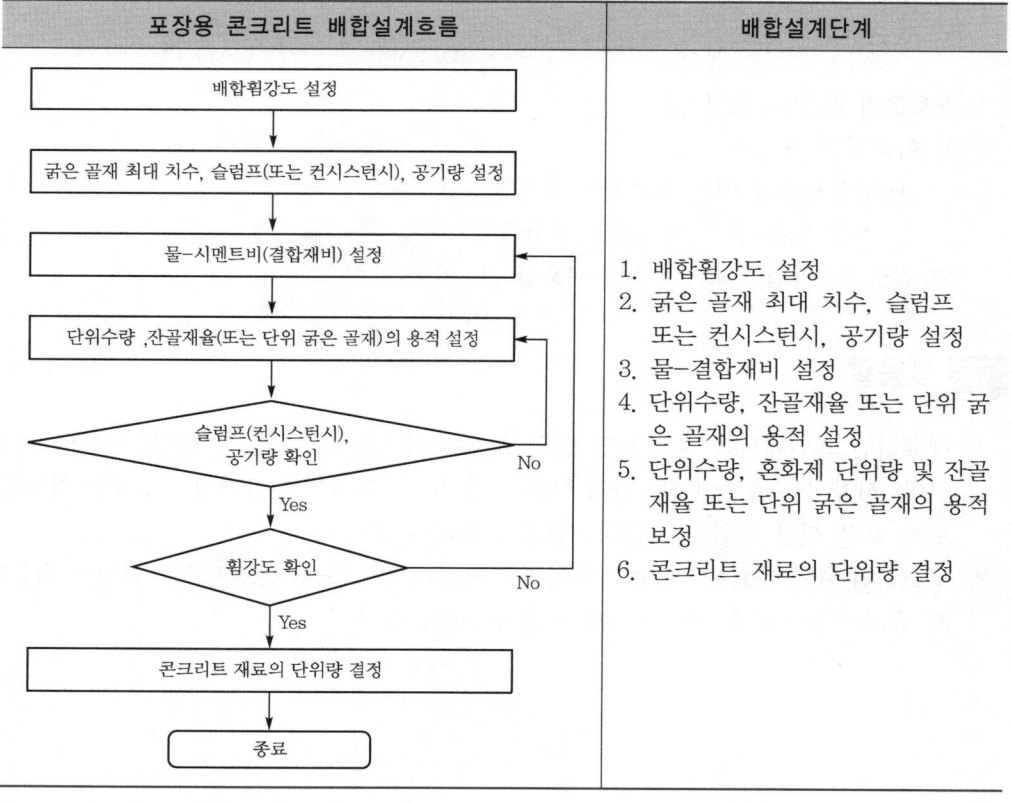

Ⅲ 포장용 콘크리트의 요구조건 및 배합기준

1. 요구조건

1) 굳지 않은 콘크리트
   (1) 작업에 적합한 작업성(워커빌리티)
   (2) 표면 마감성(피니셔빌리티)을 갖는 콘크리트
   (3) 콘크리트를 다웰바 및 타이바에 잘 스며들도록 하는 작업의 용이함
2) 굳은 콘크리트 : 소요의 시공성, 역학적 성능, 내구성, 주행의 용이성(평탄성)

2. 포장용 콘크리트의 배합기준

항 목	시험방법	단 위	기 준
설계기준 휨강도(f_{28})	KS F 2408	MPa	4.5 이상
물-결합재비	–	%	45 이하
굵은 골재의 최대 치수	–	mm	40 이하
슬럼프값	KS F 2402	mm	10 ~ 60
AE 콘크리트의 공기량범위	KS F 2409	%	5.5 ± 1.5

Ⅳ 포장용 콘크리트의 배합설계 시 고려사항

1. 각 재료의 물성치시험 실시

1) 시멘트 : 비중
2) 잔골재 : 비중, 입도, 조립률, 표면수량, 흡수량 및 단위용적중량
3) 굵은 골재 : 비중, 입도, 조립률, 표면수량, 흡수량 및 단위용적중량

2. 배합휨강도 결정

1) 산정식 : $f_{br} = f_{bk} + 2.33 S_b$
   여기서, f_{br} : 콘크리트의 배합휨강도(MPa)
   f_{bk} : 콘크리트의 설계기준 휨강도(MPa)
   S_b : 콘크리트의 휨강도 표준편차(MPa)
2) 콘크리트 휨강도시험값의 평균이 설계기준 휨강도(MPa) 미만일 확률이 5% 이하

3. 굵은 골재 최대 치수

1) 도로포장 : 굵은 골재 최대 치수는 40mm 이하
2) 공항포장 : 굵은 골재 최대 치수는 50mm 이하
   (두께 300mm 정도의 무근콘크리트 슬래브에 적용)

4. 슬럼프

  1) 된비빔일 경우(슬럼프 40mm 이하)

    (1) 시험방법 : 진동대에 의한 콘크리트 컨시스턴시 시험방법

    (2) 시험기준 : 침하도 20초(25mm)의 경우 ±5 이내

  2) 일반적인 비빔일 경우(슬럼프 40mm 이상)

    (1) 시험방법 : 포틀랜드시멘트 콘크리트의 슬럼프 시험방법

    (2) 시험기준

      ① 슬럼프 25mm : 허용오차 ±10mm

      ② 50mm 및 65mm : 허용오차 ±15mm

      ③ 80mm 이상 : 허용오차 ±25mm

5. 공기량

  1) 원칙적으로 공기연행 콘크리트 사용

  2) 공기량 : 콘크리트 용적의 4 ~ 6%가 표준

  3) 시험방법 : 굳지 않은 콘크리트의 압력법에 의한 공기함유량시험법

6. 물–결합재비 결정

  1) 콘크리트에 요구되는 역학적 성능, 내구성, 수밀성 및 그 외의 성능을 고려하여 여기에 준하는 물–결합재비 중에서 최솟값으로 결정

  2) 단위시멘트량을 정할 때는 소요휨강도를 얻는 데 필요한 물–결합재비와 단위수량으로 결정

7. 단위수량

  1) 작업이 가능한 범위 내에서 될 수 있는 대로 적게 되도록 관리

  2) 단위수량 : 150kg/m^3 이하

8. 단위시멘트량

  1) 단위시멘트량 : 원칙적으로 물–결합재비로 정함.

  2) 일반적인 최소 단위시멘트량 : 280kg/m^3

9. 염소이온량

  굳지 않은 콘크리트 중 염소이온총량은 원칙적으로 0.30kg/m^3 이하

10. 포장용 콘크리트의 시방배합 표시방법

굵은 골재 최대 치수 (mm)	슬럼프 범위 (mm)	물–결합 재비 W/B [%]	공기량 범위 (%)	잔골재율 S/a [%]	단위(kg/m^3)						
					물 W	시멘트 C	혼화재 SCM	잔골재 S	굵은 골재		혼화제
									mm ~ mm	mm ~ mm	

Ⅴ 포장용 콘크리트의 물-결합재비(W/B) 결정방법

1. 물-결합재비의 정의
굳지 않은 콘크리트 또는 굳지 않은 모르타르에 포함되어 있는 시멘트풀 속의 물과 결합재의 질량비

2. 물-결합재비의 결정원칙 및 고려사항
1) 결정원칙 : 배합강도를 만족하는 W/B 결정 → 내구성, 수밀성 적정 여부 결정
2) 고려사항
　(1) 작업에 적합한 작업성(워커빌리티)
　(2) 승차감 확보를 위한 표면 마감성(피니셔빌리티)
　(3) 소요의 강도, 내구성, 수밀성, 균열저항성, 경제성 고려

3. 물-결합재비의 결정
1) 원칙 : 물-시멘트비는 소요의 강도와 내구성을 고려하여 정해야 함.
2) 내구성을 고려한 W/B 결정방법

노출상태	최대 물-결합재비(%)
제설염, 염, 소금물, 바닷물에 노출되거나 이런 종류들이 살포된 콘크리트의 철근부식 방지	40
습한 상태에서 동결융해 또는 제설염에 노출된 콘크리트	45
물에 노출되었을 때 낮은 투수성이 요구되는 콘크리트	50

3) 위 사항 중 최소치를 물-결합재비 기준으로 결정

4. 최종 물-결합재비 결정방법
1) 시험 batch
　(1) 상기에서 결정한 W/B 중 최소 치를 취해 최소 W/B, 최소 W/B+5%, 최소 W/B -5%의 공시체 작성
　(2) 각 항에서 결정한 굵은 골재 최대 치수, 단위수량, 공기량, 혼화제량, 잔골재율 등을 토대로 1m³ 질량을 결정하여 시험 batch 시행
2) 시험(28일 휨강도시험)
　(1) 시험 batch를 비벼 슬럼프, 공기량 등을 측정하고, 시방과 일치하면 휨강도시험용 공시체를 제작하고, 일치하지 않으면 단위수량, S/a를 조정하여 공시체를 다시 제작하여 표준상태로 양생 후 7일, 28일 강도를 측정
　(2) W/B 결정 → 강도시험의 결과를 토대로 배합강도를 만족하는 W/B로 결정

5. 최적 배합
콘크리트 배합설계 시 재료에 굵은 골재를 최대한 사용하는 배합

Ⅵ 포장용 콘크리트 배합의 수정(시방배합, 현장배합)

1. 시방배합과 현장배합의 차이점

구 분		시방배합	현장배합
골재함수상태		표면건조포화상태	습윤 또는 건조상태
단위량		m^3	batch
골재계량		중량 표시	용적 계량/중량 표시
골재입도	잔골재	5mm체 전부 통과	5mm체에 남는 양 있음
	굵은 골재	5mm체 전부 남음	5mm체에 남는 양 있음
시기		공사 착공 전	매일 공사 개시 전

2. 시방배합을 현장배합으로 수정하는 이유
   1) 현장에서는 골재 저장 시 외기환경에 접하게 되어 골재의 표건상태 유지 곤란
   2) 굵은 골재와 잔골재가 혼입되어 입도조건이 시방배합 조건과 상이
   3) 시방배합 결과의 입도와 골재의 표면수율에 차이가 있어 재료량 변경

3. 시방배합을 현장배합으로 수정하는 방법
   1) 수정 시 고려사항
      (1) 골재의 함수상태
      (2) 굵은 골재 중에서 5mm체를 통과하는 잔골재량
      (3) 잔골재 중에서 5mm체에 남는 굵은 골재량
   2) 현장배합으로 수정하는 방법
      (1) 공식에 의한 방법
      (2) 도표에 의한 방법

Ⅶ 맺음말

1. 포장용 콘크리트의 배합은 소요의 강도, 내구성 등 소요품질을 만족하고 작업에 적합한 워커빌리티 및 표면 마감성(피니셔빌리티)이 있는 콘크리트를 만들기 위해 시험을 통해 결정하여야 한다.
2. 배합 시에는 작업에 적합한 워커빌리티가 있는 범위 내에서 단위수량은 될 수 있는 대로 적게 하여 재료분리 발생이 적고 콘크리트 균열이 저감되며 수밀성 및 내구성이 뛰어나고 경제적인 콘크리트를 생산하여야 한다.

Section 16 **시멘트 콘크리트 포장 줄눈의 종류 및 특징, 품질관리방안**

문제 분석	문제 성격	기본 이해	중요도	■■■■□□□
	중요 Item	줄눈의 기능, 역할, 품질관리방안		

Ⅰ 개 요

1. 시멘트 콘크리트 포장의 줄눈은 무근콘크리트 포장의 슬래브에 발생하기 쉬운 불규칙한 균열을 방지할 목적으로 설치하는 것이다.
2. 이음부는 구조적으로 취약부가 될 수 있으므로 정밀 시공이 요구되며, 줄눈은 설치위치에 따라 가로줄눈과 세로줄눈으로, 기능에 따라 팽창줄눈, 수축줄눈, 시공줄눈으로 구분된다.

Ⅱ 시멘트 콘크리트 포장 줄눈의 종류 및 기능

1. 줄눈의 종류
   1) 기능성 이음
      (1) 가로팽창줄눈 : 온도변화에 따른 blow-up 방지
      (2) 가로수축줄눈 : 건조수축제어, 2차 응력에 의한 균열 방지
      (3) 세로수축줄눈 : 종방향의 균열 방지, 인접 차선과 단차 방지
   2) 비기능성 이음(시공이음) : 가로 시공줄눈

2. 줄눈의 기능
   1) 포장체의 건조수축, 온도, 함수비의 변화에 따른 포장체의 팽창과 수축 허용
   2) 비틀림응력 완화
   3) 불규칙한 균열을 일정 위치로 유도하기 위한 목적
   4) 온도와 습도의 차에 의한 휨응력과 비틀림응력 완화

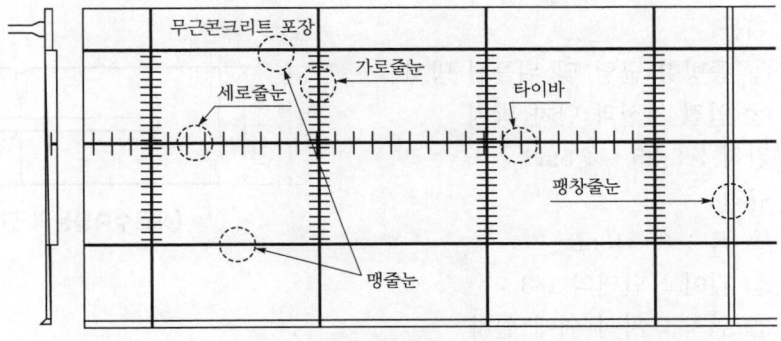

[무근콘크리트 포장의 줄눈 단면]

Ⅲ 시멘트 콘크리트 포장 줄눈의 특징

1. 기능성 이음
1) 가로팽창줄눈(transverse expansion joint)
(1) 기능
① 온도변화에 의한 파손(blow-up) 방지
② 줄눈 주위 파손 방지
(2) 간격
① 6 ~ 9월 시공 : 120 ~ 480m
② 10 ~ 5월 시공 : 60 ~ 240m
(3) 규격
① 폭 : 25mm
② 깊이 : 줄눈판까지
③ 위치 : 시공성, 비용 고려
④ 보강재 : 다웰바(원형철근) ϕ25-500mm

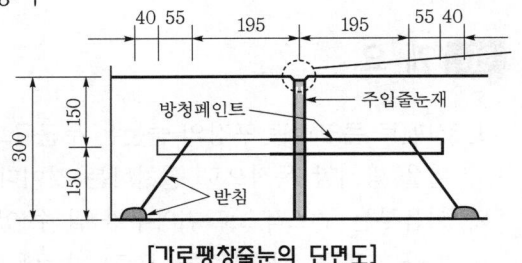

[가로팽창줄눈의 단면도]

2) 가로수축줄눈(transverse contraction joint)
(1) 기능
① 건조수축제어
② 2차 응력에 의한 균열 방지
(2) 간격
① 슬래브두께 25cm 이상 : 10m
② 슬래브두께 25cm 미만 : 8m
(3) 규격
① 폭 : 6 ~ 13mm
② 깊이 : 단면의 1/3
③ 절단시기 : 24시간 이내
④ 보강재 : 다웰바(원형철근) ϕ25-500mm

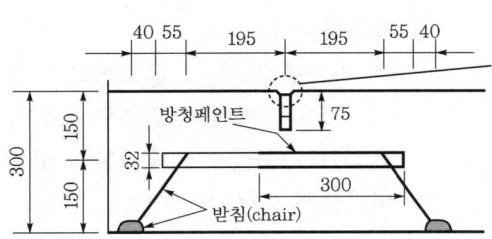

[가로수축줄눈의 단면도]

3) 세로수축줄눈
(1) 기능
① 종방향 균열 및 뒤틀림 방지
② 인접 차선과 단차 방지
(2) 간격 : 3.25 ~ 4.5m
(3) 규격
① 폭 : 6 ~ 13mm
② 깊이 : 단면의 1/3
③ 위치 : 차선 위에 설치
④ 보강재 : 타이바(이형철근) ϕ16-800mm

[세로수축줄눈의 단면도]

2. 비기능성 이음(시공이음)
   1) 위치 : 포장의 차선 사이 또는 작업일의 끝과 같은 다른 시간대에 시공되는 슬래브가
      맞닿는 곳
   2) 간격
      (1) 종단 시공이음 : 일반적으로 6 ~ 7.5m 간격이지만 건설장비의 능력에 따라 15m
          까지 시공 가능
      (2) 횡단 시공이음
          ① 차선 내의 콘크리트 타설을 멈출 필요가 있을 때 사용하며 맞댐줄눈으로 설치
          ② 가로수축줄눈의 위치인 경우 다웰바를 사용하며, 그 외의 위치는 타이바 사용
   3) 종류
      (1) 다웰형 이음
      (2) 키형 이음
      (3) 두꺼운 단부형 이음

Ⅳ 시멘트 콘크리트 포장 이음부의 보강방안

1. 타이바(tie bar)
   1) 종단 수축이음에서 인접 슬래브의 접촉면을 긴밀하게 고정
   2) 그 자체로 하중전달장치가 될 수 없음.
   3) 이음의 과도한 벌어짐 방지
   4) 키조인트나 맹줄눈의 골재 맞물림작용에 의하여 하중 전달

2. 다웰바(dowel bar)
   1) 특징
      (1) 이음을 가로질러 하중을 전달하거나 인접 슬래브 단부의 수직이동 방지
      (2) 포장상의 하중에 의해 초래되는 응력을 제한하거나 줄이는 기능
      (3) 다웰바는 인접 슬래브의 종단 방향의 움직임 허용
   2) 사용위치
      (1) 다웰바에 의한 하중 전달은 모든 횡단 팽창이음와 모든 맞댐형 시공이음에 설치
      (2) 수축이음의 다웰바는 자유단으로부터 적어도 3개의 횡단 수축이음에 설치
      (3) 포장 내부의 수축이음은 맹줄눈형으로 가능
   3) 다웰바의 설치기준(무근콘크리트 포장)
      (1) 종방향 유동 : ±50mm
      (2) 최소 덮임두께 : ±100mm
      (3) 수평엇갈림 : ±30mm
      (4) 수직엇갈림 : ±30mm

V 시멘트 콘크리트 포장 줄눈의 품질관리방안

1. 재료
   1) 철망, 철근, 다웰바, 타이바 : KS 기준에 의거하여 시험 실시
   2) 줄눈판 : KS F 2471, KS F 2538 기준에 적정하여야 함.
   3) 주입줄눈재 : KS F 2368, KS F 4910 기준에 적정하여야 함.

2. 시공 시 품질관리방안
   1) 줄눈 설치는 홈줄눈을 원칙으로 하여 시공
   2) 줄눈 절단은 절단이 가능할 정도로 경화된 이후에 시행(빠르면 라벨링 발생)
   3) 줄눈위치의 정확도와 수직도관리를 철저히 하고, 절단 후 충전재 즉시 시공
   4) 다웰바 및 타이바는 설계도서에 따라 정확한 위치에 설치
   5) 홈파기 즉시 깨끗하게 청소하고 건조시킨 후 줄눈재를 채움.
   6) 줄눈의 형상과 치수의 철저한 검토
   7) 타이바와 다웰바의 수평 유지
   8) 주입줄눈재의 주입성, 신축성, 내구성 확보
   9) 커팅은 3 ~ 4회에 걸쳐서 시공
   10) 실런트의 시공높이는 슬래브 표면보다 6 ~ 10mm 정도 낮게 충전
   11) 주입줄눈재 시공 후 2 ~ 3일 경과 후 교통 개방

VI 맺음말

1. 시멘트 콘크리트 포장의 절단 시 빠를 경우에는 라벨링, 늦을 경우에는 균열이 발생하므로 적정 시기에 절단하는 것이 매우 중요하다.
2. 줄눈의 재료, 시공 시 품질관리를 철저히 하여 불규칙한 균열 발생을 사전에 방지해야 한다.

Section 17 시멘트 콘크리트 포장의 단계별 품질관리방안

문제 분석	문제 성격	기본 이해		중요도	
	중요 Item	품질시험, 규격, 품질관리, 검사, 불합격 시 조치방안			

I 개 요

1. 시멘트 콘크리트 재료를 생산하고 시공하는 데 있어 적정한 재료 및 장비의 선정, 그리고 적정한 시공이 이루어지고 있는지 확인하기 위한 품질관리를 시행하여야 한다.
2. 단계적 품질관리방안은 품질시험, 품질 및 규격관리, 그리고 검사의 순서로 철저한 품질관리를 시행하여야 한다.

II 시멘트 콘크리트 포장의 종류

1. 무근시멘트 콘크리트 포장(JCP)
   시멘트 콘크리트 슬래브의 팽창·수축을 유도하기 위해 일정 간격으로 줄눈을 설치한 시멘트 콘크리트 포장

2. 연속 철근시멘트 콘크리트 포장(CRCP)
   시멘트 콘크리트 포장에 줄눈이 없는 포장으로, 균열을 제어하기 위하여 시멘트 콘크리트 슬래브 내에 일정량의 철근을 연속적으로 설치한 시멘트 콘크리트 포장

III 시멘트 콘크리트 포장공사의 시공순서(JCP의 시공순서)

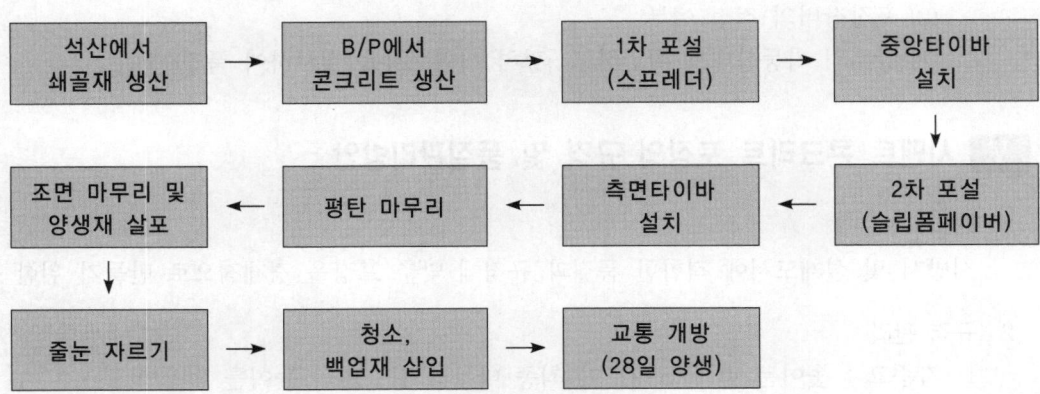

Ⅳ 시멘트 콘크리트 포장의 품질시험방안

1. 개념

공사를 개시함에 있어서 재료나 장비가 적정한가를 확인하기 위하여, 또는 관리에 필요한 기준치를 얻기 위하여 실시하는 관리방안

2. 품질시험항목

1) 포장용 시멘트 콘크리트 재료

   (1) 시멘트 : 시멘트 물리시험
   (2) 골재의 품질시험

   ① 체분석   ② 굵은 골재의 비중과 흡수량
   ③ 모르타르봉 시험방법   ④ 점토 덩어리
   ⑤ 0.08mm체 통과 씻기 시험   ⑥ 연석, 편평석시험
   ⑦ 유기물   ⑧ 안정성
   ⑨ 마모시험   ⑩ 굵은 골재의 단위용적중량

   (3) 혼화제 : AE제, 감수제
   (4) 혼합물

   ① 워커빌리티시험   ② 공기량시험
   ③ 휨강도시험   ④ 압축강도시험

2) 기타 재료

   (1) 철망, 철근, 다웰바, 타이바 : KS 기준에 의거하여 시험 실시
   (2) 줄눈판 : KS F 2471, KS F 2538 기준에 적정하여야 함.
   (3) 주입줄눈재 : KS F 2368, KS F 4910 기준에 적정하여야 함.

3) 시공장비

   (1) 시멘트 콘크리트 플랜트의 작동 적정 여부
   (2) 포장장비의 적정 여부
   (3) 장비의 가동상태를 확인하고, 필히 시험포장을 실시하여 품질 확인

Ⅴ 시멘트 콘크리트 포장의 규격 및 품질관리방안

1. 개념

시방서 및 설계도서에 적합한 품질과 규격에 맞춘 포장을 경제적으로 만들기 위한 수단

2. 규격 관리

1) 기준고 : 높이는 린 콘크리트가 최종 마무리되는 면의 높이를 활용함.
2) 폭 : 포장의 폭은 노상면 위에서부터 관리하나, 시멘트 콘크리트 슬래브에서도 재확인 실시
3) 포장두께 측정

   (1) 코어를 채취하는 방법   (2) 비파괴기법을 활용하여 측정하는 방법

4) 평탄성 : 7.6m 프로파일미터에 의한 PrI(Profile Index)값으로 측정하거나 IRI
　　　　 (International Roughness Index)를 이용

5) 규격관리의 빈도와 관리한계

공 종	항 목	빈 도	관리한계
시멘트 콘크리트 슬래브	기준고	300m마다 각 차선	±30mm 이내
	두께		+10%, −5% 이내
	폭		−2.5cm 이내
	평탄성	각 차선	• 7.6m 프로파일미터(PrI) • 본선, 토공부 : 160mm/km • 곡선부 : 240mm/km

3. 품질관리방안

　1) 시멘트 콘크리트의 품질관리

　　(1) 골재의 체분석, 단위용적중량시험

　　(2) 잔골재의 표면수량

　　(3) 컨시스턴시

　　(4) 공기량 및 시멘트 콘크리트의 온도

　　(5) 시멘트 콘크리트의 휨강도시험(1회/일, 300m^{3}마다 1회)

　2) 줄눈의 품질관리

　　(1) 줄눈의 위치, 간격, 깊이 및 폭에 대한 육안 점검

　　(2) 줄눈재의 형상에 대한 점검

Ⅵ 시멘트 콘크리트 포장의 검사방안

1. 검사의 개념

시방서 및 설계도서에 정해진 조건을 만족하는 포장이 되어 있는가를 확인하기 위하여 하
는 것

2. 검사의 종류

　1) 설계규격검사

　2) 품질검사

　3) 선정시험의 확인(재료검사 등)

3. 검사방법

　1) 포장은 전수검사를 행할 수 없으므로 발췌검사에 의하여 판정 시행

　2) 1로트(lot)의 크기는 설계규격 및 품질관리 시 모두 10,000m^2 이하

　3) 선정시험결과의 확인은 도급자가 행한 시험결과에 의하여 판정 시행

4. 규격 측정의 방법
  1) 두께 측정 : 두께는 그 층의 상하면 높이의 두께에 의하여 측정할 경우 코어 주위의 4개
     소에서 측정치의 평균으로 측정
  2) 폭 측정 : 폭은 원칙적으로 전폭에 의한 것으로 측정하며, 중앙분리대 등이 있는 경우에
     는 분리대에 의해 구분된 각각의 폭을 측정
  3) 평탄성
     (1) 7.6m 프로파일미터에 의해 측정
     (2) 요철이 5mm 이상 차이가 나서는 안 되며, 5mm를 넘는 높은 부위는 승인된 기계로
        갈아내어야 함.

[Prl에 의한 평탄성 측정방법]

5. 품질검사방법
  1) 시멘트 콘크리트 슬래브에서의 품질검사는 휨강도를 이용하여 검사
  2) 휨강도시험용 시료 채취방법
     (1) 현장에 부설된 시멘트 콘크리트에서 채취
     (2) 플랜트에서 채취한 시멘트 콘크리트를 사용하여 몰드 제작

6. 전반적으로 시공상태가 양호한데도 포장이 불합격된 경우의 조치방안
   검사대상이 된 1로트 전체를 불합격 판정하여 재시공 등의 조치를 취하지 않고 검사대상이
   되는 로트의 크기를 작게 하여 재차 검사를 시행함.

VII 맺음말

1. 시멘트 콘크리트 포장은 각 단계별로 재료, 장비, 시공별 품질관리를 철저히 시행하여 포
   장의 내구성을 확보하여야 한다.
2. 특히 검사 중 파괴검사를 수반하는 것에 대해서는 완성된 성과물을 헛되이 파괴하여 검사
   를 위한 검사가 되지 않도록 시공 중의 품질관리, 규격관리의 결과를 참고하는 등의 배려가
   필요하다.

Section 18   하절기 시멘트 콘크리트 포장의 초기균열 방지를 위한 방안

문제 분석	문제 성격	기본 이해	중요도	■■■□□□□
	중요 Item	초기균열 발생 메커니즘, 방지대책, 품질관리방안		

I 개 요

1. 하절기 시멘트 콘크리트 시공의 특징은 높은 기온(대기온도 32℃ 이상)으로 인하여 건조수축이 많아져 시공 직후 수일 내에 원치 않는 초기균열이 발생한다.
2. 이에 따라 수화열과 건조수축으로 인해 시멘트 콘크리트 포장, 포설 후 수일 내에 발생하는 초기균열을 방지하기 위한 온도관리방안을 포함한 품질관리를 실시하여야 한다.

II 하절기 시멘트 콘크리트 포장의 문제점

1. 건조수축으로 인한 초기균열 발생
   1) 굳지 않은 시멘트 콘크리트(fresh concrete)의 높은 온도
   2) 높은 태양복사열, 낮은 상대습도 등으로 높은 수화열 발생
   3) 이로 인해 건조수축으로 인한 초기균열발생

2. 시공관리 난이
   1) 시멘트 콘크리트의 수분요구량이 커지며 슬럼프 손실(slump loss)도 가속화
   2) 연행공기(entrained air)를 조절하는 데도 어려움
   3) 응결시각(setting time)도 짧아져 시공관리가 난이

III 하절기 시멘트 콘크리트 포장의 초기균열 발생 메커니즘

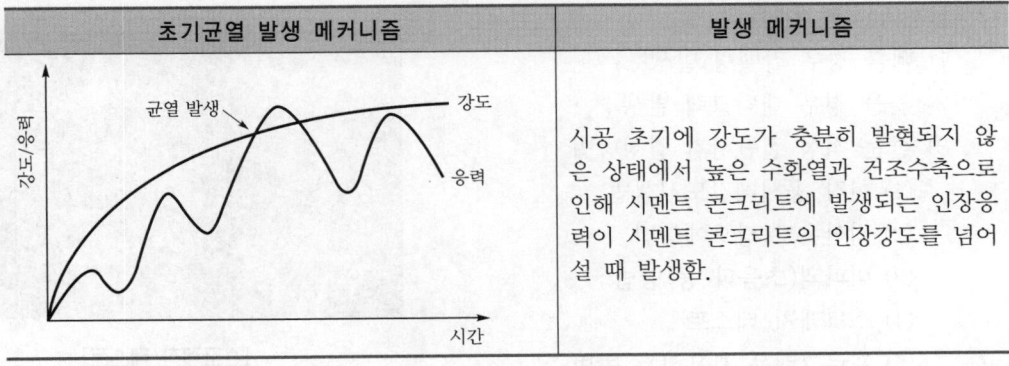

초기균열 발생 메커니즘	발생 메커니즘
(응력·강도 / 시간 그래프: 균열 발생, 강도, 응력)	시공 초기에 강도가 충분히 발현되지 않은 상태에서 높은 수화열과 건조수축으로 인해 시멘트 콘크리트에 발생되는 인장응력이 시멘트 콘크리트의 인장강도를 넘어설 때 발생함.

Ⅳ 초기균열 발생이 콘크리트 포장에 미치는 영향

1. 무근콘크리트 포장(JCP)
    1) 하중전달불량으로 장기적으로 단차나 2차 균열 발생
    2) 물이나 돌 등이 균열 틈으로 침투하여 지반 약화, 펌핑, 스폴링, 블로업 발생
    3) 무작위 균열은 외관상 문제 발생

2. 연속 철근콘크리트 포장(CRCP)
    1) 균열 틈이 과도하게 벌어질 가능성이 높아짐.
    2) 모양이 구불구불하여 초기균열 주위에 2차 균열 발생
    3) Y형 균열이나 펀치아웃(punch out) 등 발생
    4) 하중 전달 및 차수효율을 떨어뜨려 장기적으로 포장수명을 단축시킴.

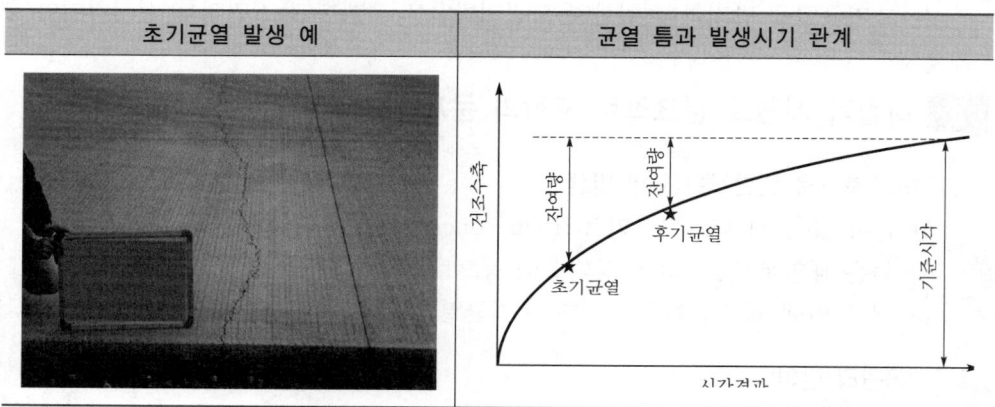

초기균열 발생 예	균열 틈과 발생시기 관계

※ 초기균열은 이외에도 재령이 증가함에 따라 그 균열 폭이 넓어지게 되는데, 이는 잔여 건조수축량
   이 남아 있기 때문에 건조수축이 끝날 때까지 이 틈은 계속하여 벌어져 콘크리트 포장의 파손원인
   이 됨.

Ⅴ 하절기 시멘트 콘크리트 포장의 초기균열 방지를 위한 방안

1. 줄눈의 적정 절단시기
    1) 빠를 경우 라벨링 발생
    2) 늦을 경우 랜덤크랙 발생
    3) 줄눈 적정 절단시기 결정방법
        (1) 현장 공시체강도시험법
        (2) 적산온도 강도예측법
        (3) 비파괴(초음파 등)방법
        (4) 스크레치 테스트
        (5) 프로그램을 사용하는 방법

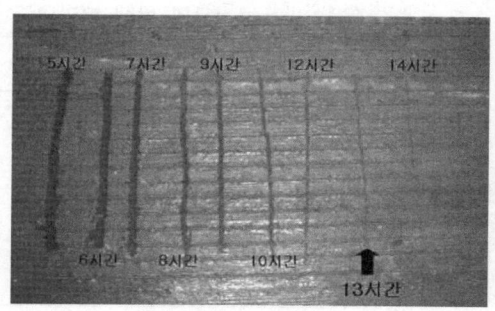

[스크레치 테스트]

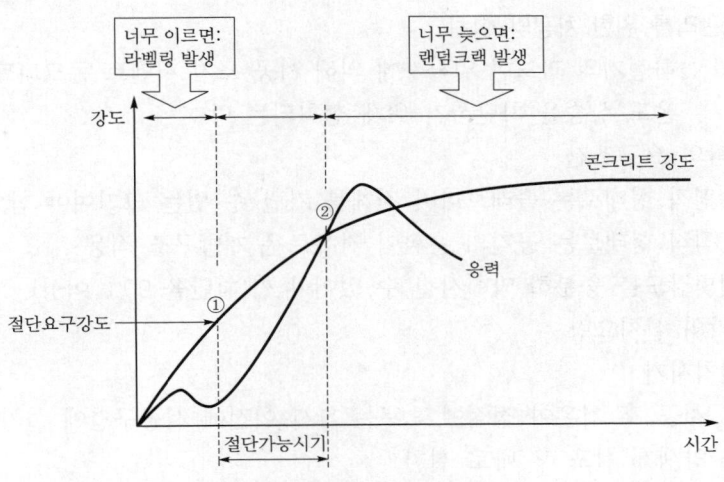

너무 이르면:
라벨링 발생

너무 늦으면:
랜덤크랙 발생

[줄눈의 적정 절단시기의 개념]

2. 양생재의 적정 살포

　1) 양생재의 요구조건

　　(1) 적어도 4시간 동안 적절히 육안으로 확인할 수 있을 것

　　(2) 연속된 막을 형성할 수 있을 것

　　(3) 시멘트 콘크리트에 대해 해로운 작용을 하지 않을 것

　　(4) 분무할 수 있을 것

　　(5) 3개월 이상 보관할 수 있어야 하며, 침강 시 교반하여 사용할 수 있을 것

　　(6) 4시간 이내에 건조될 것

　　(7) 72시간 동안에 $0.55kg/cm^2$ 이내의 물이 손실될 것

　2) 살포시기 : 타이닝 후 시멘트 콘크리트 표면의 물빛이 없어진 직후

　3) 살포방법

　　(1) 살포 시 살포 방향을 바꾸어 2회 이상 실시

　　(2) 두 번째 살포시기는 첫 번째 피막이 형성된 후 굳은 다음 살포

　4) 하절기 슬래브 표면의 수분 유지를 위한 양생제 살포기준량

시멘트 콘크리트 표면온도(타설 후)	적정 살포량
36시간 이내에서 기온이 41℃ 이상	$167mL/m^2(6m^2/L)$
36시간 이내에서 기온이 38 ~ 40℃일 때	$143mL/m^2(7m^2/L)$
36시간 이내에서 기온이 26 ~ 37℃일 때	$125mL/m^2(8m^2/L)$
36시간 이내에서 기온이 25℃ 이하	$111mL/m^2(9m^2/L)$

3. 초기온도관리를 위한 차광막 설치

  1) 차광막 : 하절기의 과도한 일사량에 의해 시공 초기 시멘트 콘크리트 슬래브의 급격한
     온도 상승을 차단하기 위해 설치되는 막

  2) 차광막의 요구조건

     (1) 수평적 형태로는 슬래브너비 전체를 가릴 수 있는 크기여야 함.

     (2) 수직적 형태로는 공기의 순환이 자유로운 개방구조 적용

     (3) 햇빛강도를 충분히 약화시킬 수 있어야 함(차단율 90% 이상).

  3) 차광막의 설치요령

     (1) 설치시기

        ① 시공 후 기온이 정점에 오르는 11시 이전에 시공구간에 설치

        ② 양생제 살포 후 바로 설치

     (2) 제거시기 : 줄눈 1차 커팅시간 직전에 제거

  4) 높은 기온으로 인해 많은 양의 건조수축이 우려되는 경우에는 양생재 살포와 차광막
     설치 병행

[차광막 설치 전경]

Ⅵ 맺음말

1. 하절기에 시공되는 시멘트 콘크리트 포장은 수화열과 건조수축으로 인해 초기균열이 많이
   발생하여 포장성능에 악영향을 미칠 수 있다.

2. 따라서 초기온도관리방안을 포함한 품질관리를 시행하여 초기균열을 방지하여야 한다.

Section 19 **포장용 콘크리트의 품질검사 및 관리방법**

문제 분석	문제 성격	기본 이해	중요도	
	중요 Item	운반검사, 받아들이기 시 검사, 관리방안		

I 개 요

1. 포장용 콘크리트의 품질검사는 받아들이기 시 품질검사와 강도에 의한 콘크리트의 품질 검사로 구분된다.
2. 규정에 의한 품질검사를 실시하여 불합격으로 판정된 경우에는 이 콘크리트를 사용하지 않아야 한다.

II 포장용 콘크리트와 일반 콘크리트의 차이점

1. 무거운 교통차량의 주행이 빈번함.
2. 강도관리 시 압축강도가 아닌 휨강도로 관리
3. 기상작용에 의한 건습과 온도변화의 반복을 받음.
4. 안전율이 낮음.

[포장 콘크리트]

[일반 콘크리트]

III 포장용 콘크리트의 배합기준

항 목	시험방법	단 위	기 준
설계기준 휨강도(f_{28})	KS F 2408	MPa	4.5 이상
물－결합재비	－	%	45 이하
굵은 골재의 최대 치수	－	mm	40 이하
슬럼프값	KS F 2402	mm	10 ~ 60
AE 콘크리트의 공기량범위	KS F 2409	%	5.5±1.5

Ⅳ 포장용 콘크리트의 받아들이기 품질검사

1. 콘크리트의 운반검사

항 목	시험, 검사방법	시기 및 횟수	판정기준
운반설비 및 인원 배치	외관관찰	콘크리트 타설 전 및 운반 중	시공계획서와 일치
운반방법	외관관찰		시공계획서와 일치
운반량	양의 확인		소정의 양
운반시간	출하, 도착시간 확인		규정에 적합할 것

2. 콘크리트의 받아들이기 품질검사

현장시험		규 격	시기 및 횟수	판정기준
굳지 않은 콘크리트의 상태		외관관찰	콘크리트 타설 개시 및 타설 중 수시	워커빌리티가 좋고, 품질이 균질하며 안정할 것
반죽질기	비비값	KS F 2427	강도시험용 공시체 채취 및 포설 중 품질변화가 인정될 때	침하도 20초(25mm)의 경우 ±5 이내
	슬럼프	KS F 2402		• 25 : 허용오차 ±10mm • 50 및 65 : 허용오차 ±15mm • 80 이상 : 허용오차 ±25mm
공기량시험(%)		KS F 2409 KS F 2421 KS F 2449		허용오차±1.5%
온도		온도 측정	콘크리트 타설 개시 및 타설 중 수시	정해진 조건에 적합할 것
단위용적질량		KS F 2409		
염분(kg/m³)		KS F 4009	바다 잔골재를 사용할 경우 2회/일, 그 외 1회/주	원칙적으로 0.3 이하

3. 워커빌리티의 검사

1) 굵은 골재의 최대 치수와 슬럼프가 설정치를 만족하는지의 여부
2) 재료분리저항성 : 외관관찰에 의해 검사

4. 강도검사 : 콘크리트의 배합검사를 실시하는 것을 표준으로 함.

5. 내구성검사

1) 공기량 측정
2) 염소이온량 측정

Ⅴ 강도에 의한 콘크리트의 품질검사

1. 강도에 의한 콘크리트의 관리는 일반적인 경우 조기재령의 강도시험 실시
2. 1회의 시험값을 얻기 위한 공시체의 수는 3개로 함.
3. 휨강도에 의한 콘크리트의 품질검사

종 류	항 목	시험, 검사방법	시기 및 횟수	판정기준
설계기준 휨강도로부터 배합을 정한 경우	휨강도 (일반적인 경우 재령 28일)	KS F 2408	1회/일, 배합 변경 시 300m³마다 1회	해당 강도 이상

4. 품질검사로트 및 시험횟수

원칙적인 검사로트(m³)	1회 시공량(m³)	검사로트 수	시험횟수
300	0 ~ 350	1	1×1=1
600	300 ~ 650	2	2×1=2
900	600 ~ 950	3	3×1=3
1,200	900 ~ 1,200	4	4×1=4
1,500	1,200 ~ 1,550	5	5×1=5

Ⅵ 포장용 콘크리트의 품질검사결과 관리방법

1. 관리목적 : 콘크리트 품질 추이를 되도록 조기에 파악
2. 관리항목 : 콘크리트의 휨강도, 슬럼프, 공기량
3. 건설공사에 적용하는 관리도
   1) $\overline{x} - R$ 관리도에 의한 관리
   2) 히스토그램에 의한 관리
4. $\overline{x} - R$ 관리도 작성 및 관리방법
   1) 시험값의 평균 양쪽에 관리한계선을 긋고 얻어진 시험값을 여기에 기입하여 관리
   2) 시험값이 관리한계선 밖으로 나왔을 때는 그 원인이 연속적인가의 여부를 확인하고 필요에 따라 적당한 조치 강구
5. 히스토그램의 형상으로부터 제조공정(재료의 품질, 콘크리트의 제조, 시험 등)에 일어나는 이상 등을 추측할 수 있음.
6. 관리도에 의해서 이상을 발견한 경우 그 원인을 되도록 신속히 파악하기 위하여 양생온도, 재료의 계량값 등의 보조적인 자료를 관리하여야 함.

시멘트 콘크리트 포장의 파손원인과 대책

문제 분석	문제 성격	기본 이해	중요도	■■■□□□
	중요 Item	파손의 종류, 유지관리방법, 예방적 유지관리		

I 개 요

1. 시멘트 콘크리트 포장의 주요 파손원인은 동결융해, 알칼리골재반응, 제설용 염화칼슘의 사용 등과 함께 다웰바의 부적절한 배치, 온도변화에 의한 수축과 팽창 등 콘크리트 슬래브 자체의 결함과 우각부 균열, 펌핑, 단차 등 포장체의 구조적 결함으로 크게 구분할 수 있다.

2. 콘크리트 포장 파손을 미연에 방지하기 위해서는 설계와 시공을 철저히 해야 하며, 하자 발생 시 적절한 보수시기와 방법을 선택하는 것이 중요하다.

II 시멘트 콘크리트 포장의 종류

1. 형태에 따른 분류
   1) 무근(줄눈)콘크리트 포장(JCP)
   2) 줄눈 및 철근콘크리트 포장(JRCP)
   3) 연속 철근콘크리트 포장(CRCP)
   4) 프리스트레스 콘크리트 포장(PCP)

2. 시공방법에 따른 분류
   1) 슬립폼 페이버를 이용한 콘크리트 포장
   2) 롤러다짐 콘크리트 포장(RCCP)
   3) 데크 피니셔를 이용한 콘크리트 포장

3. 교통 개방시간에 따른 분류
   1) 보통시멘트 콘크리트 포장
   2) 조강시멘트 콘크리트 포장
   3) 초조강시멘트 콘크리트 포장

III 시멘트 콘크리트 포장 유지보수공법 선정 시 고려사항

1. 파손의 원인 분석 : 하부구조, 재료적 측면, 단면의 부족 등
2. 파손의 정도 면적 : 파손수준, 파손면적 등
3. 주변 여건 확인 : 배수, 구조물 등

4. 시공 가능성 확인 : 생산여건 등

5. 경제성 고려

Ⅳ 시멘트 콘크리트 포장의 파손유형별 특징

1. 교통하중과 관련된 파손

　　1) 피로균열(fatigue cracking)

　　　　(1) 반복 교통하중에 의한 손상이 오랜 시간 축적되어 콘크리트 슬래브에 발생되는 균열

　　　　(2) 대책 : 두꺼운 슬래브, 하중전달장치(다웰바, 타이바) 설치

　　2) 줄눈부 단차

　　　　(1) 인접한 슬래브 사이의 중차량 교통하중이나 슬래브 하부함수비변화, 물의 이동에 따른 침식 등이 조합되어 균열이나 줄눈부에 발생하는 고저차

　　　　(2) 대책 : 표면 그라인딩, 언더실링 후 표면 그라인딩, 배수시설 개선

2. 온도와 관련된 파손

　　1) 횡단면 균열

　　　　(1) 콘크리트 슬래브 건조수축 및 열응력으로 인하여 슬래브에 횡단하며 발생하는 균열

　　　　(2) 대책 : 슬래브 전체를 들어내어 새로이 시공하는 전단면 보수 시행

　　2) 줄눈부 파손

　　　　(1) 슬래브 자체의 높은 온도와 습도의 차는 슬래브를 팽창시켜 스폴링, 블로업을 야기함.

　　　　(2) 대책 : 스폴링은 부분단면 보수, 블로업은 전단면 보수 시행

3. 물과 관련된 파손

　　1) 물로 인한 포장 파손 메커니즘

　　　　(1) 물이 포장 하부구조로 스며들어 하부구조를 약화시키거나 펌핑 발생

　　　　(2) 무근콘크리트 포장 : 펌핑으로 인해 줄눈부의 단차 및 우각부 균열 발생

　　　　(3) 연속 철근콘크리트 포장 : 펌핑으로 인해 펀치아웃 발생

　　2) 대책 : 언더실링, 하중전달장치 재설치, 침식저항성이 높은 기층재료 설치

4. 재료에 의한 파손

　　1) D-균열(내구성균열)

　　　　(1) 특정한 다공성을 가진 굵은 골재가 혼합된 재료의 공기량이 4% 부족할 때 동결에 의해 발생하는 균열

　　　　(2) 대책 : 재료관리 철저(굵은 골재 흡수율관리), 시공관리(적정 공기량), 덧씌우기 시행, 재시공

　　2) 지도균열

　　　　(1) 알칼리-실리카반응에 의해 슬래브 표면에 지도처럼 균열이 일어나는 파손

　　　　(2) 대책 : 포졸란반응을 하는 혼화재 사용, 알칼리반응이 적은 골재 사용

Ⅴ 시멘트 콘크리트 포장의 파손원인

1. 파손원인
   1) 내적 원인
      (1) 단면 부족
      (2) 재료적 측면
      (3) 지지력 부족
      (4) 배수용량 부족
   2) 외적 원인
      (1) 교통하중
      (2) 환경하중 : 온도, 집중호우 등
   3) 시공적 원인

2. 파손종류별 원인

구 분	파손종류	원 인
균열	• 종방향(longitudinal) 균열 • 횡방향(transverse) 균열 • 격각부(corner) 균열 • D(Durability) 균열 • 사형(meandering) 균열 • 대각선(diagonal) 균열 • 원호형(edge crescent) 균열	• 슬래브의 수축 및 휨 • 노상토의 지지력 부족 • 대형차량하중의 반복 • 콘크리트 배합 및 시공불량 등
노면결함	• 골재 마모(polishing) • 굵은 골재 손실 (loss of course aggregate) • 포트홀(pot hole) • 스캘링(scalling) • 라벨링(ravelling)	• 대형차량하중 반복에 의한 마모 및 파쇄 • 골재입자와 모르타르 간의 접착력 부족 • 환경조건(연결팽창 등)에 의한 풍화 등
노면변형	• 노면단차(faulting) • 노면침하(settlement) • 노면융기(swelling)	• 노상의 지지력 부족 • 성토부 또는 보조기층의 다짐 부족 • 펌핑(pumping) 및 물의 연결팽창 등
줄눈결함	• 스폴링(spalling) • 크리핑(creeping) • 줄눈재손실(sealant loss) • 블로업(blow-up) • 키웨이 파괴(keyway failure) • 우각부 파손(corner failure) • 압축균열(compression cracks) • 펌핑(pumping)	• 환경조건 및 교통에 의해 슬래브에 발생하는 국부하중 • 차량 및 슬래브 압축력에 의한 줄눈재 이탈 • 슬래브의 하중전달기능 불량 및 펌핑 등

Ⅵ 시멘트 콘크리트 포장의 파손현상 및 보수대책

종 류	현 상	발생원인	보수방법
단차 (faulting)	• 줄눈이나 균열 부위에서 표면에 층이 지는 현상	• 펌핑 • 노상지지력 부족 • 슬래브 아래로 침투한 물이 동결 또는 동상	• grouting(지지력 보강) • grinding • 줄눈, 균열의 실링 • 지하배수구 설치
blow-up	• 일종의 좌굴현상으로 슬래브가 심하게 파손되거나 위로 솟아오름	• 온도 및 습도의 상승 • 줄눈, 균열부에 이물질 침투 • 다웰바가 콘크리트에 붙음 • 팽창줄눈이 없거나 작동하지 않음.	• 전단면 보수 • 팽창줄눈 설치
spalling	• 균열이나 줄눈의 모서리 부분이 떨어져 나감	• 하중처짐으로 모서리 파괴 • 휨현상, 이물질 침입 • 다웰바의 설치불량 • 철근 부식	• 심한 경우 소파보수 (부분단면, 전단면 보수)
punch-out	• CRCP에 주로 발생	• 지지력 부족 • 균열간격이 좁은 경우 • 피로하중	• 전단면 보수
균열 (cracking)	• 횡방향 균열	• 온도변화, 건조수축 • 줄눈간격이 너무 긴 경우 • 지지력 부족, 줄눈 시공불량 • 노상토의 swelling, 건조수축	• 심한 경우 균열 틈을 잘 청소하고 실런트 주입
	• 종방향 균열	• 휨현상(온습도변화) • 종방향 줄눈 시공 불량	• 심한 경우 균열 틈을 잘 청소하고 실런트 주입
	• 모서리 균열	• 지지력 부족 • 과적	• 균열틈 청소 후 실런트 주입하여 소파보수
	• D형 균열	• 동결융해 • 알칼리골재반응	• 균열틈 청소 후 실런트 주입하여 소파보수

Ⅶ 시멘트 콘크리트 포장의 파손 방지를 위한 품질관리방안

1. 설계단계
   1) 교통량 정확히 예측
   2) 재료, 시공, 교통환경 등을 고려한 포장두께 산정
2. 시공단계
   1) 노상, 노체, 기층 다짐관리 철저
   2) 슬래브 양생 철저
3. 유지보수단계
   1) PMS 적용
   2) 과적차량 통행제한
   3) 이음부 정기적 청소 및 충전 시행
   4) 적정한 유지보수 시행

포장의 조사
⇩
포장의 평가
⇩
공용성 예측
⇩
유지보수 판단
⇩
우선순위 결정
⇩
공법 선정
⇩
보수작업 시행

[PMS 적용순서]

Ⅷ 시멘트 콘크리트 포장의 유지관리 및 보수관리방안

1. 유지관리방안
   1) 실링(sealing)
      (1) 줄눈 및 균열부 실링
      (2) 언더실링(under sealing)
   2) 부분단면 보수
   3) 다이아몬드 그라인딩
   4) 그루빙(grouving)

2. 포장보수방안
   1) 전단면 보수(full-depth repair)
   2) 덧씌우기(overlay)
      (1) 접착식 콘크리트 덧씌우기 포장
      (2) 비접착식 콘크리트 덧씌우기 포장
   3) 하중전달장치의 재설치 : 기존 포장에 하중전달장치가 없거나 하중전달장치 작동이 불량
      한 경우, 이를 재설치하여 펌핑에 의한 단차, 스폴링, 우각부
      균열 등을 방지함.

다이아몬드 그라인딩
폭 2.5~3.3mm
산폭 2.0~2.8mm
(a) 그라이딩

다이아몬드 그루빙
절삭두께
(2.5mm)
19mm
3.2~6.4mm
(b) 그루빙

[그라인딩 및 그루빙 모식도]

Ⅸ 맺음말

시멘트 콘크리트 포장의 내구성 확보 및 포장의 수명을 연장하기 위하여 적기에 필요한 보수,
보강을 실시하고 예방적인 유지관리를 하여 장기적인 내구성을 향상시켜야 한다.

[콘크리트 포장장비 조합 예]

Section 21

도로포장 유지보수 조사 및 평가

문제 분석	문제 성격	기본 이해		중요도	■■□□□□
	중요 Item	예방적 유지보수, PSI, MCI, PMS			

Ⅰ 개 요

1. 도로포장은 아스팔트 콘크리트 포장과 시멘트 콘크리트 포장으로 구분되며, 포장은 공용 시 재료, 시공적인 요인과 교통조건 변경 등 자연환경적 요인에 의해 내구성이 저하되어 균열발생, 평탄성 저하 등 교통성능을 저해한다.

2. 이를 방지하기 위하여 적정한 시기에 유지보수공법을 적용하여 도로포장의 품질 향상과 수명연장을 통해 교통 이용자의 편의와 안전을 도모하여야 한다.

Ⅱ 유지보수의 종류

1. 예방적 유지보수
   1) 미소한 결함에 대해 조기 발견 및 보수를 시행하는 유지보수
   2) 최적의 보수공법을 적정한 시기에 적용하여 유지보수비용의 최소화 가능

2. 일상 유지보수(구조적 유지보수)
   1) 포장 표면에 러팅, 라벨링 등 결함 발생 시 상시적으로 시행하는 유지보수
   2) 파손이 발생한 경우 보수작업 시행
   3) 예방적 유지보수와 비교하여 보수비용 및 파손 심각도 증가

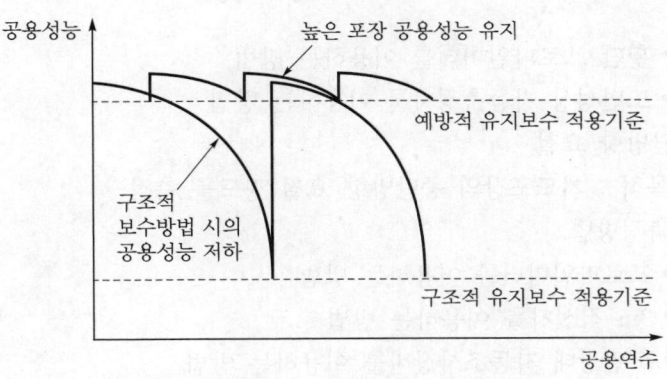

[예방적 유지보수와 구조적 유지보수의 개념도]

3. 긴급 유지보수(Emergency Maintenance)

블로업, 포트홀 등이 발생되어 도로 이용자의 안전에 문제가 있다고 판단되는 경우 긴급하게 시행하는 유지보수

Ⅲ 아스팔트 콘크리트 포장노면의 조사와 평가

1. 노면조사

1) 노면상황조사 : 노면의 상황을 대략적으로 파악하여 조사범위 결정

2) 상세조사

(1) 균열조사

① 목적 : 노면에 발생한 균열상태를 측정하여 균열률 산정

② 균열률$= \dfrac{\text{균열면적의 합}(\text{m}^2) + \text{소파보수면적}(\text{m}^2)}{\text{조사 대상구간의 면적}(\text{m}^2)} \times 100\%$

③ 측정방법

- 스케치하는 방법
- 자동포장상태 조사장비 이용

(2) 러팅

① 목적 : 노면 폭 방향의 요철을 측정하여 바퀴 주행위치에 발생한 바퀴자국 패임의 양을 구함.

② 측정방법

- 직선자 또는 실을 당기는 방법

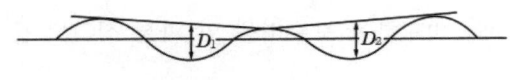

[러팅의 측정]

- 횡단 프로파일미터를 이용하는 방법
- 노면성상 자동측정차를 이용하는 방법

(3) 종단방향 요철

① 목적 : 차도포장의 종단방향 요철 정도를 측정

② 측정방법

- 프로파일미터를 이용하는 방법
- 3m 직선자를 이용하는 방법
- 노면상태 자동조사장비를 이용하는 방법

(4) 처짐량 측정

① 목적 : 포장의 구조 평가 및 노상의 지지력 평가

② 측정방법

- 벤켈만 빔에 의한 방법
- FWD(Falling Weight Deflectometer)장비 사용

(5) 포트홀, 함몰

① 구멍의 가로·세로의 평균치를 cm의 단위로 조사하여 기록

② 포트홀이 여러 개 있는 경우는 평균지름과 개수를 기록

(6) 미끄럼 저항

① 목적 : 교통사고에 영향을 미치는 노면의 미끄럼저항값을 구함.

② 측정방법

- 미끄럼저항시험기(skid resistance tester)를 이용하는 방법
- 미끄럼저항 측정차량에 의한 방법

2. 노면평가방법

1) 공용성지수(PSI)

(1) 포장도로 건설 후 주행 시 운전자가 느끼는 쾌적성을 정량화하기 위해 AASHTO ROAD TEST에서 통계적 기법을 이용하여 나타낸 지수

(2) 산정식

$$PSI = 5.03 - 1.91 \log(1 + SV) - 0.01\sqrt{C + P} - 0.21RD^2$$

여기서, SV : 차량통행위치에서 종단 요철도의 분산

C : 노면의 균열도($m^2/1000m^2$)

P : 노면의 소파보수($m^2/1000m^2$)

RD : 소성변형깊이(cm)

(3) PSI에 의한 보수공법 적용

구 분	PSI		
	3.0 ~ 2.1	2.0 ~ 1.1	1.0 이하
공 법	표면처리	덧씌우기	전면 재포장

2) 유지관리지수(MCI)

(1) 일본건설청에서 사용하며, 도로 공용 시 도로의 유지보수의 적정성 여부 및 필요공법을 판단하기 위하여 종합적 평가 후 나타낸 유지관리지수

(2) 산정식

$$MCI = 10 - 1.48c^{0.3} - 0.29D^{0.7} - 0.47\sigma^{0.2}$$

여기서, c : 균열률(%)

D : 최대 소성변형량(m)

σ : 평탄성 측정결과 표준편차(mm)

(3) MCI에 의한 보수공법 적용

구분	MCI		
	3 이하	4 이하	5 이하
공법	긴급보수 필요	보수 필요	적정 관리

3) HPCI(Highway Pavement Condition Index, 한국도로공사)

  (1) 산정식

$$HPCI = 5 - 0.78IRI^{0.7} - 0.5RD^{1.5} - 0.65\log(1+SDA)$$

여기서, IRI : 종단 평탄성지수(m/km)

        RD : 소성변형량(cm)

        SDA : 100m 단위구간에서 균열 및 패칭 등의 손상환산면적(m^2)

  (2) HPCI에 의한 보수공법 적용

등급	HPCI 범위	상태	대응책
1등급	4.0 초과	매우 우수	보수 불필요
2등급	3.5 ~ 4.0	우수	예방적 유지 필요
3등급	3.0 ~ 3.5	보통	수선 유지 필요
4등급	2.0 ~ 3.0	불량	개량 필요
5등급	2.0 이하	매우 불량	시급한 개량 필요

Ⅳ 시멘트 콘크리트 포장노면의 조사와 평가

1. 노면조사

  1) 노면상황조사 : 노면의 상황을 대략적으로 파악

  2) 상세조사

    (1) 균열폭 측정

    (2) 균열길이 측정

2. 노면평가

  1) 공용성지수(PSI)

    (1) 포장도로 건설 후 주행 시 운전자가 느끼는 쾌적성을 정량화하기 위해 AASHTO ROAD TEST에서 통계적 기법을 이용하여 나타낸 지수

    (2) 산정식

$$PSI = 5.41 - 1.80\log(1+SV) - 0.05\sqrt{C+3.3P}$$

여기서, SV : 차량통행위치에서 종단 요철도의 분산

        C : 노면의 균열도($m^2/1000m^2$)

        P : 노면의 소파보수($m^2/1000m^2$)

(3) PSI에 의한 보수공법 적용

공용성지수	개략적 보수공법
3.0 ~ 2.0	표면처리
2.0 ~ 1.1	덧씌우기
1.0 ~ 0.0	재포장

2) HPCI(Highway Pavement Condition Index, 한국도로공사)

(1) 산정식

$$HPCI = 7.35 - 4.65\log(1 + IRI) - 1.06\log(10 + 2.5C) - 0.32\log(10 + 2.5P)$$

여기서, IRI : 종단 평탄성지수(m/km)

C : Crack량[m/$(B \times 100)$m^2]

P : Patching량[m^2/$(B \times 100)$m^2]

B : 자동조사장비의 촬영폭

(2) HPCI에 의한 보수공법 적용

등급	HPCI 범위	상태	대응책
1등급	4.0 초과	매우 우수	보수 불필요
2등급	3.5 ~ 4.0	우수	예방적 유지 필요
3등급	3.0 ~ 3.5	보통	수선 유지 필요
4등급	2.0 ~ 3.0	불량	개량 필요
5등급	2.0 이하	매우 불량	시급한 개량 필요

Ⅴ 예방적 유지관리를 위한 포장관리시스템(PMS)

1. 정의

도로 연장의 증가에 따른 유지보수비용이 증가됨에 따라 계획적이고 합리적인 유지보수시기 및 공법을 결정하기 위한 도로포장관리시스템

2. PMS의 목적

1) 기능에 따른 분류

(1) Network Level : 비교적 신속하고 간단하게 조사하여 보수구간 설정

(2) Project Level : 보수가 결정된 구간을 정밀하게 재조사하여 가장 적합한 공법 선택

2) 보수시기 결정 : 포장 파손 전 공용성을 회복할 수 있도록 보수시기 선택

3. PSM 도입에 따른 효과

1) 전반적인 도로포장상태 파악(노면상태의 정량적 평가)

2) 합리적인 보수시기 및 공법 결정으로 보수비용 최소화

3) 장기적인 유지보수계획의 타당한 근거 제시

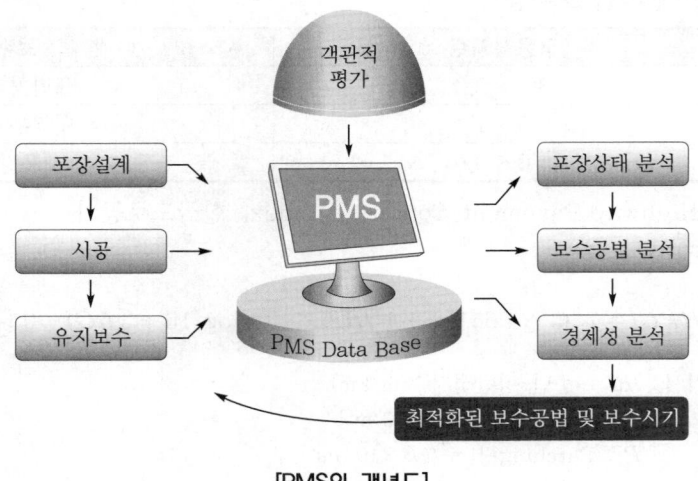

[PMS의 개념도]

Ⅵ 맺음말

1. 도로포장 유지관리에는 예방적 유지보수를 시행하여 사회기반시설에 대한 유지관리예산 절감과 사용자 편익을 극대화시켜야 한다.

2. 또한 예방적 유지관리를 통하여 기발시설의 관리주체에 대한 신뢰도 향상 및 이를 기반으로 신규 기술력을 확보하여 유지관리분야에 대한 선진화를 이끌어야 한다.

CHAPTER 06 품질관리와 시사

큰 산은 흙 한 줌도 마다하지 않아서
그렇게 높아질 수 있었고,
강과 바다는 작은 물줄기 하나도 가리지 않아서
그렇게 깊어질 수 있었다.

- **공사관리 = 시공계획 + 시공관리 + 경영관리**
  1. 시공계획 : 사전조사 + 기본계획 + 상세계획 + 관리계획
  2. 시공관리 : 목적물 자체 + 사회규약
  3. 경영관리 : Claim + Risk

- **목적물 자체 = 품질, 공정, 원가**
  1. 품질관리 : 흐름 + 품질기법
  2. 공정관리 : 횡선식 + 곡선식 + 네트워크식
  3. 원가관리 : EVMS + VE + LCC

- **사회규약 = 환경, 안전**

- **시사 = 법 + 제도**

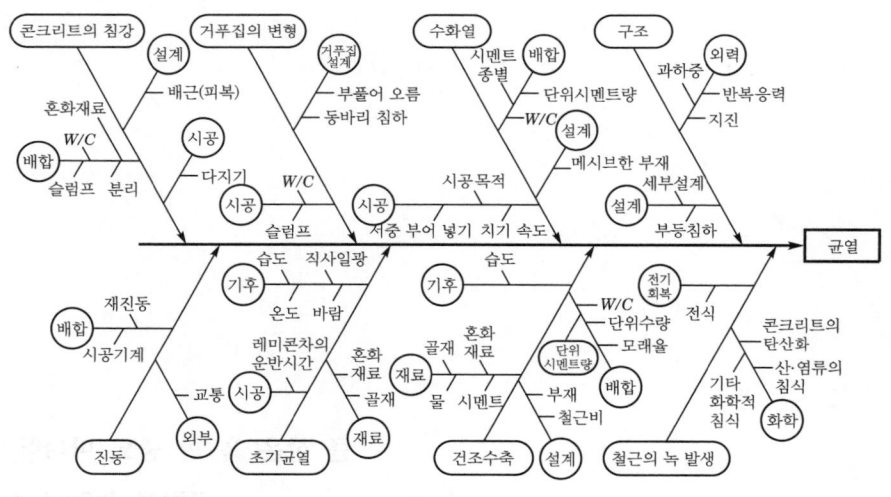

[특성요인도]

품질관리와 시사 용어해설

❖ 계약 관련 용어

1. 도급금액

수주공사의 경우 발주처와 건설공사의 목적물을 완성하기 위해 법적으로 체결한 금액

2. 실행금액

도급계약된 공사, 자체적으로 수행하는 공사에 대하여 이익계획을 명확화(경영계획의 계수화)하는 당해 공사에 대한 추정원가 계산서이며, 공사수행의 방향과 범위를 정해주는 나침반이며, 도급 및 실행예산은 당초(본) 도급 및 변경(추가)도급으로 구분

3. 공사원가

건설공사의 목적물을 완성하기 위해 실투입된 재료비, 노무비, 외주비, 장비비, 공사경비, 현장관리비 등의 금액

- 공사원가＝직접공사비 + 간접공사비

4. 경리원가

건설공사의 목적을 이루기 위해 실투입된 공사원가 및 비축자재, 본사관리비, 판매관리비, 전시시설 건립비, 사무기기 등 본사 발생분 현장 이체원가전표를 기준으로 발생되는 현장원가

5. 기 성

공사 진행 중 일정 시점에서의 건설공사 목적물에 대한 완성도(진척도)를 말하며, 건설공사는 공사 완료(정산) 전에는 정확한 원가를 알 수 없기 때문에 일정 시점에서 공사 완성도를 파악하여 향후 잔여공사에 대한 예측관리를 하고 손익에 대한 분석을 통해 손익 추정을 가능하게 함.

6. 도급기성

기성수량을 도급금액으로 환산한 금액으로, 발주처에 기성금 신청 후 수령하면 즉시 매출로 책정되는 금액

- 도급기성고＝도급실적수량×도급단가
- 도급실적수량＝실행기성수량×도급률
- 도급률＝도급 총수량 / 실행 총수량

7. 실행기성

실행실적기성(공사를 진행한 물량)에 실행단가를 곱한 값

8. 손 익

기성에서 공사원가를 제한 값으로, 도급손익과 실행손익으로 구분

- 도급손익＝도급기성−공사원가(실투입비)
- 실행손익＝실행기성−공사원가(실투입비)

9. 원가관리

집행될 원가가 예산을 초과하는지, 예산 이외의 집행인지, 또는 불필요한 예산의 집행인지를 통제하는 원가통제관리

10. 원가절감(cost reduction)

원가계획(예측)을 통하여 실행 가능한 수준까지 낮추고 공법의 개선, 자원의 적기 투입 등으로 기회손실을 방지하는 원가관리

11. 비목

비목은 재료비, 노무비, 외주비, 장비비, 경비로 분류

❖ 품질 관련 용어

1. 히스토그램(histogram)

데이터가 존재하는 범위를 몇 개의 구간으로 나누어 데이터의 중심과 산포상태를 쉽게 파악할 수 있는 기법

2. 특성요인도(cause and effect diagram)

문제의 관리 개선을 위해 특성에 영향을 줄 것이라 판단되는 원인을 그 요인별로 분류하여 작성하는 기법

3. 파레토도(pareto diagram)

여러 항목의 특성을 큰 것부터 차례로 나열한 것으로, 어떤 항목의 문제 여부와 영향의 정도를 쉽게 파악할 수 있으며 개선의 효과를 예측할 수 있는 기법

4. 체크시트(check sheet)

목적에 맞는 데이터를 정리하기 쉬운 형태로 취합하거나 작업 시에 확인하지 않으면 안 되는 일 등의 방지에 사용하는 기록이나 점검기법

5. 그래프(graph)

데이터를 한눈에 이해할 수 있도록 보다 많은 것을 요약하여 빠르게 그 내용을 전달할 수 있는 다양한 그림

6. 산점도(scatter diagram)

계량적인 요인이나 특성에 대한 어떤 두 변량 간의 관계를 쉽게 파악할 수 있는 기법

7. 층별(stratification)

데이터를 공통점이나 같은 특징을 지닌 그룹들로 나누어 더욱 심층적으로 분석하기 위한 품질 관리활동의 기본개념

❖ 환경 관련 용어

1. 폐기물

쓰레기, 연소재, 폐유, 폐산, 폐알칼리, 동물의 사체 등으로서 사람의 생활이나 사업활동에 필요하지 않게 된 물질

2. 사업장폐기물

대기환경보전법, 물환경보전법 또는 소음·진동관리법의 규정에 의하여 배출시설을 설치, 운영하는 사업장 및 기타 대통령령이 정하는 사업장에서 발생되는 폐기물
- 대통령령이 정하는 사업장
- 지정폐기물을 배출하는 사업장
- 폐기물을 1일 평균 300kg 이상 배출하는 사업장
- 폐기물을 1회 1톤 이상 배출하거나 일련의 공사작업으로 인하여 폐기물을 1주에 1톤 이상 배출하는 사업장

3. 건설폐기물

토목건설공사 등과 관련하여 배출되는 폐기물로서 폐유, 폐페인트 등의 지정폐기물 및 건설현장 작업인력이 생활하면서 배출시키는 음식물쓰레기 등 생활계 폐기물을 제외한 폐기물을 말함.

4. 건설폐재류

건설폐기물 중 폐토사, 폐콘크리트(폐벽돌, 폐기와 포함), 폐아스팔트 콘크리트, 폐석재

5. 건설폐기물의 재활용

건설폐재류를 자원의 절약과 재활용 촉진에 관한 법률 제12조의 규정과 [건설폐재배출사업자의 재활용지침]에 적합하게 재생처리한 후 폐기물관리법 시행규칙 별표 11의 2 규정에 적합하게 이용하는 것

6. 재생처리

파쇄, 분쇄, 선별 등의 중간처리로서 폐기물을 재이용, 재생 이용하기 위하여 처리하는 것

7. 폐토사

당해 건설공사에서 발생되어 토량이용 계획 등에 따라 사용하고 남은 것으로서 순수토사를 제외한 쓰레기 폐자재 등이 섞인 흙, 모래, 자갈, 토석 또는 이들이 혼합되어 있는 것

❖ 순환골재 관련 용어

1. 순환골재

"건설폐기물의 재활용 촉진에 관한 법률" 제2조 제7호의 규정(물리적 또는 화학적 처리과정 등을 거쳐 건설폐기물을 같은 법 제35조에 따른 순환골재 품질기준에 맞게 만든 것)에 적합한 골재

2. 콘크리트 제품 제조용

콘크리트 벽돌 등 다양한 종류의 콘크리트 제품 제조에 사용하는 순환골재

3. 폐콘크리트 모암

공사과정에서 발생한 폐콘크리트 덩어리로서 골재 생산공정을 거치기 전의 콘크리트 덩어리

4. 폐아스콘

아스팔트 포장도로의 표층 및 기층에서 절삭하여 발생된 폐아스팔트 콘크리트

5. 아스팔트 콘크리트 발생재

아스팔트 콘크리트 포장도로 철거 시 발생하는 아스팔트 콘크리트

6. 재생가열 아스팔트 혼합물

아스팔트 도로포장의 유지보수나 굴착공사 시에 발생한 아스팔트 콘크리트 발생재를 기계 또는 가열 파쇄하여 아스팔트 콘크리트용 순환골재를 생산한 후, 소요의 품질이 얻어지도록 보충재(골재, 아스팔트 또는 재생첨가제)를 가하고 재생장비를 이용하여 생산한 혼합물

7. 현장가열 표층재생 아스팔트

현장가열 표층재생장비를 이용하여 도로 위에서 주행차선의 방향으로 전진하며, 노후된 아스팔트 콘크리트 표층을 가열 절삭방법으로 걷어내고 신재료와 혼합한 후 다시 포설하는 방법

8. 플랜트재생 상온 아스팔트 혼합물

재생설비가 있는 아스팔트 플랜트에서 아스팔트 콘크리트용 순환골재 또는 아스팔트 콘크리트 발생재를 가공하여 재생 아스팔트 혼합물을 제조하는 방법

9. 구재 아스팔트

아스팔트 콘크리트용 순환골재를 용매를 사용하여 골재와 아스팔트로 분리하고, 분리된 아스팔트에서 용매를 제거한 노화된 아스팔트

10. 추출골재

아스팔트 콘크리트용 순환골재 중 아스팔트를 제외한 골재를 말하며, 용매를 이용하여 골재와 아스팔트로 분리하고, 분리된 골재를 건조시켜 얻음.

11. 재생 아스팔트

구재 아스팔트에 신재 아스팔트(또는 재생첨가제)를 첨가하여 구재 아스팔트의 물성을 아스팔트 혼합물의 품질기준에 적합하도록 조정한 아스팔트

12. 신재 아스팔트

스트레이트 아스팔트로서 KS M 2201(스트레이트 아스팔트)에 적합한 아스팔트

13 신골재

석산, 수중 등 자연에서 채취한 굵은 골재나 잔골재로서, KS F 2357(역청포장 혼합물용 골재)에 적합한 골재

14. 신재 아스팔트 혼합물

천연골재와 신재 아스팔트를 이용하여 적절한 배합설계로 생산한 아스팔트 혼합물

15. 재생첨가제

재생가열 아스팔트 혼합물 내의 노화된 구재 아스팔트 점도를 회복시키기 위하여 혼합물 제조 시 첨가하는 것

16. 매립시설 복토용

폐기물관리법에서 규정하는 매립시설을 설치할 경우 순환골재를 복토용 재료로 활용하는 것

Section 1 **품질관리의 발전흐름과 종류별 특징**

문제 분석	문제 성격	기본 이해		중요도	■■■■■
	중요 Item	품질경영, 6시그마, 통계적 품질관리(SQC), TQC			

I 개 요

1. 품질관리란 고객이 요구하는 품질을 확보, 유지하기 위하여 품질목표를 세우고 합리적·경제적으로 달성할 수 있도록 관리하는 기법을 의미한다.

2. 발전흐름으로서는 사회적 요구사항을 고려하여 QC, SQC, TQC, TQM의 순서로 발전이 진행되었으며, 품질관리기법에는 현 상황판단을 위한 기법(5가지)과 문제해결을 위한 기법(2가지) 등을 활용하고 있다.

II 품질관리의 목적

품질관리의 목적은 소정의 품질을 확보하고 품질을 종래보다 향상, 개선하며, 또한 편차를 적게 하고 균일한 품질을 유지함으로써 예상되는 하자를 미연에 방지하여 제품의 품질에 대한 신뢰성 확보 및 원가 절감을 수행하는 것을 말함.

III 품질관리의 발전흐름

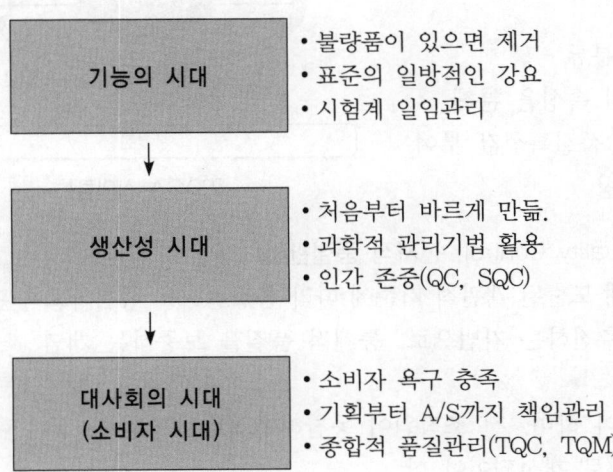

기능의 시대
- 불량품이 있으면 제거
- 표준의 일방적인 강요
- 시험계 일임관리

↓

생산성 시대
- 처음부터 바르게 만듦.
- 과학적 관리기법 활용
- 인간 존중(QC, SQC)

↓

대사회의 시대
(소비자 시대)
- 소비자 욕구 충족
- 기획부터 A/S까지 책임관리
- 종합적 품질관리(TQC, TQM)

Ⅳ 품질관리의 종류별 특징

1. 품질관리(QC, Quality Control)
   1) 정의 : 설계도서 및 계약서에 명시된 규격에 만족하는 목적물을 경제적으로 만들기 위해 실시하는 관리수단
   2) 특징
      (1) 불량품이 있으면 제거
      (2) 표준의 일방적인 강요
      (3) 시험에 대한 일임관리

2. 통계적 품질관리(SQC, Statistical Quality Control)
   1) 정의 : 합리적인 품질관리를 위하여 과학적 수단에 의한 객관적인 판단이 요구되며, 통계적 개념이나 기법을 응용한 품질관리기법
   2) 특징
      (1) QC 7도구를 이용하여 데이터의 관리 및 문제해결
         ① 도수(度數)분포도[히스토그램(histogram)]
         ② 파레토도(pareto chart)
         ③ 특성요인도(cause and effect diagram, fishbone diagram)
         ④ 관리도
         ⑤ 산점도
         ⑥ 체크시트
         ⑦ 그래프
      (2) 관리절차 시행
         ① 제품의 공정과정을 분류
         ② 공정과정별로 제품의 속성을 분해
         ③ 제품의 속성에 따라 품질특성값 부여
         ④ 다양한 통계기법 활용

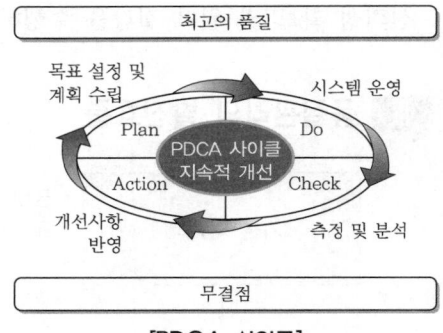

[PDCA 사이클]

3. 종합적 품질관리(TQC, Total Quality Control, 전사적 품질관리)
   1) 정의 : 조직적인 활동을 통해 도출된 객관적 기준에 따라 품질관리를 성취하도록 관련자 모두가 전사적으로 추진하는 기법으로, 통계적 품질을 보증하는 개념
   2) 특징
      (1) 작업과정에서 실시되어야 하며, 전 조직원이 동참해야 함.
      (2) 상호 유기적인 종합관리로 개선되어야 함.
      (3) TQC 7가지 도구의 활성화로 품질 향상을 기해야 함.

4. 종합적 품질경영(TQM, Total Quality Management)

  1) 정의 : 품질과 관련하여 품질방침 및 품질목표의 수립, 품질기획(QP), 품질관리(QC),
    품질보증(QA), 품질개선(QI)을 포함한 조직의 활동을 관리, 조정하는 관리기법

  2) TQM의 구성요소

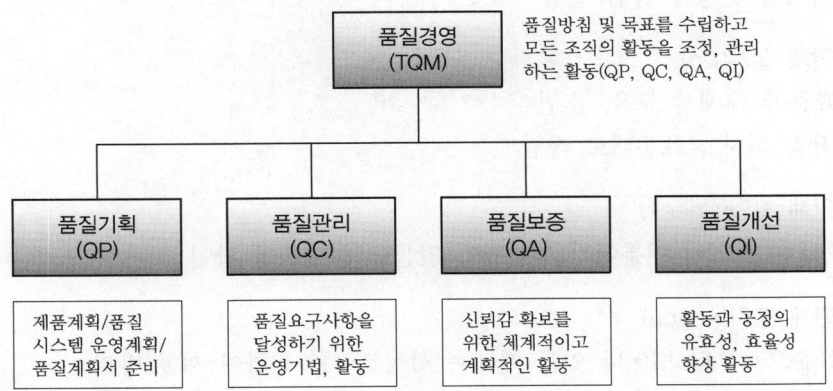

품질경영 (TQM) : 품질방침 및 목표를 수립하고 모든 조직의 활동을 조정, 관리하는 활동(QP, QC, QA, QI)

품질기획 (QP)	품질관리 (QC)	품질보증 (QA)	품질개선 (QI)
제품계획/품질 시스템 운영계획/ 품질계획서 준비	품질요구사항을 달성하기 위한 운영기법, 활동	신뢰감 확보를 위한 체계적이고 계획적인 활동	활동과 공정의 유효성, 효율성 향상 활동

  3) TQC와 TQM의 비교

주요 요소	TQC	TQM
경영이념	기업이익	고객 만족
경영목표	제품의 불량률 감소	제품, 공정, 설계, 업무, 사람 등을 포함하는 총체적 품질 향상 및 장기적인 성장
초점	공급자(생산자) 위주	구매자(고객) 위주
개념	품질규격을 만족시키는 실시기법과 활동	품질방침에 따라 실시하는 모든 부분의 활동
사고	생산 중심적, 제품 중심적 사고 및 관리기법	고객 중심, 고객감동, 고객 지향의 기업문화와 구성원의 행동의식 변화
품질책임	생산현장 중심의 QC 전문가	최고경영자, 관리자, 작업자
동기	기업 자체의 필요성에 의해 자율적으로 추진	ISO에 의해 국제규격으로 정해져 있으며, 강제성은 없으나 구매자가 요구하면 이행해야 함.
관리기술	SQC	QC, IE, VE, TPM, JIT 등 필요한 관리기술을 총체적으로 활용

  4) 특징

    (1) 안전관리, 품질관리, 생산관리를 연계한 관리기법

    (2) 품질경영은 사전에 하자를 예방하기 위한 긴 시간을 요하는 투자

    (3) 개선절차를 지속적으로 실시하는 과정을 중시함.

    (4) 모든 단계에서 하자를 사전에 예방함.

Ⅴ 품질관리의 진행순서

1. 제1단계 계획(Plan)
   1) 목적 설정 : 제품의 품질에 관한 회사의 방침 및 품질의 시방 결정
   2) 목적을 달성할 방법 결정

2. 제2단계 실시(Do)
   1) 표준에 대해서 교육, 훈련
   2) 작업 실시 : 표준대로 작업

3. 제3단계 확인(Check)
   표준대로 작업이 이루어지고 품질이 만들어져 있는가 확인

4. 제4단계 조치(Action)
   1) 표준으로부터 벗어나 있을 때에는 시정조치를 취하여 재발 방지
   2) 시정조치를 추적(follow-up)하고 데이터를 피드백(feedback)

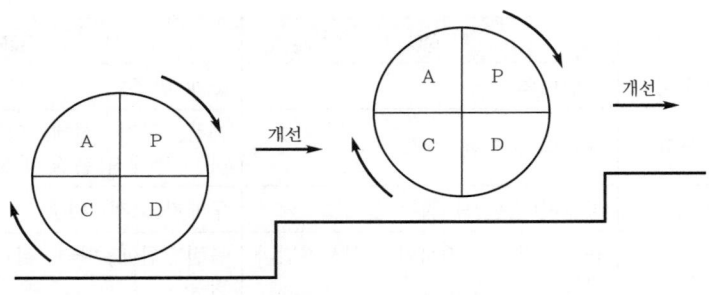

[데밍사이클의 단계별 순환]

Ⅵ 품질관리에 따른 기대효과

1. 재시공과 보수작업의 감소
2. 작업환경 개선
3. 공사발주처의 만족도 증가
4. 현장 안전사고 저감
5. 품질비용(QC)의 감소
6. 이윤의 증대

Ⅶ 맺음말

1. 품질관리란 사용자 우선원칙에 입각하여 공사의 목적물을 경제적으로 만들기 위해 실시하는 관리수단을 말한다.
2. 품질관리의 효과를 증대시키기 위해서는 현장조건에 맞는 적정한 기법(tool)을 선정하고, 효율적으로 사용하여야 한다.

	문제 성격	기본 이해		중요도	■■■■□□□
문제 분석	중요 Item	Pareto 분석, 산점도, $\overline{x}-R$ 관리도, 샘플링검사, 특성요인도			

Section 2 건설공사를 위한 통계적 품질관리기법

I 개 요

1. 통계적 품질관리란 품질관리의 한 유형으로 모든 통계적 수단을 사용하여 품질특성값을 관리하는 것을 의미한다.
2. 통계적으로 정량분석된 자료를 바탕으로 문제해결 및 품질 개선을 위하여 사용되는 통계적 품질관리기법에는 현 상황을 판단하기 위한 기법(5가지)과 문제해결을 위한 기법(2가지) 등을 활용하고 있다.

II 건설공사 품질관리의 목적

1. 발주자의 요구에 의한 합리적, 경제적, 내구적인 구조물 건설
2. 소정의 품질을 확보하고 품질을 종래보다 향상, 개선하며 또한 편차 감소
3. 균일한 품질을 유지함으로써 예상되는 하자를 미연에 방지
4. 건설공사 품질에 대한 신뢰성 확보 및 원가 절감 수행

III 품질관리활동(순서)

1. 정의 : 목표를 설정하고 효율적으로 이를 달성하기 위한 모든 품질관리활동을 말하며, 기본적으로 PDCA 사이클이 활용됨.
2. PDCA 활동
   1) 계획(P : Plan) : 목표 달성을 위한 계획 설정
   2) 실행(D : Do) : 설정된 계획에 따라 실시
   3) 확인(C : Check) : 실시한 결과를 측정하여 계획과 비교 검토
   4) 조치(A : Action) : 검토한 결과와 계획을 비교한 후 적절한 수정 조치

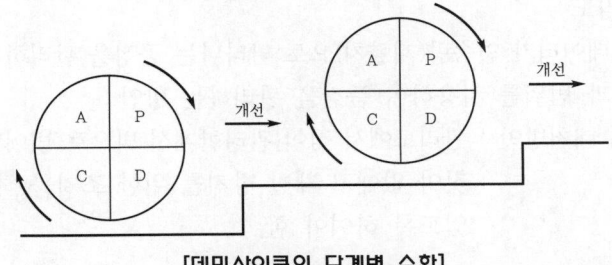

[데밍사이클의 단계별 순환]

Ⅳ 품질관리의 종류 및 발전흐름

1. 품질관리(Quality Control, QC)
2. 통계적 품질관리(Statistical Quality Control, SQC)
3. 종합적 품질관리(Total Quality Control, TQC, 전사적 품질관리)
4. 종합적 품질경영(Total Quality Management, TQM)

Ⅴ 통계적 품질관리기법의 분류 및 특징

1. 통계적 품질관리기법의 분류
   1) 현 상황을 판단하기 위한 기법
      (1) 관리도
      (2) 도수(度數)분포도[히스토그램(histogram)]
      (3) 체크시트
      (4) 산점도
      (5) 층별 관리도
   2) 문제점 해결을 위한 기법
      (1) 특성요인도[인과관계도(cause and effect diagram, fishbone diagram)]
      (2) 파레토도(pareto chart)

2. 관리도(control chart)
   1) 개념 : 공정의 상태를 나타내는 특정치에 관해서 그려진 그래프로, 공정을 관리상태
      (안전상태)로 유지하기 위하여 사용됨.
   2) 관리도의 종류 및 특징

구 분	관리도명	특 징	적 용
계량치 관리	x	각각의 측정치를 사용하여 관리	데이터가 연속량(계량치)으로 나타나는 공정을 관리할 때 사용
	$\overline{x}-R$	평균치와 범위의 관리	
	$Md-R$	Median과 범위의 관리	
계수치 관리	Pn	불량계수 관리	데이터가 계량치가 아니고 하나하나 판정하여 공정을 관리할 때 사용
	P	불량률 관리	
	C	결점수 관리	
	U	단위당 결점수 관리	

   3) $\overline{x}-R$ 관리도
      (1) 개념 : 데이터가 연속량(계량치)으로 나타나는 공정을 관리하기 위하여 계량값, 평균
         과 범위를 사용하여 품질을 관리하는 방안
      (2) 이상 시 대처방안 : 관리도에서 점이 관리한계선 밖으로 벗어난 경우이며, 그 원인을
         찾아 없애고 재발 방지를 위한 조치를 하여 공정을 관리상태에
         있도록 하여야 함.

3. 히스토그램(histogram)

 1) 개념 : 계량치의 데이터가 어떠한 분포를 나타내고 있는지 알아보기 위해서 작성하는
　　　　　그림으로, 일종의 막대그래프를 말함. 공사 또는 품질상태의 만족 여부를 판단
　　　　　하는 데 활용

 2) 작성목적

 　(1) 데이터의 분포모습 및 산포상태 파악

 　(2) 평균과 표준편차의 산출

 　(3) 실제 데이터와 규격의 비교

 3) 작성 시 주의사항

 　(1) 부득이한 경우 50개 이상이면 되지만, 가능한 100개 이상 수집한 후 작성

 　(2) 이상 시 대처방안 : 다양한 형태가 나타날 수 있으나, 좌우대칭형을 제외한 기타 유형
　　　　　　　　　　　　에 대해서는 형태의 특징을 파악하고 유형별로 적절한 조치를 취
　　　　　　　　　　　　해야 함.

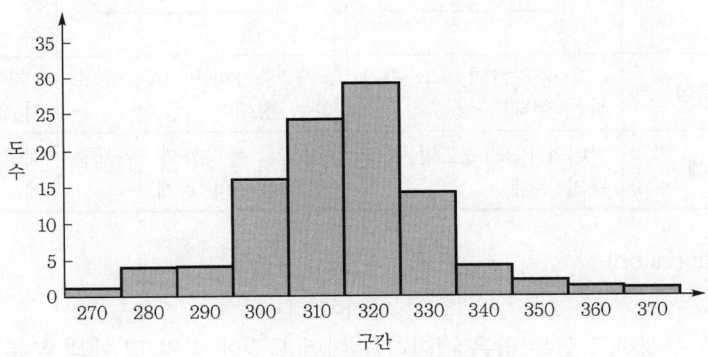

[히스토그램 작성 예]

4. 체크시트(check sheet)

 1) 개념 : 계수치의 데이터가 분류항목(불량항목)의 어디에 집중되어 있는가를 알아보기 쉽
　　　　　게 나타낸 그림 또는 표

 2) 종류

 　(1) 기록용 체크시트 : 현상 파악과 대책 수립 시

 　(2) 점검용 체크시트 : 표준화 완료 후 점검 시

 3) 작성방법

 　(1) 데이터의 분류항목 설정

 　(2) 데이터 수집

 　(3) 기록 시행

5. 산포도(산점도, scatter diagram)
   1) 개념 : 하나의 현상에 대하여 상관관계를 지니고 있는 2종류의 데이터를 X축, Y축상에 점으로 찍어 상호 간의 관계를 파악하는 품질관리기법
   2) 작성 시 주의사항
      (1) 상관관계의 유무를 확인하며 작성
      (2) 이상한 점은 없는지 확인한 후 결과 분석
         ① 이상점 처리 시 그 원인이 판명되어 조처가 완료되었다면 그 점은 제외
         ② 원인 불명일 때에는 그 점을 포함시켜 산포도를 해석함.

[산포도의 분포형태와 특징]

구분	강한 (+)의 상관관계	강한 (−)의 상관관계	무상관
형태			
특징	x가 증가하면 y도 증가하는 형태	x가 증가하면 y는 감소하는 형태	x가 증가해도 y는 영향이 없는 것
예	장비의 마모 정도와 불량률의 관계	부품의 불량률과 완제품의 양품률의 관계	재고량과 노동시간의 관계

6. 층별(stratification)
   1) 개념
      집단을 구성하고 있는 많은 데이터를 어떤 특징에 따라 몇 개의 부분집단으로 나누는 것
   2) 목적
      (1) 층별하기 이전의 전체 품질의 분포와 층별한 뒤의 작은 집단의 품질분포를 비교
      (2) 품질에 대한 영향의 정도를 파악함.

[층별 기준의 예]

층별 기준	대상항목
시간별	시간, 일, 요일, 주, 월, 계절, 오전·오후, 밤낮, 작업 전후 등
작업자별	개인, 남녀, 연령, 작업조, 경험연수 등
기계설비별	기종, 형식, 메이커, 신구, 공장, 라인 등
작업방법, 작업조건별	작업방법, 작업장소, 라인스피드, 온도, 압력, 회전수 등
측정, 검사별	측정기, 측정자, 측정방법, 검사자, 검사장소, 검사방법 등
기타	신제품, 구제품, 양품, 불량품, 포장방법, 운반방법 등

7. 특성요인도(cause-and-effects diagram)

  1) 개념 : 결과(특성)에 원인(요인)이 어떻게 관계하고 있는가를 한눈으로 알 수 있도록
        작성한 관리도

  2) 사용용도

    (1) 품질 향상, 능률 향상, cost down 등을 목표로 현황을 개선하는 경우

    (2) 공사관리 시 하자가 발생할 때 원인분석 및 하자를 제거할 경우

    (3) 작업방법, 관리방법 등의 작업표준을 제정 및 개정하는 경우

  3) 작성 시 유의사항

    (1) 전원의 지식이나 경험이 집결되도록 작성함(브레인스토밍의 법칙).

    (2) 관리적인 요인을 고려함.

    (3) 특성마다 여러 장의 특성요인도를 그려야 함.

    (4) 오차에 주의하고 문제점 해결에 중점을 두어야 함.

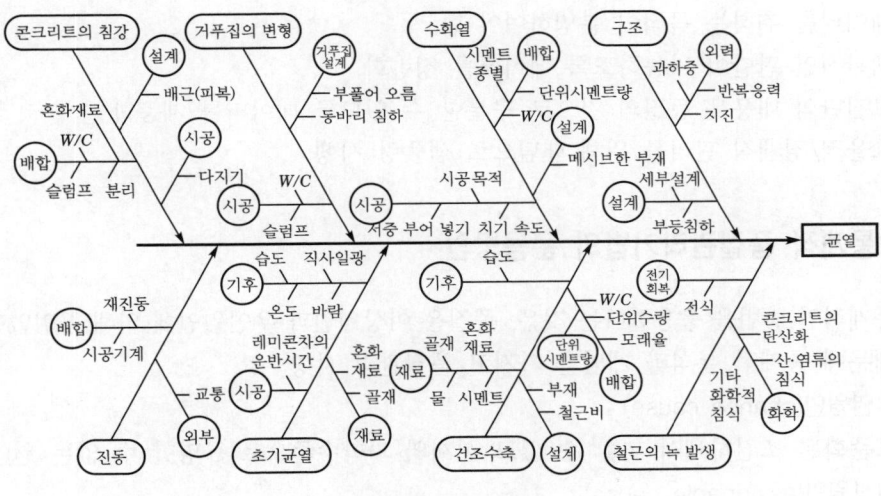

[특성요인도 예]

8. 파레토도(Pareto diagram)

  1) 개념 : 불량 등 발생건수를 항복별로 나누어 크기순서대로 나열해 놓은 그림으로, 중점
        적으로 처리해야할 대상 선정 시 유효

  2) 적용용도

    (1) 문제의 주요 원인 발견

    (2) 개선의 활동테마를 결정하기 위해 사용

    (3) 불량 및 고장의 원인을 조사할 때 사용

    (4) 보고나 기록에 사용

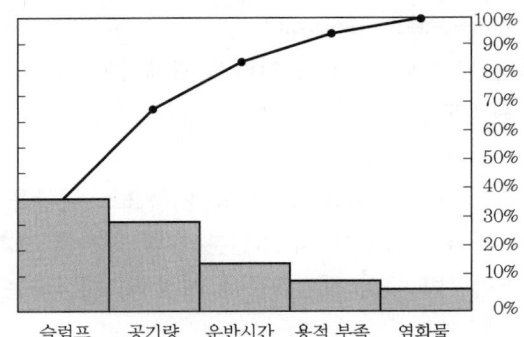

[파레토도 작성 예 : 레미콘의 품질불량유형]

VI 통계적 품질관리의 원칙

1. 데이터를 취하는 목적이 분명하여야 함.
2. 객관적인 판단이 가능하도록 데이터를 정량화
3. 모집단의 내용을 등질의 것으로 구분할 수 있도록 데이터를 계층화
4. 효율적/경제적 관리를 위해 랜덤으로 샘플링 시행

VII 통계적 품질관리기법의 운용방안

1. 통계적인 방법을 응용한다는 것은, 품질은 이상원인과 우연원인에 의해 끊임없이 변동하기 때문에 통계적 분석과 개념을 가지고 품질관리 시행
2. 우연원인(chance cause)
   표준화된 조건하에서 피할 수 없고 현재의 과학수준으로 규명할 수 없는 원인
3. 이상원인(assignable cause)
   제조 작업조건이 불충분하거나 지켜야 할 것을 지키지 않음으로 인해 분산의 폭이 늘어난 상태(관리되지 않은 분산)를 나타나게 하는 원인으로 노력에 의해서 기술적으로 제거 가능

VIII 맺음말

1. 통계적 품질관리기법의 활용을 통하여 통계적으로 정량분석된 자료를 바탕으로 문제를 해결하고 품질을 개선한다.
2. 품질관리기법 7가지를 사용하여 의사소통의 명료화 및 분석사실을 근거로 토의하여 개선활동의 공감대 형성을 통한 하자 방지 및 신뢰성 증가, 원가 절감을 추진하여야 한다.

Section 3 통계적 기법 중 $\overline{x} - R$ 관리도 작성방법

문제 분석	문제 성격	기본 이해	중요도	■■□□□
	중요 Item	관리도의 종류, 작성방법, 판정방법		

Ⅰ 개 요

1. $\overline{x} - R$ 관리도는 길이, 중량, 강도, 시간 등과 같은 계량값일 때 쓰인다.
2. $\overline{x}$ 관리도는 주로 분포의 평균값 변화를 보는 데 사용되고, R관리도는 분포의 폭, 수량의 변화를 보기 위하여 사용된다.
3. 이 두 관리도를 함께 만든 것이 $\overline{x} - R$ 관리도이며, 공정상태의 변화를 알아보기 위한 기본적인 관리도이다.

Ⅱ 품질관리를 위한 도구활동의 중요성

1. 품질관리도구의 활용
   1) 자료의 수립, 도표화, 분석을 통해 문제와 요인의 정량화
   2) 통계적으로 정량분석된 자료를 바탕으로 문제해결 및 품질의 개선

2. 품질관리 7가지 도구 사용에 따른 기대효과
   1) 의사소통의 명료화 및 분석사실을 근거로 하여 토의 실시
   2) 개선활동의 공감대 형성을 통한 하자 방지 및 신뢰성 증가, 원가 절감

Ⅲ $\overline{x} - R$ 관리도를 포함한 관리도의 종류

관리도의 명칭	기 호	데이터의 종류
평균치와 범위의 관리도	$\overline{x} - R$ 관리도	계량치
개개의 데이터 관리도	$\overline{x}$ 관리도	
메디안과 범위의 관리도	$\overline{x} - R$ 관리도	
불량률 관리도	P 관리도	계수치
불량개수 관리도	P_n 관리도	
단위량 결점수 관리도	U 관리도	
결점수 관리도	C 관리도	

Ⅳ $\overline{x}-R$ 관리도 작성방법

1. 데이터의 수집 및 조분할
   1) 최근의 데이터를 수집하여 합리적인 방법으로 조분할 실시
   2) 데이터는 60개 이상으로 통상 100개 정도를 로트별, 용량별, 시간별로 수집
   3) 1조의 데이터 수는 4 ~ 5개가 적당함.

2. $\overline{x}$ 평균치의 계산
$$\overline{x} = \frac{\text{각 그룹의 데이터의 합계}}{\text{샘플의 수}} = \frac{\Sigma x}{n}$$

3. 범위 R의 계산
   1) 각 조마다 $R = X_{\max} - X_{\min}$을 계산
   2) $X_{\max}$는 1조 중의 최대값이고, $X_{\min}$은 1조 중의 최소값

4. 총평균 $\overline{x}$의 계산
   $\overline{x} = (X_1 + X_2 + \cdots + X_k)/k$를 계산. k는 조의 수

5. 범위의 평균 R 계산
   $R = (R_1 + R_2 + \cdots + R_k)/k$를 계산. k는 조의 수

6. 관리선의 계산
   1) $\overline{x}$ 관리도의 관리한계는 다음 식으로 계산
      1) 중심선 CL $=\overline{x}$
      2) 상한관리한계 UCL $=\overline{x} + A_2R$
      3) 하한관리한계 LCL $=\overline{x} - A_2R$
   2) R 관리도의 관리한계
      1) 중심선 CL $= R$
      2) 상한 관리한계 UCL $= D_4R$
      3) 하한 관리한계 LCL $= D_3R$
      여기서, A_2, D_3, D_4 : 계수

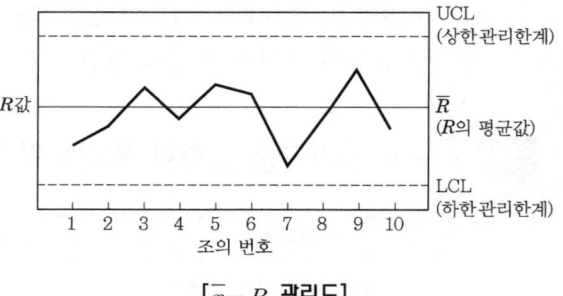

[$\overline{x}-R$ 관리도]

7. 관리도의 기입
   $\overline{x}$ 관리도를 위에, R 관리도를 아래에 배치하고 조번호를 순서대로 대조되도록 $\overline{x}$, R을 기입

8. 안정상태의 판정
   1) 기입한 $\overline{x}$, R이 각각 관리한계 안에 들어 있으면 안정상태에 있다고 판정
   2) 관리한계 밖으로 나가면 그 점에 대하여 원인을 찾아 제거하고 재발 방지
   3) 점이 관리한계선 위에 있을 때에는 밖으로 나간 것으로 처리

4) 원인을 규명하기 위해서는 관리한계선 재계산, 규격과의 대조, 관리한계선 결정 등을 검토

9. 관리한계선의 결정방법

1) 최초의 5조로 관리선을 선정하여 다음 5조를 관리

2) 다음에는 그때까지의 10조의 측정치로 다음의 10조를 관리

3) 지금까지의 20조로 다음의 20 ~ 30조를 관리

Ⅴ $\bar{x}-R$ 관리도를 통한 관리상태 판정방법

1. 안정상태

1) 판정기준 : 1개의 중심선과 상하에 관리한계선을 넣고 특성값을 기입하였을 때 다음과 같은 경우 그 공정은 안정상태로 판정

2) 판정방법

(1) 연속 25점이 관리한계 내에 있을 경우

(2) 연속 35점 중 관리한계 밖으로 나가는 것이 1점 이내인 경우

(3) 연속 100점 중 관리한계 밖으로 나가는 것이 2점 이내인 경우

2. 이상상태

1) 판정기준 : 1개의 중심선과 상하에 관리한계선을 넣고 특성값을 기입하였을 때 다음과 같은 경우 그 공정은 이상상태로 판정

2) 판정방법

(1) 점이 중심선의 한쪽에 연속

(2) 점이 계속하여 상승, 하강(7점 이상)

(3) 점이 주기적으로 변동

(4) 점이 중심선 근처에만 계속되는 경우

(5) 점이 관리한계선에 접근하는 경우

(6) 연속 35점 중 관리한계 밖으로 나가는 것이 1점 이상인 경우

(7) 연속 100점 중 관리한계 밖으로 나가는 것이 2점 이상인 경우

3) 이상상태 판정 시 조치방안 : 원인을 찾아 없애고 재발 방지를 위한 조치 시행

Ⅵ 맺음말

1. $\bar{x}-R$ 관리도는 공정의 상태를 나타내는 특정치에 관해서 그려진 그래프로, 공정을 관리상태(안전상태)로 유지하기 위하여 사용된다.

2. $\bar{x}-R$ 관리도를 잘 이용하여 결함을 미연에 방지하고, 품질의 균등성을 위하여 편차를 될 수 있는 대로 적게 하며, 공사제품에 대한 신뢰성을 높이는 데 적용하여야 한다.

순환골재의 특징과 의무사용 건설공사의 범위와 용도

문제 분석	문제 성격	기본 이해	중요도	■■■□□□□
	중요 Item	올바로시스템, 순환골재 의무사용 건설공사의 범위 및 용도		

I 개 요

1. 순환골재라 함은 "건설폐기물의 재활용 촉진에 관한 법률" 제2조 제7호의 규정(물리적 또는 화학적 처리과정 등을 거쳐 같은 법 건설폐기물을 제35조에 따른 순환골재 품질기준에 맞게 만든 것)에 적합한 골재를 말한다.
2. 순환골재의 특징은 천연골재에 비하여 높은 흡수율과 마모율, 안정성 등에 대하여 품질이 저하되는 특징이 있다.

II 순환골재 사용의 목적

1. 환경보전의 필요성
   1) 건설폐기물의 소각·매립량 감축 가능
   2) 천연골재 채취로 인한 국토훼손 방지
   3) 바닷모래 등 천연골재 부족문제에도 대응
2. 순환골재 사용에 따른 사회적 편익 증가
   1) 급증하는 건설폐기물을 골재자원으로 활용
   2) 자원순환형 건설산업체제 구축
   3) 순환골재를 고부가가치의 골재대체자원으로 재활용하도록 유도

III 올바로시스템(폐기물종합관리시스템)

사업장폐기물의 불법처리를 사전에 예방하고 적정하게 관리하기 위하여 사업장폐기물의 배출에서 운반·처리까지의 전 과정을 관리하는 IT 기반 폐기물종합관리시스템

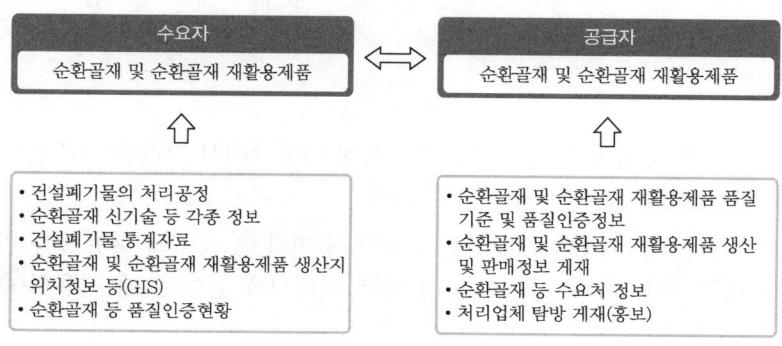

Ⅳ 순환골재의 특징

1. 물리적 특성

1) 입도 및 형상 : 천연골재에 비해 다소 거칠고 각진 형상

2) 비중 : 천연골재에 비해 15 ~ 20% 정도 낮은 비중값

3) 단위용적중량 : 천연골재보다 다소 낮음.

4) 흡수율 : 재생골재입경이 작을수록 흡수율이 증가하며, 천연골재에 비해 흡수율이 상대적으로 높음.

5) 마모감량 : 재생 굵은 골재 마모감량은 20 ~ 35%의 범위

2. 화학적 특성

1) 염화물의 이온함유량이 높음.

2) 알칼리골재의 반응성이 높음.

3) 천연골재에 비하여 중성화반응이 높음.

3. 순환골재의 처리공정

① 건설폐기물 투입 및 1차 파쇄

② 1차 분리선별(입도선별)

③ 2차 파쇄(더블조크러셔)

④ 2차 분리선별(스크린)

⑤ 3차 파쇄(콘크러셔)

⑥ 3차 분리선별(선별 및 세척)
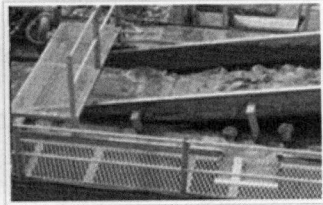

⑦ 4차 파쇄(수직형 크러셔)

⑧ 순환모래 생산

[순환골재처리공정 예]

Ⅴ 순환골재 및 순환골재 재활용제품 의무사용 건설공사의 범위 및 용도

1. **도로법, 농어촌도로정비법**
   1) 1km 이상의 신설공사(농어촌도로의 경우 200m 이상)
   2) 포장면적이 9,000m^2(농어촌도로는 2,000m^2) 이상
   3) 용도
      (1) 순환골재 : 도로보조기층용, 동상방지층 및 차단층용
      (2) 순환골재 재활용제품 : 아스팔트 콘크리트 포장용

2. **국토의 계획 및 이용에 관한 법률 시행령**
   1) 일반도로, 자동차전용도로, 보행자전용도로, 자전거전용도로의 신설공사
   2) 일반도로, 자동차전용도로, 보행자전용도로, 자전거전용도로의 확장공사
   3) 용도
      (1) 순환골재 : 도로보조기층용
      (2) 순환골재 재활용제품 : 아스팔트 콘크리트 포장용

3. **산업입지 및 개발에 관한 법률**
   1) 면적이 15만m^2 이상인 산업단지조성사업
   2) 용도
      (1) 순환골재 : 도로보조기층용, 동상방지층 및 차단층용
      (2) 순환골재 재활용제품 : 아스팔트 콘크리트 포장용

4. **택지개발촉진법**
   1) 택지개발사업 중 면적이 30만m^2 이상인 용지조성사업
   2) 용도
      (1) 순환골재 : 도로보조기층용, 동상방지층 및 차단층용
      (2) 순환골재 재활용제품 : 아스팔트 콘크리트 포장용

5. **물류시설의 개발 및 운영에 관한 법률**
   1) 물류터미널의 건설공사 및 물류단지의 개발공사
   2) 용도
      (1) 순환골재 : 도로보조기층용, 동상방지층 및 차단층용
      (2) 순환골재 재활용제품 : 아스팔트 콘크리트 포장용

6. **하수도법**
   1) 하수관로의 설치공사(누수 등으로 인한 복구공사 등 긴급을 요하는 공사는 제외)
   2) 공공하수처리시설의 설치공사
   3) 분뇨처리시설의 설치공사
   4) 용도
      (1) 순환골재 : 도로보조기층용, 기초다짐용 또는 채움용, 동상방지층 및 차단층용
      (2) 순환골재 재활용제품 : 아스팔트 콘크리트 포장용

7. 가축분뇨의 관리 및 이용에 관한 법률
   1) 공공처리시설의 설치공사
   2) 용도
      (1) 순환골재 : 도로보조기층용, 동상방지층 및 차단층용
      (2) 순환골재 재활용제품 : 아스팔트 콘크리트 포장용

8. 물환경보전법
   1) 공공폐수처리시설의 설치공사
   2) 용도
      (1) 순환골재 : 도로보조기층용, 동상방지층 및 차단층용
      (2) 순환골재 재활용제품 : 아스팔트 콘크리트 포장용

9. 주차장법
   1) 노상주차장 및 노외주차장의 설치공사
   2) 용도
      (1) 순환골재 : 도로보조기층용, 동상방지층 및 차단층용
      (2) 순환골재 재활용제품 : 아스팔트 콘크리트 포장용

10. 폐기물관리법
   1) 매립시설의 복토공사
   2) 용도
      • 순환골재 : 매립시설 복토용(일일 · 중간 · 최종 복토)

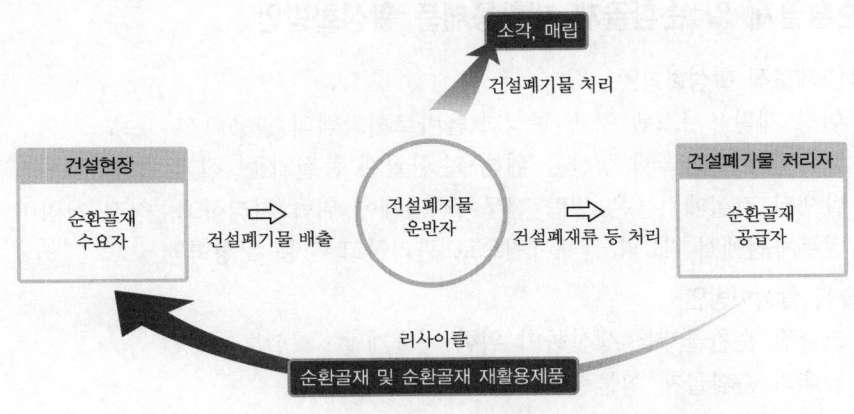

[올바로시스템을 이용한 순환골재의 활용]

Ⅵ 순환골재 의무사용 적용대상 및 관련 근거

1. 적용대상 : 국가, 지자체, 공공기관, 민간투자법에 의한 사업시행자가 발주한 공사

2. 관련 근거
   1) 2003년 12월 제정된 "건설폐기물의 재활용 촉진에 관한 법률" 제35조

2) 순환골재 등 의무사용 건설공사의 순환골재ㆍ순환골재 재활용제품 사용용도 및 의무사용량에 관한 고시 일부 개정고시(환경부 고시 제2017-175호, 국토교통부고시 제2017-648호, 2017. 9. 27.)

Ⅶ 순환골재 및 순환골재 재활용제품 의무사용량

기 간	2012. 12. 31.	2013. 01. 01. ~ 2013. 12. 31.	2014. 01. 01. ~ 2014. 12. 31.	2015. 01. 01. ~ 2015. 12. 31.	2016. 01. 01. ~
의무 사용량	• 골재 소요량의 15% 이상 • 제품 소요량의 15% 이상	• 골재 소요량의 25% 이상 • 제품 소요량의 20% 이상	• 골재 소요량의 30% 이상 • 제품 소요량의 25% 이상	• 골재 소요량의 35% 이상 • 제품 소요량의 30% 이상	• 골재 소요량의 40% 이상 • 제품 소요량의 40% 이상

Ⅷ 순환골재 의무사용 제외의 경우

1. 공사현장에서 직선거리 40km 이내에 순환골재 품질기준에 적합한 순환골재 및 시행령 제17조에 따른 의무사용대상 순환골재 재활용제품을 공급할 수 있는 업체가 없는 경우
2. 순환골재 및 순환골재 재활용제품 공급량이 부족한 경우
3. 순환골재 및 순환골재 재활용제품의 가격이 같은 용도의 다른 골재 및 제품의 가격보다 비싼 경우
4. 순환골재 및 순환골재 재활용제품의 사용으로 인하여 건설공사의 품질 확보가 곤란한 경우

Ⅸ 순환골재 및 순환골재 재활용제품 활성화방안

1. 법적, 제도적 활성화방안
   1) 현장 재활용시스템 구축 활성화(올바로시스템의 활용)
   2) 고품질의 순환골재 생산을 위해 '순환골재 품질기준' 적극 활용
   3) 발생된 건설폐기물은 전량 전문처리업체에 위탁 처리하고, 적정 처리비 보장
   4) 정부차원에서 제3의 골재자원으로 관리하고 사용 활성화

2. 기술적 활성화방안
   1) 고품질 순환골재를 생산하기 위한 기술개발ㆍ시설투자
   2) 국내외 순환골재 이물질함유량 개선

Ⅹ 맺음말

1. 순환골재는 천연골재에 비하여 높은 흡수율과 마모율 등 취약한 품질로 인하여 효과적으로 활용되지 못하고 있는 실정이다.
2. 순환골재의 재활용 활성화를 위해서는 사용하고자 하는 용도, 공법, 원재료의 물리적 특성, 경제적 가치 등을 고려하고 적정한 재활용 용도를 설정하여 균질한 품질의 순환골재를 사용하여 장기적인 안전 및 품질 확보를 하여야 한다.

Section 5 **건설공사에 적용되는 품질관리의 종류 및 효과**

문제 분석	문제 성격	기본 이해	중요도	
	중요 Item	품질관리계획과 품질시험계획, 품질시험을 해야 할 자재		

I 개 요

1. 건설공사에 적용되는 품질관리의 종류에는 공사 규모 및 금액에 따라 품질관리계획과 품질시험계획으로 구분할 수 있다.
2. 건설공사의 품질관리에 따른 효과로는 시공능률의 향상, 작업의 표준화 가능 및 공사품질에 대한 신뢰성 향상 등이 있다.

II 건설공사의 품질관리목적

1. 협의의 목적 : 품질시험계획을 수립하고 품질시험 및 검사활동을 통해 공사목적물이 규정된 품질요구사항을 충족하는지 여부를 확인하는 것
2. 광의의 목적 : KS Q ISO 9001 표준에 적합한 품질관리계획을 수립하고 품질시험 및 검사 활동뿐 아니라 설계도서와 일치하지 않는 부적합한 공사를 사전에 예방할 수 있는 품질경영시스템을 적용하는 것

III 건설공사에서의 품질기준체계

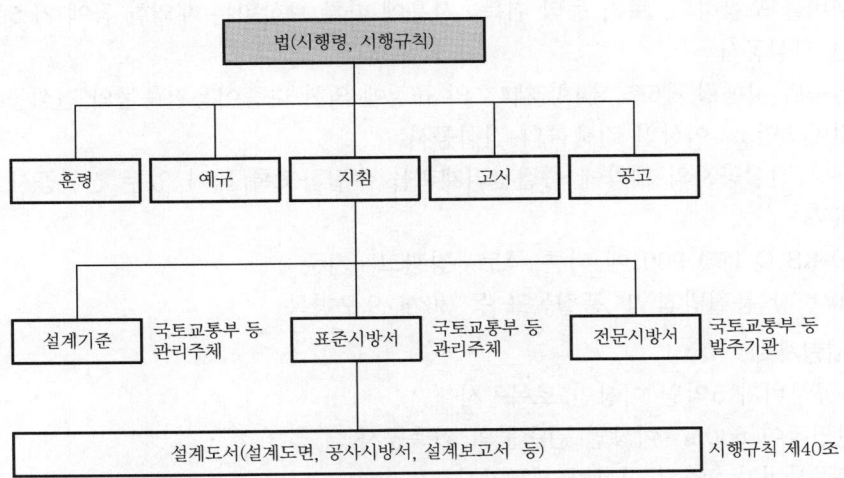

Ⅳ 건설공사와 ISO 9001의 관련성

1. ISO(International Organization for Standardization) 9001
   1) ISO 품질시스템은 ISO에서 제정한 품질시스템에 관한 국제규격을 의미
   2) 목적
      (1) 제품 및 서비스의 국제적 교환을 촉진하기 위한 국제규격의 제정 및 보급
      (2) 기술발전을 위한 정보, 지식의 국제 간 교류 촉진
2. ISO 9001 개정과 단계별 건설공사 품질관리 적용

연 도	ISO 9001	국내 건설공사 적용	비 고
1987	제정	• 품질시험계획 도입 • 시험의 종류를 3가지(선정, 관리, 검사) 시험으로 분류	건설기술관리법에 품질관리제도 도입
1994	개정	• 품질보증계획	20개 항목
1997	–	• 품질보증계획 의무화 • 품질시험계획	20개 항목 도입
2000	개정	• 품질보증계획	26개 항목
2005	–	• 품질보증계획을 품질관리계획으로 전환 • 품질시험계획	26개 항목 도입
2015	개정	• 품질관리계획	36개 항목
2020	–	• 품질관리계획	36개 항목 도입

Ⅴ 건설공사에 적용하는 품질관리의 종류

1. 품질관리계획
   1) 제102조 제1항 제1호 가목에 따른 건설사업관리대상인 건설공사로서 총공사비(관급 자재비를 포함하되, 토지 등의 취득·사용에 따른 보상비는 제외한 금액)가 500억원 이상인 건설공사
   2) 건축법 시행령 제5조 제4항 제4호의 규정에 의한 다중이용건축물의 건설공사로서 연면적이 3만㎡ 이상인 건축물의 건설공사
   3) 해당 건설공사의 계약에 품질관리계획을 수립하도록 되어 있는 건설공사
   4) 내용
      (1) KS Q ISO 9001에 따른 국토부장관고시기준
      (2) 현장 품질방침 및 품질목표 등 36개 요구항목

2. 품질시험계획
   1) 총공사비가 5억원 이상인 토목공사
   2) 연면적이 660㎡ 이상인 건축물의 건축공사
   3) 총공사비가 2억원 이상인 전문공사
   4) 내용
      (1) 시험계획횟수   (2) 시험시설   (3) 인력 배치 등

Ⅵ 품질관리계획 또는 품질시험계획의 수립 및 운용요령

1. 품질관리계획 또는 품질시험계획의 수립기준
1) 품질관리계획은 한국산업표준인 KS Q ISO 9001 등에 따라 장관이 정하여 고시하는 기준에 적합하여야 함.
2) 품질시험 및 검사는 한국산업표준, 건설공사 설계기준 및 시공기준 또는 장관이 정하여 고시하는 건설공사 품질관리기준에 따라 실시

2. 품질관리계획 또는 품질시험계획의 수립절차
1) 건설업자나 주택건설등록업자는 품질관리(시험)계획을 수립한 경우에는 공사감독자 또는 건설기술인의 검토·확인을 받아 건설공사를 착공하기 전에 발주자 승인을 받아야 하며, 품질관리(시험)계획의 내용을 변경한 경우에도 또한 이와 같음.
2) 건설공사의 발주자 중 발주청이 아닌 자는 건설업자 또는 주택건설등록업자가 제출한 품질관리계획 또는 품질시험계획의 내용을 해당 건설공사의 허가 등을 한 행정기관의 장에게 제출하여야 함.

3. 품질관리체계 이행 확인
1) 이행 확인시기

구분		품질관리계획	품질시험계획	관련 규정
이행 상태 확인	시기	품질관리계획의 이행상태 확인계획 수립	품질시험계획의 이행상태 확인계획 수립	건설공사 품질관리지침 제5조 제6항
	확인자	공사감독자 또는 건설사업관리기술인		시행령 제59조 제3항 제7호

2) 이행 확인내용
(1) 시공자가 수립한 품질관리계획의 검토·확인·지도 및 이행상태의 확인
(2) 품질시험계획의 검토·확인·지도 및 이행상태의 확인
(3) 품질시험 및 검사성과에 관한 검토·확인
3) 검사결과 시정이 필요한 경우에는 시공자에게 시정을 요구할 수 있도록 규정

4. 품질관리계획 또는 품질시험계획의 활용
1) 건설공사에 대한 기성 부분 검사·예비준공검사 또는 준공검사를 신청할 때 발주자에게 품질시험 총괄표를 제출
2) 시설물의 안전 및 유지관리에 관한 특별법에 따른 1종 시설물 및 2종 시설물에 관한 건설공사의 발주자는 해당 건설공사가 완공되면 같은 법 제2조 제4호에 따른 관리주체에게 품질시험 또는 검사성과 총괄표를 인계하여야 함.
3) 발주자(품질시험 또는 검사성과 총괄표를 관리주체에게 인계한 경우에는 관리주체를 말함.)는 품질시험 또는 검사성과 총괄표를 해당 시설물이 존속하는 기간 동안 보존해야 함.

Ⅶ 공사금액에 의한 시설 및 품질기술인 배치기준

1. 시설 및 품질관리인 배치기준

대상공사 구분	공사규모	시험 · 검사장비	시험실 규모	품질관리인
특급 품질관리 대상공사	건설기술진흥법에 따라 품질관리계획을 수립하여야 하는 건설공사로서 총공사비가 1,000억원 이상인 건설공사 또는 연면적 5만m² 이상인 다중이용건축물의 건설공사	영 제91조 제1항에 따른 품질시험 및 검사를 실시하는 데 필요한 시험 · 검사장비	50m² 이상	• 품질관리능력 3년 이상인 특급기술인 1명 이상 • 중급기술인 1명 이상 • 초급기술인 1명 이상
고급 품질관리 대상공사	건설기술진흥법에 따라 품질관리계획을 수립하여야 하는 건설공사로서 특급품질관리대상 공사가 아닌 건설공사	영 제91조 제1항에 따른 품질시험 및 검사를 실시하는 데 필요한 시험 · 검사장비	50m² 이상	• 품질관리능력 2년 이상인 고급기술인 1명 이상 • 중급기술인 1명 이상 • 초급기술인 1명 이상
중급 품질관리 대상공사	총공사비가 100억원 이상인 건설공사 또는 연면적 5,000m² 이상인 다중이용건축물의 건설공사로서 특급 및 고급 품질관리대상공사가 아닌 건설공사	영 제91조 제1항에 따른 품질시험 및 검사를 실시하는 데 필요한 시험 · 검사장비	20m² 이상	• 품질관리능력 1년 이상인 중급기술인 1명 이상 • 초급기술인 1명 이상
초급 품질관리 대상공사	건설기술진흥법에 따라 품질시험계획을 수립하여야 하는 건설공사로서 중급 품질관리대상공사가 아닌 건설공사	영 제91조 제1항에 따른 품질시험 및 검사를 실시하는 데 필요한 시험 · 검사장비	20m² 이상	초급기술인 1명 이상

2. 건설공사 품질관리인 업무범위
   1) 법 제55조 제1항에 따른 건설공사의 품질관리계획 또는 품질시험계획의 수립 및 시행
   2) 건설자재 · 부재 등 주요 사용자재의 적격품 사용 여부 확인
   3) 건설공사 현장에 설치된 시험실 및 시험 · 검사장비의 관리
   4) 건설공사 현장 근로자에 대한 품질교육
   5) 건설공사 현장에 대한 자체 품질점검 및 조치
   6) 부적합한 제품 및 공정에 대한 지도 · 관리

3. 시험실 규모 또는 품질관리인력 조정이 가능한 경우
   발주청 또는 건설공사의 허가 · 인가 · 승인 등을 한 행정기관의 장이 특히 필요하다고 인정하는 경우 조정 가능

4. 반드시 품질시험을 시행하여야 할 자재(시행령 제95조)
   1) 콘크리트 : 레디믹스트 콘크리트, 아스팔트 콘크리트
   2) 골재 : 바닷모래, 부순 골재, 순환골재
   3) 강재 : 철근 및 H형강, 두께 6mm 이상의 건설용 강판(가시설 제외), 구조용 I형강, 구조용 및 기초용 강관, 고장력 볼트, 용접봉, PC강선, PC강연선, PC강봉

Ⅷ 건설공사의 품질관리 수행에 따른 효과

1. 시공능률의 향상
   1) 공정에 대한 작업의 연결 원활
   2) 시공상 불필요한 노력요인 제거
   3) 불필요한 시간의 낭비, 자재의 낭비요인 제거

2. 작업의 표준화 가능
   1) 검사의 합리화
   2) 설계도서나 시방서의 합리화
   3) 작업의 표준을 설정, 준수, 확인, 개선 시행

3. 공사품질에 대한 신뢰성 향상
   1) 품질의 변동이나 불량률 감소
   2) 하자 발생률 감소
   3) 불필요한 검사를 배제하고 신뢰성이 높은 분석결과 도출 가능
   4) 품질관리 향상으로 재시공비용의 절감을 도모하여 공사원가 절감 가능

Ⅸ 맺음말

1. 건설공사의 품질관리 문제점
   1) 건설공사의 특수성에 따른 품질관리 어려움
      (1) 대형화　　　　　　　　　　　(2) 주문생산
      (3) 많은 종류, 많은 공정　　　　　(4) 자연 제약
   2) 품질관리인의 배타적 습성
   3) 공사수행 중 과정보다는 결과를 중시하는 태도
   4) 품질관리에 대한 부정적 인식
      (1) 품질관리는 공사를 지연시키고 공사비를 높임.
      (2) 품질관리는 나와는 무관하며 담당부서만 하는 것

2. 건설공사의 품질향상을 위한 대책
   1) 품질관리조직의 보강 및 활성화를 통해 품질정책의 개발, 품질교육에 의한 의식 전환, 기술정보의 체계적 관리 등이 필요함.
   2) 각 건설회사의 특성과 체질에 맞게 효과적인 품질관리체제를 도입하여 운영하려는 노력이 필요함.
   3) 건설공사에 필요한 각종 지침을 표준화하여 체계적인 품질관리가 되도록 하여야 함.

KOLAS(Korea Laboratory Accreditation Scheme, 한국인정기구)

문제 분석	문제 성격	기본 이해	중요도	■■□□□□□□
	중요 Item	KOLAS의 정의, 설립목적, ILAC-MRA		

I 개 요

1. 한국인정기구(KOLAS)는 국가표준제도의 확립 등을 위해 설립된 정부기구이며, 산업통상자원부 국가기술표준원 적합성 정책국이 운영한다.
2. 대한민국 정부조직법 및 산업통상자원부와 그 소속기관 직제령 제18조에 근거하여 1992년 3월 30일 한국교정시험기관인정기구로 설립되었으며, 2007년 4월 한국인정기구로 개칭되었다.
3. 시험소의 공식인증을 시행하며, 발급되는 시험성적서가 국내외적으로 상호인정되며, 측정불확도값을 산출하여 시험측정결과값에 적용함으로써 신뢰도가 향상되는 효과가 있다.

II KOLAS의 설립목적

1. 국가표준제도의 확립 및 산업표준화제도 운영
2. 공산품의 안전 · 품질 및 계량 · 측정에 관한 사항
3. 산업기반기술 및 공업기술의 조사 · 연구개발 및 지원

III KOLAS의 주요 업무사항

1. 국가표준제도의 확립 및 산업표준화제도 운영
2. 공산품의 안전/품질 및 계량 · 측정에 관한 사항
3. 산업기반기술 및 공업기술의 조사 · 연구개발 및 지원
4. 교정기관, 시험기관 및 검사기관 인정제도의 운영
5. 표준화 관련 국가 간 또는 국제기구와의 협력 및 교류에 관한 사항 등의 관장
6. ILAC-MRA(국가 간 시험소 상호인정협정)

IV KOLAS와 품질시험 전문기관의 차이점

1. 시험성적서의 측정불확도 A-type과 B-type 적용으로 신뢰성 확보
2. 공인교정기관의 교정결과에 대한 국제적 공신력 부여
3. 국제 또는 국내적으로 시험기관 간 비교시험 등 정기적 숙련도시험 참가로 측정결과의 신뢰성 제고 및 교정능력 향상
4. 교정성적서의 불확도 표현으로 시험성적서의 신뢰성 확보

V 숙련도시험(proficiency testing)

1. 정의
인정기구 또는 숙련도시험 운영기관이 균질한 시료의 시험교정기관 간 비교방법을 통하여
시험수행도를 판정하는 것

2. 숙련도시험의 종류
1) 측정심사(measurement comparison scheme)
2) 시험교정기관 간 비교(inter-laboratory testing scheme)

3. 숙련도시험의 활동요건
1) KOLAS가 운영하는 숙련도시험 프로그램에는 해당 분야 KOLAS 공인시험교정기관은
   반드시 참가해야 함.
2) KOLAS 공인시험교정기관은 인정분야의 측정수행능력을 지속적으로 입증하기 위하여
   주요 인정분야별로 KOLAS가 인정하는 숙련도시험에 적어도 3년에 1회 이상 참가

4. 숙련도시험의 효과
1) 시험 또는 측정에 대한 공인시험교정기관의 능력평가
2) 다른 시험교정기관과의 편차 식별, 원인 파악 및 시정 조치
3) 숙련도시험을 통하여 공인시험교정기관의 수행능력 향상

VI ILAC-MRA(국가 간 시험소 상호인정협정)

1. 정의
상대국가의 시험결과를 그대로 인정해주는 것으로, 그 시험절차가 상이하다고 해도 자국의
기준에 의한 적합성 평가의 결과만 충족시켜 준다면 그대로 인정하도록 협정하는 것

2. 현황
1) ILAC((International Laboratory Accreditation Cooperation)
   (1) 명칭 : 국제시험기관 인정협력체
   (2) 설립 : 1977년 덴마크에서 설립(본부 호주)
   (3) 목적 : ① 시험소 인정제도에 관한 정보교환
            ② 무역장벽 축소 및 국제무역 지원
2) APLAC(Asia-Pacific Laboratory Accreditation Cooperation)
   (1) 명칭 : 아태시험기관 인정협력체
   (2) 설립 : 1992년 홍콩에서 설립(본부 호주)
   (3) 목적 : ① 아태지역의 시험소 인정제도의 공유
            ② 다자 간 상호인정협정

3) MRA(Mutual Recognition Arrangement, 상호인정협정)

시험 · 검사 · 교정 · 표준물질 생산 · 숙련도 시험운영기관을 포함하고 있으며, 이들 기관에서 발행된 공인보고서를 상호인정하는 제도를 운영

3. ILAC-MRA의 효과

1) KORAS 공인시험기관 시험성적서에 ILAS-MRA 마크 사용으로 우리 제품의 신뢰성 증진

2) 국내 제조업체의 해외시장 진입비용 절감

3) 국내 수출기업의 대외경쟁력 증진

4) 가입국들이 발행한 공인성적서를 인정함으로써 무역기술장벽 해소

5) 가입 회원국 사이의 기술표준 유도

Ⅶ 표준물질 인증제도

1. 정의

측정기기의 교정, 측정방법의 평가 또는 재료에 값을 부여하는 것에 사용하기 위하여 하나 이상의 특성값이 충분히 균일하고 적절하게 확정되어 있는 재료 또는 물질을 생산하는 국제기술에 따라 평가하고 인정하는 제도

2. 표준물질

화학분석에서 표준이 되는 물질로, 측정기의 교정, 물질의 조성 또는 특성을 측정하는 데 사용되는 균질한 기준물

3. 인증제도의 필요성

1) 표준물질의 품질 보장 : 국제기준에 대한 적합성 평가

2) 표준물질의 원활한 공급 : 상업적인 표준물질 생산 촉진

3) 표준물질생산기관 육성 : 표준물질개발 지원 및 개발된 표준물질 홍보

Ⅷ 측정불확도

1. 정의

측정기를 이용하여 측정을 행함에 있어 측정량(측정결과)에 영향을 미칠 수 있는 값들을 분산특성화한 변수, 즉 참값이 존재하는 범위를 나타낸 측정값

2. 평가목적

불확도를 평가하는 목적은 측정에서 불확도 산출근거와 기준을 제시하여 교정의 신뢰성을 확보하는 데 있음

3. 측정불확도의 분류 및 특징

　1) A형 불확도(Type A evaluation of uncertainty)

　　(1) 정의 : 취득한 일련의 관측값을 통계적으로 분석하여 구한 불확도

　　(2) 산출방법 : A형 불확도는 반복측정에 의한 값으로 계산되며, 이는 통계학에서 사용되는 평균표준편차

　2) B형 불확도(Type B evaluation of uncertainty)

　　(1) 정의 : 일련의 관측값의 통계적인 분석이 아닌 다른 방법으로 구한 불확도

　　(2) 산출방법 : 반복관측으로부터 얻어지지 않은 입력량 X_i의 추정값에 대하여 입력량의 변동성에 관하여 얻을 수 있는 모든 정보에 근거한 과학적 판단에 의해 평가하여 산출

　3) 합성 측정불확도

IX KOLAS 지정에 따른 효과

1. 시험기관에서 발생된 시험성적서의 국제적 수용
2. 대내외적인 신뢰도 증진 및 이미지 개선
3. 시험 및 분석능력 제고와 기술적 신뢰성 보증
4. 시험기관 품질시스템의 정비 및 시험과 관련된 국제적 인증

민간투자제도의 종류 및 성과

문제 분석	문제 성격	기본 이해	중요도	■■■□□□□
	중요 Item	민간투자제도의 종류, 민간투자제도의 향후 추진방향		

Ⅰ 개 요

1. 민간투자제도란 도로, 학교 등 사회기반시설을 민간자금으로 건설하고 민간이 운영하는 제도이다.
2. 부족한 재정을 보완하여 사회적 효용을 조기에 제공하고, 민간의 창의와 효율을 활용할 수 있는 장점이 있다.
3. 근거법률로 사회기반시설에 대한 민간투자법이 있다.

Ⅱ 민간투자제도의 연혁

1. 도입('94. 8.) : '사회간접자본시설에 대한 민자유치 촉진법' 제정
    1) SOC시설을 민간자본으로 건설하고, 민간이 운영
    2) 민자 관련 개별법들을 종합(주로 BTO 방식)
2. 활성화('99. 1.) : '사회간접자본시설에 대한 민간투자법'으로 개정
    1) 외환위기상황에서 민간투자 활성화를 위해 수정·보완
    2) 인프라펀드 도입, 최소 운영수입보장제도(MRG) 도입 등
3. BTL 도입('05. 1.) : '사회기반시설에 대한 민간투자법'으로 개정
    학교, 군 숙소 등 생활기반시설로 확대, BTL 방식 적용
4. 재개정('08. 12.~현재)
    1) BTL사업에 국회통제 강화(사전의결), 부정당업자 제재 등
    2) BTO-rs와 BTO-a 방식 도입

Ⅲ 민간투자제도의 필요성 및 기술개발현황

1. 필요성
    1) 사회간접시설 확충의 요구   2) 국가재정기반의 미흡
    3) 기업의 투자확대기회 창출   4) 기업 및 국가의 국제경쟁력 강화
2. 민간투자의 범위

대분류	중점분야
교통시설	도로, 물류, 철도, 항만, 공항
수자원	용수, 상수도
신공간, 도시개발	도시공간, 지하공간
SOC 건설관리	SOC 기술정보화, SOC 사업관리

Ⅳ 민간투자사업의 종류

1. 대부분 방식
   1) 수익형 민자사업(BTO, Build-Transfer-Operate)
      (1) 정의 : 민간자금으로 건설(Build), 소유권을 정부로 이전(Transfer), 사용료 징수 등 운영(Operate)을 통해 투자비를 회수하는 방식
      (2) 대상 : 도로, 철도 등 수익(통행료 등) 창출이 용이한 시설

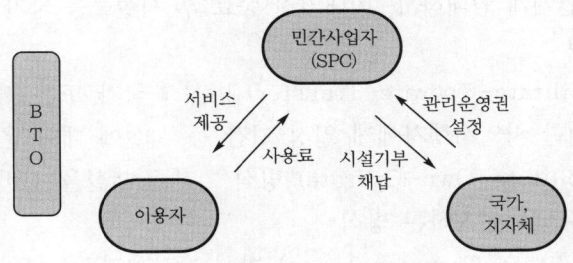

   2) 수익형 민자사업(BTL, Build-Transfer-Lease)
      (1) 정의 : 민간자금으로 공공시설 건설(Build), 소유권을 정부로 이전(Transfer), 정부가 시설임대료(Lease) 및 운영비를 지급하는 방식
      (2) 대상 : 학교, 문화시설 등 수요자(학생, 관람객 등)에게 사용료를 부과하여 투자비 회수가 어려운 시설

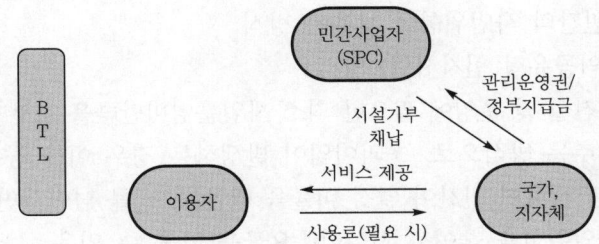

   3) BTO와 BTL의 비교

추진방식	BTO (Build-Transfer-Operate)	BTL (Build-Transfer-Lease)
대상시설의 성격	• 최종 수요자에게 사용료를 부과하여 투자비 회수가 가능한 시설	• 최종 수요자에게 사용료를 부과하여 투자비 회수가 어려운 시설
투자비 회수	• 최종 사용자의 사용료	• 정부의 시설임대료
사업리스크	• 민간이 수요위험 부담	• 민간의 수요위험 배제

2. 기타 방식

1) BOT(Build-Operate-Transfer) 방식 : 사회기반시설 준공 후 일정 기간 동안 사업시행자에게 당해 시설의 소유권이 인정되며, 그 기간의 만료 시 시설소유권이 국가 또는 지방자치단체에 귀속되는 방식

2) BOO(Build-Own-Operate) 방식 : 사회기반시설의 준공과 동시에 사업시행자에게 당해 시설의 소유권이 인정되는 방식

3) BLT(Build-Lease-Transfer) 방식 : 사업시행자가 사회기반시설을 준공한 후 일정 기간 동안 타인에게 임대하고, 임대기간 종료 후 시설물을 국가 또는 지방자치단체에 이전하는 방식

4) ROT(Rehabilitate-Operate-Transfer) 방식 : 국가 또는 지방자치단체 소유의 기존 시설을 정비한 사업시행자에게 일정 기간 동 시설에 대한 운영권을 인정하는 방식

5) ROO(Rehabilitate-Own-Operate) 방식 : 기존 시설을 정비한 사업시행자에게 당해 시설의 소유권을 인정하는 방식

6) RTL(Rehabilitate-Transfer-Lease) 방식 : 사회기반시설의 개량 · 보수를 시행하여 공사의 완료와 동시에 당해 시설의 소유권이 국가 또는 지방자치단체에 귀속되며, 사업시행자는 일정 기간 관리운영권을 인정받아 당해 시설을 타인에게 사용 · 수익하도록 하는 방식

3. 최근 도입방식

1) BTO-rs(위험부담형 민자사업) 방식 : 정부가 사업시행에 따른 위험을 분담(예 : 50%)함으로써 민간의 사업위험을 낮추는 방식

2) BTO-a(손익공유형 민자사업) 방식

(1) 시설의 건설 및 운영에 필요한 최소 사업운영비만큼을 정부가 보전함으로써 사업위험을 낮추는 방식으로, 초과이익이 발생하는 경우 이를 공유함.

(2) 손실이 발생하면 민간이 일정 비율을 떠안고, 이를 넘어서면 재정을 지원하는 방식으로 사업위험을 줄이고 시설이용요금을 낮출 수 있음.

구 분	BTO(현행)		BTO-rs	BTO-a
민간리스크	높음	→	중간	낮음
손익부담주체 (비율)	손실 · 이익 모두 민간이 100% 책임	→	• 손익 발생 시 : 정부와 민간이 50 : 50 부담 • 이익 발생 시 : 정부와 민간이 50 : 50 공유	• 손익 발생 시 : 민간이 먼저 30% 손실, 30%가 넘을 경우 재정지원 • 이익 발생 시 : 정부와 민간이 공유(약 7 : 3)
수익률 수준 (경상)	7 ~ 8%대	→	5 ~ 6%대	4 ~ 5%대
적용가능사업 (예시)	도로, 항만 등	→	철도, 경전철	환경사업

Ⅴ 민간사업의 제안 및 추진방법

1. 정부고시사업
   1) 주무관청의 사업 지정 및 시설사업기본계획 고시로 추진
   2) 순서 : 대상사업 지정공고 → 시설사업기본계획 고시 → 민간의 사업계획서 제출 → 평가 · 협상 및 사업자 지정 → 착공
2. 민간제안사업[임대형 민자사업(BTL)방식은 불인정]
   1) 민간이 주무관청에 민자사업추진제안서를 제출하여 추진
   2) 순서 : 민간제안서 제출 → 적격성 조사 및 추진 여부 검토 → 사업 지정 및 제3자 공고 → 평가 · 협상 및 사업자 지정 → 착공
3. 사업추진절차(BTO, 민간제안사업기준)
   1) 민간제안사업 검토 : 민자 적격성 조사(VFM) 시행
   2) 제안내용 공고 및 우선협상대상자 선정
   3) 협상 및 공사 시행

Ⅵ 민간사업의 성과

1. 재정을 보완하여 사회기반시설을 적기에 확충
2. 민간의 창의 · 효율을 활용, 국가경쟁력 및 국민편익 증대
   1) 교통 혼잡 완화, 운송시간 절감, 공공시설 이용환경 개선 등
      → 2020년 신규 학교시설의 32%, 하수관거의 27%가 BTL로 추진
   2) SOC분야의 투자 증가로 고용 창출 및 국민생산 증대
3. 공사기간 · 총사업비 준수, 운영비 절감 등 효율화
4. 국채 발행을 민간자금 투자로 대체하여 재정 건정성 확보
5. 프로젝트 파이넌스, 인프라펀드 등의 활성화로 자본시장 성장 및 사업계획 수립 · 검토 · 평가 등 관련 기법 발전

Ⅶ 맺음말

1. 민간투자제도란 도로, 학교 등 사회기반시설을 민간자금으로 건설하고 민간이 운영하는 제도로서, 부족한 재정을 보완하여 사회적 효용을 조기에 제공하고 민간의 창의와 효율을 활용할 수 있는 장점이 있다.
2. 그러나 민간이 사업위험을 부담하는 대신 요금 결정권을 갖게 됨에 따라 수익을 내기 위해 시설이용료를 높여 국민 부담이 발생하게 되는 바, 적절한 민자사업 선정 및 활성화를 통하여 민자사업의 폐해를 방지하여야 한다.

SI 단위계의 정의 및 수치, 단위 표기법

문제 분석	문제 성격	기본 이해	중요도	■■■□□□
	중요 Item	SI 단위계의 발달배경, 구조, SI 단위의 표기방법		

Ⅰ 개 요

1. SI 단위계는 현재 세계 대부분의 국가에서 채택하여 국제 공동으로 사용하고 있는 단위계이며, Le Systeme International d'Unites에서 온 약어이다.

2. '미터계'(또는 '미터법')라 부르며 사용해 오던 단위계가 현대화된 것을 의미하며, 기본단위와 유도단위로 구성되어 있다.

Ⅱ SI 단위계의 발달배경

1. 1790년경 프랑스에서 '미터계' 발명

2. 1875년 17개국이 미터협약(Convention du Metre)에 조인함으로써 공식화

3. 1881년 CGS계(센티미터-그램-초에 바탕을 둠) ← 과학분야에서 사용

4. 1900년경 MKS계(미터-킬로그램-초에 바탕을 둠) ← 실용적 측정에 사용

5. 1901년 Giovanni Giorgi가 전기의 기본단위 하나를 새로 도입할 것을 제의
   → 역학 및 전기단위들이 통합된 일관성 있는 체계 형성

6. 1935년 국제전기기술위원회(IEC)가 전기단위로 ampere, coulomb, ohm, volt 중 하나를 채택하여 역학의 MKS와 통합할 것을 추천
   → 뒤에 암페어(ampere)가 선정됨
   → MKSA계 형성

7. 1954년 제10차 CGPM에서 MKSA의 4개의 단위와 온도의 단위 '켈빈도', 광도의 단위 '칸델라'의 6가지 단위에 바탕을 두고 단위계 채택

8. 1960년 제11차 CGPM에서 이 단위계에 공식적인 명칭 '국제단위계'를 부여하고, 약칭 'SI'를 부여하여 모든 언어에서 사용하도록 함.

9. 1967년 온도의 단위가 켈빈도(°K)에서 켈빈(K)으로 바뀜.

10. 1971년 7번째의 기본단위인 몰(mole) 추가 → 현재의 SI

III SI 단위계의 사용목적

1. 국가 측정표준의 선진화 및 정밀 측정능력 제고
2. 거래단위로부터 오는 혼란을 방지하고, 사업, 무역활동에 있어 신뢰성 제공
3. 시험, 측정결과에 대한 국제, 국내적인 신뢰성 확보
4. 무역상 기술장벽을 해소할 수 있는 기반 구축

IV SI 단위계의 특징

1. 각 속성(또는 물리량)에 대하여 한 가지 단위만 사용
2. 모든 활동분야에 적용 가능
   1) 과학이나 기술 또는 상업 등 모든 분야에 적용
   2) 전 세계가 같은 방법으로 사용 → 상호 교류나 이해를 쉽게 함.
3. 일관성 있는 체계
   1) 몇 가지 기본단위를 바탕으로 이들의 곱이나 비의 형식으로 모든 물리량을 나타내는 일관성 있는 체계 형성
   2) 다른 체계와의 혼합에서 오는 인자들이 없어지게 됨.
4. 배우기와 사용하기가 쉬움.

V SI 단위계의 구조

1. 기본단위(SI base units)
   1) 개념 : 관례상 독립된 차원을 가지는 것으로 간주되는 명확하게 정의된 단위들을 선택하여 SI의 바탕 형성 → 미터, 킬로그램, 초, 암페어, 켈빈, 몰, 칸델라의 7개 단위로 구성됨.
   2) 기본단위의 종류 및 정의
      (1) 길이의 단위(m) : "미터(meter)는 진공에서 빛이 1/299 792 458 초 동안 진행한 경로의 길이이다."(1983년 제17차 CGPM)
      (2) 질량의 단위(kg)
          ① "킬로그램(kilogram)은 질량의 단위이며, 국제 킬로그램 원기의 질량과 같다."(1901년 제3차 CGPM)
          ② 여기서, 질량의 단위라고 강조한 것은 그간 흔히 중량(무게)의 뜻과 혼동되어서 사용되어 왔기 때문에 이를 중지시키고 질량을 뜻함을 명백히 하기 위함.
      (3) 시간의 단위(s) : "초(second)는 세슘 133원자(133Cs)의 바닥상태에 있는 두 초미세 준위 간의 전이에 대응하는 복사선의 9 192 631 770 주기의 지속 시간이다."(1967년 제13차 CGPM)

(4) 전류의 단위(A) : "암페어(ampere)는 무한히 길고 무시할 수 있을 만큼 작은 원형단면적을 가진 두 개의 평행한 직선도체가 진공 중에서 1m 간격으로 유지될 때 두 도체 사이에 매 미터당 2×10^{-7}뉴턴(N)의 힘을 생기게 하는 일정한 전류이다."(1948년 제9차 CGPM)

(5) 열역학적 온도의 단위(K)

① "켈빈(kelvin)은 열역학적 온도의 단위로 물의 삼중점의 열역학적 온도의 1/273.16이다."(1976년 제13차 CGPM)

② 다음 식으로 정의된 섭씨온도도 사용(기호 t, 단위 ℃)

$t = T - T_0$. 여기서, $T_0 = 273.15K$

(6) 물질량의 단위(mol)

① "몰은 탄소 12의 0.012kg에 있는 원자의 개수와 같은 수의 구성요소를 포함한 어떤 계의 물질량이다. 몰을 사용할 때에는 구성요소를 반드시 명시해야 하며, 이 구성요소는 원자, 분자, 이온, 전자, 기타 입자 또는 이 입자들의 특정한 집합체가 될 수 있다."(1971년 제14차 CGPM).

② 몰의 정의에서 탄소 12는 바닥상태에서 정지해 있으며 속박되어 있지 않은 원자를 가리킴.

(7) 광도의 단위(cd) : "칸델라(candela)는 주파수 540×10^{12}Hz인 단색광을 방출하는 광원의 복사도가 어떤 주어진 방향으로 매 스테라디안당 1/683W일 때 이 방향에 대한 광도이다."(1979년 제16차 CGPM)

(8) 이들 중 질량의 단위인 킬로그램(kg)만 인공적으로 만든 국제원기에 의하여 정의되고, 나머지 6개는 모두 물리적인 실험에 의하여 정의됨.

2. 유도단위(SI derived units)

  1) 개념 : 기본단위에 의해 유도된 단위로서, 어떤 물리량을 표현하기 위한 단위를 만들 때 기본단위를 사용하는 물리량과의 관계식을 통해 유도한 단위

  2) 유도단위의 종류 및 특징

  (1) 기본단위로 표시된 SI 유도단위

양	SI 단위	
	명 칭	기 호
넓이	제곱미터	m^2
부피	세제곱미터	m^3
속력, 속도	미터 매 초	m/s
가속도	미터 매초 제곱	$m \cdot s^{-2}$
밀도, 질량밀도	킬로그램 매 세제곱미터	kg/m^3

(2) 특별한 명칭과 기호를 가진 SI 유도단위

유도량	이 름	기 호	SI 단위로 나타낸 값
점성도	파스칼초	Pa · s	$m^{-1} \cdot kg \cdot s^{-1}$
힘의 모멘트	뉴턴미터	N · m	$m^2 \cdot kg \cdot s^{-2}$
표면장력	뉴턴 매 미터	N/m	$kg \cdot s^{-2}$
각속도	라디안 매 초	rad/s	s^{-1}

(3) SI단위와 함께 사용이 용인된 단위(보조단위)

명 칭	기 호	SI 단위로 나타낸 값
분	min	1min = 60s
시간	h	1h = 60min = 3,600s
일	d	1d = 24h = 86,400s
도	°	$1° = (\pi/180)rad$
분	′	$1′ = (1/60)° = (\pi/10,180)rad$
초	″	$1″ = (1/60)′ = (\pi/648,000)rad$
리터	l, L	$1L = 1dm^3 = 10^{-3}m^3$
톤	t	$1t = 10^3 kg$
전자볼트	eV	$1eV = 1.602\ 177\ 33 \times 10^{-19}J$
통일원자질량단위	u	$1u = 1.660\ 540\ 2 \times 10^{-27}kg$
천문단위	ua	$1ua = 1.495\ 978\ 706\ 91 \times 10^{11}m$

(4) SI 접두어

인 자	접두어	기 호	인 자	접두어	기 호
10^{12}	테라	T	10^{-1}	데시	d
10^9	기가	G	10^{-2}	센티	c
10^6	메가	M	10^{-3}	밀리	m
10^3	킬로	k	10^{-6}	마이크로	μ
10^2	헥토	h	10^{-9}	나노	n
10^1	데카	da	10^{-12}	피코	p

3. 보조단위

순전히 기하학적으로만 정의된 2개의 단위가 보조단위로 인정되어 있음.

유도량	이 름	기 호	설 명
평면각	라디안	rad	한 원의 원둘레에서 그 원의 반지름과 같은 길이를 가지는 호의 길이에 대한 중심각
입체각	스테라디안	sr	반지름이 r인 구의 표면에서 r^2인 면적에 해당하는 입체각

Ⅵ 수치 맺음법

1. 수치와 기호
   1) 수치의 표시는 일반적으로 로만체(입체)로 함.
   2) 큰 자리의 수치 판독을 쉽게 하기 위하여 수치는 소수점 기호에서 좌우로 적절한 자리의 그룹, 바람직한 것은 3자리씩으로 분리
   3) 이 분리는 작은 간격을 두고 실시. 결코 쉼표, 점 또는 기타 수단에 의해 분리해서는 안 됨.
      예) 빛의 속도 $c=299,792,458$m/s $\Rightarrow$ $c=299\ 792\ 458$m/s
   4) 소수점의 기호 : 소수점을 나타내는 경우에는 소수점은 아랫점으로 표기
   5) 나타내는 양이 양의 합 또는 차일 때에는 수치를 정리하기 위하여 괄호를 사용하고, 공통 단위기호를 전수값 뒤에 붙이거나 또는 그 표시는 양의 표시의 합 또는 차로 나타냄.
      예) $t=28.4\pm0.2$℃ $\Rightarrow$ 28.4℃$^{\vee}\pm^{\vee}0.2$℃$=(28.4^{\vee}\pm^{\vee}0.2)$℃

2. 평균값 및 표준편차의 자릿수
   1) 평균값 : 다음과 같이 자릿수까지 냄.

측정값의 측정단위	측정값의 개수		
0.1, 1, 10 등의 단위	–	2 ~ 20	21 ~ 200
0.2, 2, 20 등의 단위	4 미만	4 ~ 40	41 ~ 400
0.5, 5, 50 등의 단위	10 미만	10 ~ 100	101 ~ 1 000
평균값의 자릿수	측정값과 같게	측정값보다 1자리 많게	측정값보다 2자리 많게

   2) 표준편차 : 유효숫자를 최대 3자리까지 냄.

Ⅶ SI 단위의 표기방법

1. 단위기호의 사용법
   1) 양의 기호와 단위의 기호
      (1) 양의 기호 : m(질량), t(시간).
      (2) 단위의 기호 : kg, s, K, Pa, Hz
   2) 수치와 단위기호를 나타낼 때 한 칸 띄움
      예) 35cm(×) 35 cm(○)(예외 : 35°, 35′, 35″)
   3) 수치 표시 : 소수점을 기준으로 세 자리마다 한 칸 띄움.

2. 단위의 연산(곱하기와 나누기)
   1) N m(○), N·m(○), Nm(○)
      예) 붙여 쓸 경우 : Nm(Newton×meter) ≠ mN(miliNewton=1/1000 Newton)

2) m/s(○) , m s^{-1}(○) , $\dfrac{m}{s}$(○)

※ 사선(/) 다음에 두 개 이상의 단위가 올 때는 반드시 괄호로 표시

3. SI 접두어 사용법

1) 유효숫자가 아닌 영이 삭제되도록 접두어 변경

예) 0.00123 μA → 1.23 nA

2) 10의 멱수 삭제

예) 12.3×10^3 m → 12.3 km

3) 보통 수치가 0.1 ～ 1 000 사이에 표시될 수 있도록 접두어 선택

4) 접두어는 통상 분자단위에 붙음.

예) kV/mm(×) → MV/m(○)

5) 접두어는 나란히 붙여 표기할 수 없음.

6) 접두어는 단독으로 표기할 수 없음.

7) 단위에 붙은 지수는 접두어에도 효력을 미침.

예) 1 cm^3＝(10^{-2}m)^3＝10^{-6}m^3

Ⅷ 맺음말

1. SI 단위의 사용을 정착시킴으로써 모든 나라가 공통으로 사용하기에 적합한 실용적인 측정 단위가 되도록 한다.

2. 국제적으로 통일된 측정단위를 수립하여 건전한 상거래 질서를 확립하고 정밀 측정능력을 제고하여 국가 간 상호인정협정 체결의 기틀을 다져야 한다.

건설공사 품질관리비 수립대상 및 계상기준

문제 분석	문제 성격	기본 이해	중요도	■■■■□□
	중요 Item	품질관리비 산출방법, 최근 법 개정사항, 품질관리자 업무범위		

I 개 요

1. 건설공사 품질관리비는 부실공사를 방지하기 위한 목적으로 적용하는 것으로, 발주자는 해당 건설공사의 품질 확보를 위하여 필요하다고 인정하는 품질시험 및 검사의 종목·방법 및 횟수를 설계도서에 명시하여야 한다.
2. 건설업자 및 주택건설등록업자는 현장 품질시험의 원활한 실시를 위하여 발주자와 협의하여 현장여건을 고려한 적정 시험인력을 배치하여야 한다.

II 품질관리비 적용목적 및 근거법령

1. 적용목적
   1) 건설공사에서 품질관리는 건설공사의 품질 확보
   2) 건설공사 부실공사를 사전에 방지하여 건설운영 관리비용 절감

2. 관련 법령
   1) 건설기술진흥법 제55조(건설공사의 품질관리)
   2) 건설기술진흥법 제56조(품질관리비용의 계상 및 집행)

III 품질관리비 수립대상

구 분	수립대상 건설공사
품질관리계획	• 총공사비 500억원 이상 건설사업관리대상 건설공사 • 연면적 3만m² 이상인 건축물 건설공사(다중이용건축물) • 건설공사의 계약에 품질관리계획이 수립하도록 되어 있는 건설공사
품질시험계획	• 총공사비 5억원 이상인 토목공사 • 연면적이 660m² 이상인 건축물의 건축공사 • 총공사비가 2억원 이상인 전문공사

Ⅳ 품질관리비 산출방법

1. 품질시험비
   1) 인건비(시험관리인 인건비 제외), 공공요금, 재료비, 장비손료 등
   2) 공공요금은 정부가 고시하는 공공요금 적용
   3) 재료비는 인건비 및 공공요금의 100분의 1
   4) 장비손료는 다음의 계산식에 따라 산출한 금액 또는 품질시험 인건비의 100분의 1을 계상한 금액으로 결정

   $$\frac{(상각률+수리율)\times 기계가격}{연간\ 표준장비가동시간\times 내용연수}\times 장비가동시간$$

   5) 품질시험시설, 시험기구의 검·교정비는 품질시험비의 100분의 3을 계상
   6) 외부의뢰시험은 품질시험비의 한도 내에서 실시
   7) 품질시험을 위한 차량 관련 비용 포함

2. 품질관리활동비

항 목	내 역
품질관리업무를 수행하는 건설기술자 인건비	시험관리인을 제외한 건설기술자의 인건비
품질 관련 문서 작성 및 관리에 관련한 비용	• 품질관리계획서 또는 품질시험계획서 작성비 • 품질관리절차서 작성비 • 부적격보고서와 그 밖의 품질 관련 문서 작성비 • 품질관리계획서 또는 품질시험계획서 개정 작성비 • 품질 관련 문서관리비용
품질 관련 교육·훈련비	• 현장 근로자 품질 관련 교재, 초빙강사료 등 • 교육자료 준비비 • 품질 관련 행사비 • 건설기술자 및 시험인력의 외부교육 참가비
품질검사비	• 품질시험결과의 검사에 드는 비용 • 내부품질검사비 • 구매문서의 적합성 검토 및 구매품의 검사
그 밖의 비용	그 밖에 해당 공사의 특수성을 고려하여 발주자가 인정한 예비비용

Ⅴ 품질관리비 사용기준

1. 건설업자 및 주택건설등록업자는 품질관리비를 품질관리비 산출기준에 따른 용도 외에는 사용할 수 없음.
2. 품질관리비는 발주자 또는 건설사업관리용역업자가 확인한 시험성적서 등에 의한 품질관리활동실적에 따라 정산

Ⅵ 품질관리업무를 수행하는 건설기술자의 업무

1. 업무범위
   1) 법에 따른 품질관리계획 또는 품질시험계획의 시행
   2) 건설자재 · 부재 등 주요 사용자재의 적격품 사용 여부 확인
   3) 공사현장에 설치된 시험실 및 시험 · 검사장비의 관리
   4) 공사현장 근로자에 대한 품질교육
   5) 공사현장에 대한 자체 품질점검 및 조치
   6) 부적합한 제품 및 공정에 대한 지도 · 관리

2. 업무수행방법
   1) 업무범위 외에 공사현장의 다른 업무를 겸할 수 없음.
   2) 단, 발주청 및 인 · 허가기관의 장의 승인을 받은 경우에는 그러하지 아니함.

Ⅶ 건설공사 품질관리 확보를 위한 발주자의 역할

1. 건설공사의 품질관리에 필요한 비용을 공사금액에 계상
2. 품질검사대상 공종 및 재료를 설계도서에 구체적으로 표시(방법 · 횟수)
3. 건설공사의 품질관리(시험)계획내용 심사 및 승인(서면통보)
4. 품질관리(시험)계획에 따른 품질관리 적절성 여부 확인(연 1회, 준공 전)

Ⅷ 맺음말

1. 부실공사 방지를 위하여 "품질관리비"에 대하여 낙찰률이 배제됨에 따라 건설공사의 안전 확보 및 부실 시공을 방지할 수 있다.
2. 또한 현장에서는 품질관리 건설기술자의 품질관리업무 외의 업무수행을 제한하고 건설공사에 불량자재의 반입 · 사용 차단 및 적정한 품질관리비 반영을 통하여 건설공사 품질관리의 만전을 기하여야 한다.

Section 10 스마트 건설기술과 품질관리

문제 분석	문제 성격	기본 이해		중요도	
	중요 Item	스마트 건설 이해, 목적, 추진방향			

I 개 요

스마트 건설기술이란 공사기간 단축, 인력투입 절감, 현장 안전제고 등을 목적으로 전통적인 건설기술에 로보틱스, AI 등의 첨단 디지털기술을 적용함으로써 건설공사의 생산성, 안정성, 품질을 향상하고 건설사업 발전을 목적으로 개발된 공법, 장비, 시스템을 의미함.

II 스마트 건설의 목적 및 효과

1. 목적
1) 공사기간 단축
2) 인력투입 절감
3) 현장 안전 제고

2. 효과
1) 건설생산성 향상
2) 건설공사기간 단축
3) 건설업 재해율 감소
4) 건설생산과정의 디지털화

III 스마트 건설기술 개념 및 개발분야

1. 스마트 건설기술 개념

구분	설계		시공		유지관리	
변화	• 2D 설계 • 단계별 분절	• 3D 설계 • 전 단계 융합	• 현장 생산 • 인력 의존	• 모듈화, 제조업화 • 자동화, 현장 관제	• 정보 단절 • 현장 방문 • 주관적	• 정보 피드백 • 원격제어 • 과학적
적용기술	• 드론 활용 정보수집 • 빅 데이터 활용 시설물 계획 • BIM 기반 설계자동화		• 드론 활용 현장 모니터링 • lot 기반 안전관리 • 장비자동화, 로봇 시공 • OSC 공법 적용(모듈화)		• 드론 활용 모니터링 • 센서 활용 유지관리 • AI 기반 시설물 운영	

2. 스마트 건설기술 단계별 개발분야
1) 건설장비 자동화 및 관제기술(1분야)
2) 도로구조물 스마트 건설기술(2분야)
3) 스마트 안전통합관제기술(3분야)
4) 디지털 플랫폼 및 테스트 베드(4분야)

Ⅳ 스마트 기술의 건설분야 활용

1. BIM(Building Information Modeling)
   1) 개념 : 자재, 재원정보 등 공사정보를 포함한 3차원 입체모델로 건설 전 단계에 걸쳐 디지털화된 정보를 통합관리하는 기술
   2) 활용 : BIM 모델을 이용한 구조해석 수행 S/W, BIM 기반의 시공 시뮬레이션 및 공정/공사비 관리 S/W 등 다양한 방면으로 활용

구 분	기 존	BIM
공간	평면	입체
출력	2D 도면	3D 모델
모식도		

2. 드론(Drone)
   1) 개념 : 지상에서 원격조정기나 사전프로그램된 경로로 비행하거나, 인공지능이 탑재되어 자율비행하는 무인비행장치
   2) 활용 : 드론에 카메라, 레이더(Lidar) 등 각종 장비를 탑재하여 건설현장의 지형, 장비, 위치 등을 빠르고 정확하게 수집하는 기술로 활용

3. VR(Virtual Reality) & AR(Augmented Reality)
   1) 개념
      ① 가상현실(VR) : 컴퓨터로 만든 가상공간을 사용자가 체험하게 하는 기술
      ② 증강현실(AR) : 현실 세계에 가상의 콘텐츠를 겹쳐 디지털체험을 가능케 하는 기술
   2) 활용 : 건설현장의 위험을 인지할 수 있도록 VR/AR을 통한 건설사고의 위험을 시각화한 안전교육프로그램에 활용 가능

4. 빅데이터(Big Data) & 인공지능(Artificial Intelligence)
   1) 개념
      ① 빅데이터 : 디지털환경에서 생성되는 다양한 데이터 및 생성주기가 짧은 대규모의 데이터를 의미함.
      ② 인공지능 : 컴퓨터가 사고, 학습, 자기계발 등 인간 특유의 지능적인 행동을 모방할 수 있게 하는 컴퓨터 과학
   2) 활용 : 건설현장에서 수집 가능한 다양한 정보를 축적하여 축적된 정보를 AI 분석을 통해 다른 건설현장의 위험도 및 시공기간 등을 예측할 수 있는 기술로 활용

5. 사물인터넷(Internet of Things)
　　1) 개념 : 사물에 센서가 부착되어 실시간으로 데이터를 인터넷 등으로 주고받는 기술이나
　　　　　　환경을 의미
　　2) 활용 : 건설장비, 의류, 드론 등에 센서를 삽입하여 건설현장에서 장비와 근로자의 충돌
　　　　　　위험에 대한 정보 제공 및 건설장비의 최적 이동경로를 제공하는 데 활용

6. 프리팹(Prefabrication)
　　1) 개념 : 미리 공장에서 부품의 가공조립을 해놓고 현장에서 설치만을 행하는 공법
　　2) 활용 : 건설부재를 프리팹을 통해 생산하여 현장 작업을 최소화하고 공사기간을 단축하
　　　　　　는 기술로 활용

> **참고 OSC(Off Site Construction)**
>
> 1. 개념 : 단위부재 또는 유닛(여러 부재가 합쳐진 모듈)을 공장에서 사전 제작한 이후 현장
> 　　　　에서 레고블럭처럼 조립하는 방식
> 2. 구분 : 조립단위(부재/모듈), 구조재료(콘크리트/강재 등)
> 3. 효과 : 공사기간 단축, 균일품질 확보, 안전 개선 및 자재 절감
>
>

7. 모바일기술
　　1) 개념 : 빅데이터 분석으로 추출된 맞춤정보를 다양한 모바일기기(스마트폰, 태블릿 PC
　　　　　　등)를 통해 서비스 제공 가능
　　2) 활용 : 건설현장의 다양한 정보를 수집·분석하여 위험요소에 관한 정보를 근로자에게
　　　　　　실시간으로 제공하여 현장의 안전성 향상

8. 디지털 맵(Digital Map)
　　1) 개념 : 종이지도를 컴퓨터에서 이용할 수 있도록 디지털정보로 표현한 것으로 지리정보
　　　　　　시스템 및 인터넷통신기술과 결합하여 위치정보 제공
　　2) 활용 : 정밀한 전자지도 구축을 통해 측량오류를 최소화하여 재시공 및 작업지연을 방지
　　　　　　할 수 있는 기술로 활용

Ⅴ 모듈러공법[프리팹(Prefabrication)]

1. 정의

공장에서 생산한 표준화 부재를 현장에서 조립·시공하는 건설방식 또는 공장에서 생산한 부재를 미리 모듈단위로 조립하여 시공하는 건설방식

2. 모듈러공법의 특징

1) 공장작업을 늘리고 현장작업을 최소화하여 기상, 기후 등 외부요인 영향 최소화 및 제품의 품질 향상 및 균등화 시행

2) 현장 시공과 병행(선행공정 현장작업, 후속공정 공장작업)으로 시행하여 공기단축 및 공사비 절감 가능

3. 모듈러공법의 건설분야별 적용

1) 건축

(1) 기본구조 : 공간을 구성하는 건축의 특성상 박스형 '공간모듈'

(2) 공간모듈을 쌓는 방식과 삽입하는 방식으로 구분

2) 교량

(1) 기본구조 : 상부구조를 구성하는 '부재모듈'

(2) 부재모듈을 공장조립한 프리팹 교량(prefabricated bridge)

3) 플랜트

(1) 기본구조 : 플랜트 구성단위별의 모듈화

(2) 건설산업의 모듈러공법 중 가장 큰 규모로 진행

4. 모듈러공법의 적용단계(DfMA 단계)

1) 1단계 : Prefab Components(Precast)

(1) 프리캐스트 부재를 조합하여 입체구조물 구성

(2) 국내 적용 : 주택, 빌딩, 대공간, 교량, 플랜트, 가설재

2) 2단계 : Advanced Prefab System

(1) 3차원 입체단위 프리캐스트를 조합하여 목적구조물 완성

(2) 국내 적용 : 주택, 빌딩, 플랜트, 가설재

3) 3단계 : Fully Integrated Assembly

(1) 완성된 3차원 목적구조물을 설치·조립하는 것

(2) 국내 적용 : 주택, 빌딩, 플랜트

Ⅵ 맺음말

1. 스마트 건설기술은 건설 생산성 및 안전성의 혁신적 향상을 목표로 로보틱스, BIM, AI, lot 등이 적용된 공법, 장비, 시스템을 의미한다.

2. 디지털화, 자동화, 공장 제작 등 단계별 품질을 철저히 관리하여 스마트 건설기술 육성을 통한 건설산업의 발전을 시행하여야 한다.

참고문헌

1. 한국도로교통협회, 도로공사표준시방서, 2023.

2. 국토교통부, 건설공사비탈면표준시방서, 2016.

3. 한국터널지하공간학회, 터널표준시방서, 2023.

4. 대한토목학회, 토목공사표준일반시방서, 2016.

5. 한국가설협회, 가설공사표준시방서, 2023.

6. 한국콘크리트학회, 콘크리트표준시방서, 2022.

7. 한국콘크리트학회, 콘크리트표준시방서 해설, 2022.

8. 국토교통부, 아스팔트 혼합물 생산 및 시공지침, 2021.

9. 대전지방국토관리청, 아스팔트 콘크리트 시험포장 매뉴얼, 2015.

10. 건설현장 품질시험 편람, 2022.

11. 한국시설안전기술공단-콘크리트 구조물의 균열평가 및 보수보강

12. 한국도로공사, 고속도로 공사용 건설재료 품질 및 시험기준

13. 신경수, 21세기 토목시공기술사, 성안당, 2022.

14. 김재봉, 개념원리 토질 및 기초 기술사, 성안당, 2022.

15. 국토교통부, 그라운드 앵커 설계·시공 및 유지관리 매뉴얼, 2021.

16. 국토교통부, 시멘트 콘크리트 포장 시공지침, 2024.

토목품질시험기술사

APPENDIX 01 건설공사 품질시험방법

1. 토질시험

2. 골재시험

3. 시멘트 및 시멘트콘크리트시험

4. 아스팔트 및 아스팔트 혼합물시험

5. 강재시험

1. 토질시험

1. 흙의 함수비 시험방법
2. 흙입자 밀도 시험방법
3. 흙의 입도 시험방법
4. 흙의 액성한계 시험방법
5. 흙의 소성한계 시험방법
6. 흙의 씻기 시험방법
7. 흙의 다짐 시험방법
8. 모래치환법에 의한 흙의 밀도 시험방법
9. 흙의 직접전단 시험방법
10. 흙의 1축압축 시험방법
11. 흙의 3축압축 시험방법
12. 노상토 지지력비(CBR 시험) : 실내 CBR 시험방법
13. 도로의 평판재하 시험방법
14. 강열감량법에 의한 유기물 함유량 시험
15. 흙의 정수위 투수시험
16. 흙의 변수위 투수시험
17. 흙의 표준관입 시험방법
18. 점성토의 현장 베인 전단시험방법

[모래치환법에 의한 흙의 밀도시험]

세 | 부 | 목 | 차

1 흙의 함수비 시험방법(KS F 2306)

- **시험 목적**

  ① 흙 속에 포함된 함수량으로 함수비를 측정하여 흙의 밀도를 구함.
  ② 다짐할 흙에 대한 함수비의 적정성 여부를 확인

- **시험 규정**

  KS F 2306 : 2015

- **시험 기구**

  ① 시료캔, ② 데시케이터, ③ 저울, ④ 건조로

- **시험 방법**

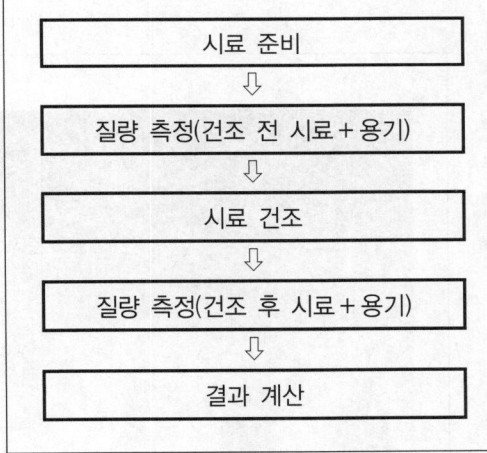

- **시험 시 주의사항**

  ① 시료의 최대 입자지름에 따라 시료의 최소량을 결정
  ② 건조로의 온도는 젖은 흙이 110±5℃에서 항량이 될 때까지 건조(18 ~ 24시간)
  ③ 함수량(%) = $\dfrac{\text{젖은 흙의 질량} - \text{마른 흙의 질량}}{\text{마른 흙의 질량}} \times 100$

- **시험 결과의 활용**

  ① 다짐할 흙에 대한 함수비의 적정성 여부를 확인
  ② 토립자가 작을수록 비표면적이 많아 물을 많이 흡수하며 함수량이 높으면 성토재료로 좋지 않음.

2 흙입자 밀도 시험방법(KS F 2308)

- **시험 목적**

  ① 흙입자의 밀도를 구하기 위함.
  ② 흙의 일반적인 내구성을 측정하기 위한 것으로, 성토용으로서의 적정 여부를 판단

- **시험 규정**

  KS F 2308 : 2016

- **시험 기구**

  ① 건조로, ② 데시케이터, ③ 저울, ④ 피크노미터, ⑤ 9.5mm체, ⑥ 막자사발, ⑦ 증류수, ⑧ 끓이는 기구와 온도계

- **시험 방법**

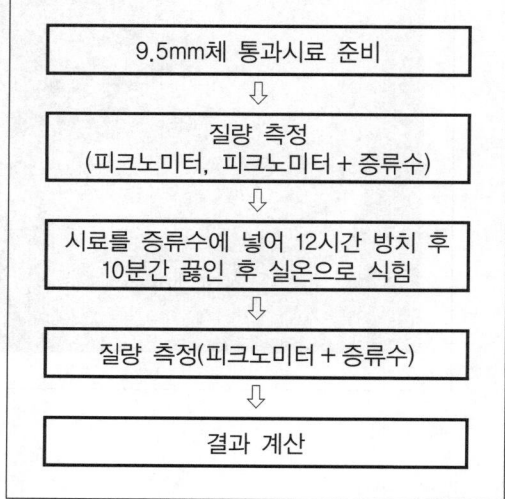

9.5mm체 통과시료 준비
⇩
질량 측정
(피크노미터, 피크노미터 + 증류수)
⇩
시료를 증류수에 넣어 12시간 방치 후
10분간 끓인 후 실온으로 식힘
⇩
질량 측정(피크노미터 + 증류수)
⇩
결과 계산

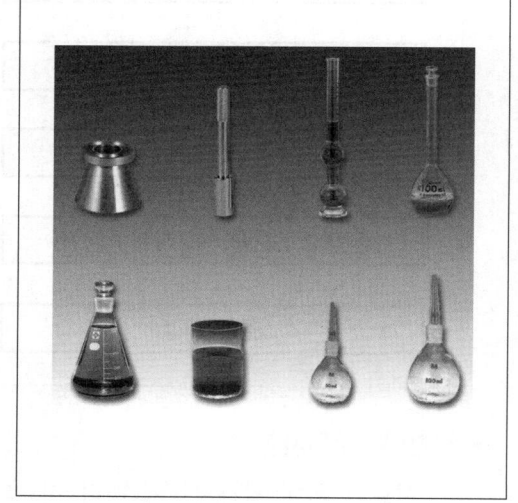

- **시험 시 주의사항**

  ① 시료의 최대량은 물속의 체적 높이에서 피크노미터 실질부분의 아래에서 1/4 정도가 적정
  ② 끓이는 시간은 일반적인 흙은 10분 이상, 고유기질 흙에서는 약 40분이 필요
  ③ 끓일 때 시료가 흘러나오지 않도록 주의하여야 함.

- **시험 결과의 활용**

  ① 밀도가 크면 대체로 성토용 재료로 적합
  ② 영공기 간극곡선을 이용하여 흙의 다짐의 적정 여부 확인

3 흙의 입도 시험방법(KS F 2302)

- **시험 목적**

  ① 흙입자 지름의 분포상태를 질량백분율로 표시하여 흙을 분류
  ② 고유기질 흙 이외의 흙으로 75mm체를 통과한 흙의 입도를 판정

- **시험 규정**

  KS F 2302 : 2012

- **시험 기구**

  ① 항온수조, ② 비커, ③ 함수량캔, ④ 표준체, ⑤ 저울, ⑥ 버니어 캘리퍼스, ⑦ 비중계,
  ⑧ 온도계, ⑨ 분산장치

- **시험 방법**

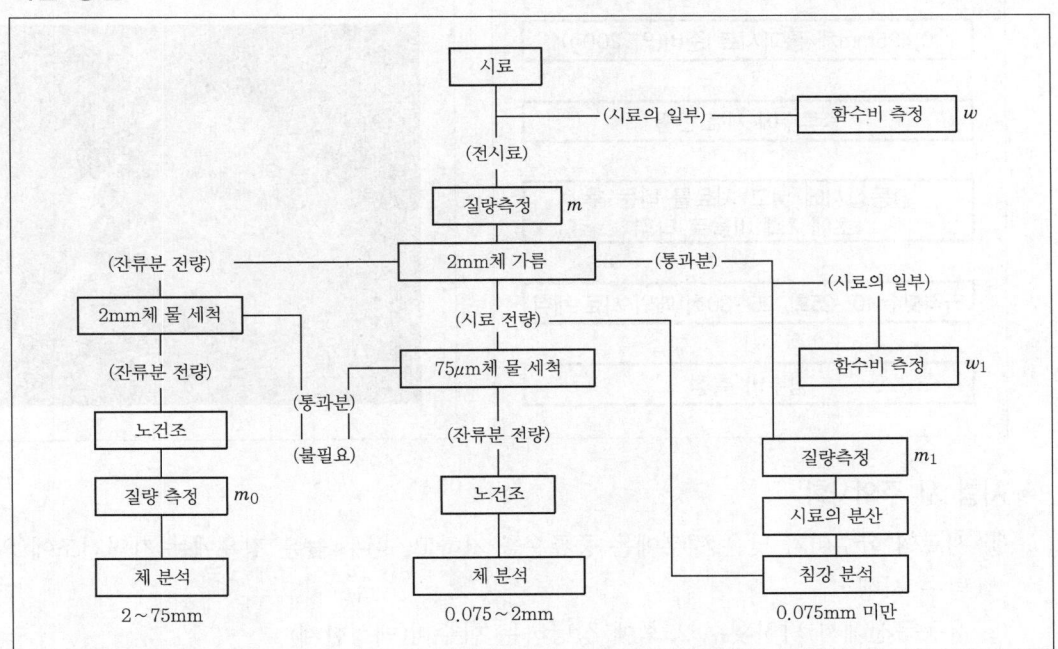

- **시험 결과의 활용**

  ① 곡률계수, 균등계수 산정
  ② 입도 양호조건 판정(자갈 Cu>4, 모래 Cu>6, Cg=1~3)
  ③ 도로공사 시 노체, 노상, 뒤채움재의 적정 여부 판정

4 흙의 액성한계 시험방법(KS F 2303)

● **시험 목적**

① 소성상태로부터 액체상태로 변하는 순간의 함수비인 액성한계를 구하는 시험
② 소정지수값을 구함.

● **시험 규정**

KS F 2303 : 2015

● **시험 기구**

① 저울, ② 건조로, ③ 시료팬, 삽, ④ 표준체, ⑤ 증류수, ⑥ 액성한계 시험측정기, ⑦ 함수량캔

● **시험 방법**

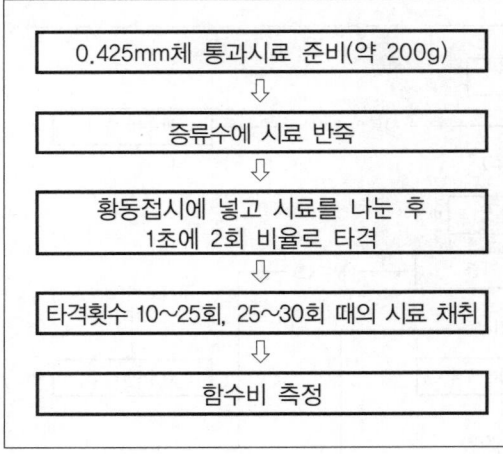

0.425mm체 통과시료 준비(약 200g)
⇩
증류수에 시료 반죽
⇩
황동접시에 넣고 시료를 나눈 후 1초에 2회 비율로 타격
⇩
타격횟수 10~25회, 25~30회 때의 시료 채취
⇩
함수비 측정

● **시험 시 주의사항**

① 시료의 함수비가 낮은 경우에는 증류수를 가하고, 너무 높은 경우에는 자연건조에 의한 탈수 시행
② 유동곡선에서 낙하횟수 25회에 상당하는 함수비(액성한계)

● **시험 결과의 활용**

① 소성지수, 연경지수 산정
② 흙 분류 및 성토재료의 적정 여부 판정
③ 액성한계가 크면 팽창, 수축이 커서 토공재료로 부적합
  – 액성한계가 50 이상이면 토공재료로 부적합

5 흙의 소성한계 시험방법(KS F 2303)

• **시험 목적**

  ① 소성상태와 반고체 상태의 한계를 나타내는 함수비

  ② 소정지수값을 구함(소성지수 = 액성한계 − 소성한계).

• **시험 규정**

  KS F 2303 : 2015

• **시험 기구**

  ① 저울, ② 건조로, ③ 시료팬, 삽, ④ 표준체, ⑤ 증류수, ⑥ 불투명 유리판, ⑦ 함수량캔

• **시험 방법**

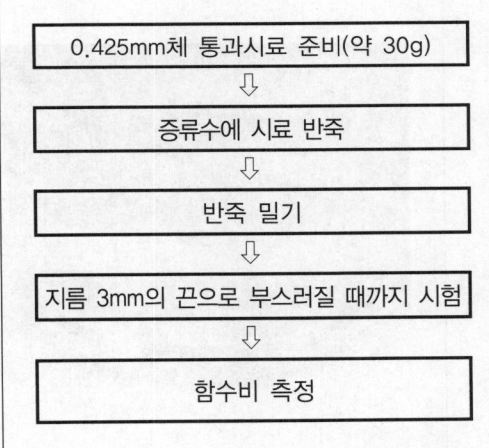

```
┌─────────────────────────────────┐
│  0.425mm체 통과시료 준비(약 30g)  │
└─────────────────────────────────┘
              ⇩
┌─────────────────────────────────┐
│        증류수에 시료 반죽         │
└─────────────────────────────────┘
              ⇩
┌─────────────────────────────────┐
│            반죽 밀기             │
└─────────────────────────────────┘
              ⇩
┌──────────────────────────────────────┐
│ 지름 3mm의 끈으로 부스러질 때까지 시험 │
└──────────────────────────────────────┘
              ⇩
┌─────────────────────────────────┐
│           함수비 측정            │
└─────────────────────────────────┘
```

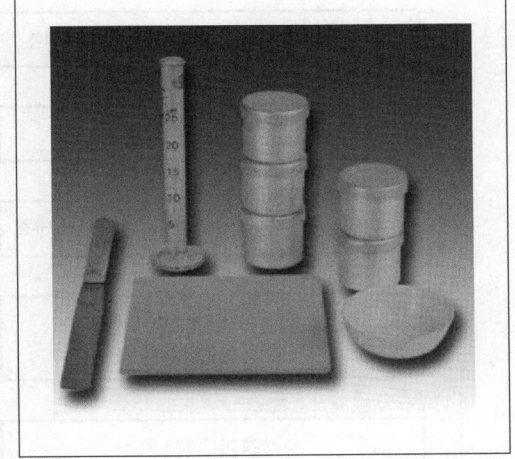

• **시험 시 주의사항**

  ① 시료의 함수비가 낮은 경우에는 증류수를 가하고, 너무 높은 경우에는 자연건조에 의한 탈수 시행

  ② 과다한 물 반죽은 피하고, 시험 시 너무 힘을 주어 문질러서는 안 됨.

  ③ 너무 굵어도 내부의 수분이 많이 남아 있기 때문에 굵기에 주의하여야 함.

• **시험 결과의 활용**

  ① 도로공사용 성토재료의 적정성 여부 판정

  ② 소성지수 판정기준

   − 노상 10 이하, 뒤채움재 10 이하, 보조기층 6 이하, 입도조정기층 4 이하

- **시험 목적**

  흙 속의 미립분이 얼마나 함유되어 있는지 파악하여 성토재료로서의 적합성 여부를 판단하고자 할 때 실시하는 시험

- **시험 규정**

  KS F 2309 : 2014

- **시험 기구**

  ① 저울, ② 건조로, ③ 시료팬, 삽, ④ 표준체(0.075mm, 0.425mm)

- **시험 방법**

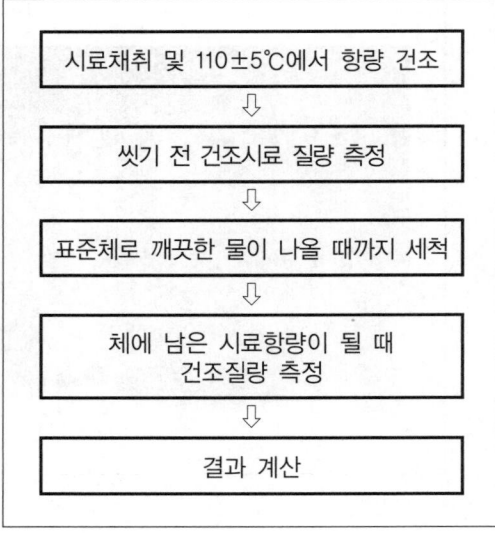

시료채취 및 110±5℃에서 항량 건조
⇩
씻기 전 건조시료 질량 측정
⇩
표준체로 깨끗한 물이 나올 때까지 세척
⇩
체에 남은 시료항량이 될 때 건조질량 측정
⇩
결과 계산

- **시험 시 주의사항**

  ① 점성토는 용기에 담고 최소한 2시간 동안 물에 수침시켜야 함.
  ② 점성이 존재하는 시료는 분산제, 또는 분산장치를 사용 후 씻기시험 실시
  ③ 각 체에 남은 질량은 0.05%의 정밀도로 측정

- **시험 결과의 활용**

  ① 도로공사용 성토재료의 적정성 여부 판정
  ② 씻기시험 판정기준(도로공사 표준시방서)
  - 노상 0 ~ 25% 이하, 뒤채움재 15% 이하, 보조기층, 입도조정기층 2 ~ 10%

7 흙의 다짐 시험방법(KS F 2312)

- **시험 목적**

  ① 실내에서 흙의 최대 건조밀도와 최적함수비를 구하기 위해 실시

  ② 현장에서 다짐을 관리하고 다짐도를 판정하기 위해 실시

  ③ 실내 CBR 시험 시 최적함수량과 최대 건조밀도값을 적용하기 위해 실시

- **시험 규정**

  KS F 2312 : 2016

- **시험 기구**

  ① 다짐몰드, ② 래머(2.5kg, 4.5kg), ③ 스테이서 디스크, ④ 곧은 날, ⑤ 표준체(9.5mm),

  ⑥ 함수량캔, ⑦ 저울, ⑧ 건조기

- **시험 방법**

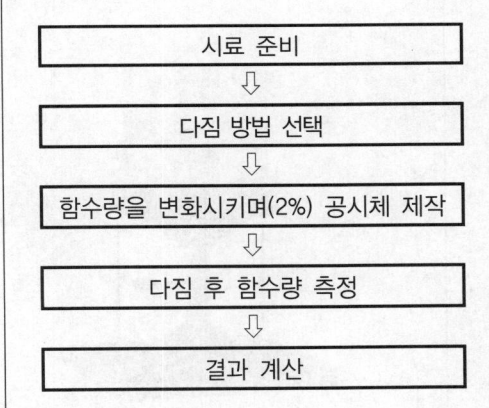

- **시험 시 주의사항**

  ① 시료의 준비에서 함수비 조정은 시료를 건조하면 다짐시험 결과에 영향을 미치는 흙에는 습윤법을, 그 외의 흙에는 건조법을 적용

  ② 다짐에 흙입자가 부서지기 쉬운 흙이나 물을 가한 후에 물이 섞이는 데 시간이 걸리는 흙에는 비반복법을, 그 외의 흙에는 반복법을 적용

- **시험 결과의 활용**

  ① 도로공사용 재료의 적정성 여부 판정

  － 건조밀도가 $1.5t/m^3$ 이하인 경우 성토용 재료로 사용 불가

  ② 다짐시험 판정기준(도로공사 표준시방서)

  － 노체 : 최대 건조밀도의 90% 이상

  － 노상, 동상방지층, 보조기층, 입도조정기층 : 95% 이상

- **시험 목적**

  노상이나 노체 등의 현장 다짐상태가 시방규정 이상으로 관리되고 있는가를 판정하기 위해 실시

- **시험 규정**

  KS F 2311 : 2016

- **시험 기구**

  ① 밀도 측정기, ② 밑판, ③ 유리판, ④ 시험용 모래, ⑤ 저울, ⑥ 함수량 측정기구, ⑦ 시험구멍 굴착기구

- **시험 방법**

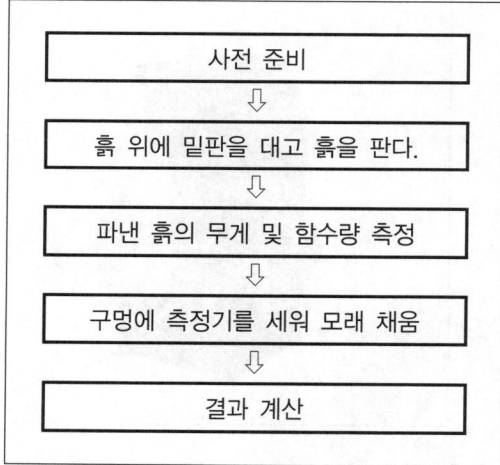

- **시험 시 주의사항**

  ① 측정기 안에 시험용 모래를 채울 때는 진동을 주어서는 안 됨(시험결과 오류 발생).
  ② 시험용 모래의 밀도를 구한 후 너무 오랜 시간이 지난 것을 현장에 사용할 경우와, 이미 사용한 모래를 재사용하는 경우에는 모래의 밀도 교정을 실시

- **시험 결과의 활용**

  ① 흙의 다짐시험에 의한 실내다짐시험 실시 후 현장밀도시험 실시
  ② 다짐시험 판정기준(도로공사 표준시방서)
    - 노체 : 최대 건조밀도의 90% 이상
    - 노상, 동상방지층, 보조기층, 입도조정기층 : 95% 이상

9 흙의 직접전단 시험방법(KS F 2343)

- **시험 목적**

  ① 시료의 변형에 따른 저항력을 측정하여 파괴강도, 잔류강도, 한계간극비 산정
  ② Mohr-Coulomb의 파괴기준에 의해 강도정수 산정

- **시험 규정**

  KS F 2343 : 2012

- **시험 기구**

  ① 전단시험기, ② 전단상자, ③ 저울

- **시험 방법**

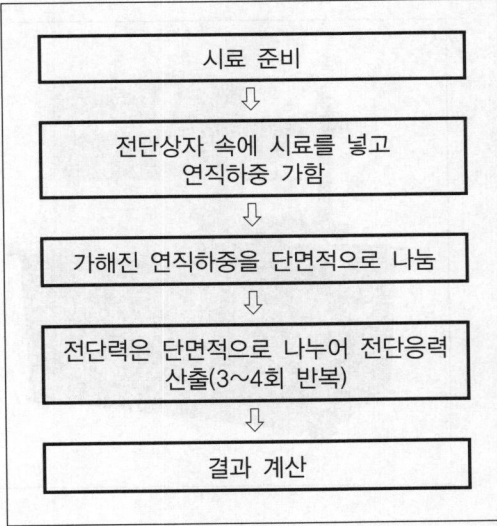

- **시험 시 주의사항**

  ① 조밀한 사질토나 팽창성 점토는 다일레이턴시(dilatancy) 때문에 간극수압이 발생하여 실제보다 강도가 커지므로 보정 필요
  ② 전단면 지점과 이물질 때문에 실제 강도보다 크게 나오는 경우가 있음.

- **시험 결과의 활용**

  ① 쌓기재, 되메움재의 지반정수 산정 시 설계자료 이용
  ② 쌓기 지반 안정성 검토, 구조물의 안정계산 및 기초의 지지력 계산 활용

- **시험 목적**

  ① 점성토층의 전단강도(1축압축강도, 예민비) 산정
  ② 반죽한 시료, 다진 흙, 사질토 등의 자립하는 시험체에도 적용 가능

- **시험 규정**

  KS F 2314 : 2013

- **시험 기구**

  ① 마이티 박스, ② 줄톱, ③ 저울, ④ 곧은 날, ⑤ 버니어 캘리퍼스, ⑥ 트리머, ⑦ 전동식
  1축압축시험기

- **시험 방법**

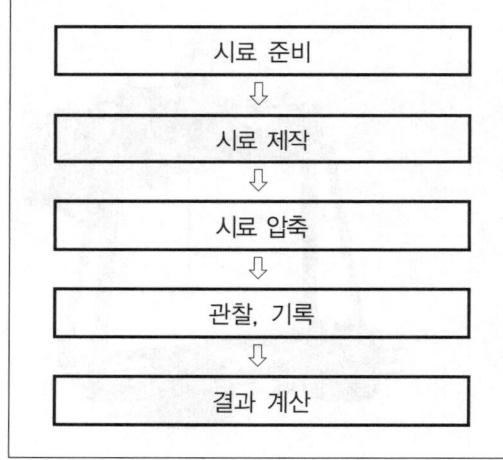

시료 준비
⇩
시료 제작
⇩
시료 압축
⇩
관찰, 기록
⇩
결과 계산

- **시험 시 주의사항**

  ① 연속해서 기록하지 않는 경우에는 압축력의 최댓값까지는 압축량 0.2mm, 그 이후에는
  0.5mm를 넘지 않는 간격으로 유지
  ② 압축 종료 : 압축력이 최대가 되고 나서 계속 2% 이상 변형이 생기거나 압축력이 최댓값
  의 2/3 정도로 감소하고 압축변형이 15%에 도달 시 종료

- **시험 결과의 활용**

  ① 점성토의 전단강도를 구하여 구조물의 안정계산이나 기초의 지지력 계산에 적용
  ② 흙의 1축압축강도 및 예민비 결정

11 흙의 3축압축 시험방법(UU 시험)(KS F 2346)

- **시험 목적**
  ① 점성토의 비배수 전단강도 측정
  ② 연약지반 위에 조성하는 성토나 구조물의 기초파괴에 대한 안정계산

- **시험 규정**
  KS F 2346 : 2012

- **시험 기구**
  ① 마이티 박스, ② 줄톱, ③ 저울, ④ 곧은 날, ⑤ 버니어 캘리퍼스, ⑥ 트리머, ⑦ 전동식 3축압축시험기

- **시험 방법**

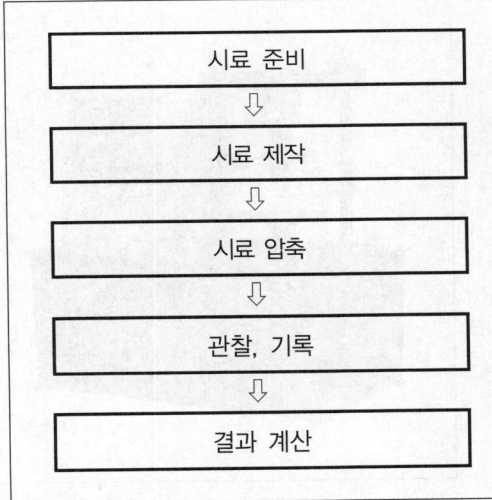
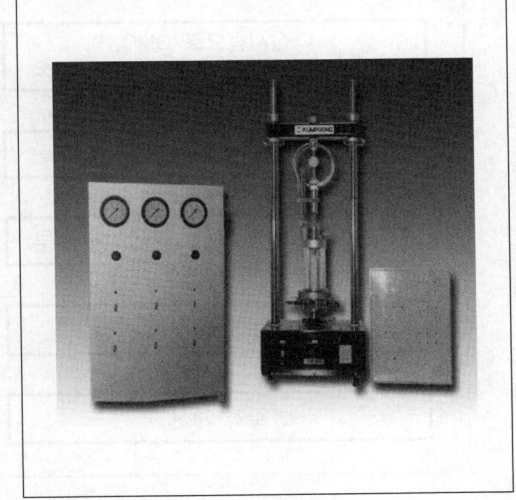

- **시험 시 주의사항**
  ① 모래의 경우 전단 시 속도에 따른 전단강도 차이가 별로 없어 고려하지 않음.
  ② 점성토의 경우 전단 시 재하속도에 따라 전단강도가 1~2배 증가하므로 전단속도에 따라 전단강도가 다를 수 있음.
  ③ 재하속도는 UU, CU 시험일 경우 분당 1%로 규정

- **시험 결과의 활용**
  ① 포화된 점성토 지반에 성토 또는 구조물을 급속히 시공하는 경우, 시공 직후 안정 계산
  ② 점성을 가진 흐트러진 흙이나 흐트러지지 않은 흙의 3축압축시험을 하는 데 사용

- **시험 목적**

  ① 시료의 지지력을 평가하여 성토재료의 적합 여부 판정
  ② 실내다짐의 최대 건조밀도에 대한 95%의 수정CBR을 이용하여 포장 두께 결정

- **시험 규정**

  KS F 2320 : 2015

- **시험 기구**

  ① CBR 시험기, ② 다짐몰드, ③ 하중판 및 축붙이 유공판, ④ 삼각대, ⑤ 스페이스 디스크, ⑥ 삼각 곧은 날, ⑦ 저울, ⑧ 거름종이, ⑨ 시료팬, ⑩ 함수비통

- **시험 방법**

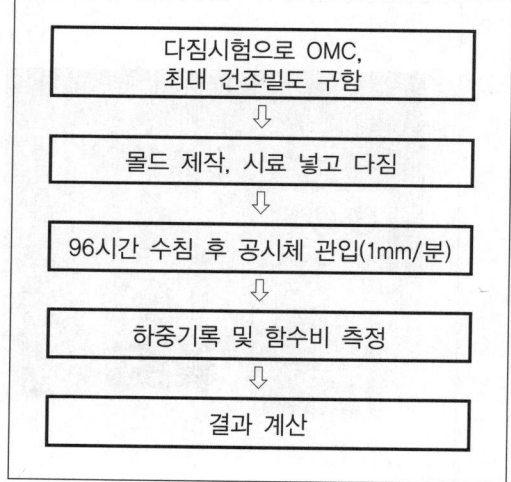

- **시험 시 주의사항**

  ① CBR은 일반적으로 관입량 2.5mm에서의 값을 취함.
  ② 관입량 5.0mm에서 CBR이 2.5mm의 것보다 큰 경우에는 새로운 시험체로 재시험을 하고, 동일한 결과를 얻었을 시에는 관입량 5.0mm일 때의 CBR값을 취함.

- **시험 결과의 활용**

  ① $CBR = \dfrac{하중강도}{표준하중강도} \times 100(\%)$

  ② 각 재료의 품질기준(도로공사 표준시방서)
    – 노체 : 2.5% 이상, 노상, 뒤채움재 : 10% 이상, 보조기층 : 30% 이상

13 도로의 평판재하 시험방법(KS F 2310)

- **시험 목적**

  ① 강성의 재하판에 하중을 가하여 시간, 하중, 침하량을 측정하여 성토지반 지지력을 판단

  ② 지지력 계수란 하중강도를 그때의 침하량으로 나눈 값을 말함.

- **시험 규정**

  KS F 2310 : 2015

- **시험 기구**

  ① 다이얼게이지, ② 지지대, ③ 재하판 및 표준사, ④ 기록지, ⑤ 초시계

- **시험 방법**

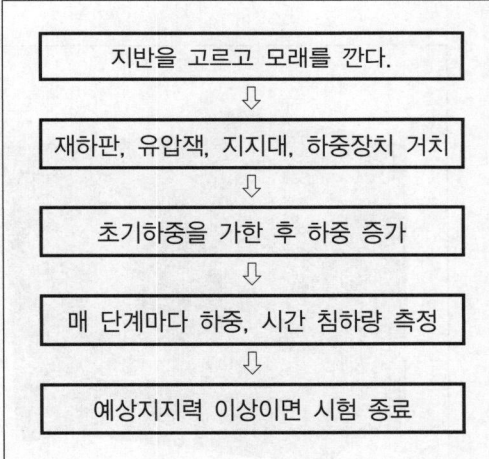

지반을 고르고 모래를 깐다.
⇩
재하판, 유압잭, 지지대, 하중장치 거치
⇩
초기하중을 가한 후 하중 증가
⇩
매 단계마다 하중, 시간 침하량 측정
⇩
예상지지력 이상이면 시험 종료

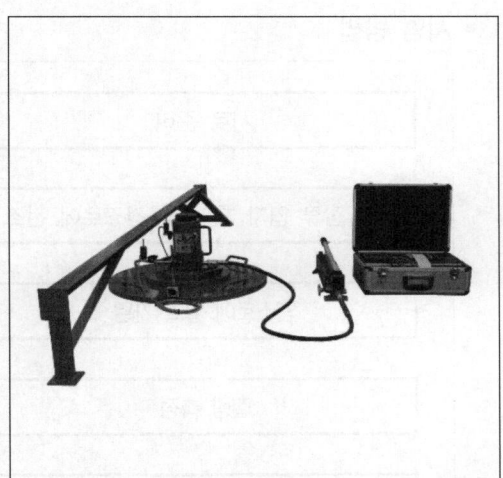

- **시험 시 주의사항**

  ① 1분간의 침하량이 그 하중강도에 의한 그 단계에서의 침하량의 1% 이하가 되면, 침하의 진행이 정지된 것으로 보아야 함.

  ② 하중장치의 지지점은 재하판의 바깥쪽에서 1m 이상 이격시켜야 한다.

- **시험 결과의 활용**

  ① 지지력계수 $K\,(\text{MN/m}^3) = \dfrac{\text{하중강도}(\text{MN/m}^2)}{\text{침하량}(\text{mm})}\ \left(K = \dfrac{P}{S}\right)$

  ② 도로공사 시 시멘트 콘크리트 포장과 아스팔트 콘크리트 포장의 노체, 노상, 보조기층의 다짐도 판정

14 강열감량법에 의한 유기물 함유량 시험(KS F 2104)

• 시험 목적

① 흙 속에 들어 있는 유기물 함유량을 알아보고자 할 때 실시
② 유기물 함유량이 50% 이상으로 추정될 때 실시

• 시험 규정

KS F 2104 : 2013

• 시험 기구

① 건조로, ② 연소로(700 ~ 800℃ 가열), ③ 저울, ④ 도가니, ⑤ 데시케이터, ⑥ 체, ⑦ 도가니 집게, ⑧ 막자사발, ⑨ 증발접시

• 시험 방법

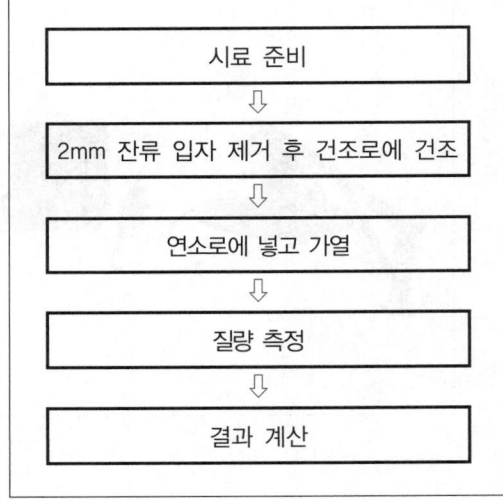

```
시료 준비
   ⇩
2mm 잔류 입자 제거 후 건조로에 건조
   ⇩
연소로에 넣고 가열
   ⇩
질량 측정
   ⇩
결과 계산
```

• 시험 시 주의사항

가열시간 : 세립토 및 조립토는 약 2시간, 유기질토는 약 3시간, 이탄토는 약 4시간 가열

• 시험 결과의 활용

① 흙 속의 유기물 함유량 파악
② 토질 분류 및 성토재료 활용성 파악

15 흙의 정수위 투수시험(KS F 2322)

• 시험 목적

① 일정 시간 내에 침투하는 물의 양을 측정하여 투수계수를 구하는 시험

② 투수성이 높은 모래질의 투수계수를 구할 때 실시

• 시험 규정

KS F 2322 : 2015

• 시험 기구

① 정수위 시험기, ② 투수 원통, ③ 메스실린더, ④ 저울, ⑤ 온도계, ⑥ 스톱워치

• 시험 방법

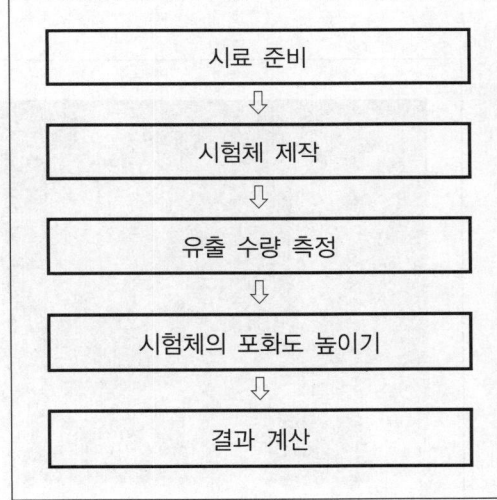

| 시료 준비 |
| ⇩ |
| 시험체 제작 |
| ⇩ |
| 유출 수량 측정 |
| ⇩ |
| 시험체의 포화도 높이기 |
| ⇩ |
| 결과 계산 |

• 시험 시 주의사항

① 물은 끓이거나 또는 감압에 의하여 충분히 기포를 제거한 후 사용

② 시험체의 바닥이 포화도를 충분히 높일 수 있는 모래, 자갈인 경우 진공펌프에 의한 기포 제거과정 생략 가능

• 시험 결과의 활용

① 시험체의 건조밀도, 간극비, 포화도 산출

② 흙의 투수계수를 결정하는 시험에 사용하며, 투수계수가 비교적 큰 시료의 시험에 적용

- **시험 목적**

  ① 일정 시간 내에 침투하면서 떨어지는 물의 높이와 경과시간을 측정하여 투수계수를 구하는 시험
  ② 투수계수가 작은 실트질이나 점토질 흙에 사용

- **시험 규정**

  KS F 2322 : 2015

- **시험 기구**

  ① 변수위 시험기, ② 투수 원통, ③ 메스실린더, ④ 저울, ⑤ 온도계, ⑥ 스톱워치, ⑦ 진공펌프, ⑧ 금속 곧은 자

- **시험 방법**

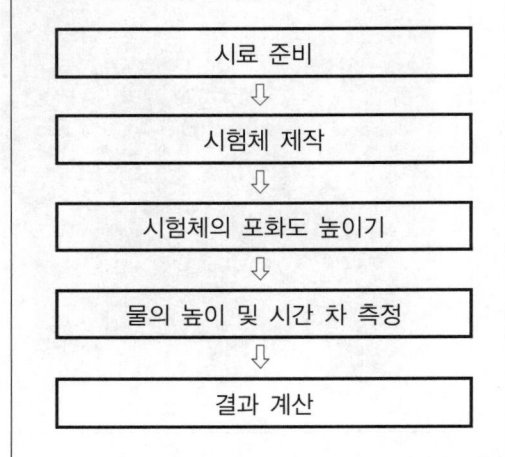

시료 준비
⇩
시험체 제작
⇩
시험체의 포화도 높이기
⇩
물의 높이 및 시간 차 측정
⇩
결과 계산

- **시험 시 주의사항**

  ① 사용하는 물은 끓이거나 또는 감압에 의하여 충분히 기포를 제거
  ② 시험체의 바닥이 포화도를 충분히 높일 수 있는 모래, 자갈인 경우 진공펌프에 의한 기포 제거과정 생략 가능

- **시험 결과의 활용**

  ① 시험체의 건조밀도, 간극비, 포화도 산출
  ② 점토, 실트질흙의 투수계수 산출

17 흙의 표준관입 시험방법(KS F 2307)

- **시험 목적**

  ① 원위치에서 지반의 단단한 정도와 다져짐 정도 또는 토층의 구성을 판정하기 위한 N값 산정

  ② 실내 시험을 위한 흙 시료 채취

- **시험 규정**

  KS F 2307 : 2012

- **시험 기구**

  ① 시험구멍 굴착장치, ② 표준관입시험기, ③ 기록용구 또는 장치

- **시험 방법**

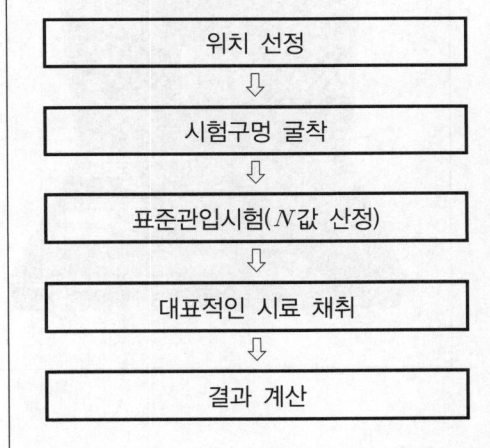

위치 선정
⇩
시험구멍 굴착
⇩
표준관입시험(N값 산정)
⇩
대표적인 시료 채취
⇩
결과 계산

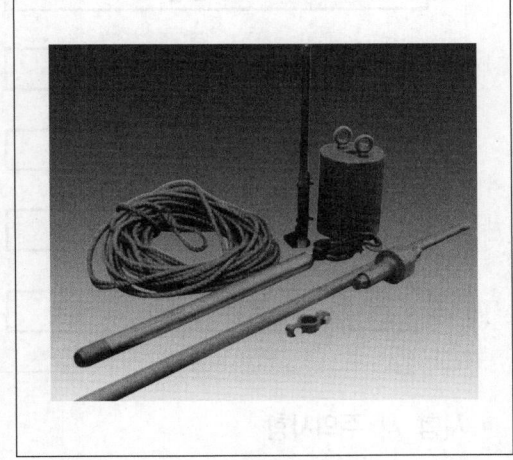

- **시험 시 주의사항**

  ① 소정 깊이 굴착 후 자침한 경우에는 로드자침으로 하고 자침 깊이를 측정

  ② 1회 타격마다 누계관입량을 기록하기 위해 일반적으로 자동기록장치 이용

  ③ 채취시료가 복수의 흙층에 걸치는 경우에는 시료의 상하 관계를 유지한 채 시료 사이에 칸막이를 끼워서 시료를 보존

- **시험 결과의 활용**

  ① 원위치에서 지반의 단단한 정도와 다져짐 정도 또는 토층의 구성을 판정하기 위한 N값 산정

  ② 흙 시료(교란시료)를 채취하여 흙 분류 및 판정에 이용

- **시험 목적**

  10m 이내의 연약점토층의 현장 비배수 전단강도를 측정

- **시험 규정**

  KS F 2342 : 2016

- **시험 기구**

  시험용 베인

- **시험 방법**

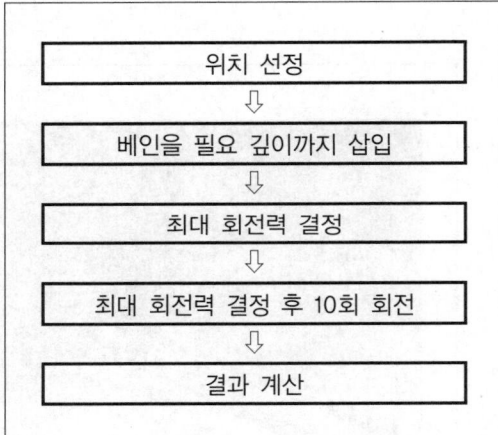

위치 선정
⇩
베인을 필요 깊이까지 삽입
⇩
최대 회전력 결정
⇩
최대 회전력 결정 후 10회 회전
⇩
결과 계산

- **시험 시 주의사항**

  ① 시험 시에는 베인틀의 5배 이상 깊이까지 삽입
  ② 베인틀의 베어링에 흙이 들어가지 않도록 잘 보호하여야 함.
  ③ 회전력의 읽기는 오차가 ±0.01MPa의 전단강도 이내

- **시험 결과의 활용**

  ① C_u값을 이용하여 안정해석과 지지력 계산
  ② 초연약점토의 예민비 추정 가능
  ③ 지반개량 전후에 실시하여 지반개량효과 확인에 이용

2. 골재시험

1. 골재의 시료 채취방법
2. 굵은 골재 및 잔골재의 체가름 시험방법
3. 굵은 골재의 밀도 및 흡수율 시험방법
4. 골재의 안정성 시험방법
5. 골재의 단위용적 질량 및 실적률 시험방법
6. 굵은 골재의 마모시험방법
7. 골재의 0.08mm체 통과량 시험방법
8. 잔골재 및 사질토의 모래당량 시험방법
9. 골재 중에 함유되어 있는 점토 덩어리량의 시험방법
10. 굵은 골재의 파쇄 시험방법
11. 굵은 골재 중 편장석 함유량 시험방법
12. 긁기 경도에 의한 굵은 골재의 연석량 시험방법
13. 골재에 포함된 경량편 시험방법
14. 콘크리트용 모래에 함유된 유기불순물 시험방법
15. 잔골재의 밀도 및 흡수율 시험방법
16. 잔골재의 표면수 측정 시험방법
17. 다져지지 않은 잔골재의 공극률 시험방법
18. 골재 중의 염화물 함유량 시험방법
19. 석재의 흡수율 및 비중 시험방법
20. 석재의 압축강도 시험방법
21. 골재의 알칼리 실리카 반응성 신속 시험방법

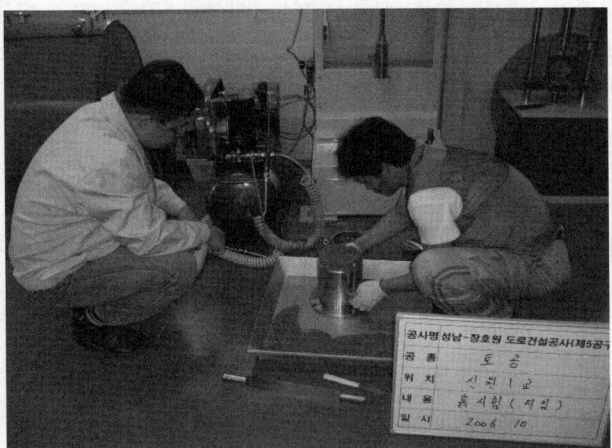

[성토용 흙 다짐시험]

- **시험 목적**

  재료 산지의 예비조사와 적부 판정, 출하재료의 검사 및 시공재료의 검사를 목적으로 굵은 골재, 잔골재 시료를 채취

- **시험 규정**

  KS F 2501 : 2012

- **시험 방법**

  ① 채석장에서 시료를 채취할 경우
    - 채석면의 색깔 및 조직상태를 면밀히 조사하여 각 층의 변화상태를 기록
    - 색깔 및 조직상태가 서로 다른 암층마다 각각 25kg 이상의 시료를 채취
    - 암석시험이 필요 있을 때는 폭 15cm 이상, 두께 10cm 이상의 크기로 채취
    - 풍화된 부분에서 시료를 채취해서는 안 됨.

  ② 노천에서 시료를 채취할 경우
    - 산지의 전체 구역에 걸쳐 재료의 종류와 분포상태를 상세히 조사
    - 각종 석재에 대하여 각각 25kg 이상의 시료를 채취

  ③ 공사현장 주변에서 생산하는 모래 또는 자갈의 시료를 채취할 경우
    - 노천 채굴일 때는 윗면에서 밑면까지 수직구를 굴착하여 대표적인 시료 채취
    - 쌓아 놓은 자갈 무더기에서 시료를 채취할 경우에는, 무더기의 꼭대기, 중앙부 및 저부에서 각각 내부에 구멍을 뚫고 대표적인 시료를 채취
    - 시료를 혼합한 후 4분법에 의하여 필요한 양의 시료를 얻어 관련시험 실시
    - 자갈과 모래가 혼합된 경우, 모래는 15kg 이상, 자갈은 35kg 이상 채취

  ④ 시장 판매용인 모래, 자갈, 석재 및 광재에서 시료를 채취할 경우
    - 생산공장에서의 시료 채취 : 공장시설에 대한 조사를 해야 하며, 쌓아 놓은 무더기 또는 저장고에서 반출 차량에 실을 때 적당한 위치에서 대표적인 시료를 채취
    - 운반차량에서의 시료 채취 : 생산공장에 가는 것이 불가능한 경우에는 인수지에서 재료를 내려놓기 전에 시료를 채취하여 적부 판정을 위한 입도시험 실시
    - 시료의 개수 및 양은 재료의 사용목적, 재료의 양, 골재의 성질 및 치수의 변화에 따라 재료의 모든 변화상태를 나타낼 수 있도록 충분하게 시료를 채취

- **시험 시 주의사항**

  ① 재료분리가 발생하지 않도록 대표 시료를 채취
  ② 야적장의 시료 채취 시 표면을 제거하고 내부의 골재를 여러 군데에서 채취
  ③ 품질시험 의뢰용 채취시료는 봉인하여 시료채취자 및 입회자 확인 후 시험 의뢰

2 굵은 골재 및 잔골재의 체가름 시험방법(KS F 2502)

- **시험 목적**
  ① 골재의 입도상태 확인
  ② 골재의 입도별 조립률 확인
  ③ 흙의 토성 분류

- **시험 규정**
  KS F 2502 : 2014

- **시험 기구**
  ① 시료팬, ② 가는 체 : 0.075, 0.15, 0.3, 0.6, 1.2, 2.5, 5.0, 10mm, ③ 분취기, ④ 굵은 체 : 5, 10, 15, 20, 25, 30, 40, 50, 65, 75, 100mm, ⑤ 저울, ⑥ 건조로

- **시험 방법**

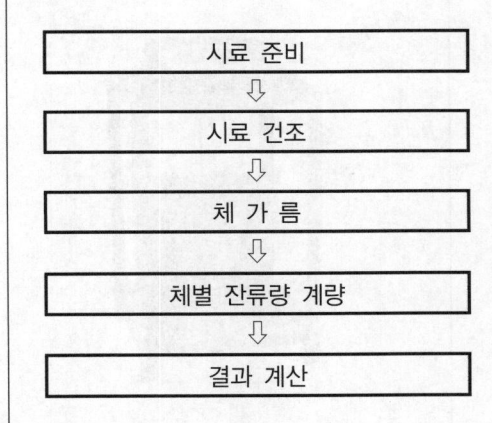

시료 준비
⇩
시료 건조
⇩
체 가 름
⇩
체별 잔류량 계량
⇩
결과 계산

- **시험 시 주의사항**
  ① 체가름용 시료는 잔골재의 경우 1.2mm체를 95% 이상 통과하는 것에 대한 최소 건조질량을 100g으로 하고, 1.2mm체에 5% 남는 것에 대한 최소 건조질량을 500g으로 함.
  ② 체가름 시에는 어떠한 경우에도 시료를 손으로 눌러 통과시켜서는 안 됨.
  ③ 시료 질량의 0.1% 이상까지 정확히 측정

- **시험 결과의 활용**
  ① 흙입자의 입도분석 파악(통일분류법, AASHTO법, 입도분석법 등에 활용)
  ② 조립률 계산 : 콘크리트용 잔골재로서 배합설계 당시와 조립률이 0.2 이상 차이가 나는 경우에는 배합을 수정

- **시험 목적**

  ① 굵은 골재의 일반적인 성질 파악
  ② 콘크리트의 배합설계 시 굵은 골재의 절대용적 계산
  ③ 굵은 골재 입자의 공극과 콘크리트 배합설계 시 사용수량 파악 : 흡수율 시험

- **시험 규정**

  KS F 2503 : 2014

- **시험 기구**

  ① 흡수천, ② 분취기, ③ 철망태, ④ 저울, ⑤ 건조로, ⑥ 물탱크

- **시험 방법**

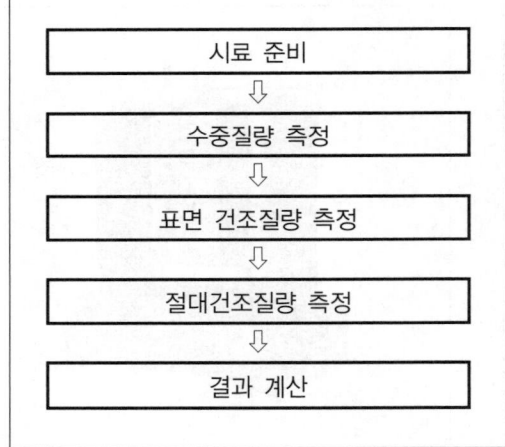

- **시험 시 주의사항**

  ① 시료의 최소 질량은 굵은 골재의 최대치수의 0.1배를 kg으로 나타낸 양으로 함.
  ② 수중질량을 계량할 때 수조의 수위에 변화를 주면 안 됨.
  ③ 굵은 골재의 밀도 및 흡수율은 2회 시험을 실시한 후 평균값으로 계산
  ④ 1회 시험값의 밀도는 $0.01g/cm^2$, 흡수율은 0.03% 이하

- **시험 결과의 활용**

  ① 골재의 비중 및 흡수율 산정
  ② 골재의 구분 및 품질 적정성 확인

4 골재의 안정성 시험방법(KS F 2507)

• **시험 목적**

① 기상작용에 대한 골재의 안정성 파악

② 황산나트륨 결정압에 의한 파괴작용에 대한 저항성 파악

• **시험 규정**

KS F 2507 : 2012

• **시험 기구**

① 시험용기, ② 가는 체 : 0.075, 0.15, 0.3, 0.6, 1.2, 2.5, 5.0, 10mm, ③ 황산나트륨, 염화바륨, ④ 굵은 체 : 5, 10, 15, 20, 25, 30, 40, 50, 65, 75, 100mm, ⑤ 저울, ⑥ 건조로

• **시험 방법**

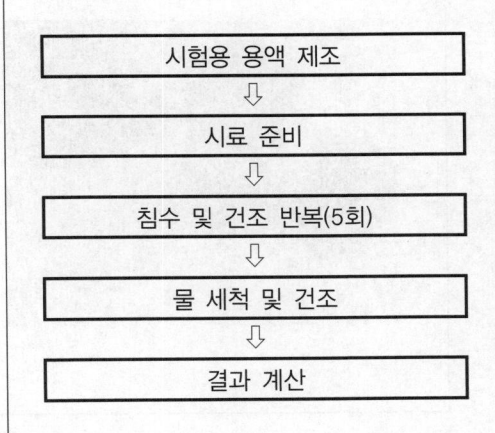

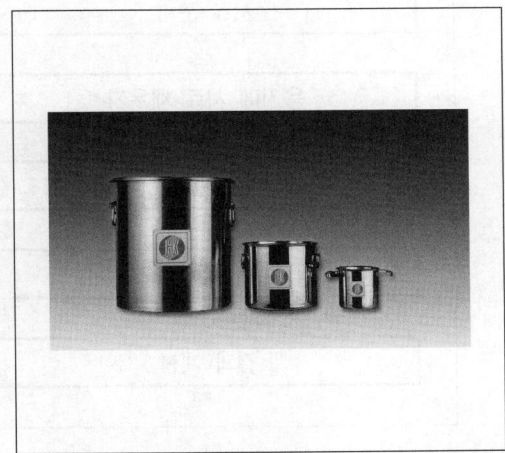

• **시험 시 주의사항**

① 시약에 사용하는 용액의 비중은 1.15~1.17이어야 함.

② 암석시료 채취 시 표준체의 눈에 끼인 입자를 시료에 섞어서는 안 됨.

③ 시험용 용액은 10회 이상 반복하여 사용해서는 안 됨.

• **시험 결과의 활용**

① 동결융해에 대한 골재 및 콘크리트의 저항성 파악

② 황산나트륨 또는 황산마그네슘 포화용액으로 인한 골재의 붕괴작용에 대한 저항성을 시험

③ 판정 기준 : – 굵은 골재 손실질량 백분율(%) : 12% 이하

　　　　　　　 – 잔골재 손실질량 백분율(%) : 10% 이하

- **시험 목적**

　① 골재의 공극상태 파악 및 콘크리트 배합 결정 시 적용

　② 현장에서 골재의 적정 여부 파악

- **시험 규정**

　KS F 2505 : 2012

- **시험 기구**

　① 다짐봉, ② 용기, ③ 삽, ④ 저울

- **시험 방법**

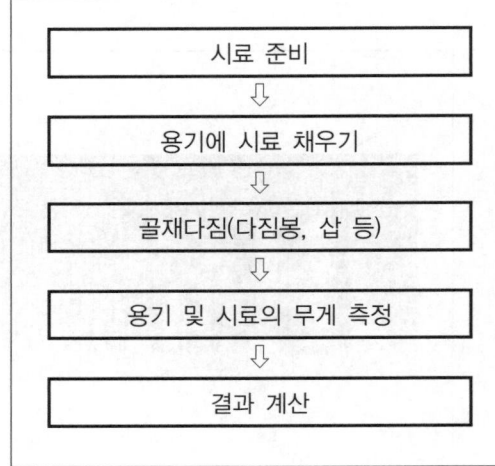

시료 준비
⇩
용기에 시료 채우기
⇩
골재다짐(다짐봉, 삽 등)
⇩
용기 및 시료의 무게 측정
⇩
결과 계산

- **시험 시 주의사항**

　① 시료는 절대건조상태로 하며, 굵은 골재의 경우 공기 중 건조상태도 가능

　② 굵은 골재의 치수가 커서 봉 다지기가 곤란한 경우에는 충격에 의한 다짐으로 다짐 실시

　③ 절대건조 상태의 시료를 사용하는 경우 또는 시료의 함수율이 1.0% 이하로 예상되는 경우는 함수율 측정 생략 가능

- **시험 결과의 활용**

　① 콘크리트용 부순 골재(굵은 골재, 잔골재)의 적합, 부적합 여부 판정

　② 골재의 공극률을 파악하여 배합설계에 반영

6 굵은 골재의 마모시험방법(KS F 2508)

- **시험 목적**

  ① 굵은 골재의 마모 정도 파악

  ② 골재의 내구성(단단한 정도) 측정

- **시험 규정**

  KS F 2508 : 2012

- **시험 기구**

  ① 로스앤젤레스 시험기, ② 강구, ③ 굵은 골재 체가름기, ④ 저울

- **시험 방법**

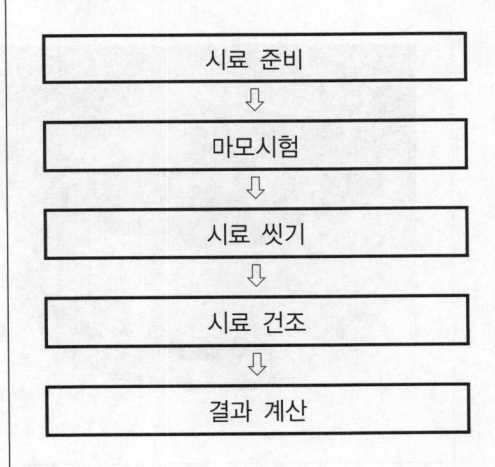

| 시료 준비 |
| ⇩ |
| 마모시험 |
| ⇩ |
| 시료 씻기 |
| ⇩ |
| 시료 건조 |
| ⇩ |
| 결과 계산 |

- **시험 시 주의사항**

  ① 골재를 체가름한 시료 중 입자지름의 범위 안에 가장 많은 양이 남는 질량을 선택하여 시험

  ② 입도구분에 따라 구의 수 및 전체 질량을 선정하여 규정속도 및 횟수 준수

  ③ 시험에 쓰이는 강구는 지름 46.8mm, 질량 390 ~ 445g의 주철 또는 강철로 된 것을 사용

- **시험 결과의 활용**

  ① 콘크리트용 굵은 골재(굵은 골재)의 적합, 부적합 여부 판정

  ② 강구를 사용하여 부순 돌, 부순 골재, 자갈 등의 마모저항시험에 사용

- **시험 목적**

  ① 골재에 포함된 미세한 물질의 질량을 구할 때 실시
  ② 콘크리트 배합설계 시 골재의 적정 여부 파악

- **시험 규정**

  KS F 2511 : 2012

- **시험 기구**

  ① 체(0.08mm체, 1.2mm체), ② 건조로, ③ 시험용기, ④ 저울

- **시험 방법**

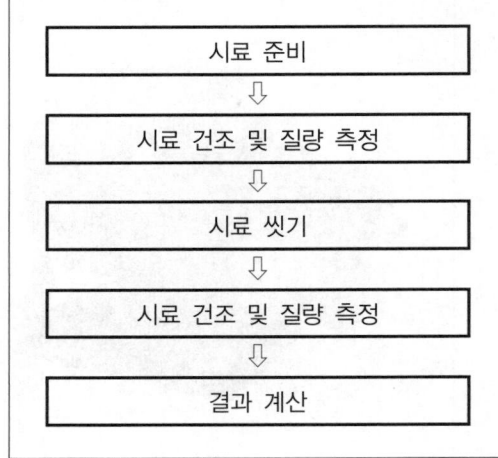

- **시험 시 주의사항**

  ① 골재에 포함된 잔 입자(0.08mm) 시험 시료의 최소 질량 준수
  ② 건조한 시료는 온도가 실온이 될 때까지 식힌 후 그 질량을 0.1%까지 정확하게 측정
  ③ 시험은 2회 실시하여 그 평균값을 시험값으로 하며, 2회 시험 차가 잔골재는 1% 이상, 굵은 골재는 0.5% 이상일 경우 재시험을 하여야 함.

- **시험 결과의 활용**

  ① 콘크리트 배합설계 시 골재의 적정 여부 파악
  ② 판정기준(콘크리트 표면이 마모를 받는 경우) : 잔골재 3.0% 이하, 굵은 골재 1.0% 이하

8 잔골재 및 사질토의 모래당량 시험방법(KS F 2340)

- **시험 목적**

  사질토와 잔골재의 전체 용적에 대한 미세물질(유해점토, 먼지)을 제외한 부분의 용적비율을 알고자 할 때 실시하는 시험

- **시험 규정**

  KS F 2340 : 2014

- **시험 기구**

  ① 시험용 염화칼슘용액, ② 모래당량 시험장치, ③ 모래당량 교반기, ④ 깔때기, 팬, 병, ⑤ 스톱워치, ⑥ 4.75mm체

- **시험 방법**

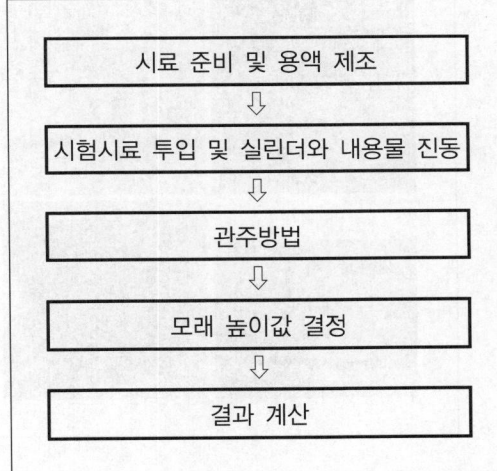

- 시료 준비 및 용액 제조
- ⇩
- 시험시료 투입 및 실린더와 내용물 진동
- ⇩
- 관주방법
- ⇩
- 모래 높이값 결정
- ⇩
- 결과 계산

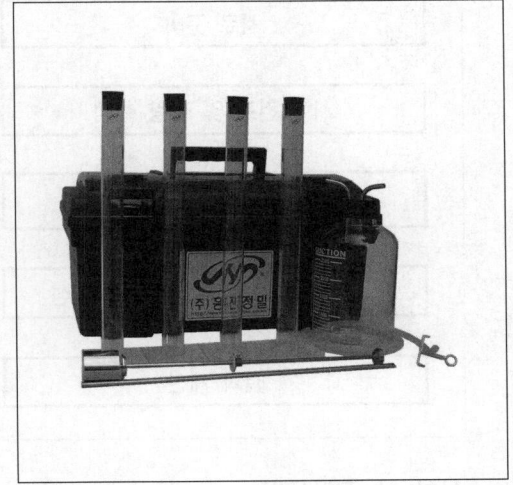

- **시험 시 주의사항**

  ① 실린더의 진동방법 : 기계 진동방법, 수동 진동방법, 수동방법
  ② 점토나 모래의 높이값이 2.5mm 사이인 경우에는 높은 값으로 기록
  ③ 모래당량 계산값이 정수가 아닐 때에는 높은 값의 정수로 결정(40.2는 41로 결정)

- **시험 결과의 활용**

  ① 4.75mm표준체를 통과하는 사질토 중에서 점토, 세립자 및 먼지의 상대비율을 측정하는 데 사용
  ② 콘크리트용 잔골재 및 보조기층 재료의 적정성 여부 판정

- **시험 목적**

  ① 골재 속에 함유되어 있는 점토덩어리의 양을 측정
  ② 시멘트 모르타르나 콘크리트에 사용될 골재의 적정성 여부 판정

- **시험 규정**

  KS F 2512 : 2012

- **시험 기구**

  ① 시험용 망체(0.6, 1.2, 2.5, 5mm), ② 저울, ③ 건조로, ④ 용기

- **시험 방법**

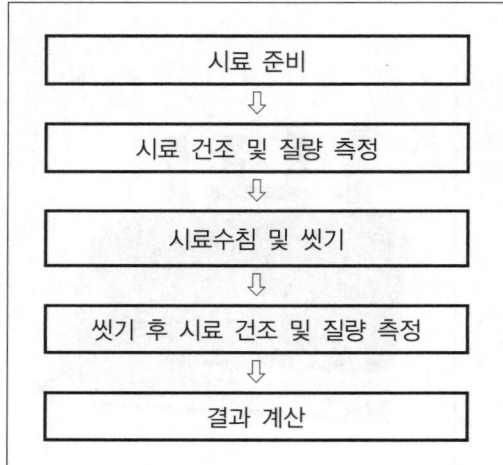

```
┌─────────────────────┐
│      시료 준비        │
└─────────────────────┘
          ⇩
┌─────────────────────┐
│  시료 건조 및 질량 측정  │
└─────────────────────┘
          ⇩
┌─────────────────────┐
│    시료수침 및 씻기     │
└─────────────────────┘
          ⇩
┌─────────────────────┐
│ 씻기 후 시료 건조 및 질량 측정 │
└─────────────────────┘
          ⇩
┌─────────────────────┐
│      결과 계산        │
└─────────────────────┘
```

- **시험 시 주의사항**

  ① 시험은 2회 실시하여 그 평균값을 구하고 평균값과의 차는 0.2% 이하
  ② 시료의 질량
  　　- 잔골재 : 시험용 망체 1.2mm에 남는 것으로서 시료는 1kg 이상
  　　- 굵은 골재 : 시험용 망체 5mm에 남는 시료

- **시험 결과의 활용**

  ① 시멘트 모르타르 또는 콘크리트에 사용되는 천연골재 중에 함유되어 있는 점토덩어리의
  　양을 결정
  ② 유해물 함유기준 : 점토덩어리 잔골재 1.0%, 굵은 골재 0.25%(유해물 함유량 한도, 질량
  　　　　　　　　　　　백분율)

10 굵은 골재의 파쇄 시험방법(KS F 2541)

- **시험 목적**

  ① 압축하중재하 시 굵은 골재의 저항성을 파악하기 위해 실시

  ② 골재가 부서져 밀도가 변화할 수 있으므로 골재 자체의 강도조사 시 시행

- **시험 규정**

  KS F 2541 : 2012

- **시험 기구**

  ① 표준체(13, 10, 2.5mm), ② 저울, ③ 압축시험기, ④ 다짐봉, ⑤ 파쇄시험기, ⑥ 다이얼 게이지, ⑦ 피펫, 뷰렛, ⑧ 데시케이터

- **시험 방법**

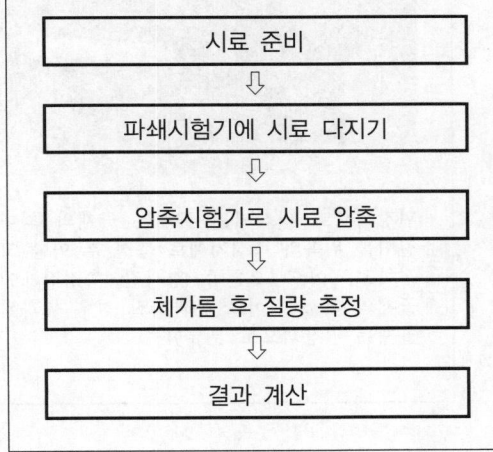

시료 준비
⇩
파쇄시험기에 시료 다지기
⇩
압축시험기로 시료 압축
⇩
체가름 후 질량 측정
⇩
결과 계산

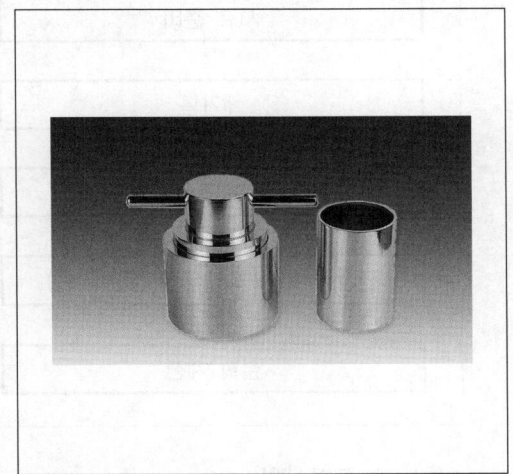

- **시험 시 주의사항**

  ① 시료는 자연골재인 경우 6.5kg이 필요

  ② 시료가 약한 경우에는 골재가 부서지지 않도록 주의해야 함.

  ③ 시험결과는 0.1%까지 계산

- **시험 결과의 활용**

  ① 시멘트 콘크리트, 아스팔트 콘크리트용 잔골재의 적정 여부 판정

  ② 골재 자체의 강도조사 판정

- **시험 목적**

    ① 굵은 골재의 최대 길이와 최소 길이의 비를 판정
    ② 도로등급에 맞는 편장석 비율 결정

- **시험 규정**

    KS F 2575 : 2013

- **시험 기구**

    ① 표준체(5, 10, 13, 20, 25, 30, 40, 50mm), ② 저울, ③ 건조로, ④ 편장석 측정용 자

- **시험 방법**

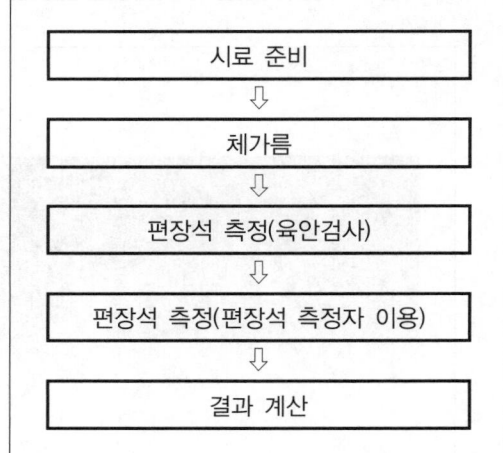

```
┌─────────────────┐
│     시료 준비      │
└─────────────────┘
         ⇩
┌─────────────────┐
│      체가름       │
└─────────────────┘
         ⇩
┌─────────────────┐
│  편장석 측정(육안검사)  │
└─────────────────┘
         ⇩
┌─────────────────────┐
│ 편장석 측정(편장석 측정자 이용) │
└─────────────────────┘
         ⇩
┌─────────────────┐
│     결과 계산      │
└─────────────────┘
```

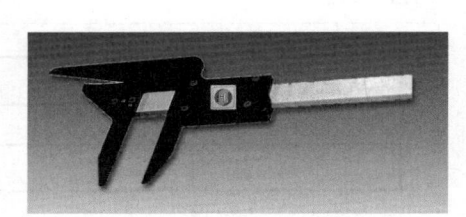

편장석으로 의심되는 골재는 골재의 최대 길이를 위쪽의 측정기계로 측정 후 이를 고정하고, 이후 오른쪽 경사진 측정집게에 골재의 최소 길이로 통과시킬 경우 통과된 골재는 편장석으로 분류함.

- **시험 시 주의사항**

    ① 골재 하나하나에 대하여 측정하는 것은 무리가 있으므로 육안으로 편장석이 아닌 것을 분리함.
    ② 시험을 하지 않는 경우
        - 각 체에 남는 골재의 개수가 100개 이하인 골재
        - 잔량률이 10% 이하인 골재

- **시험 결과의 활용**

    ① 아스팔트 콘크리트용 골재의 적정 여부 판정
    ② 판단 기준 : 아스팔트 콘크리트용 골재 편장석률 30% 이하

12 긁기 경도에 의한 굵은 골재의 연석량 시험방법(KS F 2516)

- **시험 목적**

  ① 콘크리트 골재의 적정성 판정

  ② 골재의 긁기 흔적에 따라 골재를 연석으로 분류하고, 각 골재군에 대한 전 질량과 개수를 판정

- **시험 규정**

  KS F 2516 : 2014

- **시험 기구**

  ① 황동막대(경도가 65 ~ 75HRB이고 지름이 1.6mm), ② 저울, ③ 건조로, ④ 표준체 (10, 15, 20, 25, 40, 65mm)

- **시험 방법**

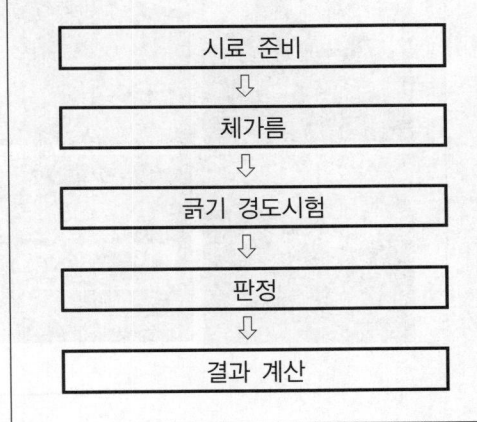

```
시료 준비
  ⇩
 체가름
  ⇩
긁기 경도시험
  ⇩
 판정
  ⇩
결과 계산
```

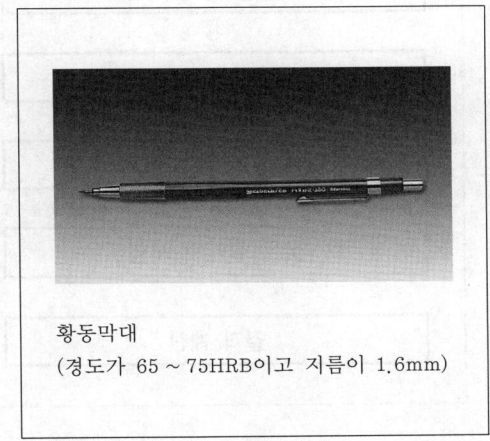

황동막대
(경도가 65 ~ 75HRB이고 지름이 1.6mm)

- **시험 시 주의사항**

  ① 골재를 황동막대로 누를 때 10N의 힘의 정도는 저울에 황동막대를 눌러서 느낌을 확인해야 함.

  ② 하나의 골재에서 시험한 부분의 판정결과가 다른 경우에는 많이 시험한 부분으로 그 골재를 판정

  ③ 전 질량의 10% 미만의 군에 대해서는 시험을 하지 않고, 그 군의 전후의 평균값을 적용

- **시험 결과의 활용**

  ① 콘크리트용 골재의 적정 여부 판정

  ② 굵은 골재 중 유해물 함유기준 : 연한 석편 5.0%(유해물 함유량 한도, 질량백분율)

- **시험 목적**

  ① 콘크리트 골재의 적정성 판정

  ② 골재에 포함되어 콘크리트 강도를 저하시킬 수 있는 석탄과 갈탄의 양을 파악

- **시험 규정**

  KS F 2513 : 2012

- **시험 기구**

  ① 용기, ② 저울, ③ 국자, ④ 용액, ⑤ 비중계, ⑥ 표준체(0.3, 5.0mm)

- **시험 방법**

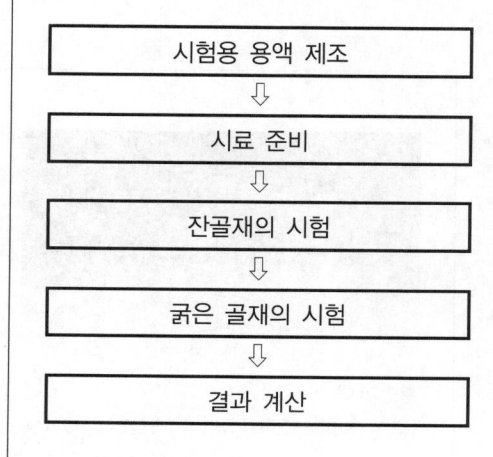

```
시험용 용액 제조
   ⇩
시료 준비
   ⇩
잔골재의 시험
   ⇩
굵은 골재의 시험
   ⇩
결과 계산
```

- **시험 시 주의사항**

  ① 시험용 용액 제조 시에는 몸에 해로우므로 항상 주의해서 사용

  ② 용액의 용적은 최소한 골재 절대용적의 3배 이상

  ③ 굵은 골재의 뜨는 시료편의 질량은 최소한 1g까지 정밀하게 측정

- **시험 결과의 활용**

  ① 콘크리트용 골재의 적정 여부 판정

  ② 골재 중 유해물 함유기준 : 잔골재 0.5%, 굵은 골재 0.5%(외관이 중요한 경우, 질량 백분율)

14 콘크리트용 모래에 함유된 유기불순물 시험방법(KS F 2510)

• **시험 목적**

  ① 시멘트 모르타르나 콘크리트에 사용되는 모래 중에 함유되어 있는 유기화합물의 양을 측정

  ② 시멘트 모르타르 또는 콘크리트에 사용되는 천연모래 중에 함유되어 있는 유기화합물의 해로운 양을 결정

• **시험 규정**

  KS F 2510 : 2012

• **시험 기구**

  ① 유리병, ② 저울, ③ 3% 수산화나트륨 용액, ④ 식별용 용액(10% 알코올 + 2% 탄닌산)

• **시험 방법**

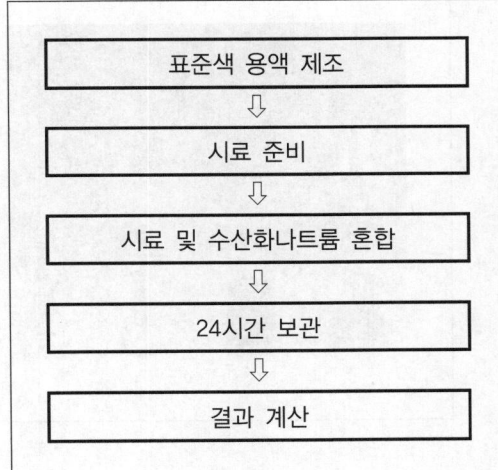

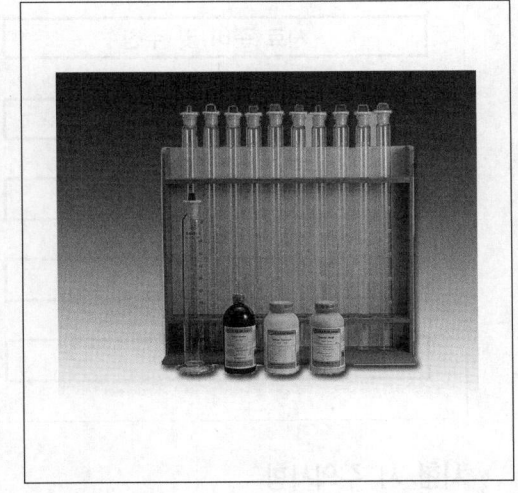

• **시험 시 주의사항**

  ① 표준색 용액은 변색되므로 시험할 때마다 만들어야 함.

  ② 시료용액의 색이 표준색 용액보다 진할 경우 KS F 2514에 따라 모르타르 압축강도비가 90% 이상이 된다면 책임기술자의 승인을 얻어 그 골재를 사용할 수 있음.

• **시험 결과의 활용**

  ① 시멘트 모르타르, 콘크리트용 골재의 적정 여부 판정

  ② 잔골재의 유기불순물 함유 기준 : 표준색보다 엷어야 함.

- **시험 목적**

  ① 잔골재의 일반적인 성질 파악

  ② 콘크리트의 배합설계 시 잔골재의 절대용적 계산

  ③ 잔골재 입자의 공극과 콘크리트 배합설계 시 사용수량 파악 : 흡수율 시험

- **시험 규정**

  KS F 2504 : 2014

- **시험 기구**

  ① 플라스크, ② 시료팬, 삽, ③ 원추형 몰드 및 다짐봉, ④ 저울, ⑤ 건조로

- **시험 방법**

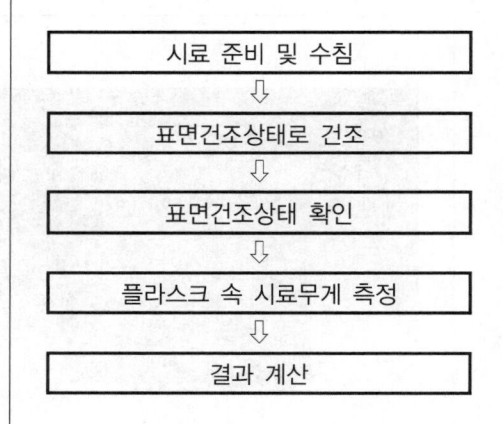
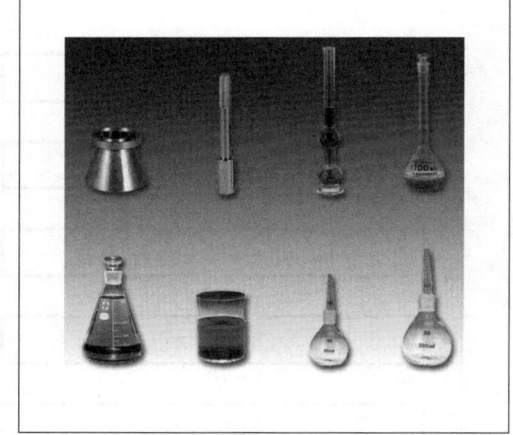

- **시험 시 주의사항**

  ① 잔골재를 원추형 몰드에 넣은 후 표면을 다질 때에는 다짐봉을 25회 자유낙하시켜 다짐
  봉의 무게만으로 다짐

  ② 건조로는 105±5℃의 일정한 온도를 유지

  ③ 플라스크에 시료를 넣을 때에는 플라스크가 깨질 우려가 있으므로 소량의 물을 채운 후
  시험을 실시

- **시험 결과의 활용**

  ① 콘크리트에 사용될 골재의 적정성 여부 판단

  ② 콘크리트의 배합설계 시 잔골재의 절대용적 계산

16 잔골재의 표면수 측정 시험방법(KS F 2509)

- **시험 목적**
  ① 잔골재의 표면수가 콘크리트 배합에 미치는 영향 파악
  ② 잔골재의 표면수의 양을 결정

- **시험 규정**
  KS F 2509 : 2012

- **시험 기구**
  ① 잔골재 비중병, ② 시료팬, 삽, ③ 온도계, ④ 저울

- **시험 방법**

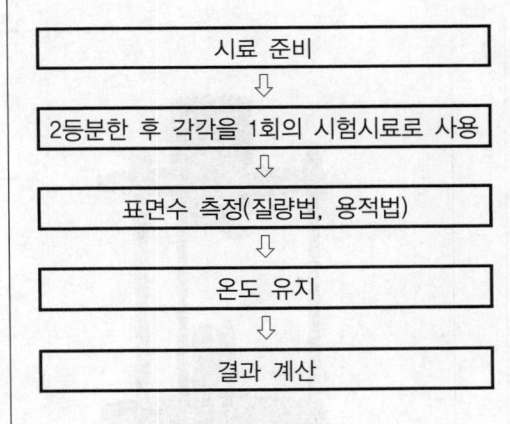

시료 준비
⇩
2등분한 후 각각을 1회의 시험시료로 사용
⇩
표면수 측정(질량법, 용적법)
⇩
온도 유지
⇩
결과 계산

- **시험 시 주의사항**
  ① 2회째의 시험에 사용하는 시료는 시험할 때까지의 사이에 함수량이 변하지 않도록 관리
  ② 시험하는 동안 용기 및 내용물의 온도는 15 ~ 25℃ 유지
  ③ 동일 시료에 대하여 연속 2회 실시하였을 때 차가 0.3% 이하

- **시험 결과의 활용**
  ① 콘크리트 배합설계 시 혼합용수에 미치는 영향과 이를 조정하는 데 활용
  ② 비중을 알고 건조시설을 이용할 수 없을 때 잔골재의 함수비를 결정하는 데 이용

17 다져지지 않은 잔골재의 공극률 시험방법(KS F 2384)

• **시험 목적**

① 잔골재의 입형을 구하기 위한 시험
② 느슨한 잔골재의 공극률 측정

• **시험 규정**

KS F 2384 : 2013

• **시험 기구**

① 저울, ② 깔때기 및 깔때기 받침, ③ 소형 실린더 및 유리판, ④ 시료팬, ⑤ 스패츌러,
⑥ 시험용 표준체

• **시험 방법**

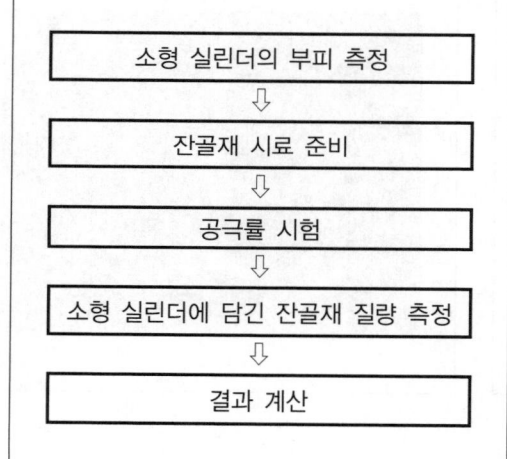

소형 실린더의 부피 측정
⇩
잔골재 시료 준비
⇩
공극률 시험
⇩
소형 실린더에 담긴 잔골재 질량 측정
⇩
결과 계산

• **시험 시 주의사항**

① 소형 실린더 외면에 물기가 묻었을 경우 건조 후 질량을 측정
② 소형 실린더 위에 쌓인 잔골재를 스패츌러로 깎아 낼 때 잔골재가 다져지지 않도록 해
야 함.
③ 시험결과는 두 번의 시험결과를 평균하여 계산

• **시험 결과의 활용**

① 잔골재의 공극률 산정
② 잔골재의 입형 판단

18 골재 중의 염화물 함유량 시험방법(KS F 2515)

- **시험 목적**

  ① 시멘트 모르타르나 콘크리트에 사용될 골재의 적정성 여부 판정

  ② 골재의 표면에 묻어 있는 염화물을 측정하고자 할 때 실시

- **시험 규정**

  KS F 2515 : 2014

- **시험 기구**

  ① 비커, ② 저울, ③ 건조로, ④ 용기, ⑤ 플라스크(삼각, 메스), ⑥ 용액(질산은 용액, 크롬산칼륨), ⑦ 피펫, 뷰렛, ⑧ 데시케이터

- **시험 방법**

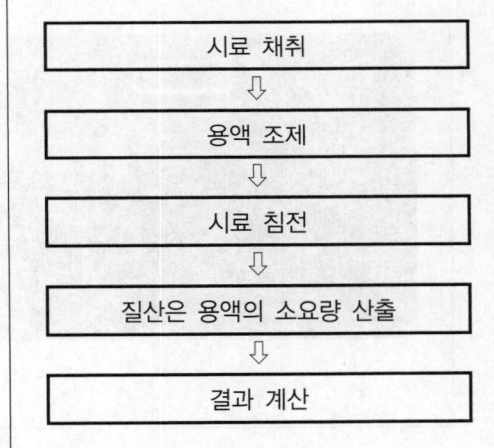

```
시료 채취
  ⇩
용액 조제
  ⇩
시료 침전
  ⇩
질산은 용액의 소요량 산출
  ⇩
결과 계산
```

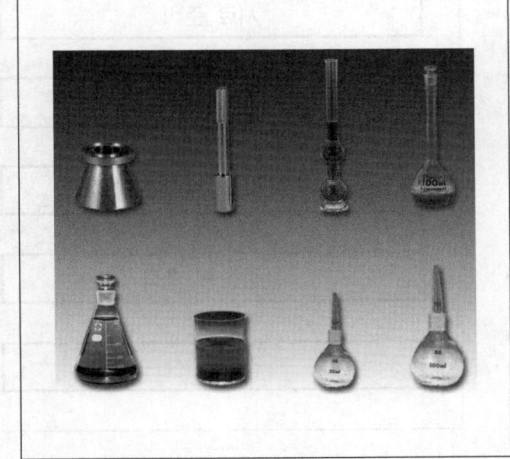

- **시험 시 주의사항**

  ① 침전이 가라앉지 않는 경우에는 급속 여과지로 걸러 시험

  ② 결과는 2회 이상 시험한 값의 평균값으로 계산

- **시험 결과의 활용**

  ① 시멘트 모르타르, 콘크리트용 잔골재의 적정 여부 판정

  ② 판정기준 : 콘크리트용 잔골재 NaCl 환산량 0.04% 이하

• **시험 목적**

　① 천연산 석재의 흡수율 및 비중시험
　② 천연산 슬레이트는 제외

• **시험 규정**

　KS F 2518 : 2015

• **시험 기구**

　① 공시체, ② 저울접시, ③ 비중시험장치, ④ 저울, ⑤ 건조로, ⑥ 물탱크

• **시험 방법**

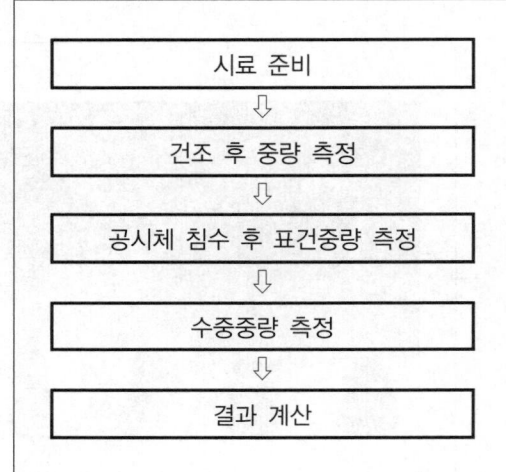

| 시료 준비 |
| ⇩ |
| 건조 후 중량 측정 |
| ⇩ |
| 공시체 침수 후 표건중량 측정 |
| ⇩ |
| 수중중량 측정 |
| ⇩ |
| 결과 계산 |

• **시험 시 주의사항**

　① 시료마다 3개의 공시체 필요
　② 수중질량을 계량할 때 수조의 수위에 변화를 주면 안 됨.
　③ 비중은 3개의 공시체의 평균으로 하며, 결과는 0.01의 정밀도로 구해야 함.

• **시험 결과의 활용**

　① 석재의 비중 및 흡수율 산정
　② 석재의 구분 및 품질 적정성 확인

20 석재의 압축강도 시험방법(KS F 2519)

• **시험 목적**

① 천연산 암석의 압축강도 측정을 통한 암반 분류
② 천연산 석재의 압축강도 측정

• **시험 규정**

KS F 2519 : 2015

• **시험 기구**

① 압축강도시험기, ② 건조기, ③ 수조

• **시험 방법**

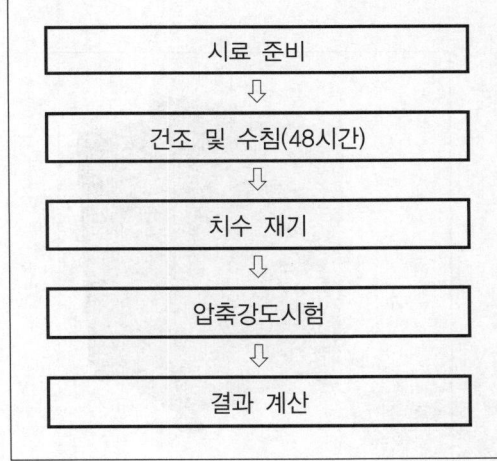

```
┌─────────────────────┐
│      시료 준비        │
└─────────────────────┘
           ⇩
┌─────────────────────┐
│   건조 및 수침(48시간)  │
└─────────────────────┘
           ⇩
┌─────────────────────┐
│      치수 재기        │
└─────────────────────┘
           ⇩
┌─────────────────────┐
│     압축강도시험       │
└─────────────────────┘
           ⇩
┌─────────────────────┐
│      결과 계산        │
└─────────────────────┘
```

• **시험 시 주의사항**

① 시료는 10개 이상 준비
② 시험시료의 기준 : 5.0cm×5.0cm×5.0cm
③ 하중재하 : 매초 1N/mm², 속도 1mm/분

• **시험 결과의 활용**

① 석재의 압축강도 측정
② 압축강도에 의해 석재의 재질 파악(KS F 2530)
 – 경석 : 50N/mm² 이상
 – 준경석 : 10N/mm² 이상 ~ 50N/mm² 미만
 – 연석 : 10N/mm² 미만

- **시험 목적**

  ① 모르타르 바를 고온 고압에서 양생하여 그 특성의 변화를 측정함으로써 골재의 알칼리
     실리카 반응성을 신속하게 판정
  ② 콘크리트 생산 공정관리용으로 적용

- **시험 규정**

  KS F 2825 : 2012

- **시험 기구**

  ① 저울, ② 체, ③ 건조기, ④ 분쇄기, ⑤ 모르타르 제작용 기구, ⑥ 반응촉진장치,
  ⑦ 초음파 전파속도 측정장치, ⑧ 1차공명 진동수 측정장치, ⑨ 길이변화 측정장치

- **시험 방법**

각 입경별 시료 준비
⇩
공시체 제작(4cm×4cm×16cm)
⇩
48시간 양생 후 1차 측정
⇩
고온, 고압에서 양생 2차 측정
⇩
1시간 수침 후 길이변화 측정

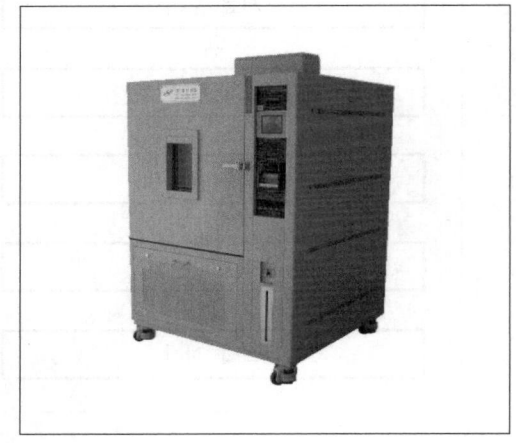

- **시험 시 주의사항**

  ① 시료는 기건상태의 골재를 분쇄
  ② 모르타르 반죽기에는 주문진 표준모래 사용

- **시험 결과의 활용**

  ① 골재의 알칼리 반응성을 신속하게 판정
  ② 아래 조건을 만족하는 경우 "반응성 없음", 하나라도 만족하지 못하는 경우 "잠재적인
     반응성 있음"
     – 초음파 전파속도율 : 95% 이상
     – 상대동탄성계수 : 85% 이상
     – 길이변화율 : 0.10% 미만

3. 시멘트 및 시멘트콘크리트시험

1. 길모어 침에 의한 시멘트의 응결시간 시험방법
2. 시멘트의 비중시험
3. 시멘트의 오토클레이브 팽창도 시험방법
4. 공기투과장치에 의한 포틀랜드 시멘트의 분말도 시험방법
5. 굳지 않은 콘크리트에서의 물의 염소이온농도 시험방법
6. 굳지 않은 콘크리트의 시료채취방법
7. 압력법에 의한 굳지 않은 콘크리트의 공기량 시험방법
8. 콘크리트의 슬럼프 시험방법
9. 콘크리트의 염화물함유량 시험방법
10. 굳지 않은 콘크리트의 단위용적 질량 및 공기량 시험방법
11. 콘크리트의 강도시험용 공시체 제작방법
12. 콘크리트의 압축강도 시험방법
13. 콘크리트의 휨강도 시험방법
14. 콘크리트의 블리딩 시험방법
15. 콘크리트 강섬유시험
16. 콘크리트용 강섬유의 인장강도시험

[레미콘 반입검사(슬럼프, 공기량, 염분)]

1 길모어 침에 의한 시멘트의 응결시간 시험방법(KS L 5103)

- **시험 목적**

  ① 콘크리트의 응결시간 측정
  ② 콘크리트의 운반, 타설 관리계획 수립

- **시험 규정**

  KS L 5103 : 2016

- **시험 기구**

  ① 저울, ② 메스실린더, ③ 길모어 침, ④ 시멘트용 칼, ⑤ 습기함, ⑥ 흙손, ⑦ 초시계,
  ⑧ 유리판

- **시험 방법**

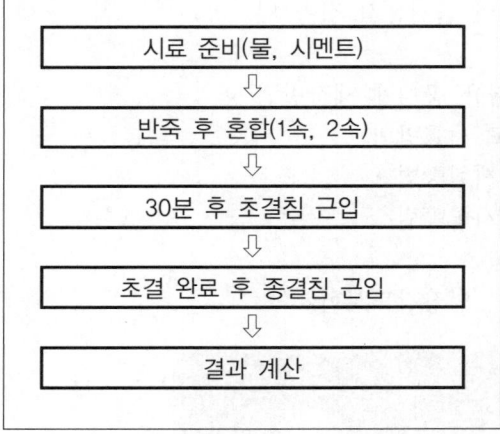

| 시료 준비(물, 시멘트) |
| 반죽 후 혼합(1속, 2속) |
| 30분 후 초결침 근입 |
| 초결 완료 후 종결침 근입 |
| 결과 계산 |

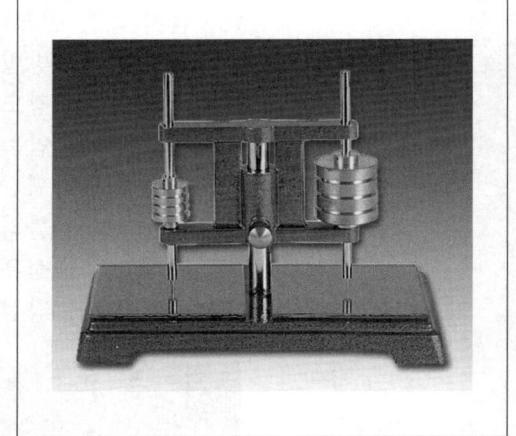

- **시험 시 주의사항**

  ① 공시체는 습기함에 보관
  ② 초결 : 15분 간격으로 초결침을 걸어 공시체에 흔적이 남지 않은 때
  ③ 종결 : 30분 간격으로 종결침을 걸어 공시체에 흔적을 남기지 않고 종결침을 받치고
  있을 때

- **시험 결과의 활용**

  ① 시멘트의 품질 적정성 여부 판단
  ② 콘크리트의 응결 및 경화시간 측정(콘크리트의 운반, 타설 관리계획 수립)

2 시멘트의 비중시험(KS L 5110)

● **시험 목적**

콘크리트 배합설계 시 시멘트가 차지하는 용적을 파악

● **시험 규정**

KS L 5110 : 2016

● **시험 기구**

① 르 샤틀리에 비중병, ② 항온수조, ③ 저울, ④ 비커, ⑤ 광유

● **시험 방법**

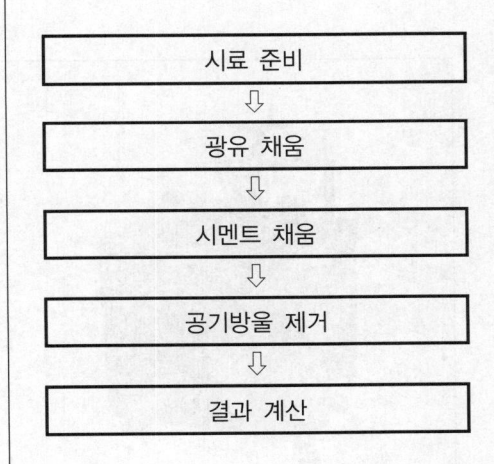

```
┌─────────────┐
│  시료 준비   │
└─────────────┘
       ⇩
┌─────────────┐
│  광유 채움   │
└─────────────┘
       ⇩
┌─────────────┐
│ 시멘트 채움  │
└─────────────┘
       ⇩
┌─────────────┐
│ 공기방울 제거│
└─────────────┘
       ⇩
┌─────────────┐
│  결과 계산   │
└─────────────┘
```

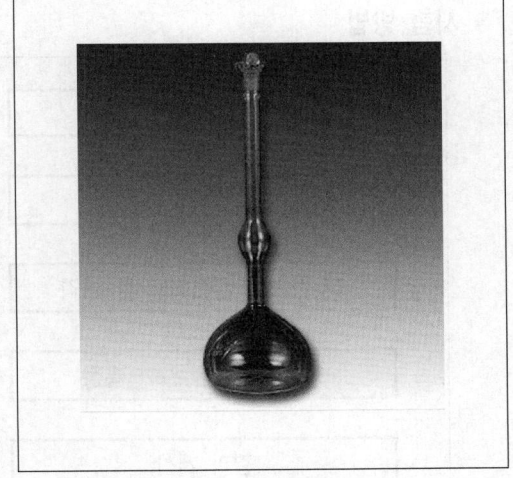

● **시험 시 주의사항**

① 광유 : 온도는 $23\pm2℃$에서 비중 약 0.73 이상인 완전히 탈수된 등유나 나프타를 사용
② 동일 시험자가 동일 재료에 대하여 2회 측정한 결과가 ±0.03 이내

● **시험 결과의 활용**

① 콘크리트 배합설계 시 시멘트 비중 계산
② 콘크리트 배합설계 시 시멘트가 차지하는 용적 파악

- **시험 목적**

  ① 시멘트 경화 시 팽창으로 인해 금이 가는 정도로 안정성을 파악하기 위한 시험
  ② 시멘트의 품질적정성 확인

- **시험 규정**

  KS L 5107 : 2016

- **시험 기구**

  ① 오토클레이브, ② 메스실린더, ③ 저울, ④ 틀, ⑤ 흙손, ⑥ 길이 측정용 콤퍼레이터

- **시험 방법**

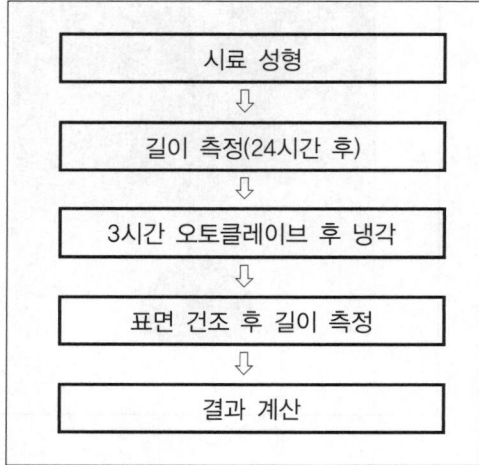

- **시험 시 주의사항**

  ① 오토클레이브 시험 전후 시험체의 길이 차는 길이의 0.01%까지 계산
  ② 길이가 수축하였을 경우에는 백분율에 (−) 표시
  ③ 측정결과가 규격에 미달하였을 경우에는 재시험 실시

- **시험 결과의 활용**

  ① 고온고압을 이용하여 시멘트의 오토클레이브 팽창도시험을 하는 데 사용
  ② 콘크리트 표준시방서 기준 : 오토클레이브 팽창 안정도 0.8% 이하

4 공기투과장치에 의한 포틀랜드 시멘트의 분말도 시험방법(KS L 5106)

- **시험 목적**
  - ① 시멘트의 분말도 파악
  - ② 시멘트의 품질 적정성 확인

- **시험 규정**

  KS L 5106 : 2014

- **시험 기구**

  브레인 공기투과장치

- **시험 방법**

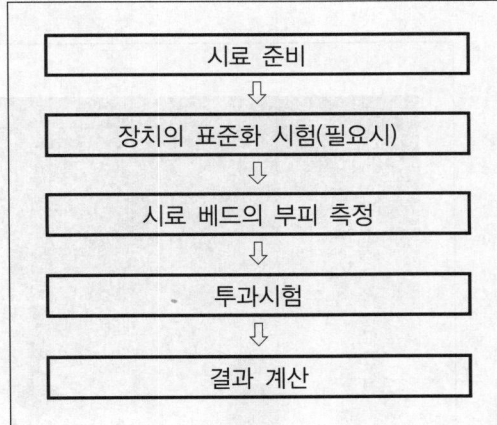

시료 준비
⇩
장치의 표준화 시험(필요시)
⇩
시료 베드의 부피 측정
⇩
투과시험
⇩
결과 계산

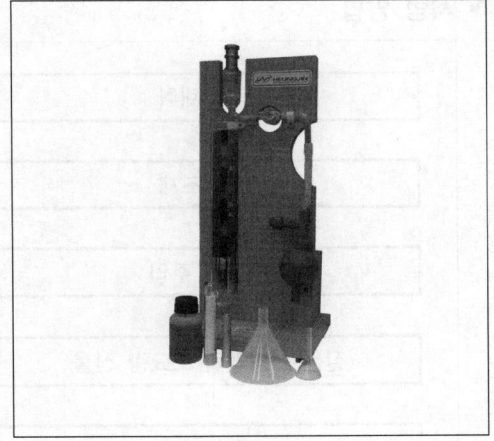

- **시험 시 주의사항**
  - ① 비표면적 시험은 매회 새롭게 베드를 만들고 2개의 측정값이 2% 이내에서 일치한 것의 평균값
  - ② 시험용 거름종이의 크기 또는 품질의 변화가 있을 경우에는 장치의 표준화 시험을 한 후 본 시험을 실시

- **시험 결과의 활용**
  - ① 시멘트의 품질 적정성 확인
  - ② 분말도가 크다는 것은 시멘트 입자의 크기가 가늘다는 것이며, 고운 만큼 물에 접촉하는 면적이 큼. 이에 따라 수화열이 커지고 응결이 빨라져 건조수축이 커지며, 이에 따라 균열이 발생함.

- **시험 목적**

  ① 굳지 않은 콘크리트에 함유된 염화물량 측정
  ② 콘크리트에 사용된 물의 염소이온농도 분석

- **시험 규정**

  KS F 4009 : 2016

- **시험 기구**

  ① 비커, ② 저울, ③ 건조로, ④ 용기, ⑤ 플라스크(삼각, 메스), ⑥ 용액(질산은 용액, 크롬산칼륨), ⑦ 피펫, 뷰렛, ⑧ 데시케이터

- **시험 방법**

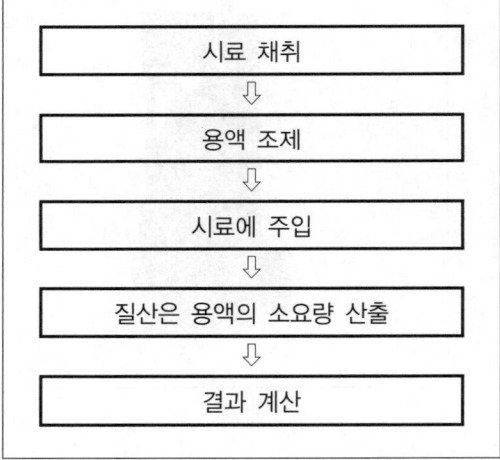

```
┌─────────────────┐
│    시료 채취     │
└─────────────────┘
         ⇩
┌─────────────────┐
│    용액 조제     │
└─────────────────┘
         ⇩
┌─────────────────┐
│   시료에 주입    │
└─────────────────┘
         ⇩
┌─────────────────────┐
│ 질산은 용액의 소요량 산출 │
└─────────────────────┘
         ⇩
┌─────────────────┐
│    결과 계산     │
└─────────────────┘
```

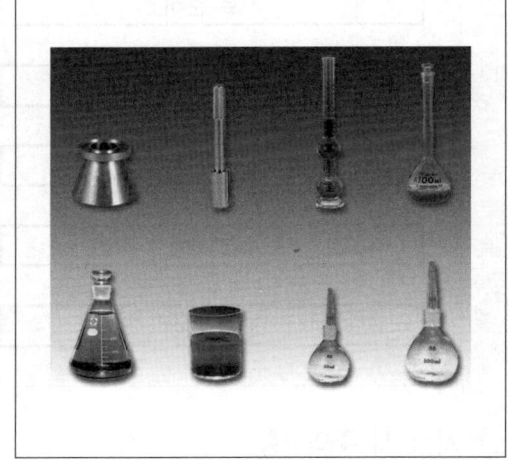

- **시험 시 주의사항**

  ① 콘크리트의 대표적인 시료는 KS F 2401에 따라 채취
  ② 시료액은 원심분리기로 채취하든가 또는 콘크리트, 모르타르 윗면에 떠오른 블리딩 수로 시험
  ③ 결과는 2회 이상 시험한 값의 평균값으로 적용

- **시험 결과의 활용**

  ① 굳지 않은 콘크리트에 함유된 염화물량 측정
  ② 굳지 않은 콘크리트의 품질기준 적정성 확인

6 굳지 않은 콘크리트의 시료채취방법(KS F 2401)

• **시험 목적**

믹서, 호퍼, 운반기구 또는 타설 장소로부터 관련 품질시험을 위하여 굳지 않은 콘크리트의 시료를 채취

• **시험 규정**

KS F 2401 : 2012

• **시험 방법**

> ① 믹서에서 분취시료를 채취하는 경우
>   믹서에서 나오는 중간 부분의 콘크리트 흐름 중 3개소 이상에서 채취하거나, 믹서의 회전을 멈추고 셔블로 믹서 내의 3개소 이상에서 채취하거나, 1배치를 용기에 넣어서 그중 3개소 이상에서 채취
> ② 트럭에지테이터에서 분취시료를 채취하는 경우
>   트럭에지테이터에서 30초간 고속으로 회전한 후 최초로 배출되는 콘크리트 50 ~ 100L를 제외하고 규칙적인 간격으로 3회 이상 채취
> ③ 콘크리트 펌프에서 분취시료를 채취하는 경우
>   배관통 앞에서 나오는 트럭에지테이터 1대분 또는 1배치라고 판단되는 콘크리트 흐름의 전횡 단면에서 규칙적인 간격으로 3회 이상 채취
> ④ 호퍼 또는 버킷 등에서 채취하는 경우
>   시료는 1배치분의 콘크리트에 대하여 호퍼 또는 버킷에서 유출되는 콘크리트 흐름 중간쯤의 수개소 이상에서 채취
> ⑤ 덤프트럭 등에서 채취하는 경우
>   시료는 트럭 적재함의 중앙 부근 3개소 이상에서 표면의 콘크리트를 제거하고 채취하거나 또는 배출된 콘크리트 무더기의 3개소 이상에서 채취
> ⑥ 손수레 또는 트롤리에서 채취하는 경우
>   시료는 타설할 위치에서 될 수 있는 대로 가까운 곳에서 1배치의 중간쯤의 콘크리트를 운반하는 손수레 중 3대 이상에서 채취
> ⑦ 타설한 콘크리트에서 채취하는 경우
>   시료는 콘크리트를 거푸집 속에 타설한 직후 다지기 전에 콘크리트의 3개소 이상에서 삽을 사용하여 채취

• **시험 시 주의사항**

① 굳지 않은 콘크리트의 시료 채취의 양
  – 시료의 양은 20L 이상으로 하고 시험에 필요한 양보다 5L 이상 많아야 함.
  – 공기함유량 측정이나 슬럼프시험용 시료의 양은 필요한 양보다 5L 이상이어야 함.
② 굳지 않은 콘크리트 시료의 거듭 비비기
  – 시료는 공시체를 성형할 장소 또는 시험이 행해질 장소로 운반하여 균일해지도록 삽으로 거듭 비벼야 함.
  – 시료를 취하여 사용하는 기간(15분 이내) 중에 시료가 햇볕이나 바람에 쏘이지 않도록 보호해야 함.

- **시험 목적**

  ① 콘크리트 속에 포함된 공기 함유량을 시험하는 방법

  ② 공기 함유량은 굳지 않은 콘크리트, 굳은 콘크리트의 품질에 영향을 미침.

- **시험 규정**

  KS F 2421 : 2016

- **시험 기구**

  ① 공기량측정기, ② 다짐봉, ③ 진동기(필요시)

- **시험 방법**

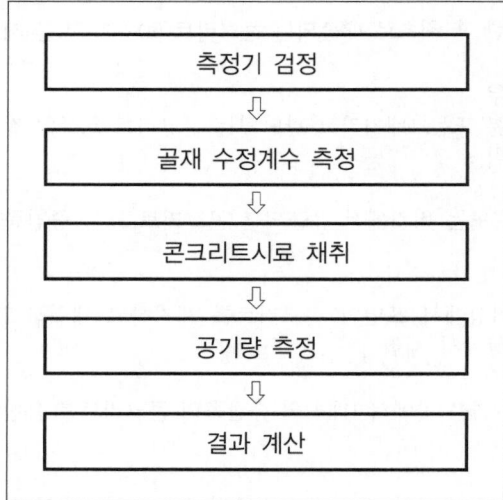

- **시험 시 주의사항**

  ① 진동기를 이용할 경우 진동시간은 콘크리트 표면에 큰 기포가 없어지는 데 필요한 최소시간으로 함.

  ② 골재 수정계수 측정 시 시료는 5분 정도 물에 수침시킨 후 측정

  ③ 콘크리트의 공기량은 측정된 공기량에서 골재수정계수를 감해야 함.

- **시험 결과의 활용**

  ① 콘크리트 속에 포함된 공기함유량을 시험하는 방법

  ② 판정 기준 : 보통 콘크리트(4.5±1.5%), 경량·순환 콘크리트(5.5±1.5%)

  　　　　　　　고강도 콘크리트(3.5±1.5%)

8 콘크리트의 슬럼프 시험방법(KS F 2402)

● **시험 목적**

① 콘크리트의 작업능력(workability)을 판단

② 콘크리트의 반죽질기(consistency)를 판단

● **시험 규정**

KS F 2402 : 2012

● **시험 기구**

① 슬럼프콘, ② 다짐봉, ③ 측정자, ④ 스톱워치

● **시험 방법**

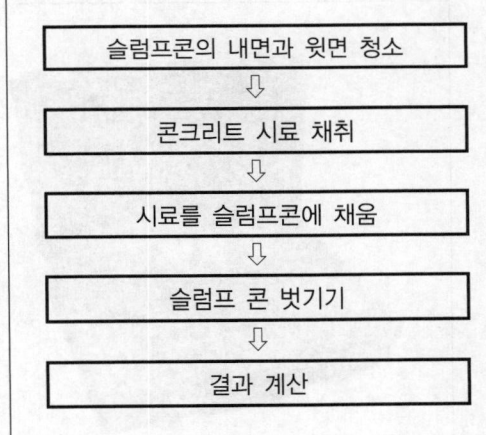

슬럼프콘의 내면과 윗면 청소
⇩
콘크리트 시료 채취
⇩
시료를 슬럼프콘에 채움
⇩
슬럼프 콘 벗기기
⇩
결과 계산

● **시험 시 주의사항**

① 시료를 슬럼프콘에 넣고 다질 때에는 아래층이 닿지 않도록 주의

② 슬럼프 벗기는 시간은 높이 30cm에서 2∼3초이며, 전체 시험시간은 3분 이내

③ 슬럼프의 모양이 중심축에 대해서 치우치거나 무너질 경우, 불균형이 될 경우에는 재시
험 실시

● **시험 결과의 활용**

① 콘크리트의 소성 및 점성을 측정하여 구조물의 안정성과 내구성 및 콘크리트의 타설
가동성 확인

② 판정 기준 : 슬럼프 25mm(±10mm), 슬럼프 50∼65mm(±15mm)
　　　　　　　　슬럼프 80mm 이상(±25mm)

- **시험 목적**

  ① 레디믹스트 콘크리트 내의 염화물량 측정
  ② 레디믹스트 콘크리트 내의 염화물은 철근 부식에 영향을 끼침.

- **시험 규정**

  KS F 4009 : 2016

- **시험 기구**

  ① 염화물 측정기, ② 비커

- **시험 방법**

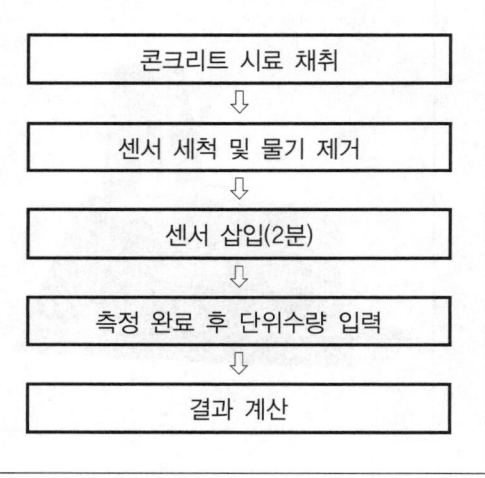

```
┌─────────────────────┐
│   콘크리트 시료 채취    │
└─────────────────────┘
          ⇩
┌─────────────────────┐
│  센서 세척 및 물기 제거  │
└─────────────────────┘
          ⇩
┌─────────────────────┐
│    센서 삽입(2분)      │
└─────────────────────┘
          ⇩
┌─────────────────────┐
│ 측정 완료 후 단위수량 입력 │
└─────────────────────┘
          ⇩
┌─────────────────────┐
│     결과 계산         │
└─────────────────────┘
```

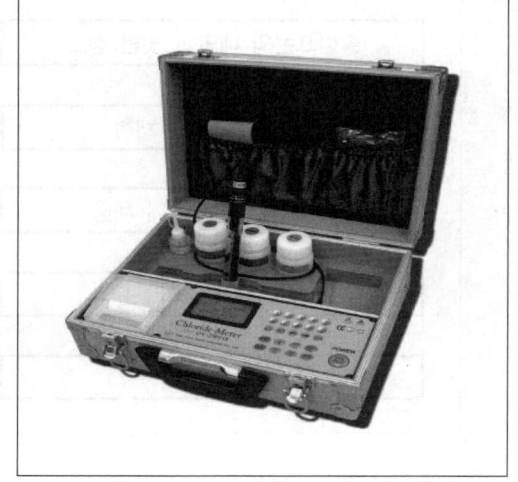

- **시험 시 주의사항**

  ① 시험 전 센서를 0.5%, 0.1% 교정용액에 교정 시행
  ② 시료는 500~1,000g 비커에 채취
  ③ 측정 후 프린트를 해 놓지 않으면 측정된 데이터는 삭제됨.

- **시험 결과의 활용**

  ① 레디믹스트 콘크리트 내의 염화물량 측정
  ② 판정 기준 : 레미콘의 염화물함유량은 $0.3kg/m^3$ 이하여야 함(철근콘크리트의 경우).

10 굳지 않은 콘크리트의 단위용적 질량 및 공기량 시험방법(KS F 2409)

- **시험 목적**

  ① 콘크리트 배합의 적정 여부 파악

  ② 콘크리트의 품질상태 파악

- **시험 규정**

  KS F 2409 : 2016

- **시험 기구**

  ① 금속용기, ② 저울, ③ 내부진동기, ④ 다짐봉

- **시험 방법**

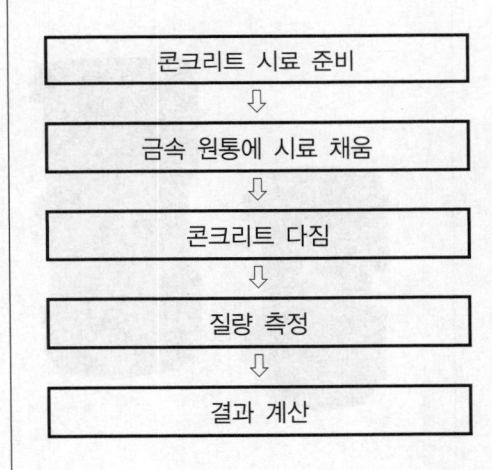

```
┌─────────────────────┐
│   콘크리트 시료 준비    │
└─────────────────────┘
          ⇩
┌─────────────────────┐
│   금속 원통에 시료 채움  │
└─────────────────────┘
          ⇩
┌─────────────────────┐
│     콘크리트 다짐       │
└─────────────────────┘
          ⇩
┌─────────────────────┐
│      질량 측정         │
└─────────────────────┘
          ⇩
┌─────────────────────┐
│      결과 계산         │
└─────────────────────┘
```

- **시험 시 주의사항**

  ① 진동기로 다진 후에는 콘크리트 중에 빈 틈새가 남지 않도록 진동기를 천천히 빼야 함.

  ② 다짐봉을 이용할 경우 용기의 안지름에 따라 각 층별 다짐횟수를 다르게 해야 함.

  용기 안지름(cm) : 층별 다짐횟수 = 14 : 10회, 24 : 25회

- **시험 결과의 활용**

  ① 콘크리트의 배합 및 품질상태 파악

  ② 사용하는 콘크리트의 단위용적 질량 적정성 파악

  (경량 콘크리트, 보통 콘크리트, 방사선차폐용 콘크리트)

- **시험 목적**

  ① 콘크리트의 압축강도 시험용 공시체 제작

  ② 콘크리트의 휨강도 시험용 공시체 제작

- **시험 규정**

  KS F 2403 : 2014

- **시험 기구**

  ① 몰드(금속 원통), ② 다짐봉, ③ 내부진동기

- **시험 방법**

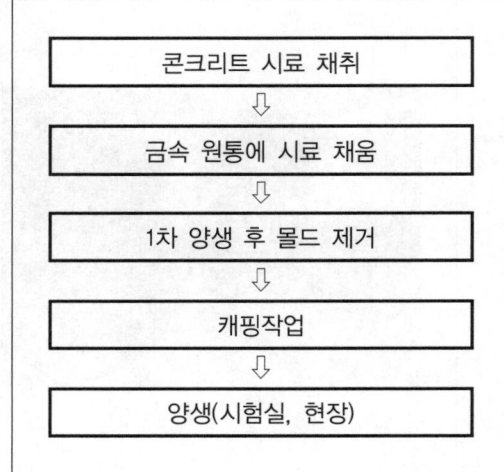

콘크리트 시료 채취
⇩
금속 원통에 시료 채움
⇩
1차 양생 후 몰드 제거
⇩
캐핑작업
⇩
양생(시험실, 현장)

- **시험 시 주의사항**

  ① 금속 원통은 지름이 굵은 골재 최대치수의 3배 이상이며 100mm 이상으로 함.

  ② 다질 경우에는 아래층까지 닿도록 하여야 함.

  ③ 공시체 캐핑층의 두께는 공시체 지름의 2%를 넘어서는 안 됨.

- **시험 결과의 활용**

  ① 콘크리트의 압축강도, 휨강도 시험용 공시체 제작

  ② 콘크리트의 강도를 확인하여 콘크리트의 적정성 여부 확인

12 콘크리트의 압축강도 시험방법(KS F 2405)

• 시험 목적

① 콘크리트의 압축강도 측정
② PSC에서 프리스트레스의 도입시기 결정

• 시험 규정

KS F 2405 : 2017

• 시험 기구

① 공시체, ② 표준양생수조, ③ 저울, ④ 압축강도시험기

• 시험 방법

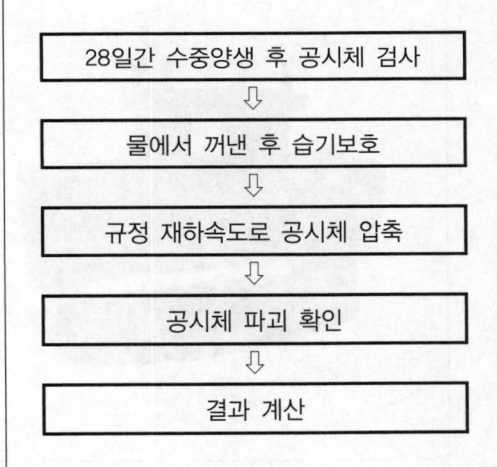

```
┌─────────────────────────────┐
│  28일간 수중양생 후 공시체 검사  │
└─────────────────────────────┘
              ⇩
┌─────────────────────────────┐
│    물에서 꺼낸 후 습기보호      │
└─────────────────────────────┘
              ⇩
┌─────────────────────────────┐
│   규정 재하속도로 공시체 압축   │
└─────────────────────────────┘
              ⇩
┌─────────────────────────────┐
│      공시체 파괴 확인          │
└─────────────────────────────┘
              ⇩
┌─────────────────────────────┐
│        결과 계산              │
└─────────────────────────────┘
```

• 시험 시 주의사항

① 공시체는 KS F 2403에 따라 제작하여야 함.
② 시험하는 공시체의 재령은 7일, 28일, 91일 또는 그중의 하나로 함.
③ 공시체 시험 시에는 충격을 주지 않아야 하며, 똑같은 속도로 하중을 가해야 함.

• 시험 결과의 활용

① 콘크리트의 조기강도 확인으로 거푸집 제거 및 PSC에서 프리스트레스의 도입 시기 결정
② 콘크리트의 압축강도를 확인하여 콘크리트의 적정성 여부 확인

- **시험 목적**

  ① 콘크리트의 휨강도 측정
  ② 콘크리트 포장두께의 설계나 배합설계의 적정성 확인

- **시험 규정**

  KS F 2408 : 2016

- **시험 기구**

  ① 공시체, ② 표준양생수조, ③ 휨강도시험기

- **시험 방법**

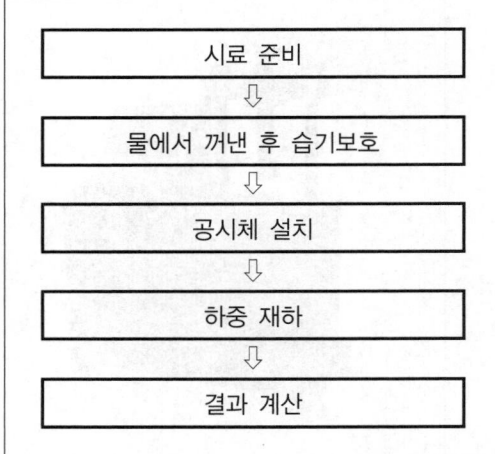

- **시험 시 주의사항**

  ① 공시체는 KS F 2403에 따라 제작하여야 함.
  ② 지간은 공시체 높이 3배로 결정
  ③ 재하장치의 접촉면과 공시체면 사이에 틈새가 생기는 경우에는 접촉부의 공시체 표면을 평평하게 갈아서 잘 접촉되도록 해야 함.

- **시험 결과의 활용**

  ① 콘크리트 포장, 슬래브, 콘크리트관 등의 품질 확인
  ② 콘크리트의 휨강도를 확인하여 콘크리트의 적정성 여부 확인

14 콘크리트의 블리딩 시험방법(KS F 2414)

• **시험 목적**

① 콘크리트의 블리딩양 측정
② 굳지 않은 콘크리트의 균열(소성수축, 침하균열) 발생 여부 파악

• **시험 규정**

KS F 2414 : 2015

• **시험 기구**

① 금속용기, ② 다짐봉, ③ 저울, ④ 메스실린더, ⑤ 피펫

• **시험 방법**

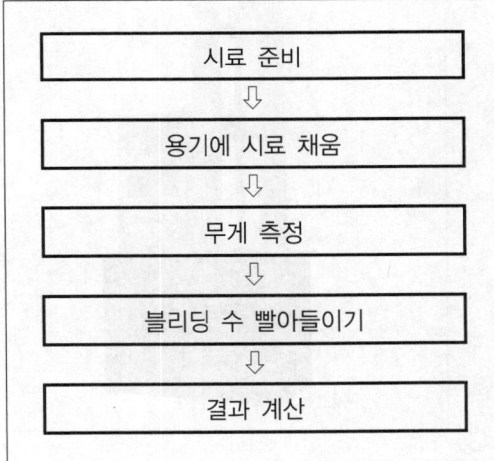

시료 준비
⇩
용기에 시료 채움
⇩
무게 측정
⇩
블리딩 수 빨아들이기
⇩
결과 계산

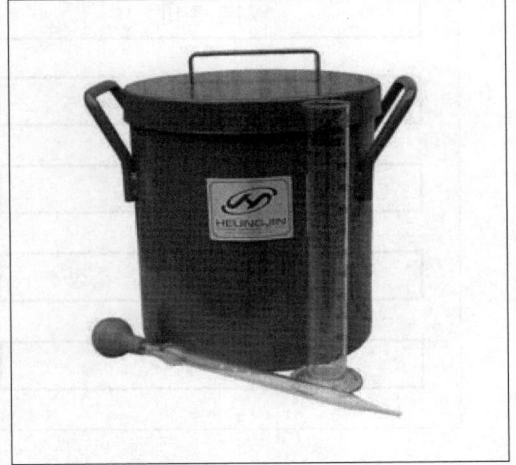

• **시험 시 주의사항**

① 콘크리트의 시험온도는 20±2℃로 해야 함.
② 용기에 시료를 채울 시에는 평활한 면이 되도록 흙손으로 골라야 함.
③ 시료의 질량으로는 빨아낸 블리딩에 의한 수량을 가산해야 함.

• **시험 결과의 활용**

① 굵은 골재의 최대치수가 50mm 이하인 굳지 않은 콘크리트의 블리딩양을 측정하는 데 사용
② 굳지 않은 콘크리트의 균열(소성수축, 침하균열) 발생 여부 파악

- **시험 목적**

  콘크리트 보강용으로 사용하는 강섬유의 품질 확인

- **시험 규정**

  KS F 2564 : 2014

- **시험 기구**

  ① 인장강도시험기, ② 버니어 캘리퍼스

- **시험 방법**

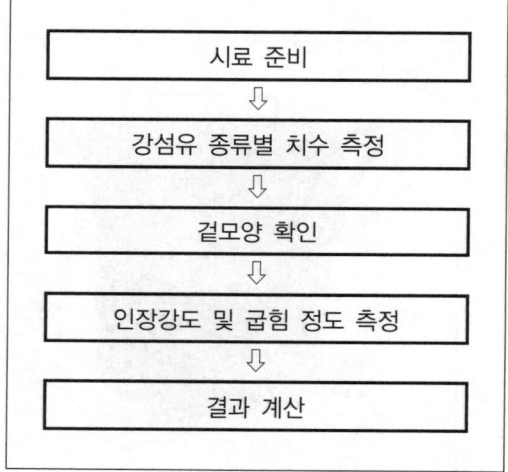

- **시험 시 주의사항**

  ① 공칭지름은 섬유의 밀도를 7,850kg/m³ 적용

  ② 강섬유는 유해한 녹이 있어서는 안되므로 육안으로 확인하여야 함.

  ③ 강섬유의 평균 인장강도는 700MPa 이상이어야 하며, 각각의 인장강도는 650MPa 이상이어야 함.

- **시험 결과의 활용**

  콘크리트 보강용으로 사용되는 강섬유의 품질 확인

16 콘크리트용 강섬유의 인장강도시험(KS F 2565)

- **시험 목적**

  콘크리트 보강용으로 사용되는 강섬유의 인장강도 확인

- **시험 규정**

  KS F 2565 : 2015

- **시험 기구**

  인장강도시험기

- **시험 방법**

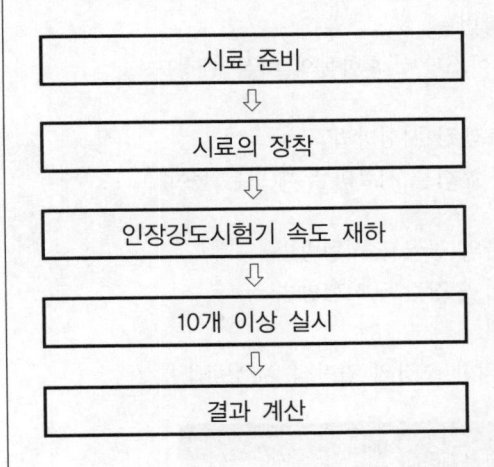

시료 준비
⬇
시료의 장착
⬇
인장강도시험기 속도 재하
⬇
10개 이상 실시
⬇
결과 계산

- **시험 시 주의사항**

  ① 하중의 작용선과 시료의 축선이 일치해야 함.

  ② 재하속도는 평균 증가율 10 ~ 30MPa로 함.

  ③ 상하의 그립 부분에서 파단된 경우의 값은 제외해야 함.

- **시험 결과의 활용**

  콘크리트 보강용으로 사용되는 강섬유의 인장강도 확인

4. 아스팔트 및 아스팔트 혼합물시험

1. 아스팔트 포장 혼합물의 시료 채취방법
2. 역청재료의 침입도 시험방법
3. 아스팔트 포장용 혼합물의 아스팔트 함유량 시험방법
4. 아스팔트 골재 혼합물의 피막박리 시험방법
5. 굵은 골재 및 잔골재의 체가름 시험방법
6. 아스팔트 혼합물용 골재 시험방법
7. 다져진 역청 혼합물의 겉보기비중 및 밀도시험방법
   (표면건조 포화상태의 공시체)
8. 다져진 역청 혼합물의 겉보기비중 및 밀도시험방법
   (파라핀으로 피복한 경우)
9. 아스팔트 혼합물의 이론최대비중 시험방법
10. 역청재료의 신도 시험방법
11. 마샬 시험기를 사용한 아스팔트 혼합물의 마샬 안정도
    및 흐름값 시험방법
12. 아스팔트 혼합물의 휠트래킹 시험방법
13. 다져진 아스팔트 포장용 혼합물 시료의 두께(또는 높이)
    측정방법
14. 다져진 아스팔트 혼합물의 공극률 시험방법
15. 아스팔트 혼합물의 간접 인장강도 시험방법
16. 아스팔트 포장용 채움재
17. 7.6m 프로파일미터에 의한 포장의 평탄성 시험방법

[평판재하시험(PBT)]

1 　아스팔트 포장 혼합물의 시료 채취방법(KS F 2350)

• 시험 목적

　① 아스팔트 혼합물의 시험을 하기 위한 대표적인 시료 채취
　② 채취 장소 : 플랜트, 현장(도로 등), 노상혼합 역청혼합물

• 시험 규정

　KS F 2350 : 2015

• 시험 방법

> ① 플랜트에서 혼합 역청 혼합물 시료 채취
> 　• 혼합 플랜트에서 배출되는 배치로부터 시료를 채취할 때는 서로 180°가 되는 2점에서 삽 또는 스쿠프로 퇴적의 밑에서 위로 긁어 올리면서 채취하여, 재혼합 및 4분법에 의하여 소요량의 시료를 얻음.
> 　• 퇴적되어 있는 혼합물에서 시료를 채취할 때는 퇴적의 꼭대기, 중앙 및 저부에 구멍을 파고, 같은 양의 시료를 채취, 혼합하여 소요량을 채취
> 　• 차량에서 혼합물 시료를 채취할 때는 전 차량에 걸쳐서 차량의 길이를 2개의 횡단선으로 3등분하고, 주행 방향으로 중간선을 그어 만든 차량 표면적의 1/6을 대표하는 중간점 표면의 약 30cm에서 6개 이상의 시료를 채취
> ② 현장(도로 등)에서 가열 혼합 역청 혼합물의 시료 채취
> 　혼합의 성질을 결정하기 위하여 시공된 포장에서 시료를 채취할 때는 1일 작업에 대하여 1회 이상 채취한다. 밀도를 결정하기 위한 시료는 밀도의 변화가 일어나지 않도록 절단하여 견고하게 포장해서 운반해야 함.
> ③ 노상혼합 역청 혼합물의 시료 채취
> 　• 혼합물의 물리적 성질, 역청 함유량 및 균일성을 결정하기 위하여 역청이 완전히 혼합된 다음에 시료를 채취
> 　• 혼합물이 줄무더기로 쌓여 있을 때는 150m 이내의 간격으로 대표적인 시료를 채취하여 각각 별도로 시험 실시
> 　• 혼합물이 비교적 균일한 층으로 쌓여 있을 때는 150m 이내의 간격으로 대표적인 시료를 채취하며, 포장면 밑의 노면 또는 기층에서 재료가 혼입되지 않도록 주의해야 함.

• 시험 시 주의사항

　① 역청 혼합물의 대표적인 시료를 주의해서 채취
　② 골재와 역청질 모르타르의 분리가 일어나지 않도록 주의하여 시료를 채취

- **시험 목적**

    ① 아스팔트의 경도 확인

    ② 아스팔트의 분류

- **시험 규정**

    KS M 2252 : 2017

- **시험 기구**

    ① 침입도 시험기, ② 유리용기 및 삼각금속대, ③ 항온수조, ④ 온도계

- **시험 방법**

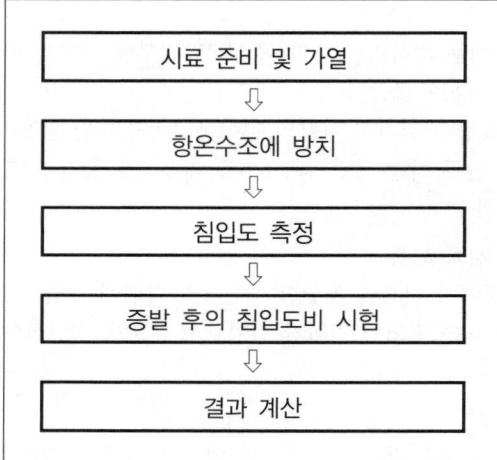

```
시료 준비 및 가열
      ⇩
항온수조에 방치
      ⇩
침입도 측정
      ⇩
증발 후의 침입도비 시험
      ⇩
결과 계산
```

- **시험 시 주의사항**

    ① 시료에 부분적인 가열을 피하고, 연화점보다 90℃ 이상 높지 않도록 준비

    ② 침입도가 200 이상인 시료를 시험할 경우에는 3개의 침을 준비

    ③ 허용차 측정값의 최솟값의 차이는 평균값에 대해 침입도 측정값의 허용차를 넘어서는 안 됨.

- **시험 결과의 활용**

    ① 아스팔트 분류에 활용

    ② 아스팔트의 감온성 추정

    ③ 반고체 및 고체 역청재료의 경도 측정

3 아스팔트 포장용 혼합물의 아스팔트 함유량 시험방법(KS F 2354)

- **시험 목적**

  ① 아스팔트 콘크리트에 섞여 있는 아스팔트 함유량 확인
  ② 아스팔트 콘크리트에 섞여 있는 아스팔트 정량 확인

- **시험 규정**

  KS F 2354 : 2013

- **시험 기구**

  ① 건조로, ② 원심분리기, ③ 저울, ④ 온도계, ⑤ 데시케이터, ⑥ 가열접시, ⑦ 전기로,
  ⑧ 팬

- **시험 방법**

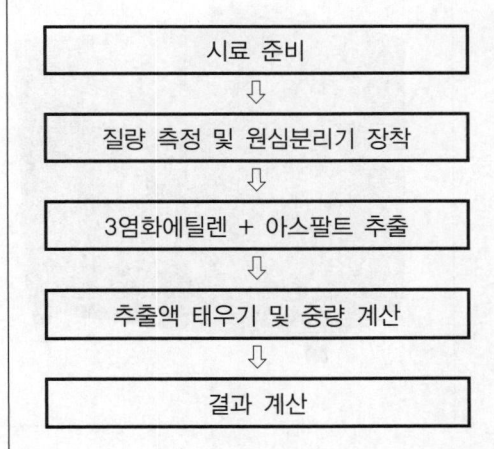

- **시험 시 주의사항**

  ① 시료의 최대 골재 크기에 따른 최소 시료량을 시험
  ② 가열된 골재는 대기 중에 식힐 때 대기 중의 수분을 흡수하기 때문에 알맞은 온도로 식
  었을 때 즉시 추출된 골재의 질량을 측정

- **시험 결과의 활용**

  ① 아스팔트 콘크리트에 섞여 있는 아스팔트 함유량 확인
  ② 아스팔트양이 너무 많으면 다짐 및 연신량이 많아 포장면의 굴곡이 심하고, 너무 적으면
  재료가 분리되거나 파손되기 쉬움.

4 아스팔트 골재 혼합물의 피막박리 시험방법(KS F 2355)

- **시험 목적**

  ① 아스팔트 콘크리트 혼합물의 골재에 피복된 아스팔트 엷은 막의 보유 정도 측정

  ② 이 시험은 컷백, 유제, 반고체 아스팔트에 적용

- **시험 규정**

  KS F 2355 : 2013

- **시험 기구**

  ① 건조로, ② 용기, ③ 저울, ④ 스패출러, ⑤ 체

- **시험 방법**

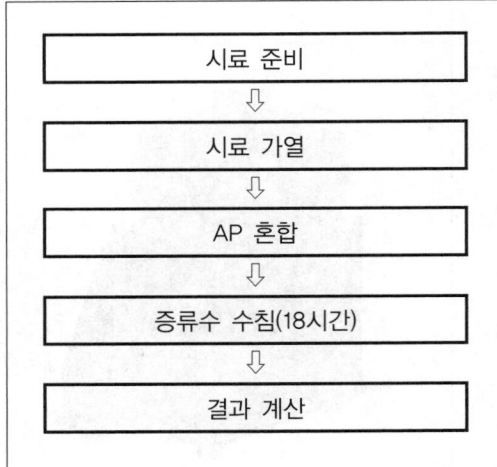

시료 준비
⇩
시료 가열
⇩
AP 혼합
⇩
증류수 수침(18시간)
⇩
결과 계산

- **시험 시 주의사항**

  ① 시험용 골재는 9.5mm체를 100% 통과하고 6.35mm체에 남는 크기

  ② 골재 피막박리시험 종류

  - 컷백 아스팔트에 대한 건조골재시험
  - 유제 아스팔트에 대한 건조골재시험
  - 컷백 아스팔트에 대한 습윤골재시험
  - 반고체 아스팔트에 대한 건조골재시험

- **시험 결과의 활용**

  ① 물이 있는 곳에서 정적 침수방법에 의해 골재에 피복된 역청의 엷은 막의 보유 정도 파악

  ② 골재의 품질기준 적정성 확인

    시방기준 : 피막박리시험에 의한 피복면적 95% 이상

5 굵은 골재 및 잔골재의 체가름 시험방법(KS F 2502)

- **시험 목적**

  ① 역청 추출 후 골재의 크고 작은 알이 혼합되어 있는 정도를 시험하여 용도별(표층, 중간층, 기층) 재료의 적부를 확인하기 위하여 실시
  ② 골재의 입도와 배합설계와의 적정성 확인

- **시험 규정**

  KS F 2502 : 2014

- **시험 기구**

  ① 시료팬, ② 가는 체 : 0.075, 0.15, 0.3, 0.6, 1.2, 2.5, 5.0, 10mm, ③ 분취기, ④ 굵은 체 : 5, 10, 15, 20, 25, 30, 40, 50, 65, 75, 100mm, ⑤ 저울, ⑥ 건조로

- **시험 방법**

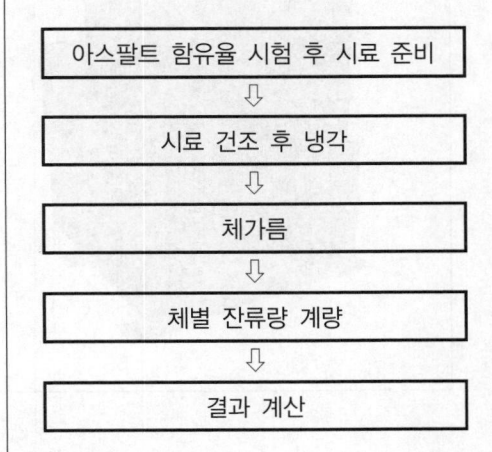

아스팔트 함유율 시험 후 시료 준비
⇩
시료 건조 후 냉각
⇩
체가름
⇩
체별 잔류량 계량
⇩
결과 계산

- **시험 시 주의사항**

  ① 체가름 시에는 어떠한 경우에도 시료를 손으로 눌러 통과시켜서는 안 됨.
  ② 시료 질량의 0.1% 이상까지 정확히 측정

- **시험 결과의 활용**

  ① 골재 재료의 용도별(표층, 중간층, 기층) 적부 확인
  ② 골재의 입도가 양호하면 아스팔트콘크리트의 다짐이 잘되고 밀도가 높음.

- **시험 목적**

    ① 아스팔트 혼합물에 사용되는 골재의 품질이나 입도 확인
    ② 골재의 품질을 확인하여 사용 여부 판단

- **시험 규정**

    KS F 2357 : 2014

- **시험 기구**

    ① 표준망 체, ② 시료팬, 삽, ③ 저울, ④ 건조로

- **시험 방법**

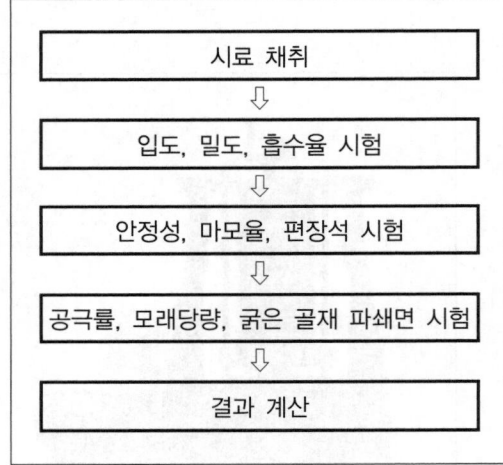

- **시험 시 주의사항**

    ① 시료채취는 KS F 2501에 따라 채취
    ② 굵은 골재의 파쇄면 시험 시 골재 파쇄로 간주되는 조건은 파쇄된 골재의 투영면적이
      파쇄되지 않은 골재의 투영면적의 1/4 이상이어야 1면 파쇄로 간주

- **시험 결과의 활용**

    ① 아스팔트 혼합물에 사용되는 골재의 품질이나 입도 적정성 확인
    ② 대표적인 시료의 조립률이 ±0.25% 이상 변동되었을 경우에는 재배합설계 실시

7 다져진 역청 혼합물의 겉보기비중 및 밀도시험방법 (표면건조 포화상태의 공시체) (KS F 2446)

• **시험 목적**

다져진 아스팔트 콘크리트 혼합물의 겉보기비중 및 밀도를 구함.

• **시험 규정**

KS F 2446 : 2015

• **시험 기구**

① 건조로, ② 철제 바구니, ③ 저울, ④ 수조

• **시험 방법**

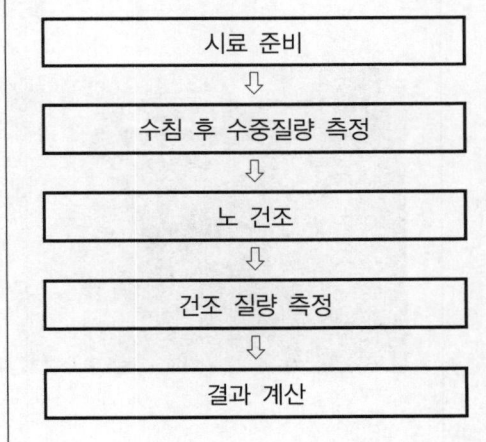

```
┌─────────────────┐
│   시료 준비      │
└─────────────────┘
         ⇩
┌─────────────────┐
│ 수침 후 수중질량 측정 │
└─────────────────┘
         ⇩
┌─────────────────┐
│    노 건조       │
└─────────────────┘
         ⇩
┌─────────────────┐
│   건조 질량 측정  │
└─────────────────┘
         ⇩
┌─────────────────┐
│   결과 계산      │
└─────────────────┘
```

• **시험 시 주의사항**

① 시료를 건조로에서 건조(110±5℃)한 것은 시료의 성상을 변화시키기 때문에 이 방법으로 시험한 후에 시료를 다른 시험에 사용하는 것은 금지

② 수조의 온도 차가 2℃를 초과하면 수조에 10~15분간 담가 두어야 함.

③ 물의 온도가 3℃를 벗어나면 보정하여 겉보기비중을 계산

• **시험 결과의 활용**

① 실내시험에 의하여 정해진 실측밀도를 기준으로 하여 현장에 포설된 역청혼합물의 다짐 정도 파악

② 시방기준 : 실내시험 결과의 96% 이상

8 다져진 역청 혼합물의 겉보기비중 및 밀도시험방법 (파라핀으로 피복한 경우) (KS F 2353)

- **시험 목적**

  다져진 아스팔트 콘크리트 혼합물의 겉보기비중 및 밀도를 구함.

- **시험 규정**

  KS F 2353 : 2017

- **시험 기구**

  ① 수조 및 현조장치, ② 철제 바구니, ③ 저울

- **시험 방법**

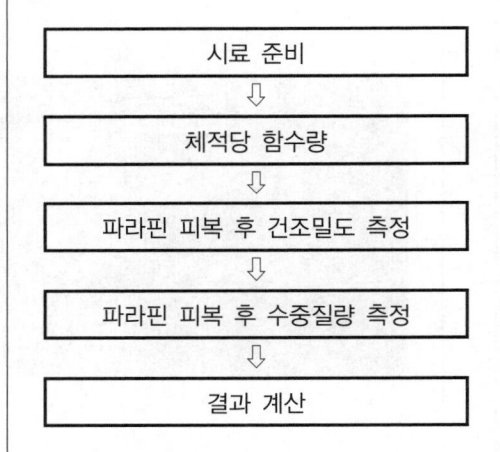

- **시험 시 주의사항**

  ① 원통형 시료의 지름은 골재 최대 크기의 4배 이상
  ② 파라핀의 겉보기비중은 납과 같은 무거운 재료의 추를 파라핀에 부착해서 구함.

- **시험 결과의 활용**

  ① 실내시험에 의하여 정해진 실측밀도를 기준으로 하여 현장에 포설된 역청혼합물의 다짐 정도 파악
  ② 시방기준 : 실내시험 결과의 96% 이상

9 　아스팔트 혼합물의 이론최대비중 시험방법(KS F 2366)

• **시험 목적**

　아스팔트 콘크리트 혼합물의 이론최대비중 측정

• **시험 규정**

　KS F 2366 : 2017

• **시험 기구**

　① 건조로, ② 이론최대밀도 시험기, ③ 시험용기, ④ 항온수조

• **시험 방법**

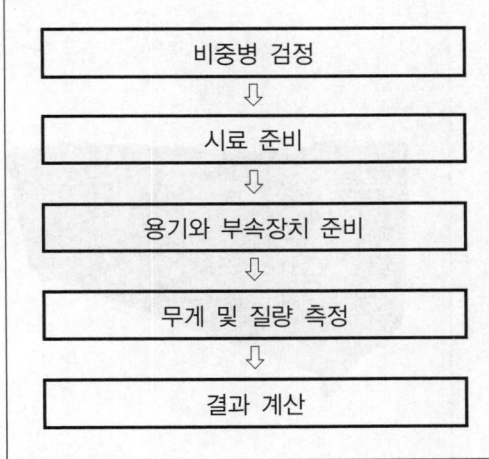

```
비중병 검정
   ⇩
시료 준비
   ⇩
용기와 부속장치 준비
   ⇩
무게 및 질량 측정
   ⇩
결과 계산
```

• **시험 시 주의사항**

　① 시료는 KS F 2350에 따라 채취
　② 시험용기의 크기에 따라 시료 최소 질량을 결정
　③ 이론적 최대비중 및 밀도는 3회 시험하여 평균값을 기록

• **시험 결과의 활용**

　① 다져지지 않은 역청 포장 혼합물의 이론적 최대비중 및 밀도의 결정
　② 이론최대밀도 : 다짐된 혼합물 속에 공극이 전혀 없는 것으로 가정했을 때의 밀도

● **시험 목적**

　① 역청재료의 시료가 끊어질 때까지 늘어나는 길이를 측정

　② 아스팔트의 분류

● **시험 규정**

　KS M 2254 : 2017

● **시험 기구**

　① 신도시험기, ② 형틀

● **시험 방법**

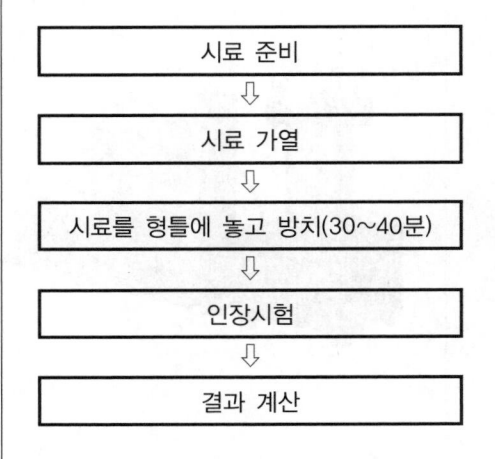

```
┌─────────────────────────────┐
│          시료 준비            │
└─────────────────────────────┘
              ⇩
┌─────────────────────────────┐
│          시료 가열            │
└─────────────────────────────┘
              ⇩
┌─────────────────────────────┐
│ 시료를 형틀에 놓고 방치(30~40분) │
└─────────────────────────────┘
              ⇩
┌─────────────────────────────┐
│          인장시험            │
└─────────────────────────────┘
              ⇩
┌─────────────────────────────┐
│          결과 계산            │
└─────────────────────────────┘
```

● **시험 시 주의사항**

　① 연화점보다 90℃ 이상 높지 않도록 가열하고 30분 이상 가열금지

　② 형틀에 시료를 유입할 때 형틀을 부수거나, 거품이 들어가지 않도록 주의

　③ 신도시험기에 시료를 부었을 때 시료의 상하에 물층이 25mm 이상이어야 함.

● **시험 결과의 활용**

　① 아스팔트의 분류

　② 아스팔트의 감온성, 결합력 추정

11 마샬 시험기를 사용한 아스팔트 혼합물의 마샬 안정도 및 흐름값 시험방법(KS F 2337)

- **시험 목적**

  ① 아스팔트 포장용 혼합물의 원주형 공시체의 소성 흐름에 대한 저항력 판정
  ② 아스팔트 배합설계 시 아스팔트양 결정

- **시험 규정**

  KS F 2337 : 2012

- **시험 기구**

  ① 마샬 시험기, ② 형틀, ③ 다짐용 해머, ④ 재하 헤드, ⑤ 항온수조, ⑥ 건조로,
  ⑦ 저울, ⑧ 온도계, ⑨ 공시체 추출기

- **시험 방법**

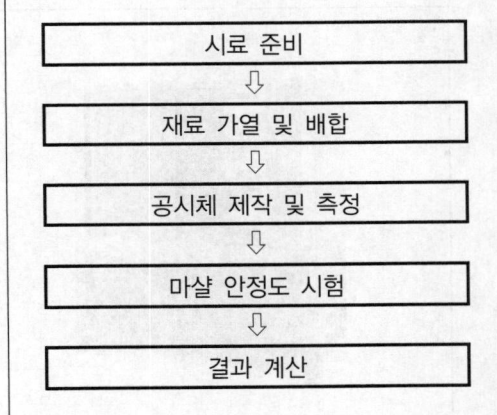

시료 준비
⇩
재료 가열 및 배합
⇩
공시체 제작 및 측정
⇩
마샬 안정도 시험
⇩
결과 계산

- **시험 시 주의사항**

  ① 골재를 110±5℃에서 일정한 질량이 될 때까지 건조시켜 필요한 크기별로 체가름 실시
  ② 수조에서 공시체를 꺼내어 최대하중을 측정할 때까지 시험에 소요된 시간은 30초 이내
  ③ 재하 시에는 일정한 속도로 재하(분당 50.8mm의 속도)

- **시험 결과의 활용**

  ① 아스팔트 배합설계 시 아스팔트양 결정
  ② 시방기준 : – 표층 및 중간층 500(750kg) 이상
  　　　　　　　– 기층 350(500kg) 이상
  　　　　( ) 안은 1일 1방향 교통량이 1,000대 이상일 때 적용

- **시험 목적**

  ① 역청 포장용 혼합물을 롤러 다짐한 공시체에 시험 차륜 하중을 반복적으로 가하여 동적 안정도 및 변형률을 측정

  ② 내유동성이 요구되는 도로포장용 아스팔트 혼합물의 배합설계 및 품질관리 시 우수한 혼합물을 선정

- **시험 규정**

  KS F 2374 : 2010

- **시험 기구**

  ① 공시체 제작용 기구, ② 휠트래킹 시험기, ③ 항온수조

- **시험 방법**

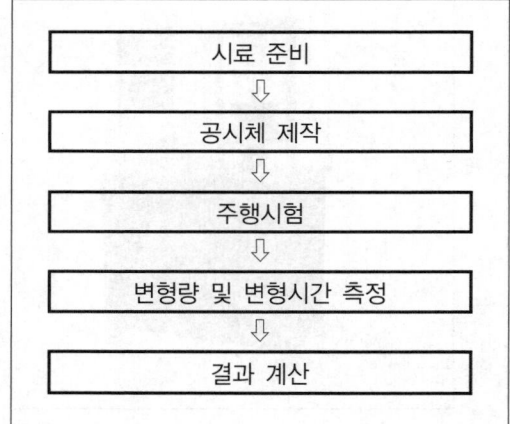

- **시험 시 주의사항**

  ① 한 종류의 아스팔트 콘크리트 혼합물에 대하여 3회 이상 시험 실시

  ② 시험차륜의 하중은 일정 기간을 두고 동일 하중에 따른 접지압을 시험하여 늘 일정한 접지압 유지

  ③ 동적안정도 : 공시체 표면으로부터 1mm 변형하는 데 소요되는 시험차륜의 횟수

- **시험 결과의 활용**

  ① 내유동성이 요구되는 도로포장용 아스팔트 혼합물의 소성변형에 대한 저항성 확인

  ② 시방기준 : 1,500회/mm(중온아스팔트 W70 등급 WC 1~4)

13 다져진 아스팔트 포장용 혼합물 시료의 두께(또는 높이) 측정방법(KS F 2367)

- **시험 목적**

  실내에서 제작된 공시체 또는 포장 후 코어를 채취하여 높이를 측정한 후 설계 두께와 비교하기 위함.

- **시험 규정**

  KS F 2367 : 2017

- **시험 기구**

  ① 버니어 캘리퍼스, ② 자, ③ 코어채취기

- **시험 방법**

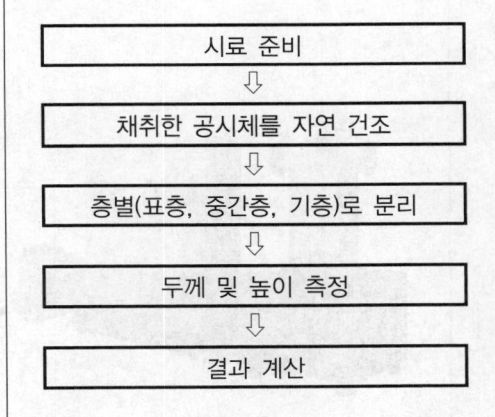

```
┌─────────────────────┐
│      시료 준비        │
└─────────────────────┘
          ⇩
┌─────────────────────┐
│  채취한 공시체를 자연 건조  │
└─────────────────────┘
          ⇩
┌─────────────────────┐
│ 층별(표층, 중간층, 기층)로 분리 │
└─────────────────────┘
          ⇩
┌─────────────────────┐
│    두께 및 높이 측정     │
└─────────────────────┘
          ⇩
┌─────────────────────┐
│       결과 계산        │
└─────────────────────┘
```

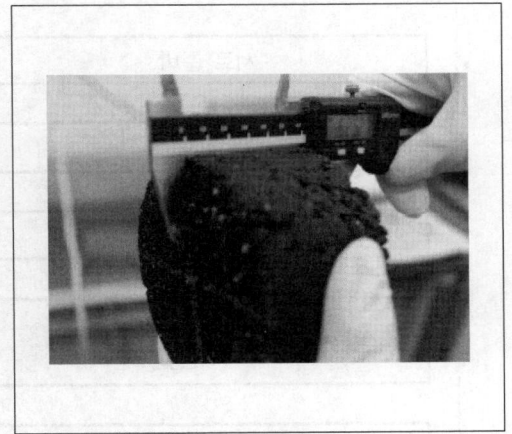

- **시험 시 주의사항**

  ① 공시체는 실코트, 노반재료, 흙 등 기타 이물질이 붙어 있어서는 안 됨.

  ② 측정하기 전 공시체를 보관하는 도중에 변형 또는 균열이 발생한 공시체를 사용해서는 안 됨.

  ③ 상하 양면으로부터 중간 정도 지점에서 공시체의 측면에 대략 직교하는 부분을 택하여 공시체의 단면적을 측정

- **시험 결과의 활용**

  ① 포설이 완료된 포장면의 코어를 채취하여 현장의 시공상태 적정 여부 판정

  ② 시방기준 : 설계두께의 +10%, −5% 이내

- **시험 목적**

    ① 아스팔트 포장용 혼합물 내부에 포함된 작은 공극들의 체적비율 추정
    ② 아스팔트 포장용 혼합물의 품질기준 적정 여부 확인

- **시험 규정**

    KS F 2364 : 2013

- **시험 기구**

    ① 건조로, ② 이론최대밀도 시험기, ③ 시험용기, ④ 항온수조

- **시험 방법**

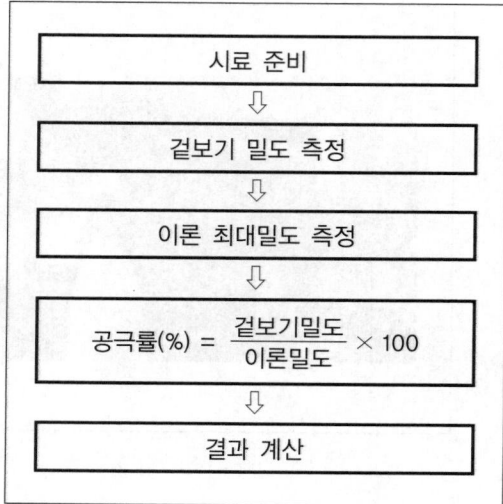

시료 준비 ⇩ 겉보기 밀도 측정 ⇩ 이론 최대밀도 측정 ⇩ 공극률(%) = $\dfrac{겉보기밀도}{이론밀도} \times 100$ ⇩ 결과 계산

- **시험 시 주의사항**

    ① KS F 2353에 따라 아스팔트 포장 혼합물의 겉보기밀도를 구함.
    ② 아스팔트 포장 혼합물의 이론최대밀도는 KS F 2366에 따라 구함.

- **시험 결과의 활용**

    ① 아스팔트 포장용 혼합물의 품질기준 적정 여부 확인
    ② 소성변형에 대한 저항성 확인
    ③ 시방기준 : 표층 및 중간층 3~6%, 기층 4~6%

15 아스팔트 혼합물의 간접 인장강도 시험방법(KS F 2382)

- **시험 목적**

  ① 아스팔트 콘크리트 혼합물의 건조상태의 간접인장강도 측정

  ② 아스팔트 콘크리트 혼합물의 습윤포화상태의 간접인장강도를 측정하여 수분 저항성 확인

- **시험 규정**

  KS F 2382 : 2013

- **시험 기구**

  ① 가이드 로드, ② 재하 헤드, ③ 온도조절장치

- **시험 방법**

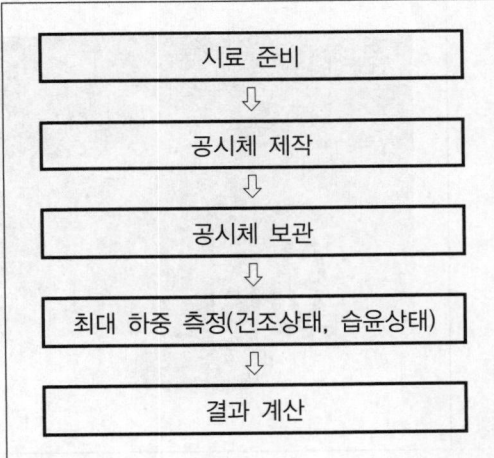

- **시험 시 주의사항**

  ① 공시체의 온도가 표시되지 않고 실제 온도를 알 수 없을 경우에는 시험 전 공시체를 정해진 온도에서 6시간 이상 보관한 후 시험

  ② 온도조절장치에서 공시체를 꺼내어 최대하중을 측정할 때까지 시험에 소요된 시간은 30초 이내

- **시험 결과의 활용**

  ① 아스팔트 포장용 혼합물의 품질기준 적정 여부 확인

  ② 아스팔트 포장용 혼합물에 대한 수분 저항성 확인

  ③ 시방기준 : 표층 및 중간층 0.8 이상[공극률(%) 7±0.5로 시험]

- **시험 목적**

  아스팔트 콘크리트 혼합물에 사용하는, 별도의 재료로 첨가하는 광물성 채움재에 대한 입도 및 품질 적합 여부 판정

- **시험 규정**

  KS F 2382 : 2013

- **시험 기구**

  ① 플로 시험기, ② 저울, ③ 침수팽창 몰드, ④ 건조로, ⑤ 표준망 체, ⑥ 데시케이터, ⑦ 항온기, ⑧ AP 자동다짐기

- **시험 방법**

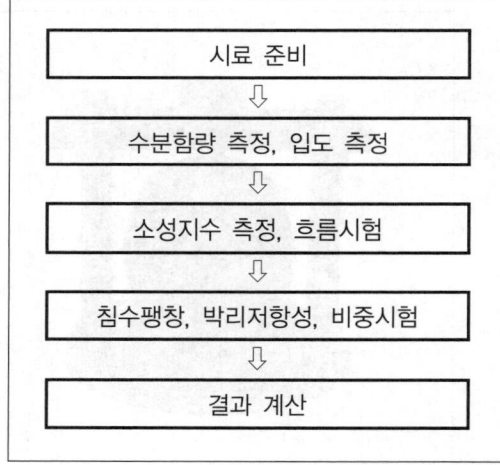

```
┌─────────────────────────────┐
│         시료 준비            │
└─────────────────────────────┘
              ⇩
┌─────────────────────────────┐
│    수분함량 측정, 입도 측정   │
└─────────────────────────────┘
              ⇩
┌─────────────────────────────┐
│    소성지수 측정, 흐름시험    │
└─────────────────────────────┘
              ⇩
┌─────────────────────────────┐
│  침수팽창, 박리저항성, 비중시험 │
└─────────────────────────────┘
              ⇩
┌─────────────────────────────┐
│         결과 계산            │
└─────────────────────────────┘
```

- **시험 시 주의사항**

  ① 석회석분, 시멘트, 소석회인 경우에는 약 500g의 시료를 채취
  ② 흐름시험 시 가하는 물의 양은 너비가 약 160~240mm 범위
  ③ 박리저항성 시험 시 박리가 전체의 1/4 정도 이하이면 합격 판정

- **시험 결과의 활용**

  ① 광물성 채움재에 대한 입도 및 품질 적합 여부 판정
  ② 시방기준 : ㉠ 수분함량 1% 이하, ㉡ 입도기준 : 0.08mm 70% 통과
  ③ 석회석분, 시멘트, 소석회 이외의 재료를 사용한 경우에는 별도의 품질기준에 적합해야 함.

17   7.6m 프로파일미터에 의한 포장의 평탄성 시험방법(KS F 2373)

- **시험 목적**

  ① 아스팔트 및 시멘트 콘크리트 포장 표면의 평탄성 측정

  ② 자동차 주행 시 승차감 및 안정성 확보 확인

- **시험 규정**

  KS F 2373 : 2015

- **시험 기구**

  ① 종방향 측정기(7.6m 프로파일미터), ② 횡방향 측정기, ③ 기록장치

- **시험 방법**

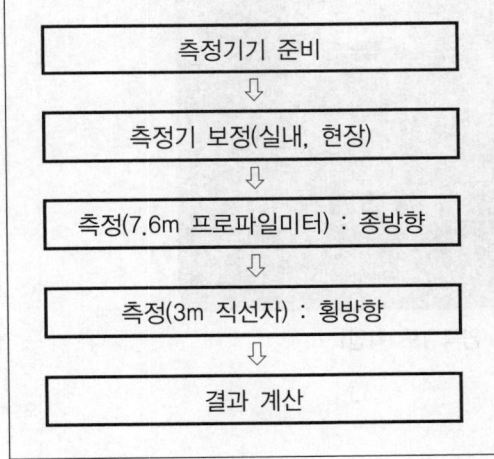

측정기기 준비
⇩
측정기 보정(실내, 현장)
⇩
측정(7.6m 프로파일미터) : 종방향
⇩
측정(3m 직선자) : 횡방향
⇩
결과 계산

- **시험 시 주의사항**

  ① 시험기기의 보정은 주 1회 이상 또는 측정 전에 해야 함.

  ② 측정속도 : 이동속도는 보속 이하로 운행(4km/hr 이하)

  ③ 측정위치 : 각 차로 우측 끝부분에서 안쪽으로 800 ~ 1,000mm 간격을 유지하며 중심
  선에 평행하게 하여 측정

- **시험 결과의 활용**

  ① 아스팔트 및 시멘트 콘크리트 포장 표면의 평탄성 적정 확인

  ② 평탄성 기준(본선구간 기준, 단위 : mm/km)

    - 콘크리트 포장 : 토공 및 터널부 160 이하, 기타 240 이하

    - 아스팔트 포장 : 토공 및 터널부 100 이하, 기타 200 이하

5. 강재시험

1. 금속재료 인장시험방법

2. 금속재료 굽힘시험

3. 철근콘크리트용 봉강시험

[레미콘 28일 압축강도 확인]

1 금속재료 인장시험방법(KS B 0802)

- **시험 목적**

  ① 금속재료의 인장강도 및 연신율 파악

  ② 금속재료의 KS 적정 여부 파악

- **시험 규정**

  KS B 0802 : 2013

- **시험 기구**

  ① 인장시험기, ② 버니어 캘리퍼스, ③ 절단쇠톱, ④ 줄, ⑤ 마이크로미터

- **시험 방법**

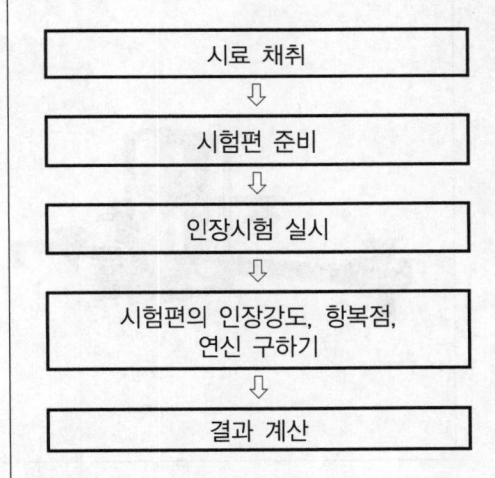

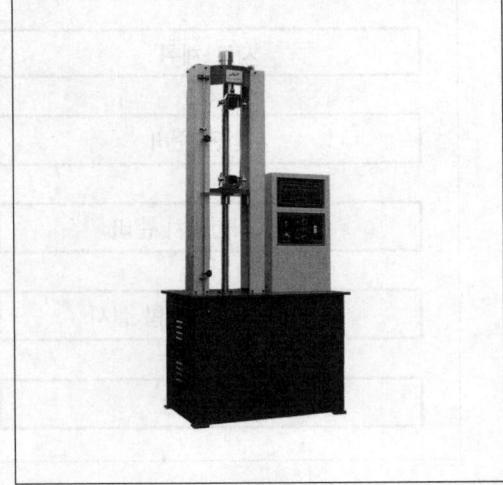

- **시험 시 주의사항**

  ① 시험편으로 사용할 부분의 재질 변화를 일으키는 변형 또는 가열 금지

  ② 필요에 따라 테이퍼를 붙인 시험편은 최소 단면에서의 단면적을 측정하여 원단면적으로 시험을 실시

  ③ 상항복점, 하항복점, 내력 또는 인장강도를 구하기 위한 하중은 그 크기의 0.5%까지 읽어야 함.

- **시험 결과의 활용**

  ① 금속재료의 인장강도 및 연신율 파악

  ② 금속재료의 KS 적정 여부 파악

2 금속재료 굽힘시험(KS B 0804)

- **시험 목적**

    ① 금속재료의 굽힘으로 소성변형이 일어나는 금속재료의 능력 파악

    ② 금속재료에 충분한 연성이 있는지를 파악

- **시험 규정**

    KS B 0804 : 2016

- **시험 기구**

    ① 굽힘시험기, ② 버니어 캘리퍼스

- **시험 방법**

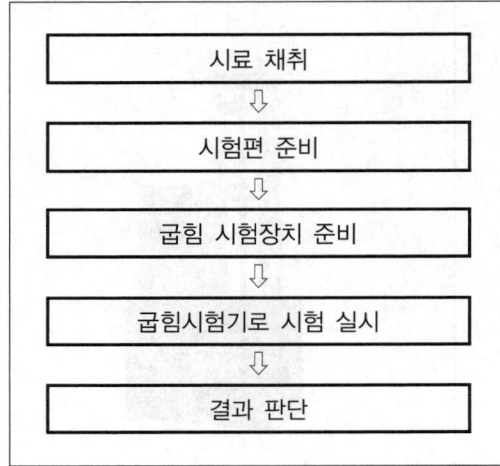

- **시험 시 주의사항**

    ① 시험편으로 사용하는 부분의 재질 변화를 일으키는 변형 또는 가열 금지

    ② 규정에 의하여 직접 시험편을 구부리는 것이 불가능할 때에는 시험편의 끝부분을 직접 눌러서 굽힘시험을 실시

    ③ 굽힘 각도는 항상 재료규격에서 규정한 최소값 적용

- **시험 결과의 활용**

    ① 금속재료의 굽힘 적정성 파악

    ② 금속재료의 KS 규격의 적정 여부 검증

3 철근콘크리트용 봉강시험(KS D 3504)

• **시험 목적**

  금속재료(철근 및 봉강)에 대한 제품의 품질을 확인

• **시험 규정**

  KS D 3504 : 2016

• **시험 기구**

  ① 마이크로미터, ② 버니어 캘리퍼스, ③ 인장시험기, ④ 화학분석기

• **시험 방법**

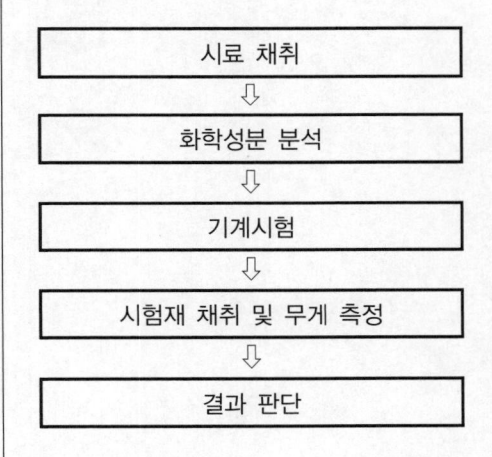

• **시험 시 주의사항**

  ① 시편길이는 60cm 내외
  ② 시험시편의 평형부에 표점을 표시
  ③ 인장속도는 $3 \sim 30\text{N/mm}^2 \cdot \text{S}$

• **시험 결과의 활용**

  금속재료(철근 및 봉강)의 품질 적정성 확인

MEMO

APPENDIX **02** 과년도 출제문제

최근 15개년 출제문제

제1교시

※ **다음 문제 중 10문제를 선택하여 설명하시오. (각 10점)**

1. 통계적 품질관리(SOC)
2. 기능성 강재의 품질유지방안
3. 콘크리트의 적산온도
4. RMR(Rock Mass Rating)
5. 암반의 풍화작용(weathering)
6. 토압의 응력전이 현상(arching effect)
7. 현장타설말뚝의 necking 현상
8. 포장평탄성지수인 PrI(Profile Index)와 IRI(International Roughness Index) 비교
9. 최소비용촉진법
10. 콘크리트 잔골재 선정 시 No. 200(75μm)체를 통과하는 매우 가는 골재의 양을 제한하는 이유
11. 콘크리트 하수관의 상부를 빠르게 부식시키는 가장 위협적인 요소
12. 콘크리트 균열이 철근의 직각 방향으로 발생하는 경우, 균열의 폭이 철근 부식에 큰 영향을 미치지 않는 이유
13. 동절기에 도로보수를 수행해야 하는 경우, 가장 적합한 시멘트와 그 이유

제2교시

※ **다음 문제 중 4문제를 선택하여 설명하시오. (각 25점)**

1. 하수관거의 종류와 시공 중, 시공 후 검사에 대하여 설명하시오.
2. 제어 발파에 대하여 설명하시오.
3. 사면붕괴 원인과 안정화 대책을 설명하고 품질확보를 위한 방안에 대하여 설명하시오.
4. 강교량에서 피로손상(fatigue damage)의 원인과 평가 및 대책에 대하여 설명하시오.
5. 콘크리트 강도 평가방법 중 코어강도시험의 (1) 장단점, (2) 코어채취방법, (3) 코어보정방법, (4) 강도평가방법을 설명하시오.
6. 오늘날 콘크리트 내구성 문제가 보다 심각하게 부각되는 배경을 기술하고, 이러한 내구성 문제 중 침출 및 백화현상이 내구성에 미치는 영향을 설명하시오.

제3교시

※ 다음 문제 중 4문제를 선택하여 설명하시오. (각 25점)

1. 토석류(debris flow)의 발생원인과 대책을 설명하시오.

2. 터널 굴착 시 주변 원지반 및 막장면 등의 안정성을 확보하기 위한 보조공법의 품질관리에 대하여 설명하시오.

3. 콘크리트 포장의 품질관리방안과 파손 시 보수대책에 대하여 설명하시오.

4. 철도궤도 구조형식 및 궤도시공 시 품질관리 유의사항에 대하여 설명하시오.

5. 알칼리골재반응 현상을 기술하고, 이를 제어하는 방안을 설명하시오.

6. 포졸란과 슬래그 재료의 생성과정, 반응관계(식) 및 반응특성을 설명하시오.

제4교시

※ 다음 문제 중 4문제를 선택하여 설명하시오. (각 25점)

1. 교량바닥의 열화발생 원인과 대책에 대하여 설명하시오.

2. 장대터널 현장에서 터널 내부의 도로 노면이 누수로 동절기에 빙판이 형성되어 차량주행 시 대형사고 발생이 예상된다. 이에 대한 원인과 대책을 설명하시오.

3. 도심지에서 지하 터파기 공사의 인접지역에 콘크리트, 조적조 및 강재구조물 등이 존재한다. 지하 터파기로 인한 굴착 배면지반의 침하 예측방법 및 방지대책에 대하여 설명하시오.

4. 구조물의 잔류응력(residual stress)의 크기를 평가할 수 있는 시험평가방법에 대하여 설명하시오.

5. 블리딩(bleeding)을 기술하고, 이로 인해 나타나는 실제 현상들을 설명하시오.

6. 광물계 혼화재가 굳지 않은 콘크리트의 (1) 수화열, (2) 작업성, (3) 미세구조, (4) 강도발현, (5) 내구성에 미치는 영향을 설명하시오.

제1교시

※ 다음 문제 중 10문제를 선택하여 설명하시오. (각 10점)

1. 지반반력계수(subgrade reaction modulus)
2. 아스팔트 혼합물의 소성변형 원인 및 대책
3. 콘크리트 중의 염화물 측정방법
4. 분산공유형 건설연구 인프라 구축사업(KOCED)
5. 레디믹스트 콘크리트의 발주 및 사용 시 유의사항
6. 콘크리트용 굵은 골재의 최대치수 결정 시 고려사항 및 품질에 미치는 영향
7. 계량값 관리도와 계수값 관리도의 종류
8. 노상표층 재생공법의 정의와 시공방법
9. 투수성 콘크리트의 특징 및 용도 3가지
10. 콘크리트의 투수시험방법 2가지
11. 콘크리트 품질의 조기판정방법 중 물-시멘트비 측정방법 5가지
12. 공학적 이용관점에서의 흙의 연경도(consistency)
13. 흙의 면적비

제2교시

※ 다음 문제 중 4문제를 선택하여 설명하시오. (각 25점)

1. 현장타설말뚝의 품질관리상 문제점 및 대책에 대하여 설명하시오.
2. 콘크리트의 비파괴시험방법 4가지에 대하여 설명하시오.
3. 우리나라의 도로절개지는 우기 및 해빙기에 낙석과 붕괴사고가 빈번하게 발생하는데 그 원인 및 대책에 대하여 설명하시오.
4. 흙의 전단강도를 구하기 위한 시험방법을 설명하고 그 특징에 대하여 설명하시오.
5. 플라이애시와 고로슬래그를 콘크리트 혼화재로 사용 시의 특징과 주의사항에 대하여 설명하시오.
6. 구조물의 뒤채움 시 재료의 품질기준과 다짐방법에 대하여 설명하고, 시험방법 및 기준에 대하여 설명하시오.

✏️ 제3교시

※ 다음 문제 중 4문제를 선택하여 설명하시오. (각 25점)

1. 프리플레이스트 콘크리트(preplaced concrete)의 시공 시 주의사항과 품질관리방안에 대하여 설명하시오.

2. 철근의 부식기구, 요인 및 대책에 대하여 설명하시오.

3. 고강도콘크리트의 강도발현기구, 용도 및 품질관리 시 고려사항에 대하여 설명하시오.

4. 환경친화형 콘크리트의 유형 및 그 특징에 대하여 설명하시오.

5. 콘크리트용 잔골재의 종류 3가지를 들고 그 품질특성과 적용 시의 문제점에 대하여 설명하시오.

6. 연약지반의 지지력 조사를 위한 조사방법, 연약지반 판단기준, 조사에서 결과 이용까지를 단계별로 설명하시오.

✏️ 제4교시

※ 다음 문제 중 4문제를 선택하여 설명하시오. (각 25점)

1. 콘크리트의 조기강도를 파악하고자 할 때 측정방법 및 특성에 대하여 설명하시오.

2. 배합설계를 실시할 경우 배합강도 결정과 물-시멘트비 결정 시 검토해야 할 내용을 설명하시오.

3. 아스팔트 콘크리트 혼합물의 안정도시험방법을 정적 및 동적인 경우를 구분하여 설명하고 그 시험결과값의 활용에 대하여 설명하시오.

4. 다음의 데이터는 레미콘의 압축강도(MPa) 실험결과이다. 이 데이터를 이용하여 불편분산, 표준편차, 범위 및 변동계수를 계산하시오(소숫점 첫째 자리까지 구하시오).

> 데이터 : 39.2, 38.5, 39.8, 37.5, 38.1, 40.3

5. 콘크리트 교량 등의 구조물평가 시 사용되는 재하시험과 내하력 산정방법에 대하여 설명하시오.

6. 최적함수비(OMC)의 정의와 다짐에 있어서의 최적함수비가 지니는 의미에 대하여 설명하시오.

제1교시

※ 다음 문제 중 10문제를 선택하여 설명하시오. (각 10점)

1. 강재의 응력-변형률 곡선, 공칭응력, 실응력(진응력)에 대하여 설명하시오.
2. 콘크리트 감수제의 종류 및 각각의 사용 용도에 대하여 설명하시오.
3. 점성토의 예민비에 대하여 설명하시오.
4. 흙의 강열감량시험의 목적과 방법에 대하여 설명하시오.
5. 품질변동요인 중 이상원인과 우연원인에 대하여 설명하시오.
6. 암반의 분류방법 중 Q-SYSTEM에 대하여 설명하시오.
7. 저발열 계통 시멘트의 사용 용도와 품질관리에 대하여 설명하시오.
8. 아스팔트의 터프니스(toughness) 시험방법에 대하여 설명하시오.
9. 숏크리트의 품질점검사항에 대하여 설명하시오.
10. 샘플링검사에서 얻은 모집단의 이상 원인을 파악하기 위한 품질관리기법의 종류에 대하여 설명하시오.
11. 암반의 불연속면 조사방법에 대하여 설명하시오.
12. 아스팔트시멘트의 감온성을 나타내는 침입도지수에 대하여 설명하시오.
13. 댐공사에서 가배수로, 터널(사갱) 등에 채워지는 콘크리트 품질관리에 대하여 설명하시오.

제2교시

※ 다음 문제 중 4문제를 선택하여 설명하시오. (각 25점)

1. 콘크리트 품질에 영향을 미치는 현장 증기양생 온도이력과 양생 시 주의사항을 설명하시오.
2. 아스팔트 혼합물 제조 시 굵은 골재의 최대치수가 다른 골재들의 합성방법을 설명하시오.
3. 도로 공사에서 노상토 지지력을 결정하는 시험방법의 종류와 각각의 특성에 대하여 설명하시오.
4. 해양 철근콘크리트 구조물의 내구성 향상을 위한 품질관리에 대하여 설명하시오.
5. 그라운드 앵커의 품질 확보를 위한 제반 시험방법에 대하여 설명하시오.
6. 품질시험과 검사를 위해 측정한 데이터의 확률분포 대표값과 분산의 통계적 표현기법에 대하여 설명하시오.

제3교시

※ 다음 문제 중 4문제를 선택하여 설명하시오. (각 25점)

1. 콘크리트 교량 슬래브 중성화(탄산화) 시험측정결과는 다음 표와 같다. 콘크리트 탄산화 메커니즘에 대하여 설명하고, 다음 표에 의거 중성화(탄산화) 속도계수(A)를 구하시오.

측정위치	재령(년)	철근피복(mm)	탄산화 깊이(mm)
콘크리트 교량 슬래브	11	39	21

2. 흙의 동결심도를 구하는 방법에 대하여 설명하고, 동결융해 메커니즘과 동상 방지공법에 대하여 설명하시오.

3. 강교 안전진단을 위한 비파괴검사 실시 시 비파괴검사 항목을 나열하고 각각의 검사장비를 설명하시오.

4. 저탄소 녹색 정책에 따른 중온화 아스팔트 혼합물 적용 시 중온화 아스팔트 시멘트와 혼합물의 품질평가 항목에 대하여 각각 설명하시오.

5. 초장대 터널의 환기방식의 종류와 각각의 품질관리에 대하여 설명하시오.

6. 우물통 공사에서 침하촉진공법과 품질관리에 대하여 설명하시오.

제4교시

※ 다음 문제 중 4문제를 선택하여 설명하시오. (각 25점)

1. 해사를 콘크리트 골재용으로 사용 시 문제점과 품질관리에 대하여 설명하시오.

2. 보링 후 시추공을 이용한 공내 횡방향 재하시험에 대하여 설명하시오.

3. 수중 구조물 공사에서 제방 축조를 위한 성토작업 시 실시해야 하는 품질관리시험 항목과 포설 시 품질관리 항목을 설명하시오.

4. 아스팔트 포장에서 시공 중 품질관리를 위해 실시해야 하는 플랜트 생산 혼합물의 품질시험 항목과 포설 시 품질관리 항목에 대하여 설명하시오.

5. 터널공사에서 지하수 대책 및 품질관리에 대하여 설명하시오.

6. 최근 콘크리트 표준시방서 개정에 따른 콘크리트 품질검사기준에 대하여 설명하시오.

제1교시

※ 다음 문제 중 10문제를 선택하여 설명하시오. (각 10점)

1. 시멘트의 제조방법 및 수화반응
2. 골재의 실적률 및 단위용적질량
3. 프리플레이스트 콘크리트(Preplaced concrete)의 특성 및 종류
4. 고장력볼트(high-tension bolt)이음
5. 교란영역(smear zone)과 웰저항(well resistance)
6. 시멘트 공극비 이론(cement-void ratio theory)
7. 점토의 활성도(clay activity)
8. 도로포장의 반사균열(reflection crack)
9. RQD(Rock Quality Designation)
10. 흙의 전단강도 정수를 구하기 위한 실내시험방법 3가지와 그 특성
11. 아스팔트 연화점 측정방법 4가지 및 침입도지수와의 관계
12. 펌프 콘크리트의 장단점 및 유의사항
13. 실내CBR, 설계CBR, 수정CBR

제2교시

※ 다음 문제 중 4문제를 선택하여 설명하시오. (각 25점)

1. 초속경 콘크리트의 수화반응 메커니즘과 사용 시 주의사항에 대하여 설명하시오.
2. 고로슬래그 골재의 품질기준과 이를 혼입한 콘크리트의 품질 특성에 미치는 영향을 설명하시오.
3. 구조용 강재의 용접결함 원인과 그 방지대책 및 용접검사방법에 대하여 설명하시오.
4. 콘크리트의 정탄성계수와 동탄성계수의 차이점 및 그 특징과 시험방법에 대하여 설명하시오.
5. 토목품질관리 측면에서 고려하여야 하는 점성토와 사질토의 차이를 공학적 특징을 중심으로 설명하시오.
6. 포장공사 시 보조기층 재료의 품질기준과 설치방법에 대하여 설명하시오.

제3교시

※ 다음 문제 중 4문제를 선택하여 설명하시오. (각 25점)

1. 콘크리트의 배합설계 순서와 물-결합재비의 선정방법에 대하여 설명하시오.

2. 매스콘크리트 온도균열의 메커니즘을 설명하고 온도균열 방지대책을 설계, 배합, 시공 및 품질관리 차원에서 설명하시오.

3. 구조용 강재에 파괴를 일으키는 요인과 파괴형태에 대하여 설명하시오.

4. 콘크리트 압축강도 추정을 위한 비파괴시험방법 3가지 예를 들고 시험방법에 대하여 비교 설명하시오.

5. 필댐(fill dam)에서 쌓기 재료로 사용하는 암석재료의 대형 전단시험과 시공 시 품질관리 방법에 대하여 설명하시오.

6. proof rolling과 완성된 노면의 품질검사 항목에 대하여 설명하시오.

제4교시

※ 다음 문제 중 4문제를 선택하여 설명하시오. (각 25점)

1. 레디믹스트 콘크리트의 종류 및 품질검사 항목에 대하여 설명하시오.

2. 콘크리트구조물에 있어서 내하력 평가방법에 대하여 설명하시오.

3. 도심지에서 건물에 근접한 개착공사를 할 경우 발생하는 변상의 원인과 품질관리측면에서의 방지대책에 대하여 설명하시오.

4. Lugeon Test에서 LU값의 측정방법과 용도에 대하여 설명하시오.

5. SMA(Stone Mastic Asphalt) 포장과 일반 아스팔트 포장의 차이점 및 특징을 설명하시오.

6. 품질관리도의 종류 및 적용이론과 $\bar{x} - R$ 관리도의 작성방법에 대하여 설명하시오.

제1교시

※ 다음 문제 중 10문제를 선택하여 설명하시오. (각 10점)

1. 지반이 취약한 구간의 흙쌓기 공사 시 품질관리 유의사항
2. 강재의 비파괴검사 시험방법과 장단점 비교
3. EPS(Expanded Poly Styrene)공법의 특성과 용도
4. 방오콘크리트의 정의와 용도
5. 암반의 Slaking 정의와 시험방법
6. 불량 레미콘의 유형과 처리방안
7. 동상방지층 생략 가능조건
8. 알칼리 골재반응의 조기판정 시험법
9. 초기하분포(hypergeometric distribution)의 정의와 품질관리 유용성
10. 내구지수와 환경지수의 정의
11. 비용구배(cost slope)의 정의
12. 콘크리트의 채널링(channeling) 현상
13. 품질경영

제2교시

※ 다음 문제 중 4문제를 선택하여 설명하시오. (각 25점)

1. 분류화된 하수관거를 통하여 불명수가 유입될 경우의 원인분석, 대책 및 침입수 경로 조사 시험방법에 대하여 설명하시오.
2. 도로를 횡단하는 통로암거에 부등침하가 발생하였을 경우의 발생원인(품질관리측면)과 보수보강대책에 대하여 설명하시오.
3. 콘크리트 강도의 조기판정 필요성과 판정방법에 대하여 설명하시오.
4. 상부 콘크리트와 하부 강관말뚝으로 구성된 잔교식 항만구조물의 열화특성과 강관말뚝의 방식방법에 대하여 설명하시오.
5. 원자력 격납구조물의 콘크리트 시공 시 품질관리방법과 건전성 평가에 대하여 설명하시오.
6. 해빙기에 발생하는 토사사면과 암반사면의 붕괴원인과 보강공법에 대하여 설명하시오.

제3교시

※ 다음 문제 중 4문제를 선택하여 설명하시오. (각 25점)

1. 건설공사 품질관리를 위한 특성요인도 작성법에 대하여 설명하시오.

2. 지하수위가 높은 지반에서 굴착공사를 실시할 경우의 예상문제점과 시공단계별 품질관리에 대하여 설명하시오.

3. 숏크리트 시공 후 발생하는 백화현상의 원인과 방지대책에 대하여 설명하시오.

4. 교량구조물의 콘크리트 비파괴시험방법과 적용 특성에 대하여 설명하시오.

5. 아스팔트 혼합물의 요구성능과 시공 시 품질관리에 대하여 설명하시오.

6. 짧은 공사기간에 완공된 대형 수중보 구조물의 콘크리트 강도가 목표강도 미달로 판명되었다면, 시공 시 품질관리 측면에서의 부실원인과 보수보강 대책방법에 대하여 설명하시오.

제4교시

※ 다음 문제 중 4문제를 선택하여 설명하시오. (각 25점)

1. 교량의 제진, 면진장치 시공 시의 품질관리와 유지관리에 대하여 설명하시오.

2. 프리스트레스트 콘크리트 부재의 그라우트 재료 요구성능과 시공 시 품질관리에 대하여 설명하시오.

3. NATM 터널과 실드(shield) 터널의 계측관리 항목 비교와 현장 계측 시 문제점에 대하여 설명하시오.

4. 다공성 아스팔트 콘크리트 도로포장의 적용범위와 장단점에 대하여 설명하시오.

5. 콘크리트구조물 시공 시 각종 이음의 종류, 역할 및 시공 시 품질관리에 대하여 설명하시오.

6. 특정레미콘 공장으로부터 좋은 품질의 콘크리트를 공급받을 확률 0.3, 평균적인 품질을 공급받을 확률 0.6, 나쁜 품질을 공급받을 확률 0.1이다.

    1) 구조물은 좋은 품질의 콘크리트로 공사된 경우 0.001, 평균적 품질로 공사된 경우 0.010, 나쁜 품질로 공사된 경우 0.100의 확률로 파괴되는 것으로 추정된다. 구조물이 파괴될 확률을 구하시오.

    2) 공급받은 콘크리트가 각종 시험 등의 검사를 통과할 확률은 좋은 품질의 콘크리트의 경우 0.9, 평균적 품질의 콘크리트의 경우 0.7, 나쁜 품질의 콘크리트의 경우 0.2이다. 검사를 통과한다는 조건부로 좋은 품질의 콘크리트를 공급 받을 확률을 구하시오.

✎ **제1교시**

※ 다음 문제 중 10문제를 선택하여 설명하시오. (각 10점)

1. 굳지 않은 콘크리트의 펌퍼빌리티(pumpability)

2. 콘크리트용 혼화제의 종류 및 용도(5가지)

3. 골재 노출 콘크리트 포장의 특징과 적용성

4. 흙의 압밀시험에서 압축지수를 구하는 방법

5. 아스팔트 혼합물의 휠트래킹(wheel tracking)시험의 목적과 방법

6. 콘크리트의 품질관리 특성

7. 콘크리트의 염화물 이온확산계수

8. 아스팔트의 증발감량

9. 용접접합부의 층상균열(lamellar tearing)

10. 굳지 않은 콘크리트의 공기량에 영향을 미치는 요소

11. 강재의 연성파괴(ductile fracture)와 취성파괴(brittle fracture)의 비교

12. 지반의 물리탐사방법의 종류 및 적용

13. 데이터값이 252, 258, 264, 269, 282, 289, 290, 294인 표본의 중앙값(median)과 범위 (range)를 계산하시오.

✎ **제2교시**

※ 다음 문제 중 4문제를 선택하여 설명하시오. (각 25점)

1. 콘크리트 표면결함의 종류 5가지를 들고 그 원인과 대책에 대하여 설명하시오.

2. 강재의 용접 시 잔류응력의 원인과 대책에 대하여 설명하시오.

3. 도로공사와 흙댐 공사의 토취장 선정 시 고려해야 할 요구성능과 시험종목을 각각 설명하시오.

4. 레디믹스트 콘크리트의 품질관리를 위한 검사의 목적과 분류에 대하여 설명하시오.

5. 포장용 유화아스팔트 및 컷백아스팔트의 종류와 그 용도에 대하여 설명하시오.

6. 콘크리트 배합강도의 결정방법과 배합강도의 통계적 의미에 대하여 설명하시오.

제3교시

※ 다음 문제 중 4문제를 선택하여 설명하시오. (각 25점)

1. 콘크리트 강도의 조기 판정방법을 물리적, 역학적 및 화학적 분석법으로 구분하여 설명하시오.

2. 콘크리트의 비파괴시험방법 3가지를 들고 그 특징과 시험방법에 대하여 설명하시오.

3. 콘크리트 포장에서 줄눈의 종류와 줄눈부에서 포장 파손이 일어나지 않도록 하기 위한 시공 시 품질관리 항목에 대하여 설명하시오.

4. 강교의 강재부재에 대한 비파괴검사 항목을 나열하고 각 항목의 검사방법에 대하여 설명하시오.

5. 강섬유보강재를 사용한 터널용 숏크리트의 휨강도 및 휨인성 시험방법에 대하여 설명하시오.

6. 철도용 프리스트레스트 콘크리트의 침목 설계 시 유의사항과 제작 시 품질관리방법에 대하여 설명하시오.

제4교시

※ 다음 문제 중 4문제를 선택하여 설명하시오. (각 25점)

1. 콘크리트 품질관리의 종류, 적용이론 및 관리도의 판정에 대하여 설명하시오.

2. 아스팔트 포장의 성능 개선공법 4가지를 들고 이에 대한 각각의 공법에 대하여 설명하시오.

3. 폐콘크리트를 재활용하여 시멘트 콘크리트용 순환 굵은 골재를 생산하는 플렌트에서 이물질 제거방법과 이물질 함유량 시험방법에 대하여 설명하시오.

4. 기존교량의 내진성능을 평가하기 위한 현장 조사항목과 이에 대한 각각의 조사방법에 대하여 설명하시오.

5. 굳은 콘크리트에 발생하는 균열의 원인 3가지를 들고 그 방지대책에 대하여 설명하시오.

6. 해양 콘크리트의 요구성능, 문제점 및 품질관리방안에 대하여 설명하시오.

제1교시

※ 다음 문제 중 10문제를 선택하여 설명하시오. (각 10점)

1. 토량환산계수

2. proof rolling의 품질관리 시험방법

3. 광물성 채움재(filler)의 정의와 품질관리 시험방법

4. 아스팔트포장의 코팅(prime tack)기능과 품질관리방안

5. 레디믹스트 콘크리트 공장의 회수수, 슬러지수 그리고 상징수의 정의

6. 도로의 파상요철

7. 고유동콘크리트의 정의와 배합특성

8. 다음의 굵은 골재 체가름시험 결과를 보고 조립률(FM)을 계산하시오.

체 크기(mm)	80	40	20	10	5	2.5	1.2
체를 통과하는 것의 질량백분율(%)	100	95	70	35	15	5	0

9. TSP(Tunnel Seismic Profiling)

10. 수중콘크리트의 정의와 품질관리방안

11. 고유신뢰성과 사용신뢰성

12. 대수정규분포의 정의와 토목공사 품질관리에서의 활용

13. 기성말뚝과 현장타설말뚝의 계측관리 비교

제2교시

※ 다음 문제 중 4문제를 선택하여 설명하시오. (각 25점)

1. 도로와 철도설계 시의 토질조사와 시험방법에 대하여 설명하시오.

2. 도로 사면의 붕괴원인과 대책을 설명하시오.

3. 골재 중의 유해물이 콘크리트 품질에 미치는 영향과 품질관리방안에 대하여 설명하시오.

4. 콘크리트 경화 지연현상의 원인과 대책에 대하여 설명하시오.

5. 수중불분리성 콘크리트의 정의와 품질관리방안에 대하여 설명하시오.

6. 일반적인 품질관리 순서에 대하여 특정공종(도로공, 콘크리트공, 강재공 등에서 선택)을 예로 들어 나열하고, 통계적 품질관리에 대하여 설명하시오.

제3교시

※ 다음 문제 중 4문제를 선택하여 설명하시오. (각 25점)

1. 가요성 포장공법과 강성 포장공법의 구조적 원리, 역할, 문제점 그리고 품질관리방안에 대하여 비교 설명하시오.

2. 터널 시공 시 계측항목, 평가사항 그리고 계측관리방안에 대하여 설명하시오.

3. 콘크리트의 온도균열지수 산정방법과 철근콘크리트 구조물의 표준적인 온도균열지수에 대하여 설명하시오.

4. 콘크리트 타설 후 초기에 발생하는 균열원인과 품질관리방안에 대하여 설명하시오.

5. 콘크리트 장기거동이 구조물에 미치는 영향과 시공 중 품질관리를 위한 계측방법(장대 교량 사장교 주탑을 예로)에 대하여 설명하시오.

6. 사장교와 현수교의 케이블 손상원인, 보수방법 그리고 품질관리방안에 대하여 설명하시오.

제4교시

※ 다음 문제 중 4문제를 선택하여 설명하시오. (각 25점)

1. 연약지반 처리에 필요한 조사, 시험 그리고 대책공법에 대하여 설명하시오.

2. 공용 중 포장의 품질을 유지관리하기 위한 PMS(Pavement Management System)에 대하여 설명하시오.

3. 콘크리트 응결시간 시험법의 목적, 방법 그리고 결과 계산에 대하여 설명하시오.

4. 한중콘크리트 시공에 있어서 사용재료, 콘크리트 배합 그리고 시공상의 품질관리방안에 대하여 설명하시오.

5. 연약지반에 건설된 구조물로서 기초의 선단지지력은 충분하나 지반의 횡방향 변위가 예상될 경우의 영향분석과 품질관리방안에 대하여 설명하시오.

6. 프리스트레싱 관리도와 프리스트레싱 장치의 검교정에 대하여 설명하시오.

제1교시

※ **다음 문제 중 10문제를 선택하여 설명하시오. (각 10점)**

1. 고성능 콘크리트의 장점, 단점과 시공대책

2. 흙의 입도분석

3. 콘크리트 내구성에 미치는 물/시멘트비와 균열폭의 영향

4. 철근콘크리트 구조물에서 철근피복두께의 확보가 필요한 이유

5. 평판재하시험의 scale effect

6. 콘크리트의 단위수량 관리

7. 콘크리트구조물의 가동이음

8. 불량용접부의 보정

9. 재사용 동바리의 품질규정

10. 콘크리트 포장에서의 최적배합

11. 콘크리트구조 부재에 발생하는 휨균열과 전단균열

12. 보일링과 히빙

13. 변형연화현상과 변형경화현상을 고려한 콘크리트와 철근의 역학적 성질

제2교시

※ **다음 문제 중 4문제를 선택하여 설명하시오. (각 25점)**

1. 콘크리트 하수관거의 화학적 침식작용에 대하여 설명하시오.

2. 철근콘크리트 구조물의 장수명화 실현을 위하여, 이산화탄소와 염화물이온의 침투로 인한 콘크리트의 열화 메커니즘과 신설공사에 있어서의 대책을 설명하시오.

3. 굳지 않은 콘크리트의 품질관리에 중요한 3대 항목과 철근콘크리트 공사의 시공단계별(콘크리트공, 철근공, 거푸집 및 지보공) 품질관리대책에 대하여 설명하시오.

4. 리프트오프시험(Lift Off Load Tests)에 대해서 설명하시오.

5. 교량 신축이음장치의 기능확인과 품질관리를 위해 설치 전후에 하여야 하는 시험에 대하여 설명하시오.

6. 토공의 성토재료로서 사용 가능한 일반적인 요구조건과 부적합조건에 대하여 설명하시오.

✎ **제3교시**

※ **다음 문제 중 4문제를 선택하여 설명하시오. (각 25점)**

1. 콘크리트 구조물의 예방유지관리를 사후유지관리와 비교하여 설명하고, 예방유지관리를 추진할 때의 기술대책을 지식경영 개념으로 설명하시오.

2. 화재피해를 입은 터널 라이닝 콘크리트의 내화성능 향상방안 및 손상 평가방법에 대하여 설명하시오.

3. 지진피해를 받은 강교량의 안전검검에 대하여 기술하고, 교량받침과 지점부 좌굴에 대한 복구방법 및 대책에 대하여 설명하시오.

4. 필댐의 품질관리를 위한 계측방법에 대하여 설명하시오.

5. 국내에서의 공종별 흙의 다짐 품질관리기준에 대하여 설명하시오.

6. 숏크리트의 현장품질관리를 위한 제반 검사에 대해 설명하시오.

✎ **제4교시**

※ **다음 문제 중 4문제를 선택하여 설명하시오. (각 25점)**

1. 철근콘크리트 구조물의 시공에 의한 초기 결함과 록포켓(rock pocket) 현상에 대하여 설명하시오.

2. 환경부하 저감 콘크리트 가운데 플라이애시 및 재생골재를 사용한 콘크리트의 특성과 문제점 및 대책에 대하여 설명하시오.

3. 강교량의 장수명화 실현을 위한 효율적 유지관리에 대하여 설명하시오.

4. 다짐쇄석말뚝공법의 특징과 품질관리방안에 대하여 설명하시오.

5. 강교량의 도장계열 선택기준을 구분하고, 도장작업 시 각 단계별 검사항목에 대하여 설명하시오.

6. 시멘트 콘크리트 포장공사에서 콘크리트 경화 후 시행하는 품질관리 및 검사에 대하여 설명하시오.

📝 제1교시

※ 다음 문제 중 10문제를 선택하여 설명하시오. (각 10점)

1. 시멘트 콘크리트의 성숙도(maturity)
2. 계수치와 계량치
3. 철근콘크리트 구조물의 철근 탐사를 위한 비파괴시험
4. 아스팔트 콘크리트 포장의 블리딩(bleeding)
5. 탄소강의 온도별 취성(shortness)
6. 흙의 강도회복현상(thixotropy)
7. 액상화 현상(liquefaction)
8. 시멘트 콘크리트 포장의 다웰바(dowell bar)
9. 숙련도 시험(proficiency testing)의 방법
10. 골재의 실적률과 공극률
11. 품질안전보건자료(MSDS)
12. 콘크리트의 water gain 현상
13. 철근콘크리트의 부착강도 시험방법

📝 제2교시

※ 다음 문제 중 4문제를 선택하여 설명하시오. (각 25점)

1. 콘크리트 하수관거의 화학적 침식작용에 대하여 설명하시오.
2. 터널에서 숏크리트 리바운드의 저감방법과 품질관리에 대하여 설명하시오.
3. 재생골재를 사용한 콘크리트의 특성에 대하여 설명하시오.
4. 매스콘크리트(mass concrete) 구조물의 시공과 품질관리에 대하여 설명하시오.
5. 말뚝과 확대기초 결합부의 결합방법과 품질관리에 대하여 설명하시오.
6. 염화물 함유량 한도 및 측정방법에 대하여 설명하시오.

📝 제3교시

※ 다음 문제 중 4문제를 선택하여 설명하시오. (각 25점)

1. 철근부식의 메커니즘과 철근부식도(전위차)시험의 종류, 제약조건, 부식판정기준에 대하여 설명하시오.

2. 아스팔트 콘크리트 포장시공에서 혼합물의 온도관리에 대하여 설명하시오.

3. 경량콘크리트 특성과 시공할 때 품질관리에 대하여 설명하시오.

4. 강구조물 연결방법의 종류와 강재부식의 문제점 및 대책에 대하여 설명하시오.

5. 콘크리트구조물의 내구성 저하 원인과 내구성 증진을 위한 대책에 대하여 설명하시오.

6. 굳지 않은 시멘트 콘크리트의 워커빌리티 측정방법에 대하여 설명하시오.

📝 제4교시

※ 다음 문제 중 4문제를 선택하여 설명하시오. (각 25점)

1. 아스팔트 포장과 콘크리트 포장을 비교하고 각 포장의 파손원인 및 대책에 대하여 설명하시오.

2. 보강토 옹벽의 원리와 시공 및 품질관리방안에 대하여 설명하시오.

3. 철도공사 중 장대레일(rail)의 용접방법 및 용접부 검사방법에 대하여 설명하시오.

4. 투수와 흡수가 콘크리트에 미치는 영향과 투수성 시험방법에 대하여 설명하시오.

5. 인공사면과 자연사면을 구분하고 자연사면의 붕괴원인 및 대책에 대하여 설명하시오.

6. 건설재료의 품질관리를 위한 샘플링 검사방법과 오차에 대하여 설명하시오.

제1교시

※ 다음 문제 중 10문제를 선택하여 설명하시오. (각 10점)

1. 흙의 상대밀도를 결정하기 위한 시험방법
2. 골재의 절건밀도와 표건밀도를 이용한 골재의 실적률 계산방법
3. 임의의 샘플링과 계통 샘플링
4. 평균값이 같고 표준편차 크기가 다른 3종류의 정규도수분포곡선의 특성
5. 고강도 콘크리트 폭열현상
6. 철근 현장 이음방법의 종류
7. 도로공사 시 레미콘 공장 선정 시 고려사항
8. 아래 강재의 기호 설명 SM 490 Y A
9. 콘크리트 품질시험기구의 교정검사 주기
10. 몬테카를로 시뮬레이션
11. 말뚝의 동재하시험 종류 및 주의사항
12. 콘크리트 아치댐의 기초 암반에 요구되는 특성
13. 에폭시 도장철근의 품질관리기준

제2교시

※ 다음 문제 중 4문제를 선택하여 설명하시오. (각 25점)

1. 다음과 같은 시험성과를 이용하여 $\overline{X}$ 관리도를 작성하시오.
   (시료의 수가 3개일 경우 $\overline{X}$ 관리도의 계수 $A_2=1.0$이다.)

No.	월/일	성과			평균값과 범위	
		X_1	X_2	X_3	$\overline{X}$	R
1	1/1	254	256	256	255.3	2
2	1/2	256	248	260	254.7	12
3	1/3	260	256	268	261.3	12
4	1/4	250	264	258	257.3	14
5	1/5	262	260	254	258.7	8
6	1/6	258	252	262	257.3	10
7	1/7	258	264	266	262.7	8
8	1/8	246	260	262	256.0	16
9	1/9	256	258	260	258.0	4
10	1/10	264	266	272	267.3	8
11	1/11	258	264	260	260.7	6
12	1/12	262	266	254	260.7	12

2. 폐아스팔트를 활용한 재생가열 아스팔트 혼합물 생산과정과 각 과정에 필요한 품질관리 항목에 대하여 설명하시오.

3. 골재에 포함되어 있는 유해물질이 콘크리트 품질에 미치는 영향을 강도, 내구성, 시공성 측면에서 설명하시오.

4. 그라운드 앵커의 시험방법과 유의사항에 대하여 설명하시오.

5. 지하구조물에 신축이음을 두지 않는 경우와 그에 따른 균열 품질관리방안에 대하여 설명하시오.

6. 선하 역사 구조물의 소음 및 진동 저감대책과 품질관리방안에 대하여 설명하시오.

✎ 제3교시

※ 다음 문제 중 4문제를 선택하여 설명하시오. (각 25점)

1. 흙의 입도시험을 실시하여 흙의 분류(통일분류법)를 위해 필요한 값을 얻는 과정에 대하여 설명하시오.

2. 폐콘크리트를 이용한 순환골재의 생산과정과 각 과정에서의 품질관리항목에 대하여 설명하시오.

3. 터널시공 시 여굴의 발생원인과 품질관리방안에 대하여 설명하시오.

4. 교량 구조물의 손상 종류와 품질관리방안에 대하여 설명하시오.

5. 신형 불도저가 1년 사용 후 고장나지 않을 확률이 50%이다. 새로운 건설공사를 위하여 불도저를 3대 구입하여 사용한 경우, 공사 개시 1년 후 오직 1대만이 작동 가능한 상태일 확률을 구하시오.

6. 콘크리트와 아스콘의 품질관리를 위한 현장 시험실 비치 시험기구 목록에 대하여 설명하시오.

✎ 제4교시

※ 다음 문제 중 4문제를 선택하여 설명하시오. (각 25점)

1. 흙의 전단강도 특성을 구하기 위한 실내시험 및 현장시험에 대하여 설명하시오.

2. 터널구조물의 안전진단 시 필요한 부재별 점검 및 진단 항목에 대하여 설명하시오.

3. 건설공사를 위한 통계적 품질관리도구 5가지 이상을 설명하시오.

4. 지하 연속벽 공사에서의 안정액 관리방법과 연속벽의 품질관리방안에 대하여 설명하시오.

5. 품질관리 통계처리에 유용한 보간법과 회귀법의 차이점과 유용성에 대하여 설명하시오.

6. 표면차수벽 콘크리트댐의 콘크리트공 품질관리방안에 대하여 설명하시오.

📝 제1교시

※ 다음 문제 중 10문제를 선택하여 설명하시오. (각 10점)

1. PrI(Profile Index)와 IRI(International Roughness Index)
2. 도로의 동결심도
3. 구스 아스팔트(guss asphalt)
4. 트래피커빌리티(trafficability)
5. 교면방수
6. 점하중시험(point load test)
7. 시멘트 콘크리트 포장의 리플렉션 크랙(reflection crack)
8. TQC(Total Quality Control)
9. GPR(Ground Penetration Radar) 탐사
10. 말뚝항타에 따른 시간효과(time effect)
11. 콘크리트의 체적변화 현상
12. 콘크리트 크리프(creep)
13. 암반의 초기지압 측정

📝 제2교시

※ 다음 문제 중 4문제를 선택하여 설명하시오. (각 25점)

1. 현장에서 토공사를 위한 사전조사의 종류와 각각의 특징을 설명하시오.
2. 시멘트 콘크리트 포장의 줄눈의 종류와 정밀시공을 위한 품질관리방안에 대하여 설명하시오.
3. 도심지 건설공사에서 기존구조물에 근접하여 굴착시공을 하는 경우 예상되는 문제점과 대책에 대하여 설명하시오.
4. 말뚝기초 재하시험의 종류와 시험결과의 평가 및 활용방안에 대하여 설명하시오.
5. 해상에 시공되는 시멘트 콘크리트 구조물의 내구성 향상을 위한 대책과 착안사항에 대하여 설명하시오.
6. 운행 중인 지하철 구조물에 근접하여 새로운 지하철 터널을 건설하고자 한다. N값이 5 정도인 지반에 터널시공을 위한 수직구 공사 시 안정적인 시공을 위한 계측 및 품질관리방안에 대하여 설명하시오.

제3교시

※ 다음 문제 중 4문제를 선택하여 설명하시오. (각 25점)

1. 암반 분류방법의 종류 중 RMR, Q-system의 각 특징을 설명하고 활용방안에 대하여 설명하시오.

2. 박스구조물의 뒤채움 불량 시공 시 발생할 수 있는 문제점을 설명하고 이에 대한 대책방안과 품질관리기준을 설명하시오.

3. 운행 중인 철도노선 인근에 높이가 10m 정도인 보강토 옹벽을 연약지반 위에 축조한 후 상부는 도로로 이용하도록 설계되어 있다. 시공과정에서 예상되는 문제점 및 보강토 옹벽 구조물의 지속적인 품질관리방안을 설명하시오.

4. 신설 도로공사 시 연약지반공사에서 구조물의 안정성을 확보하기 위해 시공 중에 적용되는 지반의 계측관리에 대하여 설명하시오.

5. 동절기에 시공되는 한중콘크리트에서 발생할 수 있는 문제점과 품질관리방안에 대하여 설명하시오.

6. 최근 석회암지대에서 싱크홀 및 지반함몰 등이 많이 발견되고 있다. 이러한 지층에 직접기초나 교량 구조물을 설치할 경우 구조물의 장기적인 품질을 확보하기 위한 조사시험 및 대책방법에 대하여 설명하시오.

제4교시

※ 다음 문제 중 4문제를 선택하여 설명하시오. (각 25점)

1. 대절토 사면의 붕괴 메커니즘(mechanism)과 붕괴형태를 논하고 붕괴원인과 보강대책에 대하여 설명하시오.

2. 도로 토공작업 시 발생되는 횡방향의 흙쌓기와 땅깎기 접속부(편절, 편성부) 및 종방향의 흙쌓기와 땅깎기 접속부(절·성 경계부)의 문제점과 대책에 대하여 설명하시오.

3. 도로공사현장에서 아스팔트 포장을 하기 위해서 입도조정 기층을 시공할 때 필요한 현장품질관리 시험항목 및 검사항목에 대하여 설명하시오.

4. 공용 중의 철근콘크리트 구조물에 대한 비파괴시험을 실시하여 내구성 평가의 기초자료로 사용하고자 한다. 콘크리트 강도, 내부 철근의 피복두께, 배근상태, 부식도를 측정할 수 있는 방법과 중성화 및 발생된 균열 깊이를 측정할 수 있는 방법을 설명하시오.

5. 교량 구조물의 기초 시공에 적용되는 현장타설 콘크리트 말뚝의 건전도 검사에 대하여 설명하시오.

6. 터널 공사 시 적용되는 지보공의 종류와 시공 시 품질관리방안에 대하여 설명하시오.

제1교시

※ 다음 문제 중 10문제를 선택하여 설명하시오. (각 10점)

1. 매스콘크리트 온도균열 해석 절차

2. 포틀랜드 시멘트의 종류 및 특성

3. 공용 중인 강구조물의 유지, 수선의 정의와 주의사항

4. 용접이음의 비파괴검사 시험방법인 RT, UT, MT와 검사 정도 향상방안

5. 국가 표준과 단체 표준의 개념

6. 정수위 투수시험에서 투수계수 구하는 방법

7. 흙의 입도와 최대 입자 지름의 정의

8. 레미콘 품질관리에서 현장 품질시험 항목

9. 터널 방재설비의 종류와 특성

10. 심층혼합처리공법의 품질관리 항목

11. 충격하중에 의한 기존 포장평가 시험방법(FWD)

12. 후판 강재의 두께 방향 인장시험방법

13. 아스팔트 혼합물 강성(stiffness)의 정의

제2교시

※ 다음 문제 중 4문제를 선택하여 설명하시오. (각 25점)

1. 사회 기반시설의 성능중심 유지관리를 위한 시설물 상태평가 정량화 기술에 대하여 설명하시오.

2. 강판두께 50mm 이상의 후판을 사용한 강교량의 용접시공 및 품질관리 시 유의사항에 대하여 설명하시오.

3. 지하철 콘크리트구조물의 균열방지를 위한 품질관리방안에 대하여 설명하시오.

4. 프리스트레스트 긴장재의 긴장력 관리 개선방안에 대하여 설명하시오.

5. 흙의 다짐시험에서 다짐방법의 종류와 현장다짐과의 상관성, 시료의 준비와 사용방법, 그리고 이 시험방법의 적용 범위에 설명하시오.

6. 콘크리트 타설공사에서 하루 타설량이 900m³이고, 150m³마다 시험용 시료를 채취하고자 한다(트럭믹서 1대 용량 : 5m³). 트럭믹서 도착 순서를 기준으로 하여, 아래 난수표의 최초의 데이터를 이용한 임의추출법(random sampling)에 의해 시료를 채취할 경우, 각 로트별로 시료를 채취해야 할 트럭믹서의 도착 순서를 결정하고, 도착순서의 평균값과 중앙값을 계산하시오.

난 수 표
2747581091

✏️ 제3교시

※ 다음 문제 중 4문제를 선택하여 설명하시오. (각 25점)

1. 콘크리트에 요구되는 기본적인 품질조건과 양생 시 유의사항에 대하여 설명하시오.

2. 철근콘크리트 구조물의 건조수축 균열 발생 메커니즘과 영향인자, 그리고 유해 균열 제어대책에 대하여 설명하시오.

3. 굵은 골재의 밀도 및 흡수율 시험성과를 이용하여 다음을 계산하시오(최종 값의 소수점 이하 값의 처리는 KS 규정에 의할 것).

[조 건]
- A골재의 절대건조상태 시료의 질량(a) : 4,100g
- A골재의 표면건조포화상태 시료의 질량(b) : 4,200g
- A골재의 시료의 수중 중량(c) : 2,560g
- 시험 온도에서의 물의 밀도 : 1g/cm³

1) A골재의 표면건조포화상태의 밀도, 절대건조상태의 밀도, 진밀도 및 흡수율을 계산하시오.

2) 또 다른 무더기인 B골재의 표면건조포화상태의 계산밀도가 2.628g/cm³, 계산흡수율이 3.216%이다. A골재 : B골재 = 80% : 20%의 중량비로 합성할 경우, 표면건조포화상태의 평균 밀도와 평균 흡수율을 계산하시오.

4. 순환골재의 이물질 함유량 시험에서 고려해야 하는 이물질의 종류와 시험방법에 대하여 설명하시오.

5. 흙의 1축압축시험방법을 설명하고 1축압축시험 결과의 이용방법에 대하여 설명하시오.

6. 비균열 콘크리트에 사용하는 기계식 앵커 설치 시 품질관리대책에 대하여 설명하시오.

제4교시

※ 다음 문제 중 4문제를 선택하여 설명하시오. (각 25점)

1. 고로 슬래그 잔골재 및 고로 슬래그 잔골재를 사용한 콘크리트의 특징과 고로 슬래그 잔골재 사용 확대방안에 대하여 설명하시오.

2. 공용 중인 RC 교량 상판의 열화 요인과 보수, 보강방법에 대하여 설명하시오.

3. 현장에 타설한 콘크리트에 대한 압축강도 시험성과를 분석한 히스토그램이 다음과 같을 경우, 콘크리트의 품질관리 상태를 평가하고 품질관리자로서 실시해야 할 조치에 대하여 설명하시오.

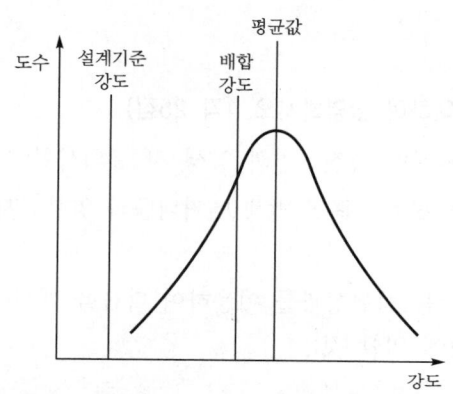

4. 아스팔트 혼합물의 인장강도비(TSR)를 얻기 위한 시험방법과 얻어진 시험 결과의 활용방안 및 아스팔트 혼합물의 박리 방지대책에 대하여 설명하시오.

5. 강교 용접부의 결함을 검사하기 위한 용접균열 시험법에 대하여 설명하시오.

6. FCM(Free Cantilever Method) 공법에서의 상부구조 콘크리트 타설 시 품질관리사항에 대하여 설명하시오.

❖ 제108회 토목품질시험기술사(2015. 01. 31.)

✎ 제1교시

※ 다음 문제 중 10문제를 선택하여 설명하시오. (각 10점)

1. 통계기법을 적용한 콘크리트 단위수량 관리방안
2. 콘크리트의 박리와 박락의 원인과 대책
3. 굳지 않은 콘크리트가 구비해야 할 조건
4. 콘크리트 비파괴시험 중 표면경도법과 그 신뢰도
5. 콘크리트 압축강도의 조기추정방법
6. 연약지반의 대표적인 안정관리방법
7. 비배수 3축압축시험의 주 목적
8. 연약지반 개량공법 중 샌드드레인공법의 장점
9. 현장파쇄 순환골재를 사용한 노상재료의 품질기준 및 다짐시험 판정기준
10. 강재의 일반적인 재료적 특성
11. 마찰형 포트받침의 품질조건
12. 콘크리트의 중성화(탄산화) 시험방법
13. 콘크리트의 염화물(염소이온량) 산출방법

✎ 제2교시

※ 다음 문제 중 4문제를 선택하여 설명하시오. (각 25점)

1. 건설기술진흥법령상 건설공사의 품질확보를 위한 발주자, 시공자, 관리자(감리자)의 임무에 대하여 설명하시오.
2. 터널공사 콘크리트 라이닝의 품질관리방안에 대하여 설명하시오.
3. 아스팔트 콘크리트와 레디믹스트 콘크리트의 품질확보를 위하여 생산설비가 갖추어야 할 조건과 점검방안에 대하여 설명하시오.
4. 강BOX교의 제작·설치 시 유의사항과 시험·검사방법에 대하여 설명하시오.
5. 고성능-고강도 콘크리트의 변형률 측정을 위한 FBG(Fiber Bragg Grating) 센서의 장단점에 대하여 설명하시오.
6. 콘크리트의 배합이론과 물-시멘트비의 결정방법에 대하여 설명하시오.

※ 다음 문제 중 4문제를 선택하여 설명하시오. (각 25점)

1. 가설공사(거푸집, 동바리, 비계 등)의 안전을 위한 품질확보방안에 대하여 설명하시오.
2. 콘크리트구조물 균열의 보수·보강공법과 이에 사용되는 주요 재료의 요구조건에 대하여 설명하시오.
3. 매스콘크리트의 수화열 관리방안과 품질에 미치는 영향에 대하여 설명하시오.
4. 아스팔트 혼합물의 수분저항성 시험방법(KS F 2398)에 따른 인장강도비(tensile strength ratio)시험에 대하여 설명하시오.
5. 3경간 연속 2셀(cell) BOX PCS 교량에서 내하력을 평가하기 위한 스트레인 게이지의 부착 위치와 방향 및 적용범위에 대하여 설명하시오.
6. PSC구조에서 강선의 시간적 응력손실에 대하여 설명하시오.

※ 다음 문제 중 4문제를 선택하여 설명하시오. (각 25점)

1. 혹한기 아스팔트콘크리트 포장시공 시 온도관리방안에 대하여 설명하시오.
2. 교량 교좌장치 및 신축이음장치의 설치 시 유의사항과 품질확보방안에 대하여 설명하시오.
3. DCM(Deep Cement Mixing)공법의 품질관리방안에 대하여 설명하시오.
4. 지반의 전단강도시험 중 실내시험방법과 적용 시 선택기준에 대하여 설명하시오.
5. 고로슬래그와 플라이애시 혼화재를 사용한 콘크리트의 품질관리기준에 대하여 설명하시오.
6. 기본단위와 유도단위를 정의하고, 건설품질에 단위가 주는 영향을 설명하시오.

❖ 제109회 토목품질시험기술사(2016. 05. 15.)

📝 제1교시

※ 다음 문제 중 10문제를 선택하여 설명하시오. (각 10점)

1. 콘크리트용 결합재로 사용되는 지오폴리머(geo-polymer)
2. 시멘트 경화체의 수축 발생원인 3종류
3. 시멘트의 이상응결(위응결) 원인과 대처방안
4. 아스팔트 혼합물 충전재(filler)의 목적
5. 바텀애시(bottom ash)의 재료적 특성
6. 해성점토의 특징 및 물리적 · 압밀특성 분석방법
7. 아스팔트 동점도(kinematic viscosity)의 시험방법
8. 증기양생(steam curing)온도와 시간의 관계
9. 품질관리도의 종류와 관리항목
10. 골재의 흡수율과 절대건조밀도, 안정성 및 마모감량과의 상관성
11. 흙의 활성도 시험 목적과 필요한 시험 종류
12. 동일한 흙에 대한 다짐에너지가 각기 다른 세 종류의 함수비, 건조밀도 및 포화도의 상관 관계성
13. 사분법과 난수표를 이용한 샘플링 방법

📝 제2교시

※ 다음 문제 중 10문제를 선택하여 설명하시오. (각 25점)

1. 토취장 흙의 다짐시험 성과와 실내 CBR 시험 성과가 다음과 같을 때 최대 건조밀도, 최적함수비, 95% 다짐도에 대한 CBR값을 구하시오.

다짐시험 성과	CBR 시험 성과			
	No.	다짐횟수 (층수/층당다짐횟수)	건조밀도 (g/cm³)	CBR (%)
	1	5/55	1.98	56
	2	5/25	1.87	40
	3	5/10	1.75	22

2. 콘크리트용 잔골재로 사용되는 해사, 부순 모래 및 개답사의 품질특성과 적용 시 문제점을 설명하시오.

3. 여름철 고온에 노출된 콘크리트의 시공 시 문제점과 재료적 대책에 대하여 설명하시오.

4. 아스팔트 콘크리트 본포장 시공 전 반드시 시험포장을 실시하여 적정 장비를 선정하고, 포설두께 및 다짐방법, 다짐횟수, 다짐밀도 등을 확인하여 이를 본포장에 적용해야 한다. 이에 시험포장계획서 항목과 시험방법 및 기준에 대하여 설명하시오.

5. 터널에 사용되는 숏크리트의 현장 품질관리 사항을 일상관리 및 정기관리 사항으로 구분하여 설명하시오.

6. 콘크리트구조물의 보수 보강에 사용되는 섬유 보강재의 종류와 품질특성에 대하여 설명하시오.

✏️ 제3교시

※ 다음 문제 중 10문제를 선택하여 설명하시오. (각 25점)

1. 다음과 같은 측정치를 이용하여 $\overline{x} - R$ 관리도를 작성하시오.
   (단, 시료 수 3개에 대한 $\overline{x}$ 관리도의 관리계수 $A_2 = 1.0$, R관리도의 관리계수 $D_3 = 0$, $D_4 = 2.5$이다.)

No.	측정치			$\overline{x}$	R	$\overline{\overline{X}}$ 및 $\overline{R}$
	X_1	X_2	X_3			
1	154	165	158	159	11	
2	156	145	160	154	15	$\overline{\overline{X}}_5 = 159.4$
3	160	156	168	161	12	
4	150	174	158	161	24	$\overline{R}_5 = 15.6$
5	162	170	154	162	16	
6	168	152	162	161	16	
7	158	164	176	166	18	$\overline{\overline{X}}_{10} = 160.5$
8	146	160	162	156	16	
9	166	158	160	161	8	$\overline{R}_{10} = 15.2$
10	164	156	172	164	16	
11	158	164	170	164	12	
12	172	166	154	164	18	
13	148	170	158	159	22	−
14	158	168	174	167	16	

2. 시멘트의 4가지 조성광물과 각각의 특성을 설명하시오.

3. 해양환경하에 있는 콘크리트구조물의 내구성 설계개념과 수명평가방법에 대하여 설명하시오.

4. 아스팔트 혼합물의 품질확보 및 수명연장을 위한 아스팔트 혼합물에 사용되는 골재의 적용기준(혼합입도, 단입도)을 비교하여 설명하시오.

5. 일반적인 보강토 옹벽의 종류를 나열하고 보강토 옹벽의 재료기준 및 뒤채움 재료의 품질기준에 대하여 설명하시오.

6. 다짐된 흙의 현장밀도 측정방법의 종류와 적용범위에 관하여 설명하시오.

✏️ 제4교시

※ 다음 문제 중 10문제를 선택하여 설명하시오. (각 25점)

1. 아스팔트 혼합물의 배합설계 시험성과를 이용하여 다음의 시방조건에서 최적 아스팔트 함량(OAC)과 실내 마셜밀도를 구하시오.

   [시방조건] 공극률 : 3~5%, 포화도 : 70~85%, 안정도 : 5,000N 이상,
   　　　　　　 흐름값(1/100cm) : 20~40

   [아스팔트 혼합물 배합설계 시험성과]

아스팔트 함량 (%)	밀도 (g/cm³)	공극률(%)	포화도(%)	안정도(N)	흐름값 (1/100cm)
5.0	2.33	6.5	63.0	9,800	22
5.5	2.35	4.3	74.1	12,500	27
6.0	2.37	3.1	82.0	13,600	32
6.5	2.38	2.0	89.0	12,600	37
7.0	2.38	1.0	93.0	11,200	46

2. 화재를 입은 콘크리트의 온도상승에 따른 시멘트 수화물의 성능변화와 콘크리트의 물리적 특성에 대하여 설명하시오.

3. 콘크리트 압축강도 시험에서 공시체의 치수와 형상, 공시체 재하면의 상태, 재하속도가 시험성과에 미치는 영향에 대하여 설명하시오.

4. 터널지보재 중 록볼트 정착형식을 기술하고, 인발시험 결과 불합격된 경우 처리방법 및 현장품질관리기준에 대하여 설명하시오.

5. 건설공사 품질관리 업무지침 개정(2015년 6월)의 주요 내용을 기술하고, 품질관리계획서 항목 중 현장품질방침 및 품질목표관리, 중점품질관리, 부적합 공사관리 내용에 대하여 설명하시오.

6. 보링공을 이용하여 실시할 수 있는 원위치 시험의 종류와 적용범위 및 얻을 수 있는 시험값에 관하여 설명하시오.

제1교시

※ 다음 문제 중 10문제를 선택하여 설명하시오. (각 10점)

1. 개질 아스팔트의 종류와 특징

2. PHC(고강도 프리스트레스트 콘크리트) 말뚝의 제조과정 및 품질관리 항목

3. 베인전단시험(vane shear test)

4. PDCA cycle의 각 단계별 고려 항목

5. 활성단층(active fault)

6. 압열인장시험(Brazilian test)

7. 아스팔트포장의 포트홀(pot hole)

8. 소성지수(PI)

9. 지진의 규모(magnitude)와 진도(intensity)

10. 철근콘크리트 구조물의 건전성 평가방법

11. 철도 건설공사에서 토공 성토 시 다짐도 품질기준

12. 콘크리트 압축강도시험 시 언본드 캐핑 방법

13. 품질관리의 신뢰성(reliability)

제2교시

※ 다음 문제 중 4문제를 선택하여 설명하시오. (각 25점)

1. 보통포틀랜드시멘트, 플라이애시, 고로슬래그 미분말을 동시에 혼합한 삼성분계 혼합 시멘트를 사용한 콘크리트의 특성과 계절별 사용 시 주의사항에 대하여 설명하시오.

2. 레디믹스트 콘크리트를 현장에 반입 시 제출하여야 하는 서류와 내용에 대하여 설명하시오.

3. 시가지 도로에서 노면하부 동공(洞空, 싱크홀)의 발생원인과 방지대책에 대하여 설명하시오.

4. 암반사면의 파괴유형을 설명하고, 안정성을 확보하기 위한 암반사면대책에 대하여 설명하시오.

5. 강재의 잔류응력 처리방법에 대하여 설명하시오.

6. 아스팔트콘크리트 포장의 가로 시공이음부(transverse joints)에 대한 품질관리방안에 대하여 설명하시오.

✎ **제3교시**

※ 다음 문제 중 4문제를 선택하여 설명하시오. (각 25점)

1. 굳지 않은 콘크리트의 단위수량을 관리하여야 하는 중요성 및 신속측정방법에 대하여 설명하시오.

2. 배합 콘크리트의 내구성 평가를 위해 고려하여야 하는 사항에 대하여 설명하시오.

3. 지반의 특성파악을 위한 시추공 탄성파 탐사의 분류 및 특징과 활용방안에 대하여 설명하시오.

4. GPR탐사의 원리, 탐사심도 및 탐사 시 영향요인, 품질관리 측면에서 적용 시 문제점에 대하여 설명하시오.

5. 동바리 붕괴 유발요인 및 안전성 확보방안에 대하여 설명하시오.

6. 건설공사를 위한 신품질관리도구(new quality control tool)에 대하여 설명하시오.

✎ **제4교시**

※ 다음 문제 중 4문제를 선택하여 설명하시오. (각 25점)

1. 아스팔트 혼합물의 마샬안정도에 의한 배합설계방법에 대하여 설명하시오.

2. 매스콘크리트의 균열발생 과정을 설명하고 설계, 재료·배합 및 시공단계별 균열 저감대책에 대하여 설명하시오.

3. 유동액상화(flow liquefaction)의 정의와 평가방법 및 대책에 대하여 설명하시오.

4. 지진이 철근콘크리트구조물에 미치는 영향과 구조물의 지진제어(내진, 면진, 제진)를 위한 품질관리방안에 대하여 설명하시오.

5. 강교 조립 시 수행하여야 할 검사에 대하여 설명하시오.

6. 콘크리트 시공에서 타설 전·중·후 단계별로 시행하는 품질검사에 대하여 설명하시오.

📝 제1교시

※ 다음 문제 중 10문제를 선택하여 설명하시오. (각 10점)

1. 콘크리트의 재료분리
2. 콘크리트의 정탄성계수 및 동탄성계수
3. 부사($浮沙$, cenosphere)
4. 콘크리트의 화학적 수축(chemical shrinkage)
5. 토량의 변화율(L값, C값)
6. 터널의 심빼기 발파
7. 콘크리트의 시방배합과 현장배합
8. 흙의 아터버그(Atterberg) 한계
9. 흙의 다짐과 압밀의 차이점
10. 흙의 다일레이턴시(Dilatancy) 현상
11. 아스팔트 혼합물의 수침마샬
12. 흙의 다짐에서 과전압(over compaction)
13. 아스팔트 콘크리트 충전재(filler)의 품질시험 항목

📝 제2교시

※ 다음 문제 중 4문제를 선택하여 설명하시오. (각 25점)

1. 시멘트 풍화의 원인, 문제점 및 대책에 대하여 설명하시오.
2. 서중콘크리트 시공 시 품질관리방안에 대하여 설명하시오.
3. 흙의 다짐곡선 및 특성에 대하여 설명하시오.
4. PSC에서 그라우트의 배합설계, 품질기준 및 시공 시 유의사항에 대하여 설명하시오.
5. 고성토 비탈면의 품질관리 및 시공관리 대책에 대하여 설명하시오.
6. 아스팔트 콘크리트 포장에서 소성변형의 발생원인 및 품질관리방안에 대하여 설명하시오.

제3교시

※ 다음 문제 중 4문제를 선택하여 설명하시오. (각 25점)

1. 콘크리트의 염소이온 확산특성에 대하여 설명하시오.
2. 유동화 콘크리트의 특성 및 분리저항성 평가방법에 대하여 설명하시오.
3. 아스팔트 콘크리트 포장에서 도로구조물과 토공접속부의 단차 발생원인 및 방지대책에 대하여 설명하시오.
4. 도로공사 시 흙쌓기에 대한 다짐도 평가방법 및 품질관리방안에 대하여 설명하시오.
5. 굳지 않은 콘크리트의 압력법에 의한 공기함유량 시험방법에 대하여 설명하시오.
6. 도로건설 현장에서 대절토 비탈면의 붕괴원인 및 품질관리방안에 대하여 설명하시오.

제4교시

※ 다음 문제 중 4문제를 선택하여 설명하시오. (각 25점)

1. 해양콘크리트의 내구성 증진방안에 대하여 설명하시오.
2. 콘크리트 양생방법의 종류 및 특징에 대하여 설명하시오.
3. 교량에서의 PSC beam 제작 및 가설 시 전도 발생원인 및 방지대책에 대하여 설명하시오.
4. 도로공사에서 성토재료 선정 시 품질관리 기준 및 유의사항에 대하여 설명하시오.
5. 교면포장의 종류, 문제점 및 품질관리방안에 대하여 설명하시오.
6. 필댐(fill dam)의 파괴원인 및 누수방지대책에 대하여 설명하시오.

📝 제1교시

※ 다음 문제 중 10문제를 선택하여 설명하시오. (각 10점)

1. RQD(Rock Quality Designation)
2. 불량자재(레미콘 · 아스콘 생산공장 및 공사현장 품질관리) 처리방법
3. 순환골재 등 의무사용건설공사의 순환골재 사용용도 및 의무사용량
4. 일반콘크리트의 습윤양생기간의 표준
5. 콘크리트구조물의 거푸집 해체시기
6. 콜드 조인트(Cold Joint) 시공 시 대책
7. 시멘트의 강열감량(Ignition Loss)시험
8. 방사선 차폐용 콘크리트
9. 시멘트의 수화반응과 수화물
10. 콘크리트의 압축강도시험 결과 판정
11. SM355C(SM490C) 강재의 성질
12. 콘크리트의 계량설비 검사
13. 레미콘의 혼화재 사용범위와 검사

📝 제2교시

※ 다음 문제 중 4문제를 선택하여 설명하시오. (각 25점)

1. 도로공사 성토 시 노상 완성면의 검측항목과 지지력 측정방법에 대하여 설명하시오.
2. 콘크리트의 균열발생 원인 및 대책에 대하여 설명하시오.
3. 현장에서 발생하는 암 버력의 유용성을 판정하기 위한 검토항목과 품질기준에 대하여 설명하시오.
4. 우천 시 타설한 콘크리트의 하자유형과 현장 품질관리대책에 대하여 설명하시오.
5. 건설기술진흥법 제55조(건설공사의 품질관리) 및 동법 시행령 제89조에 따른 품질관리계획 수립대상 공사 및 품질관리계획서 포함사항에 대한 작성기준에 대하여 설명하시오.
6. 자재공급원의 사전점검 내용 중 아스콘공장 점검부위별 점검항목에 대하여 설명하시오.

✎ 제3교시

※ 다음 문제 중 4문제를 선택하여 설명하시오. (각 25점)

1. 콘크리트구조물에 적용할 수 있는 비파괴시험방법에 대하여 설명하시오.

2. 철근부식 평가를 위한 자연전위법에 대하여 설명하시오.

3. NATM 터널 등에서 차수를 목적으로 사용하는 지오맴브레인의 접합부 검사와 하자 방지를 위한 품질관리대책에 대하여 설명하시오.

4. 실드공법에서 세그먼트 방수공법과 누수방지를 위한 지수재의 품질관리대책에 대하여 설명하시오.

5. 저탄소콘크리트(low carbon concrete)에 대하여 설명하시오.

6. 터널에 사용되는 숏크리트의 현장품질관리(일상관리, 정기관리, 기타) 사항에 대하여 관리 항목, 관리내용 및 시험, 시험빈도를 구분하여 설명하시오.

✎ 제4교시

※ 다음 문제 중 4문제를 선택하여 설명하시오. (각 25점)

1. 골재의 안정성 시험에 대하여 설명하시오.

2. 한중콘크리트 품질시험기준에 대하여 설명하시오.

3. 흙막이공사에 적용된 변위계(strain gauge)의 측정오차와 계측데이터의 신뢰성 증진방안에 대하여 설명하시오.

4. 가설공사의 안전사고방지를 위한 가설기자재의 품질확보방안을 개정된 품질관리업무지침 (2017. 7.)을 중심으로 설명하시오.

5. 포장 및 구조물 시공 후 잔류침하를 경감시키기 위해 연약지반상에 실시하는 과재하중 (surcharge)공법과 프리로딩(pre-loading)공법 및 계측항목별 계측빈도와 기간에 대하여 설명하시오.

6. 아스팔트 플랜트의 구조, 품질시험장비의 종류 및 아스팔트 혼합물 생산 시 주의사항에 대하여 설명하시오.

제1교시

※ 다음 문제 중 10문제를 선택하여 설명하시오. (각 10점)

1. 시멘트 수경률의 산출식 및 용도

2. 노상용 순환골재의 품질기준

3. 콘크리트 성숙도(Maturity)와 활용

4. 침윤선

5. 시멘트 클링커 주요 화합물의 종류 및 특징

6. 콘크리트 백화현상의 정의 및 발생원인

7. 알칼리 골재반응조건 및 방지대책

8. 흙의 직접전단시험

9. 콘크리트 쪼갬인장강도시험

10. 굵은 골재 최대치수가 콘크리트 품질에 미치는 영향

11. 흙의 동상현상

12. 콘크리트 내부 기포 간격의 기능

13. 구조물 뒤채움의 불량시공 원인 및 부등침하 발생원인

제2교시

※ 다음 문제 중 4문제를 선택하여 설명하시오. (각 25점)

1. 콘크리트에서 경화 전 발생하는 초기 균열의 종류와 각각의 발생원인, 특징 및 방지대책에 대하여 설명하시오.

2. 단면이 비교적 큰 콘크리트(매스콘크리트)의 재령과 수화열에 의한 온도응력의 발생과정과 콘크리트 온도균열 제어방법에 대하여 설명하시오.

3. 프리스트레스트콘크리트(PSC)에 사용되는 PS강재가 갖추어야 할 성질, PS강재의 종류 및 특징에 대하여 설명하시오.

4. 아스팔트 콘크리트용 석분(Filler)의 사용 이유, 품질기준 및 배합에 대하여 설명하시오.

5. 연약지반 압밀촉진공법 적용 시 품질관리사항에 대하여 설명하시오.

6. PSC 거더교 공사 중 Grouting 품질관리 유의사항에 대하여 설명하시오.

제3교시

※ 다음 문제 중 4문제를 선택하여 설명하시오. (각 25점)

1. 콘크리트의 경화과정 중에 발생하는 자기수축균열의 발생원인, 영향요인 및 저감대책에 대하여 설명하시오.
2. 터널공사 중 강섬유 보강 숏크리트의 기능, 특징 및 품질관리방안에 대하여 설명하시오.
3. 사면붕괴의 주된 원인 및 사면붕괴 형태를 설명하고 사면안정 대책공법에 대하여 설명하시오.
4. 콘크리트 투수성 시험의 종류를 설명하고 수밀성 향상 대책을 설명하시오.
5. 수중 불분리성 콘크리트의 특징, 재료, 배합 및 시공 시 유의사항에 대하여 설명하시오.
6. 도로의 노상·노체의 다짐작업 시 함수비에 따른 흙의 상태변화와 흙의 다짐도 판정방법에 대하여 설명하시오.

제4교시

※ 다음 문제 중 4문제를 선택하여 설명하시오. (각 25점)

1. 콘크리트 배합설계 시 콘크리트 압축강도 시험횟수에 따른 콘크리트 배합강도 결정방법에 대하여 설명하시오.
2. 기초 침하의 원인에 대하여 설명하고 허용침하량과 그 대책을 설명하시오.
3. 철근콘크리트구조에서 철근과 콘크리트의 일체화 거동을 위한 부착성능에 영향을 미치는 요인 및 부착강도 측정방법을 설명하시오.
4. 콘크리트 타설 시 발생하는 재료분리의 원인, 특징 및 저감대책에 대하여 설명하시오.
5. 교량 가설공법 중 FCM의 품질관리에 대하여 설명하시오.
6. 연약지반 성토 시 성토지반의 품질 확보를 위한 계측기의 종류 및 계측관리에 대하여 설명하시오.

제1교시

※ 다음 문제 중 10문제를 선택하여 설명하시오. (각 10점)

1. 품질관리업무를 수행하는 건설기술자의 업무범위
2. 건설공사 품질관리업무지침(국토교통부 고시 제2017-450호) 중 굳지 아니한 콘크리트(레미콘 포함) 시험종목 및 시험빈도
3. 아스팔트 노화방지제
4. 콘크리트 타설 후 일평균기온에 따른 습윤 양생 기간의 표준
5. 잠재 수경성과 포졸란 반응
6. 잔골재율(S/a)
7. 토량변화율
8. 반사균열
9. 매스콘크리트 계측용 게이지의 종류
10. 흙의 표준관입시험(SPT) 결과에 영향을 미치는 요인
11. 철근콘크리트의 정철근과 부철근
12. 터널의 페이스 매핑(face mapping)
13. 강재기호

제2교시

※ 다음 문제 중 4문제를 선택하여 설명하시오. (각 25점)

1. 연약지반 성토 시 안정관리방법에 대하여 설명하시오.
2. 지진·화산재해 대책법에 따른 지진가속도계 설치 및 관리기준에 대하여 설명하시오.
3. 흙의 동결 및 연화작용이 도로 및 철도 구조물에 미치는 영향 및 대책에 대하여 설명하시오.
4. 연약지반 처리공법 중 동다짐공법에 대하여 설명하시오.
5. 프리스트레스트 콘크리트의 유효인장응력에 대하여 설명하시오.
6. 굳지 않은 콘크리트의 공기량에 영향을 미치는 요소에 대하여 설명하시오.

✎ 제3교시

※ 다음 문제 중 4문제를 선택하여 설명하시오. (각 25점)

1. Rockfill Dam의 차수벽 재료를 점토로 시공하려고 할 때 재료선정 시험 및 현장에서 이루어져야 할 시험의 종류와 방법에 대하여 설명하시오.
2. 터널에 사용되는 숏크리트의 종별(일상관리, 정기관리, 기타) 현장품질관리 사항에 대하여 설명하시오.
3. 고로슬래그 미분말, 플라이애시 중 한 종류의 혼화재를 단위결합재량 대비 10퍼센트를 초과 사용하여 콘크리트를 제조하고자 하는 경우 품질관리방안에 대하여 설명하시오.
4. 콘크리트구조물에서 시간의 경과에 따라 성능이 저하되는 원인과 시험방법 및 방지대책에 대하여 설명하시오.
5. 다공성 아스팔트 콘크리트포장의 특성과 품질시험항목에 대하여 설명하시오.
6. 현장타설 말뚝에서 결함유형과 건전도 시험방법에 대하여 설명하시오.

✎ 제4교시

※ 다음 문제 중 4문제를 선택하여 설명하시오. (각 25점)

1. 해양콘크리트 구조물의 적용범위 및 재료적 특성에 대하여 설명하시오.
2. 도로포장시공품질관리시스템(PQMS : Pavement Quality Management System)에 대하여 설명하시오.
3. 점토층이나 압축성이 큰 지반에 시공한 말뚝기초에서 발생하는 현상, 피해 및 방지대책에 대하여 설명하시오.
4. 흙의 다짐에 영향을 미치는 요소와 과다짐의 문제점 및 대책에 대하여 설명하시오.
5. 교량받침 무수축 모르타르 시공 시 품질관리 유의사항에 대하여 설명하시오.
6. 건설기술진흥법 제56조 및 시행규칙 제53조에 따른 품질관리비의 산출, 사용기준 및 향후 제도개선 방향에 대하여 설명하시오.

제1교시

※ 다음 문제 중 10문제를 선택하여 설명하시오. (각 10점)

1. 아스팔트포장의 반사균열

2. 강구조물의 수명 및 내용연수

3. 콘크리트 설계기준강도 미달 시 조치사항

4. 자기치유(Self Healing) 콘크리트

5. 교면방수의 요구성능 및 종류

6. 붕적토

7. 골재의 실적률과 공극률

8. 점성토의 예민비

9. 시멘트 콘크리트 포장용 굵은 골재의 품질기준

10. 호칭강도, 배합강도 및 설계기준강도 비교

11. 콘크리트 중에 함유된 염화물 종류 및 임계염화물 이온농도

12. 컷백 아스팔트

13. 교대의 수평변위 원인

제2교시

※ 다음 문제 중 4문제를 선택하여 설명하시오. (각 25점)

1. 역청안정처리공법(Black Base)에 대하여 설명하시오.

2. 유제아스팔트의 특징 및 사용 시 주의사항에 대하여 설명하시오.

3. 암성토 시공 및 품질관리방안을 설명하시오.

4. 점성토 지반에서 베인시험(Vane Test) 시 전단강도에 영향을 미치는 요인에 대하여 설명하시오.

5. 굳지 않은 콘크리트의 단위수량 추정에 대한 시방기준과 신속시험방법에 대하여 설명하시오.

6. 철근콘크리트 구조물의 부식방지 대책을 나열하고, 그중 전기방식(電氣防蝕) 공법에 대하여 구체적으로 설명하시오.

🖋 제3교시

※ 다음 문제 중 4문제를 선택하여 설명하시오. (각 25점)

1. NATM터널 계측관리 항목과 유의사항에 대하여 설명하시오.
2. 상하수도 관로에 대한 보호방법을 설명하시오.
3. 포장의 노상 및 보조기층의 다짐관리와 다짐시험검사 기준에 대하여 설명하시오.
4. 아스팔트 시험포장 시 계획서 항목, 시공방법 및 결과보고에 포함될 사항에 대하여 설명하시오.
5. 콘크리트용 화학혼화제 품질기준(KS F 2560)의 문제점을 설명하시오.
6. 알칼리 골재반응의 원인, 판정방법 및 대책방안을 설명하시오.

🖋 제4교시

※ 다음 문제 중 4문제를 선택하여 설명하시오. (각 25점)

1. 강재에 대한 비파괴검사 종류 및 특징을 설명하시오.
2. 수중구조물 제작 시 사용되는 케이슨공법의 종류 및 특징에 대하여 설명하시오.
3. 구스아스팔트 혼합물 포장 시 품질관리기준을 설명하시오.
4. 대구경 현장콘크리트 말뚝의 품질관리상 문제점 및 대책에 대하여 설명하시오.
5. 매스콘크리트 구조물의 시공 시 검토 및 유의사항에 대하여 설명하시오.
6. 배수성 아스팔트 포장의 특징 및 품질관리 시 유의사항에 대하여 설명하시오.

제1교시

※ 다음 문제 중 10문제를 선택하여 설명하시오. (각 10점)

1. 콘크리트 조기강도 평가방법 및 필요성

2. 실리카퓸

3. 트레미 콘크리트

4. 분니(噴泥)

5. 전사적 품질관리(TQC : Total Quality Control)

6. 샘플링(Sampling) 검사

7. LCC(Life Cycle Cost)

8. 부실공사와 하자의 차이점

9. 최소비용촉진법(MCX : Minimum Cost Expediting)

10. 최대 건조밀도와 최적함수비 관계

11. 평판재하시험(Plate Bearing Test)

12. 도로의 평탄성 관리지수(Profile Index)

13. 상수도 공사에서 도복장강관의 용접검사

제2교시

※ 다음 문제 중 4문제를 선택하여 설명하시오. (각 25점)

1. 콘크리트 배합에 사용되는 잔골재의 유해물 함유량 기준 및 콘크리트 물성에 미치는 영향을 설명하시오.

2. 해양콘크리트 시공 시 품질관리 방안을 설명하시오.

3. 강구조 공사에서 볼트접합 및 핀 연결에 대하여 설명하시오.

4. 토목품질기술자가 고려해야 할 점성토와 사질토의 전단특성에 대하여 설명하시오.

5. 연약지반에서 교대 시공 중 측방유동 발생 시 검토항목과 방지대책을 설명하시오.

6. 건설공사 진행에 있어서 품질경영(Quality Management)을 구성하는 3단계 활동에 대하여 설명하시오.

✎ 제3교시

※ 다음 문제 중 4문제를 선택하여 설명하시오. (각 25점)

1. 콘크리트 구조물의 균열보수, 보강 대책에 대하여 설명하시오.

2. 콘크리트 백화현상의 원인과 대책을 설명하시오.

3. 강구조 공사에서 용접부 비파괴시험 방법을 설명하시오.

4. 아스팔트 포장의 파손 원인 및 저감대책과 보수방법을 설명하시오.

5. 도로구조물(교대 및 암거 등)과 토공접속부의 부등침하 발생원인 및 방지대책과 뒤채움 시 품질관리 방법에 대하여 설명하시오.

6. 현장타설 말뚝에서 발생하는 결함의 종류와 조사방법, 결함 발생 시 품질확보를 위한 보강 대책에 대하여 설명하시오.

✎ 제4교시

※ 다음 문제 중 4문제를 선택하여 설명하시오. (각 25점)

1. 한중 콘크리트 시공 시 예상되는 문제점 및 대책을 설명하시오.

2. 화재피해를 받은 콘크리트의 특성과 피해 방지 대책을 설명하시오.

3. 교면방수공법의 종류와 특징 및 시공 시 품질관리 사항에 대하여 설명하시오.

4. 하수관거(강성관, 연성관)의 설치 지반에 따른 기초공법과 품질검사에 대하여 설명하시오.

5. 건설기술자로서 구조물 유지관리 체계 및 유지관리 방법에 대하여 설명하시오.

6. 건설공사 진행 단계별 건설폐기물 발생원인과 대책을 설명하시오.

제1교시

※ 다음 문제 중 10문제를 선택하여 설명하시오. (각 10점)

1. 건설클레임(Claim)
2. 콘크리트의 혼화재료
3. 토량환산계수
4. 사운딩(Sounding)
5. 콘크리트 자기 수축(Autogenous Shrinkage)
6. 콘크리트 구조물의 화학적 침식
7. 하수관의 시공검사
8. 콘크리트 박리현상(Pop Out)
9. 콘크리트 경량골재
10. 강재의 피로파괴(Fatigue Failure)
11. 표준시방서, 전문시방서, 공사시방서
12. 에폭시 피복 철근
13. 철도의 유효장

제2교시

※ 다음 문제 중 4문제를 선택하여 설명하시오. (각 25점)

1. 아스팔트 포장의 소성변형 원인과 방지대책 및 보수방법에 대하여 설명하시오.
2. 콘크리트 타설시 측압(Lateral Pressure)의 발생원인과 저감방안에 대하여 설명하시오.
3. 50m 이상 대심도 광역철도 건설현장의 품질관리자로서 착공 전에 필수적으로 확인하여야 할 항목에 대하여 설명하시오.
4. 구조물과 토공 접속부의 성토공사 시 유의사항과 품질관리 대책에 대하여 설명하시오.
5. 최근 주택 밀집지역에서 상수도 누수로 인하여 도로 침하 등 문제가 빈번하게 발생하고 있다. 상수도 누수의 원인, 누수탐지방법, 누수복구방안을 설명하시오.
6. 콘크리트 폭렬현상의 원인과 방지대책에 대하여 설명하시오.

✏️ 제3교시

※ 다음 문제 중 4문제를 선택하여 설명하시오. (각 25점)

1. 콘크리트 구조물의 내구성 저하 원인과 저감방안에 대하여 설명하시오.

2. 강교의 가조립의 구분과 품질관리 사항에 대하여 설명하시오.

3. 콘크리트 표준시방서(2016년)에 따른 콘크리트 표면 마무리 관리사항을 설명하시오.

4. 『시설물의 안전 및 유지관리 실시 등에 관한 지침(국토교통부 고시)』에 따른 정기안전점검, 긴급안전점검, 정밀안전점검 및 정밀안전진단의 목적과 수행방법에 대하여 설명하시오.

5. 아스팔트 포장도로의 표면 요철을 개선하기 위한 배합설계 및 품질관리 사항에 대하여 설명하시오.

6. 도심지 지하철 공사 현장에서 지반 굴착 시 주변 구조물의 침하원인과 방지대책을 설명하시오.

✏️ 제4교시

※ 다음 문제 중 4문제를 선택하여 설명하시오. (각 25점)

1. 건설공사 품질관리와 관련하여 발주자, 건설사업관리자, 시공자의 역할과 갈등발생 시 해결방안에 대하여 설명하시오.

2. 토취장의 선정요령과 성토재료 적부판정을 위한 실내시험 항목을 설명하시오.

3. 혹서기 시멘트 콘크리트 포장 시공 시 품질관리 기준에 대하여 설명하시오.

4. 전력, 통신, 광역상수도, 도시가스 등 지하매설물이 복잡하게 설치되어 있는 도심지 건설현장에서 품질사고를 예방하기 위한 시공 중 지반탐사의 종류와 특징을 설명하시오.

5. 최근 도심지에서의 발파작업은 소음과 진동으로 인한 민원 때문에 미진동 굴착공법으로 변경 시행하고 있는 추세이다. 미진동 굴착공법의 종류와 특징을 설명하시오.

6. 콘크리트 정탄성계수와 동탄성계수에 대하여 설명하시오.

🖊 제1교시

※ 다음 문제 중 10문제를 선택하여 설명하시오. (각 10점)

1. 방사선 차폐콘크리트

2. 액상화 현상(Liquefaction)

3. 강재 비파괴검사(Non-destructive Test)

4. 시설물의 성능평가제도

5. 정규도수 분포곡선의 정의 및 활용성

6. 콘크리트의 건조수축

7. 수중 콘크리트

8. 콘크리트 배합 시 골재의 입도

9. 강교 가설공법 중 벤트(Bent) 공법

10. 영공기 간극곡선(Zero-Air Void Curve)

11. 압축계수(a_v)와 체적변화계수(m_v)

12. 콘크리트 포장의 다이아몬드 그라인딩(Diamond Grinding)

13. 기존 하수관 CCTV 조사 및 상태평가

🖊 제2교시

※ 다음 문제 중 4문제를 선택하여 설명하시오. (각 25점)

1. 콘크리트 강도의 조기 판정이 필요한 이유와 조기 판정법에 대하여 설명하시오.

2. 철근이음 시 이음길이, 이음종류, 이음 시 품질관리 사항을 설명하시오.

3. 하천의 비탈보호공법 종류와 특징, 시공 시 품질관리 유의사항에 대하여 설명하시오.

4. 고속철도 토공구간의 노반 시공 시 시방기준에 따른 허용잔류침하량을 제시하고, 침하가 발생하기 쉬운 취약공종과 잔류침하 최소화를 위한 품질확보 방안에 대하여 설명하시오.

5. 터널에서 고강도 숏크리트의 적용분야와 배합설계 및 품질확보 방안에 대하여 설명하시오.

6. 건설공사 품질관리 업무지침(국토교통부 고시 제2020-720호) 중 품질관리계획서 작성기준에 대하여 설명하시오.

제3교시

※ **다음 문제 중 4문제를 선택하여 설명하시오. (각 25점)**

1. CM제도의 정의, 목표, 도입필요성, 도입효과에 대하여 설명하시오.

2. 콘크리트의 중성화 원인 및 방지대책에 대하여 설명하시오.

3. 강재의 용접결함 발생원인과 대책에 대하여 설명하시오.

4. 철도궤도공사에 있어서 콘크리트도상과 자갈도상의 장·단점을 설명하고, 궤도공사 품질관리에 대하여 설명하시오.

5. 도심지 대규모 흙막이 굴착공사에서 편토압 문제가 발생될 수 있는 조건과 이에 대한 대책방안을 설명하시오.

6. 아스팔트 포장의 유지보수를 위한 노면조사 항목과 상태평가 방법에 대하여 설명하시오.

제4교시

※ **다음 문제 중 4문제를 선택하여 설명하시오. (각 25점)**

1. 건설공사를 위한 TQC의 7가지 도구(Tool)에 대하여 설명하시오.

2. 콘크리트 배합설계의 목적, 종류, 순서에 대하여 설명하시오.

3. 대단위 연약지반 해안공사에서 매립 공사 시 계측결과를 활용한 장래침하량 예측방법에 대하여 설명하시오.

4. 도로교량의 교면포장에 요구되는 품질조건과 교면포장의 종류 및 특징에 대하여 설명하시오.

5. 도심지 도로에서 발생되는 지반함몰 방지를 위한 하수관로 공사의 품질확보 방안에 대하여 설명하시오.

6. 시설물의 상태평가 방법과 안정성 평가 시 필요한 조사와 안전등급에 대하여 설명하시오.

제1교시

※ 다음 문제 중 10문제를 선택하여 설명하시오. (각 10점)

1. 수격작용
2. 과전압
3. 연약지반에서 발생하는 측방유동의 발생원인
4. 라벨링(Ravelling)
5. 워커빌리티(Workability) 측정 방법
6. 팽창 콘크리트
7. 혼화재 2차반응
8. 고장력 볼트의 토크 값(Torque 값)
9. 궤도 장대레일 테르밋트(Thermit) 용접법
10. 건설기술진흥법 시행령에 따른 품질시험계획의 내용
11. 철근콘크리트 구조물의 내구성확보를 위한 허용균열폭
12. Osterberg Cell 재하시험
13. 압축강도에 의한 콘크리트의 품질검사

제2교시

※ 다음 문제 중 4문제를 선택하여 설명하시오. (각 25점)

1. 아스팔트콘크리트 포장에서 소성변형의 발생원인과 배합, 시공 시 품질관리 방안에 대하여 설명하시오.
2. 역사이펀(Inverted syphon) 시공 시 고려사항에 대하여 설명하시오.
3. 자재공급원 승인 요청을 위한 레미콘공장 사전 점검 항목에 대하여 설명하시오.
4. 물보라 지역 해양콘크리트 시공 시 문제점 및 품질관리 방안에 대하여 설명하시오.
5. 구조물 기초나 지하구조물을 위한 개착공사 시 적용되는 가시설흙막이 벽체와 지지구조 형식에 대하여 설명하시오.
6. 흙쌓기 재료의 품질기준을 나열하고 암(쌓기)을 이용한 노체 성토 시 고려할 사항에 대하여 설명하시오.

✎ 제3교시

※ 다음 문제 중 4문제를 선택하여 설명하시오. (각 25점)

1. 도로 절·성토 경계부의 포장 파손 원인 및 대책에 대하여 설명하시오.
2. 필 댐(Fill Dam)의 파괴원인 및 누수방지대책에 대하여 설명하시오.
3. 콘크리트 강도가 설계기준강도보다 작게 나왔을 경우 조치방법에 대하여 단계적으로 설명하시오.
4. 콘크리트 재료분리의 발생원인, 문제점 및 대책에 대하여 설명하시오.
5. 「배수성 아스팔트 콘크리트 포장 생산 및 시공지침」의 주요 내용에 대하여 설명하시오.
6. 시설물의 유지·보수를 위한 진단기법 중 콘크리트 및 강재의 비파괴시험에 대하여 설명하시오.

✎ 제4교시

※ 다음 문제 중 4문제를 선택하여 설명하시오. (각 25점)

1. 말뚝기초 재하시험의 종류 및 품질기준에 대하여 설명하시오.
2. 도로포장의 평탄성에 영향을 주는 요인 및 평탄성 저하방지 대책에 대하여 설명하시오.
3. 유속이 빠른 하천에 시공된 교량하부구조에서 발생되는 세굴의 특징 및 교량하부구조 보호를 위한 세굴방지공에 대하여 설명하시오.
4. 여름철 매스콘크리트 시공 시 문제점과 품질확보 방안에 대하여 설명하시오.
5. 도로터널 화재안전성을 높이기 위한 「도로터널 내화지침」 주요내용에 대하여 설명하시오.
6. 숏크리트의 현장 품질관리 사항에 대하여 일상관리, 정기관리, 기타 항목으로 구분하여 설명하시오.

제1교시

※ 다음 문제 중 10문제를 선택하여 설명하시오. (각 10점)

1. 토질주상도
2. 동치환공법
3. 도로배수
4. 아스팔트포장 온도관리
5. 침사지
6. 건설신기술
7. 품질관리의 7가지 도구
8. 자기치유 콘크리트 공법의 종류 및 특징
9. 「KCS 14 20 21 순환골재 콘크리트」에서 규정하는 순환골재 품질관리 시기 및 횟수
10. 블리딩(Bleeding)
11. 콘크리트 혼화재와 혼화제의 차이점과 종류
12. 강재 용접부의 비파괴 시험방법
13. 트래미 콘크리트(Tremie Concrete)

제2교시

※ 다음 문제 중 4문제를 선택하여 설명하시오. (각 25점)

1. 암(岩)과 토사를 혼합하여 다짐 시공 시 품질관리방법에 대하여 설명하시오.
2. 아스팔트 혼합물의 품질관리 항목과 특성에 대하여 설명하시오.
3. 「건설공사 품질관리 업무지침[국토교통부고시 제2022-30호, 2022.1.18.]」 중 품질관리계획의 수립 및 관리에서 발주자·공사감독자·시공자의 역할에 대하여 설명하시오.
4. 고속도로 건설재료 품질기준 중, 부분단면 보수재료의 구조특성, 적합특성, 내구특성을 평가할 수 있는 시험항목 및 품질기준을 설명하시오.
5. 콘크리트 타설 과정에서 동바리의 점검항목과 처짐이나 침하가 있는 경우 대책에 대하여 설명하시오.
6. 지하수위가 높은 지역에 흙막이를 설치하여, 굴착코자 한다. 용수처리 시 발생하는 문제점과 품질관리대책에 대하여 설명하시오.

✎ 제3교시

※ 다음 문제 중 4문제를 선택하여 설명하시오. (각 25점)

1. 암반사면의 안정성에 영향을 주는 요인과 시공 시 유의사항에 대하여 설명하시오.

2. 콘크리트 포장 도로 줄눈의 종류와 파손방지를 위한 품질관리방안에 대하여 설명하시오.

3. 콘크리트용 유동화제 품질규정 및 품질시험 시기와 횟수에 대하여 설명하시오.

4. 대심도 터널에서 시행하는 콘크리트 궤도구조물의 부력 검토 시 유의사항과 대책에 대하여 설명하시오.

5. 동절기 콘크리트 시공 시 고려해야할 사항과 동결융해 성능향상을 위한 혼화제 사용에 있어서의 유의사항에 대하여 설명하시오.

6. 강(剛)부재 연결방법의 종류별 특징과 품질관리 유의사항에 대하여 설명하시오.

✎ 제4교시

※ 다음 문제 중 4문제를 선택하여 설명하시오. (각 25점)

1. 교량 상부구조의 콘크리트 타설순서에 대하여 설명하시오.

2. 도로 노상토에 불량개소가 많은 경우, 공법선정 및 품질관리방안에 대하여 설명하시오.

3. 「건설공사 품질관리 업무지침[국토교통부고시 제2022-30호, 2022.1.18.]」 중 품질관리계획서 작성기준을 설명하시오.

4. 「시설물의 안전 및 유지관리 실시 등에 관한 지침」에 따른 정기안전점검, 정밀안전점검, 정밀안전진단의 실시 시기와 과업내용에 대하여 설명하시오.

5. 콘크리트 구조물 시공 시 부재이음을 설치하는 이유와 품질관리 유의사항에 대하여 설명하시오.

6. 도심지 하수관거 정비공사 중 시공 시 문제점과 품질관리방안에 대하여 설명하시오.

제1교시

※ 다음 문제 중 10문제를 선택하여 설명하시오. (각 10점)

1. 트래피커빌리티(Trafficability)
2. 루전(Lugeon)계수 정의 및 시험 목적
3. 심층혼합 처리공법
4. 집수매거의 특징과 품질관리 방안
5. 도로의 배수계획 조사와 배수 종류
6. KS F 2401에 따른 콘크리트 품질시험을 위한 시료채취 방법
7. 교면포장 방수재의 품질기준
8. 콘크리트의 탄산화 및 시험방법
9. 시멘트의 불용해잔분(Insoluble residue)
10. 아스팔트의 내구성(Durability)
11. 저탄소 콘크리트(Low carbon concrete)
12. 전기방식공법 중 외부전원법과 희생양극법
13. 강재 용접 시 엔드탭(End-Tab)

제2교시

※ 다음 문제 중 4문제를 선택하여 설명하시오. (각 25점)

1. 굳지 않은 콘크리트의 재료분리 중 블리딩과 레이턴스의 문제점 및 저감대책에 대하여 설명하시오.
2. 콘크리트 구조물에서 이음(Joint)의 종류 및 품질관리방안에 대하여 설명하시오.
3. 토공 성토작업 시 품질관리사항에 대하여 설명하시오.
4. 강교 가조립검사 확인사항과 용접검사 판정기준에 대하여 설명하시오.
5. 침매터널 공법의 특징과 시공 시 품질관리 주의사항에 대하여 설명하시오.
6. 현장타설말뚝 및 지하연속벽에 사용되는 수중콘크리트 타설 시 품질관리 유의사항에 대하여 설명하시오.

📝 제3교시

※ 다음 문제 중 4문제를 선택하여 설명하시오. (각 25점)

1. 배수성 아스팔트 혼합물의 배합설계 및 품질관리 기준에 대하여 설명하시오.
2. 시멘트 콘크리트 도로포장 결함의 종류 및 보수방법에 대하여 설명하시오.
3. 현장타설 콘크리트 말뚝시공 시 잔여물(Slime) 발생원인 및 제거대책에 대하여 설명하시오.
4. 교량 신축이음장치의 무수축 콘크리트 시공 시 품질관리 유의사항에 대하여 설명하시오.
5. 아스팔트 콘크리트 포장 혼합물의 아스팔트 함유량 및 골재입도를 확인하는 시험방법 및 시험 시 주의사항에 대하여 설명하시오.
6. 서중콘크리트의 품질관리방안에 대하여 설명하시오.

📝 제4교시

※ 다음 문제 중 4문제를 선택하여 설명하시오. (각 25점)

1. 콘크리트 표준시방서(KCS 14 20 00)에서 규정하고 있는 레디믹스트 콘크리트의 제조설비 및 공정 검사에 대하여 설명하시오.
2. 기성말뚝 항타 작업 시 말뚝파손 형태 및 원인과 품질관리 항목에 대하여 설명하시오.
3. 콘크리트 내구성 설계기준에서 염화물, 동결융해 및 황산염에 노출된 콘크리트에 대한 노출 범주 및 등급, 최소 설계 기준 압축강도에 대하여 설명하시오.
4. 콘크리트 균열관리대장의 기록방법과 균열보수공법에 대하여 설명하시오.
5. 강재 결함의 종류와 보수방법에 대하여 설명하시오.
6. 연약지반 성토 시 토질별 안정공법과 계측 시 주의사항에 대하여 설명하시오.

🖊 제1교시

※ 다음 문제 중 10문제를 선택하여 설명하시오. (각 10점)

1. 콘크리트의 백화 현상
2. 교정(Calibration)
3. 교량 신축이음장치의 진단과 대책
4. 반발경도에 의한 압축강도 시험 시 영향 인자
5. 하수관로 접합의 종류 및 특성
6. 말뚝의 폐색효과(Plugging Effect)
7. 콘크리트 습윤 양생 기간의 표준(일반 콘크리트 KCS 14 20 10 : 2022)
8. 표준관입시험(Standard Penetration Test)
9. 과압밀비(OCR)에 의한 점토분류
10. 터널의 페이스 맵핑(Face Mapping) 조사항목 및 활용
11. 콘크리트 구조물의 거푸집 해체시기
12. 건설기술 진흥법에 따른 품질시험계획의 내용
13. 시멘트의 초결시간과 종결시간

🖊 제2교시

※ 다음 문제 중 4문제를 선택하여 설명하시오. (각 25점)

1. 흙막이 공사 시 품질관리를 위한 계측기의 종류, 설치위치, 설치방법 및 용도에 대하여 설명하시오.
2. 건설공사 중지 해제 후 기 배근된 철근에 녹이 발생된 경우 예상되는 문제점과 품질관리방안에 대하여 설명하시오.
3. 항만 공사 시 수중 기초 지반구조물 처리공법의 시공계획에 대하여 설명하시오.
4. 프리스트레스트 콘크리트에 적용되는 'PS강선 및 PS강연선'의 품질기준과 시험방법(KS 기준)에 대하여 설명하시오.
5. 교량 기초 파일공사 시 시험항타의 목적 및 관리사항에 대하여 설명하시오.
6. 강구조 공사에서 고장력 볼트의 접합방법 및 품질관리 방안에 대하여 설명하시오.

📝 제3교시

※ 다음 문제 중 4문제를 선택하여 설명하시오. (각 25점)

1. 도로사면 절토부에 해빙기 시 낙석과 붕괴사고의 발생원인 및 품질관리 방안에 대하여 설명하시오.

2. 건설기술 진흥법에 따른 품질관리비의 구성항목 및 산출기준에 대하여 설명하시오.

3. 순환골재 의무사용 대상 공사와 순환골재·순환골재 재활용 제품 사용용도 및 의무사용량에 대하여 설명하시오.

4. 철도공사 중 자갈궤도와 콘크리트궤도의 접속구간 시공 시 주의사항에 대하여 설명하시오.

5. 콘크리트 구조물에 염화물 침투 시 균열발생 매커니즘 및 염해에 대한 내구성 평가방법에 대하여 설명하시오.

6. 흙의 다짐에 영향을 주는 요소와 다짐조건에 따른 점성토의 성질 변화에 대하여 설명하시오.

📝 제4교시

※ 다음 문제 중 4문제를 선택하여 설명하시오. (각 25점)

1. 강교의 도장 방법 선정과 열화의 원인 및 방지 대책에 대하여 설명하시오.

2. 콘크리트 표준시방서(한중콘크리트 KCS 14 20 40 : 2022)에 따른 동절기 콘크리트의 적용 범위와 콘크리트 타설 및 양생 시 품질관리 방안에 대하여 설명하시오.

3. NATM 터널 지보재 공사 시 품질관리 방안에 대하여 설명하시오.

4. 폴리머 시멘트 콘크리트 정의와 시멘트 혼화용 폴리머의 품질 규정값에 대하여 설명하시오.

5. 지하연속벽 공사 시 지반 안정액의 관리 방안에 대하여 설명하시오.

6. 아스팔트 및 콘크리트 포장의 하중 전달형식, 포장 형식별 구조체 기능 및 포장형식 선정 시 고려사항에 대하여 설명하시오.

제1교시

※ 다음 문제 중 10문제를 선택하여 설명하시오. (각 10점)

1. 강교 도장작업의 단계별 검사항목
2. PDCA Cycle에 의한 품질관리
3. 거푸집 존치기간 산출방법
4. 건설공사 품질점검내용
5. 건설공사 신 품질관리 7가지 도구(Tool)
6. 한계성토고
7. 아스팔트의 감온성
8. 하수관로 검사 종류
9. 표준관입시험
10. 아스팔트콘크리트포장 유지보수를 위한 조사 항목
11. 레미콘 단위수량 신속측정 방법
12. 유동화제와 고성능감수제
13. 도로포장 공사 시 동상방지층과 보조기층의 시험항목

제2교시

※ 다음 문제 중 4문제를 선택하여 설명하시오. (각 25점)

1. 공용중인 교량의 성능저하 현상과 내하성능 시험 및 평가 방법에 대하여 설명하시오.
2. 철도노반 접속부의 부등침하 원인 및 침하 방지대책에 대하여 설명하시오.
3. 지반 굴착을 위한 가설 흙막이공법의 종류와 공법 선정 시 고려사항에 대하여 설명하시오.
4. 상수도 시설의 구성요소 및 계통에 대하여 설명하시오.
5. 철근콘크리트 구조물 내부의 결함 탐지방법 및 철근 부식 측정방법에 대하여 설명하시오.
6. 도로 성토 시 토사 성토와 암버력 성토 기준 및 암버력 성토 시 품질관리 방안에 대하여 설명하시오.

✎ 제3교시

※ 다음 문제 중 4문제를 선택하여 설명하시오. (각 25점)

1. 기존 교량 시설물에 대한 내진성능 향상 방안에 대하여 구성요소별로 설명하시오.
2. 점성토 지반개량 시 교란영역(Smear Zone)의 특징 및 저감방안에 대하여 설명하시오.
3. 아스팔트 포장의 포트홀(Pot Hole)의 발생원인과 보수방법에 대하여 설명하시오.
4. 폴리머 시멘트 콘크리트의 특성과 배합 및 시공 시 유의사항에 대하여 설명하시오.
5. 수중구조물 시공계획 시, 수중불분리성(水中不分離性) 콘크리트의 재료와 배합에 대한 품질 관리 방안에 대하여 설명하시오.
6. 한중콘크리트의 배합 및 시공 시 품질관리 방안에 대하여 설명하시오.

✎ 제4교시

※ 다음 문제 중 4문제를 선택하여 설명하시오. (각 25점)

1. 콘크리트의 균열발생 원인과 저감대책에 대하여 설명하시오.
2. 토공사에서 토취장과 사토장의 계획 및 선정 시 고려해야 할 사항에 대하여 설명하시오.
3. 용접 결함의 종류와 원인 및 비파괴시험 방법에 대하여 설명하시오.
4. 콘크리트 공사에서 거푸집 및 동바리에 사용되는 자재의 품질관리 사항에 대하여 설명하시오.
5. 철도궤도의 구성 중 도상의 역할과 종류 및 재료의 요구조건에 대하여 설명하시오.
6. 재사용 골재를 사용한 콘크리트의 특성 및 품질평가 항목과 기준에 대하여 설명하시오.

제1교시

※ 다음 문제 중 10문제를 선택하여 설명하시오. (각 10점)

1. 철근부식도 시험 판정기준(자연전위법)
2. 건설공사 품질관리를 위한 시설 및 건설기술인 배치기준
3. 철근 방청처리재의 종류
4. 콘크리트에 사용되는 순환골재의 품질관리
5. 상대다짐도(Relative Compaction)와 상대밀도(Relative Density)
6. 수로(水路)의 신축이음 설치목적과 종류
7. 건설공사 품질시험기준에 따른 되메우기 및 구조물 뒷채움 시 시험항목
8. 옹벽 배면의 침투수가 옹벽에 미치는 영향
9. 과대철근보의 취성파괴
10. 철도공사 중 장대레일(Rail)의 용접방법 및 특징
11. 콘크리트 크리프(Creep)
12. 강재의 밀시트(Mill Sheet)
13. 콘크리트 도로 포장 시 시험 포장

제2교시

※ 다음 문제 중 4문제를 선택하여 설명하시오. (각 25점)

1. GPR(Ground Penetration Radar) 탐사의 원리, 적용범위 및 고려사항에 대하여 설명하시오.
2. 레미콘 · 아스콘 품질관리 내용(건설공사 품질관리 업무지침) 중 자재공급원의 사전점검, 정기점검 및 불량자재의 처리방법에 대하여 설명하시오.
3. 건설현장에서 사용되는 가설기자재 종류와 반입 시 품질관리 시험종목 및 시험빈도에 대하여 설명하시오.
4. 시설물 유지관리를 위한 시설물 안전진단 시 비파괴시험의 종류를 나열하고, 반발경도법 및 초음파에 의한 강도시험에 대하여 설명하시오.
5. 품질경영(Quality Management)을 구성하는 3단계 활동에 대하여 설명하시오.
6. 강구조물에 대한 비파괴시험의 종류 및 시험방법에 대하여 설명하시오.

🖋 제3교시

※ 다음 문제 중 4문제를 선택하여 설명하시오. (각 25점)

1. 흙의 종류에 따른 다짐장비 선정 및 다짐관리 방법에 대하여 설명하시오.

2. 철근 콘크리트용 봉강의 커플러(Coupler) 시험법의 종류를 나열하고, 시험법 중 일방향 인장 시험방법과 정적내력 시험방법에 대하여 설명하시오.

3. 터널 라이닝(Lining) 콘크리트의 천단부 종방향 균열의 발생원인과 방지대책에 대하여 설명하시오.

4. 수중불분리 콘크리트 타설 시 품질검사 항목 및 관리기준에 대하여 설명하시오.

5. 교대 등과 같은 구조물과 토공접속부의 부등침하 발생원인 및 방지대책, 시공 시 품질관리 기준에 대하여 설명하시오.

6. 흙의 투수계수 측정방법에 대하여 설명하시오.

🖋 제4교시

※ 다음 문제 중 4문제를 선택하여 설명하시오. (각 25점)

1. 암반의 초기지압(Initial Ground Stress) 산정을 위한 시험방법의 종류 및 특징에 대하여 설명하시오.

2. 기성 콘크리트말뚝의 기초공사에서 자재 반입부터 시공 완료까지 단계별 품질관리 계획 및 지지력 산정 방법에 대하여 설명하시오.

3. 연약지반의 계측관리 계획수립 시 고려사항, 계측 시 발생할 수 있는 문제점 및 대책에 대하여 설명하시오.

4. PS 긴장재의 프리스트레싱 시 유의사항과 긴장관리방안에 대하여 설명하시오.

5. 고강도 콘크리트의 배합 및 시공 시 품질관리에 대하여 설명하시오.

6. 콘크리트 구조물의 균열발생 원인 및 대책, 균열 확인을 위한 코아채취 방법, 채취된 코아의 강도시험에 대하여 설명하시오.

MEMO

APPENDIX 03 공종별 기출문제 분류

1. 조사 및 시험

2. 토질 및 토공(토질, 일반토공, 사면)

3. 전문공종(연약지반, 막이, 상하수도, 기초, 터널, 계측)

4. 시멘트콘크리트 Ⅰ(재료, 배합)

5. 시멘트콘크리트 Ⅱ(시공, 강도, 강재)

6. 시멘트콘크리트 Ⅲ(특수콘크리트)

7. 시멘트콘크리트 Ⅳ(특성, 균열, 보수ㆍ보강)

8. 아스팔트와 포장 Ⅰ(포장 일반, 아스팔트 포장)

9. 아스팔트와 포장 Ⅱ(특수포장, 파손 및 대책)

10. 품질관리와 시사(품질관리, 법, 제도, 시사)

1 조사 및 시험

1 조사

[단답형]
- 토질조사 시 N치와 토질의 상관관계 [63]
- 토질주상도 [126]

[서술형]
- 운용 중인 휠댐 코어의 품질상태를 파악할 수 있는 물리탐사법에 대해 설명하시오. [69]
- 토질 조사 시 시료의 교란원인과 교란을 최소화시킬 수 있는 방법을 기술하시오. [73]
- 사질토 지반에서 표준관입시험에 의해 지반조사를 실시하고자 한다. 시험 시 주의점과 시험결과의 수정방법(조사깊이가 깊을 때), 결과의 이용에 대하여 기술하시오. [78]
- 기초지반 조사방법인 보링(boring)의 목적과 종류, 보링조사 깊이와 기초폭과의 관계에 대하여 기술하시오. [84]
- 대규모 토사 비탈면의 붕괴 시 붕괴원인 및 대책공법 선정을 위해 토목품질시험기술사로서 조사 및 시험계획을 수립하시오. [85]
- 토목구조물기초 내진설계를 위한 현장 및 실내시험방법과 시험결과에 따른 지반평가 방법에 대하여 설명하시오. [88]
- 도로공사와 흙댐 공사의 토취장 선정 시 고려해야 할 요구성능과 시험종목을 각각 설명하시오. [97]
- 도로와 철도 설계 시의 토질조사와 시험방법에 대하여 설명하시오. [99]
- 현장에서 토공사를 위한 사전조사의 종류 및 각각의 특징을 설명하시오. [105]
- 최근 석회암지대에 싱크홀 및 지반함몰 등이 많이 발견되고 있다. 이러한 지층에 직접 기초나 교량 구조물을 설치할 경우 구조물의 장기적인 품질을 확보하기 위한 조사시험 및 대책방법에 대하여 설명하시오 [105]
- 시가지 도로에서 노면하부 동공(싱크홀)의 발생원인과 방지대책에 대하여 설명하시오. [111]

2 시험

1. 실내시험
   [단답형]
   - 실내 CBR시험 [70]
   - 수정 CBR과 설계 CBR [75]
   - 실내 CBR, 설계 CBR, 수정 CBR [94]
   - 흙의 압밀시험에서 압축지수를 구하는 방법 [97]

- 점하중 시험(point load test) [105]
- 정수위 투수시험에서 투수 계수 구하는 방법 [106]
- 흙의 입도와 최대입자 지름의 정의 [106]
- 해성점토의 특징 및 물리적 압밀 특성 분석방법 [109]
- 압열인장시험(brazilian test) [111]
- 흙의 직접전단시험 [115]
- 흙의 표준관입시험 결과에 영향을 미치는 요인 [117]
- 압축계수와 체적변화계수 [123]
- 표준관입시험 [130]
- 강재의 밀시트(mill sheet) [132]

[서술형]
- 비압밀비배수(UU) 삼축압축시험 방법에 대하여 설명하고, 상기 시험결과인 비배수 전단강도에 대하여 일축압축시험으로 얻은 비배수전단강도와 비교 설명하시오. [70]
- 흙의 내부마찰각과 점착력을 알기 위한 시험방법과 간접적인 평가방법을 기술하시오. [79]
- 지반의 전단강도를 구하기 위한 실내시험방법 중 신뢰도가 가장 높은 시험방법은 무엇이며, 이들 각 시험방법의 적용 시 선택기준은 무엇인지 기술하시오. [82]
- 토공의 적산 및 시공계획에서 시공난이도에 따라서 토사, 리핑암 및 발파암으로 분류한다. 이러한 지반분류를 하기 위한 시험방법에 대하여 상세히 설명하시오. [88]
- 흙의 전단강도를 구하기 위한 시험방법을 설명하고 그 특징에 대하여 설명하시오. [93]
- 흙의 일축압축시험 방법을 설명하고 일축압축시험결과의 이용방법에 대하여 설명하시오. [106]
- 토취장의 선정요령과 성토재료 적부판정을 위한 실내시험 항목을 설명하시오. [121]

2. 원위치 시험

[단답형]
- 노상의 지지력계수(K) [70, 81]
- 흙의 지반반력계수(K값) 측정 방법 [72, 76, 84, 91]
- S.P.T [66, 73, 76]
- PBT(Plate Bearing Test)의 시험결과 적용 [76]
- lugeon 값 [65, 75, 85, 127]
- sounding test의 종류 [78, 121]
- 상대밀도 [81]
- 흙의 전단시험 [84]
- GPR(Ground Penetration Radar) [84, 105]
- piezometer(간극수압계, 공극수압계) [84]
- 표준관입시험(SPT)에서 전단강도 추정방법 [85]

- 흙의 면적비(샘플러의 면적비) [93]
- 지반의 물리탐사 방법의 종류 및 적용 [97]
- TSP(Tunnel Seismic Profiling) [99]
- 토량환산계수 [99, 117, 121]
- 평판재하시험의 scale effect [100]
- 흙의 상대밀도를 결정하기 위한 시험방법 [103]
- 암반의 초기지압 측정 [105]
- 베인 전단시험(vane shear test) [111]
- 토량의 변화율(L값, C값) [112]
- 평판 재하 시험(PBT) [120]
- 표준관입시험(standard penetration test) [129]

[서술형]
- 불교란 점토의 샘플링(sampling) 및 실험 시 교란의 원인과 대책에 대하여 설명하시오. [68]
- 자연시료 채취 시 시료의 교란이 압밀제계수에 미치는 영향에 대하여 논하시오. [69]
- 평판 재하시험에 의해 지반의 허용지지력을 산정하는 방법에 대하여 기술하시오. [71]
- 기초지반 특성을 확인하기 위해 가장 널리 적용되고 있는 표준관입시험(SPT)에서 신뢰도를 향상시키기 위해 측정조건에 따른 수정사항을 제시하고 그 이유를 기술하시오. [76]
- 실내 CBR시험 방법과 그의 적용에 대하여 기술하시오. [79]
- 지반의 지지력을 평가하기 위한 현장조사시험과 실내시험의 종류를 열거하고, 그중 현장조사시험 종류별로 시험방법과 결과활용에 대하여 약술하시오. [79]
- 평판재하시험에 대하여 설명하고, 시험결과의 활용에 대하여 기술하시오. [81]
- 도로공사 중 구조물 기초지반과 깎기부 안정성 평가를 위하여 시추공 내에서 BIPS(Borehole Image Processing System)시험을 하고자 한다. BIPS시험의 방법과 결과활용에 대하여 기술하시오. [88]
- 현장 및 실내시험을 통하여 변형계수를 측정할 수 있는 시험 종류 및 방법을 설명하고 변형계수값의 실무적용 시 고려해야 할 사항에 대하여 기술하시오. [88]
- 도로평판재하시험과 확대기초 평판재하시험의 특징을 비교하고 도로성토 시공 시 효율적인 지지력시험방안을 제시하시오. [88]
- lugeon test 에서 LU값의 측정 방법과 용도에 대하여 설명하시오. [94]
- 필댐(fill dam)에서 쌓기 재료로 사용하는 암석재료로 사용하는 암석재료의 대형전단시험과 시공 시 품질관리 방법에 대하여 설명하시오. [94]
- 흙의 전단강도 특성을 구하기 위한 실내시험 및 현장시험에 대하여 설명하시오. [103]
- 보링공을 이용하여 실시할 수 있는 원위치 시험의 종류와 적용범위 및 얻을 수 있는 시험값에 관하여 설명하시오. [109]
- 지반의 특성파악을 위한 시추공 탄성파 탐사의 분류 및 특징과 활용방안에 대하여 설명하시오. [111]

- GPR탐사의 원리, 탐사심도 및 탐사 시 영향요인, 품질관리 측면에서 적용 시 문제점에 대하여 설명하시오. [111]
- 점성토 지반에서 베인시험(vane test) 시 전단강도에 영향을 미치는 요인에 대하여 설명하시오. [118]
- 전력, 통신, 광역상수도, 도시가스 등 지하매설물이 복잡하게 설치되어 있는 도심지 건설현장에서 품질사고를 예방하기 위한 시공 중 지반탐사의 종류와 특징을 설명하시오. [121]
- GPR(Ground Penetration Radar) 탐사의 원리, 적용범위 및 고려사항에 대하여 설명하시오. [132]
- 흙의 투수계수 측정방법에 대하여 설명하시오. [132]

3. 유지관리 시험

   [단답형]
- 시설물의 성능평가제도 [123]
- 교량 신축이음장치의 진단과 대책 [129]

   [서술형]
- 지진피해를 받은 강교량의 안전검검에 대하여 기술하고, 교량받침과 지점부 좌굴에 대한 복구방법 및 대책에 대하여 설명하시오. [100]
- 터널 구조물의 안전진단 시 필요한 부재별 점검 및 진단 항목에 대하여 설명하시오. [103]
- 사회기반 시설의 성능중심 유지관리를 위한 시설물 상태평가 정량화 기술에 대하여 설명하시오. [106]
- 건설기술자로서 구조물 유지관리 체계 및 유지관리방법에 대하여 설명하시오. [120]
- 「시설물의 안전 및 유지관리 실시 등에 관한 지침(국토교통부 고시)」에 따른 정기안전점검, 긴급안전점검, 정밀안전점검 및 정밀안전진단의 목적과 수행방법에 대하여 설명하시오. [121]
- 시설물의 상태평가 방법과 안정성 평가 시 필요한 조사와 안전등급에 대하여 설명하시오. [123]
- 「시설물의 안전 및 유지관리 실시 등에 관한 지침」에 따른 정기안전점검, 정밀안전점검, 정밀안전진단의 실시시기 및 과업내용에 대하여 설명하시오. [126]

2 토질 및 토공(토질, 일반토공, 사면)

1 토질

1. 분류
[단답형]
- 액성한계와 흙의 특성 [78]
- 군지수 [87]
- 점토의 건조작용(desiccation) [88
- 활성도(activity) [67, 71, 94, 109]
- 소성지수(PI) [111]
- 붕적토 [118]
- 입도양호조건 [84]
- 흙의 연경도(consistency) [93]
- 유동지수(flow index) [67, 82]
- 흙의 입도분석 [100]
- 흙의 아터버그(aterberg) 한계 [112]
- 과압밀비(OCR)에 의한 점토분류 [129]

[서술형]
- 흙의 consistency에 대해 설명하고, 시험결과의 이용에 대하여 기술하시오. [81]
- 흙의 입도분석에 있어 Stokes 법칙에 대하여 설명하고 이 법칙의 가정이론과 문제점을 기술하시오. [82]
- 흙의 분류방법을 열거하고 통일 분류법에 대하여 기술하시오. [84]
- 조립토와 세립토, 혼합토에 대한 각 각의 구조와 공학적 성질을 설명하시오. [87]
- 함수비 변화에 따른 점성토의 형상 및 공학적 성질이 달라지는 현상을 설명하시오. [87]
- 흙의 입도분포곡선에 대한 공학적 의미에 대하여 설명하시오. [87]
- 흙의 공학적 분류에 대하여 기술하시오. [88]
- 생성형태에 따른 흙의 종류를 분류하고 토목품질관리 측면에서 고려해야 하는 공학적 특성을 기술하시오. [88]
- 흙의 입도시험을 실시하여 흙의 분류(통일분류법)를 위해 필요한 값을 얻는 과정에 대하여 설명하시오 [103]

2. 특성
[단답형]
- 액상화(모래지반) [68, 75, 82, 123]
- Quick clay와 Quick sand [70]
- 흙의 동상메카니즘 [79]
- 흙의 동상(frost heaving) 발생원인과 방지대책 [87]
- 강도회복현상(thixotropy) [66, 71, 79, 82]
- 예민비 [78, 118]
- 지반함몰현상 [87]
- 암반의 slaking 정의와 시험방법 [79, 96]

- 보일링과 히빙 [100]
- 도로의 동결심도 [105]
- 흙의 다일러턴시(dilatancy) 현상 [112]
- 흙의 다짐과 압밀의 차이점 [112]
- 흙의 동상현상 [115]
- 상대다짐도(relative compaction)와 상대밀도(relative density) [132]

[서술형]
- boiling과 heaving에 대하여 설명하고, 발생원인 및 방지대책에 대하여 기술하시오. [81]
- 지반에서의 팽윤(swelling)과 slaking 시험에 대한 개요 및 시험방법과 팽윤(swelling) 및 slaking이 지반안정성에 미치는 영향에 대하여 기술하시오. [88]
- 토목 품질관리 측면에서 고려하여야 하는 점성토와 사질토의 차이를 공학적 특징을 중심으로 설명하시오. [94]
- 유동액상화(flow liquefaction)의 정의와 평가방법 및 대책에 대하여 설명하시오. [111]
- 흙의 동결 및 연화작용이 도로 및 철도 구조물에 미치는 영향 및 대책에 대하여 설명하시오. [117]
- 토목품질기술자가 고려해야 할 점성토와 사질토의 전단특성에 대하여 설명하시오. [120]

2 토공

1. 토공
[단답형]
- trafficability [66, 78, 105, 127]
- 과다짐(over compaction), 과전압 [68, 79, 112, 124]
- 성토관리에서 현장밀도 시험과 다짐도 판정방법 [84]
- 토목섬유 [84]
- 허용 최대입경보다 큰 입자를 포함하는 흙의 다짐특성 [87]
- 리퍼빌리티(ripperbility) [88]
- 지반이 취약한 구간의 흙쌓기 공사 시 품질관리 유의사항 [96]
- proof rolling의 품질관리 시험방법 [99]
- 구조물 뒷채움의 불량시공 원인 및 부등침하 발생 원인 [115]
- 최대 건조밀도와 최적함수비 관계 [120]
- 영공기 간극곡선 [123]
- 침사지 [126]
- 건설공사 품질시험기준에 따른 되메우기 및 구조물 뒷채움 시 시험항목 [132]
- 옹벽 배면의 침투수가 옹벽에 미치는 영향 [132]

[서술형]

- 다짐한 흙의 공학적 특성과 다짐효과에 영향을 주는 요소에 대하여 기술하시오. [84]
- 도로공사에서 암성토와 토사성토의 혼합시공시 품질관리 방법에 대하여 기술하시오. [84]
- 대규모 흙쌓기 공사에서 다짐도를 건조밀도로 평가하고자 한다. 건조밀도를 이용한 다짐도 평가방법과 품질관리도에 의한 다짐도관리 방법 및 이들을 이용한 현장다짐기준 설정 방안에 대해 서술하시오. [85]
- 도로에서 성토재료의 품질관리기준과 다짐방법에 대하여 설명하시오 [87]
- 구조물 뒷채움 재료의 다짐도 관리방법을 제시하고 다짐도 관리를 위한 시험방법을 기술하시오. [88]
- 흙의 다짐 시 건조단위중량과 함수비의 관계에 대하여 기술하시오. [88]
- 도로평판재하시험과 확대기초 평판재하시험의 특징을 비교하고 도로성토 시공 시 효율적인 지지력시험방안을 제시하시오. [88]
- 구조물 뒷채움 시 재료 품질기준과 다짐방법에 대하여 설명하고, 시험방법, 기준에 대하여 설명하시오. [93]
- 최적함수비(OMC)의 정의와 다짐에 있어서의 최적함수비가 지니는 의미에 대하여 설명하시오. [93]
- proof rolling과 완성된 노면의 품질검사항목에 대하여 설명하시오. [94]
- 도로를 횡단하는 통로암거에 부등침하가 발생하였을 경우의 발생원인(품질관리측면)과 보수보강대책에 대하여 설명하시오. [96]
- 토공의 성토재료로써 사용가능한 일반적인 요구조건과 부적합 조건에 대하여 설명하시오. [100]
- 국내에서의 공종별 흙의 다짐 품질관리기준에 대하여 설명하시오. [100]
- 도로 토공작업 시 발생되는 횡방향의 흙깎기와 땅깎기 접속부(편절, 편성부) 및 종방향의 흙쌓기와 땅깎기 접속부(절·성 경계부)의 문제점 및 대책에 대하여 설명하시오 [105]
- 박스구조물의 뒷채움 불량시공 시 발생할 수 있는 문제점을 설명하고 이에 대한 대책 방안과 품질관리기준을 설명하시오 [105]
- 흙의 다짐시험에서 다짐 방법의 종류와 현장 다짐과의 상관성, 시료의 준비와 사용방법, 그리고 이 시험방법의 적용 범위에 설명하시오 [106]
- 다짐된 흙의 현장밀도 측정 방법의 종류와 적용 범위에 관하여 설명하시오. [109]
- 흙의 다짐곡선 및 특성에 대하여 설명하시오. [112]
- 도로공사 시 흙쌓기에 대한 다짐도 평가방법 및 품질관리 방안에 대하여 설명하시오. [112]
- 도로공사에서 성토재료 선정 시 품질관리 기준 및 유의사항에 대하여 설명하시오. [112]
- 아스팔트 콘크리트 포장에서 도로구조물과 토공접속부의 단차 발생원인 및 대책에 대하여 설명하시오. [112]
- 도로공사 성토 시 노상 완성면의 검측항목과 지지력 측정방법에 대하여 설명하시오 [114]

- 현장에서 발생하는 암 버력의 유용성을 판정하기 위한 검토항목과 품질기준에 대하여 설명하시오. [114]
- 도로의 노상, 노체 다짐작업 시 함수비에 따른 흙의 상태변화와 흙의 다짐도 판정방법에 대하여 설명하시오 [115]
- 흙의 다짐에 영향을 미치는 요소와 과다짐의 문제점 및 대책에 대하여 설명하시오. [117]
- 암성토 시공 및 품질관리 방안을 설명하시오. [118]
- 도로구조물(교대 및 암거 등)과 도로접속부의 부등침하 발생원인 및 방지대책과 뒤채움 시 품질관리 방법에 대하여 설명하시오. [120]
- 구조물과 토공 접속부의 성토공사 시 유의사항과 품질관리 대책에 대하여 설명하시오. [121]
- 고속철도 토공구간의 노반 시공 시 시방기준에 따른 허용잔류침하량을 제시하고, 침하가 발생하기 쉬운 취약공종과 잔류침하 최소화를 위한 품질확보 방안에 대하여 설명하시오. [123]
- 흙쌓기 재료의 품질기준을 나열하고 암(쌓기)을 이용한 노체 성토 시 고려할 사항에 대하여 설명하시오 [124]
- 도로 절·성토 경계부의 포장 파손 원인 및 대책에 대하여 설명하시오. [124]
- 암(岩)과 토사를 혼합하여 다짐 시공 시 품질관리방법에 대하여 설명하시오. [126]
- 토공 성토작업 시 품질관리사항에 대하여 설명하시오. [127]
- 흙의 다짐에 영향을 주는 요소와 다짐조건에 따른 점성토의 성질 변화에 대하여 설명하시오. [129]
- 철도노반 접속부의 부등침하 원인 및 침하 방지대책에 대하여 설명하시오. [130]
- 도로 성토 시 토사 성토와 암버력 성토 기준 및 암버력 성토 시 품질관리 방안에 대하여 설명하시오. [130]
- 토공사에서 토취장과 사토장의 계획 및 선정 시 고려해야 할 사항에 대하여 설명하시오. [130]
- 흙의 종류에 따른 다짐장비 선정 및 다짐관리 방법에 대하여 설명하시오. [132]
- 교대 등과 같은 구조물과 토공접속부의 부등침하 발생원인 및 방지대책, 시공 시 품질관리기준에 대하여 설명하시오. [132]

2. 사면

[단답형]

- SMR(Slope Mass Rating) [88]

[서술형]

- 사면붕괴 원인과 안정화 대책을 설명하고 품질확보를 위한 방안에 대하여 설명하시오. [90]
- 토석류(debris flow)의 발생 원인과 대책을 설명하시오. [90]
- 우리나라의 도로절개지가 우기 및 해빙기에 낙석과 붕괴사고가 빈번하게 발생하는데 그 원인 및 대책에 대하여 설명하시오. [91]

- 해빙기에 발생하는 토사사면과 암반사면의 붕괴원인과 보강공법에 대하여 설명하시오. [97]
- 도로 사면의 붕괴원인과 대책을 설명하시오. [99]
- 대절토사면의 붕괴 메카니즘과 붕괴형태를 논하고 붕괴원인과 보강대책에 대하여 설명하시오 [105]
- 암반사면의 파괴유형을 설명하고, 안정성 확보를 위한 암반사면대책에 대하여 설명하시오. [111]
- 고성토 비탈면의 품질관리 및 시공관리 대책에 대하여 설명하시오. [112]
- 도로건설 현장에서 대절토 비탈면의 붕괴원인 및 품질관리 방안에 대하여 설명하시오. [112]
- 사면붕괴의 주된 원인 및 사면붕괴 형태를 설명하고, 사면안정 대책공법에 대하여 설명하시오. [115]
- 최근 도심지에서의 발파작업은 소음과 진동으로 인한 민원 때문에 미진동 굴착공법으로 변경 시행하고 있는 추세이다. 미진동 굴착공법의 종류와 특징을 설명하시오. [121]
- 암반사면의 안정성에 영향을 주는 요인과 시공 시 유의사항에 대하여 설명하시오. [126]
- 도로사면 절토부에 해빙기 시 낙석과 붕괴사고의 발생원인 및 품질관리 방안에 대하여 설명하시오. [129]

1 연약지반

[단답형]
- 지반의 활동파괴 [72]
- 한계고 [81, 130]
- 흙의 동(動) 다짐 [82]
- 교란영역(smear zone)과 웰저항(well resistance) [94]
- EPS(Expanded Poly Styrene)공법의 특성과 용도 [96]
- 심층혼합처리공법의 품질관리 항목 [106, 127]
- 교대의 수평변위 원인 [118]
- 연약지반에서 발생하는 측방유동의 발생원인 [124]
- 동치환 공법 [126]

[서술형]
- 연약지반의 성토두께 결정방법과 성토관리에 대하여 기술하시오. [82]
- 연약지반에서 측방유동이 교량교대에 미치는 영향과 그 처리대책에 대하여 서술하시오. [85]
- 연약지반의 지지력조사를 위한 조사 방법, 연약지반 판단기준, 조사에서 결과 이용까지를 단계별로 설명하시오. [93]
- 연약지반에 건설된 구조물로서 기초의 선단지지력은 충분하나 지반의 횡방향 변위가 예상될 경우의 영향분석과 품질관리 방안에 대하여 설명하시오. [99]
- 연약지반 처리에 필요한 조사, 시험 그리고 대책공법에 대하여 설명하시오. [99]
- 다짐쇄석말뚝공법의 특징과 품질관리방안에 대하여 설명하시오. [100]
- 포장 및 구조물 시공 후 잔류침하를 경감시키기 위해 연약지반상에 실시하는 과재하중(subcharge)공법과 프리로딩(pre-loading)공법 및 계측항목별 계측빈도와 기간에 대하여 설명하시오 [114]
- 연약지반 압밀촉진공법 적용 시 품질관리사항에 대하여 설명하시오 [115]
- 연약지반 성토 시 안정관리 방법에 대하여 설명하시오. [117]
- 연약지반 처리공법 중 동다짐공법에 대하여 설명하시오. [117]
- 연약지반에서 교대 시공 중 측방유동 발생 시 검토항목과 방지대책에 대하여 설명하시오. [120]
- 대단위 연약지반 해안공사에서 매립공사 시 계측결과를 활용한 장래침하량예측방법에 대하여 설명하시오. [123]
- 연약지반 성토 시 토질별 안정공법과 계측 시 주의사항에 대하여 설명하시오. [127]
- 점성토 지반개량 시 교란영역(smear zone)의 특징 및 저감방안에 대하여 설명하시오. [130]
- 연약지반 계측관리 계획수립 시 고려사항, 계측 시 발생할 수 있는 문제점 및 대책에 대하여 설명하시오. [132]

2 막이

[단답형]
• 토압의 응력전이 현상(arching effect) [90]

[서술형]
• 보강토 옹벽의 원리와 주요 구성요소에 대한 특성 및 뒷채움 시공 시 품질관리 사항에 대하여 기술하시오. [84]
• 도심지에서 지하 터파기 공사의 인접 지역에 콘크리트, 조적조 및 강재 구조물 등이 존재한다. 지하 터파기로 인한 굴착 배면지반의 침하 예측방법 및 방지대책에 대하여 설명하시오. [90]
• 도심지에서 건물에 근접한 개착공사를 할 경우 발생하는 변상의 원인과 품질관리측면에서의 방지 대책에 대하여 설명하시오. [94]
• 지하수위가 높은 지반에서 굴착공사를 실시할 경우의 예상문제점과 시공단계별 품질관리에 대하여 설명하시오. [96]
• 리프트오프시험(lift off load test)에 대해서 설명하시오. [100]
• 그라운드 앵커의 시험방법과 유의사항에 대하여 설명하시오. [103]
• 지하 연속벽 공사에서의 안정액 관리방법과 연속벽의 품질관리 방안에 대하여 설명하시오. [103]
• 도심지 건설공사에서 기존구조물에 근접 굴착 시공 시 예상되는 문제점과 대책에 대하여 설명하시오 [105]
• 운행 중인 철도노선 인근에 높이가 10m 정도인 보강토옹벽을 연약지반 위에 축조한 후 상부는 도로로 이용하도록 설계되어 있다. 시공 과정에서 예상되는 문제점 및 보강토옹벽 구조물의 지속적인 품질관리방안을 설명하시오 [105]
• 보강토 옹벽의 종류를 나열하고 보강토 옹벽의 재료기준 및 뒷채움 재료의 품질기준에 대하여 설명하시오. [109]
• 도심지 대규모 흙막이 굴착공사에서 편토압 문제가 발생될 수 있는 조건과 이에 대한 대책방안을 설명하시오. [123]
• 구조물 기초나 지하구조물을 위한 개착공사 시 적용되는 가시설흙막이 벽체와 지지구조 형식에 대하여 설명하시오. [124]
• 지하수위가 높은 지역에서 흙막이를 설치하여 굴착하고자 한다. 용수처리 시 발생하는 문제점과 품질관리대책에 대하여 설명하시오. [126]
• 지하연속벽 공사 시 지반 안정액의 관리 방안에 대하여 설명하시오. [129]
• 지반 굴착을 위한 가설 흙막이공법의 종류와 공법 선정 시 고려사항에 대하여 설명하시오. [130]

3 상하수도

[단답형]
- 상수도 공사에서 도복장강관의 용접검사 [120]
- 하수관의 시공검사 [121]
- 기존 하수관 CCTV 조사 및 상태평가 [123]
- 수격작용 [124]
- 집수매거의 특징과 품질관리 방안 [127]
- 하수관로 접합의 종류 및 특성 [129]
- 하수관로 검사 종류 [130]

[서술형]
- 하수관거의 종류와 시공 중, 시공 후 검사에 대하여 설명하시오. [90]
- 분류화된 하수관거를 통하여 불명수가 유입될 경우의 원인분석, 대책 및 침입수 경로 조사 시험방법에 대하여 설명하시오. [96]
- 상하수도 관로에 대한 보호방법을 설명하시오. [118]
- 하수관거(강성관, 연성관)의 설치 지반에 따른 기초공법과 품질검사에 대하여 설명하시오. [120]
- 최근 주택 밀집지역에서 상수도 누수로 인하여 도로 침하 등 문제가 빈번하게 발생하고 있다. 상수도 누수의 원인, 누수탐지방법, 누수복구방안을 설명하시오. [121]
- 도심지 도로에서 발생하는 지반함몰 방지를 위한 하수관로 공사의 품질확보 방안에 대하여 설명하시오. [123]
- 역사이펀(inverted syphon) 시공 시 고려사항에 대하여 설명하시오. [124]
- 도심지 하수관거 정비공사 중 시공 시 문제점과 품질관리 방안에 대하여 설명하시오. [126]
- 상수도 시설의 구성요소 및 계통에 대하여 설명하시오. [130]

4 기초

[단답형]
- 말뚝의 부주면 마찰력 [72]
- 파일 항타 시 relaxation(이완현상) [73]
- 말뚝항타 시 rebound check [84]
- 말뚝지지력의 시간효과(time effect) [84, 105]
- 현장타설말뚝의 necking 현상 [90]
- 기성말뚝과 현장타설말뚝의 계측관리 비교 [99]
- 말뚝의 동재하시험 종류 및 주의사항 [103]
- osterberg cell 재하시험 [124]
- 말뚝의 폐색효과(plugging effect) [129]

[서술형]
- 구조물 시공 중 부력에 대한 안정대책을 기술하시오. [75]
- 설계하중이 700톤인 말뚝에 실하중을 재하하여 정적 연직재하 시험을 실시하려고 할 때 시험하중의 크기와 재하방법을 기술하시오. [76]
- 현장타설 콘크리트 말뚝의 건전도 평가방법과 일반적으로 적용되고 있는 공대공 초음파검사 결과 이상 발견 시 대책에 대해 기술하시오. [78]
- 기초침하의 종류를 설명하고, 침하원인과 대책을 기술하시오. [81]
- 현장타설 말뚝의 건전도 평가 방법과 결함 시 보강대책에 대하여 기술하시오 [82]
- 말뚝 재하시험에 의한 축 방향 허용지지력 추정방법에 대하여 설명하시오 [87]
- 기성말뚝과 현장타설 말뚝의 특징에 대하여 설명하고 각 말뚝의 품질관리방안에 대하여 간단히 설명하시오. [87]
- 현장타설말뚝의 품질관리상 문제점 및 대책에 대하여 설명하시오. [93]
- 말뚝기초 재하시험의 종류와 시험결과의 평가 및 활용방안에 대하여 설명하시오 [105]
- 교량구조물의 기초시공에 적용되는 현장타설콘크리트 말뚝의 건전도 검사에 대하여 설명하시오 [105]
- 기초 침하의 원인에 대하여 설명하고 허용침하량과 그 대책을 설명하시오 [115]
- 점토층이나 압축성이 큰 지반에 시공한 말뚝기초에서 발생하는 현상, 피해방지 대책에 대하여 설명하시오. [117]
- 현장타설 말뚝에서 결함유형과 건전도 시험방법에 대하여 설명하시오. [117]
- 대구경 현장콘크리트 말뚝의 품질관리상 문제점 및 대책에 대하여 설명하시오. [118]
- 현장타설 말뚝에서 발생하는 결함의 종류와 조사방법, 결함 발생 시 품질확보를 위한 보강대책에 대하여 설명하시오. [120]
- 말뚝기초 재하시험의 종류 및 품질기준에 대하여 설명하시오. [124]
- 현장타설 콘크리트 말뚝시공 시 잔여물(slime) 발생원인 및 제거대책에 대하여 설명하시오. [127]
- 기성말뚝 항타 작업 시 말뚝파손 형태 및 원인과 품질관리 항목에 대하여 설명하시오. [127]
- 교량 기초 파일공사 시 시험항타의 목적 및 관리사항에 대하여 설명하시오. [129]
- 기성 콘크리트말뚝의 기초공사에서 자재 반입부터 시공 완료까지 단계별 품질관리 계획 및 지지력 산정 방법에 대하여 설명하시오. [132]

5 터널(암반)

[단답형]
- rock bolt시험 [71]
- face mapping [88, 117]
- 터널 방재설비의 종류와 특성 [106]
- 터널의 심빼기 발파 [112]
- 터널의 페이스 맵핑(face aapping) 조사항목 및 활용 [129]
- RQD와 RMR [75, 90]
- R.Q.D [88, 94, 114]
- 활성 단층(active fault) [111]

- 암반분류 방법에서 RMR과 Q분류법을 비교하여 기술하시오. [76]
- 터널라이닝에 발생하는 균열발생형태를 기술하고 이에 대한 원인 및 균열저감대책과 제어방안에 대하여 기술하시오. [78]
- 제어 발파에 대하여 설명하시오. [90]
- 터널 굴착 시 주변 원지반 및 막장면 등의 안정성을 확보하기 위한 보조공법의 품질관리에 대하여 설명하시오. [90]
- 장대터널 현장에서 터널 내부의 도로노면이 누수로 동절기에 빙판이 형성되어 차량 주행 시 대형사고 발생이 예상된다. 이에 대한 원인과 대책을 설명하시오. [90]
- 터널시공 시 여굴의 발생원인과 품질관리방안에 대하여 설명하시오 [103]
- 암반 분류방법의 종류 및 RMR, Q-system의 각 특징을 설명하고, 활용방안에 대하여 설명하시오 [105]
- 운행 중인 지하철 구조물에 근접하여 새로운 지하철을 건설하고자 한다. N치가 5 정도인 지반에 터널시공을 위한 수직구 공사 시 안정적인 시공을 위한 계측 및 품질관리 방안에 대하여 설명하시오. [105]
- 터널공사 시 적용되는 지보공의 종류와 시공 시 품질관리 방안에 대하여 설명하시오 [105]
- 터널지보재 중 록볼트 정착형식을 기술하고, 인발시험결과 불합격된 경우 처리방법 및 현장품질관리기준에 대하여 설명하시오. [109]
- NATM 터널 등에서 차수를 목적으로 사용하는 지오멤브레인의 접합부 검사와 하자방지를 위한 품질관리대책에 대하여 설명하시오. [114]
- 쉴드공법에서 세그먼트 방수공법과 누수방지를 위한 지수재의 품질관리대책에 대하여 설명하시오. [114]
- 도심지 지하철 공사 현장에서 지반 굴착 시 주변 구조물의 침하원인과 방지대책을 설명하시오. [121]
- 도로터널 화재안전성을 높이기 위한 「도로터널 내화지침」 주요내용에 대하여 설명하시오. [124]
- 침매터널 공법의 특징과 시공 시 품질관리 주의사항에 대하여 설명하시오. [127]
- NATM 터널 지보재 공사 시 품질관리 방안에 대하여 설명하시오. [129]
- 암반의 초기지압(initial ground stress) 산정을 위한 시험방법의 종류 및 특징에 대하여 설명하시오. [132]

6 계측

[서술형]
- 터널시공 시 계측관리항목을 설명하고, 계측 시 유의사항을 기술하시오. [81]
- 교량 구조물에서 계측의 의미와 사용되는 장비를 열거하고 설명하시오. [87]
- NATM 터널과 쉴드(shield) 터널의 계측관리 항목비교와 현장계측 시 문제점에 대하여 설명하시오 [96]

- 터널 시공 시 계측항목, 평가사항 그리고 계측관리 방안에 대하여 설명하시오. [99]
- 필 댐의 품질관리를 위한 계측방법에 대하여 설명하시오. [100]
- 신설 도로공사 시 연약지반에서 구조물의 안정성을 확보하기 위해 시공 중에 적용되는 지반의 계측관리에 대하여 설명하시오 [105]
- 흙막이공사에 적용된 변위계의 측정오차와 계측데이터의 신뢰성증진 방안에 대하여 설명하시오. [114]
- 연약지반 성토 시 성토지반의 품질확보를 위한 계측기의 종류 및 계측관리에 대하여 설명하시오. [115]
- NATM터널 계측관리 항목과 유의사항에 대하여 설명하시오. [118]
- 흙막이 공사 시 품질관리를 위한 계측기의 종류, 설치위치, 설치방법 및 용도에 대하여 설명하시오. [129]

7 기타

[단답형]
- 철도 건설공사에서 토공성토 시 다짐도 품질기준 [111]
- 분니(噴泥) [120]
- 철도의 유효장 [121]
- 강교 가설공법 중 벤트(bent) 공법 [123]
- 수로(水路)의 신축이음 설치목적과 종류 [132]

[서술형]
- 수중구조물 제작 시 사용되는 케이슨공법의 종류 및 특징에 대하여 설명하시오. [118]
- 하천의 비탈보호공법 종류와 특징, 시공 시 품질관리 유의사항에 대하여 설명하시오. [123]
- 철도궤도공사에 있어서 콘크리트 도상과 자갈도상의 장단점을 설명하고, 궤도공사 품질관리에 대하여 설명하시오. [123]
- 유속이 빠른 하천에 시공된 교량하부구조에서 발생되는 세굴의 특징 및 교량하부 구조 보호를 위한 세굴방지공에 대하여 설명하시오. [124]
- 대심도 터널에서 시행하는 콘크리트 궤도구조물의 부력검토 시 유의사항과 대책에 대하여 설명하시오. [126]
- 교량 상부구조의 콘크리트 타설순서에 대하여 설명하시오. [126]
- 항만 공사 시 수중 기초 지반구조물 처리공법의 시공계획에 대하여 설명하시오. [129]
- 철도공사 중 자갈궤도와 콘크리트궤도의 접속구간 시공 시 주의사항에 대하여 설명하시오. [129]
- 철도궤도의 구성 중 도상의 역할과 종류 및 재료의 요구조건에 대하여 설명하시오. [130]

4 시멘트콘크리트 Ⅰ(재료, 배합)

1 재료

1. 시멘트
[단답형]
- 수경성 [69, 72]
- 시멘트의 강열감량 시험 [69, 114]
- 저열시멘트 [73]
- 시멘트 풍화과정 및 특성 [81]
- 시멘트 이상응결의 원인 및 대책 [85, 109]
- 포틀랜드 시멘트의 종류 및 특성 [106]
- 시멘트의 수화반응과 수화물 [114]
- 수경률의 산출식 및 용도 [115]
- 시멘트 클링커 주요 화합물의 종류 및 특징 [115]
- 시멘트의 불용해잔분 [127]
- 시멘트의 초결시간과 종결시간 [129]

[서술형]
- 시멘트의 화학적 성분 및 시멘트 화합물의 특성에 대하여 설명하시오. [82]
- 특수시멘트의 종류를 4가지를 들고 그 특성 및 용도에 대하여 설명하시오. [87]
- 콘크리트 응결시간 시험법의 목적, 방법 그리고 결과 계산에 대하여 설명하시오. [99]
- 시멘트의 4가지 조성광물과 각각의 특성을 설명하시오. [109]
- 보통포틀랜트시멘트, 플라이애쉬, 고로슬래그 미분말을 동시에 혼합한 삼성분계 혼합시멘트를 사용한 콘크리트의 특성과 계절별 사용 시 주의사항에 대하여 설명하시오. [111]
- 시멘트 풍화의 원인, 문제점 및 대책에 대하여 설명하시오. [112]

2. 배합수
[단답형]
- 레디믹스트 콘크리트 공장의 회수수, 슬러지수 그리고 상징수의 정의 [99]

[서술형]
- 콘크리트 혼합수에 있어서 해수의 용도와 이것을 사용했을 경우 강도와의 관계를 설명하시오. [65]

3. 골재
[단답형]
- 굵은 골재의 최대치수 정의와 콘크리트 표준시방서의 굵은 골재 최대치수 기준 [76]
- 골재의 실적률과 공극률 [82, 88, 118]
- 골재의 함수상태 [87]

- 콘크리트 잔골재 선정 시 No.200-75㎛체를 통과하는 매우 가는 골재의 양을 제한하는 이유 [90]
- 콘크리트용 굵은 골재의 최대치수 결정 시 고려사항 및 품질에 미치는 영향 [91]
- 골재의 흡수율과 절대건조밀도, 안정성 및 마모감량과의 상관성 [109]
- 굵은 골재 최대치수가 콘크리트 품질에 미치는 영향 [115]

[서술형]
- 해사를 사용한 콘크리트의 제염대책을 논하시오. [71]
- 골재 중의 유해물의 종류와 허용 함유량의 한도 및 콘크리트 품질에 미치는 영향에 대하여 기술하시오 [76]
- 국내의 골재고갈과 채취의 어려움에 따라 쇄석골재의 사용이 불가피한바 쇄석골재의 사용 시 문제점과 유의사항에 대하여 기술하시오. [82]
- 골재에 포함되어 있는 유해물질이 콘크리트의 품질에 미치는 영향에 대하여 기술하시오. [82]
- 골재의 조립률에 대한 정의와 KS F 2526에서 정한 잔골재의 조립률이 범위를 벗어난 경우 콘크리트에 미치는 영향 및 대책을 기술하시오. [84]
- 골재의 입도곡선과 조립률에 대하여 설명하시오. [87]
- 골재 중의 유해물이 콘크리트 품질에 미치는 영향과 품질관리 방안에 대하여 설명하시오. [99]
- 골재에 포함되어 있는 유해물질이 콘크리트 품질에 미치는 영향을 강도, 내구성, 시공성 측면에서 설명하시오. [103]
- 콘크리트용 잔골재로 사용되는 해사, 부순모래 및 개답사의 품질특성과 적용 시 문제점을 설명하시오. [109]
- 골재의 안정성 시험에 대하여 설명하시오. [114]
- 콘크리트 배합에 사용되는 잔골재의 유해물 함유량 기준 및 콘크리트 물성에 미치는 영향을 설명하시오 [120]

4. 혼화재료
  [단답형]
  - 혼화제의 종류 4가지 [67]
  - 포졸란(pozzolan) 반응 [69]
  - 감수제 [69]
  - 잠재수경성 [71]
  - 기포간격 계수 [71]
  - 고로슬래그 염기도 [71]
  - 콘크리트용 혼화제의 종류 및 용도 5가지 [97]
  - 부사(浮沙, cenosphere) [112]

- 레미콘의 혼화재 사용범위와 검사 [114]
- 콘크리트 내부 기포 간격의 기능 [115]
- 잠재 수경성과 포졸란 반응 [117]
- 실리카 퓸 [120]
- 콘크리트의 혼화재료 [121]
- 혼화재 2차반응 [124]
- 콘크리트 혼화재와 혼화제의 차이점과 종류 [126]
- 유동화제와 고성능감수제 [130]
- 철근 방청처리재의 종류 [132]

[서술형]
- A/E 콘크리트의 특성과 공기량이 콘크리트 품질에 미치는 영향에 대해 설명하시오. [69]
- 콘크리트 혼화재로써 플라이애시(fly-ash)의 활용성과 사용 시 주의사항에 대해 설명하시오. [69]
- 고로슬래그 미분말-KS F 2526을 콘크리트 혼화재료로 사용하고자 한다. 품질특성, 콘크리트 성질에 미치는 영향과 강도특성 평가방법에 대하여 기술하시오. [78]
- 혼화재료의 사용목적과 종류 및 사용 시 주의사항에 대하여 기술하시오. [84]
- 플라이애시를 콘크리트용 혼화재로 사용한 경우, 굳지 않은 콘크리트 및 경화한 콘크리트의 특성에 대하여 서술하시오. [85]
- 시멘트콘크리트 배합 시 감수 및 유동성을 증진시키기 위한 목적으로 사용되는 혼화제의 주요성분에 따른 특성에 대하여 서술하시오. [85]
- 포졸란과 슬래그 재료의 생성과정, 반응관계식 및 반응특성을 설명하시오. [90]
- 광물계 혼화재가 굳지않은 콘크리트의 수화열, 작업성, 미세구조, 강도발현, 내구성에 미치는 영향을 설명하시오. [90]
- 플라이애시와 고로슬래그를 콘크리트 혼화재로 사용 시의 특징과 주의사항에 대하여 설명하시오. [93]
- 고로슬래그 골재의 품질기준과 이를 혼입한 콘크리트의 품질특성에 미치는 영향을 설명하시오. [94]
- 고로 슬래그 잔골재를 사용한 콘크리트의 특징과 고로 슬래그 잔골재 사용 확대 방안에 대하여 설명하시오. [106]
- 고로슬래그 미분말, 플라이애시 중 한 종류의 혼화재를 단위결합재량 대비 10퍼센트를 초과 사용하여 콘크리트를 제조하고자 하는 경우 품질관리 방안에 대하여 설명하시오. [117]
- 콘크리트용 화학혼화제 품질기준(KS F 2560)의 문제점을 설명하시오. [118]
- 콘크리트용 유동화제 품질규정 및 품질시험시기 및 횟수에 대하여 설명하시오 [126]

2 배합

[단답형]
- 콘크리트의 배합강도를 결정하는 방법 [72]
- 설계기준강도와 배합강도 [76]
- 콘크리트의 시방배합과 현장배합 [84, 112]
- 콘크리트 배합강도의 결정방법 [87]
- 콘크리트 배합의 종류 및 이론 3가지 [87]
- 시멘트콘크리트 생산 시 현장수정배합에 필요한 2가지 보정항목 [88]
- 시멘트 공극비 이론 cement-void ratio theory [94]
- 콘크리트 내구성에 미치는 물/시멘트비와 균열폭의 영향 [100]
- 잔골재율(S/a) [117]
- 호칭강도, 배합강도 및 설계기준강도 비교 [118]
- 콘크리트 배합 시 골재의 입도 [123]

[서술형]
- 콘크리트의 배합이론 4가지를 들고 각각에 대하여 설명하시오. [67]
- 시멘트콘크리트 배합선정의 제요소(諸要素)에 대하여 설명하시오. [68]
- 콘크리트 배합설계의 목적과 배합강도 결정방법에 대하여 설명하시오. [69]
- 고강도 콘크리트의 배합설계 방법 및 압축강도로부터 w/c를 구한 경우 콘크리트 강도의 합부판정 기준을 제시하시오. [71]
- 콘크리트 배합설계 과정과, 콘크리트 배합 및 생산 시 개선하거나, 고려하여야 할 사항에 대하여 기술하시오. [75]
- 콘크리트 배합설계의 방법과 레미콘에 사용되는 각종재료의 계량오차 허용범위를 기술하시오. [76]
- 콘크리트의 배합이론에 대하여 약술하고, 물-시멘트비 결정방법에 대하여 기술하시오. [82]
- 콘크리트의 배합설계 순서와 물-결합재비의 선정 방법에 대하여 설명하시오. [94]
- 콘크리트 배합강도의 결정방법과 배합강도의 통계적 의미에 대하여 설명하시오. [97]
- 콘크리트 배합설계 시 콘크리트 압축강도 시험횟수에 따른 콘크리트 배합강도 결정방법에 대하여 설명하시오 [115]
- 콘크리트 배합설계의 목적, 종류, 순서에 대하여 설명하시오. [123]
- 콘크리트 내구성 설계기준에서 염화물, 동결융해 및 황산염에 노출된 콘크리트에 대한 노출범주 및 등급, 최소 설계기준 압축강도에 대하여 설명하시오. [127]

1 시공

[단답형]
- 레미콘의 품질관리지침상 불량레미콘의 유형 [81, 96, 114]
- 레미콘 현장반입 시 품질시험 종목 [81, 106, 117]
- 콘크리트 중의 염화물 측정방법 [91]
- 펌프 콘크리트의 장단점 및 유의사항 [94]
- 콘크리트의 단위수량 관리 [100]
- 철근콘크리트 구조물에서 철근피복두께 확보 이유 [100]
- 재사용 동바리의 품질규정 [100]
- 콘크리트 구조물의 가동이음 [100]
- 철근 현장 이음방법의 종류 [103]
- 에폭시 도장철근의 품질관리 기준 [103]
- 레미콘 공장 선정 시 고려사항 [103]
- 증기양생(steam curing)온도와 시간과의 관계 [109]
- 일반콘크리트의 습윤양생기간의 표준 [114, 117]
- 콘크리트 구조물의 거푸집 해체시기 [114]
- 콜드조인트 시공 시 대책 [114]
- 콘크리트의 계량설비 검사 [114]
- 철근콘크리트의 정철근과 부철근 [117]
- 에폭시 피복 철근 [121]
- KS F 2401에 따른 콘크리트 시료채취 방법 [127]
- 콘크리트 구조물의 거푸집 해체시기 [129]
- 콘크리트 습윤 양생 기간의 표준 [129]
- 거푸집 존치기간 산출방법 [130]
- 레미콘 단위수량 신속측정 방법 [130]

[서술형]
- 시멘트콘크리트 운반 및 타설과정의 품질관리 및 검사방법에 대하여 기술하시오. [81]
- 레미콘의 품질관리를 위한 검사 목적과 분류에 대하여 설명하시오. [87]
- 레미콘 운반 후 현장타설 전 콘크리트 품질확인을 위한 시험종류, 기준, 검측관리방안을 서중 콘크리트 측면에서 기술하시오. [88]
- 레디믹스트 콘크리트의 종류 및 품질검사 항목에 대하여 설명하시오. [93, 94]
- 레디믹스트 콘크리트의 품질관리를 위한 검사의 목적과 분류에 대하여 설명하시오 [97]
- 굳지 않은 콘크리트의 품질관리에 중요한 3대 항목과 철근콘크리트 공사의 시공단계별(콘크리트공, 철근공, 거푸집 및 지보공) 품질관리 대책에 대하여 설명하시오 [100]

- 콘크리트에 요구되는 기본적인 품질조건과 양생 시 유의사항에 대하여 설명하시오. [106]
- 레디믹스트 콘크리트를 현장에 반입 시 제출하여야 하는 서류와 내용에 대하여 설명하시오. [111]
- 굳지 않은 콘크리트의 단위수량을 관리하여야 하는 중요성 및 신속측정방법에 대하여 설명하시오. [111]
- 동바리 붕괴 유발요인 및 안전성 확보 방안에 대하여 설명하시오. [111]
- 콘크리트 시공에서 타설 전·중·후 단계별로 시행하는 품질검사에 대하여 설명하시오. [111]
- 굳지 않은 콘크리트의 압력법에 의한 공기함유량 시험방법에 대하여 설명하시오. [112]
- 콘크리트 양생방법의 종류 및 특징에 대하여 설명하시오. [112]
- 가설공사의 안전사고방지를 위한 가설기자재의 품질확보방안을 개정된 품질관리업무지침(2017. 7.)을 중심으로 설명하시오. [114]
- 우천 시 타설한 콘크리트의 하자유형과 현장 품질관리대책에 대하여 설명하시오. [114]
- 철근콘크리트 구조에서 철근과 콘크리트의 일체화 거동을 위한 부착성능에 영향을 미치는 요인 및 부착강도 측정방법에 대하여 설명하시오 [115]
- 굳지 않은 콘크리트의 공기량에 영향을 미치는 요소에 대하여 설명하시오. [117]
- 교량받침 무수축 모르타르 시공 시 품질관리 유의사항에 대하여 설명하시오. [117]
- 굳지 않은 콘크리트의 단위수량 추정에 대한 시방기준과 신속시험방법에 대하여 설명하시오. [118]
- 콘크리트 타설 시 측압(lateral pressure)의 발생원인과 저감방안에 대하여 설명하시오. [121]
- 콘크리트 표준시방서(2016년)에 따른 콘크리트 표면 마무리 관리사항을 설명하시오. [121]
- 철근 이음 시 이음길이, 이음종류, 이음 시 품질관리 사항을 설명하시오. [123]
- 자재공급원 승인 요청을 위한 레미콘공장 사전 점검 항목에 대하여 설명하시오. [124]
- 콘크리트 타설과정에서 동바리의 점검항목과 처짐이나 침하가 있는 경우 대책에 대하여 설명하시오. [126]
- 콘크리트 구조물 시공 시 부재 이음을 설치하는 이유와 품질관리 유의사항에 대하여 설명하시오. [126]
- 콘크리트 구조물에서 이음(joint)의 종류 및 품질관리방안에 대하여 설명하시오. [127]
- 콘크리트 표준시방서(KCS 14 20 00)에서 규정하고 있는 레디믹스트 콘크리트의 제조설비 및 공정 검사에 대하여 설명하시오. [127]
- 콘크리트 공사에서 거푸집 및 동바리에 사용되는 자재의 품질관리 사항에 대하여 설명하시오. [130
- 레미콘·아스콘 품질관리 내용(건설공사 품질관리 업무지침) 중 자재공급원의 사전점검, 정기점검 및 불량자재의 처리방법에 대하여 설명하시오. [132]
- 건설현장에서 사용되는 가설기자재 종류와 반입 시 품질관리 시험종목 및 시험빈도에 대하여 설명하시오. [132]
- 철근 콘크리트용 봉강의 커플러Coupler) 시험법의 종류를 나열하고, 시험법 중 일방향 인장시험방법과 정적내력 시험방법에 대하여 설명하시오. [132]

2 강도

[단답형]
• 콘크리트의 압축강도 [87]
• 콘크리트 품질의 조기판정방법 중 물–시멘트비 측정방법 5가지 [93]
• 콘크리트 압축강도 시험 시 언본드 캐핑방법 [111]
• 콘크리트의 압축강도시험결과 판정 [114]
• 콘크리트 쪼갬 인장강도 시험 [115]
• 콘크리트 설계기준강도 미달 시 조치사항 [118]
• 압축강도에 의한 콘크리트의 품질검사 [124]

[서술형]
• 콘크리트 공사에 있어 콘크리트 강도의 조기 판정이 필요한 이유와 주요 조기 판정 방법 2가지를 들고 각각 기술하시오. [72]
• 콘크리트 공사에서 콘크리트 강도의 조기 판정이 필요한 이유와 조기 판정방법에 대하여 기술하시오. [82]
• 콘크리트 공시체의 치수와 압축강도 값의 관계에 대하여 기술하시오. [82]
• 콘크리트의 강도를 통계적으로 평가하기 위한 시험절차 및 사용승인기준, 그리고 기준보다 강도가 적게 나왔을 경우 조치 절차에 대하여 2007년 개정된 콘크리트 구조설계기준에 따라 서술하시오. [85]
• 콘크리트의 압축강도에 미치는 영향인자에 대해 기술하시오. [88]
• 짧은 공사기간에 완공된 대형 수중보 구조물의 콘크리트 강도가 목표강도 미달로 판명되었다면, 시공 시 품질관리 측면에서의 부실원인과 보수보강 대책방법에 대하여 설명하시오. [94]
• 콘크리트 강도의 조기판정 필요성과 판정방법에 대하여 설명하시오. [96]
• 콘크리트 강도의 조기 판정방법을 물리적, 역학적 및 화학적 분석법으로 구분하여 설명하시오. [97]
• 콘크리트 압축강도 시험에서 공시체의 치수와 형상, 공시체 재하면의 상태, 재하속도가 시험성과에 미치는 영향에 대하여 설명하시오. [109]
• 콘크리트 강도의 조기 판정이 필요한 이유와 조기 판정법에 대하여 설명하시오. [123]
• 콘크리트 강도가 설계기준강도보다 작게 나왔을 경우 조치방법에 대하여 단계적으로 설명하시오. [124]

3 강재

1. 일반

[단답형]
- 기능성 강재의 품질유지방안 [90]
- 강재의 기호 설명 SM 490 Y A [103]
- 공용 중인 강구조물의 유지, 수선의 정의와 주의사항 [106]
- 후판강재의 두께방향 인장시험 방법 [106]
- SM355C(SM490C) 강재의 성질 [114]
- 강재기호 [117]
- 강구조물의 수명 및 내용연수 [118]
- 철도공사 중 장대레일(rail)의 용접방법 및 특징 [132]
- 강교 도장작업의 단계별 검사항목 [130]

2. 연결

[단답형]
- 강재의 고장력 볼트 [68]
- 강구조물 용접부위 비파괴 검사의 종류 [73, 85]
- 잔류강도(residual rtrength) [79]
- 강재의 비파괴검사 시험방법과 장단점 비교 [96]
- 고장력볼트(righ-tension bolt)이음 [94]
- 용접접합부의 층상균열(lamellar tearing) [96]
- 불량용접부의 보정 [100]
- 용접이음의 비파괴검사 시험방법인 RT, UT, MT와 검사 정도 향상방안 [106]
- 강재 비파괴검사 [123]
- 고장력 볼트의 토크 값(torque 값) [124]
- 궤도 장대레일 테르밋(Thermit) 용접법 [124]
- 강재 용접부의 비파괴 시험방법 [126]
- 강재 용접 시 엔드탭(end-tab) [127]

[서술형]
- 구조용 강재의 종류 및 용도를 열거하고 용접 및 조립 후 품질검사방법에 대하여 기술하시오. [81]
- 구조물의 잔류응력(residual stress)의 크기를 평가할 수 있는 시험평가방법에 대하여 설명하시오. [90]
- 구조용 강재의 용접결함 원인과 그 방지 대책 및 용접검사 방법에 대하여 설명하시오. [94]
- 강재의 용접 시 잔류응력의 원인과 대책에 대하여 설명하시오 [97]
- 강교의 강재부재에 대한 비파괴 검사항목을 나열하고 각 항목의 검사방법에 대하여 설명하시오. [97]

- 강교량의 장수명화 실현을 위한 효율적 유지관리에 대하여 설명하시오. [100]
- 강교량의 도장계열 선택기준을 구분하고, 도장작업 시 각 단계별 검사항목에 대하여 설명하시오. [100]
- 강판두께 50mm 이상의 후판을 사용한 강교량의 용접시공 및 품질관리 시 유의사항에 대하여 설명하시오. [106]
- 강교 용접부의 결함을 검사하기 위한 용접균열 시험법에 대하여 설명하시오. [106]
- 강교 조립 시 수행하여야 할 검사에 대하여 설명하시오. [111]
- 강재의 잔류응력 처리방법에 대하여 설명하시오. [111]
- 강재에 대한 비파괴검사 종류 및 특징을 설명하시오. [118]
- 강구조 공사에서 볼트접합 및 핀 연결에 대하여 설명하시오 [120]
- 강구조 공사에서 용접부 비파괴시험 방법을 설명하시오. [120]
- 강교의 가조립의 구분과 품질관리 사항에 대하여 설명하시오. [121]
- 강재의 용접결함 발생원인과 대책에 대하여 설명하시오. [123]
- 강(剛)부재 연결방법의 종류별 특징과 품질관리 유의사항에 대하여 설명하시오. [126]
- 강교 가조립검사 확인사항과 용접검사 판정기준에 대하여 설명하시오. [127]
- 강구조 공사에서 고장력 볼트의 접합방법 및 품질관리 방안에 대하여 설명하시오. [129]
- 용접결함의 종류와 원인 및 비파괴시험 방법에 대하여 설명하시오. [130]
- 강구조물에 대한 비파괴시험의 종류 및 시험방법에 대하여 설명하시오. [132]

3. 응력과 부식
[단답형]
- 응력부식 [63, 71, 82]
- 강재의 연성파괴(ductile fracture)와 취성파괴(brittle fracture)의 비교 [97]
- 강재의 피로파괴(fatigue failure) [121]

[서술형]
- 도로교시방서에 제시된 허용 피로응력 범위를 반복횟수의 함수로 나타낸 피로설계곡선과 피로강도에 미치는 영향인자에 대하여 기술하시오 [84]
- 강교량에서 피로손상(fatigue damage)의 원인과 평가 및 대책에 대하여 설명하시오. [90]
- 구조용 강재에 파괴를 일으키는 요인과 파괴형태에 대하여 설명하시오. [94]
- 강재 결함의 종류와 보수방법에 대하여 설명하시오. [127]
- 건설공사 중지 해제 후 기 배근된 철근에 녹이 발생된 경우 예상되는 문제점과 품질관리 방안에 대하여 설명하시오. [129]
- 강교의 도장 방법 선정과 열화의 원인 및 방지 대책에 대하여 설명하시오. [129]

6 시멘트 콘크리트 Ⅲ(특수콘크리트)

1 재료

1. 결합재
[단답형]
- polymer 콘크리트 [66]
- polymer concrete의 용도 및 특성 [81]
- 폴리머함침콘크리트 [87]
- 콘크리트용 결합재로 사용되는 지오폴리머(geo-polymer) [109]

[서술형]
- 폴리머 콘크리트의 종류 3가지를 들고 각각 그 특징 및 용도에 대하여 기술하시오. [67]
- 폴리머 시멘트 콘크리트 정의와 시멘트 혼화용 폴리머의 품질 규정값에 대하여 설명하시오. [129]
- 폴리머 시멘트 콘크리트의 특성과 배합 및 시공 시 유의사항에 대하여 설명하시오. [130]

2. 혼화재료
[단답형]
- 자기응력시멘트(self stressed cement)의 특징 [87]
- 방오 콘크리트의 정의 및 용도 [85, 96]
- 자기치유(self healing) 콘크리트 [118, 126]
- 팽창 콘크리트 [124]
- 저탄소 콘크리트(low carbon concrete) [127]

[서술형]
- 팽창콘크리트의 사용목적, 특성 및 적용 용도에 대하여 설명하시오. [87]
- 초속경 콘크리트의 수화반응 메카니즘과 사용 시 주의사항에 대하여 설명하시오. [94]
- 저탄소 콘크리트(low carbon concerte)에 대하여 설명하시오. [114]
- 교량 신축이음장치의 무수축 콘크리트 시공 시 품질관리 유의사항에 대하여 설명하시오. [127]

3. 고강도, 고성능콘크리트
[단답형]
- 콘크리트 폭열현상 [84, 103]
- 고성능 콘크리트의 장점, 단점과 시공대책 [100]

[서술형]
- 고강도 콘크리트의 강도발현기구, 용도 및 품질관리 시 고려사항에 대하여 설명하시오. [93]
- 화재를 입은 콘크리트의 온도상승에 따른 시멘트 수화물의 성능변화와 콘크리트의 물리적 특성에 대하여 설명하시오. [109]

- 화재피해를 받은 콘크리트의 특성과 피해 방지 대책을 설명하시오. [120]
- 콘크리트 폭렬현상의 원인과 방지대책에 대하여 설명하시오. [121]
- 고강도 콘크리트의 배합 및 시공 시 품질관리에 대하여 설명하시오. [132]

4. 고유동 콘크리트

[단답형]
- 고유동화 콘크리트의 제조 및 시공 시 유의사항 [67]
- 고유동콘크리트의 정의와 배합특성 [99]

[서술형]
- 고유동 콘크리트의 특징과 사용상 주의할 점 및 대책을 기술하시오. [71]
- 유동화 콘크리트의 특성 및 분리저항성 평가방법에 대하여 설명하시오. [112]

5. 골재(경량골재, 방사선 차폐, 순환골재)

[단답형]
- 포러스 콘크리트(porous concrete)의 특징 [72]
- 투수성 콘크리트의 특징 및 용도 3가지 [93]
- 콘크리트 경량골재 [121]
- 방사선 차폐용 콘크리트 [114, 123]
- 순환골재 등 의무사용건설공사의 순환골재 사용용도 및 의무사용량 [114]
- 순환콘크리트에서 규정하는 순환골재 품질관리 및 시기 [126]
- 콘크리트에 사용되는 순환골재의 품질관리 [132]

[서술형]
- 환경친화형 콘크리트의 유형 및 그 특징에 대하여 설명하시오. [93]
- 차폐콘크리트의 배합설계 및 품질관리에 대하여 기술하시오. [73]
- 원자력 격납구조물의 콘크리트 시공 시 품질관리 방법과 건전성 평가에 대하여 설명하시오. [96]
- 재생골재를 이용한 콘크리트 생산 시 품질관리 방안을 설명하시오. [73]
- 순환골재의 특징과 순환골재 의무사용 건설공사의 범위와 용도 및 활성화 방안에 대하여 기술하시오 [84]
- 건설현장에서 발생한 폐콘크리트를 파쇄하여 생산한 순환골재를 시멘트콘크리트용으로 재활용할 경우 문제점과 순환골재의 품질평가항목 및 품질향상대책에 대하여 서술하시오. [85]
- 폐콘크리트를 재활용하여 시멘트 콘크리트용 순환 굵은 골재를 생산하는 플렌트에서 이물질 제거방법과 이물질 함유량 시험방법에 대하여 설명하시오. [97]
- 환경부하 저감 콘크리트 가운데 플라이애시 및 재생골재를 사용한 콘크리트의 특성과 문제점 및 대책에 대하여 설명하시오. [100]

- 폐콘크리트를 이용한 순환골재의 생산과정과 각 과정에서의 품질관리항목에 대하여 설명하시오. [103]
- 순환골재의 이물질 함유량 시험에서 고려해야 하는 이물질의 종류와 시험방법에 대하여 설명하시오. [106]
- 재사용 골재를 사용한 콘크리트의 특성 및 품질평가 항목과 기준에 대하여 설명하시오. [130]

6. 보강재(P/S)

[단답형]
- 프리스트레스의 손실(감소) 원인 [76]
- 파상마찰 [78]
- 유효인장력(프리스트레스트콘크리트) [78]
- 섬유복합재 봉(FRP rod)을 보강재로 사용 시 검토해야 할 항목 [85]

[서술형]
- 프리스트레스트 콘크리트 부재의 그라우트 재료 요구성능과 시공 시 품질관리에 대하여 설명하시오. [96]
- 철도용 프리스트레스트 콘크리트의 침목 설계시 유의사항과 제작 시 품질관리방법에 대하여 설명하시오. [97]
- 프리스트레싱 관리도와 프리스트레싱 장치 검교정에 대하여 설명하시오. [99]
- 프리스트레스트 긴장재의 긴장력 관리 개선방안에 대하여 설명하시오. [106]
- PSC에서 그라우트의 배합설계, 품질기준 및 시공 시 유의사항에 대하여 설명하시오. [112]
- 프리스트레스트 콘크리트(PSC)에 사용되는 PS강재가 갖추어야 할 성질, PS강재의 종류 및 특징에 대하여 설명하시오 [115]
- PSC거더교 공사 중 grouting 품질관리 유의사항에 대하여 설명하시오 [115]
- 프리스트레스트 콘크리트의 유효인장응력에 대하여 설명하시오. [117]
- 프리스트레스트 콘크리트에 적용되는 'PS강선 및 PS강연선'의 품질기준과 시험방법(KS기준)에 대하여 설명하시오. [129]
- PS 긴장재의 프리스트레싱 시 유의사항과 긴장관리방안에 대하여 설명하시오. [132]

2 조건

1. 온도

[단답형]
- 콘크리트 성숙도와 활용 [115]

[서술형]
- 서중콘크리트 품질관리 대책에 대하여 기술하시오. [70]
- 서중콘크리트와 한중 콘크리트의 문제점과 품질확보 방안을 기술하시오. [72]

- 하절기 교량 슬래브의 고강도 콘크리트 시공 시 생산, 타설, 양생관리에 대한 품질관리 사항에 대하여 기술하시오. [76]
- 한중콘크리트 시공에 있어서 사용재료, 콘크리트 배합 그리고 시공상의 품질관리 방안에 대하여 설명하시오. [99]
- 동절기 시공되는 한중콘크리트에서 발생할 수 있는 문제점과 품질관리방안에 대하여 설명하시오 [105]
- 여름철 고온에 노출된 콘크리트의 시공 시 문제점과 재료적 대책에 대하여 설명하시오. [109]
- 서중콘크리트 시공 시 품질관리 방안에 대하여 설명하시오. [112]
- 한중콘크리트의 품질시험기준에 대하여 설명하시오. [114]
- 한중콘크리트 시공 시 예상되는 문제점 및 대책을 설명하시오 [120]
- 혹서기 시멘트 콘크리트 포장 시공 시 품질관리 기준에 대하여 설명하시오. [121]
- 여름철 매스콘크리트 시공 시 문제점과 품질확보 방안에 대하여 설명하시오. [124]
- 동절기 콘크리트 시공 시 고려해야 할 사항과 동결융해 성능향상을 위한 혼화제 사용에 있어서 유의사항에 대하여 설명하시오. [126]
- 서중콘크리트의 품질관리방안에 대하여 설명하시오. [127]
- 콘크리트 표준시방서(한중콘크리트 KCS 14 20 40 : 2022)에 따른 동절기 콘크리트의 적용 범위와 콘크리트 타설 및 양생 시 품질관리 방안에 대하여 설명하시오. [129]
- 한중콘크리트의 배합 및 시공 시 품질관리 방안에 대하여 설명하시오. [130]

2. 습도(수중, 수밀, 해양)
[단답형]
- 수중콘크리트의 정의와 품질관리 방안 [99]
- 트레미 콘크리트 [120, 126]
- 수중 콘크리트 [123]
- 콘크리트의 투수시험방법 2가지 [93]

[서술형]
- 수중불분리성 콘크리트의 정의와 품질관리 방안에 대하여 설명하시오. [99]
- 수중 불분리성콘크리트의 특징, 재료, 배합 및 시공 시 유의사항에 대하여 설명하시오 [115]
- 현장타설말뚝 및 지하연속벽에 사용되는 수중콘크리트 타설 시 품질관리 유의사항에 대하여 설명하시오. [127]
- 수중구조물 시공계획 시, 수중불분리성(水中不分離性) 콘크리트의 재료와 배합에 대한 품질관리 방안에 대하여 설명하시오. [130]
- 수중불분리 콘크리트 타설 시 품질검사 항목 및 관리기준에 대하여 설명하시오. [132]
- 콘크리트 투수성 시험의 종류를 설명하고 수밀성 향상대책을 설명하시오. [115]
- 해양 콘크리트의 요구성능, 문제점 및 대책에 대하여 기술하시오. [72]

- 해양 구조물 시공 시 콘크리트의 내구성 향상을 위한 재료의 선정, 배합, 시공 중 품질 관리 방안에 대하여 설명하시오. [73]
- 해양환경하에서 교각 프리캐스트 박스 기초하부 공극을 무근콘크리트로 채우고자 한 다. 배합설계시 사용재료의 선정 및 배합강도의 결정, 품질지정 및 시공 시 검사방법 에 대하여 기술하시오. [78]
- 해양 콘크리트의 요구성능, 문제점 및 품질관리방안에 대하여 설명하시오. [97]
- 해상에 시공되는 시멘트 콘크리트 구조물의 내구성 향상을 위한 대책과 착안사항에 대 하여 설명하시오 [105]
- 해양 콘크리트 구조물의 적용범위 및 재료적 특성에 대하여 설명하시오. [117]
- 해양 콘크리트 시공 시 품질관리 방안에 대하여 설명하시오. [120]
- 물보라 지역 해양콘크리트 시공 시 문제점 및 품질관리 방안에 대하여 설명하시오. [124]

3. 매스콘크리트

[단답형]
- 콘크리트의 온도균열지수 [66, 82]
- 매스콘크리트 계측용 게이지의 종류 [117]

[서술형]
- 매스콘크리트 온도균열의 매커니즘을 설명하고 온도균열 방지 대책을 설계, 배합, 시공, 품질관리 차원에서 설명하시오. [73]
- 매스콘크리트에서 온도균열의 발생기구와 온도균열 방지대책을 설명하시오. [76]
- 매스콘크리트 온도균열의 메커니즘을 설명하고 온도균열 방지 대책을 설계, 배합, 시 공 및 품질관리 차원에서 설명하시오. [94]
- 콘크리트의 온도균열지수 산정방법과 철근콘크리트 구조물의 표준적인 온도균열지수 에 대하여 설명하시오. [99]
- 매스콘크리트의 균열 발생과정을 설명하고, 설계, 재료배합 및 시공단계별로 품질 대 책에 대하여 설명하시오. [111]
- 단면이 비교적 큰 콘크리트(매스콘크리트)의 재령과 수화열에 의한 온도응력의 발생과 정과 콘크리트 온도균열 제어방법에 대하여 설명하시오 [115]
- 매스콘크리트 구조물의 시공 시 검토 및 유의사항에 대하여 설명하시오. [118]

4. 방법(숏크리트, P.A.C)

[단답형]
- 숏크리트 품질관리항목 중 일상관리항목과 정기관리항목 [81]
- 프리플레이스트 콘크리트(Preplaced concrete)의 특성 및 종류 [94]

[서술형]
- 강섬유 숏크리트의 휨인성 시험방법에 대하여 기술하시오. [73]
- 터널에서 숏크리트 리바운드의 저감을 위한 품질관리 방안을 기술하시오. [79]
- 숏크리트의 현장품질관리를 위한 제반 검사에 대해 설명하시오. [100]
- NATM 터널 시공에서 뿜어붙이기 콘크리트(shotcrete)의 역할과 현재 널리 사용하고 있는 강섬유 보강 뿜어붙이기 콘크리트의 문제점과 개선방향에 대하여 서술하시오. [85]
- 강섬유보강재를 사용한 터널용 숏크리트의 휨강도 및 휨인성 시험방법에 대하여 설명하시오. [97]
- 터널에 사용되는 숏크리트의 현장 품질관리 사항을 일상관리 및 정기관리 사항으로 구분하여 설명하시오. [109]
- 터널에 사용되는 숏크리트의 현장품질관리(일상관리, 정기관리, 기타) 사항에 대하여 관리항목, 관리내용 및 시험, 시험빈도를 구분하여 설명하시오 [114]
- 터널공사 중 강섬유 보강 숏크리트의 기능, 특징 및 품질관리방안에 대하여 설명하시오 [115]
- 터널에 사용되는 숏크리트의 종별(일상관리, 정기관리, 기타) 현장품질관리 사항에 대하여 설명하시오. [117]
- 터널에서 고강도 숏크리트의 적용분야와 배합설계 및 품질확보 방안에 대하여 설명하시오. [123]
- 숏크리트의 현장 품질관리 사항에 대하여 일상관리, 정기관리, 기타 항목으로 구분하여 설명하시오. [124]
- 프리플레이스트 콘크리트(preplaced concrete)의 시공 시 주의사항과 품질관리 방안에 대하여 설명하시오. [93]

7   시멘트 콘크리트 Ⅳ(특성, 균열, 보수보강)

1 콘크리트 성질

[단답형]
- sand streaking [70, 82]
- 콘크리트 sater gain 현상 [84]
- 콘크리트의 채널링(channeling) 현상 [96]
- 굳지 않은 콘크리트의 펌퍼빌리티(pumpability) [97]
- 콘크리트의 크리프(creep) [105]
- 콘크리트의 재료분리 [112]
- 콘크리트의 정탄성계수 및 동탄성계수 [112]
- 워커빌리티(workability) 측정 방법 [124]
- 블리딩 [126]
- 과대철근보의 취성파괴 [132]
- 콘크리트 크리프(creep) [132]

[서술형]
- 굳지 않은 콘크리트의 성질을 나타내는 용어 설명과 워커빌리티에 영향을 미치는 요소 및 슬럼프 시험방법에 대하여 설명하시오 [87]
- 블리딩(bleeding)을 기술하고, 이로 인해 나타나는 실제 현상들을 설명하시오. [90]
- 콘크리트의 정탄성계수와 동탄성계수의 차이점 및 그 특징과 시험방법에 대하여 설명하시오. [94]
- 콘크리트 경화 지연현상의 원인과 대책에 대하여 설명하시오. [99]
- 콘크리트 타설시 발생하는 재료분리의 원인, 특징 및 저감대책에 대하여 설명하시오. [115]
- 콘크리트 정탄성계수와 동탄성계수에 대하여 설명하시오. [121]
- 콘크리트 재료분리의 발생원인, 문제점 및 대책에 대하여 설명하시오. [124]
- 굳지 않은 콘크리트의 재료분리 중 블리딩과 레이턴스의 문제점 및 저감대책에 대하여 설명하시오. [127]

2 균열

[단답형]
- 철근콘크리트 구조물의 내구성기준 허용균열폭 [79]
- 콘크리트 구조부재에 발생하는 휨균열과 전단균열 [100]
- 콘크리트의 체적변화현상 [105]

- 시멘트 경화체의 수축 발생원인 3종류 [109]
- 콘크리트의 화학적 수축(chemical shrinkage) [112]
- 콘크리트 자기 수축(autogenous shrinkage) [121]
- 콘크리트의 건조수축 [123]

[서술형]
- 콘크리트 건조수축에 영향을 미치는 요인과 방지대책에 대하여 기술하시오. [81]
- 굳은 콘크리트에 발생하는 균열의 원인 3가지를 들고 그 방지대책에 대하여 설명하시오. [97]
- 콘크리트 표면결함의 종류 5가지를 들고 그 원인과 대책에 대하여 설명하시오. [97]
- 콘크리트 타설 후 초기에 발생하는 균열원인과 품질관리 방안에 대하여 설명하시오. [99]
- 지하철 콘크리트구조물의 균열방지를 위한 품질관리방안에 대하여 설명하시오. [106]
- 철근콘크리트 구조물의 시공에 의한 초기결함과 록포켓(Rock Pocket)현상에 대하여 설명하시오. [100]
- 지하구조물에 신축이음을 두지 않는 경우와 그에 따른 균열 품질관리 방안에 대하여 설명하시오 [103]
- 철근콘크리트 구조물의 건조수축 균열 발생 메카니즘과 영향인자 그리고 유해 균열 제어 대책에 대하여 설명하시오. [106]
- 콘크리트의 균열 발생원인 및 대책에 대하여 설명하시오. [114]
- 콘크리트에서 경화 전 발생하는 초기균열의 종류와 각각의 발생원인, 특징 및 방지대책에 대하여 설명하시오 [115]
- 콘크리트의 경화과정 중에 발생하는 자기수축균열의 발생원인, 영향요인 및 저감대책에 대하여 설명하시오 [115]
- 콘크리트 구조물의 균열보수, 보강대책에 대하여 설명하시오. [120]
- 콘크리트 균열관리대장의 기록방법과 균열보수공법에 대하여 설명하시오. [127]
- 콘크리트의 균열발생 원인과 저감대책에 대하여 설명하시오. [130]
- 터널 라이닝(Lining) 콘크리트의 천단부 종방향 균열의 발생원인과 방지대책에 대하여 설명하시오. [132]
- 콘크리트 구조물의 균열 발생원인 및 대책, 균열 확인을 위한 코어채취 방법, 채취된 코어의 강도시험에 대하여 설명하시오. [132]

3 내구성, 열화

1. 내구성
[단답형]
- 콘크리트의 사용성과 안전성 [73]
- 내구지수와 환경지수의 정의 [96]

[서술형]
- 콘크리트구조물의 내구성 저하원인에 따른 내구수명 평가방법 및 보수보강 대책에 대하여 서술하시오. [85]
- 콘크리트의 내구성에 영향을 미치는 요인과 대책에 대해 기술하시오. [88]
- 콘크리트 구조물에 있어서 내하력 평가 방법에 대하여 설명하시오. [94]
- 해양환경하에 있는 콘크리트 구조물의 내구성 설계개념과 수명평가 방법에 대하여 설명하시오. [109]
- 배합 콘크리트의 내구성평가를 위해 고려하여야 하는 사항에 대하여 설명하시오. [111]
- 해양콘크리트의 내구성 증진 방안에 대하여 설명하시오. [112]
- 콘크리트 구조물에서 시간의 경과에 따라 성능이 저하되는 원인과 시험방법 및 방지대책에 대하여 설명하시오. [117]
- 콘크리트 구조물의 내구성 저하 원인과 저감방안에 대하여 설명하시오. [121]

2. 열화
[단답형]
- 골재의 알카리 반응 [69, 115]
- 철근의 부식을 억제하기 위한 방법 [75]
- 알칼리 골재반응의 조기판정 시험방법 [85, 96]
- 콘크리트 하수관의 상부를 부식시키는 가장 위협적인 요소 [90]
- 콘크리트의 염화물 이온확산계수 [97]
- 콘크리트 백화 현상의 정의 및 발생원인 [115]
- 콘크리트 중에 함유된 염화물 종류 및 임계염화물 이온농도 [118]
- 콘크리트 구조물의 화학적 침식 [121]
- 콘크리트 박리현상(pop out) [121]
- 콘크리트의 탄산화 및 시험방법 [127]
- 전기방식공법 중 외부전원법과 희생양극법 [127]
- 콘크리트의 백화 현상 [129]

[서술형]
- 콘크리트의 동결융해 발생 원인과 평가 방법에 대하여 기술하시오 [84]
- 콘크리트의 중성화(탄산화)에 대하여 기술하고, 방지대책 등에 대해 품질관리 측면에서 설명하시오. [84]
- 터널공사에서 뿜어붙이기 콘크리트(shotcrete) 시공 후 발생하는 백화현상(efflorescence)의 원인과 재료, 배합 및 시공상의 방지대책에 대하여 서술하시오. [85]
- 굳은 콘크리트의 열화요인에 대하여 열거하고 열화요인 중 알칼리골재반응에 대하여 구체적으로 기술하시오. [88]
- 알칼리골재반응 현상을 기술하고, 이를 제어하는 방안을 설명하시오. [90]

- 교량바닥의 열화발생 원인과 대책에 대하여 설명하시오. [90]
- 숏크리트 시공 후 발생하는 백화현상의 원인과 방지대책에 대하여 설명하시오. [96]
- 상부콘크리트와 하부 강관말뚝으로 구성된 잔교식 항만구조물의 열화특성과 강관말뚝의 방식방법에 대하여 설명하시오. [96]
- 콘크리트 하수관거의 화학적 침식작용에 대하여 설명하시오 [100]
- 콘크리트 구조물의 장수명화 실현을 위하여, 이산화탄소와 염화물이온의 침투로 인한 콘크리트의 열화 메커니즘과 신설공사에 있어서의 대책을 설명하시오. [100]
- 공용 중인 R.C 교량 상판의 열화요인과 보수, 보강방법에 대하여 설명하시오. [106]
- 철근콘크리트 구조물의 부식방지 대책을 나열하고, 그중 전기방식(電氣防蝕) 공법에 대하여 구체적으로 설명하시오. [118]
- 알칼리골재반응의 원인, 판정방법 및 대책방안을 설명하시오. [118]
- 콘크리트 백화현상의 원인과 대책을 설명하시오. [120]
- 콘크리트의 중성화 원인 및 방지대책에 대하여 설명하시오. [123]
- 콘크리트 구조물에 염화물 침투 시 균열발생 매커니즘 및 염해에 대한 내구성 평가방법에 대하여 설명하시오. [129]

4 비파괴검사, 보수보강

1. 비파괴시험

[단답형]
- 철근콘크리트 구조물의 건전성 평가 방법 [111]
- 반발경도에 의한 압축강도 시험 시 영향인자 [129]
- 철근부식도 시험 판정기준(자연전위법) [132]

[서술형]
- 콘크리트 비파괴시험의 조사목적, 조사대상 및 원리에 따른 내용을 기술하시오. [81]
- 비파괴시험으로 콘크리트 강도 및 내구성 조사를 하는 경우의 시험방법에 대하여 설명하시오. [87]
- 콘크리트 강도평가 방법 중 코어강도시험의 장단점, 코어채취방법, 코어보정방법, 강도평가방법을 설명하시오. [90]
- 콘크리트 교량 등의 구조물평가 시 사용되는 재하시험과 내하력 산정방법에 대하여 설명하시오. [93]
- 콘크리트의 비파괴시험방법 4가지에 대하여 설명하시오. [93]
- 콘크리트 압축강도 추정을 위한 비파괴시험방법 3가지 예를 들고 시험방법에 대하여 비교 설명하시오. [94]
- 교량구조물의 콘크리트 비파괴시험방법과 적용특성에 대하여 설명하시오 [96]
- 콘크리트의 비파괴 시험방법 3가지를 들고 그 특징과 시험방법에 대하여 설명하시오. [97]

- 공용중인 철근콘크리트 구조물에 대한 비파괴시험을 실시하여 내구성평가의 기초자료로 사용하고자 한다. 콘크리트강도, 내부철근의 피복두께, 배근상태, 부식도를 측정할 수 있는 방법과 중성화 및 발생된 균열깊이를 측정할 수 있는 방법을 설명하시오 [105]
- 콘크리트 구조물에 적용할 수 있는 비파괴시험 방법에 대하여 설명하시오. [114]
- 철근부식 평가를 위한 자연전위법에 대하여 설명하시오. [114]
- 시설물의 유지·보수를 위한 진단기법 중 콘크리트 및 강재의 비파괴시험에 대하여 설명하시오. [124]
- 공용 중인 교량의 성능저하 현상과 내하성능 시험 및 평가 방법에 대하여 설명하시오. [130]
- 철근콘크리트 구조물 내부의 결함 탐지방법 및 철근 부식 측정방법에 대하여 설명하시오. [130]
- 시설물 유지관리를 위한 시설물 안전진단 시 비파괴시험의 종류를 나열하고, 반발경도법 및 초음파에 의한 강도시험에 대하여 설명하시오. [132]

2. 대책(보수, 보강)

[단답형]
- 철근콘크리트 구조물의 내구성확보를 위한 허용균열폭 [124]

[서술형]
- 화재피해를 입은 터널 라이닝콘크리트의 내화성능 향상방안 및 손상 평가방법에 대하여 설명하시오 [100]
- 교량 구조물의 손상 종류와 품질관리 방안에 대하여 설명하시오. [103]
- 기존 교량 시설물에 대한 내진성능 향상 방안에 대하여 구성요소별로 설명하시오. [130]

1 일반, 보조기층

[단답형]

- 아스팔트 혼합물의 내구성 [65, 127]
- 동결심도 [65]
- 동상방지층의 필요성과 재료의 조건 [81]
- 동상방지층 생략 가능조건 [96]
- 노상용 순환골재의 품질기준 [115]
- 도로 배수 [126]
- 도로의 배수계획 조사와 배수 종류 [127]
- 도로포장 공사 시 동상방지층과 보조기층의 시험항목 [130]

[서술형]

- 도로공사 현장에서 아스팔트 포장을 하기 위한 입도조정기층을 시공할 때 현장 품질관리 시험항목 및 검사항목을 쓰고 그 내용을 기술하시오. [79]
- 도로 노상용으로 사용되는 순환골재의 품질기준 및 품질관리 항목과 품질불량 시의 조치에 대하여 기술하시오. [82]
- 2m 이상 성토 도로구간에서는 동상방지층(동결피해를 방지하는 자갈층)을 삭제하도록 도로포장 설계기준을 개선하였는데 동상방지층 생략기준과 적용대상을 구분하고 이에 따른 현장 품질관리자로서의 의견을 제시하시오. [84]
- 아스팔트 콘크리트 도로포장에서 아스팔트의 내구성(durability)에 대하여 논하고 그 시험방법을 기술하시오. [84]
- 포장공사 시 보조기층 재료의 품질기준과 설치 방법에 대하여 설명하시오. [94]
- 가요성 포장공법과 강성 포장공법의 구조적 원리, 역할, 문제점 그리고 품질관리방안에 대하여 비교 설명하시오. [99]
- 도로공사 현장에서 아스팔트 포장을 하기 위해서 입도조정기층을 시공할 때 필요한 현장품질관리 시험항목 및 검사항목에 대하여 설명하시오 [105]
- 역청안정처리공법(black base)에 대하여 설명하시오. [118]
- 포장의 노상 및 보조기층의 다짐관리와 다짐시험검사 기준에 대하여 설명하시오. [118]
- 도로 노상토에 불량개소가 많은 경우, 공법 선정 및 품질관리방안에 대하여 설명하시오. [126]
- 아스팔트 및 콘크리트 포장의 하중 전달형식, 포장 형식별 구조체 기능 및 포장형식 선정 시 고려사항에 대하여 설명하시오. [129]

2 재료

[단답형]
- 아스팔트 콘크리트에서 채움재(filler)의 역할 [63, 68, 70, 79, 109]
- 아스팔트의 침입도 시험방법 [63]
- 아스팔트의 감온성 [67]
- 아스팔트의 연화점 측정방법 4가지 [67, 72]
- 신도(ductility) [68]
- 유화아스팔트 [69]
- 아스팔트 유제의 종류 3가지 및 용도 [72]
- 휠트렉킹 시험(wheel tracking test) [75, 97]
- 골재의 입형이 아스팔트 혼합물에 미치는 영향 [85]
- 아스팔트의 증발감량 [97]
- 광물성 채움재(filler)의 정의와 품질관리 시험방법 [99, 112]
- 아스팔트 동점도(kinematic viscosity)의 시험방법 [109]
- 바텀애시(bottom ash)의 재료적 특성 [109]
- 아스팔트 혼합물의 수침마샬 [112]
- 아스팔트 노화방지제 [117]
- 컷백 아스팔트 [118]
- 아스팔트의 감온성 [130]
- 콘크리트 포장 분리막 [73]
- 콘크리트 포장에서의 최적배합 [100]
- 시멘트 콘크리트 포장용 굵은 골재의 품질기준 [118]

[서술형]
- 잔골재 모래당량 시험방법과 그 결과가 asphalt 혼합물에 미치는 영향에 대하여 기술하시오. [71]
- 역청 포장 혼합용 광물성 채움재로서 화성암 석분을 사용코자 한다. 채움재의 시험종류 및 방법, 기대효과를 기술하시오. [73]
- 역청재료의 종목 및 특성별 활용에 대하여 기술하시오. [81]
- 도로 신설 및 확장으로 발생되는 폐도로의 처리 및 활용방안을 재료측면에서 기술하시오. [81]
- 아스팔트 콘크리트혼합물의 안정도시험방법을 정적 및 동적인 경우를 구분하여 설명하고 그 시험결과값의 활용에 대하여 설명하시오. [93]
- 포장용 유화아스팔트 및 컷백아스팔트의 종류와 그 용도에 대하여 설명하시오. [97]
- 아스팔트 혼합물의 인장 강도비(TSR)를 얻기 위한 시험방법과 얻어진 시험 결과의 활용방안 및 아스팔트 혼합물의 박리 방지대책에 대하여 설명하시오. [106]
- 아스팔트 혼합물의 품질확보 및 수명연장을 위한 아스팔트 혼합물에 사용되는 골재의 적용기준 (혼합입도, 단입도)을 비교하여 설명하시오. [109]
- 아스팔트 콘크리트용 석분(filler)의 사용 이유, 품질기준 및 배합에 대하여 설명하시오 [115]
- 유제아스팔트의 특징 및 사용 시 주의사항에 대하여 설명하시오. [118]

3 배합

[단답형]
- 아스팔트콘크리트 혼합물 생산 시 COLD-BIN(상온)입도와 HOT-BIN(가열)입도의 상관관계 [88]
- 아스팔트콘크리트 배합설계(marshall방법)의 최적아스팔트함량(O.A.C)을 결정하는 4가지 항목 [88]

[서술형]
- 아스팔트 혼합물의 안정도 시험목적, 방법 및 시험 시 주의사항에 대하여 기술하시오. [84]
- 포장용 아스팔트 혼합물의 종류와 요구 성질에 대하여 설명하고, 아스팔트 혼합물의 배합설계 순서에 대하여 설명하시오. [87]
- 아스팔트 혼합물 생산현장에서 현장배합 결정 순서를 흐름도로 나타내고 각 단계에서 검토해야 하는 항목에 대하여 서술하시오. [85]
- 아스팔트 혼합물의 마샬안정도에 의한 배합설계 방법에 대하여 설명하시오. [111]
- 아스팔트 포장도로의 표면 요철을 개선하기 위한 배합설계 및 품질관리 사항에 대하여 설명하시오. [121]

4 시공

[단답형]
- 아스팔트 콘크리트 포장의 피로 및 미끄럼 저항성 [78]
- 미끄럼저항계수(SN치) 평가방법 [88]
- 아스팔트포장의 코팅(prime tack)기능과 품질관리 방안 [99]
- 아스팔트포장 온도관리 [126]
- 콘크리트 도로포장 시 시험 포장 [132]

[서술형]
- 아스팔트 콘크리트 혼합물의 종류와 품질기준에 대하여 기술하시오. [71]
- 아스팔트 플랜트에서 아스콘을 생산할 때 품질관리 포인트(point)를 선정하고 그에 대한 관리방안을 기술하시오. [71]
- 아스팔트 플랜트에서의 품질관리 항목과 생산과정에서의 품질향상 대책에 대하여 기술하시오. [72]
- 대형트럭 통행량이 많은 중교통도로 asphalt 포장 시공 시 주의사항에 대해 기술하시오. [75]
- 서중 환경하에서 아스팔트 콘크리트 포장공사 후 발생하는 하자 방지를 위해 배합설계 및 현장시공시 품질관리 방안에 대해 기술하시오. [76]
- 아스팔트 콘크리트 포장 시공 시 온도관리의 기준과 중요성에 대하여 기술하시오. [82]
- 도로포장의 미끄럼 특성에 영향을 미치는 인자와 미끄럼 저항을 높이는 방법에 대하여 기술하시오. [84]

- 아스팔트 혼합물의 요구성능과 시공 시 품질관리에 대하여 설명하시오. [96]
- 아스팔트콘크리트 포장의 가로 시공이음부(transverse joints)에 대한 품질관리 방법에 대하여 설명하시오. [111]
- 자재공급원의 사전점검 내용중 아스콘 공장 점검부위별 점검항목에 대하여 설명하시오. [114]
- 아스팔트 플랜트의 구조, 품질시험장비의 종류 및 아스팔트 혼합물 생산 시 주의사항에 대하여 설명하시오. [114]
- 아스팔트 시험포장 시 계획서 항목, 시공방법 및 결과보고에 포함될 사항에 대하여 설명하시오. [109, 118]
- 아스팔트 혼합물의 품질관리 항목과 특성에 대하여 설명하시오. [126]
- 아스팔트 콘크리트 포장 혼합물의 아스팔트 함유량 및 골재입도를 확인하는 시험방법 및 시험 시 주의사항에 대하여 설명하시오. [127]
- 콘크리트 포장파손을 최소화하기 위한 포장줄눈의 재료, 시공 및 유지관리 측면에서의 품질관리 방안에 대하여 서술하시오. [85]
- 콘크리트 포장에서 줄눈의 종류와 줄눈부에서 포장 파손이 일어나지 않도록 하기 위한 시공 시 품질관리 항목에 대하여 설명하시오. [97]
- 시멘트 콘크리트 포장공사에서 콘크리트 경화 후 시행하는 품질관리 및 검사에 대하여 설명하시오. [100]
- 시멘트 콘크리트포장의 줄눈의 종류 및 정밀시공을 위한 품질관리 방안에 대하여 설명하시오 [105]
- 콘크리트 포장 도로 줄눈의 종류와 파손방지를 위한 품질관리 방안에 대하여 설명하시오. [126]

5 평탄성 관리

[단답형]
- 아스팔트 콘크리트 포장 완성면의 검사항목 및 기준 [85]
- 평탄성지수(Profile Index) [65, 82, 87]
- 포장평탄성지수인 PRI(PRofile Index)와 IRI(International Roughness Index) 비교 [90, 105]
- 도로의 평탄성 관리지수(Profile Index) [120]

[서술형]
- 고속도로 콘크리트포장의 평탄성에 미치는 중요한 요소와 평탄성 측정방법에 대하여 기술하시오. [76]
- 도로포장의 평탄성 평가방법과 기준을 제시하고 평탄성 시험측정 후 불합격 판정 시 조치방안을 기술하시오. [88]
- 도로포장의 평탄성에 영향을 주는 요인 및 평탄성 저하방지 대책에 대하여 설명하시오. [124]

1 특수

1. 개질 아스팔트

   [단답형]
   - SMA포장 [79]
   - 개질아스팔트의 종류와 특징 [111]
   - 골재 노출 콘크리트 포장의 특징과 적용성 [97]

   [서술형]
   - 아스팔트 콘크리트의 착색포장의 재료 및 시공에 대하여 기술하시오. [75]
   - 개질 아스팔트 콘크리트의 종류 및 특성을 설명하고, 개선 방안을 기술하시오. [81]
   - 다공성 아스팔트 콘크리트(porous asphalt concrete)를 이용한 도로포장의 특성 및 포장혼합물의 품질을 평가하기 위한 시험항목에 대해 서술하시오. [85]
   - 개질(改質) 아스팔트의 종류 및 특성을 설명하고 이상적인 개질 아스팔트 품질(점도 등) 요구사항에 대하여 기술하시오. [88]
   - SMA(Stone Mastic Asphalt) 포장과 일반 아스팔트 포장의 차이점 및 특징을 설명하시오. [94]
   - 다공성 아스팔트 콘크리트 도로포장의 적용범위와 장단점에 대하여 설명하시오. [96]
   - 아스팔트 포장의 성능 개선공법 4가지를 들고 이에 대한 각각의 공법에 대하여 설명하시오. [97]
   - 폐아스팔트를 활용한 재생가열 아스팔트 혼합물 생산과정과 각 과정에 필요한 품질관리 항목에 대하여 설명하시오 [103]
   - 다공성 아스팔트 콘크리트포장의 특성과 품질시험항목에 대하여 설명하시오. [117]
   - 배수성 아스팔트 포장의 특징 및 품질관리 시 유의사항에 대하여 설명하시오. [118]
   - 「배수성 아스팔트 콘크리트 포장 생산 및 시공지침」의 주요 내용에 대하여 설명하시오. [124]
   - 배수성 아스팔트 혼합물의 배합설계 및 품질관리 기준에 대하여 설명하시오. [127]

2. 교면 포장

   [단답형]
   - LMC(Latex Modified Concrete) [66, 69, 81]
   - 구스 아스팔트(Guss Asphalt) [88, 105]
   - 교면 방수 [105]
   - 교면방수의 요구성능 및 종류 [118]
   - 교면포장 방수재의 품질기준 [127]

[서술형]

- 콘크리트 교량 슬래브의 교면 방수 공법의 종류와 선정, 품질관리 방법에 대하여 설명하시오. [73]
- 교면포장(아스팔트혼합물) 재료의 종류 및 특성과 설계시공, 유지관리 시 고려해야 할 사항을 기술하시오 [75]
- 교면방수와 교면포장에 대하여 기술하시오. [79]
- 아스팔트와 콘크리트 교면포장의 특성과 유의사항에 대하여 기술하시오. [84]
- 적설지역에서 교면포장 및 슬래브의 성능저하 발생원인 및 방지대책에 대하여 서술하시오. [85]
- 교면포장의 종류, 문제점 및 품질관리 방안에 대하여 설명하시오. [112]
- 구스아스팔트 혼합물 포장 시 품질관리 기준을 설명하시오. [118]
- 교면방수공법의 종류와 특징 및 시공 시 품질관리 사항에 대하여 설명하시오 [120]
- 도로교량의 교면포장에 요구되는 품질조건과 교면포장의 종류 및 특징에 대하여 설명하시오. [123]

2 파손 및 대책

[단답형]

- 흙의 동결 및 융해 시 각각 발생하는 도로포장 파손 형태 [85]
- 노상표층 재생공법의 정의와 시공방법 [91]
- 아스팔트혼합물의 소성변형 원인 및 대책 [91]
- 도로포장의 반사균열(reflection crack) [94, 117, 118]
- 도로의 파상요철 [99]
- 충격하중에 의한 기존 포장 평가 시험방법(FWD) [106]
- 아스팔트 포장의 포트홀 (pot hole) [111]
- 라벨링(ravelling) [124]
- 아스팔트콘크리트 포장 유지보수를 위한 조사 항목 [130]
- 동절기에 도로보수를 수행해야 하는 경우, 가장 적합한 시멘트와 그 이유 [90]
- 시멘트 콘크리트포장의 리프렉션 크랙(reflection crack) [105]
- 콘크리트포장의 다이아몬드 그라인딩 [123]

[서술형]

- 차량통행으로 인하여 아스팔트콘크리트 포장에서의 변형발생유형과 품질개선방안에 대하여 기술하시오. [81]
- 아스팔트 콘크리트 포장에서 소성변형의 발생원인과 배합, 시공 시 품질관리 방안에 대하여 기술하시오. [79]
- 도로에 살포되는 염화물이 도로시설물에 미치는 영향과 문제점 및 대책을 기술하시오. [81]

- 아스팔트 포장의 손상원인 중 포트홀(pot hole)의 발생원인 및 방지대책에 대하여 서술하시오. [85]
- 공용 중 포장의 품질을 유지관리하기 위한 PMS(Pavement Management System)에 대하여 설명하시오. [99]
- 아스팔트 콘크리트 포장에서 소성변형의 발생원인 및 품질관리 방안에 대하여 설명하시오. [112]
- 도로포장시공품질관리시스템(PQMS, Pavement Quality Management System)에 대하여 설명하시오. [117]
- 아스팔트 포장의 파손원인 및 저감대책과 보수방법을 설명하시오. [120]
- 아스팔트 포장의 소성변형 원인과 방지대책 및 보수방법에 대하여 설명하시오. [121]
- 아스팔트 포장의 유지보수를 위한 노면조사항목과 상태평가 방법에 대하여 설명하시오. [123]
- 아스팔트콘크리트 포장에서 소성변형의 발생원인과 배합, 시공 시 품질관리 방안에 대하여 설명하시오. [124]
- 아스팔트 포장의 포트홀(pot hole)의 발생원인과 보수방법에 대하여 설명하시오. [130]
- 콘크리트 포장의 품질관리방안과 파손 시 보수대책에 대하여 설명하시오. [90]
- 고속도로 건설재료 품질기준 중, 부분단면 보수재료의 구조특성, 적합특성, 내구특성을 평가할 수 있는 시험항목 및 품질기준을 설명하시오. [126]
- 시멘트 콘크리트 도로포장 결함의 종류 및 보수방법에 대하여 설명하시오. [127]

10 품질관리와 시사

1 품질관리

[단답형]

- 숙련도 시험(proficiency testing) [63]
- 표준물질(reference material) [63]
- 산점도(dispersion chart) [65]
- Pareto 분석 [66, 82]
- $X - R$관리도 [68]
- 통계적 품질관리(SQC) [69, 90]
- 품질관리 [76]
- 공차(tolerance) [76]
- 정규분포 [76, 123]
- 품질경영 [79, 96]
- 전수검사 및 발췌검사 [81]
- 불편분산(不偏分散) [82]
- 단순회귀분석과 중회귀분석 [71, 82]
- 측정불확도 [73, 85]
- 6시그마 [84]
- 샘플링검사 [87]
- 시멘트콘크리트 품질관리를 위한 관리도 [88]
- 계량값 관리도와 계수값 관리도의 종류 [91]
- 초기하분포의 정의와 품질관리 유용성 [96]
- 콘크리트의 품질관리 특성 [97]
- 고유신뢰성과 사용신뢰성 [99]
- 대수정규분포의 정의와 토목공사 품질관리에서의 활용 [99]
- 임의 샘플링과 계통 샘플링 [103]
- TQC(Tatal Quality Control) [105]
- 국가 표준과 단체 표준의 개념 [106]
- 품질관리도의 종류와 관리항목 [109]
- 사분법과 난수표를 이용한 샘플링 방법 [109]
- PDCA Cycle의 각 단계별 고려사항 [111]
- 품질관리의 신뢰성(reliability) [111]
- 품질관리의 7가지 도구 [126]
- PDCA cycle에 의한 품질관리 [130]
- 건설공사 신 품질관리 7가지 도구(tool) [130]

[서술형]
- 콘크리트 재령 28일 압축강도 관리결과를 $X - R$관리도에 의해 분석하고자 한다. 이에 대한 활용방법 및 문제점에 대하여 기술하시오. [71]
- Histogram 작성법을 기술하고 규격과 품질상태에 따른 조치방법을 논하시오. [71]
- 정규분포에 관계되는 용어 5가지를 들고 각각 그 용어의 의미를 기술하시오. [72]
- 품질관리기법 중 $X - R$관리도의 작성방법 및 판독방법에 대하여 기술하시오. [75]
- 품질관리 진행절차와 필요성에 대하여 기술하시오. [79]
- sampling 검사 의의 및 형태별 특징을 기술하시오. [79]
- 품질을 판정하기 위한 검사방법 중 샘플링 검사의 분류방법과 장단점에 대하여 기술하시오. [84]
- 평균값과 범위를 관리하는 품질관리도에서 관리상태와 이상상태를 설명하고 이상 상태의 유형에 대하여 서술하시오. [85]
- 통계적 기법에 대한 품질관리 방법에 대하여 설명하시오. [87
- 품질관리기법의 종류를 열거하고 관리기법 중 히스토그램(histogram)에 대하여 기술하시오. [88]
- 품질관리도의 종류및 적용 이론과 $X - R$관리도의 작성 방법에 대하여 설명하시오. [94]
- 건설공사 품질관리를 위한 특성요인도 작성법에 대하여 설명하시오. [96]
- 콘크리트 품질관리의 종류, 적용이론 및 관리도의 판정에 대하여 설명하시오. [97]
- 일반적인 품질관리 순서에 대하여 특정공종(도로공, 콘크리트공, 강재공 등에서 선택)을 예로 들어 나열하고, 통계적 품질관리에 대하여 설명하시오. [99]
- 건설공사를 위한 통계적 품질관리도구 5가지 이상을 설명하시오 [103]
- 건설공사를 위한 신품질관리도구(New Quality Control Tool)에 대하여 설명하시오. [111]
- 건설공사 진행에 있어서 품질경영(Quality Management)을 구성하는 3단계 활동에 대하여 설명하시오. [120]
- 건설공사를 위한 TQC의 7가지 도구(Tool)에 대하여 설명하시오. [123]
- 품질경영(Quality Management)을 구성하는 3단계 활동에 대하여 설명하시오. [132]

2 법, 시사

1. 법

[단답형]
- 건설기술관리법령에서 KS규격 유무를 불문하고 품질시험을 하여야 할 건설자재, 부재 5종류 [69, 81]
- 건설기술관리법상 기타 품질관리비로 사용될 수 있는 사항 [75]
- 콘크리트 품질시험 기구의 교정검사 주기 [103]
- 품질관리 업무를 수행하는 건설기술자의 업무범위 [117]

- 표준시방서, 전문시방서, 공사시방서 [121]
- 건설기술진흥법 시행령에 따른 품질시험계획의 내용 [124]
- 교정(calibration) [129]
- 건설기술 진흥법에 따른 품질시험계획의 내용 [129]
- 건설공사 품질점검내용 [130]
- 건설공사 품질관리를 위한 시설 및 건설기술인 배치기준 [132]

[서술형]
- 건설기술관리법의 토목품질시험기술사의 업무영역과 공사규모별 시험실 설치기준에 대하여 기술하시오. [81]
- 콘크리트와 아스콘의 품질관리를 위한 현장 시험실 비치 시험기구 목록에 대하여 설명하시오 [103]
- 건설공사 품질관리 업무지침 개정(2015년 6월)의 주요 내용을 기술하고, 품질관리 계획서 항목 중 현장품질방침 및 품질목표관리, 중점품질관리, 부적합 공사관리 내용에 대하여 설명하시오. [109]
- 건설기술진흥법 제55조(건설공사의 품질관리) 및 동법 시행령 제89조에 따른 품질관리계획 수립대상공사 및 품질관리계획서 포함사항에 대한 작성기준에 대하여 설명하시오. [114]
- 건설기술진흥법 제56조 및 시행규칙 제53조에 따른 품질관리비의 산출, 사용기준 및 향후 제도개선 방향에 대하여 설명하시오. [117]
- 건설공사 품질관리 업무지침(국토교통부 고시 제2020-720호) 중 품질관리계획서 작성 기준에 대하여 설명하시오 [123]
- 「건설공사 품질관리 업무지침」 중 품질관리계획서 작성기준을 설명하시오. [126]
- 건설기술 진흥법에 따른 품질관리비의 구성항목 및 산출기준에 대하여 설명하시오. [129]

2. 제도, 시사
    [단답형]
    - ILAC와 KOLAS [79, 84]
    - ISO 9001(품질경영시스템)의 주요 요건 [75]
    - 지진의 규모(magnitude)와 진도(intensity) [111]
    - 건설신기술 [126]

    [서술형]
    - ISO 9000의 필요성과 건설업 적용 시 문제점 및 활용방안에 대하여 기술하시오. [81]
    - 국내에서 다양한 건설 신기술이 개발되어 보급되고 있는 바, 이에 대한 품질관리 측면에서의 적용과 문제점에 대하여 기술하시오 [82]
    - 건설현장에서 품질관리 계획의 수립 및 운영을 위해서는 발주자, 감리자 및 시공자의 역할이 중요하다. 이들 품질관리 주체 각자의 역할에 대하여 서술하시오. [85]

- 지진이 철근콘크리트 구조물에 미치는 영향과 구조물의 지진 제어(내진, 면진)를 위한 품질관리 방안에 대하여 설명하시오. [111]
- 지진·화산재해 대책법에 따른 지진가속도계 설치 및 관리기준에 대하여 설명하시오. [117]
- 건설공사 진행 단계별 건설폐기물 발생원인과 대책을 설명하시오. [120]
- 건설공사 품질관리와 관련하여 발주자, 건설사업관리자, 시공자의 역할과 갈등발생시 해결방안에 대하여 설명하시오. [121]
- 「건설공사 품질관리 업무지침」 중 품질관리계획 수립 및 관리에서 발주자·공사감독자·시공자의 역할에 대하여 설명하시오 [126]
- 순환골재 의무사용 대상 공사와 순환골재·순환골재 재활용 제품 사용용도 및 의무사용량에 대하여 설명하시오. [129]

3 공사관리(원가, 공정)

[단답형]
- 최소비용촉진법(MCX) [90, 120]
- 비용구배(cost slope)의 정의 [96]
- 몬테카를로 시뮬레이션 [103]
- LCC(Life Cycle Cost) [120]
- 건설클레임(claim) [121]

[서술형]
- CM제도의 정의, 목표, 도입 필요성, 도입효과에 대하여 설명하시오. [123]

APPENDIX 04

2차(면접)시험 대비 핵심정리

남을 아는 것은 지혜로운 것이고,
자신을 아는 것은 도에 밝은 것이다.
남을 이기는 것을 힘이 세다고 하고,
자신을 이기는 것을 강하다고 한다.

I 기술사 면접시험이란?

1. 면접시험(2차)은 면접관이 1차 합격자가 제출한 이력사항을 면밀히 검토한 후 1차 필기시험만으로 판단할 수 없는 응시자에 대한 종합적인 사고방식과 태도, 사고력 등을 판단하여 기술사로서의 자격 적부를 판단하는 것이다.
2. 필기시험(1차)과 달리 문제를 선택하여 풀 수 없으며, 면접관과 직접 대면하는 구술시험으로 필기시험과는 다른 학습방법이 필요하다.

II 기본 정보

1. 2차(면접시험) 접수 안내

1) 접수방법
  (1) 한국산업인력공단 내방 후 서류심사
  (2) 한국산업인력공단 자격관련 홈페이지(www.q-net.or.kr) 인터넷 원서접수
  (3) 접수 수수료 결제방법 : 계좌이체, 본인 또는 타인 카드결제
  (4) 접수시간 : 접수시작일 00:00 ~ 접수마감일 18:00
  (5) 접수절차

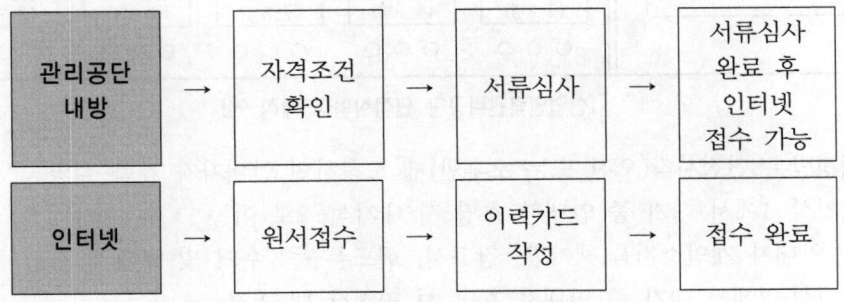

    - 수수료 결제 후 수험표 출력 시 접수 완료
  (6) 서류심사 시 필요한 서류
    ① 시공 및 엔지니어링 근무 : 한국건설기술인협회 경력증명서
    ② 감독기관 : 공무원 경력증명서
    ③ 개인 사업자 : 경력증명서(큐넷), 사업자 증명원
2) 검정 기준
  구술형 면접시험(100점 만점에 60점 이상)

2. 면접 수검 사항

1) 면접 장소 : 한국산업인력공단 서울지역본부 강당 (5층)
서울시 동대문구 장안 벚꽃로 279 (02-2137-0502)

2) 수험자 준비사항
(1) 신분증(주민등록증, 운전면허증, 공무원증)
(2) 수험표

3) 면접 수험장 배치도 및 면접 순서

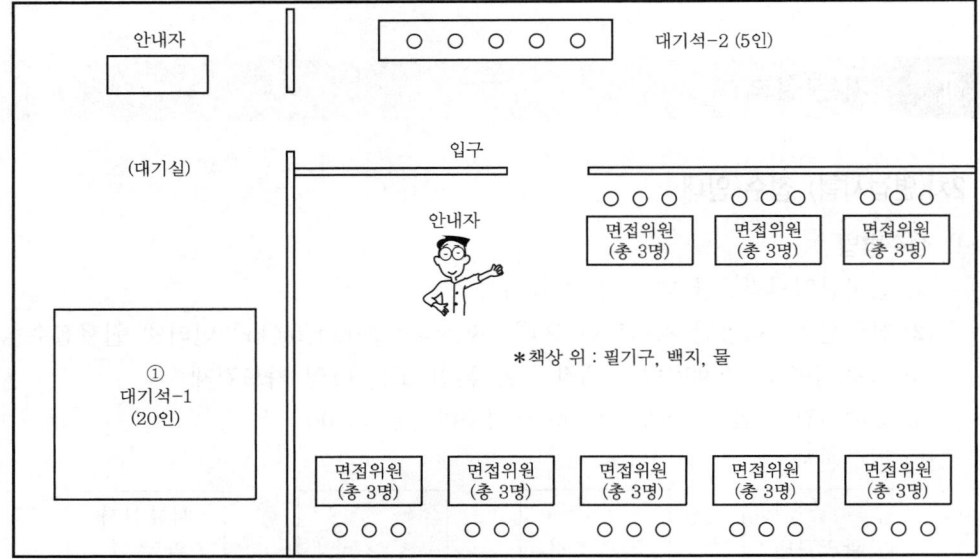

[산업인력관리공단 면접시험장 배치 예]

(1) 배정받은 면접시각(오전 또는 오후반)에 도착하면 안내자가 개략 설명
(2) 대기석-1에서 대기 중 안내자 호명 시 대기석-2로 이동
   ▷ 안내자 개인소지품(책가방, 참고서, 핸드폰 등) 수거 및 보관
(3) 대기석-2에서 대기 중 안내자 호명 시 면접장 내 입장
(4) 안내된 면접 위치로 이동(면접장 입구부터 면접 평가 시작)
   ▷ 면접 테이블은 1개, 나머지는 다른 기술사 면접 시행
   ▷ 면접위원 : 3명(대학교수 1 ~ 2명, 산업체 임원 1 ~ 2명)

4) 면접시간
(1) 기본 : 20 ~ 30분
(2) 적정 : 합격시킬 마음이 있으면 20분 정도
(3) 위험 : 과소(10분 이내), 또는 과다(30분 초과) 시 문제

3. 면접 평가항목에 따른 배점 및 합격기준

구 분	배 점	합격기준
품질에 대한 실무경험	20	
전문지식 및 응용능력	20	
일반 지식	20	평균 60점 이상
경영관리 및 지도능력	20	
기술사로서의 자질 및 품위	20	

Ⅲ 한방 합격을 위한 면접 준비사항

1. 수험자 이력카드 작성방법

1) 상세히 기술하라
  (1) 면접관에게 질문할 수 있는 공종에 대한 정보를 가급적 상세히 전달
  (2) 단, 특정 회사 또는 단체임을 인지할 수 있도록 상세히 표기하는 것은 지양

2) 전체 경력을 적당히 분배하라
  (1) 한 공종에 너무 짧지도 길지도 않게 분배할 것
  (2) 동일 공종 근무일수 과다 : 품질경험 편협
  (3) 과소일 경우 : 현장에서 배제당한 느낌

2. 면접 전 이것만은 이해할 것

1) 개념의 이해
  (1) 기술적 내용은 1차 시험에서 검증되었다고 볼 수 있음.
  (2) 자질 및 품위, 지도능력 등의 배점비율이 전체의 40%
  (3) 답변자세, 태도, 시선처리, 표정관리 등이 면접시험 당락에 지대한 영향

2) 태도 및 시선
  (1) 복장 : 어두운 색 계열의 정장, 흰색셔츠(긴팔), 은색 양복 절대금지
  (2) 두발 : 내리지 말고 단정하게 빗어 올릴 것
  (3) 안경 : 튀는 색깔 지양. 예) 빨간 뿔테
  (4) 자세 : 허리를 펴고 손은 달걀을 쥔 듯이 하고 무릎에
  (5) 시선 : 면접관 인중 주시. 단호한 답변 시 면접관 시선 응시. 사색 시 잠시 아래로

(6) 태도 : 적극적 태도. 면접관 질문 시 의자를 면접관 방향으로 틀어 자세를 고쳐 앉은 후 질문에 응대. 공손한 태도 유지

(7) 인사 : 입장 시 : 수검번호 ○－○○입니다.

(8) 앉으라고 할 때 자리에 앉을 것

(9) 퇴장 시 : 마무리 인사말 준비

　　　　　예) 최선을 다하는 기술자가 되겠습니다. 등등

(10) 금지사항 : 다리떨기, 삐딱한 자세, 의자 등받이에 기대어 답변하기, 입술핥기, 헛기침 하기, 곁눈질하기, 말끝 흐리기, 입을 반만 벌려 대답하기, 과도한 웃음, 특히 면접관과 대립하기 등

3) 기본적 자세

(1) 어떠한 질문에도 성의껏 답변. 면접관을 경외하는 자세로 답변

(2) '잘 모르겠습니다'라는 답변의 배점은 '0'점

(3) 적극적 답변으로 자질점수 향상

4) 답변 방식

분류 + 강조 ⇨ 분류식 답변 후 중요한 것 강조

예) 면접관 : ～에 대하여 아는 대로 설명해 보시오.

　　수검자 : ～의 종류로는 ～이 있습니다. 그중 중요한 품질관리 사항으로는 ～이라 할 수 있으며, 제가 경험한 바로는 ……

5) 보편적 접근

질문 시 보편타당한 접근으로 문제점 발생 시에 대한 문제 해결능력을 보여줘야 함.

예) 면접관 : 들밀도 시험에 대해 아는 대로 설명하세요.

　　수검자 : 들밀도 시험에 대하여 말씀드리겠습니다.

　　　　　　들밀도 시험의 목적은 … 적용 기준은 … 활용성 …

　　　　　　적용성은 … 한계성은 … 시험결과 불합격 시에는 …

6) 수검자 평가

(1) 마지막까지 평가는 계속됨.

(2) 다음 면접관 질문 때도 전 면접관은 계속 평가 중(태도 및 자세 등)

(3) 옆 면접관이 주시한다고 곁눈질 한다거나 시선이 불안정한 모습을 보이지 말 것

7) 실제 합격률

표면상 60% 내외. 실제로 1차 필기시험 합격 후 2차 면접시험에 바로 합격할 확률은 20～30%(사유 : 전 회까지 불합격자 재응시)

3. 면접 전 준비사항

1) 서류준비 및 접수
   (1) 서류심사 : 관리공단 내방 → 자격요건 확인
   (2) 원서접수 : 인터넷 접수 → 수험자 이력카드 제출

2) 공통 준비사항
   (1) 답변하는 자세에 대한 연습 필요
   (2) 거울이나 다른 사람 앞에서 답변하는 연습 수행
   (3) 나도 모르는 나쁜 버릇의 인지 및 면접 전 수정 필요

4. 면접위원

1) 대학교수 1명(콘크리트 전공 교수)
2) 연구원(정부 산하 시방서 집필위원)
3) 실무자(시공, 감리, 공기업) 품질기술사 소지자
   → 면접 시 면접위원별 답변 요령 숙지 필요

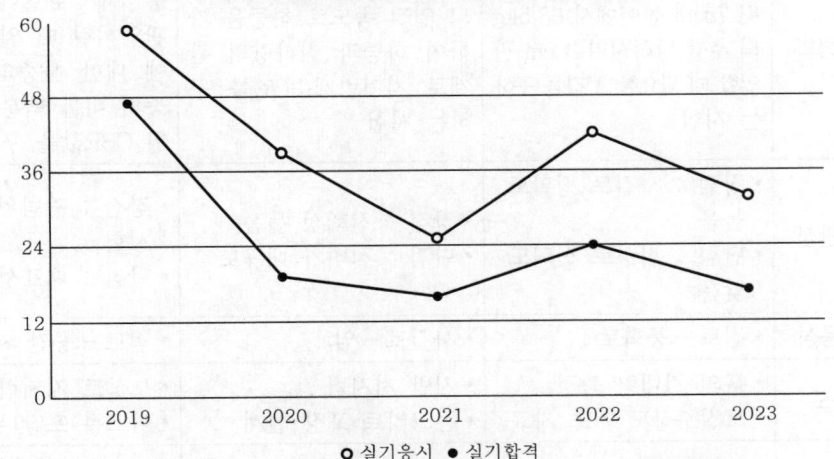

[토목품질시험기술사 면접시험 합격자 현황]

○ 실기응시   ● 실기합격

구 분	~ 2018	2019	2020	2021	2022	2023
응시	642	59	39	25	42	32
합격	424	47	19	16	24	17

(자료 출처 : 한국산업인력관리공단 큐넷 홈페이지, 종목별 현황)

1 조사 및 시험

1. 표준관입시험의 N값이란?

   63.5kg의 해머를 76cm의 높이에서 자유낙하시켜 샘플러를 30cm 관입시키는 데 필요한 타격횟수(N값)

2. 토목공학에서 N으로 설명할 수 있는 이론공식은?

   SPT의 N값, 탄성계수비 n, 조도계수 n(수리학), 간극률 n, 누수지수 n

3. SPT, PBT, CBR 시험의 종류 및 특징은?

구 분	SPT, 표준관입시험	PBT, 평판재하시험	CBR Test
원리	하중(충격)-관입량/횟수	하중(지속)-침하량	하중(관입)-관입량
구성요소	로드(외경 5.08 / 내경 3.49)	• 원형 재하판(직경 30,40,75) • 정사각형(30×30×2.5, 40×40×2.5)	피스톤(직경 5.0)
시험법	SPT용 sampler를 rod에 끼워 75cm 높이에서 63.5kg의 추를 낙하시켜 30cm 관입할 때 필요한 N값을 구하는 시험	강성 평판을 지반 위에 놓고 일정 속도로 하중을 가하여 하중과 침하량의 관계로 지지력계수(K)를 구하는 시험	직경 50mm의 피스톤을 공시체 표면에 2.5mm 관입시킬 때 일정 관입량에 대한 하중과 표준 하중의 비를 백분율로 표시한 CBR값을 구하는 시험
장단점	• 장점 : 사질토 정확도 높음 • 단점 : 점성토 신뢰도 낮음	• 장점 : 신뢰성 높음 • 단점 : 설비가 대규모	• 장점 : 광범위한 토질 시험 • 단점 : 대표성 부족
적용성	• 점토 – 풍화토	• 사질토 – 암	• 점토 – 중간 자갈 크기
용도	• 흙의 지내력 측정 • 토질주상도 기초 자료	• 지반 지지력 • 콘크리트 포장 설계	• 노상토 지지력 파악 • 아스콘 포장 두께 결정
특이사항	• N값 수정(N, R, q) • N값과 C, ϕ 관계	$K = \dfrac{\text{하중강도}(\text{kg/cm}^2)}{\text{침하량}(\text{cm})}$	$CBR = \dfrac{\text{시험하중강도}}{\text{표준하중강도}}$ or $\dfrac{\text{시험하중}}{\text{표준하중}} \times 100$

4. 표준관입시험(사질토) 활용방법은?

   상대밀도 추정, 침하에 대한 허용지지력, 지지력계수, 탄성계수, 내부마찰각의 추정(ϕ)

5. 표준관입시험(점성토) 활용방법은?

   consistency(연경도), 1축압축강도 추정, 점착력(C), 파괴에 대한 극한 허용지지력

6. N값의 보정은?

유효응력 보정, 해머효율 보정, 로드 길이 보정, 샘플러 종류 보정, 시추공경 보정

7. 풍화암의 N값은?

50 이상

8. 공내 수평재하시험이란?

시추공 내에 고무튜브, 강판으로 하중을 가하여 공경의 변화, 침하량으로 지반 강도와 변형 특성을 구하는 원위치 시험

9. 평판재하시험과 CBR 시험의 차이점은?

(1) 평판재하시험은 실제 지반의 지지력을 측정하기 위하여 평판에 하중을 가하여 지지력계수(K)를 구함.

(2) 현장 CBR 시험은 현장의 지지력 정도를 측정하기 위하여 50mm 지름의 피스톤을 관입하여 지지력비를 구하는 것

10. sampling이란?

boring 시 시료 채취(교란시료, 불교란시료)

11. vane 전단시험은?

0.5kg/cm^3 이하의 연약점토지반에 +자형의 저항체를 삽입하여 흙이 전단될 때의 우력을 이용하여 점착력 측정하는 시험방법

12. 흙의 밀도와 단위중량의 차이점(g/cm^3)은?

중력가속도가 일정하지 않으면 밀도가 달라짐. 그러나 토질에서는 중력가속도가 일정하다고 보고 밀도와 단위중량을 같이 취급함.

13. 비중, 밀도란?

(1) 비중 : 4℃에서 물의 단위중량에 대한 어느 물질의 단위중량을 말함.

(2) 밀도 : 흙의 중량에 대한 용적의 비

14. 불교란시료는 어떻게 채취하는가? (면적비 10% 이하)

sampling tube를 얇게 해서 시료채취

15. 균등계수란?

$$C_u = D_{60} / D_{10}$$

여기서, D_{60} : 입도분포곡선에서 통과백분율 60%에 상응하는 입경

D_{10} : 입도분포곡선에서 통과백분율 10%에 상응하는 입경

16. 곡률계수란?

입도분포곡선의 모양

$$C_g = (D_{30})^2 / (D_{10} \times D_{60})$$

17. 교란시료(면적비 10% 이상)란?

타격 또는 조작에 의해서 본래의 역학적 성질이 손실된 흐트러진 시료

토성, 함수비, 비중, 액소성 한계, 입도시험

18. 모래, 자갈층 위 시공된 콘크리트 기초가 인근하천 범람 시 침수되어 파괴되는 원인은?

흙의 겉보기 점착력이 소실되어 간극수압 증가에 의해 흙의 강도가 저하되어 파괴

19. 흙의 전단강도 측정방법은?

(1) 직접전단시험

(2) 1축압축시험 : 원통상의 시료에 상·하압 가함.

(3) 3축압축시험 : 고무막을 씌워 액압을 가한 후 상·하압을 가하여 압축전단

(4) 현장시험 : vane 시험, cone 관입시험

20. 1축압축시험과 3축압축시험의 차이점은?

(1) 1축압축시험 : 원통상의 시료에 상·하압을 가하여 1축압축전단

(2) 3축압축시험 : 원통상의 시료에 고무막을 씌워 액압으로 가압. 상·하압을 증가하여 압축전단

21. 교란시료를 이용하는 시험은?

입도, 액성, 소성, 비중시험

22. 불교란시료를 이용하는 시험은?

압밀, 전단강도, 흙의 조직 관련

23. cone 관입시험이란?

(1) q_u(cone 지수) $= \dfrac{\text{cone 선단 관입력}}{\text{cone 저면적}}$

(2) 주행장비에 대한 지지력 산정

24. 피압지하수란?

지하수층 상하에 불투수층이 존재하여 불투수층에 의해서 압력을 받고 있는 지하수

25. Sounding(원위치 시험)이란?

로드 끝에 저항체를 삽입하여 관입, 회전, 인발 등에 대한 저항으로 토질의 상태, 성질, 강도 등을 측정하는 원위치시험

26. 토질의 분류법은?

통일분류법, AASHTO법, 입도분석법, 삼각좌표법

27. 흙의 비화(slaking) 현상이란?

고체상태의 흙 + 물 → 점착력 상실

28. 흙의 팽창(bulking)이란?

고체상태의 흙 + 수분 → 팽창

29. 흙의 성질을 판단하는 데 가장 중요한 요소는?

전단강도, 내부마찰각, 점착력

2 토질 및 토공

1. 사질토의 전단특성은?

(1) 상대밀도

(2) dilatancy : 체적의 증감

(3) quick sand: 분사현상

(4) boiling 현상, piping 발생

(5) 액상화(포화 사질토)

(6) 전단저항각

2. 점성토의 전단특성은?

(1) 예민비

(2) thixotropy 현상

(3) leaching 현상

(4) 동상현상, heaving 현상

(5) 압밀침하

(6) 부주면 마찰력, 점착력

3. 기술자가 흙을 만지면서 감지하는 것은?

함수비, 포화도, 비중, 흙의 분류, 단위중량, 상대밀도, 유해물 함유량의 한도

4. 2차 압밀이란?

과잉공극수압이 완전히 배제(1차 압밀)된 후 일어나는 압밀

5. 예민비란?

$$예민비 = \frac{교란되지않은\ 시료\ 압축강도}{교란된\ 시료\ 압축강도}$$

6. mass curve(유토곡선)의 목적은?

공구분할, 운반거리에 따른 시공기계, 적정 사토장, 토취장 선정, 절·성토량 배분
평균 운반거리 산출

7. 유토곡선이란?

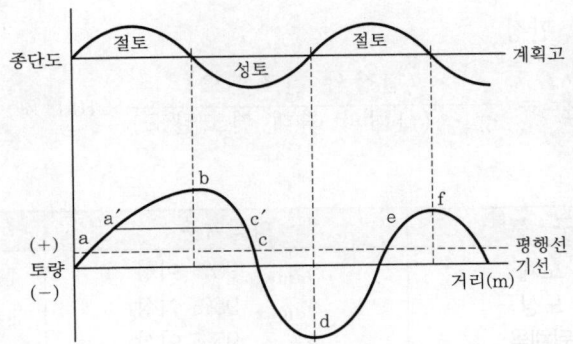

8. 유토곡선의 성질은?

상향부분 : 절토구간, 하향부분 : 성토구간, 변곡점 : 절·성토 경계점

점성토 다짐장비	사질토 다짐장비
bulldozer road roller tire roller tamping roller	진동 compactor 진동 roller 진동 tire roller

9. 좁은 곳의 다짐방법은?

rammer, tamper

3 흙의 다짐

1. 다짐원리란?

   최적함수비와 최대 건조밀도를 산출하여 시방기준에 해당되는 건조밀도의 함수비 범위를 산정하여 다짐

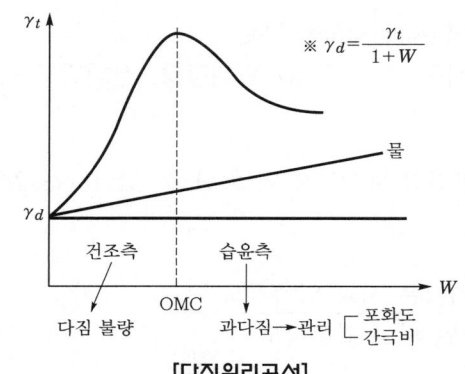

$$\gamma_d = \frac{\gamma_t}{1+W}$$

[다짐원리곡선]

2. 다짐의 목적은?

   투수성 저하, 전단강도 증가, 압축성 저하, 공극 감소

3. 다짐 품질규정방법은?

   (1) 건조밀도로 규정

   ① 다짐도로 판정

   $$다짐도 = \frac{\gamma_d (현장의\ 건조밀도)}{\gamma_{dmax}(실내의\ 최대\ 건조밀도)} \times 100\,(\%)$$

   ② 기준

구 분	다짐기준	1층의 두께
노체	γ_{dmax} 90% 이상	30cm
노상	γ_{dmax} 95% 이상	20cm
뒤채움	γ_{dmax} 95% 이상	20cm

③ 적용성
  ㉠ 도로 및 댐 성토다짐도 관리방법
  ㉡ 적용이 곤란한 경우
    – 토질 변화가 심한 곳
    – 기준이 되는 최대 건조밀도를 구하기 어려운 경우
    – 함수비가 높아 이를 저하시키는 것이 비경제적일 때
    – over size를 함유한 암재료
④ 시험법(들밀도시험)
  ㉠ core 절삭법(core cutter method)
  ㉡ 모래치환법(sand replacement method)
  ㉢ 고무막법(rubber baloon method)
(2) 포화도 또는 간극률로 규정하는 방법
  ① 포화도(S)

$$S = \frac{G_s \cdot w}{e}$$

  ② 기준 : 포화도는 85~95%, 공극률은 10~12%
  ③ 적용성
    ㉠ 고함수비 점토 등과 같이 건조밀도로 규정하기 어려운 경우
    ㉡ 토질 변화가 현저한 곳
(3) 강도특성에 의한 규정방법
  ① 현장에서 측정한 지반 지지력계수 K값, CBR값, cone 지수 등으로 판정
  ② 기준 : CBR은 노상 10 이상, 보조기층 30 이상
  ③ 적용성
    ㉠ 안정된 흙쌓기 재료(암괴, 호박돌, 모래질 흙)에 적용
    ㉡ 함수비에 따라 강도의 변화가 있는 재료에는 적용이 곤란
(4) 상대밀도(relative density)를 이용하는 방법
  ① 상대밀도 : 공극비로 판정
  ② 적용성 : 점성이 없는 사질토에 이용
(5) 변형량을 이용하는 방법
  ① proof rolling, benkelman beam 변형량이 시방 기준 이상이면 합격
  ② 적용성 : 노상면, 시공 도중의 흙쌓기면

4. 공법 규정방법은?
  (1) 시험 시공 결과에 따라 다짐 기종, 한층 포설 두께, 다짐 횟수, 다짐 속도 결정
  (2) 적용성 : 토질이나 함수비 변화가 크지 않은 현장

5. 시방서의 다짐두께 결정은 어느 상태의 흙인가?

   다짐 후 상태의 흙의 두께(시험시공 결과에 따라). 노상 20cm, 노체 30cm

6. 토공다짐을 검사하는 순서(들밀도시험)는?

   (1) 실내시험 : OMC와 γ_{dmax} 시험

   (2) 들밀도시험 : γ_d(현장 건조밀도) 시험

7. 다짐 전에 살포된 흙에 대하여 무엇을 기준으로 살수 또는 건조시키는가?

   (1) OMC를 기준으로 살수, 건조

   (2) OMC보다 낮을 때 : 살수

   (3) OMC보다 높을 때 : 건조

8. 도로에서 사용되는(특히 노상) 다짐시험방법은?

   (1) CBR 시험방법이며, 실내다짐시험의 5종류(A, B, C, D, E) 중 C, D, E로 시험

   (2) proof rolling, PBT, 동탄성계수

9. 실내다짐이란?

   현장에서 실제 성토에 사용하는 재료를 시험실에서 함수비를 변화시키면서 반복하여 다짐시험을 실시하여 그 재료의 최대 건조밀도와 최적함수비를 구하는 것

10. 현장 다짐상태가 불량한데, 들밀도 시험결과 합격이다. 책임기술자가 검토할 일은?

    (1) CBR, PBT, proof rolling으로 추가적인 시험 실시

    (2) 재료의 동일 여부 확인

    (3) 시험방법의 적정성 여부 확인

    (4) 실내 다짐시험의 적정성 여부 확인

11. PBT 재하판의 규격은?

    30cm, 40cm, 75cm(원형)

12. 택지개발과 구획정리의 차이점은?

    (1) 택지개발 : 관주도형, 주택공사

    (2) 구획정리 : 민간주도형

13. 도로에서 사용하는 다짐시험방법은 A, B, C, D, E 중 어떤 것을 사용하나? C, D, E

방 법	래머(kg)	몰드지름	층 수	낙하고	타격횟수
A	2.5	100mm	3	30	25
B	2.5	150mm	3	30	55
C	4.5	100mm	5	45	25
D	4.5	150mm	5	45	55
E	4.5	150mm	3	45	92

14. 다짐에서 K값은?

평판재하시험의 지지력계수

$$K = \frac{\text{하중강도}(kg/cm^2)}{\text{침하량}(cm)} [kg/cm^3]$$

15. 다짐, 압밀을 단적으로 말하면?

(1) 다짐 : 흙 속의 공기를 순간적으로 배출하는 것

(2) 압밀 : 흙 속의 과잉간극수가 시간의존적으로 소산되는 것

16. 고함수비 성토재료 취급방법은?

(1) 가능하면 사토, 토질개량 조치를 취한 후 사용

(2) 건조 → 안정처리 → 성토 시 중간층에 필터 설치 → 습지도저 사용(trafficability 확보)

17. 성토시공 시 유의사항은?

(1) 구조물 접속부 시공, 절성토 경계부 시공, 비탈면 다짐, 고함수비 재료 사용

(2) 연약지반 성토 및 암버력 사용

18. 발주기관별 설계비탈면 표준구배?

구 분	토질 및 높이		구 배	
			국토교통부	한국도로공사
절토	토사	0~5m	1 : 1.2	1 : 1.2
		5m 이상	1 : 1.5	1 : 1.5
	리핑암		1 : 0.7	1 : 1.0
	발파암		1 : 0.5	1 : 0.5
성토	0~6m		1 : 1.8	1 : 1.8
	6m 이상		1 : 1.5	1 : 1.5

19. 다짐의 들밀도 시험기구, 방법, 표준사는?

(1) 시험방법 : 모래치환법, 고무막법, 핵밀도기

(2) 표준사 : 캐나다 오타와산, 주문진산

20. 들밀도 시험공식은?

$$\text{상대다짐도} = \frac{\text{현장 } \gamma_d [\text{현장의 건조밀도}]}{\text{실내 } \gamma_{d\max} [\text{실험실의 최대 건조밀도}]} \times 100\%$$

21. 흙(점성토)의 다짐공법의 종류는?

불도저, road roller, tandem roller, macadem roller, tamping roller, tire roller

22. 사질토 다짐공법의 종류는?

진동 roller, 진동 compactor, 진동 tire roller

23. 다짐도 규정방법은?

　　강도로 규정(CBR, PBT), 변형량(proof rolling), 다짐장비, 다짐횟수, 포화도, 상대밀도

24. 식생에 의한 법면보호공의 종류는?

　　씨앗 뿜어붙이기공, 식생 매트공, 평떼공, 줄떼공, 식생 망태공

25. 구조물에 의한 보호공은?

　　돌쌓기공, 블록 쌓기공, 돌붙임공, 블록 붙임공, 콘크리트 붙임공, 콘크리트 블록 격자공,
　　비탈면 앵커공, 보강토공법

26. 다짐효과에 영향을 미치는 요인은?

　　함수비, 토질, 다짐에너지, 유기물 함량, 장비

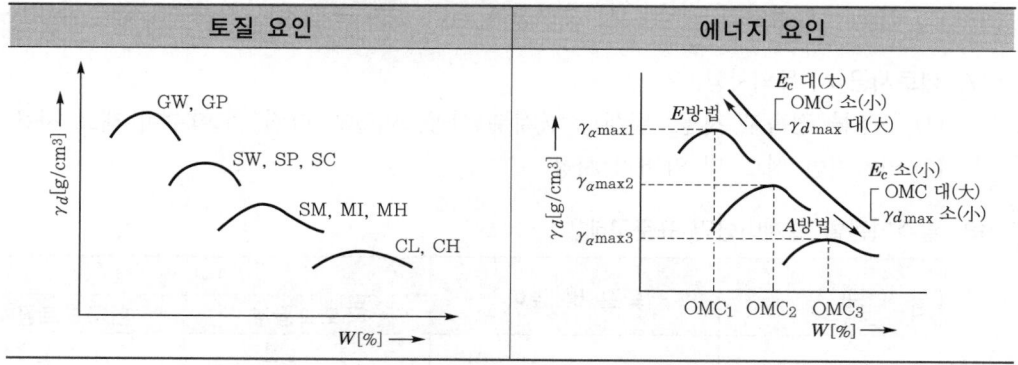

토질 요인	에너지 요인

27. 토공의 5가지 취약부분은?

　　(1) 구조물 뒤채움

　　(2) 편절 편성부, 절성토부 경계부

　　(3) 종방향 흙쌓기, 땅깎기

　　(4) 확폭구간 접속부

　　(5) 연약지반

28. 토질별 전단특성은?

사질토	점성토
액상화	예민비, thixotropy
상대밀도	leaching, heaving
dilatancy	동상현상과 열화현상
quick sand	NF부의 주면마찰력
piping	과잉 간극수압의 상승
boiling	압밀침하

29. 점성토에 Φ(마찰저항각)이 있는가?

　　없다.

30. No. 200체란?

체눈의 크기 : 0.074mm

흙의 입도분석기준체

잔류(체가름시험), 통과(침강시험)

31. 현장 암판정방법은?

(1) 도로 절토사면일 경우

① 각 측점마다 도면상의 암선과 실제 판정받을 암선을 로프나 줄자에 꽃띠를 달아 구별이 쉽도록 조치(일반적인 방법임)하거나 래커로 표시

② 슈미트 해머(시험방법 숙지) 및 지질조사용 해머 준비

③ 현장 내 BM 설치 → 측량 확인

(2) 구조물 터파기 암판정

동일한 방법이나 꽃띠를 매지 않고 바닥청소 후 암판정 해머 준비

32. 현장 암판정 절차는?

시공사 암판정 의뢰 → 건설사업관리단 접수 → 기술지원 기술자 및 발주처 의뢰 → 암판정 위원회 구성(발주처, 기술지원 기술자, 시공사 등) → 암판정 및 시료 채취 → 시험 의뢰 → 도면 암선 변경 및 물량산출

33. 산사태의 원인은?

(1) 내적 : 함수량 증가(간극수압 감소), 지질불량

(2) 외적 : 지진·진동·발파 등의 충격, 건물·눈·우수 등의 외력, 굴착에 의한 흙의 제거

34. 산사태 대책공법은?

(1) 억지공 : 옹벽공, 말뚝공, soil nailing, anchor, rock bolt, rock anchor

(2) 억제공 : 배토공, 압성토

35. 사면안정 해석법(검토)은?

Bishop법, Janbu법, Spencer법, Fellenius법, 절편법, 마찰원법, Taylor법

36. 암버력 성토방법 및 장비는?

(1) 돌부스러기로 공극을 채워 interlocking 효과

(2) 최대입경 60cm 이하, 시험 성토 후 결정

(3) 다짐장비 : 무거운 진동롤러

(4) 마지막 층은 소일 시멘트, 필터 설치

37. 시공기면(FL) 선정방법은?

공기, 경제성, 시공성

38. 성토방법은?

    (1) 수평층 쌓기

    (2) 전방층 쌓기 : 도로, 철도 등 낮은 성토

    (3) 비계층 쌓기 : 대성토, 저수지 토공

    (4) 물다짐 : 절취토사 + 물 + 압송

39. 단차 원인은?

    압축성의 차이, 배수 불량, 다짐 불량, 지하수 유출, 구조물과 지반의 지지력 상이

40. 단차에 대한 대책?

    연약지반 처리, 대형 장비로 다짐, 양질의 뒤채움재 사용, 좁고 다짐이 어려운 곳에 소형
다짐기계, Box의 경우 양쪽 높이 동일하게, 배수시설 시공, 뒤채움부 여성토를 두어 조기
침하 완료, approach slab 설치, 층따기 시공

41. bench cut(층따기)의 목적은?

    (1) 1 : 4보다 경사가 급한 경우

    (2) 지반활동 방지, 절토구간의 기초 지반 지지력과 성토구간 지지력을 동일하게 하기
위해, 최소 높이 50cm, 최소폭 100cm

42. 완화구간(approach block) 설치 목적은?

    (1) 단차로 인해 포장균열이 발생하는 것을 억제

    (2) 구조물과 성토부의 침하량 차이로 인한 단차 억제

43. 암반사면 파괴형태는?

    시계방향으로 원형 파괴, 쐐기파괴, 전도파괴, 평면파괴

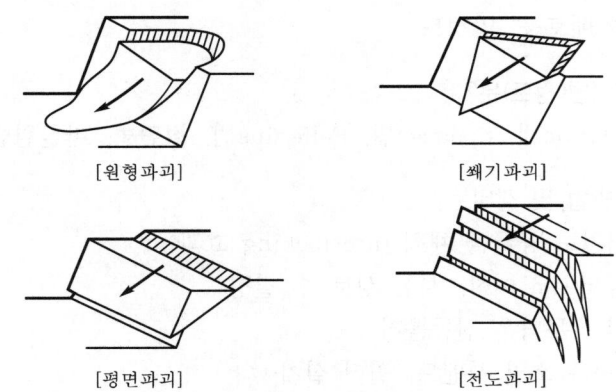

[원형파괴]   [쐐기파괴]

[평면파괴]   [전도파괴]

44. 소단 설치기준은?

기관명	소단 설치기준	
	절 토	성 토
국토교통부	토사 : 5m마다 폭 1m 소단 리핑암 : 7.5m마다 소단 발파암 : 20m마다 폭 3m 소단	6m마다 폭 1m 소단
한국도로공사	발파암 : 20m마다 폭 3m 소단 발파암 : 5m마다 폭 1m 소단	6m마다 폭 1m 소단

45. 풍화토와 풍화암의 구분방법은?

주상도 파악, 재하시험, N값 50을 기준으로 파악

46. 흙의 동상원인은?

내적(실트질 흙, 지하수 공급) + 외적(동결온도의 지속)

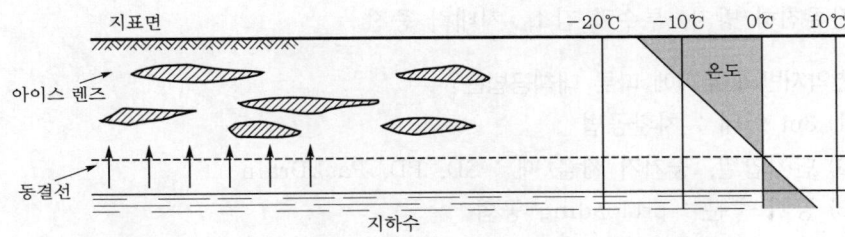

47. 동상방지층의 종류는?

(1) 치환공법 : 동결심도 70% 깊이까지 동상을 일으키지 않는 재료 사용

(2) 차수공법 : 소일 시멘트 사용

(3) 단열공법 : 포장 밑에 스티로폼, 기포콘크리트

(4) 안정처리 : 화학적 안정처리

48. 과다짐이란?

(1) 습윤측 너무 많은 에너지 다짐 → 흙입자 깨짐 → 전단파괴 발생 → 흙분산 → 강도
저하

(2) 발생토질 : 주로 화강풍화토에서 발생

4 토질 및 토공(전문 공종)

1 연약지반

점성토 연약지반 처리공법	사질토 연약지반 처리공법
치환 : 강제치환, 동치환, 굴착 치환 압밀 : preloading, 압성토 탈수 : SD, PaperD, Pack Drain 배수 : deep well, well point 고결 : 생석회말뚝, 동결, 소결, 약액	진동다짐: vibro-floatation 다짐 : sand compaction pile 폭파다짐, 전기충격공법 약액주입공법(SGR+LW+JSP) 동압밀공법

1. 연약지반이란?

(1) 내적 : 시간의존적 연약화 지반(유기질, 매립토)

(2) 외적 : 상대적(상부구조물을 지지할 수 없는 지반), 절대적(N값에 의함)

2. 지반개량의 목적은?

잔류침하 방지, 투수력 감소, 지내력 증진

3. 연약지반의 두께에 따른 대책공법은?

(1) 3m 이내 : 치환공법

(2) 단기압밀, 공기가 짧을 때 : SD, PD, PackDrain

(3) 공기 충분 : preloading 공법

4. 여성토란?

성토시공에서 성토부 시공 후의 침하를 고려하여 설계 높이보다 더 높게 성토하는 것

5. 생석회 안정처리공법이란?

(1) 원리 : CaO(생석회) + H_2O → $Ca(OH)_2$ + 125kcal

(2) 흙 속에 생석회를 넣어 물과 반응시키면 체적이 1.5배 증가하고 함수비는 저하되면서 연약지반을 개량함.

6. pack drain의 문제점은?

(1) 각각의 drain 길이 조정 불가

(2) 4본 동일 깊이로 미개량 토층 존재

(3) PBD에 비하여 지반 교란이 큼. pack의 꼬이는 현상 발생

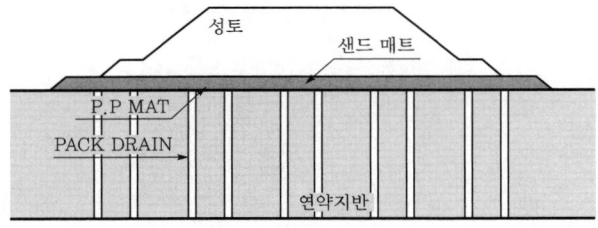

7. sand compaction pile이란?

　해머의 충격 또는 진동에 의해 케이싱 속에 모래를 넣고 다져 밀도가 높은 모래말뚝을
　형성하고 주위의 지반도 압밀함으로써 지반을 개량하는 방법

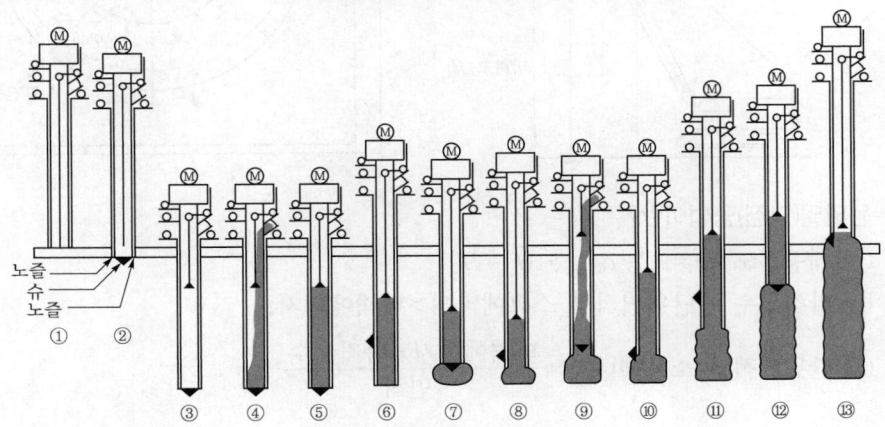

8. sand drain 공법은?

　연약지층 속에 모래기둥을 박고 토층 속의 물을 지표면으로 배수시켜 단시간에 지반을
　압밀 강화하는 공법으로, pre-loading과 병용하면 효과적임.

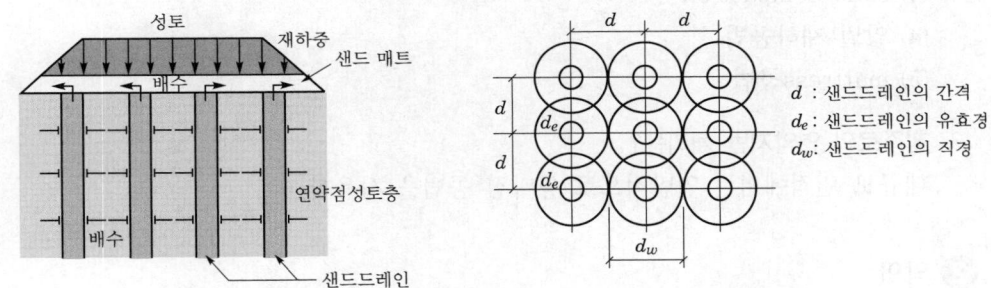

d : 샌드드레인의 간격
d_e : 샌드드레인의 유효경
d_w : 샌드드레인의 직경

9. paper drain 공법은?

　paper drain 공법은 폭 10 ~ 15cm, 두께 5 ~ 10mm 정도의 card board라는 두꺼운 종
　이를 땅 속에 삽입해서 압밀 촉진을 도모하는 공법

10. 동다짐이란?

　개량하고자 하는 지반 위에 무거운 추를 낙하시키는 작업을 반복하여 지반의 다짐 효과
　를 얻는 방법으로, 동적 압밀공법 또는 동적다짐 공법이라고도 함.

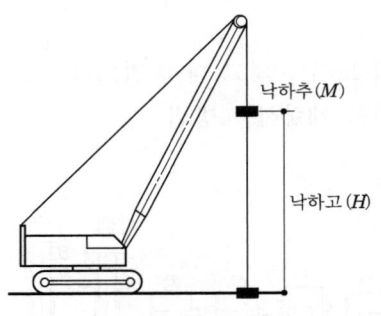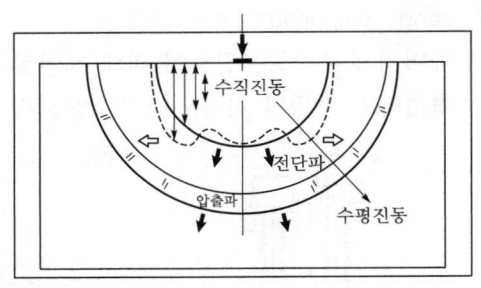

11. 동압밀(다짐)공법이란?

    (1) 개량심도 $D = C \cdot \alpha \cdot \sqrt{M \cdot H}$

    (2) 타격횟수 : 단위면적당 소요에너지 > 타격에너지

    (3) 단위면적당 소요에너지 $= \dfrac{\text{타격에너지} \times \text{타격횟수}}{\text{면적}}$

12. 항만 연약지반 처리공법은?

    (1) 치환공법

    (2) 심층 처리공법

    (3) sand compaction

    (4) 압밀 재하공법

    (5) mattress공법

13. 활주로의 연약지반 처리는?

    대규모 면적에서는 일반적으로 동다짐 공법을 사용함.

❷ 막이

1. 옹벽에 작용하는 토압의 종류는?

    수동토압, 주동토압, 정지토압(지하구조물, 교대구조물)

2. 옹벽의 응력분포 형태는?

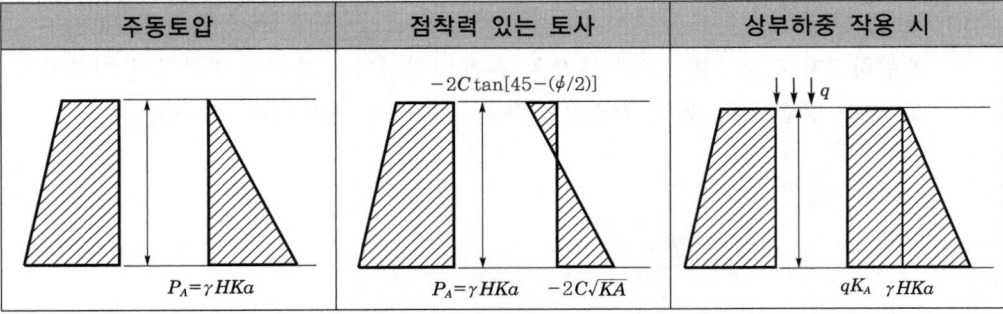

주동토압	점착력 있는 토사	상부하중 작용 시
$P_A = \gamma H Ka$	$P_A = \gamma H Ka$ $-2C\sqrt{KA}$	$q K_A$ $\gamma H Ka$

3. 역T형 옹벽과 부벽식 옹벽은 정정인가 부정정인가?

　역T형 옹벽 : 정정, 부벽식 옹벽 : 부정정

4. 수동토압을 이용하는 구조물은?

　옹벽, 지하벽 구조물, 교대구조물, 흙막이공, 널말뚝공

5. 옹벽의 뒤채움재 품질조건은?

　(1) 투수재 : 사질토, 다짐하여 전단강도 높임.

　(2) 토압경감대책, 뒤채움 재료의 선정

　(3) 최대치수 100mm 이하, 5.0mm체 통과량 25 ~ 100% 재료

　(4) 소성지수<10, 수침 CBR>10, 투수계수가 큰 흙

6. 옹벽 전도에 대한 안정대책은?

　옹벽 높이를 낮춤, 뒷굽을 길게 해서 배면상 자중 이용

7. 옹벽 활동에 대한 안정대책은?

　기초저판 하부 shear key 설치, 말뚝보강, 저면을 크게 함, earth anchor 설치

8. 옹벽의 전단키의 문제점은?

　터파기로 인한 주변 지반 교란 및 뒤채움 부실로 인한 다짐불량 발생 가능

9. 캔틸레버 옹벽은 정정인가 부정정인가?

　정정구조. $N = R - 3 - h = 3 - 3 - 0 = 0$

10. 침하에 대한 안정성 부족 시의 대책은?

　양질의 재료로 치환, anchoring, 기초 저판 확대

11. 옹벽 뒤채움재를 선택층 재료로 하는 이유는?

　배수 원활, 토압 감소

12. 지반이 좋지 않아 옹벽 전면 채움이 높을 때 전면에도 선택재료로 채워야 하는가?

　(1) 앞면 : 선택층 재료 사용

　(2) 뒷면 : 토압감소 재료 선정, 다짐 철저

13. 옹벽 물구멍 시공이 중요한 이유는?

　배면수 배수 양호, 잔류수압 감소

14. 옹벽에서 헌치 철근의 역할은?

　(1) 모서리부의 응력집중에 대한 균열방지

　(2) 모멘트가 가장 큰 부분에 인장력 부담

15. 옹벽토압의 종류와 크기는?

$$수동토압(P_p) > 정지토압(P_o) > 주동토압(P_a)$$

16. 토압이론의 종류는?

Rankine 토압이론, Coulomb 이론, 보시네스크(Boussinesq) 이론, 레브한(Rebhann) 정리

17. 옹벽 배수방법은?

배수층(filter) 설치, 물구멍(ϕ100mm) 설치, 종단방향 유공 배수관 설치

18. 옹벽의 안정조건은?

(1) 내적 : Con'c의 균열, 열화, 배근

(2) 외적

　① 지반 : 전도, 지지력, 활동(평면, 원호)

　　전도에 대한 안정≥2.0

　　기초지반의 지지력에 대한 안정≥3.0

　　활동에 대한 안정≥1.5

　② 지하수 : 누수, 세굴, 파이핑

19. 옹벽의 종류는?

(1) 캔틸레버 옹벽(역T형) : 4~6m 정정

(2) 중력식 옹벽 : 2~4m

(3) 뒷부벽식 옹벽 : 6~10m 부정정

(4) 보강토 옹벽 : 10m 이상

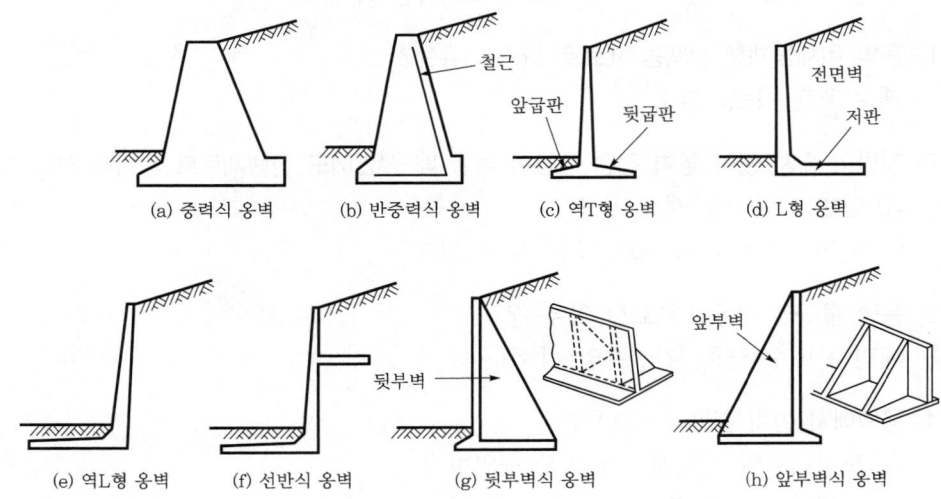

(a) 중력식 옹벽　　(b) 반중력식 옹벽　　(c) 역T형 옹벽　　(d) L형 옹벽

(e) 역L형 옹벽　　(f) 선반식 옹벽　　(g) 뒷부벽식 옹벽　　(h) 앞부벽식 옹벽

20. 옹벽의 파괴원인은?

전도 · 활동 · 침하 · 배수불량, 뒤채움 재료불량, 줄눈시공 잘못

21. 옹벽 뒤채움 재료 구비조건은?
    (1) 최대치수 100mm, CBR>10
    (2) No. 4체 통과량 : 25 ～ 100%, No. 200체 통과량 : 0 ～ 25%
    (3) 투수계수 큰 것, 소성지수<10

22. 옹벽 뒤채움 재료를 점토로 사용하면 어떤 문제점이 발생하는가?
    인장균열이 발생한다. 크기＝ $2C\sqrt{Ka}$

23. 옹벽 배수공의 설치 의미는?
    토압, 수압의 감소목적 → 붕괴방지

24. 암거 및 라멘구조에서 사용하는 토압은?
    정지토압. 파괴되지 않은 탄성변형상태

25. 옹벽의 활동에 대한 대책은?
    저판폭을 크게 함. 저판 후면에 전단키 설치, 어스 앵커 시공

26. 옹벽 전도 우려 시 대책은?
    (1) 높이를 낮게 하고, 저판폭을 크게 함.
    (2) 토압 · 수압 경감(필터, 배수처리), 옹벽의 안정 검토, 어스 앵커 보강

27. 옹벽 이음의 종류는?
    (1) 시공이음 : 전단력 적은 곳, 압축력과 직각
    (2) 신축이음 30m 이상일 때 30m 이하의 간격
    (3) 수축이음 : 9m 이하

28. 옹벽 뒤채움 재료로 선택층 재료를 사용하는 이유는?
    배수가 좋게, 수압, 토압 감소

29. 보강토 공법의 특징 및 구성은?
    성토 시 흙 속에 흙의 인장강도를 증대시켜 사면붕괴 방지목적으로 보강재를 혼입시킨 공법
    (1) 보강토 옹벽 : 전면판 + 보강재 + 뒤채움흙
    (2) 토목섬유 : 지오텍스타일, 지오그리드, 지오멤브레인
    (3) texsol 공법(연속장 섬유 보강토 공법)

30. 과재하중에 따른 토압 환산방법은?
    주동토압계수×작용하중 : $qK_a + \gamma HK_a$

31. 암거와 라멘에 사용하는 토압과 그 이유는?
    정지토압 사용, 변위허용 불가

32. 암거 및 라멘구조의 응력해석에서 보는 기준 방향은?

   탄성 평형상태로 보기 때문에 정지토압 적용

33. 암거의 주철근 배력근의 구분 및 헌치의 역할은?

   응력 배분, crack 방지

34. 부지조성 및 건물을 시공한 후 옹벽시공이 불가할 때 시공할 수 있는 공법은?

   보강토 공법, texsol옹벽 시공, rock anchor, earth anchor 시공

35. 토류벽 공법의 종류는?

   H-pile말뚝, 강널말뚝, 강관널말뚝, slurry wall, strut식, earth anchor식, top down

36. 가물막이 공법의 종류는?

   토사축제 댐, 강널말뚝, caisson식, 강관 cell, 한 겹 sheet pile, 두 겹 sheet pile, 강
   관 널말뚝

37. 가시설이란?

   본 공사를 수행하기 위한 임시 시설로서 가물막이 · 가설비계 · 가설동력 · 가설급수 · 통
   신 · 공사용 도로 · 가설건물 등을 들 수 있음.

38. sheet pile 시공 시 점성토와 사질토 중 어느 것이 쉬운가?

   사질토(진동해머 사용)

39. slurry wall은 무엇인가?

   bentonite의 안정액을 사용해서 지반을 굴착하고 철근망 삽입 후 콘크리트를 타설해서
   지중에 철근콘크리트 연속벽체를 형성하는 공법

40. slurry wall 시공순서는?

   guide wall 시공 → 굴착 → inter locking pipe 설치 → 철근망 삽입 → 트레미관 → 콘
   크리트 타설 → 인터러킹 파이프 제거

41. slurry wall 시공 시 주의사항은?

   guide wall의 파괴 변형, 굴착 벽면의 붕괴, 굴착용구에 의한 trench 공벽 붕괴, 철근
   바구니의 변형과 파괴, 수중 Con'c 타설(재료분리 주의), interlocking pipe의 인발 불능,
   joint 불량에 의한 누수

42. slurry wall의 슬라임 처리방식은?

   air jet, water jet, suction pump, mortar

43. 지하연속벽 시공 시 지하수 대책은?

   굴착 시 공내수위를 지하수위보다 2m 높게 해서 공벽붕괴를 방지

44. 벤토나이트의 물리적 성질은?

물과 혼합되었을 때 팽창하여 굴착 공벽을 보호

점도 22~40sec, 겉보기 비중 1.04~1.2, pH 7.5~10.5, 모래량 5% 이하

45. 수중 콘크리트 타설 시 주의사항은?

(1) 타설방법 : 트레미, Con'c 펌프카, 밑열림상자, 포대

(2) 연속타설, W/B 50% 이하, 시멘트량 370kg/m³, 수중불분리성 콘크리트 사용

(3) 트레미관은 콘크리트 속에 2m 이상 묻히게, 정수중, 낙하금지, 수평으로 타설

46. boiling, piping 현상이란?

(1) boiling : 모래지반에서 지하수위 이하 굴착 시 내외측의 수위 차에 의하여 토사가 분출 하여 저면이 물이 끓는 상태와 같이 되는 현상

(2) piping : boiling이 발생하면 투수계수가 급격히 증가하게 되므로 지반 내에 pipe 모양의 물길이 생겨서 지반이 파괴되는 현상

47. earth anchor의 변형원인은?

(1) 정착장 부족에 의한 변형, 긴장력 부족에 의한 강선이 느슨해짐.

(2) 그라우팅재의 강도 부족, 지반변동 및 지하수상태 변동, 강선의 신축작용

48. 자유장은 그라우팅하는 게 좋은가?

임시 앵커는 강선에는 그라우팅하는 것보다 grease를 칠하거나 sheath tube를 씌워 주변지반과 강선의 마찰이 발생하지 않도록 하고, 영구 앵커는 자유장에 그라우팅 실시

※ 점성도, 팽창성, 블리딩, 압축강도 시험

49. SCW(Soil Cement Wall)공법은?

다축 auger로 토사굴착 시 auger 선단으로부터 cement milk, bentonite액을 주입하여 1열 벽을 조성하고, 열을 연속적으로 겹치게 시공해서 완성된 콘크리트 벽체를 지중에 연속해서 만드는 공법

50. tie rod의 역할은?

2겹 sheet pile에서 내부채움 토사에 의한 전도 방지. strut의 반대 개념

51. open-cut(가시설) 계측관리의 종류는?

지표침하계, 지중침하계, 지하수위계, 간극수압계, 토압계, 경사계, 응력계, 하중계, crack gauge

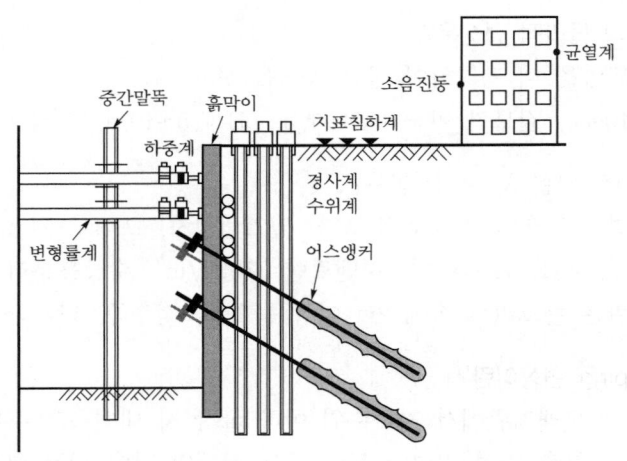

52. earth anchor의 근본원리는?

활동파괴면 뒤쪽까지 앵커체를 고정하여 그 반력으로 구조물을 안정시키는 것

53. earth anchor의 자유장이 길거나 짧으면 어떠한 문제가 발생하는가?

(1) 긴 경우 : 변위량이 커져 붕괴

(2) 짧은 경우 : 인장력이 낮고, 지반변위에 대한 앵커능력 부족

54. 지하터파기 시 가장 중요한 것은?

토압, 수압, boiling, heaving에 대한 대책 수립

55. 구조물 침하원인은?

지중공동과 매설물 영향, 구조물 중량 차이, 다른 기초형식, 인접구조물 영향, 지하수위 변화, 근접시공 시, 액상화 현상, 연약층 측방이동, 지진, 기초시공 불량 등

56. 토목섬유 기능은?

배수, 분리, 필터, 보강, 방수, 차단기능

57. 토목섬유 종류는?

지오텍스타일, 지오멤브레인, 지오그리드, 지오셀, 지오네트, 지오파이프

58. 자립형 가물막이 유의사항은?

수직도 유지, 수밀성, 벽체지반 밀착, 세굴대책, boiling, heaving, 속채움재, 벽체변형 방지, tie-rod 설치, 지수벽 설치

❸ 기초

1. PC pile에 prestress를 주는 이유는?

고응력 사용, 균열 저항성 증대, 하중증대, 시공 시 파손율 감소, 본수 절감

2. 기초공법이 갖추어야 할 조건은?
   (1) 안전하게 하중을 지지
   (2) 침하량이 허용치를 초과하지 말 것
   (3) 충분한 근입심도 유지
   (4) 시공성이 가능하고 경제적일 것

3. RC와 PSC의 차이점은?
   (1) RC : Con'c의 인장강도는 압축강도의 1/10 정도밖에 되지 않으므로 인장력이 발생하는 곳에 철근을 배근하여 인장력에 저항
   (2) PSC : RC의 인장측 Con'c는 철근을 보호하고 전단력에만 저항하므로, 이러한 결점을 없애기 위해 미리 Con'c에 압축응력을 주어 인장응력이 발생하지 않게(균열이 발생하지 않음) 함.

4. PC pile 취급 시 주의사항은?
   (1) 말뚝의 저장 : 2개소 이상 지지, 박기 지점 30m 이내에 저장
   (2) 말뚝의 운반 : 말뚝을 수평으로 2점 이상 지지, 운반 중 큰 충격이 없도록
   (3) 말뚝의 타격 : 축방향력 없게, 이음부 철저

5. pile 타입법의 종류는?
   진동해머, 타격공법, 압입공법, jet공법, 중굴공법, pre-boring 공법

6. 말뚝이음 공법은?
   band, 충전, 용접, 볼트식

7. pile 시공 시 유의사항은?
   (1) 말뚝박기 순서 준수, 편심항타, 두부 파손, 부마찰력, 해머 적용
   (2) 이음 확실히, 파일 간격, 건설공해 발생(소음·진동, 기름비산 등)

8. 시험항타 목적은?
   (1) 해머 용량 및 종류 확인, cap, cushion, 항타기계 및 기구류 설정
   (2) 이음공법 및 방법, 시공 정도와 시공속도의 결정, 타입심도의 결정, 최종관입량 결정, 말뚝 파손 유무 및 제한 타격횟수, 지지력 확인

9. PDA(Pile Driving Analysis)란?
   항타 시 파일의 변형률과 가속도를 측정하여 항타분석기로 이를 변화시켜 말뚝의 지지력, 항타장비 효율, 말뚝의 응력, 하중분포 등을 해석할 수 있는 시험장치

10. pile 지지력 공식의 종류는?
    (1) 정역학적 추정방식 : Terzaghi 공식, Meyerhof 공식

(2) 동역학적 추정공식 : hilly 공식, sander 공식, engineering news 공식

(3) 재하시험에 의한 방식 : 수직재하시험, 수평재하시험

11. pile 지지력 공식 중 가장 신뢰할 수 있는 것은?

재하시험에 의한 방법

12. 동재하시험이란?

(1) 파동방정식을 근거로 하여 개발된 방법으로, 말뚝항타 시에 발생하는 응력과 변형을 말뚝항타분석기(PDA)로 측정하여 전산프로그램(CAPWAP)으로 해석

(2) 말뚝항타 분석기를 이용하여 항타로 인한 말뚝의 변위와 가속도를 즉시 분석하여 항타기의 효율적인 작동 여부, 말뚝에 작용하는 압축력 및 인장력, 예상지지력, 말뚝 손상 여부를 출력(변형률계, 가속도계부착)하여 지지력과 항타관리를 하기 위한 시험

13. Benoto에 사용되는 crane은?

crawler crane 45ton 이상 + 굴삭기

14. 현장타설말뚝의 종류는?

Benoto(All casing), earth drill 공법, RCD 공법(모래지반에 사용)

15. RCD의 장점과 단점은?

(1) 장점 : 케이싱이 필요없음. 깊은 굴착 가능. 대구경 말뚝, 저소음 · 저진동

(2) 단점 : 선단부 slime 처리, 공벽 붕괴(투수층 만날 때), 철근망 부상, 호박돌층 굴착 곤란

16. 말뚝의 침하 3가지란?

말뚝 자체의 압축침하, 주변 지반침하에 의한 말뚝침하, 성토하중에 의한 침하

17. Guide wall의 역할은?

중장비에 의한 토류벽 상부의 지반붕괴방지, 공사 기준면 역할, 안정액의 저수조

18. 시공 중 boiling, heaving 방지대책은?

sheet pile 근입깊이 깊게 박기, 공내수위를 지하수위보다 2m 높게, grouting 시공(저면), 토류벽 배면에 grouting

19. 배토말뚝과 비배토말뚝의 차이점은?

(1) 배토말뚝 : 말뚝을 타입하면 주변 지반과 선단 지반이 말뚝 내로 밀려서 배토됨.

(2) 비배토말뚝 : 현장타설 말뚝과 같이 굴착, 말뚝 설치 시 주변 지반과 선단 지반에서 배토가 이루어지지 않는 말뚝임.

20. CIP는 차수인가, 지수인가?

지수임.

※ 천공-케이싱-철근망-튜브-자갈-시멘트풀

21. 말뚝의 이음법은?

　　장부식, 충전식, 볼트식, 용접식

22. 부주면 마찰력 저감법은?

　　표면적이 작은 말뚝, pre-boring(모래, 콩자갈 채움), 케이싱, 표면에 역청제, 경량재로

　　뒤채움

23. prepacked 말뚝이란?

　　CIP(천공 → 케이싱 → 철근망 → 튜브 → 자갈 → 시멘트풀), PIP, MIP

24. pile 항타의 목적은?

　　연약지반 → 상부 구조물의 하중을 암반까지 전달 → 지지력을 크게 함.

25. 강관 pile의 장·단점은?

　　(1) 장점 : 등강성, 폐합단면, 단면 2차 모멘트가 큼. 사항에 유리, 수평 진동에 강함,

　　　　　　　이음이 쉬움.

　　(2) 단점 : 부식

　　　　　　　※ 부식대책 : 두께 증가, 도장(세라믹 코팅), 콘크리트 피복, 전기방식

26. 강관파일 부식대책은?

　　두께 증가, 전기방식, 세라믹 코팅(도장), Con'c 덮개 입힘

27. 부주면 마찰력이란?

　　연약지반 등에서 말뚝을 박을 때 지반의 침하량이 말뚝 침하량보다 상대적으로 커서 말

　　뚝을 아래로 끌어내리는 힘

❹ 터널

1. 터널 시공순서는?

　　천공 → 발파 → 환기 → 버력 처리 → wire mesh → shotcrete → 강지보 → rock bolt

　　→ 하부 시공 → 부직포 → 방수 → 우각부 Con'c → 라이닝 콘크리트 타설

2. 암석과 암반의 차이점은?

　　(1) 암반 : 불연속면을 포함한 현장의 자연상태의 암

　　(2) 암석 : 불연속면이 없는 순수한 상태의 암

3. 터널방수방법의 종류는?

　　완전방수, 부분방수

4. shotcrete 공법의 종류는?

　　건식공법, 습식공법

5. 반발률(shotcrete rebound율)이란?

$$반발률 = \frac{반발재\ 전중량}{shotcrete\ 전중량} \times 100(\%)$$

6. shotcrete rebound율 저감대책은?

급결제 사용(cement의 5%), 거리 확보 1m, 습식 shotcrete, 압송력 $25kgf/cm^2$, 잔골재율 55 ~ 75%, 입도가 시방기준에 적정할 것, 저부 측면 타설 후 중앙부 타설, 노즐과 타설면 각도 90°, wire-mesh 사용

7. rock bolt의 역할은?

암반과 일체화되어 지보작용, rock-bolt에 의한 서스팬션 작용, rock-bolt에 의한 빔 작용, 암반 파쇄방지

8. rock bolt를 추가 시공하는 경우는?

터널변형이 rock bolt 길이의 5% 이상, rock bolt 인발 내력이 얻어지지 않을 경우, shotcrete에 crack 발생, 내공변위 허용치 초과

※ 시험빈도 20m마다 3개

9. 방수재와 shotcrete 사이의 시공은?

부직포를 사용하여 방수재 손상방지

10. 제어발파공법의 종류는?

(1) 벽면, 정향, 진동, 구조물 해체 제어발파
(2) 벽면 제어발파 : line drilling, pre-splitting, cushion blasting, smooth blasting

11. ABS 공법이란?

(1) acqua blasting system
(2) 발파공을 천공하여 장약을 충전한 후 물을 충전하고 표면을 봉쇄하여 발파시킴.

12. 터널을 계측하는 이유는?

터널 시공 중 터널 내 및 지반 등의 변위 및 지하수의 변화 등을 계측하여 터널의 안정성을 확보하기 위한 보조공법(grouting, rock bolt 추가 시공, 강지보의 철근보강, 인버트의 시공 등)으로, 터널을 안정시키기 위함임.

13. 도폭선과 도화선의 차이점은?

(1) 도폭선은 전기적으로 뇌관을 발파하여 화약을 폭파시키는 것
(2) 도화선은 뇌관을 발파하기 위하여 화약으로 피복된 유도선을 말함.

14. 팽창성 파쇄공법이란?

암반에 천공하여 팽창약제를 주입하여 약제의 팽창력에 의해 암반균열을 유도하여 굴착하는 공법

15. 부직포의 시공목적은?

방수 시트보호, 터널 배면 누수 유도배수 역할

16. shotcrete의 문제점은?

H-type 강지보 배면 충전불량, rebound(40% 정도)

급결제에 의한 환경문제, 조기폐합 어려움

17. shotcrete의 건식, 습식의 차이점은?

(1) 반발량 : 습식 < 건식

(2) 압송거리 : 습식 < 건식

(3) 품질 : 습식 > 건식

(4) 분진발생 : 습식 < 건식

18. 터널계측 종류 및 특징(일상계측, 정밀계측, 특별관리계측)?

(1) 계측항목

A계측(일상계측)			B계측(정밀계측)		
계측 종류	계측 간격(m)	배 치	계측 종류	계측 간격(m)	배 치
경내관찰조사	전연장	각막장	지중침하측정	200 ~ 300	터널 상부 3 ~ 5개소
지표침하측정	20 ~ 40	상부 3 ~ 5개소	지중수평변위측정	200 ~ 300	터널 상부 양측
내공변위측정	20 ~ 40	터널 상·하부 단면	shotcrete 응력측정	200 ~ 300	접선, 반경방향 3 ~ 5개소
천단침하측정	20 ~ 40	천단부	지중변위측정	200 ~ 300	3 ~ 5개소
R/B인발시험	50본당 1본	1단면 5본	R/B축력측정	200 ~ 300	3 ~ 5개소

(2) 계측단면

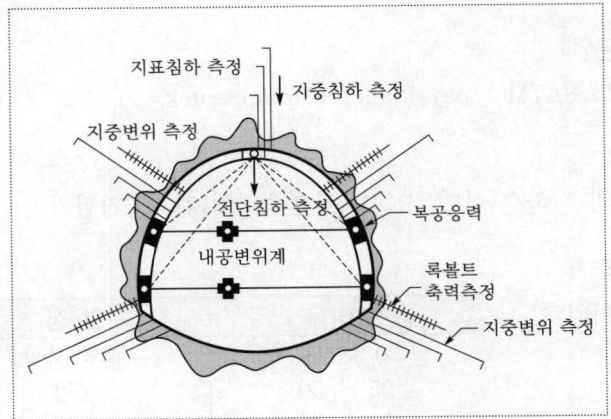

(3) face mapping

터널 막장 또는 절취면에서 육안으로 지질구조와 지반상태를 직접 관찰하고, 불연속면 조사, 지하수 상태를 파악하여 당초 설계시에 추정 판단된 암반을 확인하고 필요시 굴착 또는 지보 및 시공계획을 변경하는 데 수행되는 시공 시 지반조사

19. 지보재의 효과는?

shotcrete 효과	rock bolt 효과
암석의 붕락방지	봉합작용, 절리의 구속
절리의 봉합	보강작용
응력집중의 완화	내압효과
지반이완방지	아치형성, 지반보강

20. 터널 시공 시 단면변화 구간 발생 시의 대책은?

굴진장 조정, 지보간격 조정, grouting, forepolling

21. TBM(tunnel Boring Machine)이란?

cutter에 의해 암석을 절삭하여 굴착하는 방법으로, 지질이 균등해야 하며, 산악, 암석 tunnel 굴착에서 1축압축강도가 $500kg/cm^2$에서 시공성이 좋음. 전단면 원형 굴착으로 안전성이 우수함. 용수대, 파쇄대에서는 작업이 곤란하므로 별도의 대책 수립이 필요

22. 터널의 심빼기 공법은?

V-cut, 피라미드 cut, burn-cut, 다이아몬드 cut

23. 누두공이란?

폭파에서 자유면을 향해 생긴 원추형 구멍

24. 누두지수(n)란?

$$n = \frac{\text{누두반경}(R)}{\text{최소저항선}(w)} \qquad ※\ n>1\ 과장약,\ n<1\ 약장약$$

25. MS(1/1000초)와 DS(1/10초)를 비교하라.

진동이 분산되어 적음, 폭음은 비슷, 파쇄효과가 좋다, 비산이 적다.
원지반에 충격 감소

26. 터널굴착 시 암버력 처리방법은?

(1) TBM : belt conveyer, (2) NATM : pay loader + dump truck

27. RMR평가 분류법은?

암석의 1축압축강도, 절리부의 지하수 상태, RQD, 불연속면의 간격, 거칠기

28. RQD의 산정식 및 판별방법은?

$$RQD = \frac{10cm\ 이상\ core\ 길이의\ 합}{총\ 굴착\ 깊이}$$

RQD	암 질
0 ~ 25	매우 불량
25 ~ 50	불량
50 ~ 75	양호
75 ~ 90	우수
90 ~ 100	매우 우수

29. NATM의 원리에 대해 설명하라.

터널굴착공법으로 원지반 본래의 강도를 유지시켜서 지반 자체를 주 지보재로 이용하는 원리로서, 지반 변화에 대한 적응성이 좋고 적용 단면의 범위가 넓어 시공성과 경제성이 우수한 공법

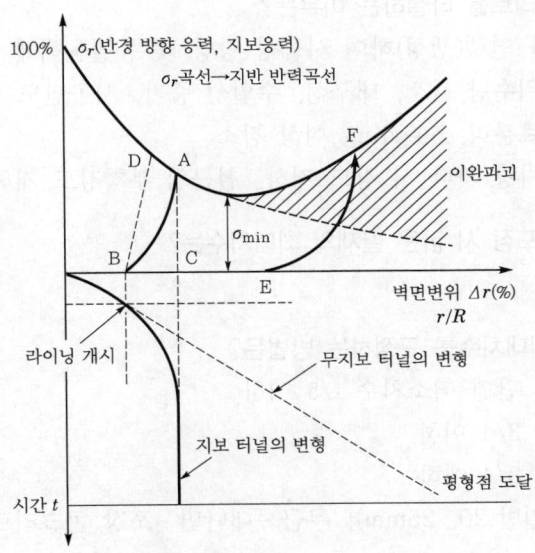

30. forepoling의 정의는?

터널보조공법으로 터널 굴착 중 천단부의 붕괴방지 목적으로 120° 구간에 15° 미만으로 설치하여 막장 전방의 지반보호 및 이완방지

5 콘크리트(concrete)

1. Con'c에 들어가는 시멘트량은?

빈배합 : $100 \sim 150kg/m^3$, 부배합 : $300kg/m^3$ 이상

※ 수중 Con'c : $370kg/m^3$

2. 콘크리트 수화열이란?

콘크리트 속의 시멘트 성분과 물이 화학반응을 일으켜 발생하는 열로 시멘트 1g당 125cal가 발생함.

3. 혼화재의 종류는?

(1) 2차 반응 : 플라이애시, 실리카 품, 고로슬래그

(2) 수화물 형성 : 팽창재

4. 혼화제의 종류는?

(1) 경화시간 조절 : 지연제, 초지연제, 촉진제, 급결제

(2) 계면활성 작용 : 고체표면 흡착(유동화제, 감수제), 표면장력 저하(공기연행제)

5. 유동화제란?

비빈 Con'c에 분산성능이 높은 유동화제를 현장, 현장 + B/P, B/P에서 첨가·교반하여 된비빔 Con'c의 품질을 유지한 채 일시적으로 시공성을 증대시킨 Con'c

6. 공기연행 콘크리트를 타설하는 이유는?

미세한 기포를 연행(생성)하여 시공성 향상 및 동결융해에 대한 저항성을 증대

   (1) 장점 : 단위수량 감소, 내구성, 수밀성 증가, 시공연도 향상, 깬자갈 사용에 유리, 재료분리, bleeding 현상 감소

   (2) 단점 : 공기량 과다 시 강도 저하, 철근의 부착강도 저하, 거푸집 측압 증가

7. 무근콘크리트 포장 시 굵은 골재의 최대치수는?

40mm 이하

8. 굵은 골재의 최대치수를 규정하는 방법은?

   (1) 부재치수 : 단면 최소치수 1/5 이하

   (2) 피복두께 : 3/4 이하

   (3) 철근간격 : 3/4 이하

   (4) 구조물 : 일반(20, 25mm), 무근·대단면·포장 콘크리트(40mm), 댐(150mm)

9. 골재의 비중은?

2.5 ~ 2.7

10. 골재조립률이란?

   (1) 정의 : 조립률＝$\sum$각 체의 가적 잔유율÷100

   (2) 10개체 : 80, 40, 20, 10, 5, 2.5, 1.2, 0.6, 0.3, 0.15mm

   (3) 기준 : 잔골재 2.3~3.1, 굵은 골재 6~8

11. 쇄석과 강자갈의 배합관계는?

쇄석을 사용하면 강자갈보다 표면적이 많이 커지므로 사용 시멘트 및 사용수의 양이 강자갈을 사용할 때보다 많이 소요됨.

12. 잔골재 조립률이 변화하여 2.3 ~ 3.1이 아닐 경우에는?

2종류 이상의 잔골재를 혼합하여 조정 후 사용

13. 모래의 조립률 2.3 ~ 3.1은 어떻게 나오나?

각 체에 잔류하는 시료의 중량 백분율의 합을 100으로 나눈 값

※ 굵은 골재 : 6 ~ 8

14. 잔골재율(s/a)이란?

5mm체를 통과한 잔골재량과 전체 골재량에 대한 절대 용적비×100

15. 잔골재율의 대소에 따라 굳은 콘크리트에 미치는 영향은?

    (1) 잔골재율이 큰 경우 : 콘크리트 강도저하 및 모래량 증가, 단위수량 증대

    (2) 잔골재율이 작은 경우 : 굳지 않은 콘크리트의 유동성 및 시공성 불량

16. 잔골재율과 굵은 골재 최대치수의 관계는?

    일반적으로 s/a가 클수록 굵은 골재의 최대치수는 작아짐.

17. 잔골재율이 작으면 타 재료 및 강도는?

    (1) 단위수량 감소   (2) 단위시멘트량 감소

    (3) 단위모래량 감소   (4) 단위 굵은 골재량은 증가

    (5) 강도 증가

18. 골재의 함수상태는?

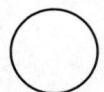  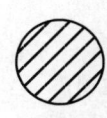 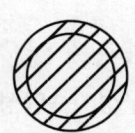

    절건상태   기건상태   표건상태   습윤상태

19. 골재의 유효흡수율이란?

    표면건조 포화상태에서 흡수된 수량을 골재의 절대건조중량으로 나눈 값의 백분율

$$유효흡수율 = \frac{표면건조상태의\ 내부\ 흡수량}{절대\ 건조\ 중량} \times 100(\%)$$

20. 해사의 제염방법은?

    (1) 강우 : 옥외에서 강우 맞힘

    (2) 살수 : 해사두께 80cm 깔고, 스프링클러로 세척

    (3) 수중침척: 모래 $1m^3$에 물 $6m^3$로 6번 세척

    (4) 주수 : screening할 때 주수

    (5) 혼합 : 강모래 80%, 해사 20%

    (6) 제염제 사용

21. 현장배합은 왜 필요한가?

    콘크리트 작업 시에 발생하는 제반조건이 설계조건과 상이하기 때문에 현장조건에 맞는 현장배합으로 수정해야 함.

    시방배합 시는 표면건조 내부 포화상태, 잔골재는 5mm체 통과, 굵은 골재는 5mm체에 잔류하는 것으로 하나 실제 투입된 골재의 함수량과 입도는 시방배합과 차이가 있음.

22. 시방배합 시의 골재상태는?

    (1) 잔골재 : 표면건조 포화상태 5.0mm체 전부 통과

    (2) 굵은 골재 : 표면건조 포화상태 5.0mm체에 전부 남는 골재 $1m^3$를 기준으로 한 배합

23. 배합설계에서 골재의 함수상태는?

표면건조 내부 포화상태

24. 배합의 표시방법은?

G_{max}	slump	공기량	W/B	s/a	단위재료량(1m³당)				
					물	시멘트	잔골재	굵은 골재	혼화재

25. 현장배합이 왜 필요한가?

입도 보정, 표면수 보정

26. 콘크리트 배합설계의 순서는?

(1) 재료선정

(2) 배합강도 결정

(3) W/B비 가정(배합강도, 내구성, 수밀성 고려)

(4) 굵은 골재 최대치수 결정 : 부재 최소치수의 1/5, 철근 최소 수평순간격의 3/4,
일반구조물 20, 25mm, 큰 구조물 40mm

(5) 슬럼프값 결정 : 다짐방법, 부재단면, 철근배근상태 고려

(6) 공기량[4.5±1.5%] : 작업성, 내구성 고려(3 ~ 6%)

(7) 단위수량 결정 : 슬럼프값과 굵은 골재 최대치수에 따라 결정

(8) 잔골재율 s/a결정 : 잔골재의 용적÷전체 골재의 용적

(9) 1m³당 소요골재 산출

(10) 시험 배합 시행

27. 설계기준강도와 배합강도의 차이점은?

(1) 설계기준강도 : Con'c 부재설계 시 기준이 되는 압축강도

(2) 배합강도 : Con'c 배합설계 시 목표가 되는 압축강도

28. 시멘트가 콘크리트 중에 너무 많으면?

수화열 과다 → 온도 증가 → 온도응력 증가 → 온도균열 발생 → 강도·내구성·수밀성·
강재보호성능 저하

29. W/B가 크면 강도는?

55% 이상 되면 강도가 저하됨(강도에 가장 큰 영향).

30. 콘크리트에 물이 많으면?

공극으로 남아 강도 저하의 원인

31. 굵은 골재의 최대치수가 크면 강도는?

커진다. ※ 단위수량 줄어듦, W/B 줄어듦, 강도 증가

32. 콘크리트 강도를 좋게 하려면?
　(1) W/B비 적게
　(2) 잔골재율(s/a) 적게
　(3) 굵은 골재 최대치수 크게
　(4) 시공관리(계량, 비비기, 운반, 타설, 다짐, 양생, 이음, 마무리, 철근, 거푸집) 철저

33. Batch Plant 방문 시 점검사항은?
　(1) 골재, 시멘트 개량장치 검정 및 이상 유무
　(2) 현장배합조정 여부, super print와 현장배합 일치 여부
　(3) 시험기구 비치 여부
　(4) 골재운반 벨트 콘베이어 지붕 설치
　(5) 골재 야적장 지붕 및 바닥 콘크리트
　(6) 시멘트 저장고 규모 : 15일치 저장 가능
　(7) 세척 및 냉각설비
　(8) 폐수처리시설 및 세차 세륜기
　(9) 골재를 칸막이로 분리하여 섞이지 않도록
　(10) 압축강도 시험 여부

34. 콘크리트 호칭강도란?
　콘크리트 부재설계 시 사용하는 강도로, 28일 압축강도를 기준으로 사용함.

35. Con'c 공시체의 크기는?
　100×200, 150×300mm ※ 20±3℃에서 양생

36. 쇄석플랜트의 분쇄순서는?
　(1) feeder : 원석을 공급
　(2) 크러셔 : 골재를 분쇄
　　① 1차 크러셔(primary crusher) : 19 ~ 50mm 골재 생산
　　② 2차 크러셔(secondary crusher) : 5 ~ 19mm 골재 생산
　　③ 3차 크러셔(tertiary crusher) : 5mm 이하 골재
　(3) 스크린 : 분류
　(4) 컨베이어 : 각 장치를 연결

37. Con'c 배합 시 계량허용치는?
　(1) 물 : −2 ~ +1%
　(2) 시멘트 : −1 ~ +2%
　(3) 혼화재 : ±2%
　(4) 골재, 혼화제 : ±3%

38. m³는 무슨 단위인가?

CGS단위

39. Batch Plant의 구성은?

(1) 재료 수입부 : hopper, conveyor

(2) 계량부 : 계량오차(물 −2, +1%, 혼화재 ±2%, 골재, 혼화제 ±3%)

(3) cut off point : 골재를 정확히 계량하기 위하여 처음에는 골재빈 게이트를 크게 연 후, 계량 단위에 가까워지면 게이트를 조금만 열어서 정확히 계량함.

(4) 혼합부 : time device를 설치

(5) 지지대 : B/P지지 및 레미콘 출입공간 확보

40. B/P장 Con'c 비비는 시간은?

강제식 : 1분, 가경식 : 1.5분 ⇨ 이유 : 골재 파쇄 방지

41. Con'c 비빔에서 종료까지 걸리는 시간은?

(1) 25℃ 미만 : 2시간

(2) 25℃ 이상 : 1.5시간

42. 콘크리트 운반방법은?

(1) 운반구분 : 현장 외 운반(육상 + 수상) + 현장 내 운반(수평 + 수직)

(2) 운반장비 : 트럭믹서, 애지테이터(agitator), 콘크리트 펌프, 콘크리트 컨베이어, 콘크리트 버킷, 케이블 크레인

※ 운반 중 재료분리 방지 위하여 레미콘 드럼을 계속 돌림.

43. Con'c 받아들이기 시 품질검사 항목은?

현장시험	규 격	시기 및 횟수	허용차
외관 관찰 (굳지 않은 콘크리트의 상태)	워커빌리티가 좋고, 품질이 균질하며 안정할 것	콘크리트 타설 개시 및 타설 중 수시	
슬럼프 시험(mm)	25	압축강도시험용 공시체 채취 시 및 타설 중 품질변화가 인정될 때	±10
	50 ~ 65		±15
	80 이상		±25
공기량 시험(%)	고강도		3.5±1.5
	보통, 포장		4.5±1.5
	경량, 순환		5.5±1.5
온도	온도 측정		정해진 조건에 적합할 것
단위질량			
염분(kg/m³)	굳지 않은	바다잔골재를 사용할 경우 2회/일, 그 외 1회/주	0.3 이하
	책임기술자 승인		0.6 이하
	무근		—

44. 불량 레미콘 처리방안은?

(1) 원칙 : 건설사업관리자와 시공자는 불량레미콘이 발생한 경우 즉시 반품 처리하고, 불량 레미콘 폐기 처리사항을 확인하여 기록을 비치하여야 함.

(2) 불량 레미콘 유형
① 슬럼프 측정결과 시방기준에서 벗어나는 경우
② 공기량 측정결과 시방기준에서 벗어나는 경우
③ 염화물함량 측정결과 시방기준에서 벗어나는 경우
④ 레미콘 생산 후 해당 공사 시방시간을 경과하는 경우
⑤ 재료분리 등으로 사용이 불가능하다고 판단될 경우
⑥ 기타 불량자재 사용으로 향후 하자 발생이 예상되는 등 품질관리상 사용이 적정하지 않다고 판단될 경우

(3) 불량 레미콘 처리방법
① 반품 처리된 레미콘의 타 현장 반입을 방지하기 위하여 불량 레미콘 폐기확인서를 징구하여 준공 시까지 보관
② 생산자가 불량자재폐기 확약서 내용을 이행하지 아니하여 민원 등 문제가 발생한 경우에는 지식경제부 기술표준원에 즉시 그 내용을 통보

(4) 불량 레미콘 타설 시 처리대책
① 불량자재가 사용되어 시공된 부위는 재시공을 원칙으로 함.
② 발주청의 승인을 받아 안전진단 등을 실시하고, 구조물의 안전에 이상이 없다고 판명된 경우는 그 결과에 따를 수 있음.

45. Con'c 타설 시 주의사항은?

비빈 후 90분 이내에 타설(하절기), 배근·거푸집·배관 등 타설 전 검사, 거푸집에 살수하여 습윤상태 유지, 낙하고 1m 이하 다짐 충분히, 타설순서 준수, 거푸집 내 횡방향 이동금지

46. 콘크리트 다짐방법은?

(1) 바이브레이터 : 콘크리트에 직접 삽입
(2) 거푸집 진동기
(3) 표면진동기 : 콘크리트 표면에 진동을 주어 다짐을 하거나 표면을 평평하게 마감할 때 사용하며, 진동수는 3,000 ~ 4,500rpm이고, 진폭이 큰 진동판이나 스크리드로 된 콘크리트 포장, 콘크리트 슬래브를 다지는 데 사용됨.

47. 콘크리트 다짐작업(바이브레이터)은?

(1) 길이 50 ~ 80cm 다짐봉을 콘크리트에 수직으로 삽입
(2) 먼저 친 콘크리트에 5cm 정도 삽입
(3) 한 곳에 5 ~ 15초, 20초를 초과하면 안 됨.
(4) 진동기로 콘크리트를 횡방향으로 이동 금지

48. 양생공법의 종류는?

    (1) 일반양생

        ① 온도제어 양생 : 온도증가(가열/단열), 온도저감(pipe cooling)

        ② 습윤양생 : 물공급(물양생), 물보존(봉함양생)

        ③ 유해환경으로부터 보호 : 진동, 유수, 강설, 강풍

    (2) 특수양생

        ① 한중양생 : 가열, 단열

        ② 서중양생 : 습윤, 차단

        ③ 기타 : 포장(삼각지붕양생), 터널(살수양생)

49. 콘크리트 상압 증기양생의 순서는?

    (1) 전양생 기간 3 ~ 5시간

    (2) 온도상승은 시간당 30℃ 이하

    (3) 최고온도 66 ~ 82℃ [12시간 지속]

    (4) 거푸집 해체시기 : 외기온도와 콘크리트 온도가 비슷할 때

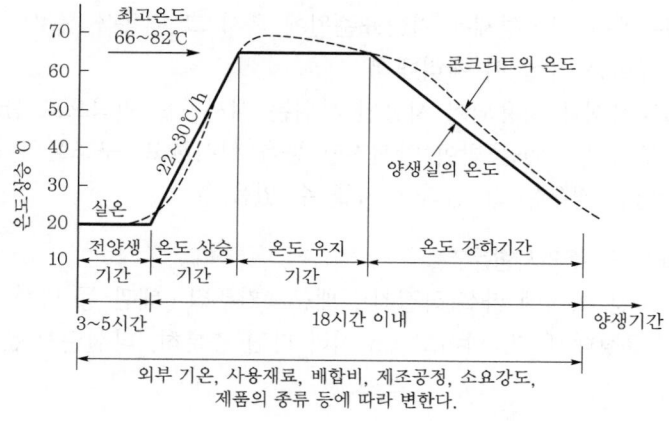

50. 시공줄눈 설치위치는?

    강도 발현의 영향이 적은 곳, 1일 작업 마무리 지점, 부재의 압축력 작용방향과 직각

51. 기온이 −15℃로 급강하한 경우 현장소장의 인식부족으로 보온조치를 안 했을 때는?

    (1) 먼저 보온양생을 실시

    (2) 동해로 인한 콘크리트 품질시험 실시

    (3) 기준강도 미달 또는 균열이 발생하면 철거 후 재시공 실시

52. cold joint와 시공이음의 차이점은?

    (1) cold joint : 시공 중 예기치 않은 타설 중단

    (2) 시공이음 : 일일시공 마무리 지점

53. cold joint 처리대책은?

시공불량에 의한 콘크리트 속의 갈라진 틈새

(1) 경화 전 : water jet, air jet → 조골재 노출 → 표면세척 → 부배합 신콘크리트 타설

(2) 경화 후 : chipping → 조골재 노출 → 표면세척 → 부배합 신콘크리트 타설

54. Con'c 단위중량은?

(1) 무근 Con'c : $2.3t/m^3$

(2) 철근 Con'c : $2.4t/m^3$

55. 철근의 공칭지름은?

이형철근의 단위중량과 동일한 원형철근의 직경을 말함.

56. 철근의 D29와 ϕ29 개념의 차이는?

D29 : 이형철근 공칭지름 29mm

ϕ29 : 원형철근 공칭지름 29mm

SD35 : 이형철근 항복강도 $35kgf/mm^2$ (deformed bar)

SR35 : 원형철근 항복강도 $35kgf/mm^2$ (round bar)

57. 철근의 부착강도에 미치는 영향은?

철근의 표면상태, 콘크리트의 강도, 철근의 묻힌 위치, 피복두께, 다지기

58. 철근과 Con'c 부착에 영향을 미치는 요인은?

(1) 강도 : 크면 부착력이 큼.

(2) 피복두께 : 크면 부착력이 큼.

(3) 철근종류 : 이형이 원형에 비해 부착력이 큼.

(4) 철근지름 : 작은 것이 부착력이 큼.

(5) 철근의 녹이 약간 있는 것이 부착력이 큼.

59. 철근부식 방지대책은?

(1) 내적 : 내식성 강(corrosion), 내후성 강(weather), 전기방식(외부전원법, 희생양극법)

(2) 외적 : 에폭시, 페트롤라팀(petrolatum) 모르타르, 태핑, 콘크리트 피복 증가, 제염
방법

60. 가외철근이란?

콘크리트 건조수축, 온도변화, 크리프 등 기타의 원인에 의하여 콘크리트에 일어나는 인장응력에 대비하여 가외로 넣은 철근

61. 간격재(피복두께)란?

철근, 긴장재, 시스에 피복두께를 유지하거나 그 간격을 정확하게 유지시키기 위하여 사용하는 것. Con'c 강도보다 강성이 큰 재료 사용

62. 사인장 철근이란?

전단철근(45°), 스터럽

63. 평형철근비란?

인장철근의 항복과 콘크리트의 파괴(*변형률: 0.003*)가 동시에 일어나는 철근비. 취성파괴 방지, 가장 이상적인 설계 시공

64. deep beam(깊은 보)의 정의는?

보의 높이가 지간에 비하여 보통보다 크고, 보의 폭이 지간보다 매우 작은 보

65. 철근배근에서 가장 중요한 것은?

피복두께, 간격, 이음, 철근량

66. 정철근/부철근의 차이점은?

슬래브 또는 보에서 정(+)/부(−)의 휨모멘트에 의해서 일어나는 인장응력을 받도록 배치한 주철근

종 류	특 징
주철근	설계하중에 의하여 그 단면적이 정해지는 철근
정철근	정(正)의 bending 모멘트에 의한 인장응력을 받도록 배치된 주철근
부철근	부(負)의 bending 모멘트에 의한 인장응력을 받도록 배치된 주철근

67. 과소철근보란?

평형철근비 이하.

콘크리트가 압축변형(변형률: 0.003)되기 전에 철근이 먼저 인장파괴되며, 철근은 항복 후 상당기간 연성을 가지고 있음. 균열, 처짐 등 파괴 전에 징후가 나타남.

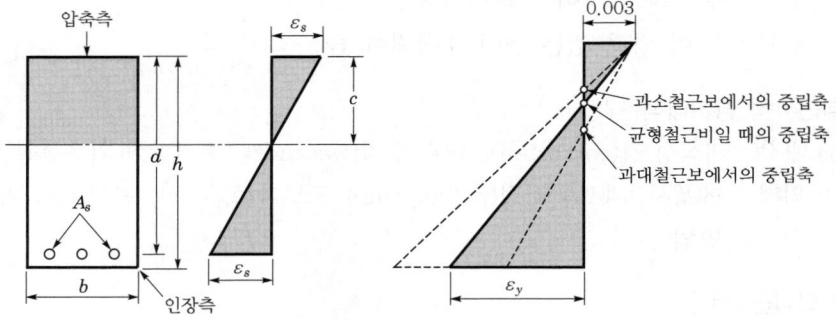

68. 피복두께가 중요한 이유는?

(1) 철근 부식 방지, 화재에 영향이 없도록, 중성화 방지, 철근의 부착력 확보
(2) 부착성 · 방청성, 내구성 · 내화성, 시공성 확보

69. RC의 철근배근은?

상판은 받침부의 조건 및 사각 등을 고려하여 판이론에 따라 해석. 인장주철근은 ϕ 13mm 이상으로 하고 중심간격은 20cm 이하로 규정

70. 같은 철근 단면에서 철근의 굵기는 어떤 것이 좋은가?

가는 것을 다발로 배치하는 게 균열방지에 도움. 시멘트의 접착면적이 커서 부착강도 증가

71. D35 이상의 철근을 압접하는 이유는?

(1) 시방서에 겹이음 금지, 과밀배근으로 인한 충전불량(반복하중에 취약),

(2) 힘의 전달에 문제, 자중이 커서 결속선 지지 난이, 압접부 항복강도 철근의 125% 이상

72. 철근의 이음방법은?

(1) 재래식 : 겹이음, 용접이음(가스압접, 아크용접)

(2) 특수식 : 기계식 이음(나사형 이음, 칼라압착이음), 충전식 이음(용접금속, 모르타르 수지)

73. 배력철근의 역할은?

응력을 분포시킬 목적으로 정철근 또는 부철근과 직각방향으로 배치한 보조적인 철근

74. 철근배근을 좁게 하였을 때의 문제점은?

(1) 굵은 골재의 최대치수가 작아짐.

(2) 강도가 저하됨[W/B(55% 이하)비에 좌우됨].

(3) 재료분리 발생, 슬럼프 커야 함.

(4) 단위수량, 단위시멘트량 증가(잔골재율 증가)

75. 슬래브에서 상·하부 철근의 간격을 유지하는 이유는?

구조물의 단면력 확보(휨모멘트, 전단력)

76. 온도철근의 역할은?

콘크리트 노출면 표면의 온도변화, 건조수축, 크리프에 의한 균열 제어

77. 스터럽의 역할은?

사인장 균열 방지, 전단 균열 방지, 철근 간격 유지

78. 스터럽 유형을 도식화하여 설명하라.

U형 스터럽   폐합 스터럽

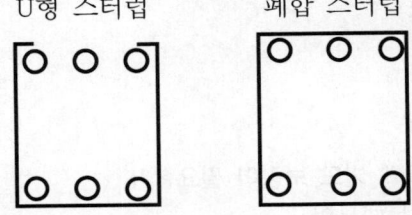

79. 폐합 스터럽을 사용하는 경우는?

　　압축철근이 있는 경우, 부(−)모멘트 받는 곳, 비틀림 받는 곳

80. 철근의 정착방법은?

　　갈고리에 의한 방법, 매입길이에 의한 방법, 기타

81. 철근에 간격을 두는 이유는?

　　굵은 골재가 통과하여 재료분리 방지, 부착강도 확보

82. 철근 검측항목은?

　　간격, 이음, 덮개, 갈고리, 구부리기, 결속, 절단상태, 정착길이와 부착길이

83. 철근의 표준갈고리에 대하여 설명하라.

　　(1) 주철근

　　　　① 180° 표준갈고리 : 반원 끝에서 4dB 이상 또한 60mm 이상 더 연장

　　　　② 90° 표준갈고리 : 90° 구부린 끝에서 12dB 이상 더 연장

　　(2) 스터럽과 띠철근

　　　　① 90° 표준갈고리

　　　　　　㉠ D16 이하 : 끝에서 6dB 이상 더 연장

　　　　　　㉡ D19, D22, D25 : 끝에서 12dB 이상 더 연장

　　　　② 135° 표준갈고리

　　　　　　D25 이하 : 135° 구부린 끝에서 6dB 이상 더 연장

84. 철근 덮개란?

　　최외단 철근의 바깥 표면에서 콘크리트 표면까지의 거리

85. 슬래브에서 철근 배근은 어디까지 연장하나?

　　휨모멘트 변곡점을 지나 정착길이만큼 연장

　　※ 변곡점 : 모멘트가 (+)에서 (−)로 변하는 지점

86. 철근 배근 시 길이가 2 ~ 3cm 부족 시의 대책은?

　　(1) 겹이음 길이 확보

　　(2) 갈고리 붙여 정착

87. 주철근이란?

　　설계하중에 의하여 그 단면적이 정해지는 철근

88. 전단력에 저항하는 철근은?

　　수직스터럽, 경사스터럽, 절곡철근

89. 헌치철근은 안쪽 주철근을 굽힘 가공하면 될텐데 왜 별도 보강이 필요한가?

　　가외철근, 균열방지, 헌치부분이 떨어져 나가기 때문임.

90. 정착길이란?
    (1) 철근의 끝이 Con'c로부터 빠져 나오는 것에 저항하는 성질이며 부착력에 좌우됨.
    (2) 콘크리트에 충분히 전달할 수 있게 철근을 콘크리트에 묻어주는 것임.
    ※ 압축철근에는 갈고리 사용 안 함.

91. 철근의 항복강도?
    연강 : 2,400 ~ 3,500kgf/cm^2

92. 철근의 항복강도를 제한하는 이유는?
    (1) fy = 5,000kgf/cm^2 이상 사용금지
    (2) 취성파괴를 방지, 가공이 어려움.
    (3) 용접에 의한 강도 저하, 콘크리트에 균열 많아짐.

93. 시방서의 누락사항에 대한 조치사항은?
    토목공사 표준시방서에 따름.

94. 시공상세도(shop-drawing)란?
    설계도면 및 시방서 중에 개략적으로 표기된 부분을 명확히 함으로써 시공상의 착오방지, 공사안전을 확보하기 위한 수단으로 활용

95. 설계도면과 shop-drawing의 차이점은?
    (1) 설계도 : 구조물을 설계할 때 작성하는 도면으로, 전체적인 구조물의 내용을 설계
    (2) shop-drawing : 구조물을 시공할 때 시공 전에 각 부분의 시공방법 등을 상세하게 작성한 도면(현장 기능공이 이해할 수 있도록)

96. 경강과 연강의 차이점은?
    (1) 경강 : 연신율 작음, 취성파괴 5,000kgf/cm^2
    (2) 연강 : 연성률 큼, 연성파괴, 용접가공 유리, 2,400 ~ 3,500kgf/cm^2

97. RC구조물의 장단점은?
    (1) 장점 : 내수성, 내화성, 형상, 치수 자유로움.
    (2) 단점 : 무겁다, 균열 발생, 검사·개조 어려움.

98. Con'c 타설 시 거푸집이 받는 하중은?
    연직하중, 횡방향 하중, Con'c 측압, 특수하중(경사)

99. 거푸집 동바리 검사 항목은?
    형상, 부풀어 오름, 모르타르 새어나옴, 이동, 경사, 침하, 접속부 느슨해짐, 허용오차, 부동침하, 지주, form tie bolt, 청소상태, 박리제 도포, 모따기

100. 굳지 않은 Con'c 성질의 종류는? (W/F/P+M/V/P)?

(1) Workability(시공연도)

(2) Finishability(마감성)

(3) Plasticity(성형성)

(4) Mobility(유동성)

(5) Vicosity(점성)

(6) Pumpability(압송성)

(7) Consistency(반죽질기)

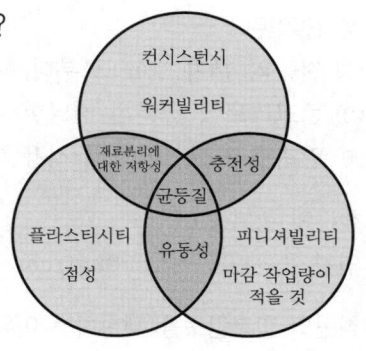

101. Workability 측정방법의 종류는?

(1) 보통 콘크리트 : slump test

(2) 묽은 콘크리트 : flow test

(3) 된 콘크리트 : 다짐계수시험, Vee-Bee 시험, 콘관입시험

102. Slump Test란?

(1) Slump값 : 콘크리트가 자중에 의해서 변형을 일으키려는 힘과 이에 저항하려는 힘이 평형을 이루었을 때의 값

(2) KS F 2402 slump test 방법에 의함.

(3) 시험방법

① 원추형 용기에 1/3씩 콘크리트 채움

② 다짐봉으로 25회 다짐

③ 몰드를 들어올렸을 때 콘크리트가 무너져 내린 값(mm)이 슬럼프값

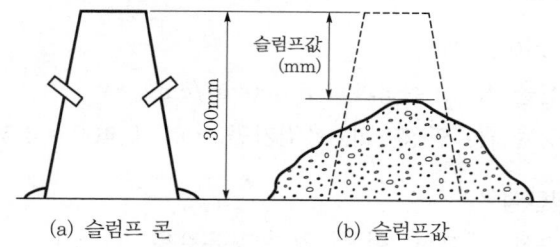

(a) 슬럼프 콘   (b) 슬럼프값

103. 콘크리트 타설 시 현장에서 강도를 측정하는 방법은?

(1) 시험에 의하는 방법 : 공시체 제작(압축강도 시험), 미제작(가열건조, 비중계법)

(2) 시험에 의하지 않는 방법 : 등가재령법, Maturity 이론 활용

104. flow test란?

(1) 흐름값(%) = $\dfrac{\text{시험 후의 직경(mm)} - 254}{254} \times 100$

(2) 시험방법

① 흐름판의 중앙에 금속제 콘을 놓고 2등분

② 각각 25회씩 다짐

③ 흐름판을 10초에 15회 상하 운동시켜 콘크리트의 반죽직경을 측정

(3) 허용치

현장시험	규 격	허용차
슬럼프 플로(mm)	500	±75
	600	±100
	700	±100

105. 공기량 1% 변화 시 Con'c 강도 변화는?

28일 강도는 3.6 ~ 4.1% 변화됨.

106. Con'c 염화물 함유량은?

RC : 0.3kg/m^3 이하, 무근 : 0.6kg/m^3 이하

107. 레미콘 강도의 허용범위(KS기준에 의거)는?

(1) 1회의 압축강도시험값 : 구입자가 정한 호칭 강도값의 85% 이상

(2) 3회의 압축강도시험 평균값 : 구입자가 정한 호칭강도 이상

108. 응결과 경화의 차이점은?

(1) 응결 : 초기 수화작용에 의해서 콘크리트 재료들이 응집되어 가는 것

(2) 경화 : 콘크리트가 점점 굳어가면서 강도를 발현하는 것

109. Con'c 초기균열 원인은?

(1) 재료 : 결합재(시멘트 분말도), 성능개선재(미사용), 골재(입도불량), 채움재(미사용)

(2) 설계 : 부재치수 및 두께, 철근량 및 피복 미달

(3) 배합 : W/B, s/a, G_{max} 등 허용범위 초과

(4) 시공 : 진동/충격, 양생불량, 거푸집 침하/변형/누수, 동바리 조기 제거

110. 강재의 탄성계수(E_s)란?

철근 $E_s = 2,000,000\text{kgf/cm}^2$

111. 콘크리트구조물의 설계방법별 개념은?

(1) 허용응력설계

탄성범위설계/사용성 고려. 허용응력＞작용응력. 최대하중＝(강도/안전율)

(2) 강도설계

소성범위설계/안정성 고려. 설계강도＞극한강도. 최대하중＝(하중×계수)

(3) 한계상태설계

한계범위설계/사용안정성. 한계내력＞한계응력. 최대하중＝[하중×계수(확률)]

112. **극한 한계상태(ULS)란?**

전도, 좌굴, 과도한 변형으로 구조물이나 구조요소가 파괴되거나, 안정성이나 기능을 상실하게 되는 한계상태

113. **사용성 한계상태(SLS)란?**

과도한 균열, 변형, 진동으로 구조물이나 구조요소가 사용하기에 부적합하거나 내구성을 상실하게 되는 한계상태

114. **사용성과 안전성의 차이점은?**

    (1) 사용성 : 구조물 안전에는 이상이 없으나, 사용하는 데 지장 있음.

                처짐이 작을 것, 진동이 작을 것

                균열이 허용한계 이내의 폭

                허용응력 설계법에서 사용

                사용하중 $W = D + L$

    (2) 안전성 : 구조물 강도가 외력에 저항하는 정도

                구조물의 강도가 작용하는 모든 하중(사하중 + 활하중 + 기타 하중)에 대하여 충분할 것. 강도설계법에서 사용

                극한하중 $U = 1.5D + 1.8L$

    ※ 내구성 : 안전한 상태에서 본래의 기능을 오래도록 발휘하는 특성

115. **구조물 탈형 시의 압축강도 기준은?**

    (1) 확대기초, 보, 기둥벽의 측면 : 5MPa

    (2) 슬래브 및 보의 밑면 : 14MPa

    (3) 양생기간 : 보통 Con'c 5일, 조강 Con'c 3일

    ※ 거푸집 허용오차 : 25mm(일반)

116. **크리프(creep)에 영향을 주는 것은?**

W/B, 시멘트량, 온도, 응력, 습도, 재령(3개월에 50%, 1년에 80%)

117. **피로강도란?**

항복점 응력보다 작은 응력이라도 재료에 반복 작용하면 그다지 큰 변형을 일으키지 않고 파괴해 버리는데 이것을 피로파괴라 함. 하중의 반복횟수 N과 응력 S의 관계를 보여주는 그래프를 $S-N$곡선이라 하며, S를 반복횟수 N에 대한 피로강도라 함. 무한대(예 : 콘크리트 백만 회, 강구조물 이백만 회)의 반복에 대한 S를 피로한도 또는 내구한도라 함.

118. **Mold 제작법은?**

거푸집 조립 → 거푸집에 Con'c 넣음 → 3층 25회 다짐 → 제작 후 24 ~ 48시간 양생 후 거푸집 제거 → Capping → 수중양생 → 1축압축강도 시험

119. Con'c의 내구성을 증대(또는 내구성 확보)시키는 방법은?

내구수명 = 결정요인(설계/시공) + 저하요인(열화) + 연장요인(유지관리)

증대방법 = 결정요인 강화 + 저하요인 저감 + 연장요인 강화

(1) 설계 = 부재치수/두께 + 철근간격/피복 등

(2) 시공 = 계량 + 비비기 + 운반 + 타설 + 다짐 + 양생 + 이음 + 마무리 + 철근 + 거푸집

(3) 열화 = 화학적 침식 + AAR + 염해 + 중성화 + 동해

(4) 유지관리 = 보수 + 보강

120. Con'c 열화란?

(1) 정의

콘크리트가 시공된 후 시간경과에 따라 물리적, 화학적인 요인으로 구조물의 성능이 저하되는 현상

(2) 문제점

① 구조적 문제 : 콘크리트 팽창 → 균열 → 강도 · 내구성 · 수밀성 · 강재보호성능 저하

② 비구조적 문제 : 보수, 보강비용의 증가

(3) 원인

① 내적 : 철근(부식), 골재(AAR)

② 외적 : 물리적, 화학적 원인

(4) 대책

① 사전 : 재료(결합재/혼화재료/골재/채움재), 설계, 배합, 시공 대책 수립

② 사후 : 보수(표면복구/단면복구) + 보강(부재추가/단면증대/PS) + 교체

(5) 형태

화학적 침식, 알칼리 골재반응, 염해, 중성화, 동해 등

※ 여러 요인의 복합열화로 발생

121. Con'c 표면결함의 종류는?

Sand Streak, Honey Comb, Efflorescence, Pop-out, Air Pocket, Laitance, Dusting, Bolt Hole

122. Concrete 중성화란?

강알칼리성인(pH 12) Con'c가 대기 중의 탄산가스(CO_2)와 반응하여 중성화되고 철근이 부식, 팽창하여 균열이 발생하는 현상

$Ca(OH_2) + CO_2 \rightarrow CaCO_3 + H_2O$

※ 중성화시험법 : 페놀프탈레인 지시약

123. 백화란?

대기 중의 CO_2와 H_2O가 Con'c 속으로 침투하여 중성화 반응을 보여 Con'c 표면이 얼룩 얼룩한 현상

124. 염해란?

Cl⁻이온의 침입으로 철근의 부동태막 파괴 → 녹 발생 → 체적 증가 → 철근 부식 → 콘크리트 균열 증가 → 열화가 촉진되는 현상

125. 알칼리 골재반응이란?

콘크리트 중의 알칼리 금속(Na, K)과 골재 중의 실리카 등이 반응하여 규산소다, 규산칼륨이 생성되고, 그때의 팽창압에 의해 콘크리트에 균열 발생

126. 콘크리트 구조물 균열원인(단부, 중앙부)은?

① 단부 : 정착길이 부족, 스터럽 간격이 넓은 경우, 스터럽을 폐합시키지 않았을 경우

② 중앙부 : 이음부 위치 불량, 철근간격 불량, 주철근 부족, 되메우기 하중 과다, concrete creep, 온도수축, 건조수축

127. 구조물 해체공법의 종류는?

steel ball, drill blasting, water jet, air jet, wire saw, breaker, 팽창성 파쇄공법, 기계절단

128. 지하철 상부 0.2mm 균열 원인은?

철근장착길이, 겹이음위치, 배근 불량, 뒤채움 불량

129. 지하철 균열 시 문제점은?

(1) 수밀성 저하 → 누수 → 시설물 부식

(2) 전동차 진동 → 균열발전 → 붕괴되어 대형사고 유발

130. mass concrete 시공 시 품질관리방법은?

(1) 정의 : 수화열에 의한 온도응력 및 온도균열을 검토해야 하는 구조물

(2) 조건 : 하단구속 $t \geq 0.5$m, 불구속 $t \geq 0.8$m

(3) 내외부 온도 차 20℃ 이상, 양생 : pre cooling(여름철 야간에 시공), pipe cooling 중용열 시멘트 사용, 팽창 Con'c, 균열제어 철근

※ 수화열을 줄이는 가장 좋은 방법 : 시멘트양 줄임

131. 한중 콘크리트 타설대책은?

(1) 일반적 : 일평균 기온 4℃ 이하 시 타설하는 콘크리트

① 물 : 데워서 사용

② 골재 : sheet, 지붕설치

③ 양생 : 바람막이, 보온·습윤양생

(2) 온도별

① 0~4℃ : 보온

② -3~0℃ : 물 또는 골재 가열

③ -3℃ 이하 : 물, 골재 가열

132. 서중 콘크리트 타설대책은?

 (1) 일평균 25℃ 이상 시 타설하는 콘크리트

 (2) pre-cooling, pipe cooling, 중용열시멘트 사용

 (3) 운반시간(1.5시간 이내>25℃)

133. 용접의 종류는?

 (1) 용접방법에 따라 : 융접, 압접, 납접

 (2) 용접형태에 따라 : fillet 용접, groove 용접, plug 용접, slot 용접

 (3) 이음형태에 따라 : 맞대기이음, 겹치기이음, 모서리이음, T형 이음, 단부이음

134. 용접의 예열과 후열 목적은?

 (1) 예열 : 용접 전과 용접 중 모재면을 일정 온도 이상 가열하는 작업

   목적 : 습기 제거, 변형 방지, 용착 용이, 모재 간 열균형 유지

 (2) 후열 : 용접 후 용접부를 일정 온도로 일정 시간 유지하는 작업

   목적 : 냉각과정의 잔류응력 제거

135. 용접결함요인은?

 모재의 열팽창, 소성변형, 냉각과정의 수축, 모재영향, 잔류응력, 용접순서, 환경

136. 볼트이음방법은?

 마찰이음, 지압이음, 인장이음

137. 강형교 유지관리 사항은?

 부식, 피로, 좌굴, 주요 점검부위, 기타

138. 용접의 결함의 종류는?

 (1) 치수상 : 변형, 치수불량, 형태불량

 (2) 구조상 : 기공(blowhole), 슬래그, 비금속 개재, 용융불량, 용입불량, undercut, 균열(crack), 표면결함

 (3) 재질상 : 기계적 성질, 화학적 성질

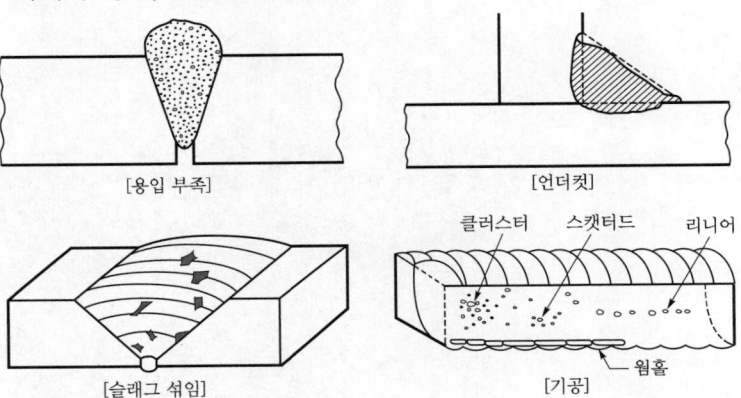

[용입 부족]   [언더컷]

[슬래그 섞임]   [기공]

139. 강재 비파괴검사법의 종류는?

    (1) 육안검사(VT)

    (2) 비파괴시험

        ① 내부 : 초음파 탐상법(UT), 방사선 투과시험(RT)

        ② 외부 : 자분탐상(MT), 침투탐상(PT)

140. 응력부식 대책은?

    grouting, epoxy 도장, 잔류응력 제거, 응력분산, 표면흠 제거, 단면보강

    ※ 높은 응력을 받는 PS강재 등이 급속하게 녹스는 현상

141. 시스란?

    PS콘크리트의 포스트텐션 시공 시 PC강선 설치를 위한 구멍을 형성하기 위하여 설치하는 원형 덕트

142. 시스관 grouting재의 역할은?

    긴장재 녹방지, 긴장재 Con'c 일체화

143. PS강재의 정착방식(dywidag공법)이란 무엇인가?

    (1) 너트식으로 정착부 설치

    (2) PS강봉 끝에 리벳머리를 만들어 지압판으로 지지

    (3) 용접봉(열로) 강선을 정리하면 안 됨.

144. PSC grouting의 품질조건은?

    적정 반죽질기, 팽창률(알루미나) 10%, bleeding 3%, 28일 강도 200 이상, 염화물 0.3kg/m³ 이하, *W/B 45 이하*, 포틀랜드시멘트, 혼화재

    시험 : 블리딩, 팽창성, 점성도, 압축강도

145. PC강선 마찰감소제란?

    그리스, 파라핀, 왁스. 긴장 시 시스와 PC강선 마찰 저하

참고 Precom 공법과 IPC(Incrementally Prestress Concrete) Grider

Precom	IPC
거푸집을 I형 강거더에 매달아 콘크리트 자중을 강재에 부담시킴으로써 인장에 취약한 콘크리트를 단순지지보 상태에서도 무응력 구조로 유도한 공법	시공단계의 하중증가 및 슬래브와의 합성유무를 고려하여 단계적으로 긴장력을 수차례 도입할 수 있도록 제작된 I형 거더

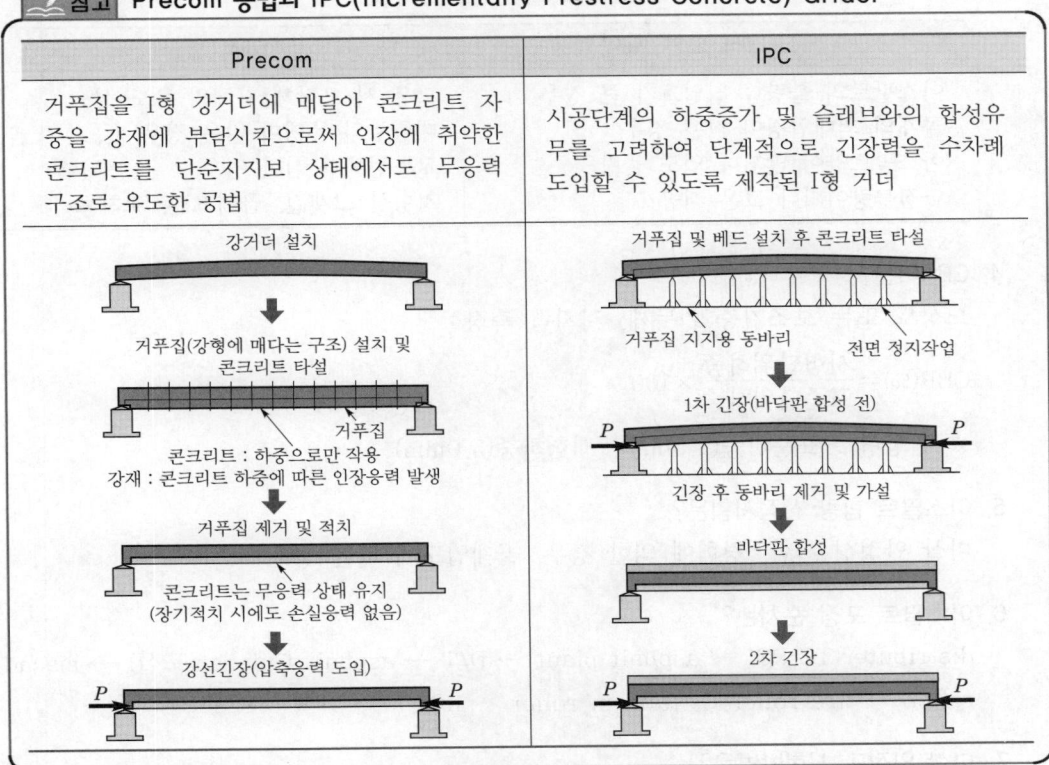

6 아스팔트와 포장

1. 포장종류별 구조를 도식화하여 설명하라.

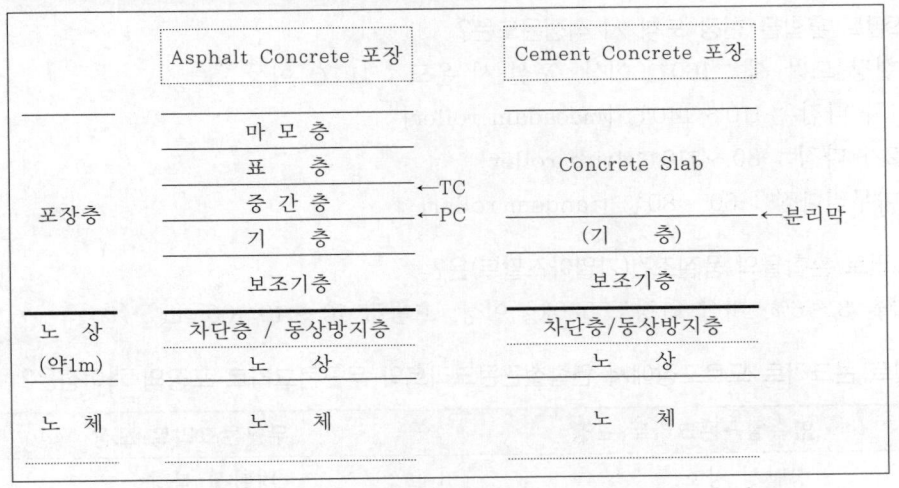

2. 아스팔트 혼합물의 재료배합(구성비)은?

골재 : 87%, 채움재(filler) : 6%, 아스팔트 : 7%

3. 아스팔트 소성변형의 내적, 외적 요인은?

내적 요인	외적 요인
아스팔트의 불량 : 침입도가 큰 경우 골재의 최대입경이 작은 경우 아스팔트양이 많거나 입도 불량 다짐불량이거나 고온 시공	고온 시 포장체 자체의 온도 상승 대형차의 통행이 많은 경우 교통정체가 심한 경우 지형상 고갯길, 급커브길, 교차로 등

4. CBR이란?

노상토 또는 보조기층의 두께, 지지력 측정

$$CBR(\%) = \frac{시험단위하중}{표준단위하중} \times 100$$

※ 관입량 : 표준하중(2.5mm), 시험하중(5.0mm)

5. 아스팔트 함량 선정시험은?

마샬 안정성 시험, 경험에 의한 경우, 골재입도에 의한 경우

6. 아스팔트 포장 순서는?

distributer(TC, PC) → asphalt plant → D/T → asphalt finisher(포설) → macadam roller → tire roller → tandem roller

7. 마샬 안정도 시험방법은?

설계 아스팔트량을 구하기 위해서는 추정 아스팔트양에서 ±0.5% 간격으로 공시체 5개를 제작하여 각 공시체의 공극률, 포화도, 밀도, 안정도를 구하고, 모든 기준치를 만족하는 아스팔트 범위 내에서 중앙값을 아스팔트양(표층 : 500kg, 기층 : 350kg)으로 구함.

8. 아스팔트 혼합물 현장 도착 시 적정온도는?

(1) 현장 도착 시 : 160℃ 이상, 포설 시 온도 : 110℃ 이상

(2) 1차 다짐 : 110 ~ 140℃ [macadam roller]

(3) 2차 다짐 : 80 ~ 110℃ [tire roller]

(4) 마무리다짐 : 60 ~ 80℃ [tandem roller]

9. 아스팔트 혼합물의 품질조건(가열아스팔트)은?

공극률 3 ~ 6%, 마샬 안정도 500kg 이상, 흐름값 10 ~ 40/100mm

10. 시멘트 콘크리트 도로포장에서 연속철근콘크리트와 무근콘크리트 포장의 차이점은?

연속철근콘크리트 포장	무근콘크리트 포장
평탄성 양호 crack 발생 많음 철근부식, 중성화 발생	평탄성 불량 crack 발생 적음 보수 양호

11. 시멘트 콘크리트 도로포장의 줄눈은?

구 분	팽창줄눈	가로수축줄눈	세로수축줄눈
기능	• 온도변화에 따른 Blow-up 방지 • 줄눈 주위 파손방지	• 건조수축 제어 • 2차응력에 의한 균열 방지	• 종방향 균열 방지 • 뒤틀림 방지 • 인접차선과 단차 방지
간격	• 6~9월 시공 : 120~480m • 10~5월 시공 : 60~240m	• 슬래브 두께 25cm 미만 : 8m • 슬래브 두께 25cm 이상 : 10m	• 4.5m 이하
줄눈	• 폭 : 25mm • 깊이 : 줄눈판까지 • 위치 : 비용, 시공성 고려 설치	• 폭 : 6~13mm • 깊이 : 40(cut) 　　　 80~100(가삽입물)	• 폭 : 6~13mm • 깊이 : 단면의 1/3 • 위치 : 차선 위에 설치
단면도			

12. 다웰바(dowel bar)의 설치목적은?
    부등침하 방지, 전단력에 저항

13. 교면포장의 종류는?
    가열 아스팔트(5~8cm), 구스 아스팔트, 고무혼입 아스팔트, 에폭시수지(0.3~1.0cm)

14. 강상판 교면포장법은?
    교량 슬래브 부착성, 휨응력 저항, 우수침투 방수, 염화물침투 방수
    표면처리 → 접착층 → 방수층 → tack coating → 교면포장 → 줄눈부

15. 아스팔트 석분(filler) 효과는?
    시멘트양 감소, 내구성 향상, inter-locking, 고밀도 아스팔트 차수성, 재료분리 방지, 박리현상 방지, 열화 방지, 시공성 증대, 강도 증대

16. 포장공사 시 다짐 방향은?
    연단에서 가운데 방향으로, 가운데부터 하면 아스콘이 노견 쪽으로 밀림.

17. 표층, 중간층의 아스팔트양은?
    표층 : 6~7%, 중간층 : 3.5~5.5%

18. 노체, 노상, 기층, 보조기층의 안정처리공법의 5가지 종류는?
    ① 입도조정공법, ② macadam공법, ③ cement 안정처리공법, ④ 가열 asphalt 안정처리공법, ⑤ 침투식 공법

19. 보조기층 두께 측정방법은?

1,000m³에 1개소 측정, 설계두께보다 10% 이상 차이가 날 때는 표면을 8cm 정도 긁어
일으킴. 재료로 보충 또는 제거하여 소요두께로 다짐.

20. Con'c 포장의 종류는?

(1) JCP(Jointed Concrete Pavement)

(2) JRCP(Jointed Reinforced Concrete Pavement)

(3) CRCP(Continuously Reinforced Con'c Pavement)

(4) PCP(Prestressed Concrete Pavement)

(5) RCCP(Roller Compacted Concrete Pavement)

21. Con'c 포장순서는?

B/P → D/T → 포설 sprayer → slip form paver → 다짐진동 롤러 → 마무리(평탄) →
줄눈 커팅 → 줄눈재 시공

22. 포장의 파손형태는?

아스팔트 포장파손	콘크리트 포장파손
거북등, 단부, 줄눈균열, 시공균열, 반사균열, 밀림균열, 러팅, 함몰, 공공구조물 설치부 함몰, 포트홀, 라벨링, 블리딩, 골재 마모	줄눈부 파손, 우각부 균열, 대각선 균열, 세로/가로 균열, 단차, 펌핑, blow-up 스케일링, 스폴링, 골재 마모

23. 노상의 구비조건은?

골재 최대치수 100mm, CBR 10 이하, 소성지수 10 이상, 다짐도 95% 이상

24. 노체의 구비조건은?

골재 최대치수 150mm, CBR 5 이상, 소성지수 20 이하, 다짐도 90% 이상

25. 도로에서 시험시공의 목적은?

(1) 본선 포장 시공에 앞서 200m 시공

(2) 포설장비, 인원 편성, 혼합물의 시공성, 시공방법(포설두께, 다짐장비, 다짐횟수),
다짐도, 평탄성 판정

26. 콘크리트 포장에서 줄눈의 절단시기는?

(1) 절단시기는 타설 후 2 ~ 24시간 후 완전히 굳기 전에 절단

(2) 줄눈재 주입 후 2 ~ 3일 후 교통개방

27. 아스팔트 콘크리트 포장의 하중개념은?

노면의 하중에 대하여 각 층(표층, 중간층, 기층, 보조기층)으로 분산하여 저항

28. 시멘트 콘크리트 포장의 하중개념은?

탄성기초 위의 판구조로 설계되어 포장 슬래브가 하중을 전부 부담

29. 도로공사 시 시행하는 시험은?

CBR, PBT(K값), proof rolling(노상 5mm 이하, 보조기층 3mm 이하), 동탄성계수

30. 동탄성계수란?

$$동탄성계수(Mr) = \frac{축차응력}{회복변위}$$

포장체는 반복적 차량하중을 받음. 반복하중의 조건에서 결정된 포장재료의 역학적 특성을 반영한 계수

31. 시멘트 콘크리트 포장 시공방법은?

(1) 콘크리트 : batch plant, side feeder

(2) 운반 : dump truck, paver mixer

(3) 포설

① concrete spreader : 피니셔에 선행하여 덤프트럭으로 운반 투하한 콘크리트를 노면에 포설하는 기계로, 콘크리트 더미를 넓게 펴는 장치

② concrete finisher : 콘크리트를 다지고 표면을 고르고 마감하는 기계

③ slip form paver

㉠ 종래에는 콘크리트 포설에 스프리더, 바이브레이터 세트, 횡피니셔, 종피니셔를 사용했지만, slip form paver는 한 번에 시공

㉡ non-slump의 콘크리트를 덤프트럭에서 운반, 페이버 앞에 덤핑하면, 스프레드 오거, 바이브레이터, 스크리트, 플로트팬이 지나면서 포장면을 마감

㉢ 연속 철근콘크리트 포장에는 덤프트럭이 포장 노면에 접근하지 않으므로 side feeder를 장착하여 시공

※ 유도선 : 페이버 운전에 필요한 string line, 유도선 포장 끝에서 2 ~ 2.5m 떨어진 점에 포장선행과 평행으로 stick을 박고 선을 팽팽하게 설치하여 페이버 유도(직선부 : 5 ~ 10m, 곡선부 : 5m 이내)

(4) 표면마감 : texturing machine

(5) 조인트 : concrete cutter, joint sealer

(6) 양생 : curing compound sprayer

32. 아스팔트 배합에서 필요한 시험은?

흐름도, 공극률, 포화도, 밀도, cold bin 혼합입도시험, hot bin 혼합입도시험, 이론 최대밀도(공시체), 골재비중시험, 석분성분, 품질시험, 밀도, 다짐도 시험, AP함량 결정 방법(마샬 안정도 시험)

33. 포장단면 두께 결정방법은?

설계 CBR(노상), TA설계법(표층, 기층, 보조기층), AASHTO 설계법

34. 포장 콘크리트에서 강도 표시방법은?

휨강도 사용(도로 4.5MPa)

7 품질관리와 시사

1. 레미콘 · 아스콘의 사전점검 적용대상은?

건설공사 품질관리지침의 규정에 의한 사전점검은 건설기술진흥법 시행령에 따른 건설공사 중 레미콘 또는 아스콘의 총설계량이 레미콘 1,000m³ 이상, 아스콘 2,000톤 이상인 발주청 또는 민간이 발주한 건설공사를 대상으로 적용하며, 공공공사 및 민간공사 모두 해당됨.

2. 레미콘 · 아스콘의 정기점검 적용대상은?

건설공사 품질관리지침에 의한 정기점검은 건설기술진흥법에서 규정한 발주청이 발주한 건설공사로서 레미콘 또는 아스콘의 총설계량이 레미콘 3,000m³ 이상, 아스콘 5,000톤 이상인 건설공사를 대상으로 적용하고 있음.

따라서 건설기술진흥법상 발주청이 될 수 있는 「사회기반시설에 대한 민간투자법」의 규정에 의한 사회기반시설의 사업시행자 등 이외의 순수 민간이 발주한 건설공사는 정기점검 적용대상에 해당되지 않음.

다만, 민간 건설공사라 하더라도 정기점검을 실시하는 것을 조건으로 레미콘이나 아스콘 공급계약을 체결할 경우에는 동 지침과 무관하게 자율적으로 정기점검을 실시할 수 있음.

3. 콘크리트 압축강도시험 빈도는?

건설공사에 사용되는 공종 또는 재료에 대한 품질시험 및 검사는 KS규격, 설계 및 시공기준(표준시방서 등) 또는 국토교통부장관이 정한 건설공사 품질시험기준(고시)을 검토하여 반영한 해당 공사 시방규정에 따라 실시하여야 함.

4. 품질관리(시험)계획 수립기준이 되는 총공사비의 정의는?

건설기술진흥법 시행령의 총공사비는 공사예정금액 결정의 근거가 되는 금액으로서 관급자재비를 포함하되 토지 등의 취득, 사용에 따른 보상비를 제외한 금액을 말함. 여기서 공사예정금액 결정의 근거가 되는 금액이란 낙찰률이 반영되기 전 금액으로 조달청 계약인 경우 조달청 조사가격을 기준으로 작성된 금액으로서 동 금액이 품질관리계획 또는 품질시험계획의 수립기준이 되는 총공사비임(부가가치세를 포함한 금액이며, 민간공사는 통상 설계서상의 총공사비)

5. 콘크리트 압축강도시험용 공시체 제작 개수는?

콘크리트(레미콘 포함) 압축강도시험 공시체 제작 개수는 해당 공사 시방규정에서 정하는 바에 따라 제작하여야 하며, 결과 판정을 위해서는 공시체를 최소 3회 9개(1회당 3개)를 제작하여야 함. 만일, 해당 공사 시방규정에 KS 규정을 따르도록 하고 있는 경우라면 KS 규정상 검사로트를 450m³로 규정하고 있으므로 450m³까지 공시체 9개를 제작하여야 함.

6. 품질관리 대상공사 등급의 구분 기준은?

품질관리 대상등급이 무엇인지를 알기 위해서는 우선 해당 공사가 품질관리계획인지 또는 품질시험계획 수립대상인지를 파악한 후 아래 사항을 참고하여 대상등급을 판단하여야 함(일반적으로 품질시험계획은 초급 또는 중급, 품질관리계획은 고급 또는 특급에 해당).

(1) 건설기술진흥법 시행령에 따른 품질관리계획 또는 품질시험계획 수립대상 기준

① 품질관리계획 : 건설사업관리 건설공사로서 총공사비가 500억 원 이상인 건설공사, 다중이용건축물 건설공사로서 연면적이 3만 m² 이상인 건축물의 건설공사, 계약서에 품질관리계획을 수립하도록 명시되어 있는 건설공사

② 품질시험계획 : 총공사비 5억 원 이상 토목공사, 연면적이 660m² 이상 건축물의 건설공사, 총공사비가 2억 원 이상 전문공사

(2) 건설기술진흥법 시행규칙에 따른 품질관리대상등급(4종류)

① 특급 : 품질관리계획 수립 대상공사로서 총공사비가 1,000억 원 이상인 건설공사, 연면적이 5만 m² 이상인 다중이용건축물 건설공사

② 고급 : 품질관리계획 수립 대상공사로서 특급에 해당되지 않는 건설공사(총공사비가 500 ~ 1,000억 원 미만, 연면적 3만 ~ 5만 m² 미만 다중이용건축물 건설공사)

③ 중급 : 특급 또는 고급이 아닌 건설공사(품질시험계획 수립 대상공사)로서 총공사비 100억 원 이상인 건설공사, 연면적이 5,000m² 이상인 건축물의 건설공사

④ 초급 : 품질시험계획을 수립하여야 하는 건설공사로서 중급이 아닌 건설공사

7. 품질관리(시험)계획 수립기준이 되는 연면적 산정방법은?

건설기술진흥법 시행령에 따른 연면적이란 건축법 시행령 제119조에 의한 연면적으로서 하나의 건축물의 각 층(지하층 포함) 바닥면적의 합계임. 일반적으로 여러 개의 건축물이 지하주차장 등으로 구조적으로 연결된 경우 하나의 건축물로 보며, 구조적으로 분리된 건축물의 연면적은 여러 개의 건축물 중 연면적이 가장 큰 건축물의 연면적으로 산정함.

8. 공동도급인 경우 품질관리계획 수립 및 운영 요령은?

건설기술진흥법령에 공동도급 계약방식인 경우 품질관리계획 수립 및 운영을 구체적으로 정한 사항은 없으나, 품질관리체계 구축 및 효과적인 운영을 위하여 공동수급체가 통

합조직을 구성하여 공사를 수행하는 경우 대표사가 통합 품질관리계획을 수립하여 이행할 수 있으며, 이 경우 수급인별로 품질관리계획서와 기타 품질 관련 절차서의 준수를 위한 동의 서명을 받아야 함. 공동수급체가 각각의 조직별로 공사구간을 나누어 공사를 수행하는 경우 각각의 수급인별로 품질관리계획을 독립적으로 수립·이행해야 함.

9. 품질관리계획 또는 품질시험계획 수립단위는?

건설기술진흥법에 따라 건설업자 또는 주택건설등록업자는 건설공사의 품질확보를 위하여 품질관리계획 또는 품질시험계획을 수립하여 실시하여야 하며, 품질관리계획 또는 품질시험계획은 사업승인이나 실시계획 승인 등과는 무관하며, 공사계약 건별로 계획을 수립·실시하여야 함.

10. 장기계속공사의 경우 품질관리계획 또는 품질시험계획 수립대상 공사금액 기준은?

건설공사에 있어 품질관리계획 또는 품질시험계획을 수립하여야 하는 대상공사의 범위는 건설기술진흥법 시행령에서 정하고 있으며, 여기서 공사 규모에 따른 품질관리계획 또는 품질시험계획 대상 공사의 범위의 기준이 되는 공사금액은 장기계속공사인 경우 차수별 계약금액이 아닌 총공사비를 기준으로 적용하여야 함.

11. 민간아파트 건설공사도 품질관리계획을 수립하여 실시해야 하는가?

건설기술진흥법 시행령의 규정에 따라 연면적 3만 제곱미터 이상의 다중이용건축물(아파트의 경우 16층 이상)인 경우에는 품질관리계획 수립대상공사에 해당됨.

12. 설계변경으로 인한 총공사비 증감 시 품질관리 대상등급은?

설계변경으로 인해 총공사비의 증감이 발생하였을 경우 품질관리 대상등급을 변경된 금액을 기준으로 하여야 할지의 여부는 잔여공사 현황, 준공시기, 주요 품질시험 및 검사 항목 변경, 인·허가조건, 계약조건 등을 검토하여 계약당사자 간에 협의 처리할 사항임.

13. 품질관리계획 또는 품질시험계획 제출시기 및 제출기관은?

건설기술진흥법 시행령에 따라 건설업자 또는 주택건설등록업자는 품질관리계획 또는 품질시험계획을 수립한 때에는 공사감독자 또는 감리원의 확인을 받아 건설공사를 착공(건설공사 현장의 부지정리 및 가설사무소의 설치 등의 공사준비는 착공으로 보지 아니한다)하기 전에 발주자에게 제출하여 승인을 받아야 하며, 품질관리계획 또는 품질시험계획의 내용을 변경한 때에도 마찬가지로 승인을 받아야 함. 건설공사의 발주자 중 발주청이 아닌 자는 건설업자 또는 주택건설등록업자가 제출한 품질관리계획 또는 품질시험계획의 내용을 당해 건설공사를 허가·인가·승인 등을 한 행정기관의 장에게 제출하여 승인을 받아야 함.

14. 통합품질관리가 가능한 건설공사의 범위는?

건설기술진흥법 시행규칙에서 규정하고 있는 통합품질관리는 해당 건설공사의 발주청(공공공사의 경우) 또는 인·허가 행정기관(민간공사의 경우)이 동일하고, 또한 시공사가 동일한 건설공사인 경우 발주청 또는 인·허가 행정기관의 장의 승인을 얻어 공종이 유사하고 인접한 건설현장을 통합하여 품질관리를 할 수 있음(단, 품질관리계획 또는 품질시험계획은 각각의 건설현장별로 수립하여 시행하여야 함).

15. 품질관리자의 기술자격 취득 이전의 경력 인정방법은?

건설기술진흥법 시행규칙의 건설공사 품질관리를 위한 시설 및 품질관리자 배치기준에 의하여 건설현장에 배치되는 품질관리자가 기술자격자인 경우 기술자격 취득 이전의 경력은 "건설기술인력의 경력인정 방법 및 절차 기준"에 따라 적용하여야 함.

16. 건설현장에 수입 건설자재를 사용할 수 있는가?

수입 건설자재에 대해서는 해당 공사의 시방서 등 설계도서에서 제시하고 있는 규격이나 성능 등 품질기준에 적합한지 여부를 품질시험을 통한 확인결과 적합할 경우 사용이 가능함.

17. 품질관리의 외부기관 대행(아웃소싱)에 대해 설명하라.

건설기술진흥법에 따라 시공사는 건설공사의 품질확보를 위하여 품질관리계획 또는 품질시험계획을 수립하고 이에 따라 품질시험 및 검사를 실시하여야 하며, 시공사에 고용되어 품질관리업무를 수행하는 건설기술자는 품질관리계획 또는 품질시험계획에 따라 성실하게 그 업무를 수행하여야 함. 즉, 건설공사 품질관리는 시공사가 직접 수행하여야 하며, 이를 위해 현장에 시험실을 설치하고 시험장비를 구비해야 하며, 시공사 소속의 품질관리자를 배치하여야 함. 따라서 건설공사 품질관리를 해당 공사의 시공사가 아닌 외부기관에 대행(아웃소싱)하게 할 수는 없음.

18. 하도급업체 직원의 품질관리자 배치 가능 여부는?

건설기술진흥법에 따라 건설업자 및 주택건설등록업자는 건설공사의 품질확보를 위하여 품질 및 공정관리 등 건설공사의 품질관리계획 또는 시험시설 및 인력 등 건설공사의 품질시험계획을 수립하고 이에 따라 품질시험 및 검사를 실시하여야 하며, 건설업자 및 주택건설등록업자에 고용되어 품질관리업무를 수행하는 건설기술자는 품질관리계획 또는 품질시험계획에 따라 성실하게 그 업무를 수행하여야 함. 따라서 건설공사 품질관리를 위해 건설기술진흥법 시행규칙 별표 11에 따라 배치토록 규정하고 있는 품질관리자는 반드시 건설업자 및 주택건설등록업자 소속의 건설기술자로 배치하여야 하며, 하도급업체의 직원을 품질관리자로 배치할 수는 없음. 다만, 품질관리자 이외의 단순히 품질시험 및 검사를 보조하는 인력은 반드시 건설업자 및 주택건설등록업자의 소속이 아니라도 무방함.

19. 시험실 면적에 사무실 포함 여부에 대해 설명하라.

건설기술진흥법 시행규칙에서 규정하고 있는 건설공사 규모 등에 따라 건설현장에 설치하여야 하는 시험실의 규모는, 품질관리를 위한 시험, 검사장비와 시험용 보조기구 등을 설치하여 품질관리를 위한 시험, 검사를 하는 데 지장이 없도록 시험 검사기기 및 시험

업무를 수행하는 데 필요한 부수시설(예 : 자료정리용 테이블 등)을 설치할 수 있는 공간을 의미하며, 책상과 의자, 캐비닛 등을 설치한 별도 사무실은 시험실 면적에 포함하지 않음.

20. KS제품의 품질시험 실시 여부는?

건설기술진흥법 시행령에 따라 건설현장에 반입되는 재료(건설자재 · 부재) 중 산업표준화법에 의한 KS제품에 대하여는 품질시험 또는 검사를 실시하지 아니할 수 있음.

21. 시험실 규모의 조정 가능 여부는?

건설기술진흥법 시행규칙 별표 11의 건설공사 품질관리를 위한 시설 및 품질관리자 배치기준은 건설공사 품질확보를 위한 최소한의 기준으로서 당해 공사의 규모에 따른 해당 품질관리대상등급의 기준에 적합하게 품질관리자를 배치함은 물론 시험실 및 시험 · 검사장비를 구비하여야 함. 다만, 발주청 또는 건설공사의 인 · 허가 행정기관의 장이 특히 필요하다고 인정하는 경우(승인을 받은 경우를 의미)에는 공사 종류, 규모 및 현지 실정과 법 규정에 의한 국 · 공립시험기관 또는 품질검사전문기관의 시험 · 검사 대행의 정도 등을 감안하여 시험실 규모 또는 품질관리 인력의 조정이 가능

22. 건설현장 시험실의 시험 · 검사기기 설치기준은?

건설기술진흥법 시행규칙에 따라 건설현장에 시험실을 설치하여야 하며, 시험실에는 해당 공사 설계도서에서 정한 품질시험 · 검사를 적정하게 수행하기 위한 시험 · 검사기기 등을 설치하여야 하는 것으로 별도로 시험기기에 대한 기준을 정하고 있지는 않음. 다만, 발주자가 시간의 경과 또는 장소의 이동 등으로 품질의 변화가 우려되어 품질시험 또는 검사가 필요하다고 인정하는 경우에는 품질시험 또는 검사를 실시할 수 있음. 즉, KS제품이라고 하여 무조건 품질시험 또는 검사를 생략할 수 있는 것은 아니며, 발주자가 품질관리를 위하여 비록 KS제품이지만 품질시험 또는 검사가 필요하다고 인정하는 경우에는 품질시험 · 검사를 실시할 수 있음.

23. 품질검사전문기관의 시험 시 입회 가능 여부는?

건설기술진흥법 시행규칙 제26조 제4항의 규정에 의하여 품질시험 대행을 품질검사전문기관에 의뢰한 경우 발주자 등은 품질시험을 적정하게 하고 있는지 등을 확인할 목적으로 품질검사전문기관의 시험과정에 입회할 수 있음.

24. 건설현장 직접시험의 품질시험비 인정 여부는?

건설기술진흥법 및 시행규칙에 따라 건설공사의 발주자는 공사비에 품질관리비를 계상하고 설계도서(시방서 포함)에는 시험, 검사대상 공종 및 재료를 명시하는 사항으로, 정산 시에는 현장에서의 시공사에 의한 직접시험에 소요된 비용도 품질시험비로 인정할 수 있음.

25. 엔지니어링 활동 주체의 품질시험 · 검사 대행 가능 여부는?

건설공사 품질관리를 위한 품질시험 · 검사의 대행은 건설기술진흥법에 따라 국 · 공립

시험기관 또는 품질검사전문기관으로 등록된 자가 할 수 있으며, 국·공립시험기관 또는 품질검사전문기관으로 등록되지 않은 경우에는 품질시험·검사를 대행할 수 없음.

26. 품질시험을 대행시키는 경우 품질시험 의뢰자는?

건설기술진흥법 시행규칙의 규정에 의하여 건설업자 또는 주택건설등록업자는 품질시험을 품질검사전문기관에 의뢰하고자 하는 경우에는 품질시험·검사의뢰서를 제출하도록 하고 있음. 따라서 건설업자 또는 주택건설등록업자가 품질시험을 의뢰하는 것이며, 발주자 또는 그 위임받은 자(감리·감독자)의 봉인을 받아서 품질검사전문기관에 시험을 의뢰하여야 함.

27. 품질시험을 대행시키는 경우 비용부담 주체는?

건설기술진흥법에 따라서 건설공사의 발주자는 건설공사의 품질관리에 필요한 비용을 공사금액에 계상하여야 하며, 같은 법 시행규칙에 따라 건설업자 또는 주택건설등록업자는 품질검사전문기관에 품질시험을 대행시키는 경우 품질시험 비용을 부담하여야 함.

28. 품질관리비 실적 정산방법은?

건설기술진흥법 시행규칙에 따라서 건설업자 등이 제출하여 승인을 받아야 하는 품질관리계획 또는 품질시험계획서에 첨부된 품질관리비 사용내역서의 품질시험비에 대하여 발주자 또는 건설기술자의 승인 및 확인을 받아 시험한 시험성적서 등에 따라 품질관리비를 정산하여야 함.

29. 품질관리비 추가청구 가능 여부는?

건설기술진흥법에 따라 건설공사의 발주자는 해당 건설공사의 품질관리에 필요한 비용을 동법 시행규칙에 따라 공사예정가격 작성 시 계상하여야 하는 것이지만, 당초 계약 시 누락된 품질관리비를 추가 계상하는 문제는 해당 공사 계약조건 및 국가를 당사자로 하는 계약에 관한 법령 등에 의하여 계약 당사자 간의 협의를 통하여 처리하여야 할 사항임.

30. 버림 콘크리트 품질시험 실시 여부는?

건설공사에 사용되는 공종 및 재료에 대하여 품질확인을 위한 일반적인 시험·검사의 방법, 종목 및 빈도 등을 건설기술진흥법 시행령에 따라 건설공사 품질시험기준으로 정하고 있으며, 동 기준은 사용공종 또는 재료의 용도, 중요성 등을 들어 시험기준으로 정한 것이 아니므로 버림 콘크리트도 '굳지 않은 콘크리트(레미콘 포함)'에서 정한 바와 같이 품질시험을 실시하여야 함.

31. 철강구조물제작공장 인증을 받지 않은 경우에도 교량 등의 제작이 가능한지 여부는?

건설기술진흥법에서 규정하고 있는 철강구조물제작공장 인증제도의 취지는 강구조재를 사용하는 교량 등을 제작하는 것은 기술인력, 공장시설 및 시험 검사장비 등에 따라 품질이 크게 달라지므로 부실공사를 방지하기 위해 제작공장에 대하여 사전에 기술인력 등을 조사 및 심사하여 제작능력을 등급화하여 인증하는 제도임(의무적으로 인증을 받아야 하는 것은 아님). 따라서 위 제도가 교량 등을 제작할 때 철강구조물 인증공장에서만 제작하도록 법으로 강제한 사항은 아니므로(참조 : KS 표시인증제도) 인증공장에서의 제작 여부 등은 해당 공사를 발주할 때 계약으로 정한 공사시방서 등 관련규정에 따라서 발주자(감독 또는 감리)가 판단하여 결정할 사항임.

32. 안전사고 종류는?
추락, 전도, 충돌, 낙하, 비래

33. CM(Construction Management)의 업무 개요는?
발주처에서 CM계약자를 선정하여 조사, 설계, 계획, 입찰, 시공, 감리, 유지관리 전 단계를 위탁하는 제도

34. EC화란?
건설 project를 하나의 흐름으로 보아 사업 발굴 · 기획 · 타당성 조사 · 설계 · 시공 · 유지관리까지 업무영역을 확대하는 것

35. ISO란?
국제 표준의 보급과 제정, 각국 표준의 조정과 통일, 국제기관과 표준에 관한 협력 등을 취지로 세계 각국의 표준화 발전, 촉진을 목적으로 설립된 국제표준화기구

36. TQC란?
보다 좋은 품질을 경제적으로 생산할 수 있도록 기업의 전 종업원이 참여하여 품질 향상을 도모하는 것

37. MCX이론은?
공정관리에서 각 요소 작업의 공기와 직접 비용의 관계를 조사하여 최소비용으로 공기를 단축하기 위한 기법

38. 시공측량의 종류는?
선로의 경로 선정에 의해 결정된 노선을 현지에서 실제로 측정하는 작업. 직선 측량, 곡선 측량, 경사지 측량, 고저 측량 등이 있음.

39. 건설공사의 중대재해란?
중대재해란 현장에서 심각한 재해가 발생한 것을 말하며, 일반적으로 1인 이상 사망 또는 2인 이상 부상이 발생한 경우 혹은 부상으로 인하여 1인이 30일 이상 요양을 필요로 하는 재해. 따라서 현장관리자 및 안전관리자는 이러한 중대재해를 예방하기 위하여 다방면의 노력을 기울여야 함.

40. BIM의 개념은?
건설공사 모든 생애주기단계의 정보를 체계화하여 통합관리하는 시스템

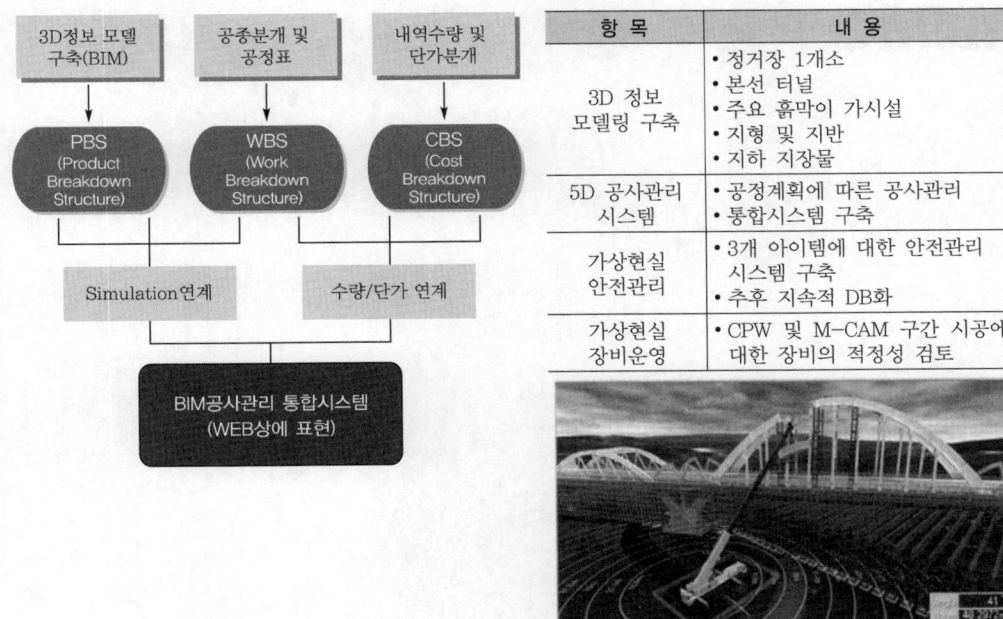

항 목	내 용
3D 정보 모델링 구축	• 정거장 1개소 • 본선 터널 • 주요 흙막이 가시설 • 지형 및 지반 • 지하 지장물
5D 공사관리 시스템	• 공정계획에 따른 공사관리 • 통합시스템 구축
가상현실 안전관리	• 3개 아이템에 대한 안전관리 시스템 구축 • 추후 지속적 DB화
가상현실 장비운영	• CPW 및 M-CAM 구간 시공에 대한 장비의 적정성 검토

[BIM 계통도 및 활용 예]

41. 5D BIM, 6D BIM의 의미는?

3D(3차원 설계정보)를 기반으로 각 차원(nD＝공정, 비용, 자원)의 개념을 더하는데, 2차원을 더하면 5D BIM, 3차원을 더하면 6D BIM이라 한다.

Hi-Pass
토목품질시험기술사

2017. 9. 5. 초 판 1쇄 발행
2019. 9. 30. 개정증보 1판 1쇄 발행
2024. 8. 7. 개정증보 2판 1쇄 발행

지은이 | 김태호
펴낸이 | 이종춘
펴낸곳 | **BM** ㈜도서출판 **성안당**

주소 | 04032 서울시 마포구 양화로 127 첨단빌딩 3층(출판기획 R&D 센터)
10881 경기도 파주시 문발로 112 파주 출판 문화도시(제작 및 물류)

전화 | 02) 3142-0036
031) 950-6300

팩스 | 031) 955-0510
등록 | 1973. 2. 1. 제406-2005-000046호
출판사 홈페이지 | **www.cyber.co.kr**
ISBN | 978-89-315-1142-0 (13530)
정가 | 90,000원

이 책을 만든 사람들

기획 | 최옥현
진행 | 이희영
교정·교열 | 류지은
전산편집 | 이다혜, 오정은
표지 디자인 | 임흥순
홍보 | 김계향, 임진성, 김주승
국제부 | 이선민, 조혜란
마케팅 | 구본철, 차정욱, 오영일, 나진호, 강호묵
마케팅 지원 | 장상범
제작 | 김유석